Luiz Roberto Dante

Livre-docente em Educação Matemática pela Universidade Estadual Paulista "Júlio de Mesquita Filho" (Unesp-SP), *campus* de Rio Claro

Doutor em Psicologia da Educação: Ensino da Matemática pela Pontifícia Universidade Católica de São Paulo (PUC-SP)

Mestre em Matemática pela Universidade de São Paulo (USP)

Licenciado em Matemática pela Unesp-SP, Rio Claro

Pesquisador em Ensino e Aprendizagem da Matemática pela Unesp-SP, Rio Claro

Ex-professor do Ensino Fundamental e do Ensino Médio na rede pública de ensino

Autor de várias obras de Educação Infantil, Ensino Fundamental e Ensino Médio

Fernando Viana

Doutor em Engenharia Mecânica pela Universidade Federal da Paraíba (UFPB)

Mestre em Matemática pela UFPB

Aperfeiçoamento em Docência no Ensino Superior pela Faculdade Brasileira de Ensino, Pesquisa e Extensão (Fabex)

Licenciado em Matemática pela UFPB

Professor efetivo do Instituto Federal de Educação, Ciência e Tecnologia da Paraíba (IFPB)

Professor do Ensino Fundamental, do Ensino Médio e de cursos pré-vestibulares há mais de 20 anos

O nome ***Teláris*** se inspira na forma latina *telarium*, que significa "tecelão", para evocar o entrelaçamento dos saberes na construção do conhecimento.

TELÁRIS

MATEMÁTICA

CADERNO DE ATIVIDADES

7

editora ática

Direção Presidência: Mario Ghio Júnior
Direção de Conteúdo e Operações: Wilson Troque
Direção editorial: Luiz Tonolli e Lidiane Vivaldini Olo
Gestão de projeto editorial: Mirian Senra
Gestão e coordenação de área: Ronaldo Rocha
Edição: Pamela Hellebrekers Seravalli e Carlos Eduardo Marques (editores); Sirlaine Cabrine Fernandes e Darlene Fernandes Escribano (assist.)
Planejamento e controle de produção: Patrícia Eiras e Adjane Queiroz
Revisão: Hélia de Jesus Gonsaga (ger.), Kátia Scaff Marques (coord.), Letícia Pieroni (coord.), Rosângela Muricy (coord.), Ana Paula C. Malfa, Arali Gomes, Brenda T. M. Morais, Daniela Lima, Gabriela M. Andrade, Kátia S. Lopes Godoi, Luciana B. Azevedo, Luís M. Boa Nova, Luiz Gustavo Bazana, Patricia Cordeiro, Ricardo Miyake, Rita de Cássia C. Queiroz, Sueli Bossi, Vanessa P. Santos; Amanda T. Silva e Bárbara de M. Genereze (estagiárias)
Arte: Daniela Amaral (ger.), Erika Tiemi Yamauchi (coord.), Filipe Dias, Karen Midori Fukunaga e Renato Akira dos Santos (edição de arte)
Diagramação: Typegraphic
Iconografia e tratamento de imagem: Sílvio Kligin (ger.), Roberto Silva (coord.), Roberta Freire (pesquisa iconográfica), Cesar Wolf e Fernanda Crevin (tratamento)
Licenciamento de conteúdos de terceiros: Thiago Fontana (coord.), Luciana Sposito e Angra Marques (licenciamento de textos), Erika Ramires, Luciana Pedrosa Bierbauer, Luciana Cardoso e Claudia Rodrigues (analistas adm.)
Ilustrações: Murilo Moretti, Paulo Manzi e Thiago Neumann
Cartografia: Eric Fuzii (coord.), Robson Rosendo da Rocha (edit. arte)
Design: Gláucia Correa Koller (ger.), Adilson Casarotti (proj. gráfico e capa), Erik Taketa (pós-produção), Gustavo Vanini e Tatiane Porusselli (assist. arte)
Foto de capa: Dimitri Otis/Getty Images, Paul Borrington/EyeEm/Getty Images

Avenida das Nações Unidas, 7221, 3º andar, Setor A
Pinheiros – São Paulo – SP – CEP 05425-902
Tel.: 4003-3061
www.atica.com.br / editora@atica.com.br

Dados Internacionais de Catalogação na Publicação (CIP)

Dante, Luiz Roberto
Teláris matemática 7º ano / Luiz Roberto Dante, Fernando Viana. - 3. ed. - São Paulo : Ática, 2019.

Suplementado pelo manual do professor.
Bibliografia.
ISBN: 978-85-08-19320-2 (aluno)
ISBN: 978-85-08-19321-9 (professor)

1. Matemática (Ensino fundamental). I. Viana, Fernando. II. Título.

2019-0106 CDD: 372.7

Julia do Nascimento - Bibliotecária - CRB - 8/010142

2019
Código da obra CL 742182
CAE 648345 (AL) / 648346 (PR)
3ª edição
2ª impressão
De acordo com a BNCC.

Impressão e acabamento
Log&Print Gráfica e Logística S.A

Apresentação

Caro aluno,

Para aprender Matemática, é necessário compreender as ideias e os conceitos e saber aplicá-los em situações do cotidiano. Essas aplicações exigem também habilidade em resolver problemas e efetuar cálculos.

Elaboramos este Caderno de atividades para você rever e fixar conceitos, procedimentos e habilidades já estudados no livro. Quanto mais exercitar seu raciocínio lógico, resolvendo as atividades e os problemas propostos, mais facilidade terá com os assuntos de Matemática.

Vamos começar?

Um abraço.

O autor.

SUMÁRIO

Números inteiros e sequências

1 Complete as frases representando cada situação com um número inteiro.

a) Um time já marcou 25 gols (+25) e sofreu 30 gols (−30) em um campeonato. O saldo de gols é: ______.

b) Um cliente do banco estava com saldo negativo de R$ 30,00 (−30) e fez uma retirada de R$ 50,00 (−50). Agora o saldo é: ______.

c) Um elevador está parado no andar +3. Se subir 8 andares (+8), vai parar no andar: ______.

2 Represente cada conjunto.

a) $\mathbb{N}$, dos números naturais.

______

b) $\mathbb{N}^*$, dos números naturais sem o 0.

______

c) $\mathbb{Z}$, dos números inteiros.

______

d) $\mathbb{Z}^*$, dos números inteiros sem o 0.

______

e) *A*, dos números inteiros entre −4 e +2.

______

3 Considere esta reta numerada, com sentido positivo de baixo para cima e complete a tabela com os deslocamentos.

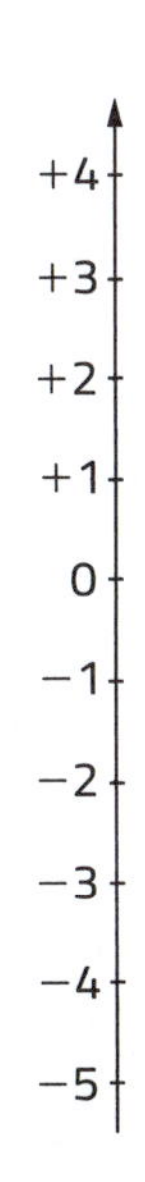

Banco de imagens/Arquivo da editora

Deslocamento de um objeto

Saída	Percurso	Chegada
−1	+5	
+2	+1	
−2	−3	
0	−4	
+4	−2	
−3	0	
−5	+4	
+1	−3	

Tabela elaborada para fins didáticos.

4 Complete cada sequência numérica com o termo que está faltando.

a) $(10, 20, 30, 40, \_\_\_\_)$

b) $(7, 14, 21, \_\_\_\_, 35)$

c) $(1, 7, \_\_\_\_, 19, 25)$

d) $(\_\_\_\_, 5, 7, 9, 11)$

e) $(-1, \_\_\_\_, -3, -4, -5)$

f) $\left(\frac{1}{243}, \frac{1}{81}, \_\_\_\_, \frac{1}{9}, \frac{1}{3}\right)$

5 Escreva os números citados.

a) −23, +14, 0, −30, +9 e −1 em ordem crescente.

b) 0, −14, +20, −12 e +16 em ordem decrescente.

6 Observe esta reta numerada e marque os números correspondentes aos demais pontos indicados.

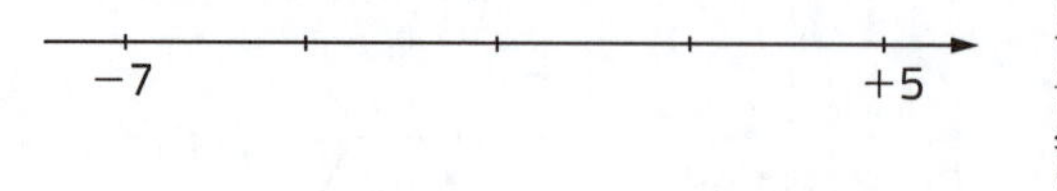

Banco de imagens/Arquivo da editora

7 Considere o conjunto dos números inteiros e indique o que se pede.

a) O antecessor de −12.

b) O sucessor de −12.

c) O oposto ou simétrico de −12.

d) O módulo de −12.

e) O maior número inteiro de 2 algarismos.

f) O menor número inteiro de 2 algarismos.

g) Os números inteiros entre −3 e +4.

h) Os números inteiros de −3 a +4.

i) Os números inteiros menores do que −5.

8 **Conexões.** O fuso horário da cidade de Roma (Itália) em relação a Brasília é +5 e o da cidade de Lima (Peru) em relação a Brasília é −2.

a) Qual é o horário em Roma quando os relógios marcam 12 h em Brasília?

b) Qual é o horário em Lima quando são 12 h em Brasília?

c) Qual é o horário em Brasília quando são 18 h em Roma?

d) Qual é o fuso horário de Lima em relação a Roma?

e) Qual é o fuso horário de Roma em relação a Lima?

____

f) Qual é o horário em Lima quando os relógios marcam 11 h em Roma?

____

9 ▸ Compare os números inteiros usando os sinais $>$, $<$ ou $=$.

a) -26 ______ $+11$

b) 43 ______ $+28$

c) 0 ______ -39

d) $+45$ ______ -45

e) -26 ______ 0

f) $+61$ ______ 61

g) $+28$ ______ 0

h) -16 ______ -11

i) -38 ______ -80

j) 0 ______ $+69$

k) -35 ______ 35

l) 149 ______ 151

10 ▸ Efetue as adições e as subtrações com números inteiros.

a) $-6 + 11 =$ ________

b) $(-8) + (+20) =$ ________

c) $(-4) - (+9) =$ ________

d) $-16 - 5 =$ ________

e) $(+8) + (-9) =$ ________

f) $(-4) - (-6) =$ ________

g) $0 - (+2) =$ ________

h) $0 + (+8) =$ ________

i) $0 - 16 =$ ________

j) $3 - 10 =$ ________

k) $-9 + 9 =$ ________

l) $(+16) + (-49) =$ ________

m) $(+46) + (+54) =$ ________

n) $(+8) - (+17) =$ ________

o) $18 - 5 =$ ________

p) $(-34) - 0 =$ ________

q) $(-25) - (+12) =$ ________

r) $(+64) + 0 =$ ________

s) $(-26) + (+26) =$ ________

t) $+146 - (-38) =$ ________

u) $(-26) - 41 =$ ________

v) $-286 - 0 =$ ________

w) $126 - (-126) =$ ________

x) $86 - 100 =$ ________

11 ▸ Compare os 2 números citados em cada item usando os sinais $<$, $>$ ou $=$.

Lembre-se:

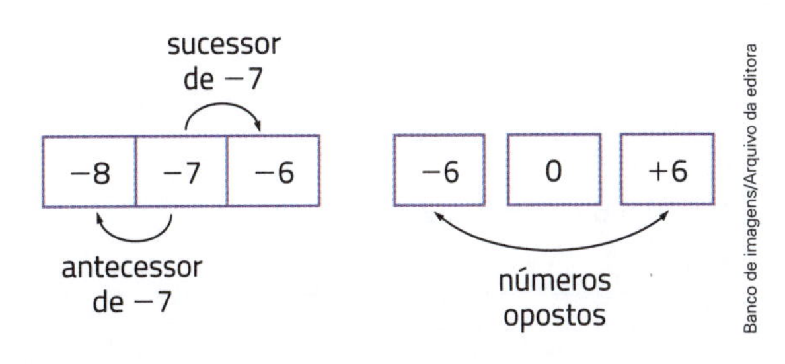

Banco de imagens/Arquivo da editora

a) O oposto de -6 e o antecessor de $+9$.

____

b) O simétrico de -4 e o simétrico de $+6$.

____

c) O sucessor de -1 e o antecessor de $+1$.

____

d) O oposto de $+8$ e o sucessor de -7.

____

12 Pratique o cálculo do valor de expressões numéricas envolvendo adições e subtrações com números inteiros.

a) $-4 + 9 + 6 - 4 - 3 =$

____

b) $(+8) - (+9) + (+4) - (-1) =$

____

c) $-(+5) + (-2) - (-4) + (+1) =$

____

d) $+5 - 4 + (-2) - (-1) =$

____

e) $(-3) - (-2) + (-4) - (+1) + (+6) =$

____

f) $-6 - 5 - 3 - 2 + 9 - 1 =$

____

13 A figura abaixo é conhecida por **normógrafo de números**. Usando uma régua e um normógrafo de números, podemos adicionar e subtrair números inteiros. Acompanhe os 2 exemplos.

A adição $(-5) + (-4) = -9$ está indicada com fio verde.

A subtração $(-3) - (-2) = -1$, que é equivalente à adição $(-3) + (+2) = -1$, está indicada com fio azul.

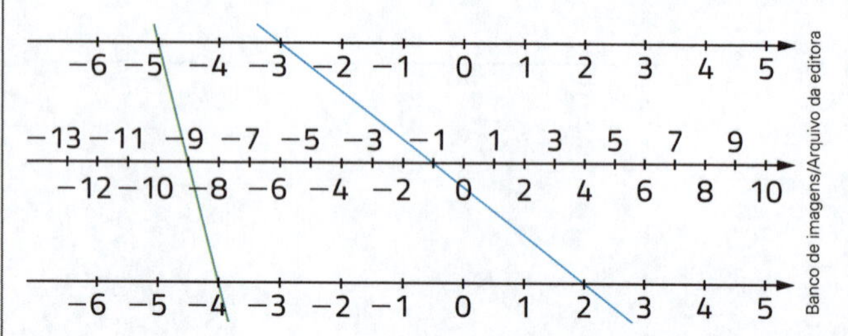

Banco de imagens/Arquivo da editora

Use uma régua e o normógrafo acima e determine o resultado de cada operação.

a) $3 + 4 =$ _______

b) $(+1) - (+3) =$ _______

c) $0 + (-4) =$ _______

d) $(-2) - (-2) =$ _______

e) $2 + (-3) =$ _______

f) $(+2) - (-5) =$ _______

g) $(-2) + (-5) =$ _______

h) $(-1) - (+4) =$ _______

14 Em uma sequência, o primeiro termo é 5 e, a partir do segundo, cada termo é obtido multiplicando-se o anterior por 2. Qual é o 6º termo?

____

15 Efetue as multiplicações e as divisões com números inteiros.

a) $(-5) \cdot (-3) =$ ____________

b) $(-15) : (+5) =$ ____________

c) $(-12) : (-2) =$ ____________

d) $(+8) \cdot (+4) =$ ____________

e) $0 : (+15) =$ ____________

f) $(+8) : 0 =$ ____________

g) $(+7) \times (-8) =$ ____________

h) $\dfrac{+33}{+3} =$ ____________

i) $0 \times (-7) =$ ____________

j) $(+8) : (-8) =$ ____________

k) $(-100) \div (-4) =$ ____________

l) $(-11) \times (+11) =$ ____________

m) $\dfrac{+28}{-7} =$ ____________

n) $0 : (-27) =$ ____________

o) $(+14) \times 0 =$ ____________

p) $(-12) \cdot (+10) =$ ____________

q) $(-19) \div 0 =$ ____________

r) $(-16) : (+16) =$ ____________

16 Observe esta sequência de figuras.

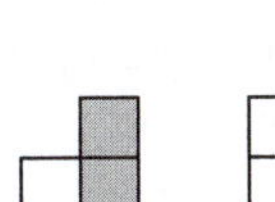
1º termo.

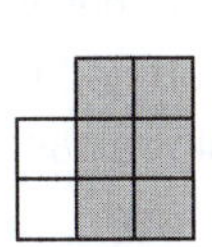
2º termo.

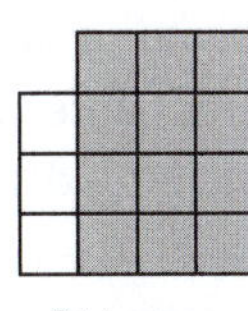
3º termo.

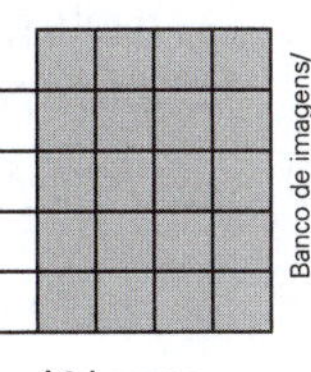
4º termo.

Banco de imagens/Arquivo da editora

Na figura que representa o 10º termo, há quantas regiões quadradas cinza?

____

17 Calcule os valores correspondentes a **A**, **B**, **C** e **D**.

a) $\mathbf{A} = (-2) \cdot (-2) \cdot (+3) \cdot (-2) =$ ____________

b) $\mathbf{B} = (+4) \cdot (+5) \cdot 0 \cdot (-3) =$ ____________

c) $\mathbf{C} = (+4) \cdot (-3) \cdot (-1) \cdot (+2) =$ ____________

d) $\mathbf{D} = (+2) \cdot (-7) \cdot (+1) \cdot (+2) =$ ____________

18 Compare os valores obtidos na atividade anterior colocando $>$, $<$ ou $=$ entre eles, na ordem indicada.

a) **A** e **B**: ____________

b) **C** e **D**: ____________

c) **A** e **D**: ____________

d) **C** e **B**: ____________

19 Em um jogo de perguntas e respostas, cada participante ganha 3 pontos por acerto, perde 2 pontos por erro e perde 1 ponto se não responder. Veja o desempenho de 5 participantes em um jogo com 20 perguntas para cada um e determine a pontuação.

a) Juliano: 9 acertos, 8 erros e 3 sem responder.

b) Patrícia: 6 acertos, 5 erros e 9 sem responder.

c) Rafael: 7 acertos, 8 erros e 5 sem responder.

d) Ana: 8 acertos, 3 erros e 9 sem responder.

e) Paulo: 7 acertos, 10 erros e 3 sem responder.

20 Escreva a classificação final dos participantes da atividade anterior, de acordo com a ordem decrescente de pontos.

21 Complete com os resultados das operações indicadas.

a)

+	−5	0	+3
+6	+1		
0			
−3		−3	

b)

−	−1	0	+4
+4	+5		
0			
−3			−7

c)

×	−5	0	+3
+3			
0			
−4			

d)

÷	−4	−1	+2	+4
+8				
−4				
−8				

22 **Conexões.** Os desertos são regiões do planeta com pouca umidade do ar, que, por sua vez, funciona como uma estufa, retendo parte do calor do dia. Uma das consequências disso é que se torna comum haver nos desertos grande variação entre as medidas de temperatura registradas durante o dia e durante a noite.

Veja nesta tabela as medidas de temperatura registradas em um dia em um deserto.

Medidas de temperatura registradas

Horário	0 h	4 h	8 h	12 h	16 h	20 h
Medida de temperatura (em °C)	−4	−1	9	15	12	7

Tabela elaborada para fins didáticos.

Qual é a diferença entre a maior e a menor medidas de temperatura registradas nesse dia?

____

23 Complete com o número correspondente.

a) $(\_\_\_\_\_\_) + (-27) = +50$

b) $(\_\_\_\_\_\_) \cdot (-18) = -90$

c) $(\_\_\_\_\_\_) : (+11) = -22$

d) $(\_\_\_\_\_\_) - (-14) = +40$

e) $(-29) - (\_\_\_\_\_\_) = +51$

f) $(-44) \cdot (\_\_\_\_\_\_) = -132$

24 Escreva a sequência dos números primos menores do que 20.

____

25 Escreva a sequência de 8 termos cujo primeiro termo é 0 e a lei de formação é multiplicar o termo anterior por 2 e somar 1 ao resultado.

____

26 João se interessou em formar quadrados com palitos de fósforo como nesta imagem.

Figura 1.

Figura 2.

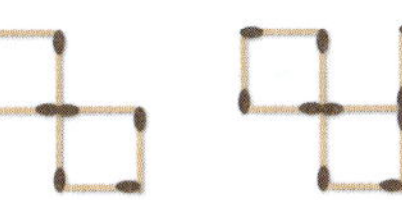

Figura 3.

Figura 4.

Banco de imagens/Arquivo da editora

Se João seguir o mesmo padrão, então quantos palitos de fósforo ele precisará para fazer a vigésima figura?

____

27 Elabore uma sequência com 10 termos em que o terceiro termo é 11 e o sétimo termo é 31. Qual lei de formação você utilizou?

____

____

____

28 Complete as potenciações.

a) $(-5)^2 =$ ______

b) $(-4)^3 =$ ______

c) $(+2)^5 =$ ______

d) $(+3)^4 =$ ______

e) $0^5 =$ ______

f) $(-1)^{26} =$ ______

g) $(+1)^{44} =$ ______

h) $(-1)^{30} =$ ______

i) $(-1)^{27} =$ ______

j) $(-10)^6 =$ ______

k) $(-10)^5 =$ ______

l) $(+6)^0 =$ ______

29 Represente e efetue as operações correspondentes.

a) A soma de $+14$ e -9.

______

b) (-8) elevado ao cubo.

______

c) Os fatores são -13 e -5.

______

d) O quociente de $+63$ por -7.

______

e) A diferença entre -15 e -7.

______

f) As parcelas são $+35$ e -35.

______

g) O minuendo é 0 e o subtraendo é $+18$.

______

h) A base é $+16$ e o expoente é 2.

______

i) -3 elevado à sexta potência.

______

30 Complete o quadrado mágico sabendo que a soma dos números em cada linha, coluna ou diagonal é igual a -24.

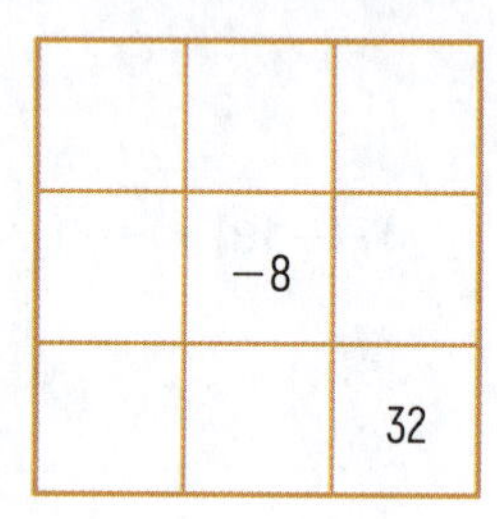

31 Assinale as operações cujo resultado é $+1$.

a) $-8 + 7$

b) $(-5) - (-6)$

c) $(-23) : (-23)$

d) $(-7)^0$

e) $(-1) \cdot (+1)$

f) $-14 + 15$

g) $(+1)^7$

h) $(-1)^9$

i) $(+8) - (+9)$

j) $(-1)^{10}$

32 Em um dia de inverno rigoroso, a medida de temperatura em uma cidade gaúcha foi registrada de 4 em 4 horas. Observe.

Medidas de temperatura registradas

Horário	Medida de temperatura
0 h	−6 °C
4 h	−5 °C
8 h	−1 °C
12 h	+5 °C
16 h	+4 °C
20 h	0 °C
24 h	−4 °C

Tabela elaborada para fins didáticos.

Gerson Gerloff/Pulsar Imagens

Geada em São Martinho da Serra (RS). Foto de 2018.

Calcule a média dessas medidas de temperatura.

____

33 Calcule o valor de cada expressão numérica.

a) $(-3 + 5 + 7 - 11)^4 =$ ________

b) $(-12) \div (-2) + (-4) \cdot (+2) =$ ________

c) $(-40) : (-2) : (-5) : (+2) =$ ________

d) $\dfrac{(-10) - (+8)}{(-3) \cdot (+3)} =$ ________

e) $\{(-2) + [(-5) - (-2) \cdot (-3)] : (+11)\}^3 =$ ________

34 Em cada item, ligue as expressões numéricas que tem o mesmo valor.

a) $(-2)^2 \cdot (-2)^3$ — $(-2)^6$; $(-2)^5$; $(+4)^6$

b) $(+3)^6 : (+3)^2$ — $(+3)^4$; $(+3)^3$; $(+1)^3$

c) $[(-10)^2]^3$ — $(-10)^8$; $(-10)^5$; $(-10)^6$

d) $(-5)^4 \div (-5)^3 \times (-5)$ — $(-5)^2$; $(-5)^0$; $(-25)^1$

35 Calcule o valor de cada expressão numérica.

a) $\{4 + 2 \times [10 - (5 + 1) - 3]\}^2 =$

b) $76 - \{4 + [(30 : 6) \times (2 + 5)] \times 2\} + 2 =$

c) $[50 - (20 \div 2) \times 3] + [15 \div 5 \times (1 + 3^2)] =$

d) $\{10 - [90 : (17 + 28)]\}^2 =$

e) $54 - 3 \times [(7 + 6 : 2) - (4 \times 3 - 5)] - 2^3 =$

f) $\{5 + [4^3 : (3^2 - 1) + 1^5 \times 3]\} : (6 - 2)^2 =$

36 Continuando o padrão apresentado nesta sequência de figuras, qual termo será formado por 25 pontos?

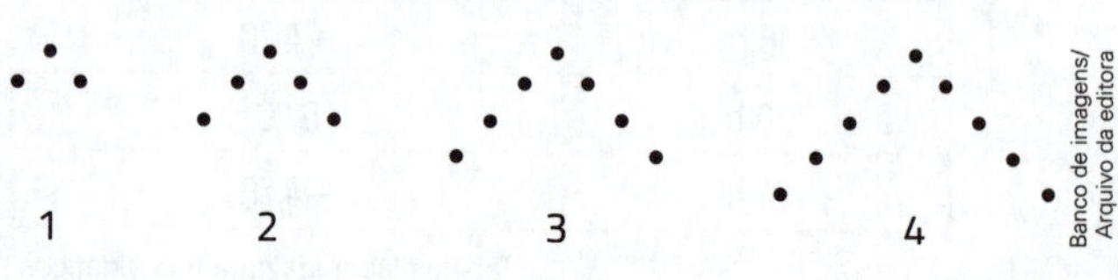

37 **Conexões.** Uma grande empresa do setor automobilístico passou por altos e baixos ao longo dos últimos anos.

Considere os termos usados com os significados abaixo e analise os gráficos.

> **Saldo:** diferença entre faturamento e despesa (faturamento − despesa).
> **Lucro:** saldo positivo.
> **Prejuízo:** saldo negativo.

Faturamento da empresa automobilística

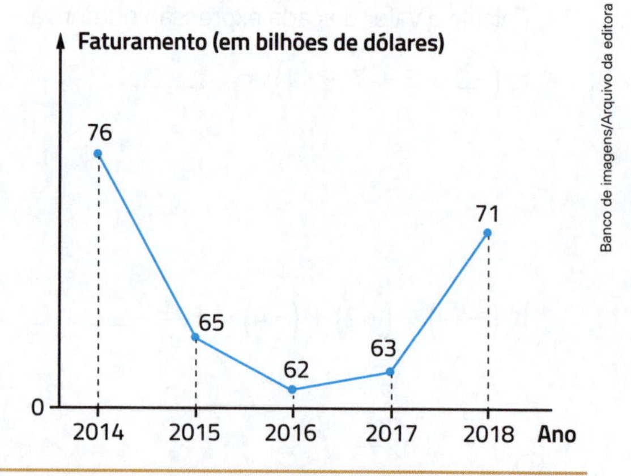

Gráfico elaborado para fins didáticos.

Saldo da empresa automobilística

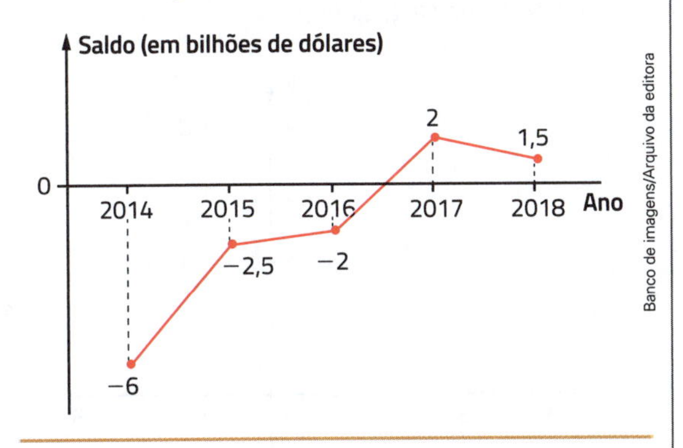

Gráfico elaborado para fins didáticos.

a) Em quais anos a empresa teve prejuízo? Como identificá-los no gráfico?

b) O ano de maior faturamento foi o de maior saldo? Justifique sua resposta.

c) O que indica o número −2 no segundo gráfico?

d) Qual foi a despesa em 2017? E em 2014?

e) No período de 2014 a 2018, a empresa apresentou lucro ou prejuízo? De quanto?

f) Complete a tabela considerando estas informações.

- Em 2019, o faturamento foi de 75 bilhões de dólares e a despesa foi de 74 bilhões de dólares.
- Em 2020, o faturamento está previsto para ser de 3 bilhões a menos do que em 2019 e, a despesa, de 3 bilhões a mais do que em 2019.
- Em 2021, estima-se que o faturamento permanecerá estável e a despesa diminuirá 5 bilhões de dólares em relação a 2020.

Saldo da empresa automobilística

Ano	Saldo (em bilhões de dólares)
2019	
2020*	
2021*	

*Valores estimados para o ano.
Tabela elaborada para fins didáticos.

g) Construa os gráficos referentes ao faturamento e ao saldo anuais no período de 2019 a 2021.

38 Utilize as propriedades das operações com números inteiros e efetue as operações. Sempre que possível, calcule o resultado mentalmente.

a) $\left[25 \cdot (-7)\right] \cdot 4 =$

b) $\left[(-7) \cdot 14\right] + \left[(-7) \cdot 6\right] =$

c) $5 \cdot \left[(-18) \cdot 2\right] =$

d) $\left[(-17 + 4)\right] + \left[6 + (-3)\right] + 12 =$

e) $(19 \cdot 13) + \left[19 \cdot (-13)\right] =$

f) $\left[35 + (-75)\right] + \left[(-25) + 65\right] + 100 =$

39 Indique o par ordenado correspondente a cada ponto neste plano cartesiano.

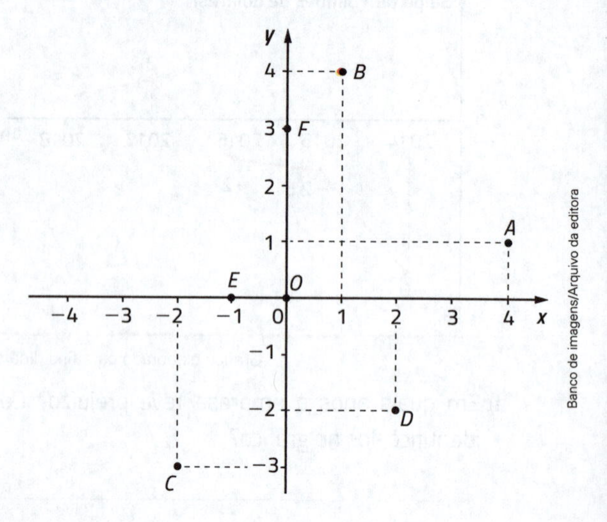

40 Em cada item, faça uma estimativa para indicar qual igualdade é verdadeira. Depois, calcule para conferir.

a) $10^3 \times 10^2 = 10^5$

$10^3 \times 10^2 = 10^6$

$10^3 \times 10^2 = 100^6$

b) $(2^5)^2 = 2^7$

$(2^5)^2 = 2^{10}$

$(2^5)^2 = 2^{25}$

c) $3^6 : 3^2 = 1^3$

$3^6 : 3^2 = 3^3$

$3^6 : 3^2 = 3^4$

41 ▸ Observe neste plano cartesiano os pontos $R(2, 4)$ e $H(-3, -4)$.

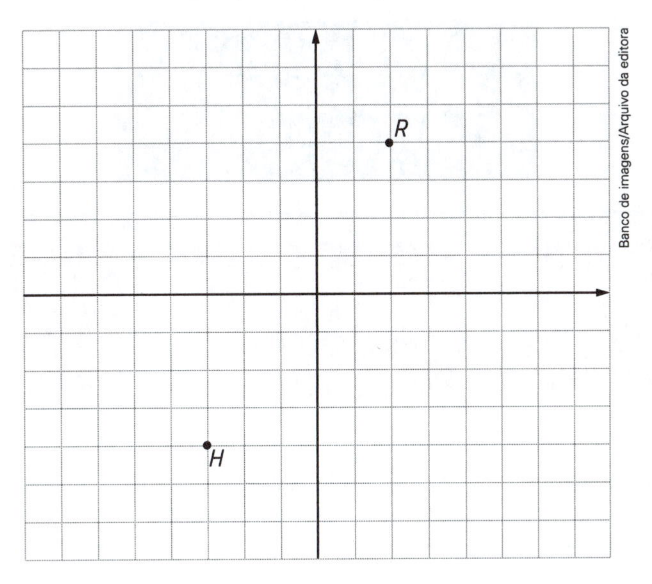

a) Marque nesse plano cartesiano os pontos $A(-4, 5)$, $L(3, -4)$, $C(0, 5)$, $B(-5, -3)$, $F(1, -3)$ e $M(-2, 4)$.

b) Com linhas contínuas, trace os segmentos de reta $\overline{AM}$, $\overline{MR}$, $\overline{RC}$, $\overline{CA}$, $\overline{AB}$, $\overline{MH}$, $\overline{RL}$, $\overline{BH}$ e $\overline{HL}$.

c) Agora, com linhas tracejadas, trace também os segmentos de reta $\overline{BF}$, $\overline{FL}$ e $\overline{CF}$.

d) Pinte o desenho do sólido geométrico obtido.

e) Esse sólido geométrico é um poliedro ou um corpo redondo? ______

f) Ele é um prisma ou uma pirâmide? ______

g) Quantos vértices, faces e arestas ele tem? ______

h) A relação de Euler ($V + F = A + 2$) se verifica nesse sólido geométrico? ______

42 ▸ No livro do 6º ano, você estudou os números naturais, que são sempre positivos ou nulos, e operou com eles. Agora, no livro do 7º ano, você ampliou o estudo dos números, conhecendo os números inteiros.

a) Complete este mapa conceitual indicando os sinais possíveis dos números.

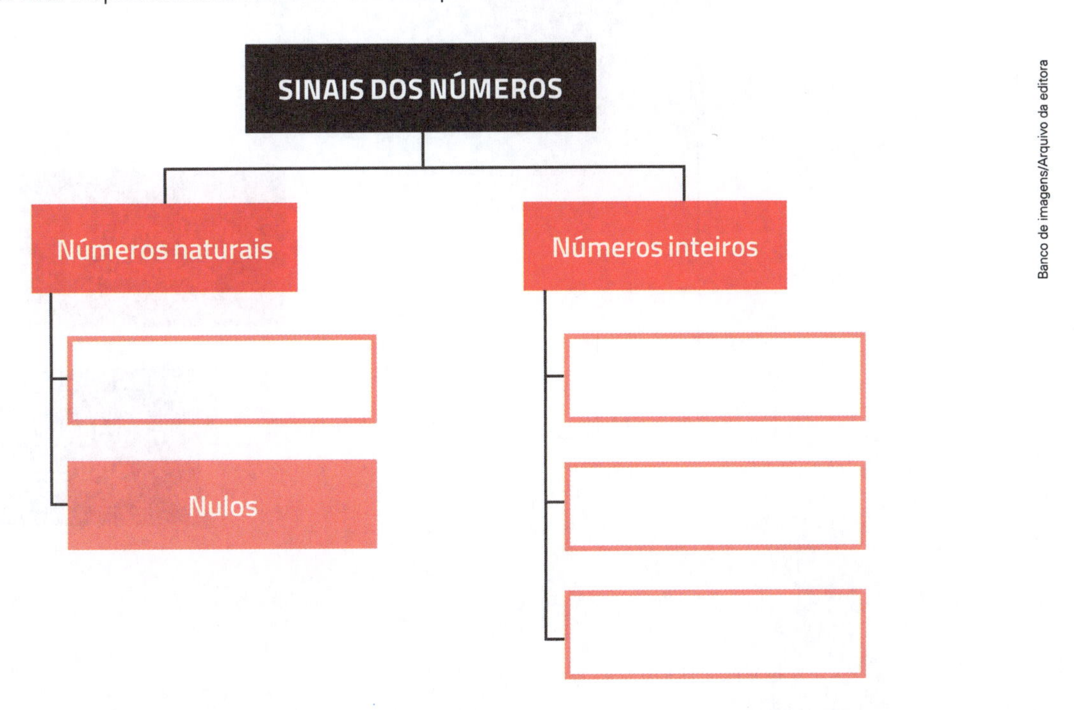

b) Agora, indique neste mapa conceitual os sinais possíveis na multiplicação de números inteiros.

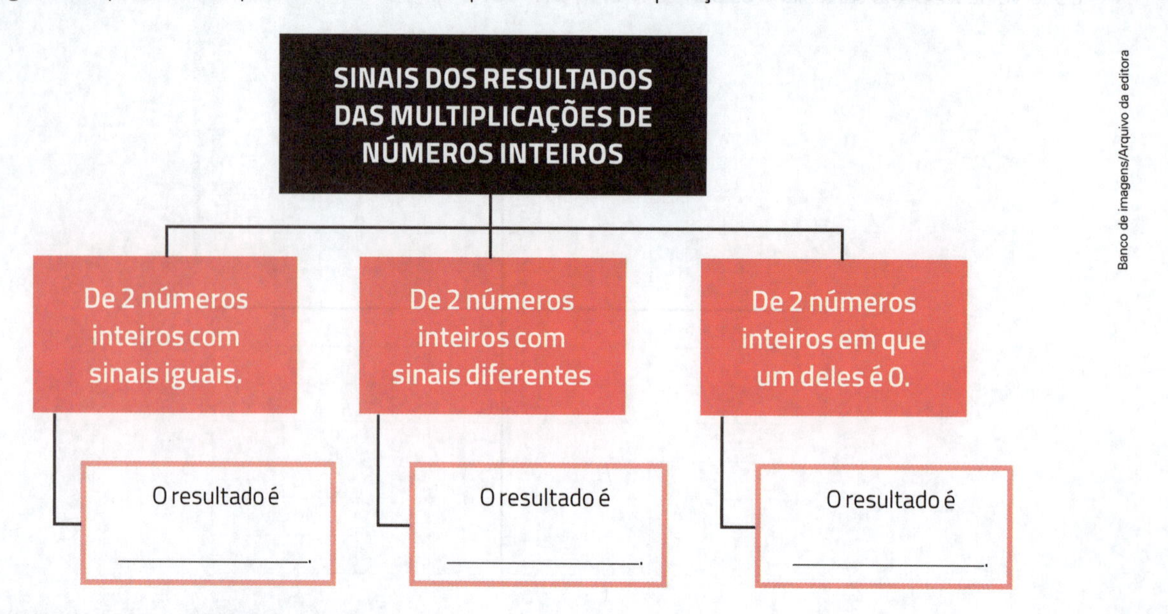

Banco de imagens/Arquivo da editora

43 Complete mais este mapa conceitual indicando a ordem em que efetuamos as operações em uma expressão numérica com números inteiros.

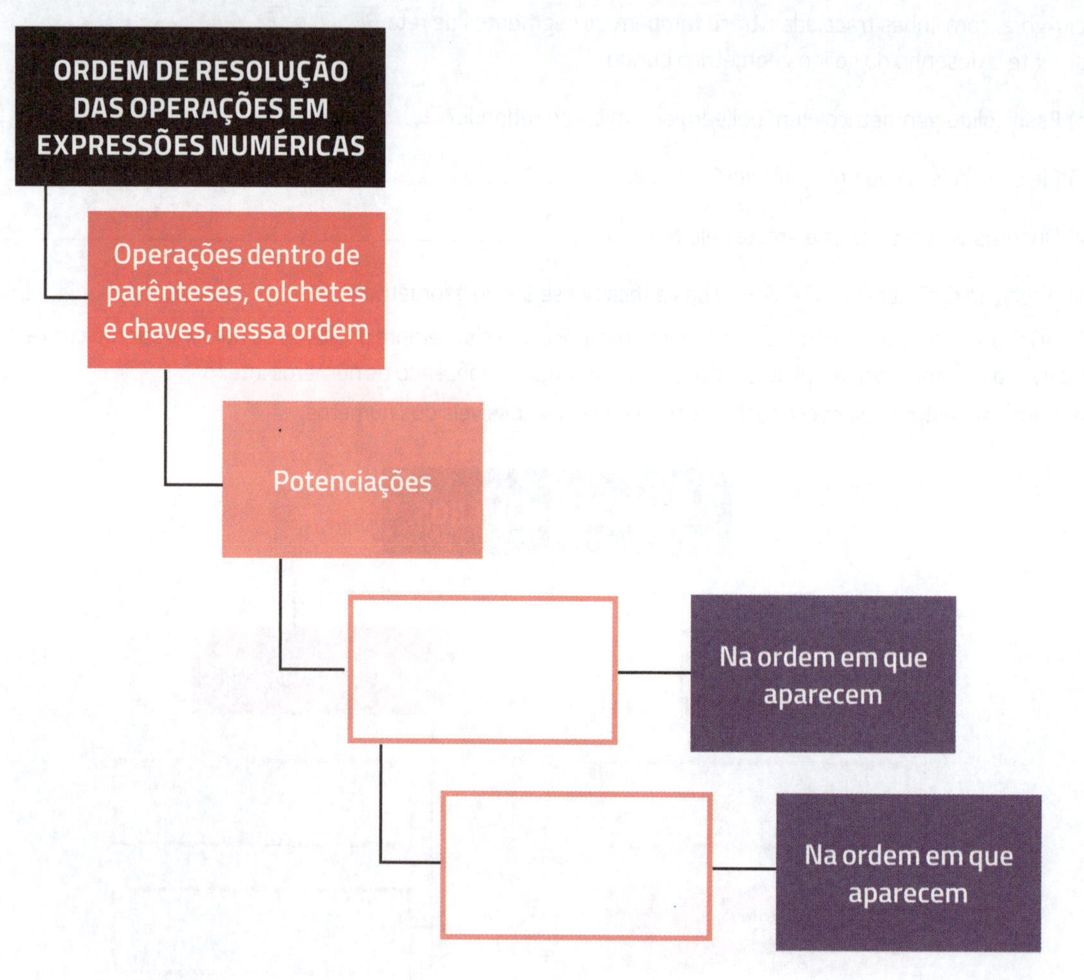

Banco de imagens/Arquivo da editora

Revendo e aprofundando múltiplos, divisores e frações

1 Rodrigo irá percorrer de carro a rodovia que liga Itabuna a Ilhéus, na Bahia, em 3 etapas. Na primeira etapa, ele percorrerá $\frac{1}{3}$ do percurso e, na segunda etapa, $\frac{1}{6}$ do percurso.

a) Qual é a fração do percurso correspondente à terceira etapa?

____

b) Se o percurso todo tem medida de comprimento de 32 km, então quantos quilômetros Rodrigo percorrerá na terceira etapa?

____

2 No tanque do carro de Rui cabem 60 L de gasolina. Quando ele iniciou uma viagem, o tanque estava cheio. Ao terminar a viagem, o ponteiro do tanque apontava que havia apenas $\frac{1}{4}$ da medida de capacidade. Quantos litros de gasolina o carro consumiu na viagem?

____

3 Pedro e Paulo foram a uma pizzaria. Cada um pediu uma *pizza* "brotinho". Pedro comeu $\frac{3}{4}$ da *pizza* que ele pediu e Paulo, $\frac{2}{3}$ da *pizza* dele.

a) Quem comeu mais *pizza*?

____

b) Qual fração da *pizza* ele comeu a mais?

____

4 Maria deseja comprar uma grande quantidade de bolas de festa para realizar um evento comemorativo. Ela tem 3 opções para escolher.

- Saquinhos com 50 bolas por R$ 7,00.
- Saquinhos com 75 bolas por R$ 10,00.
- Saquinhos com 90 bolas por R$ 13,00.

Qual opção ela deve escolher para ter o melhor custo/benefício?

____

5› Qual destes números está mais próximo de 0?

a) $1 - \frac{4}{5}$

b) $1 - \frac{3}{4}$

c) $1 - \frac{1}{2}$

d) $1 - \frac{1}{8}$

6› Qual é a fração que, somada com $\frac{3}{4}$, resulta em $\frac{4}{5}$?

____

7› Decomponha cada número em fatores primos.

a) 256 = ______________

b) 3 240 = ______________

c) 231 = ______________

8› Componha cada número dado pelo produto de potências de números primos.

a) $2^3 \times 3^2 \times 5 =$ ______________

b) $3^4 \times 2^5 =$ ______________

c) $2 \times 3 \times 5^2 \times 7 =$ ______________

9› Um livro tem 312 páginas. Felipe leu $\frac{3}{4}$ do livro na primeira semana de férias e $\frac{1}{3}$ do que restou na segunda semana. Quantas páginas faltaram para ele ler?

____

10› Observe esta reta numerada.

Banco de imagens/Arquivo da editora

$0 \quad \frac{1}{5} \quad \frac{1}{4} \quad \frac{1}{2} \quad \frac{3}{4} \quad \frac{4}{5} \quad 1$

a) Pamela tomou $\frac{1}{5}$ de litro de leite e Marina tomou $\frac{1}{4}$ de litro. Quem tomou mais leite?

____

b) Ronaldo já resolveu $\frac{4}{5}$ das questões de uma prova e Cláudia já resolveu $\frac{1}{2}$. Cláudia já fez mais ou menos questões do que Ronaldo? Explique.

____

11 Calcule usando decomposição em fatores primos.

a) $mdc(28, 70) =$ ________

b) $mmc(28, 70) =$ ________

c) $mdc(65, 325) =$ ________

d) $mmc(49, 15) =$ ________

e) $mmc(12, 14, 16) =$ ________

f) $mdc(34, 55) =$ ________

g) $mmc(32, 56) =$ ________

h) $mdc(60, 46) =$ ________

i) $mdc(375, 225) =$ ________

j) $mmc(48, 72) =$ ________

k) $mdc(64, 80, 52) =$ ________

l) $mmc(75, 60) =$ ________

12 Em uma prova de Matemática do 7º ano há 40 questões das quais 10 são sobre Geometria.

a) Qual fração representa as questões de Geometria em relação ao total de questões?

____

b) É possível afirmar que 2 em cada 8 questões são de Geometria? Justifique.

____

____

13 Jorge gastou R$ 12,00 na compra de tomates em um supermercado. Sabendo que o quilograma de tomate custa $\frac{3}{4}$ de real, calcule quantos quilogramas de tomate ele comprou.

____

14 ▸ Na festa de aniversário de Paulinho havia vasilhames que continham 2 L (2 000 mL) de suco. Para servir os convidados, havia jarras de 1 L e jarras de $\frac{1}{2}$ L, bem como copos de $\frac{1}{4}$ de litro e de $\frac{1}{8}$ de litro.

a) Quantas jarras de 1 L são enchidas com 1 vasilhame de suco?

____

b) Quantas jarras de $\frac{1}{2}$ L são enchidas com 1 vasilhame de suco?

____

c) Quantos copos de $\frac{1}{4}$ L são enchidos com 1 vasilhame de suco?

____

d) Quantos copos de $\frac{1}{8}$ L são enchidos com 1 vasilhame? Quantos mililitros de suco cabem nesse copo de $\frac{1}{8}$ de litro?

____

15 ▸ **Caçando números.** Pinte os números que satisfaçam às condições indicadas.

a) Os 4 pares de números vizinhos, na vertical, nos quais o número de cima é múltiplo do número de baixo, como aqui:

12
4

16	30	28	31	21
15	6	8	11	7
72	4	16	8	45
9	3	9	8	12

b) Os 4 números primos que fazem parte deste quadro.

4	15	17	21	3
23	30	9	18	33
25	1	11	27	49

c) Os 2 números vizinhos, na horizontal, cujo mínimo múltiplo comum é 36.

24	8	10	6	18
35	2	10	9	12
4	21	7	3	33

d) Os 2 números vizinhos, na vertical, tal que o máximo divisor comum deles é 4.

8	16	18	24	4
2	6	12	36	3
7	10	20	9	15

16 ▸ Um caminhoneiro fez um percurso em 3 etapas: na primeira etapa, deslocou-se $\frac{3}{10}$ do percurso total. Após uma parada em uma cidade **A**, na segunda etapa, ele andou $\frac{5}{7}$ do que faltava e fez uma parada na cidade **B** para, depois, percorrer a terceira etapa.

a) Qual fração do percurso o caminhoneiro percorreu na segunda etapa?

____

b) Qual fração do percurso ele percorreu na terceira etapa?

____

c) Represente o percurso total feito pelo caminhoneiro com um segmento de reta com medida de comprimento de 10 cm e localize nele os pontos de parada correspondentes às cidades **A** e **B**.

17 ▸ Faça o que se pede.

a) Calcule o mdc dos números 80 e 128.

____

b) Agora, calcule o mdc do menor desses números (80) e da diferença entre eles (48).

____

c) Os resultados obtidos nos itens **a** e **b** foram iguais? Verifique se o mesmo acontece com outros pares de números.

____

18 Investigue se esta igualdade é verdadeira.

$$8 \times 12 = \text{mdc}(8, 12) \times \text{mmc}(8, 12)$$

____

____

19 O que aconteceu com os números 8 e 12 na atividade anterior os matemáticos já provaram que acontece para quaisquer 2 números naturais *a* e *b*, diferentes de 0.

$$a \cdot b = \text{mdc}(a, b) \cdot \text{mmc}(a, b)$$

Verifique essa relação em outros pares de números naturais diferentes de 0.

____

____

20 Reveja os processos práticos que você já estudou e responda.

a) O número 311 é primo?

____

b) Quais são os divisores de 207?

____

c) O número 1 584 tem quantos divisores?

____

d) Qual é o valor do mdc(126, 231) e o do mmc(126, 231)?

____

21 O número n é o maior divisor comum dos números 56, 84 e 210. Qual é o número n?

____

22 Descubra qual é a soma mágica deste quadrado mágico e, depois, complete-o. Lembre-se: a soma mágica é a soma dos números de qualquer coluna, linha ou diagonal.

Soma mágica: ____________

$-\frac{2}{3}$	$\frac{1}{2}$	
	$-\frac{1}{6}$	
	$-\frac{5}{6}$	

23 Quatro quintos de qual número é igual a 1?

____

24 Cristiano é vendedor de melancias. Na terça-feira, ele vendeu $\frac{3}{5}$ das melancias que tinha; na quarta-feira, vendeu $\frac{3}{5}$ das melancias restantes; e, na quinta-feira, vendeu as 20 melancias que restavam. Quantas melancias ele vendeu ao todo?

____

25 Em um estacionamento há entre 70 e 80 carros. Curiosamente, contando esses carros de 3 em 3 não sobra nenhum carro e, contando de 4 em 4, também não sobram carros. Quantos carros há no estacionamento?

____

26 Ricardo é um comerciante em uma feira e, em determinado dia, ele tinha 48 tomates, 60 cebolas e 72 pepinos. Ele deseja fazer pacotinhos iguais com esses produtos de modo a colocar o máximo de itens possível em cada pacotinho e que não sobre nenhum produto. Como ele pode fazer essa distribuição?

____

____

27 Os $\frac{2}{3}$ dos $\frac{3}{5}$ de um número correspondem a 30. Qual é esse número?

____

28 Nesta figura, os 2 quadrinhos em lilás apresentam operações de mesmo resultado. Esse resultado está representado no quadrinho em cinza.

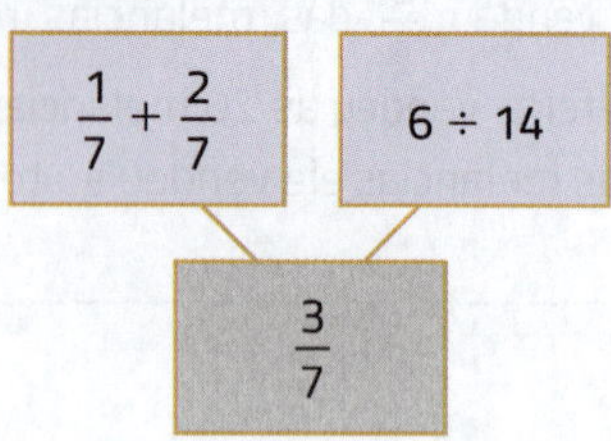

Use o mesmo procedimento, pintando 2 a 2 os quadrinhos com as operações de mesmo resultado.

$\frac{3}{10} - \frac{1}{5}$	$8 \times \frac{1}{2}$	$\frac{1}{5} \div 2$
$\frac{21}{6} + \frac{4}{8}$	$\frac{3}{8} \times \frac{4}{9}$	$\frac{1}{12} + \frac{1}{12}$

29 Veja as partes pintadas de verde em 4 regiões quadradas iguais.

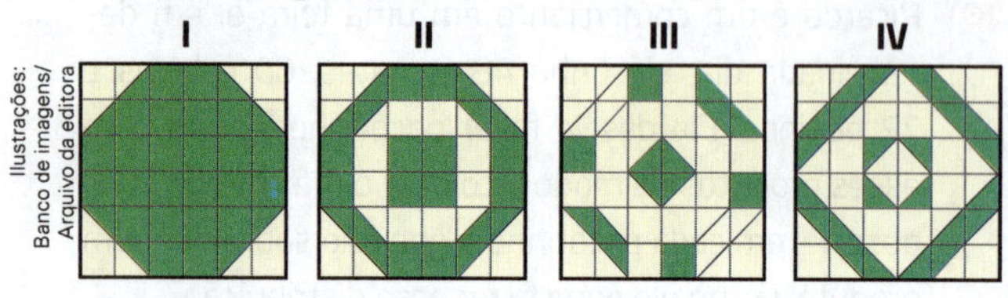

Ilustrações: Banco de imagens/Arquivo da editora

a) Determine a fração irredutível que representa a parte pintada de verde em relação à região quadrada.

Figura I: ________ Figura III: ________

Figura II: ________ Figura IV: ________

b) A parte pintada de verde na figura **IV** corresponde a qual porcentagem da parte pintada de verde na figura **I**?

____

30 Marta entregou 1 folha de cartolina branca para os 3 filhos.

- Com régua e lápis, Ana fez alguns traçados, dividiu a folha em 3 partes iguais e pintou 1 parte de azul.
- Caio fez outros traçados, dividiu o restante da folha em 4 partes iguais e pintou 3 partes de vermelho.
- Larissa pintou o restante da folha de rosa.

a) Escreva a fração que representa a parte da folha que cada filho pintou.

____

b) Qual deles pintou a maior parte da folha? Justifique.

____

c) Faça um desenho para comprovar sua resposta do item **b**.

31 Considere estas informações sobre a venda de livros em uma livraria, de segunda a quinta-feira.

- Segunda-feira: foi vendido $\frac{1}{5}$ do total.
- Terça-feira: o dobro do que foi vendido na segunda-feira.
- Quarta-feira: $\frac{1}{3}$ do que foi vendido na terça-feira.
- Quinta-feira: 32 livros vendidos.

a) Descubra quantos livros foram vendidos ao todo nessa livraria.

____

b) Construa um gráfico de barras e registre a venda diária de livros nessa livraria, de segunda a quinta-feira.

c) Calcule a média de livros vendidos por dia.

____

32 Quanto devo somar a $\frac{3}{5}$ de 0,2 para obter resultado igual a 1?

____

33 Responda.

a) Multiplicar um número por 0,3 equivale a dividi-lo por quanto?

____

b) Dividir um número por 0,4 é o mesmo que multiplicá-lo por qual fração irredutível?

____

34 O tio de Pedro fez 2 tortas de atum iguais. Dividiu uma delas em 4 partes iguais e a outra em 8 partes iguais.

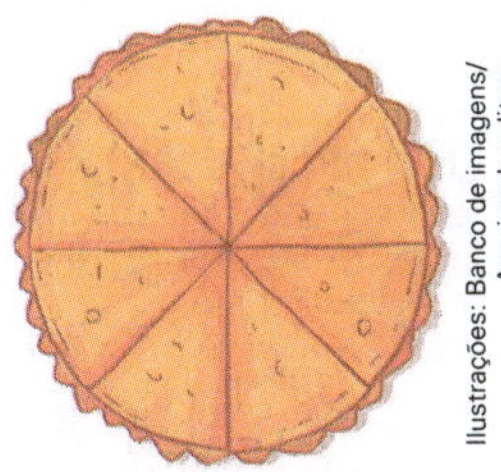

Ilustrações: Banco de imagens/Arquivo da editora

Responda: "Quantas vezes $\frac{1}{8}$ da torta cabe em $\frac{1}{4}$ dessa mesma torta?".
Uma dica: Observe as tortas para responder e, depois, use uma operação para conferir.

____

35 No sítio de Sandro há plantas orgânicas em canteiros. Em $\frac{3}{4}$ de cada canteiro ele plantou alfaces, mas em $\frac{1}{5}$ de cada canteiro existe a plantação de *baby leafs*, que são pés de alface bem pequenos.

Quantas vezes a plantação de *baby leafs* de cada canteiro cabe na parte em que ele plantou alfaces?

____

36 Calcule o mínimo múltiplo comum dos números naturais dados.

a) $\text{mmc}(18, 42) =$ __________

b) $\text{mmc}(25, 35) =$ __________

c) $\text{mmc}(72, 18) =$ __________

d) $\text{mmc}(46, 51) =$ __________

e) $\text{mmc}(8, 12, 18) =$ __________

f) $\text{mmc}(25, 40, 60) =$ __________

37 Ana, Caio e Larissa têm um pote cheio de bolinhas de gude. Veja como eles dividiram as bolinhas entre eles.

- Ana dividiu as bolinhas em 3 grupos com a mesma quantidade de bolinhas e ficou com 1 grupo.
- Caio dividiu o restante das bolinhas em 4 grupos com a mesma quantidade de bolinhas e ficou com 3 grupos.
- Larissa ficou com o restante das bolinhas de gude.

a) Qual fração da quantidade total de bolinhas ficou com cada um deles?

____

b) Qual deles ficou com mais bolinhas de gude? Justifique.

____

38 Complete este mapa conceitual com algumas das aprendizagens que você retomou sobre frações.

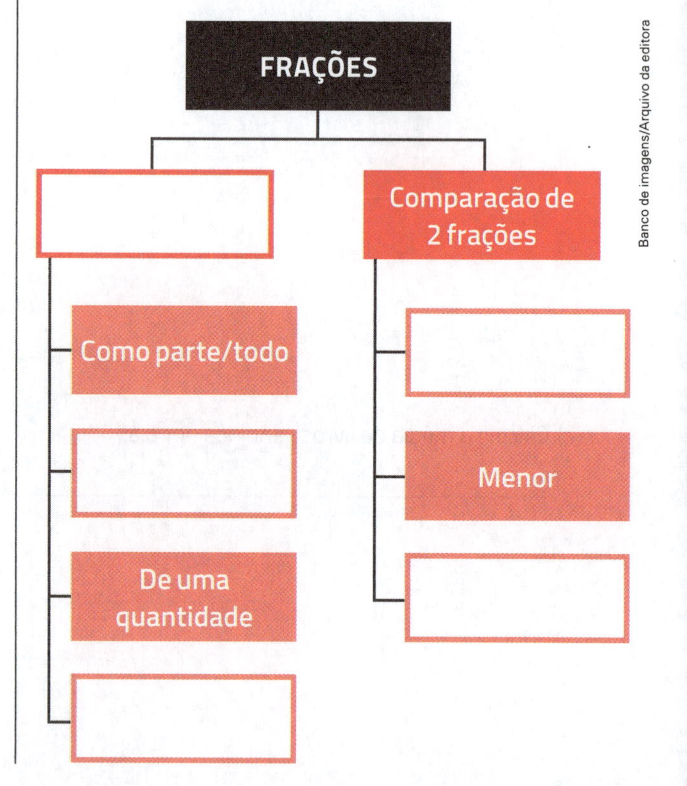

CAPÍTULO 3

Números racionais

1 Complete os itens.

a) O conjunto formado por todos os números racionais é indicado por ______.

b) $\mathbb{Z}$ indica o conjunto formado por todos os números ______.

c) O número racional $-2\frac{3}{4}$ escrito na forma decimal é ______.

d) O inverso do número $-\frac{7}{5}$ é o número ______.

e) O oposto de $-\frac{7}{5}$ é ______.

f) O oposto do inverso de -5 é ______.

g) O número $\frac{7}{11}$ corresponde à dízima periódica ______.

h) O módulo de $-\frac{4}{7}$ é ______.

i) O número $-\frac{18}{5}$ fica entre os números inteiros consecutivos ______ e ______.

2 Observe esta reta numerada e escreva o que se pede.

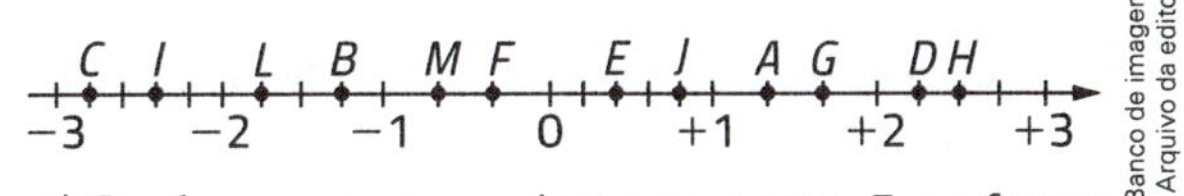

Banco de imagens/Arquivo da editora

a) O número correspondente ao ponto *E*, na forma decimal.

______

b) O número correspondente ao ponto *B*, na forma mista.

______

c) A letra correspondente ao número $+2{,}5$.

______

d) O número correspondente ao ponto *L*, na forma de fração irredutível.

______

e) O número correspondente ao ponto *A*, na forma de fração com denominador 12.

______

f) A letra correspondente ao número $-\frac{14}{5}$.

______

3 Descreva como localizar o ponto correspondente ao número racional $-5{,}2$ em uma reta numerada.

______

______

4› Analise com atenção as medidas de temperatura indicadas nos quadros.

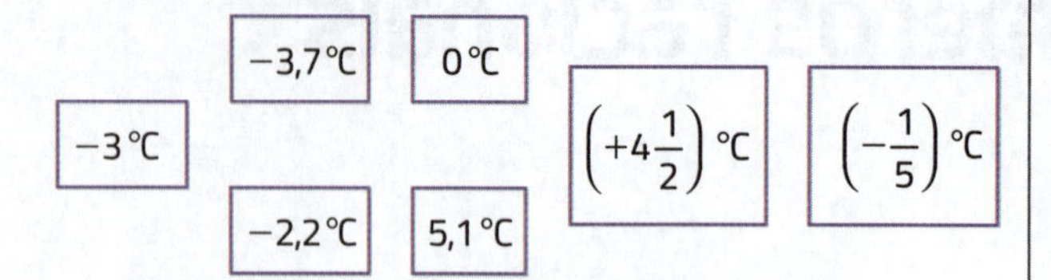

a) Qual é a medida de temperatura mais alta?

____

b) Qual é a medida de temperatura mais baixa?

____

c) Quais são as medidas de temperatura abaixo de zero?

____

d) Qual é a medida de temperatura entre −3 °C e −2 °C?

____

5› Compare os números racionais colocando >, < ou = entre eles.

a) $-\frac{2}{3}$ ________ $-\frac{6}{9}$

b) 0 ________ $-2,\overline{4}$

c) $-2\frac{5}{6}$ ________ $+1\frac{9}{10}$

d) $+\frac{1}{3}$ ________ 0

e) $-\frac{3}{8}$ ________ $-\frac{1}{4}$

f) +216 ________ +194

g) −5,83 ________ −6

h) $+\frac{5}{8}$ ________ +0,63

i) $+\frac{7}{15}$ ________ $0,4\overline{6}$

6› Assinale o item em que os números estão escritos em ordem crescente.

a) −2; −4; −5; 0; +1; +4; +6.

b) $-2\frac{3}{4}$; $-\frac{5}{8}$; −1; 0, +0,86; $+1\frac{1}{2}$.

c) $-1,\overline{4}$; −1; −0,72; 0; $+\frac{2}{3}$; $+4\frac{3}{8}$.

7› Represente os conjuntos citados.

a) *A*: conjunto dos números inteiros que têm módulo maior do que 3.

____

b) *B*: conjunto dos números inteiros que têm módulo menor do que 3.

____

8› Nesta atividade, qualquer deslocamento realizado para a direta, na reta numerada, é indicado por um número positivo, e qualquer deslocamento feito para a esquerda é indicado por um número negativo. Complete os esquemas, usando esta reta numerada como referência.

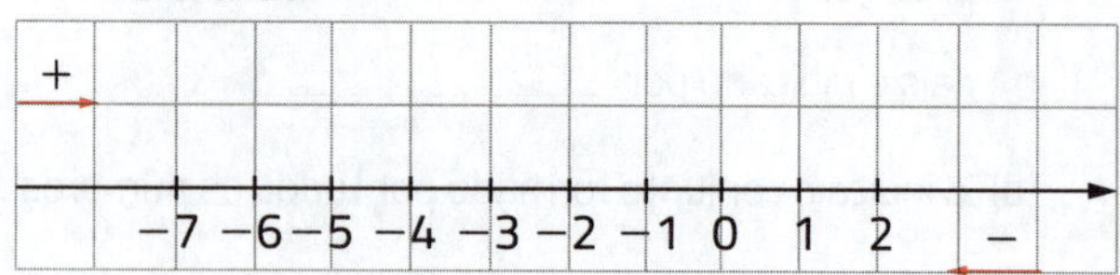

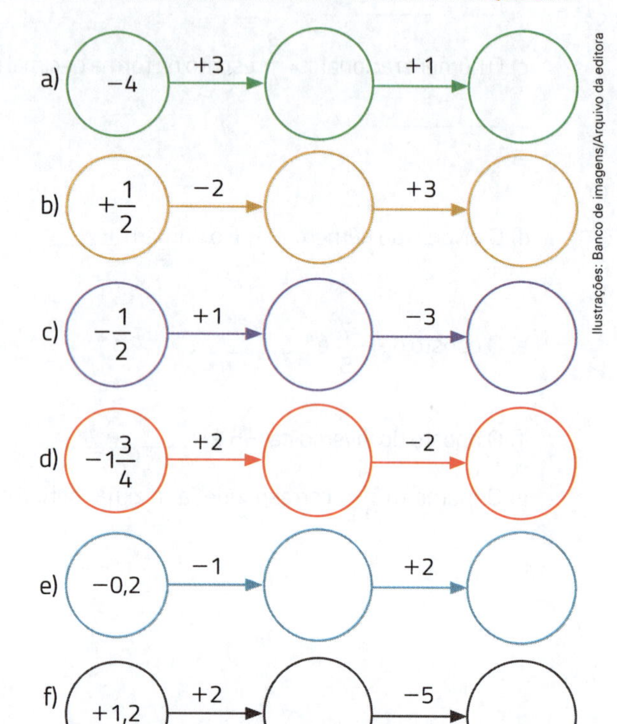

Ilustrações: Banco de imagens/Arquivo da editora

9› Um reservatório tem a forma de paralelepípedo e as dimensões dele medem 3,5 m, 2 m e 1,5 m. Quantos litros de água podem ser armazenados nesse reservatório?

____

10 ▸ Efetue as operações envolvendo números racionais na forma fracionária.

a) $-\frac{3}{7} + \frac{1}{3} =$ ______________

b) $\left(-\frac{5}{6}\right) \cdot \left(+\frac{2}{5}\right) =$ ______________

c) $\left(-\frac{3}{10}\right) - \left(+\frac{1}{4}\right) =$ ______________

d) $\dfrac{-\frac{3}{8}}{\frac{2}{5}} =$ ______________

e) $\left(-\frac{3}{4}\right)^2 =$ ______________

f) $\left(-1\frac{2}{3}\right) : (-2) =$ ______________

g) $\left(-\frac{1}{2}\right)^5 =$ ______________

h) $(-2) + \left(+1\frac{1}{5}\right) =$ ______________

i) $-\frac{1}{2} - \frac{2}{3} + \frac{5}{6} =$ ______________

j) $\left(-\frac{1}{3}\right) : \left(-\frac{2}{9} + \frac{1}{6}\right) =$ ______________

k) $\left[\left(+\frac{1}{2}\right) : (+2)\right]^3 =$ ______________

l) $\left(-\frac{3}{4}\right) - \left(-\frac{1}{2}\right) \cdot \left(+\frac{1}{2}\right) =$ ______________

11 ▸ Efetue as operações envolvendo números racionais na forma decimal.

a) $-3{,}45 + 4{,}1 =$ ______________

b) $(+3{,}8) - (+1{,}34) =$ ______________

c) $(-4{,}1) \cdot (+2{,}2) =$ ______________

d) $(-12{,}12):(-4) =$ ______

e) $0-(+2{,}6) =$ ______

f) $\dfrac{-17{,}68}{+5{,}2} =$ ______

g) $(-3{,}7)^2 =$ ______

h) $(-0{,}5)^3 =$ ______

i) $(+1{,}4)^2 =$ ______

j) $(+0{,}3)^3 =$ ______

k) $1{,}5 : 9 =$ ______

l) $(-4{,}4)-(-2{,}3)+(-0{,}25) =$ ______

m) $(-2{,}5)\cdot(-2)\cdot(+1{,}2) =$ ______

n) $(-6{,}44):0 =$ ______

12› Indique a quais conjuntos numéricos cada número pertence: naturais, inteiros ou racionais.

a) 2 ______

b) 3,7 ______

c) −8 ______

d) $\dfrac{5}{4}$ ______

e) 0 ______

f) $3{,}7\overline{5}$ ______

13› Complete os itens com o número que falta.

a) ______ $\cdot\left(-\dfrac{2}{9}\right)=+3$

b) $(-2{,}75)-($ ______ $)=+2{,}4$

c) ______ $\cdot\left(-1\dfrac{1}{3}\right)=+\dfrac{2}{5}$

d) ______ $+(-5)=-3\dfrac{4}{9}$

e) ______ $-(-8)=4{,}9$

f) $($ ______ $)^3=-0{,}064$

14 › Comprove a propriedade citada em cada item usando os números indicados.

a) Propriedade associativa da adição, com os números $-\frac{3}{4}$, $+\frac{1}{2}$ e $+\frac{5}{6}$.

b) Propriedade distributiva da multiplicação em relação à subtração, com os números +2,5, −3,1 e −0,7.

15 › Indique e efetue o que se pede.

a) O produto do oposto de $-\frac{1}{4}$ com o inverso de −3.

____

b) A diferença entre o módulo de −5 e o sucessor de −4.

____

c) O quociente de um número racional qualquer, diferente de 0, pelo simétrico (oposto) dele.

____

d) O inverso de −1,3 elevado ao cubo.

____

16 › Calcule o valor de cada expressão numérica.

a) $\left(-\frac{3}{8}\right)-\left(+\frac{2}{5}\right):\left(-\frac{1}{2}\right)=$ ________

b) $(2{,}5)^2 \cdot (-1)^{16} =$ ________

c) $[(-2)+(-3)\cdot(+5)]-[(+2)^3\cdot(-4)]=$ ________

d) $\{(-6)-[(-2)\cdot(-4)\cdot(-1)]:(-8)\}^2=$ ________

17 Observe o saldo bancário de Raul no dia 1º de cada mês do 1º semestre e calcule o que se pede.

SALDO BANCÁRIO P/ SIMPLES CONFERÊNCIA

Agência: 5002-x **Conta: 2204-5**
Cliente: sr. Raul

Semestre/Mês	Valor
1º/01	–R$ 200,00
1º/02	+R$ 64,50
1º/03	+R$ 25,20
1º/04	–R$ 12,70
1º/05	–R$ 6,40
1º/06	+R$ 205,00

Banco de imagens/Arquivo da editora

a) A diferença entre os saldos de 1º/2 e 1º/1.

b) A média dos saldos dos 4 primeiros meses no dia 1º.

c) A média dos saldos dos 6 meses no dia 1º.

d) O saldo em 1º/7 para que o saldo médio dos 7 primeiros meses seja de +R$ 50,00.

18 Duas equipes estavam participando de uma gincana na escola. Uma das provas dessa gincana chamava-se **Ordenando** e consistia em ordenar alguns números. A equipe que conseguisse ordenar primeiro deveria apertar um botão e, se acertasse, ganhava os pontos da prova; mas, se errasse, os pontos eram dados à equipe adversária.

Veja as fichas com os números que foram dadas às 2 equipes.

A: O produto entre um quarto e oito.

B: 0,75

C: $1 - \frac{8}{5}$

D: O inverso de $-\frac{1}{3}$.

A equipe da qual Júlia faz parte terminou a ordenação primeiro, apertou o botão e apresentou os números na seguinte ordem: $A > B > D > C$.

Qual equipe ganhou os pontos da prova? Justifique e apresente cada número na reta numerada.

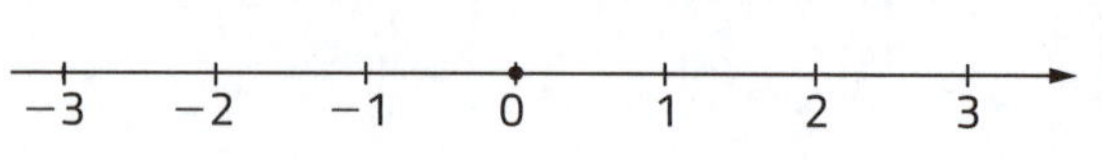

Banco de imagens/Arquivo da editora

19 Em uma calculadora, a tecla [.] representa a vírgula de um número decimal e a tecla [±] indica mudança de sinal. Observe o que vai aparecer no visor da calculadora no final das sequências de teclas indicadas e, depois, registre o resultado.

a) [7] [.] [4] [5] [±]

b) [8] [.] [5] [+] [2] [±] [=]

c) [0] [.] [4] [±] [−] [3] [±] [=]

d) [2] [.] [2] [±] [×] [=]

Ilustrações: Banco de imagens/Arquivo da editora

20 Indique e efetue a operação correspondente.

a) A diferença entre $-\frac{1}{6}$ e $-\frac{1}{10}$.

____

b) O produto de -5 e $+0{,}25$.

____

c) O quociente de $-1\frac{3}{4}$ por -2.

____

d) A soma de $-3{,}44$ e $+12{,}6$.

____

e) $-3{,}5$ elevado ao quadrado.

____

f) $-\frac{1}{3}$ elevado ao cubo.

____

g) O triplo de $-\frac{5}{7}$.

____

h) A metade de 7.

____

21 Complete este mapa conceitual com a relação entre os conjuntos numéricos que você estudou neste capítulo.

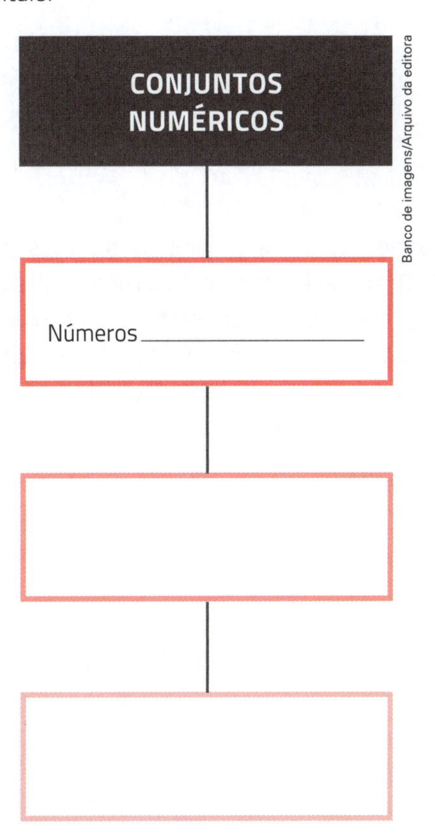

Expressões algébricas, equações e inequações do 1º grau

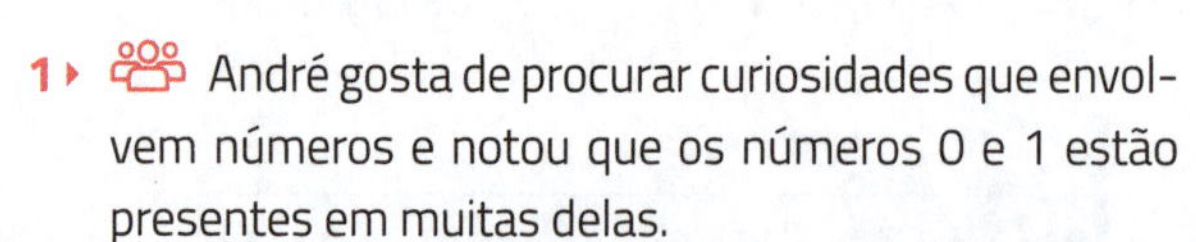

1 André gosta de procurar curiosidades que envolvem números e notou que os números 0 e 1 estão presentes em muitas delas.
Veja as operações que ele fez considerando os números que já conhece, que são os números racionais.

Thiago Neumann/Arquivo da editora

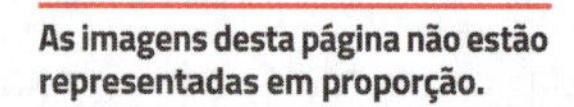

As imagens desta página não estão representadas em proporção.

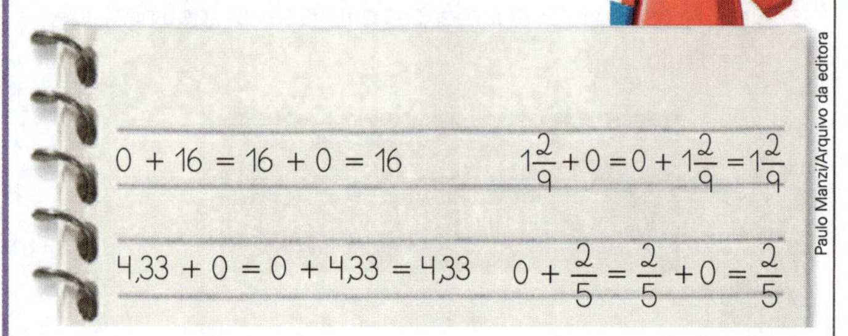

Paulo Manzi/Arquivo da editora

Considerando x e y números racionais diferentes de 0, André descobriu outras curiosidades e fez novas generalizações. Complete os itens colocando x, y, 0 ou 1. Depois, analise com os colegas cada generalização, façam uma interpretação do significado dela e deem exemplos.

a) $x : x =$ ______

b) $x \cdot y =$ ______ $\cdot\, x$

c) $y \cdot$ ______ $=$ ______ $\cdot\, y = y$

d) $y - y =$ ______

e) $x + 4 = 3 + x +$ ______

f) $1 \cdot x =$ ______

g) $x -$ ______ $= x$

h) $x + y = y +$ ______

i) $0 \cdot x = x \cdot 0 =$ ______

j) $y : \_\_\_\_\_\_ = y$

k) $0 + \_\_\_\_\_\_ = y$

l) $y \cdot \_\_\_\_\_\_ = 0$

2 Alana tem 15 anos. Qual expressão algébrica representa a idade que ela terá daqui a x anos?

____

3 Considere que x indica um número qualquer e represente o que se pede usando expressões algébricas.

a) x aumentado de 6.

____

b) x diminuído de 9.

____

c) O triplo de x.

____

d) A metade de x.

____

e) O quadrado de x.

____

f) O dobro de x somado com 7.

____

g) A diferença entre 8 e a terça parte de x.

____

h) A soma do quadrado de x com 1.

____

i) O dobro da soma de 6 com x.

____

j) A diferença entre o dobro de x e o cubo de x.

____

4 Escreva a expressão algébrica simplificada de cada expressão dada.

a) $5m + 3m = \_\_\_\_\_\_$

b) $180 + 4y - 3y + 5 = \_\_\_\_\_\_$

c) $240p : 15 + \frac{1}{3} = \_\_\_\_\_\_$

d) $\frac{121a : 11}{11} = \_\_\_\_\_\_$

5 Calcule o valor numérico de cada expressão algébrica de acordo com os números dados para as variáveis .

a) $5x - 8$, para $x = 4$.

____

b) $3 - x^2$, quando $x = 3$.

____

c) $a^2 - 5b$, se $a = 4$ e $b = -1$.

____

d) $y^2 - 2y + 9$, para $y = -5$.

____

e) $x + 2y$, para $x = \frac{1}{4}$ e $y = \frac{1}{3}$.

____

f) $3x^2 + 1$, para $x = 0{,}7$.

____

6 Em cada expressão algébrica, determine a restrição ao denominador para que ela represente um número.

a) $\frac{10}{(x-4)}$

b) $\frac{3}{(2x-6)}$

c) $\frac{(x+1)}{(9-4x)}$

d) $\frac{x}{(2x+1)}$

7 Analise com atenção as sentenças matemáticas.

A) $8-2x=0$

B) $x+3y=y+1$

C) $x^2>10$

D) $3(x-4)\leqslant 14$

E) $5x-4=x-12$

F) $x^2+x=30$

G) $\frac{x}{6}-1<\frac{x-5}{4}$

H) $2x-3y=0$

I) $-5+7=2$

a) Quais dessas sentenças são equações?

b) Quais são inequações? E quais têm 1 única incógnita?

c) Quais são equações do 1º grau com 1 incógnita? E quais são equações do 1º grau com 2 incógnitas?

d) Quais são inequações do 1º grau com 1 incógnita?

8 Descubra mentalmente os números que podem substituir as incógnitas em cada sentença e registre-os.

a) $x^2=196$

b) $y+10=32$

c) $x\in\mathbb{N}$ e $2x<10$.

d) $x\in\mathbb{Z}$ e $x+2>0$.

e) $8+x=0$

f) $\frac{n}{3}=5$

g) $x\in\mathbb{Q}$ e $x>0$.

h) $3a=1$

9 Considere as sentenças da atividade anterior e indique o que se pede.

a) As sentenças que são equações.

b) As sentenças que são equações do 1º grau com 1 incógnita.

10 Escreva uma expressão algébrica para indicar cada item.

a) O triplo de um número *x*.

b) O dobro de um número *a*.

c) O quadrado de um número *y*.

d) A quarta parte de um número *m*.

11 Considere um número qualquer n.

a) Escreva a expressão algébrica que representa "subtrair 3 do dobro desse número".

____

b) Determine o valor numérico dessa expressão quando $n = 3\frac{1}{2}$.

____

c) Descubra o valor de n para o qual a expressão tem valor 11.

____

12 Escreva as expressões algébricas equivalentes e simplificadas de cada expressão dada.

a) $\frac{2x + 8}{2} =$ ________

b) $\frac{2x + 2(5x + 2) + 3x - 4}{5} =$ ________

c) $x - 3(x + 1) + 3x + 5 - 2x - 6 - x =$ ________

d) $\frac{a + 2a - 3a + 4(1 - a)}{2} =$ ________

13 Complete este quadro considerando $h = 3$.

Expressão algébrica	Valor numérico
$4h - 3$	
$2h + \frac{h}{3}$	
$3(h + 4) - 10$	
$\frac{2h}{3} + 5h - 1$	
$\frac{2(3h - 2) - 7}{3}$	

14 Escreva a sequência de expressões algébricas de acordo com estas instruções: chame um número de x; dobre-o; adicione 8; subtraia o número que você escolheu; subtraia 3; subtraia o número que você escolheu. A que número você chegou?

____

15 Para quais valores racionais de x a expressão algébrica $3 - 5x$ tem valor numérico menor do que o valor numérico da expressão $x - 9$?

____

16 **Truque numérico: o resultado é sempre 2!** Escolha um colega e diga que você vai adivinhar a qual número ele vai chegar.

Dê estas instruções.

- Escolha um número.
- Adicione 5 a esse número.
- Multiplique o resultado por 2.
- Subtraia 6.
- Divida por 2.
- Subtraia o número que você pensou.

Em seguida, diga: O número a que você chegou foi 2.

Complete o quadro e você descobrirá por que sempre dará o resultado 2.

Instruções	Exemplos			Expressão algébrica
Escolha um número.	4	7	9	n
Adicione 5 a esse número.	9	12	14	$n + 5$
Multiplique o resultado por 2.	18	24		$2n + 10$
Subtraia 6.	12			$2n + 4$
Divida por 2.	6			$n + 2$
Subtraia o número que você pensou.	2			2

17 Sendo x um número racional diferente de 0, escreva a expressão algébrica que representa cada item.

a) O quádruplo desse número.

b) Os $\frac{5}{6}$ da soma desse número com 3.

c) O triplo do quadrado desse número.

d) O quadrado do triplo desse número.

e) A metade do oposto desse número.

f) A diferença entre esse número e o inverso dele.

18 Em um poliedro, o número de vértices é $\frac{2}{3}$ do número de arestas e o número de faces é $\frac{2}{5}$ do número de arestas. Descubra quantos vértices, quantas faces e quantas arestas esse poliedro tem e qual é o nome dele.

19 **Desafio.** Um icosaedro é um poliedro que tem 20 faces. Nele, o número de vértices corresponde a 40% do número de arestas. Então, o icosaedro tem:

a) 8 vértices e 20 arestas.

b) 10 vértices e 25 arestas.

c) 12 vértices e 30 arestas.

d) 10 vértices e 28 arestas.

20 ▸ Desafio. Para quais valores de x a expressão $x^2 + 1$ tem valor numérico igual a 10?

21 ▸ Das equações dadas, 5 são do 1º grau com 1 incógnita e 3 não são. Identifique as que são do 1º grau com 1 incógnita e justifique todas elas.

a) $3x = 25$

b) $-4x + 3 = 11$

c) $4 + 2 \cdot (x + 6) = 16 + x$

d) $\frac{3x}{7} = -9$

e) $3 \cdot (2x - 1) = 4 - (8 - 6x)$

f) $\frac{3x}{10} - \frac{x-1}{15} = 2$

g) $3x - 4 + x = 2x + 1 + 2x - 5$

h) $3x^2 = 12$

22 ▸ Patrícia distribuiu 42 figurinhas entre os 3 sobrinhos, assim: Ana recebeu o dobro de figurinhas de Flávio e Ademir recebeu o dobro de Ana. Quantas figurinhas cada um dos sobrinhos recebeu?

23 ▸ A diferença entre 16 e o triplo de um número é igual à soma do dobro desse mesmo número e 41. Qual é esse número?

24 ▸ Resolva as equações do 1º grau com 1 incógnita.

a) $-6x = -4$

b) $3n - 17 = 7$

c) $4y + 12 = y - 10$

d) $5 - 7x = 2x - 5$

e) $5x - 3 + x = 3x - 2 - 1$

25 › Hélio tinha certa quantia quando chegou ao *shopping*. Ele gastou $\frac{1}{3}$ da quantia na compra de um livro, $\frac{1}{4}$ da quantia na compra de um CD e ainda ficou com R$ 25,00. Qual quantia Hélio tinha inicialmente?

____

26 › Assinale apenas as desigualdades que estão corretas.

a) $3 > -5$

b) $-4 < -7$

c) $0 \geqslant -8$

d) $3 < 3$

e) $3 \leqslant 3$

f) $-15 \neq +15$

g) $0 \leqslant 16$

h) $13 \leqslant -13$

i) $2{,}53 > 1{,}95$

j) $-5 \leqslant +6$

k) $0{,}42 > 0{,}419$

l) $-\frac{3}{5} < -\frac{1}{5}$

m) $0{,}5 \geqslant \frac{1}{2}$

n) $\frac{3}{10} > \frac{4}{15}$

o) $\frac{2}{3} \leqslant \frac{5}{7}$

27 › Conexões. Em janeiro de 2019, uma corrida de táxi na cidade do Rio de Janeiro era cobrada assim: bandeirada de R$ 5,80 e R$ 2,60 por quilômetro rodado.

Fonte de consulta: G1-GLOBO. *Rio de Janeiro*. Disponível em: <https://g1.globo.com/rj/rio-de-janeiro/noticia/2018/12/28/secretaria-municipal-de-transportes-do-rio-autoriza-o-reajuste-das-tarifas-de-taxi-para-2019.ghtml>. Acesso em: 14 jan. 2019.

a) Qual expressão algébrica indica a quantia a pagar em uma corrida de x km?

____

b) Com R$ 29,20, quantos quilômetros é possível rodar?

____

28 › Resolva estas equações.

a) $3x - \frac{1}{2} = 2(x - 7)$

____

b) $\frac{5a - 11}{4} = 1\frac{1}{2}$

____

c) $\frac{2}{3}(x - 2) = 3(x - 2)$

____

d) $\frac{y}{7} - \frac{y}{2} = 1 - 2(y - 1)$

____

e) $\frac{\frac{x}{3}}{5} = \frac{x}{\frac{3}{5}} + 1$

____

f) $4 - 5m = 0{,}3m - \frac{m}{2}$

____

29 › Um triângulo tem medida de perímetro de 31 cm. A medida de comprimento do menor lado é $\frac{2}{3}$ da medida de comprimento do maior lado e a medida de comprimento do terceiro lado é 3 cm a mais do que a do menor lado. Calcule as medidas de comprimento dos 3 lados.

____

30› Associe corretamente cada equação ao conjunto universo dela.

$\frac{1}{(x-1)} = \frac{5}{2}$ $\quad\quad \mathbb{U} = \mathbb{Q} - \{2, -3\}$

$\frac{1}{(x-2)} = \frac{(x+2)}{(x+3)}$ $\quad\quad \mathbb{U} = \mathbb{Q} - \{0\}$

$\frac{3}{x} = \frac{1}{2} + 5x$ $\quad\quad \mathbb{U} = \mathbb{Q} - \{1\}$

$\frac{(x+1)}{x} + \frac{1}{(x-5)} = \frac{1}{2}$ $\quad\quad \mathbb{U} = \mathbb{Q} - \{0, 5\}$

31› Um caminhoneiro fez um percurso em 3 etapas: na primeira etapa, percorreu 40% do percurso total; na segunda etapa, andou 80% do que havia percorrido na primeira; e, na terceira etapa, percorreu 196 km.

Avits/Arquivo da editora

a) Quantos quilômetros o percurso todo tem?

b) Quantos quilômetros o caminhoneiro percorreu em cada etapa?

32› **Desafio.** Observe estes terrenos, que têm a forma quadrada.

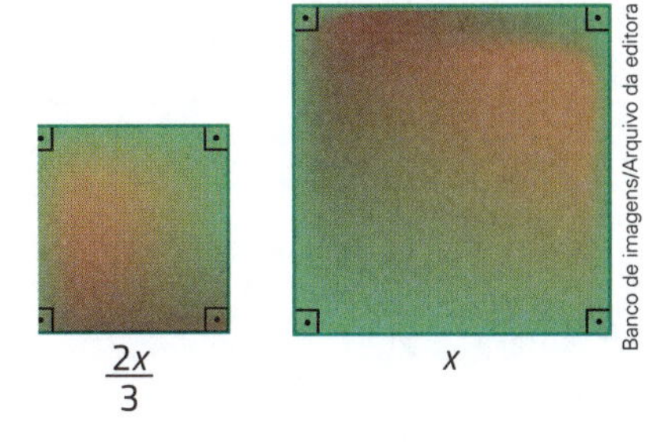

Banco de imagens/Arquivo da editora

Sabendo que a medida de perímetro do maior terreno é de 16 m a mais do que a medida de perímetro do menor terreno, descubra a medida de área de cada terreno, em metros quadrados.

33› Resolva estas equações.

a) $5 - 3(x-2) = 8 - (4 - 2x)$

b) $-2(3x - 4 - x) = 26 - 7x$

c) $\frac{1}{2}(x-3) = \frac{1}{2} + (x+3)$

d) $3\left(\frac{2x}{3} - 1\right) = x + 4$

e) $7 - 6x = 1 + 3(5 + 2x)$

f) $2(4 - 6x) = -4(1 - x)$

34 Observe nesta imagem a representação de 3 importantes cidades do estado de São Paulo e as medidas de distância rodoviária entre elas, em quilômetros, representadas simbolicamente.

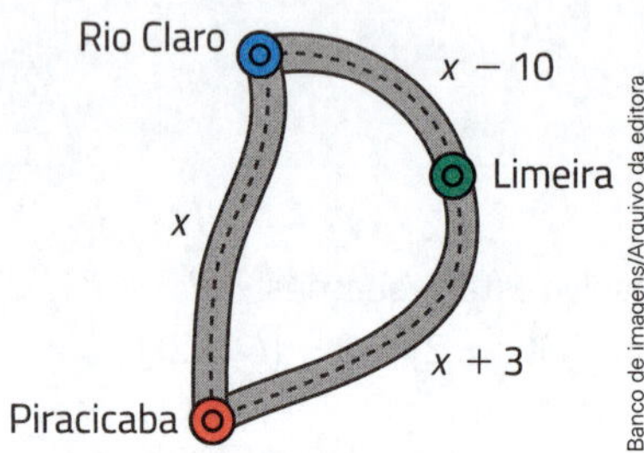

Banco de imagens/Arquivo da editora

Determine as 3 medidas de distância sabendo que, para ir de Rio Claro a Piracicaba, passando por Limeira, um carro percorre 59 km.

35 O pai de Onofre é serralheiro e vai usar um fio de arame, com medida de comprimento de 1,12 m, para fazer uma armação que tem a forma de um "esqueleto" de paralelepípedo. Veja as medidas das dimensões que ele deseja ter.

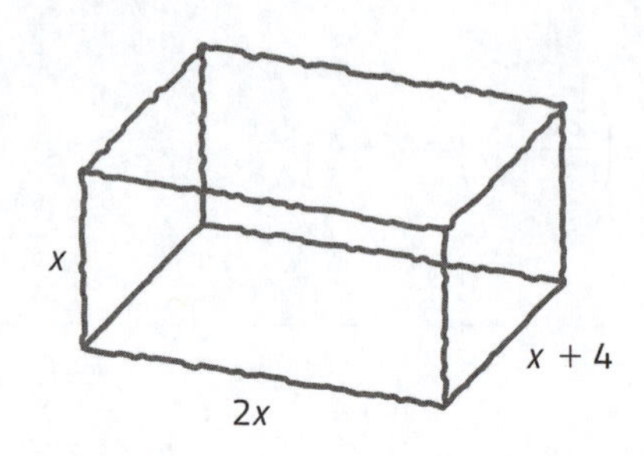

Banco de imagens/Arquivo da editora

Quais são as medidas das dimensões dessa armação?

36 Se Rogério comprar 1 bermuda e 1 camiseta, então gastará R$ 40,00. Se ele comprar 2 bermudas e 3 camisetas, então gastará R$ 98,00. Quanto Rogério gastará se comprar 3 bermudas e 2 camisetas?

Thiago Neumann/Arquivo da editora

37 Observe as sentenças.

A) $x^2 - 1 > 6$

B) $3x - y = 9$

C) $4x - 1 \leq 5$

D) $4 + 3 < 5 + 5$

E) $x + y \geq 8$

F) $5 + 2x = x - 4$

G) $6 + 9 = 15$

H) $\frac{x^2}{8} + \frac{y^2}{6} = 1$

I) $2(x - 6) < 9$

a) Quais dessas sentenças são equações?

b) Quais são inequações?

c) Qual desigualdade não é uma inequação?

d) Qual igualdade não é uma equação?

e) Qual equação é do 1º grau com 1 incógnita?

f) Quais são inequações do 1º grau com 1 incógnita?

38 ▸ Responda.

a) A raiz da equação $3 - 2x = 5(x - 11)$ fica entre quais números inteiros consecutivos?

____

b) Quais números racionais são soluções de $6x - 4 = 2(3x - 2)$?

____

c) Qual número deve substituir o ■ para que -4 seja raiz da equação $3x + ■ = 9$?

____

d) Quais números racionais são raízes de $\frac{x-3}{2} = \frac{3x-1}{6}$?

____

e) Qual destas equações tem solução inteira: $2 - 2x - 5 = x$ ou $2 - 2(x - 5) = x$?

____

39 ▸ Na escola onde Bárbara estuda, há 90 alunos no 7º ano. Para representar a escola em um evento, foram escolhidos 30% dos meninos e 25% das meninas desse ano, totalizando 25 alunos.

a) Quantos meninos e quantas meninas há no 7º ano?

____

b) Quantos meninos e quantas meninas participaram do evento?

____

40 ▸ Três sócios de uma empresa vão repartir o lucro de R$ 38 000,00 de acordo com o investimento inicial de cada um deles. José deve receber o dobro da quantia de Rafael mais R$ 5 000,00. Maurício deve receber o triplo da quantia de José.

Quanto cada sócio vai receber?

____

____

41 ▸ Paulo, Regina e Laura nasceram em 3 anos consecutivos, nessa ordem. Daqui a 7 anos, a idade de Laura corresponderá a $\frac{9}{10}$ da idade de Paulo. Quais são as idades atuais de Paulo, Regina e Laura?

____

42 A medida de perímetro de um $\triangle ABC$ é de 16 cm. As medidas de comprimento dos lados $\overline{AB}$ e $\overline{AC}$ são iguais e a medida de comprimento do $\overline{BC}$ é $\frac{2}{3}$ da medida de comprimento do $\overline{AC}$. Descubra as medidas de comprimento dos 3 lados.

____

43 Qual é o conjunto solução da equação $\frac{12}{x} = \frac{4}{(x-2)}$, sendo $\mathbb{U} = \mathbb{Q} - \{0, 2\}$?

a) $S = \{2\}$

b) $S = \{0\}$

c) $S = \{-3\}$

d) $S = \{3\}$

e) $S = \{4\}$

44 Faça a verificação e responda.

a) 8 é solução de $2x - 4 > 10$?

____

b) $2\frac{1}{3}$ é solução de $3x - 6 < 2x - 3$?

____

c) 0 é solução de $\frac{x}{6} - 4 \geqslant \frac{x}{9} - 2$?

____

45 Carlos estava olhando os números da sequência dos múltiplos de 3. Ao escolher 2 números consecutivos dessa sequência, ele percebeu que o quádruplo do menor é igual ao triplo do maior. Quais são os números que ele escolheu?

____

46 Reinaldo tem uma quitanda. Ele comprou um lote de maçãs e pagou R$ 0,75 a unidade. Se deixar de vender 10 maçãs e as restantes ele vender por R$ 1,20 cada uma, então terá um lucro total de R$ 15,00. Quantas maçãs há no lote que ele comprou?

____

47 Marcelo tinha certa quantia em dinheiro. Ele ganhou a mesma quantia do pai e passou a ter R$ 250,00. Quanto Marcelo tinha inicialmente?

____

48 Os 4 funcionários de uma firma recebem comissões no fim de cada dia, de acordo com as vendas feitas. Veja como foi repartida a quantia de R$ 138,00 no fim de um dia.

- Laura recebeu R$ 12,00 a menos do que Fausto.
- Pedro recebeu o dobro de Laura.
- Renata recebeu 25% da quantia de Pedro.

Calcule quanto cada funcionário recebeu.

____

____

49 Solucione as inequações. Depois, dê pelo menos 3 possíveis valores para a incógnita de cada inequação, sendo pelo menos um deles não inteiro.

a) $4(2x - 7) \leqslant x - (3 - x)$

____

b) $\frac{a}{5} - \frac{a}{2} > 10 - \frac{a - 3}{4}$

____

c) $\frac{1}{3}m \geqslant -\frac{1}{6} + \frac{m}{2}$

____

d) $\frac{9r - 6}{5} < 0$

____

e) $3{,}5y - 5y \geqslant 0{,}2y - 34$

____

f) $3x - 2 \leqslant \frac{x - 7}{4}$

____

50 O time de basquete da cidade de Josué disputou 4 partidas em um campeonato. Na 1ª e na 3ª, o número de pontos marcados foi o mesmo. Na 2ª partida, o número de pontos foi 7 a menos do que na 1ª e, na 4ª, foi 11 a mais do que na 3ª.

Descubra o número de pontos em cada partida, sabendo que nas 4 partidas a média foi de 83 pontos por partida.

____

____

51 Paula, Elisa e Flávia foram juntas a uma papelaria comprar material escolar. Paula comprou 1 caneta e 1 caderno e gastou R$ 7,50. Elisa comprou 3 canetas e 5 cadernos e gastou R$ 34,50. Flávia comprou 5 canetas e 4 cadernos. Quanto Flávia gastou?

____

52 Pratique um pouco mais resolvendo estas equações.

a) $4 - 2x = x + 31$

____

b) $7a - (2a - 1) = 4 + (a - 6)$

____

c) $\frac{r}{6} - \frac{r-3}{4} = \frac{2r}{3} - 1$

d) $1 + \frac{2(x-3)}{5} = 0$

e) $\frac{a-5}{6} = \frac{a+5}{2}$

53 › Os 38 alunos do 7º ano **A** de uma escola representam 40% de todos os alunos do 7º ano dessa escola. Quantos são os alunos do 7º ano dessa escola?

54 › A medida de área de uma região triangular é de 2,52 cm² e a base dessa região tem medida de comprimento de 3,6 cm. Qual é a medida de comprimento da altura relativa a essa base?

55 › Considere 2 números inteiros consecutivos, tal que a diferença entre o triplo do maior e o quíntuplo do menor é igual a 19. Quais são esses números? Faça a verificação da resposta.

56 › Números poligonais. Você já conhece os números quadrados perfeitos. Vamos recordar a sequência desses números.

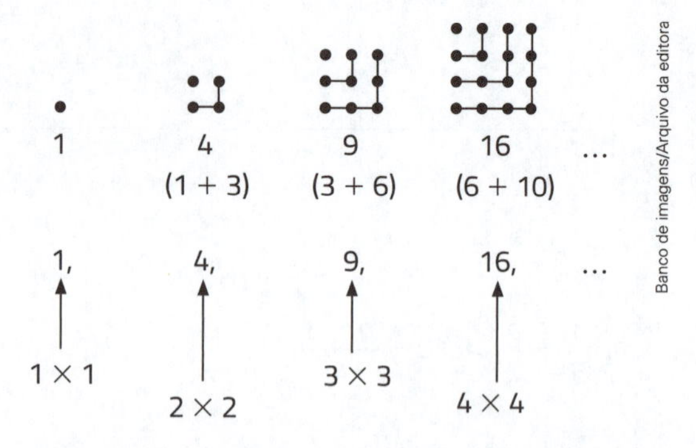

Banco de imagens/Arquivo da editora

Agora, observe a sequência dos números triangulares.

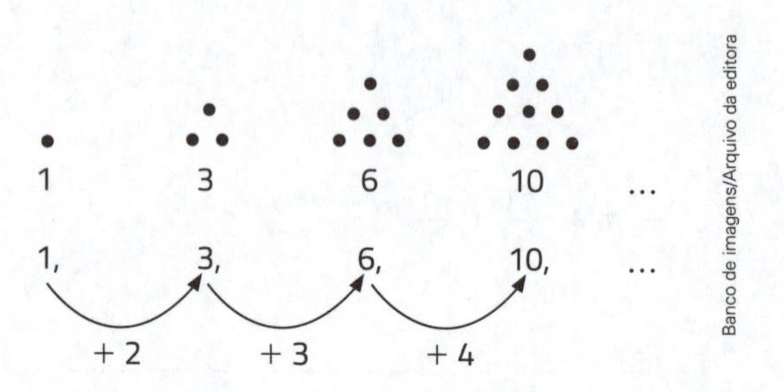

Banco de imagens/Arquivo da editora

a) Escreva os 8 primeiros elementos dessas 2 sequências.

b) O número 400 é ou não um número quadrado perfeito? Justifique.

c) Como os números quadrados perfeitos podem ser obtidos a partir dos números triangulares?

57 › Números pentagonais. Observe e tente descobrir como são obtidos os números pentagonais.

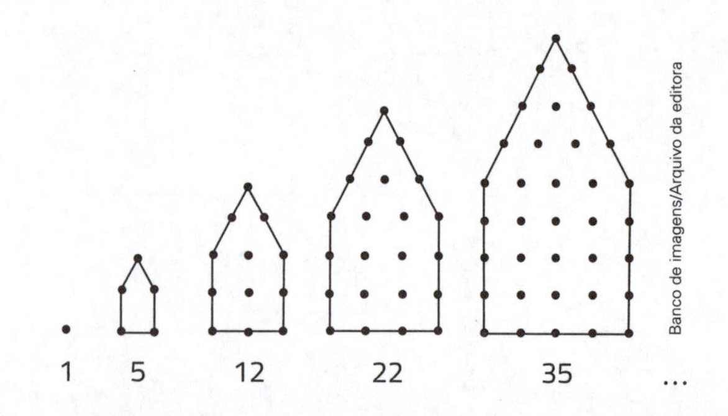

Banco de imagens/Arquivo da editora

a) Descubra qual é o próximo número pentagonal dessa sequência.

____

b) É possível obter os números pentagonais a partir dos números quadrados e dos números triangulares. Examine com atenção as imagens.

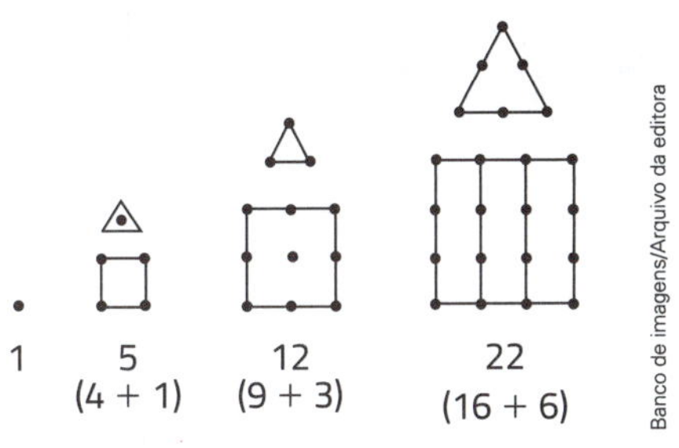

Banco de imagens/Arquivo da editora

Triangulares: 1, 3, 6, 10, ...

Quadrados: 1, 4, 9, 16, ...

Pentagonais: 1, 5, 12, 22, ...

E então, descobriu a sequência? Com os colegas, analise a parte já preenchida desta tabela e as cores utilizadas. Depois, cada um completa a tabela e pinta o restante dos espaços.

Relação entre números

Números triangulares	Números quadrados	Números pentagonais
1	1	1
3	4	5
6	9	12
10	16	22
	25	35
⋮	⋮	⋮

Tabela elaborada para fins didáticos.

58 **Números hexagonais.** E os números hexagonais, como obtê-los?

a) Examine as imagens e descubra qual é o próximo número hexagonal.

____

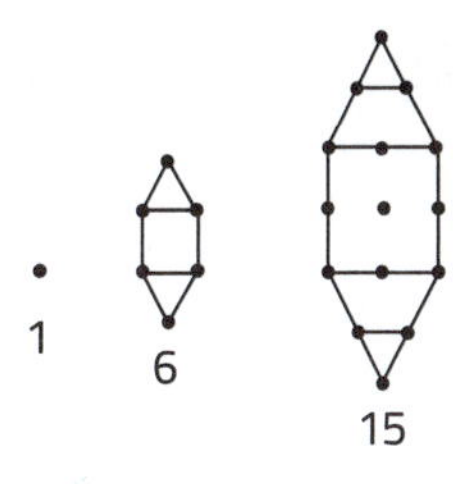

Banco de imagens/Arquivo da editora

b) **Desafio.** Descubram como os números hexagonais podem ser obtidos a partir dos números quadrados e triangulares. Em seguida, escrevam a sequência dos 6 primeiros números hexagonais.

____

____

____

____

c) Agora, complete esta tabela.

Números poligonais

Números triangulares	Números quadrados	Números pentagonais	Números hexagonais
1	1	1	1
3	4	5	6
6	9	12	15
10	16	22	28
15	25	35	45
			66

Tabela elaborada para fins didáticos.

d) Responda: Quais os 2 tipos de números poligonais que podem ser somados para se obter um número hexagonal?

____

____

____

59 Em uma sequência numérica com mais de 1 000 termos, cada termo, com exceção do primeiro, é obtido adicionando-se 3 ao termo anterior. O sexto termo dessa sequência é 19. Qual dos números a seguir não é um termo dessa sequência?

a) 4
b) 91
c) 101
d) 751
e) 1 111

60 Veja nesta tabela alguns termos de uma sequência de números naturais.

Sequência

1º termo	2º termo	3º termo	4º termo	...	12º termo	...
1	5	9	13	...	45	...

Tabela elaborada para fins didáticos.

De acordo com a tabela, existe algum termo dessa sequência igual a 500?

61 Determine os números inteiros que são soluções de cada inequação.

a) $\frac{x}{3} \leqslant \frac{1}{4} + \frac{3x-2}{5}$

b) $5(x-3) + 5x \geqslant 3(x-10)$

c) $\frac{x}{3} - \frac{5}{2} + x < -2$

d) $\frac{1+2x}{2} - 3 > \frac{2}{3} - \frac{3(x-2)}{2}$

62 Agora, descubra todos os números racionais que são raízes de cada inequação.

a) $7x - 3 \geqslant 3x + 21$

b) $4 - 2x > x + 1$

c) $7(2-x) < 7 - (2-x)$

d) $3 + \frac{x+2}{4} \leqslant 0$

63 ▸ Observe este esquema.

$$\boxed{x} \xrightarrow{\times(-2)} \boxed{y} \xrightarrow{+3} \boxed{z}$$

Descubra e registre o valor das outras letras.

a) y e z, quando $x = 15$.

b) x e z, quando $y = -12$.

c) x e y, quando $z = -3$.

64 ▸ Determine o valor da letra em cada item.

a) $(-85) + x = -37$

b) $a \cdot (-25) = 150$

c) $(-11) - y = -32$

d) $r^3 = -125$

e) $\dfrac{b}{-8} = -16$

f) $x^2 = 169$

g) $\dfrac{-8}{m} = -2$

h) $r + r = -5$

i) $p \cdot (-8) = 8$

65 ▸ Considere $x = -4$, $y = -8$ e $z = +2$ e calcule o valor de cada expressão.

a) $x - y =$ ______

b) $x \cdot z =$ ______

c) $\dfrac{y}{x} =$ ______

d) $x + y + z =$ ______

e) $x^3 =$ ______________

f) $y^2 =$ ______________

g) $\frac{x + y}{z} =$ ______________

h) $-y =$ ______________

66 Observe esta reta numerada e indique quais números inteiros x satisfazem cada desigualdade.

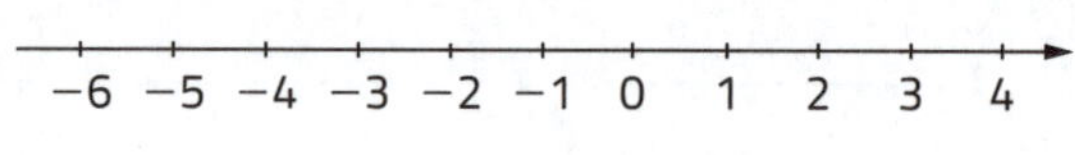

Banco de imagens/Arquivo da editora

a) $x > 3$

____

b) $x < -3$

____

c) $x > -2$

____

d) $x < 4$

____

e) $x > -6$

____

f) $x > -1$ e $x < 4$.

____

g) $x < 2$ e $x > -3$

____

h) $x < -2$ e $x > 2$.

____

67 Considere $a = -2$, $b = 3$, $c = 6$ e $d = -1$ para calcular o valor de cada expressão dada.

a) $a + b =$ ______________

b) $a : d =$ ______________

c) $3a - b =$ ______________

d) $5c + 3b =$ ______________

e) $\frac{c}{a} - 4 =$ ______________

f) $a - b + c - d =$ ______________

g) $4 - 2a =$ ______________

h) $\frac{c + d}{a - b} =$ ______________

68 Esta máquina leva um número inteiro x a outro número inteiro y.

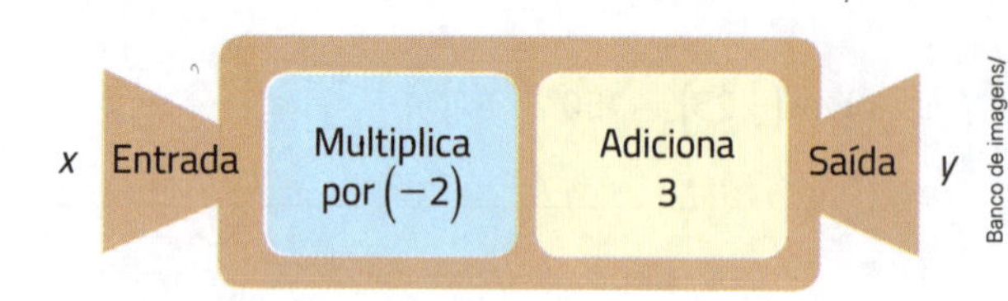

Banco de imagens/Arquivo da editora

a) Quais são os valores de y para $x = 1$, $x = -1$, $x = 0$ e $x = -10$?

____

b) Para quais valores de x temos $y = 7$, $y = 13$, $y = -1$ e $y = -37$?

____

69 Dados $m = -4$, $n = -1$ e $p = -16$, determine o valor de cada expressão.

a) $2m - n =$ ____________

b) $3p + n =$ ____________

c) $\frac{m}{4} =$ ____________

d) $-4n + 3m =$ ____________

70 **Desafio.** Determine o valor de x em cada caso.

a) $x^2 = 64$

____

b) $x^2 + 1 = 101$

____

71 Sendo $x = 3 \cdot \frac{1}{2}$ e $y = \frac{4}{9}$, determine o valor indicado em cada item.

a) $x + y =$ ____________

b) $x - y =$ ____________

c) $x \cdot y =$ ____________

d) $x : y =$ ____________

72 Quais são os possíveis valores inteiros positivos de x para os quais a medida de perímetro desta região retangular é menor do que 20?

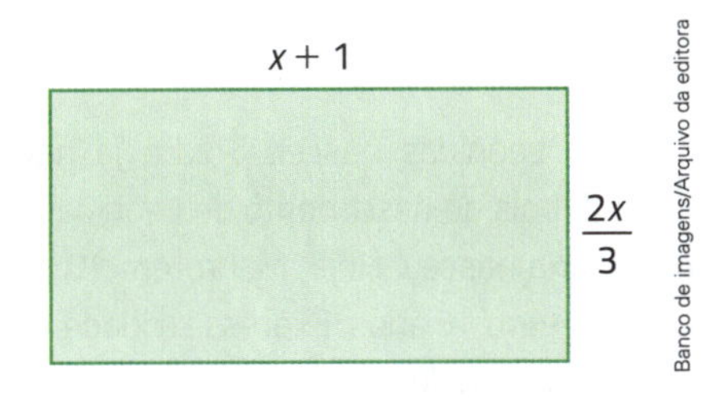

Banco de imagens/Arquivo da editora

____

73 Um pai e sua filha foram ao mercado e compraram 2 garrafas de óleo, 3 pacotes de macarrão, 1 alho e 1 embalagem de sabão em pó. Chegando em casa, a mãe perguntou:

– Ei! Como foram as compras?

– Boas! Cada pacote de macarrão custou R$ 1,50, o alho foi R$ 3,00 e o sabão em pó R$ 9,00 – disse o pai.

– Mas e o óleo? – perguntou a mãe.

– Hum... não lembro, mas o total foi R$ 24,00!

Indique a equação que pode ajudar a família a determinar o preço de cada garrafa de óleo. Em seguida, calcule esse preço.

____

74 A inequação $-3 \leqslant x - 5 < 9$ representa 2 inequações ao mesmo tempo: $x - 5 \geqslant -3$ e $x - 5 < 9$. Como as soluções dessas inequações são, respectivamente, $x \geqslant 2$ e $x < 14$, a solução daquela inequação é $2 \leqslant x < 14$.
Considerando esse exemplo, determine os números inteiros que são soluções da inequação
$5 < 2x - 1 \leqslant 10$.

____

75 Quando Leônidas nasceu, Pedro já havia nascido. Anos depois do nascimento de Leônidas e do de Pedro, Maria nasceu. Hoje, Maria tem 10 anos e Pedro já completou 16 anos. Expresse a idade i de Leônidas usando desigualdades.

____

76 Considere uma região retangular cujos lados têm medidas de comprimento c e ℓ, de modo que $\ell = 4$ cm e 6 cm $< c <$ 7 cm. Quais são as possíveis medidas de perímetro e de área dessa região retangular?

____

____

____

77 Resolva as inequações do 1º grau com 1 incógnita procurando todas as raízes racionais.

a) $5 - x \geqslant 3$

____

b) $2(3x - 3) > 4 - (x - 2)$

____

c) $\dfrac{y + 12}{3} > y$

____

d) $\dfrac{x}{6} + \dfrac{x - 2}{9} \leqslant x - 1$

____

e) $3(2x - 1 + x) \geqslant x + 9 - 2x$

____

f) $x + \dfrac{1}{2} < 2x - \dfrac{1}{2}$

____

78 Resolva as inequações do 1º grau com 1 incógnita e descubra as soluções indicadas.

a) Os números racionais que são soluções de $6 - 2x > x + 2$.

____

b) Os números inteiros que são soluções de $4(x - 2) \leqslant x - (4 + x)$.

____

c) Os números naturais que são soluções de $2x + 6 < x + 10$.

____

d) Os números naturais ímpares que são soluções de $11 < 2x - 3 \leqslant 23$.

____

79 ▸ Calcule e registre os números descritos em cada item.

a) Os números racionais que são soluções de $3 - 2(x - 1) \geqslant x - (3 + 2x)$.

____

b) Os números inteiros que são soluções de $-7 \leqslant 3x - 4 < 2$.

____

80 ▸ Veja os 3 tipos de elevadores para prédios residenciais que uma empresa fabrica.

Elevadores fabricados pela empresa

Tipo	Medida de massa que comporta (em kg)	Número máximo de pessoas
A	320	4
B	450	6
C	630	8

Tabela elaborada para fins didáticos.

Um edifício recém-construído tem 4 elevadores dessa empresa, sendo 2 do tipo **A**, 1 do tipo **B** e 1 do tipo **C**. Esses 2 últimos são chamados de elevadores de serviço. Como muitas pessoas estão se mudando para o edifício, é grande a movimentação nos elevadores, especialmente nos de serviço. Para evitar abusos e acidentes, as medidas de massa das cargas estão sendo verificadas antes de elas entrarem nos elevadores. Veja o movimento de cargas que foi observado durante um dia.

Movimento de cargas durante um dia

Elevador	Medida de massa da carga carregada incluindo pessoas (em kg)
B	5 000
C	10 000

Tabela elaborada para fins didáticos.

a) Escreva uma inequação que possa indicar o número de viagens que o elevador **B** fez nesse dia. Considere x o número de viagens feitas nesse elevador.

____

b) Escreva uma inequação que possa indicar o número de viagens que o elevador **C** fez nesse dia. Considere y o número de viagens feitas nesse elevador.

____

c) Considerando as informações anteriores e as inequações escritas, responda:

- Qual é o menor valor possível para x? O que representa esse valor?

____

____

- Qual é o menor valor possível para y?

____

- Se x e y forem iguais, então qual será o menor valor nessa condição?

____

- Se x for menor do que y, então quais serão os menores valores nessa condição?

____

- Se x for maior do que y, então quais serão os menores valores nessa condição?

____

d) Crie situações envolvendo o elevador **A** (que transporta apenas pessoas) que possam ser representadas por meio de inequações e resolva-as.

____

____

81 › Complete este mapa conceitual com a diferenciação entre expressões numéricas e expressões algébricas e com alguns outros conceitos que você estudou neste capítulo.

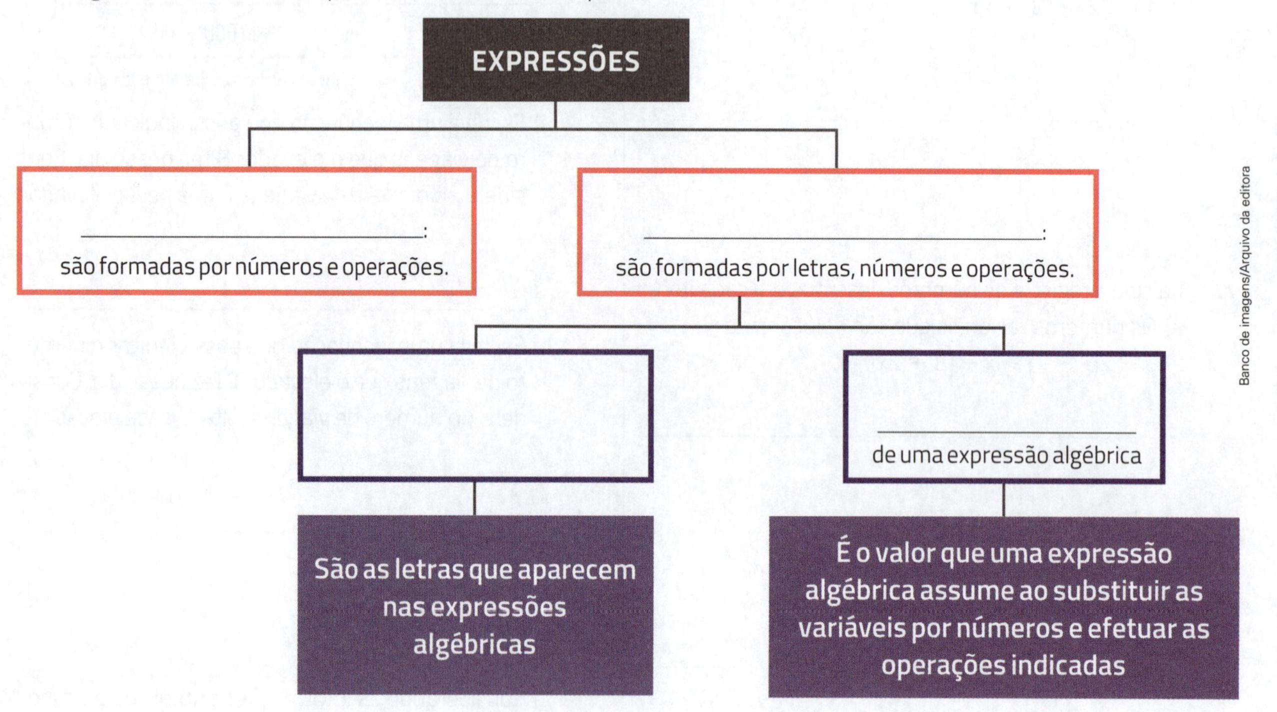

Banco de imagens/Arquivo da editora

82 › Neste capítulo, você também aprendeu alguns tipos de fórmula que descrevem sequências numéricas. Complete este mapa conceitual.

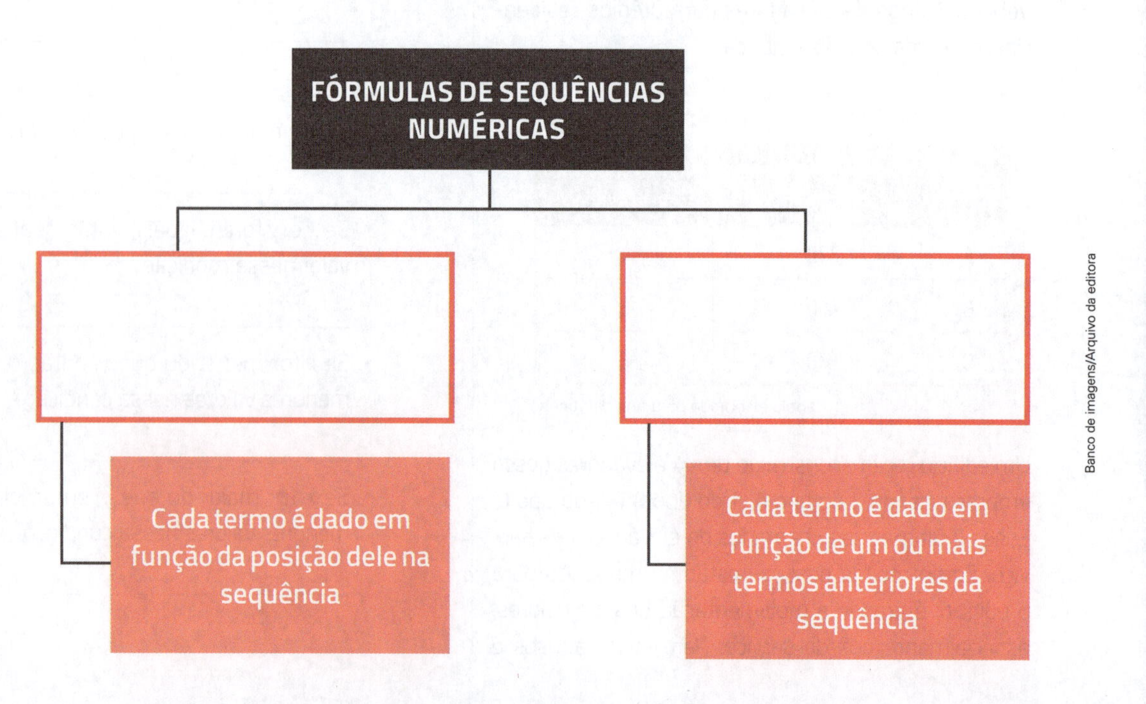

Banco de imagens/Arquivo da editora

Geometria: circunferência, ângulo e polígono

1 Observe a circunferência desenhada e indique o que se pede, a partir do que já está traçado.

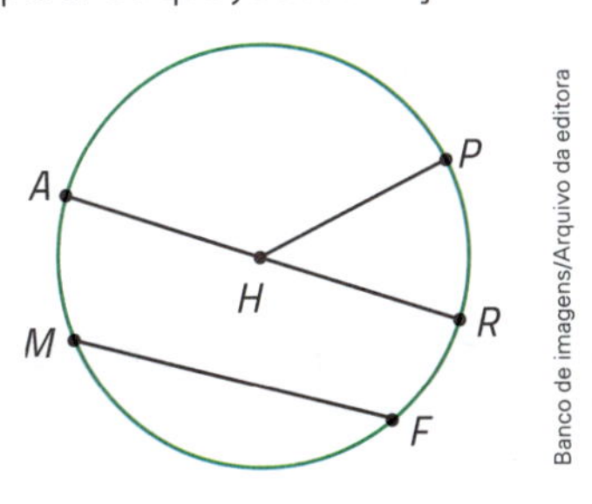

Banco de imagens/Arquivo da editora

a) O centro dessa circunferência: ______.

b) Os raios dessa circunferência: ______.

c) Os pontos dessa circunferência: ______.

d) O diâmetro dessa circunferência: ______.

2 Trace o que se pede.

a) Uma circunferência com raio de medida de comprimento de 2,5 cm, centro M e um diâmetro $\overline{AB}$.

b) Duas circunferências com exatamente 2 pontos comuns.

c) Uma circunferência com raio com medida de comprimento de 3 cm, centro O e um raio $\overline{OS}$.

3 Esta rosa dos ventos indica a orientação dos 32 pontos cardeais.

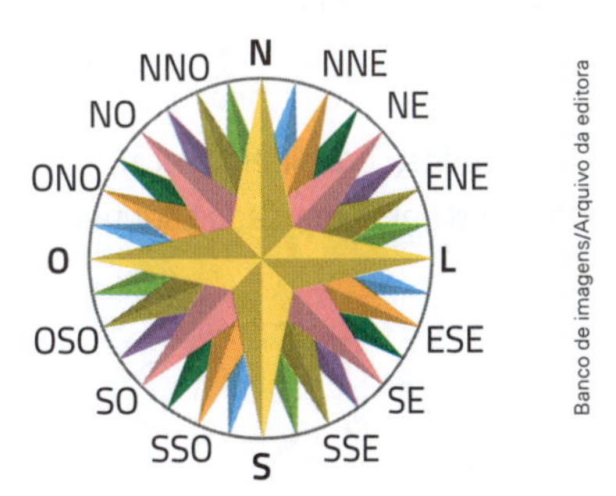

Banco de imagens/Arquivo da editora

a) Qual é a medida de abertura do ângulo formado entre um ponto cardeal e o sucessor dele?

______

b) Qual é a medida de abertura do ângulo formado pelos pontos cardeais N e L?

______

c) Qual é a medida de abertura do ângulo formado pelos pontos cardeais NE e S?

d) Como fica o número 32 decomposto em fatores primos?

e) Qual é o significado dos pontos cardeais NE, NO, SO e SE?

4 Examine esta figura.

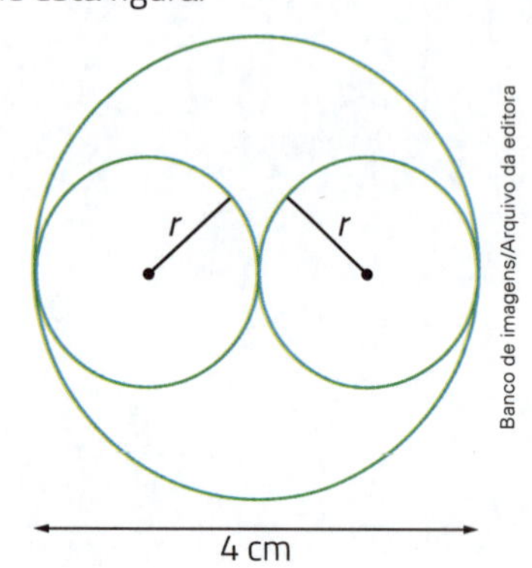

Qual é a medida de comprimento *r* dos raios das circunferências menores?

5 **Possibilidades.** Considere esta circunferência com 4 pontos distintos marcados sobre ela: *A*, *B*, *C* e *D*.

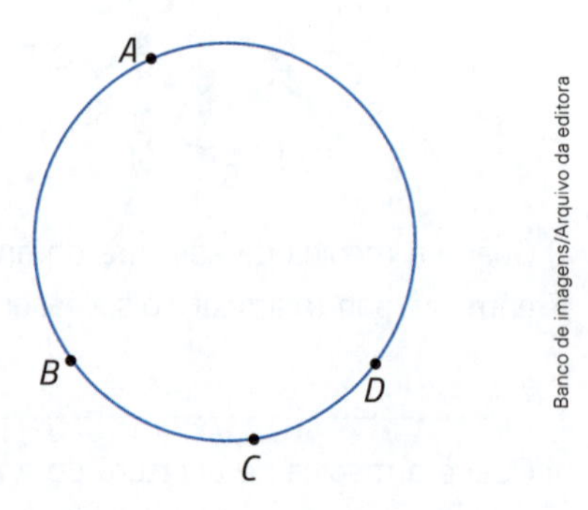

É possível traçar quantas retas ligando 2 a 2 esses pontos? Indique quais são elas.

6 Observe estes ângulos e pontos desenhados em uma malha quadriculada.

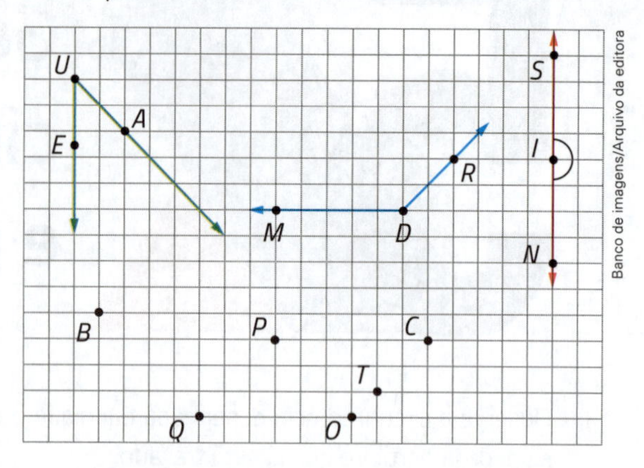

a) Trace o ângulo $B\hat{Q}P$.

b) Trace o ângulo $T\hat{O}C$.

c) Responda: Qual dos ângulos é raso? E qual é nulo?

d) Qual dos ângulos tem medida de abertura de 90°? Qual é a classificação desse ângulo?

e) Quais são os lados e qual é o vértice do ângulo nulo?

f) Quanto mede a abertura do ângulo $M\hat{D}R$? Qual é a classificação desse ângulo?

g) Complete esta tabela considerando os 5 ângulos desenhados. A primeira linha já está feita.

Ângulos da malha quadriculada

Ângulo	Lados	Vértice	Medida de abertura	Classificação
$E\hat{U}A$ ou $A\hat{U}E$ ou $\hat{U}$	$\overrightarrow{UE}$ e $\overrightarrow{UA}$	*U*	45°	Agudo

Tabela elaborada para fins didáticos.

7 Complete as frases dos itens.

a) Um ângulo cuja abertura mede 90° chama-se ângulo ______.

b) Se 2 ângulos são complementares e a abertura de um deles mede 57°, então a abertura do outro mede ______.

c) 57° e ______ são medidas de abertura de 2 ângulos suplementares.

d) A medida de abertura do suplemento de um ângulo cuja abertura mede 144° é de ______.

e) ______ é a medida de abertura do complemento de um ângulo cuja abertura mede 18°.

f) A medida de abertura do complemento do suplemento de um ângulo cuja abertura mede 160° é de ______.

g) A medida de abertura do suplemento do complemento de um ângulo cuja abertura mede 10° é de ______.

h) Se os ângulos $\hat{A}$ e $\hat{B}$ são suplementares e $\hat{A} \cong \hat{B}$, então $m(\hat{A}) =$ ______ e $m(\hat{B}) =$ ______.

8 Meça a abertura de cada ângulo usando um transferidor. Registre a medida de abertura e a classificação do ângulo.

a) C B A

______

b)

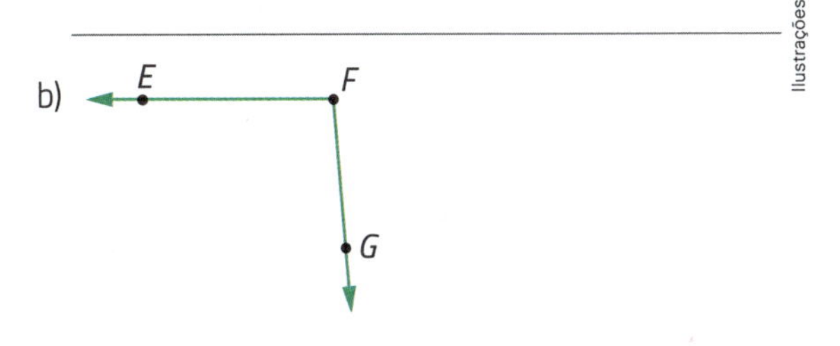

______

c)

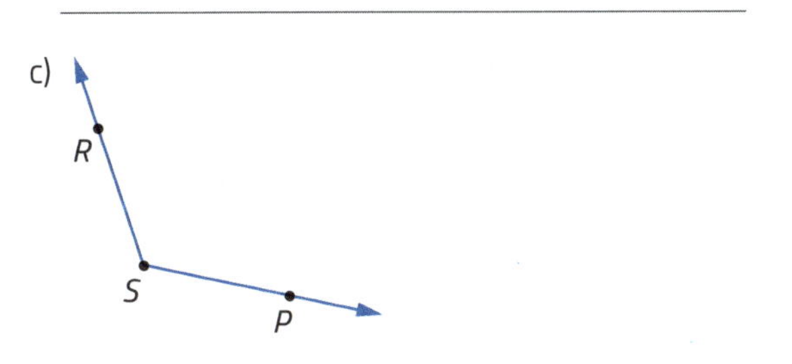

______

d)

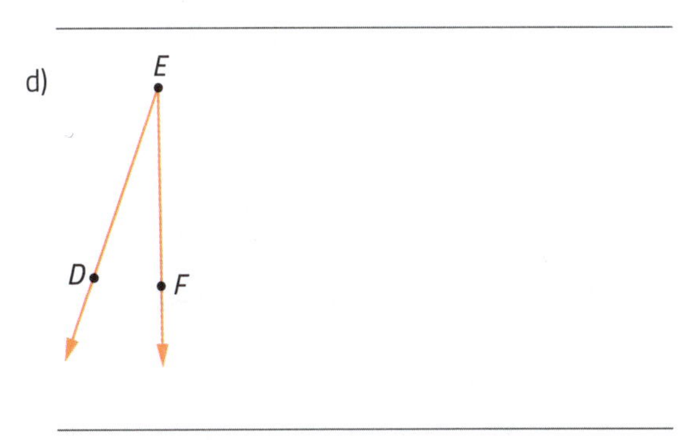

______

e)

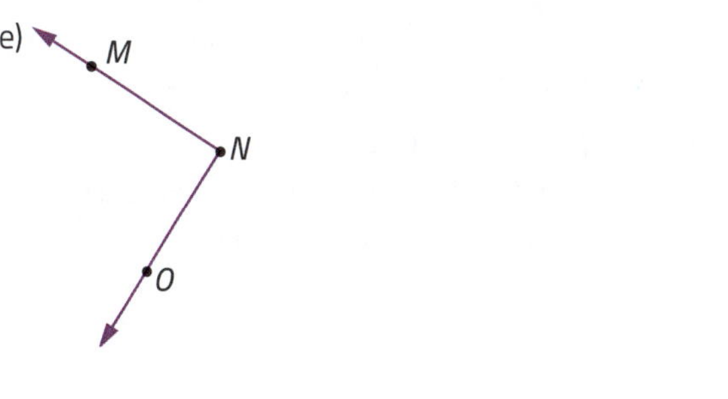

______

f)

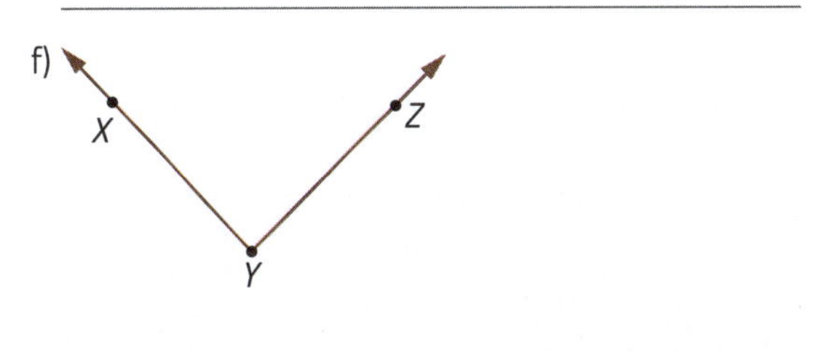

______

Ilustrações: Banco de imagens/Arquivo da editora

9 Construa os ângulos usando um transferidor.

a) $A\hat{O}B$ de medida de abertura de 70°.

b) $P\hat{O}R$ de medida de abertura de 100°.

c) $M\hat{F}H$ de medida de abertura de 55°.

d) $X\hat{N}C$ de medida de abertura de 80°.

e) $D\hat{I}L$ de medida de abertura de 35°.

f) $E\hat{G}S$ de medida de abertura de 90°.

10 Responda e justifique.

a) Quais dos ângulos que você construiu na atividade anterior são complementares?

____

b) E quais dos ângulos são suplementares?

____

11 Com régua e compasso, construa um ângulo $A\hat{B}C$ congruente a este ângulo $D\hat{E}F$.

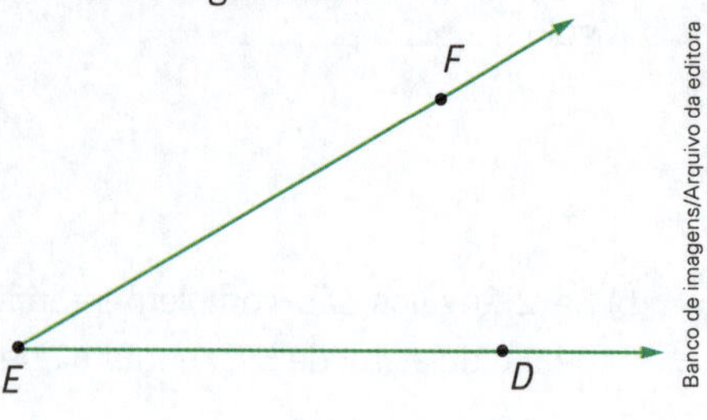

Banco de imagens/Arquivo da editora

12 Dê 2 exemplos de triângulos que podem ser traçados de acordo com os tipos de ângulos.

____

____

____

____

____

13 Responda considerando as medidas de abertura e as posições dos ângulos indicados nestas figuras.

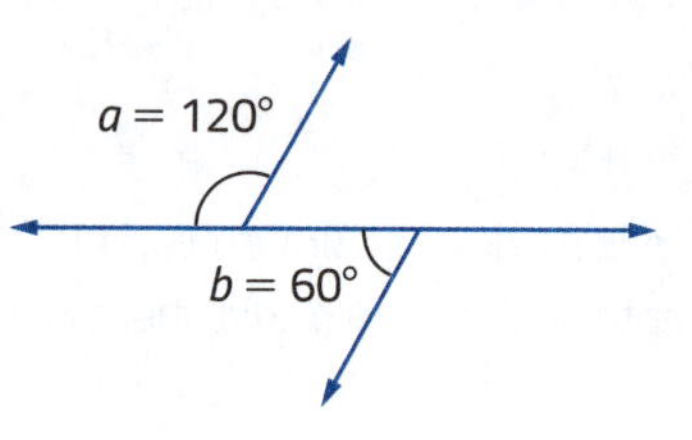

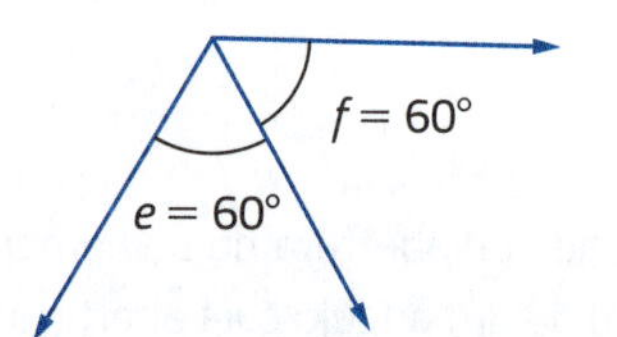

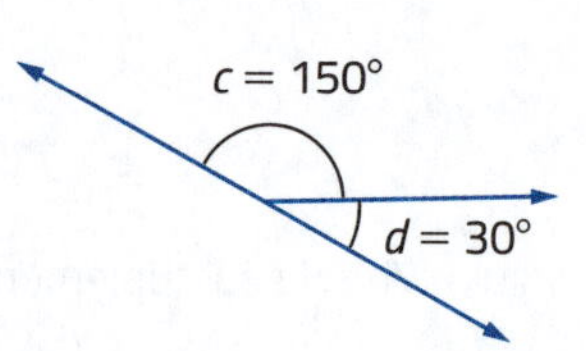

Ilustrações: Banco de imagens/Arquivo da editora

a) Quais ângulos são adjacentes, mas não são suplementares?

____

b) Quais são suplementares, mas não são adjacentes?

____

c) Quais são adjacentes e suplementares?

____

14 ▸ Complete os itens.

a) Se x indica a medida de abertura de um ângulo, em graus, então a medida de abertura do complemento desse ângulo pode ser indicada por _______________.

b) x e $180° - x$ indicam as medidas de abertura de 2 ângulos _______________.

c) Se x e y são as medidas de abertura de 2 ângulos suplementares, então $x + y =$ _______________.

d) Se $m(\hat{A}) + m(\hat{B}) = 90°$, então dizemos que $\hat{A}$ é o _______________ de $\hat{B}$.

15 ▸ Use régua e transferidor para traçar os ângulos $A\hat{O}B$ e $P\hat{Q}R$ de modo que $m(A\hat{O}B) = 70°$ e $P\hat{Q}R$ seja o complemento de $A\hat{O}B$.

16 ▸ O quíntuplo da medida de abertura do complemento de um ângulo é igual à metade da medida de abertura do suplemento dele. Descubra a medida de abertura do ângulo.

____

17 ▸ Se $2x - 1°$ e $\frac{x}{4} + 13°$ indicam as medidas de abertura, em graus, de 2 ângulos congruentes, então quais são essas medidas?

____

18 ▸ Calcule as medidas de abertura de 2 ângulos suplementares sabendo que a abertura de um deles mede o triplo da abertura do outro.

____

19 ▸ Complete as sentenças considerando as figuras dadas.

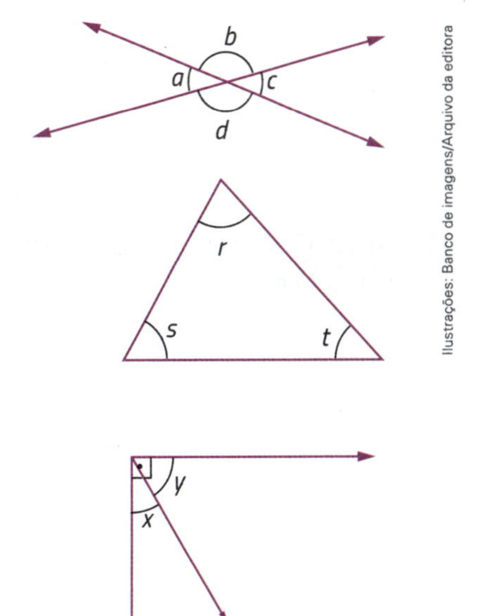

a) $a + b + c + d =$ _______________

b) $r + s + t =$ _______________

c) $x + y =$ _______________

d) São ângulos opostos pelo vértice: ______ e $\hat{d}$.

e) São ângulos adjacentes e suplementares: ______ e ______.

f) São ângulos adjacentes e complementares ______ e ______.

g) Se $r = 75°$ e $s = 65°$, então $t =$ __________.

h) Se $x = 32°$, então $y =$ __________.

i) Se $a = 38°$, então $b =$ __________, $c =$ __________ e $d =$ __________.

j) $r + s + t + x + y =$ __________.

20 Desenhe o que se pede.

a) Um $\triangle ABC$ obtusângulo.

b) Um quadrilátero com 2 ângulos internos retos, 1 agudo e 1 obtuso.

c) Um quadrilátero com 2 ângulos internos agudos e 2 obtusos.

d) Um triângulo retângulo e isósceles.

e) Um quadrilátero com 3 ângulos internos retos e 1 obtuso.

21 Verifique se é possível construir um triângulo com lados com as medidas de comprimento dadas e justifique sua resposta. Em seguida, faça as construções para comprovar.

a) 2 cm, 3 cm e 4 cm.

____

b) 7,5 cm, 7,5 cm e 7,5 cm.

____

c) 4 cm, 5 cm e 12,5 cm.

____

22 ▸ Se a abertura de um dos ângulos de um paralelogramo mede 47°, então quanto mede a abertura dos outros 3 ângulos?

____

23 ▸ Calcule e responda, sem fazer desenhos: Qual é o número de diagonais em um polígono convexo de 8 lados?

____

24 ▸ Nos polígonos desenhados, *x* indica a medida de abertura de um ângulo interno e *y* indica a medida de abertura de um ângulo externo. Determine os valores de *x* e *y* em cada um deles.

a)

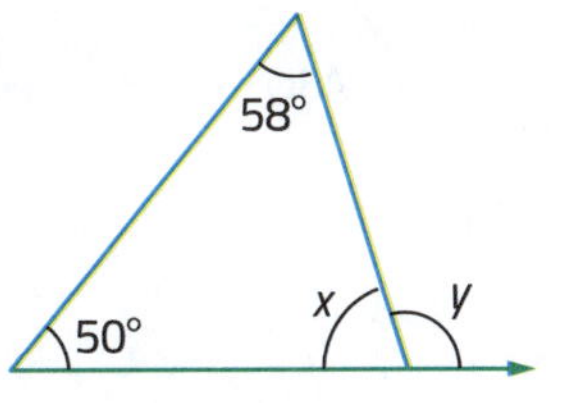

____

c)

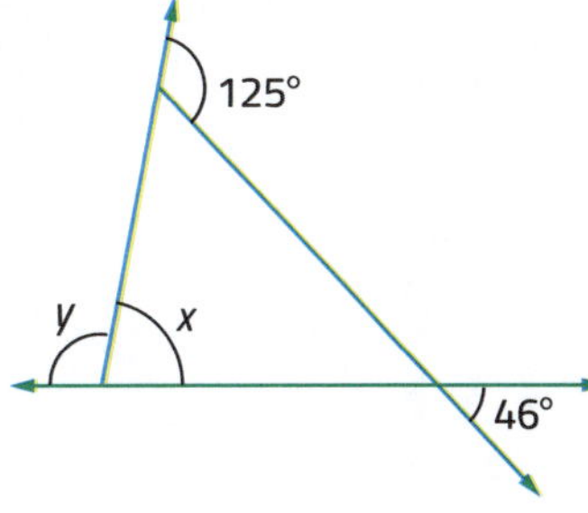

____

Ilustrações: Banco de imagens/Arquivo da editora

b)

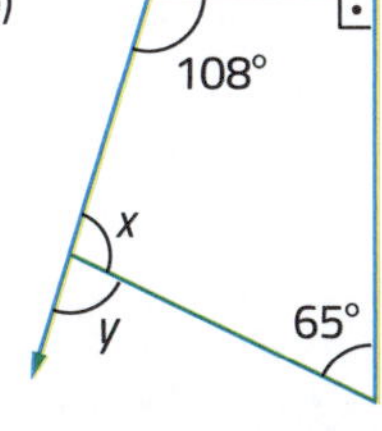

____

25 Observe esta figura.

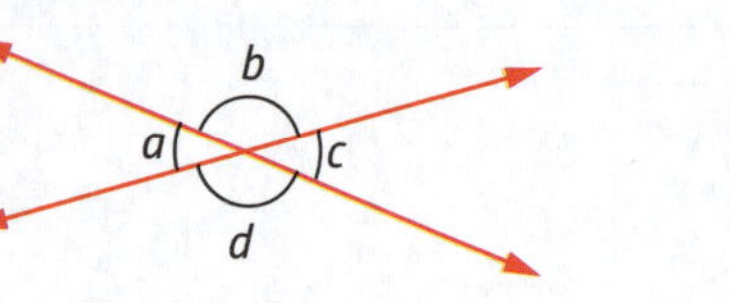

Banco de imagens/Arquivo da editora

a) Nessa figura, são ângulos opostos pelo vértice: _______ e _______ e também _______ e _______.

b) Na mesma figura, são adjacentes e suplementares os ângulos: _______ e _______; _______ e _______; _______ e _______; _______ e _______.

26 Determine o valor de x em cada item.

a)

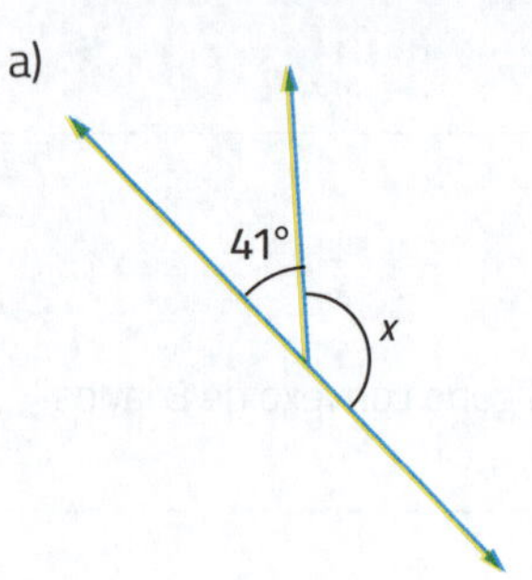

Banco de imagens/Arquivo da editora

____

b)

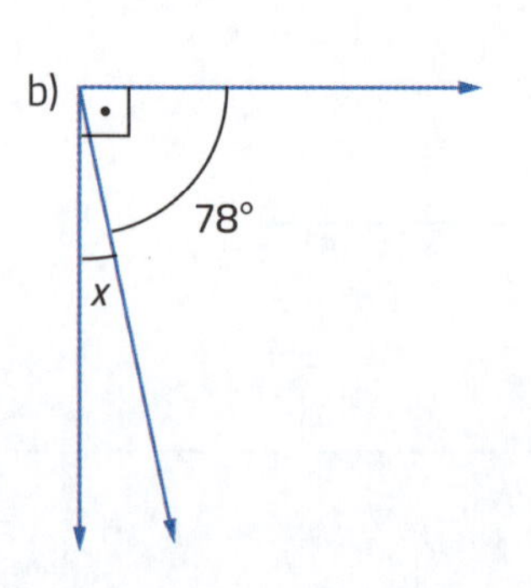

Ilustrações: Banco de imagens/Arquivo da editora

____

c)

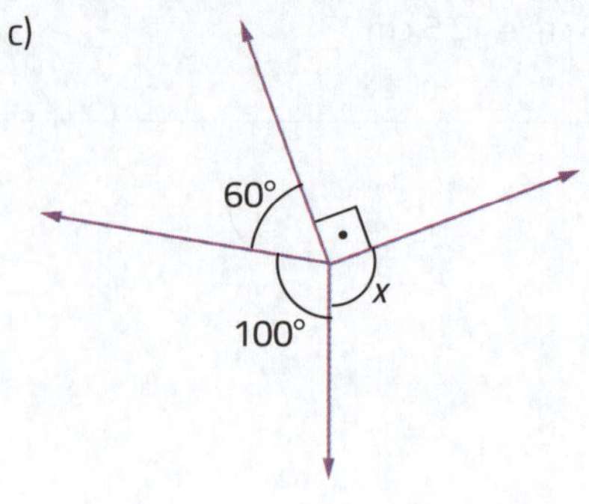

____

27 Determine a medida de abertura de cada ângulo assinalado nas figuras.

a)

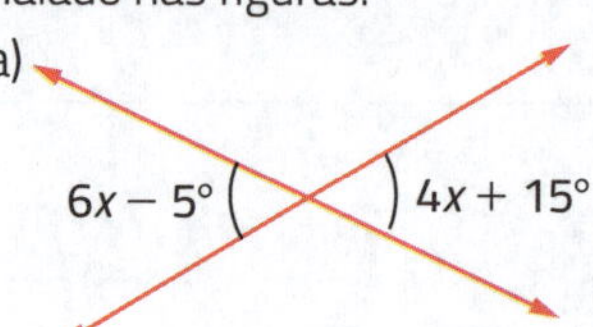

Ilustrações: Banco de imagens/Arquivo da editora

____

b)

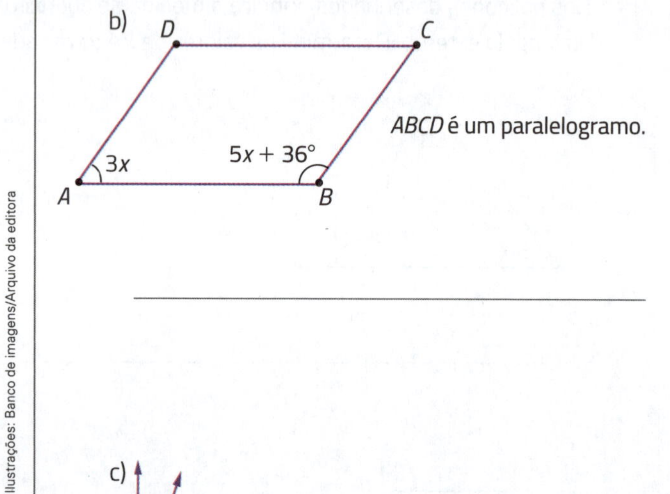

ABCD é um paralelogramo.

____

c)

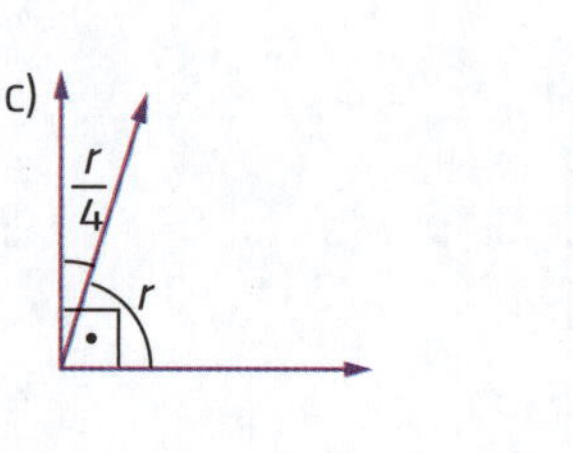

____

28 Em um $\triangle ABC$, a abertura do $\hat{A}$ mede o triplo da abertura do $\hat{B}$, e a abertura do $\hat{C}$ mede a metade da abertura do $\hat{B}$. Esse triângulo é retângulo, acutângulo ou obtusângulo?

____

29 Ronaldo desenhou e recortou uma região quadrada como a desta figura e, depois, dobrou-a nos locais indicados pelos pontilhados.

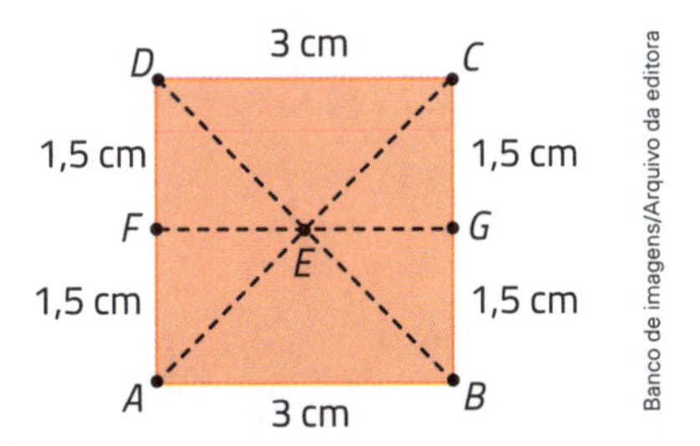

Analise a figura e dê as medidas de abertura dos ângulos $D\hat{E}C$, $A\hat{E}C$, $B\hat{E}G$, $D\hat{A}B$, $A\hat{E}G$ e $B\hat{C}A$.

____

____

30 Assinale a alternativa correta em cada item.

a) Se um triângulo tem um ângulo interno e um ângulo externo com medidas de abertura de 35° e 68°, respectivamente, então a abertura de um dos outros ângulos internos mede:

- 43°.
- 33°.
- 23°.
- 53°.

b) O suplemento do complemento de um ângulo cuja abertura mede x graus tem medida de abertura:

- $270° - x$.
- $90° - x$.
- $90° + x$.
- $180° + x$.

31 Em um $\triangle ABC$, a abertura do $\hat{B}$ mede $\frac{2}{3}$ da abertura do $\hat{A}$ e a abertura do $\hat{C}$ mede a metade da abertura do $\hat{B}$. Qual é o nome desse triângulo quanto aos ângulos?

____

32 Use régua e transferidor para construir os triângulos indicados.

a) O $\triangle ABC$ com $AB = 6$ cm, $m(\hat{A}) = 40°$ e $\hat{B}$ com medida de abertura de 60°.

b) O $\triangle EFG$ com $m(\hat{E}) = 20°$ e $m(\hat{F}) = m(\hat{G})$.

c) O $\triangle PQR$ com $PQ = PR = QR = 4$ cm.

d) O $\triangle MNO$ com $MN = 7$ cm, $MO = 5$ cm e $\widehat{M}$ com medida de abertura de 120°.

e) O $\triangle XYZ$ retângulo em X e com $XY = 8$ cm e $m(\widehat{Z}) = 70°$.

33› Responda considerando os 5 triângulos que você desenhou na atividade anterior.

a) Qual desses triângulos pode ter as medidas de comprimento dos lados diferentes das escolhidas pelos colegas?

____

b) No $\triangle ABC$, qual é a medida de abertura do $\widehat{C}$?

____

c) Qual é a medida de perímetro do $\triangle PQR$?

____

34 ▸ Efetue as operações envolvendo medidas de abertura de ângulos.

a) $(72° \, 20' \, 43'') + (23° \, 44' \, 30'') =$ ______

b) $(16° \, 26' \, 11'') - (12° \, 30' \, 40'') =$ ______

c) $5 \times (19° \, 30' \, 6'') =$ ______

d) $(23° \, 4' \, 12'') \div 4 =$ ______

35 ▸ Com régua e transferidor, construa as figuras descritas.

a) 2 ângulos adjacentes e complementares com a abertura de um deles medindo 70°.

b) 2 ângulos adjacentes e suplementares com a abertura de um deles medindo 70°.

c) 2 ângulos opostos pelo vértice com a abertura de um deles medindo 70°;

d) Um triângulo retângulo com a abertura de um dos ângulos internos medindo 70°.

e) Um triângulo com a abertura de um dos ângulos externos medindo 70°.

f) Um quadrilátero com a abertura de 3 ângulos internos medindo, cada uma, 70°.

g) 2 retas paralelas cortadas por 1 reta transversal, com a abertura de um dos ângulos formados medindo 70°.

h) As retas r, s e t distintas, sendo r e s paralelas ($r \parallel s$) e t e r perpendiculares ($t \perp r$).

i) As retas m, n e p, tal que $m \perp n$ e $n \perp p$.

36› Complete os itens e, depois, indique a igualdade simbolicamente.

a) 0,5 grau = ______ minutos → ______

b) 1,5 minuto = ______ segundos → ______

c) $\frac{1}{4}$ grau = ______ minutos → ______

d) 135 minutos = ______ graus → ______

e) 0,2 grau = ______ segundos → ______

f) ______ de minuto = 50 segundos → ______

37› Observe estas figuras.

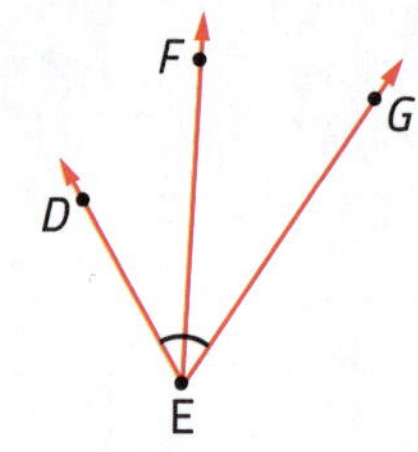

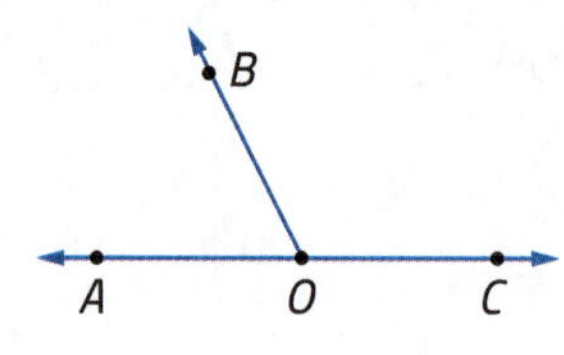

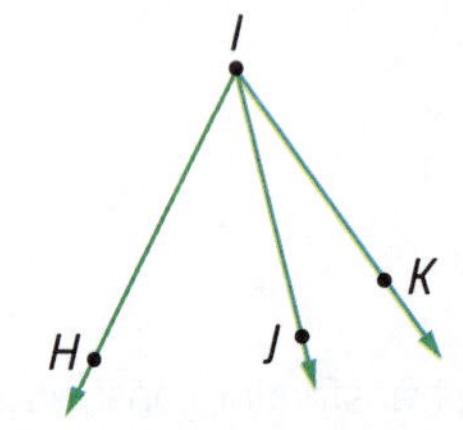

Ilustrações: Banco de imagens/Arquivo da editora

a) Se a abertura do $C\hat{O}B$ mede 117° 27', então qual é a medida de abertura do $A\hat{O}B$?

______

b) Se a abertura do $D\hat{E}G$ mede 64° 23' 14" e a $\overrightarrow{EF}$ divide $D\hat{E}G$ em 2 partes de medidas de abertura iguais, então qual é a medida de abertura do $F\hat{E}G$?

c) Se as aberturas do $H\hat{I}J$ e do $J\hat{I}K$ medem 41° 39" e 22° 20' 45", respectivamente, então qual é a medida de abertura do $H\hat{I}K$?

38 Considere um polígono convexo de 9 lados (eneágono) e calcule o que se pede.

a) O número de diagonais.

b) A soma das medidas de abertura dos ângulos internos.

c) A soma das medidas de abertura dos ângulos externos.

39 **Conexões.** Observe a foto da ponte Luiz I, na cidade do Porto.

Petr Pohudka/Shutterstock

Ponte Luiz I, Porto (Portugal). Foto de 2018.

a) Na construção dessa ponte, podemos observar que foram utilizadas formas de triângulos. Por que essa figura geométrica foi escolhida para ser utilizada na construção?

b) Uma arquiteta fará uma miniatura dessa ponte e, para isso, utilizará palitos de madeira de diversas medidas de comprimento. É possível que ela construa cada estrutura triangular da miniatura utilizando 1 palito de medida de comprimento de 6 cm, 1 palito de 3 cm e 1 palito de 2 cm? Por quê?

40 Em um triângulo escaleno, o maior e o menor lados têm medidas de comprimento de 7,25 cm e 2,7 cm, respectivamente. Quais são as possíveis medidas de comprimento do terceiro lado, em centímetros?

41 Em um $\triangle ABC$ temos $m(\hat{A}) = 44°$ e $m(\hat{B}) = 51°$. Calcule a medida de abertura de cada ângulo.

a) Ângulo externo adjacente a $\hat{B}$.

b) Ângulo externo adjacente a $\hat{A}$.

c) Ângulo interno $\hat{C}$.

d) Ângulo externo adjacente a $\hat{C}$.

42 Qual é o nome do triângulo da atividade anterior quanto à medida de abertura dos ângulos? E quanto à medida de comprimento dos lados?

43 Nesta figura, $r \parallel s$ e t é uma reta transversal.

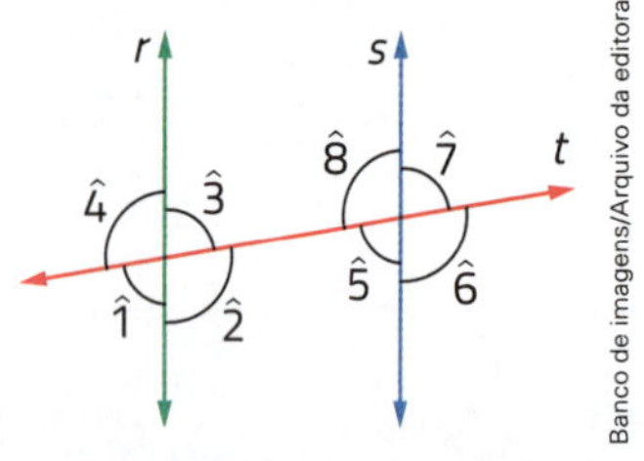

Banco de imagens/Arquivo da editora

Indique todos os pares de ângulos solicitados.

a) Ângulos correspondentes: ________.

b) Ângulos alternos internos: ________.

c) Ângulos alternos externos: ________.

d) Ângulos colaterais internos: ________.

e) Ângulos colaterais externos: ________.

f) Ângulos opostos pelo vértice:

________.

44 Na figura da atividade anterior, sabendo que a medida de abertura do ângulo $\hat{1}$ é de 63° 15', determine a medida de abertura de todos os demais ângulos.

45 Qual é o nome do polígono regular cuja medida de abertura de um ângulo interno é $\frac{1}{10}$ da soma das medidas de abertura dos ângulos internos?

46 A soma das medidas de abertura dos ângulos internos de um polígono convexo é igual a 720°. Quantos lados esse polígono tem?

47 Calcule o que se pede em cada item considerando um octógono regular.

a) A soma das medidas de abertura dos ângulos internos.

b) A soma das medidas de abertura dos ângulos externos.

c) A medida de abertura de um ângulo interno.

d) A medida de abertura de um ângulo externo.

e) O número de diagonais.

---

48 › Em um triângulo retângulo, a medida de abertura de um ângulo agudo é o dobro da medida de abertura do outro. Qual é a medida de abertura de cada ângulo agudo?

---

49 › Nesta figura, temos que $r \parallel s$ e $t \parallel u$.

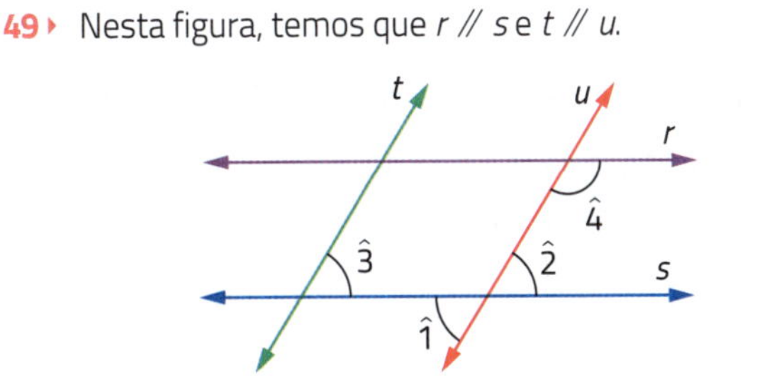

Banco de imagens/Arquivo da editora

Sabendo que a medida de abertura do ângulo $\hat{1}$ é de 50° 18', quais são as medidas de abertura dos ângulos $\hat{3}$ e $\hat{4}$?

---

50 › Qual é o polígono regular cuja medida de abertura do ângulo externo é de 72°?

---

51 › Considere um polígono regular tal que a medida de abertura do ângulo interno é o triplo da medida de abertura do ângulo externo. Quantos lados esse polígono tem?

---

52 › Represente nesta malha quadriculada uma região plana limitada por um octógono regular. Mas atenção: use apenas regiões quadradas inteiras da malha.

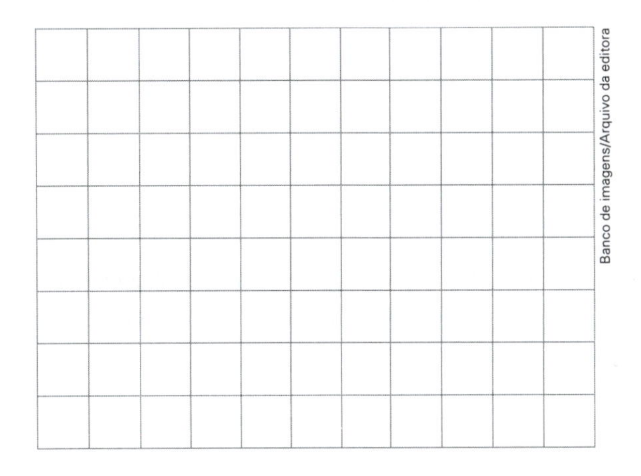

Banco de imagens/Arquivo da editora

53 › Em um triângulo retângulo, a abertura de um dos ângulos agudos mede 57° 25'. Determine as medidas de abertura dos ângulos internos e dos ângulos externos desse triângulo.

---

54 › Determine a medida de abertura dos ângulos internos $\hat{A}$, $\hat{B}$ e $\hat{C}$ de um triângulo sabendo que $m(\hat{A})$ é a metade de $m(\hat{C})$ e $m(\hat{B})$ é o triplo de $m(\hat{C})$.

---

55 ▸ A soma das medidas de abertura dos ângulos internos de um polígono convexo é igual à soma das medidas de abertura de 6 ângulos retos. Quantos lados esse polígono tem?

____

56 ▸ Em um polígono regular, a medida de abertura do ângulo externo é de 12°. Quantos lados esse polígono tem?

____

57 ▸ Considere um icoságono regular e calcule o que se pede.

a) A soma das medidas de abertura dos ângulos internos.

____

b) A soma das medidas de abertura dos ângulos externos.

____

c) A medida de abertura de um ângulo interno.

____

d) A medida de abertura de um ângulo externo.

____

e) O número de diagonais.

____

58 ▸ É possível fazer um ladrilhamento com paralelogramos e triângulos equiláteros? Se sim, esboce um desenho. Se não, explique por quê.

59 ▸ A medida de abertura do ângulo externo de um polígono regular diminuída de 6° é igual a $\frac{1}{100}$ da soma das medidas de abertura dos ângulos internos de um dodecágono. Quantos lados esse polígono tem?

____

60 ▸ Qual é o nome do polígono cuja soma das medidas de abertura dos ângulos internos é igual à metade da soma das medidas de abertura dos ângulos externos?

____

61 ▸ Calcule a soma do número de lados com o número de diagonais em cada polígono convexo.

a) Triângulo: ______________.

b) Quadrilátero: ______________.

c) Pentágono: ______________.

d) Icoságono: ______________.

62 ▸ Construa os triângulos indicados a partir das medidas de comprimento dos lados. Depois, observe as medidas de abertura dos ângulos e escreva a classificação deles quanto aos lados e quanto aos ângulos.

Triângulo	Medidas de comprimento dos lados	Classificação do triângulo quanto aos lados	Classificação do triângulo quanto aos ângulos
$\triangle ABC$	$AB = 6$ cm; $AC = 4$ cm; $BC = 3$ cm.		
$\triangle EFG$	$EF = 3$ cm; $EG = 6$ cm; $FG = 6$ cm.		
$\triangle PQR$	$PQ = 4$ cm; $PR = 4$ cm; $QR = 3$ cm.		
$\triangle XYZ$	$XY = 6$ cm; $XZ = 2{,}5$ cm; $YZ = 6{,}5$ cm.		

63 ▸ Complete os itens.

a) Em um $\triangle ABC$, tal que $AB = 9$ cm, $AC = 6$ cm e $BC = 8$ cm, o ângulo de maior medida de abertura é ______ e o ângulo de menor medida de abertura é ______.

b) Se um triângulo isósceles tem lados com medidas de comprimento de 9 cm e 4 cm de comprimento, então o terceiro lado mede ______.

c) Em um $\triangle PQR$, temos $m(\hat{P}) = 42°$ e $m(\hat{Q}) = 28°$. Nesse triângulo, o lado de maior medida de comprimento é ______ e o lado de menor medida de comprimento é ______. Quanto aos ângulos, esse triângulo é chamado de ______ e, quanto aos lados, de ______.

64 Carina quer construir uma região hexagonal regular cujo comprimento de cada lado mede 4 dm. Para isso, ela vai usar peças com a forma de triângulos equiláteros cujo comprimento de cada lado mede 2 dm. De quantas peças ela vai precisar?

___

65 Quais são as medidas de abertura dos ângulos internos de um quadrilátero sabendo que a medida de abertura do segundo ângulo é 20° maior do que a do primeiro, a medida de abertura do terceiro ângulo é 20° maior do que a do segundo e a medida de abertura do quarto ângulo é o dobro da medida de abertura do primeiro?

___

66 Verifique se existe ou não um triângulo com as características dadas em cada item.

a) Triângulo com lados de medidas de comprimento de 8 cm, 18 cm e 10 cm.

___

b) Triângulo com ângulos internos de medidas de abertura de 70°, 40° e 70°.

___

c) Triângulo com lados de medidas de comprimento de 7 cm, 12 cm e 6 cm.

___

d) Triângulo com ângulos internos de medidas de abertura de 70°, 70° e 70°.

___

e) Triângulo com ângulos externos de medidas de abertura de 120°, 140° e 100°.

___

f) Triângulo com lados de medidas de comprimento de 19 cm e 8 cm e medida de perímetro de 36 cm.

___

g) Triângulo com um ângulo interno reto, um agudo e um obtuso.

___

h) Triângulo com lados de medidas de comprimento de 6 cm, 4 cm e 6 cm.

___

67 As retas r e s desta figura são paralelas.

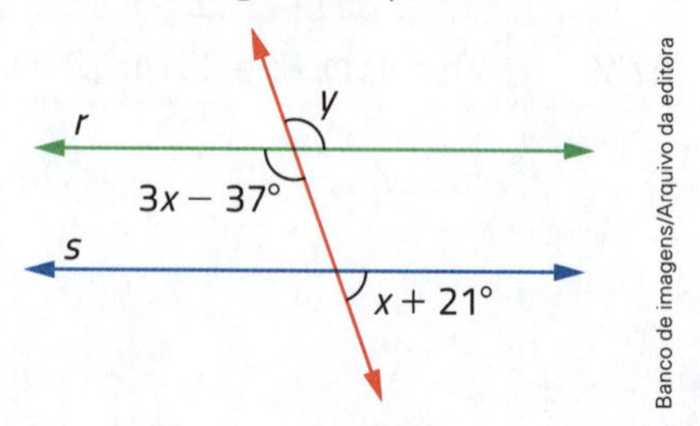

Determine a medida de abertura dos 3 ângulos destacados.

___

68 Considerando esta figura, determine a medida de abertura do ângulo externo do $\triangle ABC$ adjacente ao ângulo interno $\hat{A}$.

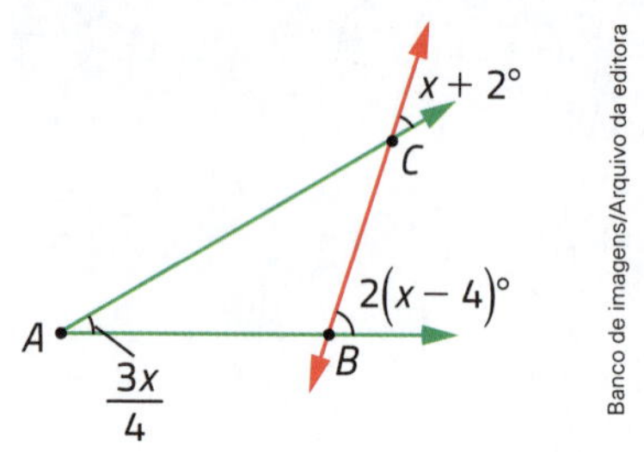

___

69 Em um quadrilátero, colocando as medidas de abertura dos ângulos internos em ordem crescente, cada medida excede a anterior em 20°. Quais são as medidas de abertura dos ângulos internos desse quadrilátero?

___

70 ▸ Veja alguns exemplos de ladrilhamentos.

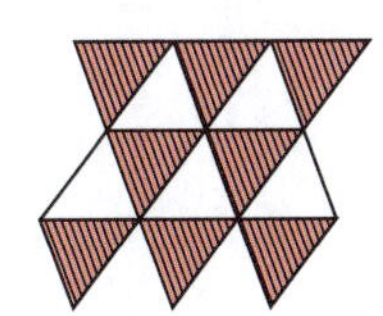

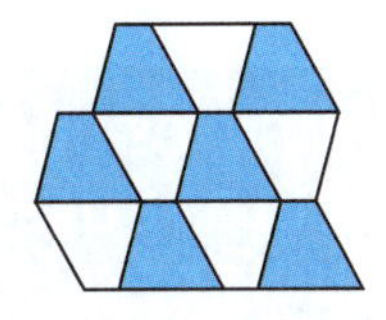

Ilustrações: Banco de imagens/ Arquivo da editora

Agora, observe o ladrilhamento nesta malha quadriculada. Continue a ladrilhar até obter pelo menos 25 quadriláteros congruentes inteiros.

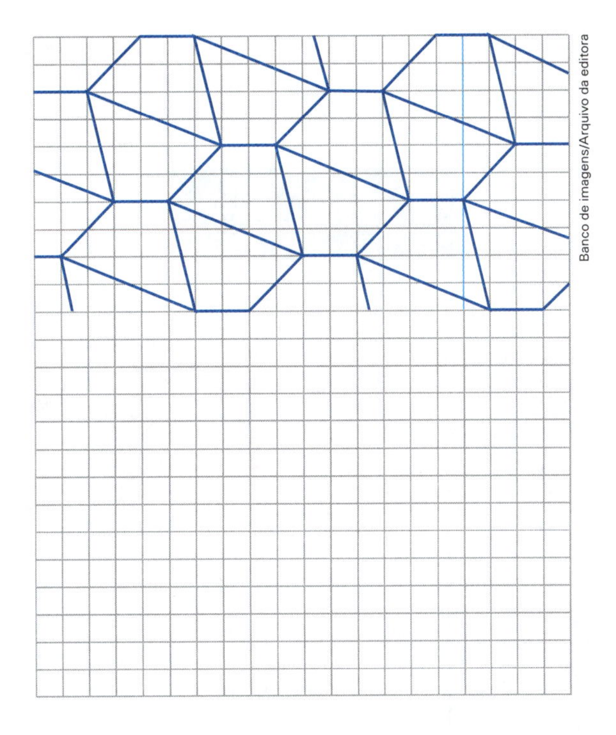

Banco de imagens/Arquivo da editora

71 ▸ Invente um ladrilhamento.

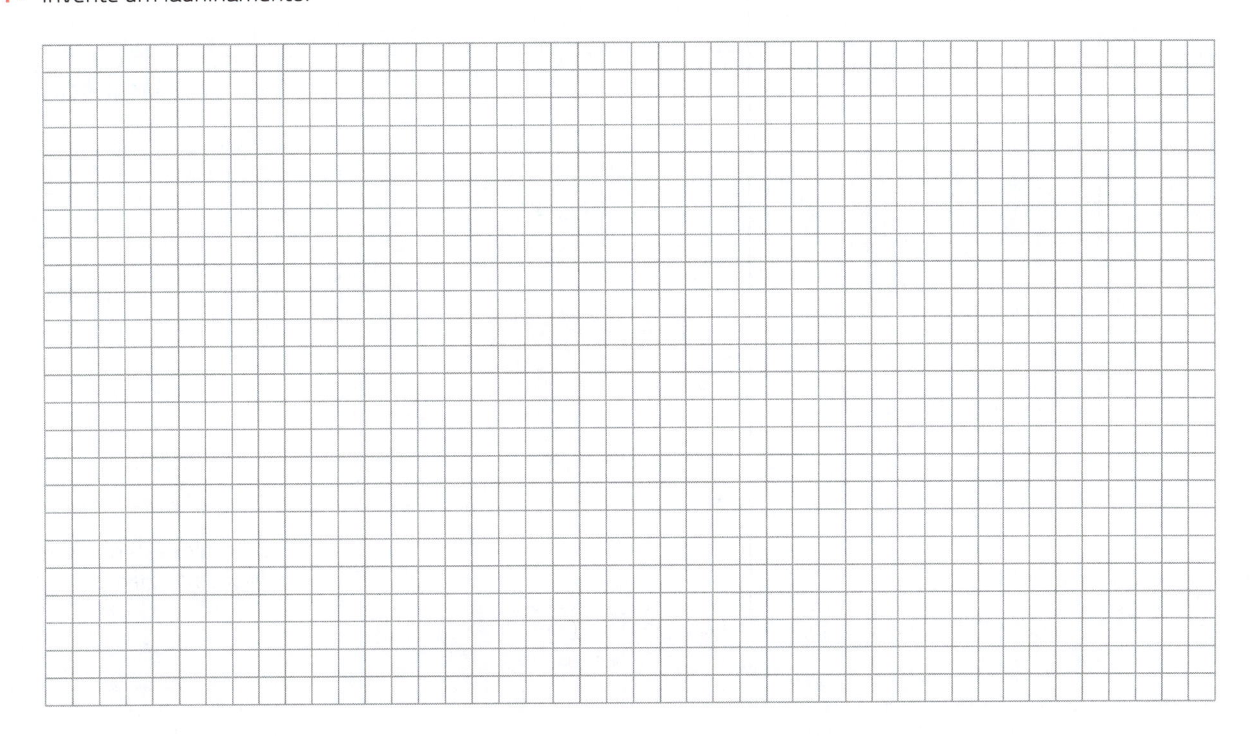

72 Complete estes mapas conceituais com os temas que você estudou neste capítulo.

a)

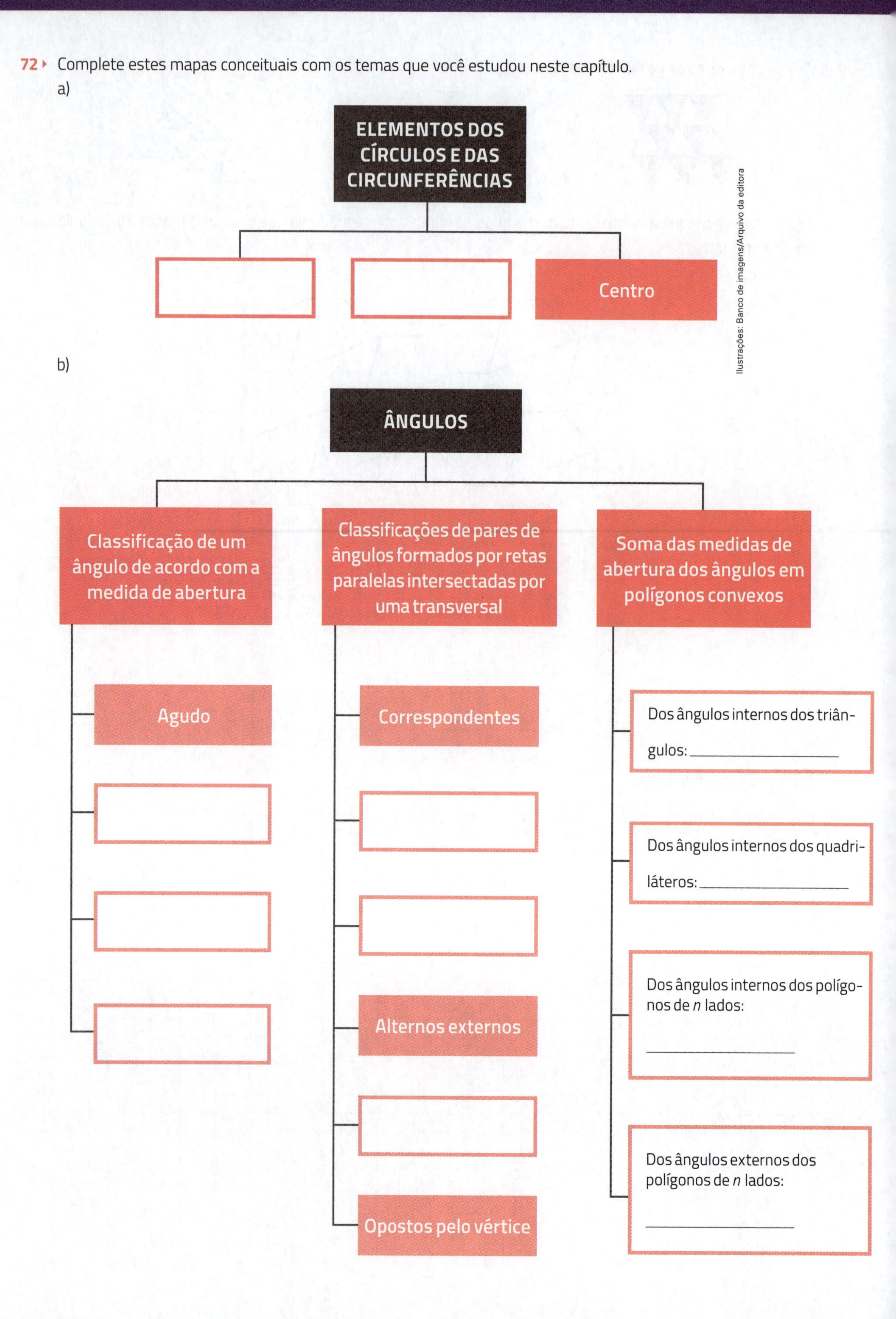

b)

Simetria

1› Observe cada figura e escreva se ela é simétrica ou não. Em cada figura simétrica, trace o eixo de simetria.

Ilustrações: Banco de imagens/Arquivo da editora

a)

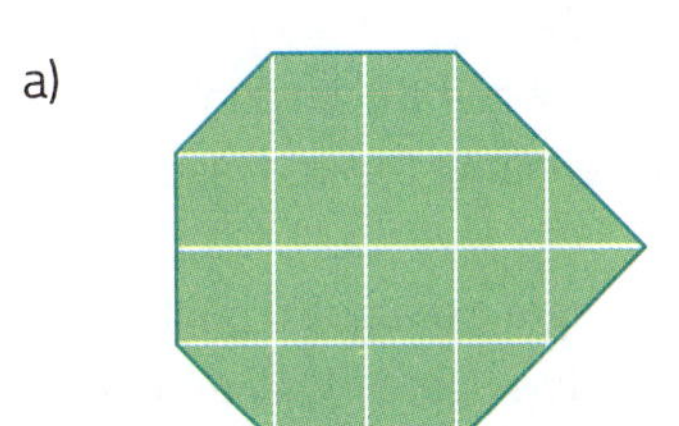

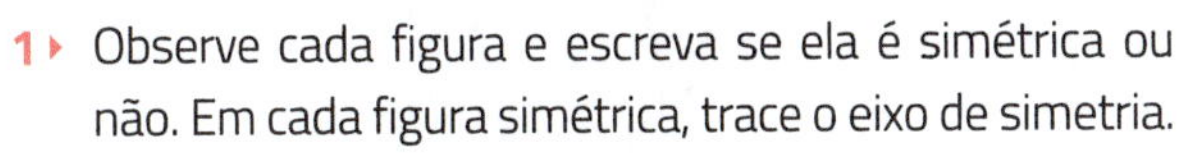

b)

c)

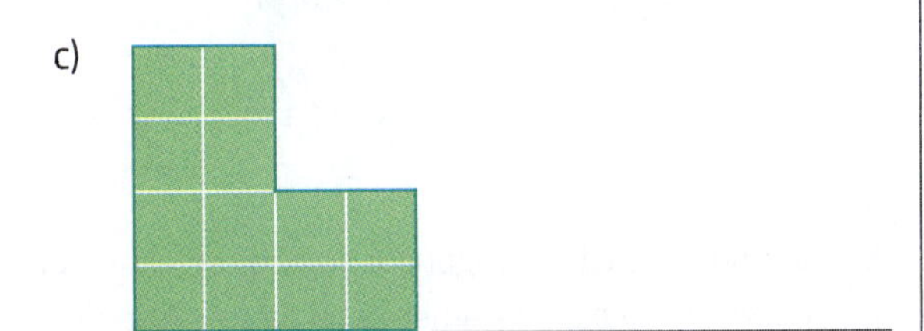

d)

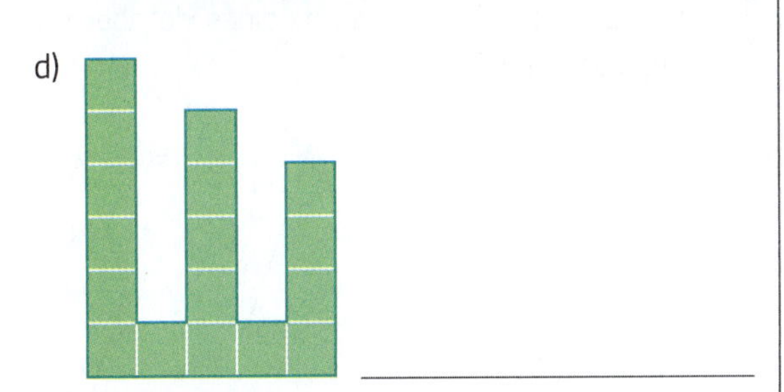

e)

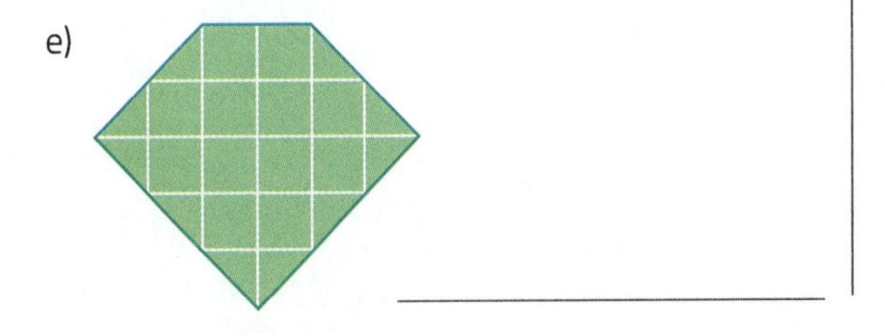

2› Polígonos regulares e simetria. Você pode reconhecer se um polígono é ou não regular comparando o número de lados com o número de eixos de simetria. Observe os exemplos.

Ilustrações: Banco de imagens/Arquivo da editora

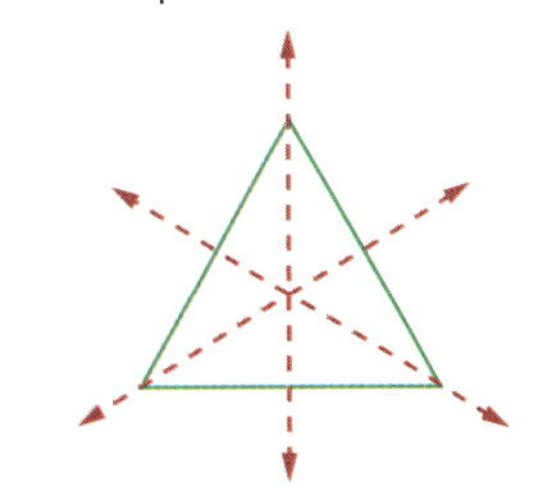

É polígono regular: tem 3 lados e 3 eixos de simetria ($3 = 3$).

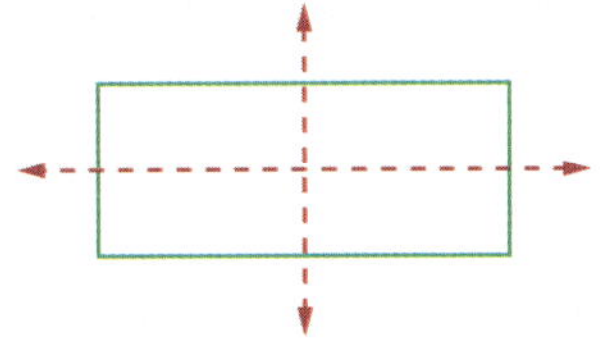

Não é polígono regular: tem 4 lados e 2 eixos de simetria ($4 \neq 2$).

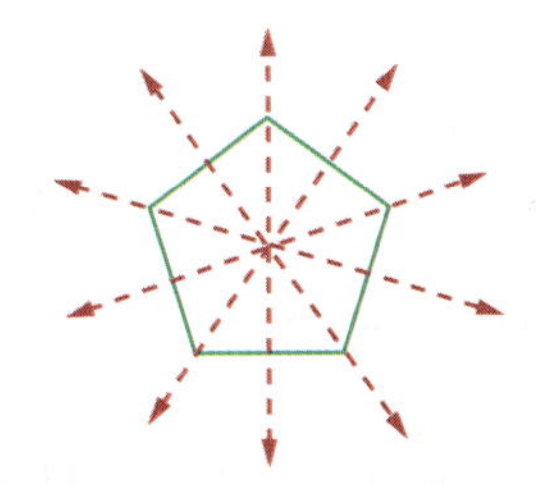

É polígono regular: tem 5 lados e 5 eixos de simetria ($5 = 5$).

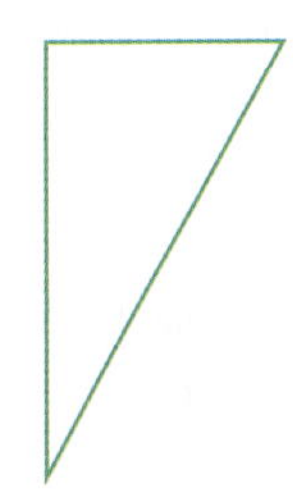

Não é polígono regular: tem 3 lados e não tem eixos de simetria ($3 \neq 0$).

Sabendo disso, desenhe um quadrado e verifique nele essa propriedade dos polígonos regulares.

3 › Trace o eixo de simetria de cada figura.

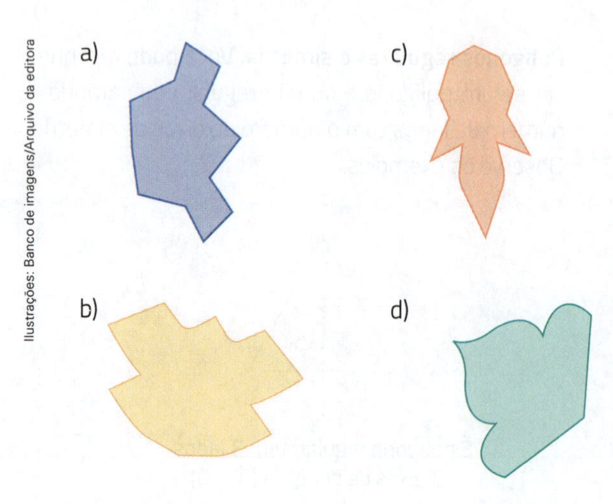

Ilustrações: Banco de imagens/Arquivo da editora

4 › Observe a região plana *RTUPQ* nesta malha quadriculada.

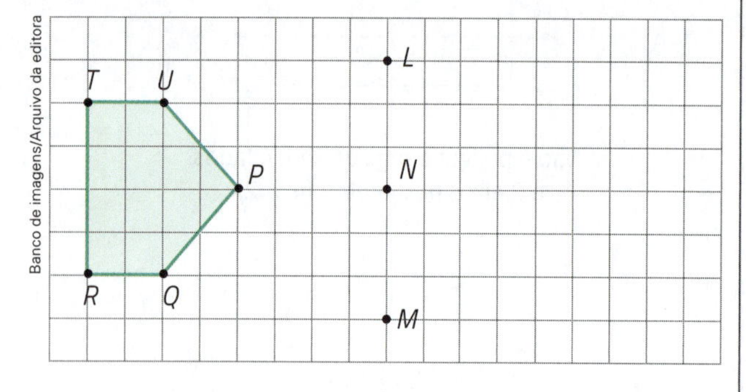

Banco de imagens/Arquivo da editora

a) Siga essas instruções.

- Trace a reta $\overleftrightarrow{LM}$.
- Trace um segmento de reta $\overline{PP'}$ perpendicular à reta $\overleftrightarrow{LM}$ passando por *N* de modo que $PN = NP'$.
- Use essa mesma regra e marque o ponto *Q'*.
- Repita isso para os pontos *R*, *T* e *U* obtendo *R'*, *T'* e *U'*.
- Ligue os pontos *R'*, *T'* , *U'*, *P'* e *Q'* e pinte a região plana formada.

b) O que você pode dizer sobre as regiões planas *RTUPQ* e *R'T'U'P'Q'*?

____

$\overleftrightarrow{LM}$ ______________________________

5 › Observe agora a região plana *VWXYZ*.

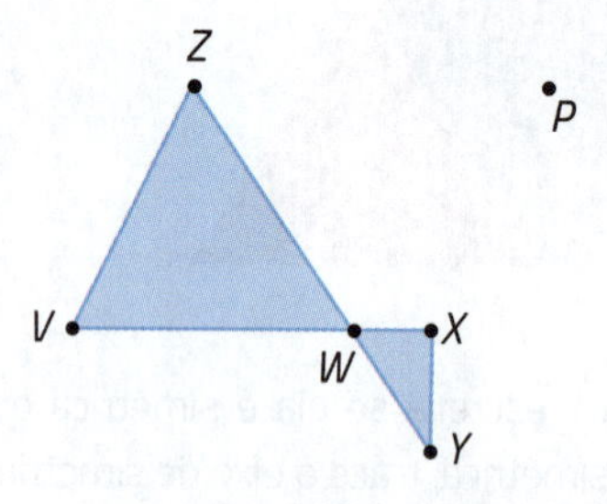

Banco de imagens/Arquivo da editora

a) Siga essas instruções.

- Ligue *X* a *P* e prolongue até um ponto *X'* de modo que $\overline{XP}$ e $\overline{PX'}$ tenham a mesma medida de comprimento.
- Use a mesma regra e marque o ponto *Z'*.
- Repita isso para os pontos *V*, *W* e *Y* obtendo *V'*, *W'* e *Y'*.
- Ligue os pontos *V'*, *W'*, *X'*, *Y'* e *Z'* e pinte a região plana formada.

b) O que você pode observar sobre a região plana formada?

____

____

c) Descreva como mover a região plana *VWXYZ* para obter a região plana *V'W'X'Y'Z'*.

____

____

6 › Verifique se cada polígono é ou não regular usando o número de eixos de simetria ou as medidas de comprimento dos lados e as medidas de abertura dos ângulos internos.

a)

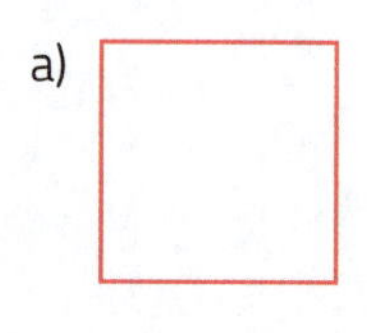

____

c)

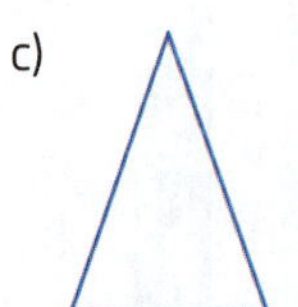

____

e)

____

b)

____

d)

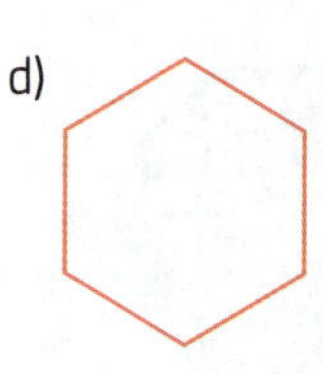

____

Ilustrações: Banco de imagens/Arquivo da editora

7 Observe os pontos e o eixo de simetria indicados nesta malha quadriculada.

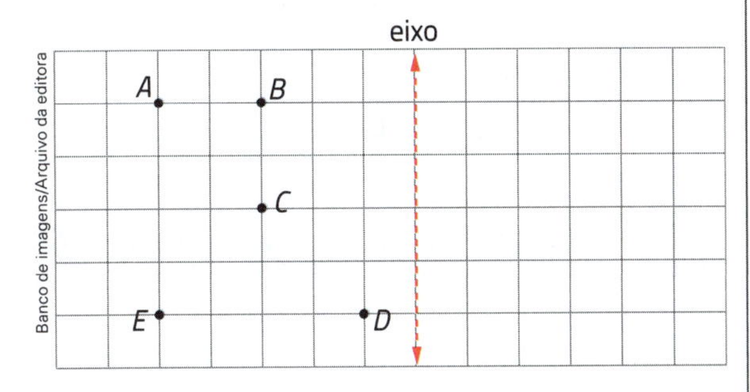

Banco de imagens/Arquivo da editora

a) Construa e pinte a região plana determinada pelo polígono *ABCDE*.

b) Desenhe e pinte a região plana simétrica a essa região plana *ABCDE* em relação ao eixo dado.

c) Responda: Quantos lados tem a região plana obtida?

____

d) Qual é o nome do contorno dessa região plana, de acordo com o número de lados?

____

e) O ângulo $A\hat{B}C$ é reto, agudo ou obtuso?

____

8 Quantos eixos de simetria este hexágono regular tem? Responda e, depois, confira sua resposta traçando os eixos.

____

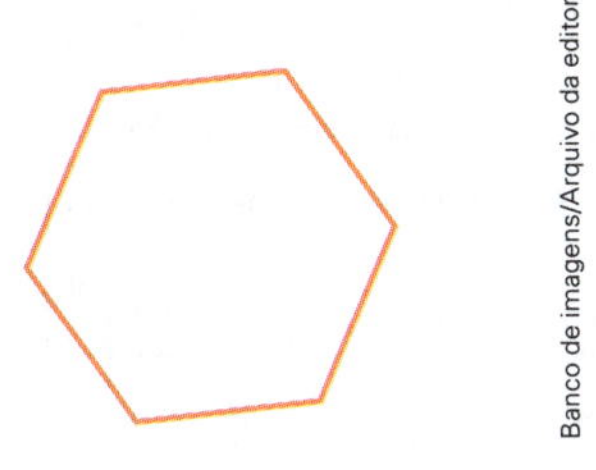
Banco de imagens/Arquivo da editora

9 Trace o eixo de simetria de cada par de figuras.

a)

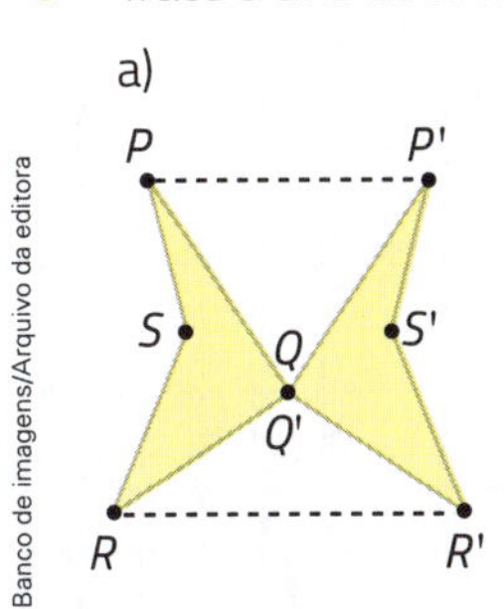

b)

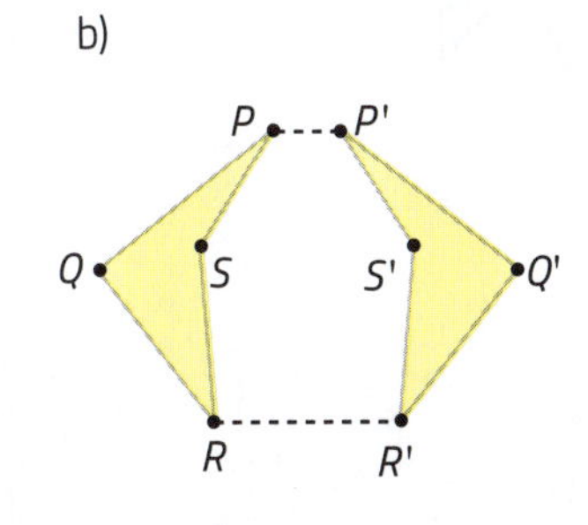

Banco de imagens/Arquivo da editora

10 Mara se inspirou em bandeirinhas de festa junina para fazer alguns desenhos em malhas quadriculadas.

a) Trace o eixo de simetria para as bandeirinhas que apresentam simetria axial uma em relação à outra.

I

II

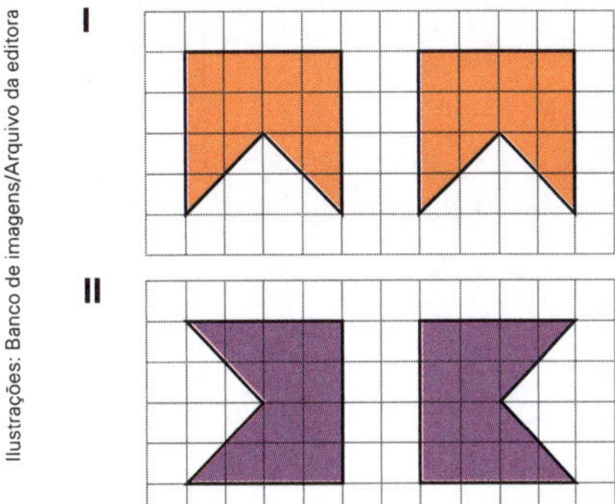

III

IV

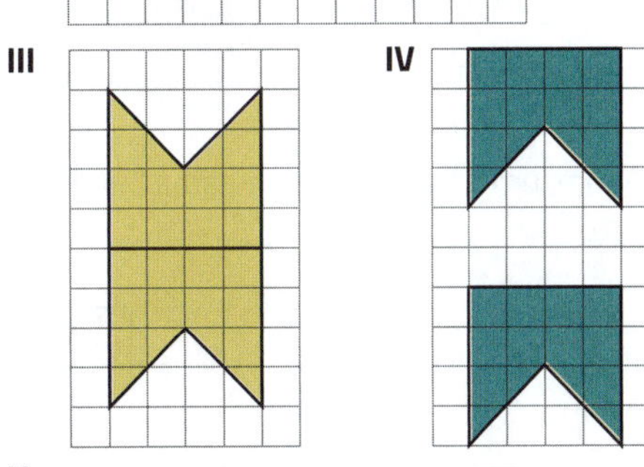

V

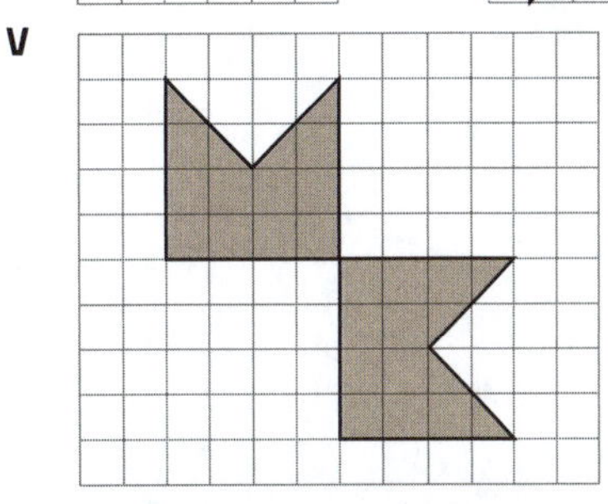

VI

VII

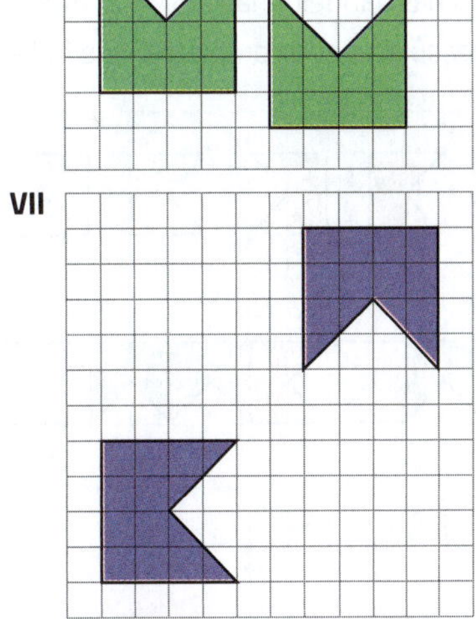

VIII

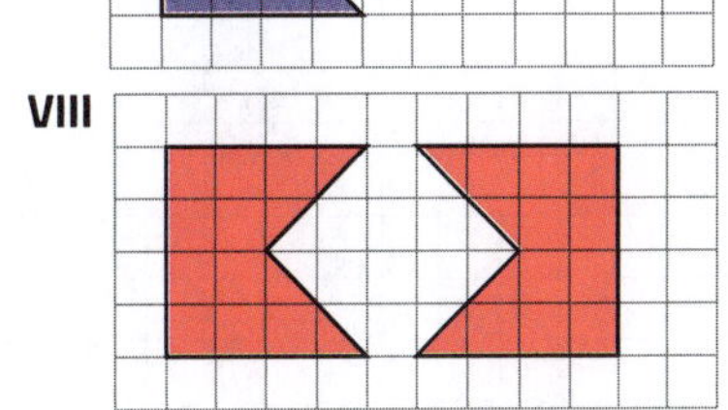

Ilustrações: Banco de imagens/Arquivo da editora

b) Usando apenas simetria axial, Mara levou a bandeirinha **A** até a bandeirinha **B** com 4 movimentos. Desenhe as bandeirinhas obtidas nos 1º, 2º e 3º movimentos.

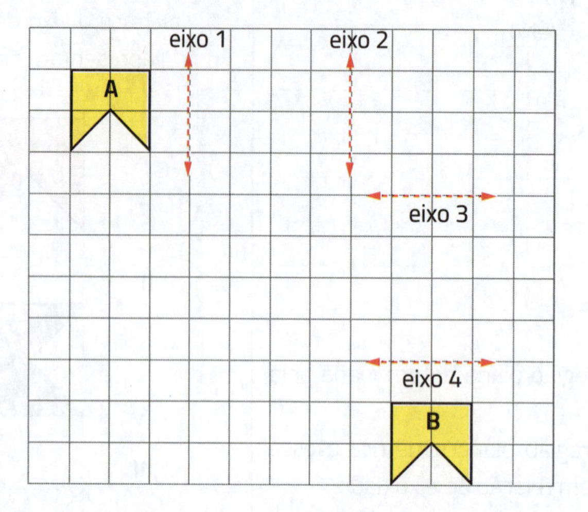

Ilustrações: Banco de imagens/Arquivo da editora

c) Agora, um desafio: leve a mesma bandeirinha **A** até a bandeirinha **B**, mas com apenas 2 movimentos de simetria axial.

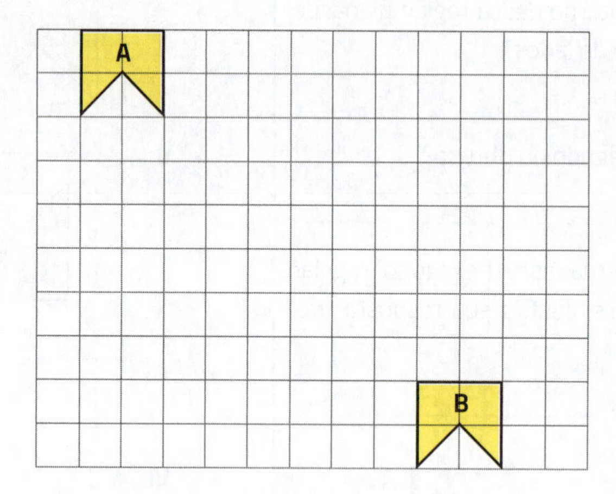

d) Inspirado nas bandeirinhas de Mara, Beto resolveu construir faixas decorativas usando simetria axial. Veja o que ele começou a fazer e complete o que falta. Depois, invente outros modelos e mostre aos colegas.

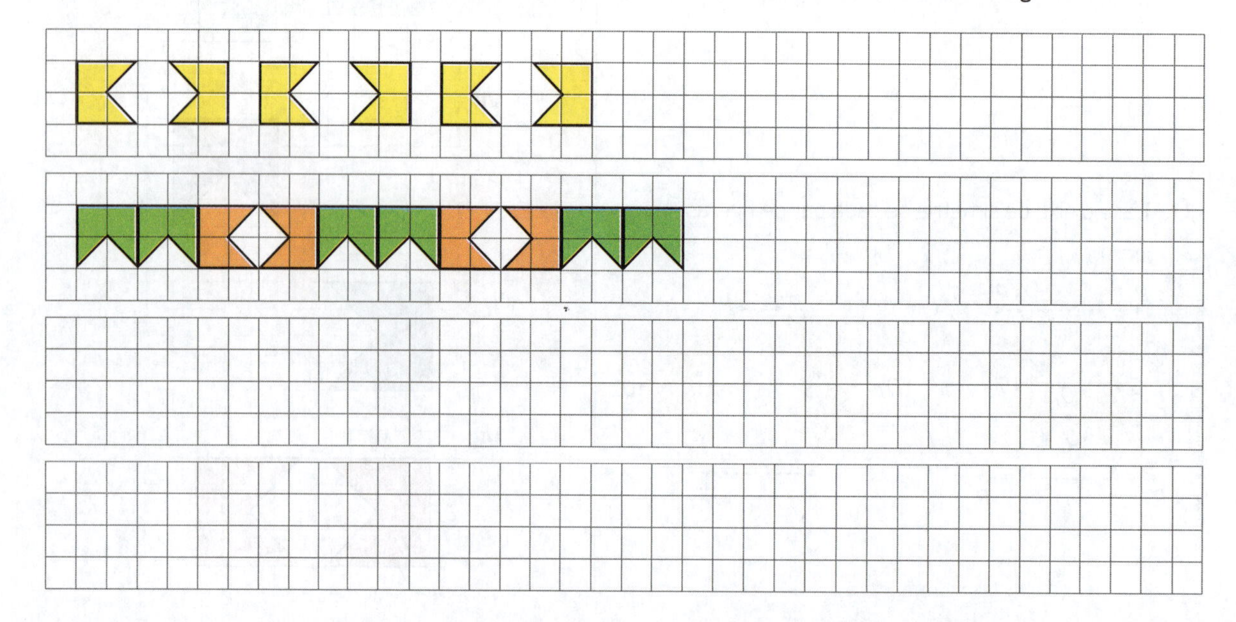

11 Observe a composição de 2 translações de uma figura. A primeira translação foi feita de acordo com a direção, o sentido e a medida de distância indicados pela seta azul, e a segunda translação, de acordo com os parâmetros da seta preta.

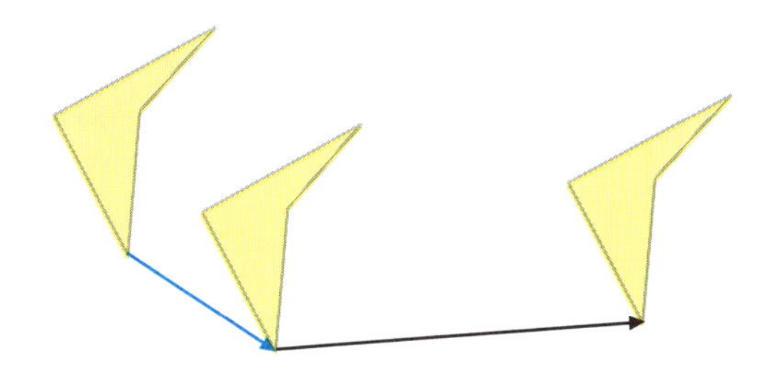

Ilustrações: Banco de imagens/Arquivo da editora

Agora, faça as translações de cada figura: primeiro a translação dada pela seta azul e, em seguida, a translação dada pela seta preta.

a)

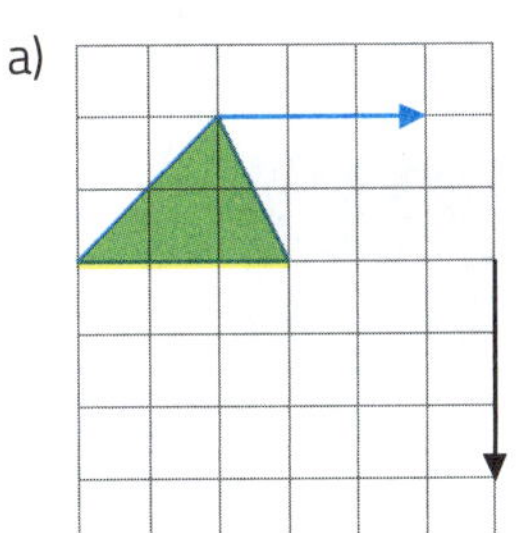

b)

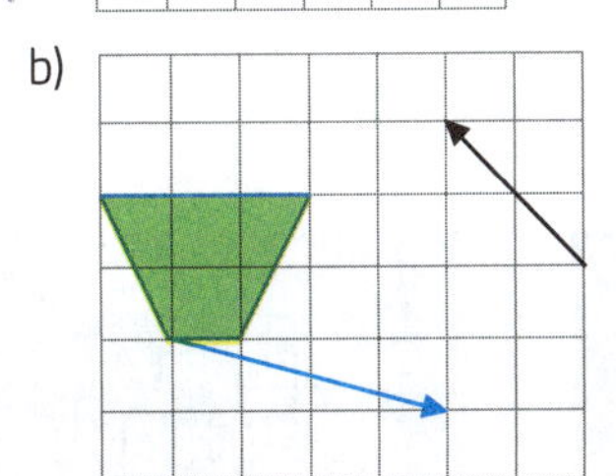

c)

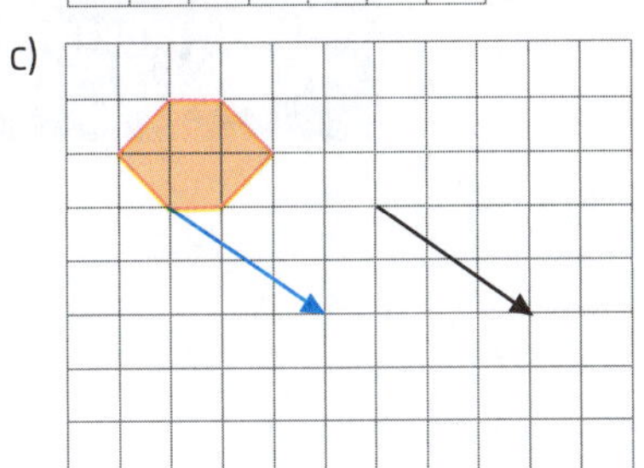

Ilustrações: Banco de imagens/Arquivo da editora

12 Observe cada figura na malha quadriculada e o centro de rotação indicado pelo ponto *P*. Desenhe a figura obtida após a rotação, em torno de *P*, com ângulo de medida de abertura de 180°.

a)

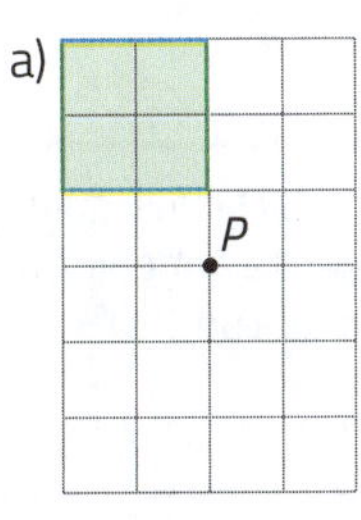

b)

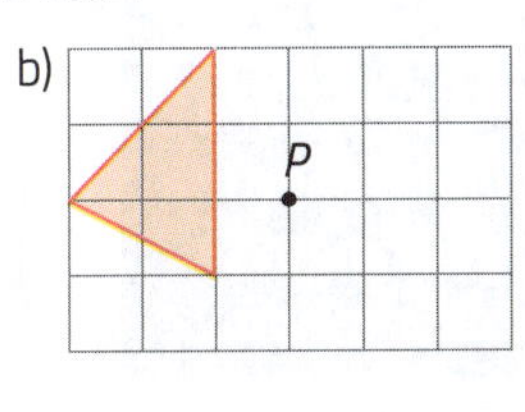

Ilustrações: Banco de imagens/Arquivo da editora

13 Observe a seta que indica a direção, o sentido e a medida de distância e construa as simetrias de translação de cada figura.

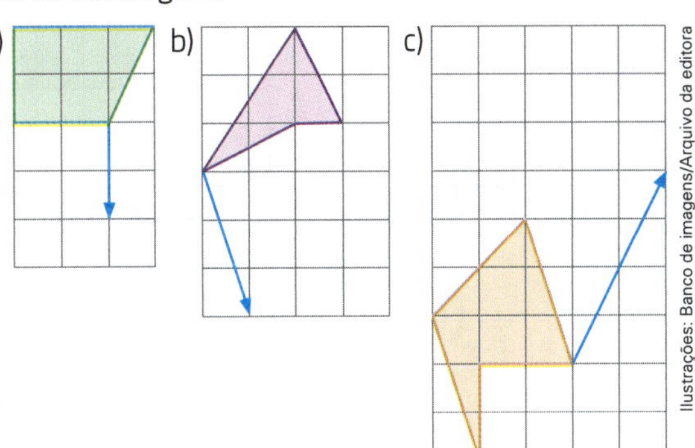

Ilustrações: Banco de imagens/Arquivo da editora

14 **Simetria no plano cartesiano.** Observe estas figuras representadas no plano cartesiano.

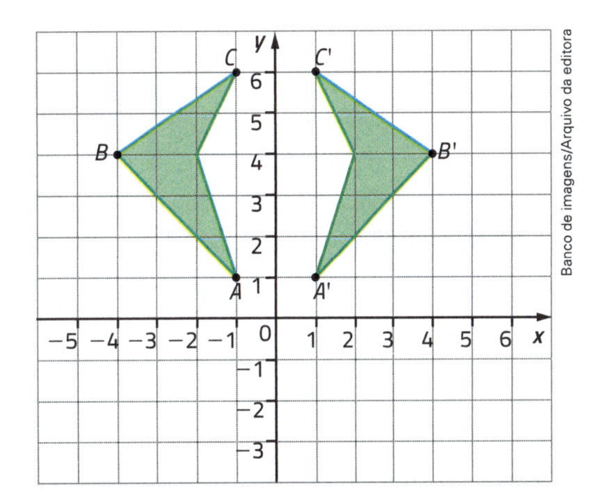

Banco de imagens/Arquivo da editora

a) A figura *A'B'C'* é simétrica à figura *ABC*? Se sim, qual é o tipo de simetria?

____

____

b) Para construir a figura *A'B'C'* a partir da figura *ABC*, o que podemos fazer com as abscissas e com as ordenadas dos pontos *A*, *B* e *C*?

____

____

____

15 › Observe estas figuras em um plano cartesiano.

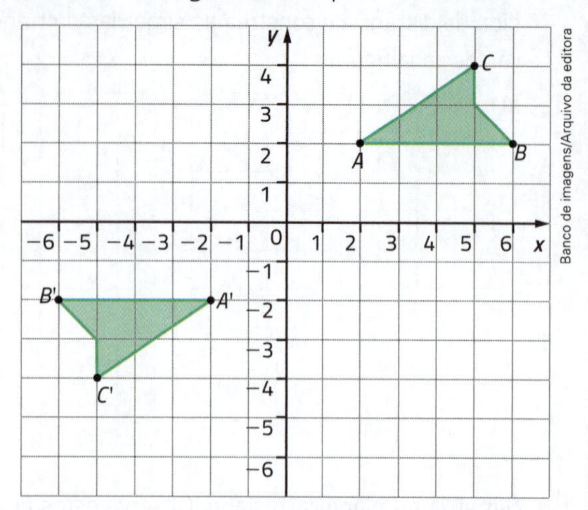

a) A figura $A'B'C'$ é simétrica à figura ABC? Se sim, a simetria é axial ou de rotação?

____

____

b) Para construir a figura $A'B'C'$ a partir da figura ABC, o que podemos fazer com as abscissas e as ordenadas dos pontos A, B e C?

____

____

____

16 › Observe estes azulejos.

PGMart/Shutterstock

a) Quais são os tipos de simetria presentes nessa imagem em relação aos azulejos destacados?

____

____

____

____

____

b) Agora é a sua vez! Na malha quadriculada abaixo, crie uma peça de referência e construa um ladrilhamento usando composição de simetrias de translação para as direções e os sentidos desejados. Depois, descreva as simetrias.

17 › Complete este mapa conceitual com o nome das simetrias que você estudou neste capítulo.

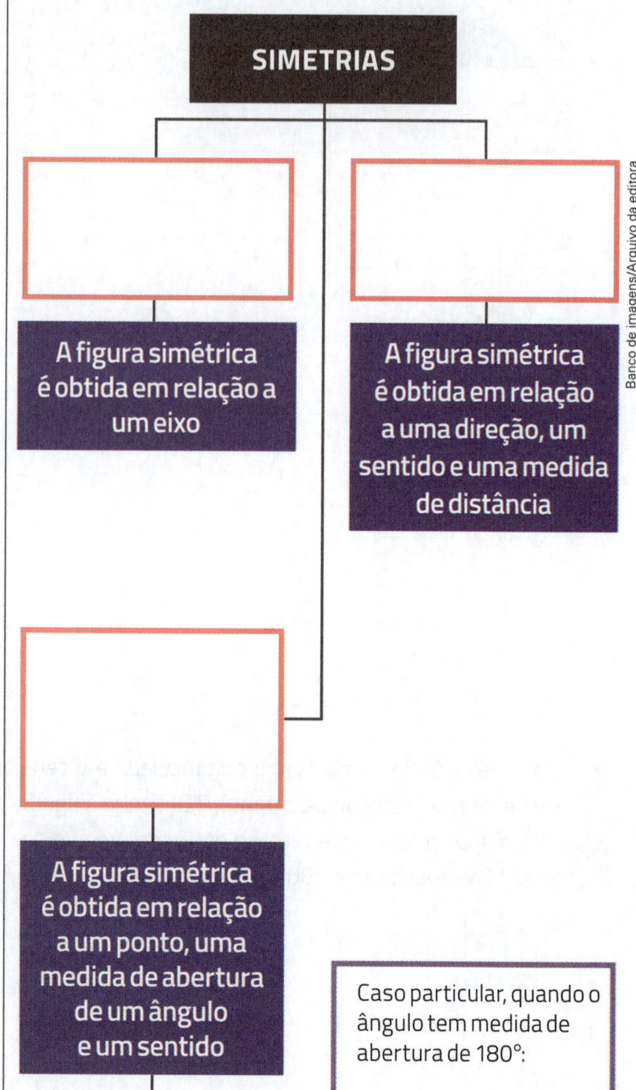

CAPÍTULO 7

Proporcionalidade

1 ▸ Em uma receita de bolo, as medidas de massa de açúcar e de farinha são, respectivamente, 150 g e 240 g. A razão entre as medidas de massa de açúcar e de farinha é de 5 para 8, de 5 para 12 ou de 3 para 5?

____

2 ▸ Escreva cada razão na forma de fração irredutível.

a) 18 : 24 = ________

b) Razão entre 45 e 18: ________

c) $\frac{29}{58}$ = ________

d) Razão entre $1\frac{2}{5}$ e 3: ________

e) Razão de 1 para 7: ________

f) 44% = ________

g) $\frac{\frac{3}{4}}{\frac{1}{2}}$ = ________

h) Razão entre 0,5 e 1,5: ________

3 ▸ Quais são os 2 números naturais entre 20 e 25 cuja razão é de 7 para 8?

____

4 ▸ A razão de 2 para 3 é igual à razão de 3 para 2? Explique com um exemplo.

____

____

5 ▸ Há 4 crianças para 2 adultos em um carro. Há 6 crianças para 4 adultos em uma van. A razão do número crianças para o número de adultos é a mesma em ambos os veículos?

____

6 ▸ Considere estes segmentos de reta.

A ——— 8 cm ——— B ——— 12 cm ——— C

Determine a razão entre as medidas de comprimento de cada par de segmentos de reta.

a) $\overline{AB}$ e $\overline{BC}$ → ________

b) $\overline{AB}$ e $\overline{AC}$ → ________

c) $\overline{BC}$ e $\overline{AC}$ → ________

d) $\overline{BC}$ e $\overline{AB}$ → ________

7 ▸ Na eleição para representante do diretório da faculdade em que Raul estuda, para cada 3 eleitores que votaram no candidato **A**, 4 votaram no candidato **B**.

a) Expresse de 2 formas diferentes a razão entre os votos dados ao candidato **A** e ao **B**, nessa ordem.

____

b) Se 6 000 eleitores votaram no candidato **B**, então quantos votaram em **A**?

____

8 ▸ Um carro **A** percorreu 324 km em 4 horas. Um carro **B** percorreu 483 km em 6 horas. Um carro **C** percorreu 241,5 km em 3 horas.

a) A razão entre as medidas de distância percorridas (em km) e as medidas de intervalo de tempo (em horas) é a mesma para quais desses carros?

____

b) Qual é o nome que se dá à grandeza associada a cada uma dessas razões?

____

c) Escreva a proporção formada pelas 2 razões iguais.

____

d) Escreva como se lê essa proporção e verifique nela a propriedade fundamental das proporções.

____

____

9 ▸ Invente e resolva um problema envolvendo a ideia de razão.

____

____

____

10 ▸ Calcule o valor de x em cada proporção dada.

a) $\frac{32}{24} = \frac{20}{x}$

b) $\frac{x + 1}{18} = \frac{2}{6}$

c) $\frac{4}{2x} = \frac{6}{x + 2}$

d) $\frac{x - 4}{x + 6} = \frac{9}{24}$

e) $\frac{3{,}5}{x + 8} = \frac{2{,}1}{3x}$

f) $\frac{5x}{x + 1} = \frac{1}{2}$

11 ▸ Em uma turma do 7º ano, há 5 meninos para cada 7 meninas. Escreva as razões solicitadas.

a) Do número de meninos para o número de meninas.

b) Do número de meninas para o de meninos.

c) Do número de meninos para o número de alunos na turma.

d) Do número de meninas para o número de alunos na turma.

12 ▸ Considerando ainda a turma do 7º ano citada na atividade anterior, se ela tem um total de 36 alunos, então qual é o número de meninos?

13 ▸ A razão entre as medidas de comprimento (em cm) e de massa (em g) de uma barra de ferro é $\frac{3}{50}$.

a) Explique o significado de $\frac{3}{50}$ nessa situação.

b) Calcule a medida de massa de uma barra cujo comprimento mede 42 cm.

c) Calcule a medida de comprimento de uma barra cuja massa mede 1 kg.

____

14 Em um vestibular, foram aprovados 2 610 dos 29 000 candidatos inscritos. Quantos por cento dos candidatos inscritos foram reprovados?

____

15 Em uma pesquisa, 25 em cada 100 pessoas escolheram o azul como a cor predileta. Mantida essa proporção, entre 800 pessoas, quantas escolheriam a cor azul? Resolva de 2 maneiras diferentes este problema.

____

16 Indique as razões usando porcentagens.

a) 7 em 25 = ________

b) 18 em 50 = ________

c) 18 em 200 = ________

d) 426 em 1 000 = ________

e) 7 em 8 = ________

f) 12 em 240 = ________

17 Veja neste diagrama a distribuição do número de visitantes de um parque no verão e no outono de um ano.

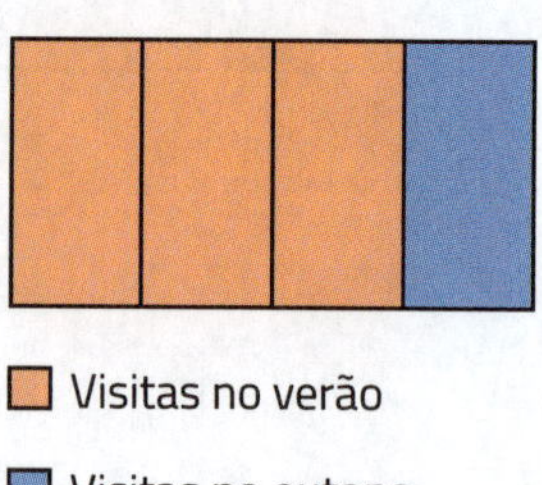

Banco de imagens/Arquivo da editora

a) Qual é a razão do número de visitantes no verão para o número de visitantes no outono?

____

b) Se 120 000 pessoas visitaram o parque no outono desse ano, então quantos visitantes ele recebeu no verão?

____

18 Em certo período do ano, a razão do número de dias com chuva para número de dias sem chuva foi de 2 para 5.

a) Quantos dias foram com chuva nesse período, sabendo que não choveu em 20 dias?

____

b) E quantos dias tem o período analisado?

____

c) Qual é o coeficiente de proporcionalidade entre as grandezas dias com chuva e dias sem chuva, nessa ordem?

____

19 Verifique se as 2 grandezas citadas em cada item são diretamente proporcionais, inversamente proporcionais ou não são proporcionais.

a) Massa de macarrão (em kg) e preço (em R$).

___

b) Espessura de um livro (em cm) e preço (em R$).

___

c) Intervalo de tempo em que uma torneira fica aberta (em min) e capacidade de água (em L) que jorra.

___

d) Velocidade do carro (em km/ h) e intervalo de tempo gasto para cumprir um percurso (em h).

___

20 Para cada 4 automóveis que vende, Laura ganha R$ 300,00 de comissão. Quanto ela recebeu de comissão no mês em que vendeu 10 automóveis?

___

21 Os alunos da turma em que Roberta estuda fizeram um levantamento estatístico sobre os alunos do 7º ano da escola. Analise o gráfico construído pela equipe de Roberta.

Quantidade de alunos do 7º ano da escola

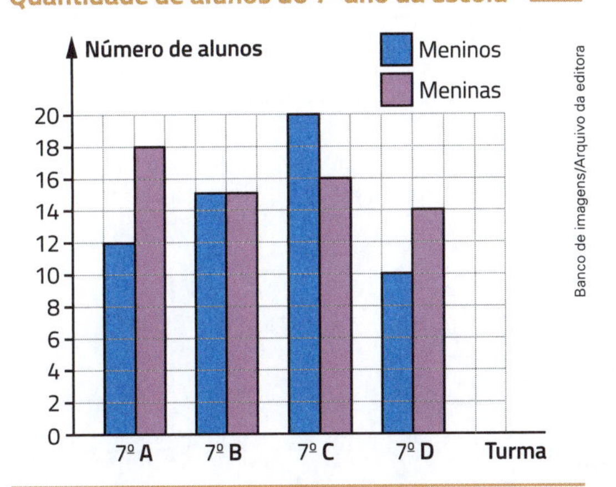

Gráfico elaborado para fins didáticos.

a) Complete a tabela considerando os dados do gráfico.

Quantidade de alunos do 7º ano da escola

Turma	7º A	7º B	7º C	7º D
Número de meninos				
Número de meninas				
Número total				

Tabela elaborada para fins didáticos.

b) Usando os dados da tabela, determine o que se pede.

- O número total de alunos do 7º ano.

___

- A razão entre o número de meninos e o número de meninas do 7º **D**.

___

- A razão entre o número de meninas e o número de alunos do 7º **C**.

___

- A porcentagem do número de meninos em relação ao total de alunos do 7º ano.

___

- A porcentagem do número de alunos do 7º **C** em relação ao total de alunos do 7º ano.

___

c) Complete o gráfico de setores registrando o número de alunos e a porcentagem de cada turma em relação ao total.

Quantidade de alunos do 7º ano da escola

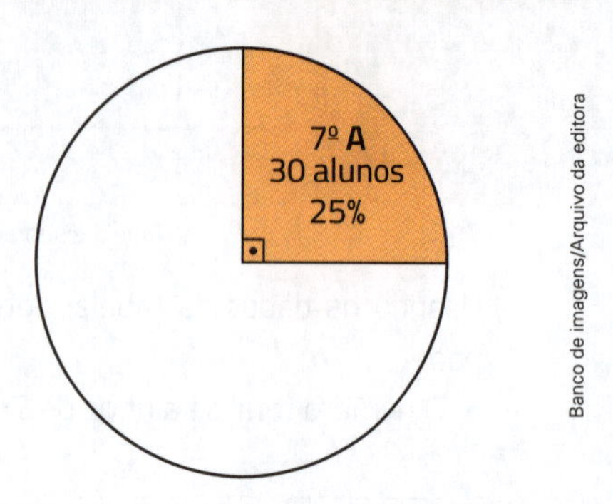

Gráfico elaborado para fins didáticos.

22 ▸ O preço de 2 kg de carne em um açougue é R$ 35,00.

a) Construa uma tabela relacionando o preço dessa carne com as medidas de massa de 1 kg, 4 kg, 6 kg, 8 kg e 12 kg.

b) O preço a pagar é proporcional à medida de massa da carne? Se sim, é direta ou inversamente proporcional?

23 ▸ Das 3 afirmações dadas nos itens, apenas 2 são sempre verdadeiras. Use a proporção $\frac{4}{10} = \frac{6}{15}$ para descobrir quais são elas.

a) Se $\frac{a}{b} = \frac{c}{d}$, então $\frac{a+b}{a} = \frac{c+d}{c}$.

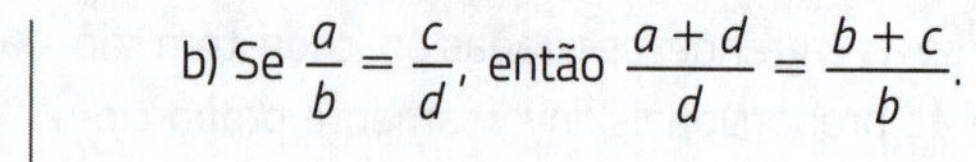

b) Se $\frac{a}{b} = \frac{c}{d}$, então $\frac{a+d}{d} = \frac{b+c}{b}$.

c) Se $\frac{a}{b} = \frac{c}{d}$, então $\frac{b}{b-a} = \frac{d}{d-c}$.

24 ▸ Uma equipe de 10 professores gastou 6 dias para corrigir as provas de um vestibular.

a) Na mesma proporção, quantos dias seriam gastos por uma equipe de 30 professores?

b) Qual é o coeficiente de proporcionalidade entre o número de dias e o número de professores, nessa ordem?

25 ▸ Em um lava-rápido, 30 carros são lavados em 50 minutos. Nesse ritmo, quantos carros serão lavados em 1 hora?

26 ▸ José e Alberto receberam salário por um período de trabalho de forma inversamente proporcional ao número de faltas. José teve 4 faltas e recebeu R$ 1 200,00. Como Alberto teve 3 faltas, quanto ele recebeu?

____

27 ▸ Qual é a medida de distância percorrida por um carro em 18 min a uma medida de velocidade de 90 km/h?

____

28 ▸ **Cálculo mental e proporcionalidade.** Em 30 minutos, o ponteiro grande de um relógio gira um ângulo com medida de abertura de 180°. Calcule mentalmente a medida de abertura do ângulo que esse ponteiro gira em cada intervalo de tempo.

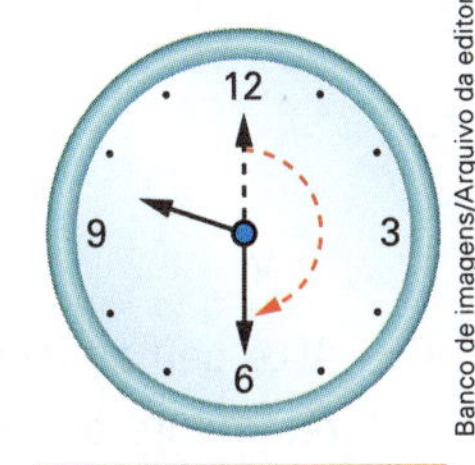

Banco de imagens/Arquivo da editora

As imagens desta página não estão representadas em proporção.

a) 8 minutos: _______

b) 1 minuto: _______

c) Meia hora: _______

d) $\frac{1}{3}$ de hora: _______

29 ▸ Regina está cortando pedaços de fita para embalar alguns presentes. Com um rolo de fitas, ela conseguiu 56 pedaços, cada um com medida de comprimento de 1,5 m.
Se ela usar um rolo igual ao primeiro e cortar pedaços de fita com medida de comprimento de 2 m, então quantos pedaços vai obter?

____

30 ▸ Um padeiro preparou a massa de pão e agora vai colocar os pãezinhos nas assadeiras. Se ele fizer pãezinhos com medida de massa de 15 g cada um, então vai obter 90 pãezinhos.

Avits/Arquivo da editora

a) Se o padeiro fizer pãezinhos com medida de massa de 10 g cada um, então quantos pãezinhos ele vai obter?

____

b) Qual é o coeficiente de proporcionalidade nessa situação?

____

31 › Silas gosta de fotografar. Em uma viagem ao Pantanal Mato-Grossense, ele tirou 120 fotos, algumas de flores e outras de animais. Para cada 3 fotos de flores, ele tirou 5 fotos de animais.

a) Quantas fotos de cada tipo Silas tirou?

____

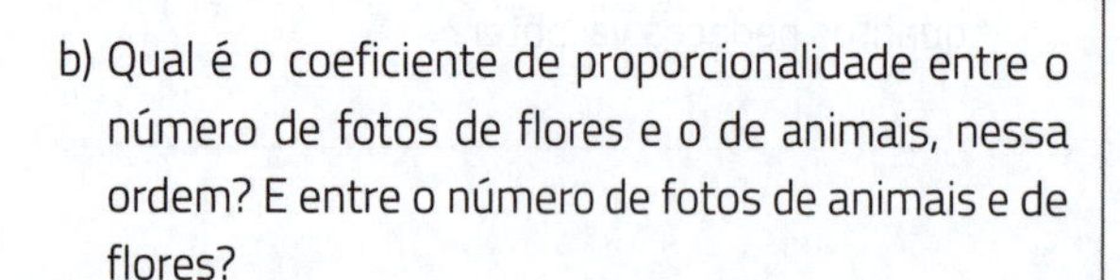

b) Qual é o coeficiente de proporcionalidade entre o número de fotos de flores e o de animais, nessa ordem? E entre o número de fotos de animais e de flores?

____

32 › Cláudio é vendedor de livros e recebe um salário mensal de R$ 1 440,00 mais R$ 80,00 para cada 6 livros que vende. Quanto Cláudio recebeu em um mês no qual vendeu 57 livros?

____

33 › Maurício fez uma viagem a Fortaleza (CE) e tirou várias fotos, que foram reveladas com medidas de comprimento de 10 cm por 15 cm. Depois ele escolheu a foto de que mais gostou e mandou fazer uma ampliação em forma de pôster, com medida de comprimento da altura de 0,5 m. Qual é a medida de comprimento da base do pôster, em centímetros?

Delfim Martins/Pulsar Imagens

Praia de Iracema, em Fortaleza (CE). Foto de 2018.

____

34 › Roberto repartiu balas entre os 2 sobrinhos de modo inversamente proporcional às idades deles. Se Marcos, que tem 6 anos, recebeu 12 balas, então quantas balas Rogério, que tem 9 anos, recebeu?

____

35 › Alice deu as mesadas para os 2 filhos de modo diretamente proporcional às idades deles. Pedro, que tem 6 anos, recebeu R$ 33,00. Quanto Lúcio, que tem 9 anos, recebeu?

____

36 ▸ Um relógio está atrasando 4 minutos a cada 10 horas. Quanto esse relógio atrasará em 1 dia?

37 ▸ No caderno de receitas de Laura, está anotado: para fazer um doce para 3 pessoas é necessário $1\frac{3}{4}$ copo de leite. Se ela for fazer a mesma receita de doce para 9 pessoas, então quantos copos de leite ela vai usar?

38 ▸ Eduarda vai precisar de 18 caixas com medida de volume de 1 000 cm^3 para embalar todos os bombons que fez para vender. Se ela usar caixas que tem medida de volume de 720 cm^3, então de quantas caixas vai precisar?

39 ▸ Uma escola iniciou um projeto para revitalizar uma área do terreno e, para isso, ficou decidido que os alunos iriam plantar árvores. No primeiro dia de inscrições, 40 alunos se voluntariaram a participar e, em uma reunião, os professores calcularam que eles levariam 7 dias para finalizar o projeto. Contudo, no segundo dia de inscrições, mais 30 alunos quiseram fazer parte da proposta.

Supondo que esses 30 alunos participem do projeto e mantendo a proporção do primeiro cálculo feito pelos professores, em quantos dias os alunos finalizarão o projeto?

40 ▸ Calcule as medidas de distância reais solicitadas medindo os comprimentos no mapa e usando a escala indicada.

Pontos extremos do Brasil

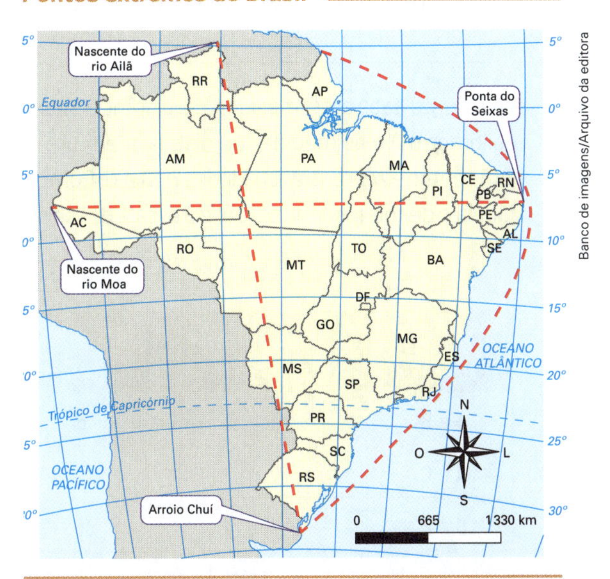

Fonte de consulta: IBGE. *Atlas geográfico escolar.* 7. ed. Rio de Janeiro, 2016.

a) Qual é a medida de distância aproximada, em linha reta, entre a nascente do rio Ailã e o arroio Chuí?

b) Qual é a medida de distância aproximada, em linha reta, entre a nascente do rio Moa e a Ponta do Seixas?

c) Qual é a medida de extensão aproximada, em centímetros, do litoral brasileiro nesse mapa, sabendo que ela mede aproximadamente 7 350 km na realidade?

____

41 Ainda sobre o mapa da atividade anterior, responda.

a) Qual oceano banha o litoral brasileiro?

____

b) Em qual estado fica a Ponta do Seixas?

____

c) A fronteira terrestre do Brasil, que tem medida de comprimento aproximada de 15 700 km, é mais ou menos extensa do que a fronteira litorânea?

____

42 Veja nesta tabela as medidas de distância reais (em quilômetros) e as medidas de distância em um mapa (em centímetros) entre as cidades **A**, **B** e **C**. Complete a tabela e depois responda: Qual é a escala desse mapa?

Medidas de distância entre as cidades A, B e C

Cidades	Medida de distância real (em km)	Medida de distância no mapa (em cm)
A e **B**	9	6
A e **C**	12	
B e **C**		10

Tabela elaborada para fins didáticos.

Escala do mapa: ______________________________

43 A sala da casa de Mercedes tem medidas de comprimento de 5 m por 4 m. Ela vai colocar nessa sala um tapete, com medidas de comprimento de 3 m por 3 m, de modo que a arrumação da sala, vista de cima, apresente simetria em relação a 2 eixos. Use a escala 1 cm : 1 m e faça o desenho do chão da sala e do tapete vistos de cima.

44 Com a medida de velocidade média de 20 km/h, um corredor faz um percurso em 18 min. Qual deve ser a medida de velocidade média desse corredor para fazer o mesmo percurso em 15 min?

____

45 Em um mapa com escala de 1 : 60 000 000, foi desenhada e pintada uma região retangular com medidas de comprimento de 3 cm por 2 cm. Calcule a medida de perímetro e a medida de área reais da região plana correspondente à que foi desenhada.

46 ▸ Márcio faz caminhadas diárias no clube e, em um dia, ele anotou: fez 450 m em 3 min. Qual foi a medida de velocidade média que ele fez, em quilômetros por hora?

____

47 ▸ O preço de 6 ingressos para uma apresentação de teatro é de R$ 300,00.

a) Qual é o coeficiente de proporcionalidade entre o preço, em reais, e o número de ingressos nessa situação?

____

b) Então, o que devemos fazer para calcular quantos ingressos podemos comprar com R$ 400,00? Explique e faça o cálculo.

____

____

c) Verifique sua resposta do item **b** fazendo o cálculo do número de ingressos de outra maneira.

48 ▸ Quais são as medidas de dimensões reais, em metros, do campo de futebol, sabendo que este desenho está na escala de 1 : 1 800?

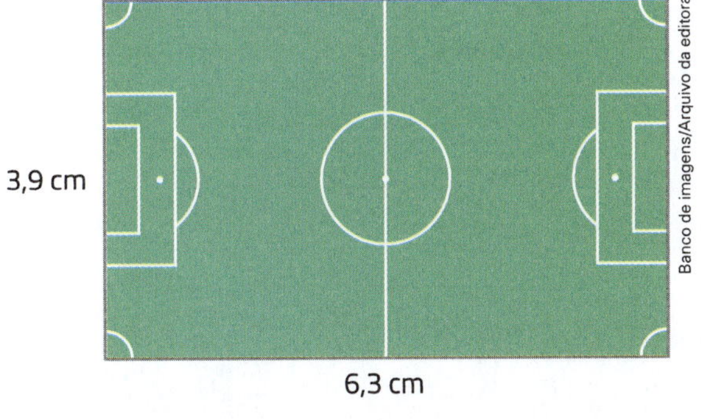

____

49 ▸ Examine estas figuras na malha quadriculada.

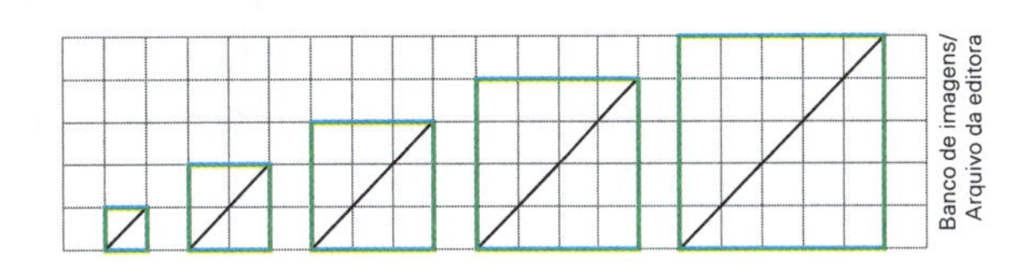

A medida de comprimento da diagonal de um quadrado é diretamente proporcional à medida de comprimento do lado dele? Explique.

____

____

____

50 ▸ Ao usar lajotas retangulares com medidas de dimensões de 16 cm por 32 cm, um pedreiro vai precisar de 720 peças para cobrir o piso de um salão. Se ele usar lajotas quadradas com lados de medidas de comprimento de 24 cm, então de quantas lajotas ele vai precisar para cobrir esse mesmo piso?

____

51 ▸ Na prova de 400 metros, quando o primeiro colocado cruzou a linha de chegada, faltavam 30 metros para o segundo colocado chegar e o terceiro colocado estava 50 metros atrás do segundo. O terceiro colocado chegou 20 segundos após o primeiro cruzar a linha de chegada, mantendo a medida de velocidade média. Qual foi a medida de velocidade média do vencedor dessa prova, em metros por segundo?

____

52 › **Conexões.** No mercado de cosméticos, há uma variedade de produtos que são vendidos em embalagens convencionais e também em miniaturas, que muitas pessoas utilizam para carregar na bolsa. Veja o preço de alguns desses produtos.

Desodorante

Informação \ Tamanho	Convencional	Miniatura
Medida de capacidade (em mL)	150	50
Preço (em reais)	18,00	9,00

Tabela elaborada para fins didáticos.

Perfume

Informação \ Tamanho	Convencional	Miniatura
Medida de capacidade (em mL)	100	15
Preço (em reais)	215,00	30,00

Tabela elaborada para fins didáticos.

Hidratante

Informação \ Tamanho	Convencional	Miniatura
Medida de capacidade (em mL)	200	30
Preço (em reais)	12,00	3,00

Tabela elaborada para fins didáticos.

a) Verifique se cada afirmação é verdadeira ou falsa e justifique sua resposta.
- A medida de capacidade da embalagem convencional do desodorante é o triplo da medida de capacidade da miniatura.

  ____

- A medida de capacidade da embalagem miniatura do perfume é um décimo da medida de capacidade da convencional.

  ____

- A medida de capacidade da embalagem convencional do hidratante é o triplo da medida de capacidade da miniatura.

  ____

b) Escreva afirmações corretas similares às do item anterior que relacionem o preço dos produtos nas embalagens convencionais e nas miniaturas.
- Desodorante:

  ____

  ____

- Perfume:

  ____

  ____

- Hidratante:

  ____

  ____

c) Procure responder às questões fazendo o mínimo de cálculos possíveis. Utilize, quando der, as afirmações dos itens anteriores.
- Quantas embalagens miniatura podem ser adquiridas (para cada um dos produtos) com o mesmo dinheiro gasto com 1 embalagem convencional?

  ____

  ____

  ____

- Em qual desses produtos e em qual embalagem há o mililitro mais caro? E o mais barato?

d) Se um produto tem a embalagem convencional com medida de capacidade x, em mL, e preço A, em reais, e a embalagem miniatura com medida de capacidade y, em mL, e preço B, em reais, então explique, em linguagem matemática, como descobrir qual é a embalagem mais econômica.

e) Pesquise preços de produtos que sejam vendidos em embalagens diferentes (deve ser o mesmo produto e a mesma marca) . Em seguida, faça um comparativo percentual entre as medidas de capacidade e os preços desses produtos nas embalagens diferentes.

53 Complete este mapa conceitual com as possíveis relações entre 2 grandezas.

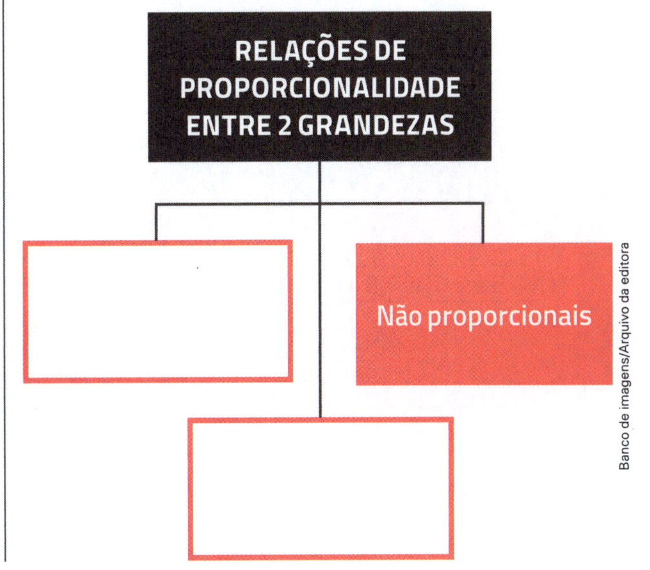

Matemática financeira: regra de sociedade, acréscimos e decréscimos

1 Verifique se cada par de sequências de números é direta ou inversamente proporcional e determine o coeficiente de proporcionalidade.

a) 2, 8 e 20 e 40, 10 e 4.

b) 18, 30, 12 e 42 e 15, 25, 10 e 35.

c) 4,5 e 3,6 e 7,5 e 6.

d) 10, 4 e 8 e 15, 6 e 10.

e) $\frac{1}{2}$, 2 e $1\frac{1}{3}$ e $\frac{4}{5}$, $\frac{1}{5}$ e $\frac{3}{10}$.

f) $\frac{1}{2}$, $\frac{3}{5}$ e $\frac{1}{4}$ e $\frac{2}{3}$, $\frac{4}{5}$ e $\frac{1}{3}$.

2 Determine os valores de x e y para que os números x, 35 e 21 sejam diretamente proporcionais aos números 16, 20 e y, respectivamente.

3› Calcule os valores de a e b para que os números 4, 6 e 12 sejam inversamente proporcionais a 9, a e b, nessa ordem.

4› Os números x e y são diretamente proporcionais aos números 328 e 424, nessa ordem, e o coeficiente de proporcionalidade é $\frac{5}{8}$. Determine o valor de x e o de y.

5› Determine o valor de x e de y sabendo que $x - y = 16$ e que os números x e 14 são diretamente proporcionais aos números y e 6.

6› Os números a e b são diretamente proporcionais a $1\frac{1}{4}$ e $\frac{5}{6}$, respectivamente, e o coeficiente de proporcionalidade é $\frac{1}{5}$. Calcule o valor de a e de b.

7› Faça as divisões dos números dados conforme descrito.

a) 280 em partes diretamente proporcionais a 9, 12 e 14.

b) 5600 em partes diretamente proporcionais a 0,3; 3,2 e 1,5.

c) 126 em partes inversamente proporcionais a $\frac{1}{2}$, $\frac{1}{3}$ e $\frac{1}{4}$.

d) 704 em partes inversamente proporcionais a 2, 4 e 6.

e) R$ 2 100,00 em partes diretamente proporcionais a 4 e 10.

8 ▸ A soma das medidas de abertura dos ângulos internos de um quadrilátero é igual a 360°. As medidas de abertura desses ângulos são inversamente proporcionais a $\frac{3}{2}$, 2, $\frac{8}{3}$ e 3. Quais são essas medidas?

9 ▸ Repartindo R$ 750,00 em 3 partes inversamente proporcionais a 3, 8 e 6, nessa ordem, a primeira parte vale R$ 400,00. Qual é o valor das outras 2 partes? Calcule a 3ª parte mentalmente e, depois, confira fazendo os cálculos.

10 ▸ Francieli, Alexandra e Cris constituíram uma sociedade. Cada uma entrou, respectivamente, com as quantias de R$ 6 000,00, R$ 4 000,00 e R$ 5 000,00. No final do primeiro trimestre, houve um prejuízo de R$ 3 000,00. Qual é a perda correspondente a cada uma?

11 ▸ Três amigas constituíram uma sociedade. A primeira entrou com R$ 20 000,00; a segunda, com R$ 35 000,00; e a terceira, com R$ 25 000,00. No balanço trimestral, houve um lucro de R$ 16 000,00. Qual foi a parte de cada uma nesse lucro?

12 ▸ Um avô deixou aos 2 netos uma herança que deveria ser dividida em partes diretamente proporcionais às idades deles. Cada um dos netos recebeu, respectivamente, R$ 28 000,00 e R$ 12 000,00. Qual é a idade de cada um, sabendo que a soma delas é igual a 20 anos?

13 ▸ Na formação de uma sociedade, Maurício entrou com R$ 4 000,00; Pedro entrou com R$ 5 600,00 e Anete entrou com R$ 7 200,00. Após determinado período, o lucro foi repartido proporcionalmente ao que cada um investiu: Pedro recebeu R$ 600,00 a mais do que Maurício e Anete recebeu R$ 600,00 a mais do que Pedro. Descubra quanto cada um recebeu.

14 A quantia de R$ 1 080,00 foi distribuída entre 2 funcionários de uma empresa, em forma de bônus, em quantias inversamente proporcionais ao número de faltas em certo período. Mário teve 4 faltas e Lúcio teve 5 faltas. Quanto cada um recebeu?

____

15 Escreva cada porcentagem na forma de fração irredutível, de número misto ou de número inteiro.

a) 44% = ____________

b) 125% = ____________

c) 300% = ____________

d) 5% = ____________

e) 92% = ____________

f) 210% = ____________

g) 100% = ____________

h) 43% = ____________

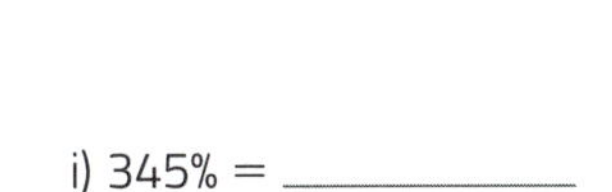

i) 345% = ____________

16 O dinheiro arrecadado em uma festa da escola foi distribuído para 2 creches, proporcionalmente ao número de crianças em cada uma. A primeira creche atende a 10 crianças e a segunda atende a 30 crianças.

Iam_Anupong/Shutterstock

Crianças em uma creche.

Descubra quanto cada creche recebeu, sabendo que a segunda recebeu R$ 1 200,00 a mais do que a primeira.

____

____

17 Passe as frações e os números mistos para porcentagem.

a) $\frac{27}{50}$ = ____________

b) $\frac{7}{10}$ = ____________

c) $1\frac{1}{5}$ = ____________

d) $4 =$ ____________

e) $2\frac{3}{20} =$ ____________

f) $\frac{49}{350} =$ ____________

g) $\frac{7}{16} =$ ____________

h) $\frac{81}{75} =$ ____________

i) $\frac{1}{40} =$ ____________

18 Escreva as porcentagens na forma decimal.

a) 28% = ____________

b) 60% = ____________

c) 6% = ____________

d) 42,7% = ____________

e) 130% = ____________

f) 249% = ____________

g) 0,1% = ____________

h) 90% = ____________

19 Transforme os decimais em porcentagem.

a) 0,69 = ____________

b) 0,8 = ____________

c) 0,69 = ____________

d) 0,08 = ____________

e) 1,95 = ____________

f) 3,7 = ____________

g) 3,477 = ____________

h) 0,16 = ____________

20 Faça os cálculos e represente na forma de fração.

a) 40% de $x =$ ____________

b) 70% de $(x + 30) =$ ____________

c) 20% de $3x =$ ____________

d) 25% de 80% de $x =$ ____________

e) 10% de $(x - 80) =$ ____________

f) 50% de 50% de $x =$ ____________

21 Calcule mentalmente.

a) 1% de 800 = ____________

b) 2% de 800 = ____________

c) 5% de 800 = ____________

d) 10% de 800 = ____________

e) 20% de 800 = ____________

f) 50% de 800 = ____________

22 Determine os valores citados.

a) 75% de R$ 400,00 = ____________

b) 72% de 3 450 g = ____________

c) 36% de 475 kg = ____________

d) 4,5% de 360 m = ____________

e) 15% de 12 cm = ____________

f) 80% de 3 km = ____________

g) 10% de 25 pontos = ____________

h) 6% de R$ 120 000,00 = ____________

23 Descubra o número citado em cada item.

a) 10% de um número é igual a 15.

____

b) 1% de um número é 25.

____

c) 25% de um número é igual a 200.

____

d) 4,5% de um número é igual a 45.

____

24 Indique que porcentagem representa cada número.

a) 15 de 150

____

b) 13 de 26

____

c) 120 de 50

____

d) 17 de 200

____

e) 65 de 1 000

____

f) 42 de 96

g) 1,5 de 12

h) 15 de 8

25 Complete as igualdades dos itens.

a) 38% de R$ 450,00 = ____________

b) 55% de ____________ = R$ 187,00

c) ____________ % de R$ 2 000,00 = R$ 1 300,00

d) 1,5% de R$ 90,00 = ____________

e) 20,4% de ____________ = R$ 35,70

f) ____________ % de R$ 480,00 = R$ 59,04

26 Jair tinha R$ 48,00 e gastou 15% dessa quantia. Com quanto ele ainda ficou?

27 Júlia tinha uma quantia, gastou 28% e ainda ficou com R$ 36,00. Quanto Júlia tinha?

28 Os R$ 90,00 que Mariana gastou correspondem a 60% do que ela tinha. Qual quantia Mariana tinha?

29 Um brinquedo, cujo preço é de R$ 60,00, está sendo vendido por R$ 54,00 em uma promoção. Qual é a porcentagem do desconto?

30 Paula ganhou do irmão o livro *Viagem ao centro da Terra*, de Júlio Verne. Ela leu $\frac{3}{8}$ das páginas do livro na segunda-feira e $\frac{1}{4}$ na quarta-feira.

a) Qual fração das páginas do livro ela já leu?

b) Indique a porcentagem das páginas do livro que ela já leu e a porcentagem das que ela ainda tem para ler.

31 ▸ O preço de uma geladeira, à vista, é de R$ 820,00. Pagando em 3 prestações iguais, há um acréscimo de 8%. Nesse caso, qual é o valor de cada prestação?

32 ▸ O número de habitantes da população do Brasil em 2018 era de aproximadamente 208 milhões de habitantes e a taxa anual de crescimento era de 0,82%.

Fonte de consulta: IBGE. *População*. Disponível em: <www.ibge.gov.br/apps/populacao/projecao/>. Acesso em: 19 fev. 2019.

Mantendo essa taxa anual de crescimento, use uma calculadora e determine o número de habitantes aproximado da população brasileira em 2019, 2020, 2021 e 2022.

33 ▸ O lucro de uma empresa no mês de janeiro foi de R$ 20 000,00 e, no mês de fevereiro, de R$ 20 400,00. Se for mantido o mesmo crescimento percentual mensal, então qual será a previsão de lucro para o mês de abril?

34 ▸ **Estimativa.** O preço de uma mercadoria foi aumentado em 10% e, em seguida, ao novo preço foi dado um desconto de 10%.

a) Você acha que o preço dessa mercadoria voltou a ser igual ao preço inicial? Confira e justifique sua resposta considerando o preço inicial de R$ 200,00.

b) Para o preço voltar a ser de R$ 200,00, o desconto deve ser maior ou menor do que 10%?

35 ▸ Uma bicicleta está sendo vendida com o seguinte plano de pagamento: 25% de entrada e mais 2 prestações de R$ 156,00 cada uma.

a) Qual é o preço total dessa bicicleta, nesse plano de pagamento?

b) Qual é o preço à vista, se nesse caso está sendo dado um desconto de 5% sobre o preço do item **a**?

36 ▸ Um aparelho de som custa R$ 2 000,00.

a) Se houver um aumento de 2% e, em seguida, outro aumento de 2%, então qual passará a ser o preço desse aparelho?

b) Se o preço do aparelho de som sofresse um único aumento, de quantos por cento seria esse aumento para se igualar ao valor final dos aumentos do item **a**?

37 Laura, Taís e Lúcia abriram uma loja em sociedade. O investimento de cada uma delas foi: Laura: R$ 18 750,00; Taís: R$ 26 250,00; Lúcia: 40% do total.

a) Calcule a quantia que Lúcia investiu.

b) Determine a porcentagem correspondente ao investimento de Laura em relação ao total.

c) Calcule a porcentagem correspondente ao investimento de Taís em relação ao total.

38 Faça com os colegas. Em cada item, um aluno calcula e explica e os demais conferem.

a) Repartindo R$ 20,00 em partes diretamente proporcionais a 1 e 3, qual é o valor de cada parte?

b) Repartindo R$ 12,00 em partes inversamente proporcionais a 1 e 2, qual é o valor de cada parte?

c) Qual é o valor de 300% de R$ 60,00?

d) A quantia de R$ 150,00 corresponde a 10% de que quantia?

e) A quantia de R$ 30,00 corresponde a quantos por cento de R$ 120,00?

39 Calcule os valores de x e y em cada item.

a) $\frac{x}{20} = \frac{y}{15}$ e $x + y = 7$.

b) $\frac{21}{x} = \frac{12}{y}$ e $x - y = 12$.

c) $\frac{x}{y} = \frac{3}{5}$ e $x + y = 16$.

d) $\frac{8}{6} = \frac{x}{y}$ e $x - y = 3$.

e) $\frac{3x}{4} = \frac{2y}{5}$ e $3x + 2y = 10$.

f) $\frac{6}{y} = \frac{8}{x}$ e $x - y = 6$.

40 Escreva o número 820 como uma soma de 3 parcelas diretamente proporcionais a 6, 15 e 20.

41 *ABCD* é uma região quadrada cujos lados têm medida de comprimento de 200 cm. Aumentando 20% a medida de comprimento do lado $\overline{AB}$ e reduzindo 25% da medida de comprimento do lado $\overline{AD}$, fica formada a região retangular *APQR*.

a) Calcule o que se pede.

- A medida de comprimento do $\overline{AP}$.

- A medida de comprimento do $\overline{AR}$.

- A medida de área da região quadrada *ABCD*.

- A medida de área da região retangular *APQR*.

b) Qual é a porcentagem de redução da medida de área da região quadrada?

42 Das 90 toneladas de lixo reciclável coletadas em uma cidade, 36 toneladas foram de papel. Essas 36 toneladas correspondem a qual porcentagem de lixo coletado?

43 Assim como você estudou, no capítulo anterior, as possíveis relações de proporcionalidade entre 2 grandezas, neste capítulo você viu as possíveis relações entre números. Complete este mapa conceitual.

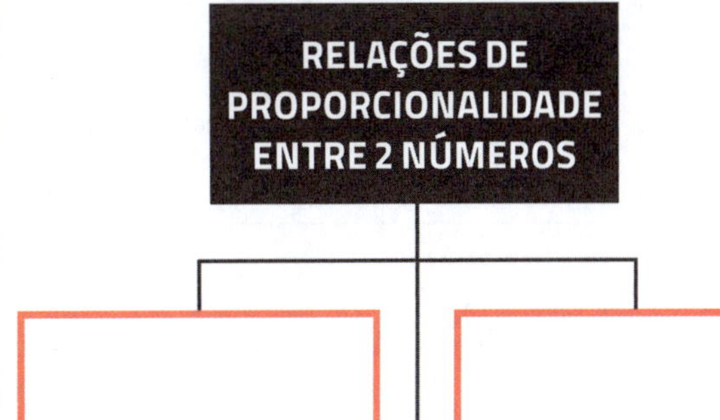

Banco de imagens/Arquivo da editora

CAPÍTULO 9

Noções de estatística e probabilidade

1 Observe o tema de 2 pesquisas e identifique o tipo de variável e pelo menos 2 possíveis valores para ela.

a) Gênero musical.

b) Número de irmãos.

2 Determine a medida de abertura do ângulo correspondente a cada setor deste gráfico, sem efetuar medições, e a porcentagem correspondente ao setor amarelo.

Gráfico de setores

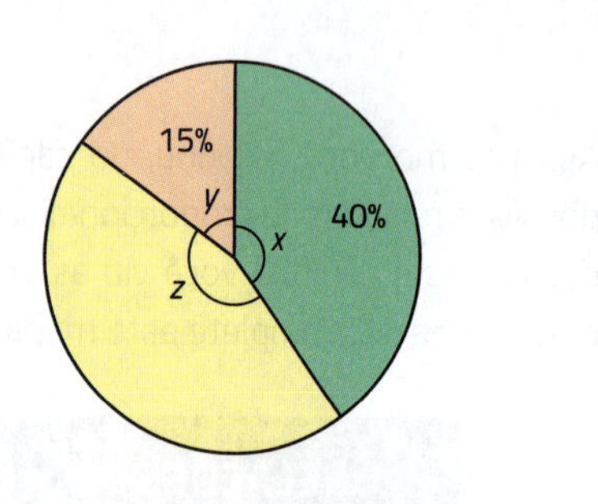

Banco de imagens/Arquivo da editora

Gráfico elaborado para fins didáticos.

3 Complete a tabela considerando as vendas de uma loja de CDs e os gêneros de música mais vendidos. Dê as frequências relativas em fração irredutível, em decimal e em porcentagem.

Venda de CDs por gênero musical

Gênero musical	FA	FR (em fração irredutível)	FR (em decimal)	FR (em porcentagem)
Sertanejo				30%
MPB		$\frac{6}{25}$		
Rock				
Erudito			0,14	
Total	**50**			

Tabela elaborada para fins didáticos.

4 ▸ Um levantamento sobre os salários dos 80 funcionários de uma empresa resultou nos dados a seguir, em salários mínimos.

1	5	2	2	8	5	1	8	1	8
8	1	8	1	8	2	2	2	8	8
5	1	8	1	2	1	8	1	8	5
5	8	8	2	2	8	15	2	15	15
15	15	15	15	20	2	20	20	50	1
2	1	1	5	1	1	50	1	1	20
1	1	1	1	5	5	2	2	2	15
1	5	1	5	1	1	2	5	2	5

Preencha a tabela de frequências.

Frequências dos salários

Número de salários	Frequência absoluta	Frequência relativa
1		
2		
5		
8		
15		
20		
50		
Total		

Tabela elaborada para fins didáticos.

5 ▸ Veja a idade, em anos, de cada participante de uma partida de futebol em um clube.

17	20	18	16	19	20	17	18	17	19	16
18	18	20	20	17	18	17	19	20	20	16

Com essas informações, preencha a tabela de distribuição de frequências.

Frequências das idades

Idade (em anos)	Frequência absoluta	Frequência relativa

Tabela elaborada para fins didáticos.

6 ▸ Determine a média aritmética dos números de cada item.

a) 6, 7 e 5.

____

b) 54, 150 e 96.

____

c) −25, −13, 30 e −22.

d) 31, 25, 27, 22 e 31.

7 Veja o nome e a idade das jogadoras da seleção brasileira de voleibol de 2018.

Mara: 27 anos	Adenízia: 34 anos	Jaqueline: 25 anos
Dani Lins: 33 anos	Thaísa: 31 anos	Roberta: 28 anos
Carol: 27 anos	Rosamaria: 24 anos	Gabi: 24 anos
Natália: 29 anos	Monique: 32 anos	Suelen: 29 anos
Amanda: 30 anos	Tandara: 30 anos	Drussyla: 22 anos
Macris: 29 anos	Bia: 26 anos	Gabi: 25 anos

Fonte de consulta: CONFEDERAÇÃO BRASILEIRA DE VOLEI (CBV). *Seleção feminina.* Disponível em: <http://2018.cbv.com.br/ligadasnacoes/selecao-brasileira-feminina>. Acesso em: 15 dez. 2018.

Determine a média aproximada das idades dessas jogadoras.

8 Um grupo de alunos foi consultado sobre a seguinte questão: Quantas horas por dia, em média, você assiste à televisão? Veja nesta tabela o resultado dessa pesquisa, em porcentagem.

Medida de intervalo de tempo assistindo à TV por dia

Número de horas	Porcentagem
Menos de 1 hora	10%
1	20%
2	35%
3	30%
Mais de 3 horas	5%

Tabela elaborada para fins didáticos.

Complete o gráfico com esses dados.

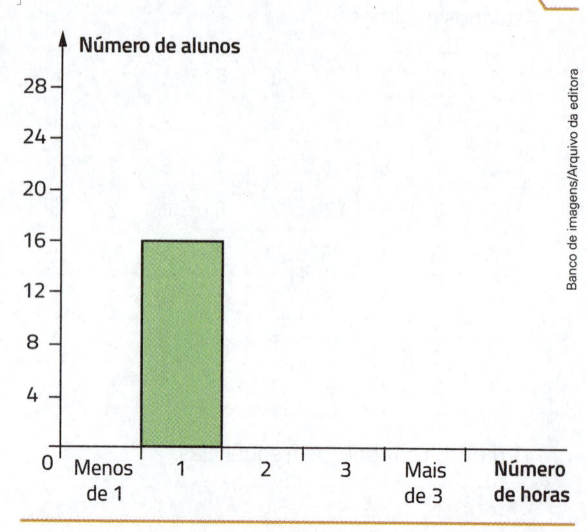

Gráfico elaborado para fins didáticos.

9 Calcule o valor de x sabendo que a média aritmética ponderada de x (com peso 2), $x - 1$ (com peso 4) e $4x$ (com peso 1) é igual a 21.

10 Observe as notas em Língua Portuguesa de um aluno do 7º ano no 3º bimestre.

Notas em Língua Portuguesa

1ª prova	2ª prova	Nota do trabalho
5,0	6,0	7,0

Tabela elaborada para fins didáticos.

a) Determine a média aritmética dessas notas.

b) Considere que o professor tenha atribuído pesos diferentes para cada nota: peso 5 para a 1ª prova, peso 3 para a 2ª prova e peso 2 para o trabalho. Determine a média ponderada das notas desse aluno.

11 › **Conexões.** A análise de pesquisas estatísticas pode gerar interpretações e decisões em relação a um fato observado. Veja, por exemplo, esta informação.

> **Mulheres são mais atentas ao trânsito**
> O DPVAT (seguro de danos pessoais causados por veículos automotores de via terrestre) é um seguro obrigatório e pago por todo cidadão que tem um veículo automotivo. Ele cobre casos de acidentes em que ocorrem despesas médicas, invalidez permanente ou morte.
> De acordo com dados divulgados pela seguradora responsável pela administração do DPVAT, 96 000 das 384 000 indenizações pagas em 2017, pelo seguro DPVAT, foram para vítimas do sexo feminino, enquanto 288 000 foram para vítimas do sexo masculino.

Faixas etárias das indenizações pagas

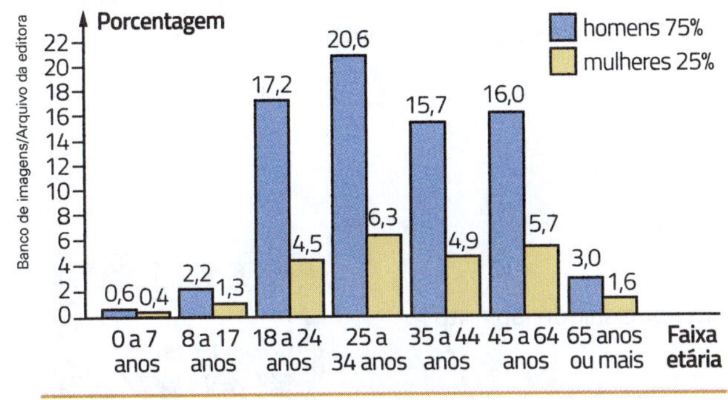

Fonte de consulta do texto e do gráfico: SEGURO GAÚCHO. *Notícias*. Disponível em: <www.segurogaucho.com.br/index.php/noticias/interna/mulheres-representam-apenas-25-das-indenizacoes-pagas-por-acidente-de-transito-11609?uf=RS>. Acesso em: 22 fev. 2019.

a) Qual tipo de gráfico foi utilizado?

b) Qual é a fonte de pesquisa?

c) A variável analisada é qualitativa ou quantitativa?

d) A frequência utilizada na elaboração do gráfico é absoluta ou relativa?

e) Você concorda com a afirmação de que as mulheres são mais atentas no trânsito? Justifique sua resposta.

f) Em um gráfico de barras, deve haver proporcionalidade entre a medida de comprimento das barras e o que elas indicam.
Use uma régua, meça o comprimento de cada barra do gráfico dado e verifique se existe a proporcionalidade correspondente.

g) Observe agora o gráfico original, extraído do *site* citado na fonte.

Pirâmide etária das indenizações pagas

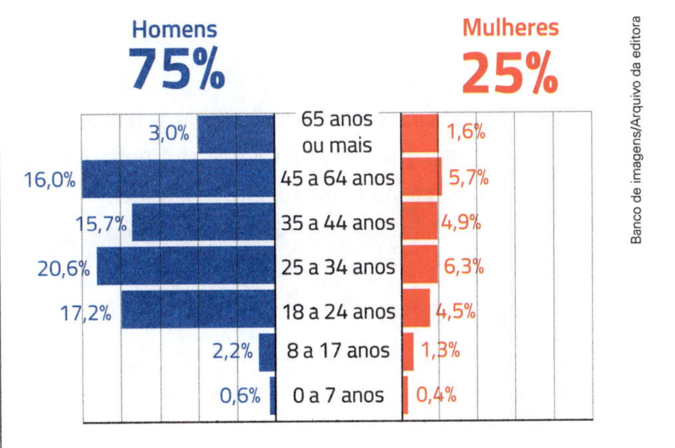

Nesse gráfico há proporcionalidade entre a medida de comprimento das barras e o que elas indicam? Justifique sua resposta.

12 › Mariana está brincando de lançar 2 dados e somar os pontos obtidos. Ela observou que algumas somas têm mais chance de ocorrer.

a) Complete o diagrama com os resultados possíveis para cada soma.

					6, 1					
				5, ___	5, ___	6, ___				
			4, ___	4, 2	4, ___	5, ___	6, ___			
		3, ___	3, ___	3, ___	3, ___	4, ___	5, ___	6, ___		
	2, 1	2, ___	2, 3	2, ___	2, ___	3, 5	4, ___	5, ___	6, ___	
1, ___	1, ___	1, ___	1, ___	1, ___	1, ___	2, ___	3, ___	4, ___	5, ___	6, ___
2	**3**	**4**	**5**	**6**	**7**	**8**	**9**	**10**	**11**	**12**

Soma dos pontos.

b) Qual é a probabilidade de obter a soma igual a 7? ______

c) Quais somas têm a mesma probabilidade de sair? ______

d) Das somas possíveis, quais têm menor probabilidade de sair? Qual é a probabilidade de cada uma delas?

______

13 › **Desafio.** Em um jogo de *videogame,* Roberta fez 45 pontos na primeira rodada e 48 pontos na segunda. Quantos pontos ela deve fazer na terceira rodada para que a média das 3 rodadas seja de 50 pontos?

______

14 › Observe cada imagem de labirinto e faça o que se pede.

a) De quantas maneiras diferentes o homem desta imagem pode sair do labirinto? Preencha o quadro abaixo para responder.

	Portões	Número de portões
Parede interna		
Parede do meio		
Parede externa		

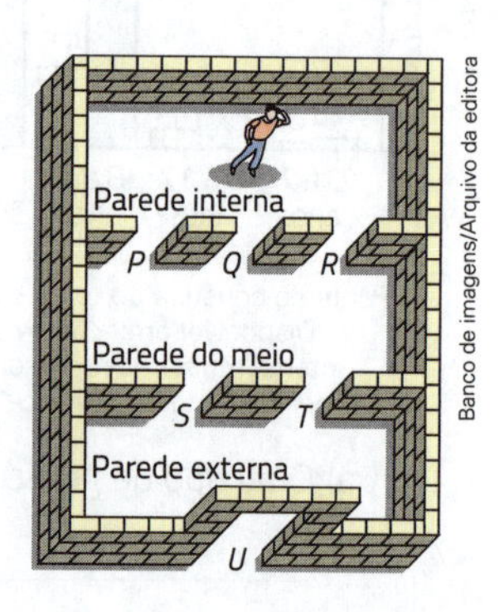

______

b) E nesta imagem, de quantas maneiras diferentes o homem pode sair do labirinto?

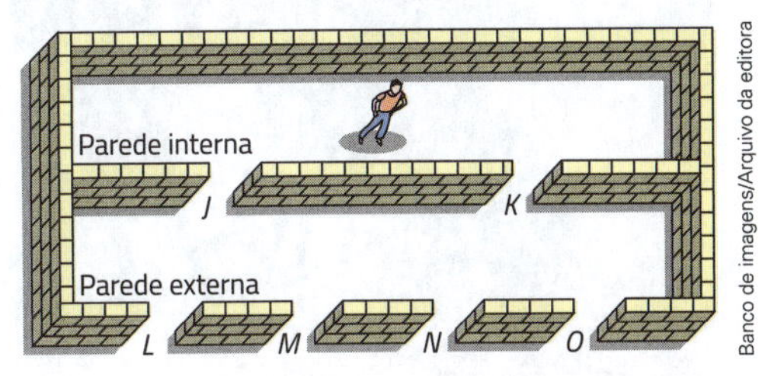

	Portões	Número de portões
Parede interna		
Parede externa		

---

c) Agora o desafio: De quantas maneiras diferentes este homem pode sair do labirinto?

---

15 Considere o lançamento simultâneo de um dado e uma moeda e calcule a probabilidade, em forma de fração e de porcentagem, de sair cada evento citado.

As imagens desta página não estão representadas em proporção.

Reprodução/Casa da Moeda do Brasil/Ministério da Fazenda

Moeda e dado.

a) Um número primo e cara.

---

b) O número 5 e coroa.

---

c) Um número maior do que 6 e cara.

---

d) Um número menor do que 3 e coroa.

---

e) Um número ímpar e cara;

---

f) Um número ímpar ou cara.

---

16 A partir das medidas de abertura dos ângulos, determine a porcentagem correspondente a cada setor deste gráfico. No setor laranja, determine também a medida de abertura do ângulo.

Gráfico de setores

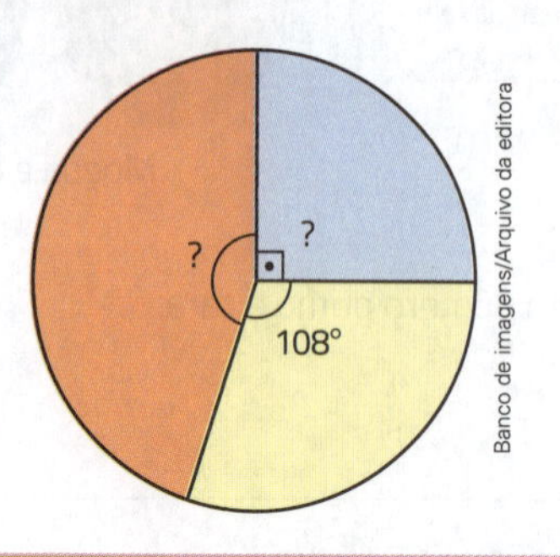

Banco de imagens/Arquivo da editora

Gráfico elaborado para fins didáticos.

As imagens desta página não estão representadas em proporção.

17 Entre os alunos do 7º ano da escola em que Lígia estuda, 60 praticam um destes 3 esportes oferecidos como atividade extra.

Fernando Favoretto/Criar Imagem

Vôlei.

Marco Albonico/AGB Photo Library/Keystone

Handebol.

Jeffery A. Salter /Sports Illustrated/Getty Images

Basquete.

O gráfico de barras a seguir relaciona cada esporte com a porcentagem correspondente em relação aos 60 alunos. Analise o gráfico com atenção e responda.

Esportes praticados pelos alunos do 7º ano

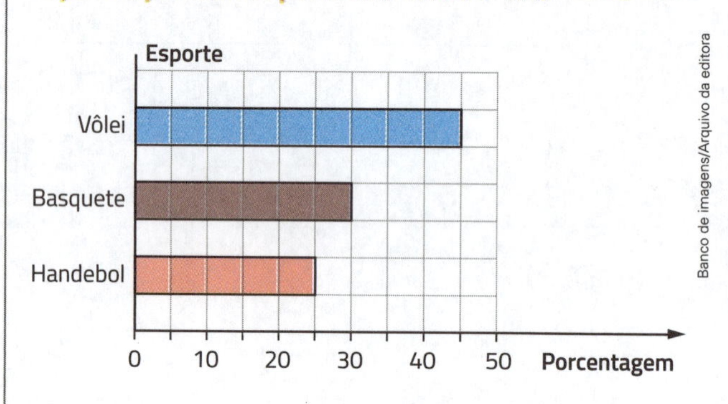

Banco de imagens/Arquivo da editora

Gráfico elaborado para fins didáticos.

a) Quais são os 3 esportes praticados pelos alunos do 7º ano?

b) Qual desses esportes é mais praticado?

c) Quantos alunos praticam vôlei?

d) Qual esporte é praticado por 18 alunos?

18 › Já no 7º ano da escola em que Lígia estuda, são 80 os alunos que praticam um desses 3 esportes, distribuídos assim: basquete (40), vôlei (20) e handebol (20). Calcule a porcentagem correspondente a cada um dos esportes e construa um gráfico de setores com essas porcentagens.

19 › Uma indústria produz peças de 3 tamanhos diferentes: pequeno, médio e grande. Em determinado mês, foram produzidas 3000 peças pequenas e a produção de peças médias correspondeu a 45% do total. Complete este gráfico de setores com a produção dos 3 tipos de peças nesse mês e, em seguida, calcule o número de peças produzidas de cada tipo.

Produção de peças

Gráfico elaborado para fins didáticos.

____

____

20 › Conexões. Um grupo de professores de uma escola da rede pública de Belo Horizonte se reuniu para desenvolver algumas metas. Para isso, eles consultaram o Índice de Desenvolvimento da Educação Básica (Ideb) do município, no período de 2005 a 2017, no 9º ano do Ensino Fundamental. Os valores estão mostrados nesta tabela.

Resultados do Ideb nas escolas da rede pública de Belo Horizonte

Ano	2005	2007	2009	2011	2013	2015	2017
Nota	3,6	3,6	3,9	4,2	4,4	4,4	4,5

Fonte de consulta: INSTITUTO NACIONAL DE ESTUDOS E PESQUISAS EDUCACIONAIS ANÍSIO TEIXEIRA (Inep). *Ideb*. Disponível em: <http://ideb.inep.gov.br/resultado/home.seam?cid=1821427>. Acesso em: 29 jan. 2019.

Durante a reunião, um professor disse que, para garantir um bom rendimento, o índice da escola deveria ficar 0,8 ponto acima da média do período apresentado.

a) Supondo que essa meta seja atingida, então quantos pontos os alunos da escola devem fazer?

____

b) Qual é a diferença entre essa pontuação e a nota do Ideb em 2017?

____

21 › **Conexões.** Para saber como o telefone celular influencia a vida das pessoas, foi feita uma pesquisa com 1 800 indivíduos. O resultado da pesquisa aparece na tabela abaixo.

a) Complete a tabela com os valores que faltam. As frações devem ser representadas com frações irredutíveis.

Influência do celular na vida das pessoas

	Resultado da pesquisa		Fração	Porcentagem
A	1260 pessoas	Não vivem mais sem o celular.		
B	______ pessoas	Deixam o celular ligado 24 horas por dia.		52%
C	pessoas	Ocupam o tempo ocioso mandando mensagens pelo celular.	$\frac{2}{5}$	
D	1548 pessoas	Irritam-se com o toque de celular em lugares públicos.		
E	______ pessoas	Admitem que não dirigem com atenção quando estão ao celular.	$\frac{7}{25}$	
F	______ pessoas	Sempre usam o celular, mesmo enquanto conversam presencialmente com outras pessoas.		24%

Tabela elaborada para fins didáticos.

b) Na coluna de porcentagem, a soma dos valores é igual a 100%? Justifique.

____

____

c) Complete mais essa linha, considerando os dados da pesquisa acima.

G	______ pessoas	Não deixam o celular ligado 24 horas por dia.		48%

d) E quais são seus hábitos de uso do celular? Quais questões dessa pesquisa você diria que pratica? Converse com os colegas e comparem os hábitos. Durante a conversa, exponham também a opinião de vocês sobre o uso excessivo do celular.

____

____

____

____

____

____

22 › Leia o descritivo de cada pesquisa e indique se ela foi feita com toda a população (pesquisa censitária) ou com uma amostra (pesquisa amostral).

a) Uma pesquisa sobre o número de irmãos dos alunos da turma, realizada com as meninas da turma.

____

b) Uma pesquisa para a eleição de representantes de turma, realizada entre todos os alunos da escola.

____

c) Uma pesquisa para escolher um programa de televisão para assistir à noite, feita com todas as pessoas que moram em uma casa.

____

d) Uma pesquisa para escolher o presidente de um país, realizada com os eleitores do estado do Pará.

____

e) Uma pesquisa para escolher o presidente de um país, realizada com todos os eleitores.

____

f) Uma pesquisa sobre a idade dos jogadores, feita com 3 jogadores de um time de futebol de campo.

____

23 Cite 2 motivos pelos quais as pesquisas para presidente da república do Brasil não são realizadas com todos os eleitores do país, e sim com uma pequena amostra dessa população.

____

____

____

24 Considerando todos os alunos de sua turma como a população, cite 2 exemplos de amostras dessa população.

____

____

____

____

25 Escreva o espaço amostral de cada experimento aleatório.

a) Lançamento de uma moeda.

____

b) Lançamento de um dado comum.

____

c) Escolha aleatória de uma das 7 notas musicais.

____

d) Escolha aleatória de uma das letras do alfabeto.

____

26 Em qual destes 2 sacos existe a maior chance de se retirar, sem olhar, 1 única bolinha e ela ser vermelha? Justifique sua resposta.

Saco **A**.

Saco **B**.

Murilo Moretti/Arquivo da editora

____

27 Neste saquinho, todas as bolinhas são iguais, exceto pela cor. Determine a probabilidade de cada sorteio de 1 bolinha.

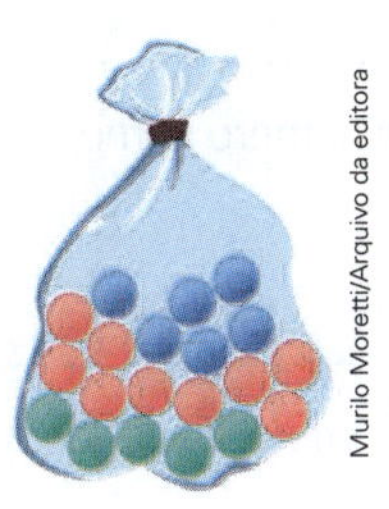

Murilo Moretti/Arquivo da editora

a) Retirar 1 bolinha azul.

____

b) Sortear 1 bolinha vermelha.

____

c) Obter 1 bolinha amarela.

____

d) Sortear 1 bolinha verde.

____

28 Esta roleta está dividida em partes iguais, cada uma com um número.

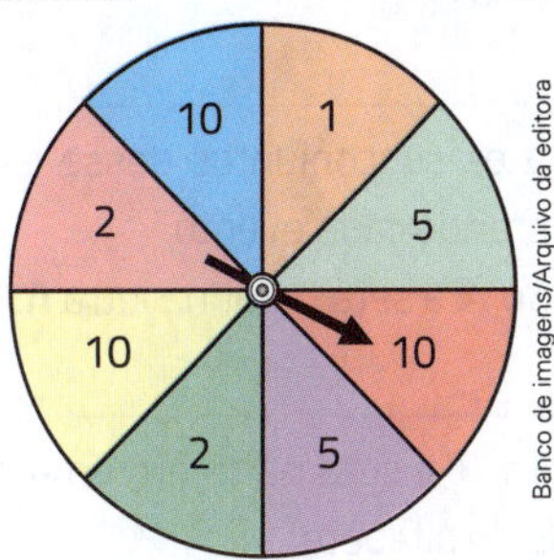

Banco de imagens/Arquivo da editora

Determine a probabilidade de cada experimento aleatório, ao girar a seta dessa roleta.

a) Obter um número par.

____

b) Parar na cor verde.

c) Cair em um número primo.

d) Obter um número menor do que ou igual a 10.

e) Tirar um número múltiplo de 3.

29 ▸ Desafio. Considere esta roleta, dividida em 5 partes iguais.

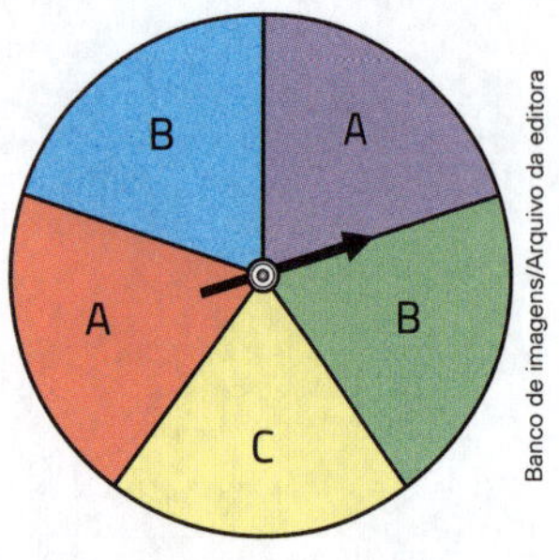

Banco de imagens/Arquivo da editora

a) Escreva um espaço amostral de 5 elementos e que seja equiprovável.

b) Escreva os subconjuntos desse espaço amostral, considerando cada evento.

- Evento *A*: a seta parar na letra **A**.
- Evento *B*: a seta parar em uma das 3 primeiras letras do alfabeto.
- Evento *C*: a seta parar na letra **D**.
- Evento *D*: a seta parar nas letras **A** ou **B**.

c) Qual é a probabilidade de a seta parar na letra **A**? E na letra **C**?

30 ▸ Considere o sorteio de um número de 1 a 50.

a) Qual a probabilidade de sair um número múltiplo de 10?

b) Qual a probabilidade de não sair um número múltiplo de 10?

c) Ao somar as probabilidades calculadas nos itens **a** e **b**, qual número você encontrou?

31 ▸ Considere o lançamento simultâneo de 2 dados comuns.

a) Quantos elementos há no espaço amostral? Quais são eles?

b) Qual a probabilidade de saírem números cuja soma é igual a 5?

c) Qual a probabilidade de sair a soma 13?

d) Qual a probabilidade de sair uma soma menor do que ou igual a 12?

e) Crie uma pergunta sobre esse experimento cuja resposta seja: "A probabilidade é $\frac{1}{6}$.".

32 › Em uma eleição para representante de turma, os 2 candidatos mais votados obtiveram 45% e 25% dos votos. Ao sortear o voto de um dos eleitores, qual é a probabilidade de não sair o nome do candidato mais votado? E de não sair o nome de qualquer um dos 2 candidatos mais votados? Expresse as probabilidades na forma de fração.

33 › Complete este mapa conceitual com alguns conceitos de estatística que você estudou neste capítulo.

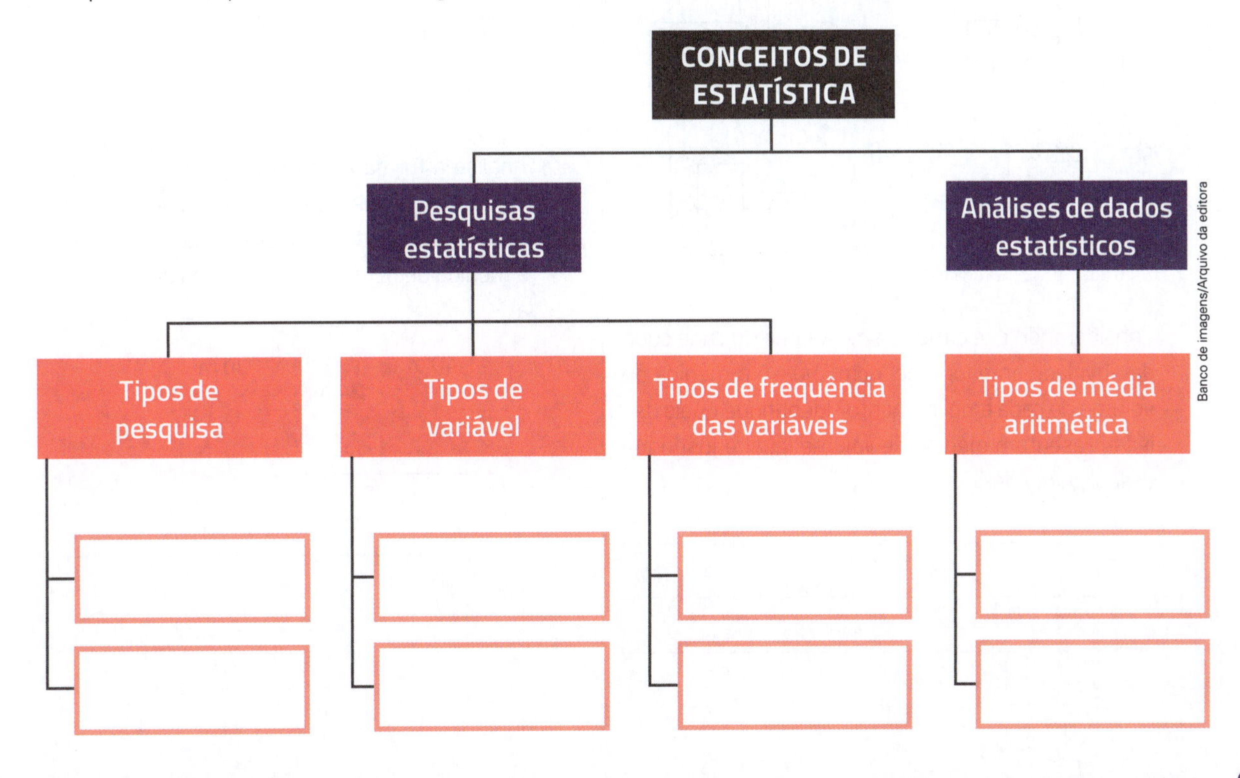

Perímetro, área e volume

1 Rodrigo usou 5 cubos iguais e montou, sobre uma mesa, este empilhamento.

Banco de imagens/Arquivo da editora

Rodrigo vai mudar a posição de apenas 1 cubo, mantendo os demais na mesma posição. Observe os empilhamentos a seguir e assinale todos os que ele pode obter com essa mudança. Numere os cubos para comprovar suas escolhas.

a) 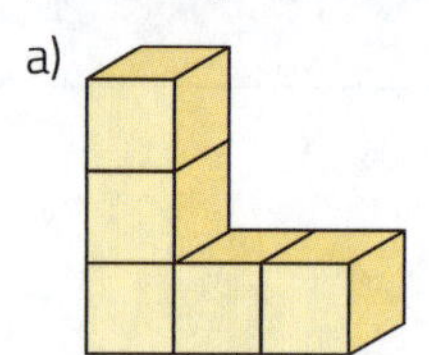

d) 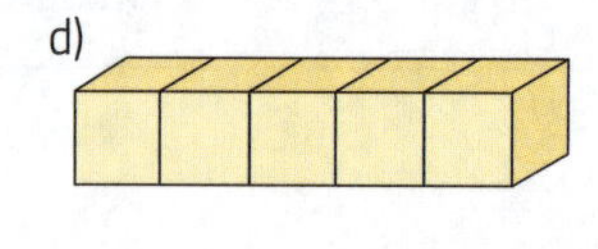

b) 

e) 

c) 

f) 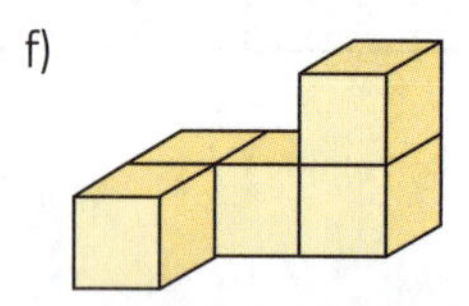

Ilustrações: Banco de imagens/Arquivo da editora

2 Considerando que a medida de volume de cada cubo da atividade anterior é de 1 cm³, qual é a medida de volume de cada empilhamento? Identifique quais deles apresentam medida de volume igual e justifique essas igualdades.

____

____

____

____

3 Carlos montou 2 caixas e, em seguida, cobriu as arestas com fita vermelha. Na primeira caixa, todas as arestas têm medida de comprimento de 25 cm; na segunda, as arestas das faces triangulares têm medida de comprimento de 30 cm e as demais arestas têm medida de comprimento de 40 cm.

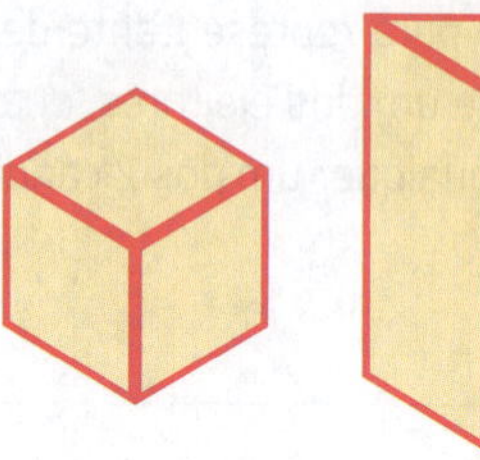

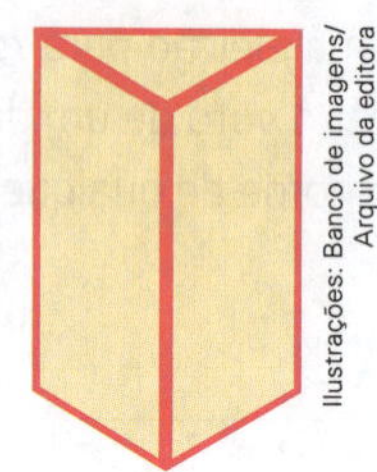

Ilustrações: Banco de imagens/Arquivo da editora

Se cada metro de fita custa R$ 0,50, então quantos reais Carlos gastou com as fitas que colou nas 2 caixas?

____

4 Analise a forma e as medidas de comprimento dos lados das regiões planas. Em seguida, escreva se cada região plana é convexa ou não convexa e calcule a medida de perímetro e a medida de área dela.

a)

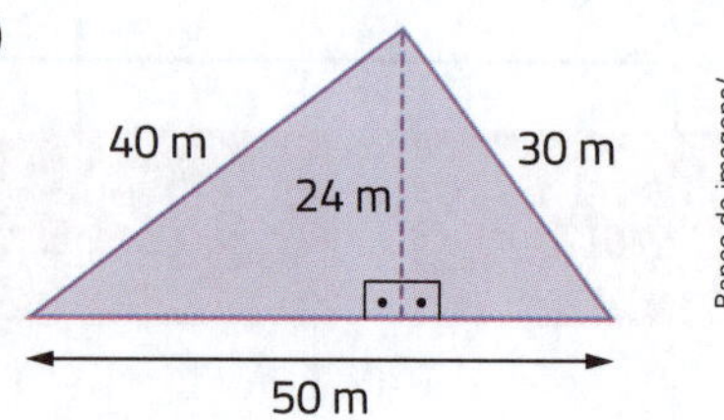

Banco de imagens/Arquivo da editora

____

b)

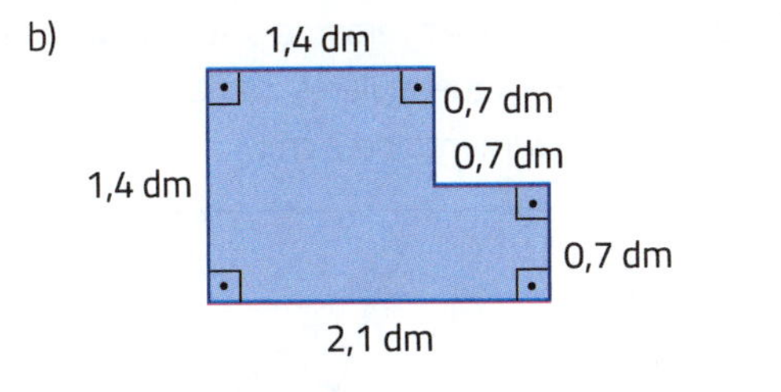

Ilustrações: Banco de imagens/Arquivo da editora

As imagens desta página não estão representadas em proporção.

c)

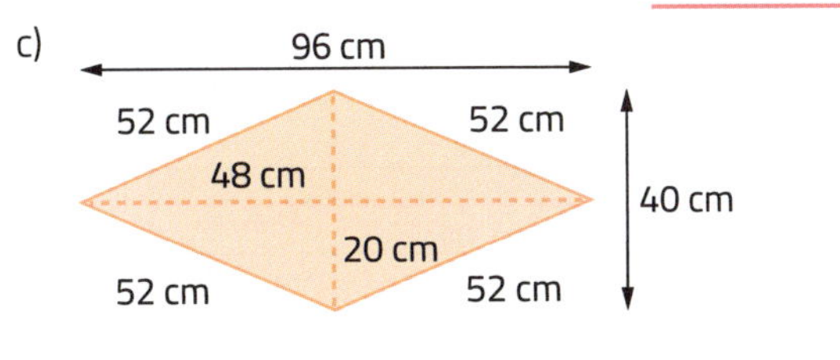

d)

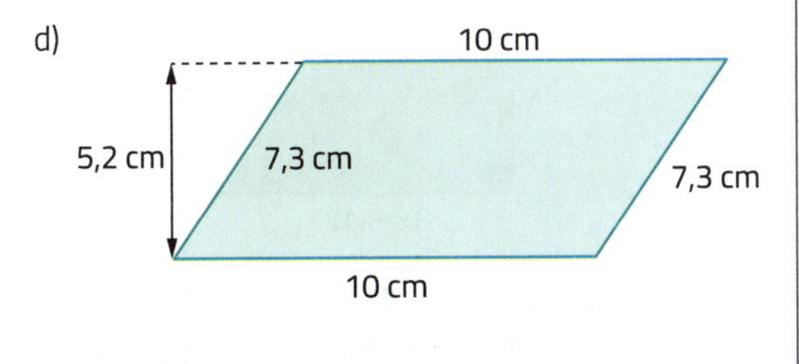

e)

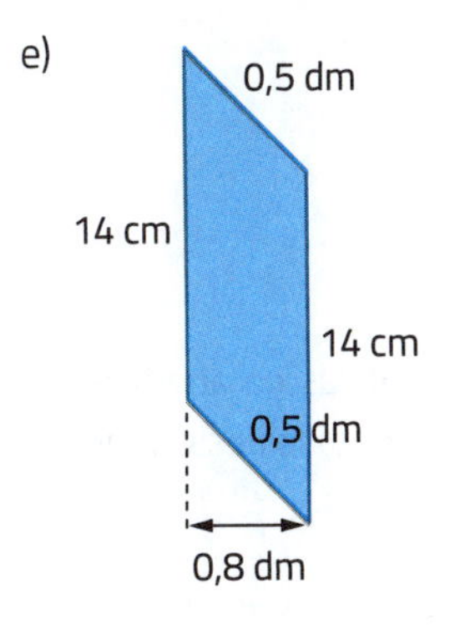

5 Calcule a medida de área da parte pintada de cada figura.

a)

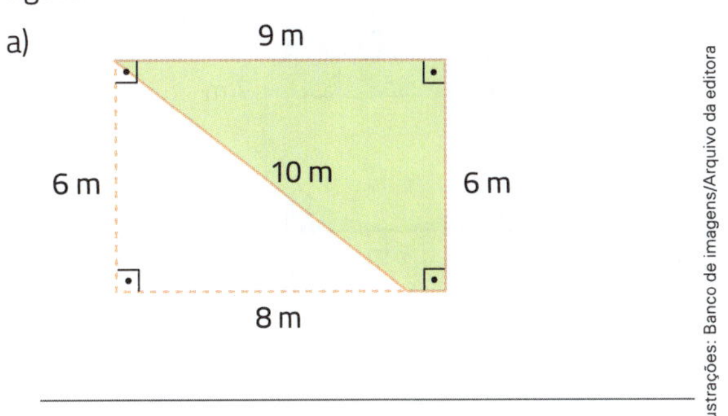

Ilustrações: Banco de imagens/Arquivo da editora

b)

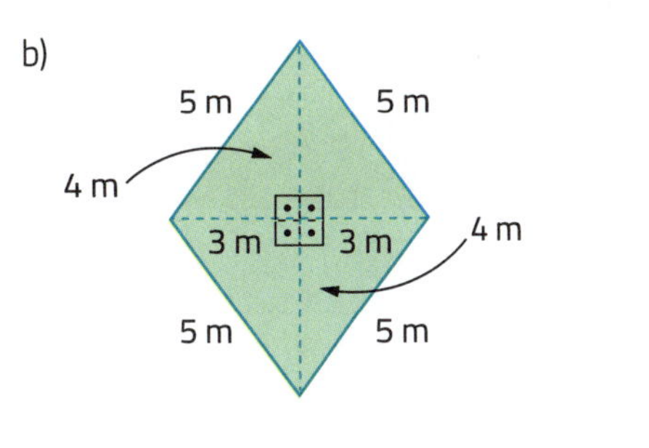

c)

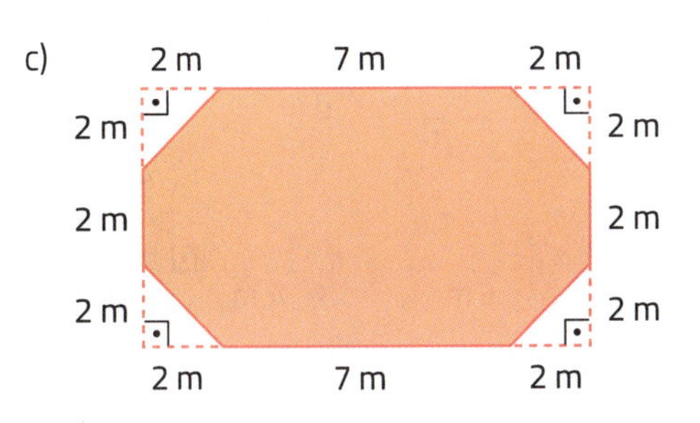

d)

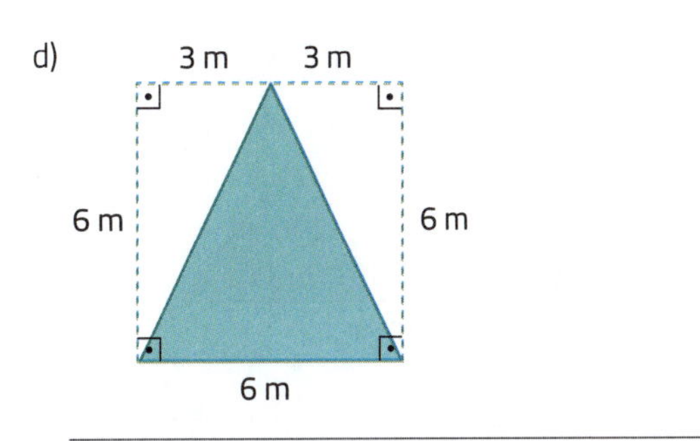

e)

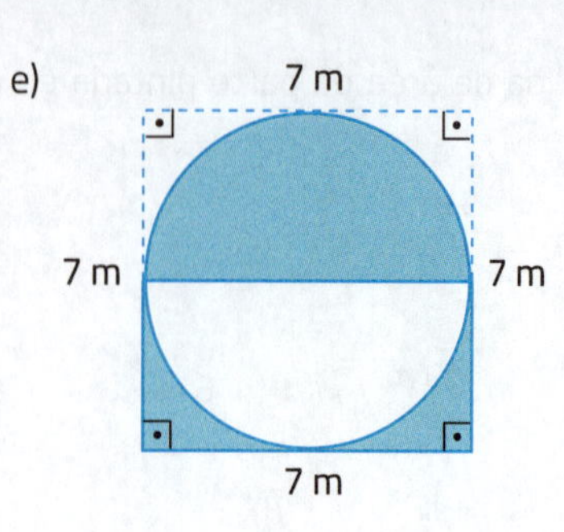

Ilustrações: Banco de imagens/Arquivo da editora

f)

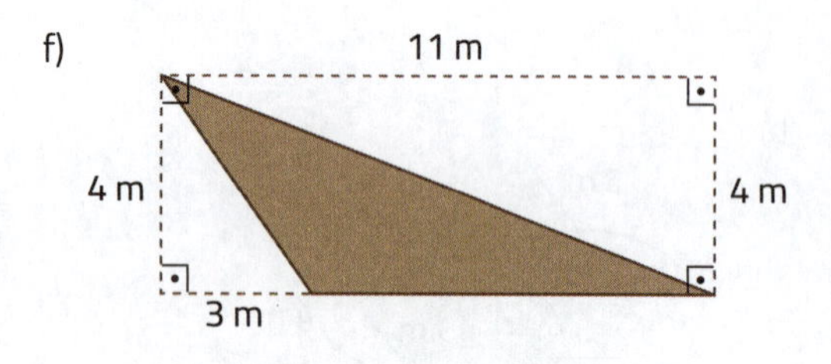

g)

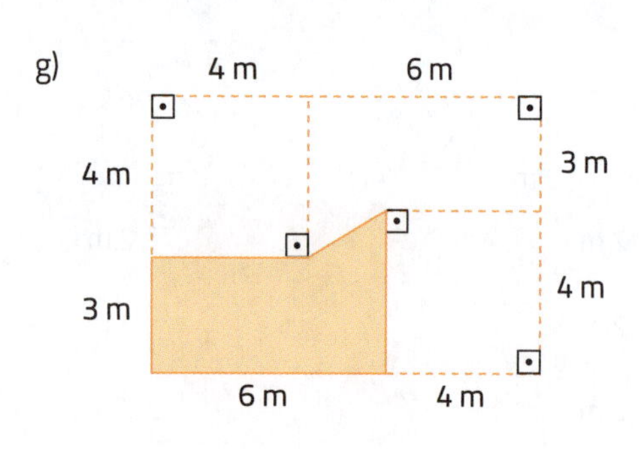

h)

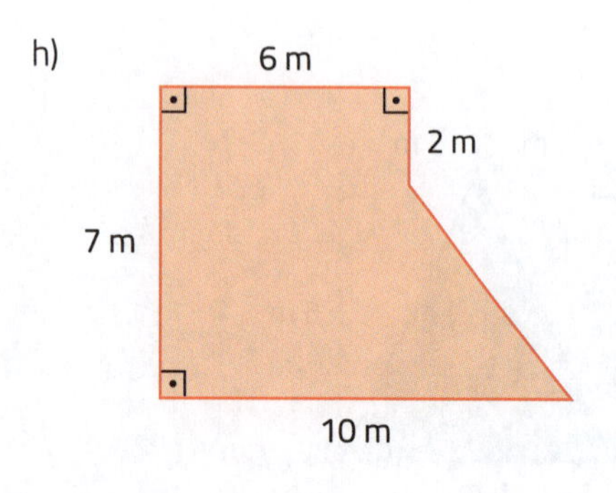

6 Observe esta figura. As retas *r* e *s* são paralelas e os lados das regiões triangulares tomados em *s* têm medida de comprimento de 2 cm.

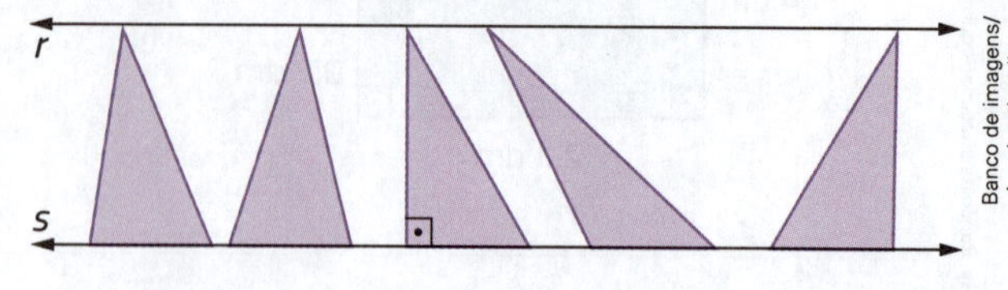

Banco de imagens/Arquivo da editora

Qual dessas regiões triangulares tem a maior medida de área? Justifique sua resposta.

7 As medidas de comprimento indicadas nesta região plana estão em centímetros.

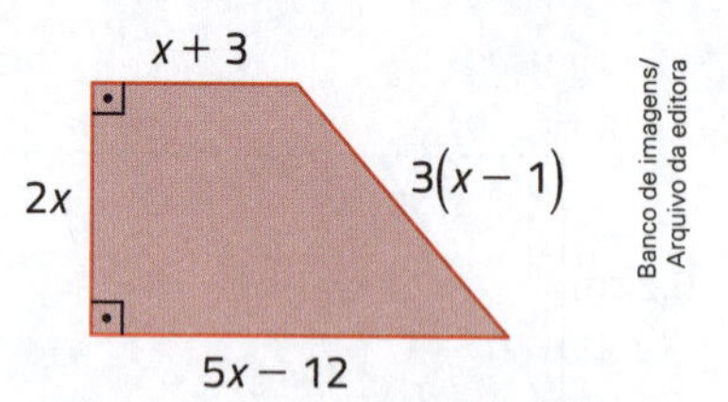

Banco de imagens/Arquivo da editora

a) Sabendo que a medida de perímetro dessa região plana é de 54 cm, calcule a medida de área dela.

b) Qual é a soma das medidas de abertura dos ângulos internos agudo e obtuso dessa região plana? Justifique.

8 ▸ Escreva a fórmula que representa a medida de perímetro de cada polígono.

a) ______

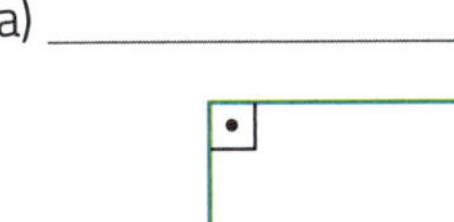
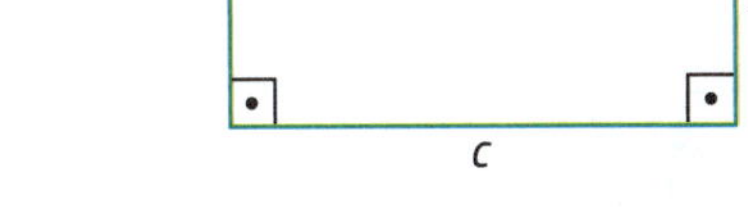

b) ______

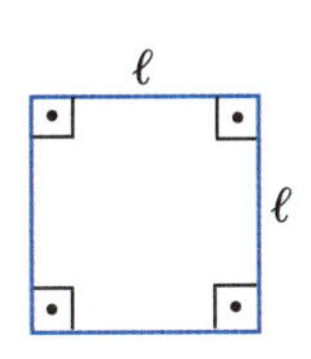

c) Polígono regular de *n* lados, cada lado com medida de comprimento de *s* unidades.

______

Ilustrações: Banco de imagens/Arquivo da editora

9 ▸ Helena deu 9 voltas em um quarteirão quadrado cujo lado tem medida de comprimento de 90 m. Bia deu 8 voltas em uma quadra retangular cujas dimensões medem 90 m por 120 m. Quem caminhou mais? Quanto a mais?

______

10 ▸ A medida de perímetro de um retângulo é de 20,8 cm. A medida de comprimento da altura desse retângulo é 30% da medida de comprimento da base. Quais são as medidas de comprimento da base e da altura desse retângulo?

______

11 ▸ **Desafio.** O perímetro do hexágono regular que aparece nesta estrela mede 42 cm. A estrela é feita de 2 triângulos equiláteros cujos lados tem medida de comprimento de 21 cm. Qual é a medida de perímetro da estrela?

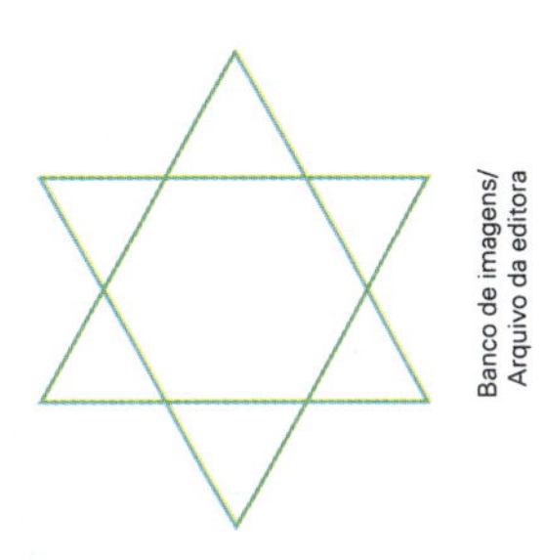

Banco de imagens/Arquivo da editora

______

12 ▸ O diâmetro da roda de uma bicicleta tem medida de comprimento de 54 cm. Qual é a medida de comprimento da borracha do pneu dessa bicicleta, desconsiderando a espessura da borracha?

______

13 ▸ Use $\pi = 3{,}14$ e determine a medida de perímetro de cada contorno dado.

a) ______

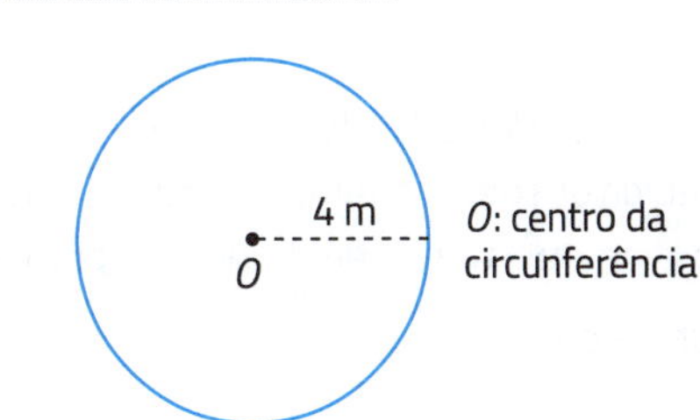

b) ______

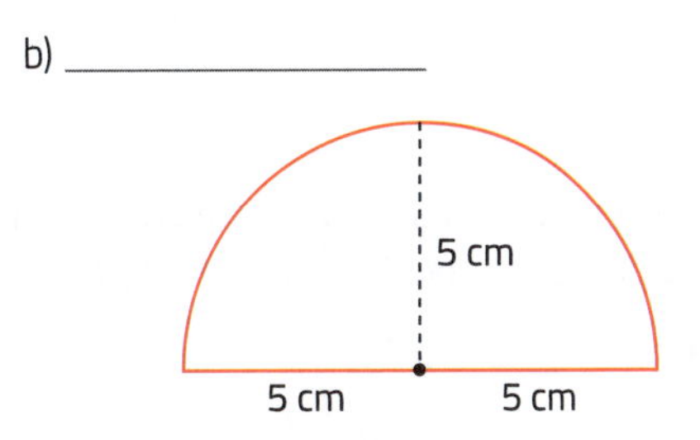

Ilustrações: Banco de imagens/Arquivo da editora

c) ________________

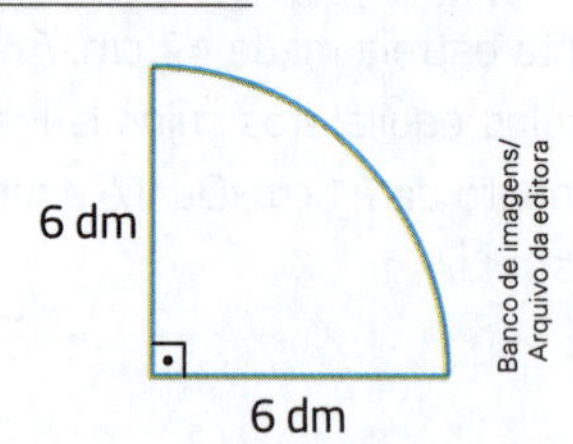

Banco de imagens/Arquivo da editora

14▸ Veja esta representação de uma parede, que está revestida com ladrilhos do tipo ▇.

Banco de imagens/Arquivo da editora

a) Quantos ladrilhos há na parede?

____

b) Qual superfície você está medindo?

____

c) Qual unidade de medida de área você está usando?

____

d) Qual é a medida de área dessa parede usando essa unidade?

____

15▸ Use $\pi = 3{,}14$, faça os cálculos e complete os itens.

a) A medida de comprimento de uma circunferência, cujo diâmetro tem medida de comprimento de 12 cm, é de ________________.

b) Se o raio de um círculo tem medida de comprimento de 15 cm, então a medida de perímetro dele é de ________________.

16▸ Determine a medida de área de cada região plana usando ☐ como unidade de medida de área.

a)

____

b)

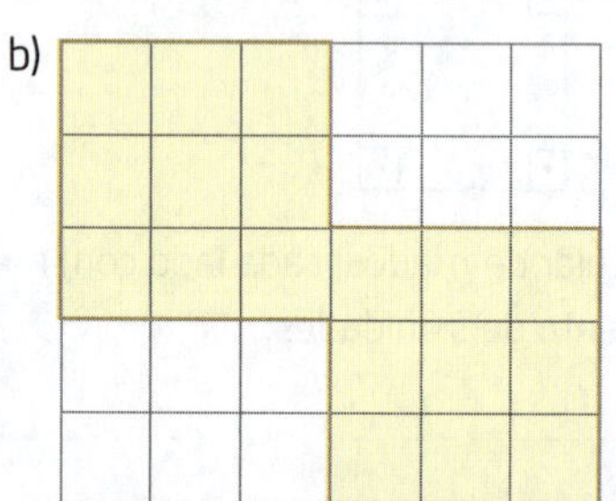

____

c)

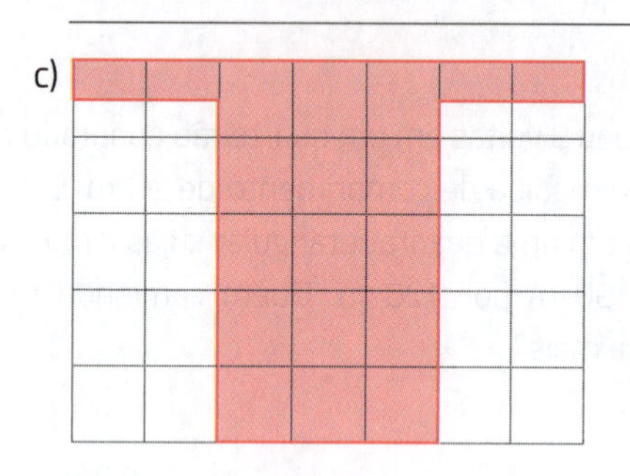

____

d)

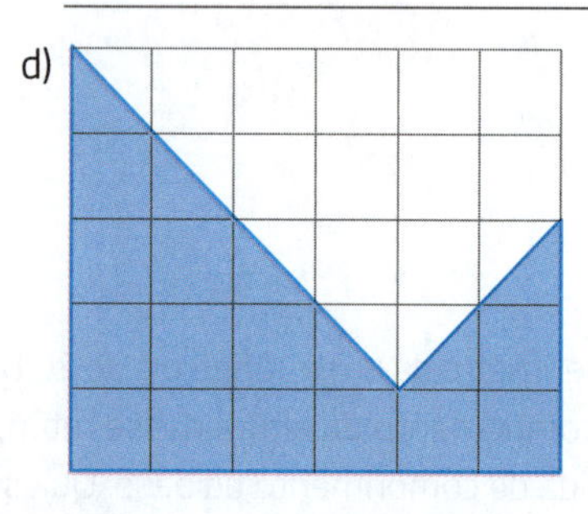

____

Ilustrações: Banco de imagens/Arquivo da editora

17▸ Albertina bordou um tapete quadrado cujo perímetro media 3,20 m. Qual é a medida de área desse tapete?

____

18 A medida de área de sua sala de aula é maior, igual ou menor do que a medida de área indicada nesta figura? Faça as medições e os cálculos necessários para responder.

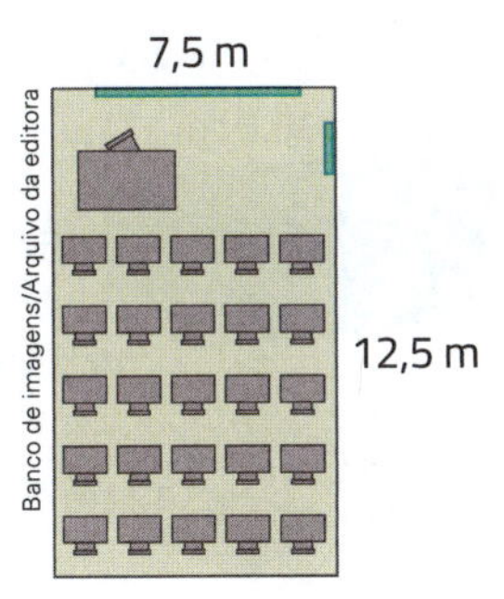

____

19 Observe a figura na qual estão representados 3 cômodos de uma casa, com algumas medidas de comprimento. Em cada cômodo será colocado um tipo de piso, cujo preço aparece abaixo. Calcule quanto será gasto para colocar o piso nos 3 cômodos.

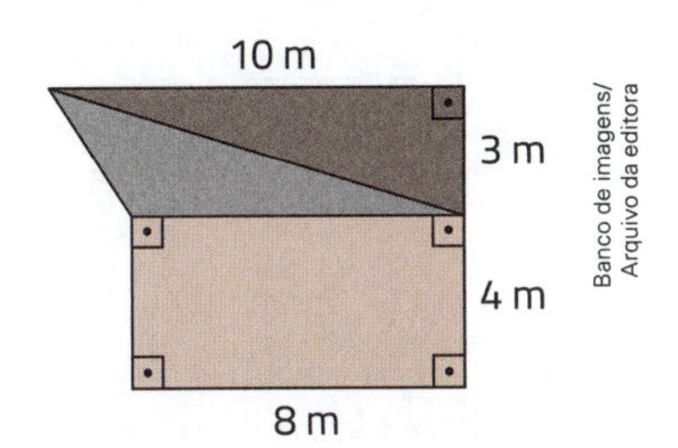

- Cômodo bege: R$ 8,00 o metro quadrado do piso.
- Cômodo cinza: R$ 10,00 o metro quadrado do piso.
- Cômodo marrom: R$ 6,50 o metro quadrado do piso.

____

20 Um carpete retangular tem medida de perímetro de 20 m. A medida de comprimento de um dos lados é $\frac{2}{3}$ da medida de comprimento do outro lado. Qual é a medida de área desse carpete?

____

21 Considere o cm, o cm² e o cm³ como unidades de medida para o cálculo das medidas de perímetro, de área e de volume, respectivamente.

I

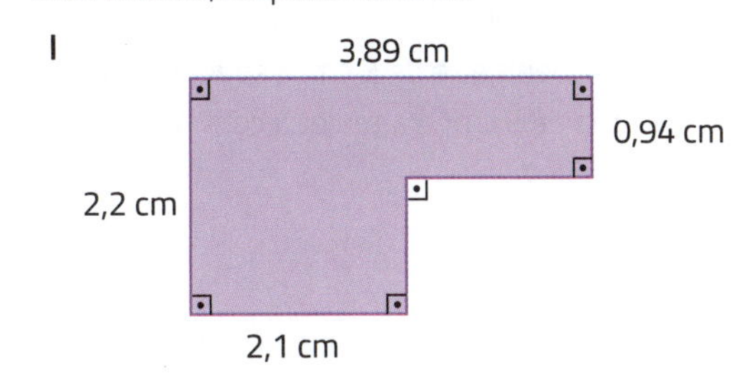

II

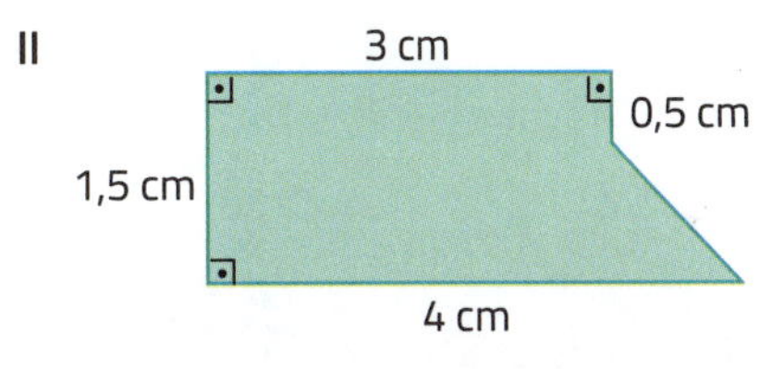

III

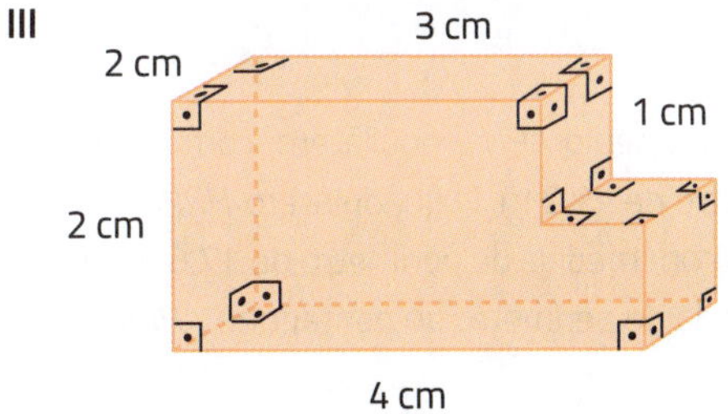

Ilustrações: Banco de imagens/Arquivo da editora

a) Observe as figuras, use uma calculadora e determine o que se pede.

- Medida de perímetro da figura I: ______________

• Medida de área da figura **I**: ______________

• Medida de área da figura **II**: ______________

• Medida de volume da figura **III**: ______________

b) Usando as mesmas unidades de medida citadas, faça o desenho de 3 figuras: a primeira com medida de perímetro de 5 cm, a segunda com medida de área de 5 cm² e a terceira com medida de volume de 5 cm³.

22 Este triângulo *ARH* é equilátero, com medida de perímetro de 19,2 m. O quadrilátero *HRPM* é um retângulo com medida de perímetro de 17,6 m. Descubra a medida de perímetro do pentágono *ARPMH*.

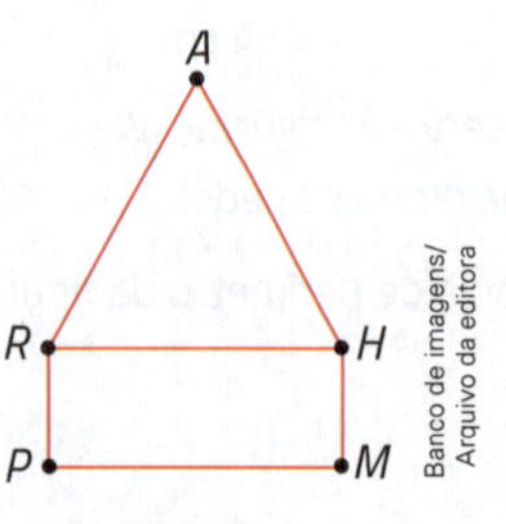

Banco de imagens/Arquivo da editora

____

23 Joaquim quer guardar alguns CDs em uma bolsa que acabou de comprar. A bolsa tem forma de bloco retangular e as dimensões medem 36,5 cm, 14,5 cm e 15,5 cm. As dimensões da caixa de cada CD medem 14 cm, 12 cm e 1 cm.

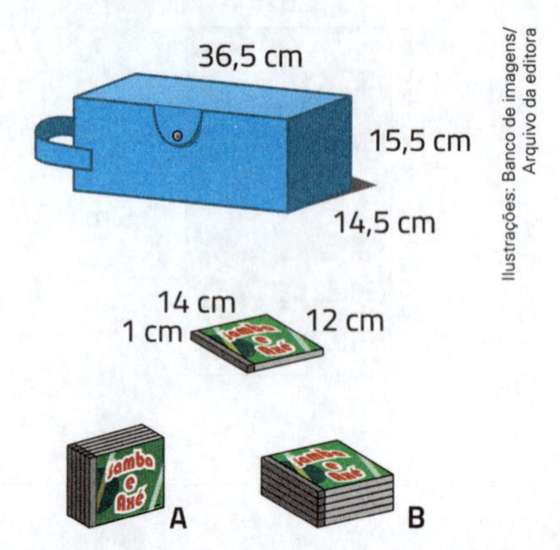

Ilustrações: Banco de imagens/Arquivo da editora

a) Qual é o número máximo de CDs que cabem na bolsa se forem colocados na posição da figura **A**?

____

b) Qual é o número máximo de CDs que cabem na bolsa se a posição deles for a da figura **B**.

____

24 Um $\triangle ABC$ tem lados com medida de comprimento de 8 cm, 10 cm e 14 cm. Um $\triangle RSP$ tem medida de perímetro de 48 cm e os lados têm medidas de comprimento diretamente proporcionais às medidas de comprimento dos lados do $\triangle ABC$. Qual é a medida de comprimento dos lados do $\triangle RSP$?

____

25 › Nesta figura, as medidas de comprimento estão em metros e o perímetro do $\triangle ABD$ mede 48 m.

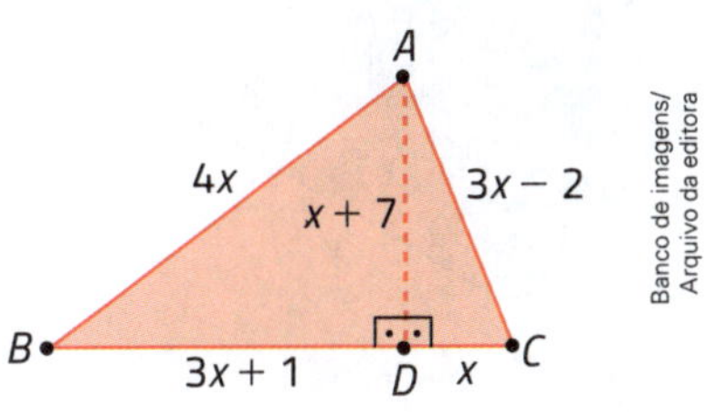

a) Calcule o que se pede.

- As medidas de perímetro do $\triangle ACD$ e do $\triangle ABC$.

____

- As medidas de área do $\triangle ABD$, do $\triangle ACD$ e do $\triangle ABC$.

____

b) A soma das medidas de perímetro do $\triangle ABD$ e do $\triangle ACD$ é igual à medida de perímetro do $\triangle ABC$?

____

c) A soma das medidas de área do $\triangle ABD$ e do $\triangle ACD$ é igual à medida de área do $\triangle ABC$?

____

26 › Como você faria para descobrir a medida de área real aproximada de um terreno cuja planta está desenhada abaixo, na escala de 1 cm por 20 m?

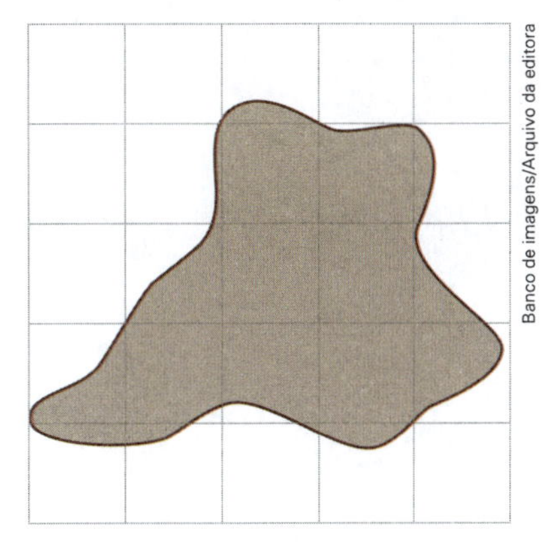

____

____

____

27 › Patrícia pretende trocar o piso da casa dela. Para calcular a quantidade de piso necessária, ela usará esta planta do piso.

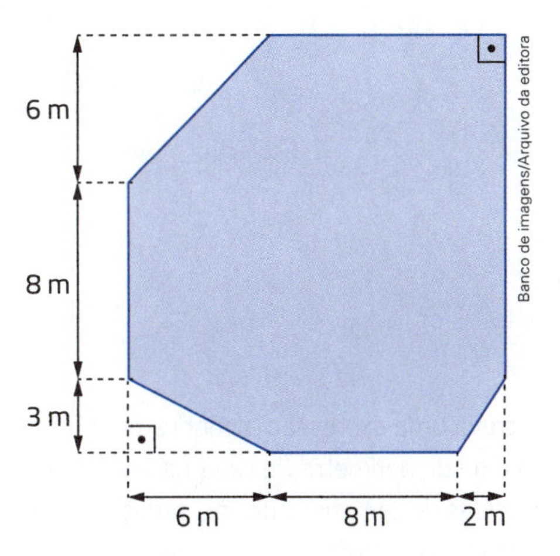

Quantos metros quadrados de piso Patrícia deverá comprar?

____

28 ▸ O triplo da medida de perímetro de um triângulo equilátero diminuído de 10 cm é igual a 62 cm. Qual é a medida de comprimento do lado desse triângulo?

29 ▸ Em um retângulo, a medida de comprimento de um dos lados é 2 cm menor do que a medida de comprimento do outro lado. Sabendo que a medida de perímetro dele é de 24 cm, quais são as medidas de comprimento dos lados desse retângulo?

30 ▸ Escreva uma expressão algébrica para representar a medida de perímetro de cada figura, sabendo que as medidas de comprimento são dadas em uma mesma unidade de medida.

a)

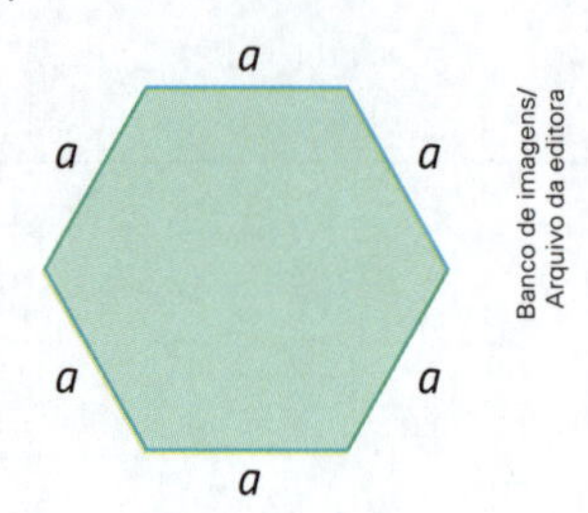

Banco de imagens/Arquivo da editora

b)

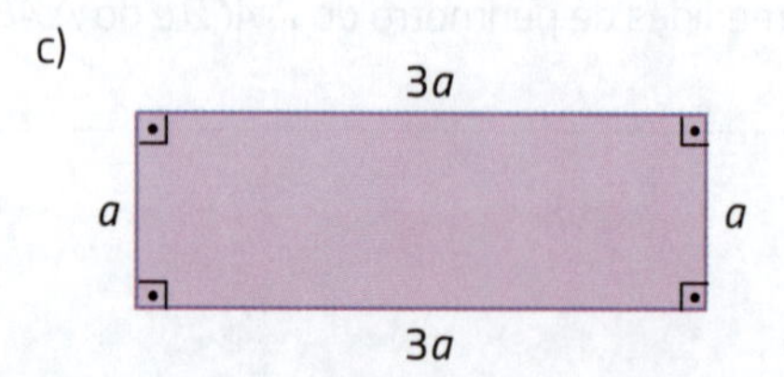

Ilustrações: Banco de imagens/Arquivo da editora

c)

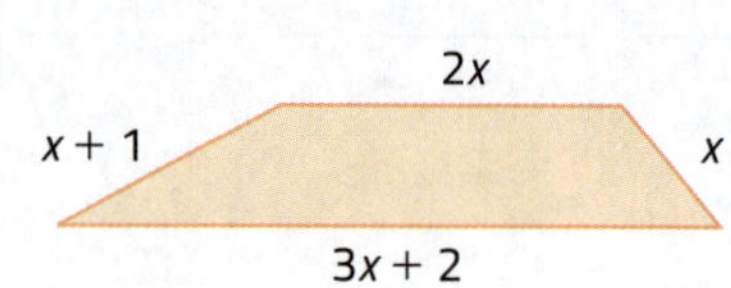

d)

e)

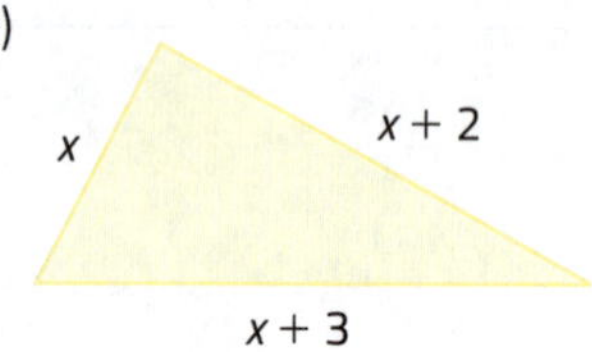

f)

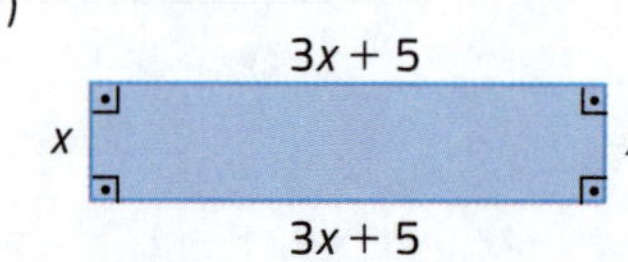

31 Complete este mapa conceitual com os nomes das figuras geométricas e com as fórmulas para o cálculo das medidas de grandezas geométricas que você estudou neste capítulo.

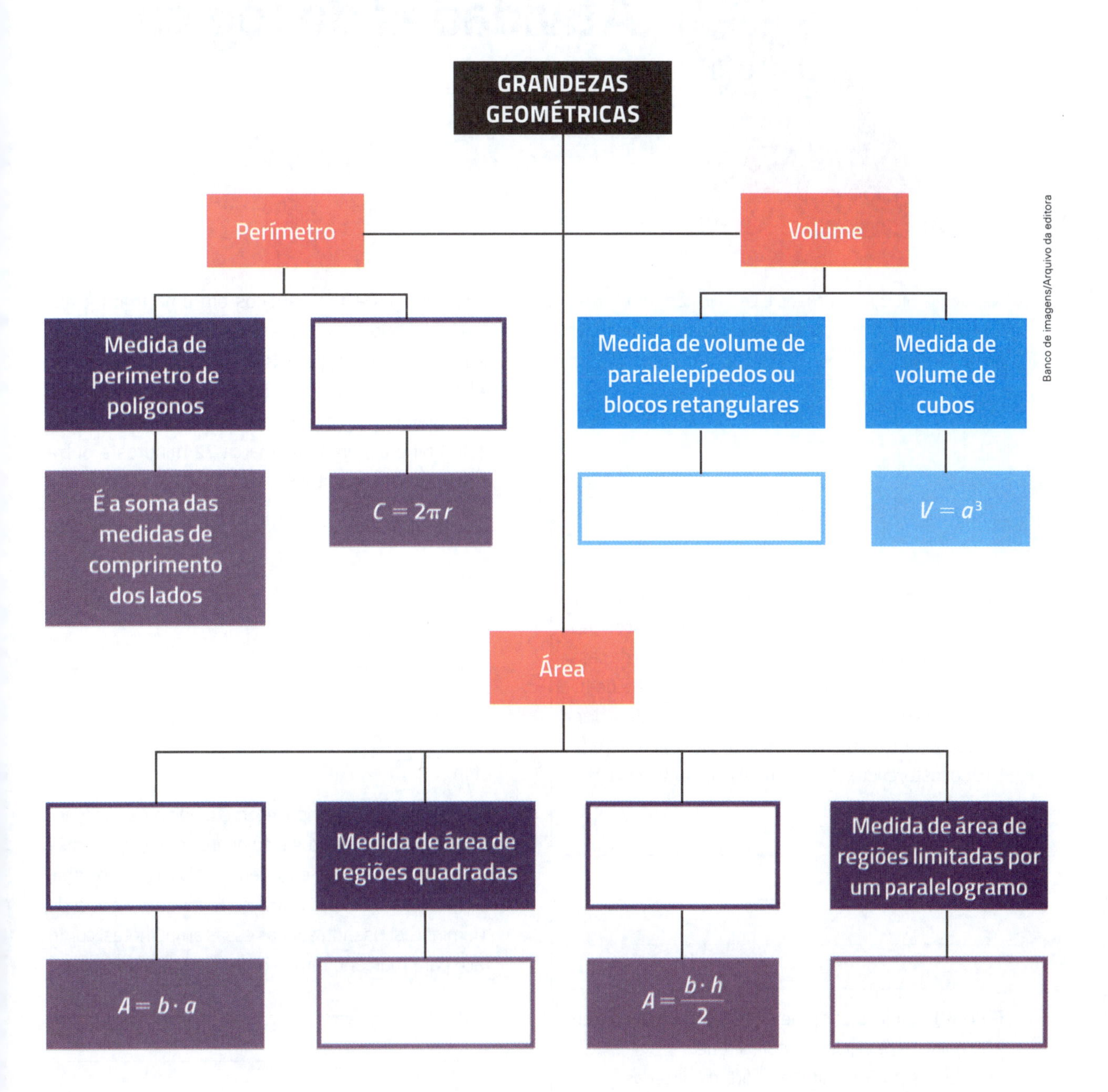

Atividades de lógica

1 ▸ Na família Silva há 5 irmãos e cada irmão tem 1 irmã. Se contarmos a mãe, a sra. Silva, quantas mulheres há na família?

____

2 ▸ Dois homens queriam entrar em casa, mas não encontravam a chave. Resolveram, então, descer pela chaminé. Quando conseguiram chegar dentro da casa, olharam-se. Um deles estava com a cara preta de fuligem, mas o outro estava com a cara limpa. Sem dizer uma palavra, o homem que estava com a cara limpa foi lavar o rosto, enquanto o homem com a cara suja nada fez. Como você explica isso?

____

____

____

____

3 ▸ **(FEI-SP)** Considerando-se um texto que contém 100 palavras, é válido afirmar-se que:

a) todas as letras do alfabeto foram utilizadas.

b) há palavras repetidas.

c) pelo menos uma letra foi utilizada mais do que 3 vezes.

d) uma das letras do alfabeto não foi utilizada.

e) não há palavras repetidas.

4 ▸ Dois monges estão perdidos em uma mata e estão passando fome. Só existe uma planta que podem comer, mas, para isso, deverão fervê-la por exatos 30 minutos, senão morrerão. Como eles conseguirão marcar o tempo exato, se só possuem 2 ampulhetas, uma que marca 22 minutos e outra que marca 14 minutos?

____

____

____

____

5 ▸ Na embalagem, o tempo recomendado para assar um frango é de 20 minutos e eu quero começar a comê-lo em não mais que esse tempo. Na minha cozinha, existem 2 ampulhetas, uma de 8 minutos e outra de 14 minutos. Usando apenas essas ampulhetas, como faço para marcar o tempo exato para assar o frango?

____

____

____

6 ▸ Cinco marinheiros se colocam lado a lado para receber as ordens do comandante do navio. Tente nomeá-los, da esquerda para a direita, de acordo com as informações dadas.

- Anderson está entre Jorge e Cláudio.
- Humberto está à esquerda de Cláudio.

- Jorge não está ao lado de Humberto.
- Humberto não está ao lado de Rafael.

Atenção! A sua esquerda não é a esquerda dos marinheiros.

---

7 ▸ Dois amigos têm um jarro com 8 litros de água e querem dividir a bebida igualmente. Para isso, eles usaram 2 outros jarros vazios, cujas capacidades medem 5 litros e 3 litros. Como os 2 amigos podem dividir a água?

8 ▸ Certa noite, Carlinhos resolveu ir ao cinema, mas descobriu que não tinha meias limpas para calçar. Então, ele foi ao quarto do pai, porque sabia que lá havia uma gaveta com 10 meias brancas e 10 meias pretas, todas misturadas. O pai de Carlinhos já estava dormindo e o rapaz não quis acender a luz para não o acordar. Quantas meias Carlinhos teve que retirar da gaveta para estar certo de que possuía um par igual?

---

9 ▸ Dois pastores estavam conversando, quando um perguntou para o outro:

– Quantas ovelhas você tem?

O outro respondeu:

– Se eu agrupar minhas ovelhas em grupos de 2, sobra 1; em grupos de 3, sobra 1; em grupos de 4, sobra 1; em grupos de 5, sobra 1; em grupos de 6 também sobra 1; mas em grupos de 7 dá certo!

Quantas ovelhas, no mínimo, ele tem? Justifique sua resposta.

---

10 ▸ **(Enem)** Um armazém recebe sacos de açúcar de 24 kg para que sejam empacotados em embalagens menores. O único objeto disponível para pesagem é uma balança de dois pratos, sem os pesos metálicos.

Banco de imagens/Arquivo da editora

Realizando uma única pesagem, é possível montar pacotes de:

a) 3 kg.
b) 4 kg.
c) 6 kg.
d) 8 kg.
e) 12 kg.

Respostas

Capítulo 1

1
a) -5
b) -80
c) $+11$

2
a) $\mathbb{N} = \{0, 1, 2, 3, 4, \ldots\}$ ou $\mathbb{N} = \{0, +1, +2, +3, +4, \ldots\}$.
b) $\mathbb{N}^* = \{1, 2, 3, 4, \ldots\}$ ou $\mathbb{N}^* = \{+1, +2, +3, +4, \ldots\}$.
c) $\mathbb{Z} = \{\ldots, -3, -2, -1, 0, +1, +2, +3, \ldots\}$ ou
$\mathbb{Z} = \{\ldots, -3, -2, -1, 0, 1, 2, 3, \ldots\}$.
d) $\mathbb{Z}^* = \{\ldots, -3, -2, -1, +1, +2, +3, \ldots\}$ ou
$\mathbb{Z}^* = \{\ldots, -3, -2, -1, 1, 2, 3, \ldots\}$.
e) $A = \{-3, -2, -1, 0, +1\}$

3

Deslocamento de um objeto

Saída	Percurso	Chegada
−1	+5	+4
+2	+1	+3
−2	−3	−5
0	−4	−4
+4	−2	+2
−3	0	−3
−5	+4	−1
+1	−3	−2

Tabela elaborada para fins didáticos.

5
a) $-30, -23, -1, 0, +9, +14.$
b) $+20, +16, 0, -12, -14.$

6

−7 −4 −1 +2 +5

Banco de imagens/Arquivo da editora

7
a) -13
b) -11
c) $+12$
d) $+12$ ou 12.
e) $+99$
f) -99
g) $-2, -1, 0, +1, +2$ e $+3$.
h) $-3, -2, -1, 0, +1, +2, +3$ e $+4$.
i) $\ldots, -8, -7, -6.$

8
a) 17 h
b) 10 h
c) 13 h
d) -7
e) $+7$
f) 4 h

9
a) $<$
b) $>$
c) $>$
d) $>$
e) $<$
f) $=$
g) $>$
h) $<$
i) $>$
j) $<$
k) $<$
l) $<$

10
a) $+5$
b) $+12$
c) -13
d) -21
e) -1
f) $+2$
g) -2
h) $+8$
i) -16
j) -7
k) 0
l) -33
m) $+100$
n) -9
o) 13
p) -34
q) -37
r) $+64$
s) 0
t) $+184$
u) -67
v) -286
w) $+252$
x) -14

11
a) $+6 < +8$
b) $+4 > -6$
c) $0 = 0$
d) $-8 < -6$

12
a) $+4$
b) $+4$
c) -2
d) 0
e) 0
f) -8

13
a) 7
b) -2
c) -4
d) 0
e) -1
f) $+7$
g) -7
h) -5

14 160

15▸
a) +15
b) −3
c) +6
d) +32
e) 0
f) Impossível.
g) −56
h) +11
i) 0
j) −1
k) +25
l) −121
m) −4
n) 0
o) 0
p) −120
q) Impossível.
r) −1

17▸
a) −24
b) 0
c) +24
d) −28

18▸
a) $-24 < 0$
b) $+24 > -28$
c) $-24 > -28$
d) $+24 > 0$

19▸
a) +8
b) −1
c) 0
d) +9
e) −2

20▸ 1º) Ana; 2º) Juliano; 3º) Rafael; 4º) Patrícia; 5º) Paulo.

21▸ a)

+	−5	0	+3
+6	+1	+6	+9
0	−5	0	+3
−3	−8	−3	0

b)

−	−1	0	+4
+4	+5	+4	0
0	+1	0	−4
−3	−2	−3	−7

c)

×	−5	0	+3
+3	−15	0	+9
0	0	0	0
−4	+20	0	−12

d)

÷	−4	−1	+2	+4
+8	−2	−8	+4	+2
−4	+1	+4	−2	−1
−8	+2	+8	−4	−2

22▸ 19 °C

23▸
a) +77
b) +5
c) −242
d) +26
e) −80
f) +3

24▸ (2, 3, 5, 7, 11, 13, 17, 19)

25▸ (0, 1, 3, 7, 15, 31, 63, 127)

28▸
a) +25
b) −64
c) +32
d) +81
e) 0
f) +1
g) +1
h) +1
i) −1
j) +1 000 000
k) −100 000
l) +1

29▸
a) $(+14) + (-9) = +5$
b) $(-8)^3 = -512$
c) $(-13) \times (-5) = +65$
d) $(+63) \div (-7) = -9$
e) $(-15) - (-7) = -15 + 7 = -8$
f) $(+35) + (-35) = 0$ ou $+35 - 35 = 0$.
g) $0 - (+18) = 0 - 18 = -18$
h) $(+16)^2 = +256$
i) $(-3)^6 = +729$

30▸

−48	48	−24
16	−8	−32
8	−64	32

31▸ **b**, **c**, **d**, **f**, **g**, **j**

32▸ −1 °C

33▸
a) +16
b) −2
c) −2
d) +2
e) −27

34▸
a) $(-2)^2 \cdot (-2)^3 = (-2)^5$
b) $(+3)^6 : (+3)^2 = (+3)^4$
c) $[(-10)^2]^3 = (-10)^6$
d) $(-5)^4 \div (-5)^3 \times (-5) = (-5)^2$

35› a) 36
b) 4
c) 50
d) 64
e) 37
f) 1

36› 12º termo.

37› a) 2014, 2015 e 2016; são os anos em que o saldo foi negativo.
b) Não, o maior faturamento foi em 2014 e o maior saldo foi em 2017.
c) Indica que em 2016 a empresa teve um saldo de −2 bilhões de dólares, que corresponde a um prejuízo de 2 bilhões de dólares.
d) 61 bilhões de dólares; 82 bilhões de dólares.
e) Prejuízo; 7 bilhões de dólares.
f)

Saldo da empresa automobilística

Ano	Saldo (em bilhões de dólares)
2019	+1
2020*	−5
2021*	0

*Valores estimados para o ano.
Tabela elaborada para fins didáticos.

Faturamento da empresa automobilística

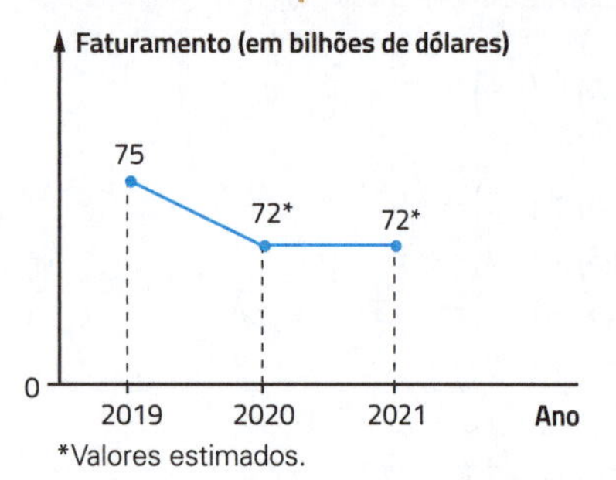

Gráfico elaborado para fins didáticos.

Saldo da empresa automobilística

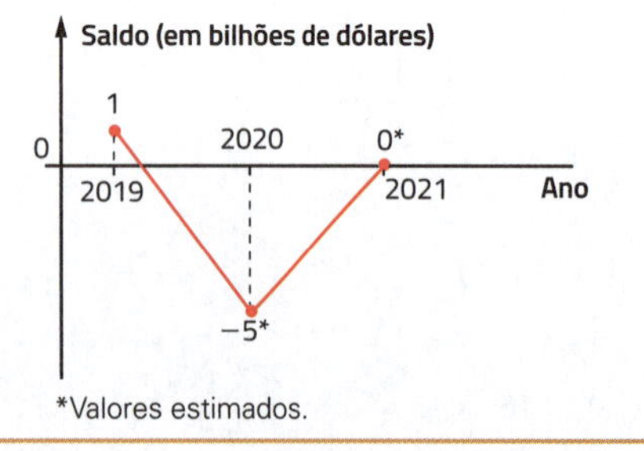

Gráfico elaborado para fins didáticos.

Ilustrações: Banco de imagens/Arquivo da editora

38› a) −700
b) −140
c) −180
d) 2
e) 0
f) 100

39› $A(4, 1)$; $B(1, 4)$; $C(-2, -3)$; $D(2, -2)$; $E(-1, 0)$ e $F(0, 3)$.

40› a) $10^3 \times 10^2 = 10^5$
b) $(2^5)^2 = 2^{10}$
c) $3^6 : 3^2 = 3^4$

41› a), b), c), d)

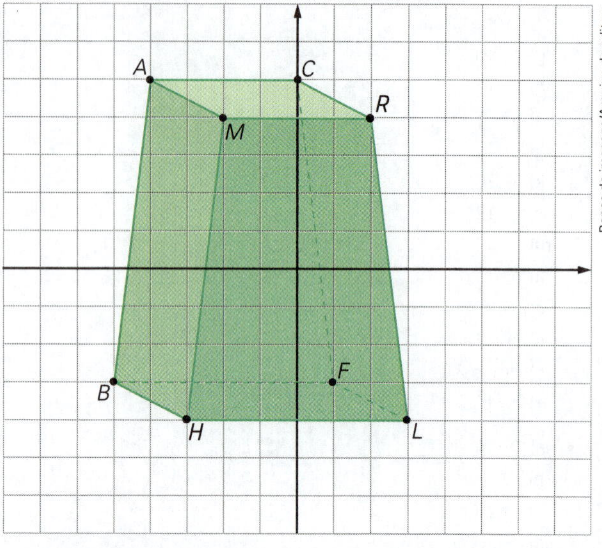

Banco de imagens/Arquivo da editora

e) Poliedro.
f) Nenhum dos dois.
g) 8 vértices, 6 faces e 12 arestas.
h) Sim.

42› a) Positivos; positivos; nulos; negativos.
b) Positivo; negativo; nulo.

43› Multiplicações e divisões; adições e subtrações.

Capítulo 2

1› a) $\frac{1}{2}$
b) 16 km

2› 45 L

3› a) Pedro.
b) $\frac{1}{12}$

4› Os saquinhos com 75 bolas.

5› **a**

6› $\frac{1}{20}$

7› a) 2^8
b) $2^3 \times 3^4 \times 5$
c) $3 \times 7 \times 11$

8› a) 360
b) 2 592
c) 1 050

9› 52 páginas.

10› a) Marina.
b) Menos, porque $\frac{1}{2} < \frac{4}{5}$.

11› a) 14
b) 140
c) 65
d) 735
e) 336
f) 1
g) 224
h) 2
i) 75
j) 144
k) 4
l) 300

12› a) $\frac{10}{40}$ ou $\frac{1}{4}$.

b) Sim, porque $\frac{1}{4}$ e $\frac{2}{8}$ são frações equivalentes, ou seja, representam a mesma quantidade.

13› 16 kg

14› a) 2 jarras. b) 4 jarras. c) 8 copos. d) 16 copos; 250 mL.

15› a)

16	30	28	31	21
15	6	8	11	7
72	4	16	8	45
9	3	9	8	12

b)

4	15	17	21	3
23	30	9	18	33
25	1	11	27	49

c)

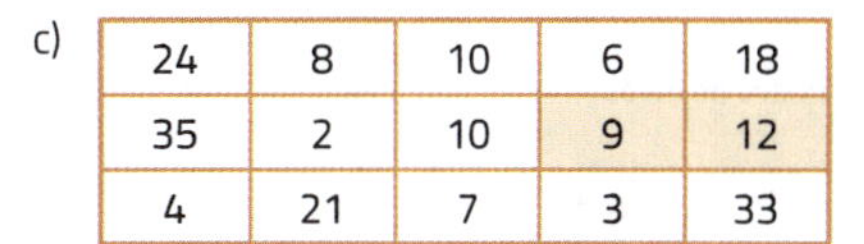

24	8	10	6	18
35	2	10	9	12
4	21	7	3	33

d)

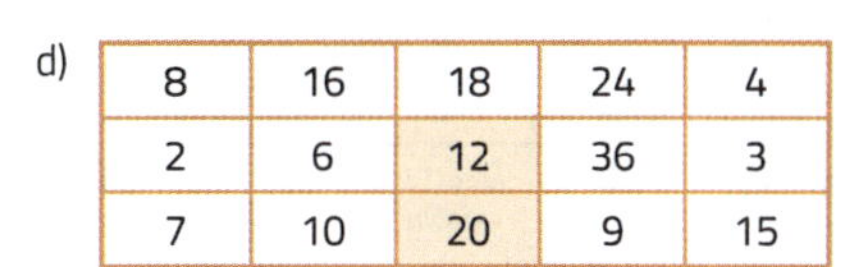

8	16	18	24	4
2	6	12	36	3
7	10	20	9	15

16› a) $\frac{1}{2}$

b) $\frac{1}{5}$

c) Saída — A — B — Chegada
3 cm; 5 cm; 2 cm

Banco de imagens/Arquivo da editora

17› a) 16 b) 16 c) Sim.

18› Sim, é verdadeira: $8 \times 12 = 96$; $\text{mdc}(8, 12) = 4$; $\text{mmc}(8, 12) = 24$; $4 \times 24 = 96$.

20› a) Sim.
b) d(207): 1, 3, 9, 23, 69, 207.
c) 30 divisores.
d) 21 e 1 386.

21› $n = 14$

22› $-\frac{1}{2}$

$-\frac{2}{3}$	$\frac{1}{2}$	$-\frac{1}{3}$
$\frac{1}{6}$	$-\frac{1}{6}$	$-\frac{1}{2}$
0	$-\frac{5}{6}$	$\frac{1}{3}$

23› $\frac{5}{4}$

24› 125 melancias.

25› 72 carros.

26› Formando 12 pacotinhos, cada um deles com 4 tomates, 5 cebolas e 6 pepinos.

27› 75

28›

$\frac{3}{10} - \frac{1}{5}$	$8 \times \frac{1}{2}$	$\frac{1}{5} \div 2$
$\frac{21}{6} + \frac{4}{8}$	$\frac{3}{8} \times \frac{4}{9}$	$\frac{1}{12} + \frac{1}{12}$

29› a) $\frac{7}{9}; \frac{1}{2}; \frac{1}{4}; \frac{1}{3}$.

b) Aproximadamente 43%.

30› a) Ana: $\frac{1}{3}$; Caio: $\frac{1}{2}$; Larissa: $\frac{1}{6}$.

b) Caio, pois $\frac{1}{2} > \frac{1}{3} > \frac{1}{6}$.

31› a) 120 livros.

b)

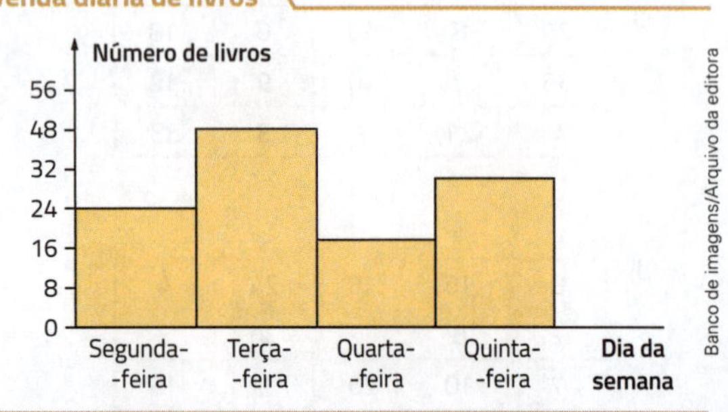

Gráfico elaborado para fins didáticos.

c) 30 livros.

32› $\frac{22}{25}$

33› a) $\frac{10}{3}$ ou $3\frac{1}{3}$.

b) $\frac{5}{2}$

34› 2 vezes; $\frac{1}{4} \div \frac{1}{8} = \frac{1}{4} \times \frac{8}{1} = \frac{8}{4} = 2$.

35› 3,75 vezes.

36› a) 126

b) 175

c) 72

d) 2 346

e) 72

f) 600

37› a) Ana: $\frac{1}{3}$; Caio: $\frac{1}{2}$; Larissa: $\frac{1}{6}$.

b) Caio, pois $\frac{1}{2} > \frac{1}{3} > \frac{1}{6}$.

38› Ideias; como razão; como quociente; maior; igual ou equivalente.

Capítulo 3

1› a) $\mathbb{Q}$

b) Inteiros.

c) $-2{,}75$

d) $-\frac{5}{7}$

e) $+\frac{7}{5}$

f) $+\frac{1}{5}$

g) $0{,}\overline{63}$

h) $+\frac{4}{7}$ ou $\frac{4}{7}$.

i) $-4; -3$.

2› a) $+0{,}4$ ou $0{,}4$.

b) $-1\frac{1}{4}$

c) H

d) $-\frac{7}{4}$

e) $\frac{16}{12}$

f) C

4› a) 5,1 °C

b) $-3{,}7$ °C

c) $-3{,}7$ °C; -3 °C; $-2{,}2$ °C; $\left(-\frac{1}{5}\right)$ °C.

d) $-2{,}2$ °C

5› a) =

b) >

c) <

d) >

e) <

f) >

g) >

h) <

i) =

6› **c**

7› a) $A = \{\dots, -6, -5, -4; +4, +5, +6, \dots\}$

b) $B = \{-2, -1, 0, +1, +2\}$

8› a) $-1; 0$.

b) $-1\frac{1}{2}; +1\frac{1}{2}$.

c) $+\frac{1}{2}; -2\frac{1}{2}$.

d) $+\frac{1}{4}; -1\frac{3}{4}$.

e) $-1{,}2; +0{,}8$.

f) $+3{,}2; -1{,}8$.

9› 10 500 L

10› a) $-\frac{2}{21}$

b) $-\frac{1}{3}$

c) $-\frac{11}{20}$

d) $-\frac{15}{16}$

e) $+\frac{9}{16}$

f) $+\frac{5}{6}$

g) $-\frac{1}{32}$

h) $-\frac{4}{5}$

i) $-\frac{1}{3}$

j) $+6$

k) $+\frac{1}{64}$

l) $-\frac{1}{2}$

11▸ a) $+0{,}65$ ou $0{,}65$.
b) $+2{,}46$
c) $-9{,}02$
d) $+3{,}03$ ou $3{,}03$.
e) $-2{,}6$
f) $-3{,}4$
g) $+13{,}69$ ou $13{,}69$.
h) $-0{,}125$
i) $+1{,}96$
j) $+0{,}027$ ou $0{,}027$.
k) $0{,}1\overline{6}$
l) $-2{,}35$
m) $+6$ ou 6.
n) Impossível.

12▸ a) Naturais, inteiros e racionais.
b) Racionais.
c) Inteiros e racionais.
d) Racionais.
e) Naturais, inteiros e racionais.
f) Racionais.

13▸ a) $-13\frac{1}{2}$
b) $-5{,}15$
c) $-\frac{3}{10}$
d) $1\frac{5}{9}$
e) $-3{,}1$
f) $-0{,}4$

14▸ a) $\left(-\frac{3}{4}\right)+\left[\left(+\frac{1}{2}\right)+\left(+\frac{5}{6}\right)\right]=\left(-\frac{3}{4}\right)+\left(+\frac{8}{6}\right)=$
$=\left(-\frac{9}{12}\right)+\left(+\frac{16}{12}\right)=+\frac{7}{12}$
$\left[\left(-\frac{3}{4}\right)+\left(+\frac{1}{2}\right)\right]+\left(+\frac{5}{6}\right)=-\frac{1}{4}+\frac{5}{6}=$
$=-\frac{3}{12}+\frac{10}{12}=+\frac{7}{12}$
b) $(+2{,}5)\times[(-3{,}1)-(-0{,}7)]=(+2{,}5)\times[-3{,}1+0{,}7]=$
$=(+2{,}5)=(-2{,}4)=-6$
$(+2{,}5)\times(-3{,}1)-(+2{,}5)\times(-0{,}7)=$
$=(-7{,}75)-(-1{,}75)\,-7{,}75+1{,}75=-6$

15▸ a) $\left(+\frac{1}{4}\right)\cdot\left(-\frac{1}{3}\right)=-\frac{1}{12}$
b) $5-(-3)=5+3=8$
d) $\left(-\frac{10}{13}\right)^3=\left(-\frac{10}{13}\right)\cdot\left(-\frac{10}{13}\right)\cdot\left(-\frac{10}{13}\right)=-\frac{1000}{2\,197}$

16▸ a) $+\frac{17}{40}$
b) $+6{,}25$
c) $+15$
d) 49

17▸ a) +R\$ 264,50
b) −R\$ 30,75
c) −R\$ 12,60
d) +R\$ 274,40

18▸ A outra equipe ganhou a prova, pois a equipe de Júlia errou a ordenação. O correto seria: $A > B > C > D$.

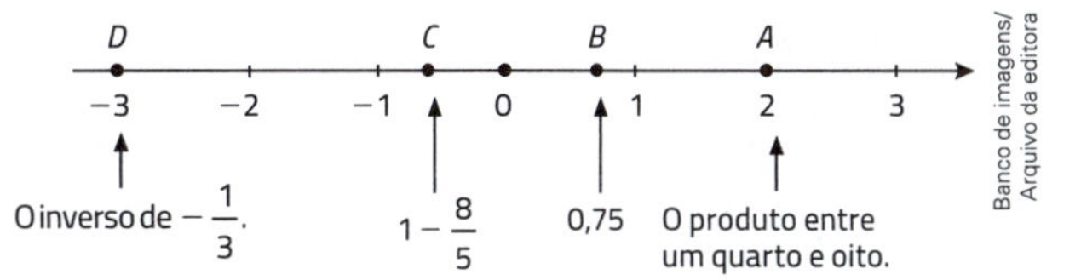

19▸ a) -7.45
b) 6.5
c) 2.6
d) 4.84

20▸ a) $\left(-\frac{1}{6}\right)-\left(-\frac{1}{10}\right)=-\frac{5}{30}+\frac{3}{10}=-\frac{2}{30}=-\frac{1}{15}$
b) $(-5)\times(+0{,}25)=-1{,}25$
c) $\left(-1\frac{3}{4}\right)\div(-2)=\left(-\frac{7}{4}\right)\times\left(-\frac{1}{2}\right)=+\frac{7}{8}$
d) $(-3{,}44)+(+12{,}6)=+9{,}16$
e) $(-3{,}5)^2=+2{,}25$
f) $\left(-\frac{1}{3}\right)^3=\left(-\frac{1}{3}\right)\times\left(-\frac{1}{3}\right)\times\left(-\frac{1}{3}\right)=-\frac{1}{27}$
g) $3\times\left(-\frac{5}{7}\right)=-\frac{15}{7}=-2\frac{1}{7}$
h) $7\div2=3{,}5$ ou $\frac{1}{2}\times7=\frac{7}{2}=3\frac{1}{2}$.

21▸ Racionais; números inteiros; números naturais.

Capítulo 4

1▸ a) 1
b) y
c) 1; 1.
d) 0
e) 1
f) x
g) 0
h) x
i) 0
j) 1
k) y
l) 0

2▸ $15+x$

3▸ a) $x+6$
b) $x-9$
c) $3x$
d) $\frac{x}{2}$
e) x^2
f) $2x+7$
g) $8-\frac{x}{3}$
h) x^2+1
i) $2\cdot(6+x)$ ou $12+2x$.
j) $2x-x^3$

4▸ a) $8m$
b) $185 + y$
c) $16p + \frac{1}{3}$
d) $\frac{11a}{11} = a$

5▸ a) 12
b) -6
c) 21
d) 44
e) $\frac{11}{12}$
f) 2,47

6▸ a) $x \neq 4$
b) $x \neq 3$
c) $x \neq \frac{9}{4}$
d) $x \neq -\frac{1}{2}$

7▸ a) **A**, **B**, **E**, **F** e **H**.
b) **C**, **D** e **G**; **A**, **C**, **D**, **E**, **F** e **G**.
c) **A** e **E**; **B** e **H**.
d) **D** e **G**.

8▸ a) -14 e $+14$.
b) 22
c) 0, 1, 2, 3 e 4.
d) $-1, 0, 1, 2, \ldots$
e) -8
f) 15
g) Todos os números racionais positivos.
h) $\frac{1}{3}$

9▸ a) Dos itens **a**, **b**, **e**, **f**, **h**.
b) Dos itens **b**, **e**, **f**, **h**.

10▸ a) $3x$
b) $2a$
c) y^2
d) $\frac{m}{4}$ ou $m \div 4$.

11▸ a) $2n - 3$
b) 4
c) $n = 7$

12▸ a) $x + 4$
b) $3x$
c) $-2x - 4$
d) $2 - 2a$

13▸

Expressão algébrica	Valor numérico
$4h - 3$	9
$2h + \frac{h}{3}$	7
$3(h + 4) - 10$	11
$\frac{2h}{3} + 5h - 1$	16
$\frac{2(3h - 2) - 7}{3}$	$\frac{7}{3}$ ou $2\frac{1}{3}$.

14▸ 5

15▸ x racional e $x > 2$.

16▸

Instruções	Exemplos			Expressão algébrica
Escolha um número.	4	7	9	n
Adicione 5 a esse número.	9	12	14	$n + 5$
Multiplique o resultado por 2.	18	24	28	$2n + 10$
Subtraia 6.	12	18	22	$2n + 4$
Divida por 2.	6	9	11	$n + 2$
Subtraia o número que você pensou.	2	2	2	2

17▸ a) $4x$
b) $\frac{5(x + 3)}{6}$ ou $\frac{5x + 15}{6}$.
c) $3x^2$
d) $(3x)^2$ ou $9x^2$.
e) $-\frac{x}{2}$
f) $x - \frac{1}{x}$

18▸ 30 arestas, 20 vértices e 12 faces; dodecaedro.

19▸ **c**

20▸ 3 e -3.

21▸ **a**, **b**, **c**, **d**, **f**.

22▸ Flávio: 6 figurinhas; Ana: 12 figurinhas; Ademir: 24 figurinhas.

23▸ -5

24▸ a) $x = \frac{2}{3}$
b) $n = 8$
c) $y = -7\frac{1}{3}$
d) $x = 1\frac{1}{9}$
e) $x = 0$

25▸ R$ 60,00

26▸ **a**, **c**, **e**, **f**, **g**, **i**, **j**, **k**, **l**, **m**, **n**, **o**.

27▸ a) $5,80 + 2,60x$
b) 9 km

28▸ a) $x = -13\frac{1}{2}$
b) $a = 3\frac{2}{5}$
c) $x = 2$
d) $y = \frac{42}{23}$ ou $y = 1\frac{19}{23}$.
e) $x = -\frac{5}{8}$
f) $m = \frac{5}{6}$

29▸ 12 cm, 8 cm e 11 cm.

30▸ $\frac{1}{(x - 1)} = \frac{5}{2} \rightarrow \mathbb{U} = \mathbb{Q} - \{1\}$;

$\frac{1}{(x - 2)} = \frac{(x + 2)}{(x + 3)} \rightarrow \mathbb{U} = \mathbb{Q} - \{2, -3\}$;

$\frac{3}{x} = \frac{1}{2} + 5x \rightarrow \mathbb{U} = \mathbb{Q} - \{0\}$;

$\frac{(x + 1)}{x} + \frac{1}{(x - 5)} = \frac{1}{2} \rightarrow \mathbb{U} = \mathbb{Q} - \{0, 5\}$.

31 a) 700 km
b) Primeira etapa: 280 km; segunda etapa: 224 km; terceira etapa: 196 km.

32 144 m² e 64 m².

33 a) $x = \frac{7}{5}$ ou $x = 1\frac{2}{5}$.
b) $x = 6$
c) $x = 2$
d) $x = 7$
e) $x = -\frac{3}{4}$
f) $x = 0$

34 Rio Claro a Piracicaba: 33 km; Rio Claro a Limeira: 23 km; Limeira a Piracicaba: 36 km.

35 6 cm, 12 cm e 10 cm.

36 R$ 102,00

37 a) **B**, **F** e **H**.
b) **A**, **C**, **E** e **I**.
c) **D**
d) **G**
e) **F**
f) **C** e **I**.

38 a) 8 e 9.
b) Todos os números racionais.
c) 21
d) Nenhum.
e) As duas.

39 a) 50 meninos e 40 meninas.
b) 15 meninos e 10 meninas.

40 Rafael: R$ 2 000,00; José: R$ 9 000,00; Maurício: R$ 27 000,00.

41 Paulo: 13 anos; Regina: 12 anos; Laura: 11 anos.

42 $AB = 6$ cm; $AC = 6$ cm; $BC = 4$ cm.

43 **d**

44 a) Sim.
b) Sim.
c) Não.

45 9 e 12.

46 60 maçãs.

47 R$ 125,00

48 Fausto: R$ 40,00; Laura: R$ 28,00; Pedro: R$ 56,00; Renata: R$ 14,00.

49 a) $x \leqslant 4\frac{1}{6}$
b) $a < -215$
c) $m \leqslant 1$
d) $r < \frac{2}{3}$
e) $y \leqslant 20$
f) $x \leqslant \frac{1}{11}$

50 1ª partida: 82 pontos; 2ª partida: 75 pontos; 3ª partida: 82 pontos; 4ª partida: 93 pontos.

51 R$ 31,50

52 a) $x = -9$
b) $a = -\frac{3}{4}$
c) $r = 2\frac{1}{3}$
d) $x = \frac{1}{2}$
e) $a = -10$

53 95 alunos.

54 1,4 cm

55 -8 e -7; verificação: $3 \cdot (-7) - 5 \cdot (-8) = -21 + 40 = 19$.

56 a) Números quadrados: 1, 4, 9, 16, 25, 36, 49, 64; números triangulares: 1, 3, 6, 10, 15, 21, 28, 36.
b) Sim, pois $20 \times 20 = 400$.
c) A soma de 2 números triangulares consecutivos resulta em um número quadrado perfeito.

57 a) 51
b)

Relação entre números

Números triangulares	Números quadrados	Números pentagonais
1	1	1
3	4	5
6	9	12
10	16	22
15	25	35
21	36	51
28	49	70
36	64	92
45	81	117
55	100	145
66	121	176
78	144	210
⋮	⋮	⋮

Tabela elaborada para fins didáticos.

58 a) 28
b) Somando os números quadrados com o dobro dos números triangulares (os mesmos dos pentagonais).
c)

Números poligonais

Números triangulares	Números quadrados	Números pentagonais	Números hexagonais
1	1	1	1
3	4	5	6
6	9	12	15
10	16	22	28
15	25	35	45
21	36	51	66
28	49	70	91
36	64	92	120
45	81	117	153

Tabela elaborada para fins didáticos.

d) Números triangulares com números pentagonais.

59› c

60› Não.

61› a) 1, 2, 3, 4, ...
b) −2, −1, 0, 1, 2, 3, 4, ...
c) ..., −4, −3, −2, −1, 0.
d) 3, 4, 5, 6, ...

62› a) $x \in \mathbb{Q}$ e $x \geqslant 6$.
b) $x \in \mathbb{Q}$ e $x < 1$.
c) $x \in \mathbb{Q}$ e $x > 1\frac{1}{8}$.
d) $x \in \mathbb{Q}$ e $x \leqslant -14$.

63› a) $y = -10$ e $z = -7$.
b) $x = 16$ e $z = -9$.
c) $y = -6$ e $x = 13$.

64› a) $x = +48$
b) $a = -6$
c) $y = +21$
d) $r = -5$
e) $b = +128$
f) $x = 13$ ou $x = -13$.
g) $m = 4$
h) $r = -2{,}5$
i) $p = -1$

65› a) +4
b) −8
c) +2
d) −10
e) −64
f) +64
g) −6
h) +8

66› a) 4, 5, 6, ...
b) −4, −5, −6, ...
c) −1, 0, 1, 2, 3, ...
d) 3, 2, 1, 0, −1, −2, ...
e) −5, −4, −3, −2, −1, 0, 1, 2, ...
f) 0, 1, 2 e 3.
g) −2, −1, 0, 1.
h) Nenhum.

67› a) +1
b) +2
c) −9
d) 39
e) −7
f) +2
g) 8
h) −1

68› a) 1, 5, 3 e 23.
b) −2, −5, 2 e −0.

69› a) −7
b) −49
c) −1
d) −8

70› a) $x = 8$ ou $x = -8$.
b) $x = 10$ ou $x = -10$.

71› a) $\frac{35}{18}$
b) $\frac{19}{18}$
c) $\frac{2}{3}$
d) $\frac{27}{8}$

72› 1, 2, 3, 4 e 5.

73› $2x + 3 \times 1{,}50 + 3 + 9 = 24$; R$ 3,75.

74› 4 e 5.

75› $10 < i < 16$; ou $i < 16$ e $i > 10$.

76› A medida de perímetro pode variar de 20 cm a 22 cm e a medida de área pode variar de 24 cm² a 28 cm², não incluindo esses valores.

77› a) $x \in \mathbb{Q}$ e $x \leqslant 2$.
b) $x \in \mathbb{Q}$ e $x > 1\frac{5}{7}$.
c) $y \in \mathbb{Q}$ e $y < 6$.
d) $x \in \mathbb{Q}$ e $x \geqslant 1\frac{1}{13}$.
e) $x \in \mathbb{Q}$ e $x \geqslant 1\frac{1}{5}$.
f) $x \in \mathbb{Q}$ e $x > 1$.

78› a) x racional e $x < 1\frac{1}{3}$.
b) x inteiro e $x \leqslant 1$.
c) x natural e $x < 4$; ou 0, 1, 2 e 3.
d) x natural ímpar e $7 < x \leqslant 13$; ou 9, 11 e 13.

79› a) x racional e $x \leqslant 8$.
b) x inteiro e $x < 2$; ou −1, 0 e 1.

80› a) x natural e $x \geqslant \frac{100}{9}$.
b) y natural e $y \geqslant \frac{1000}{63}$.
c) • $x = 12$; esse valor indica que o elevador **B** fez 12 ou mais viagens nesse dia.
• $y = 16$
• $x = y = 16$
• $x = 12$ e $y = 16$.
• $x = 17$ e $y = 16$.

81› Numéricas; algébricas; variáveis; valor numérico.

82› Fórmula do termo geral; fórmula de recorrência.

Capítulo 5

1› a) H
b) $\overline{AH}$, $\overline{HR}$ e $\overline{HP}$.
c) A, M, F, R e P.
d) $\overline{AR}$

2› a)

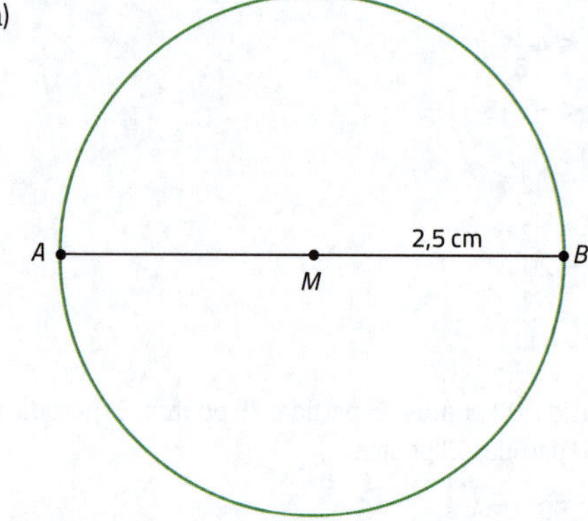

Banco de imagens/Arquivo da editora

c)

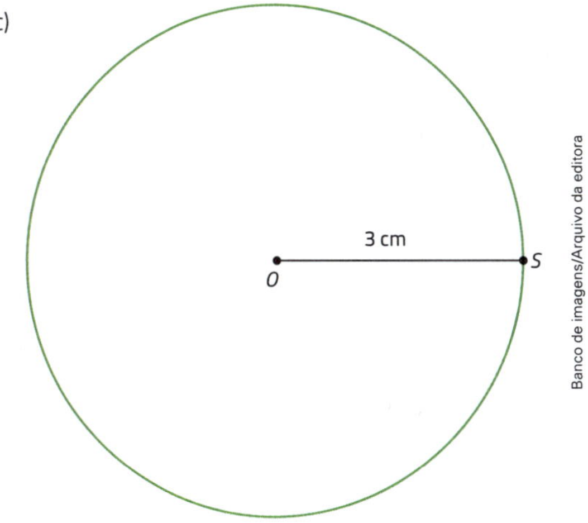

Banco de imagens/Arquivo da editora

3▸ a) 11° 15'

b) 90°

c) 135°

d) $2 \times 2 \times 2 \times 2 \times 2$ ou 2^5.

e) NE: nordeste, NO: noroeste, SO: sudoeste, SE: sudeste.

4▸ 1 cm

5▸ 6 retas: $\overleftrightarrow{AB}$, $\overleftrightarrow{AC}$, $\overleftrightarrow{AD}$, $\overleftrightarrow{BC}$, $\overleftrightarrow{BD}$ e $\overleftrightarrow{CD}$.

6▸ a) e b)

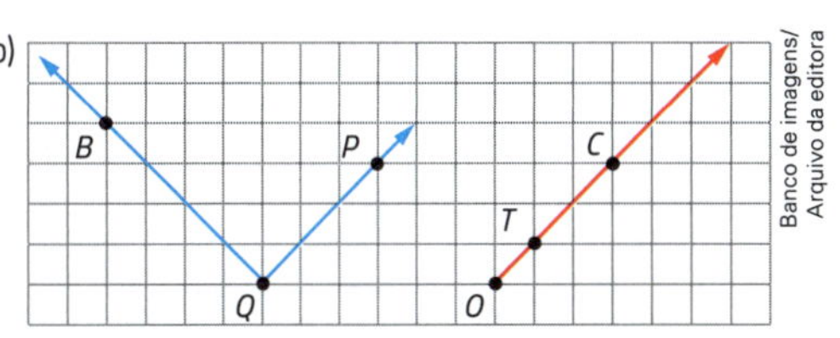

Banco de imagens/Arquivo da editora

c) $S\hat{I}N$; $T\hat{O}C$.

d) $B\hat{Q}P$; ângulo reto.

e) Lados: $\overrightarrow{OT}$ e $\overrightarrow{OC}$; vértice: O.

f) 135°; ângulo obtuso.

g)

Ângulos da malha quadriculada

Ângulo	Lados	Vértice	Medida de abertura	Classificação
$E\hat{U}A$ ou $A\hat{U}E$ ou $\hat{U}$.	$\overrightarrow{UE}$ e $\overrightarrow{UA}$.	U	45°	Agudo.
$M\hat{D}R$ ou $R\hat{D}M$ ou $\hat{U}$.	$\overrightarrow{DM}$ e $\overrightarrow{DR}$.	A	135°	Obtuso.
$S\hat{I}N$ ou $N\hat{I}S$ ou $\hat{I}$.	$\overrightarrow{IS}$ e $\overrightarrow{IN}$.	I	180°	Raso.
$B\hat{Q}P$ ou $P\hat{Q}B$ ou $\hat{Q}$.	$\overrightarrow{QB}$ e $\overrightarrow{QP}$.	Q	90°	Reto.
$T\hat{O}C$ ou $C\hat{O}T$ ou $\hat{O}$.	$\overrightarrow{OT}$ e $\overrightarrow{OC}$.	O	0°	Nulo.

Tabela elaborada para fins didáticos.

7▸ a) Reto.

b) 33°

c) 123°

d) 36°

e) 72°

f) 70°

g) 100°

h) 90°; 90°.

8▸ a) $m(A\hat{B}C) = 55°$; agudo.

b) $m(E\hat{F}G) = 100°$; obtuso.

c) $m(R\hat{S}P) = 120°$; obtuso.

d) $m(D\hat{E}F) = 20°$; agudo.

e) $m(M\hat{N}O) = 90°$; reto.

f) $m(X\hat{Y}Z) = 90°$; reto.

9▸ a)

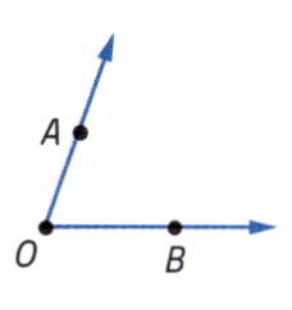

b)

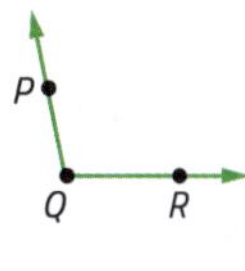

c)

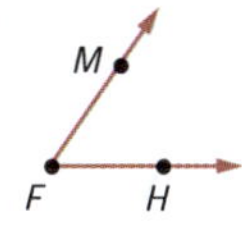

d)

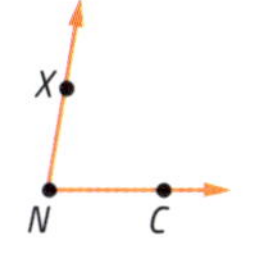

e)

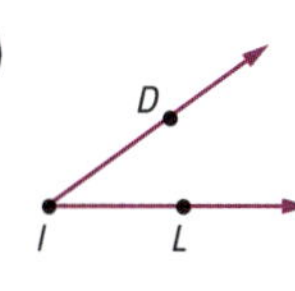

f)

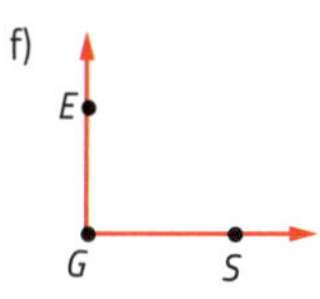

Ilustrações: Banco de imagens/Arquivo da editora

10▸ a) $M\hat{F}H$ e $D\hat{I}L$.

b) $P\hat{Q}R$ e $X\hat{N}C$.

11▸

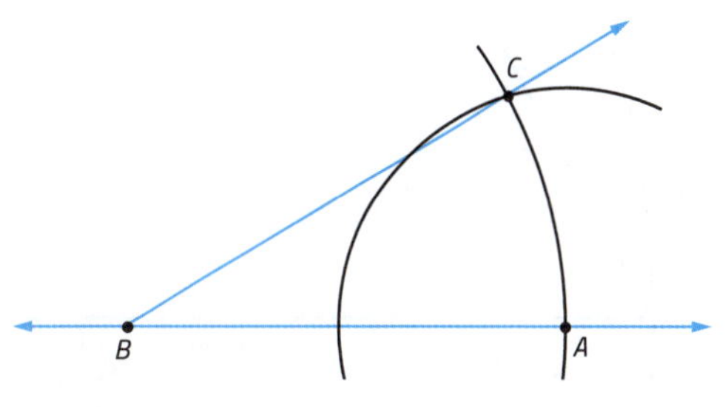

Banco de imagens/Arquivo da editora

11▸ a) $M\hat{F}H$ e $D\hat{I}L$.

b) $P\hat{Q}R$ e $X\hat{N}C$.

13▸ a) $\hat{e}$ e $\hat{f}$.

b) $\hat{a}$ e $\hat{d}$.

c) $\hat{c}$ e $\hat{d}$.

14▸ a) $90° - x$

b) Suplementares.

c) 180°

d) Complemento.

15▸

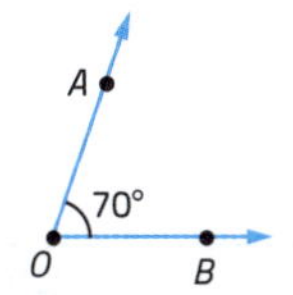

Q, P, R — 20°

Ilustrações: Banco de imagens/Arquivo da editora

16▸ 80°

17▸ 15° e 15°.

18▸ 45° e 135°.

19› a) 360°

b) 180°

c) 90°

d) $\hat{b}$

e) $\hat{a}$; $\hat{b}$.

f) $\hat{x}$; $\hat{y}$.

g) 40°

h) 58°

i) 142°; 38°; 142°.

j) 270°

21› a) Sim, pois $2 < 3 + 4$, $3 < 2 + 4$ e $4 < 2 + 3$.

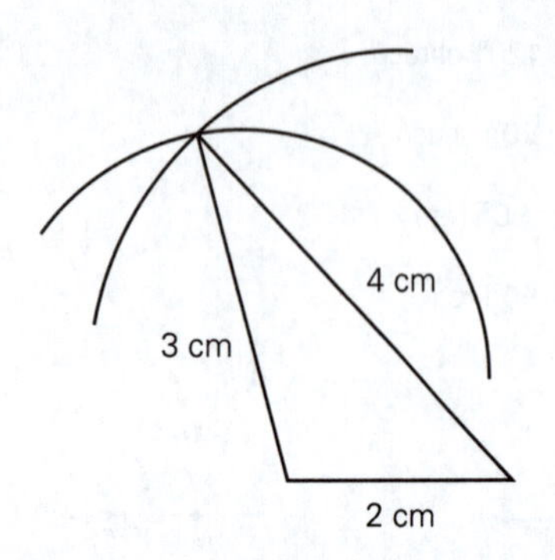

b) Sim, pois $7{,}5 < 7{,}5 + 7{,}5$.

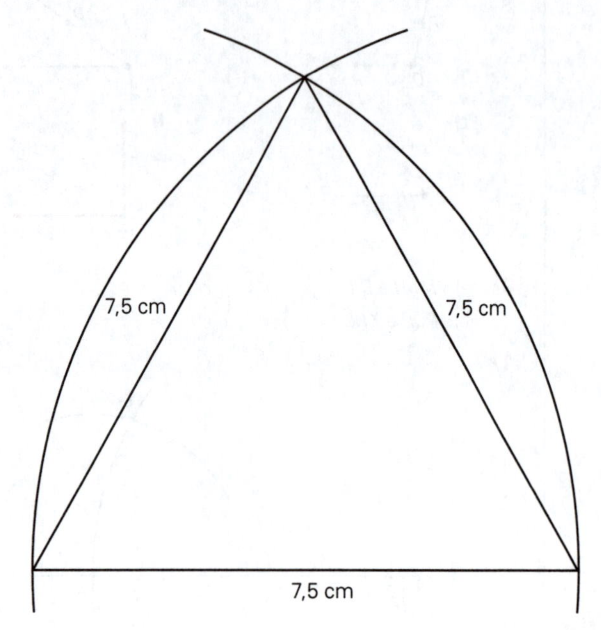

c) Não, pois $12{,}5 > 4 + 5$.

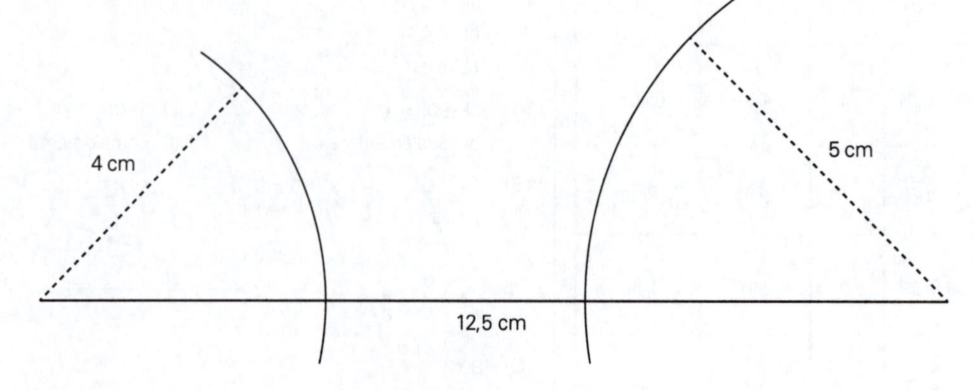

Ilustrações: Banco de imagens/Arquivo da editora

22› 47°, 133° e 133°.

23› 20 diagonais.

24▸ a) $x = 72°$ e $y = 108°$. b) $x = 97°$ e $y = 83°$. c) $x = 79°$ e $y = 101°$.

25▸ a) $\hat{a}; \hat{c}; \hat{b}; \hat{d}$. b) $\hat{a}; \hat{b}; \hat{b}; \hat{c}; \hat{c}; \hat{d}; \hat{d}; \hat{a}$.

26▸ a) $x = 139°$ b) $x = 12°$ c) $x = 110°$

27▸ a) 55° e 55°. b) 54° e 126°. c) 72° e 18°.

28▸ Obtusângulo.

29▸ $m(D\hat{E}C) = 90°$; $m(A\hat{E}C) = 180°$; $m(B\hat{E}G) = 45°$; $m(D\hat{A}B) = 90°$; $m(A\hat{E}G) = 135°$; $m(B\hat{C}A) = 45°$.

30▸ a) 33°

b) $90° + x$

31▸ Triângulo retângulo.

32▸ a)

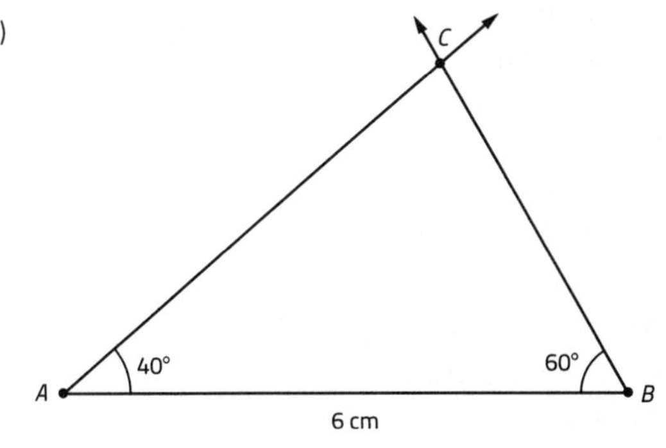

Ilustrações: Banco de imagens/Arquivo da editora

c)

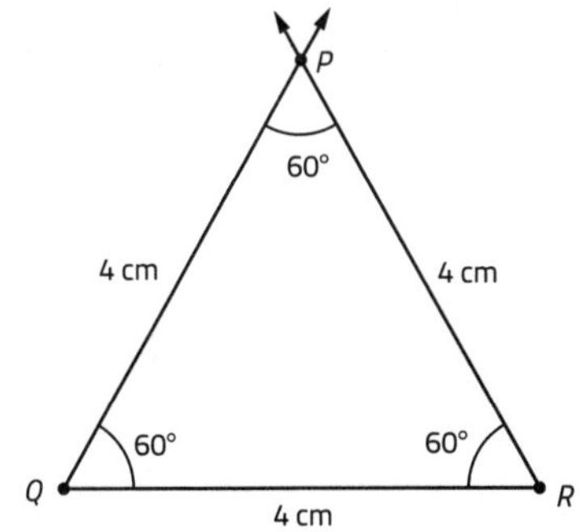

d)

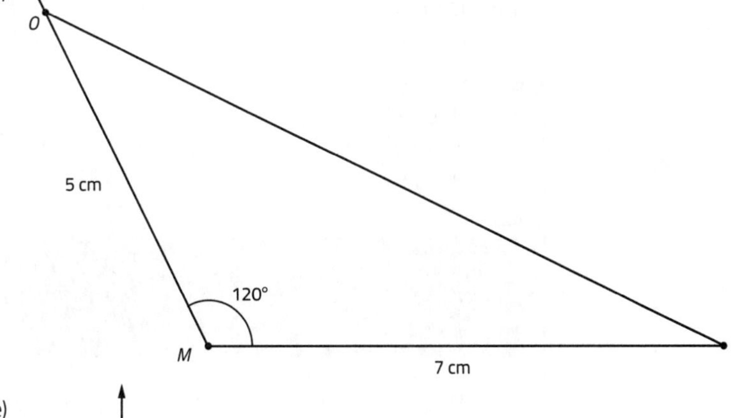

e)

Z

70°

20°

X

Y

8 cm

33▸ a) O triângulo do item **b**.
b) 80°
c) 12 cm

34▸ a) 96° 5' 13"
b) 3° 55' 31"
c) 97° 30' 30"
d) 5° 46' 3"

35▸ a)

b)

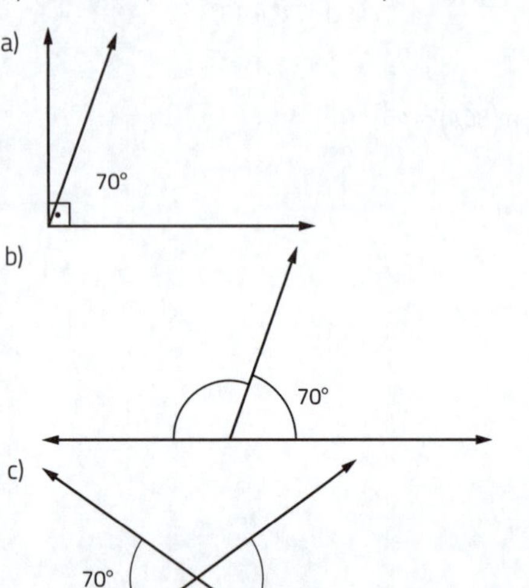

c)

70°

d)

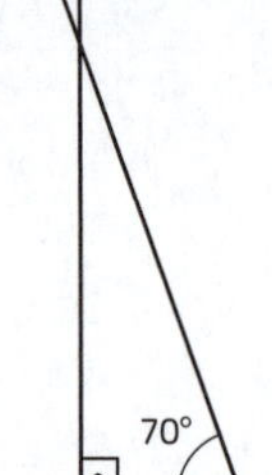

Ilustrações: Banco de imagens/Arquivo da editora

36▸ a) 30; $0{,}5° = 30'$.
b) 90; $(1{,}5)' = 90''$.
c) 15; $\left(\frac{1}{4}\right)^{\circ} = 15'$.
d) 2,25; $135' = (2{,}25)^{\circ}$.
e) 720; $(0{,}2)^{\circ} = 720''$.
f) $\frac{5}{6}$; $\left(\frac{5}{6}\right)' = 50''$.

37▸ a) 62° 33'
b) 32° 11' 37"
c) 63° 21' 24"

38▸ a) 27 diagonais.
b) 1 260°
c) 360°

39▸ a) Ela foi escolhida devido à rigidez geométrica, ou seja, pela capacidade de não se deformar.
b) Não, porque, devido à condição de existência dos triângulos, um triângulo só existe se a medida de comprimento de cada lado for menor do que a soma das medidas de comprimento dos outros 2 lados e isso não ocorre, pois $6 > 3 + 2$.

40▸ Qualquer número racional entre 4,55 e 7,25.

41▸ a) 129°
b) 136°
c) 85°
d) 95°

42▸ Acutângulo e escaleno.

43▸ a) $\hat{1}$ e $\hat{5}$; $\hat{2}$ e $\hat{6}$; $\hat{4}$ e $\hat{8}$; $\hat{3}$ e $\hat{7}$.
b) $\hat{2}$ e $\hat{8}$; $\hat{3}$ e $\hat{5}$.
c) $\hat{1}$ e $\hat{7}$; $\hat{4}$ e $\hat{6}$.
d) $\hat{2}$ e $\hat{5}$; $\hat{3}$ e $\hat{8}$.
e) $\hat{1}$ e $\hat{6}$; $\hat{4}$ e $\hat{7}$.
f) $\hat{1}$ e $\hat{3}$; $\hat{2}$ e $\hat{4}$; $\hat{5}$ e $\hat{7}$; $\hat{6}$ e $\hat{8}$.

44▸ $m(\hat{2}) = 116° 45'$; $m(\hat{3}) = 63° 15'$; $m(\hat{4}) = 116° 45'$; $m(\hat{5}) = 63° 15'$; $m(\hat{6}) = 116° 45'$; $m(\hat{7}) = 63° 15'$; $m(\hat{8}) = 116° 45'$.

45▸ Decágono.

46▸ 6 lados.

47▸ a) 1 080°
b) $S_e = 360°$
c) 135°
d) 45°
e) 20 diagonais.

48▸ 60° e 30°.

49▸ $m(\hat{3}) = 50° 18'$ e $m(\hat{4}) = 129° 42'$.

50▸ Pentágono regular.

51▸ 8 lados.

53▸ Medidas de abertura dos ângulos internos: 57° 25'; 90° e 32° 35'; medidas de abertura dos ângulos externos: 122° 35'; 90° e 147° 25'.

54▸ $m(\hat{A}) = 20°$; $m(\hat{B}) = 120°$ e $m(\hat{C}) = 40°$.

55▸ 5 lados.

56▸ 30 lados.

57▸ a) 3 240°
b) 360°
c) 162°
d) 18°
e) 170 diagonais.

59▸ 15 lados.

60▸ Triângulo.

61▸ a) 3
b) 6
c) 10
d) 190

62▸

Triângulo	Medidas de comprimento dos lados	Tipo do triângulo quanto aos lados	Tipo do triângulo quanto aos ângulos
$\triangle ABC$	$AB = 6$ cm; $AC = 4$ cm; $BC = 3$ cm.	Escaleno.	Obtusângulo.
$\triangle EFG$	$EF = 3$ cm; $EG = 6$ cm; $FG = 6$ cm.	Isósceles.	Acutângulo.
$\triangle PQR$	$PQ = 4$ cm; $PR = 4$ cm; $QR = 3$ cm.	Equilátero.	Acutângulo.
$\triangle XYZ$	$XY = 6$ cm; $XZ = 2{,}5$ cm; $YZ = 6{,}5$ cm.	Escaleno.	Retângulo.

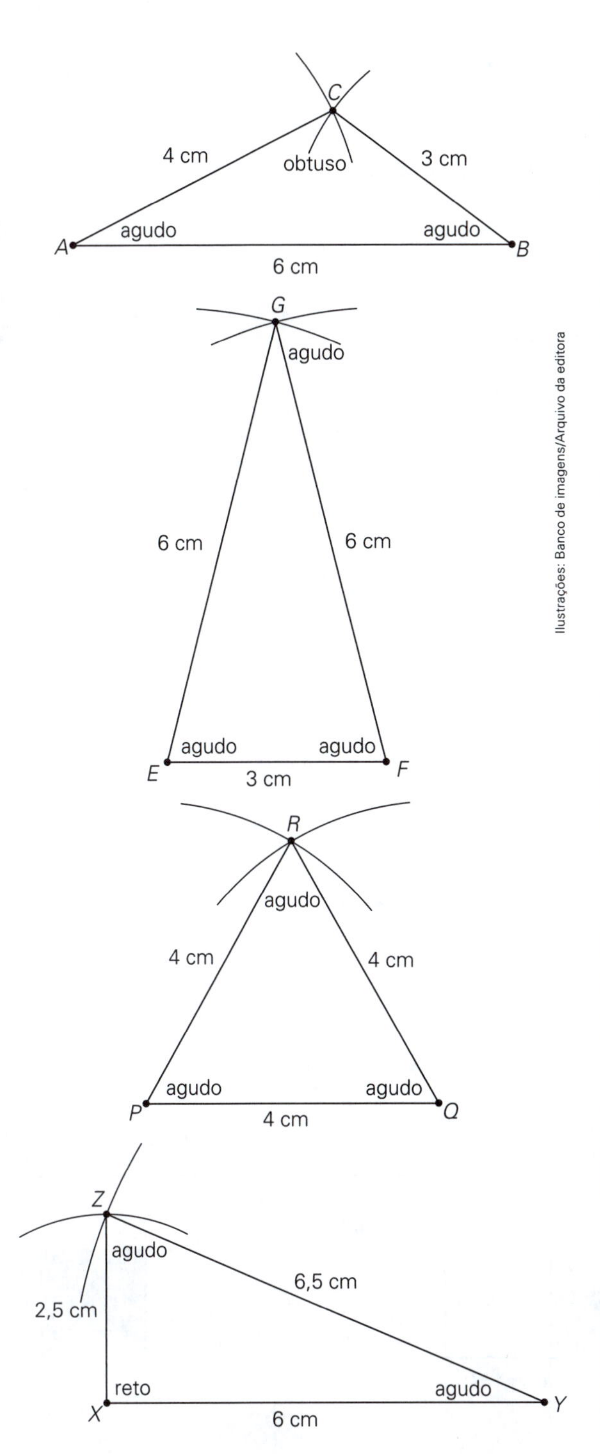

Ilustrações: Banco de imagens/Arquivo da editora

63 a) $\hat{C}$; $\hat{B}$.
b) 9 cm
c) $\overline{PQ}$; $\overline{PR}$; obtusângulo; escaleno.

66 a) Não existe.
b) Existe.
c) Existe.
d) Não existe.
e) Existe.
f) Não existe.
g) Não existe.
h) Existe.

64 24 peças triangulares.

65 60°, 80°, 100° e 120°.

67 110°, 110° e 70°.

68 150°

69 60°, 80°, 100° e 120°.

72 a) Raio; diâmetro.
b) Reto; obtuso; raso; colaterais externos; colaterais internos; alternos internos; 180°; 360°; $(n-1) \times 180°$; 360°.

Capítulo 6

1 a) Simétrica.
b) Não é simétrica.
c) Simétrica.
d) Não é simétrica.
e) Simétrica.

2 4 lados e 4 eixos de simetria.

3 a)

b)

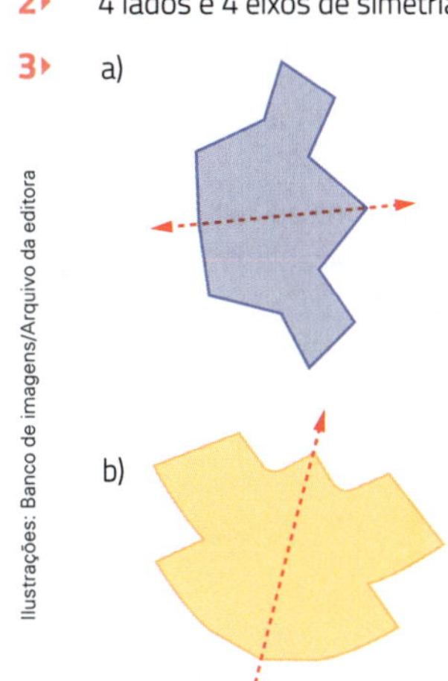

c)

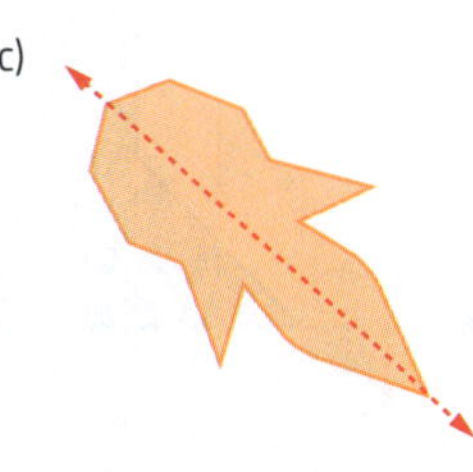

d)

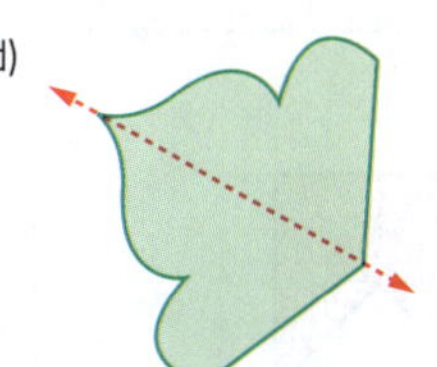

Ilustrações: Banco de imagens/Arquivo da editora

4 a)

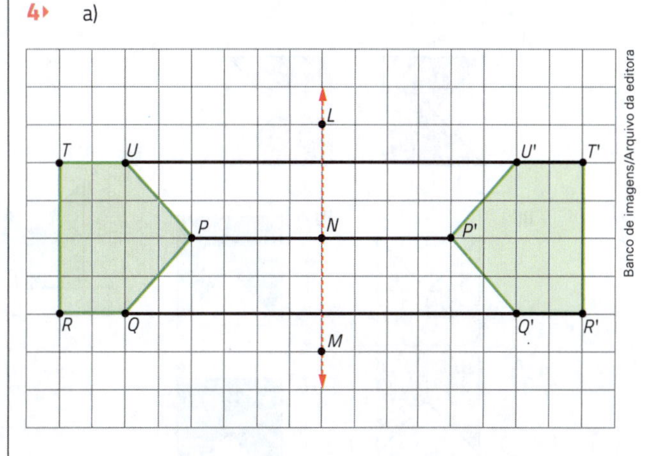

Banco de imagens/Arquivo da editora

b) Uma é simétrica da outra em relação ao eixo de simetria $\overleftrightarrow{LM}$.

5› a)

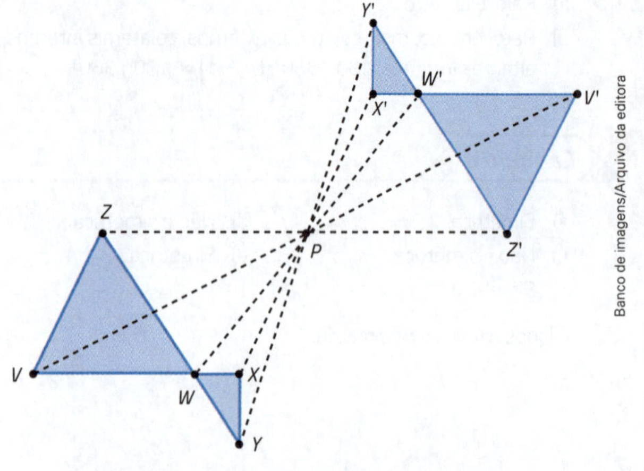

b) Ela é simétrica à região plana *VWXYZ* em relação ao ponto *P*.

c) Fazendo uma rotação da região plana *VWXYZ* em torno de *P*, com medida de abertura de 180°.

6› a) Sim.

b) Não.

c) Não.

d) Sim.

e) Não.

7› a) e b)

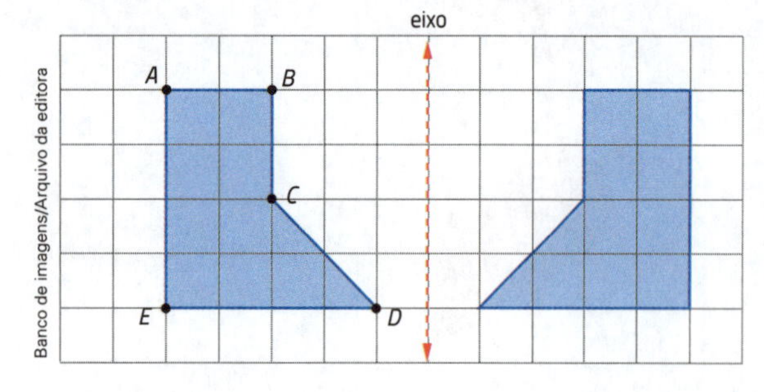

c) 5 lados.

d) Pentágono.

e) Reto.

8› 6 eixos de simetria.

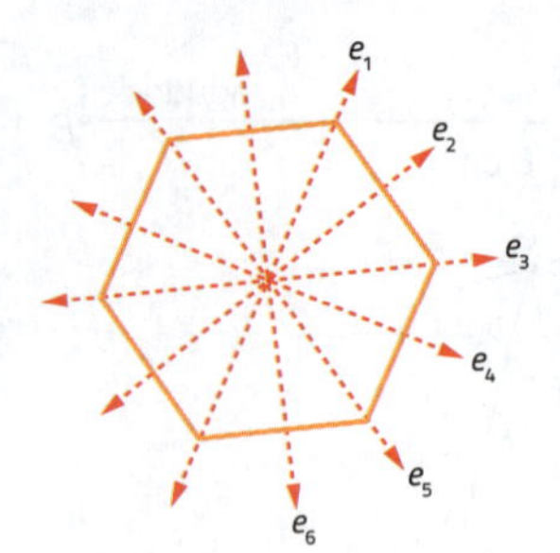

9› a)

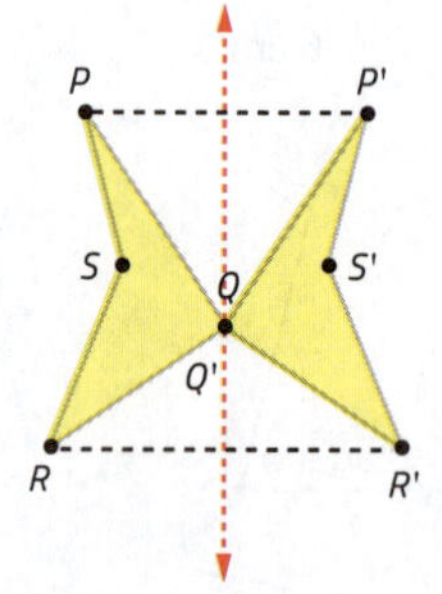

b)

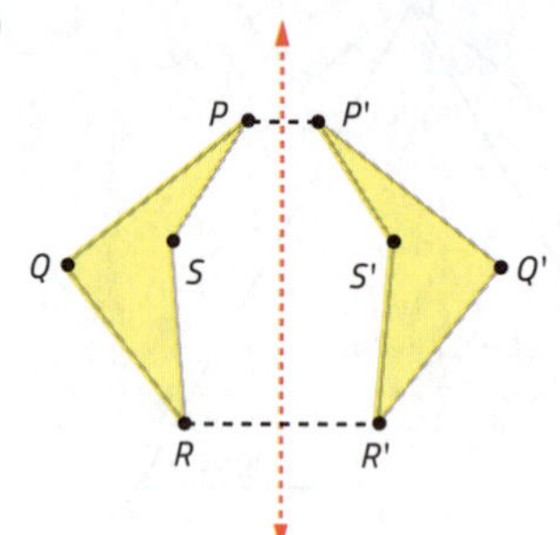

10› a) **I**

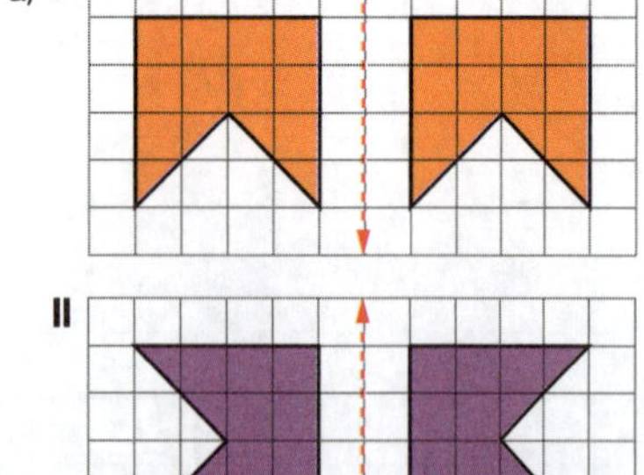

II

III **IV**

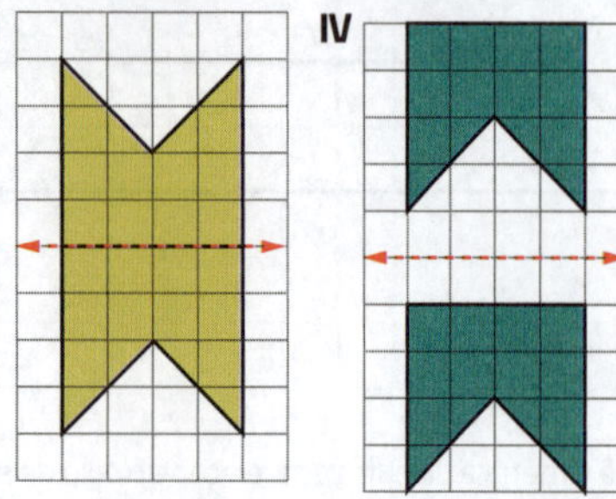

V

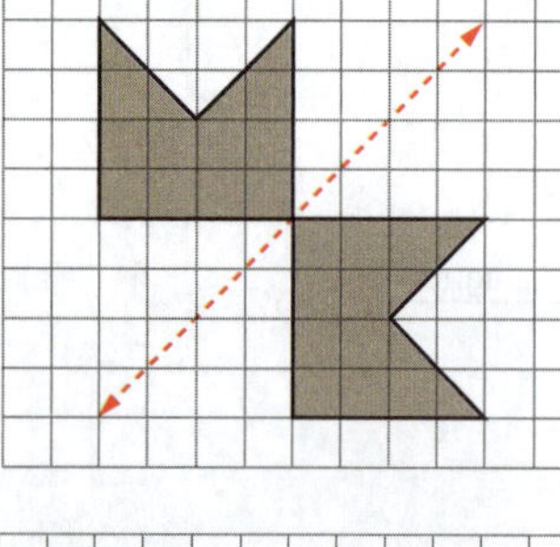

VI

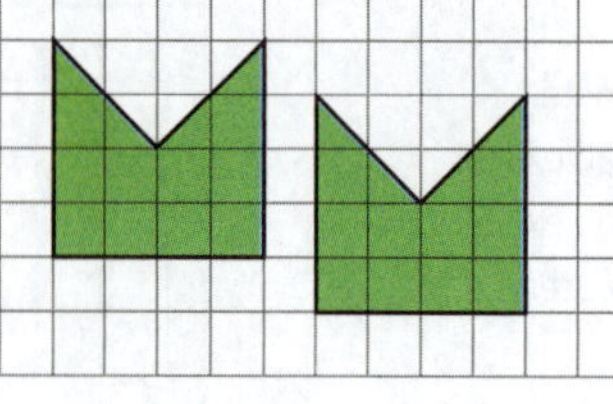

VII

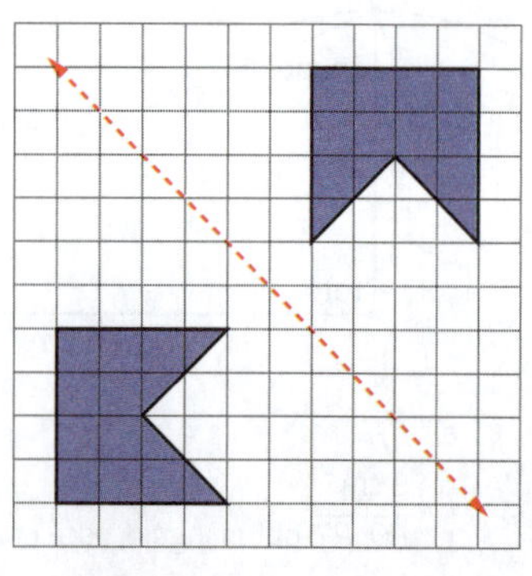

VIII

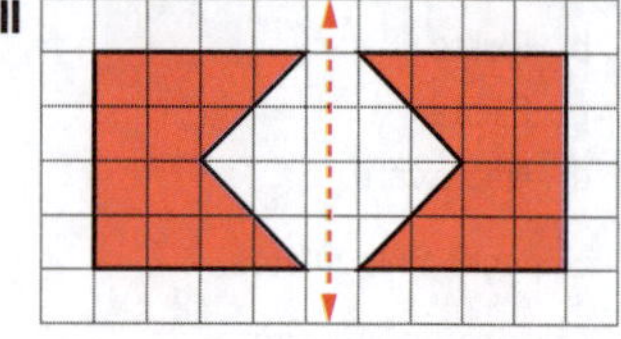

Ilustrações: Banco de imagens/Arquivo da editora

b)

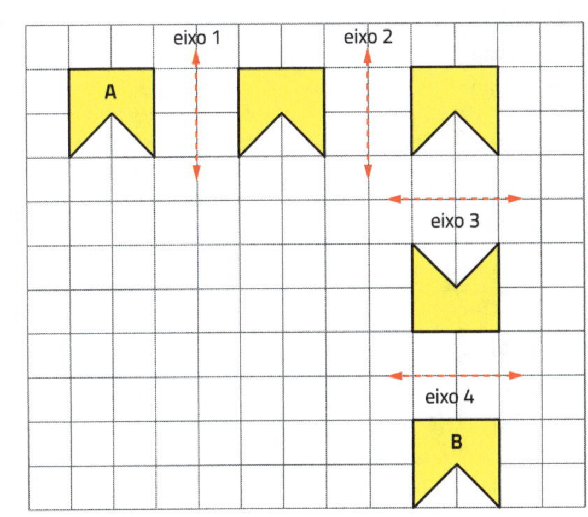

c)

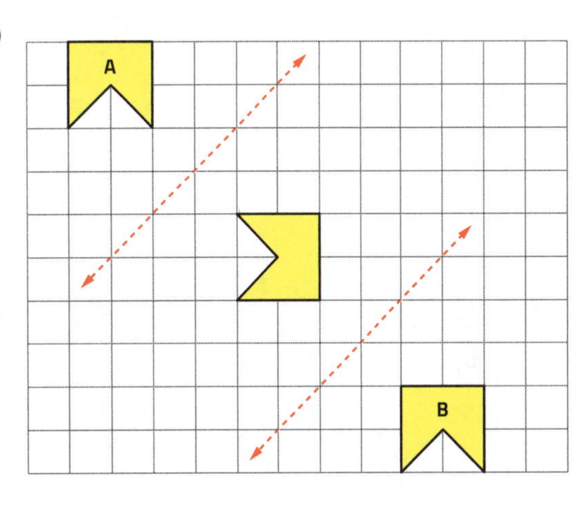

d)

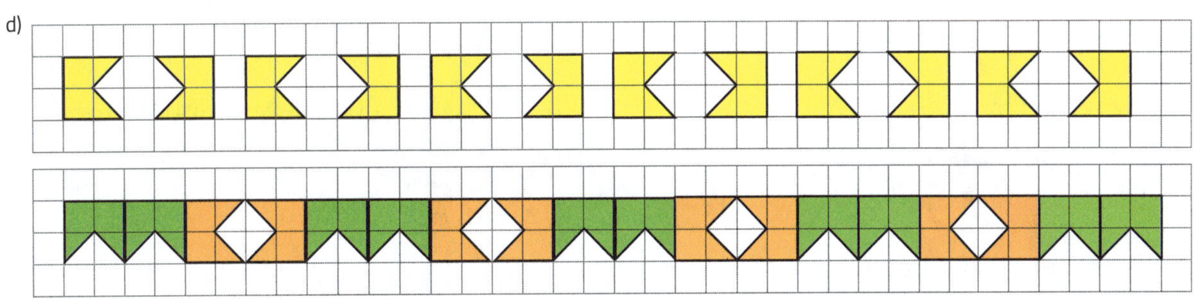

11› a)

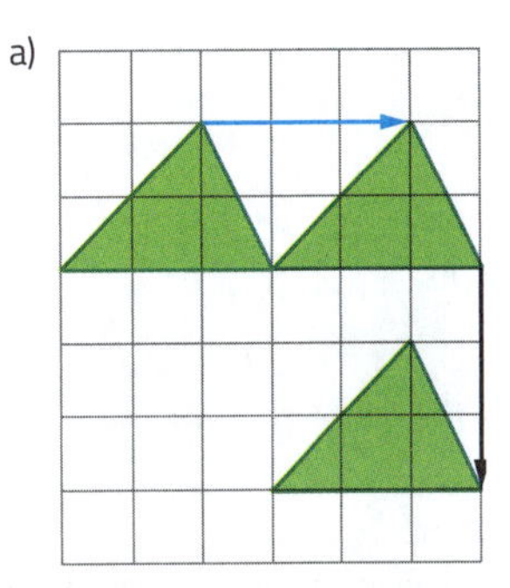

b)

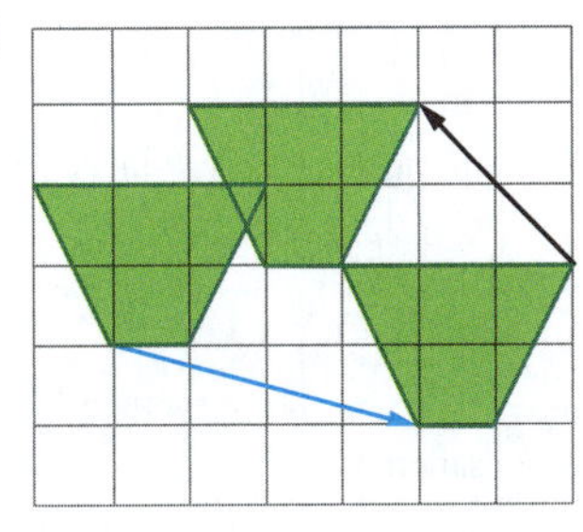

c)

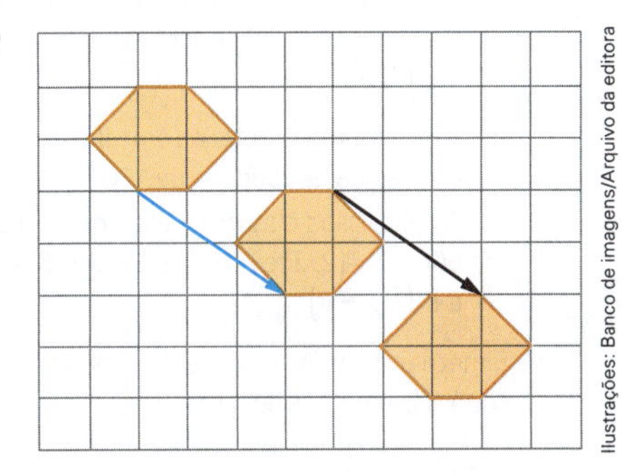

Ilustrações: Banco de imagens/Arquivo da editora

12› a)

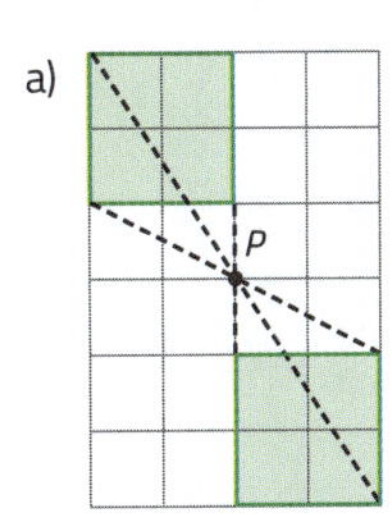

Ilustrações: Banco de imagens/Arquivo da editora

b)

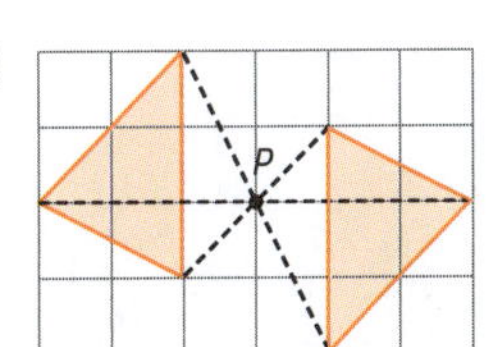

13› a)

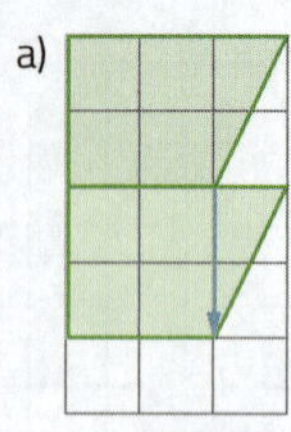

Ilustrações: Banco de imagens/Arquivo da editora

b)

c)

14› a) Sim; simetria de reflexão em relação ao eixo x.

b) As abscissas são multiplicadas por -1 e as ordenadas são repetidas: $A(-1, 1)$ e $A'(1, 1)$; $B(-4, 4)$ e $B'(4, 4)$; $C(-1, 6)$ e $C'(1, 6)$.

15› a) Sim; simetria de rotação em relação ao ponto O, com ângulo de medida de abertura de 180°.

b) As abscissas e as ordenadas de A, B e C são multiplicadas por -1: $A(2, 2)$ e $A'(-2, -2)$; $B(6, 2)$ e $B'(-6, -2)$ e $C(5, 4)$ e $C'(-5, -4)$.

17› Simetrias axiais ou de reflexão; simetrias de rotação; simetrias centrais; simetrias de translação.

Capítulo 7

1› 5 para 8.

2› a) $\frac{3}{4}$

b) $\frac{5}{2}$

c) $\frac{1}{2}$

d) $\frac{7}{15}$

e) $\frac{1}{7}$

f) $\frac{11}{25}$

g) $\frac{3}{2}$

h) $\frac{1}{3}$

3› 21 e 24.

4› Não.

5› Não.

6› a) $\frac{2}{3}$

b) $\frac{2}{5}$

c) $\frac{3}{5}$

d) $\frac{3}{2}$

7› a) $\frac{3}{4}$ ou 3 : 4.

b) 4 500 eleitores.

8› a) Carros **B** e **C**.

b) Velocidade média (em km/h).

c) $\frac{483}{6} = \frac{241,5}{3}$

d) 483 está para 6, assim como 241,5 está para 3.

10› a) $x = 15$

b) $x = 5$

c) $x = 1$

d) $x = 10$

e) $x = 2$

f) $x = \frac{1}{9}$

11› a) 5 : 7 ou $\frac{5}{7}$.

b) 7 : 5 ou $\frac{7}{5}$.

c) 5 : 12 ou $\frac{5}{12}$.

d) 7 : 12 ou $\frac{7}{12}$.

12› 15 meninos.

13› a) Para cada 3 cm de medida de comprimento, temos 50 g de medida de massa.

b) 700 g

c) 60 cm

14› 91%

15› 200 pessoas.

16› a) 28%

b) 36%

c) 9%

d) 42,6%

e) 87,5%

f) 5%

17› a) 3 para 1.

b) 360 000 visitantes.

18› a) 8 dias.

b) 28 dias.

c) $\frac{2}{5}$

19› a) Diretamente proporcionais.
b) Não são proporcionais.
c) Diretamente proporcionais.
d) Inversamente proporcionais.

20› R$ 750,00

21› a)

Quantidade de alunos do 7º ano da escola

Turma	7º A	7º B	7º C	7º D
Número de meninos	12	15	20	10
Número de meninas	18	15	16	14
Número total	30	30	36	24

Tabela elaborada para fins didáticos.

b) 120 alunos; 5 : 7; 4 : 9; 40%; 30%.

c) **Quantidade de alunos do 7º ano da escola**

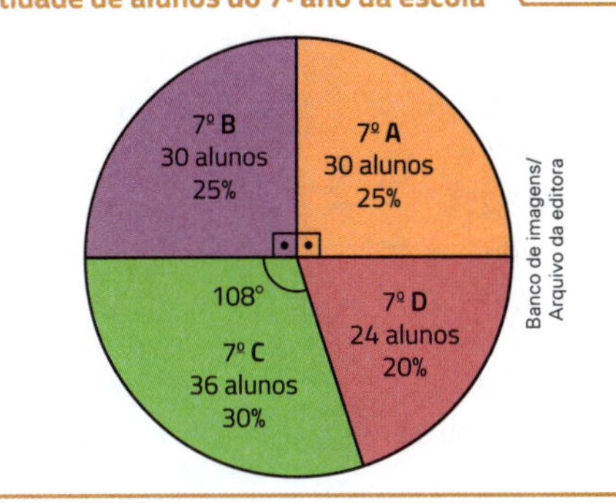

Gráfico elaborado para fins didáticos.

22› a)

Medida de massa e preço da carne

Medida de massa (em kg)	2	1	4	6	8	12
Preço (em reais)	35,00	17,50	70,00	105,00	140,00	210,00

Tabela elaborada para fins didáticos.

b) Sim; diretamente proporcional.

23› **a**, **c**.

24› a) 2 dias.
b) 60

25› 36 carros.

26› R$ 1 600,00

27› 27 km

28› a) 48°
b) 6°
c) 180°
d) 120°

29› 42 pedaços.

30› a) 135 pãezinhos.
b) 135

31› a) 45 fotos de flores e 75 fotos de animais.
b) $\frac{3}{5}$; $\frac{5}{3}$.

32› R$ 2 200,00

33› 75 cm

34› 8 balas.

35› R$ 49,50

36› 9 min 36 s

37› $5\frac{1}{4}$ copos.

38› 25 caixas.

39› 4 dias.

40› a) 4 389 km
b) 4 322,5 km
c) 11 cm

41› a) Oceano Atlântico.
b) Paraíba.
c) Mais extensa.

42›

Medidas de distância entre as cidades A, B e C

Cidades	Medida de distância real (em km)	Medida de distância no mapa (em cm)
A e B	9	6
A e C	12	8
B e C	15	10

Tabela elaborada para fins didáticos.

Escala do mapa: 1 : 150 000.

43›

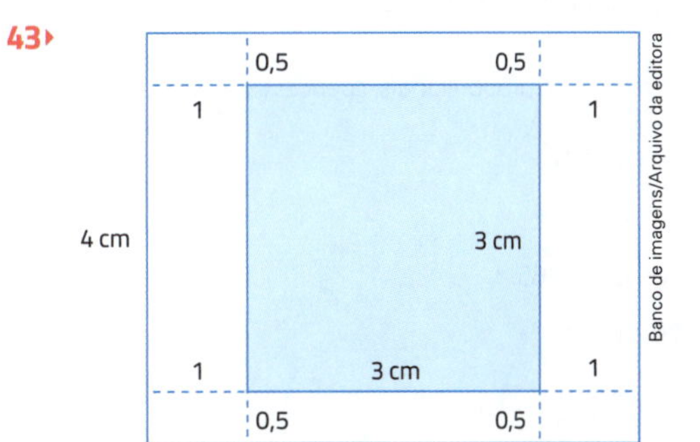

44› 25 km/h

45› Medida de perímetro: 6 000 km; medida de área: 2 160 000 km².

46› 9 km/h

47› a) 50 ou $\frac{50}{1}$.
b) Dividir 400 pelo coeficiente de proporcionalidade 50; 8 ingressos.

48› 113,4 m por 70,2 m.

49› Sim, porque, dobrando-se a medida de comprimento do lado, dobra-se a medida de comprimento da diagonal; triplicando-se a medida de comprimento do lado, triplica-se a medida de comprimento da diagonal; e assim por diante.

50› 640 lajotas.

51› 5 m/s

52› a) • Verdadeira; 150 é o triplo de 50.
• Falsa; $\frac{1}{10}$ de 100 = 10; 10 = 15.
• Falsa; o triplo de 30 é 90 e 90 ≠ 200.

b) • O preço da embalagem convencional do desodorante é o dobro do preço da miniatura.
• O preço da embalagem miniatura do perfume é $\frac{6}{43}$ do preço da convencional.
• O preço da embalagem convencional do hidratante é a quarta parte (25%) do preço da miniatura.

c) • Desodorante: 2 embalagens; perfume: 7 embalagens e sobram R$ 5,00; hidratante: 4 embalagens.
• Perfume com embalagem convencional (R$ 2,15 cada mL); hidratante com embalagem convencional (R$ 0,06 cada mL).

d) Comparando os valores $\frac{A}{x}$ e $\frac{B}{y}$; a maior razão indica a embalagem mais econômica.

53› Diretamente proporcionais; inversamente proporcionais.

Capítulo 8

1› a) Inversamente proporcionais; coeficiente: 80.
b) Diretamente proporcionais; coeficiente: $\frac{6}{5}$.
c) Diretamente proporcionais; coeficiente: $\frac{3}{5}$.
d) Não são proporcionais.
e) Inversamente proporcionais; coeficiente: $\frac{2}{5}$.
f) Diretamente proporcionais; coeficiente: $\frac{3}{4}$.

2› $x = 28$ e $y = 12$.

3› $a = 6$ e $b = 3$.

4› $x = 205$ e $y = 265$.

5› $x = 28$ e $y = 12$.

6› $a = \frac{1}{4}$ e $b = \frac{1}{6}$.

7› a) 72, 96 e 112.
b) 336, 3 584 e 1 680.
c) 28, 42 e 56.
d) 384, 192 e 128.
e) R$ 600,00 e R$ 1 500,00.

8› 128°, 96°, 72° e 64°.

9› 2ª parte: R$ 150,00 e 3ª parte: R$ 200,00.

10› Francieli: R$ 1 200,00; Alexandra: R$ 800,00; Cris: R$ 1 000,00.

11› R$ 4 000,00; R$ 7 000,00 e R$ 5 000,00, respectivamente.

12› 14 anos e 6 anos, respectivamente.

13› Maurício: R$ 1 500,00; Pedro: R$ 2 100,00; Anete: R$ 2 700,00.

14› Mário: R$ 600,00; Lúcio: R$ 480,00.

15› a) $\frac{11}{25}$
b) $1\frac{1}{4}$
c) 3
d) $\frac{1}{20}$
e) $\frac{23}{25}$
f) $2\frac{1}{10}$
g) 1
h) $\frac{43}{100}$
i) $3\frac{9}{20}$

16› A 1ª creche recebeu R$ 600,00 e a 2ª recebeu R$ 1 800,00.

17› a) 54%
b) 70%
c) 120%
d) 400%
e) 215%
f) 14%
g) 43,75%
h) 108%
i) 2,5%

18› a) 0,28
b) 0,60 ou 0,6.
c) 0,06
d) 0,427
e) 1,30 ou 1,3.
f) 2,49
g) 0,001
h) 0,90 ou 0,9.

19› a) 69%
b) 80%
c) 69%
d) 8%
e) 195%
f) 370%
g) 347,7%
h) 16%

20› a) $\frac{2x}{5}$
b) $\frac{7x + 210}{10}$ ou $\frac{7x}{10} + 21$.
c) $\frac{3x}{5}$
d) $\frac{x}{5}$
e) $\frac{x - 80}{10}$ ou $\frac{x}{10} - 8$.
f) $\frac{x}{4}$

21› a) 8
b) 16
c) 40
d) 80
e) 160
f) 400

22› a) R$ 300,00
b) 2 484 g
c) 171 kg
d) 16,2 m
e) 1,8 cm
f) 2,4 km
g) 2,5 pontos.
h) R$ 7 200,00

23› a) 150
b) 2 500
c) 800
d) 1 000

24› a) 10%
b) 50%
c) 240%
d) 8,5%
e) 6,5%
f) 43,75%
g) 12,5%
h) 187,5%

25› a) R$ 171,00
b) R$ 340,00
c) 65
d) R$ 1,35
e) R$ 175,00
f) 12,3

26› R$ 40,80

27› R$ 50,00

28› R$ 150,00

29› 10%

30› a) $\frac{5}{8}$ b) 62,5%; 37,5%.

31› R$ 295,20

32› 2019: aproximadamente 209,71 milhões; 2020: aproximadamente 211,43 milhões; 2021: aproximadamente 213,16 milhões; 2022: aproximadamente 214,91 milhões.

33› R$ 21 224,16

34› a) A resposta exata é não, pois, depois do aumento e do desconto, o preço de R$ 200,00 passou a ser de R$ 198,00.
b) Menor.

35› a) R$ 416,00
b) R$ 395,20

36› a) R$ 2 080,80
b) 4,04%

37› a) R$ 30 000,00
b) 25%
c) 35%

38› a) R$ 5,00 e R$ 15,00.
b) R$ 8,00 e R$ 4,00.
c) R$ 180,00
d) R$ 1 500,00
e) 25%

39› a) $x = 4$ e $y = 3$.
b) $x = 28$ e $y = 16$.
c) $x = 6$ e $y = 10$.
d) $x = 12$ e $y = 9$.
e) $x = \frac{40}{27}$ e $y = \frac{25}{9}$.
f) $x = 24$ e $y = 18$.

40› $820 = 120 + 300 + 400$

41› a)
- 240 cm
- 150 cm
- 40 000 cm^2
- 36 000 cm^2

b) 10%

42› 40%

43› Diretamente proporcionais; inversamente proporcionais; não proporcionais.

Capítulo 9

1› a) Variável qualitativa; exemplos de valores: *rock*, MPB, samba, pagode e erudito.
b) Variável quantitativa; exemplos de valores: 0, 1, 2, 3 e 4 irmãos.

2› $x = 144°$; $y = 54°$; $z = 162°$; setor amarelo: 45%.

3› **Venda de CDs por gênero musical**

Gênero musical	FA	FR (em fração irredutível)	FR (em decimal)	FR (em porcentagem)
Sertanejo	15	$\frac{3}{10}$	0,30	30%
MPB	12	$\frac{6}{25}$	0,24	24%
Rock	16	$\frac{8}{25}$	0,32	32%
Erudito	7	$\frac{7}{50}$	0,14	14%
Total	**50**	$\frac{50}{80}$	**1,00**	**100%**

Tabela elaborada para fins didáticos.

4› **Frequências dos salários**

Número de salários	Frequência absoluta	Frequência relativa
1	24	$\frac{3}{10}$
2	16	$\frac{1}{5}$
5	12	$\frac{3}{20}$
8	14	$\frac{7}{40}$
15	8	$\frac{1}{10}$
20	4	$\frac{1}{20}$
50	2	$\frac{1}{40}$
Total	**80**	**1**

Tabela elaborada para fins didáticos.

5› **Frequências das idades**

Idade (em anos)	Frequência absoluta	Frequência relativa
16	3	$\frac{3}{22}$
17	5	$\frac{5}{22}$
18	5	$\frac{5}{22}$
19	3	$\frac{3}{22}$
20	6	$\frac{6}{22}$
Total	**22**	**1**

Tabela elaborada para fins didáticos.

6› a) 6 b) 100 c) −7,5 d) 27,2

7› Aproximadamente 28 anos.

8› **Medida de intervalo de tempo assistindo à TV por dia**

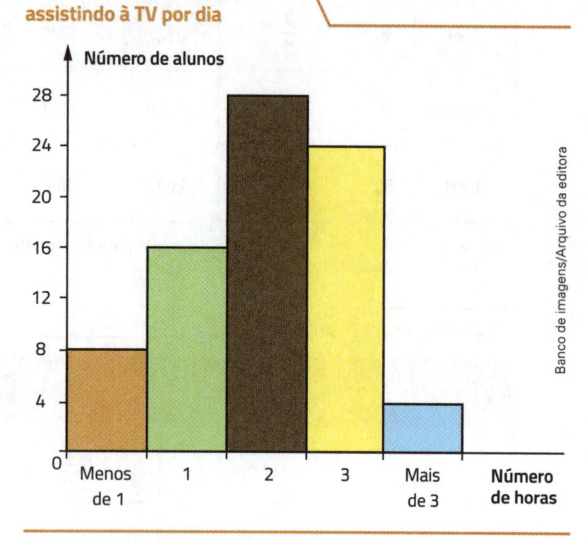

Gráfico elaborado para fins didáticos.

9› $x = 15,1$

10› a) 6 b) 5,7

11› a) Gráfico de barras verticais duplas ou gráfico de colunas duplas.

b) Fonte de consulta do texto e do gráfico: SEGURO GAÚCHO. *Notícias*. Disponível em: <www.segurogaucho.com.br/index.php/noticias/interna/mulheres-representam-apenas-25-das-indenizacoes-pagas-por-acidente-de-transito-11609?uf=RS>. Acesso em: 22 fev. 2019.

c) Quantitativa.

d) Frequência relativa.

f) Sim.

g) Não; por exemplo, a barra que representa 20,6% está menor do que a barra que representa 16,0% (para homens) e as barras que representam 1,6%; 5,7%; 4,9% e 6,3% (para as mulheres) têm praticamente a mesma medida de comprimento.

12› a)

					6, 1					
				5, 1	5, 2	6, 2				
			4, 1	4, 2	4, 3	5, 3	6, 3			
		3, 1	3, 2	3, 3	3, 4	4, 4	5, 4	6, 4		
	2, 1	2, 2	2, 3	2, 4	2, 5	3, 5	4, 5	5, 5	6, 5	
1, 1	1, 2	1, 3	1, 4	1, 5	1, 6	2, 6	3, 6	4, 6	5, 6	6, 6
2	**3**	**4**	**5**	**6**	**7**	**8**	**9**	**10**	**11**	**12**

Soma dos pontos.

b) $\frac{1}{6}$

c) 2 e 12; 3 e 11; 4 e 10; 5 e 9; 6 e 8.

d) 2 e 12; $\frac{1}{36}$.

13› 57 pontos.

14› a)

	Portões	Número de portões
Parede interna	*P, Q, R*	3
Parede do meio	*S, T*	2
Parede externa	*U*	1

6 maneiras diferentes.

b)

	Portões	Número de portões
Parede interna	*J, K*	2
Parede externa	*L, M, N, O*	4

8 maneiras diferentes.

c) 5 760 maneiras diferentes.

15› a) $\frac{1}{4}$ ou 25%.

b) $\frac{1}{12}$ ou aproximadamente 8,3%.

c) 0

d) $\frac{1}{6}$ ou aproximadamente 16,6%.

e) $\frac{1}{4}$ ou 25%.

f) $\frac{3}{4}$ ou 75%.

16› Rosa: 25%; amarelo: 30%; laranja: 45% e 162°.

17› a) Vôlei, basquete e handebol.

b) Vôlei.

c) 27 alunos.

d) Basquete.

18› **Esportes praticados pelos alunos do 7º ano**

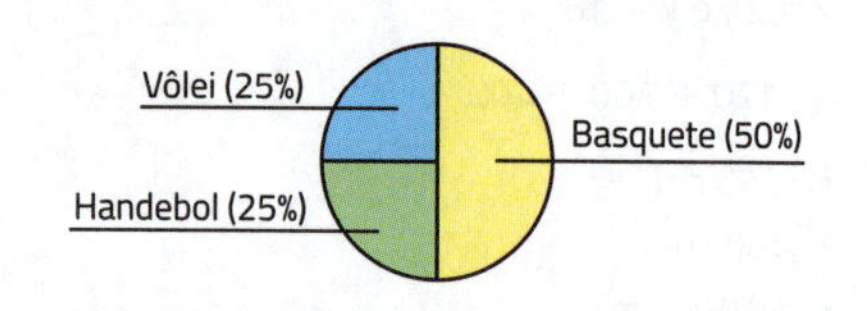

Gráfico elaborado para fins didáticos.

19▸ Peças grandes: 3600; peças médias: 5400; peças pequenas: 3000.

20▸ a) 4,9 pontos.

b) 0,4 ponto.

21▸ a)

Influência do celular na vida das pessoas

Resultado da pesquisa			Fração	Porcentagem
A	1260 pessoas	Não vivem mais sem o celular.	$\frac{7}{10}$	70%
B	936 pessoas	Deixam o celular ligado 24 horas por dia.	$\frac{13}{25}$	52%
C	720 pessoas	Ocupam o tempo ocioso mandando mensagens pelo celular.	$\frac{2}{5}$	40%
D	1548 pessoas	Irritam-se com o toque de celular em lugares públicos.	$\frac{43}{50}$	86%
E	504 pessoas	Admitem que não dirigem com atenção quando estão ao celular.	$\frac{7}{25}$	28%
F	432 pessoas	Sempre usam o celular, mesmo enquanto conversam presencialmente com outras pessoas.	$\frac{6}{25}$	24%

Tabela elaborada para fins didáticos.

b) Não, pois uma mesma pessoa pode ter votado em mais de uma questão.

c)

G	864 pessoas	Não deixam o celular ligado 24 horas por dia.	$\frac{12}{25}$	48%

22▸ a) Pesquisa amostral.

b) Pesquisa censitária.

c) Pesquisa censitária.

d) Pesquisa amostral.

e) Pesquisa censitária.

f) Pesquisa amostral.

25▸ a) $\Omega = \{\text{cara, coroa}\}$

b) $\Omega = \{1, 2, 3, 4, 5, 6\}$

c) $\Omega = \{\text{dó, ré, mi, fá, sol, lá, si}\}$

d) $\Omega = \{a, b, c, d, \ldots, z\}$

26▸ A probabilidade é a mesma, pois $\frac{1}{4} = \frac{2}{8}$.

27▸ a) $\frac{3}{10}$ ou 30%.

b) $\frac{9}{20}$ ou 45%.

c) 0

d) $\frac{1}{4}$ ou 25%.

28▸ a) $\frac{5}{8}$ ou 62,5%.

b) $\frac{1}{8}$ ou 12,5%.

c) $\frac{1}{2}$ ou 50%.

d) 1 ou 100%.

e) 0

29▸ a) $\Omega = \{\mathbf{A}, \mathbf{A}, \mathbf{B}, \mathbf{B}, \mathbf{C}\}$

b) • $A = \{\mathbf{A}, \mathbf{A}\}$

• $B = \{\mathbf{A}, \mathbf{A}, \mathbf{B}, \mathbf{B}, \mathbf{C}\}$

• $C = \{\ \}$

• $D = \{\mathbf{A}, \mathbf{A}, \mathbf{B}, \mathbf{B}\}$

c) $\frac{2}{5}$ ou 40%; $\frac{1}{5}$ ou 20%.

30▸ a) $\frac{1}{10}$ ou 10%.

b) $\frac{9}{10}$ ou 90%.

c) 1 ou 100%.

31▸ a) 36 elementos: $(1, 1), (1, 2), (1, 3), \ldots, (6, 6)$.

b) $\frac{1}{9}$ ou aproximadamente 11,1%.

c) 0

d) 1 ou 100%.

32▸ $\frac{11}{20}$; $\frac{3}{10}$.

33▸ Por população ou censitária; por amostra ou amostral; qualitativa; quantitativa; absoluta; relativa; simples; ponderada.

Capítulo 10

1▸ a)

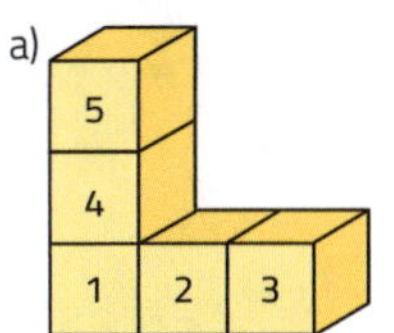

b)

e)

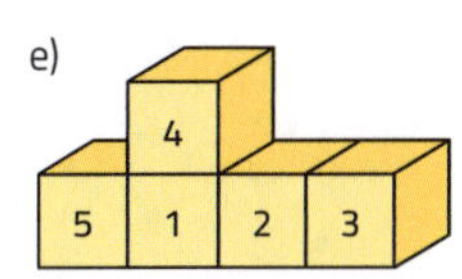

f)

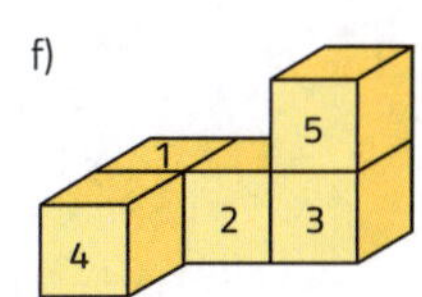

Ilustrações: Banco de imagens/Arquivo da editora

2› Todas têm a mesma medida de volume, de 5 cm^3, porque são compostas de 5 cubos de medida de volume de 1 cm^3, independentemente da posição em que os cubos se encontram.

3› R$ 3,00

4› a) Região plana convexa; $P = 120$ m; $A = 600$ m^2.
b) Região plana não convexa; $P = 7$ dm; $A = 2{,}45$ dm^2.
c) Região plana convexa; $P = 208$ cm; $A = 1\,920$ cm^2.
d) Região plana convexa; $P = 34{,}6$ cm; $A = 52$ cm^2.
e) Região plana convexa; $P = 38$ cm; $A = 112$ cm^2.

5› a) 30 m^2
b) 24 m^2
c) 58 m^2
d) 18 m^2
e) 24,5 m^2
f) 16 m^2
g) 19 m^2
h) 52 m^2

6› Todas as regiões triangulares têm a mesma medida de área, pois as bases têm a mesma medida de comprimento (2 cm) e as alturas também têm a mesma medida de comprimento (r e s são paralelas).

7› a) 162 cm^2
b) 180°, pois a soma das medidas de abertura dos 4 ângulos é igual a 360° e, como há 2 ângulos retos, temos $360° - (90° + 90°) = 180°$.

8› a) $P = c + \ell + c + \ell$ ou $P = 2c + 2\ell$.
b) $P = \ell + \ell + \ell + \ell$ ou $P = 4\ell$.
c) $P = n \cdot s$

9› Bia; 120 m.

10› 8 cm por 2,4 cm.

11› 84 cm

12› Aproximadamente 169,56 cm.

13› a) 25,12 m
b) 25,7 cm
c) 21,42 dm

14› a) 30 ladrilhos.
b) A superfície da parede.
c) A área de 1 ladrilho.
d) 30 ladrilhos ou 30 unidades.

15› a) 37,68 cm
b) 94,2 cm

16› a) 14 unidades.
b) 18 unidades.
c) 17 unidades.
d) 16 unidades.

17› 0,64 m^2

18› Figura dada: 93,75 m^2

19› R$ 473,50

20› 24 m^2

21› a)
- 12,18 cm
- 6,3026 cm^2
- 5 cm^2
- 14 cm^3

22› 24 m

23› a) 36 CDs.
b) 45 CDs.

24› 12 cm, 15 cm e 21 cm.

25› a)
- 30 m e 54 m.
- 96 m^2; 30 m^2 e 126 m^2.

b) Não.
c) Sim.

26› No desenho, a medida de área é de aproximadamente 9 cm^2 (contando os quadradinhos). 9 cm^2 correspondem à medida de área de uma região quadrada com lados com medida de comprimento de 3 cm. Na realidade, esses 3 cm correspondem a 60 m; logo, a medida de área real é de aproximadamente 3 600 m^2 ($60 \times 60 = 3\,600$).

27› 242 m^2

28› 8 cm

29› 7 cm e 5 cm.

30› a) $6a$
b) $2x + 2y$ ou $2(x + y)$.
c) $8a$
d) $7x + 3$
e) $3x + 5$
f) $8x + 10$

31› Medida de perímetro de circunferências; $V = a \cdot b \cdot c$; medida de perímetro de regiões retangulares; $A = \ell^2$; medida de perímetro de regiões triangulares; $A = b \cdot h$.

Atividades de lógica

1› 2 mulheres: a mãe e a irmã.

2› Quando os 2 homens se olharam, o que estava com a cara limpa achou que a cara dele estava com fuligem, pois era assim que o outro homem estava e vice-versa.

3› **c**

4› Eles devem colocar a planta para ferver e virar as 2 ampulhetas ao mesmo tempo. Quando a de 14 minutos acabar, devem virá-la de novo. Quando a de 22 minutos acabar, devem virar novamente a de 14 minutos, pois faltarão exatos 8 minutos para o total de 30 minutos.

5› Vira-se as 2 ampulhetas ao mesmo tempo. Quando a de 8 minutos acabar, vira-se novamente. Quando a de 14 minutos acabar, vira-se mais uma vez a de 8 minutos.

6› Da esquerda para a direita: Rafael, Jorge, Anderson, Cláudio e Humberto.

8› 3 meias.

9› 301 ovelhas.

10› **e**

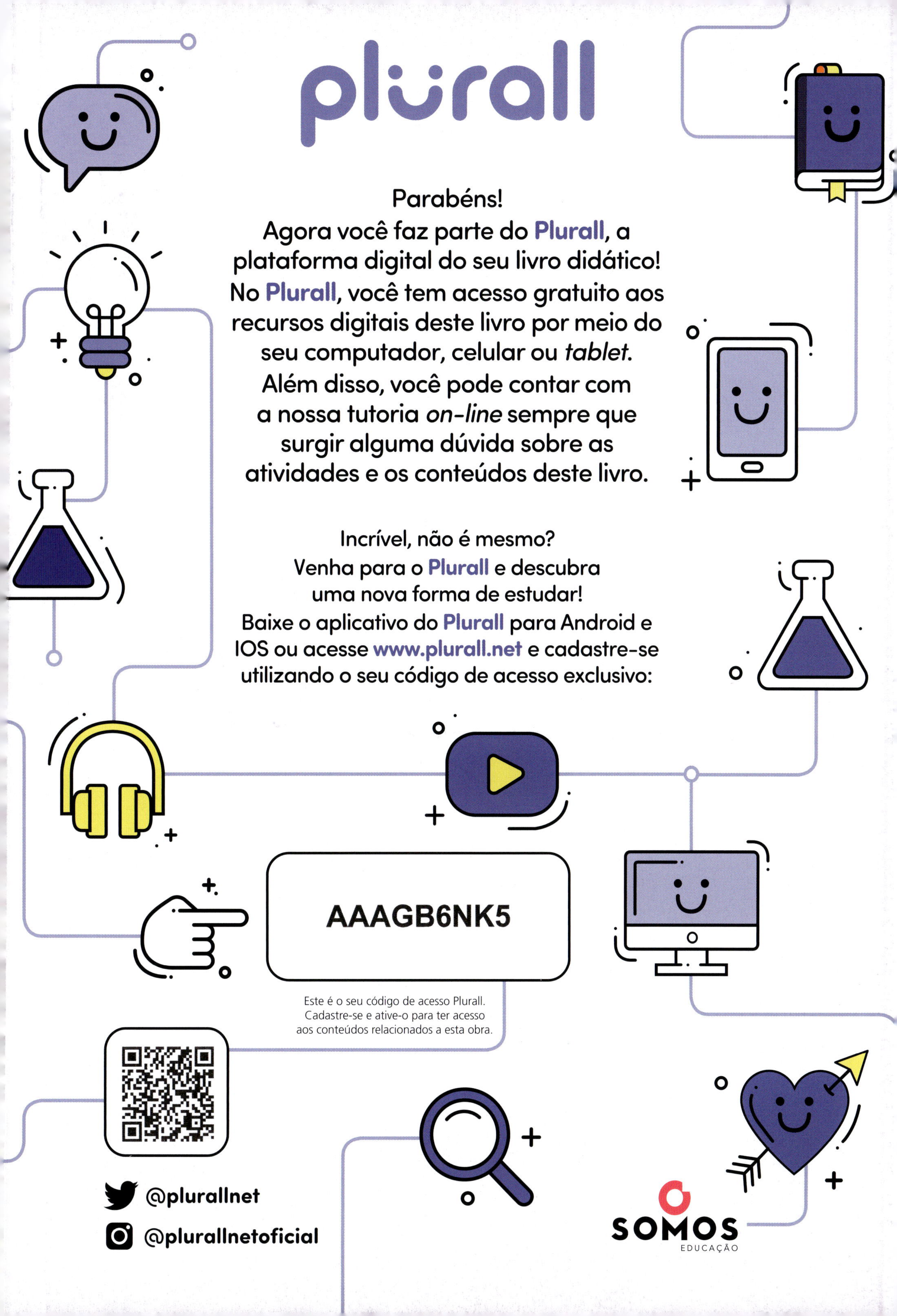
plurall
Parabéns!
Agora você faz parte do Plurall, a
plataforma digital do seu livro didático!
No Plurall, você tem acesso gratuito aos
recursos digitais deste livro por meio do
seu computador, celular ou tablet.
Além disso, você pode contar com
a nossa tutoria on-line sempre que
surgir alguma dúvida sobre as
atividades e os conteúdos deste livro.
Incrível, não é mesmo?
Venha para o Plurall e descubra
uma nova forma de estudar!
Baixe o aplicativo do Plurall para Android e
IOS ou acesse www.plurall.net e cadastre-se
utilizando o seu código de acesso exclusivo:
AAAGB6NK5
Este é o seu código de acesso Plurall.
Cadastre-se e ative-o para ter acesso
aos conteúdos relacionados a esta obra.
@plurallnet
@plurallnetoficial
SOMOS
EDUCAÇÃO

Os cinco domínios estão alinhados com as competências gerais da BNCC[3], das quais as três últimas (8, 9 e 10) são as que mais explicitamente procuram promover o desenvolvimento socioemocional. O quadro abaixo explicita essa relação:

COMPETÊNCIA SOCIOEMOCIONAL	COMPETÊNCIA GERAL DA BNCC
AUTOCONHECIMENTO AUTORREGULAÇÃO	8. Conhecer-se, apreciar-se e cuidar de sua saúde física e emocional, compreendendo-se na diversidade humana e reconhecendo suas emoções e as dos outros, com autocrítica e capacidade para lidar com elas.
PERCEPÇÃO SOCIAL COMPETÊNCIA DE RELACIONAMENTO	9. Exercitar a empatia, o diálogo, a resolução de conflitos e a cooperação, fazendo-se respeitar e promovendo o respeito ao outro e aos direitos humanos, com acolhimento e valorização da diversidade de indivíduos e de grupos sociais, seus saberes, identidades, culturas e potencialidades, sem preconceitos de qualquer natureza.
TOMADA DE DECISÃO RESPONSÁVEL	10. Agir pessoal e coletivamente com autonomia, responsabilidade, flexibilidade, resiliência e determinação, tomando decisões com base em princípios éticos, democráticos, inclusivos, sustentáveis e solidários.

NA PRÁTICA

Escola e família devem ser parceiras na promoção do desenvolvimento socioemocional das crianças, adolescentes e jovens. Para isso, é importante que existam políticas públicas e práticas que levem em consideração o desenvolvimento integral dos estudantes em todos os espaços e tempos escolares, apoiadas e intensificadas por outros espaços de convivência.

Professoras e professores já incorporam em suas práticas pedagógicas aspectos que promovem competências socioemocionais, ou de forma intuitiva ou intencional. Ao trazermos luz para o tema nesta coleção, buscamos garantir espaço nos processos de ensino e de aprendizagem para que esse desenvolvimento aconteça de modo proposital, por meio de interações planejadas, e de forma integrada ao currículo, tornando-se ainda mais significativo para os estudantes.

Ao longo do material, professoras e professores dos diferentes componentes curriculares poderão promover experiências de desenvolvimento socioemocional em sala de aula com base em uma mediação que:

- instigue o estudante a aprender e pensar criticamente, por intermédio de problematizações;
- valorize a participação dos estudantes, seus conhecimentos prévios e suas potencialidades;
- esteja atenta às diferenças e ao novo;
- demonstre confiança e compromisso com a aprendizagem dos estudantes;
- incentive a convivência, o trabalho colaborativo e a aprendizagem entre pares.

Nossa proposta é trabalhar pelo desenvolvimento integral das crianças, adolescentes e jovens, desenvolvendo-os em sua totalidade, nas dimensões cognitiva, sensório-motora e socioemocional de forma estruturada e reflexiva!

3 Para ler na íntegra as competências gerais da Educação Básica, consulte o documento nas páginas 9 e 10.

Já as competências socioemocionais estão ligadas ao nosso autoconhecimento e à forma como nos relacionamos com as outras pessoas e com o mundo.

A proposta de desenvolvimento socioemocional desta coleção foi elaborada com base nas competências identificadas pela *Collaborative for Academic, Social and Emotional Learning* (Casel)[2], organização estadunidense sem fins lucrativos. Um estudo realizado por pesquisadores ligados a essa organização indicou que estudantes que participaram de programas estruturados de aprendizagem socioemocional demonstraram melhorar significativamente suas habilidades sociais e emocionais, atitudes e comportamentos, tendo reflexos em seu desempenho acadêmico: alcançaram resultados, em média, 11 pontos percentuais superiores aos dos estudantes que não participaram desse tipo de programa.

A Casel elencou cinco domínios essenciais que, quando trabalhados de maneira integrada, promovem competências socioemocionais e cognitivas de forma associada.

São domínios socioemocionais:

AUTOCONHECIMENTO

Implica reconhecer emoções, pensamentos e valores e saber como isso influencia no comportamento. Medir as forças e as limitações, tendo confiança, otimismo e mentalidade de crescimento, é uma característica do domínio do autoconhecimento.

AUTORREGULAÇÃO

Regular as próprias emoções, pensamentos e comportamentos em diferentes situações – gerindo estresse, controlando impulsos e motivando a si mesmo – caracteriza o domínio da autorregulação. Estão ainda nessa perspectiva a definição de metas pessoais e escolares e o trabalho para atingi-las.

PERCEPÇÃO SOCIAL

Reconhecer a perspectiva dos outros com empatia, respeitando as diferenças entre as pessoas e os grupos sociais, é o que está implicado no domínio de percepção social. Entender normas sociais e éticas que orientam o comportamento e reconhecer os recursos e o apoio que podem vir da família, da escola e da comunidade também fazem parte desse domínio.

COMPETÊNCIA DE RELACIONAMENTO

A competência de relacionamento é caracterizada pelo estabelecimento e manutenção de relacionamentos saudáveis, com indivíduos ou grupos. Além disso, compõem o domínio habilidades de comunicar-se claramente, ouvir com empatia, cooperar, resistir a pressões, resolver conflitos de maneira positiva e construtiva e procurar e oferecer ajuda quando necessário.

TOMADA DE DECISÃO RESPONSÁVEL

Fazer escolhas construtivas e tecer interações sociais baseadas em padrões éticos, de segurança e normas sociais são preocupações do domínio de tomada de decisão responsável. Avaliar de maneira realista as consequências em várias situações, considerando o bem-estar de si e dos outros, caracteriza essa competência.

---

2 A instituição é formada por uma equipe de pesquisadores que se dedicam à avaliação do impacto do trabalho socioemocional no decorrer da Educação Básica e à produção e à disseminação de programas de desenvolvimento de habilidades socioemocionais que apresentem comprovada eficácia. Disponível em: <https://casel.org>. Acesso em: 18 jan. 2019.

DESENVOLVIMENTO SOCIOEMOCIONAL NA COLEÇÃO TELÁRIS

Atualmente, vivemos cada vez mais conectados, experimentamos transformações rápidas, acessamos informações em diferentes lugares e vemos o conhecimento crescer de forma exponencial. Nesse contexto, a educação oferecida na escola e pelas famílias se depara com o desafio de formar crianças, adolescentes e jovens que atuem de maneira ética, empática, responsável e crítica, aprendendo a lidar com suas emoções, relações e decisões.

Estudos já indicam que, ao promovermos o desenvolvimento socioemocional, teremos estudantes que:

- sabem gerir melhor suas emoções;
- trabalham de maneira colaborativa com seus pares;
- demonstram perseverança para atingir seus objetivos;
- estão abertos a novos conhecimentos;
- respeitam e valorizam a diversidade;
- têm mais subsídios para lidar com conflitos;
- estarão mais preparados para tomar decisões responsáveis;
- poderão estar mais aptos a lidar com demandas profissionais do século XXI.

Com o compromisso de formar estudantes preparados para viver, conviver, aprender e trabalhar no mundo contemporâneo, a coleção **Teláris** apresenta uma proposta para o desenvolvimento de competências socioemocionais, incorporada aos componentes curriculares e presente no dia a dia da sala de aula.

COMPETÊNCIAS SOCIOEMOCIONAIS

Competência, segundo a Base Nacional Comum Curricular (BNCC), é a "mobilização de conhecimentos (conceitos e procedimentos), habilidades (práticas, cognitivas e socioemocionais), atitudes e valores para resolver demandas complexas da vida cotidiana, do pleno exercício da cidadania e do mundo do trabalho" (p. 8)[1].

Para promover o desenvolvimento integral dos estudantes, tanto habilidades socioemocionais como cognitivas devem ser consideradas.

As competências cognitivas são aquelas historicamente priorizadas e trabalhadas na escola, compostas de habilidades relacionadas a memória, argumentação, pensamento crítico, resolução de problemas, reflexão, entendimento das relações, pensamento abstrato e generalização de aprendizados.

---

1 BRASIL. Ministério da Educação. Secretaria de Educação Básica. **Base Nacional Comum Curricular**. Disponível em: <http://basenacionalcomum.mec.gov.br/wp-content/uploads/2018/12/BNCC_19dez2018_site.pdf>. Acesso em: 23 jan. 2019.

Luiz Roberto Dante

Livre-docente em Educação Matemática pela Universidade Estadual Paulista "Júlio de Mesquita Filho" (Unesp-SP), *campus* de Rio Claro

Doutor em Psicologia da Educação: Ensino da Matemática pela Pontifícia Universidade Católica de São Paulo (PUC-SP)

Mestre em Matemática pela Universidade de São Paulo (USP)

Licenciado em Matemática pela Unesp-SP, Rio Claro

Pesquisador em Ensino e Aprendizagem da Matemática pela Unesp-SP, Rio Claro

Ex-professor do Ensino Fundamental e do Ensino Médio na rede pública de ensino

Autor de várias obras de Educação Infantil, Ensino Fundamental e Ensino Médio

Fernando Viana

Doutor em Engenharia Mecânica pela Universidade Federal da Paraíba (UFPB)

Mestre em Matemática pela UFPB

Aperfeiçoamento em Docência no Ensino Superior pela Faculdade Brasileira de Ensino, Pesquisa e Extensão (Fabex)

Licenciado em Matemática pela UFPB

Professor efetivo do Instituto Federal de Educação, Ciência e Tecnologia da Paraíba (IFPB)

Professor do Ensino Fundamental, do Ensino Médio e de cursos pré-vestibulares há mais de 20 anos

O nome ***Teláris*** se inspira na forma latina *telarium*, que significa "tecelão", para evocar o entrelaçamento dos saberes na construção do conhecimento.

TELÁRIS MATEMÁTICA

7

editora ática

editora ática

Direção Presidência: Mario Ghio Júnior
Direção de Conteúdo e Operações: Wilson Troque
Direção editorial: Luiz Tonolli e Lidiane Vivaldini Olo
Gestão de projeto editorial: Mirian Senra
Gestão e coordenação de área: Ronaldo Rocha
Edição: Pamela Hellebrekers Seravalli, Marina Muniz Campelo, Carlos Eduardo Marques (editores); Sirlaine Cabrine Fernandes, Darlene Fernandes Escribano (assist.)
Planejamento e controle de produção: Patrícia Eiras e Adjane Queiroz
Revisão: Hélia de Jesus Gonsaga (ger.), Kátia Scaff Marques (coord.), Rosângela Muricy (coord.), Aline Cristina Vieira, Ana Curci, Arali Gomes, Cesar G. Sacramento, Gabriela M. Andrade, Hires Heglan, Kátia S. Lopes Godoi, Lilian M. Kumai, Luciana B. Azevedo, Luís M. Boa Nova, Luiz Gustavo Bazana, Marília Lima, Maura Loria, Patricia Cordeiro, Paula Rubia Baltazar; Amanda T. Silva e Bárbara de M. Genereze (estagiárias)
Arte: Daniela Amaral (ger.), André Gomes Vitale, Erika Tiemi Yamauchi (coord.), Filipe Dias e Renato Neves (edição de arte)
Diagramação: Estúdio Anexo e Arte4 Produção editorial
Iconografia e tratamento de imagem: Sílvio Kligin (ger.), Roberto Silva (coord.), Izabela Mariah Rocha e Izabela Roberta Freire (pesquisa iconográfica), Cesar Wolf e Fernanda Crevin (tratamento)
Licenciamento de conteúdos de terceiros: Thiago Fontana (coord.), Flavia Zambon (licenciamento de textos), Erika Ramires, Luciana Pedrosa Bierbauer, Luciana Cardoso Sousa e Claudia Rodrigues (analistas adm.)
Ilustrações: Ericson Guilherme Luciano, Ilustranet, Leonardo Teixeira, Luiz Rubio, Mauro Souza, Murilo Moretti, Paulo Manzi, Rodrigo Pascoal, Thiago Neumann e Yan Comunicação
Cartografia: Eric Fuzii (coord.), Robson Rosendo da Rocha (edit. arte)
Design: Gláucia Koller (ger.), Adilson Casarotti (proj. gráfico e capa), Erik Taketa (pós-produção), Gustavo Vanini e Tatiane Porusselli (assist. arte)
Foto de capa: Dimitri Otis/Getty Images, Paul Borrington/EyeEm/Getty Images

Avenida das Nações Unidas, 7221, 3º andar, Setor A
Pinheiros – São Paulo – SP – CEP 05425-902
Tel.: 4003-3061
www.atica.com.br / editora@atica.com.br

Dados Internacionais de Catalogação na Publicação (CIP)

Dante, Luiz Roberto
Teláris matemática 7º ano / Luiz Roberto Dante, Fernando Viana. - 3. ed. - São Paulo : Ática, 2019.

Suplementado pelo manual do professor.
Bibliografia.
ISBN: 978-85-08-19320-2 (aluno)
ISBN: 978-85-08-19321-9 (professor)

1. Matemática (Ensino fundamental). I. Viana, Fernando. II. Título.

2019-0106 CDD: 372.7

Julia do Nascimento - Bibliotecária - CRB - 8/010142

2019
Código da obra CL 742182
CAE 648345 (AL) / 648346 (PR)
3ª edição
2ª impressão
De acordo com a BNCC.

Impressão e acabamento
Log&Print Gráfica e Logística S.A.

Uma publicação

Apresentação

Caro aluno

Bem-vindo a esta nova etapa de estudos e aprendizagens.

Como você já sabe, a Matemática é uma parte importante de sua vida. Ela está presente em todos os lugares e em todas as situações de seu cotidiano: na escola, no lazer, nas brincadeiras, em casa.

Escrevi este livro para você compreender as ideias matemáticas e aplicá-las em seu dia a dia. Estou certo de que fará isso de maneira prazerosa, agradável, participativa e sem aborrecimentos. Sabe por quê? Porque ao longo deste livro você será convidado a pensar, explorar, resolver problemas e desafios, trocar ideias com os colegas, observar ao seu redor, ler sobre a evolução histórica da Matemática, trabalhar em equipe, conhecer curiosidades, brincar, pesquisar, argumentar, redigir e divertir-se.

Gostaria muito de que você aceitasse este convite com entusiasmo e dedicação, participando ativamente de todas as atividades propostas.

Vamos começar?

Um abraço.

O autor

CONHEÇA SEU LIVRO

Ao longo dos capítulos, há várias seções e boxes especiais que vão contribuir para a construção de seus conhecimentos matemáticos.

Abertura do capítulo

Apresenta algumas imagens e um breve texto de introdução que vão prepará-lo para as descobertas que você fará no decorrer do trabalho proposto. Também apresenta algumas questões sobre os assuntos que serão desenvolvidos no capítulo.

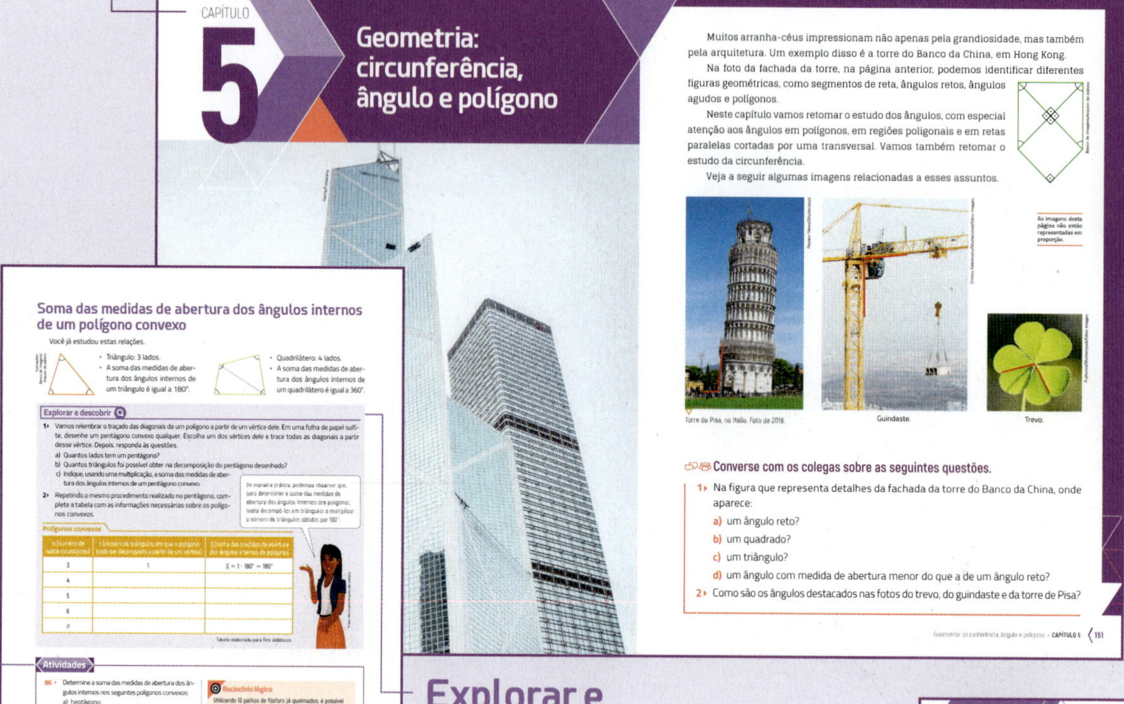

Explorar e descobrir

Atividades de exploração, experimentação, verificação, descobertas e sistematização dos conteúdos apresentados.

Atividades

Seção que propõe diferentes atividades e situações-problema para você resolver, desenvolvendo os conceitos abordados. Nela, você pode encontrar atividades do tipo **desafio**, que instigam e exigem maior perspicácia na resolução.
Em algumas atividades, há também indicações de cálculo mental, de resolução oral e de conversa em dupla ou em grupo. Outras atividades indicam o uso da calculadora.

Conexões

Textos adicionais e interessantes que complementam e contextualizam a aprendizagem, muitas vezes de modo interdisciplinar, priorizando temas como ética, saúde e meio ambiente. Os textos são acompanhados de questões que evidenciam a Matemática em diferentes contextos.

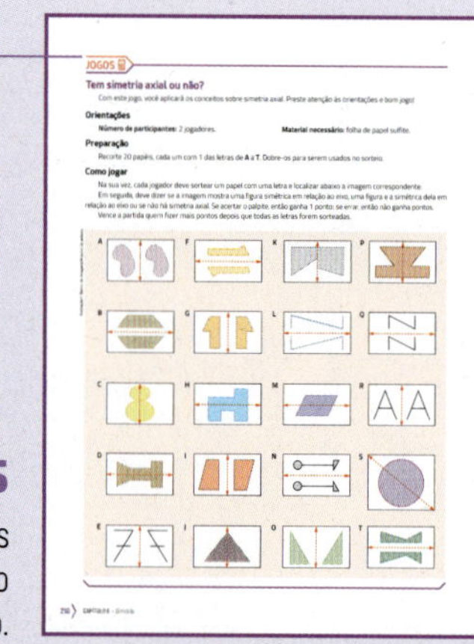

Jogos

Seção de jogos relacionados aos conteúdos que estão sendo estudados no capítulo.

Estudando Matemática, você vai adquirir conhecimentos que vão auxiliá-lo a compreender o mundo à sua volta, estimulando também seu interesse, sua curiosidade, seu espírito investigativo e sua capacidade de resolver problemas. Desse modo, você estará apto, por exemplo, a comprar produtos de modo mais consciente, a ler jornais e revistas de maneira mais crítica, a entender documentos importantes, como contas, boletos e notas fiscais, a interpretar criticamente textos, tabelas e gráficos divulgados pela mídia, entre outras coisas. Assim, você terá uma participação mais ativa e esclarecida na sociedade.

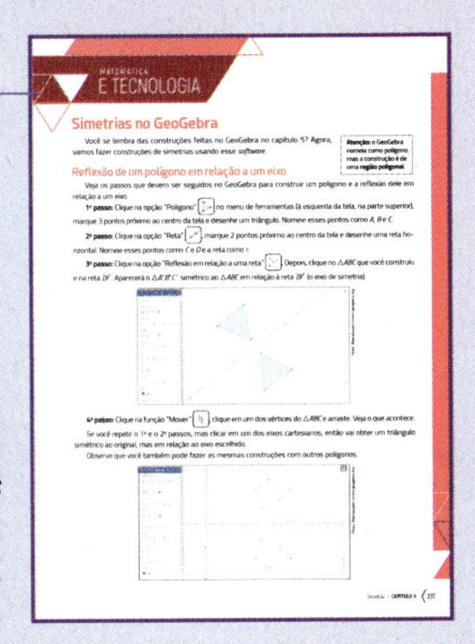

Matemática e tecnologia

Seção de exploração da tecnologia, como o uso de calculadora e de *softwares* livres. As atividades envolvem conteúdos de operações, geometria e estatística.

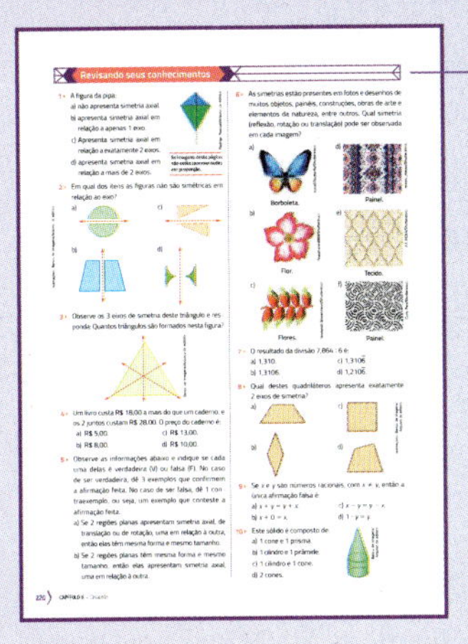

Revisando seus conhecimentos

Atividades, problemas, situações-problema contextualizadas e testes que revisam contínua e cumulativamente os conceitos e os procedimentos fundamentais estudados no capítulo e nos capítulos e anos anteriores.

Para ler, pensar e divertir-se

Textos para leitura, sobre assuntos de interesse matemático, seguidos de atividades desafiadoras e atividades divertidas. É o encerramento de cada capítulo.

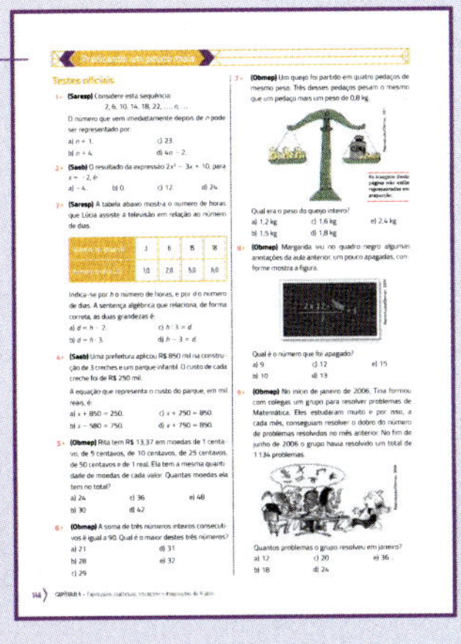

Praticando um pouco mais

Questões de avaliações oficiais sobre os conteúdos que estão sendo estudados.

Verifique o que estudou

Atividades de revisão e verificação de alguns dos conteúdos e temas abordados ao longo do capítulo, seguidas de uma proposta de autoavaliação para você refletir sobre seu processo de aprendizagem e sobre atitudes que tomou em relação aos estudos, ao professor e aos colegas.

Raciocínio lógico

Atividades voltadas para a aplicação de noções de lógica na resolução de problemas.

Bate-papo

Atividades orais para você, os colegas e o professor compartilharem opiniões e conhecimentos.

Saiba mais

Fatos e curiosidades relacionados aos tópicos estudados.

Um pouco de História

Informações e fatos históricos relacionados à Matemática.

Atividade resolvida passo a passo

Atividade com proposta de resolução detalhada e comentada, seguida de uma ampliação.

Glossário

Verbetes e respectivas definições que são relacionados à Matemática e aos conteúdos do volume.

Material complementar

Material com peças e figuras recortáveis para manipulação.

SUMÁRIO

Capítulo 6

Capítulo 7

Capítulo 8

INTRODUÇÃO

A Matemática está presente em praticamente tudo. Ao olhar para o céu com um telescópio, por exemplo, podemos ver que a forma de cada planeta do Sistema Solar lembra uma esfera. Além disso, as trajetórias que eles percorrem se assemelham a figuras geométricas chamadas elipses, que você vai conhecer mais à frente em seus estudos.

Fluidworkshop/Shutterstock

Representação sem escala e em cores fantasia do Sistema Solar.

Outro aspecto que estudamos na Matemática são as medidas de distância entre objetos celestes. Um exemplo é a medida de distância média entre o planeta Terra e o Sol.

Cla78/Shutterstock

Representação sem escala e em cores fantasia do Sol e do planeta Terra.

Como essas medidas são muito grandes, existe uma maneira de escrevê-las de modo a facilitar a leitura e a compreensão. No exemplo acima, a medida dessa distância média é de aproximadamente 150 000 000 000 m; também podemos utilizar a notação científica e escrever $1{,}5 \times 10^{11}$ m. Essa medida equivale a 1 unidade astronômica (UA).

Também podemos usar a notação científica para escrever medidas muito pequenas, como a medida de massa de um átomo de hidrogênio.

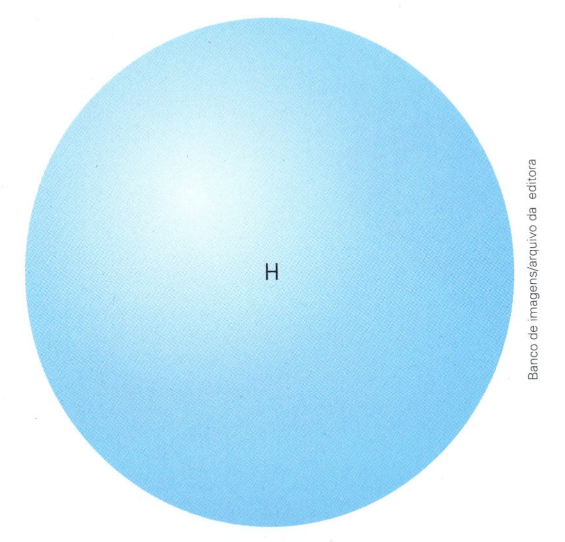

Banco de imagens/arquivo da editora

Representação simplificada de um átomo de hidrogênio.

As imagens desta página não estão representadas em proporção.

Essa medida de massa pode ser escrita como 0,000000000000000000000027 g ou $2{,}7 \times 10^{-23}$ g.

Podemos observar diversos exemplos da natureza em que se aplicam conceitos da Matemática. Por exemplo, veja o corte do favo de mel da abelha. Ele é formado por alvéolos cujo corte tem forma hexagonal.

Weter78/Shutterstock

Alvéolos em um favo de mel.

Em fotos de borboletas, por exemplo, podemos observar uma simetria de reflexão em relação a um eixo e, em fotos de algumas flores, uma simetria de rotação em relação ao centro.

As imagens desta página não estão representadas em proporção.

Butterfly Hunter/Shutterstock

Catus/Shutterstock

Borboleta e flor.

A Matemática também está presente na música. Veja a presença das frações nas cordas de uma guitarra.

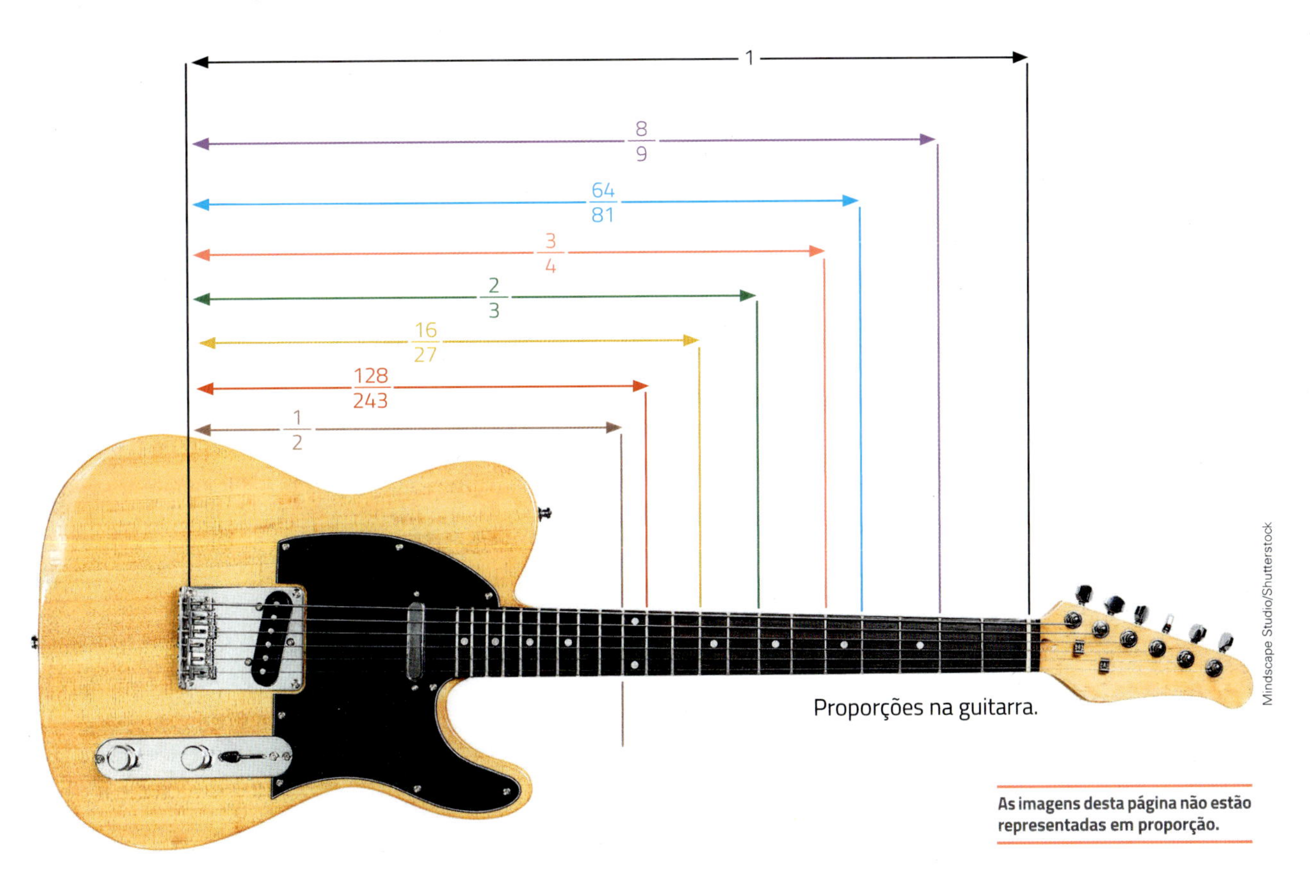

Proporções na guitarra.

Mindscape Studio/Shutterstock

As imagens desta página não estão representadas em proporção.

Também podemos ver conceitos da Matemática em obras de arte, como na presença de formas de figuras geométricas em telas ou na preocupação com a proporção das medidas de comprimento em estátuas e esculturas.

Diego Grandi/Shutterstock

Estátua de Carlos Drummond de Andrade na praia de Copacabana, no Rio de Janeiro (RJ). Foto de 2017.

A Matemática está presente também em todas as nossas ações de compra e venda, no cálculo das prestações a pagar por um produto, nos descontos em um pagamento à vista, nos juros em pagamentos a prazo, na administração dos horários no dia a dia e em muitas outras. Por isso, convidamos você a descobrir neste livro como a Matemática é importante no cotidiano de todas as pessoas.

CAPÍTULO

1 Números inteiros e sequências

Reprodução/Arquivo da editora

RETROSPECTIVA

FUNDADO EM 1875

DOMINGO

31 de dezembro de 2017

Banco de imagens/Arquivo da editora

TEMPO

No dia 18 de julho de 2017, a cidade de São Joaquim (SC) registrou medida de temperatura mínima de −5 °C. Devido aos ventos, a sensação térmica na região chegou a −17 °C.

Wagner Urbano OnJack/Futura Press

Cidade de São Joaquim (SC). Foto de 2017.

ESPORTE

Na fase de grupos da Copa do Nordeste de futebol de 2017, a Associação Esportiva de Altos (PI) marcou 7 gols e sofreu 9, obtendo saldo de gols igual a −2.

Honório Moreira/Futura Press

Equipe de futebol da Associação Esportiva de Altos (PI). Foto de 2017.

Fontes de consulta: ESTADÃO. *Notícias*. Disponível em: <http://brasil.estadao.com.br/noticias/geral,sul-registra-temperaturas-negativas-cidade-tem-sensacao-termica-de-17c,70001894725>; CBF. *Copa Nordeste*. Disponível em:<www.cbf.com.br/competicoes/copa-nordeste/tabela/2017#.WwLDvCBv8dU>. Acesso em: 23 ago. 2018.

Você já estudou alguns números como estes que estão representados a seguir.

As imagens desta página não estão representadas em proporção.

2020

Banco de imagens/Arquivo da editora

JANEIRO

D	S	T	Q	Q	S	S
			1	2	3	4
5	6	7	8	9	10	11
12	13	14	15	16	17	18
19	20	21	22	23	24	25
26	27	28	29	30	31	

FEVEREIRO

D	S	T	Q	Q	S	S
						1
2	3	4	5	6	7	8
9	10	11	12	13	14	15
16	17	18	19	20	21	22
23	24	25	26	27	28	29

MARÇO

D	S	T	Q	Q	S	S
1	2	3	4	5	6	7
8	9	10	11	12	13	14
15	16	17	18	19	20	21
22	23	24	25	26	27	28
29	30	31				

ABRIL

D	S	T	Q	Q	S	S
			1	2	3	4
5	6	7	8	9	10	11
12	13	14	15	16	17	18
19	20	21	22	23	24	25
26	27	28	29	30		

MAIO

D	S	T	Q	Q	S	S
					1	2
3	4	5	6	7	8	9
10	11	12	13	14	15	16
17	18	19	20	21	22	23
24	25	26	27	28	29	30
31						

JUNHO

D	S	T	Q	Q	S	S
	1	2	3	4	5	6
7	8	9	10	11	12	13
14	15	16	17	18	19	20
21	22	23	24	25	26	27
28	29	30				

JULHO

D	S	T	Q	Q	S	S
			1	2	3	4
5	6	7	8	9	10	11
12	13	14	15	16	17	18
19	20	21	22	23	24	25
26	27	28	29	30	31	

AGOSTO

D	S	T	Q	Q	S	S
						1
2	3	4	5	6	7	8
9	10	11	12	13	14	15
16	17	18	19	20	21	22
23	24	25	26	27	28	29
30	31					

SETEMBRO

D	S	T	Q	Q	S	S
		1	2	3	4	5
6	7	8	9	10	11	12
13	14	15	16	17	18	19
20	21	22	23	24	25	26
27	28	29	30			

OUTUBRO

D	S	T	Q	Q	S	S
				1	2	3
4	5	6	7	8	9	10
11	12	13	14	15	16	17
18	19	20	21	22	23	24
25	26	27	28	29	30	31

NOVEMBRO

D	S	T	Q	Q	S	S
1	2	3	4	5	6	7
8	9	10	11	12	13	14
15	16	17	18	19	20	21
22	23	24	25	26	27	28
29	30					

DEZEMBRO

D	S	T	Q	Q	S	S
		1	2	3	4	5
6	7	8	9	10	11	12
13	14	15	16	17	18	19
20	21	22	23	24	25	26
27	28	29	30	31		

Calendário do ano de 2020.

Rodrigo Pascoal/Arquivo da editora

Barnaby Chambers/Shutterstock

$\frac{3}{4}$ da superfície da Terra são cobertos por água.

Há situações em que os números já conhecidos vêm acompanhados de um sinal de + ou de −, como +10 e −3. Esses números serão o assunto deste capítulo.

Converse com os colegas sobre as seguintes questões e, depois, registre as respostas.

1 Qual nome é dado ao número $\frac{3}{4}$? E ao número 28,50?

2 O que indica o número natural 1, quando aparece em 1º andar?

3 Qual é o 6º mês do ano?

4 O que diferencia uma medida de temperatura com o sinal + de uma medida de temperatura com o sinal −?

5 Como foi obtido o saldo de gols do time de Altos?

1 Explorando a ideia de número positivo e de número negativo

Acompanhe alguns exemplos de situações do cotidiano nas quais usamos **números positivos**, **números negativos** e o **zero**.

Temperatura

A unidade-padrão de medida de temperatura utilizada no Brasil é o **grau Celsius (°C)**.

A medida de temperatura em que ocorre a passagem da água do estado líquido para o sólido, em determinadas condições, corresponde a zero grau Celsius (0 °C).

As medidas de temperatura maiores do que 0 °C são positivas. Por exemplo: +3 °C, +1 °C, +12 °C e +31 °C. Também podemos dizer que elas são "mais quentes" do que 0 °C.

As medidas de temperatura menores do que 0 °C são negativas. Por exemplo: −4 °C, −1 °C, −2 °C e −10 °C. Também podemos dizer que elas são "mais frias" do que 0 °C.

Observe que:

- os números negativos aparecem sempre com o sinal −;
- os números positivos aparecem com o sinal + ou sem o sinal;
- o número zero não é um número positivo nem negativo.

Leonardo Teixeira/Arquivo da editora

Saiba mais

Até abril de 2018, a maior medida de temperatura registrada no Brasil foi de quase 45 °C em Bom Jesus (PI), em 21 de novembro de 2005. Já a menor medida de temperatura foi de aproximadamente −11 °C registrada em Xanxerê (SC), em 20 de julho de 1953.

Fonte de consulta: MUNDO ESTRANHO. *Ambiente*. Disponível em: <https://mundoestranho.abril.com.br/ambiente/qual-e-o-recorde-de-frio-no-brasil-e-de-calor/>. Acesso em: 23 ago. 2018.

As imagens desta página não estão representadas em proporção.

Atividades

1 ▸ Observe os termômetros e escreva a medida de temperatura, em °C, que cada um está marcando.

a)

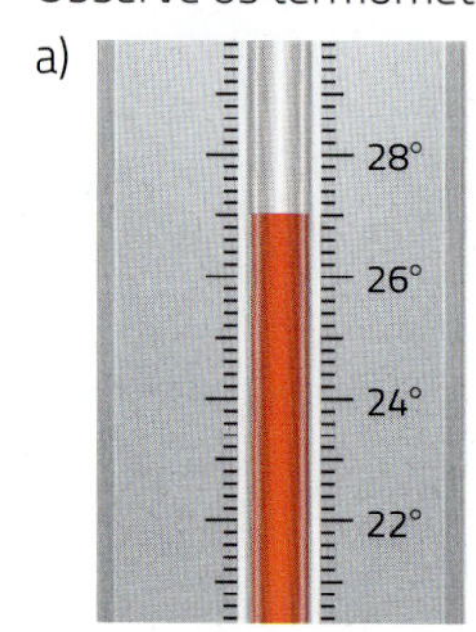

b)

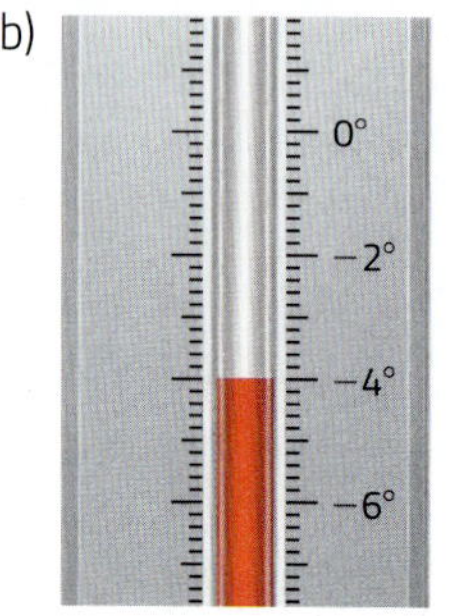

c)

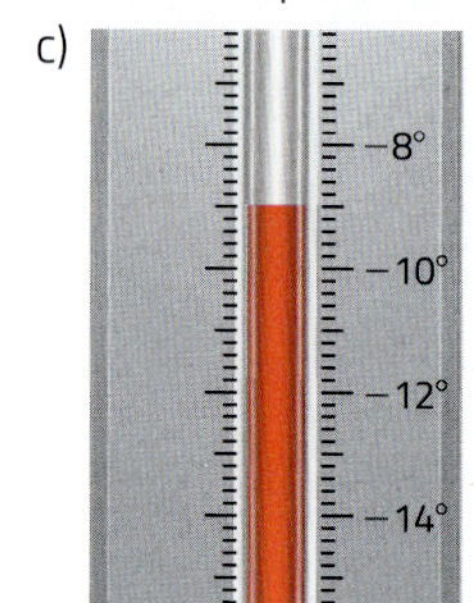

d)

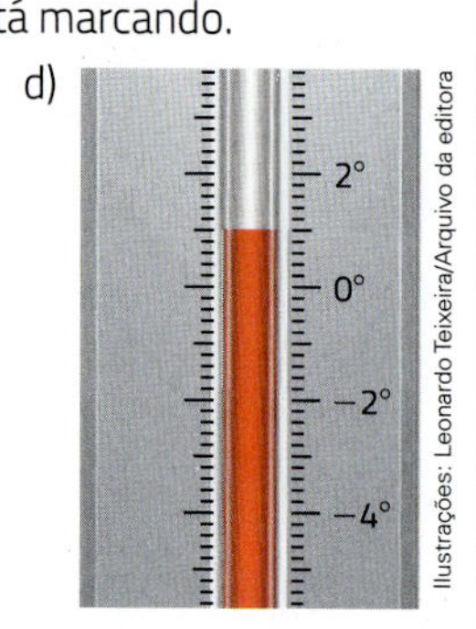

Ilustrações: Leonardo Teixeira/Arquivo da editora

2 Escreva cada medida de temperatura, em °C.

a) 3 graus Celsius abaixo de zero.

b) 10 graus Celsius acima de zero.

3 Se uma medida de temperatura de 0 °C baixar 5 graus Celsius, então qual será a nova medida de temperatura?

4 Se uma medida de temperatura de −1 °C subir 7 graus Celsius, então qual será a nova medida de temperatura?

5 Indique os números correspondentes às medidas de temperatura **A**, **B**, **C** e **D** neste termômetro.

As imagens desta página não estão representadas em proporção.

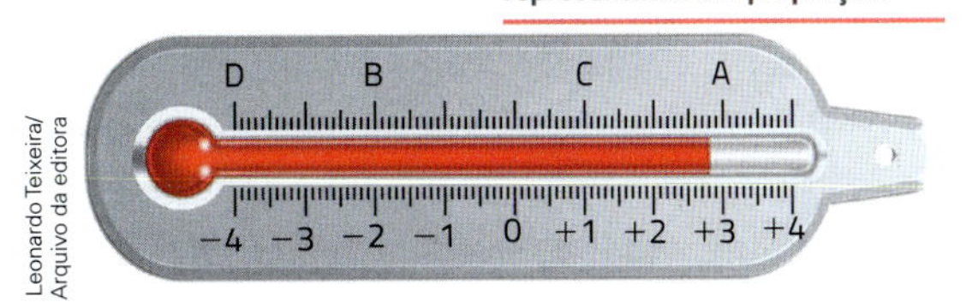

Leonardo Teixeira/Arquivo da editora

6 Quais destes termômetros estão indicando medidas de temperatura negativas?

a)

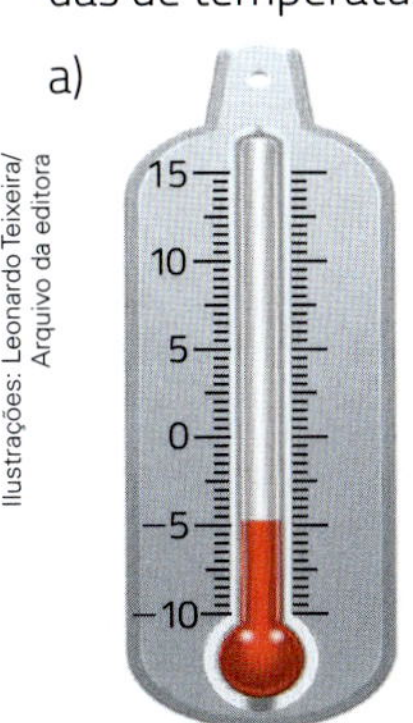

c)

b)

d)

Ilustrações: Leonardo Teixeira/Arquivo da editora

7 Em uma cidade europeia, foi registrada a medida de temperatura ao meio-dia durante os 8 primeiros dias de janeiro de determinado ano. Veja os registros no gráfico a seguir, que relaciona cada dia à medida de temperatura correspondente.

Medidas de temperatura nos 8 primeiros dias de janeiro

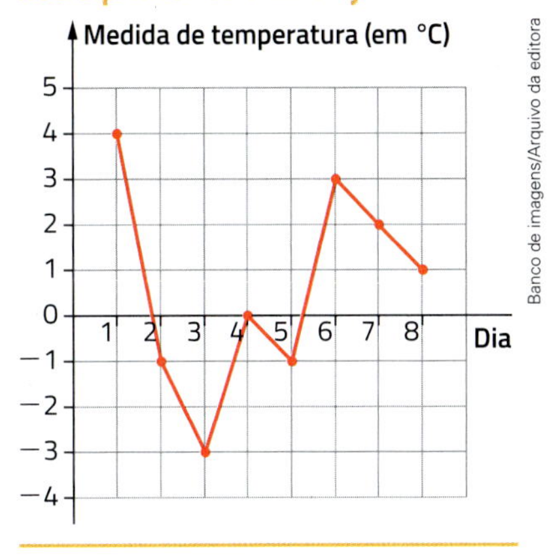

Banco de imagens/Arquivo da editora

Gráfico elaborado para fins didáticos.

a) Faça uma tabela que corresponda a esse gráfico.

b) Qual foi a maior medida de temperatura registrada nesses dias? Em qual dia ela ocorreu?

c) Qual foi a menor medida de temperatura? Em qual dia ela ocorreu?

d) Em qual dia a medida de temperatura registrada foi de 0 °C?

e) Qual foi a medida de temperatura registrada no dia 2?

Saiba mais

Sensação térmica: você já ouviu falar nisso?

Sensação térmica é um fenômeno que resulta da percepção do vento com a temperatura. Considere, por exemplo, que os termômetros meteorológicos estejam registrando uma medida de temperatura *t* de 10 °C. Se a medida de velocidade *v* dos ventos for de 7 km/h, então a medida de sensação térmica *s*, ou seja, a medida de temperatura que nosso corpo "sente", será de 9 °C; com ventos a 40 km/h, a medida de sensação térmica será de −1 °C; se estiver ventando a 79 km/h, então a medida de sensação térmica será de −4 °C. Veja outros exemplos nesta tabela.

Relação entre a temperatura e o vento que resulta na sensação térmica

t (em °C)	*v* (em km/h)	*s* (em °C)
−5	7	−6
−5	40	−23
−5	79	−28
0	7	−1
0	40	−16
0	79	−20

Fonte de consulta: INFOESCOLA. *Sensação térmica*. Disponível em: <www.infoescola.com/termodinamica/sensacao-termica/>. Acesso em: 21 maio 2018.

Altitude

Os números positivos, os números negativos e o zero também são usados para indicar medidas de altitude. Essa é a grandeza que indica a medida de comprimento vertical entre um ponto da superfície terrestre e o nível do mar.

Medidas de altitudes acima do nível do mar são indicadas por números positivos, e medidas de altitude abaixo do nível do mar são indicadas por números negativos. Para o nível do mar, usamos o 0 (zero).

Por exemplo, o ponto mais alto da superfície terrestre é o monte Everest, na fronteira entre a China e o Nepal, com medida de altitude de aproximadamente 8 848 metros acima do nível do mar (ou +8 848 m). E o ponto mais baixo é a fossa das Marianas, localizada no oceano Pacífico, a leste das Filipinas, cuja medida de altitude é de aproximadamente 11 034 metros abaixo do nível do mar (−11 034 m).

Autumn Sky Photography/Shutterstock

Monte Everest. Foto de 2017.

As imagens desta página não estão representadas em proporção.

Fuso horário civil

Cada fuso horário é uma faixa situada entre pares de meridianos dentro da qual prevalece o mesmo horário.

Fuso horário civil

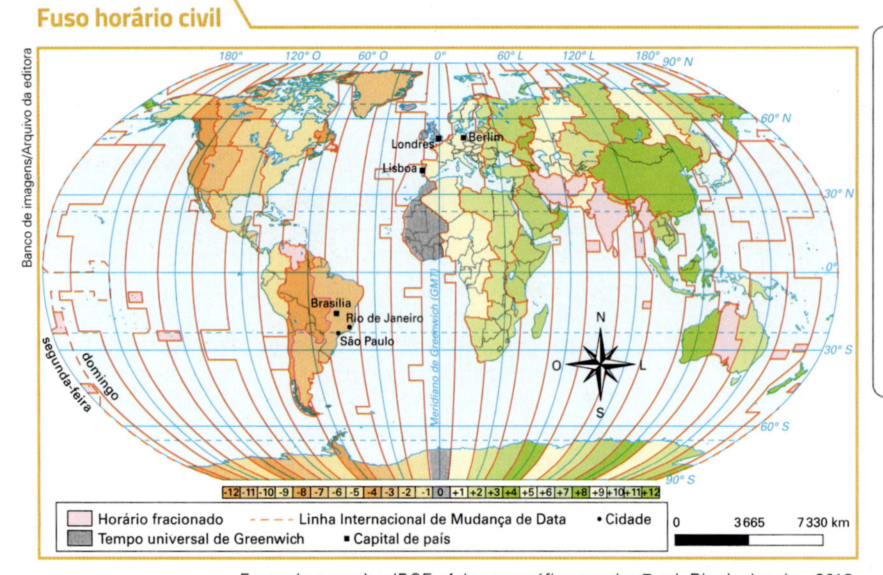

Banco de imagens/Arquivo da editora

Fonte de consulta: IBGE. *Atlas geográfico escolar*. 7. ed. Rio de Janeiro, 2016.

Thiago Neumann/Arquivo da editora

Veja alguns exemplos, sem considerar se o país está ou não no horário de verão.

- Se em Londres forem 10 horas da manhã, então em Brasília serão 7 horas da manhã, pois o fuso horário de Brasília em relação a Londres é −3 (menos 3 ou 3 negativo).
- Se em São Paulo forem 10 horas da manhã, então em Londres serão 13 horas, pois o fuso horário de Londres em relação a São Paulo é +3 (mais 3 ou 3 positivo).
- Se em Londres forem 10 horas da manhã, então em Lisboa serão 10 horas da manhã também, pois as 2 cidades estão no mesmo fuso horário, ou seja, o fuso horário de uma em relação à outra é 0 (zero).

Valor monetário

Veja mais um exemplo de aplicação dos números positivos, dos números negativos e do zero: para indicar valores monetários.

Mara tinha R$ 250,00 na conta bancária, ou seja, +R$ 250,00, que é um número positivo. Ao pagar um boleto, ela ficou com saldo negativo de R$ 60,00 na conta, ou seja, −R$ 60,00, que é um número negativo.

Saiba mais

O **cheque especial** é um serviço oferecido pelos bancos a alguns clientes e que permite a eles retirar, mediante pagamento de juros e outras despesas e dentro de um limite estabelecido, uma quantia superior à quantia que eles têm depositada em conta.
Leia mais sobre esse assunto na página 39 deste capítulo.

As imagens desta página não estão representadas em proporção.

Atividades

8 Registre, usando números positivos, números negativos e o zero.

a) Uma altitude que mede 60 m acima do nível do mar.

b) A medida de altitude ao nível do mar.

c) Uma altitude que mede 45 m abaixo do nível do mar.

d) Um depósito de R$ 100,00.

e) Uma retirada de R$ 80,00.

f) Um depósito de R$ 50,00 seguido de uma retirada de R$ 70,00.

9 Para fazer algumas retiradas de dinheiro, Luís precisou utilizar o cheque especial da conta bancária. Neste extrato bancário da conta bancária dele, observe que o saldo era positivo nos dias 5/2 e 10/2, de +R$ 400,00 e de +R$ 330,00, respectivamente, e era negativo no dia 7/2, de −R$ 50,00.

Quais eram os saldos nos dias 15/2, 20/2 e 26/02? Complete o extrato bancário com o saldo correto.

Paulo Manzi/Arquivo da editora

EXTRATO BANCÁRIO

DATA	MOVIMENTAÇÃO DA CONTA	SALDO
05/2		+R$ 400,00
07/2	Retirada de R$ 450,00	−R$ 50,00
10/2	Depósito de R$ 380,00	+R$ 330,00
15/2	Retirada de R$ 350,00	________
20/2	Retirada de R$ 100,00	________
26/2	Depósito de R$ 200,00	________

10 Converse com os colegas sobre o significado de:

a) extrato bancário;

b) movimentação da conta;

c) retirada e depósito;

d) saldo positivo e saldo negativo.

11 **Conexões.** Consultando o mapa de fuso horário da página anterior, temos a seguinte correspondência:

- Fuso de Nova York em relação a Brasília: −2.
- 20 h em Brasília → 18 h em Nova York.

Consulte o mesmo mapa de fuso horário e complete as frases com as informações adequadas.

a) Fuso de Brasília em relação a Buenos Aires: ☐

12 h em Buenos Aires → ☐ em Brasília.

b) Fuso de Moscou em relação a Paris: ☐

7 h em Paris → ☐ em Moscou.

c) Fuso de Buenos Aires em relação a Moscou: ☐

16 h em Moscou → ☐ em Buenos Aires.

Paulo Manzi/Arquivo da editora

Relógios representando o horário em diversas cidades do mundo.

12 Você deve ter notado que, de modo geral, os **números negativos** estão sempre relacionados a certas expressões, como **antes de**, **abaixo de**, **à esquerda de**, entre outras expressões. Os números positivos estão relacionados às situações opostas a essas, como **depois de**, **acima de**, **à direita de**, entre outras.

Convide alguns colegas para realizar esta atividade com você. Em cada item, um de vocês diz qual é o número correspondente e se ele é positivo ou negativo. Os demais conferem.

a) 20 m acima do nível do mar.

b) Uma dívida de R$ 100,00.

c) 2 m para trás.

d) Descer 12 degraus.

e) 10 °C acima de zero.

f) Ganhar R$ 6,00.

g) 8 °C abaixo de zero.

h) Ficar parado.

i) Avançar 2 m.

j) Débito de R$ 40,00.

k) Crédito de R$ 65,00.

l) 21 m abaixo do nível do mar.

m) Lucro de R$ 100,00.

n) Prejuízo de R$ 50,00.

13 **Conexões.** No calendário cristão, o nascimento de Cristo é considerado o marco zero (0). Os fatos acontecidos antes do nascimento de Cristo têm os anos indicados pela sigla a.C. ou pelo sinal de menos (−). São, por isso, considerados números negativos. Já os fatos acontecidos depois de Cristo têm os anos indicados pela sigla d.C., ou pelo sinal de mais (+), ou ficam sem sigla nem sinal. São números positivos.

a) Em qual ano morreu uma pessoa que nasceu no ano −10 e viveu 50 anos?

b) Quantos anos viveu uma pessoa que nasceu no ano −65 e morreu no ano +11?

c) Em qual ano nasceu uma pessoa que viveu 70 anos e morreu no ano −20?

Um pouco de História

A origem dos números negativos

Toda civilização que desenvolveu a atividade de contar teve também que estabelecer o conceito de número natural. Quando dizemos "conceito de número natural" não estamos nos referindo aos símbolos como os conhecemos, mas sim às ideias que eles representam. Assim, podemos deduzir que o conceito de número natural data de tempos muito remotos, com a exceção do zero, que é um conceito mais recente.

Os primeiros indícios da existência de números negativos vêm da China, na época da dinastia Han (220 a 202 a.C.). Os chineses representavam os números negativos utilizando barras negras e os números positivos utilizando barras vermelhas.

Os indianos também chegaram a fazer uso dos números negativos na resolução de determinadas equações, chamadas de quadráticas. O indiano Brahomagupta (598-670 d.C.), na obra mais importante dele, *Brahmasphutasiddhanta*, nos apresenta uma aritmética mais sistematizada, aparecendo nela os números inteiros negativos.

No século III, Diofanto de Alexandria, no livro *Aritmétika*, fez uso de números inteiros negativos na resolução de vários problemas.

Mas foi difícil para muitos matemáticos aceitar a existência desses números; muitos os chamavam de "numeri absurdi".

Com o desenvolvimento do comércio nos séculos XVI e XVII, foram implementadas 2 noções importantes: o lucro e o prejuízo. Assim, os lucros poderiam ser representados por números positivos e os prejuízos e as dívidas por números negativos. Esse conjunto de números recebeu o nome de conjunto dos números inteiros. No século XVIII surgia a interpretação geométrica e a representação dos números inteiros na reta numerada, o que propiciou um melhor entendimento da relação entre os números positivos e os números negativos.

Fonte de consulta: UFRGS. Disponível em: <www.mat.ufrgs.br/~vclotilde/disciplinas/html/historia%20negativos.pdf>. Acesso em: 21 maio 2018.

Ilustrações: Rodrigo Pascoal/Arquivo da editora

As imagens desta página não estão representadas em proporção.

2 O conjunto dos números inteiros

O conjunto dos números naturais é representado por:

$$\mathbb{N} = \{0, 1, 2, 3, 4, 5, 6, ...\}$$

Como as representações 2 e +2 têm o mesmo significado, o conjunto dos números naturais também pode ser escrito desta maneira:

$$\mathbb{N} = \{0, +1, +2, +3, +4, +5, +6, ...\}$$

Dizemos que os números naturais correspondem aos números inteiros positivos com o zero.

Observe agora o conjunto dos números inteiros negativos:

$$\{..., -6, -5, -4, -3, -2, -1\}$$

Reunindo os números naturais com os números inteiros negativos, obtemos o **conjunto dos números inteiros**, que é representado assim:

$$\mathbb{Z} = \{..., -6, -5, -4, -3, -2, -1, 0, 1, 2, 3, 4, 5, 6, ...\}$$

ou assim:

$$\mathbb{Z} = \{..., -6, -5, -4, -3, -2, -1, 0, +1, +2, +3, +4, +5, +6, ...\}$$

Observe que -4 é um elemento de $\mathbb{Z}$, mas não é um elemento de $\mathbb{N}$. Dizemos que:

- -4 **pertence** ao conjunto $\mathbb{Z}$ e representamos isso por $-4 \in \mathbb{Z}$;
- -4 **não pertence** ao conjunto $\mathbb{N}$ e representamos isso por $-4 \notin \mathbb{N}$.

Saiba mais

A letra **Z** é a inicial da palavra **zahl**, que significa 'número' em alemão.
Uma curiosidade é que **Z** é também a primeira letra do sobrenome do matemático alemão Ernst Zermelo (1871-1953), que se dedicou ao estudo dos números inteiros.

Representação na reta numerada

Considere a reta *r* abaixo. Para representar os números negativos, os números positivos e o zero nela, começamos com a escolha de um ponto que será a **origem**. Vamos escolher o ponto *O*. Em seguida, precisamos escolher uma unidade, por exemplo, *OI*, sendo $OI = 1$ cm.

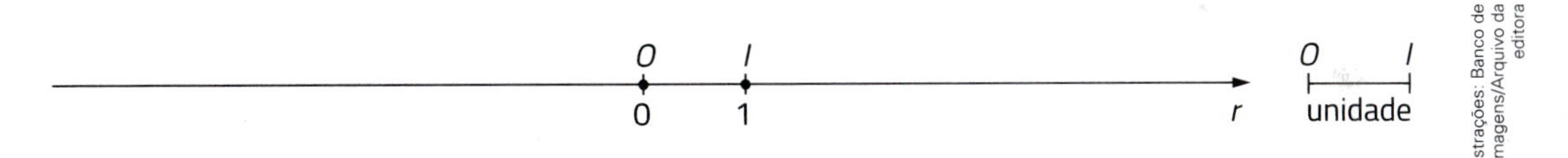

Ilustrações: Banco de imagens/Arquivo da editora

A partir da origem *O*, marcamos outros pontos usando a **mesma unidade de medida**.

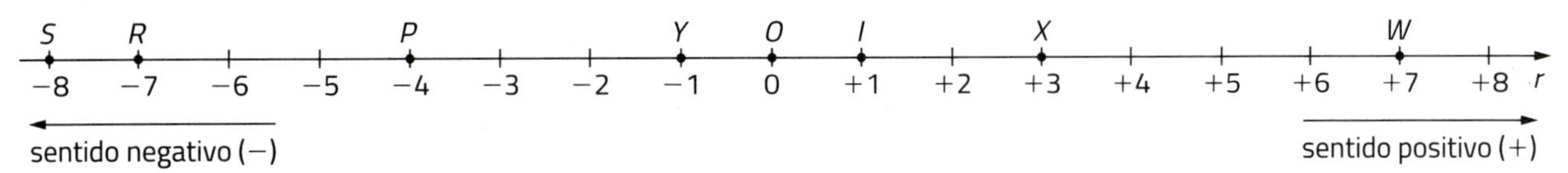

Observe que o ponto *X* está na parte positiva da reta, a 3 unidades da origem *O*, ou seja, ele corresponde ao número positivo 3 ou +3.

Já o ponto *Y* está na parte negativa, a 1 unidade de *O*, ou seja, ele corresponde ao número negativo −1.

Matematicamente, dizemos que o ponto *X* tem **abscissa** +3 e o ponto *Y* tem **abscissa** −1.

Thiago Neumann/ Arquivo da editora

Atividades

14 Considere o conjunto dos números inteiros e escreva:

a) o antecessor do zero;

b) o sucessor de -5;

c) o antecessor de -2;

d) o sucessor de 3;

e) o sucessor de -70;

f) o antecessor de $+95$.

As imagens desta página não estão representadas em proporção.

15 Complete os itens com o símbolo de pertence ($\in$) ou de não pertence ($\notin$).

a) -8 ☐ $\mathbb{N}$

b) -1 ☐ $\mathbb{Z}$

c) 0 ☐ $\mathbb{Z}$

d) 15 ☐ $\mathbb{N}$

e) $+11$ ☐ $\mathbb{Z}$

f) 1,5 ☐ $\mathbb{Z}$

16 Escreva:

a) um número inteiro que não é natural;

b) um número natural que não é inteiro.

17 $\mathbb{Z}^*$ é o símbolo que indica o conjunto dos números inteiros sem o zero. Represente esse conjunto indicando os elementos dele.

18 Observe a reta numerada da página anterior e escreva o número correspondente a cada ponto.

a) *P* b) *W* c) *R* d) *S*

19 Em que os números correspondentes aos pontos *W* e *R*, da atividade anterior, são semelhantes? E em que são diferentes?

20 Observe um trecho de uma reta numerada em uma malha quadriculada.

Banco de imagens/Arquivo da editora

E O I
0 +5 +10

a) Complete esse trecho da reta numerada.

b) Qual número o ponto *E* representa?

c) Marque na reta numerada que você traçou a letra *P* no ponto correspondente ao número $+20$.

21 Desenhe uma reta numerada escolhendo uma unidade de medida. Depois, localize estes pontos nela.

a) *A*: $+5$

b) *O*: 0

c) *B*: -3

d) *C*: -7

e) *D*: $+2$

f) *E*: -1

g) *F*: -5

h) *G*: $+3$

22 Observe as retas numeradas, descubra a unidade de medida que está sendo usada e indique o número que o ponto *A* representa em cada uma delas.

a)

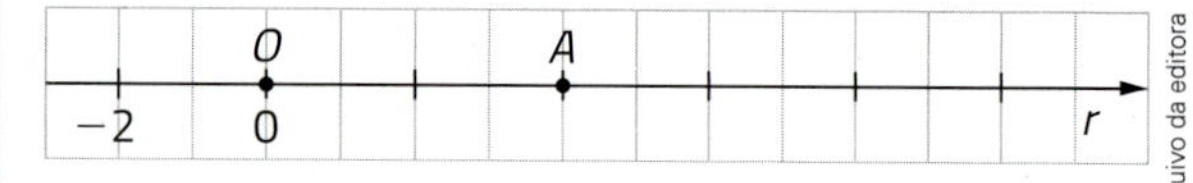

b)

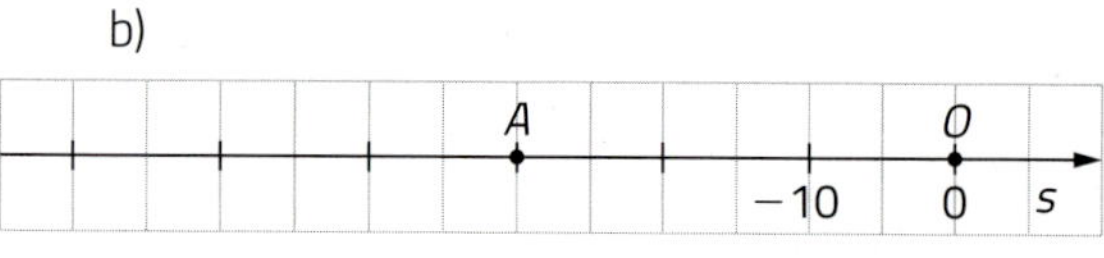

c)

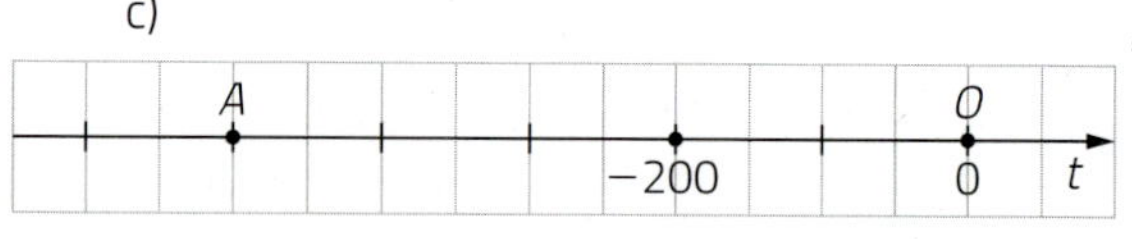

d)

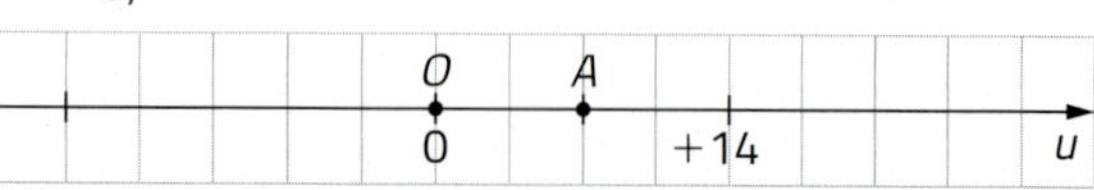

e)

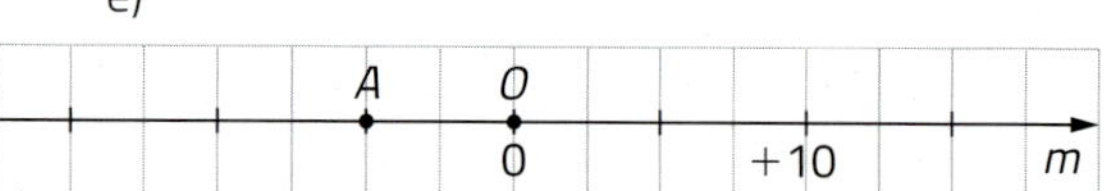

Ilustrações: Banco de imagens/Arquivo da editora

23 Considerando uma reta numerada com números inteiros, como a da página anterior, represente o que se pede.

a) O conjunto *A* dos números inteiros que estão à direita de -3.

b) O conjunto *B* dos números inteiros de -1 até $+5$;

c) O conjunto *C* dos números inteiros que estão entre -1 e $+5$;

d) O conjunto *D* dos números inteiros que estão à esquerda de $+2$;

e) O conjunto *E* dos números inteiros de -7 até -2.

24 Escreva os números inteiros representados pelos pontos *A*, *B* e *C* em cada reta numerada.

a)

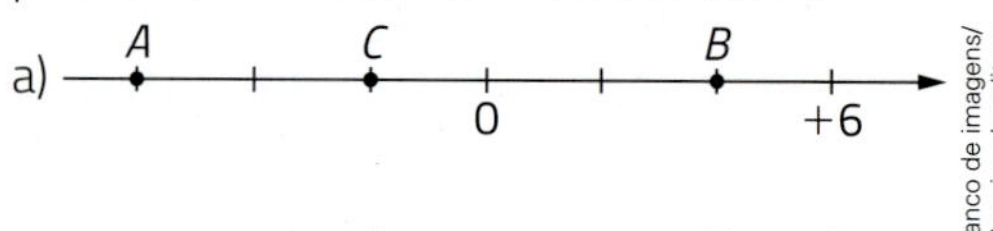

b)

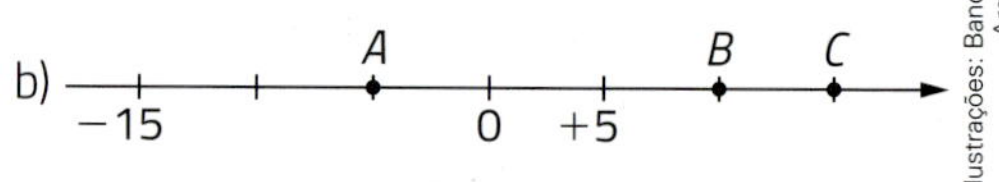

c)

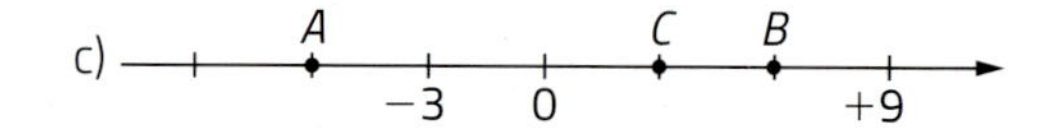

Ilustrações: Banco de imagens/Arquivo da editora

Módulo ou valor absoluto de um número inteiro

Observe esta reta numerada.

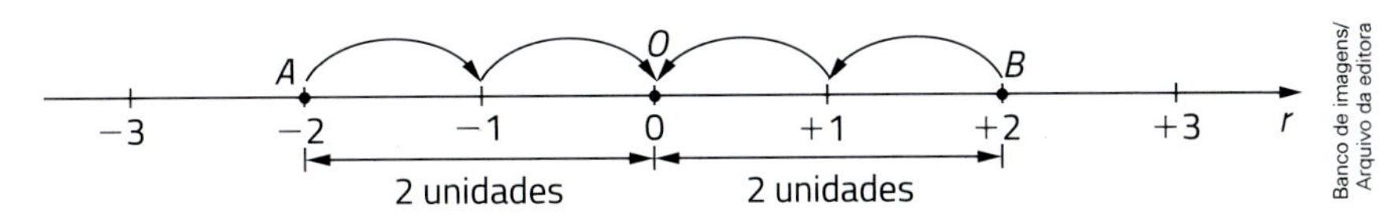

A medida de distância entre o ponto *A* (que representa o -2) e a origem é de 2 unidades.

O número 2, que expressa a medida de distância entre *A* e a origem *O*, é chamado de **módulo** ou **valor absoluto** do número inteiro -2. Indicamos assim: $|-2| = 2$ e lemos: módulo de menos dois é igual a dois.

Observe que a medida de distância entre o ponto *B* (que representa o $+2$) e a origem também é de 2 unidades, ou seja, o módulo ou o valor absoluto de $+2$ também é 2. Simbolicamente: $|+2| = 2$.

Chamamos de **módulo** ou **valor absoluto** de um número inteiro a medida de distância entre o ponto que representa esse número e a origem da reta numerada. O módulo de um número inteiro diferente de 0 (zero) é sempre positivo.

Veja outros exemplos.

- O valor absoluto de -3 é 3, ou seja, $|-3| = 3$.
- O módulo de $+9$ é 9, ou seja, $|+9| = 9$.
- O módulo de 0 (zero) é 0, ou seja, $|0| = 0$.
- O valor absoluto de -20 é 20, ou seja, $|-20| = 20$.
- $|+11| = 11$
- $|-16| = 16$
- $|16| = 16$
- $|33| = 33$
- $|-41| = 41$
- $|-39| = 39$
- $|+28| = 28$
- $|+3| + |-2| = 3 + 2 = 5$
- $|-7| + |-8| = 7 + 8 = 15$

Atividades

25 Escreva o valor absoluto de cada número inteiro.

a) $+7$ b) -6 c) $+1$ d) -7 e) $+8$ f) -10

26 Determine o que é indicado em cada item.

a) $|-2|$ b) $|+100|$ c) $|-100|$ d) $|-9|$ e) $|+5|$ f) $|-11|$

27 Calcule o que é indicado em cada item.

a) $|-5| + |-4|$

b) $|+3| + |-1|$

c) $|-3| + |+1| + |-8|$

d) $|-98| + |-2|$

28 Entre os números -8, -5, $+5$, $+10$, -12, qual tem maior valor absoluto?

29 Até abril de 2018, a menor medida de temperatura já registrada na Terra foi de aproximadamente -89 °C, na Estação Vostok, na Antártida, em 21 de julho de 1983. Qual é o valor absoluto desse número?

Fonte de consulta: SUPERINTERESSANTE. *Tecnologia*. Disponível em: <https://super.abril.com.br/tecnologia/estacao-vostok-a-morada-do-frio/>. Acesso em: 21 maio 2018.

30 Responda e represente simbolicamente.

a) Qual é o valor absoluto de -4?

b) Qual é o valor absoluto de $+8$?

c) Quais números inteiros têm valor absoluto igual a 7?

d) Quais números têm valor absoluto igual a 0 (zero)?

e) Qual é o módulo de $+6$?

f) Qual é o módulo de -10?

g) Quais números inteiros têm módulo igual a -8?

Números opostos ou simétricos

Em qualquer reta numerada com números positivos e números negativos temos uma **simetria central** em relação à origem da reta.

Por exemplo, nesta reta numerada temos o ponto *O* na origem. Os pontos *A* e *B* têm a mesma medida de distância até a origem *O*, ou seja, têm uma simetria em relação à origem *O*. Então, dizemos que +1 e −1 (os números correspondentes a esses pontos) são **números opostos** ou **números simétricos**.

Devido a essa simetria em relação à origem, ou seja, em **relação ao zero**, os números inteiros também são chamados de **inteiros relativos**.

Thiago Neumann/Arquivo da editora

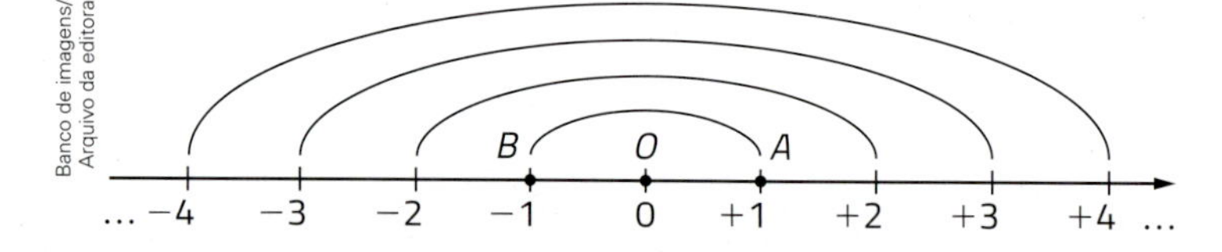

Banco de imagens/Arquivo da editora

Veja mais alguns exemplos de números opostos: +2 e −2, +3 e −3, e assim por diante.

Agora, veja como indicamos o oposto ou o simétrico de um número.

- Oposto de 4 → −4.
- Simétrico de +7 → −(+7) = −7.
- Oposto de −9 → −(−9) = +9 ou 9.
- O simétrico de 0 é o próprio 0.
- Oposto de −10 → −(−10) = +10 ou 10.

As imagens desta página não estão representadas em proporção.

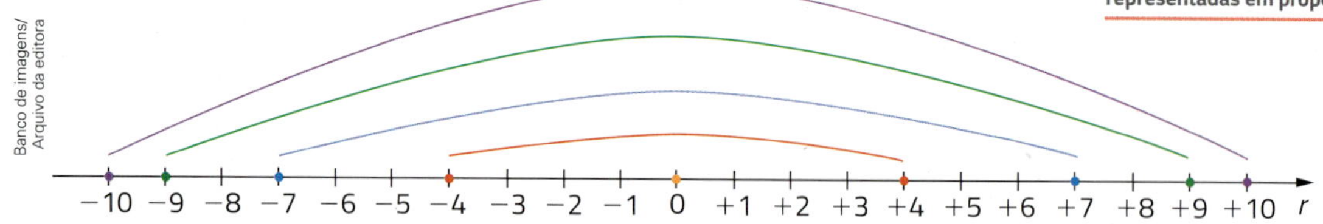

Banco de imagens/Arquivo da editora

Atividades

31 Indique e determine o oposto ou simétrico de cada número.

a) +56
b) −19
c) −11
d) +20
e) +150
f) −203
g) −59
h) +30
i) −44

32 Escreva o oposto de cada situação e o número correspondente.

a) Ganhar 5 pontos em um jogo (+5).
b) Um débito de R$ 20,00 (−20).
c) Um lucro de R$ 50,00 (+50).
d) Dois andares abaixo do térreo (−2).
e) 150 m acima do nível do mar (+150).
f) Ano 7 antes de Cristo (−7).
g) 3 unidades à direita do zero (+3).
h) Recuar 6 metros (−6).
i) Uma medida de temperatura de 3 graus Celsius abaixo de zero (−3).

Fom Conradi/Folhapress

Termômetro de rua na cidade de Urupema (SC). Foto de 2018.

3 Comparação de números inteiros

Comparar 2 números significa dizer se o primeiro **é maior do que (>)**, **é menor do que (<)** ou **é igual ao (=)** segundo número.

Para fazer a comparação de números inteiros, podemos usar vários recursos, como pensar em medidas de temperatura, relacionar a débitos e créditos, usar uma reta numerada, entre outros.

Veja alguns exemplos que os alunos do 7º ano **C** deram à professora usando uma reta numerada na posição vertical, uma reta numerada na posição horizontal e outras situações.

−4 −3 −2 −1 0 +1 +2 +3 +4

+3 +2 +1 0 −1 −2 −3 −4

Ilustrações: Banco de imagens/Arquivo da editora

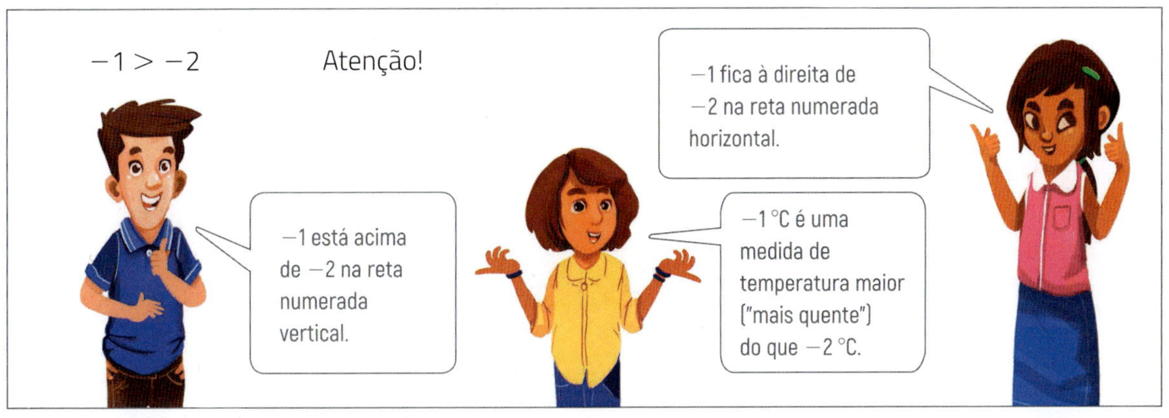

Veja outros exemplos de comparações.

- $-3 < 0$
- $0 < +1$
- $+4 > +2$
- $-3 < +1$
- $+2 = 2$
- $+1 > -1$

Bate-papo

Converse com os colegas sobre as comparações feitas em $-3 < 0$ e em $+1 > -1$ e justifiquem.

Explorar e descobrir

1› Complete os itens com $>$, $<$ ou $=$. Use o processo que julgar mais conveniente para fazer as comparações.

a) -3 ☐ $+9$ d) $+6$ ☐ $+2$ g) $+8$ ☐ 8 j) -374 ☐ -200

b) $+16$ ☐ 0 e) -6 ☐ -2 h) 0 ☐ $+11$ k) $+623$ ☐ $+519$

c) -18 ☐ 0 f) $+4$ ☐ -4 i) 0 ☐ -6 l) 86 ☐ -100

2› Depois de tudo o que estudou sobre comparação de números inteiros, você pode tirar algumas conclusões. Complete os itens com o símbolo ou com a informação adequados.

a) Quando comparamos um número positivo com um número negativo, o maior deles é sempre o ________.

Exemplos: $+87$ ____ -95 e -326 ____ $+188$.

b) Quando comparamos um número positivo com o zero, o maior deles é sempre o ________.

Exemplos: $+76$ ____ 0 e 0 ____ 85.

c) Quando comparamos um número negativo com o zero, o maior deles é sempre o ________.

Exemplos: -39 ____ 0 e 0 ____ -149.

d) Quando comparamos 2 números positivos, o maior deles é o que tem o módulo ________.

Exemplos: $+378$ ____ $+169$ e $+94$ ____ 100.

e) Quando comparamos 2 números negativos, o maior deles é o que tem o módulo ________.

Exemplos: -25 ____ -20 e -169 ____ -200.

Atividades

33› Observe o saldo bancário de 5 pessoas.

- João: saldo negativo de R$ 350,00.
- Marta: saldo positivo de R$ 200,00.
- Lúcia: saldo positivo de R$ 150,00.
- Marcelo: saldo negativo de R$ 180,00.
- André: saldo zero.

Escreva o número inteiro correspondente ao saldo de cada pessoa. Por exemplo: João → -350.

34› Faça a comparação dos números da atividade anterior nos seguintes casos:

a) João e Marta; d) Lúcia e André;

b) Marta e Lúcia; e) Marcelo e João;

c) André e Marcelo; f) Lúcia e Marcelo.

35› Escreva os 5 números das atividades anteriores em ordem crescente.

36› Escreva em ordem decrescente os números que aparecem nos quadrinhos.

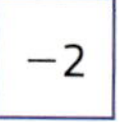

-10 | -2 | 0 | 9 | $+5$ | $+7$ | -6

Banco de imagens/Arquivo da editora

37› Observe o conjunto dos números inteiros ($\mathbb{Z}$):

$\mathbb{Z} = \{\ldots, -5, -4, -3, -2, -1, 0, +1, +2, +3, +4, +5, \ldots\}$

a) Qual é o menor número inteiro positivo?

b) Qual é o maior número inteiro positivo?

c) Qual é o menor número inteiro negativo?

d) Qual é o maior número inteiro negativo?

38› Indique os números de cada item e compare-os.

a) Medidas de temperatura de 5 graus Celsius abaixo de zero e de 7 graus Celsius acima de zero.

b) Altitude ao nível do mar e altitude a 2 metros abaixo do nível do mar.

c) Débito de 200 reais e débito de 350 reais.

d) Saldo positivo de 6 gols e saldo negativo de 6 gols.

e) Lucro de 500 reais e lucro de 600 reais.

39› Veja o que Letícia afirmou.

Se um número inteiro é maior do que $+5$, então o oposto dele é menor do que -5.

A afirmação dela está correta? Explique.

4 Operações com números inteiros

Vamos agora estudar as seguintes operações no conjunto dos números inteiros: adição, subtração, multiplicação, divisão e potenciação.

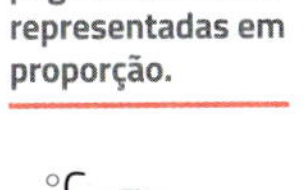

Adição de números inteiros

São vários os recursos que podemos utilizar para efetuar a adição de 2 números inteiros. Analise cada exemplo e procure utilizar um ou mais recursos que achar convenientes ao longo dos estudos. Se quiser, pode imaginar outras maneiras de adicionar os números.

- Adição de -2 e $+5$.

  Podemos pensar da seguinte maneira: uma medida de temperatura que era de 2 graus Celsius abaixo de zero (-2) e subiu 5 graus Celsius ($+5$) passou a ser de 3 graus Celsius acima de zero ($+3$).

  Podemos também usar uma reta numerada: partindo do -2 e contando 5 unidades para a direita ($+5$), chegamos ao $+3$.

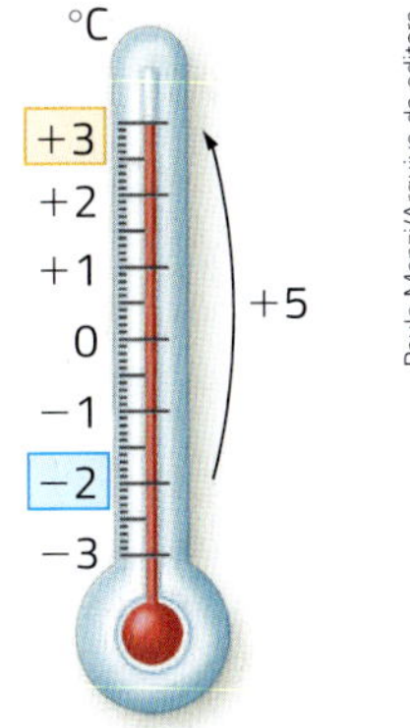

Paulo Manzi/Arquivo da editora

Termômetro.

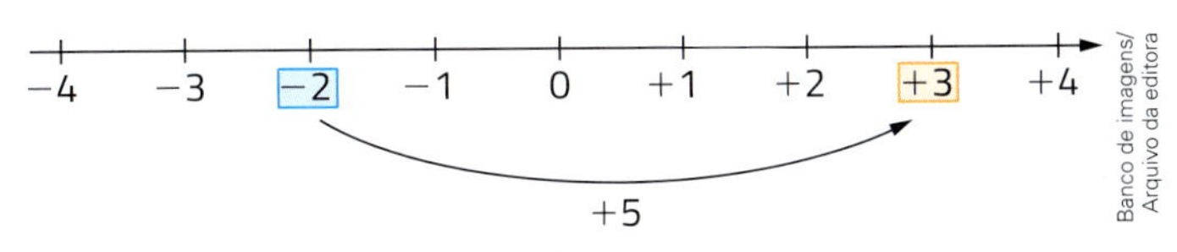

Banco de imagens/Arquivo da editora

  Indicamos essa adição assim: $(-2) + (+5) = +3$ ou $-2 + 5 = +3$.

- Adição de -1 e -3.

  Um mergulhador estava a 1 metro abaixo do nível do mar (-1) e desceu 3 metros (-3), ficando a 4 metros abaixo do nível do mar (-4).

  Também podemos usar uma reta numerada: partindo do -1 e andando 3 unidades para a esquerda (-3), vamos parar no -4.

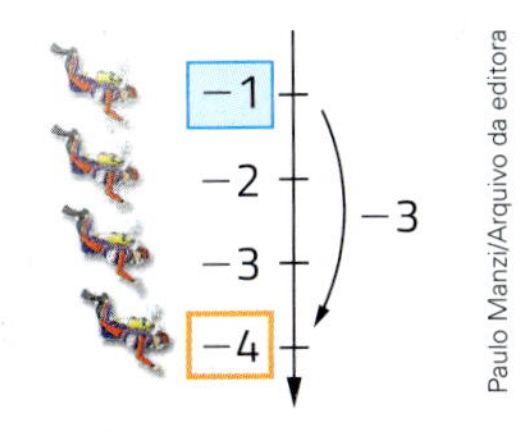

Paulo Manzi/Arquivo da editora

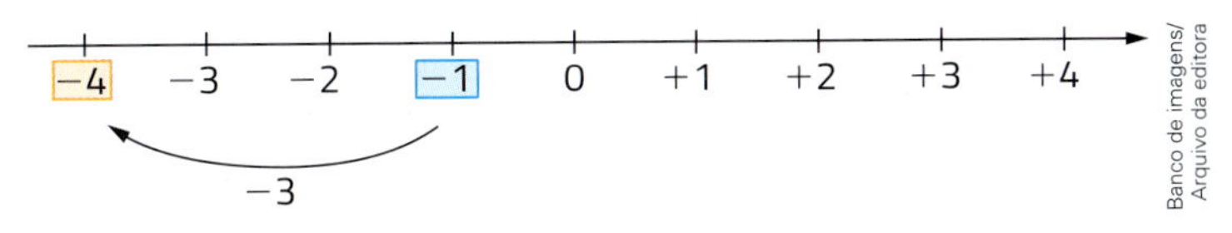

Banco de imagens/Arquivo da editora

  Indicamos essa adição assim: $(-1) + (-3) = -4$ ou $-1 - 3 = -4$.

Veja outros exemplos, agora utilizando apenas a reta numerada.

- Adição de $+3$ e -4.

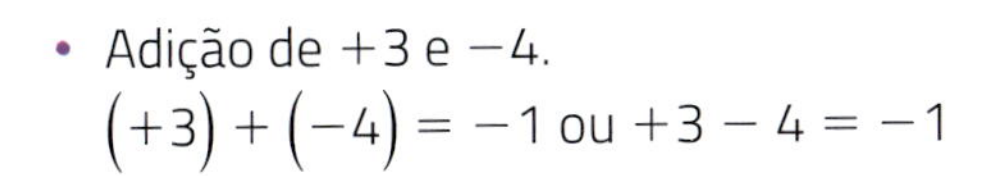

  $(+3) + (-4) = -1$ ou $+3 - 4 = -1$

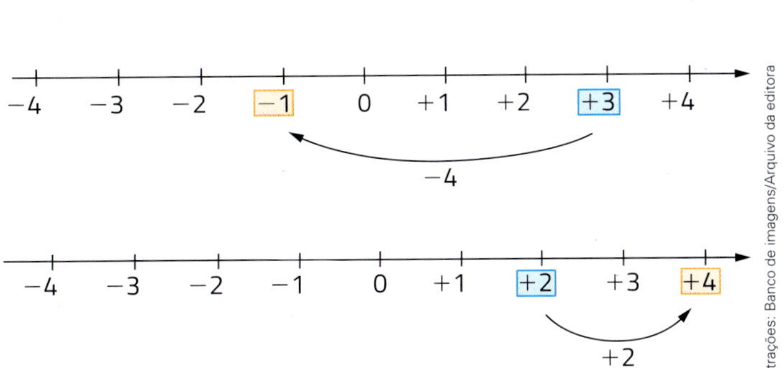

- Adição de $+2$ e $+2$.

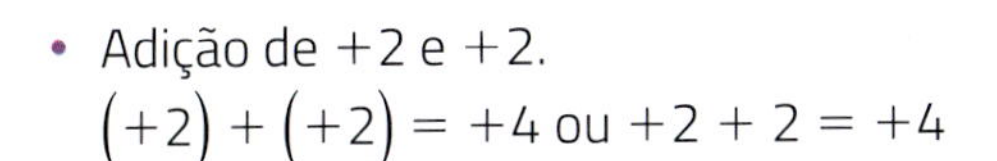

  $(+2) + (+2) = +4$ ou $+2 + 2 = +4$

- Adição de -4 e $+4$.

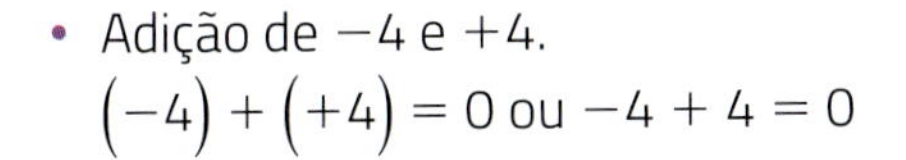

  $(-4) + (+4) = 0$ ou $-4 + 4 = 0$

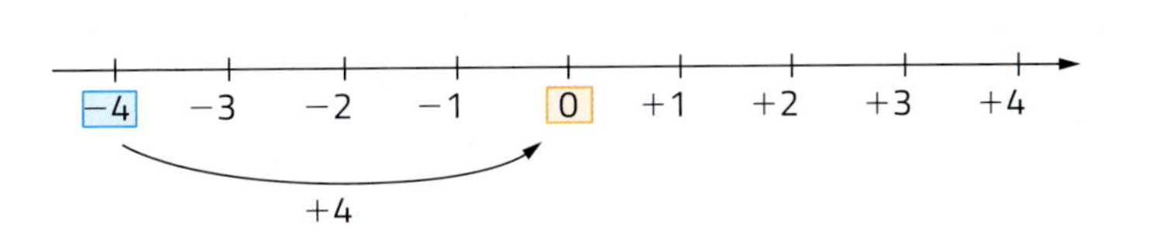

Ilustrações: Banco de imagens/Arquivo da editora

Atividades

40 Escolha o recurso que julgar mais conveniente para efetuar as adições.

a) Adição de -5 e $+4$.

b) Adição de -2 e -3.

c) Adição de $+2$ e -4.

d) Adição de -3 e $+4$.

41 Efetuem estas adições. Em cada item, um de vocês calcula o resultado e diz o recurso que utilizou. Os demais conferem a resposta e, se alguém quiser, pode justificar de outra maneira. Todos devem registrar as respostas.

a) $(-5) + (+2)$

b) $(+3) + (+4)$

c) $0 + (-5)$

d) $(-2) + (-2)$

e) $(-3) + (+3)$

f) $(+2) - 0$

g) $(+4) + (-6)$

h) $(-5) + (+7)$

i) $(-3) + (-4)$

j) $(+3) + 0$

k) $(+6) + (+1)$

l) $(+5) + (-4)$

42 **Adição de 2 números inteiros com sinais iguais (os 2 positivos ou os 2 negativos).** Observe os exemplos a seguir e converse com os colegas.

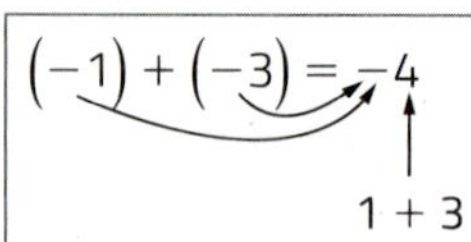

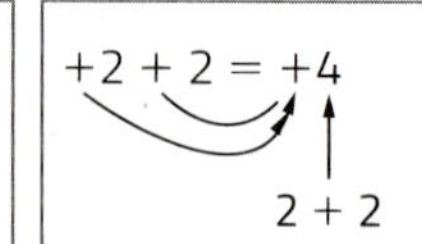

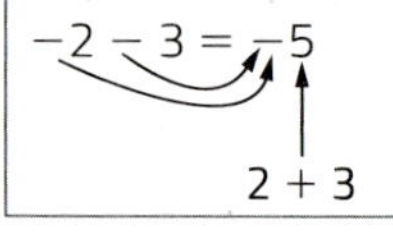

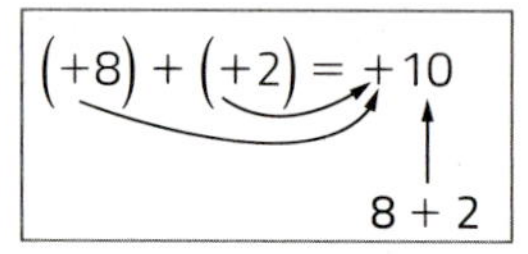

Pensando em cálculos similares, respondam ao que se pede em cada item.

a) Quando as 2 parcelas são negativas, o resultado da adição é sempre negativo?

b) Quando as 2 parcelas são positivas, o resultado da adição é sempre positivo?

c) Em ambos os casos, como é obtido o módulo do resultado?

43 A partir das conclusões da atividade anterior, efetue as adições a seguir. Depois, confira suas respostas com as de um colega.

a) $(-12) + (-15)$

b) $+23 + 30$

c) $(17) + (49)$

d) $-132 - 29$

e) $+132 + 29$

f) $-24 + (-12)$

44 **Adição de 2 números inteiros com sinais diferentes (1 positivo e 1 negativo).** Observe os exemplos e converse com os colegas.

$(-2) + (+5) = +3$
$5 - 2$

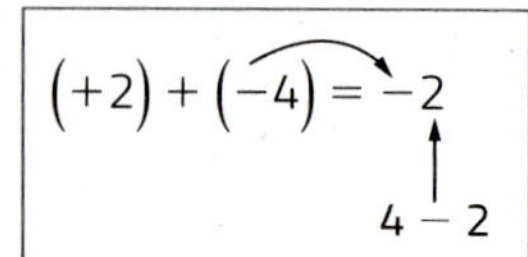

$(-4) + (+4) = 0$

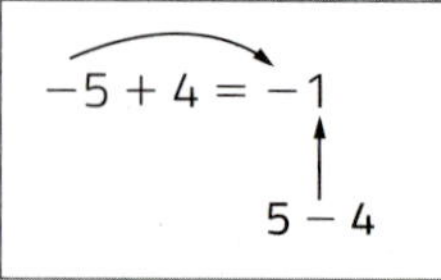

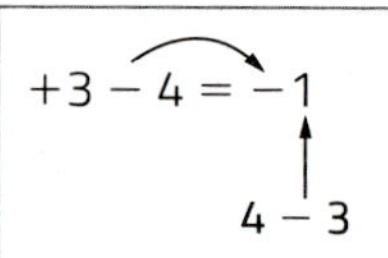

$(+5) + (-5) = 0$

Pensando em cálculos similares, respondam ao que se pede em cada item.

a) Quando as parcelas são 2 números opostos, qual é o resultado?

b) Quando as parcelas não são números opostos, mas têm sinais diferentes (uma positiva e uma negativa), qual delas define o sinal do resultado da adição?

c) Nesse caso, como é obtido o módulo do resultado?

45 A partir das conclusões da atividade anterior, efetue as adições a seguir. Depois, confira suas respostas com as de um colega.

a) $(+51) + (-51)$

b) $-80 + 30$

c) $-27 + 30$

d) $(+230) + (-201)$

e) $-37 + 37$

f) $+46 - 59$

46 **Adição que tem o 0 (zero) como uma das 2 parcelas.** O zero também é o **elemento neutro** da adição de números inteiros.

Observe os exemplos e converse com os colegas.

$0 + (-28) = -28$ $\quad$ $0 + (+25) = +25$

$+45 + 0 = +45$ $\quad$ $0 - 33 = -33$

Pensando em cálculos similares, respondam ao que se pede em cada item.

a) Quando uma das 2 parcelas é zero, qual é o resultado da adição?

b) Por que você acha que o zero é chamado de elemento neutro na adição?

c) Qual é o resultado quando as 2 parcelas são iguais a zero?

47 A partir das conclusões da atividade anterior, efetue as adições a seguir. Depois, confira suas respostas com as de um colega.

a) $0 + (+32)$
b) $0 + 21$
c) $(-86) + 0$
d) $0 + (-19)$
e) $(+38) + 0$
f) $-44 + 0$

48 **Adição com mais de 2 parcelas.** Observe os exemplos a seguir e converse com os colegas. Lembre-se das propriedades comutativa e associativa da adição, que você já estudou para os números naturais.

$30 + 40 + (-50) = 70 + (-50) = +20$

$(-35) + 20 + (-60) = 20 + (-95) = -75$

$15 + (-30) + (-10) + 50 = 65 + (-40) = +25$

$(-40) + 17 + 53 + (-30) = 70 + (-70) = 0$

Pensando em cálculos similares, respondam ao que se pede em cada item.

a) Ao adicionar mais de 2 parcelas é preciso sempre seguir a ordem em que os números aparecem?

b) Explique uma estratégia para adicionar mais de 2 parcelas.

c) Crie um exemplo de adição com mais de 2 parcelas e troque com um colega. Depois, verifique as estratégias utilizadas pelo colega.

49 A partir das conclusões da atividade anterior, efetue as adições a seguir. Depois, confira suas respostas com as de um colega.

a) $-12 + 4 + 11 - 8 + 13 + 1$
b) $(+6) + (-14) + (-7) + (+6) + (+9)$
c) $-2 + 5 + 3 - 2 + 1$
d) $-7 - 3 - 9 + 8 - 1 - 4$
e) $(+16) + (-29) + (+33) + (-37)$
f) $(-3) + (-5) + (-2) + (-1)$

50 Escreva e efetue a adição correspondente a cada situação e indique o novo saldo.

a) O saldo de José era negativo de R$ 120,00 e ele fez um depósito de R$ 200,00.

b) O saldo de Ana era positivo de R$ 95,00 e ela realizou uma retirada de R$ 100,00.

c) O saldo de Sílvio era negativo de R$ 55,00 e ele efetuou uma retirada de R$ 60,00.

d) O saldo de Sueli era zero e ela fez um depósito de R$ 250,00.

e) O saldo de Sérgio era positivo de R$ 427,00 e ele realizou um depósito de R$ 139,00.

51 A prima de Letícia e de Rodrigo tinha no banco um saldo positivo de R$ 30,00. Nos dias posteriores, fez as seguintes movimentações:

- depósito de R$ 40,00;
- retirada de R$ 35,00;
- depósito de R$ 30,00;
- retirada de R$ 50,00.

No fim de todas essas movimentações, qual era o saldo da conta da prima de Letícia e de Rodrigo?

52 Para um experimento de Ciências, Lúcio mediu a temperatura do ambiente em 7 momentos de um dia e anotou-as como neste esquema.

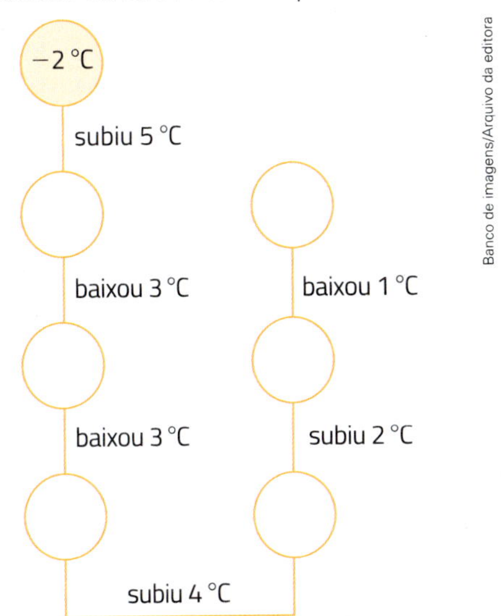

Banco de imagens/Arquivo da editora

Complete as anotações de Lúcio com as medidas de temperatura corretas. Em seguida, indique a adição correspondente, com mais de 2 parcelas, para obter a última medida de temperatura registrada.

53 Os **quadrados mágicos** foram criados na China por volta de 2200 a.C. Nas linhas, nas colunas e nas diagonais os números têm a mesma soma, chamada **soma mágica**. Complete este quadrado mágico com números inteiros.

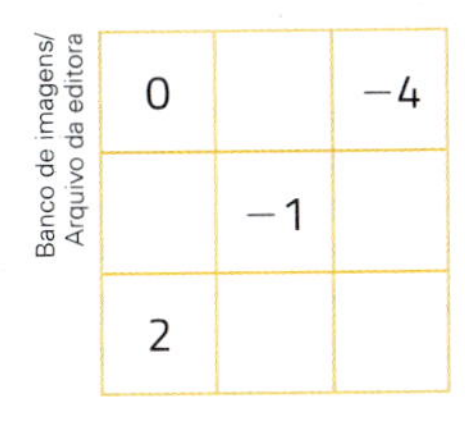

0		−4
	−1	
2		

Banco de imagens/Arquivo da editora

54 **Desafio.** Calcule e complete as sentenças com o número correto.

a) $(-5) + (+3) + (\_\_\_\_) + (+4) + (-3) = 0$

b) $\_\_\_\_ - 5 + 8 - 2 + 4 = -1$

Subtração de números inteiros

Até agora, todas as subtrações com números naturais que você efetuou tinham o primeiro termo (minuendo) maior ou igual ao segundo termo (subtraendo). Veja alguns exemplos.

$7 - 2 = 5$ $\quad 4 - 4 = 0$ $\quad 6 - 3 = 3$ $\quad 10 - 10 = 0$

Algumas subtrações não eram possíveis no conjunto dos números naturais. Por exemplo:

$2 - 5$ $\quad 4 - 9$ $\quad 10 - 12$ $\quad 30 - 80$

Agora, com os números inteiros negativos, sempre podemos efetuar a subtração entre 2 números naturais e também entre quaisquer 2 números inteiros.

Analise as 3 situações a seguir e procure observar a maneira de efetuar a subtração de números inteiros usando a operação inversa.

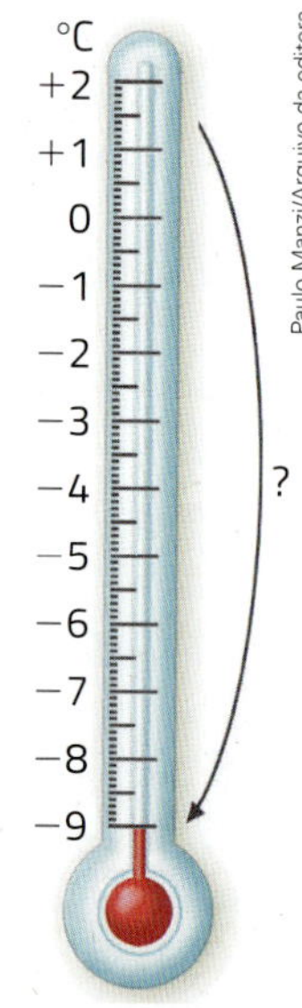

Termômetro.

- Quando uma medida de temperatura passou de +2 °C para −9 °C, qual foi a variação?

  Para responder a essa questão, precisamos calcular a diferença entre −9 e +2, ou seja, efetuar a subtração $(-9) - (+2)$. Usando a operação inversa, podemos descobrir qual é o número cuja adição com $(+2)$ resulta em (-9). Esse número é o −11, pois $(-11) + (+2) = -9$. Logo, $(-9) - (+2) = -11$ e, então, a temperatura baixou 11 °C.

  Analise a subtração efetuada, agora pelo processo prático.

  $$(-9) \underbrace{- (+2)}_{\text{Oposto de } +2, \text{ que é } -2.} = -9 - 2 = -11$$

- Em alguns prédios, existem andares superiores e andares inferiores (subsolo) ao térreo. Veja a fotografia de um painel de elevador. Nele aparecem o zero (térreo), os números negativos (subsolo) e os números positivos (acima do térreo) para indicar os andares do prédio. Para sair do 4º andar $(+4)$ e chegar ao 1º subsolo (-1), qual será o deslocamento do elevador?

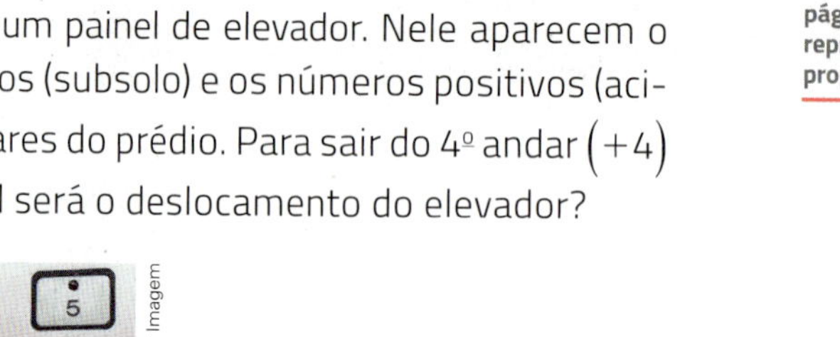

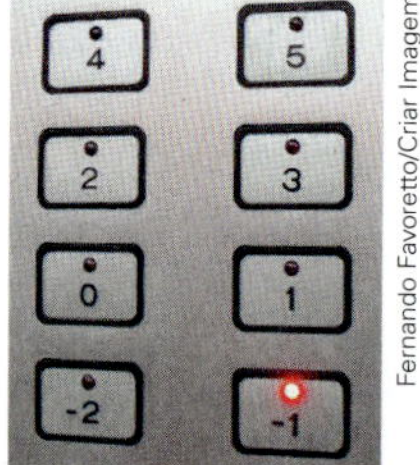

Painel de elevador.

As imagens desta página não estão representadas em proporção.

  Para responder a essa questão, precisamos calcular a diferença entre −1 e +4, ou seja, efetuar a subtração $(-1) - (+4)$. Usando a operação inversa, podemos descobrir qual é o número cuja adição com $(+4)$ resulta em (-1). O resultado é o −5, pois $(-5) + (+4) = -1$. Logo, $(-1) - (+4) = -5$ e, então, o elevador vai descer 5 andares.

  Analise a subtração efetuada, agora pelo processo prático.

  $$(-1) \underbrace{- (+4)}_{\text{Oposto de } +4, \text{ que é } -4.} = -1 - 4 = -5$$

- Que movimentação deve ser feita em uma conta bancária para passar de um saldo negativo de R$ 85,00 para um saldo positivo de R$ 48,00?

  Para responder a essa questão, precisamos calcular o saldo final menos o saldo inicial, ou seja, efetuar a subtração $(+48) - (-85)$. Usando a operação inversa, podemos descobrir qual é o número cuja adição com (-85) resulta em $(+48)$.

  Esse número é o $+133$, pois $(+133) + (-85) = +48$. Logo, $(+48) - (-85) = +133$ e, então, deve ser feito um depósito de R$ 133,00.

  Analise a subtração efetuada, agora pelo processo prático.

$$(+48) \underbrace{-(-85)}_{\text{Oposto de } -85, \text{ que é } +85.} = +48 + 85 = +133$$

Conclusão

Relacionando as subtrações efetuadas, podemos escrevê-las da seguinte maneira.

$$(-9) - (+2) = (-9) + (-2) = -9 - 2 = -11$$
$$(-1) - (+4) = (-1) + (-4) = -1 - 4 = -5$$
$$(+48) - (-85) = (+48) + (+85) = 48 + 85 = +133$$

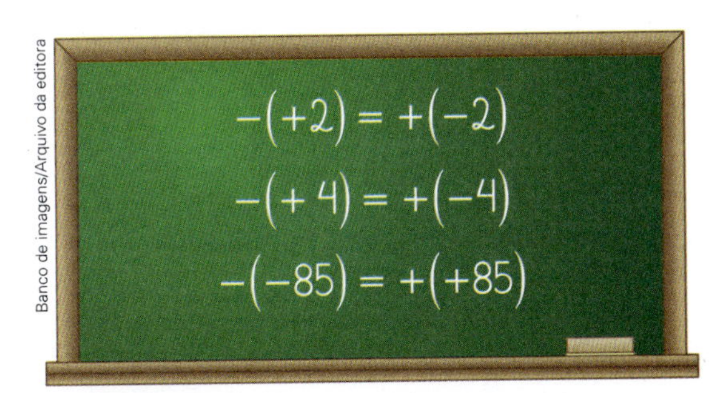

Banco de imagens/Arquivo da editora

Thiago Neumann/Arquivo da editora

Observe que subtrair um número é o mesmo que adicionar o oposto ou o simétrico desse número.

As situações que acabamos de ver mostram que o resultado de uma subtração de números inteiros pode ser obtido por meio da adição do primeiro número com o oposto do segundo.

As imagens desta página não estão representadas em proporção.

$$(+8) - (+3) = (+8) \underbrace{+(-3)}_{\text{Oposto de } +3.} = 8 - 3 = 5$$

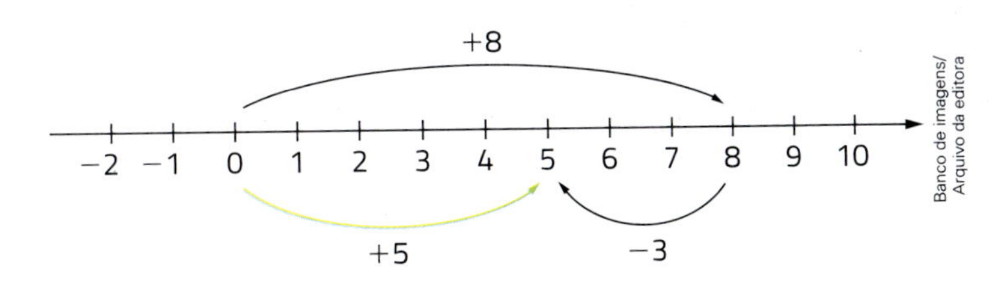

Banco de imagens/Arquivo da editora

Saiba mais

Usando apenas números naturais, sabemos que a subtração é impossível quando o primeiro termo (minuendo) é menor do que o segundo (subtraendo).

Assim, por exemplo, $3 - 5$ é uma subtração impossível em $\mathbb{N}$.

Veja agora a mesma subtração em $\mathbb{Z}$.

$3 - 5$ equivale a $(+3) - (+5) = (+3) + (-5) = +3 - 5 = -2$

A subtração é sempre possível em $\mathbb{Z}$.

Explorar e descobrir

Com um colega, utilizem uma calculadora para realizar as atividades.

1 Observem esta sequência numérica: 12, 10, 8, 6, 4, ...
Seguindo o mesmo padrão, determinem os próximos 4 números.

2 Agora, em uma calculadora, teclem: 1 2 − 2 =
Continuem pressionando a tecla = e registrem os 12 primeiros termos da sequência de resultados obtidos. Como são os números do 7º termo em diante?

3 Na sequência 42, 35, 28, 21, ..., seguindo o mesmo padrão, qual será o 8º termo?

4 Escrevam os 6 termos da sequência que tem o número 11 como primeiro termo e, a partir do segundo, cada termo vale 5 a menos que o anterior.

Ilustrações: Banco de imagens/Arquivo da editora

Atividades

55 Efetue as subtrações de números naturais com resultados em $\mathbb{Z}$.

a) 10 − 4
b) 8 − 8
c) 5 − 9
d) 3 − 8
e) 45 − 45
f) 16 − 28

56 Efetue a subtração correspondente a cada situação e escreva a medida de temperatura resultante.

a) A medida de temperatura era de 14 °C e baixou 4 °C.
b) A medida de temperatura era de 9 °C e baixou 9 °C.
c) A medida de temperatura era de 1 °C e baixou 3 °C.
d) A medida de temperatura era de 0 °C e baixou 4 °C.

57 Analise cada subtração com números naturais. Sem efetuar os cálculos, indique apenas aquelas cujos resultados são números inteiros negativos. Depois, confira as respostas usando uma calculadora.

a) 386 − 149
b) 926 − 1036
c) 5274 − 5274
d) 777 − 819
e) 6000 − 596
f) 74 − 2001

58 Efetue as subtrações.

a) $(-10) - (+3)$
b) $(-15) - (-8)$
c) $0 - (-25)$
d) $(+5) - (+9)$
e) $(+17) - 0$
f) $(+24) - (-12)$

59 Imagine o movimento do elevador em um prédio que tem 8 andares acima do térreo e 3 subsolos, como nesta imagem.
Complete a tabela a seguir. Na última coluna, indique o cálculo efetuado.

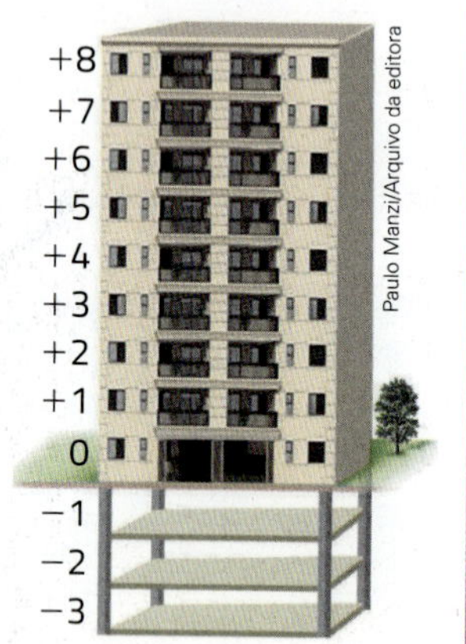

Movimentação entre os andares do prédio

Andar de saída	Deslocamento do elevador	Andar de chegada	Cálculo efetuado
−1	+3		
−2	−1		
+3		−3	
	+2	+2	
0	−2		
−3		−1	

Tabela elaborada para fins didáticos.

60 Use 2 métodos diferentes para calcular o resultado de cada item.

a) $(-3) + (+2) + (-4) + (-1) + (+2) +$
$+ (+1) - (-2) + (-1)$

b) $(-2) - (-4) - (+2) - (-3) + (-1) - (+2) +$
$+ (+3) - (-5)$

CONEXÕES

As imagens desta página não estão representadas em proporção.

Acima e abaixo de zero

Localizada no maciço da Serra da Mantiqueira, uma das mais elevadas cadeias de montanhas do Brasil, a cidade de Campos do Jordão (SP) tem a sede administrativa posicionada a 1 628 metros de altitude. Existe um método de classificação do clima, chamado Köppen-Geiger, que classifica o clima da cidade como "temperado marítimo" com verões amenos e medidas de temperatura média inferiores a 22 °C, mesmo no mês mais quente, e superiores a 10 °C em um intervalo de 4 meses. Em relação aos 12 meses do ano, a medida de temperatura média é de 14 °C.

Embora situada em altitude elevada para os padrões brasileiros, é muito rara a ocorrência de neve nessa cidade; foram registradas precipitações apenas nos anos de 1928, 1942, 1947 e 1966. Mas é frequente a ocorrência de geadas durante o inverno. O clima e a altitude, a baixa umidade e a pureza do ar, a rarefação da atmosfera e a intensidade de irradiação solar, fizeram de Campos do Jordão uma excelente localidade para a cura de doenças pulmonares, principalmente a tuberculose. Antes de se tornar um dos principais polos turísticos do país, a partir da metade do século XX, a cidade era conhecida pela grande quantidade de sanatórios e pensões que abrigavam doentes dessas enfermidades.

Como grande polo turístico que é atualmente, a "alta estação" ocorre nas férias de julho, quando milhares de turistas chegam para "curtir o frio". A medida de temperatura mais baixa registrada na cidade, de acordo com dados oficiais, foi de aproximadamente −7 °C, em 6 de junho de 1988; mas há registros não oficiais de medidas de temperatura de quase −9 °C em julho de 1926. A medida de temperatura mais elevada já registrada foi de aproximadamente 30 °C, em 17 de setembro de 1961.

Fontes de consulta: MUNDO ESTRANHO. *Cotidiano*. Disponível em: <https://mundoestranho.abril.com.br/cotidiano/qual-e-a-cidade-mais-alta-do-brasil/>. Acesso em: 12 set. 2017; FILHO, Pedro P. *História de Campos do Jordão*. Aparecida: Santuário, 1986; MIRANDA, Marina J. de.; et al. *A classificação climática de Koeppen para o Estado de São Paulo*. Centro de Pesquisas Meteorológicas e Aplicadas à Agricultura (CEPAGRI).

Carlos Cardetas/Alamy/Fotoarena

Vista aérea em dia de verão na cidade de Campos do Jordão (SP). Foto de 2018.

Cristiano Tomaz/Folhapress

Geada durante o inverno na cidade de Campos do Jordão (SP). Foto de 2017.

Questões

1. Qual é a diferença entre a maior medida de temperatura (30 °C) e a menor medida de temperatura (−7 °C) registradas oficialmente em Campos do Jordão?
2. Um termômetro registra 17 °C. Quanto a medida de temperatura deve variar para chegar a −3 °C?
3. Um termômetro registra −5 °C. Quanto a medida de temperatura deve variar para atingir 12 °C?
4. Você sabe qual é a diferença entre neve e geada? Pesquise.

Multiplicação de números inteiros

Explorar e descobrir

Regularidade e multiplicação com números inteiros

Observe esta tabela.

Lembre-se de que existe uma correspondência entre os números inteiros positivos mais o zero e os números naturais. Veja:

0	+1	+2	+3	...
	↕	↕	↕	
0	1	2	3	

Podemos usar essa correspondência nas multiplicações que envolvem os números inteiros positivos e o zero.

Por exemplo:

$(+3) \times (+5) = +15$ → $3 \times 5 = 15$

$0 \cdot (+8) = 0$ → $0 \cdot 8 = 0$

$(+10) \times (+5) = +50$ → $10 \times 5 = 50$

Tabela de multiplicações

×	+3	+2	+1	0	−1	−2	−3
+3	+9						
+2							
+1							
0							
−1							
−2							
−3							

Tabela elaborada para fins didáticos.

1▸ Preencha na tabela os quadrinhos das regiões amarela e laranja com o resultado das multiplicações entre números inteiros positivos e entre esses números e o zero. Veja que um dos resultados já aparece na tabela.

2▸ Complete as sentenças com a palavra correta.

a) A multiplicação entre números inteiros positivos resultou em um número inteiro ______________.

b) Em uma multiplicação em que um fator é um número inteiro positivo e o outro é zero, o resultado é sempre ______________.

3▸ Os demais quadrinhos da tabela você pode preencher observando a regularidade nas linhas e nas colunas.

a) Observe a linha do +3. Qual é a regularidade da sequência numérica dessa linha?

b) Observe agora a coluna do +3. Qual é a regularidade da sequência numérica dessa coluna?

4▸ Observando a tabela que você completou, converse com os colegas e responda aos itens.

a) Como devemos fazer para obter o resultado de uma multiplicação de 2 números inteiros com sinais diferentes (um positivo e o outro negativo)?

b) Como podemos obter o resultado em uma multiplicação de 2 números inteiros negativos?

5▸ Nessas atividades, fizemos multiplicações que envolvem números positivos, números negativos e o zero. Em todas elas, os módulos dos 2 números foram multiplicados e o sinal do resultado dependeu dos sinais dos 2 fatores. Observe ao lado como ficou a tabela analisando apenas os sinais. Agora, indique se o resultado de cada multiplicação abaixo será zero, positivo ou negativo.

Segundo número (colunas) / Primeiro número (linhas)

×	+	0	−
+	+	0	−
0	0	0	0
−	−	0	+

a) $0 \cdot 0$

b) 0 · número positivo

c) 0 · número negativo

d) número positivo · 0

e) número negativo · 0

f) número positivo · número positivo

g) número negativo · número negativo

h) número positivo · número negativo

i) número negativo · número positivo

Resumindo: na multiplicação, **se um fator é zero, então o resultado é zero.**
O **produto** de 2 números inteiros com **sinais iguais** tem **sempre sinal positivo**.
O **produto** de 2 números inteiros com **sinais diferentes** tem **sempre sinal negativo**.

Thiago Neumann/Arquivo da editora

Atividades

61 Efetue estas multiplicações aplicando suas descobertas.

a) $(-2) \times (+3)$
b) $(+1) \cdot (-2)$
c) $(-1) \times (+3)$
d) $(-7) \cdot (-11)$
e) $(-14) \cdot 0$
f) $(+15) \cdot (-8)$
g) $0 \cdot (-342)$
h) $(+12) \cdot (-12)$
i) $(-1) \times (-1)$
j) $(-11) \cdot (-9)$

62 Com um colega, tentem descobrir algumas propriedades da multiplicação de números inteiros observando a tabela que vocês construíram na página anterior.

63 **Multiplicação com mais de 2 fatores.** Em cada item, converse com os colegas sobre os exemplos dados, confiram os resultados e justifiquem as afirmações.

a) $(-2) \cdot (+5) \cdot (+3) \cdot 0 \cdot (-2) = 0$

$(+4) \cdot (-3) \cdot 0 = 0$

$0 \cdot (+8) \cdot (+4) \cdot (-9) = 0$

> Se pelo menos um dos fatores for zero, então o resultado será zero.

b) $(+3) \cdot (+2) \cdot (+5) \cdot (+2) \cdot (+1) = +60$

$(+7) \cdot (+10) \cdot (+3) = +210$

$(+2) \cdot (+2) \cdot (+2) \cdot (+2) = +16$

> Se todos os fatores forem positivos, então o resultado será positivo e os módulos dos fatores serão multiplicados.

c) $(+3) \cdot (+5) \cdot (-2) \cdot (+1) = -30$

(1 fator negativo)

$(+3) \cdot (-5) \cdot (-2) \cdot (+1) = +30$

(2 fatores negativos)

$(+3) \cdot (-5) \cdot (-2) \cdot (-1) = -30$

(3 fatores negativos)

$(-3) \cdot (-5) \cdot (-2) \cdot (-1) = +30$

(4 fatores negativos)

> Nos demais casos, contamos o número de fatores negativos: se o número for par, então o resultado será positivo; se o número for ímpar, então o resultado será negativo. Os módulos dos fatores serão multiplicados.

64 Qual é o produto de 1999 fatores iguais a -1? Justifique.

65 Efetue as multiplicações.

a) $(+2) \cdot (+7) \cdot (+10)$
b) $(-4) \cdot 0 \cdot (+3) \cdot (-8)$
c) $(+5) \cdot (-3) \cdot (+2) \cdot (+1) \cdot (-2)$
d) $(-1) \cdot (+2) \cdot (-2) \cdot (+5) \cdot (-3)$
e) $(-2) \cdot (-5) \cdot (-1) \cdot (-3)$
f) $(-10) \cdot (-2) \cdot (-2) \cdot (-10) \cdot (-2)$

66 **Desafio.** Lembre-se do cálculo do valor de potências no conjunto dos números naturais (base e expoente naturais) e calcule o valor de cada potência dada, com base inteira e expoente natural.

a) $(-7)^2$
b) $(+9)^2$
c) $(+2)^5$
d) $(+10)^4$
e) $(-3)^4$
f) $(-2)^5$
g) $(+1)^3$
h) $(+1)^2$
i) $(-1)^5$
j) $(-1)^4$

67 Veja como Carina escreveu uma multiplicação:

$$3 \times -8 = -24$$

Esta maneira de escrever 3 vezes o número -8 está correta? Por quê?

68 Qual é o sinal do resultado de uma multiplicação de números inteiros não nulos, em que o número de fatores negativos é o dobro do número de fatores positivos?

69 Observe as afirmações abaixo e indique se cada uma delas é verdadeira (V) ou falsa (F). No caso de ser verdadeira, dê 3 exemplos que confirmem a afirmação feita. No caso de ser falsa, dê 1 contraexemplo, ou seja, um exemplo que contesta a afirmação feita.

a) Representando os números inteiros em uma reta numerada, todos os pontos dessa reta corresponderão a números inteiros.
b) Todo número natural é um número inteiro.
c) Todo número inteiro é número natural.
d) A diferença entre 2 números inteiros negativos é sempre um número inteiro positivo.
e) O produto de 2 números inteiros negativos é sempre um número inteiro positivo.

Divisão de números inteiros

Lembre-se de que a divisão é a **operação inversa** da multiplicação.

Usando números naturais, por exemplo, podemos escrever:

Se $3 \cdot 5 = 15$, então $15 : 5 = 3$ e $15 : 3 = 5$.

Se $18 : 2 = 9$, então $9 \cdot 2 = 18$ e $2 \cdot 9 = 18$.

Agora que você estudou a multiplicação de números inteiros, pode usar a ideia de operação inversa para efetuar a divisão de números inteiros.

Por exemplo, qual é o valor de $(-12) : (+3)$?

Thiago Neumann/Arquivo da editora

As imagens desta página não estão representadas em proporção.

Veja outros exemplos.

- $(-20) \div (-4) = +5$, pois $(+5) \cdot (-4) = -20$.
- $(+8) \div (+8) = +1$, pois $(+1) \cdot (+8) = +8$.
- $(-35) \div (+7) = -5$, pois $(-5) \cdot (+7) = -35$.
- $(+15) \div (-5) = -3$, pois $(-3) \cdot (-5) = +15$.
- $0 \div (+4) = 0$, pois $0 \cdot (+4) = 0$.
- $0 \div (-8) = 0$, pois $0 \cdot (-8) = 0$.

Atividades

70 Efetue estas divisões utilizando a ideia de operação inversa. Depois, com os colegas, confira os resultados. Em cada item, um explica como fez o cálculo e os demais checam a resposta.

a) $(-14) : (-2)$

b) $(+25) : (+5)$

c) $(+4) : (-4)$

d) $0 : (+6)$

e) $(-2) : (-2)$

f) $(+369) : (-41)$

g) $(+42) : (-6)$

h) $(-12) : (-4)$

i) $0 : (+5)$

j) $\frac{-8}{+2}$

k) $0 : (-13)$

l) $(+45) : (+15)$

m) $(-8) : (+8)$

n) $(-17) : (-17)$

71 Converse com um colega para tentar responder: Por que divisões como $(+5) : 0$ e $(-9) : 0$, em que o divisor é zero, são impossíveis?

72 Analise as divisões efetuadas com o uso da operação inversa e registre em quais casos:

a) o quociente é positivo;

b) o quociente é negativo;

c) o quociente é zero;

d) a divisão é impossível;

e) a divisão é considerada uma indeterminação.

Thiago Neumann/Arquivo da editora

73 Indique e efetue as operações correspondentes.

a) A soma de -6 e $+2$.

b) A diferença entre -6 e $+2$.

c) O produto de -6 e $+2$.

d) O quociente de -6 por $+2$.

Potenciação: número inteiro na base e número natural no expoente

Você já estudou a operação de potenciação (multiplicação com fatores iguais) envolvendo números naturais: como obter o resultado, quais são os nomes dos termos e como fazer a leitura. Veja alguns exemplos.

$$5^3 = 5 \cdot 5 \cdot 5 = 125$$

Base: 5; expoente: 3; potência: 5^3; operação de potenciação: $5^3 = 125$.
Leitura: cinco elevado ao cubo é igual a cento e vinte e cinco.

$$2^6 = 2 \cdot 2 \cdot 2 \cdot 2 \cdot 2 \cdot 2 = 64$$

Leitura: dois elevado à sexta potência é igual a sessenta e quatro.

Podemos estender a ideia da potenciação para as bases sendo números inteiros. Observe estes exemplos com número inteiro na base e número natural no expoente.

Base inteira positiva

- $(+8)^1 = +8$
- $(+7)^2 = (+7) \cdot (+7) = +49$
- $(+2)^3 = (+2) \cdot (+2) \cdot (+2) = +8$
- $(+1)^4 = (+1) \cdot (+1) \cdot (+1) \cdot (+1) = +1$

Base 0 e expoente diferente de 0

- $0^1 = 0$
- $0^2 = 0 \cdot 0 = 0$
- $0^3 = 0 \cdot 0 \cdot 0 = 0$
- $0^4 = 0 \cdot 0 \cdot 0 \cdot 0 = 0$

Base inteira negativa

- $(-5)^1 = -5$
- $(-6)^2 = (-6) \cdot (-6) = +36$
- $(-4)^3 = (-4) \cdot (-4) \cdot (-4) = -64$
- $(-10)^4 = (-10) \cdot (-10) \cdot (-10) \cdot (-10) = +10\,000$

Atenção: Não podemos confundir potência de base inteira negativa com potência negativa. Por exemplo, $(-3)^4$ é uma potência de base inteira negativa. E em -3^4 a potência toda é negativa, pois é o oposto da potência 3^4; também poderíamos escrever $-(3^4)$.

E como calcular o valor de potências negativas? O próprio nome já indica que esse valor é negativo. Veja alguns exemplos.

Potência de base inteira negativa

- $(-5)^2 = (-5) \cdot (-5) = +25$
- $(-2)^3 = (-2) \cdot (-2) \cdot (-2) = -8$
- $(-10)^0 = +1$

Potência negativa

- $-5^2 = -(5 \cdot 5) = -25$
- $-2^3 = -(2 \cdot 2 \cdot 2) = -8$
- $-10^0 = (-10)^0 = -1$

Atividades

74 Recorde a potenciação que envolve apenas números naturais. Indique e efetue as potenciações correspondentes.

a) 5 elevado ao cubo.
b) A base é 3 e o expoente é 4.
c) 1 no expoente e 9 na base.
d) 1 elevado à sétima potência.
e) 8 elevado ao quadrado.
f) 0 elevado à quarta potência.
g) Base 6 e expoente 0.
h) 10 elevado à quinta potência.
i) Base 6 e resultado 36.
j) Expoente 3 e resultado 27.
k) Base 9 e resultado 1.
l) 100 elevado ao quadrado.

75 Determine o valor de mais estas potências, agora também com números inteiros negativos na base.

a) $(+5)^3$
b) $(-5)^3$
c) $(+10)^2$
d) 0^5
e) $(+2)^5$
f) $(-2)^5$
g) 0^9
h) $(-1)^4$
i) $(-8)^0$

76 Analisando as potenciações que você já efetuou, é possível chegar a conclusões que valem para todas as potenciações com número inteiro na base e número natural no expoente. Responda e dê um exemplo para cada item. Depois, confira com os colegas.

a) Qual é o resultado quando a base é 0 e o expoente é um número natural diferente de 0?

b) Qual é o resultado quando a base é um número inteiro positivo?

c) Qual é o resultado quando a base é um número inteiro negativo e o expoente é um número natural par?

d) Qual é o resultado quando a base é um número inteiro negativo e o expoente é um número natural ímpar?

77 Indique e efetue as potenciações correspondentes usando as conclusões da atividade anterior.

a) Base -8 e expoente 3.

b) $+20$ elevado ao cubo.

c) -7 elevado ao quadrado.

d) Base 0 e expoente 5.

e) $+10$ elevado à sexta potência.

f) -2 elevado à sétima potência.

g) $+30$ elevado ao quadrado.

h) -2 elevado à quarta potência.

i) Base -1 e expoente 8.

j) -10 elevado à oitava potência.

k) Base -3 e expoente 6.

l) Base -11 e expoente 0.

m) $+30$ elevado ao cubo.

n) Base -5 e resultado -5.

78 Calcule o valor de cada item.

a) $-2^4 + (-2)^4$

b) $(-3)^2 - (-5^0)$

c) $-7^0 - (-3)^3$

d) $-1^{100} - 3^2 + (-2)^3$

79 Efetue as operações de cada item e compare os resultados.

a) $(-12) + (+7)$ e $(-3)^2$

b) $(+6)^2$ e $(-4) \cdot (-9)$

c) $(-1) - (-9)$ e $(-2)^3$

d) $(+10) : (-2)$ e $(-1)^5$

e) $(-3)^2$ e $(-3)^3$

f) $(-5)(+5)$ e $(-5)^2$

g) $(+8)^2$ e $(+4)^3$

h) $(-1) - (-5)$ e $(-1)(-5)$

80 **Desafio.** Registre 5 potenciações diferentes, todas com resultado $+16$.

81 Sobre o valor de $(-3)^5$, Pedro calculou o resultado -15, Paulo calculou -243 e José calculou 243.

a) Qual deles acertou?

b) Explique os erros dos outros.

82 **Desafio. Qual é o segredo?** Descubra o segredo que relaciona os números de cada "pilha de números" e complete-as. Em cada "pilha" você usará uma mesma operação.

a)

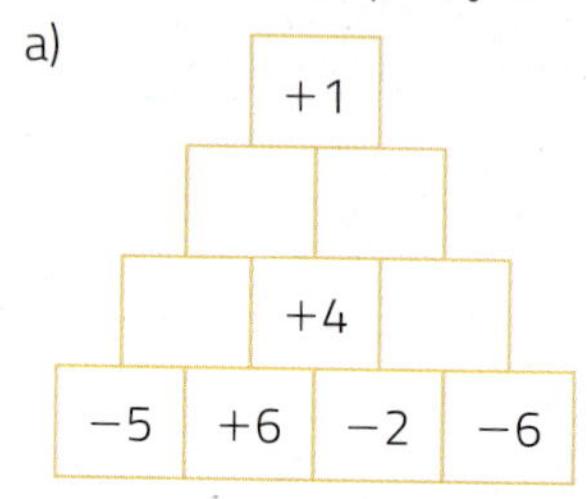

b)

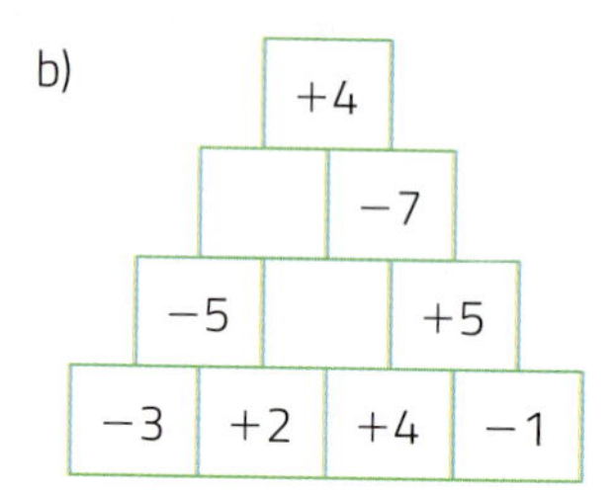

c)

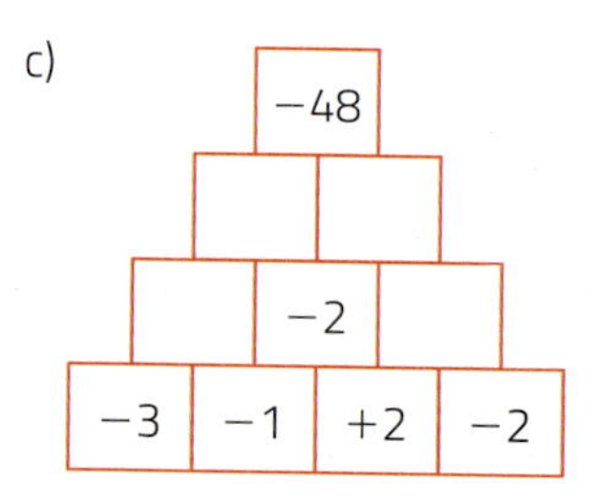

d)

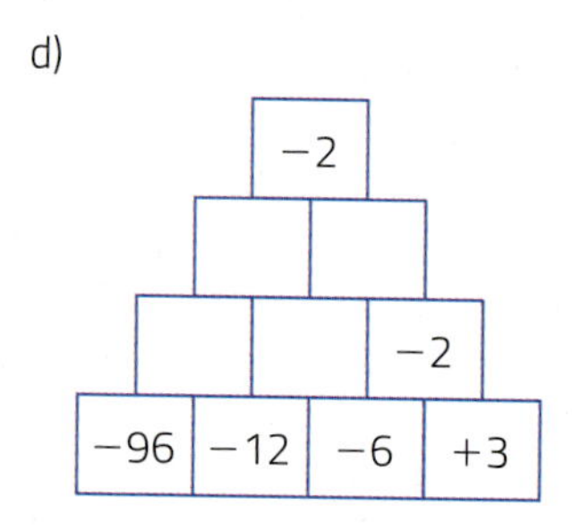

CONEXÕES

Cheque especial

Jornal *O Tempo*, 1º dez. 2008.

As **agências bancárias (bancos)** são instituições onde depositamos de maneira segura as economias, os salários; enfim, o dinheiro. Chamamos de **saldo** a quantia que um cliente tem depositada na conta bancária dele. Quando ele necessita de toda ou parte dessa quantia, pode emitir uma ordem de pagamento através de um documento chamado **cheque**. Esse documento autoriza o cliente ou outra pessoa a fazer a retirada da quantia descrita nele.

Porém, o cliente não pode emitir um cheque com valor superior ao saldo da conta, pois teríamos, então, um cheque **desprovido de fundos**, mais conhecido como **cheque sem fundos**. A emissão desse tipo de cheque pode levar ao encerramento da conta bancária e outras consequências, como a perda de crédito no comércio.

Para evitar esse tipo de problema, os bancos criaram uma linha de crédito para os clientes, que é chamada **cheque especial**. Nela, o banco estabelece um limite que diz até qual quantia está à disposição, além do saldo. Por exemplo, se o limite for de R$ 2000,00, isso significa que, mesmo que não se tenha saldo (saldo zero), o banco disponibiliza essa quantia como **empréstimo** ao cliente.

Por ser um empréstimo sem garantias, os custos dessa concessão são elevados e, por isso, o banco cobra uma taxa chamada **juros**, que você aprenderá mais adiante. O fato é que o cheque especial só deve ser usado em uma emergência e nunca como complemento de salários ou para pagar dívidas. O valor desse empréstimo pode quadruplicar em alguns meses tornando essa dívida com o banco praticamente impagável.

Questões

1. Pedro estava com saldo zero na conta bancária e fez uso do cheque especial. O limite de crédito era de R$ 3500,00. Ele emitiu 2 cheques: um de R$ 1850,00 e outro de R$ 745,00. Para evitar a cobrança de juros, logo em seguida, fez um depósito de R$ 4000,00.
   a) Depois de emitir os 2 cheques, como ficou o saldo de Pedro na conta?
   b) Depois do depósito que Pedro fez, como ficou o saldo?
   c) Com o atual saldo, qual é o valor máximo em cheques que Pedro poderia emitir para não estourar o limite da conta dele?
2. Qual outra modalidade de empréstimo ou concessão de crédito você conhece, sem garantias para a instituição financeira, que também cobra juros muito altos?
3. Em 27 de junho de 2016, o *site* do G1-Globo publicou a seguinte notícia sobre os juros do cheque especial.

   No cheque especial, os juros subiram de 308,7% em abril para 311,3% ao ano em maio – a maior taxa desde o início da série histórica, em julho de 1994, ou seja, em quase 22 anos.

   G1-GLOBO. *Economia*. Disponível em: <http://g1.globo.com/economia/seu-dinheiro/noticia/2016/06/juros-do-cheque-especial-e-do-cartao-de-credito-batem-recorde-em-maio.html>. Acesso em: 13 set. 2017.

   Se um correntista usou R$ 2 000,00 do cheque especial, depois de um juro de 300% (a dívida dele foi acrescida em 300%), qual seria a dívida dele com o banco?

5 Expressões numéricas com números inteiros

Veja alguns exemplos de expressões numéricas com números inteiros.

$$(-3+9-1-7)^2$$

$$(-2) \cdot [(-3)-(-2)]$$

$$6:(+2)+(-5)^2 \cdot (-4)$$

$$\{(-1)+[(-6)-(-3+5)] \cdot (-1)\}^2$$

Recorde a ordem em que devemos efetuar as operações para calcular o valor das expressões numéricas.

- Efetuamos primeiro as operações dentro dos parênteses, depois dentro dos colchetes e, em seguida, no interior das chaves.
- As operações devem ser feitas nesta ordem:
  1ª) potenciação;
  2ª) multiplicação e divisão, na ordem em que aparecem;
  3ª) adição e subtração, na ordem em que aparecem.

Veja o cálculo dos valores das expressões numéricas dadas acima.

- $(-3+9-1-7)^2 = (-11+9)^2 = (-2)^2 = +4$
- $(-2) \cdot [(-3)-(-2)] = (-2) \cdot [(-3)+2] = (-2) \cdot (-1) = +2$
- $6:(+2)+(-5)^2 \cdot (-4) = (+6):(+2)+(+25) \cdot (-4) = (+3)+(-100) = -97$
- $\{(-1)+[(-6)-(-3+5)] \cdot (-1)\}^2 = \{(-1)+[(-6)-(+2)] \cdot (-1)\}^2 =$
  $= \{(-1)+[(-6-2)] \cdot (-1)\}^2 = \{(-1)+(-8) \cdot (-1)\}^2 = \{(-1)+(+8)\}^2 = (+7)^2 = +49$

Atividades

83 Indique a expressão numérica correspondente a cada item e calcule o valor dela.

a) A soma de -6 com o dobro de $+5$.

b) A metade da diferença entre -4 e $+8$.

c) O produto do quadrado de -3 com o cubo de -2.

d) O quociente do quadrado de -6 pelo dobro de -3.

84 Calcule o valor de cada expressão numérica. Esteja atento à ordem em que as operações devem ser efetuadas. Depois, confira com os colegas.

a) $(-2)+(-5) \cdot (-3)$

b) $\dfrac{(-6)-(+6)}{(-2)^2}$

c) $(-2)^3+(-5) \cdot (+4)$

d) $(-3+4-2)^5$

e) $(-18):(-2) \cdot (+3)$

f) $(-9)-(+5)+(+1)$

g) $(-5)-(-3)-(+7)+(-4)$

h) $(+1)+(+6)-(-2)+(-9)$

i) $(-4)-(-3)+(+2)-(+1)+(-8)$

j) $-5+2-(-4)+2-(+5)+2$

85 Complete esta expressão numérica com o valor correto.

$$(-5)-(+2)+(\square)=0$$

86 Determine o valor desta expressão numérica.

$$\frac{(-10)^5}{(-10)^2 \times (-10)^3}$$

6 Representação de pares ordenados de números inteiros no plano cartesiano (coordenadas cartesianas)

Neste capítulo, estudamos que podemos representar todos os números inteiros com pontos de uma reta ou, então, localizar alguns pontos de uma reta usando números inteiros.

Agora, vamos representar ou localizar pontos em um plano cartesiano usando pares ordenados de números.

Saiba mais

A ideia de representar os pontos do plano por pares ordenados de números teve como grande mentor o filósofo e matemático francês René Descartes (1596-1650). Por isso, os nomes **coordenadas cartesianas** e **eixos cartesianos** em homenagem a ele.

As imagens desta página não estão representadas em proporção.

Explorar e descobrir

Vamos pensar na planta de uma cidade como a desta imagem.

Foram traçadas 2 retas perpendiculares para a indicação de certos locais nessa planta. Essas retas são chamadas de **eixos cartesianos**, geralmente indicados por x (o eixo horizontal) e y (o eixo vertical).

O ponto de encontro dos eixos, cujo par ordenado é $(0, 0)$, é chamado de **origem do sistema de eixos cartesianos**.

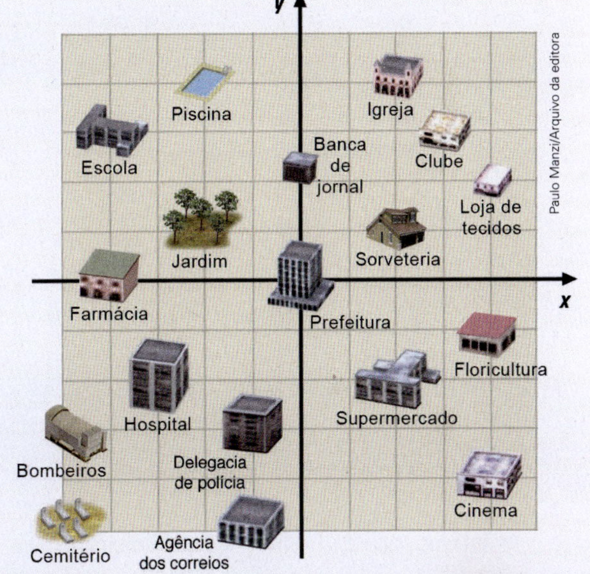

Paulo Manzi/Arquivo da editora

1› Observe a planta ao lado. A construção que fica no encontro dos eixos é considerada o **marco zero**. Que construção é essa?

A partir do marco zero, a localização das demais construções pode ser feita usando pares de números. O primeiro número de cada par indica quantos quarteirões para a direita (+) ou para a esquerda (−) da prefeitura a construção está, e o segundo número indica quantos quarteirões ela está para cima (+) ou para baixo (−) da prefeitura.

Por exemplo, com o par ordenado $(-2, 4)$ localizamos a piscina e com o par ordenado $(2, -2)$ localizamos o supermercado.

Veja que **a ordem dos números no par ordenado é importante**. Os pares $(4, 2)$ e $(2, 4)$ indicam lugares diferentes. Por isso, dizemos que são pares **ordenados** de números inteiros.

Os 2 números do par ordenado são as **coordenadas cartesianas** do ponto correspondente. A primeira coordenada é a **abscissa** do ponto, e a segunda coordenada é a **ordenada** do ponto.

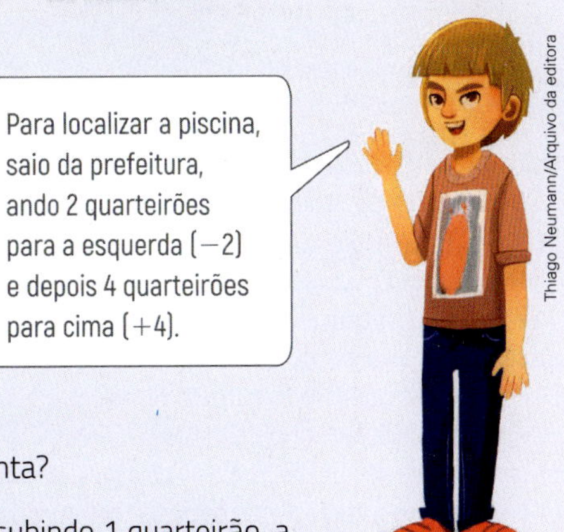

Thiago Neumann/Arquivo da editora

2› Quais construções estão localizadas em $(4, 2)$ e $(2, 4)$ dessa planta?

3› Saindo da prefeitura, andando 2 quarteirões para a esquerda e subindo 1 quarteirão, a qual lugar chegamos? Qual é o par ordenado que indica esse lugar?

4› Qual é o lugar indicado pelo par ordenado $(-4, 3)$?

Atividades

87 Complete esta tabela com o local ou o par ordenado considerando a planta da página anterior.

Planta da cidade

Local	Par ordenado
	$(2, -2)$
	$(-5, -3)$
Clube	
Floricultura	
Cemitério	
	$(-1, -3)$
Sorveteria	
	$(0, 2)$
Farmácia	
Hospital	
	$(4, -4)$
Agência dos correios	

Tabela elaborada para fins didáticos.

88 Em uma folha de papel quadriculado, trace os eixos x e y e marque os pontos: $A(-4, +1)$; $B(+4, -3)$; $C(-2, +3)$; $D(+4, +1)$; $E(-3, -3)$; $F(+3, -1)$; $G(0, -3)$; $H(+1, -3)$ e $I(-3, 0)$. Por fim, trace os triângulos ACD, IEG, FHB e classifique-os quanto aos ângulos e quanto aos lados.

Raciocínio lógico

(FCC-SP) Considere que as sentenças abaixo são verdadeiras.

- Se a medida da temperatura está abaixo de 5 °C, há nevoeiro.
- Se há nevoeiro, os aviões não decolam.

Assim sendo, também é verdadeira a sentença:

a) se não há nevoeiro, os aviões decolam.

b) se não há nevoeiro, a medida da temperatura está igual ou acima de 5 °C.

c) se os aviões não decolam, então há nevoeiro.

d) se há nevoeiro, então a medida da temperatura está abaixo de 5 °C.

e) se a medida da temperatura está igual ou acima de 5 °C, os aviões decolam.

89 Com um colega, recortem do Material complementar as cartas com as indicações dos seguintes pontos.

$A(+2, +1)$ $B(+3, -2)$ $C(0, +1)$ $D(-1, +3)$ $E(-2, -3)$ $F(-1, -1)$

$G(+1, -1)$ $H(-1, -2)$ $I(-1, 0)$ $J(+1, +1)$ $K(+2, -2)$ $L(0, 0)$

$M(+1, -3)$ $N(0, -1)$ $O(+2, +2)$ $P(+3, +2)$

Cada aluno sorteia uma carta e localiza na figura o ponto correspondente ao par. Depois, verifica a cor da região atingida e anota os pontos.

Após a retirada de todas as cartas (8 rodadas), verifiquem quem fez o maior número de pontos.

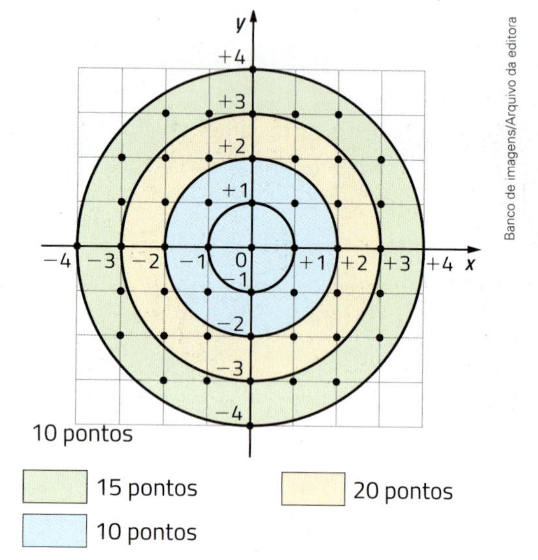

90 **Aplicações dos números inteiros.** Pesquisem e elaborem um trabalho que aborde alguma aplicação dos números inteiros positivos e negativos. Depois, de acordo com os assuntos pesquisados, criem 5 questões que envolvam cálculos de números inteiros.

Sugestões:

- registro das medidas de temperatura mais altas e mais baixas de determinado local ou de vários locais;
- extratos bancários;
- saldo de gols da seleção brasileira ou de clubes em campeonatos de futebol masculinos e femininos;
- maiores e menores medidas de altitude em vários locais do planeta;
- localização de construções em mapas de cidades.

7 Sequências

Você já estudou, em anos anteriores, diferentes tipos de sequências.

Sequência é uma sucessão, uma lista ordenada de números, objetos, figuras geométricas, entre outros elementos.

Para representar uma sequência, podemos listar os elementos dela, em ordem, usando a notação entre parênteses. Por exemplo, a sequência dos números naturais é $(0, 1, 2, 3, 4, 5, \ldots)$.

Em muitas situações do cotidiano e da Matemática podemos perceber a ideia de sequência. Veja alguns exemplos.

- A sequência dos dias de uma semana: (domingo, segunda-feira, terça-feira, quarta-feira, quinta-feira, sexta-feira, sábado).
- A sequência dos meses de um ano: (janeiro, fevereiro, março, abril, maio, junho, julho, agosto, setembro, outubro, novembro, dezembro).
- A sequência dos números obtidos no lançamento sucessivo de um dado, por 7 vezes, como: $(1, 6, 5, 3, 1, 1, 4)$.
- A sequência dos 5 primeiros presidentes do Brasil: (Deodoro da Fonseca, Floriano Peixoto, Prudente de Moraes, Campos Sales, Rodrigues Alves).

As imagens desta página não estão representadas em proporção.

Romulo Fialdini/Tempo Composto/Palácio do Itamaraty, Brasília, DF.

Retrato do Marechal Deodoro. 1980. Antonio Felix da Costa. Óleo sobre tela, 58,5 cm × 55,5 cm.

Romulo Fialdini/Tempo Composto/Museu da República, Rio de Janeiro, RJ.

Retrato do Marechal Floriano Peixoto. Data desconhecida. Delfim da Câmara. Óleo sobre tela, 73 cm × 64 cm.

Reprodução/Museu Paulista da Universidade de São Paulo, São Paulo, SP.

Prudente de Morais. 1980. José Ferraz de Almeida Júnior. Óleo sobre tela, 235 cm × 144 cm.

Reprodução/Assembleia Legislativa do Estado do Rio de Janeiro, RJ.

Retrato de Manuel Ferraz de Campos Sales. Data desconhecida. Manuel Pereira da Rocha. Óleo sobre tela, 59 cm × 56 cm.

Romulo Fialdini/Tempo Composto/Palácio dos Bandeirantes, São Paulo, SP.

Retrato de Rodrigues Alves. 1910-1920. Antonio Rocco. Óleo sobre tela, 185 cm × 180 cm.

- A sequência dos anos, a partir de 2002, nos quais a Copa do Mundo de Futebol foi ou será realizada: $(2002, 2006, 2010, 2014, 2018, 2022, 2026, 2030, \ldots)$.
- A sequência dos polígonos regulares:

Sefa Karacan/Anadolu Agency/Agência France-Presse

Taça da Copa do Mundo de Futebol da Rússia, em 2018.

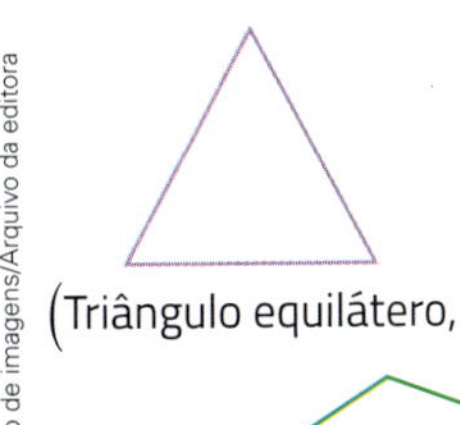
(Triângulo equilátero,

Quadrado,

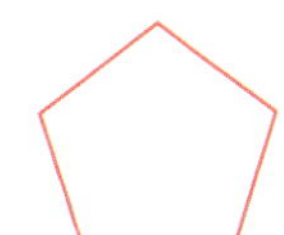
Pentágono regular,

Hexágono regular,

Heptágono regular,

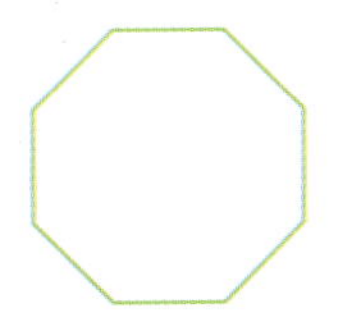
Octógono regular,

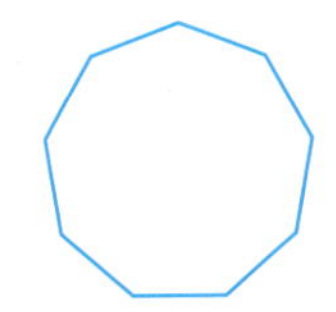
Eneágono regular, ...)

Ilustrações: Banco de imagens/Arquivo da editora

Bate-papo

Converse com um colega e inventem outras sequências de números ou de figuras.

Os elementos de uma sequência também são chamados de **termos**. Na sequência dos dias de uma semana, por exemplo, temos:

- 1º termo: domingo;
- 2º termo: segunda-feira;
- 3º termo: terça-feira;
- 4º termo: quarta-feira;
- 5º termo: quinta-feira;
- 6º termo: sexta-feira;
- 7º termo: sábado.

2018

Janeiro

Do	Se	Te	Qu	Qu	Se	Sá
	1	2	3	4	5	6
7	8	9	10	11	12	13
14	15	16	17	18	19	20
21	22	23	24	25	26	27
28	29	30	31			

Fevereiro

Do	Se	Te	Qu	Qu	Se	Sá
				1	2	3
4	5	6	7	8	9	10
11	12	13	14	15	16	17
18	19	20	21	22	23	24
25	26	27	28			

Março

Do	Se	Te	Qu	Qu	Se	Sá
				1	2	3
4	5	6	7	8	9	10
11	12	13	14	15	16	17
18	19	20	21	22	23	24
25	26	27	28	29	30	31

Abril

Do	Se	Te	Qu	Qu	Se	Sá
1	2	3	4	5	6	7
8	9	10	11	12	13	14
15	16	17	18	19	20	21
22	23	24	25	26	27	28
29	30					

Maio

Do	Se	Te	Qu	Qu	Se	Sá
		1	2	3	4	5
6	7	8	9	10	11	12
13	14	15	16	17	18	19
20	21	22	23	24	25	26
27	28	29	30	31		

Junho

Do	Se	Te	Qu	Qu	Se	Sá
					1	2
3	4	5	6	7	8	9
10	11	12	13	14	15	16
17	18	19	20	21	22	23
24	25	26	27	28	29	30

Julho

Do	Se	Te	Qu	Qu	Se	Sá
1	2	3	4	5	6	7
8	9	10	11	12	13	14
15	16	17	18	19	20	21
22	23	24	25	26	27	28
29	30	31				

Agosto

Do	Se	Te	Qu	Qu	Se	Sá
			1	2	3	4
5	6	7	8	9	10	11
12	13	14	15	16	17	18
19	20	21	22	23	24	25
26	27	28	29	30	31	

Setembro

Do	Se	Te	Qu	Qu	Se	Sá
						1
2	3	4	5	6	7	8
9	10	11	12	13	14	15
16	17	18	19	20	21	22
23	24	25	26	27	28	29
30						

Outubro

Do	Se	Te	Qu	Qu	Se	Sá
	1	2	3	4	5	6
7	8	9	10	11	12	13
14	15	16	17	18	19	20
21	22	23	24	25	26	27
28	29	30	31			

Novembro

Do	Se	Te	Qu	Qu	Se	Sá
				1	2	3
4	5	6	7	8	9	10
11	12	13	14	15	16	17
18	19	20	21	22	23	24
25	26	27	28	29	30	

Dezembro

Do	Se	Te	Qu	Qu	Se	Sá
						1
2	3	4	5	6	7	8
9	10	11	12	13	14	15
16	17	18	19	20	21	22
23	24	25	26	27	28	29
30	31					

grebeshkovmaxim/Shutterstock

Identificação dos termos da sequência

Para identificar cada termo de uma sequência, usamos uma letra minúscula do alfabeto, seguida por um **índice**.

$$(a_1, a_2, a_3, a_4, ..., a_n, ...)$$

- **1º termo:** a_1
- **2º termo:** a_2
- **3º termo:** a_3

a_1
Lemos: *a* índice um, ou *a* um.

⋮

- **n-ésimo termo:** a_n

a_n
Lemos: *a* índice *n*, ou *a n*.

Por exemplo, na sequência dos dias de uma semana, temos:

- 1º termo: a_1 = domingo;
- 2º termo: a_2 = segunda-feira;

⋮

- 7º termo: a_7 = sábado.

Essa sequência dos dias de uma semana é **finita**, pois tem um **número finito de termos** (7 termos).

Há também sequências que são **infinitas**, pois têm infinitos termos, como a sequência dos números naturais $(0, 1, 2, 3, 4, 5, ...)$. Você já deve ter notado que, para indicar que uma sequência tem infinitos termos, usamos as reticências (...) no início ou no final dela.

Atividades

91 Responda aos itens.

a) Escreva a sequência dos números naturais ímpares.

b) Escreva a sequência dos números inteiros menores do que 2.

c) Escreva a sequência dos 5 primeiros números naturais primos.

d) Escreva a sequência dos divisores de 10.

92 Quais das sequências da atividade anterior são finitas? E quais são infinitas?

93 Invente e registre uma sequência finita e uma sequência infinita. Depois, troque com um colega e peça a ele que indique qual das sequências é finita e qual é infinita.

94 Considere a sequência dos números naturais pares. Escreva os termos a_1, a_3 e a_6.

95 Considerando a sequência dos meses de um ano, escreva os termos a_n para $n = 2, 5, 8, 11$.

Sequência recursiva

Em Matemática, nos interessa estudar as sequências que têm uma **lei de formação**, ou seja, uma **regra** que explica a relação entre os termos de cada sequência. Veja os exemplos.

Lei de formação	Sequência
Números naturais pares.	$(0, 2, 4, 6, \ldots)$
Divisores naturais de 12.	$(1, 2, 3, 4, 6, 12)$

Em algumas sequências é possível identificar uma **recursividade** entre os termos. Por exemplo, observe a sequência construída com a seguinte lei de formação: um primeiro termo, que é o triângulo, e cada novo termo é obtido acrescentando-se 1 traço ao termo anterior.

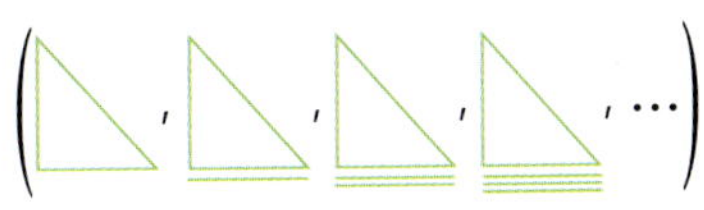

1º termo.

Ilustrações: Banco de imagens/Arquivo da editora

Como cada termo dessa sequência é definido **em relação ao termo anterior**, dizemos que ela é uma **sequência recursiva**.

Veja outros exemplos de sequências recursivas, agora com termos numéricos.

- Sequência em que o 1º termo é 0 e a lei de formação é somar 1 ao termo anterior.

$$(0, 0 + 1, 0 + 1 + 1, 0 + 1 + 1 + 1, 0 + 1 + 1 + 1 + 1, \ldots)$$

Ou seja:

$$(0, 1, 2, 3, 4, 5, \ldots)$$

- Sequência em que o 1º termo é 3 e a lei de formação é multiplicar o termo anterior por 2.

$$(3, 2 \cdot 3, 2 \cdot 2 \cdot 3, 2 \cdot 2 \cdot 2 \cdot 3, 2 \cdot 2 \cdot 2 \cdot 2 \cdot 3, 2 \cdot 2 \cdot 2 \cdot 2 \cdot 2 \cdot 3, \ldots)$$

Também podemos escrever:

$$(3, \underbrace{2 \cdot 3}_{6}, \underbrace{2 \cdot 6}_{12}, \underbrace{2 \cdot 12}_{24}, \underbrace{2 \cdot 24}_{48}, \underbrace{2 \cdot 48}_{96}, \ldots)$$

Ou seja:

$$(3, 6, 12, 24, 48, 96, \ldots)$$

- Sequência na qual o 1º termo é 5 e a regra é multiplicar o termo anterior por 3 e somar 1.

$$(5, \underbrace{3 \cdot 5 + 1}_{16}, \underbrace{3 \cdot 16 + 1}_{49}, \underbrace{3 \cdot 49 + 1}_{148}, \ldots)$$

Ou seja:

$$(5, 16, 49, 148, \ldots)$$

Observação: Quando não é possível estabelecer **nenhuma regra** que defina cada termo em relação ao anterior, dizemos que a sequência é **não recursiva**. É o caso, por exemplo, da sequência dos números primos $(2, 3, 5, 7, 11, \ldots)$.

Atividades

96 Escreva em cada item a sequência recursiva dada.

a) O 1º termo é 2 e a lei de formação é multiplicar o termo anterior por 3.

b) O 1º termo é 10 e a lei de formação é subtrair 5 do termo anterior.

c) O 1º termo é 4 e a regra é multiplicar o termo anterior por 2 e somar 5.

d) O 1º termo é 10 e a lei de formação é subtrair 1 do termo anterior e multiplicar por 2.

97 Inventem uma lei de formação para uma sequência numérica recursiva e registrem a lei e a sequência.

Revisando seus conhecimentos

1 Alguns cristais de gelo, na forma de cilindro oco, se formam a −4 °C. Outros, na forma estrelada, se formam a −10 °C.

Kenneth Libbrecht/SPL/Fotoarena

Micrografia (fotografia da imagem da tela de um microscópio eletrônico) de um cristal de gelo com a forma estrelada. Esse tipo de cristal de gelo costuma ter entre 2 mm e 4 mm de medida de diâmetro.

a) Qual desses tipos de cristal se forma na temperatura mais baixa?

b) Quais medidas de temperatura inteiras estão entre −10 °C e −6 °C?

2 Suponha que em uma cidade a medida de temperatura era de 6 °C às 22 horas e, às 4 horas da manhã do dia seguinte, a medida era de −2 °C. Quantos graus Celsius a medida de temperatura baixou nesse período?

3 Examine o gráfico com as medidas de temperatura máxima e mínima em 4 cidades **A**, **B**, **C** e **D** da região Sul do país, em um mesmo dia.

Medidas de temperatura em cidades da região Sul do país

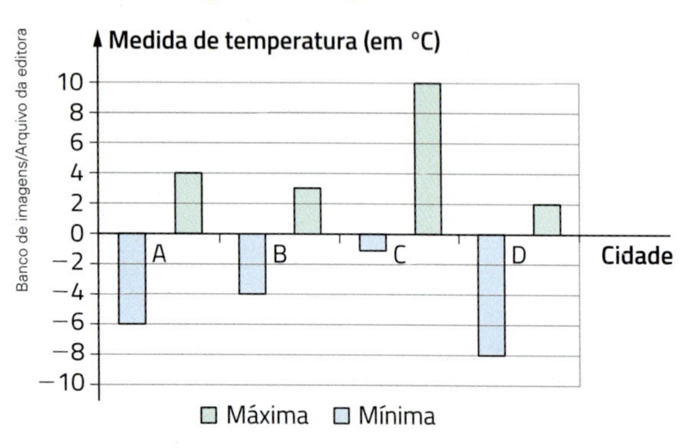

Gráfico elaborado para fins didáticos.

a) Qual cidade teve medida de temperatura mínima de −8 °C?

b) Qual cidade teve medida de temperatura máxima de 1 °C?

c) Cite 2 medidas de temperatura do gráfico que indicam números inteiros opostos.

d) Qual medida de temperatura do gráfico tem maior valor absoluto?

e) Qual é a diferença entre a maior e a menor medida de temperatura do gráfico?

4 Uma empresária do ramo alimentício, no intuito de verificar o lucro da empresa, solicitou ao departamento financeiro um extrato bancário com os últimos lançamentos da semana.

Data	Lançamento	Valor (em reais)	Saldo (em reais)
11/2	Saldo anterior	—	5 000,00
12/2	Pagamento de fornecedores	−780,00	
13/2	Pagamento de fornecedores	−1 350,00	
14/2	Pagamento de fornecedores	−840,00	
15/2	Recebimento de clientes	1 200,00	
16/2	Pagamento de funcionários	−3 600,00	
17/2	Saldo da conta-corrente	—	

No dia 17/2, o saldo da conta-corrente era, em reais, de:

a) −370,00.

b) −2 770,00.

c) 10 370,00.

d) 12 770,00.

5 Qual é o valor de $(-5)^2 - 3 + 1$?

6 Fernanda foi a um supermercado realizar uma pesquisa sobre conservação de alimentos. Ela montou a seguinte tabela com os dados coletados.

Medida de temperatura de refrigeração de alguns alimentos

Alimento	Medida de temperatura
Frutas, verduras e legumes	7 °C
Carnes e aves	0 °C
Peixes	−4 °C
Pratos prontos congelados	−15 °C
Leites e derivados	3 °C

Tabela elaborada para fins didáticos.

a) Construa em papel quadriculado um gráfico de barras verticais com os dados dessa tabela.

b) Qual desses alimentos é refrigerado com menor medida de temperatura? E com maior medida?

c) Por que é importante saber como conservar os alimentos? Converse com os colegas e com os professores de Matemática e de Ciências a respeito disso. Vocês podem realizar uma pesquisa sobre conservação de alimentos no supermercado, como fez Fernanda, e registrar as conclusões a que chegarem.

7 Escreva os números inteiros em ordem crescente, ou seja, do menor para o maior.

a) 0, −4, −2, +3.

b) +2, −2, +4, −5.

c) −7, −10, −6, −4.

d) −9, 0, −10, −5.

8 Analise esta imagem e determine o número correspondente à medida de altitude do que é indicado em cada item. Lembre-se: ao nível do mar, a medida de altitude é zero.

As imagens desta página não estão representadas em proporção.

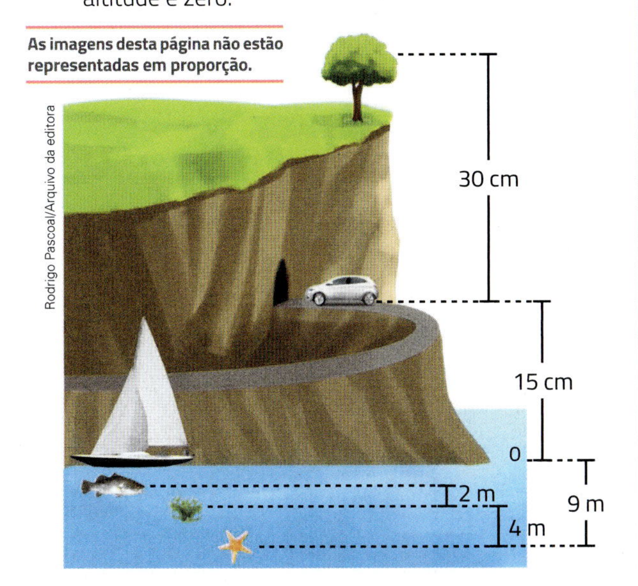

a) Peixe.

b) Automóvel.

c) Topo de árvore.

d) Fundo do barco.

e) Planta aquática.

f) Estrela-do-mar.

9 Responda às perguntas e indique a resposta com um número inteiro.

a) Qual será o novo saldo de Vera se ela tinha saldo positivo de R$ 200,00 e fez uma retirada de R$ 320,00?

b) Em determinado dia, a medida de temperatura em Moscou, capital da Rússia, passou de 8 graus Celsius abaixo de zero para 2 graus Celsius abaixo de zero. Qual foi a variação dessas medidas de temperatura?

c) Em qual ano nasceu uma pessoa que viveu 70 anos e morreu no ano 50 d.C. (depois de Cristo)?

d) Um time disputou 6 partidas de futebol: venceu 3 delas por 2 a 1, 4 a 2 e 3 a 0; perdeu 2 delas por 3 a 1 e 2 a 0, empatou uma vez por 2 a 2. Qual foi saldo de gols nessas 6 partidas?

e) Um país exportou produtos no valor de 7 bilhões de dólares e importou produtos no valor de 9 bilhões de dólares. Esse país teve superávit (lucro) ou déficit (prejuízo)? De quanto?

10 **Conexões.** Um sistema de eixos cartesianos foi colocado sobre um mapa do estado do Paraná. O par ordenado (0, 0) foi associado à cidade de Ivaiporã.

Estado do Paraná com eixos cartesianos

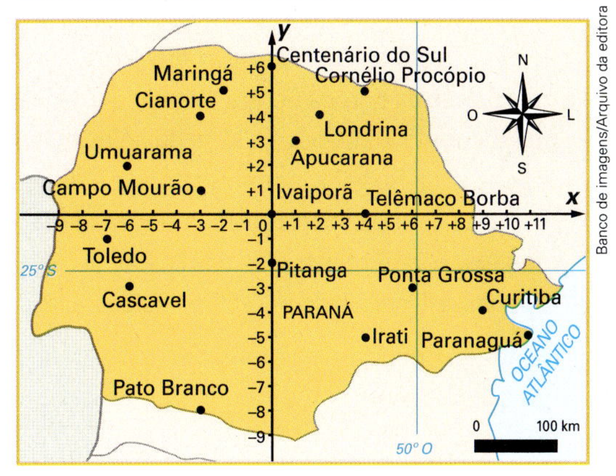

Fonte de consulta: IBGE. *Atlas geográfico escolar*. 7. ed. Rio de Janeiro, 2016.

Observe alguns caminhos possíveis nesse mapa.

- (+2, +4): saindo de (0, 0), andando 2 para a direita (+2) e, em seguida, 4 para cima (+4), chegamos a Londrina. Londrina: (+2, +4).
- Campo Mourão: para localizar essa cidade, partindo de (0, 0), devemos andar 3 para a esquerda (−3) e 1 para cima (+1). Campo Mourão: (−3, +1).
- Irati: (+4, −5).
- Telêmaco Borba: (+4, 0).
- Pitanga: (0, −2).
- Toledo: (−7, −1).

Agora, localize a cidade por meio do par ordenado ou indique o par ordenado correspondente à cidade.

a) Pato Branco: (_____, _____).

b) Maringá: (_____, _____).

c) ____________________: (+1, +3).

d) ____________________: (0, +6).

e) Cornélio Procópio: (_____, _____).

f) Curitiba: (_____, _____).

g) ____________________: (−6, −3).

h) ____________________: (−3, +4).

11 **Medida de massa.**

a) Descubra a regularidade desta sequência. Depois, complete-a.

(8 kg e 400 g, 7 kg 350 g, 6 kg 300 g, ____________, ____________)

b) Forme uma sequência de 5 termos na qual o 1º termo é 200 g e, a partir do 2º termo, cada termo é o triplo do anterior.

Praticando um pouco mais

Testes oficiais

1 ▸ (Saresp) Leia a notícia abaixo.

Uma onda de frio já causou 46 mortes nos últimos dias nos países da Europa Central. No centro da Romênia, a temperatura chegou a −32 °C na noite passada. No noroeste da Bulgária, a temperatura era de −22 °C e as ruas ficaram cobertas por uma camada de 10 cm de gelo. Foram registradas as marcas de −30 °C na República Tcheca e de −23 °C na Eslováquia.

Segundo a notícia, o país em que a temperatura estava mais alta é:

a) Romênia.
b) Bulgária.
c) República Tcheca.
d) Eslováquia.

2 ▸ (Saeb) A figura a seguir é uma representação da localização das principais cidades ao longo de uma estrada, onde está indicada por letras a posição dessas cidades e por números as temperaturas registradas em °C.

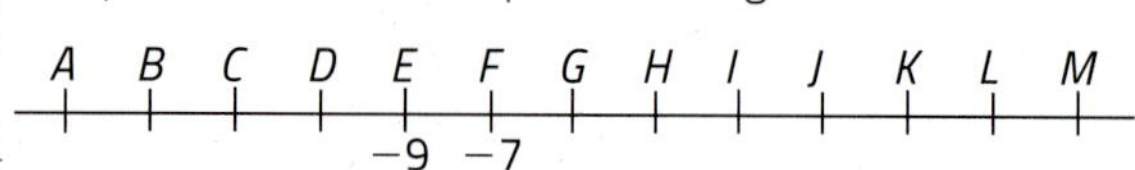

Banco de imagens/Arquivo da editora

Com base na figura e mantendo-se a variação de temperatura entre as cidades, o ponto correspondente a 0 °C estará localizado:

a) sobre o ponto *M*.
b) entre os pontos *L* e *M*.
c) entre os pontos *I* e *J*.
d) sobre o ponto *J*.

3 ▸ (Saeb) No mês de julho, foram registradas as temperaturas mais baixas do ano nas seguintes cidades.

Cidades	Temperaturas (°C)
X	−1
Y	+2
Z	−3

A representação correta das temperaturas registradas nas cidades **X**, **Y** e **Z**, na reta numerada, é:

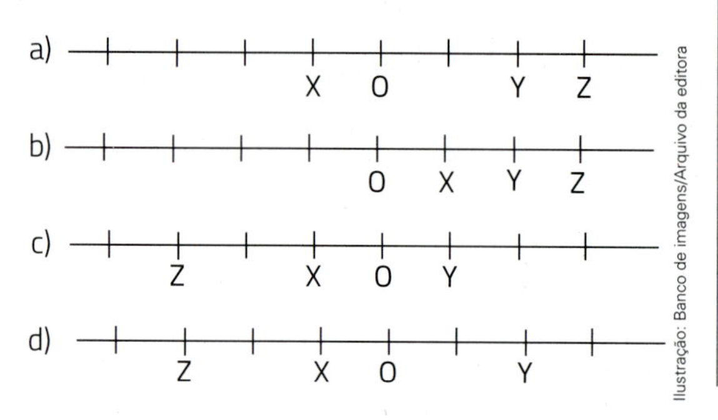

Ilustração: Banco de imagens/Arquivo da editora

4 ▸ (Saresp) Imagine um jogo em que um participante deva adivinhar a localização de algumas peças desenhadas em um tabuleiro que está nas mãos do outro jogador. Veja um desses tabuleiros com uma peça desenhada.

		A	B	C	D	E	F	G	H	I	J
	1										
	2										
	3										
	4										
	5										
	6										
	7										
	8										
	9										
	10										

Banco de imagens/Arquivo da editora

A sequência de comandos que acerta as quatro partes da peça desenhada é:

a) D4, E3, F4, E4.
b) D4, E4, F4, E5.
c) D4, E3, F3, E4.
d) D4, E3, F4, E5.

5 ▸ (Obmep) O quadrado abaixo é chamado quadrado mágico, porque a soma dos números de cada linha, cada coluna e cada diagonal é sempre a mesma. Neste caso essa soma é 15.

4	9	2
3	5	7
8	1	6

Complete os cinco números que faltam no quadrado abaixo para que ele seja um quadrado mágico.

−12		−4
	0	
4		12

Ilustrações: Banco de imagens/Arquivo da editora

Questões de vestibulares e Enem

6 › **(Enem)** Jogar baralho é uma atividade que estimula o raciocínio. Um jogo tradicional é a Paciência, que utiliza 52 cartas. Inicialmente são formadas sete colunas com as cartas. A primeira coluna tem uma carta, a segunda tem duas cartas, a terceira tem três cartas, a quarta tem quatro cartas, e assim sucessivamente até a sétima coluna, a qual tem sete cartas, e o que sobra forma o monte, que são as cartas não utilizadas nas colunas.

A quantidade de cartas que forma o monte é:

a) 21.
b) 24.
c) 26.
d) 28.
e) 31.

7 › **(PUC-RS)** A vigésima Copa do Mundo será realizada no Brasil em 2014. A cada quatro anos o evento se repete. A edição de número 35 será realizada no ano de:

a) 2049.
b) 2055.
c) 2070.
d) 2074.
e) 2078.

8 › **(Enem)** Alunos de um curso de engenharia desenvolveram um robô "anfíbio" que executa saltos somente nas direções norte, sul, leste e oeste. Um dos alunos representou a posição inicial desse robô, no plano cartesiano, pela letra *P*, na ilustração.

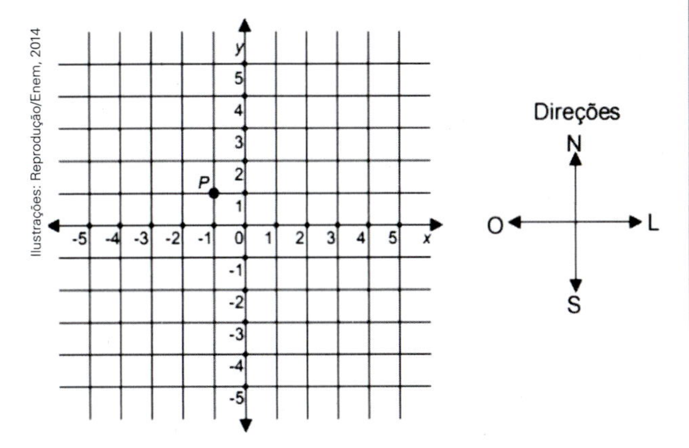

Ilustrações: Reprodução/Enem, 2014

A direção norte-sul é a mesma do eixo *y* sendo que o sentido norte é o sentido de crescimento de *y* e a direção leste-oeste é a mesma do eixo *x* sendo que o sentido leste é o sentido de crescimento de *x*.

Em seguida, esse aluno deu os seguintes comandos de movimentação para o robô: 4 norte, 2 leste e 3 sul, nos quais os coeficientes numéricos representam o número de saltos do robô nas direções correspondentes, e cada salto corresponde a uma unidade do plano cartesiano.

Depois de realizar os comandos dados pelo aluno, a posição do robô, no plano cartesiano, será:

a) $(0; 2)$.
b) $(0; 3)$.
c) $(1; 2)$.
d) $(1; 4)$.
e) $(2; 1)$.

9 › **(Enem)** Neste modelo de termômetro, os filetes na cor preta registram as temperaturas mínima e máxima do dia anterior e os filetes na cor cinza registram a temperatura ambiente atual, ou seja, no momento da leitura do termômetro.

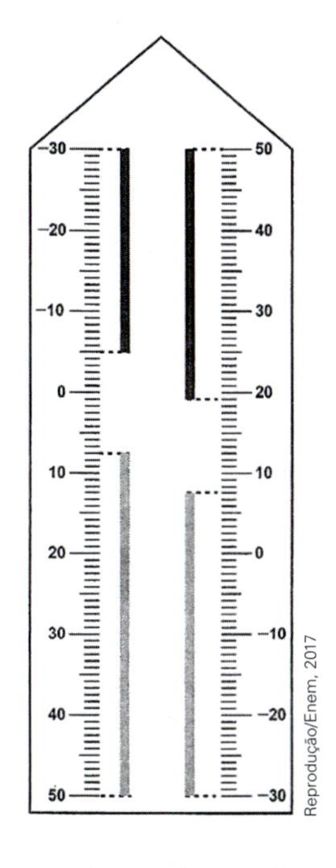

Reprodução/Enem, 2017

Por isso ele tem duas colunas. Na da esquerda, os números estão em ordem crescente, de cima para baixo, de -30 °C até 50 °C. Na coluna da direita, os números estão ordenados de forma crescente, de baixo para cima, de -30 °C até 50 °C.

A leitura é feita da seguinte maneira:

- a temperatura mínima é indicada pelo nível inferior do filete preto na coluna da esquerda;
- a temperatura máxima é indicada pelo nível inferior do filete preto na coluna da direita;
- a temperatura atual é indicada pelo nível superior dos filetes cinza nas duas colunas.

Disponível em: www.if.ufrgs.br. Acesso em: 28 ago. 2014 (adaptado).

Qual é a temperatura máxima mais aproximada registrada nesse termômetro?

a) 5 °C
b) 7 °C
c) 13 °C
d) 15 °C
e) 19 °C

VERIFIQUE O QUE ESTUDOU

1 Observe estes números.

$+3 \quad -6 \quad -2 \quad 0 \quad +10 \quad -1 \quad +6$

$-8 \quad +5 \quad +7 \quad -12 \quad +16 \quad -9$

a) Quais números pertencem ao conjunto dos números inteiros?

b) Quais pertencem ao conjunto dos números inteiros negativos?

c) Quais números são maiores do que $+5$?

d) Quais números ficam entre -4 e $+4$?

e) Quais números correspondem a números naturais?

f) Quais são os 2 números cuja soma é igual a zero?

g) Quais são os 2 números cujo produto é igual a -30?

2 Quais números correspondem aos pontos *A*, *B* e *C* nesta reta numerada?

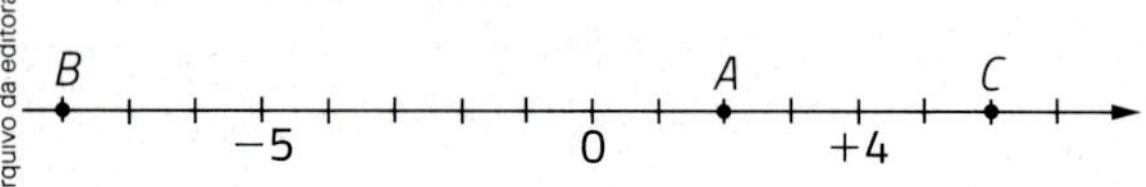

Banco de imagens/Arquivo da editora

3 As medidas de temperaturas de $+5$ °C e -5 °C são as mesmas? Justifique.

4 O que podemos dizer sobre a subtração $3 - 7$ considerando o conjunto dos números naturais ($\mathbb{N}$)? E o conjunto dos números inteiros ($\mathbb{Z}$)?

5 Pense no caso da atividade anterior. Você acha que foi preciso ampliar o conjunto dos números naturais para o conjunto dos números inteiros? Por quê? Dê exemplos que justifiquem sua resposta.

6 Estudamos que o ponto mais alto da superfície terrestre é o monte Everest, na fronteira da China com o Nepal, com medida de altitude de aproximadamente 8848 m, e o ponto mais baixo é a fossa das Marianas, localizada no oceano Pacífico, a leste das Filipinas, com medida de altitude (ou profundidade) de aproximadamente -11034 m.

a) Qual desses números é maior? Compare-os utilizando o sinal $>$.

b) Qual é o módulo ou valor absoluto de -11034?

c) Qual é a diferença entre a maior e a menor dessas medidas de altitude?

7 **Onde estão os eixos?** Os pontos *A*, *B*, *C* representados nesta malha quadriculada têm coordenadas $A(4, 0)$, $B(1, -1)$ e $C(1, 2)$.

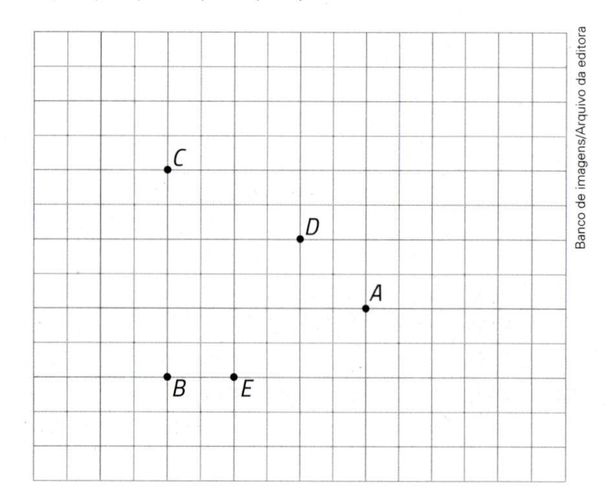

Banco de imagens/Arquivo da editora

a) Reproduza essa figura em uma malha quadriculada.

b) Trace o eixo *x* e o eixo *y* na malha quadriculada e localize a origem *O* dos eixos.

c) Determine as coordenadas dos pontos *D* e *E*.

8 Crie uma sequência recursiva. Troque com um colega e peça a ele que identifique a lei de formação da sequência que você criou e você identifica a da dele.

Atenção

Retome os assuntos que você estudou neste capítulo. Verifique em quais teve dificuldade e converse com o professor, buscando maneiras de reforçar seu aprendizado.

Autoavaliação

Algumas atitudes e reflexões são fundamentais para melhorar o aprendizado e a convivência na escola. Reflita sobre elas.

- Compareci a todas as aulas e fui pontual?
- Mantive-me atento às aulas?
- Procurei sanar minhas dúvidas com o professor ou com os colegas?
- Realizei com empenho todas as tarefas para casa?

PARA LER, PENSAR E DIVERTIR-SE

Ler

Os fusos horários, medidos em GMT (sigla para Greenwich Mean Time), dividem o globo terrestre, que possui 360°, em 24 faixas, sendo cada uma dessas equivalente a 15° de longitude. Cada fuso horário corresponde a 1 hora para mais ou para menos a partir do meridiano de Greenwich, que é o meridiano principal. Dessa maneira, conforme nos deslocamos para oeste desse meridiano, temos que diminuir o horário, e, conforme nos deslocamos para o leste, temos que aumentar.

Para calcular a diferença entre os horários de 2 locais, devemos subtrair os fusos horários deles e tomar o valor absoluto do resultado. Por exemplo, Brasília (a capital do Brasil) está a −3GMT e Tóquio (a capital do Japão) está a +9GMT; portanto, a diferença entre os horários dessas capitais é $(-3) - (+9) = -3 - 9 = -12$. Como o valor absoluto de −12 é 12, a diferença entre os horários de Brasília e de Tóquio é de 12 horas.

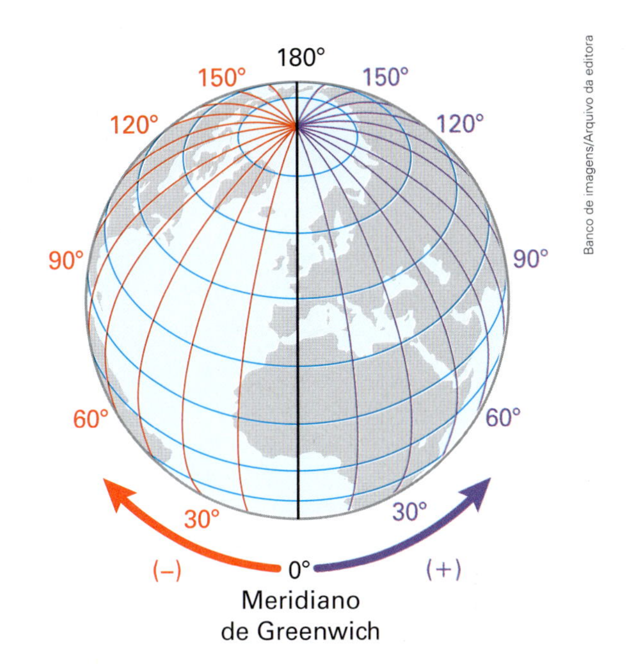

Banco de imagens/Arquivo da editora

Pensar

O **círculo zero** é um jogo que consiste em utilizar um número inteiro entre −9 e 9 em cada uma das 3 partes em que 8 círculos foram divididos, de maneira que a soma dos números em cada círculo seja igual a 0.

Alguns números já foram colocados neste jogo. Complete os espaços vazios.

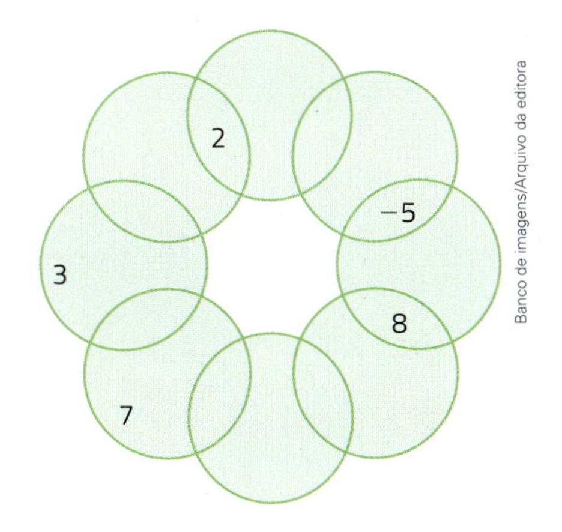

Banco de imagens/Arquivo da editora

Divertir-se

O primeiro negativo, ganha! Este é um jogo bem simples para 2 pessoas. Um jogador escolhe um número natural entre 20 e 50 e o outro escolhe um número entre 2 e 5. O primeiro jogador deve subtrair o menor número do maior. A partir daí, um jogador de cada vez, deve subtrair o menor número escolhido do resultado da última subtração. Esse processo deve ser repetido até que o resultado seja um número negativo; o jogador que chegar a esse resultado, ganha a partida.

Veja um exemplo. Suponha que os números escolhidos foram 23 e 4. Os resultados durante a partida serão: $23 \rightarrow 19 \rightarrow 15 \rightarrow 11 \rightarrow 7 \rightarrow 3 \rightarrow -1$.

Então, o primeiro jogador ganhou essa partida ao obter o número −1.

CAPÍTULO

2 Revendo e aprofundando múltiplos, divisores e frações

YAN Comunicação/Arquivo da editora

Em terminais rodoviários das capitais brasileiras, é comum serem vendidas passagens para as cidades próximas e também para outras capitais do país. Em alguns terminais rodoviários, também podemos encontrar passagens para países vizinhos do Brasil.

Os horários das passagens costumam ser fixos em cada dia da semana e com regularidade entre um horário e o próximo.

Considere um terminal rodoviário que ofereça as seguintes opções de horário para as cidades **A** e **B**.

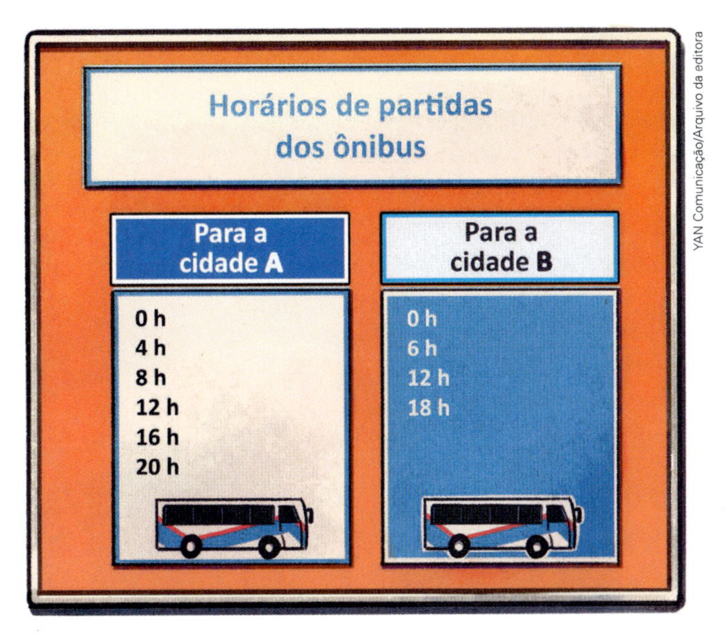

YAN Comunicação/Arquivo da editora

Você percebeu que os números que aparecem nos horários da placa para a cidade **A** são **múltiplos** de 4? Percebeu também que 4 é **divisor** de cada um desses números?

Neste capítulo, vamos retomar e ampliar o estudo de múltiplos e de divisores de números naturais, assim como das aplicações desses conceitos, por exemplo, no estudo das frações.

Converse com os colegas sobre as questões seguintes e registre as respostas.

1 Qual característica podemos perceber nos números que aparecem nos horários da placa para a cidade **B**?

2 O número 6 é divisor de quais números que apareceram nessa placa?

3 Em quais horários do dia partem, ao mesmo tempo, ônibus para as cidades **A** e **B**?

4 A sequência $\left(\frac{3}{5}, \frac{6}{10}, \frac{9}{15}, \frac{12}{20}, \frac{15}{25}, \ldots\right)$ é a sequência das frações equivalentes a $\frac{3}{5}$. Quais números aparecem nos numeradores? E nos denominadores?

5 Você já viajou com seus familiares e amigos? Conte um pouco de sua experiência.

1 Múltiplos e divisores de números naturais

As ideias de múltiplo e de divisor de números naturais podem ajudar a resolver situações do cotidiano. Vamos ver 2 exemplos.

Explorar e descobrir 

 Com um colega, tentem resolver estas situações com os conhecimentos que vocês já têm.

1ª situação

Em um jogo para 2 ou mais pessoas há 18 fichas vermelhas e 24 fichas azuis para serem distribuídas igualmente entre os participantes. Nenhuma ficha pode sobrar.

a) Esse jogo pode ser disputado por 3 participantes?

b) Esse jogo pode ser disputado por 4 participantes?

c) Qual é o número máximo de pessoas que podem participar desse jogo?

2ª situação

No autorama de Paulo foram colocados 2 carrinhos: o carro vermelho, que dá uma volta completa na pista em 40 segundos, e o carro azul, que faz o mesmo percurso em 60 segundos.

Se esses carrinhos saírem juntos, então depois de quanto tempo eles voltarão a ficar alinhados à faixa de partida?

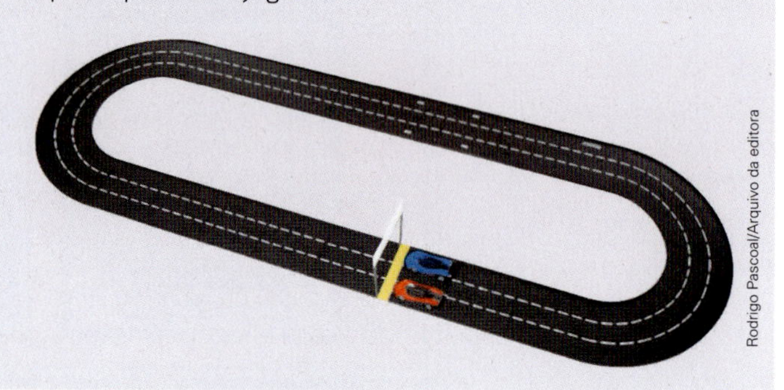

Rodrigo Pascoal/Arquivo da editora

Agora, vamos recordar e aprofundar os conceitos de múltiplos e de divisores de um número natural, que você estudou no volume 6.

Os **múltiplos** de 5 são m(5): 0, 5, 10, 15, 20, 25, ..., pois qualquer um desses números, quando dividido por 5, tem resto 0 (zero).
Os **divisores** de 16 são d(16): 1, 2, 4, 8, 16, pois quando dividimos 16 por qualquer um desses números o resto da divisão é 0 (zero).

Em um clube será realizado um torneio de basquete infantil para o qual estão inscritas 152 crianças. Ao formar equipes de 8 crianças, alguma criança ficará sem equipe?

Para responder a essa questão, precisamos saber se $152 \div 8$ é uma divisão exata (ou seja, tem resto 0) ou não exata (ou seja, tem resto diferente de 0). Observe ao lado.

```
  1 5 2 | 8
 −  8   |19
  0 7 2
  − 7 2
    0 0
```

resto 0 (divisão exata)

Como a divisão é **exata**, podemos afirmar que:

- 8 é **divisor** de 152 ou 152 é **divisível** por 8;
- 8 **divide** 152 ou 8 é **fator** de 152;
- 152 é **múltiplo** de 8.

Logo, ao serem formadas equipes de 8 crianças, não sobrarão crianças sem equipe.

Atividade resolvida passo a passo

(Obmep) Uma professora distribuiu 286 bombons igualmente entre seus alunos do 7º ano. No dia seguinte, ela distribuiu outros 286 bombons, também igualmente, entre seus alunos do 8º ano. Os alunos do 8º ano reclamaram que cada um deles recebeu 2 bombons a menos que os alunos do 7º ano. Quantos alunos a professora tem no 8º ano?

a) 11 b) 13 c) 22 d) 26 e) 30

Lendo e compreendendo

Se o número de bombons distribuído em cada ano foi o mesmo e os alunos do 8º ano receberam 2 bombons a menos do que os alunos do 7º ano, podemos concluir que o 8º ano tem mais alunos do que o 7º ano. Como não sobraram bombons em nenhum dos casos, a divisão de 286 pelo número de alunos de cada ano é exata, ou seja, 286 é divisível pelo número de alunos do 7º ano e pelo número de alunos do 8º ano. A pergunta é: Quantos alunos o 8º ano tem?

Planejando a solução

Para resolvermos esta atividade, devemos observar que os alunos do 8º ano receberam 2 bombons a menos que os alunos do 7º ano e que esses números de alunos devem ser divisores de 286, já que a divisão dos bombons foi exata. Então, devemos determinar os divisores de 286 para identificar quais deles podem representar o número de alunos de cada ano.

Executando o que foi planejado

Os divisores de 286 são $d(286)$: 1, 2, 11, 13, 22, 26, 143, 286.

Como os alunos do 8º ano receberam 2 bombons a menos que os alunos do 7º ano, estamos procurando os divisores que têm 2 unidades de diferença. No caso, apenas 11 e 13 apresentam essa característica.

Então, cada aluno do 7º ano recebeu 13 bombons e cada aluno do 8º ano, 11 bombons.

Como eram 286 bombons e cada aluno do 8º ano recebeu 11 bombons, efetuamos:

```
  2 8 6 | 11
- 2 2   | 26
  0 6 6 |
  - 6 6 |
    0 0 |
```

Logo, há 26 alunos no 8º ano.

Verificando

Calculamos o número de alunos do 7º ano:

```
  2 8 6 | 13
- 2 6   | 22
    2 6 |
  - 2 6 |
    0 0 |
```

Os alunos do 7º ano receberam 13 bombons ($286 \div 22 = 13$) e os alunos do 8º, 11 bombons ($286 \div 26 = 11$), o que confirma o resultado.

Emitindo a resposta

A alternativa correta é a **d** (26 alunos).

Ampliando a atividade

E se a professora, ao distribuir os bombons, tivesse observado que os alunos do 8º ano haviam recebido 4 bombons a menos que os alunos do 7º ano, então quantos seriam os alunos do 7º ano?

Solução

No caso, os divisores escolhidos seriam 22 e 26, cuja diferença é 4. Então, cada aluno do 7º ano teria recebido 26 bombons.

Logo, o número de alunos do 7º ano seria $286 \div 26 = 11$.

Atividades

1 Escreva o que é pedido em cada item.

a) A sequência dos múltiplos de 7.

b) A sequência dos múltiplos de 20.

2 Responda e justifique cada item.

a) 72 é múltiplo de 8?

b) 46 é múltiplo de 6?

c) 99 é múltiplo de 9?

3 Escreva o que é pedido em cada item.

a) Os divisores de 20.

b) Os divisores de 54.

4 Responda e justifique cada item.

a) 9 é divisor de 63?

b) 13 é divisor de 52?

c) 8 é divisor de 87?

5 Observe este quadrado.

D	I	B
C	E	G
H	A	F

a) Complete o quadrado com os múltiplos de 3, a partir do 3, seguindo a ordem alfabética das letras que aparecem nos quadrinhos.

b) O quadrado formado é um quadrado mágico? Se sim, qual é a soma mágica dele?

6 Verifique se cada afirmação dada é verdadeira ou falsa, sendo *a* um número natural diferente de 0 (zero).

a) 1 é divisor de *a*.

b) *a* é divisor de *a*.

c) 3 é divisor de 42.

d) 4 é divisor de 0.

e) 0 é divisor de 5.

7 Leia esta situação-problema e faça o que se pede.
Se forem distribuídas igualmente 224 folhas de papel sulfite entre os 32 alunos de uma turma, então sobrará alguma folha?

a) Efetue a divisão que permite responder a essa questão.

b) Verifique se essa divisão é exata ou não e escreva as afirmações que podem ser feitas usando as expressões **divisível por**, **múltiplo de**, **divisor de** e **fator de**.

c) Responda à pergunta proposta.

8 Efetue as divisões e responda aos itens.

a) 495 é divisível por 9?

b) 1 260 é múltiplo de 7?

c) 378 é divisível por 12?

d) 14 é divisor de 182?

9 Paulo está dando aula de Matemática para uma turma que tem entre 20 e 35 alunos. Ele quer montar grupos nessa turma, mas encontrou um problema: se ele formar grupos de 2 alunos, então sobrará 1 aluno sem grupo; se ele formar grupos de 3 alunos, então também sobrará 1 aluno; e, inacreditavelmente, se ele formar grupos de 4 alunos, também sobrará 1 aluno.

a) Quantos alunos essa turma tem?

b) É possível formar grupos de 5 alunos sem que sobre aluno nessa turma? E grupos de 6 alunos?

10 Pense nas cédulas do Real e faça o que se pede.

Reprodução/Casa da Moeda do Brasil/Ministério da Fazenda

a) É possível juntar R$ 70,00 com cédulas de mesmo valor? Se sim, de qual valor? Justifique sua resposta.

b) É possível juntar R$ 123,00 com cédulas de R$ 5,00? Justifique sua resposta.

c) Complete esta tabela com os valores que faltam.

Cédulas do Real

Quantidade de cédulas	Valor das cédulas	Quantia total
5	R$ 20,00	
	R$ 5,00	R$ 135,00
15		R$ 30,00
20	R$ 10,00	
	R$ 50,00	R$ 400,00
7		R$ 700,00

Tabela elaborada para fins didáticos.

d) Copie as afirmações abaixo e complete-as com os números naturais da 3ª linha da tabela.

☐ é divisor de ☐.

☐ é divisor de ☐.

☐ é múltiplo de ☐.

☐ é múltiplo de ☐.

Lembrando os conceitos de número primo e de número composto

Número primo é todo número natural maior do que 1 que tem exatamente 2 divisores distintos (o 1 e ele mesmo).

Por exemplo, 11 é primo, pois é maior do que 1 e tem exatamente 2 divisores distintos: 1 e 11. Já o número 28 não é primo, pois tem mais de 2 divisores: 1, 2, 4, 7, 14 e 28.

Número composto é todo número natural maior do que 1 que tem mais de 2 divisores distintos.

Por exemplo, o número 28 citado acima é um número composto.

A palavra **primo** vem do latim *primus*, que significa **primeiro**, ou seja, a partir dos números primos é que são formados os demais números naturais, os números compostos. Por exemplo: o 28 é obtido pelos fatores primos 2 e 7, ou seja, $2 \cdot 2 \cdot 7 = 28$; o número 70 é obtido pelos fatores primos 2, 5 e 7, ou seja, $2 \cdot 5 \cdot 7 = 70$.

Atividades

11 Quais são os números primos menores do que 30?

12 Qual é o primeiro número primo maior do que 50?

13 Qual é o menor número natural de 2 algarismos que é primo?

14 Todos os números primos são ímpares? Justifique.

15 Qual é o único número natural par que é primo?

16 O 0 (zero) é um número primo ou composto?

17 Verifique se cada número é primo ou composto e justifique sua resposta.

a) 15

b) 23

c) 39

d) 27

e) 17

f) 1846

18 Pesquise, descubra e registre a lista dos números primos até 100.

19 A soma de 2 números primos é 40 e a diferença entre eles é 6. Quais são esses números?

20 Números primos espelhados são pares de números primos cujos algarismos estão invertidos. Quais números primos até 100 são espelhados?

21 **Conexões.** No século XVIII, o matemático Christian Goldbach afirmou que qualquer número natural par maior ou igual a 4 pode ser escrito como a soma de 2 números primos iguais ou distintos. Por exemplo, $4 = 2 + 2$, $6 = 3 + 3$, $8 = 3 + 5$, $10 = 5 + 5$ e $12 = 5 + 7$.

Verificações por computadores já confirmaram a conjectura (hipótese, suposição) de Goldbach para uma quantidade imensa de números. Todavia, a demonstração matemática ainda não ocorreu.

Escreva os números pares dados como uma soma de 2 números primos.

a) 12

b) 24

c) 38

d) 60

e) 82

f) 94

© Marlon Tenório/Acervo do cartunista

TENÓRIO, Marlon. *Cartuns*. Disponível em: <www.marlontenorio.com/cartuns.html>. Acesso em: 23 out. 2018.

Decomposição de um número composto em fatores primos

Todo número natural composto, ou seja, todo número natural maior do que 1 que não é primo, pode ser decomposto em um produto de 2 ou mais fatores primos. Veja alguns exemplos.

- $28 = 2 \cdot 2 \cdot 7$ ou $2^2 \cdot 7$ (fatores primos 2 e 7).
- $36 = 2 \cdot 2 \cdot 3 \cdot 3$ ou $2^2 \cdot 3^2$ (fatores primos 2 e 3).
- $10 = 2 \cdot 5$ (fatores primos 2 e 5).

A decomposição de um número natural em fatores primos é única, embora haja várias maneiras de escrevê-la. Por exemplo:

$$36 = 2 \cdot 2 \cdot 3 \cdot 3 \qquad 36 = 2 \cdot 3 \cdot 3 \cdot 2$$
$$36 = 3 \cdot 3 \cdot 2 \cdot 2 \qquad 36 = 2 \cdot 3 \cdot 2 \cdot 3$$
$$36 = 2^2 \cdot 3^3$$

Método prático

Há uma maneira prática de determinar todos os fatores primos de um número composto.

Veja a aplicação do método das divisões sucessivas na determinação dos fatores primos do número 60.

60	2	→	Começamos procurando um número primo divisor de 60. Neste caso, escolhemos o 2 e calculamos o quociente entre eles, que é 30.
30	2	→	Procuramos um número primo divisor de 30. Escolhemos novamente o 2 e calculamos o quociente entre eles, que é 15.
15	3	→	Procuramos um número primo divisor de 15. Escolhemos o 3 e calculamos o quociente entre eles, que é 5.
5	5	→	Como 5 é um número primo, fazemos a divisão por ele mesmo.
1		→	O quociente 1 indica o final do processo.

Assim, a decomposição do 60 em fatores primos é:

$$60 = 2 \cdot 2 \cdot 3 \cdot 5 = 2^2 \cdot 3 \cdot 5$$

Veja outros exemplos:

90	2
45	3
15	3
5	5
1	

$90 = 2 \cdot 3 \cdot 3 \cdot 5 = 2 \cdot 3^2 \cdot 5$

175	5
35	5
7	7
1	

$175 = 5 \cdot 5 \cdot 7 = 5^2 \cdot 7$

Atividades

22 Decomponha os números naturais em fatores primos.

a) 48

b) 72

23 Decomponha o número 253 em fatores primos.

24 A decomposição em fatores primos de um número natural é $2 \cdot 3 \cdot 5 \cdot 5$. Qual é esse número?

25 Escreva o número natural cuja forma decomposta em fatores primos é dada em cada item.

a) $2^2 \cdot 3^2 \cdot 5$

b) $2^3 \cdot 7$

26 Some os 2 números naturais da atividade anterior e escreva o resultado na forma decomposta.

27 Se um número é um fator primo de 12, então ele será um fator primo de 36? Explique.

Máximo divisor comum (mdc)

Acompanhe esta situação-problema.

Uma loja vai distribuir igualmente 30 chaveiros e 20 camisas para um grupo de clientes. Sabendo que nessa distribuição não devem sobrar chaveiros nem camisas, qual é o número máximo de clientes que pode ter esse grupo?

Ilustrações: Rodrigo Pascoal/Arquivo da editora

Para resolver essa situação, precisamos determinar um número que seja divisor de 30 e de 20 ao mesmo tempo.

Os divisores de 20 são $d(20)$: 1, 2, 4, 5, 10, 20.

Os divisores de 30 são $d(30)$: 1, 2, 3, 5, 6, 10, 15, 30.

Analisando as 2 listas de divisores, temos que os divisores comuns de 20 e de 30 são: 1, 2, 5 e 10. Portanto, o grupo deve ter o número máximo de 10 clientes, pois o maior dos divisores comuns de 20 e 30 é o 10. Podemos escrever:

$$\text{mdc}(20, 30) = 10$$

O **máximo divisor comum (mdc)** de 2 ou mais números naturais é o maior número que é divisor comum desses números.

As imagens desta página não estão representadas em proporção.

Veja outro exemplo.

Vamos calcular o máximo divisor comum de 18 e 42.

$\text{mdc}(18, 42) = ?$

$d(18)$: 1, 2, 3, 6, 9, 18

$d(42)$: 1, 2, 3, 6, 7, 14, 21, 42

Divisores comuns de 18 e 42: 1, 2, 3, 6.

$\text{mdc}(18, 42) = 6$ (maior dos divisores comuns de 18 e 42).

Atividades

28 Determine o mdc dos números.

a) 12 e 18.

b) 24 e 36.

29 Invente um problema envolvendo a ideia de máximo divisor comum. Dê para um colega resolver.

30 Quem é maior: $\text{mdc}(12, 6)$ ou $\text{mdc}(24, 16)$?

31 O mdc de 2 números, um par e outro ímpar, é 17. O número ímpar é 51. Qual é o menor número possível para o outro?

32 Se 2 números são primos, então o mdc entre eles é 1? Faça uma conjectura analisando vários exemplos.

33 Os funcionários de um museu querem organizar 42 obras de arte do século XIX e 48 obras de arte do século XX em salas de exposição com quantidades iguais. Todas as obras em cada sala precisam ser do mesmo século. Qual é o maior número de obras que podem ser colocadas em cada sala de exposição?

34 Um professor tem 3 turmas com 21, 35 e 28 alunos. Para realizar um projeto, ele precisa dividir os alunos de cada turma em grupos. Considerando que todos os grupos, independente da turma, devem ter o mesmo número de alunos, qual é o maior número de alunos que cada grupo pode ter?

Mínimo múltiplo comum (mmc)

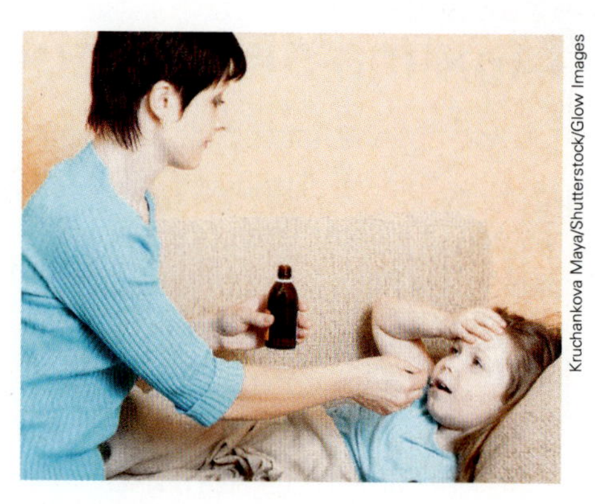
Kruchankova Maya/Shutterstock/Glow Images

Criança doente sendo medicada por adulto.

Observe a resolução desta situação-problema.

Sabrina está doente e a mãe dela a levou ao médico. Ele receitou a Sabrina 1 comprimido, que deve ser tomado de 6 em 6 horas, e 1 colher de xarope, para ser tomada de 4 em 4 horas. A mãe dela deu o comprimido e o xarope à zero hora (meia-noite). Qual é o primeiro horário em que Sabrina voltará a tomar o comprimido e o xarope ao mesmo tempo?

Uma maneira de resolver essa situação é escrever todos os horários em que cada medicação será tomada e identificar os horários comuns.

- Horários para tomar o comprimido → $\underbrace{0, 6, 12, 18, 24}_{\text{múltiplos de 6, até 24}}$
- Horários para tomar o xarope → $\underbrace{0, 4, 8, 12, 16, 20, 24}_{\text{múltiplos de 4, até 24}}$
- Horários em que coincidem os 2 remédios → $\underbrace{0, 12, 24}_{\text{múltiplos comuns de 6 e 4, até 24}}$

Logo, o primeiro horário, após a zero hora, em que Sabrina voltará a tomar o comprimido e o xarope ao mesmo tempo será às 12 horas (meio-dia), pois o menor dos múltiplos comuns de 4 e 6 é o 12.

Podemos escrever:

$$\text{mmc}(6, 4) = 12$$

> O **mínimo múltiplo comum (mmc)** de 2 ou mais números naturais é o menor número, diferente de zero, que é múltiplo comum desses números.

Processo prático para determinar o mmc

Pedro e Paulo são representantes comerciais de uma empresa. Pedro visita os clientes de 20 em 20 dias e Paulo de 15 em 15 dias. Em certo dia, ambos saíram juntos para as visitas. Depois de quantos dias eles voltarão a sair juntos novamente?

- Vamos determinar o mmc de 15 e 20.

  m(15): 0, 15, 30, 45, 60, 75, ...

  m(20): 0, 20, 40, 60, 80, 100, ...

  $\text{mmc}(15, 20) = 60$

- Agora vamos decompor os números 15, 20 e 60 em fatores primos.

  $15 = 3 \cdot 5$ $\quad$ $20 = 2 \cdot 2 \cdot 5 = 2^2 \cdot 5$ $\quad$ $60 = 2 \cdot 2 \cdot 3 \cdot 5 = 2^2 \cdot 3 \cdot 5$

  Note que o número 60 contém todos os fatores primos de 20 (2, 2 e 5) e contém também todos os fatores primos de 15 (3 e 5).

  Assim, $\text{mmc}(15, 20) = 60$.

No processo prático, escrevemos e calculamos o valor da expressão numérica que tem cada fator primo dos números dados, 1 única vez, com o maior expoente que ele tem.

$$2^2 \cdot 3 \cdot 5 = 60$$

Assim, $\text{mmc}(15, 20) = 60$.

Logo, Pedro e Paulo voltarão a sair juntos 60 dias depois.

Atividades

35 Responda aos itens.

a) A sequência dos múltiplos de 14 e a sequência dos múltiplos de 35.

b) Os múltiplos comuns de 14 e 35.

c) O mínimo múltiplo comum de 14 e 35, isto é, o menor número, diferente de zero, que é múltiplo comum de 14 e 35.

36 Determine o mmc dos números:

a) 3 e 5.

b) 9 e 6.

37 Determine o mmc pelo processo prático.

a) 9 e 30

b) 12 e 16

c) 10 e 15

d) 20 e 90

e) 4, 25 e 100

f) 8, 140 e 172

38 Duas cidades **A** e **B** realizam festas frequentemente. A cidade **A** realiza festa de 5 em 5 meses e a cidade **B** realiza festa de 6 em 6 meses. Essas festas coincidiram em abril de 2020. Quando as festas voltarão a coincidir?

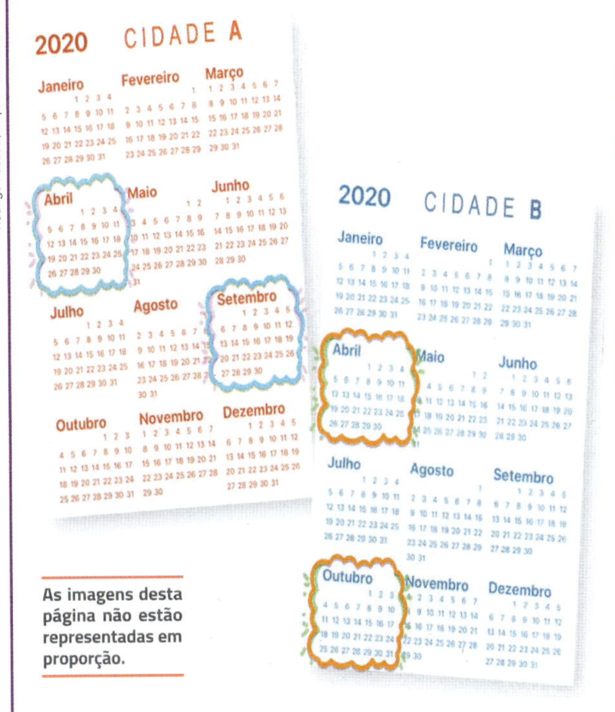

Rodrigo Pascoal/Arquivo da editora

As imagens desta página não estão representadas em proporção.

39 José está gripado e com o nariz congestionado. De 6 em 6 horas ele toma um comprimido e de 8 em 8 horas faz inalação. Se à meia-noite ele tomou o comprimido e fez inalação, então em qual horário ele voltará a fazer os 2 procedimentos?

40 Compare os valores de $mdc(36, 28)$ e de $mmc(2, 4)$.

41 O tabuleiro de um jogo tem 30 casas. Antes de iniciar uma partida, os jogadores devem pintar algumas casas do tabuleiro, de acordo com as regras sorteadas. Robson sorteou a instrução de pintar as casas de 3 em 3, a partir da casa 3, e Félix sorteou a instrução de pintar de 2 em 2 casas, a partir da casa 2.

Ilustranet/Arquivo da editora

a) De acordo com essas regras, algum deles vai pintar a casa 15 do tabuleiro?

b) Algum deles vai pintar a casa 23?

c) Algum deles vai pintar a casa 18?

d) Quais casas do tabuleiro ambos vão pintar?

e) Qual é o mínimo múltiplo comum de 2 e 3, isto é, qual é o valor de $mmc(2, 3)$?

42 Em um país, os prefeitos são eleitos a cada 4 anos e os senadores, a cada 6 anos. Se em 2014, houve coincidência de eleições para esses cargos, então qual é o próximo ano em que elas voltarão a coincidir?

43 Responda e dê 3 exemplos.

a) Em quais casos o mmc de 2 números naturais distintos é igual ao maior desses números?

b) Nesses casos, qual é o mdc dos 2 números?

44 Formule um problema envolvendo o mmc de 2 números. Depois, troque-o com um colega; você resolve o dele e ele resolve o seu.

45 Um fenômeno lunar raro ocorre de 12 em 12 anos. Outro fenômeno lunar mais raro ainda ocorre de 32 em 32 anos. Em 2010, os 2 eventos ocorreram juntos. Em qual ano eles ocorrerão juntos novamente?

a) 2022

b) 2052

c) 2096

d) 2106

Cálculo mental do mmc

Alex está calculando mentalmente o mmc de alguns números. Veja:

Thiago Neumann/Arquivo da editora

Você descobriu como Alex fez? Monte um quadro com as informações do procedimento realizado por ele.

Atividades

46 Calcule mentalmente com os colegas. Um relata como fez o cálculo e os outros conferem. Depois, todos anotam o resultado obtido.

a) mmc(6, 9)

b) mmc(5, 15)

c) mmc(12, 18)

d) mmc(3, 7)

e) mmc(14, 4)

f) mmc(10, 9)

g) mmc(40, 8)

h) mmc(8, 6)

47 Miriam vende pacotes com 10 biscoitos cada um e caixas com 6 bombons cada uma.

Um cliente pretende comprar a mesma quantidade de biscoitos e de bombons. Quantos pacotes de biscoitos e quantas caixas de bombons ele deve comprar, no mínimo, para conseguir o que quer?

As imagens desta página não estão representadas em proporção.

Fotos: Fabio Yoshihito Matsuura/Arquivo da editora

Pacote com 10 biscoitos.

Caixa com 6 bombons.

48 Responda aos itens e dê 3 exemplos.

a) Qual é o mmc de 2 números naturais primos?

b) Qual é o mmc de 2 números naturais diferentes de 0 (zero) em que um deles é o sucessor do outro?

49 Uma empresa tem 2 tipos de ônibus: tradicional e leito. O ônibus tradicional parte do terminal rodoviário a cada 60 minutos e o leito parte a cada 1 hora e meia. Se ambos partiram juntos às 12 h, então qual é o próximo horário em que voltarão a partir juntos?

50 **Conexões.** Os planetas Júpiter e Saturno completam uma volta em torno do Sol em aproximadamente 12 e 30 anos terrestres, respectivamente.

Fonte de consulta: UOL EDUCAÇÃO. *Pesquisa escolar.* Disponível em: <https://educacao.uol.com.br/disciplinas/geografia/sistema-solar-planetas-e-caracteristicas.htm>. Acesso em: 14 ago. 2017.

Suponha que em certo momento as posições desses planetas e do Sol sejam as desta imagem.

Banco de imagens/Arquivo da editora

Representação fora de escala e com cores fantasia de Júpiter e Saturno orbitando o Sol.

a) Depois de quantos anos terrestres esses planetas voltarão a ficar na posição representada?

b) Quantas voltas cada planeta precisa completar para que isso ocorra?

2 Frações

No próximo capítulo vamos estudar os números positivos e negativos que podem ser escritos na forma de fração, chamados **números racionais**. Assim, vamos recordar agora algumas ideias associadas às frações.

Retomando as ideias de frações

Fração como parte/todo

Nessa ideia, um todo, ou uma unidade, é dividido em partes iguais e é selecionada 1 ou mais partes.

Veja os exemplos.

- Qual fração do todo foi pintada de roxo?
O todo é uma região retangular que foi dividida em 4 partes iguais e 3 dessas partes estão pintadas de roxo. Dizemos que $\frac{3}{4}$ dessa região foi pintada de roxo e $\frac{1}{4}$ dessa região não foi pintada de roxo.

Ilustrações: Banco de imagens/Arquivo da editora

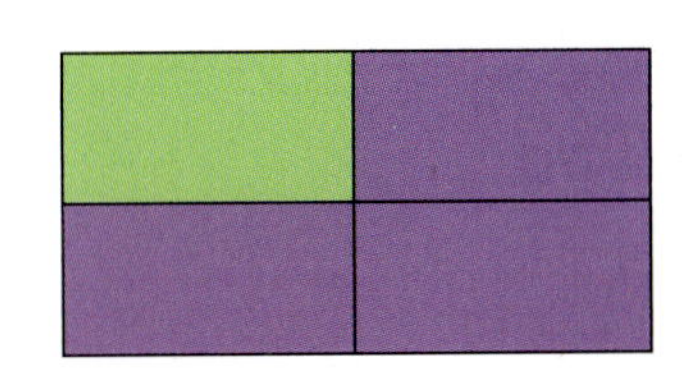

- Roberto já pagou 7 de 12 prestações na compra do celular dele. Qual fração do número de prestações Roberto já pagou?
Ele pagou $\frac{7}{12}$ das prestações. Neste caso, o todo são 12 prestações, das quais Roberto pagou 7.

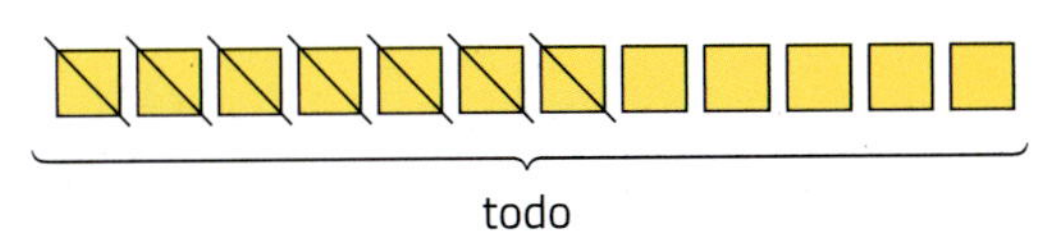

- Qual fração representa o número de triângulos do total de figuras?
Temos um total, um todo, de 9 figuras das quais 4 são triângulos. Então $\frac{4}{9}$ das figuras são triângulos.

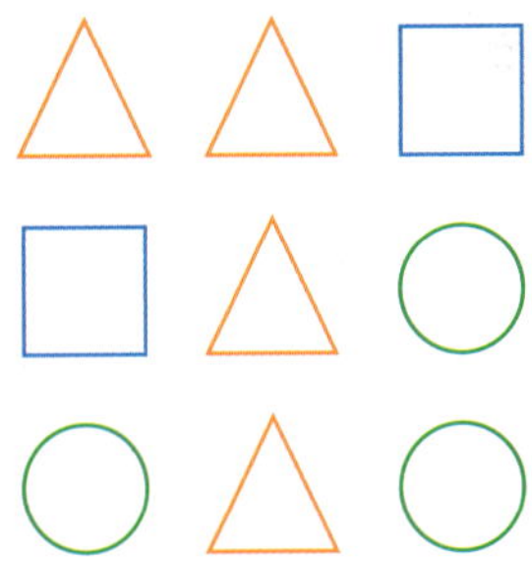

- Qual fração representa a parte pintada da figura?
Como todas as partes da figura são iguais e foram pintadas 3 das 6 partes dela, temos que $\frac{3}{6}$ ou $\frac{1}{2}$ da figura foi pintada.

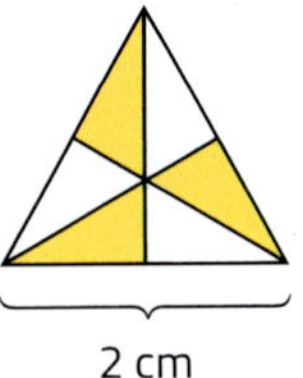

Atividades

51 Felipe repartiu uma região quadrada em 4 partes iguais e pintou 2 partes de verde e 2 partes de azul.

a) Qual fração representa a parte pintada de verde nessa região quadrada?

b) Que parte do todo essa fração representa?

52 Considera-se "final de semana" os dias sábado e domingo. Qual fração representa os dias do final de semana no total de dias da semana?

53 Considere uma figura circular para representar o todo. Desenhe-a e pinte nela uma região correspondente a $\frac{1}{4}$ do todo.

Fração como quociente

Quando a fração tem a ideia de quociente, ela indica uma divisão do numerador pelo denominador e o resultado dessa operação.

Veja os exemplos.

- Em uma reunião de equipe foram distribuídas 2 pequenas tortas para 6 crianças. Quanto de torta cada criança recebeu, aproximadamente?

Ilustrações: Rodrigo Pascoal/ Arquivo da editora

Cada criança recebeu $\frac{1}{3}$ ou $\frac{2}{6}$ de torta. Observe.

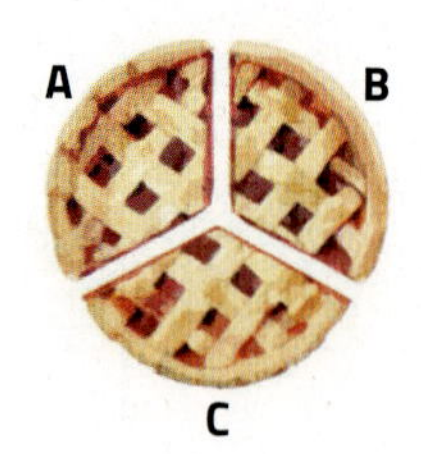

ou

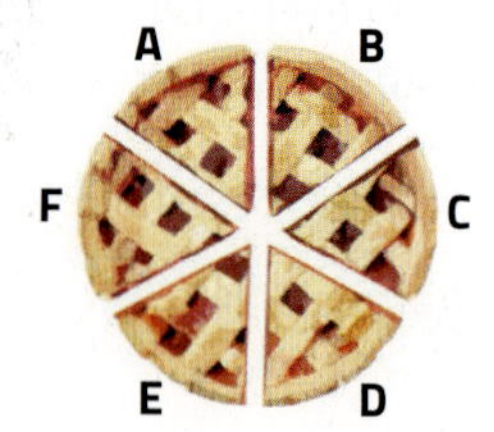

São 2 tortas para repartir igualmente entre 6 crianças. Cada uma recebeu $\frac{1}{3}$ de torta, que é o mesmo que $\frac{2}{6}$ de torta. Logo, $2 : 6 = \frac{2}{6}$.

- Elisa quer repartir igualmente 12 conchinhas entre as 3 amigas dela. Quantas conchinhas cada uma receberá?

Como $12 \div 3 = 4$, cada amiga receberá 4 conchinhas. Aqui também podemos escrever $\frac{12}{3} = 4$, ou seja, o traço de fração indica uma divisão.

Observe que, neste caso, a fração $\frac{12}{3}$ corresponde ao **número natural** 4, pois o resultado da divisão do numerador 12 pelo denominador 3 é igual a 4.

Fração como operador (ou fração de uma quantidade)

- Cláudio comprou uma caixa com 6 laços. Ele usou $\frac{1}{3}$ da quantidade de laços para decorar um vestido da filha Luana. Quantos laços ele usou?

$$\frac{1}{3} \text{ de } 6 = ?$$

$\frac{1}{3}$ $\frac{1}{3}$ $\frac{1}{3}$

0 1 2 3 4 5 6

$$\frac{1}{3} \text{ de } 6 = 2$$

Veja que $6 : 3 = 2$. Assim, ele usou 2 laços.

Observe que 6 laços foram transformados em 2 quando a eles foi aplicada a fração $\frac{1}{3}$.

Quando a fração atua como operador, ela transforma uma quantidade em outra.

- A medida de distância entre as cidades de Campinas e São Paulo é de 90 km. Caio já percorreu $\frac{2}{3}$ dessa medida. Quantos quilômetros ele percorreu?

  Na prática, para calcular $\frac{2}{3}$ de 90, fazemos $90 : 3 = 30$ e $2 \cdot 30 = 60$.

  Assim, $\frac{2}{3}$ de $90 = 60$.

  Logo, ele já percorreu 60 km.

  Observe que, neste caso, a fração transforma uma medida de comprimento em outra.

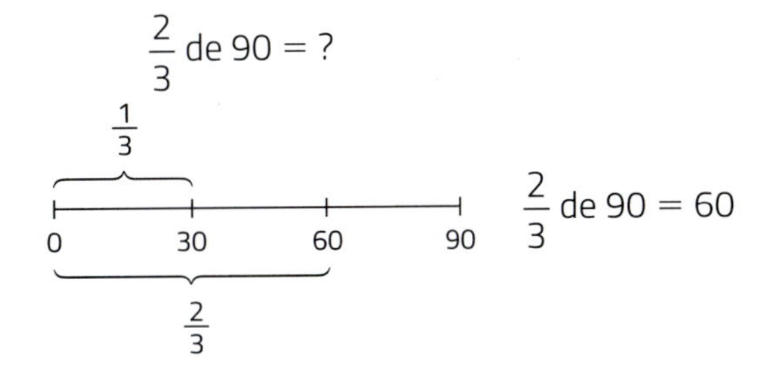

Atividades

54 Noemi quer repartir igualmente 3 barras de chocolate para as netas Angelina e Antonela. Qual fração de barra cada uma receberá?

55 A professora Denise quer repartir igualmente 2 folhas sulfite para 5 crianças. Qual fração de folha cada uma receberá?

56 Observe a reta numerada em que cada unidade foi dividida em partes iguais.

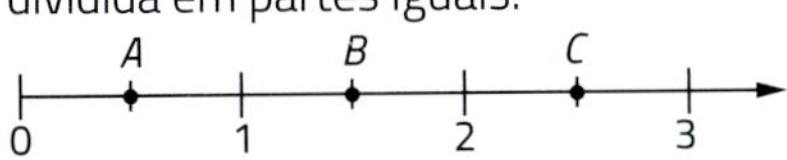

Banco de imagens/Arquivo da editora

a) Escreva as frações representadas pelos pontos assinalados com letras.

b) Qual fração de denominador 2 corresponde ao número 2?

57 Trace um reta numerada.

a) Localize na reta os números $\frac{2}{5}$, $\frac{4}{5}$ e $\frac{7}{5}$.

b) Qual fração de denominador 5 corresponde ao número 1? E ao número 2?

58 Calcule e complete as sentenças.

a) $\frac{3}{4}$ de 24 livros = ☐ livros

b) $\frac{3}{4}$ de ☐ bananas = 24 bananas

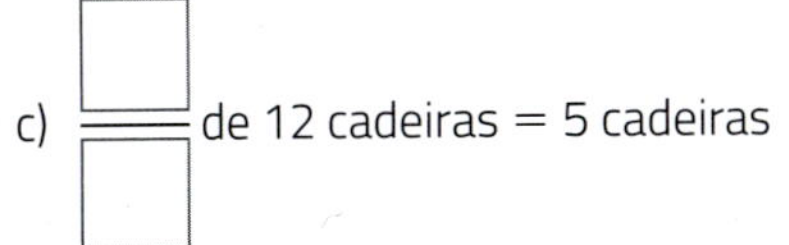

c) $\frac{☐}{☐}$ de 12 cadeiras = 5 cadeiras

59 Em um campeonato de handebol, a equipe vencedora ganhou $\frac{3}{4}$ dos 20 jogos que disputou. Quantos jogos ela ganhou?

60 Um mês comercial tem 30 dias. Quantos desses dias representam $\frac{2}{5}$ de um mês comercial?

61 Um livro de Matemática tem 300 páginas. Ana já estudou $\frac{3}{10}$ do livro. Quantas páginas ela já estudou?

62 O tanque de gasolina de um carro tem medida de capacidade de 60 L. O marcador de combustível está marcando que apenas $\frac{1}{4}$ do tanque está cheio. Quantos litros de gasolina há no tanque?

63 Veja o que Raquel e Vagner disseram.

Ilustrações: Thiago Neumann/Arquivo da editora

Qual fração do total de alunos dessa turma não vai para a escola de carro?

64 Manuel já percorreu $\frac{2}{5}$ de um percurso, o que corresponde a 60 km. Quantos quilômetros o percurso todo tem?

Fração como razão ou comparação de grandezas

Veja os exemplos.

- Em uma escola, há 10 alunos no período da manhã e 20 alunos no período da tarde. Veja como Mariana e Rodrigo interpretaram essa informação.

Na escola, a razão entre o número de alunos que estudam no período da manhã e o número de alunos que estudam no período da tarde é de 10 em 20 ou $\frac{10}{20}$. Isso significa que, proporcionalmente, para cada aluno que estuda de manhã, há 2 alunos que estudam à tarde.

10 em 20 (÷ 10) → 1 em 2 (÷ 10)

20 em 30 (÷ 10) → 2 em 3 (÷ 10)

Na escola, há 20 alunos que estudam no período da tarde e um total de 30 alunos na escola. Posso dizer que a razão entre o número de alunos que estudam no período da tarde e o número total de alunos é de 20 em 30 ou $\frac{20}{30}$. Isso significa que, proporcionalmente, para cada 3 alunos dessa escola, 2 estudam no período da tarde.

Ilustrações: Thiago Neumann/Arquivo da editora

Veja que, apesar de usar procedimentos diferentes, Mariana e Rodrigo chegaram a conclusões equivalentes. Podemos observar que:

As imagens desta página não estão representadas em proporção.

Neste caso, a fração relaciona os valores de 2 grandezas.

- No lançamento de um dado perfeito, qual fração representa a probabilidade de sortear um número par?

No lançamento de um dado há 6 possibilidades de resultados: sair o 1, o 2, o 3, o 4, o 5 ou o 6. Desses números, são 3 números pares: o 2, o 4 e o 6.

Assim, a probabilidade de sortear um número par é de 3 em 6, ou seja, $\frac{3}{6}$.

Paulo Manzi/Arquivo da editora

Atividades

65 Em uma pesquisa, 6 alunos de um grupo dizem preferir viajar para a praia e os 4 restantes dizem preferir viajar para o campo.

a) Qual fração indica a razão entre o número de alunos que preferem viajar para o campo e o número de alunos que preferem praia?

b) A razão entre o número de alunos que preferem praia e o número de alunos pesquisados é dada por qual fração?

c) O que indica, nesta situação, a razão correspondente à fração $\frac{4}{10}$?

66 Para fazer uma torta foram necessários 50 g de recheio e 150 g de massa.

a) A razão entre a medida de massa do recheio e a medida de massa da torta é dada por $\frac{50}{150}$, $\frac{50}{200}$ ou $\frac{50}{100}$?

b) Para cada 10 g de recheio são necessários quantos gramas de massa?

67 Em um suco, a razão entre a quantidade de concentrado e a quantidade de água é de 1 para 3, ou seja, é dada pela fração $\frac{1}{3}$.

a) Se forem colocados 2 copos de concentrado, então quantos copos de água serão necessários?

b) Qual fração indica a razão entre a quantidade de água e a quantidade de suco?

68 ▸ Considerando a região quadrada *ABCD* como unidade de medida de área, determine a medida de área da região quadrada *EFGH*.

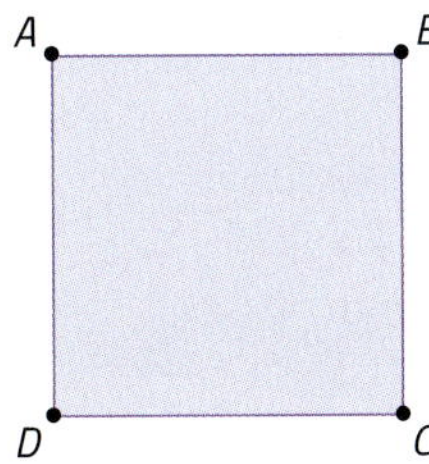

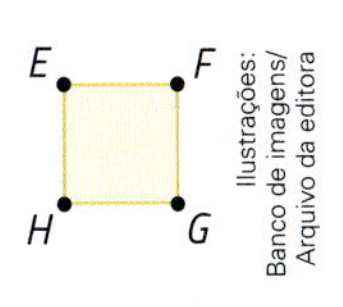

Ilustrações: Banco de imagens/Arquivo da editora

69 ▸ No lançamento de uma moeda, qual fração representa a probabilidade de a face virada para cima ser coroa?

70 ▸ No lançamento de um dado perfeito, qual fração representa a probabilidade de sortear um número maior do que 2?

Um pouco de História

Os números naturais (0, 1, 2, 3, 4, 5, ...) surgiram da necessidade da contagem, e as frações $\left(\frac{1}{2}, \frac{1}{3}, \frac{1}{4}, \ldots\right)$, da necessidade de medir.

Os egípcios já usavam as primeiras noções de frações. O rio Nilo transbordava anualmente e havia necessidade de fazer novas medições das terras inundadas pela água. Os medidores de terras, também chamados de "estiradores de corda", usavam cordas para tais medições.

Rodrigo Pascoal/Arquivo da editora

Continente africano: Egito

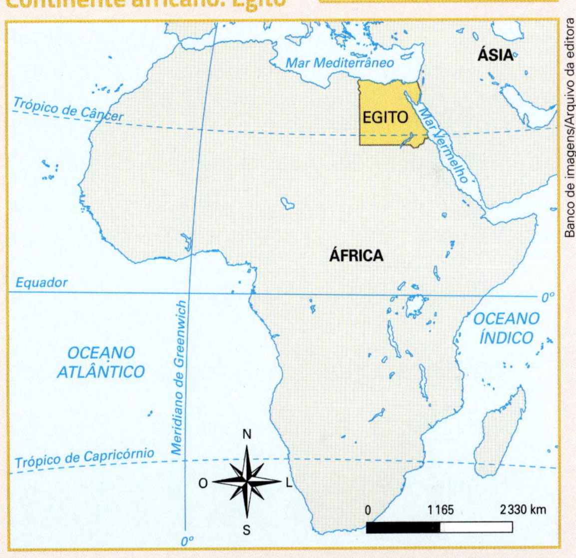

Banco de imagens/Arquivo da editora

Fonte de consulta: IBGE. *Atlas geográfico escolar.* 7. ed. Rio de Janeiro, 2016.

Cada corda tinha muitos nós, e a medida de distância entre 2 nós consecutivos era de um **cúbito** ou um **côvado**, que era a unidade de medida de comprimento usada. 1 cúbito correspondia a aproximadamente 45 cm. Para medir, os estiradores comparavam o cúbito com a distância a ser medida. A medida seria quantas vezes o cúbito coubesse nessa distância.

Mas, nem sempre, o cúbito cabia um número inteiro de vezes no comprimento a ser medido. Assim, a necessidade de fazer medições com mais precisão levou os egípcios a criarem as subunidades do cúbito, fracionando a unidade de medida. Surgem, assim, as frações do cúbito.

Os egípcios usavam somente as frações unitárias, ou seja, aquelas que têm o numerador igual a 1. Por exemplo, $\frac{1}{2}, \frac{1}{3}, \frac{1}{100}$. Eles conheciam também as frações $\frac{2}{3}$ e $\frac{3}{4}$.

Qualquer outra fração era obtida somando frações unitárias. Por exemplo, $\frac{3}{5} = \frac{1}{2} + \frac{1}{10}$.

Algumas frações tinham símbolos especiais, como estas:

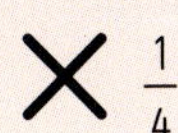 $\frac{1}{4}$ ⊏ $\frac{1}{2}$ 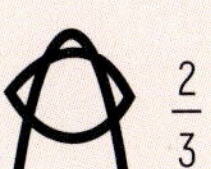 $\frac{2}{3}$ 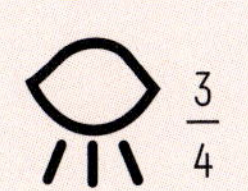 $\frac{3}{4}$

Ilustrações: Banco de imagens/Arquivo da editora

Atualmente, uma subunidade obtida pela divisão do cúbito em *n* partes iguais é representada por $\frac{1}{n}$; e, se um comprimento contém exatamente *m* dessas subunidades, então a medida desse comprimento é representada pela fração $\frac{m}{n}$.

Fonte de consulta: UOL. *Educação.* Disponível em: <https://educacao.uol.com.br/disciplinas/matematica/fracao-1-historia-do-conceito.htm>. Acesso em: 19 jun. 2018.

Frações equivalentes e simplificação de frações

Frações equivalentes

As frações $\frac{2}{3}$ e $\frac{4}{6}$ são equivalentes. Você se lembra do porquê?

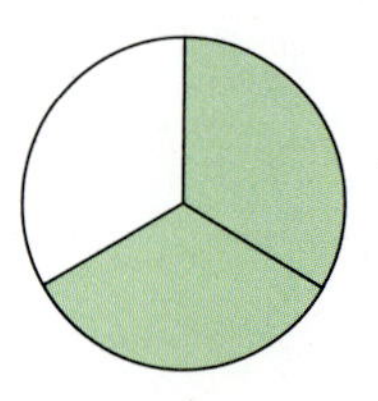

Fração da figura que está pintada: $\frac{2}{3}$

- $\frac{2}{3}$ de um todo corresponde a $\frac{4}{6}$ do mesmo todo. Veja nestas figuras.

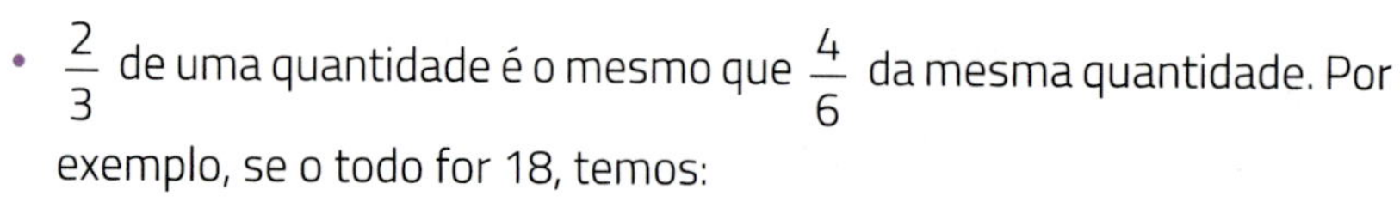

- $\frac{2}{3}$ de uma quantidade é o mesmo que $\frac{4}{6}$ da mesma quantidade. Por exemplo, se o todo for 18, temos:

  $\frac{2}{3}$ de $18 = 12$ e $\frac{4}{6}$ de $18 = 12$. Portanto, $\frac{2}{3} = \frac{4}{6}$.

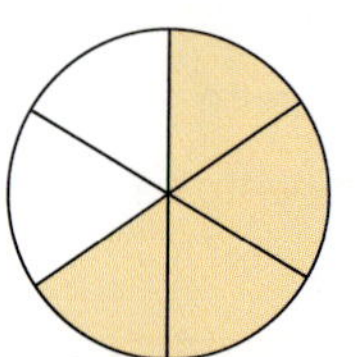

Fração da figura que está pintada: $\frac{4}{6}$

Ilustrações: Banco de imagens/Arquivo da editora

Podemos dizer que 2 frações são **equivalentes** quando indicam o mesmo valor, para uma mesma unidade ou todo.

Simplificação de frações

Para determinar uma fração equivalente a uma fração dada, podemos **dividir ou multiplicar o numerador e o denominador pelo mesmo número**, diferente de 0. Quando dividimos o numerador e o denominador por um mesmo número natural, diferente de 0, a fração equivalente que obtemos é mais simples do que a fração original. Nesse caso, dizemos que foi feita uma **simplificação** da fração inicial. Veja os exemplos.

- Simplificação de $\frac{10}{15} \rightarrow \frac{10^{\div 5}}{15_{\div 5}} = \frac{2}{3}$.
- Simplificação de $\frac{3}{8} \rightarrow$ não é possível fazer $\left(\frac{3}{8}\right.$ é uma **fração irredutível**, ou seja, não existe fração mais simples, equivalente a ela$\left.\right)$.
- Simplificação de $\frac{12}{30} \rightarrow \frac{12^{\div 2}}{30_{\div 2}} = \frac{6^{\div 3}}{15_{\div 3}} = \frac{2}{5}$ ou $\frac{12^{\div 6}}{30_{\div 6}} = \frac{2}{5}$.

Note que $\text{mdc}(12, 30) = 6$.

Atividades

71 Complete as igualdades para que as frações de uma mesma unidade sejam equivalentes.

a) $\frac{3}{5} = \frac{\square}{20}$ c) $\frac{4}{8} = \frac{1}{\square}$ e) $\frac{5}{5} = \frac{3}{\square}$

b) $\frac{18}{45} = \frac{\square}{5}$ d) $\frac{\square}{4} = \frac{10}{8}$ f) $\frac{6}{10} = \frac{9}{\square}$

72 Copie as frações de uma mesma unidade, verifique se elas são ou não equivalentes e coloque = ou ≠ entre elas.

a) $\frac{6}{9} \square \frac{12}{18}$ b) $\frac{1}{3} \square \frac{2}{9}$ c) $\frac{15}{21} \square \frac{5}{7}$

d) $\frac{3}{6} \square \frac{2}{8}$ e) $\frac{10}{14} \square \frac{15}{21}$ f) $\frac{18}{35} \square \frac{3}{7}$

73 Simplifique as frações até obter uma fração irredutível.

a) $\frac{15}{20}$ b) $\frac{35}{49}$ c) $\frac{8}{21}$ d) $\frac{30}{42}$

74 Determine a sequência das frações equivalentes a cada fração dada. No item **b**, primeiro simplifique a fração.

a) $\frac{3}{4}$ b) $\frac{3}{15}$

75 Descubra 2 frações de mesmo denominador, sendo a primeira equivalente a $\frac{5}{6}$ e a segunda equivalente a $\frac{2}{9}$.

Comparação de frações

Comparação de frações com denominadores iguais

Em uma horta, todos os canteiros têm o mesmo número de pés de alface. Aline colheu $\frac{2}{5}$ dos pés de alface de um dos canteiros e Alberto colheu $\frac{4}{5}$ dos pés de outro canteiro. Quem colheu mais pés de alface?

Para responder a essa pergunta, podemos comparar as frações $\frac{2}{5}$ e $\frac{4}{5}$. Para isso, vamos representar essas frações em relação a uma mesma figura.

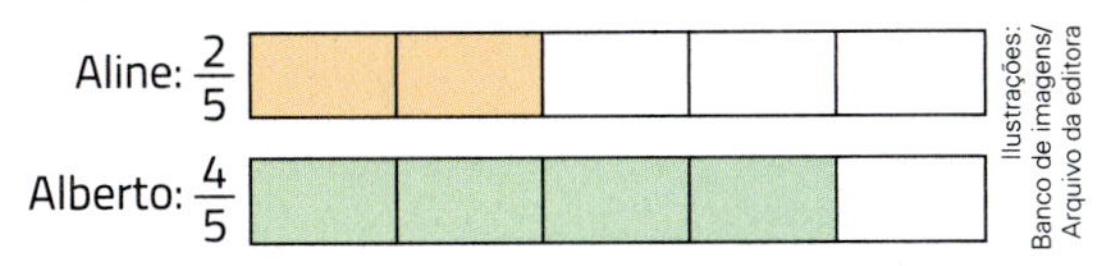

Ilustrações: Banco de imagens/Arquivo da editora

Podemos observar que $\frac{4}{5} > \frac{2}{5}$. Logo, Alberto colheu mais pés de alface do que Aline.

Também poderíamos usar uma reta numerada para comparar as frações $\frac{2}{5}$ e $\frac{4}{5}$.

$\frac{0}{5}$ $\frac{1}{5}$ $\frac{2}{5}$ $\frac{3}{5}$ $\frac{4}{5}$ $\frac{5}{5}$
0 1

Banco de imagens/Arquivo da editora

Como $\frac{4}{5}$ fica à direita de $\frac{2}{5}$, temos que $\frac{4}{5} > \frac{2}{5}$ e que Alberto colheu mais pés de alface.

> **Bate-papo**
> E se não houver figura ou reta numerada para olhar? Converse com um colega e descubram outra maneira de comparar 2 frações com denominadores iguais.

Comparação de frações com denominadores diferentes

Ana e Beto estão fazendo uma caminhada em volta de uma praça. Ana já percorreu $\frac{2}{3}$ do trajeto e Beto, $\frac{7}{9}$. Quem percorreu o maior trajeto?

Para responder a essa pergunta, podemos comparar as frações $\frac{2}{3}$ e $\frac{7}{9}$, que têm denominadores diferentes, e determinar qual é a maior.

Há várias maneiras de fazer isso.

1ª maneira: Usando uma representação dessas frações em relação a uma mesma unidade (figura ou número).

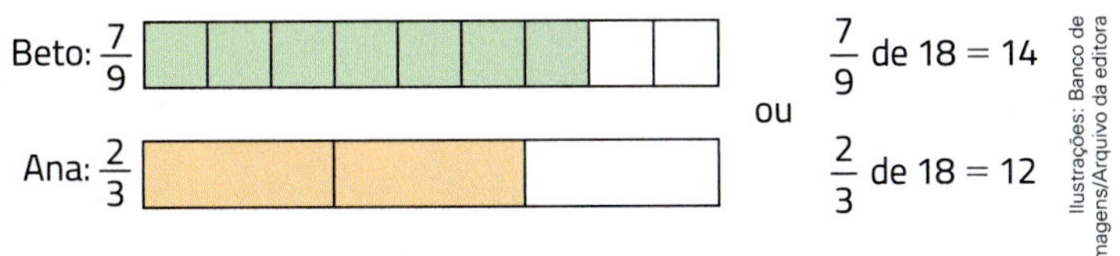

Ilustrações: Banco de imagens/Arquivo da editora

Observe que $\frac{7}{9} > \frac{2}{3}$, ou seja, Beto percorreu o maior trajeto.

2ª maneira: Usando uma reta numerada.

$\frac{0}{9}$ $\frac{1}{9}$ $\frac{2}{9}$ $\frac{3}{9}$ $\frac{4}{9}$ $\frac{5}{9}$ $\frac{6}{9}$ (A) $\frac{7}{9}$ (B) $\frac{8}{9}$ $\frac{9}{9}$
0 $\frac{1}{3}$ $\frac{2}{3}$ 1

Banco de imagens/Arquivo da editora

Como o ponto *B* (de Beto) está à direita do ponto *A* (de Ana), temos que $\frac{7}{9} > \frac{2}{3}$ e Beto percorreu o maior trajeto.

3ª maneira: Podemos comparar as frações $\frac{2}{3}$ e $\frac{7}{9}$ obtendo frações equivalentes a elas que tenham denominadores iguais.

$$\frac{2}{3} \rightarrow \frac{2}{3}, \frac{4}{6}, \frac{6}{9}, \frac{8}{12}, \frac{10}{15}, \ldots \qquad \frac{7}{9} \rightarrow \frac{7}{9}, \frac{14}{18}, \frac{21}{27}, \frac{28}{36}, \ldots$$

Como $\frac{7}{9} > \frac{6}{9}$, temos que $\frac{7}{9} > \frac{2}{3}$. Logo, Beto percorreu o maior trajeto.

4ª maneira: Podemos determinar diretamente as frações equivalentes a $\frac{7}{9}$ e $\frac{2}{3}$, de mesmo denominador, usando o mmc dos denominadores: $\text{mmc}(9, 3) = 9$.

$$\frac{7}{9} = \frac{7}{9} \quad (9 : 9) \cdot 7 = 1 \cdot 7 = 7 \qquad \frac{2}{3} = \frac{6}{9} \quad (9 : 3) \cdot 2 = 3 \cdot 2 = 6$$

Como $\frac{7}{9} > \frac{6}{9}$ e $\frac{6}{9} = \frac{2}{3}$, então $\frac{7}{9} > \frac{2}{3}$. Logo, Beto percorreu o maior trajeto.

Atividades

76 Compare as frações da mesma unidade, completando-as com os sinais >, < ou =.

a) $\frac{2}{7}$ ☐ $\frac{8}{7}$ c) $\frac{4}{3}$ ☐ $\frac{6}{7}$ e) $\frac{5}{8}$ ☐ $\frac{3}{9}$

b) $\frac{1}{5}$ ☐ $\frac{1}{8}$ d) $\frac{1}{9}$ ☐ $\frac{6}{7}$ f) $\frac{4}{10}$ ☐ $\frac{6}{15}$

77 Em cada item, escreva as frações da mesma unidade em ordem crescente.

a) $\frac{3}{5}, \frac{1}{5}, \frac{6}{5}, \frac{12}{5}, \frac{8}{5}$.

b) $\frac{1}{9}, \frac{0}{9}, \frac{5}{9}, \frac{25}{9}, \frac{7}{9}$.

c) $\frac{2}{3}, \frac{1}{2}, \frac{4}{5}, \frac{7}{15}$.

d) $\frac{5}{12}, \frac{3}{4}, \frac{1}{3}, \frac{5}{6}$.

78 Qual fração de uma mesma unidade é maior: $\frac{4}{5}$ ou $\frac{9}{10}$? Justifique sua resposta de pelo menos 2 maneiras diferentes.

79 Em uma gincana de pênaltis na escola, Camila chutou 12 pênaltis e marcou 7 gols. Luciana chutou 12 pênaltis e marcou 9 gols.

a) Escreva frações para representar o desempenho de Camila e de Luciana.

b) Quem teve melhor aproveitamento? Justifique.

80 Na turma de Fernando, $\frac{7}{15}$ dos alunos preferem praticar esportes no final de semana e $\frac{12}{25}$ preferem ir ao teatro e ao cinema. Nessa turma há mais alunos que preferem praticar esportes ou mais alunos que preferem ir ao teatro e ao cinema? Justifique.

81 Um pintor misturou $\frac{4}{5}$ de um galão de tinta verde com $\frac{5}{6}$ de um galão de tinta branca. Os 2 galões tinham a mesma medida de capacidade. Nessa mistura há mais tinta verde ou mais tinta branca? Justifique.

Paulo Manzi/Arquivo da editora

82 Em uma gincana de desafios matemáticos no 7º ano, de uma lista de desafios que o professor propôs à turma, Marta resolveu $\frac{3}{4}$ deles e José, $\frac{7}{10}$. Quem resolveu menos desafios? Justifique.

83 Ronaldo e Gisele ganharam a mesma quantidade de morangos. Ronaldo comeu $\frac{5}{8}$ dos morangos que ganhou e Gisele, $\frac{7}{12}$. Quem comeu mais morangos? Justifique.

84 A professora de Língua Portuguesa sugeriu a leitura de um livro. Pascoal já leu $\frac{3}{5}$ do livro e Fernanda, $\frac{5}{6}$ do mesmo livro. Quem já leu mais páginas? Justifique.

85 Do orçamento de uma família, são gastos $\frac{3}{10}$ com aluguel, $\frac{1}{5}$ com alimentação e $\frac{4}{25}$ com outras despesas. Com o que se gasta menos: alimentação, aluguel ou outras despesas? Justifique.

Operações com frações

No volume anterior, você já estudou algumas operações com frações. Vamos agora retomar e aprofundar esse estudo.

Adição e subtração de frações

Com denominadores iguais

Pela manhã, Paulo tomou a água correspondente a $\frac{1}{5}$ da medida de capacidade de uma jarra. No período da tarde, tomou o correspondente a $\frac{2}{5}$ dessa medida de capacidade. Qual fração da medida de capacidade da jarra ele tomou ao todo?

Paulo Manzi/Arquivo da editora

Jarra.

Para determinar essa fração, precisamos adicionar o $\frac{1}{5}$ da medida de capacidade que foi tomado de manhã com os $\frac{2}{5}$ da medida de capacidade consumidos no período da tarde.

$$\frac{1}{5} + \frac{2}{5} = \frac{3}{5}$$

Logo, Paulo bebeu $\frac{3}{5}$ da medida de capacidade da jarra.

As imagens desta página não estão representadas em proporção.

Para adicionar ou subtrair frações com denominadores iguais, adicionamos ou subtraímos os numeradores e conservamos o denominador.

Veja outros exemplos.

- $\frac{2}{4} + \frac{3}{4} = \frac{5}{4} = \frac{4}{4} + \frac{1}{4} = 1\frac{1}{4}$

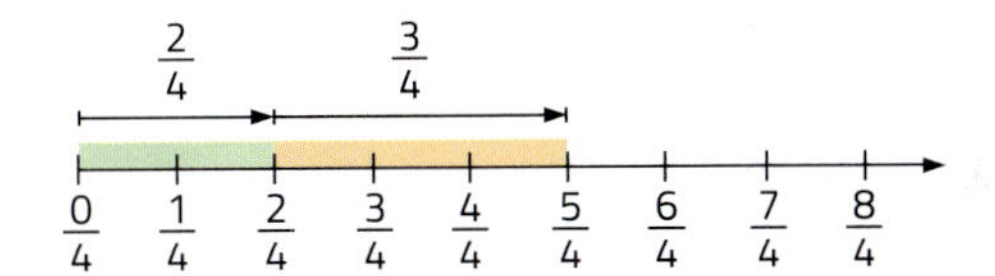

- $\frac{7}{10} - \frac{4}{10} = \frac{3}{10}$

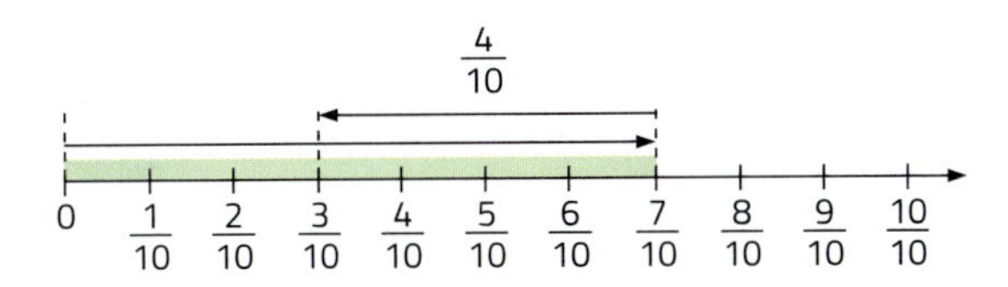

Ilustrações: Banco de imagens/Arquivo da editora

Com denominadores diferentes

A mãe de Maria tinha aproximadamente $\frac{7}{8}$ de um queijo e usou aproximadamente $\frac{1}{6}$ do queijo para fazer uma torta. Qual fração do queijo restou?

Para encontrar a resposta para esse problema, precisamos subtrair a quantidade de queijo usada da quantidade que a mãe de Maria tinha.

$$\frac{7}{8} - \frac{1}{6}$$

Paulo Manzi/Arquivo da editora

Queijo.

Como os denominadores são diferentes, precisamos determinar frações equivalentes a essas, que tenham denominadores iguais, para prosseguir com a subtração. Veja 2 maneiras diferentes de fazer isso.

1ª maneira: Usando um denominador comum que seja múltiplo dos 2 denominadores.

Por exemplo, podemos usar o denominador 48, obtido multiplicando os denominadores das frações $(8 \times 6 = 48)$.

$$\frac{7^{\times 6}}{8_{\times 6}} = \frac{42}{48} \quad \text{e} \quad \frac{1^{\times 8}}{6_{\times 8}} = \frac{8}{48}$$

Depois, subtraímos as frações equivalentes obtidas e simplificamos a fração resultante.

$$\frac{7}{8} - \frac{1}{6} = \frac{42}{48} - \frac{8}{48} = \frac{34^{\div 2}}{48_{\div 2}} = \frac{17}{24}$$

> Poderíamos ter escolhido outro denominador, como 120, que também é múltiplo de 8 e de 6.
>
> $$\frac{7^{\times 15}}{8_{\times 15}} = \frac{105}{120} \quad \text{e} \quad \frac{1^{\times 20}}{6_{\times 20}} = \frac{20}{120} \qquad \frac{7}{8} - \frac{1}{6} = \frac{105}{120} - \frac{20}{120} = \frac{85^{\div 5}}{120_{\div 5}} = \frac{17}{24}$$

2ª maneira: Usando o mínimo múltiplo comum (mmc) dos denominadores.

$m(6)$: 0, 6, 12, 24, 36, 48, ... $\quad$ $m(8)$: 0, 8, 16, 24, 32, 40, ... $\quad$ $\text{mmc}(6, 8) = 24$

Usamos o mmc nos denominadores para determinar as frações equivalentes e subtraímos as frações equivalentes obtidas.

$$\frac{7^{\times 3}}{8_{\times 3}} = \frac{21}{24} \quad \text{e} \quad \frac{1^{\times 4}}{6_{\times 4}} = \frac{4}{24} \qquad \frac{7}{8} - \frac{1}{6} = \frac{21}{24} - \frac{4}{24} = \frac{17}{24}$$

Logo, restou aproximadamente $\frac{17}{24}$ do queijo.

> Observe que nesse caso não foi necessário simplificar a fração resultante.

Atividades

86 Para uma viagem, Roberto encheu o tanque de gasolina do carro. No primeiro trecho da viagem, foi consumido $\frac{1}{4}$ da gasolina do tanque e, no segundo trecho, foram consumidos $\frac{2}{3}$ da gasolina. Qual fração do tanque ainda restou com gasolina após esses 2 trechos?

87 Bruna está no 7º ano e a irmã dela, Gisele, está no 4º ano. Gisele registrou a seguinte operação: $\frac{2}{3} + \frac{1}{4} = \frac{3}{7}$. O que Bruna poderia dizer a ela?

88 Caio gasta $\frac{1}{6}$ das horas de um dia na escola, $\frac{1}{3}$ dormindo e $\frac{1}{12}$ brincando. Qual fração das horas do dia ele dedica a outras coisas?

89 Reveja os passos apresentados acima, na 2ª maneira de efetuar uma adição ou subtração de frações com denominadores diferentes, e compare-os com o fluxograma a seguir.

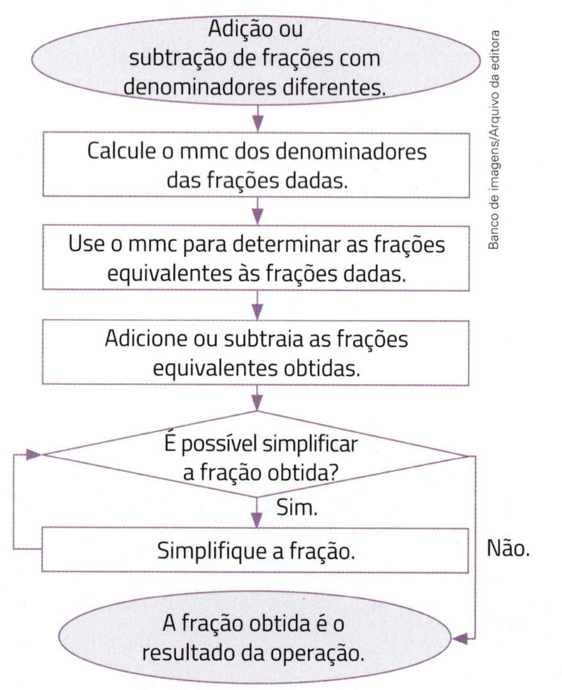

Banco de imagens/Arquivo da editora

Use esse fluxograma para efetuar as operações dadas e registre o resultado.

a) $\frac{2}{3} + \frac{4}{5}$ $\quad$ b) $\frac{15}{12} - \frac{1}{4}$ $\quad$ c) $\frac{1}{3} - \frac{1}{5} + \frac{1}{6}$

Multiplicação de frações

Anastácia tem um terreno. Ele quer usar $\frac{1}{5}$ desse terreno para plantar flores e quer que $\frac{2}{3}$ da parte com flores tenham rosas. Qual parte do terreno deverá ser plantada com rosas?

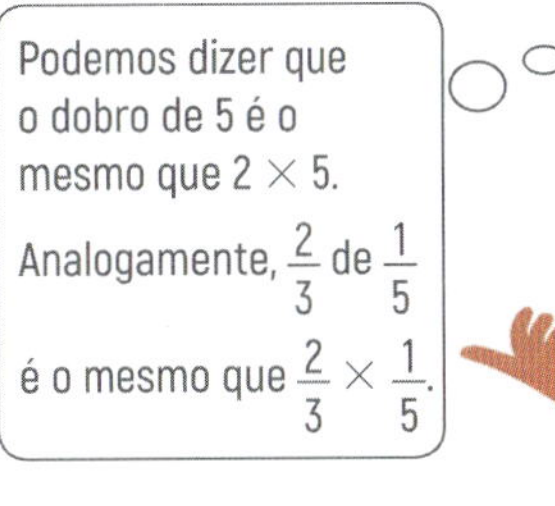

Thiago Neumann/Arquivo da editora

Devemos calcular $\frac{2}{3}$ de $\frac{1}{5}$ do terreno, ou seja, $\frac{2}{3} \times \frac{1}{5}$.

Ilustrações: Paulo Manzi/Arquivo da editora

Terreno

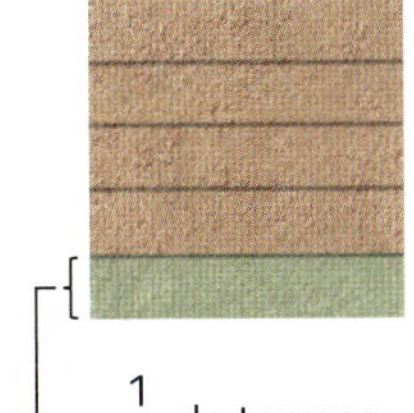

$\frac{1}{5}$ do terreno

$\frac{2}{3}$ de $\frac{1}{5}$ do terreno $\left(\frac{2}{3} \times \frac{1}{5}\right)$

$\frac{2}{15}$ do terreno

As figuras mostram que $\frac{2}{3}$ de $\frac{1}{5}$, ou seja, $\frac{2}{3} \times \frac{1}{5}$, é o mesmo que $\frac{2}{15}$.

Logo, $\frac{2}{3} \times \frac{1}{5} = \frac{2}{15}$ e Anastácio deve plantar rosas em $\frac{2}{15}$ do terreno.

Também podemos escrever: $\frac{2}{3} \times \frac{1}{5} = \frac{2 \times 1}{3 \times 5} = \frac{2}{15}$.

As imagens desta página não estão representadas em proporção.

Para multiplicar uma fração por outra, multiplicamos o numerador de uma fração pelo numerador da outra, e o denominador de uma fração pelo denominador da outra.

Observações

- A conclusão acima pode, também, ser aplicada quando um dos fatores é um número natural.

$$2 \times \frac{3}{7} = \frac{2}{1} \times \frac{3}{7} = \frac{6}{7} \qquad \frac{1}{7} \times 5 = \frac{1}{7} \times \frac{5}{1} = \frac{5}{7}$$

- Na multiplicação de frações, podemos fazer a simplificação antes ou depois de efetuar a operação.

$$\frac{\cancel{3}^{1}}{\cancel{4}_{1}} \times \frac{\cancel{8}^{2}}{\cancel{15}_{5}} = \frac{1}{1} \times \frac{2}{5} = \frac{2}{5}$$

ou

$$\frac{3}{4} \times \frac{8}{15} = \frac{24^{\div 6}}{60_{\div 6}} = \frac{4^{\div 2}}{10_{\div 2}} = \frac{2}{5}$$

$$\frac{4}{\cancel{25}_{5}} \times \frac{\cancel{5}^{1}}{3} = \frac{4}{5} \times \frac{1}{3} = \frac{4}{15}$$

ou

$$\frac{4}{25} \times \frac{5}{3} = \frac{20^{\div 5}}{75_{\div 5}} = \frac{4}{15}$$

$$\cancel{4}^{2} \times \frac{1}{\cancel{6}_{3}} = 2 \times \frac{1}{3} = \frac{2}{3}$$

ou

$$4 \times \frac{1}{6} = \frac{4^{\div 2}}{6_{\div 2}} = \frac{2}{3}$$

Frações inversas

A **inversa de uma fração** diferente de zero é a fração que se obtém invertendo o numerador com o denominador da fração dada.

Por exemplo, a inversa de $\frac{3}{4}$ é $\frac{4}{3}$ e a inversa de $\frac{2}{5}$ é $\frac{5}{2}$.

Explorar e descobrir

1› Determine o produto de cada fração pela fração inversa dela.

a) $\frac{2}{7}$ b) $\frac{4}{5}$ c) $\frac{6}{7}$ d) $2\frac{1}{3}$

2› Responda: O que ocorreu com os resultados?

Os matemáticos já provaram que isso que você descobriu vale sempre.

> O produto de uma fração pela fração inversa dela é sempre igual a 1.

Atividades

90› Efetue as multiplicações. Nos itens **e** e **f**, resolva de 2 maneiras, simplificando antes e depois.

a) $5 \times \frac{3}{10}$

b) $1\frac{1}{2} \times 3$

c) $6 \times \frac{2}{3}$

d) $1\frac{1}{5} \times 2\frac{3}{4}$

e) $\frac{6}{35} \times \frac{7}{30}$

f) $\frac{4}{7} \times \frac{3}{2} \times \frac{7}{6}$

91› Calcule.

a) $\frac{3}{2}$ de 18.

b) $\frac{2}{3}$ de $\frac{1}{5}$.

c) $\frac{2}{3}$ de $\frac{3}{2}$.

d) 20% de $\frac{2}{3}$.

92› Calcule o que se pede e coloque a resposta na forma fracionária.

a) 30% de 60%.

b) $\frac{1}{5}$ de 40%.

c) Terça parte de $\frac{9}{7}$.

d) 20% de 0,5.

93› Em uma cidade, $\frac{3}{4}$ dos habitantes têm entre 15 e 30 anos de idade e $\frac{1}{5}$ dessas pessoas declaram ser fluentes em espanhol. As pessoas com idade entre 15 e 30 anos que falam espanhol representam qual fração do total de habitantes da cidade?

94› Pedro tinha R$ 60,00. Ele separou $\frac{4}{5}$ dessa quantia e gastou $\frac{2}{3}$ do que havia separado. Qual fração do que tinha ele gastou?

Reprodução/Casa da Moeda do Brasil/Ministério da Fazenda

95› A metade da herança de Nicanor ficou para o filho mais velho dele, o Luís. Do restante, $\frac{3}{5}$ couberam ao caçula, o Heitor. Qual fração da herança de Nicanor coube ao Heitor? Ela corresponde a qual porcentagem da herança?

96› Calcule o valor de cada expressão numérica.

a) $\frac{5}{9} + \frac{1}{3} \times \frac{2}{3}$

b) $\left(\frac{5}{9} + \frac{1}{3}\right) \times \frac{2}{3}$

97› Responda aos itens.

a) Qual é o inverso de $\frac{3}{4}$?

b) Qual é o inverso de 3? Justifique.

c) Qual é o número que multiplicado por $\frac{3}{7}$ dá 1?

98› Como é o inverso de $\frac{9}{25}$ escrito na forma mista?

Divisão de frações

Divisão de fração por número natural

Ângela separou metade de uma *pizza* e repartiu-a em pedaços aproximadamente iguais entre os 3 sobrinhos. Qual fração da *pizza* inteira cada um ganhou?

Para responder a essa pergunta, precisamos efetuar a divisão $\frac{1}{2} \div 3$.

Pizza inteira.

Metade da *pizza*: $\frac{1}{2}$.

Metade da *pizza* repartida em 3 partes iguais. Cada parte corresponde a $\frac{1}{2} \div 3$.

$\frac{1}{2} \div 3$ é o mesmo que $\frac{1}{6}$ da *pizza* inteira.

Ilustrações: Paulo Manzi/Arquivo da editora

Assim, $\frac{1}{2} \div 3 = \frac{1}{6}$.

Observe que a divisão $\frac{1}{2} \div 3 = \frac{1}{6}$ tem o mesmo resultado que a multiplicação $\frac{1}{2} \times \frac{1}{3} = \frac{1}{6}$ (lembre-se de que $\frac{1}{3}$ é o inverso de 3). Assim, temos:

$$\frac{1}{2} \div 3 = \frac{1}{2} \times \frac{1}{3} = \frac{1}{6}$$

Veja mais um exemplo de divisão de fração por número natural.

$$\frac{2}{3} \div 5$$

Vamos dividir $\frac{2}{3}$ de uma unidade por 5.

Pintamos $\frac{2}{3}$ da figura. Dividimos essa parte pintada em 5 partes iguais e hachuramos 1 delas.

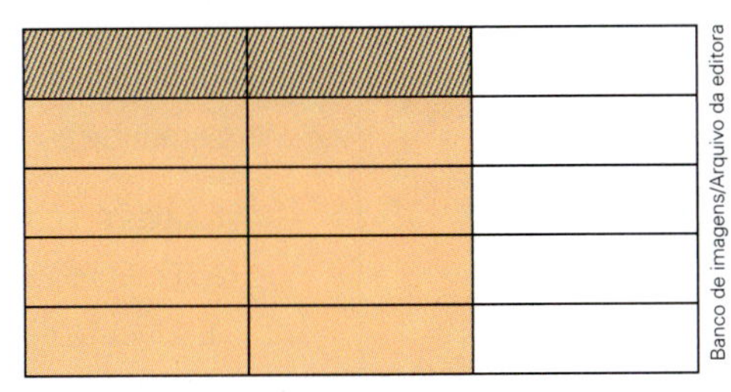

Banco de imagens/Arquivo da editora

A parte hachurada corresponde a $\frac{2}{15}$ da figura inicial, ou seja, $\frac{2}{3} \div 5 = \frac{2}{15}$.

Observe que $\frac{2}{3} \div 5 = \frac{2}{3} \times \frac{1}{5} = \frac{2}{15}$.

Para dividir uma fração por um número natural diferente de zero, multiplicamos a fração pelo inverso do número natural.

Divisão de número natural por fração

Bianca tem uma caixa em que cabem 12 laranjas. Quantos grupos de 3 laranjas cabem nessa caixa?

Para responder a essa pergunta, precisamos efetuar a divisão $12 \div 3$. Nesse caso, podemos pensar: quantas vezes o 3 cabe em 12?

Nessa pergunta, usamos a ideia de **medida** associada à divisão.

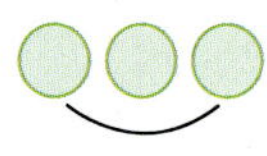 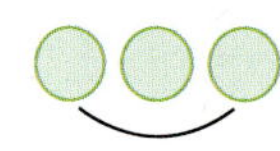 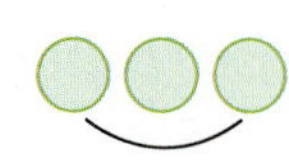 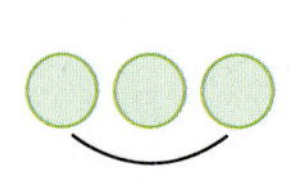

Banco de imagens/ Arquivo da editora

Cabem 4 grupos. Logo, $12 \div 3 = 4$.

Essa ideia da divisão será usada na divisão de número natural por fração. Veja o exemplo.

Pedro está fazendo biscoitos e se perguntou: Quantas metades $\left(\frac{1}{2}\right)$ de um biscoito cabem em 1 biscoito?

Para responder a essa pergunta, precisamos efetuar a divisão $1 \div \frac{1}{2}$.

Como podemos ver, cabem 2 metades na figura. Assim, $1 \div \frac{1}{2} = 2$.

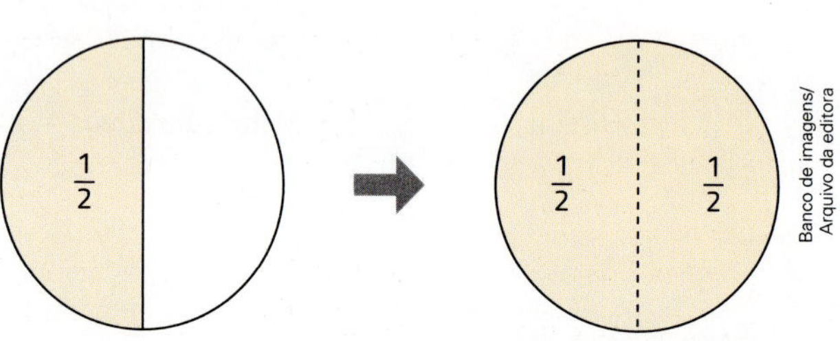

Banco de imagens/ Arquivo da editora

Observe que a divisão $1 \div \frac{1}{2} = 2$ tem o mesmo resultado que a multiplicação $1 \times \frac{2}{1} = 2$ $\left(\frac{2}{1} \text{ é o inverso de } \frac{1}{2}\right)$.

Assim, temos:

$$1 \div \frac{1}{2} = 1 \times \frac{2}{1} = \frac{2}{1} = 2$$

O que ocorreu nesse exemplo, os matemáticos já provaram que ocorre sempre. Então, podemos escrever:

> Para dividir um número natural por uma fração, multiplicamos o número natural pela inversa da fração.

Atividades

99 Efetue as divisões indicadas.

a) $4 : \frac{3}{5}$

b) $1\frac{2}{3} : 5$

c) $2 : 1\frac{3}{4}$

d) $\frac{3}{4} : 3$

100 Mara separou $\frac{3}{4}$ de uma quantia e comprou 2 cadernos iguais. O preço de cada caderno corresponde a qual fração da quantia total?

101 Quantas vezes $\frac{1}{4}$ de hora cabe em 2 horas?

102 Cláudio recebeu um salário de R$ 2400,00. Ele gastou $\frac{1}{3}$ desse dinheiro com moradia e $\frac{1}{4}$ com alimentação. Com $\frac{1}{5}$ do que sobrou, ele comprou roupas e, com o restante, pagou outras despesas.

a) Quanto Cláudio gastou com moradia?

b) Quanto ele gastou com alimentação?

c) Quanto ele gastou com roupas?

d) Quanto ele gastou em outras despesas?

e) Qual fração do salário representa o gasto de Cláudio com roupas?

103 O número 4 é 16 vezes maior do que o inverso dele. Se um número é 9 vezes maior do que o próprio inverso, qual é esse número?

Divisão de fração por fração

Qual é o resultado da divisão $\frac{1}{2} : \frac{1}{4}$?

Usando a ideia de **medida** da divisão, podemos perguntar: Quantas vezes $\frac{1}{4}$ de uma *pizza* cabe em $\frac{1}{2}$ dessa *pizza*?

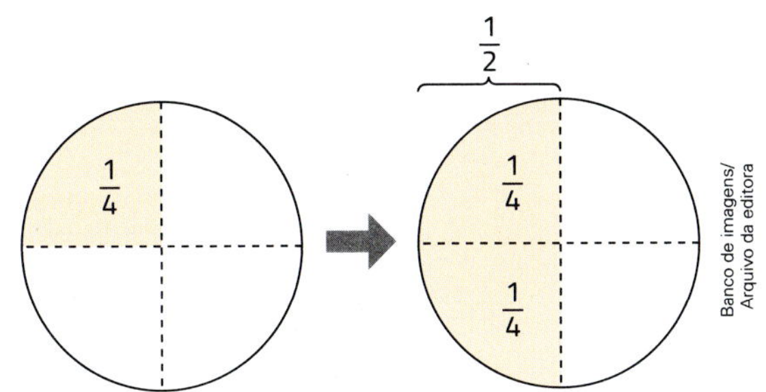

Banco de imagens/Arquivo da editora

Temos que $\frac{1}{4}$ de *pizza* cabe 2 vezes em $\frac{1}{2}$ da mesma *pizza*. Então, podemos escrever $\frac{1}{2} : \frac{1}{4} = 2$.

Observe que a divisão $\frac{1}{2} : \frac{1}{4} = 2$ tem o mesmo resultado da multiplicação $\frac{1}{2} \times \frac{4}{1} = \frac{4}{2} = 2$ $\left(\frac{4}{1}\text{ é o inverso de } \frac{1}{4}\right)$.

Assim, temos: $\frac{1}{2} : \frac{1}{4} = \frac{1}{2} \times \frac{4}{1} = \frac{4}{2} = 2$.

Observe outro exemplo, da divisão $\frac{2}{5} : \frac{4}{5}$.

Nestas figuras, veja que só metade $\left(\frac{1}{2}\right)$ da parte azul $\left(\frac{4}{5}\right)$ cabe na parte laranja $\left(\frac{2}{5}\right)$. Assim, $\frac{2}{5} : \frac{4}{5} = \frac{1}{2}$.

Observe que a divisão $\frac{2}{5} : \frac{4}{5} = \frac{1}{2}$ tem o mesmo resultado da multiplicação $\frac{2}{5} \times \frac{5}{4} = \frac{10}{20} = \frac{1}{2}$ $\left(\frac{5}{4}\text{ é o inverso de } \frac{4}{5}\right)$.

Assim, temos: $\frac{2}{5} : \frac{4}{5} = \frac{2}{5} \times \frac{5}{4}$.

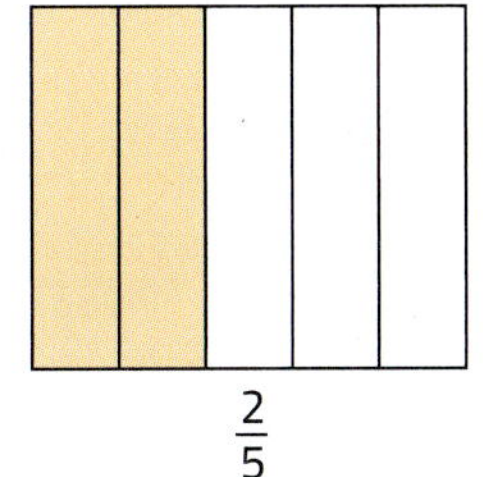

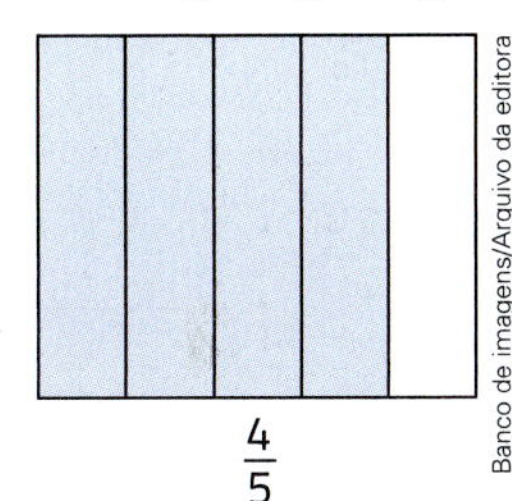

Banco de imagens/Arquivo da editora

Para dividir uma fração por outra fração, multiplicamos a primeira fração pela inversa da segunda.

Atividades

104 Efetue as divisões.

a) $\frac{3}{8} : \frac{2}{5}$

b) $\frac{1}{4} : \frac{3}{2}$

c) $\frac{3}{8} : \frac{9}{2}$

d) $\frac{5}{6} : \frac{1}{2}$

105 Lembrando que o traço de fração significa uma divisão, calcule o que se pede em cada item.

a) $\dfrac{\frac{5}{6}}{\frac{2}{3}}$

b) $\dfrac{\frac{1}{5}}{\frac{1}{9}}$

c) $\dfrac{3}{\frac{1}{2}}$

106 Calcule o valor das expressões numéricas.

a) $\left(\frac{2}{5}+\frac{1}{5}\right):\left(\frac{1}{4}+\frac{2}{4}\right)$

b) $\left(\frac{1}{3}-\frac{1}{4}\right):\left(\frac{2}{5}-\frac{1}{10}\right)$

c) $\left(\frac{2}{7}\times\frac{1}{4}\right):\left(\frac{3}{4}-\frac{1}{5}\right)$

d) $\left(2-\frac{1}{3}\right)\times\left(\frac{3}{4}:\frac{5}{6}\right)$

107 Em uma garrafa de água cabem $\frac{3}{4}$ de 1 litro. Quantos copos de $\frac{1}{4}$ de litro cabem nessa garrafa?

Revisando seus conhecimentos

1 Qual é o quociente entre o $\text{mmc}(8, 10)$ e 4?

a) 20 b) 5 c) 8 d) 10

2 Complete este quadro (um algarismo em cada quadrinho branco).

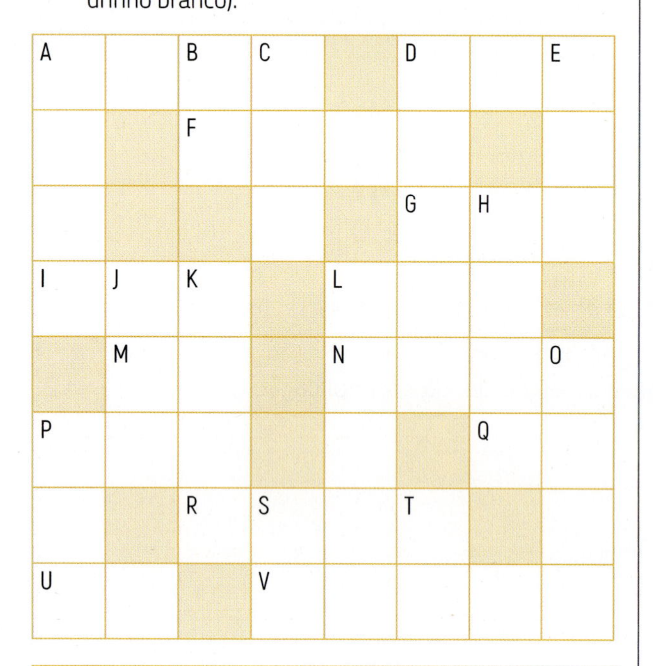

Horizontal	Vertical
A. $347 + 962 + 384$	**A.** $6\,766 - 4\,927$
D. 14 dezenas $+2$	**B.** $16 + 26 + 37 + 19$
F. $11\,538 - 3\,472$	**C.** 3 centenas.
G. $23 + 126 + 84 + 94$	**D.** $163 \cdot 100$
I. $4\,256 - 3\,257$	**E.** 2 centenas $+$ 8 dezenas $+ 7$
L. $89 + 230 + 36 + 47$	**H.** $10\,214 - 7\,985$
M. $632 - 582$	**J.** $122 + 836$
N. $2 \cdot 1\,000 + 2 \cdot 10 + 5$	**K.** $9\,000 + 40 + 1$
P. $1\,057 - 73$	**L.** $32\,000 + 10\,000$
Q. $1\,006 - 916$	**O.** 50 centenas.
R. Mil oitocentos e cinco.	**P.** 94 dezenas $+ 2$
U. $3\,000 - 2\,973$	**S.** $13 + 9 + 14 + 26 + 24$
V. 606 centenas.	**T.** $34\,562 - 34\,506$

3 Usando moedas de R\$ 0,50, R\$ 0,25 e R\$ 0,10, de quantas maneiras diferentes podemos fazer um pagamento de R\$ 1,00?

a) 6 c) 3
b) 4 d) 5

4 **Frações e sequências.**

a) Descubra uma regularidade e complete a sequência.

$$\left(\frac{1}{5}, \frac{4}{5}, 1\frac{2}{5}, 2, 2\frac{3}{5}, \_\_\_, \_\_\_, \_\_\_, \_\_\_\right)$$

b) Forme uma sequência de 7 termos, em que o 1º termo é $\frac{2}{3}$, o 2º termo é $1\frac{1}{3}$, e cada termo, a partir do 3º termo, é a soma dos 2 termos anteriores.

5 Qual destas comparações não está correta?

a) $1{,}23 < 12{,}3$ c) $0{,}302 = 0{,}320$
b) $2{,}4 > 2{,}269$ d) $0{,}976 < 1$

6 Observe esta reta numerada e, considerando os números correspondentes às letras, indique se cada item é verdadeiro (V) ou falso (F).

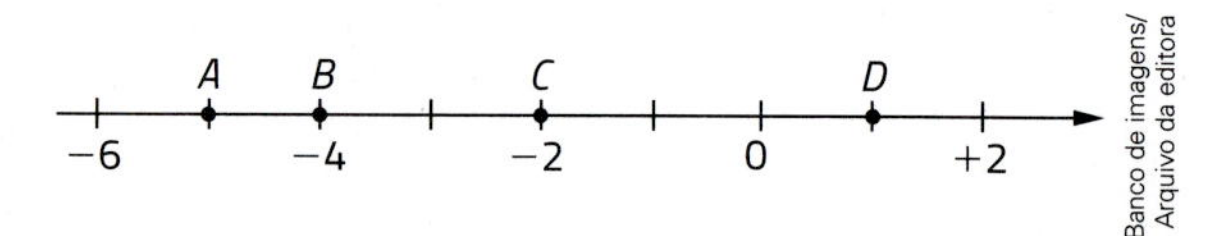

Banco de imagens/Arquivo da editora

a) $D > C$ d) $C > A$
b) $A > B$ e) $D < A$
c) $C < B$ f) $B > D$

7 Observe as informações abaixo e indique se cada uma delas é verdadeira (V) ou falsa (F). No caso de ser verdadeira, dê 3 exemplos que confirmem a afirmação feita. No caso de ser falsa, dê 1 contra-exemplo, ou seja, um exemplo que contesta a afirmação feita.

a) Todo número natural diferente de zero tem mais de 2 divisores.

b) Todo número natural diferente de zero tem infinitos múltiplos.

c) Se um número natural é par, então o quadrado dele é sempre um múltiplo de 4.

d) Se um número natural é ímpar, então o quadrado dele é sempre um múltiplo de 3.

e) O mmc de 2 números naturais diferentes de zero é maior ou igual a cada um desses números.

f) O mdc de 2 números naturais diferentes de zero é menor ou igual a cada um desses números.

g) Todo divisor de 20 é divisor de 10.

h) Todo múltiplo de 20 é múltiplo de 10.

i) Os múltiplos de um número par são todos pares.

j) Os múltiplos de um número ímpar são todos ímpares.

k) A adição de 2 frações menores do que 1 dá um número maior ou igual a 1.

l) Simplificar uma fração é reduzir o valor dela.

m) Se $\text{mdc}(a, b) = 1$, então a fração $\frac{a}{b}$ é irredutível.

n) Nenhum número primo é par.

8 ▸ Compare os números inteiros de cada item usando o sinal $<$.

a) $-3, +4, +1, +7, -12$.

b) $+8, -6, -9, -5, +10, +15$.

9 ▸ Quais destas figuras são polígonos?

a)

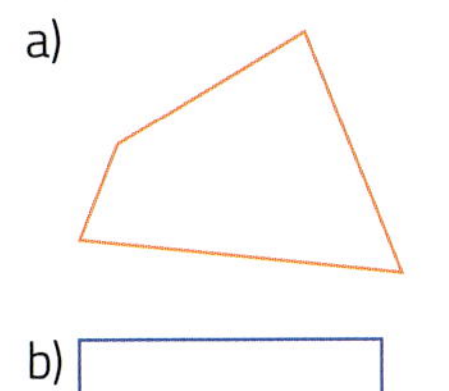

d)

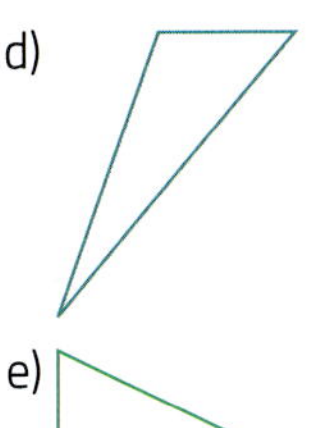

b)

e)

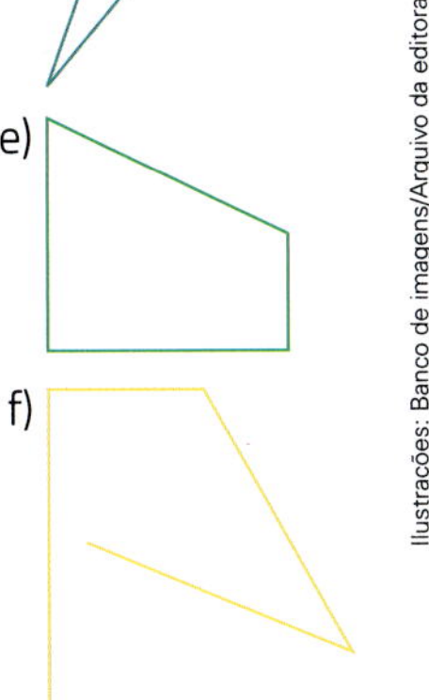

c)

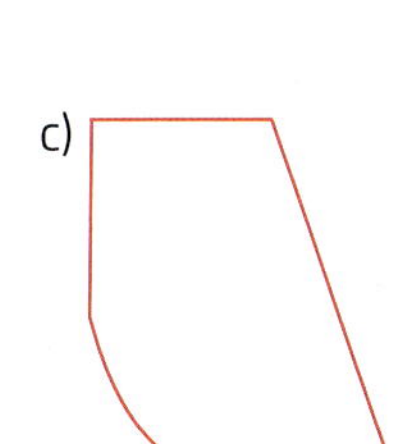

f)

Ilustrações: Banco de imagens/Arquivo da editora

10 ▸ **Conexões.** De acordo com o Censo do IBGE, no ano de 2010 a população de Minas Gerais correspondia a, aproximadamente, $\frac{1}{10}$ da população do Brasil.
Por sua vez, a população da capital Belo Horizonte correspondia a cerca de $\frac{1}{12}$ da população de Minas Gerais.

Minas Gerais

Banco de imagens/Arquivo da editora

Fonte de consulta: IBGE. *Atlas geográfico escolar.* 7. ed. Rio de Janeiro, 2016.

Considerando essas informações, calcule e responda: A população de Belo Horizonte correspondia, em 2010, a qual fração da população do Brasil?

11 ▸ Cássio tem barbantes com medidas de comprimento de $3\frac{5}{6}$ m, $1\frac{1}{4}$ m e $1\frac{1}{8}$ m. Ele afirmou que, no total, tem aproximadamente 5 m de barbante. A estimativa dele foi razoável? Explique.

12 ▸ Em uma caixa há 1 moeda de 10 centavos, 1 moeda de 25 centavos e 1 moeda de 50 centavos. Retirando 2 moedas sem olhar, qual é a probabilidade de se obter mais do que 40 centavos?

13 ▸ Complete o quadrado mágico que tem a adição dos números das linhas, colunas e diagonais igual a $3\frac{15}{16}$.

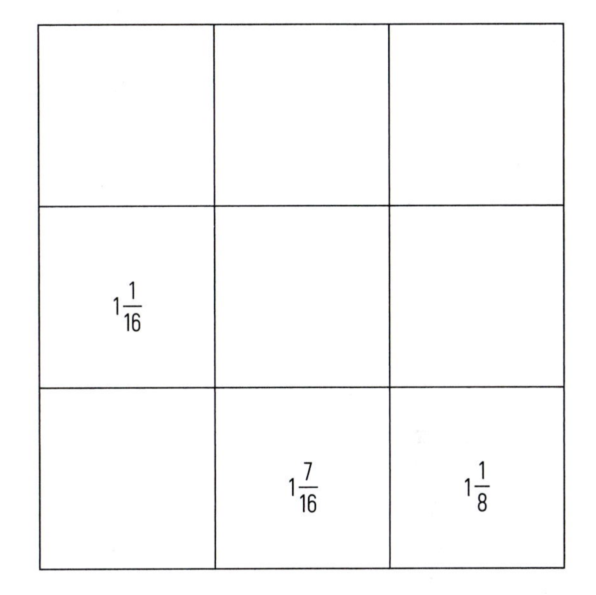

$1\frac{1}{16}$		
	$1\frac{7}{16}$	$1\frac{1}{8}$

Um pouco de História

Há mais de 1 000 anos, os chineses usavam um método prático e diferente para somar frações. Esse método não exigia que os denominadores das parcelas fossem iguais. Ele aparece em um dos primeiros livros chineses de Matemática, chamado *Nove capítulos*. Veja um exemplo de como eles faziam.

$$\frac{2}{3} + \frac{4}{5} = ?$$

$$\frac{2}{3} \times \frac{4}{5}$$

$$\left.\begin{array}{l} 2 \cdot 5 = 10 \\ 3 \cdot 4 = 12 \end{array}\right\} \rightarrow 10 + 12 = 22$$

(este será o numerador da soma)

$$\frac{2}{3} + \frac{4}{5}$$

$$3 \cdot 5 = 15$$

(este será o denominador da soma)

Assim, $\frac{2}{3} + \frac{4}{5} = \frac{22}{15}$.

14 ▸ A resposta da soma de frações do *Um pouco de História* está correta? Verifique.

Praticando um pouco mais

Testes oficiais

1 **(Saeb)** Observe as figuras.

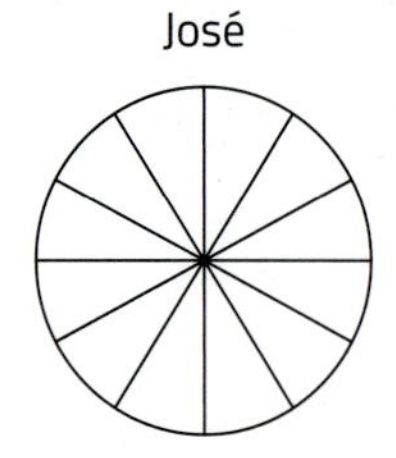

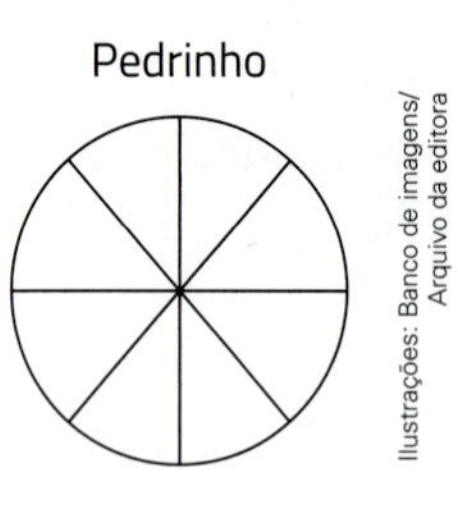

Ilustrações: Banco de imagens/ Arquivo da editora

Pedrinho e José fizeram uma aposta para ver quem comia mais pedaços de *pizza*. Pediram duas *pizzas* de igual tamanho. Pedrinho dividiu a sua em oito pedaços iguais e comeu seis; José dividiu a sua em doze pedaços iguais e comeu nove. Então:

a) Pedrinho e José comeram a mesma quantidade de *pizza*.
b) José comeu o dobro do que Pedrinho comeu.
c) Pedrinho comeu o triplo do que José comeu.
d) José comeu a metade do que Pedrinho comeu.

2 **(Saeb)** A estrada que liga Recife a Caruaru será recuperada em três etapas. Na primeira etapa, será recuperado $\frac{1}{6}$ da estrada e na segunda etapa $\frac{1}{4}$ da estrada. Uma fração correspondente à terceira etapa é:

a) $\frac{1}{5}$.
b) $\frac{5}{12}$.
c) $\frac{7}{12}$.
d) $\frac{12}{7}$.

3 **(Obmep)** Quantos números inteiros, múltiplos de 3, existem entre 1 e 2 005?

a) 664
b) 665
c) 667
d) 668
e) 669

4 **(Obmep)** As três faixas horizontais da bandeira abaixo têm o mesmo comprimento, mesma altura e cada faixa é dividida em partes iguais. A medida da área total da bandeira é 900 cm².

As imagens desta página não estão representadas em proporção.

Reprodução/Obmep, 2016

Qual é a soma das medidas das áreas dos retângulos brancos?

a) 300 cm²
b) 370 cm²
c) 375 cm²
d) 450 cm²
e) 600 cm²

5 **(Obmep)** A capacidade do tanque de gasolina do carro de João é de 50 litros. As figuras mostram o medidor de gasolina do carro no momento de partida e no momento de chegada de uma viagem feita por João.

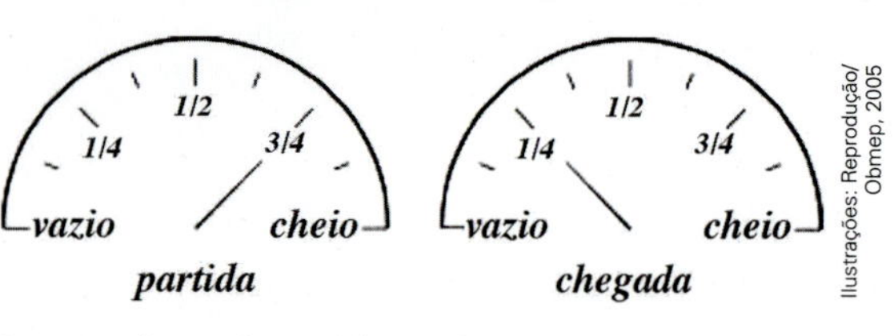

Ilustrações: Reprodução/ Obmep, 2005

Quantos litros de gasolina João gastou nesta viagem?

a) 10
b) 15
c) 18
d) 25
e) 30

6 **(Obmep)** Qual o sinal que Clotilde deve colocar no lugar de "?" para que a igualdade fique correta?

Reprodução/Obmep, 2006

a) ÷
b) ×
c) +
d) =
e) −

7 **(Obmep)** Qual dos seguintes números está mais próximo de 1?

a) $1 + \frac{1}{2}$
b) $1 - \frac{1}{8}$
c) $1 + \frac{1}{5}$
d) $1 + \frac{1}{3}$
e) $1 + \frac{1}{10}$

8 **(Obmep)** Um grupo de 20 amigos reuniu-se em uma pizzaria que oferece a promoção descrita na figura.

Reprodução/Obmep, 2015

Cada *pizza* grande foi cortada em 12 fatias e cada um dos amigos comeu 5 fatias de *pizza*. Quantos reais, no mínimo, o grupo pagou pelas *pizzas*?

a) R$ 180,00
b) R$ 210,00
c) R$ 240,00
d) R$ 270,00
e) R$ 300,00

Questões de vestibulares e Enem

9 **(Ifal)** Um ferreiro dispõe de duas barras de ferro de comprimentos 1,20 m e 1,80 m. Serrando essas barras, quantas barras menores e de máximo tamanho possível ele obterá ao final do processo?

a) 10 barras de 30 cm.
b) 20 barras de 30 cm.
c) 5 barras de 60 cm.
d) 10 barras de 60 cm.
e) 5 barras de 360 cm.

10 **(PUC-RJ)** Assinale a opção correta.

a) $\frac{1}{2} < \frac{2}{3} < \frac{3}{5} < \frac{5}{8}$

b) $\frac{1}{2} < \frac{3}{5} < \frac{2}{3} < \frac{5}{8}$

c) $\frac{1}{2} < \frac{3}{5} < \frac{5}{8} < \frac{2}{3}$

d) $\frac{2}{3} < \frac{5}{8} < \frac{3}{5} < \frac{1}{2}$

e) $\frac{5}{8} < \frac{3}{5} < \frac{2}{3} < \frac{1}{2}$

11 **(UEFS-BA)** Três cometas se aproximam do Sol a cada 20, 24 e 28 anos, respectivamente. Se o último ano em que todos estiveram próximos do Sol foi 1984, o próximo ano em que isso deverá ocorrer será:

a) 2056.
b) 2104.
c) 2264.
d) 2824.
e) 15424.

12 **(IFSC)** Para pintar um quarto, compraram-se duas latas de tinta com volumes iguais e de cores diferentes. O pintor utilizou $\frac{1}{2}$ lata de uma cor e $\frac{1}{4}$ da lata de outra cor. Sobre a quantidade total de tinta que restou nas latas, é correto afirmar:

a) sobrou $1\frac{1}{4}$ de lata, ou seja, mais de uma lata.

b) sobraram $\frac{5}{4}$ de lata, ou seja, menos de uma lata.

c) sobraram $\frac{3}{4}$ de lata, ou seja, menos de uma lata.

d) sobraram $\frac{2}{6}$ de lata, ou seja, menos de uma lata.

e) sobraram $\frac{4}{6}$ de lata, ou seja, menos de uma lata.

13 **(Fatec-SP)** Suponha a existência de uma espécie C_1 de cigarras, emergindo na superfície a cada 13 anos, e de uma espécie C_2 de cigarras, emergindo a cada 17 anos.

Se essas duas espécies emergirem juntas em 2016, elas emergirão juntas novamente no ano de:

a) 2271.
b) 2237.
c) 2145.
d) 2033.
e) 2029.

14 **(IFPE)** Na Escola Pierre de Fermat, foi realizada uma gincana com o objetivo de arrecadar alimentos para a montagem e doação de cestas básicas. Ao fim da gincana, foram arrecadados 144 pacotes de feijão, 96 pacotes de açúcar, 192 pacotes de arroz e 240 pacotes de fubá. Na montagem das cestas, a diretora exigiu que fosse montado o maior número de cestas possível, de forma que não sobrasse nenhum pacote de alimento e nenhum pacote fosse partido.

Seguindo a exigência da diretora, quantos pacotes de feijão teremos em cada cesta?

a) 1
b) 2
c) 3
d) 4
e) 5

15 **(Uece)** Dados os números racionais $\frac{3}{7}$, $\frac{5}{6}$, $\frac{4}{9}$ e $\frac{3}{5}$, a divisão do menor deles pelo maior é igual a:

a) $\frac{27}{28}$.
b) $\frac{18}{25}$.
c) $\frac{18}{35}$.
d) $\frac{20}{27}$.

16 **(PUC-RS)** Pitágoras estabeleceu a seguinte relação entre as sete notas musicais e números racionais:

DÓ	RÉ	MI	FÁ	SOL	LÁ	SI	DÓ
1	$\frac{8}{9}$	$\frac{64}{81}$	$\frac{3}{4}$	$\frac{2}{3}$	$\frac{16}{27}$	$\frac{128}{243}$	$\frac{1}{2}$

Para encontrarmos o número $\frac{16}{27}$ relativo à nota LÁ, multiplicamos $\frac{2}{3}$ (o correspondente da nota SOL) por $\frac{8}{9}$.

Assim, para obtermos $\frac{3}{4}$ (relativo à nota FÁ), devemos multiplicar $\frac{64}{81}$ (da nota MI) por:

a) $\frac{8}{9}$.
b) $\frac{9}{8}$.
c) $\frac{243}{256}$.
d) $\frac{256}{243}$.
e) $\frac{192}{324}$.

VERIFIQUE O QUE ESTUDOU

1 Descubra e registre os números indicados.

a) Múltiplos de 4 entre 30 e 40.

b) Divisores pares de 30.

c) Múltiplos comuns de 6 e 8, com 2 algarismos.

d) Divisores comuns de 40 e 18.

e) $\text{mmc}(20, 30)$ e $\text{mdc}(20, 32)$.

f) Números primos entre 20 e 30.

2 Em uma rodovia existe uma barraca de frutas a cada 6 km e uma lanchonete a cada 16 km. No marco zero há uma barraca de frutas e uma lanchonete. De quantos em quantos quilômetros encontraremos uma lanchonete e uma barraca de frutas juntas?

3 Uma região quadrada com lados de medidas de comprimento de 2 cm representa qual fração de uma região retangular com lados de medidas de comprimento de 3 cm e de 4 cm?

4 Repartindo igualmente 3 litros de suco entre 4 pessoas, qual fração do litro cada uma deve receber?

5 Em um saquinho há 6 fichas verdes e 9 amarelas. Indique as razões com frações irredutíveis.

a) Entre o número de fichas verdes e o total de fichas.

b) Entre o número de fichas verdes e o de amarelas.

6 Faça o que se pede.

a) Escreva uma fração em que o numerador seja o antecessor do denominador.

b) Somando 1 ao numerador e 1 ao denominador, o valor da fração aumenta, fica igual ou diminui em relação à fração inicial?

c) Escolha outras frações e descubra se o mesmo fato acontece sempre.

7 Uma companhia aérea faz 1 200 voos em cada mês. No último mês, 800 deles partiram no horário previsto. Qual é a probabilidade de escolher um voo que, nesse mês, saiu no horário previsto?

8 Escreva as frações $\frac{7}{7}$, $\frac{3}{8}$, $\frac{9}{3}$ e $\frac{5}{4}$ em ordem crescente.

9 Guilherme, Didi, Eliane e Dunga participaram de uma gincana cultural. Do total de perguntas propostas, Guilherme acertou $\frac{3}{6}$, Didi acertou $\frac{5}{8}$, Eliane acertou $\frac{4}{8}$ e Dunga acertou $\frac{4}{6}$. Houve um empate entre 2 deles. Quais participantes acertaram o mesmo número de perguntas?

10 Observe a reta numerada e responda ao que se pede.

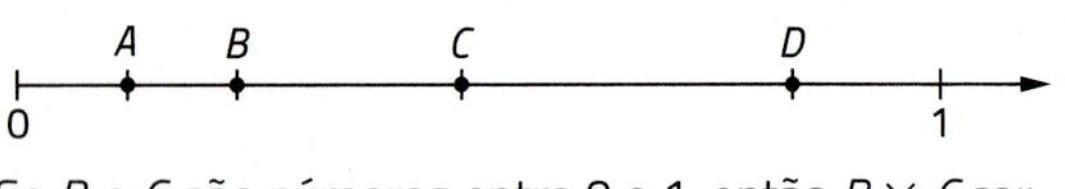

Banco de imagens/Arquivo da editora

Se B e C são números entre 0 e 1, então $B \times C$ corresponde a qual ponto: A ou D?

11 André comeu $\frac{1}{4}$ de uma *pizza* e quer dar $\frac{1}{2}$ do que sobrou para a irmã dele, Paula. Qual fração da *pizza* Paula vai receber?

12 Veja os registros que Caio fez.

$$\frac{2}{3} \times 18 = 18 \div 3 = 6 \times 2 = 12$$

a) O resultado $\frac{2}{3} \times 18 = 12$ está correto?

b) Os registros dos cálculos que Caio escreveu estão todos corretos? Se ele errou, identifique o erro, argumente porque ele errou e faça o registro correto de todo o cálculo.

13 Carlos mora a $1\frac{3}{4}$ km da escola e Joel mora a $1\frac{2}{3}$ km da escola na mesma direção. Quem mora mais longe da escola? Quanto a mais?

14 Em uma pesquisa sobre a preferência de cores, $\frac{3}{5}$ dos entrevistados preferem azul, $\frac{1}{15}$ prefere amarelo e $\frac{1}{3}$ prefere vermelho. A fração que representa a quantidade de entrevistados que preferem azul é maior, menor ou igual à fração que representa os entrevistados que preferem amarelo e vermelho juntos? Justifique.

Atenção

Retome os assuntos que você estudou neste capítulo. Verifique em quais teve dificuldade e converse com o professor, buscando maneiras de reforçar seu aprendizado.

Autoavaliação

Algumas atitudes e reflexões são fundamentais para melhorar o aprendizado e a convivência na escola. Reflita sobre elas.

- Há respeito no meu relacionamento com os colegas, professores e demais funcionários da escola?
- Dos assuntos revistos dos anos anteriores, consegui recordar da maioria?
- Costumo retomar em casa os assuntos em que tive mais dificuldade na sala de aula?

PARA LER, PENSAR E DIVERTIR-SE

Ler

A curiosa espiral de Ulam

Você já viu que os números primos são muito importantes e, a partir deles, podemos obter todos os outros números naturais. Em 1963, o matemático polonês Stanislaw Ulam escreveu os números inteiros positivos em forma de uma espiral, começando com o 1 no centro.

Depois disso, ele destacou os números primos, como na espiral à direita.

```
37—36—35—34—33—32—31
|                  |
38  17—16—15—14—13 30
|   |           |  |
39  18  5—4—3  12  29
|   |   |   |   |  |
40  19  6  1—2 11  28
|   |   |       |  |
41  20  7—8—9—10   27
|   |              |
42  21—22—23—24—25—26
|
43—44—45—46—47—48—49 ...
```

```
(37)—36—35—34—33—32—(31)
 |                    |
38  (17)—16—15—14—(13) 30
 |   |            |    |
39  18  (5)—4—(3)  12  (29)
 |   |   |     |    |   |
40  (19) 6  1—(2)  (11) 28
 |   |   |          |   |
(41) 20 (7)—8—9—10      27
 |   |                  |
42  21—22—(23)—24—25—26
 |
(43)—44—45—46—(47)—48—49 ...
```

Ilustrações: Banco de imagens/Arquivo da editora

Curiosamente, Ulan observou que muitos números primos pareciam formar linhas diagonais; mas isso não costuma acontecer, pois os números naturais têm a mesma quantidade de números pares e de números ímpares e apenas o 2 é par e primo. Ainda que a quantidade de números seja aumentada, o padrão é mantido, sendo possível encontrar muitos outros números primos alinhados.

Ainda atualmente os matemáticos não entenderam por qual motivo isso ocorre.

Fontes de consulta: ULAN ESPIRAL. Disponível em: <http://www.ulamspiral.com/>; WOLFRAM. *Prime Spiral.* Disponível em: <http://mathworld.wolfram.com/PrimeSpiral.html>; SÓ MATEMÁTICA. *Curiosidades.* Disponível em: <https://www.somatematica.com.br/curiosidades/c104.php>. Acesso em: 4 fev. 2019.

Pensar

Será que você consegue escrever todos os números naturais de 1 a 10 usando sempre 4 algarismos 4 e as operações de adição, subtração, multiplicação ou divisão?

Alguns números já estão escritos. Observe-os e tente escrever os demais.

$1 = \frac{44}{44}$ $2 = \frac{4 \cdot 4}{4 + 4}$ $3 = \frac{4 + 4 + 4}{4}$

Divertir-se

Willian Raphael Silva/www.humorcomciencia.com

1. Você achou divertidas as explicações do filho de Bugio para o significado de mmc?
2. Escreva o significado de mdc.
3. Agora é sua vez! Assim como o filho de Bugio fez, invente um significado divertido para mdc.

CAPÍTULO 3

Números racionais

QUADRO DE MEDALHAS
JOGOS OLÍMPICOS RIO 2016
MAIORES MEDALHISTAS E RESULTADOS DO BRASIL

País \ Medalha	Bronze	Prata	Ouro	Total
EUA	38	37	46	121
Reino Unido	17	23	27	67
China	26	18	26	70
Brasil	6	6	7	19

Ilustrações: Banco de imagens/Arquivo da editora

Fonte de consulta: UOL. *Quadro de medalhas*. Disponível em: <https://olimpiadas.uol.com.br/quadro-de-medalhas/>. Acesso em: 26 set. 2017.

As imagens desta página não estão representadas em proporção.

Dos Jogos Olímpicos Rio 2016, participaram 11 554 atletas de 205 países. O Brasil ficou em 13º lugar na classificação geral em número de medalhas.

A China ganhou 70 medalhas no total, das quais $\frac{13}{35}$ delas de ouro, $\frac{9}{35}$ de prata e $\frac{13}{35}$ de bronze.

Dos 7,7 milhões de ingressos colocados à venda, mais de 80% foram vendidos.

A última prova dos Jogos Olímpicos Rio 2016 foi a maratona, vencida na modalidade masculina por Eliud Kipchoge, do Quênia, que fez o percurso de 42,195 km em 2 h 8 min 44 s.

Rio 2016/Arquivo da editora

Logotipo dos Jogos Olímpicos Rio 2016.

Rubens Chaves/Pulsar Imagens

Torcedores na arena de vôlei de praia, na praia de Copacabana, no Rio de Janeiro (RJ). Foto de 2016.

Robert Beck/Sports Illustrated/Getty Images

Queniano Eliud Kipchoge cruzando a linha de chegada na maratona masculina, no sambódromo do Rio de Janeiro (RJ). Foto de 2016.

Você já ouviu falar dos **números racionais**? São números que podem ser escritos na forma fracionária e estão muito presentes no cotidiano.

Nas informações dadas na página anterior, sobre os Jogos Olímpicos Rio 2016, todos os números citados podem ser chamados de números racionais.

Neste capítulo vamos estudar esses números.

Banco de imagens/Arquivo da editora

Rubens Chaves/Pulsar Imagens

Apesar de a cidade-sede dos Jogos Olímpicos de 2016 ter sido o Rio de Janeiro (RJ), algumas partidas de futebol de campo foram disputadas na cidade de São Paulo (SP). Nesta foto, partida entre Brasil e Canadá pela disputa da medalha de bronze do futebol feminino, na Arena Corinthians, em São Paulo.

Converse com os colegas sobre as seguintes questões e registre as respostas.

1▸ Dos números que aparecem nas notícias, quais estão na forma decimal?

2▸ Como se lê o número $\frac{9}{35}$?

3▸ Qual número natural corresponde à fração $\frac{14}{2}$?

4▸ Como podemos escrever 80% na forma de fração irredutível?

5▸ Quanto é 80% de 7,7 milhões?

6▸ Qual número, na forma decimal, corresponde ao número misto $7\frac{1}{2}$?

7▸ Como se lê o número 42,195?

1 Os números racionais

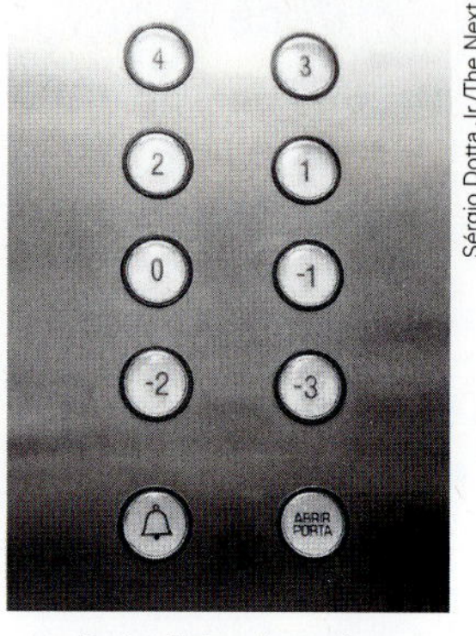

Painel de elevador.

No capítulo 1, você estudou os números inteiros e viu, por exemplo, que no painel de um elevador o 0 (zero) indica o andar térreo, o -1 indica o primeiro andar abaixo do térreo e o $+2$ indica o segundo andar acima do térreo.

No capítulo 2, retomamos as ideias das frações, estudando as frações positivas.

Agora, você vai ver que muitas situações também podem envolver números positivos e números negativos, escritos na forma fracionária, na forma mista ou na forma decimal, especialmente as situações que envolvem medidas.

Veja alguns exemplos.

- **Movimentação de uma conta-corrente.**

Movimentação da conta-corrente

Data	Movimentação	Saldo
7/11/19	Depósito: R$ 50,00	+R$ 78,30
9/11/19	Retirada: R$ 40,00	+R$ 38,30
16/11/19	Retirada: R$ 90,00	−R$ 51,70
20/11/19	Retirada: R$ 20,00	−R$ 71,70
31/11/19	Depósito: R$ 80,00	+R$ 8,30

Tabela elaborada para fins didáticos.

No dia 16/11/19, o saldo ficou negativo (− R$ 51,70).

No fim do mês, o saldo ficou positivo (+ R$ 8,30).

- **Medida de temperatura em uma cidade.**

A medida de temperatura correspondente ao ponto A é -3 °C (3 graus Celsius abaixo de zero), a correspondente ao ponto B é $+1\frac{1}{2}$ °C ou $+1{,}5$ °C e a correspondente a C é $-\frac{1}{2}$ °C ou $-0{,}5$ °C.

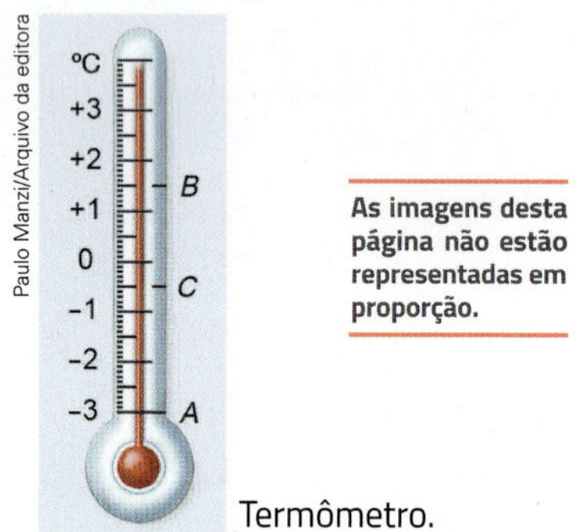

Termômetro.

As imagens desta página não estão representadas em proporção.

Números como 0; -1; -2; 16; 11; $-51{,}70$; $+8{,}30$; -3; $+1\frac{1}{2}$; $+1{,}5$; $-\frac{1}{2}$ são exemplos de **números racionais**. Observe que os números inteiros também são números racionais, o que significa que vamos fazer uma **ampliação** do estudo feito no capítulo 1.

Os números naturais, os números inteiros e os decimais exatos podem ser escritos na forma de fração. Veja alguns exemplos.

$$0 = \frac{0}{1} \qquad -2 = \frac{-2}{1} = -\frac{2}{1} \qquad 16 = \frac{16}{1} \qquad +8{,}30 = +\frac{830}{100} = +\frac{83}{10}$$

Os decimais periódicos também podem ser escritos na forma de fração. Por exemplo:

$$0{,}\overline{5} = 5 \div 9 = \frac{5}{9} \qquad -\frac{41}{99} = -(41 \div 99) = -0{,}4141... = -0{,}\overline{41}$$

Qualquer número que pode ser escrito na forma fracionária, com numerador e denominador inteiros e denominador diferente de zero, é chamado de **número racional**.

Assim, são **números racionais** os **números naturais**, os **números inteiros**, os **decimais exatos** e os **decimais periódicos (dízimas periódicas)**. As dízimas não periódicas não são números racionais.

Você já viu que todo número natural é também um número inteiro, como todo número inteiro é também um número racional, podemos desenhar este diagrama.

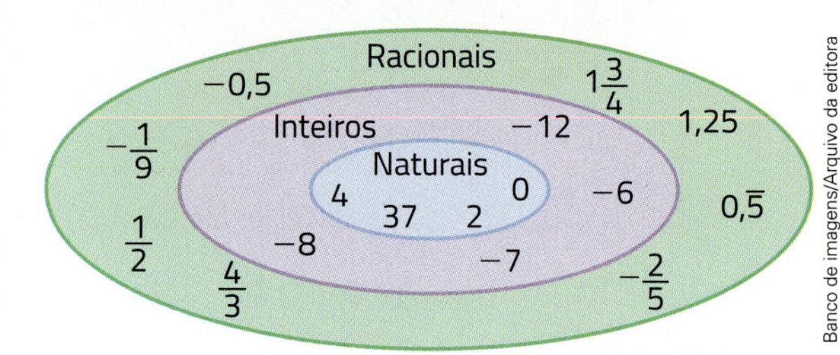

Atividades

1 Justifique o fato de -1; $-51{,}70$ e $+1\frac{1}{2}$ serem números racionais.

2 Cada situação a seguir pode ser expressa por um número racional. Escreva qual é o número e indique-o na forma de fração irredutível.

> Uma fração é irredutível quando não há mais como simplificá-la.

a) 2,5 m abaixo do nível do mar.

b) Um saldo positivo de R$ 50,00.

Reprodução/Casa da Moeda do Brasil/Ministério da Fazenda

Cédula de 50 reais.

c) Uma medida de temperatura de $2\frac{3}{4}$ graus Celsius abaixo de zero.

d) O andar 3 acima do térreo.

e) $\frac{4}{5}$ m abaixo do nível do mar.

As imagens desta página não estão representadas em proporção.

André Seale/Pulsar Imagens

Mergulhador em atividade.

3 Relacione cada número racional indicado no quadro vermelho com a fração correspondente indicada no quadro azul. Por exemplo:

$$3 = \frac{12}{4}$$

$0,\overline{4}$ 3 -5 $0{,}4$ $2\frac{1}{4}$ $-0{,}5$ $0,0\overline{4}$

$\frac{9}{4}$ $-\frac{10}{2}$ $\frac{4}{9}$ $\frac{12}{4}$ $-\frac{2}{4}$ $\frac{2}{45}$ $\frac{2}{5}$

4 Escreva, de pelo menos 2 maneiras diferentes, o número racional correspondente a cada divisão.

a) $8 : 4$

b) $7 : 3$

c) $(-9) : (-4)$

d) $5 : 11$

e) $(+15) : (-3)$

f) $0 : 8$

g) $10 : 9$

h) $43 : 5$

i) $5 : 6$

j) $(-80) : 10$

5 Complete a tabela com os números correspondentes.

Observe que as porcentagens também representam números racionais.

Números racionais em diferentes formas

Porcentagem	Fração irredutível	Decimal
12%	$\frac{3}{25}$	
	$\frac{3}{4}$	
	$\frac{61}{25}$	2,44
	$\frac{13}{10}$	

Tabela elaborada para fins didáticos.

6 Classifique como decimal exato, decimal periódico ou decimal nem exato nem periódico cada número a seguir.

a) $0{,}34$

b) $0,\overline{21}$

c) $3,\overline{2}$

d) $0{,}12122122212222\ldots$

e) $\frac{2}{5}$ é igual a 0,4.

f) $\frac{2}{9}$ é igual a 0,22222...

7 Observe os números e indique quais deles são racionais.

a) $0{,}213$

b) $1,\overline{231}$

c) $2{,}2342901357\ldots$

d) $1{,}625$

> O número do item **c** não é uma dízima periódica.

O conjunto dos números racionais

Você já viu a definição de número racional.

O conjunto dos números racionais, indicado pela letra $\mathbb{Q}$, é formado por todos os números racionais, ou seja, todos os números que podem ser escritos na forma fracionária, com numerador inteiro e denominador inteiro diferente de zero. Simbolicamente, ele é representado por:

$$\mathbb{Q} = \left\{\frac{p}{q}, \text{ com } p \text{ e } q \text{ números inteiros e } q \neq 0\right\}$$

A relação entre os conjuntos $\mathbb{N}$, $\mathbb{Z}$ e $\mathbb{Q}$

Você já estudou que:

- $\mathbb{N} = \{0, 1, 2, 3, 4, ...\}$ é o **conjunto dos números naturais**.
- $\mathbb{Z} = \{..., -3, -2, -1, 0, 1, 2, 3, 4, ...\}$ é o **conjunto dos números inteiros**.
- $\mathbb{Q} = \left\{\frac{p}{q}, \text{ com } p \text{ e } q \text{ números inteiros e } q \neq 0\right\}$ é o **conjunto dos números racionais**.

Observe o diagrama que relaciona os conjuntos numéricos $\mathbb{N}$, $\mathbb{Z}$ e $\mathbb{Q}$.

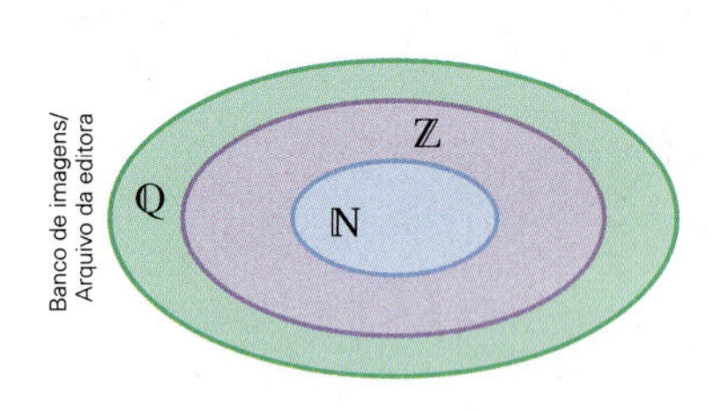

Atividades

8 Indique se cada número pertence $(\in)$ ou não pertence $(\notin)$ aos conjuntos $\mathbb{N}$, $\mathbb{Z}$ e $\mathbb{Q}$.

a) 15

b) $-0{,}7$

c) $-0{,}40400400040000...$

d) $0{,}\overline{41}$

9 Escreva se existe ou não o número descrito em cada item. Dê exemplos, quando existir.

a) Um número inteiro que não é natural.

b) Um número natural que não é racional.

c) Um número que não é racional.

d) Um número racional que não é inteiro.

10 Copie as afirmações verdadeiras.

a) Todo número natural é um número inteiro.

b) Todo número inteiro é um número natural.

c) Todo número racional é um número natural.

d) Todo número natural é um número racional.

e) Todo número racional é um número inteiro.

f) Todo número inteiro é um número racional.

11 Escreva 2 números racionais e 2 números não racionais.

12 Pense em um número racional na forma decimal e escreva-o como o quociente de 2 números inteiros.

Representação dos números racionais em uma reta numerada

Você estudou, no capítulo 1, a representação dos números inteiros em uma reta numerada. Agora, vamos localizar alguns números racionais na reta numerada.

Primeiro, fixamos uma origem *O*, determinamos uma unidade $\overline{OA}$, tal que $OA = 1$, e escolhemos um sentido para ser o positivo. Em seguida, marcamos alguns números inteiros usando a mesma unidade de medida:

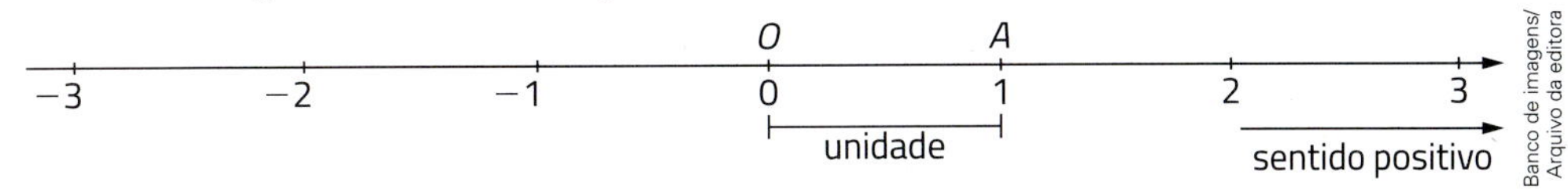

Banco de imagens/ Arquivo da editora

Marcados alguns números inteiros, podemos localizar na reta numerada os pontos correspondentes a alguns números racionais. Veja os exemplos.

1,6 é um número racional entre 1 e 2, pois $1{,}6 = \frac{16}{10} = 1\frac{6}{10} = 1\frac{3}{5}$.

Dividindo o intervalo de 1 a 2 em 5 partes iguais e tomando 3 delas no sentido positivo, localizamos o ponto da reta correspondente ao número 1,6.

1 1,6 2

$-\frac{2}{3}$ é um número racional entre −1 e 0.

Dividindo o intervalo de −1 a 0 em 3 partes iguais e tomando 2 delas no sentido negativo, localizamos o ponto correspondente ao número racional $-\frac{2}{3}$.

−1 $-\frac{2}{3}$ 0

A dízima periódica 2,333... é resultado de 7 : 3; logo, corresponde a $\frac{7}{3}$ ou $2\frac{1}{3}$.

Dividindo o intervalo de 2 a 3 em 3 partes iguais e tomando 1 delas no sentido positivo, localizamos o ponto correspondente ao número racional 2,333...

2 2,333... 3

Ilustrações: Banco de imagens/Arquivo da editora

Como todo número racional pode ser escrito na forma fracionária, com o processo utilizado nos exemplos, podemos localizar qualquer número racional na reta numerada.

Podemos afirmar que para cada **número racional** existe **um ponto na reta numerada**. Mas nem todo ponto da reta numerada tem como correspondente um número racional. Existem pontos que representam números chamados **irracionais**, que você estudará futuramente.

Thiago Neumann/Arquivo da editora

Atividades

13 Considere um ponto *P* no meio do intervalo de 1 a 2 de uma reta numerada. Escreva o número racional correspondente a esse ponto na forma mista, na forma fracionária e na forma decimal.

14 Observe os pontos indicados com letras maiúsculas nesta reta numerada.

Banco de imagens/ Arquivo da editora

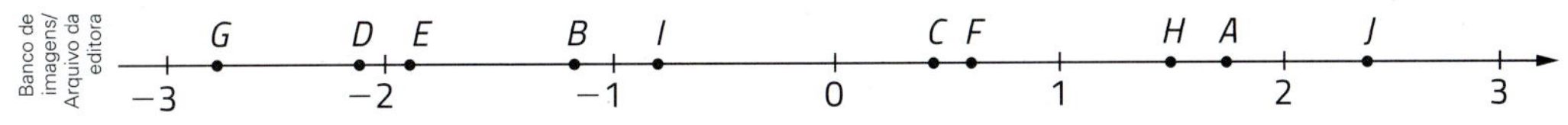

Identifique entre os números racionais relacionados nos itens o correspondente a cada letra.

a) $\frac{5}{8}$ b) −1,9 c) $\frac{3}{2}$ d) 0,444... e) $-1\frac{1}{6}$ f) 1,75 g) $-\frac{11}{4}$ h) −0,8 i) $2\frac{3}{8}$ j) −2,125 k) $1\frac{3}{4}$ l) 1,5

15 Escreva entre quais números inteiros consecutivos fica cada número racional indicado.

a) −12,7 b) $+7\frac{5}{8}$ c) +6,815 d) $-\frac{4}{9}$ e) 0,888... f) $-\frac{23}{3} = -7\frac{2}{3}$ g) −19,25 h) $+\frac{19}{5}$

Módulo ou valor absoluto de um número racional

Observe esta reta numerada.

Thiago Neumann/Arquivo da editora

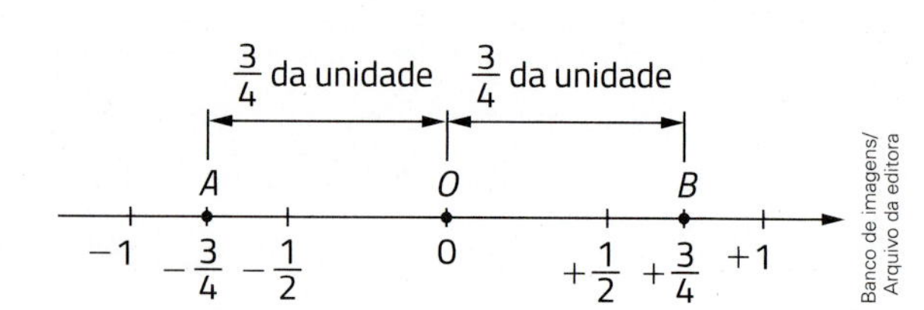

Banco de imagens/Arquivo da editora

A medida de distância entre o ponto *A* $\left(\text{que representa o } -\frac{3}{4}\right)$ e a origem *O* é de $\frac{3}{4}$ da unidade.

A medida de distância entre o ponto *B* $\left(\text{que representa o } +\frac{3}{4}\right)$ e a origem *O* é de $\frac{3}{4}$ da unidade.

Chamamos de **módulo** ou **valor absoluto** de um número racional a medida de distância entre o ponto que representa esse número e a origem da reta numerada.

Então, o módulo de $-\frac{3}{4}$ é $\frac{3}{4}$, e indicamos assim: $\left|-\frac{3}{4}\right| = \frac{3}{4}$.

O módulo de $+\frac{3}{4}$ também é $\frac{3}{4}$, e indicamos assim: $\left|+\frac{3}{4}\right| = \frac{3}{4}$.

As imagens desta página não estão representadas em proporção.

Oposto ou simétrico de um número racional

Observe esta reta numerada e veja que os pontos *A* e *B* têm a mesma medida de distância até a origem *O*. Dizemos que $-\frac{3}{4}$ e $\frac{3}{4}$ são **números opostos** ou **números simétricos** ou, então, que um deles é o oposto ou simétrico do outro. Veja também nesta reta numerada outros exemplos de números racionais opostos.

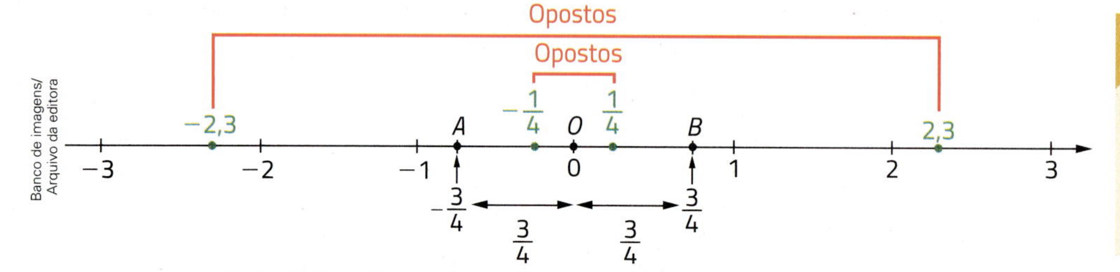

Banco de imagens/Arquivo da editora

Converse com um colega e descubram por que o oposto de um número racional recebe também o nome de **simétrico**.

Chamamos de **números opostos** ou **números simétricos** os números que são representados por pontos que estão à mesma medida de distância até a origem.

Atividades

16 Represente e calcule o que é pedido em cada item.

a) O módulo de −6.

b) O valor absoluto de 9,7.

c) O módulo de $-7\frac{2}{5}$.

d) O módulo de 0.

e) O valor absoluto de +18.

f) O módulo de 0,777...

17 Escreva o que se pede.

a) O oposto de 1,3.

b) O oposto de −3.

c) O simétrico de −5,7.

d) O oposto de $+2\frac{1}{3}$.

e) O simétrico de 0.

Comparação de números racionais

Você já estudou no capítulo 1 a comparação de números inteiros. Agora vamos usar a mesma ideia para comparar números racionais.

> Comparar 2 números significa dizer se o primeiro **é maior do que (>)**, **menor do que (<)** ou **é igual ao (=)** segundo número.

Quando representamos 2 números racionais em uma reta numerada, com o sentido positivo para a direita, o **menor** deles é o número que está representado à **esquerda** do outro. Analogamente, o **maior** número é o que está representado à **direita** do outro.

Veja alguns exemplos.

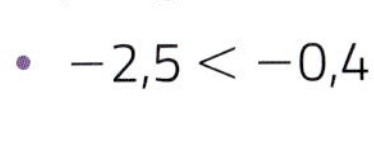

- $-2,5 < -0,4$
- $-\frac{3}{2} < 0$
- $0 > -2$
- $-2 < 0,8$
- $\frac{5}{4} < 2,1$
- $1 > -1$

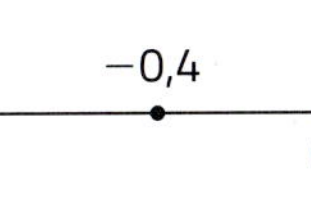

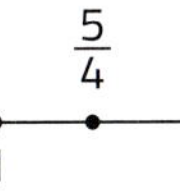

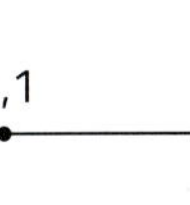

Banco de imagens/Arquivo da editora

Atividades

18 Faça a comparação dos números correspondentes às situações dadas.

a) 3,5 °C abaixo de zero e 1,3 °C acima de zero.

b) 0,8 m abaixo do nível do mar e 1 m abaixo do nível do mar.

c) Saldo positivo de R$ 85,20 e saldo positivo de R$ 52,10.

d) Saldo negativo de 5 gols e saldo de 0 gol.

19 Complete cada sentença com >, < ou =.

a) $+\frac{2}{9}$ ☐ $-\frac{3}{4}$

b) 0 ☐ $-2\frac{1}{5}$

c) −2,75 ☐ 1,82

d) $-\frac{1}{2}$ ☐ −0,5

e) −2,48 ☐ −1,7

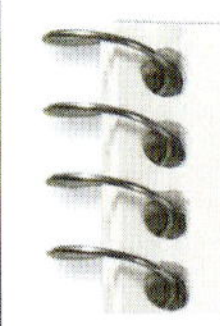

f) +3 ☐ $+1\frac{5}{6}$

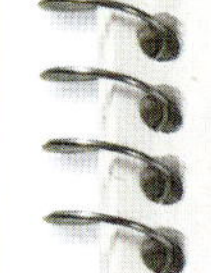

g) $-\frac{3}{5}$ ☐ $-\frac{2}{3}$

h) $-\frac{7}{6}$ ☐ $-\frac{15}{18}$

20 Escreva os números:

a) $+\frac{2}{9}$; $-\frac{4}{9}$; 0; $-\frac{2}{9}$ e $\frac{1}{9}$ em ordem crescente;

b) −3,25; +3,4; 3,31; −3,3; 0 e −2,7 em ordem decrescente;

c) $\frac{3}{10}$; $-\frac{1}{4}$; $-\frac{3}{8}$; $+\frac{1}{2}$ e 0 em ordem crescente.

21 Compare os números racionais de cada item e também os opostos deles.

a) −4 e +3.

b) −3,7 e −2.

c) $+\frac{1}{2}$ e 0.

d) −5 e −1.

e) 0 e $-2\frac{1}{4}$.

f) $+\frac{2}{5}$ e $+\frac{3}{5}$.

22 O professor Ruan pediu aos alunos que escrevessem os números racionais −3; 3,2; −6,1; 3,4; −1,6 e −6 em ordem crescente.

Veja as respostas de Ana, Beto e Carla.

Ana:
3,4; 3,2; −1,6; −3; −6; −6,1.

Beto:
−1,6; −3; −6; −6,1; 3,2; 3,4.

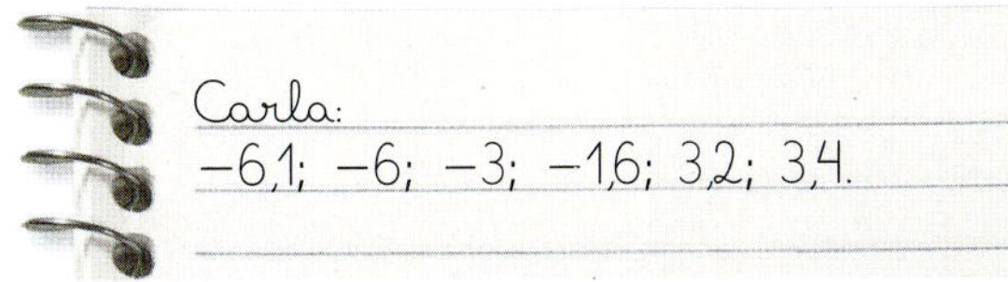

Ilustrações: Paulo Manzi/Arquivo da editora

Quem escreveu corretamente os números em ordem crescente? Por que os outros alunos erraram?

2 Operações com números racionais

Você já efetuou adições, subtrações, multiplicações e divisões com números inteiros e com decimais e frações positivas. Agora vamos retomar as estratégias e usá-las nas operações com números racionais.

Observe a situação a seguir, que envolve adição com números racionais.

Considere a medida de temperatura de 2 graus Celsius e meio abaixo de zero $\left(-2\frac{1}{2}\ ^\circ C \text{ ou } -2{,}5\ ^\circ C\right)$ no início do dia, no centro de uma cidade. Até o meio-dia, a medida de temperatura havia subido 4 graus Celsius (+4 °C). Qual era a medida de temperatura ao meio-dia?

Para determinar a resposta, precisamos adicionar a medida de temperatura que aumentou à medida de temperatura inicial.

Com frações: $\left(-2\frac{1}{2}\right) + (+4) = \left(\frac{-5}{2}\right) + \left(\frac{+8}{2}\right) = \frac{+3}{2} = +1\frac{1}{2}$ ou $-2\frac{1}{2} + 4 = \frac{-5}{2} + \frac{8}{2} = \frac{+3}{2} = +1\frac{1}{2}$

Com decimais: $(-2{,}5) + (+4) = +1{,}5$ ou $-2{,}5 + 4 = +1{,}5$

Logo, a medida de temperatura ao meio-dia era de +1,5 °C.

Adição e subtração de números racionais

A adição e a subtração de números racionais são baseadas nos conhecimentos anteriores: adição e subtração de números inteiros e de frações e decimais positivos. Observe os exemplos.

Thiago Neumann/Arquivo da editora

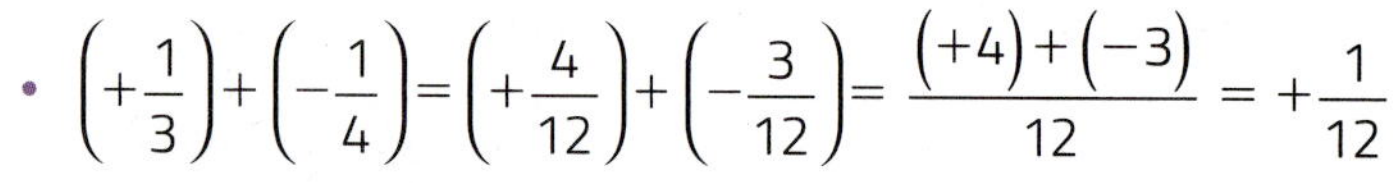

- $\left(+\frac{1}{3}\right) + \left(-\frac{1}{4}\right) = \left(+\frac{4}{12}\right) + \left(-\frac{3}{12}\right) = \frac{(+4) + (-3)}{12} = +\frac{1}{12}$
- $(-2{,}3) + (-4{,}5) = -2{,}3 - 4{,}5 = -6{,}8$
- $\left(-\frac{2}{3}\right) - \left(-\frac{3}{5}\right) = \left(-\frac{2}{3}\right) + \left(+\frac{3}{5}\right) = \frac{(-10) + (+9)}{15} = \frac{-10 + 9}{15} = -\frac{1}{15}$
- $(+3{,}4) - (+1{,}8) = 3{,}4 - 1{,}8 = 1{,}6$
-

	D	U,	d	c
	6	5,	3	4
+	1	2,	5	5
	7	7,	8	9

Bate-papo

Converse com os colegas: Qual é o valor da soma de 2 números racionais simétricos?

Atividades

23 Efetue as adições e as subtrações indicadas.

a) $\left(+\frac{2}{5}\right) + \left(-\frac{1}{3}\right)$

b) $(-0{,}4) + (-2{,}8)$

c) $\left(-\frac{5}{8}\right) - \left(+\frac{3}{8}\right)$

d) $\left(+\frac{2}{5}\right) - \left(+\frac{1}{4}\right)$

e) $(-0{,}54) - (-0{,}6)$

f) $\left(-\frac{1}{4}\right) - (+3{,}8)$

24 O saldo da conta bancária de André era de R$ 950,00. Ele emitiu 3 cheques que já foram descontados: o primeiro de R$ 256,40, o segundo de R$ 123,60 e o terceiro de R$ 523,30. Qual é o saldo atual de André?

25 Responda: Quando a medida de temperatura passa de −1,3 °C para −4,1 °C, qual é a variação?

26 Um mergulhador atingiu a medida de profundidade de 18,3 m (−18,3 m). Em seguida, subiu 3,4 m e desceu 5,7 m. Qual é a medida de profundidade máxima que ele atingiu nesse mergulho?

27 Escreva um problema envolvendo adição e subtração de números racionais. Depois, troque com um colega; ele resolve o seu e você resolve o dele.

Multiplicação de números racionais

Explorar e descobrir

Você já tentou descobrir por que o algoritmo da multiplicação funciona com decimais? Vamos pensar sobre isso fazendo algumas atividades.

1 Utilize o algoritmo da multiplicação para efetuar $10{,}81 \cdot 1{,}3$.

2 Agora você vai efetuar a mesma multiplicação, mas usando outro método.

a) Multiplique cada fator da multiplicação (10,81 e 1,3) por uma potência de 10, de modo que os fatores passem a ser números inteiros.

b) Efetue a multiplicação utilizando os fatores inteiros obtidos no item **a**.

c) Multiplique as 2 potências de 10 que você usou no item **a** para transformar os fatores da multiplicação em números inteiros.

d) Divida o resultado da multiplicação obtida no item **b** pelo resultado obtido no item **c**.

3 Compare o resultado obtido na atividade 1 e no item **d** da atividade 2. O que você pode concluir? Converse com os colegas e escreva uma conclusão.

A multiplicação de números racionais também é baseada nos conhecimentos anteriores sobre multiplicação de números inteiros e de frações e decimais positivos. Acompanhe os exemplos e observe os sinais dos fatores e o sinal do resultado.

Thiago Neumann/Arquivo da editora

- $\left(-\frac{2}{3}\right) \cdot \left(+\frac{1}{5}\right) = \frac{(-2) \cdot (+1)}{3 \cdot 5} = \frac{-2}{15} = -\frac{2}{15}$
- $\left(-\frac{1}{7}\right) \cdot \left(-\frac{3}{5}\right) = \frac{(-1) \cdot (-3)}{7 \cdot 5} = \frac{+3}{35} = \frac{3}{35}$
- $(-0{,}1) \cdot (+1{,}2) = \left(-\frac{1}{10}\right) \cdot \left(+\frac{12}{10}\right) = \frac{(-1) \cdot (+12)}{10 \cdot 10} = \frac{-12}{100} = -\frac{12}{100} = -0{,}12$
- $(-0{,}5) \cdot (-2{,}4) = +1{,}2$
- 20% de $-500 = \frac{20}{100} \cdot (-500) = 0{,}20 \cdot (-500) = -100$

$$\begin{array}{rrr} & \overset{2}{2,} & 4 \\ \times & 0, & 5 \\ \hline 1 & 2, & 0 \end{array}$$

Atividades

28 Efetue as multiplicações indicadas.

a) $(+0{,}5) \cdot (-0{,}4)$

b) $\left(-\frac{3}{4}\right) \cdot \left(-\frac{2}{7}\right)$

c) $\left(-\frac{3}{5}\right) \cdot \left(+\frac{5}{6}\right)$

d) $(-0{,}5) \cdot (-2{,}0)$

e) 15% de -300

f) 35% de $+900$

29 **Desafio.** Lembre-se do cálculo do valor de potências no conjunto dos números naturais (base e expoente naturais) e calcule o valor de cada potência dada, com número racional na base e número natural no expoente.

a) $(-1{,}1)^2$

b) $\left(-1\frac{1}{2}\right)^3$

c) $(+0{,}3)^2$

d) $\left(+\frac{1}{10}\right)^3$

e) $(-0{,}\overline{7})^0$

f) $\left(-\frac{1}{2}\right)^4$

Inverso de um número racional

Thiago Neumann/Arquivo da editora

No capítulo 2 você estudou as frações positivas ou nulas e viu que, se uma fração é diferente de zero, obtemos a **inversa** dessa fração invertendo o numerador com o denominador dela. Também podemos determinar o **inverso de números racionais**. Observe os exemplos.

- O inverso de $\frac{3}{4}$ é $\frac{4}{3}$.
- Como $3\frac{1}{4} = \frac{13}{4}$, então o inverso de $3\frac{1}{4}$ é $\frac{4}{13}$.
- $0{,}7 = \frac{7}{10}$; logo, o inverso de 0,7 é $\frac{10}{7}$ ou $1\frac{3}{7}$.
- O inverso de $\frac{1}{8}$ é $\frac{8}{1}$ ou 8.
- Aplicando o mesmo raciocínio, o inverso do número racional $-\frac{2}{3}$ é $-\frac{3}{2}$. Observe que $\left(-\frac{2}{3}\right) \cdot \left(-\frac{3}{2}\right) = +1$.
- O inverso de $+3$ é $+\frac{1}{3}$. Note que $(+3) \cdot \left(+\frac{1}{3}\right) = +\frac{3}{3} = +1$.

Bate-papo

Experimente multiplicar outros números racionais pelos respectivos inversos e veja o que ocorre. Converse com um colega sobre isso.

O produto de um número racional e o inverso dele é sempre igual a $+1$.

Contudo, é preciso observar que:

De todos os números racionais, o único que não tem inverso é o zero, pois não existe divisão por zero.

Atividades

30 Determine o inverso de cada número racional.

a) $-\frac{7}{3}$

b) 12

c) 0

d) $2\frac{3}{4}$

e) $-1{,}1$

f) 0,222... (sabendo que $2 \div 9 = 0{,}222...$).

31 **Produto de inversos.** Faça o que se pede.

a) Calcule o produto dos números racionais $a = -\frac{3}{4}$ e $b = -\frac{5}{11}$.

b) Escreva o inverso de cada um dos números dados no item **a**.

c) Calcule o produto desses inversos.

d) Compare os resultados obtidos nos itens **a** e **c**.

Divisão de números racionais

Você já aprendeu no capítulo 2 que, para dividir uma fração por outra, multiplicamos a primeira fração pelo inverso da segunda fração. Veja um exemplo.

$$\frac{4}{5} \div \frac{3}{7} = \frac{4}{5} \cdot \frac{7}{3} = \frac{4 \cdot 7}{5 \cdot 3} = \frac{28}{15} = 1\frac{13}{15}$$

Para dividir um número racional por outro, também multiplicamos o primeiro pelo inverso do segundo. Veja os exemplos.

- $\left(-\frac{1}{3}\right) : \left(+\frac{2}{3}\right) = \left(-\frac{1}{3}\right) \cdot \left(+\frac{3}{2}\right) = \frac{(-1) \cdot (+3)}{3 \cdot 2} = \frac{-3}{6} = -\frac{3}{6} = -\frac{1}{2}$
- $\left(-\frac{2}{5}\right) : (+0{,}5) = \left(-\frac{2}{5}\right) : \left(+\frac{1}{2}\right) = \left(-\frac{2}{5}\right) \cdot \left(+\frac{2}{1}\right) = \frac{-4}{5} = -\frac{4}{5}$
- $5{,}4 \div (-0{,}12) = \frac{54}{10} \div \left(-\frac{12}{100}\right) = \frac{\cancel{54}^{9}}{\cancel{10}_{1}} \times \left(-\frac{\cancel{100}^{10}}{\cancel{12}_{2}}\right) = -\frac{90}{2} = -45$

Também podemos usar os decimais para efetuar a divisão $5{,}4 \div (-0{,}12)$ com o algoritmo usual.

```
 5, 4  0 | 0,12
- 4  8   |  45
 0  6  0
  - 6  0
    0  0
```

$5{,}4 \div (-0{,}12) = -45$

Explorar e descobrir

Você já tentou descobrir por que o algoritmo da divisão funciona com decimais? Vamos pensar sobre isso fazendo algumas atividades.

1› Utilize o algoritmo da divisão para efetuar $33 \div 1{,}32$.

2› Agora você vai efetuar a mesma divisão, mas usando outro método.

a) Multiplique o dividendo e o divisor por uma mesma potência de 10 de modo que ambos passem a ser números inteiros.

b) Efetue a divisão utilizando o dividendo e o divisor inteiros obtidos no item **a**.

3› Compare o resultado obtido na atividade 1 e no item **b** da atividade 2. O que você pode concluir? Converse com os colegas e escreva uma conclusão.

Atividades

32› Efetue as divisões.

a) $\left(+\frac{1}{4}\right) : \left(-\frac{1}{2}\right)$

b) $\left(-\frac{2}{5}\right) : (+3)$

c) $\left(-\frac{3}{25}\right) : \left(-\frac{9}{10}\right)$

d) $(-5) : (-10)$

e) $(-2{,}5) : \left(+\frac{2}{100}\right)$

f) $5 : \left(-\frac{3}{4}\right)$

33› Calcule o valor de cada expressão.

> As expressões numéricas envolvendo números racionais são resolvidas da mesma maneira que as expressões numéricas envolvendo números inteiros e frações e decimais positivos.

a) $(+2) \cdot \left(-\frac{3}{4}\right) \cdot \left(+\frac{1}{6}\right)$

b) $\left(-\frac{1}{5} + \frac{3}{4} + 1\right) \cdot \left(-\frac{1}{3}\right)$

c) $\left(-\frac{3}{4}\right) + \left(-\frac{1}{2}\right) : \left(+\frac{1}{4}\right)$

d) $(-3) \cdot (+1{,}25) - (+1{,}2) : (-0{,}6)$

Números racionais, grandezas e medidas

Vamos rever algumas grandezas e medidas resolvendo atividades e situações-problema com o uso de números racionais.

Atividades

34 O amigo de Lúcia mediu o comprimento da altura dela e constatou que ela tem 145 cm ou 1,45 m de medida de comprimento da altura. Nessa afirmação, está registrada uma mudança de unidade de medida de comprimento.

Complete as sentenças com o número racional adequado. As igualdades indicam mudanças de unidades de medida de várias grandezas. Para cada uma, escreva qual é a grandeza.

a) 3,5 kg = _____ g

b) 2 h 10 min = _____ min

c) 7 520 mL = _____ L

d) 1 m = _____ dm

e) 1 m^2 = _____ dm^2

f) 1 m^3 = _____ dm^3

g) 4 000 s = _____ h _____ min _____ s

h) 8 600 kg = _____ t

i) 0,38 cm = _____ mm

35 Calcule a medida de distância de *A* até *B*, passando por *C*, de 3 maneiras diferentes.

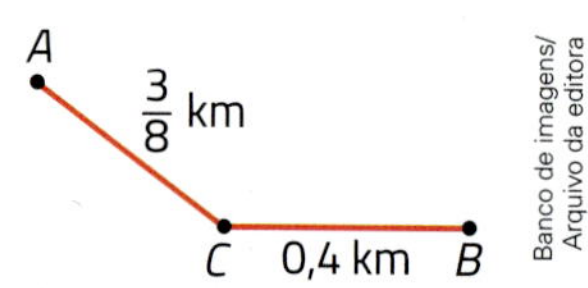

a) Em quilômetros, com as medidas na forma decimal.

b) Em quilômetros, com as medidas na forma fracionária.

c) Em metros.

36 Complete as igualdades com o número adequado.

a) 6,3 kg = _____ g

b) 6,3 décadas = _____ anos

c) 6,3 séculos = _____ anos

d) 6,3 milênios = _____ anos

e) 6,3 L = _____ mL

f) 6,3 cm = _____ mm

Raciocínio lógico

Botina e meia mais botina e meia, quantos pares são?

37 **Avaliação de resultados.** A equipe de Maurício iniciou uma partida de vôlei às 15 h 45 min e terminou às 17 h. Cada jogador anotou, de uma maneira diferente, quanto tempo durou a partida. Assinale as 4 maneiras corretas.

a) 75 min

b) 1 h 15 min

c) $1\frac{1}{15}$ h

d) 1,25 h

e) 1,15 h

f) $1\frac{1}{4}$ h

38 **Conexões.** Sonares especiais são usados para mapear o fundo do oceano. Quando um sonar estava a 47 m de profundidade (−47 m), ele indicou que o fundo do oceano estava a −2 000 m da superfície. Qual era a medida de distância entre o sonar e o fundo do oceano?

39 Ao planificar a superfície de um paralelepípedo, encontramos a forma plana representada abaixo. Qual é a medida de área total da planificação? E a medida de perímetro?

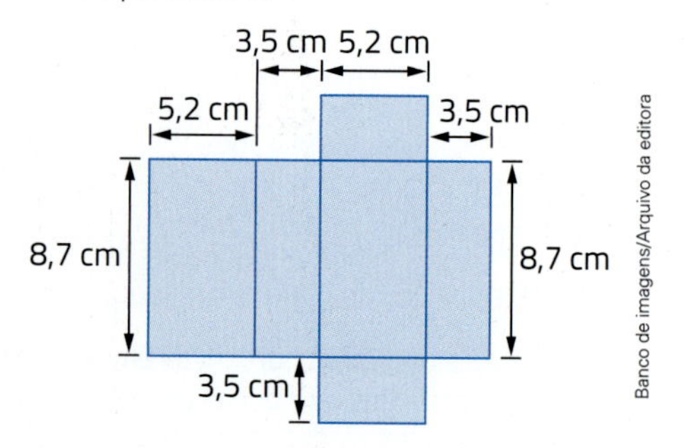

40 Marcela juntou 1,5 L de água com 500 mL de suco concentrado. Se ela usar copos com medida de capacidade de 125 mL, então quantos copos poderá servir?

41 ▸ Conexões. De acordo com o IBGE (2013), as medidas de área dos estados de Santa Catarina e Paraná correspondem a aproximadamente $\frac{4}{25}$ e $\frac{7}{20}$ da medida de área da região Sul do Brasil. Calcule e responda: A medida de área do Rio Grande do Sul ultrapassa 50% da medida de área da região Sul?

Região Sul do Brasil

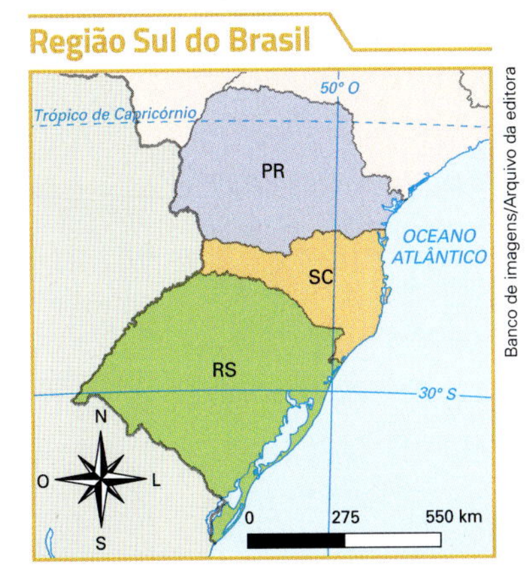

Fonte de consulta: IBGE. *Atlas geográfico escolar*. 7. ed. Rio de Janeiro, 2016.

42 ▸ Rosana comprou uma broa de fubá em uma padaria. Veja a etiqueta que estava na embalagem com algumas informações sobre a compra dela.

As imagens desta página não estão representadas em proporção.

a) De quanto foi o troco recebido, se Rosana pagou com 1 nota de R$ 5,00?

b) Se o "peso" líquido tivesse sido de 0,220 kg, então qual seria o total a pagar?

43 ▸ Em uma cidade de Santa Catarina, a medida de temperatura no período da tarde era de 5,5 °C. Até o final da noite, a medida de temperatura diminuiu 7 °C. No final da noite, qual era a medida de temperatura na cidade?

44 ▸ Felipe tinha R$ 1 250,48 na poupança no início da semana. Na quarta-feira ele fez uma retirada de R$ 852,80 e, na sexta-feira, fez um depósito de R$ 300,00. Qual era o saldo da poupança de Felipe no sábado?

Saiba mais

O número 1 é o início de tudo!

Você pode escrever qualquer número racional, "pequeno" ou "grande", usando apenas o 1.

Veja alguns exemplos:

$5 = 1 + 1 + 1 + 1 + 1$

$1000000 = \underbrace{1 + 1 + 1 + 1 + \ldots + 1 + 1}_{\text{1 milhão de parcelas}}$

$0{,}5 = \frac{1}{2} = \frac{1}{1 + 1}$

$-0{,}001 = -\frac{1}{1000} = -\frac{1}{\underbrace{1 + 1 + 1 + 1 + 1 + \ldots + 1}_{\text{1000 parcelas}}}$

45 ▸ Cíntia resolveu verificar como estava o consumo de gasolina do carro dela (em km/L). Para isso, antes da viagem, ela encheu o tanque e anotou a quilometragem indicada no painel: 018968. Quando retornou, anotou a quilometragem novamente: 019198. Encheu mais uma vez o tanque e viu que gastou 18,4 L de gasolina.

a) Qual foi o consumo do carro de Cíntia, em quilômetros por litro?

b) Considerando o mesmo consumo, quanto Cíntia gastaria de gasolina para percorrer 387,5 km, pagando na época R$ 4,49 o litro da gasolina?

Raciocínio lógico

Decifre o enigma escrevendo a resposta à pergunta:
Onde dorme um cachorro bravo de 90 quilogramas?
Veja algumas dicas:

- 1ª palavra: Os primeiros $\frac{2}{6}$ da palavra *embora*.
- 2ª palavra: Os primeiros $\frac{4}{9}$ da palavra *qualidade*, mais os primeiros $\frac{4}{5}$ da palavra *quero*.
- 3ª palavra: Os primeiros $\frac{5}{8}$ da palavra *lugarejo*.
- 4ª palavra: Os últimos $\frac{3}{5}$ da palavra *leque*.
- 5ª palavra: Os primeiros $\frac{3}{8}$ da palavra *elegante*.
- 6ª palavra: Os primeiros $\frac{3}{5}$ da palavra *quibe*, mais a primeira $\frac{1}{2}$ da palavra *sertão*.

46 ▸ A medida de capacidade de um copo é de $\frac{1}{4}$ L, e a de uma jarra é de $1\frac{1}{2}$ L. Para encher a jarra, quantos copos cheios de água são necessários?

CONEXÕES

O fenômeno Usain Bolt

Nascido em Sherwood Content, na Jamaica, em 21 de agosto de 1986, Usain Bolt viria a deixar o mundo perplexo por ser provavelmente um atleta que obteve marcas insuperáveis. É recordista nos 100 e 200 metros rasos, bem como no revezamento 4 × 100 m. Obteve 9 medalhas de ouro nos Jogos Olímpicos de Pequim (2008), Londres (2012) e Rio de Janeiro (2016). Jamais perdeu uma final nessas competições. Os recordes mundiais de Bolt de 9,58 segundos nos 100 metros rasos, 19,19 segundos nos 200 metros rasos e 36,84 no revezamento 4 × 100 m são considerados por especialistas como praticamente inalcançáveis.

O que faz de Usain Bolt imbatível em corridas curtas (100 e 200 metros rasos)? Em princípio, poderíamos pensar que ele move as pernas mais rápido do que os oponentes; mas não é isso que ocorre, pois ele executa passadas mais longas e fortes.

Um corredor amador dá entre 50 e 55 passadas para completar 100 metros. Atletas de elite fazem esse percurso, em uma corrida, dando em torno de 45 passadas. E Usain Bolt? Apenas 41! Com 1,94 m de medida de comprimento da altura e pernas longas, esse detalhe, associado a outras características físicas, permite tal façanha. As passadas do início e do final não têm a mesma medida de comprimento. Mas se quisermos saber a medida média dessas passadas basta dividirmos 100 por 41, o que resulta em 2,43902 m, ou aproximadamente 2,44 m; isto é, quase 2 metros e meio.

Nos Jogos Olímpicos do Rio, depois de 21 passos, Bolt atingiu a medida de velocidade de 43,9 km/h, tendo largado 0,165 segundo depois do sinal de partida. Depois de 5,6 segundos, ele atingiu 50 metros. Poucos carros nacionais atingiriam 50 metros em 5,6 segundos ou menos.

Então, Bolt é ou não um fenômeno?

Fontes de consulta: UOL. *Mídia Global*. Disponível em: <https://noticias.uol.com.br/midiaglobal/nytimes/2009/04/12/ult574u9279.jhtm>; BBC. *Geral*. Disponível em: <www.bbc.com/portuguese/geral-40863129>. Acesso em: 29 ago. 2017.

Oponente: adversário, rival.
Perplexo: embaraçado, atrapalhado, perturbado.

Ian Walton/Equipa/Getty Images

Usain Bolt cruzando a linha de chegada da prova de 200 metros rasos masculino, nos Jogos Olímpicos de 2016.

Questões

1. Chamamos de velocidade média o resultado da divisão da medida de comprimento de um percurso pela medida de intervalo de tempo gasto para percorrê-lo. Então, qual é a medida de velocidade média de Bolt ao percorrer 100 metros em 9,58 segundos?
2. Qual é a medida de velocidade média de Bolt no recorde mundial nos 200 metros rasos?
3. Um atleta de alto rendimento dá em torno de 45 passadas ao percorrer 100 metros. Qual é, em média, a medida de comprimento de cada passada desse atleta?
4. Lembrando que 10 m = 0,01 km e que 1 segundo = $\frac{1}{3600}$ hora, quando Bolt está correndo a uma medida de velocidade de 10 m/s, qual é a medida de velocidade dele em km/h?

Revisando seus conhecimentos

1 Considere as informações sobre o consumo de combustível do carro do Antônio.

- Consumo médio urbano: 12,1 km/L.
- Consumo médio na estrada: 16,5 km/L.

Calcule e responda: Em uma viagem, esse carro percorreu 36,3 km na cidade e 198 km na estrada. Qual foi a despesa com combustível se o preço de cada litro foi de R$ 2,30?

2 Pedro foi ao banco pagar algumas contas: a de energia elétrica (R$ 193,47), a de água (R$ 48,57) e a de gás (R$ 34,89). Sabendo que Pedro levou ao banco a quantia de R$ 300,00, quanto ele recebeu de troco após pagar as 3 contas?

3 Qual destas expressões tem valor maior?

a) $\dfrac{-(0{,}8)^2-(-1{,}6)}{-4+2}$

b) $\left(-1\frac{3}{4}-\frac{1}{4}\right)+(-2)\cdot\left(-\frac{2}{5}\right)$

4 Complete a "pirâmide" de números racionais efetuando multiplicações.

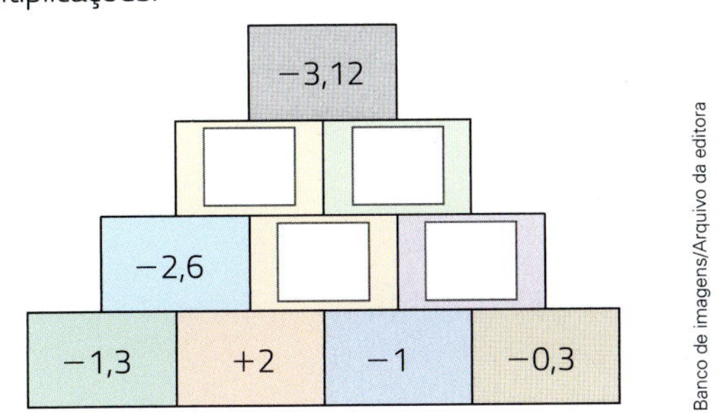

Banco de imagens/Arquivo da editora

5 **Porcentagem.**

a) Descubra a regularidade e complete a sequência.

10% de 300 = 30	20% de 300 = 60
30% de 300 = 90	

b) Forme uma sequência de 5 termos, na qual o 1º termo é 20 000, e cada termo, a partir do 2º, é 20% do termo anterior.

6 Calcule o valor da expressão $17{,}28 \cdot \dfrac{1}{10^4}$.

7 A dízima periódica 0,5333... corresponde a qual das frações abaixo?

a) $\dfrac{3}{5}$

b) $\dfrac{11}{15}$

c) $\dfrac{53}{100}$

d) $\dfrac{8}{15}$

8 Uma avaliação consta de 20 questões. Cada questão respondida certa vale +1,5 ponto e cada questão respondida errada vale −0,5 ponto. Se Paulo acertou 13 questões e errou 7, então quantos pontos ele fez?

9 Descreva como localizar em uma reta numerada os pontos correspondentes aos números racionais dados.

a) 17,25 b) $-\dfrac{17}{5}$ c) $20\dfrac{1}{2}$

10 Calcule.

a) $\left|-\dfrac{2}{3}\right|$ b) $|-0{,}25|$ c) $\left|\dfrac{3}{5}\right|$ d) $|6{,}4|$

11 Você se lembra de que, na calculadora, o ponto é usado para indicar a vírgula de decimal? Assim, teclando [2] [·] [5], aparece no visor [2.5], que corresponde a 2,5. Algumas calculadoras têm uma tecla que muda o sinal do número digitado antes dela: [+/−]. Ou seja, ela fornece o oposto desse número. Algumas calculadoras também têm a tecla [1/x] ou [x⁻¹], que fornece o inverso do número digitado antes dela.

Escreva o que você acha que aparecerá no visor da calculadora ao teclar cada sequência indicada. Depois, confira com uma calculadora.

a) [7] [·] [3] [±]

b) [2] [1/x]

c) [3] [÷] [4] [=] [1/x]

d) [4] [·] [5] [x] [2] [±] [=]

e) [1] [3] [±] [x] [=]

f) [0] [·] [2] [1/x] [+] [1] [±] [=]

Ilustrações: Banco de imagens/Arquivo da editora

12 Escreva a sequência de teclas da calculadora que devemos apertar para obter o resultado de $(+2{,}5)-(-1{,}4)$, que é 3,9. Confira com uma calculadora.

13 Complete cada afirmação com **existe apenas um**, **não existe** ou **existe mais de um**. No caso de existir só um, indique qual é; no caso de existir mais de um, cite pelo menos 2 exemplos.

a) ________________ número primo cujo algarismo das unidades é 6.

b) ________________ número primo entre 30 e 40.

c) ________________ número primo par.

d) ________________ número primo entre 24 e 30.

e) ________________ número primo cujo algarismo das unidades é 3.

Testes oficiais

1 ▸ (Prova Brasil) Observe os números que aparecem na reta abaixo.

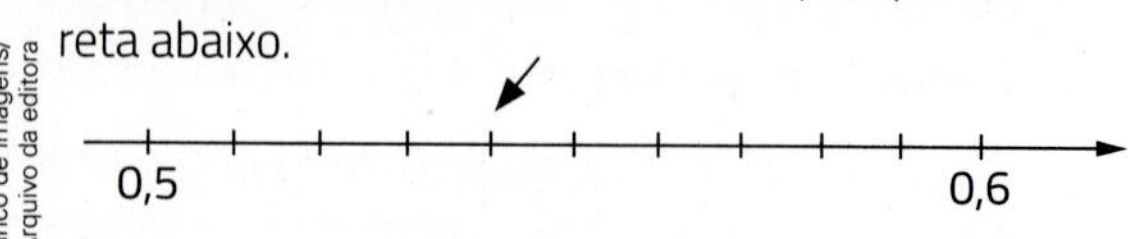

Banco de imagens/Arquivo da editora

O número indicado pela seta é:

a) 0,9. b) 0,54. c) 0,8. d) 0,55.

2 ▸ (Prova Brasil) Em uma aula de Matemática, o professor apresentou aos alunos uma reta numérica como a da figura a seguir:

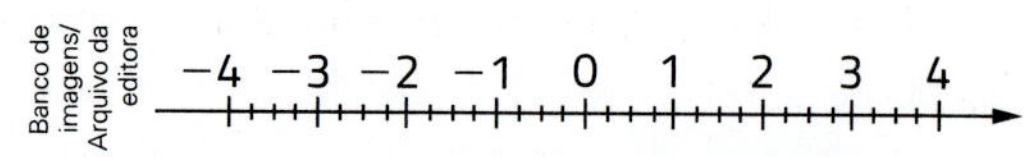

Banco de imagens/Arquivo da editora

O professor marcou o número $-\frac{11}{4}$ nessa reta. Esse número foi marcado entre quais pontos da reta numérica?

a) −4 e −3.
b) −3 e −2.
c) 2 e 3.
d) 3 e 4.

3 ▸ (Prova Brasil) Uma casa mede 3,88 metros na altura. Um engenheiro foi contratado para projetar um segundo andar e foi informado que a prefeitura só permite construir casa de dois andares com altura medindo 7,80 metros. Qual deve ser a medida da altura, em metros do segundo andar?

a) 3,92 b) 4,00 c) 4,92 d) 11,68

4 ▸ (Obmep) Alvimar pagou uma compra de R$ 3,50 com uma nota de R$ 5,00 e recebeu o troco em moedas de R$ 0,25. Quantas moedas ele recebeu?

a) 4 b) 5 c) 6 d) 7 e) 8

5 ▸ (Saresp) Joana e seu irmão estão representando uma corrida em uma estrada assinalada em quilômetros, como na figura abaixo:

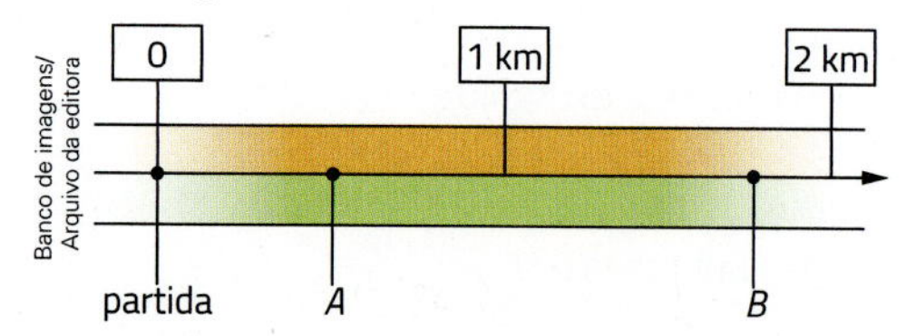

Banco de imagens/Arquivo da editora

Joana marcou as posições de 2 corredores com os pontos *A* e *B*. Esses pontos *A* e *B* representam que os corredores já percorreram, respectivamente, em km:

a) 0,5 e $1\frac{3}{4}$.
b) 0,25 e $\frac{10}{4}$.
c) $\frac{1}{4}$ e 2,75.
d) $\frac{1}{2}$ e 2,38.

6 ▸ (Saeb) A figura abaixo mostra os pontos *P* e *Q* que correspondem a números racionais e foram posicionados na reta numerada do conjunto dos racionais.

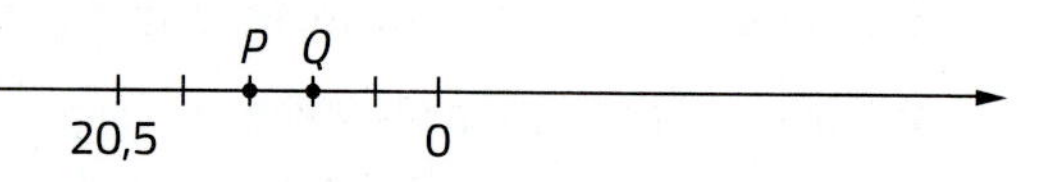

Banco de imagens/Arquivo da editora

Os valores atribuídos a *P* e *Q*, conforme suas posições na reta numérica abaixo, são:

a) $P = -0{,}2$ e $Q = -0{,}3$.
b) $P = -0{,}3$ e $Q = -0{,}2$.
c) $P = -0{,}6$ e $Q = -0{,}7$.
d) $P = -0{,}7$ e $Q = -0{,}6$.

As imagens desta página não estão representadas em proporção.

7 ▸ (Obmep) A figura mostra uma reta numerada na qual estão marcados pontos igualmente espaçados. Os pontos *A* e *B* correspondem, respectivamente, aos números $\frac{7}{6}$ e $\frac{19}{6}$.

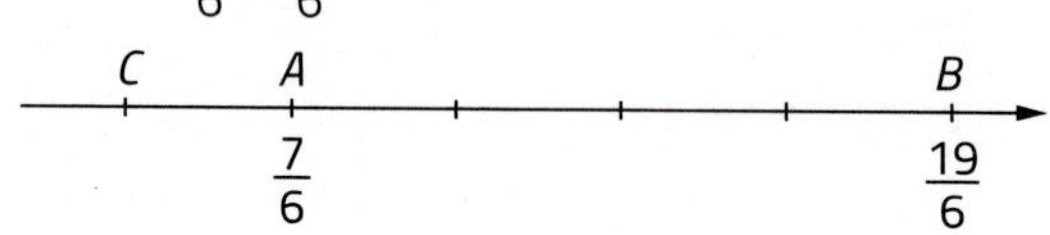

Banco de imagens/Arquivo da editora

Qual é o número que corresponde ao ponto *C*?

a) $\frac{1}{6}$
b) $\frac{1}{3}$
c) $\frac{1}{2}$
d) $\frac{2}{3}$
e) 1

8 ▸ (Saresp) Simplificando a expressão $\frac{42\,000}{397} \cdot \left(-\frac{71}{21\,000}\right) \cdot \frac{397}{7}$, chega-se a uma das expressões abaixo. Qual delas?

a) $2 \cdot (-71) \cdot \frac{1}{7}$
b) $\frac{1}{2} \cdot \frac{-1}{71} \cdot 7$
c) $\frac{397}{42} \cdot \frac{-21}{71} \cdot \frac{7}{397}$
d) $\left(\frac{-71}{2}\right) \cdot \frac{1}{7}$

9 ▸ (Obmep) Qual é o valor de $1 + \frac{1}{1 - \frac{2}{3}}$?

a) $\frac{1}{3}$
b) $\frac{3}{2}$
c) $\frac{4}{3}$
d) 2
e) 4

Questões de vestibulares e Enem

10 ▸ (UFV-MG) Considere as afirmações a seguir:

(I) O número 2 é primo.

(II) A soma de dois números ímpares é sempre par.

(III) Todo número primo multiplicado por 2 é par.

(IV) Todo número par é racional.

(V) Um número racional pode ser inteiro.

Atribuindo V para as afirmações verdadeiras e F para as falsas, assinale a sequência correta:

a) V, V, V, V, V.

b) V, F, V, V, V.

c) V, F, V, V, F.

d) F, F, V, V, V.

e) V, F, V, F, F.

11 ▸ (Cesgranrio-RJ) Ordenando os números racionais $p = \frac{13}{24}$, $q = \frac{2}{3}$ e $r = \frac{5}{8}$, obtemos:

a) $p < r < q$

b) $q < p < r$

c) $r < p < q$

d) $q < r < p$

e) $r < q < p$

12 ▸ (Cefet-RJ) Manuela dividiu um segmento de reta em cinco partes iguais e depois marcou as frações $\frac{1}{3}$ e $\frac{1}{2}$ nas extremidades, conforme a figura abaixo. Em qual dos pontos Manuela deverá assinalar a fração $\frac{2}{5}$?

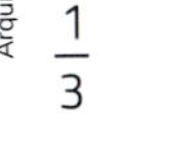
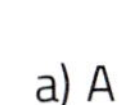
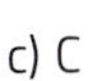

Banco de imagens/ Arquivo da editora

a) A

b) B

c) C

d) D

13 ▸ (UFMG) Considere o conjunto de números racionais $M = \left\{\frac{5}{9}, \frac{3}{7}, \frac{5}{11}, \frac{4}{7}\right\}$.

Sejam x o menor elemento de M e y o maior elemento de M.

Então, é correto afirmar que:

a) $x = \frac{5}{11}$ e $y = \frac{4}{7}$.

b) $x = \frac{3}{7}$ e $y = \frac{5}{9}$.

c) $x = \frac{3}{7}$ e $y = \frac{4}{7}$.

d) $x = \frac{5}{11}$ e $y = \frac{5}{9}$.

14 ▸ (Cefet-RJ) Qual é o valor da expressão numérica $\frac{1}{5} + \frac{1}{50} + \frac{1}{500} + \frac{1}{5000}$?

a) 0,2222

b) 0,2323

c) 0,2332

d) 0,3222

15 ▸ (UFMG) Observe a figura.

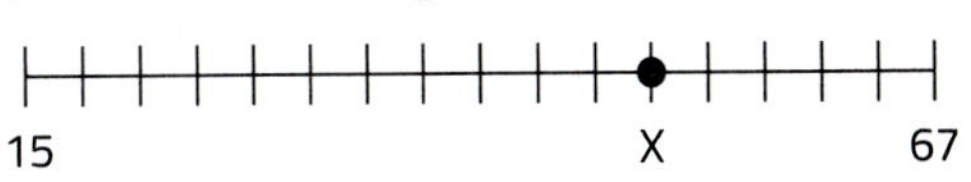

Banco de imagens/ Arquivo da editora

Essa figura representa o intervalo da reta numérica determinado pelos números dados. Todos os intervalos indicados (correspondentes a duas marcas consecutivas) têm o mesmo comprimento.

O número correspondente ao ponto X assinalado é:

a) 47,50.

b) 50,75.

c) 48,75.

d) 54.

16 ▸ (Enem) Um jogo de boliche consiste em arremessar uma bola sobre uma pista com o objetivo de atingir e derrubar o maior número de pinos. Para escolher um dentre cinco jogadores para completar sua equipe, um técnico calcula, para cada jogador, a razão entre o número de arremessos em que ele derrubou todos os pinos e o total de arremessos efetuados por esse jogador. O técnico escolherá o jogador que obtiver a maior razão. O desempenho dos jogadores está no quadro.

Jogador	Nº de arremessos em que derrubou todos os pinos	Nº total de arremessos
I	50	85
II	40	65
III	20	65
IV	30	40
V	48	90

Deve ser escolhido o jogador:

a) **I**.

b) **II**.

c) **III**.

d) **IV**.

e) **V**.

VERIFIQUE O QUE ESTUDOU

1 Complete as frases com os números corretos.

a) $1\frac{2}{7}$ na forma de fração irredutível é ______.

b) 0,17 na forma de fração irredutível é ______.

c) $\frac{4}{30}$ na forma de fração irredutível é ______.

d) ______ é um número inteiro mas não é um número natural.

e) ______ é um número racional mas não é um número inteiro.

f) ______ é um número racional entre -3 e -2.

g) ______ é um número racional entre $+\frac{1}{5}$ e $+\frac{1}{4}$.

h) ______ é um número racional entre $+1,4$ e $+1,5$.

2 Dê exemplos de usos dos números racionais no dia a dia.

3 Determine os possíveis valores racionais de x.

a) $|-12| = x$

b) $|x| = 9$

c) $|x| = -7$

d) $|x| = 0$

e) $|3,75| = x$

f) $|x| = +\frac{1}{2}$

4 Indique se cada uma das afirmações é verdadeira (V) ou falsa (F). No caso de ser verdadeira, dê 3 exemplos que confirmem a afirmação feita. No caso de ser falsa, dê 1 contraexemplo.

a) Todo número inteiro é racional.

b) Todo número racional é inteiro.

c) O quociente de 2 números inteiros, com o segundo diferente de zero (0), é sempre um número inteiro.

d) O quociente de 2 números inteiros, com o segundo diferente de zero (0), é sempre um número racional.

e) Entre 2 números racionais sempre existe um número racional.

f) O dobro de um número racional é igual ao quadrado desse número.

5 Desenhe uma reta numerada e marque nela o ponto *A*, que representa o número racional $1\frac{1}{2}$. Depois, marque o ponto *B*, que representa o oposto ou simétrico do número representado por *A*. Qual é a medida de distância entre os pontos *A* e *B*?

6 Escreva alguns números racionais e passe para um colega representá-los em uma reta numerada. Confira o que ele fez. Depois, represente os números que o colega escreveu e passe para que ele os confira.

7 Determine:

a) o dobro de $\left(-\frac{1}{3}\right)$;

b) o triplo da soma $\left(+\frac{1}{3}\right) + \left(-\frac{1}{2}\right)$;

c) o valor da expressão $(+0,1) - (-1,1) \cdot (-0,4)$.

8 A conta bancária de Pamela estava com saldo negativo de R$ 125,50. Qual será o saldo bancário em cada situação?

a) Se ela depositar R$ 260,00.

b) Se for descontado um cheque de R$ 130,00.

9 Escreva uma sequência de 6 termos, sabendo que o primeiro termo é $-3,5$ e, a partir do 2º, cada termo é igual ao anterior somado com 1,5.

10 A soma de 2 números racionais opostos é zero. Quais são esses números?

Atenção

Retome os assuntos que você estudou neste capítulo. Verifique em quais teve dificuldade e converse com o professor, buscando maneiras de reforçar seu aprendizado.

Autoavaliação

Algumas atitudes e reflexões são fundamentais para melhorar o aprendizado e a convivência na escola. Reflita sobre elas.

- Prestei atenção às explicações do professor durante as aulas?
- Realizei as tarefas de casa?
- Empenhei-me em ler e compreender os textos do livro, bem como em resolver as atividades propostas?

PARA LER, PENSAR E DIVERTIR-SE

Ler

Neste capítulo, você viu que as dízimas periódicas podem ser escritas na forma de fração, com o numerador inteiro e com o denominador inteiro e diferente de 0, ou seja, elas são números racionais.

Você também viu que há dízimas que não são periódicas, ou seja, os algarismos após a vírgula são infinitos e não seguem um padrão. Essas dízimas não são números racionais; elas pertencem ao conjunto dos números irracionais. Um número irracional em especial, chamado "pi" (representado por π), intrigou os matemáticos por muitos séculos. O número π indica a divisão da medida de comprimento de 2 elementos específicos de uma circunferência e vale 3,14159265358...

No número π, como nunca há uma repetição de uma sequência de algarismos, é fato que possamos encontrar qualquer sequência nos infinitos algarismos de π, por exemplo, seu número de telefone. Isso mesmo! Seu número de telefone está em algum lugar na sequência de algarismos do número π.

Não é difícil encontrar na internet arquivos de texto que contenham, por exemplo, os 30 mil primeiros algarismos de π. Você pode fazer o *download* de um desses arquivos e usar uma ferramenta de busca no texto (CRTL + F) para tentar localizar algumas sequências. Tente buscar também o número de seu RG, CPF ou CEP.

Caso não encontre, não desanime, estão todos lá! Mas como o infinito é um "lugar" muito grande, talvez você precise de mais algarismos do número π para achar.

Pensar

Complete os quadrinhos com os algarismos de 0 a 9, sem repetir nenhum, de modo que toda a sentença matemática seja verdadeira.

$$\frac{6}{\square} > 2{,}\square > \frac{\square}{2} > 2{,}\square > \square > \frac{8}{\square} > 0{,}\square > \frac{\square}{4} > 0{,}\square$$

Divertir-se

Pinte as regiões com a cor determinada pelo número que está no interior de cada uma delas.

- Amarelo: números racionais negativos não inteiros.
- Verde: números inteiros positivos menores do que 20.
- Marrom: números naturais não positivos.
- Azul: números racionais compreendidos entre 0 e 1.
- Vermelho: números inteiros negativos.
- Laranja: números naturais maiores do que 20.

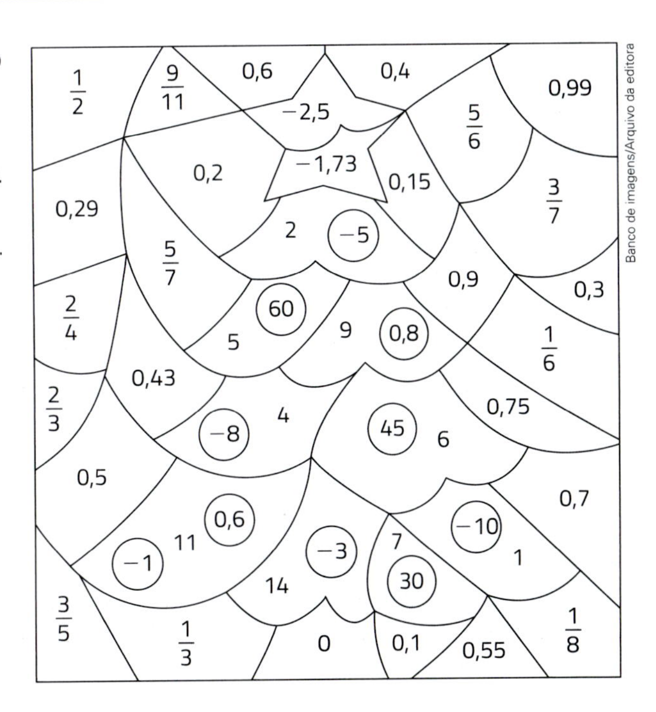

Banco de imagens/Arquivo da editora

CAPÍTULO

4 Expressões algébricas, equações e inequações do 1º grau

Neste capítulo vamos iniciar o estudo das **expressões algébricas** e das **equações**.

Na situação mostrada na página anterior, temos um terreno retangular com medida de comprimento da largura de 3 metros e medida de comprimento da profundidade de x metros. Podemos indicar a medida de perímetro desse terreno, em metros, por $2x + 6$, que é um exemplo de expressão algébrica.

Veja outra situação.

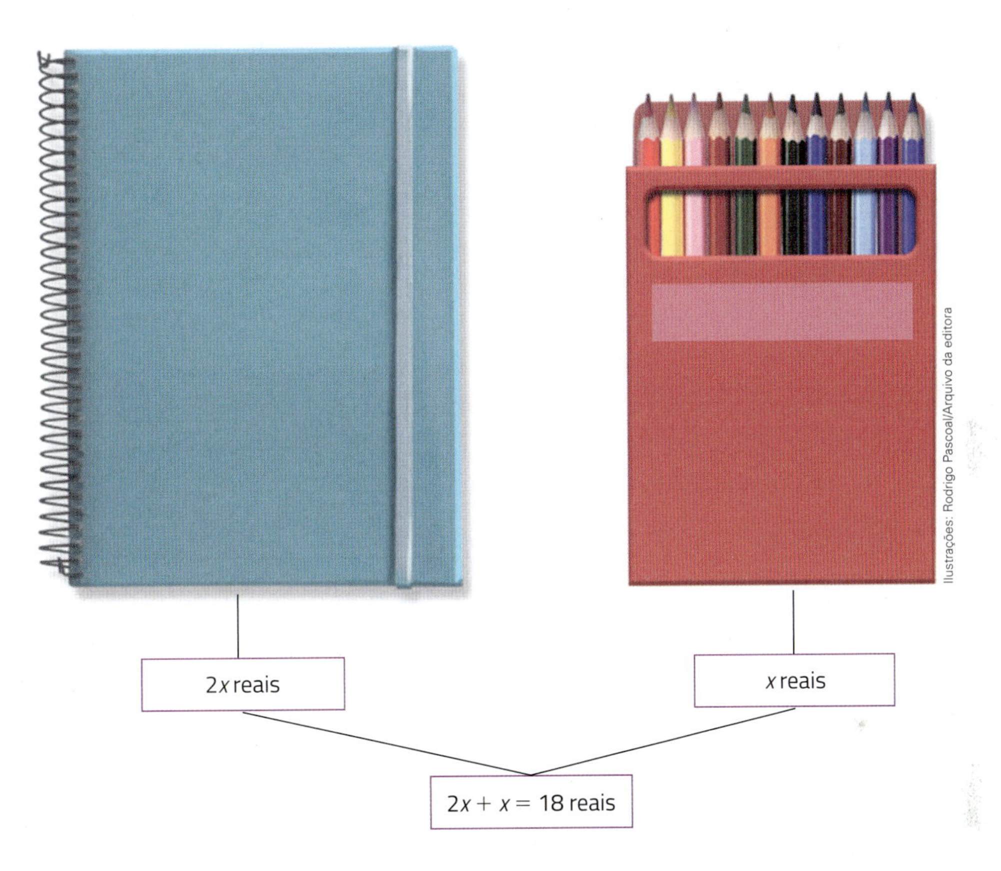

Ilustrações: Rodrigo Pascoal/Arquivo da editora

Para indicar que o caderno custa o dobro do estojo e que juntos eles custam 18 reais, escrevemos $2x + x = 18$, que é um exemplo de equação.

Converse com os colegas sobre estas questões e faça os registros necessários.

1 Se, no terreno retangular, a medida de comprimento da profundidade é de 7 metros, ou seja, $x = 7$, então qual é a medida de perímetro do terreno?

2 Qual é o preço do estojo? E do caderno?

3 Se o caderno custasse o triplo do estojo e os 2 juntos custassem 20 reais, então qual das 3 equações indicaria essa situação?

a) $3x + x = 20$

b) $3x + 3 = 20$

c) $x + 3 = 20$

1 Expressões algébricas

Podemos representar matematicamente algumas expressões dadas em linguagem usual. Observe.

Linguagem usual	Linguagem matemática
O dobro de cinco.	$2 \cdot 5$
O triplo de oito.	$3 \cdot 8$
Quatro mais seis.	$4 + 6$
Nove menos 2.	$9 - 2$

Também podemos representar um número cujo valor ainda não conhecemos por uma letra qualquer. Por exemplo, a frase "o triplo de um número" pode ser representada, em linguagem matemática, por $3x$.

$3x$ significa $3 \cdot x$, ou seja, 3 vezes x.

Expressões como essas são chamadas de **expressões algébricas**. Elas são formadas por números, letras e sinais de operações.

Nesse exemplo, x pode assumir qualquer valor, como 4; 23; 0; $\frac{1}{5}$; 20; $-1\frac{1}{3}$; 0,5. E, como x representa diferentes números, ele é chamado de **variável** da expressão algébrica.

Neste capítulo, trabalharemos apenas com variáveis representando números racionais.

Observe outros exemplos de uso de variáveis em expressões algébricas.

Linguagem usual	Linguagem matemática
O dobro de um número.	$2x$
A metade de um número.	$\frac{x}{2}$
Um número mais cinco.	$x + 5$
O triplo de um número menos seis.	$3x - 6$
A soma de dois números.	$x + y$

Saiba mais

Geralmente usamos as últimas letras do alfabeto (x, y, z) para representar quantidades desconhecidas. Essa ideia foi proposta pelo filósofo e matemático francês René Descartes (1596-1650), na primeira metade do século XVII.

Reprodução/Museu do Louvre, Paris, França

Retrato de René Descartes. c. 1649. Frans Hals. Óleo sobre tela, 77,5 cm × 68,5 cm.

Atividades

1 Observe o quadro e complete-o.

Linguagem usual	Linguagem matemática
O quíntuplo de um número.	
O quadrado de um número.	
	$\frac{x}{2}$
A soma de um número com cinco.	
	$3x + 4$
	$5x - 8$
A diferença entre um número e três.	
O dobro de um número menos dez.	
	$x - \frac{x}{3}$
	$x + \frac{x}{7}$

2 Quais são as variáveis em cada expressão algébrica?

a) $2y + 8$

b) $5x + 3$

c) $2xy + x$

d) $\frac{1}{2}x + z$

3 Transforme as afirmações escritas em linguagem usual para expressões algébricas.

a) O triplo de um número.

b) A metade de um número mais 3.

c) O quadrado de um número menos 4.

d) A terça parte de um número mais o dobro desse número.

e) 5 menos um número.

f) O dobro de um número mais 7.

g) Um número dividido por 4.

4 Transforme cada expressão algébrica em uma afirmação escrita na linguagem usual, sendo x um número racional.

a) $4x + 9$

b) $\frac{1}{4}x + 5$

c) $\frac{x}{3}$

d) $x^2 + 10$

e) $x^2 + 2x$

f) $\frac{x - 1}{2}$

g) $x + 8$

h) $8z$

i) $\frac{y}{5}$

5 Invente uma expressão algébrica e dê para um colega passá-la para a linguagem usual.

6 Mônica e o pai dela estão brincando de perguntas e respostas. As regras são as seguintes:

- quem acertar, ganha 10 pontos;
- quem errar, perde 3 pontos.

Mônica teve x acertos e y erros. Qual expressão algébrica indica os pontos obtidos por ela no total?

7 Qual expressão algébrica indica o número de dias em um período formado por x semanas completas mais 3 dias?

8 Considere que n representa um número natural. Indique por meio de expressões algébricas:

a) a soma do triplo desse número com 7;

b) 40% desse número;

c) o sucessor desse número;

d) o dobro da diferença entre esse número e 9;

e) a metade desse número diminuída de 11.

f) a soma de 8 com $\frac{2}{3}$ desse número.

9 O cartaz está anunciando a promoção de uma loja.

Banco de imagens/Arquivo da editora

As imagens desta página não estão representadas em proporção.

a) O que a letra P está indicando?

b) A expressão algébrica $100 + 3 \times P$ indica o quê?

10 Escreva de 2 maneiras diferentes a expressão algébrica que representa a medida de perímetro de cada retângulo.

a) 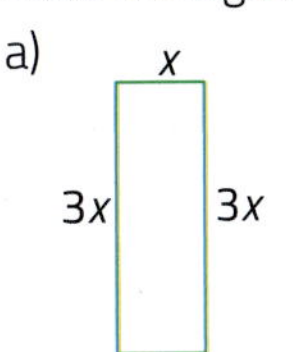

b) 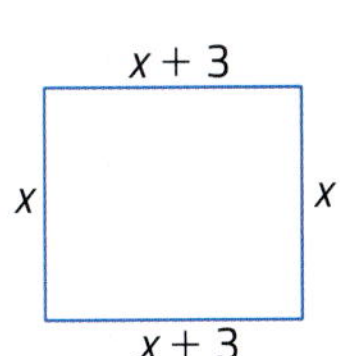

c) 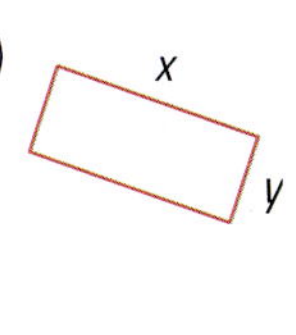

Ilustrações: Banco de imagens/Arquivo da editora

11 Para cada região plana **I**, **II** e **III** a seguir, associe uma expressão algébrica **A**, **B** ou **C** que representa a medida de perímetro da região.

I 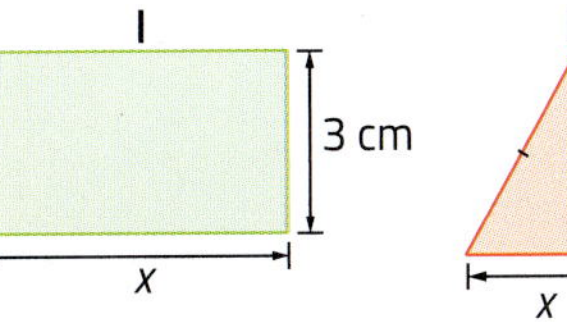

II 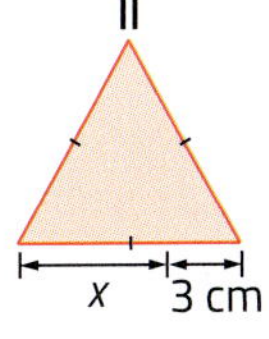

III 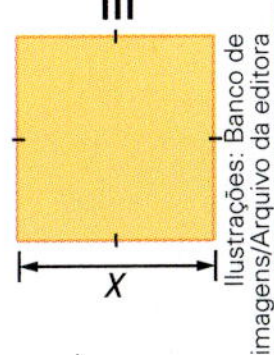

Ilustrações: Banco de imagens/Arquivo da editora

A) $4x$

B) $3x + 9$

C) $2(x + 3)$

Máquinas programadas para gerar operações

Berenice e Joel, para recordar o que aprenderam na aula de Matemática, imaginaram 2 máquinas. Uma está programada para dobrar o número de entrada e, em seguida, adicionar 3 ao resultado. A outra está programada para triplicar o quadrado do número de entrada.

1ª máquina

E	Operação	S
0	$2 \times 0 + 3$	3
1	$2 \times 1 + 3$	5
−2	$2 \times (-2) + 3$	−1
5	$2 \times 5 + 3$	13
−1	$2 \times (-1) + 3$	1
20	$2 \times 20 + 3$	43
n	$2 \times n + 3$	$2n + 3$

Ilustrações: Paulo Manzi/Arquivo da editora

2ª máquina

E	Operação	S
0	3×0^2	0
1	3×1^2	3
2	3×2^2	12
−1	$3 \times (-1)^2$	3
3	3×3^2	27
−2	$3 \times (-2)^2$	12
x	$3 \times x^2$	$3x^2$

Tabelas elaboradas para fins didáticos.

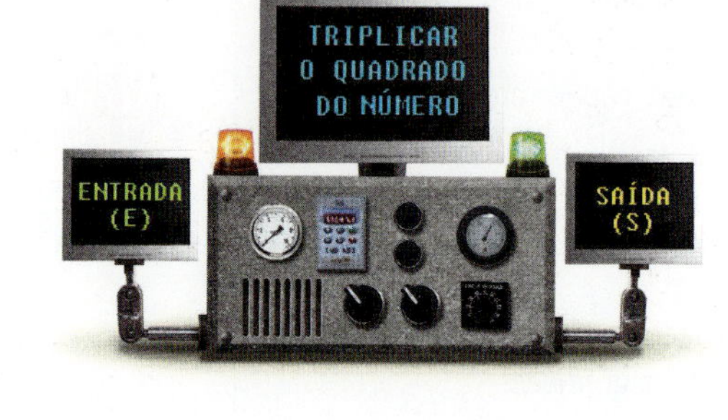

Observe que a cada número de entrada na máquina tem um único número correspondente de saída. Dizemos que o número de saída é dado em **função** do número de entrada.

Atividades

12 Veja as máquinas programadas em cada item. Observe as tabelas e complete-as com os números que faltam. No item **b**, escreva também a mensagem que deve aparecer na máquina.

a)

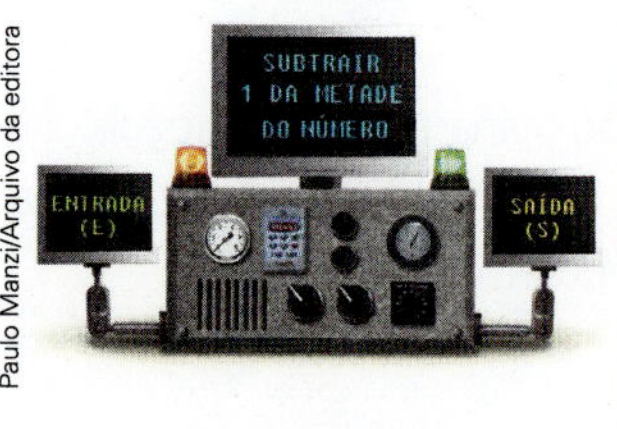

Paulo Manzi/Arquivo da editora

Máquina a

E	S
2	
10	
0	
−4	
1	
y	

Tabela elaborada para fins didáticos.

b)

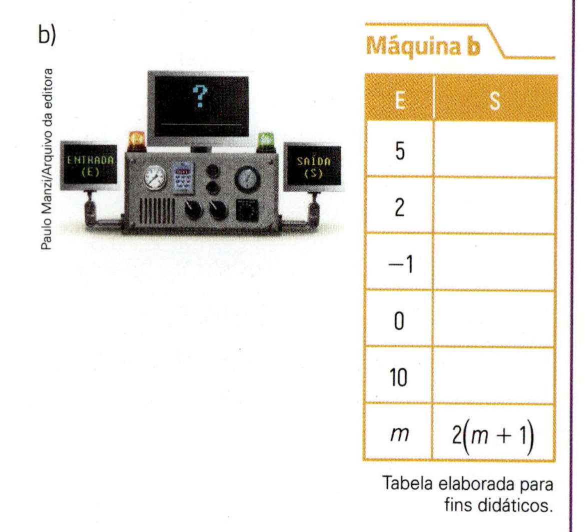

Paulo Manzi/Arquivo da editora

Máquina b

E	S
5	
2	
−1	
0	
10	
m	$2(m + 1)$

Tabela elaborada para fins didáticos.

13 Invente uma máquina que gera operações e escreva a expressão algébrica correspondente.

Expressões algébricas equivalentes

Acompanhe o raciocínio de Júlia e Guilherme.

Ilustrações: Thiago Neumann/Arquivo da editora

Genericamente, chamando um número desconhecido de x, podemos dizer que "3 vezes esse número mais 4 vezes esse número", que representamos por $3x + 4x$, é o mesmo que "7 vezes esse número, que representamos por $7x$".

Dizemos que as expressões algébricas $3x + 4x$ e $7x$ são **equivalentes** e podemos, sempre que quisermos, substituir uma delas pela outra.

Uso da propriedade distributiva

Vamos usar a propriedade distributiva da multiplicação em relação à adição e à subtração para determinar expressões algébricas equivalentes.

- $2x + 6x = (2 + 6) \cdot x = 8 \cdot x = 8x$
- $3y + 5y + y = (3 + 5 + 1) \cdot y = 9 \cdot y = 9y$
- $3(x + 4) = 3 \cdot x + 3 \cdot 4 = 3x + 12$

	x	+ 4
3	$3 \cdot x = 3x$	$3 \cdot 4 = 12$

Atividades

14 Escreva uma expressão algébrica equivalente a cada expressão dada.

a) $2x + 3x$

b) $8y - 5y$

c) $8a - 3a + 4a$

d) $5x + 6x - x$

e) $8a + 7a$

f) $5x + x + 9x$

g) $7y - 2y$

h) $5 \cdot (y - 1)$

15 Observe.

$$\frac{4x+12}{2} = \frac{4x}{2} + \frac{12}{2} = 2x + 6$$

A expressão algébrica $2x + 6$ é equivalente a $\frac{4x+12}{2}$ e mais simples! Dizemos que ela é a expressão algébrica simplificada.

Agora, faça você. Escreva a expressão algébrica equivalente e simplificada de cada expressão dada.

a) $\frac{3y+9}{3}$

b) $\frac{4a+8}{2} + 3$

c) $\frac{5x+6x+22}{11} - 5$

d) $\frac{2m-15+8m}{5}$

16 Mário escreveu algo muito simples de uma maneira muito complicada. Simplifique a expressão algébrica e descubra o que ele escreveu.

$$\frac{3x + 4x + 3(8x + 4) - 12}{31}$$

17 Identifique e registre os 5 pares de expressões algébricas equivalentes entre as relacionadas abaixo.

$x + 4$ | $x + 5$ | $\frac{4x+16}{4}$ | $2x$ 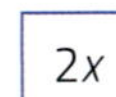

$\frac{2x}{3}$ | $2(5x - 3)$ | $10x - 6$

$(x + 5) + (x - 5)$ | $(x + x) \div 3$ | $2 + 4x - 3x + 3$

18 Crie uma expressão algébrica que, simplificada, seja igual a $2x$.

Valor numérico de uma expressão algébrica

A medida de perímetro deste quadrado é representada pela expressão algébrica $a + a + a + a$ ou $4a$, em que a é a medida de comprimento do lado do quadrado, em centímetros (cm).

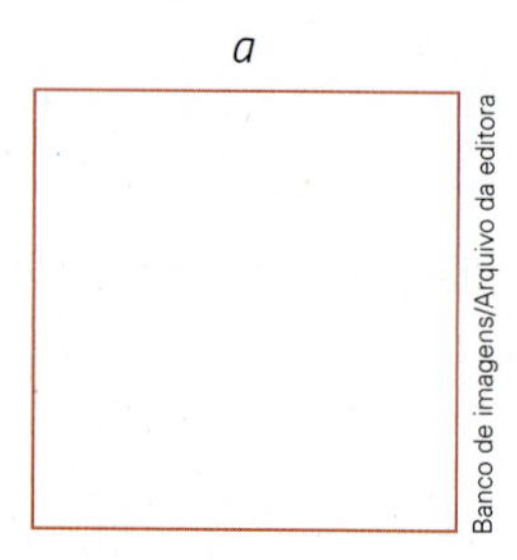

- Se $a = 2$ cm, então a medida de perímetro é $4 \cdot 2$ cm $= 8$ cm.
- Se $a = 3{,}5$ cm, então a medida de perímetro é $4 \cdot 3{,}5$ cm $= 14$ cm.

Dizemos que o valor numérico da expressão algébrica $4a$ é igual a 8 cm quando a é igual a 2 cm e é igual a 14 cm quando a é 3,5 cm.

> O **valor numérico** de uma expressão algébrica é o valor que ela assume quando substituímos cada variável por um número e efetuamos as operações indicadas.

Veja outros exemplos.

- O valor numérico da expressão algébrica $5 \cdot x$ para $x = 3$ é $5 \cdot 3 = 15$.
- O valor numérico da expressão algébrica $x + \frac{x}{3}$ para $x = 9$ é $9 + \frac{9}{3} = 9 + 3 = 12$.
- O valor numérico da expressão algébrica $x^2 + x + 3$ para $x = -1$ é $(-1)^2 + (-1) + 3 = 1 - 1 + 3 = 3$.
- O valor numérico da expressão algébrica $x^2 + y$ para $x = 5$ e $y = 10$ é $5^2 + 10 = 25 + 10 = 35$.

Explorar e descobrir

O que será que acontece com o valor numérico de expressões algébricas equivalentes?
Verifique nas expressões algébricas equivalentes a seguir, para $x = 1$, $x = 2$ e $x = -3$, converse com os colegas e registre sua conclusão.

a) $2x + 4$

b) $2(x + 2)$

c) $2x - (-4)$

Restrições para o denominador

Algumas expressões algébricas **não** representam um número para alguns valores atribuídos às variáveis. Por exemplo, $\frac{1}{x}$ não representa um número quando $x = 0$, pois não existe a divisão por zero. Por isso, se precisarmos escrever a expressão $\frac{1}{x}$, devemos escrever ao lado dela a restrição $x \neq 0$, assim:

$$\frac{1}{x}, x \neq 0$$

Veja outros exemplos.

- $\frac{x-1}{x+1}$, $x \neq -1$, pois a expressão algébrica $\frac{x-1}{x+1}$ não tem significado quando $x + 1 = 0$, ou seja, quando $x = -1$.
- $\frac{a+b}{a-b}$, $a \neq b$, pois a expressão algébrica $\frac{a+b}{a-b}$ não representa um número quando $a - b = 0$, ou seja, quando $a = b$.

Assim, para representar um número, o denominador em uma expressão algébrica necessariamente tem que ser diferente de zero.

Procuramos inicialmente o valor de x que anula o denominador:

$$x - 2 = 0, \text{ quando } x = 2.$$

Assim, $\frac{x}{x-2}$ representa um número se $x \neq 2$ pois, quando x for diferente de 2, o denominador $x - 2$ será diferente de zero.

Atividades

19 Calcule o valor numérico das expressões algébricas dadas para $x = 2$, $y = \frac{1}{3}$ e $z = -5$.

a) $x + 3$
b) $6y$
c) $z + 2z$
d) $x + z$

20 Escreva as expressões algébricas que correspondem às sentenças dadas. Depois, determine o valor numérico de cada uma delas para $x = 10$.

a) 2,5 mais x.
b) A soma de um número x com o triplo de x.
c) $\frac{2}{3}$ menos x.
d) Um número x dividido por 2.

21 **Arredondamento, cálculo mental e resultado aproximado.**

a) Se c indica o preço de um caderno e p o de uma pasta, então o que indica a expressão $4c + 3p$?
b) Ana fez a compra indicada por $4c + 3p$ em uma papelaria que tem $c =$ R$ 4,99 e $p =$ R$ 2,05. Registre o valor mais próximo do que ela gastou.

I. R$ 23,00 II. R$ 20,00 III. R$ 26,00

22 ▸ Observe as informações das etiquetas dos eletrodomésticos, que estão sendo vendidos na mesma loja da atividade 9.

Sérgio Dotta Jr./Arquivo da editora

Refrigerador.

As imagens desta página não estão representadas em proporção.

Karam Miri/Shutterstock/Glow Images

Televisor.

Sérgio Dotta Jr./Arquivo da editora

Fogão.

a) Se cada prestação do televisor é de R$ 215,00, então o preço total dele é de R$ 745,00. Como podemos obter esse valor?

b) Qual é o preço do refrigerador, ou seja, o valor numérico de $100 + 3 \times P$, quando $P = 280$?

c) Qual é o valor de cada prestação na compra do fogão de 4 bocas, ou seja, o valor de P para o qual $100 + 3 \times P$ tem valor numérico igual a 370?

23 ▸ Determine o valor numérico de cada expressão algébrica para $x = 2$.

a) $\frac{3x+1}{7}$

b) $x^2 + 3x + 2$

c) $x^2 - 5x + 6$

d) $x^3 + 2x^2 + \frac{x}{2} + 1$

24 ▸ Calcule o valor numérico das expressões algébricas.

a) $a^2 - b^2$ para $a = -1$ e $b = 2$.

b) $\frac{x+y}{x-y}$ para $x = 8$ e $y = 5$.

25 ▸ Qual é a restrição aos valores de x e y na expressão do item **b** da atividade anterior?

26 ▸ Escreva a expressão algébrica que representa a medida de perímetro deste polígono. Depois, determine o valor numérico dessa expressão para $x = 1,5$.

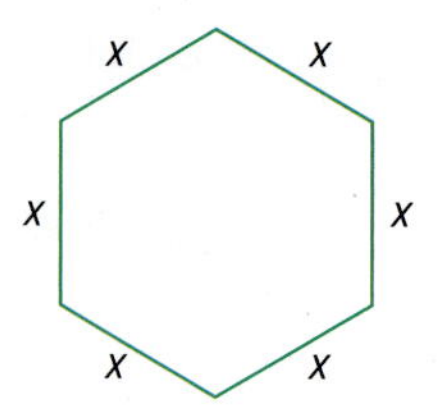

Banco de imagens/Arquivo da editora

27 ▸ Faça o que se pede em cada item.

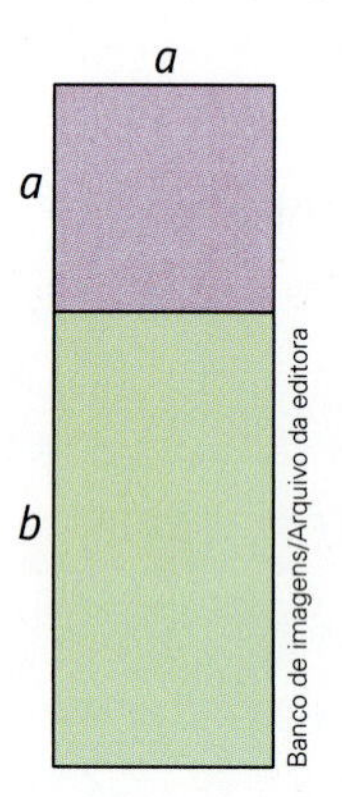

Banco de imagens/Arquivo da editora

a) Escreva 2 expressões algébricas que representam a medida de área total desta figura.

b) Calcule o valor numérico de cada expressão para $a = 3$ cm e $b = 6$ cm.

28 ▸ Um reservatório já está com 200 L de água. Uma torneira que despeja nesse reservatório 25 L de água por minuto é aberta.

a) Qual expressão algébrica representa o número de litros de água no reservatório após x minutos com a torneira aberta?

b) Qual é o valor numérico dessa expressão para $x = 12$?

c) No item **b**, o que representam a igualdade $x = 12$ e o valor numérico obtido?

29 ▸ Escreva as restrições ao denominador de cada expressão algébrica para que ela represente um número.

a) $\frac{a-1}{2b}$

b) $\frac{x+y}{x+2y}$

c) $\frac{x}{x+5}$

d) $\frac{1}{x-9}$

30 ▸ **Avaliação de resultados.** Ao determinar uma restrição que deve ser feita para que a expressão algébrica $\frac{5}{x^3 + x^2 + x - 14}$ represente um número, 3 alunos de uma turma apresentaram as respostas a seguir.

- Ana: $x \neq 1$
- João: $x \neq 2$
- Lia: $x \neq 0$

Descubra qual deles acertou e confira sua escolha com a dos colegas.

Sequências e expressões algébricas

No capítulo 1, você estudou sobre sequências e identificou algumas sequências recursivas. Agora vamos ampliar o estudo das sequências numéricas e usar expressões algébricas para representar os termos delas.

Fórmula do termo geral de uma sequência

Observe este exemplo.

Sequências

Número natural não nulo	1	2	3	4	5	...	n	...
Número natural par não nulo	2	4	6	8	10	...	$2n$	...

Tabela elaborada para fins didáticos.

Quando generalizamos para qualquer número natural não nulo n, o número natural par não nulo correspondente é dado pela **expressão algébrica $2n$**, em que a variável n varia de acordo com os números naturais não nulos.

Escrevendo a sequência dos números naturais pares não nulos $(2, 4, 6, \ldots, 2n, \ldots)$, podemos obter qualquer termo a_n dessa sequência pela fórmula $a_n = 2n$, para $n = 1, 2, 3, \ldots$

Note que, para $n = 1, 2, 3, \ldots$, ficam determinados os termos $a_1, a_2, a_3, \ldots$, respectivamente.

A fórmula dada é a **fórmula do termo geral** da sequência, pois cada termo a_n dela depende do valor de n.

Veja outro exemplo: a sequência dos números quadrados perfeitos a partir da sequência dos números naturais não nulos.

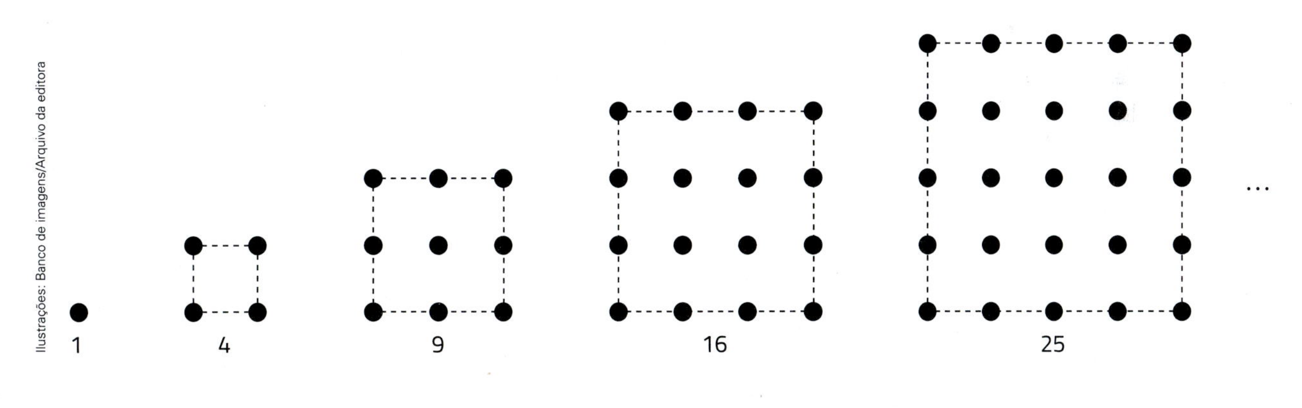

Ilustrações: Banco de imagens/Arquivo da editora

Sequências

Número natural não nulo	1	2	3	4	5	...	n	...
Número quadrado perfeito	1	4	9	16	25	...	n^2	...

Tabela elaborada para fins didáticos.

Neste caso, para qualquer número natural não nulo n, o número quadrado perfeito correspondente é dado pela expressão algébrica n^2.

Assim, escrevendo a sequência dos números quadrados perfeitos $(1, 4, 9, \ldots, n^2, \ldots)$, podemos obter a fórmula do termo geral como $a_n = n^2$, para $n = 1, 2, 3, \ldots$

Agora, vamos construir uma sequência conhecendo a fórmula do termo geral. Por exemplo, a sequência dada por $a_n = 2n + 1$ para $n = 1, 2, 3, \ldots$

- Para $n = 1$, temos: $a_1 = 2 \cdot 1 + 1 = 3$.
- Para $n = 2$, temos: $a_2 = 2 \cdot 2 + 1 = 5$.
- Para $n = 3$, temos: $a_3 = 2 \cdot 3 + 1 = 7$.
- Para $n = 4$, temos: $a_4 = 2 \cdot 4 + 1 = 9$.

$\vdots$

Logo, a sequência construída é $(3, 5, 7, 9, \ldots)$.

Atividades

31 Complete as tabelas relacionando cada sequência numérica à sequência dos números naturais não nulos.

a) **Sequências**

Número natural não nulo	1	2	3	4	...	n	...
Quíntuplo do número	5	10			...		...

b) **Sequências**

Número natural não nulo	1	2	3	4	...	n	...
Dobro do número menos 1					...		...

Tabelas elaboradas para fins didáticos.

32 Observe as figuras formadas por triângulos de palitos.

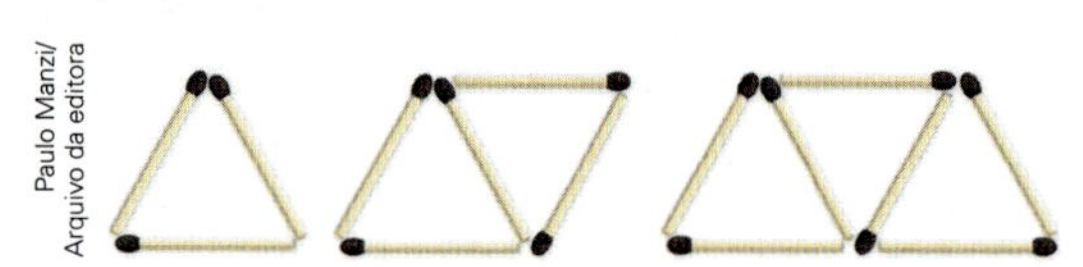

Paulo Manzi/Arquivo da editora

a) Complete a tabela com o número de palitos necessário para formar os triângulos.

Figuras com palitos

Número de triângulos	1	2	3	4	5	...	n
Número de palitos	3						

Tabela elaborada para fins didáticos.

b) Observando que o número de palitos é dado em função do número de triângulos que se quer formar na figura, quantos palitos são necessários para formar 20 triângulos?

c) Quantos palitos são necessários para formar 77 triângulos?

d) E quantos triângulos podemos formar com 49 palitos?

33 Construa a sequência infinita cujo termo geral a_n é dado pela fórmula $a_n = 3n + 2$ para $n = 1, 2, 3, \ldots$

34 Invente a fórmula do termo geral de uma sequência numérica e a construa para $n = 1, 2, 3, 4, 5, \ldots$

35 Uma sequência é dada por $a_n = 2n - 1$, para $n = 1, 2, 3, \ldots$ Verifique se o número 25 pertence a essa sequência.

36 **Desafio.** Esta é a sequência dos números naturais triangulares. Complete a tabela.

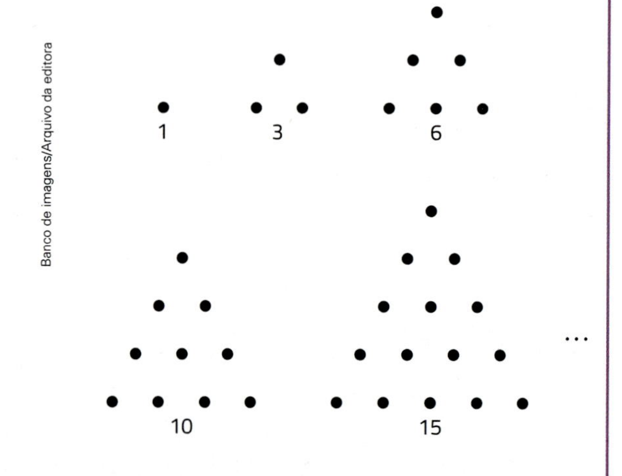

Banco de imagens/Arquivo da editora

Sequências

Número natural não nulo	1	2	3	4	5	6	...	n	...
Número triangular	1	3					...		...

Tabela elaborada para fins didáticos.

Fórmula de recorrência de uma sequência

Considere agora a sequência em que o primeiro termo é 1 e a lei de recorrência é somar 3 ao termo anterior. Você já aprendeu a obter os termos dessa sequência.

$$\left(1, \underbrace{1+3}_{4}, \underbrace{4+3}_{7}, \underbrace{7+3}_{10}, \ldots\right), \text{ ou seja: } (1, 4, 7, 10, \ldots)$$

Neste caso, o primeiro termo é $a_1 = 1$ e cada termo a_n, com $n = 2, 3, 4, \ldots$ é obtido somando 3 ao termo anterior. Então, podemos indicar os termos dessa sequência assim: $a_1 = 1$ e $a_n = a_{n-1} + 3$.

a_n é o n-ésimo termo da sequência e a_{n-1} é o termo anterior a ele.

Nesse exemplo, temos uma **fórmula de recorrência** da sequência, pois cada termo a_n dela, a partir do segundo termo, depende do termo anterior a_{n-1}.

Agora, vamos construir uma sequência conhecendo a fórmula de recorrência. Por exemplo, a sequência em que $a_1 = 2$ e cada termo a_n, para $n = 2, 3, 4, \ldots$, é dado por $a_n = 2 \cdot a_{n-1}$.

- Para $n = 1$, temos: $a_1 = 2$.
- Para $n = 2$, temos: $a_2 = 2 \cdot a_1 = 2 \cdot 2 = 4$.
- Para $n = 3$, temos $a_3 = 2 \cdot a_2 = 2 \cdot 4 = 8$.
- Para $n = 4$, temos $a_4 = 2 \cdot a_3 = 2 \cdot 8 = 16$.

⋮

Logo, a sequência construída é $(2, 4, 8, 16, \ldots)$.

Atividades

37 Determine os termos da sequência definida pela fórmula de recorrência de cada item, sendo n um número natural.

a) $a_1 = 2$ e $a_n = a_{n-1} + 5$.

b) $a_1 = 4$ e $a_n = 3a_{n-1} + 3$, para $n \leqslant 5$.

38 Invente a fórmula de recorrência de uma sequência infinita e a construa para $n = 1, 2, 3, 4, 5, \ldots$

39 Indique se a sequência de cada item está definida pela fórmula do termo geral ou pela fórmula de recorrência. Depois, escreva os 4 primeiros termos da sequência. Considere n natural.

a) $a_n = (n + 1)^2$

b) $a_1 = 2$ e $a_n = (a_{n-1})^2$

c) $a_1 = 1$ e $a_n = \dfrac{a_{n-1}}{2}$

d) $a_n = 2^n$

e) O primeiro termo é -5 e a regra é multiplicar por 0,1 o termo anterior.

f) O primeiro termo é -2 e a regra é multiplicar por -2 o valor de n.

40 Observe a regra de cada sequência e escreva os termos dela. Depois, escreva uma fórmula do termo geral e uma fórmula de recorrência para cada sequência.

a) Sequência dos múltiplos de 5.

b) Sequência dos números naturais ímpares.

c) Sequência de 10 termos em que todos os termos são iguais a 2.

41 Determine os termos da sequência definida pela fórmula de recorrência $a_n = -2 \cdot a_{n-1}$, para cada valor de a_1.

a) $a_1 = 1$

b) $a_1 = -3$

c) $a_1 = 0$

d) $a_1 = -1$

CONEXÕES

Recursividade

O termo **recursividade** é usado para descrever, a partir de um elemento, o processo de repetição desse elemento ou de parte dele de maneira similar ao que já foi mostrado antes. Existe um ramo da Matemática, conhecido como **Geometria fractal**, em que figuras são construídas usando o conceito de recursividade.

A figura *curva de Koch*, inventada pelo matemático sueco Helge von Koch (1870-1924), foi um dos primeiros fractais estudados. Observe o processo de recursão que cria uma nova figura a partir da anterior. Após algumas recursividades, obtém-se uma figura que se assemelha a um floco de neve.

A palavra **fractal** vem do latim *fractus*, que quer dizer pedaço, fração.

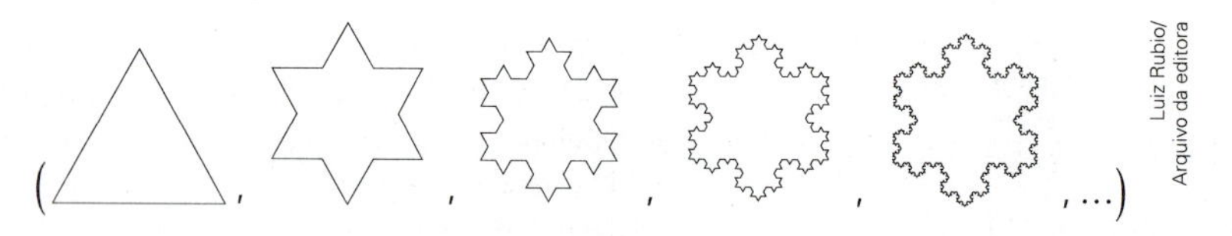

Luiz Rubio/Arquivo da editora

As imagens desta página não estão representadas em proporção.

Neste caso, a figura do 1º termo é um triângulo equilátero. A cada etapa, cada lado do triângulo é dividido em 3 segmentos de reta de mesma medida de comprimento, e o segmento de reta central serve de base para a construção de um novo triângulo equilátero. As bases dos triângulos são apagadas da figura, obtendo-se assim um termo da sequência.

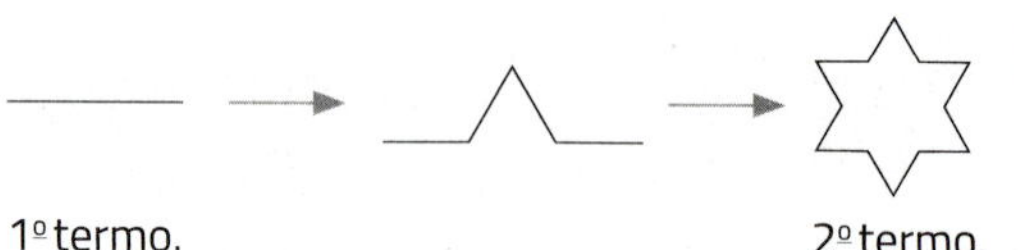

Banco de imagens/Arquivo da editora

Outro exemplo de recursividade na Matemática é a esponja de Menger, descrita pelo matemático austríaco Karl Menger (1902-1985). Esse fractal é obtido a partir de um cubo (1º termo) e, a partir dele, é construída uma sequência de figuras.

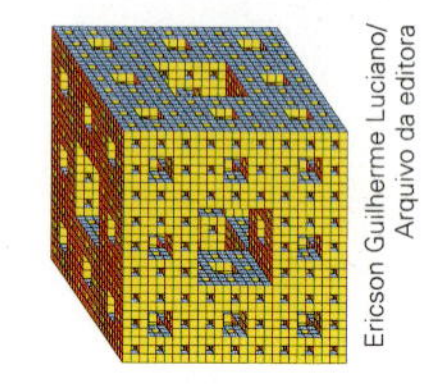

Ericson Guilherme Luciano/Arquivo da editora

Esponja de Menger.

Contudo, a recursividade não é exclusiva da Matemática, sendo muito utilizada na Arte, em propagandas, na fotografia, na música, na Literatura, entre outros. Veja alguns exemplos.

Lizards (nº 101). 1956. M. C. Escher. Tinta nanquim, lápis e aquarela, dimensões desconhecidas.
O artista holandês Escher é muito conhecido pelo uso de padrões geométricos nas obras de arte. Nesta obra, observamos a repetição da imagem do lagarto de maneira similar aos demais, alterando a cor, a posição e o tamanho.

kamilopafilms/Shutterstock

RF Pictures/Getty Images

O *efeito droste*, muito usado na fotografia, é formado por uma imagem que aparece "dentro" dela própria. Por exemplo: na foto à esquerda, vemos reduções do relógio conforme olhamos para o centro da imagem; na foto à direita, vemos a pessoa refletida "infinitamente" no espelho.

cristi180884/Shutterstock

As bonecas russas *Matrioskas* representam bem a recursividade: cada boneca é menor do que a anterior, mantendo a forma e os desenhos. Esse tipo de recursividade também é conhecido como *mise en abyme* (do francês, narrativa em abismo) e pode ser aplicado, por exemplo, em imagens, vídeos, histórias e textos dentro deles próprios.

Reprodução/Warner Bros.

O conceito *mise en abyme* é bem amplo e permite diferentes tipos de recursividade. Nos filmes, por exemplo, ele pode ser visto na narrativa de *A origem* (Inception) em que temos "um sonho dentro de um sonho". Outros exemplos de filmes são *Titanic* e *As aventuras de Pi* (Life of Pi), em que o personagem conta a própria história.

Reprodução/<https://www.youtube.com/watch?v=s5FyfQDO5g0>

No clipe da música "Let forever be", de The Chemical Brothers, podemos ver diversas imagens que recursivamente se repetem, giram, se fundem, entre muitos outros efeitos visuais. Nele, vemos a narrativa visual do conceito *mise en abyme*.

As imagens desta página não estão representadas em proporção.

Um elefante incomoda muita gente

1 elefante incomoda muita gente
2 elefantes incomodam, incomodam muito mais

3 elefantes incomodam muita gente
4 elefantes incomodam, incomodam, incomodam, incomodam muito mais

5 elefantes incomodam muita gente
6 elefantes incomodam, incomodam, incomodam, incomodam, incomodam, incomodam muito mais

7 elefantes incomodam muita gente
8 elefantes incomodam, incomodam, incomodam, incomodam, incomodam, incomodam, incomodam, incomodam muito mais

9 elefantes incomodam muita gente
10 elefantes incomodam, incomodam, incomodam, incomodam, incomodam, incomodam, incomodam, incomodam, incomodam, incomodam muito mais

[...]

Cantiga popular.

Na literatura, podemos citar outro exemplo de recursividade nesta cantiga: o primeiro verso cita "1 elefante", e a cada novo verso há 1 elefante a mais e a cada novo parágrafo acrescentam-se tantas palavras "incomodam" quantas forem necessárias para corresponder ao número de elefantes.

Questões

1 Crie um procedimento e utilize esta figura para criar uma sequência recursiva. ◇

2 Pesquise outros textos, imagens, vídeos ou filmes que apresentem recursividade. Depois, se inspire e escreva um pequeno parágrafo usando recursividade.

Batalha algébrica

Com este jogo você aplicará o que estudou sobre valor numérico de uma expressão algébrica. Preste atenção às orientações e bom jogo!

Orientações

Número de participantes: 2 jogadores.

Material necessário:

- 1 dado;
- 1 objeto para ser o marcador;
- 1 folha de papel sulfite para copiar a tabela de pontuação.

Como jogar

Na sua vez, cada participante lança o dado, escolhe e coloca o marcador sobre uma expressão algébrica dos cartões abaixo. Depois, calcula o valor numérico da expressão, substituindo a variável pela quantidade de pontos obtida no dado. O valor numérico encontrado na substituição da variável na expressão algébrica corresponde aos pontos obtidos pelo participante na rodada (pode ser zero, um número positivo ou um número negativo).

Os pontos obtidos em cada rodada devem ser marcados na tabela de pontuação.

Não poderá ser calculado o valor numérico de uma expressão algébrica que já foi usada e a partida termina quando todas as expressões algébricas tiverem sido escolhidas. Ganha a partida quem obtiver mais pontos no total.

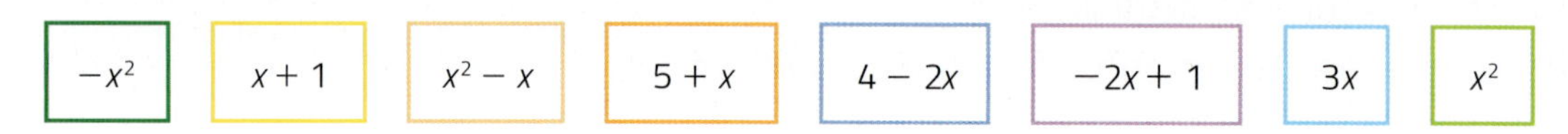

Pontuação

Jogador \ Rodada	1ª rodada	2ª rodada	3ª rodada	4ª rodada	Total de pontos
Jogador 1					
Jogador 2					

Tabela elaborada para fins didáticos.

Ilustranet/Arquivo da editora

2 Equações

Veja a pergunta de Melina.

Pensei em um número racional. Somei 8 ao número e obtive 31. Em qual número pensei?

Thiago Neumann/Arquivo da editora

Podemos escrever que Melina pensou em um número x e o que ela falou é representado por $x + 8 = 31$. Sentenças matemáticas como esta são chamadas de **equações** e são muito usadas para resolver problemas.

Equações são **igualdades** que **contêm pelo menos uma letra** que representa um ou mais números desconhecidos.

Em uma equação, podemos destacar:

$$\underbrace{x+8}_{1^{\underline{o}}\text{ membro}} = \underbrace{31}_{2^{\underline{o}}\text{ membro}} \qquad \underbrace{x^2+5x}_{1^{\underline{o}}\text{ membro}} = \underbrace{x-5}_{2^{\underline{o}}\text{ membro}}$$

Observe que $x + 8$ é uma expressão algébrica e $x + 8 = 31$ é uma equação.

Acompanhe mais alguns exemplos de frases na linguagem usual sendo representadas por equações.

- O dobro de um número menos 10 é igual a 20. Qual é esse número?

  Número: x Dobro do número: $2x$

  Equação: $\underbrace{2x-10}_{1^{\underline{o}}\text{ membro}} = \underbrace{20}_{2^{\underline{o}}\text{ membro}}$

- Carina tinha certo número de figurinhas. Ela ganhou 15 figurinhas e ficou com 50. Quantas figurinhas ela tinha?

  Número de figurinhas de Carina: f

  Equação: $\underbrace{f+15}_{1^{\underline{o}}\text{ membro}} = \underbrace{50}_{2^{\underline{o}}\text{ membro}}$

Atividades

42 Escreva quais dos itens apresentam uma expressão algébrica e quais apresentam uma equação.

a) $4x - 7$

b) $2x^2 + 1 = 5$

c) $3x - 4 = 11$

d) $x + 10$

43 Escreva 2 expressões algébricas e 2 equações.

44 Transforme as frases em equações e destaque os 2 membros da equação obtida.

a) Um número somado com 8 é igual a 12.

b) 7 menos um número é igual ao dobro desse número.

c) O triplo de um número mais 5 é igual a 11.

d) Um número mais o cubo dele mais 1 é igual a 16.

e) Um número somado com a terça parte dele é igual a 36.

45 Escreva, na linguagem usual, as equações dadas em cada item.

a) $x + 3 = 13$

b) $10 - x = 6 + x$

c) $3x + x = 20$

46 Elaborate uma situação que pode ser representada por uma equação.

Incógnita de uma equação

As **incógnitas** de uma equação são os números desconhecidos, os números que queremos saber. Normalmente cada incógnita é representada por uma letra do alfabeto da língua portuguesa.

Na equação $3x - 1 = 8$, a incógnita é x.
Na equação $2y + z = 13$, as incógnitas são y e z.
Neste capítulo, estudaremos apenas as equações com 1 incógnita.

Solução ou raiz de uma equação

Por exemplo, a solução ou raiz da equação $x + 8 = 31$ é 23, porque esse número torna a sentença verdadeira.

$$x + 8 = 31 \Rightarrow x = 23, \text{ pois } 23 + 8 = 31$$

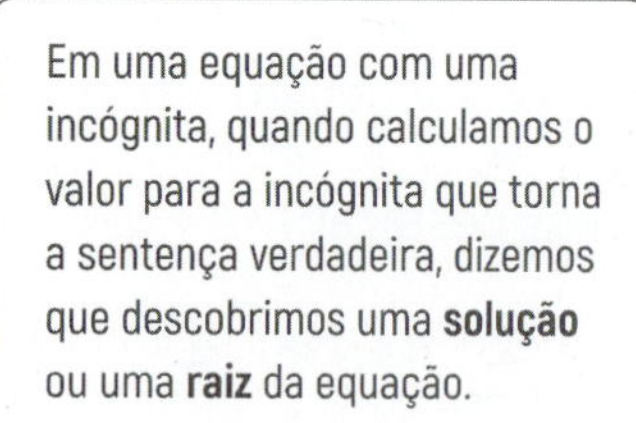

Thiago Neumann/Arquivo da editora

Veja outros exemplos.

- Vamos analisar a equação $4x + 7 = 3$, substituindo x por alguns números.
  Para $x = 5$, temos: $4 \cdot 5 + 7 = 27$ e $27 \neq 3$.
  Para $x = -1$, temos:
  $4 \cdot (-1) + 7 = -4 + 7 = 3$ e $3 = 3$.
  Nesse exemplo, podemos dizer que 5 não é solução da equação $4x + 7 = 3$ e que -1 é solução ou raiz da equação $4x + 7 = 3$.
- 5 é raiz ou solução da equação $x - 2 = 3$, pois $5 - 2 = 3$ e $3 = 3$.
- $\frac{1}{2}$ é raiz ou solução da equação $2x = 1$, pois $2 \cdot \frac{1}{2} = 1$ e $1 = 1$.
- -3 não é solução da equação $x^2 - 4 = 0$, pois $(-3)^2 - 4 = 9 - 4 = 5$ e $5 \neq 0$.

Conjunto universo e conjunto solução de uma equação

O **conjunto universo** de uma equação é o conjunto $\mathbb{U}$ de todos os valores que podem ser atribuídos à incógnita. O **conjunto solução** de uma equação é o conjunto S formado pelos elementos do conjunto universo que tornam a equação verdadeira.

Resolver uma equação significa determinar todas as soluções dela no conjunto universo considerado.

Thiago Neumann/Arquivo da editora

Veja os exemplos.

- A equação $x + 3 = 5$ tem uma única solução, que é $x = 2$.
  Considerando o conjunto universo $\mathbb{U} = \{1, 2, 3\}$, temos que o conjunto solução dessa equação é $S = \{2\}$, pois 2 pertence a $\mathbb{U}$ (indicamos: $2 \in \mathbb{U}$).
  Considerando o conjunto universo $\mathbb{U} = \{5, 6, 8\}$, temos que o conjunto solução dessa equação é $S = \varnothing$ (**conjunto vazio**), ou seja, essa equação não tem solução nesse conjunto universo, pois 2 não pertence a $\mathbb{U}$ (indicamos: $2 \notin \mathbb{U}$).

- Se $\mathbb{U} = \{1, 2, 3, 4\}$ e $x + 2 = 5$, então podemos resolver essa equação testando os elementos do conjunto universo.

$$1 + 2 = 3 \qquad 2 + 2 = 4 \qquad 3 + 2 = 5 \qquad 4 + 2 = 6$$

Essa equação é verdadeira para $x = 3$. Então, o conjunto solução dessa equação é $S = \{3\}$.

- As soluções da equação $x^2 - 3 = 6$ são $x = 3$ e $x = -3$.

Se $\mathbb{U} = \mathbb{N}$, então $S = \{3\}$, pois $3 \in \mathbb{N}$ e $-3 \notin \mathbb{N}$.

Se $\mathbb{U} = \mathbb{Z}$, então $S = \{-3, 3\}$, pois $-3 \in \mathbb{Z}$ e $3 \in \mathbb{Z}$.

Equações equivalentes

Equações equivalentes são aquelas que têm o mesmo conjunto solução em um mesmo conjunto universo.

Veja os exemplos.

- Se $\mathbb{U} = \{1, 2, 3, 4, 5\}$, então as equações $x + 1 = 5$ e $x - 3 = 1$ são equivalentes, pois têm o mesmo conjunto solução $S = \{4\}$.
- Se $\mathbb{U} = \mathbb{N}$, então as equações $2x + x = 9$ e $x + 1 = 4$ são equivalentes, pois têm o mesmo conjunto solução $S = \{3\}$.
- Se $\mathbb{U} = \mathbb{N}$, então as equações $x + 7 = 8$ e $x - 4 = 1$ não são equivalentes, pois $x + 7 = 8$ tem conjunto solução $S = \{1\}$ e $x - 4 = 1$ tem conjunto solução $S = \{5\}$. Ou seja, os conjuntos solução delas são diferentes para um mesmo conjunto universo.

Atividades

47 Responda e justifique.

a) O número 6 é ou não solução da equação $3x + 5 = 23$?

b) O número 3 é ou não solução da equação $\frac{x}{3} - 1 = 4$?

c) O número -3 é ou não raiz da equação $x^2 + 1 = 10$?

d) O número $\frac{1}{2}$ é ou não solução da equação $3y = y + 1$?

48 Verifique se cada equação tem solução no conjunto universo dado.

a) $x + 3 = 9$, sendo $\mathbb{U} = \{1, 2, 3, 4, 5, 6, 7\}$.

b) $x + 3 = 9$, sendo $\mathbb{U} = \{1, 2, 3, 4\}$.

c) $x + 7 = 5$, de raiz $x = -2$, sendo $\mathbb{U} = \mathbb{N}$.

d) $x + 7 = 5$, sendo $\mathbb{U} = \mathbb{Z}$.

49 Determine o conjunto solução de cada equação.

a) Se $\mathbb{U} = \{1, 2, 3, 4, 5\}$ e $x + 2 = 6$.

b) Se $\mathbb{U} = \{1, 2, 3, 4, 5\}$ e $x + 5 = 11$.

c) Se $\mathbb{U} = \{-6, -5, -4, -3\}$ e $x + 7 = 2$.

d) Se $\mathbb{U} = \{1, 2, 3, 4, 5, 6, 7\}$ e $x - 3 = 4$.

e) Se $\mathbb{U} = \mathbb{N}$ e $x + 8 = 1$.

50 **Desafio.** Considere o conjunto universo dos números racionais e verifique.

a) O número 2 é raiz ou solução da equação $(2x + 5) + 1 = 4x + 2$?

b) O número -1 é raiz ou solução da equação $2(x + 1) + 3(x - 1) = x - 5$?

c) O número 3 é raiz ou solução da equação $3(x - 2) = x + 6x - 1$?

51 Para cada item, verifique se as equações são equivalentes para $\mathbb{U} = \{-2, -1, 0, 1, 2\}$.

a) $x + 2 = 4$ e $x - 1 = 1$

b) $x - 1 = -3$ e $x + 2 = 0$

c) $x + 3 = 7$ e $x - 2 = 3$

d) $x - 1 = 1$ e $x + 2 = 4$

JOGOS

Jogo das equações equivalentes

Com este jogo você vai aprimorar seus conhecimentos sobre equações equivalentes.

Orientações

Número de participantes: 3 ou 4 jogadores.

Material necessário: 24 peças do Material complementar.

Preparação do jogo

Recortem peças como essas no Material complementar.

$3x = 6$	$4x = 2$	$x + 5 = 3$	$3x = 15$
$x - 1 = 3$	$1 - x = 2$	$x + \frac{1}{3} = 1$	$\frac{x}{5} = 1$
$2x - 1 = -7$	$3x = 1$	$x + 4 = 4$	$6 + x = 2$

$3x + 5 = 11$	$10x = 5$	$x = -2$	$3x + 3 = 18$
$4x = 16$	$2 - 2x = 4$	$3x + 1 = 3$	$2x = 10$
$6x - 3 = -21$	$2x = \frac{2}{3}$	$2x + 5 = 5$	$2x = -8$

Como jogar

Antes de começarem a partida, misturem as peças vermelhas e distribuam igualmente entre os jogadores. As peças azuis devem ser empilhadas no centro da mesa, com as equações viradas para baixo.

A cada rodada, o jogador pega uma peça azul e verifica se nela há uma equação equivalente a alguma das equações das peças vermelhas que estão com ele. Se houver, então o jogador separa esse par de peças. Por exemplo:

$6 + x = 2$	$2x = -8$

Caso contrário, o jogador descarta a peça azul em uma pilha separada, também sobre a mesa. O próximo jogador pode escolher se quer pegar a peça azul descartada pelo jogador anterior ou uma peça azul nova.

Quando terminarem as peças azuis sobre a mesa, ganha a partida quem tiver formado mais pares de peças com equações equivalentes.

Murilo Moretti/Arquivo da editora

3 Equações do 1º grau com 1 incógnita

Propriedades fundamentais da igualdade

Antes de aprendermos a resolver equações do 1º grau com 1 incógnita, vamos retomar as propriedades de uma igualdade.

1) Se somarmos ou subtrairmos o mesmo número racional em ambos os membros de uma igualdade, obtemos uma nova igualdade. Por exemplo, se $x = 4$, então $x + 3 = 4 + 3$ e $x - \frac{1}{2} = 4 - \frac{1}{2}$.
Observe também as balanças ao lado.

2) Se multiplicarmos ou dividirmos ambos os membros de uma igualdade por um mesmo número racional diferente de zero (0), obtemos uma nova igualdade. Por exemplo, se $y = -2$, então $y \times 3 = (-2) \times 3$ e $y \div (-5) = (-2) \div (-5)$.
Observe também as balanças ao lado.

Ilustrações: Paulo Manzi/Arquivo da editora

Resolução de equações do 1º grau com 1 incógnita

Uma equação é do 1º grau com 1 incógnita (x) quando pode ser escrita na forma $ax = b$, com $a \neq 0$.

Esse tipo de equação é "do 1º grau" porque o maior expoente que aparece na incógnita é 1 quando a equação está na forma geral. É "com 1 incógnita" porque há somente 1 elemento desconhecido.

Resolver uma equação do 1º grau com 1 incógnita é determinar o conjunto solução dessa equação.

Analise os exemplos.

- Pensei em um número natural, somei 45 a ele e obtive 121. Em qual número pensei?
  Representando o número por x, temos a equação $x + 45 = 121$, que queremos resolver.

Resolução

1ª maneira

Subtraindo 45 em ambos os membros da igualdade, ela não se altera e obtemos:

$x + 45 - 45 = 121 - 45$

$x + 0 = 121 - 45$

$x = 76$

2ª maneira

Vamos usar a operação inversa. A operação inversa de somar 45 é subtrair 45.

$x = 121 - 45$ (É uma equação equivalente a $x + 45 = 121$.)

$x = 76$

Verificação

$x + 45 = 121$

$76 + 45 = 121$

$121 = 121$ (verdadeiro)

Resposta: O número pensado é 76.

- A idade de Tiago menos 13 anos é igual a 34 anos. Qual é a idade de Tiago?
  Considerando x a idade de Tiago, a equação correspondente é $x - 13 = 34$.

  Resolução

  1ª maneira

  Adicionando 13 em ambos os membros da igualdade, ela não se altera e obtemos:

  $x - 13 + 13 = 34 + 13$

  $x + 0 = 34 + 13$

  $x = 47$

  2ª maneira

  Vamos usar a operação inversa. A operação inversa de subtrair 13 é adicionar 13.

  $x = 34 + 13$ (É uma equação equivalente a $x - 13 = 34$.)

  $x = 47$

  Verificação

  $x - 13 = 34 \Rightarrow 47 - 13 = 34 \Rightarrow 34 = 34$ (verdadeiro)

  Resposta: A idade de Tiago é 47 anos.

- O triplo de um número natural é igual a 123. Qual é esse número?
  Representando o número por x, o triplo de x é representado por $3 \cdot x$ ou $3x$. Assim, a equação correspondente é $3x = 123$.

  Resolução

  1ª maneira

  Dividindo ambos os membros da igualdade por 3, obtemos outra igualdade:

  $\frac{3x}{3} = \frac{123}{3} \Rightarrow x = \frac{123}{3} \Rightarrow x = 41$

  2ª maneira

  Vamos usar a operação inversa. A operação inversa de multiplicar por 3 é dividir por 3.

  $x = \frac{123}{3}$ (É uma equação equivalente a $3x = 123$.)

  $x = 41$

  Verificação

  $3x = 123 \Rightarrow 3 \cdot 41 = 123 \Rightarrow 123 = 123$ (verdadeiro)

  Resposta: O número é 41.

- A quinta parte do número de gibis que Pedro tem é igual a 16. Quantos gibis Pedro tem?
  Representando por x o número de gibis de Pedro, a quinta parte desse número é representada por $\frac{x}{5}$ $\left(\frac{x}{5}\right.$ é o mesmo que $\left.x : 5\right)$. Assim, a equação correspondente é $x : 5 = 16$ ou $\frac{x}{5} = 16$.

  Resolução

  1ª maneira

  Multiplicando ambos os membros da igualdade por 5, obtemos outra igualdade.

  $5 \cdot \frac{x}{5} = 5 \cdot 16 \Rightarrow x = 5 \cdot 16 \Rightarrow x = 80$

  2ª maneira

  Vamos usar a operação inversa. A operação inversa de dividir por 5 é multiplicar por 5.

  $x = 5 \cdot 16$ $\left(\text{É uma equação equivalente a } \frac{x}{5} = 16.\right)$

  $x = 80$

  Verificação

  $\frac{x}{5} = 16 \Rightarrow \frac{80}{5} = 16 \Rightarrow 16 = 16$ (verdadeiro)

  Resposta: Pedro tem 80 gibis.

- Vamos resolver a equação $4x + 6 = 6x + 10$ no conjunto universo dos números inteiros, ou seja, $\mathbb{U} = \mathbb{Z}$.
  Subtraímos $6x$ em ambos os membros da equação: $4x + 6 - 6x = 6x + 10 - 6x$
  Usando a propriedade distributiva, temos que $4x - 6x = (4 - 6)x = -2x$ e que $6x - 6x = (6 - 6)x = 0x = 0$. Então: $-2x + 6 = 10$
  Subtraímos 6 em ambos os membros da equação: $-2x + 6 - 6 = 10 - 6 \Rightarrow -2x = 4$
  Multiplicamos ambos os membros da equação por -1: $2x = -4$
  Dividimos ambos os membros da equação por 2: $x = -2$
  Resposta: $S = \{-2\}$.

Atividades

52 Determine o valor de x em cada equação, para $\mathbb{U} = \mathbb{Z}$.

a) $x + 5 = 11$
b) $x + 10 = 7$
c) $x + 6 = -5$
d) $x - 8 = -10$
e) $6x = 42$
f) $-3x = 24$
g) $\frac{x}{3} = -12$
h) $\frac{x}{4} = 20$
i) $5x - 4 = 21$
j) $-6x + 9 = -51$
k) $\frac{x}{2} + 5 = 11$
l) $\frac{x}{3} - 7 = -4$

53 Determine o conjunto solução de cada equação do 1º grau com 1 incógnita para $\mathbb{U} = \mathbb{Z}$.

a) $2x - 4 + 6 = 20$
b) $-15 + 5x = 25$
c) $-3x + (-1 + 4) = 9$
d) $2x - (1 + 3 - 6) = 12$
e) $3x + 5x = 72$
f) $-x - 8x = 18$
g) $5x + 2x + 4x = 121$
h) $7x - 2 = 5x + 10$
i) $x + 1 = 5 - x$
j) $4x + 6 = 6x + 10$

54 Determine o valor da letra em cada equação usando as operações inversas. As letras representam números naturais.

a) $x + 8 = 20$
b) $y - 21 = 42$
c) $a - 174 = 308$
d) $7d = 28$
e) $c : 9 = 7$
f) $4r = 48$

55 Use a linguagem usual para descrever cada equação.

a) $x + 15 = 20$
b) $3y = 15$
c) $y : 6 = 8$
d) $m + 14 = 20$
e) $w - 6 = 18$
f) $p \div 3 = 12$

56 Descreva a equação $3x = 15$ de 3 maneiras diferentes.

57 Determine o valor da letra nas equações, no conjunto dos números inteiros.

a) $t + 21 = 6$
b) $9 = x + 17$
c) $6x = 84$
d) $x : 7 = 77$
e) $-5 = y - 8$
f) $a - 10 = -13$
g) $-3x = 27$
h) $5 + y = 0$

58 Invente um problema que possa ser descrito pela equação $5x = 125$. Depois, troque-o com um colega; você resolve o dele, e ele resolve o seu.

59 Para cada situação a seguir, escreva uma equação e resolva-a para $\mathbb{U} = \mathbb{Q}$. Depois, registre também a resposta.

a) Em um hotel, cada andar tem o mesmo número de apartamentos. O total de apartamentos nos 12 andares é de 240 apartamentos. Quantos apartamentos há por andar?

b) Em um canil, o número de cachorros é 2 vezes o de gatos. O canil tem 21 animais. Se no canil há apenas cachorros e gatos, então quantos gatos há no canil?

c) Em uma exposição de cães havia 7 poodles, 5 labradores e 12 mastiff. Os demais cachorros são de outras raças. O total de cachorros da exposição é 40. Quantos cachorros há de outras raças?

d) Os 12 meninos de uma turma representam a terça parte do número total de alunos da turma. Quantos alunos essa turma tem?

e) Paulo trabalhou certo número de horas e mais 7 horas extras, totalizando 32 horas. Quantas horas ele trabalhou?

f) Mara pensou em um número, somou 12 a ele e, em seguida, subtraiu 10, obtendo 15. Em qual número ela pensou?

g) Beto tinha certa quantia de dinheiro. Ele gastou R$ 12,50 e ficou com R$ 17,50. Quanto Beto tinha inicialmente?

h) Qual é o número que somado com 38 tem como resultado o número 115?

i) De qual número devemos subtrair 147 para obter como resultado o número 58?

j) Qual fração devemos somar a $\frac{2}{3}$ para obter $\frac{17}{12}$?

k) 7 vezes um número é igual a -91. Qual número é esse?

l) A metade da idade de Paulo é igual a 19 anos. Qual é a idade de Paulo?

Explorando a ideia de equilíbrio

Observe a balança de pratos equilibrada e considere todas as latinhas vermelhas com o mesmo "peso", que vamos representar por x. Qual é o "peso" de cada latinha, ou seja, qual é o valor de x?

Paulo Manzi/Arquivo da editora

Equação correspondente:
$5x + 50 = 3x + 290$

Quando tiramos "pesos" iguais de cada prato, a balança continua equilibrada.
Vamos tirar 50 g de cada prato.

Paulo Manzi/Arquivo da editora

Subtraindo 50 de ambos os membros da igualdade, obtemos outra igualdade.

$$5x + 50 - 50 = 3x + 290 - 50$$
$$5x = 3x + 240$$

(Equação equivalente à anterior, ou seja, apresenta a mesma solução.)
Tirando 3 latinhas de cada prato, a balança continua equilibrada.

Paulo Manzi/Arquivo da editora

Subtraindo $3x$ de ambos os membros da igualdade, obtemos uma nova igualdade.

$$5x = 3x + 240$$
$$5x - 3x = 3x + 240 - 3x$$
$$2x = 240$$

(Equação equivalente à anterior.)

Se 2 latinhas de mesmo "peso", juntas, pesam 240 g, então cada uma pesa 120 g ($240 : 2 = 120$). Assim, o "peso" de cada latinha é de 120 g.

Se $2x = 240$, dividindo ambos os membros por 2, obtemos:

$$\frac{2x}{2} = \frac{240}{2}$$
$$x = 120$$

Resposta: O "peso" de cada latinha é de 120 gramas.

Veja mais alguns exemplos de resolução de equação do 1º grau com 1 incógnita, no conjunto universo dos números racionais. Procure justificar cada passagem.

- **Exemplo 1**

$3x + 10 = 2x$

$3x + 10 - 10 = 2x - 10$

$3x = 2x - 10$

$3x - 2x = 2x - 10 - 2x$

$x = -10$

Portanto, $S = \{-10\}$.

- **Exemplo 2**

$3y - 20 = y + 80$

$3y - 20 + 20 = y + 80 + 20$

$3y = y + 100$

$3y - y = y + 100 - y$

$2y = 100$

$y = \dfrac{100}{2}$

$y = 50$

Portanto, $S = \{50\}$.

- **Exemplo 3**

$8 - 5x = x$

$8 - 5x - 8 = x - 8$

$-5x = x - 8$

$-5x - x = x - 8 - x$

$-6x = -8$

Multiplicamos ambos os membros por (-1):

$(-6x) \cdot (-1) = (-8) \cdot (-1)$

$6x = 8$

$x = \dfrac{8}{6} = \dfrac{4}{3} = 1\dfrac{1}{3}$

Portanto, $S = \left\{1\dfrac{1}{3}\right\}$.

- **Exemplo 4**

$5(x - 2) = 4 - (-2x + 1)$

$5x - 10 = 4 + 2x - 1$

$5x - 10 = 3 + 2x$

$5x = 3 + 2x + 10$

$5x = 13 + 2x$

$5x - 2x = 13$

$3x = 13$

$x = \dfrac{13}{3} = 4\dfrac{1}{3}$

Portanto, $S = \left\{4\dfrac{1}{3}\right\}$.

- **Exemplo 5**

$3x + \dfrac{x}{4} = 26$

1ª maneira

$3x + \dfrac{x}{4} = 26$

Multiplicamos ambos os membros por 4.

$4 \cdot \left(3x + \dfrac{x}{4}\right) = 4 \cdot 26$ propriedade distributiva

$4 \cdot 3x + 4 \cdot \dfrac{x}{4} = 104$

Lembre-se:
$4 \cdot \dfrac{x}{4} = \dfrac{4x}{4} = 1x = x$

$12x + x = 104$

$13x = 104$

$x = \dfrac{104}{13} = 8$

2ª maneira (processo prático)

$3x + \dfrac{x}{4} = 26$

$\dfrac{3x}{1} + \dfrac{x}{4} = \dfrac{26}{1}$ $\quad$ mmc$(1, 4, 1) = 4$

$\dfrac{12x}{4} + \dfrac{x}{4} = \dfrac{104}{4}$

Multiplicamos ambos os membros por 4 e eliminamos os denominadores.

$12x + x = 104$

$13x = 104$

$x = \dfrac{104}{13} = 8$

Portanto, $S = \{8\}$.

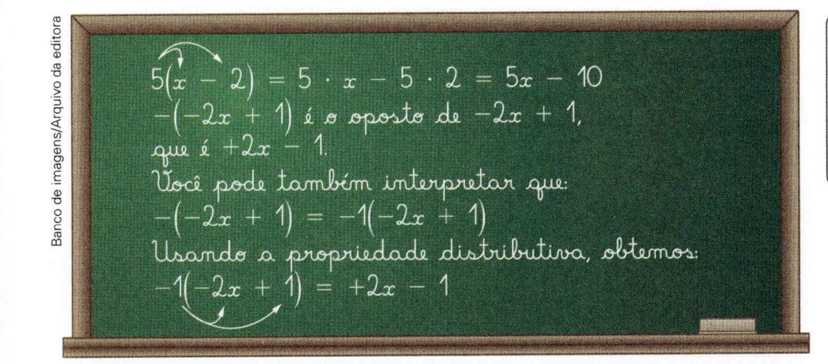

Banco de imagens/Arquivo da editora

Usando a propriedade distributiva podemos obter uma equação equivalente, sem parênteses.

Thiago Neumann/Arquivo da editora

Atividades

60 Resolva estas equações no conjunto universo dos números racionais.

a) $2x + 5 = 27$

b) $4x - 8 = 2x + 6$

c) $7x + 1 = 6x + 6$

d) $5x - 3 = 2x - 9$

61 Resolva estas equações da maneira que você quiser, no conjunto universo dos números racionais.

a) $y - 426 = 700$

b) $\frac{a}{6} = 132$

c) $6x - 19 = 71$

d) $\frac{2x}{5} + 4 = 10$

e) $\frac{x}{3} + 4x = 39$

f) $x + \frac{x}{2} = 12$

g) $\frac{x}{4} - 1 = 2 + \frac{x}{10}$

h) $50 + (3x - 4) = 2(3x - 4) + 26$

i) $\frac{x}{2} + 4x = 15 - (-x - 6)$

j) $2(2x - 4) = 5 - \left(\frac{x}{2} + 4\right)$

62 Use equações para resolver estas situações.

a) Noemi tem certa quantia em um banco. A irmã dela, Alicia, tem R$ 500,00 a mais do que ela. Juntas, elas têm R$ 3 000,00. Quanto Noemi tem?

b) O triplo da idade de Filipe menos 18 anos é igual a 57 anos. Qual é a idade de Filipe?

c) A medida de área total deste terreno retangular é de 600 m². Qual é a medida de comprimento da profundidade deste terreno?

Paulo Manzi/Arquivo da editora

d) Mariana comprou um livro por R$ 25,00 e 4 canetas iguais, gastando R$ 39,00 no total. Qual foi o preço de cada caneta?

e) Descubra qual é o número: a diferença entre a terça parte dele e 8 é igual a 19.

Raciocínio lógico

Descubra quais são os números e registre-os.

a) Quando adicionam a mim a minha metade, resulto em 39. Quem sou eu?

b) E eu? Quando subtraem de mim a minha terça parte, resulto em 12.

63 Calcule e faça a verificação. Qual é o número natural cujo triplo do antecessor é igual ao dobro do sucessor dele?

64 A idade de Beto há 4 anos era a metade da idade que ele terá daqui a 6 anos. Qual é a idade de Beto?

65 Resolva as equações no conjunto universo dos números racionais.

a) $\frac{x}{2} + \frac{x}{4} = \frac{x + 6}{2}$

b) $\frac{x - 3}{2} + 3x = \frac{5x + 27}{2}$

c) $\frac{2x + 8}{2} + \frac{x + 2}{4} = -8$

d) $\frac{x - 1}{5} = x - \frac{2x - 6}{5}$

66 José teve o salário reajustado em $\frac{3}{5}$ a mais do que era e passou a receber R$ 4 000,00. Qual era o salário de José antes do reajuste?

67 Uma jarra tem medida de capacidade de 2 L. Com ela cheia de água, foram enchidos 5 copos, que têm a mesma medida de capacidade, e sobraram 350 mL de água na jarra. Qual é a medida de capacidade de cada copo?

As imagens desta página não estão representadas em proporção.

Leonardo Teixeira/Arquivo da editora

68 Paulo construiu a casa dele em um terreno retangular que tem 60 metros de medida de perímetro. A medida de comprimento da largura desse terreno é o dobro da medida de comprimento da profundidade. Quais são as medidas de comprimento da largura e da profundidade desse terreno?

69 Invente um problema que possa ser resolvido pela equação $2x + x = 36$. Depois, troque-o com um colega; você resolve o dele e ele resolve o seu.

Atividades resolvidas passo a passo

O Epitáfio de Diofante (ou Diofanto). Diofante foi um matemático grego que estudou as equações do 1º grau. Muitas fontes dizem que no túmulo de Diofante foi escrito um problema matemático. Não sabemos se isto é verdade, mas o problema proposto tem como objetivo descobrir com qual idade morreu Diofante.

Rodrigo Pascoal/Arquivo da editora

"Deus concedeu-lhe passar a sexta parte de sua vida na juventude; um duocécimo, na adolescência; um sétimo, em seguida, foi escoado num casamento estéril. Decorreram mais cinco anos, depois do que lhe nasceu um filho. Mas este filho [...] apenas tinha atingido a metade da idade do pai, morreu. Quatro anos ainda, mitigando a própria dor com o estudo da ciência dos números, passou-os Diofante antes de chegar ao termo de sua existência."

MALBA TAHAN. *O homem que calculava*. 52. ed. Rio de Janeiro: Record, 2000. p. 135.

Lendo esse texto é possível descobrir a idade de Diofante quando ele morreu?

Lendo e compreendendo

O problema procura descobrir com qual idade teria morrido o matemático Diofante de Alexandria. Ele nos fornece dados da vida de Diofante. Esses dados representam 4 frações do total de anos que teria vivido o matemático e mais 2 números inteiros. Todos esses números, somados, devem resultar na idade procurada.

Planejando a solução

Devemos estabelecer que a idade procurada seja a incógnita x. Em seguida, usando os dados fornecidos, escrevemos uma equação compatível com o enunciado.

Executando o que foi planejado

Vamos, com os dados fornecidos, escrever a equação, lembrando que Diofante viveu x anos:

"Deus concedeu-lhe passar a sexta parte de sua vida na juventude" → $\frac{x}{6}$

"[...] um duocécimo, na adolescência" → $\frac{x}{6}+\frac{x}{12}$

"[...] um sétimo [...] num casamento estéril" → $\frac{x}{6}+\frac{x}{12}+\frac{x}{7}$

"[...] Decorreram mais cinco anos, depois do que lhe nasceu um filho" → $\frac{x}{6}+\frac{x}{12}+\frac{x}{7}+5$

"[...] Mas este filho [...] apenas tinha atingido a metade da idade do pai, morreu." → $\frac{x}{6}+\frac{x}{12}+\frac{x}{7}+5+\frac{x}{2}$

"[...] Quatro anos ainda, mitigando a própria dor com o estudo da ciência dos números, passou-os Diofante antes de chegar ao termo de sua existência" → $\frac{x}{6}+\frac{x}{12}+\frac{x}{7}+5+\frac{x}{2}+4$

Esses dados, somados, representam toda a vida de Diofante; isto é, somados têm que ser iguais a x.

$$\frac{x}{6}+\frac{x}{12}+\frac{x}{7}+5+\frac{x}{2}+4=x$$

Para resolver essa equação temos incialmente que calcular o mínimo múltiplo comum dos denominadores. Temos que $\text{mmc}(6, 12, 7, 2, 1) = 84$.

Multiplicando cada termo da equação por 84, obtemos:

$$84\cdot\frac{x}{6}+84\cdot\frac{x}{12}+84\cdot\frac{x}{7}+84\cdot 5+84\cdot\frac{x}{2}+84\cdot 4=84\cdot x$$

$$14x+7x+12x+420+42x+336=84x$$

$$14x+7x+12x+42x-84x=-420-336$$

$$-9x=-756$$

$$x=\frac{-756}{-9}=84$$

Verificando

Substituindo x por 84 no primeiro membro da equação, obtemos:

$\frac{84}{6} + \frac{84}{12} + \frac{84}{7} + 5 + \frac{84}{2} + 4 = 14 + 7 + 12 + 5 + 42 + 4 = 84$, o que confirma o resultado.

Emitindo resposta

Diofante morreu aos 84 anos de idade.

Ampliando a atividade

Uma pessoa viveu $\frac{1}{5}$ da vida dela na infância, $\frac{1}{8}$ na adolescência, $\frac{1}{6}$ na juventude e $\frac{1}{3}$ na maturidade. Qual fração da vida dela restou para a velhice?

Solução

$$\frac{x}{5} + \frac{x}{8} + \frac{x}{6} + \frac{x}{3} = \frac{24x + 15x + 20x + 40x}{120} = \frac{99x}{120} = \frac{33x}{40}$$

$$x - \frac{33x}{40} = \frac{40x - 33x}{40} = \frac{7x}{40}$$

Logo, restou $\frac{7}{40}$ da vida dela para a velhice.

Um pouco de História

A Álgebra antiga era a parte da Matemática que estudava as equações e os métodos de resolvê-las. A palavra **Álgebra** deriva da expressão árabe al-jabr (reunir), usada no título do livro *Al-jabr w'al-mubalah* ou *A arte de reunir desconhecidos para igualar uma quantidade conhecida*, escrito no século IX pelo matemático árabe Al-Khwarizmi. Ele foi o responsável por introduzir o sistema de numeração decimal e os algarismos indo-arábicos no Ocidente. A Álgebra começa a ser usada na Europa para designar o estudo das equações com 1 ou mais incógnitas a partir do século XI, quando a obra de Al-Khwarizmi é traduzida para o latim.

Os problemas algébricos mais antigos conhecidos atualmente datam do século XVII a.C. Eles estão registrados em um papiro descoberto em 1858 na cidade de Luxor, no Egito, por um antiquário escocês chamado Henry Rhind. Veja o enunciado de um deles: "Ah, seu inteiro, seu sétimo, fazem 19.". Na linguagem matemática atual pode ser traduzido por $x + \frac{x}{7} = 19$. Entre a escrita do papiro de Rhind e a elaboração dessa forma de apresentar uma equação $\left(x + \frac{x}{7} = 19\right)$ passaram-se 34 séculos!

Fonte de consulta: INFOESCOLA. *Biografias*. Disponível em: <www.infoescola.com/biografias/al-khwarizmi/>. Acesso em: 22 jun. 2018.

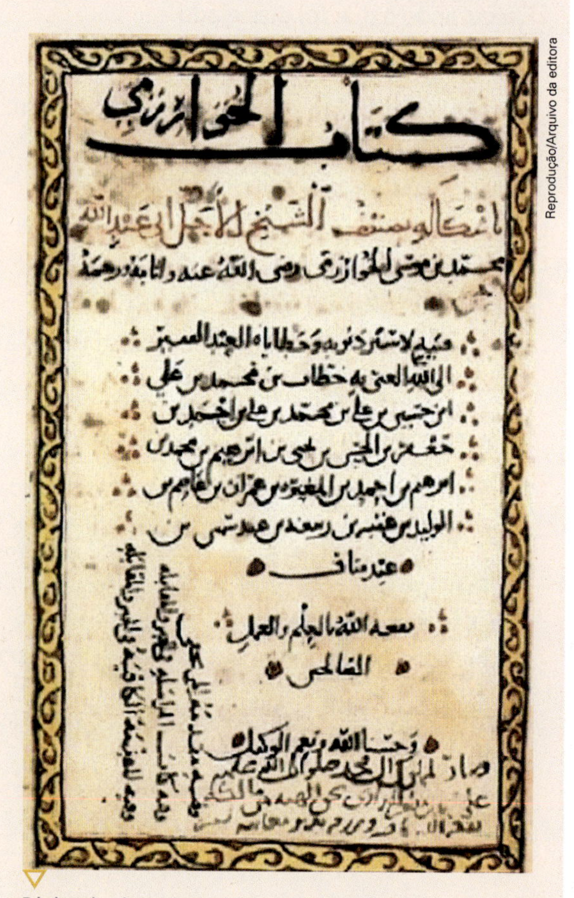

Página da obra *Hisab al-jabr w'al-mugabalah*, de Al-Khwarizmi, escrita por volta do ano 825.

Outras situações-problema que envolvem a resolução de equações do 1º grau com 1 incógnita

Thiago Neumann/Arquivo da editora

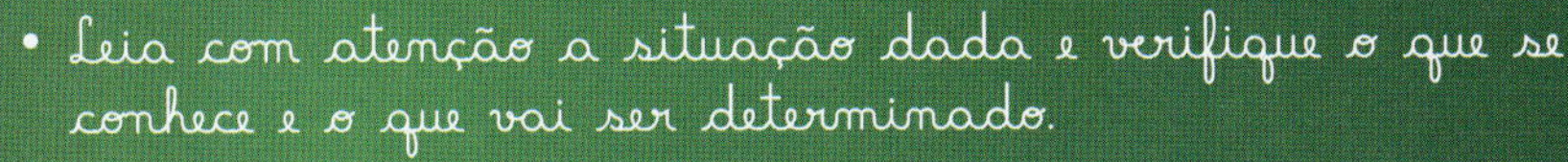

- Leia com atenção a situação dada e verifique o que se conhece e o que vai ser determinado.
- Represente um valor desconhecido com uma letra (incógnita).
- Escreva uma equação que contenha essa incógnita, de acordo com as informações da situação.
- Resolva a equação e obtenha o valor da incógnita.
- Faça a verificação para conferir se a resposta está correta.
- Escreva a resposta.

Banco de imagens/Arquivo da editora

Atividades

70 Resolva o problema, de 2 maneiras diferentes: sem usar equação e, depois, usando equação.

Um relógio cujo preço é de R$ 97,00 está sendo vendido com o seguinte plano de pagamento: R$ 40,00 de entrada e o restante em 3 prestações iguais. Qual é o valor de cada prestação?

71 **Você conhece esta charada?**

O gavião chega ao pombal e diz:

– Adeus, minhas 100 pombas!

As pombas respondem em coro:

– 100 pombas não somos nós; com mais 2 tantos de nós e com você, meu caro gavião, 100 pássaros seremos nós.

Quantas pombas estavam no pombal?

Como podemos solucionar essa charada? Chame de x o número de pombas, monte uma equação e resolva-a.

Mauro Souza/Arquivo da editora

As imagens desta página não estão representadas em proporção.

Raciocínio lógico

Qual número natural sou eu? O dobro de meu antecessor, menos 3, é igual a 25.

72 O terreno de Rosa é retangular e a largura tem medida de comprimento de 18 m a menos do que a profundidade. O perímetro do terreno mede 84 m. Qual é a medida de comprimento da profundidade do terreno? E qual é a medida de comprimento da largura?

73 A medida de comprimento da base de um triângulo isósceles é igual à metade da medida de comprimento de cada um dos outros lados. A medida de perímetro desse triângulo é 20 cm. Determine as medidas de comprimento dos lados.

74 Em uma partida de *videogame*, Juliana conseguiu 160 pontos em 3 rodadas. Na 2ª rodada, ela fez 20 pontos a menos do que fez na 1ª rodada. Na 3ª rodada, ela fez o dobro de pontos feitos na 2ª rodada. Quantos pontos Juliana fez em cada rodada?

75 Francisca tinha certa quantia em dinheiro para comprar um par de tênis, mas viu que essa quantia não seria suficiente. A mãe dela decidiu ajudá-la e deu a ela o dobro do que Francisca tinha. Com isso, cada uma ficou com R$ 186,00. Qual quantia de dinheiro cada uma tinha no início?

76 Em um concurso, cada participante deve responder a 20 perguntas. Para cada resposta correta, o participante ganha 3 pontos e, para cada resposta errada, perde 2 pontos. Quantos acertos e quantos erros teve um participante que obteve 35 pontos no final?

77 Na festa de Carla só havia adultos e crianças. No início da festa, o total de pessoas era 20. Depois, o número de crianças dobrou e o de adultos aumentou 4. Com isso, o número de crianças ficou o mesmo que o de adultos. Quantas crianças e quantos adultos havia no início da festa?

Complete este esquema e depois resolva a atividade.

Início: crianças → x

adultos → ☐

Depois: crianças → $2x$

adultos → ☐

78 A professora Júlia reservou 10 folhas de papel crepom para cada aluno do 7º ano. Como naquele dia faltaram 5 alunos, foi possível dar 12 folhas para cada aluno que compareceu. Qual foi o número de folhas de papel crepom distribuídas pela professora Júlia?

79 A professora Eliane decidiu realizar um jogo com fichas na aula. Se ela distribuir igualmente as fichas que tem entre 15 alunos, então cada um vai receber certa quantidade. Mas, se distribuí-las entre 18 alunos, então cada um vai receber 2 fichas a menos do que na situação anterior. Quantas fichas a professora Eliane tem para distribuir? Resolva e faça a verificação.

80 O perímetro de um retângulo mede 88 cm e a diferença entre as medidas de comprimento da base e da altura é de 20 cm. Descubra as medidas de comprimento da base e da altura e a medida de área da região retangular correspondente.

Saiba mais

A unidade de medida de temperatura que usamos no Brasil é o grau Celsius (°C). Mas não são todos os países que usam essa unidade. Nos Estados Unidos e na Inglaterra, por exemplo, a unidade usada para medir temperatura é o grau Fahrenheit (°F).

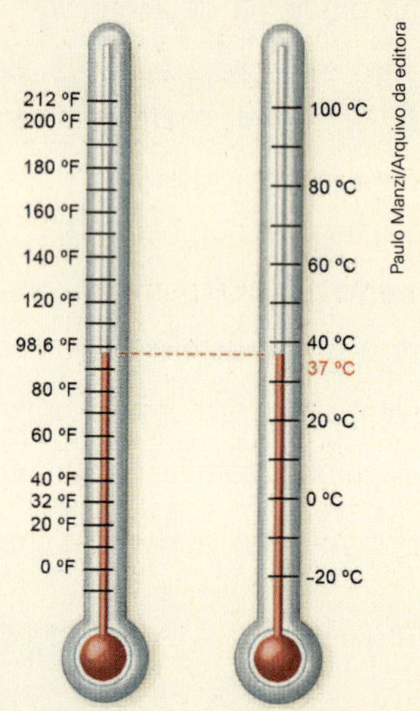

Termômetros.

A fórmula $C = \frac{5 \cdot (F - 32)}{9}$ permite fazer a correspondência entre uma medida de temperatura dada em uma dessas unidades e a outra.

Quando temos a medida de temperatura em graus Fahrenheit, por exemplo, substituímos o F por essa medida e determinamos C, que é a medida de temperatura correspondente em graus Celsius.

Pode também ocorrer o inverso, em que substituímos o C e calculamos o valor de F.

Esse assunto é uma importante aplicação de equações.

81 Calcule as medidas de temperatura de:

a) 50 °F em graus Celsius;

b) −5 °C em graus Fahrenheit.

82 Determine qual é a medida de temperatura cujo número que a expressa em graus Fahrenheit é o dobro do número que a expressa em graus Celsius.

83 **Escola de natação.** Leia o folheto promocional de uma escola de natação para a matrícula de novos alunos.

As imagens desta página não estão representadas em proporção.

Radius Images/Diomedia

Crianças em aula de natação.

Aulas de natação

- Matrícula: R$ 20,00*
- Uniforme: R$ 40,00*
- Curso de 40 aulas: R$ 720,00 (pago em 6 prestações mensais iguais).

* Devem ser pagos junto com a 1ª parcela, no ato da matrícula.

a) Converse com os colegas e obtenham uma expressão algébrica que determina o valor arrecadado pela escola no mês de matrícula de acordo com o total de novos alunos matriculados (a).

b) Qual será o valor arrecadado pela escola com a matrícula de 25 novos alunos?

c) Quantos novos alunos devem se matricular para que a escola arrecade R$ 5 940,00 com as matrículas?

Raciocínio lógico

Uma placa de madeira será cortada em 5 partes por uma serra.
São necessários 3 minutos para serrar cada parte. Quantos minutos serão gastos para obter as 5 partes?

84 **Nota fiscal.** Rita comprou alguns utensílios domésticos na loja Casa Boa. Infelizmente, ela não conferiu a nota fiscal e não percebeu que havia um erro na digitação de um item. Observe a nota fiscal da compra de Rita e veja que os valores do preço unitário e do total de um dos itens apresentam asteriscos no lugar dos números que indicam os valores em reais.

CB CASA BOA

CASA BOA
UTILIDADES PARA SUA CASA
Rua Joaquim Pedro, 345 - Rio Branco - Belo Horizonte - MG
CEP 30 000-300 (99) 3444-6999
CNPJ: 9.777.566/0001-11

Nota Fiscal de Venda a Consumidor — Nº 001

Emissão: 25/07/2019
Nome: Rita da Silva

Quantidade	Produto	Preço unitário	Total
5	Prato de louça	******	******
1	Cafeteira de alumínio	R$ 39,00	R$ 39,00
2	Jarra de vidro	R$ 16,00	R$ 32,00
		Valor total da nota	R$ 211,00

Banco de imagens/Arquivo da editora

a) Escreva uma equação que permita calcular o preço unitário do prato de louça.

b) Calcule o preço unitário do prato de louça.

85 **Preços de estacionamentos.** Observe o preço cobrado por alguns estacionamentos em uma grande cidade.

Preços dos estacionamentos

Estacionamento \ Intervalo de tempo	1ª hora	Demais horas
A	R$ 16,00	R$ 3,00
B	R$ 15,00	R$ 4,00
C	R$ 14,00	R$ 3,00
D	R$ 12,00	R$ 5,00

Tabela elaborada para fins didáticos.

a) Para cada um desses estacionamentos, escreva uma expressão algébrica que represente a quantia a ser paga pelo cliente que utilizar esse estacionamento por n horas, sendo n um número natural maior do que 0 e menor do que 24.

b) Angélica estacionou durante 3 horas no estacionamento **A** e Hélio, durante 3 horas em **B**. Qual deles gastou mais? Quanto a mais?

c) Roberto estacionou o carro dele em **C** e, no fim do intervalo exato de horas, pagou R$ 35,00. Por quantas horas o carro dele ficou estacionado em **C**?

d) Fabiana e Rui estacionaram em **B** e **D**, respectivamente, pelo mesmo intervalo de tempo e pagaram a mesma quantia. Por qual intervalo de tempo eles estacionaram? Qual quantia cada um pagou?

e) Cláudio estacionou durante 3 horas em **D**, e Júlia, durante 6 horas, também em **D**. Faça uma estimativa e responda: A quantia paga por Júlia foi o dobro da paga por Cláudio?

f) Calcule quanto Cláudio e Júlia pagaram. Depois, confirme sua estimativa.

86 **Curiosidade histórica: o "método de falsa posição".** Vamos ver como os antigos egípcios faziam para resolver equações.

Como você estudou anteriormente, uma das principais fontes de conhecimento sobre a Matemática egípcia é o **papiro de Rhind** ou **papiro de Ahmes**, um antigo documento com mais de 3 mil e 500 anos copiado por um escriba chamado Ahmes.

Com medidas de dimensões de 5 metros por 30 centímetros, esse extenso rolo de papiro registra 84 problemas matemáticos sobre questões variadas. Muitos desses problemas pedem o que equivale a soluções de equações, em que a incógnita se chama **aha**. O problema 24, por exemplo, pergunta o seguinte: qual é o valor de **aha** sabendo que **aha** mais um sétimo de **aha** dá 19? Na linguagem matemática atual, podemos traduzir por $x + \frac{x}{7} = 19$.

Fonte de consulta: BOYER, Carl B. *História da Matemática.* São Paulo: Edgard Blücher, 1974.

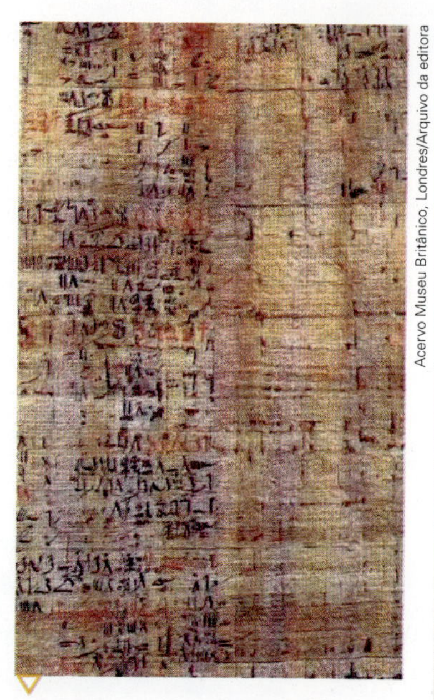

Acervo Museu Britânico, Londres/Arquivo da editora

Fragmento do papiro de Rhind no qual está contido o problema 24.

Para solucionar esse e outros problemas desse tipo, os egípcios utilizavam um processo conhecido como "método de falsa posição", em que um valor falso era atribuído à incógnita para poder determinar a solução. Observe, passo a passo, como fazer.

Problema: um sétimo de um número mais esse número é 19. Número falso: 7

$\frac{1}{7} \cdot n^{\underline{o}}\text{ falso} = \frac{1}{7} \cdot 7 = 1 \qquad 1 + n^{\underline{o}}\text{ falso} = 1 + 7 = 8$

$\frac{\text{resultado verdadeiro}}{\text{resultado falso}} = \frac{19}{8}$

Logo, $x = n^{\underline{o}}\text{ falso} \cdot \frac{19}{8} = 7 \cdot \frac{19}{8} = \frac{133}{8} = 16\frac{5}{8}$.

Banco de imagens/Arquivo da editora

As imagens desta página não estão representadas em proporção.

Inicialmente, escolhemos o "número falso". Vamos adotar, por exemplo, o número falso 7. Depois, usamos o número escolhido e efetuamos as operações indicadas. Um sétimo de 7 é 1.
Logo, 7 mais 1 é igual a 8.

Por fim, dividimos o resultado verdadeiro pelo resultado falso, ou seja, dividimos 19 por 8. Assim, a incógnita x corresponde ao produto do número falso (7) pelo resultado da divisão de 19 por 8. Logo, o resultado procurado é obtido a partir desses cálculos. Veja na lousa.

Thiago Neumann/Arquivo da editora

Após ler o texto, reúna-se com um colega e tentem resolver a situação a seguir pelo método de falsa posição dos antigos egípcios. Depois, usem uma equação para verificar o resultado.

A idade de Beto mais outro tanto como ela, mais metade dela, mais a terça parte dela e mais a quarta parte dela dá o resultado 148. Qual é a idade de Beto?

Saiba mais

O número dos calçados e a Matemática

Quando vamos comprar calçados vem sempre a pergunta do vendedor: "Qual número você calça?". Isso nos sugere que deve haver alguma matemática relacionada a esse questionamento. E há.

Veja como calcular, no Brasil, o número do sapato usando a expressão algébrica $\frac{5m + 28}{4}$, sendo m a medida de comprimento do pé.

Se o pé tiver medida de comprimento de 25 cm, então o número do calçado será:

$$\frac{5 \cdot 25 + 28}{4} = \frac{125 + 28}{4} = \frac{153}{4} = 38,25$$

Se o número do sapato for 35, então qual será a medida de comprimento do pé?

$$\frac{5 \cdot m + 28}{4} = 35 \Rightarrow 5m + 28 = 140 \Rightarrow 5m = 140 - 28 \Rightarrow 5m = 112 \Rightarrow m = \frac{112}{5} = 22,4$$

Logo, o pé tem medida de comprimento de 22,4 cm.

Pessoa experimentando sapatos.

Fonte de consulta: MUNDO EDUCAÇÃO. *Matemática*. Disponível em: <http://mundoeducacao.bol.uol.com.br/matematica/descubra-numero-que-voce-calca.htm>. Acesso em: 25 jun. 2018.

87 O grande ídolo do basquete brasileiro, Oscar Schmidt, calça sapatos de número 50. Qual deve ser a medida de comprimento do pé dele?

88 O venezuelano Jeison Orlando Rodrigues Hernandez tem medida de comprimento da altura de 2,20 m e o maior pé do mundo, de acordo com o livro *Guinness dos Recordes Mundiais*. Os pés direito e esquerdo têm medidas de comprimento diferentes. O pé direito dele tem medida de comprimento de 41,1 cm e o sapato do pé esquerdo é número 52.

Fonte de consulta: BBC. *Notícias*. Disponível em: <www.bbc.com/portuguese/noticias/2015/09/150918_maior_pe_do_mundo_rm>. Acesso em: 25 jun. 2018.

a) Qual é o número do sapato do pé direito dele?

b) Qual deve ser a medida de comprimento do pé esquerdo dele?

As imagens desta página não estão representadas em proporção.

89 **Conexões.** Resolva a situação-problema sem usar equação e, depois, usando equação.

De acordo com a estimativa da população feita pelo Instituto Brasileiro de Geografia e Estatística (IBGE) em 2018, os estados de São Paulo e Minas Gerais eram os mais populosos do Brasil. Em valores aproximados, eles tinham, juntos, 66 milhões de habitantes, dos quais São Paulo tinha 24 milhões a mais do que Minas Gerais. Determine o número aproximado de habitantes das populações desses estados em 2018.

Fonte de consulta: IBGE. *População*. Disponível em: <https://ww2.ibge.gov.br/apps/populacao/projecao/>. Acesso em: 25 jun. 2018.

Minas Gerais e São Paulo

Fonte: IBGE. *Atlas geográfico escolar*. 7. ed. Rio de Janeiro, 2016.

90 O dono de uma loja resolveu fazer uma promoção na venda de geladeiras, fogões e televisores.

Nessa situação, o preço a pagar por qualquer produto pode ser representado pela expressão algébrica $100 + 5p$, na qual a variável p indica o valor de cada prestação.

a) Ana vai comprar um fogão que custa R$ 450,00. Qual será o valor de cada prestação?

b) Paulo comprou uma geladeira. Ele pagou R$ 100,00 em cada prestação. Qual foi o preço da geladeira?

CONEXÕES

A Matemática, as guerras e os códigos

As imagens desta página não estão representadas em proporção.

Criptografia: conjunto de técnicas empregadas para cifrar, codificar uma escrita.

De acordo com alguns historiadores a 1ª Guerra Mundial foi a "guerra dos químicos" enquanto a 2ª Guerra Mundial foi a "guerra dos físicos". Essa comparação é feita devido aos gases tóxicos (cloro, cianídrico e mostarda) que causaram a morte de milhares de soldados na 1ª Guerra Mundial, e às bombas atômicas que destruíram as cidades japonesas de Hiroshima e Nagasaki durante a 2ª Guerra Mundial. Contudo, muitos esquecem que a Matemática foi decisiva na vitória dos aliados contra os nazistas na 2ª Guerra.

Na 2ª Guerra Mundial, houve a disputa entre os **países do eixo** (Alemanha, Itália e o império japonês) e os **países aliados** ou, simplesmente, **aliados** (Estados Unidos, Reino Unido, União Soviética e outros).

Os alemães inventaram uma máquina eletromagnética, chamada Enigma, para codificar mensagens. Essa máquina era capaz de criptografar mensagens que seriam enviadas e, usando a chave, podia "traduzir" as mensagens. Dessa maneira, eles podiam enviar mensagens entre os nazistas sem correr o risco que os aliados conseguissem ler. Por esse motivo, era impossível descobrir onde os alemães iam atacar ou onde estavam os navios e submarinos deles apenas interceptando as mensagens que eles enviavam.

Giorgio Rossi/Shutterstock

Modelo de máquina Enigma usada na 2ª Guerra Mundial.

Os aliados perceberam que a Lógica matemática e a Teoria dos números poderiam ajudar a decifrar as mensagens dos alemães e resolveram criar uma máquina para essa finalidade.

Em 1940, o matemático e criptoanalista britânico Alan Turing (1912-1954) foi convocado pela Escola de Códigos e Cifras do Governo, na Inglaterra, para resolver esse problema. Ele e a equipe, depois de muitos esforços, criaram uma máquina capaz de traduzir as mensagens criptografadas pela Enigma, o aparelho dos alemães. Era um instrumento muito maior, mas capaz de cumprir a tarefa. Essa enorme engenhoca, chamada Colossus, predecessora dos computadores, foi decisiva no destino da guerra, pois os alemães não sabiam que as mensagens deles estavam sendo "descriptografadas". Por essa invenção, Alan Turing é considerado pelos cientistas atuais como um dos pioneiros no desenvolvimento dos computadores.

Album/Fine Art Images/Fotoarena

Alan Turing. Foto de 1930.

E você seria capaz de, usando a Matemática, criar um código e enviar mensagens criptografadas? Uma maneira bem simples é usarmos a aritmética do relógio. Imagine os números naturais dispostos em uma reta numerada.

0 1 2 3 4 5 6 7 8 9

Banco de imagens/Arquivo da editora

Depois, "enrolamos" a reta numerada formando uma circunferência. Nesse caso, vamos escolher que o número 4 coincida com o 0, o 5 com o 1, o 6 com 2, o 7 com o 3 e assim por diante. Veja como fica a circunferência numerada obtida.

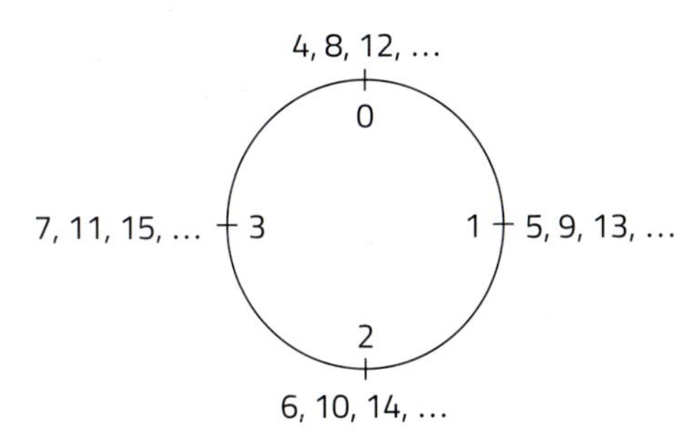

Banco de imagens/Arquivo da editora

Você se lembra de que, no relógio analógico, 3 horas e 15 horas estão assinaladas em um mesmo ponto do mostrador? Quando formos usar um número nas mensagens, vamos usar esse artifício.

Nessa aritmética, temos:

- $0 \equiv 4 \equiv 8 \equiv 12 \equiv \ldots$ (todos os números que divididos por 4 têm resto 0).
- $1 \equiv 5 \equiv 9 \equiv 13 \equiv \ldots$ (todos os números que divididos por 4 têm resto 1).
- $2 \equiv 6 \equiv 10 \equiv 14 \equiv \ldots$ (todos os números que divididos por 4 têm resto 2).
- $3 \equiv 7 \equiv 11 \equiv 15 \equiv \ldots$ (todos os números que divididos por 4 têm resto 3).

$0 \equiv 4 \equiv 8 \equiv 12 \equiv \ldots$
Lemos: zero é congruente a quatro, que é congruente a oito, que é congruente a doze.

E assim por diante.

Na aritmética usual, temos que $2 + 3 = 5$; já na aritmética do relógio 4, que acabamos de criar, $2 + 3 = 1$, pois o 5 é equivalente a 1. Este fato, a princípio, parece algo sem importância; mas esse artifício possibilitou não só a criação de códigos, como a capacidade de lidar com um espaço limitado de números, o que nos permite determinar soluções para equações muito complicadas.

Mas, e os códigos que pretendemos criar? Que tal criarmos também um relógio para as letras do alfabeto? Então, criemos a aritmética do relógio F.

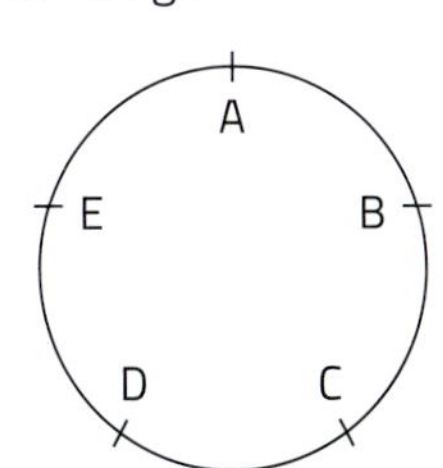

Banco de imagens/Arquivo da editora

De acordo com o alfabeto, temos:

- A ≡ F ≡ K ≡ P ≡ U ≡ Z
- B ≡ G ≡ L ≡ Q ≡ V
- C ≡ H ≡ M ≡ R ≡ W
- D ≡ I ≡ N ≡ S ≡ X
- E ≡ J ≡ O ≡ T ≡ Y

Fica relativamente fácil enviarmos uma mensagem cifrada com os códigos que acabamos de criar. Por exemplo, na mensagem:

"Os inimigos possuem 24 tanques, 15 navios, 41 aviões e 2 110 soldados."

Pode ser criptografada como:

"ED DDDCDBED AEDDAEC 0 EANBAD, 0 DABDED, 1 ABDEED E 2 DEBDADEE."

Mas, para traduzir essa mensagem, o receptor precisaria de uma máquina como a Colossus. Isso porque apesar de conhecermos a regra de transformação, como há 4 ou 5 possíveis letras para cada letra na mensagem criptografada e infinitos números para cada número na mensagem, as possibilidades de respostas seriam muitas. Por exemplo, o A, na mensagem criptografada, poderia representar o F ou K ou P ou U ou Y na mensagem real.

Fonte de consulta: SINGH, Simon. *Último Teorema de Fermat*. São Paulo: Edições Best Bolso, 2014.

Questões

1 Tente construir a aritmética do relógio 5 e a aritmética do relógio E e transmita estas mensagens.

a) Hoje é aniversário de Maria.

b) Pedro comeu 8 bananas.

2 Resolva as equações utilizando a aritmética do relógio 5.

a) $12x - 39 = 9$

b) $2(x - 4) - (x + 11) = 15$

4 Inequações

Relembre os sinais e o significado de cada um deles. Todos eles indicam **desigualdades**.

$>$ é maior do que

$\geqslant$ é maior do que ou igual a

$\neq$ é diferente de

$<$ é menor do que

$\leqslant$ é menor do que ou igual a

Esses sinais são utilizados quando queremos relacionar, por exemplo, 2 números ou 2 expressões que não são necessariamente iguais. Analise as situações a seguir expressas por meio de desigualdades.

Linguagem usual	Linguagem matemática
A quantia de Pedro (R$ 28,50) é maior do que a de Laura (R$ 25,00).	$28{,}5 > 25$
A medida de temperatura de -2 °C é menor do que a medida de $+1$ °C.	$-2 < +1$
O número x é maior do que ou igual a $5\frac{1}{2}$.	$x \geqslant 5\frac{1}{2}$
A soma dos números x e y é diferente de 8.	$x + y \neq 8$
O quadrado do número n é menor do que ou igual à terça parte dele.	$n^2 \leqslant \frac{n}{3}$

Dessas desigualdades, dizemos que $x \geqslant 5\frac{1}{2}$, $n^2 \leqslant \frac{n}{3}$ e $x + y \neq 8$ são **inequações**.

As imagens desta página não estão representadas em proporção.

Ilustrações: Thiago Neumann/ Arquivo da editora

Atividades

91 Observe as sentenças dadas e separe-as em 3 grupos: as equações, as inequações e as demais. Nas equações e nas inequações, escreva quantas incógnitas cada uma delas tem.

a) $x + y = 9$

b) $3x - 1 > 6$

c) $4y + x \geqslant 2x - 3$

d) $2 + 3 = 5$

e) $3n = 2(n - 5)$

f) $x^2 > 9$

g) $2x = y - 3$

h) $-2 + 3 > +5 - 5$

i) $5 - 3r \leqslant s + 9$

j) $x^2 + y^2 = z^2$

92 Um carro azul e um vermelho estão se locomovendo da cidade ***A*** para a cidade ***B*** conforme mostra esta figura.

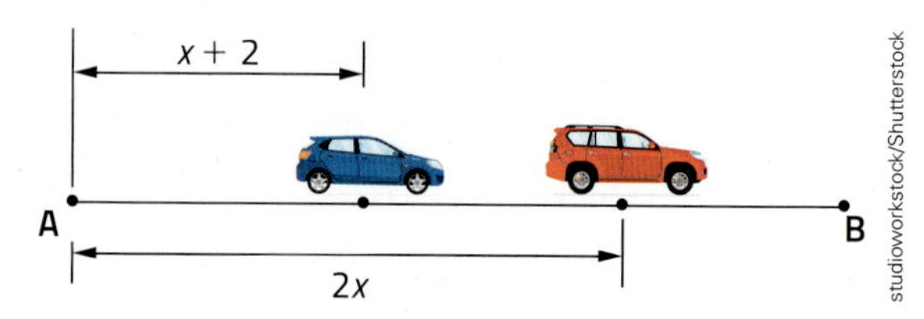

studioworkstock/Shutterstock

a) Qual desses carros já percorreu a distância de maior medida?

b) Indique essa situação por meio de uma desigualdade e responda: Essa desigualdade é uma inequação?

Inequações do 1º grau com 1 incógnita

Chamamos de **inequação do 1º grau com 1 incógnita** toda inequação que pode ser escrita em uma das seguintes formas: $ax > b$ ou $ax < b$ ou $ax \geqslant b$ ou $ax \leqslant b$, com $a \neq 0$.

Veja alguns exemplos.

- $5x \geqslant 7$ é inequação do 1º grau com 1 incógnita.
- $2 - 3x < 9$ é inequação do 1º grau com 1 incógnita.
- $\frac{x}{6} - 3 \leqslant \frac{x - 1}{3}$ é inequação do 1º grau com 1 incógnita.
- $2x^2 > 10$ não é inequação do 1º grau (o expoente de x é 2).
- $x + y > 15$ é inequação do 1º grau com 2 incógnitas (tem 2 incógnitas).

Soluções de uma inequação

Vamos analisar a inequação $2x > 6$.

Substituindo a incógnita x por 10, obtemos uma sentença verdadeira, pois $2 \cdot 10 = 20$ e $20 > 6$.

O mesmo acontece com o número 8, pois $2 \cdot 8 = 16$ e $16 > 6$.

Colocando 2 no lugar de x, obtemos uma sentença falsa, pois $2 \cdot 2 = 4$, e $4 > 6$ é uma sentença falsa.

Dizemos, então, que:

- 10 e 8 **são soluções** da inequação $2x > 6$.
- 2 **não é solução** da inequação $2x > 6$.

Resolver uma inequação é descobrir **todas** as soluções possíveis. No momento, vamos considerar apenas os números racionais.

Thiago Neumann/Arquivo da editora

Bate-papo

Converse com um colega e tentem encontrar outras soluções para essa inequação. Depois, pensem em mais um número racional que não é solução.

Você sabia que, nas inequações, também podemos chamar a parte antes ou depois do sinal de desigualdade de membro? Veja na lousa.

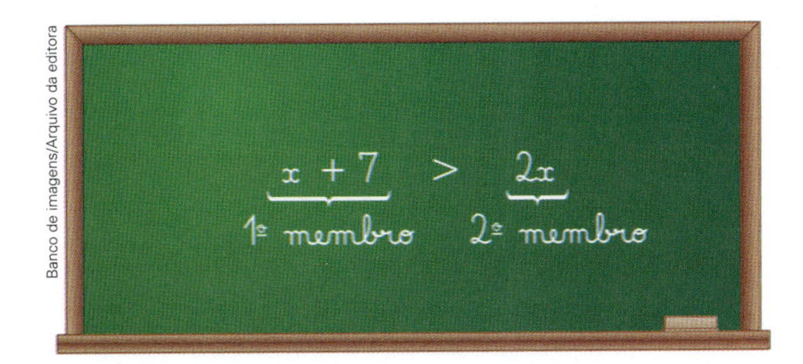

Banco de imagens/Arquivo da editora

Thiago Neumann/Arquivo da editora

Agora vamos resolver a inequação $x \leqslant 4$ considerando diferentes conjuntos numéricos.

- No conjunto dos números naturais $\mathbb{N} = \{0, 1, 2, 3, 4, 5, 6, 7, 8, 9, \dots\}$.

  Nesse caso, dizemos que o **conjunto solução *S*** dessa inequação, em $\mathbb{N}$, é $S = \{0, 1, 2, 3, 4\}$.

- No conjunto dos números inteiros $\mathbb{Z} = \{\dots, -3, -2, -1, 0, 1, 2, 3, \dots\}$.

  Essa mesma inequação tem como conjunto solução $S = \{\dots, -3, -2, -1, 0, 1, 2, 3, 4\}$.

- No conjunto dos números racionais $\mathbb{Q}$.

  O conjunto solução é $S = \{x \text{ racional, tal que } x \leqslant 4\}$. Escrevemos dessa maneira, pois não é possível enumerar **todos** os números racionais menores do que ou iguais a 4.

Atividades

93 Marque apenas as sentenças que são inequações do 1º grau com 1 incógnita.

a) $5x + 10 = x - 6$

b) $4x < 100$

c) $x^3 \leqslant 27$

d) $3x - 2 < 1$

e) $3(x - 4) \geqslant \frac{1}{2} + x$

f) $-2x > 10$

g) $-3x < 15$

h) $2x < -14$

94 Verifique se cada número é ou não solução da inequação $3x > 7$. Justifique suas respostas.

a) 4
c) 21
e) 0
b) 2
d) 2,5
f) $\frac{8}{3}$

95 Marque apenas as afirmações verdadeiras.

a) 5 é a única solução da inequação $x < 9$.

b) 5 é uma das soluções da inequação $x < 9$.

c) O conjunto solução da inequação $x < 9$ em $\mathbb{N}$ é dado por $S = \{0, 1, 2, 3, 4, 5, 6, 7, 8\}$.

d) 10 não é solução da inequação $x < 9$.

e) As soluções racionais da inequação $x < 9$ são os números racionais menores do que 9.

96 Com um colega, analise com atenção as perguntas. Vocês podem descobrir mentalmente as soluções das inequações.

a) Quais números naturais são soluções de $x > 3$?

b) Quais números inteiros são soluções de $2x \leqslant 6$?

c) Quais números racionais são soluções de $\frac{y}{3} > 5$?

d) Quais números naturais são soluções de $x < 7$?

e) Quais números naturais são soluções de $x < 0$?

f) Quais números inteiros são soluções de $x < 0$?

97 Quais destes números racionais são soluções da inequação $2x \geqslant 3$?

$1\frac{1}{2}$	-1	1,6
0	0,5	2

98 Escreva o conjunto solução da inequação $x > -3$ em cada conjunto numérico.

a) No conjunto dos números inteiros.

b) No conjunto dos números racionais.

99 Ronaldo tem 1 nota de R$ 10,00. Veja o preço de 2 produtos na lanchonete da escola onde ele estuda.

Pão de queijo	R$ 3,00
Barra de cereal	R$ 4,50

a) Quantos pães de queijo ele pode comprar gastando menos de R$ 10,00?

b) Sendo x o número de pães de queijo, qual inequação representa a situação do item **a**?

c) E quantas barras de cereal Ronaldo pode comprar gastando menos do que a quantia que ele tem? Sendo y o número de barras de cereal, qual inequação representa essa situação?

d) Ronaldo decidiu comprar 1 chocolate, que custa R$ 1,50, e alguns pães de queijo. Quantos pães de queijo ele pode comprar? Qual é a inequação correspondente a essa situação?

100 **Desafio.** Escreva o conjunto das soluções da inequação $2x + 3 \leqslant 23$ no conjunto dos números inteiros.

Princípio aditivo das desigualdades do tipo < ou >

Observe e procure descobrir o que acontece quando adicionamos um mesmo número aos 2 membros de uma desigualdade do tipo < ou >.

$$8 > 5 \qquad \underbrace{8 + 3}_{11} > \underbrace{5 + 3}_{8}$$

$$-4 < 2 \qquad \underbrace{-4 + (-5)}_{-9} < \underbrace{2 + (-5)}_{-3}$$

$$-3 > -7 \qquad \underbrace{-3 - 2}_{-5} > \underbrace{-7 - 2}_{-9}$$

$$0 > -1 \qquad \underbrace{0 + 3{,}5}_{3{,}5} > \underbrace{-1 + 3{,}5}_{2{,}5}$$

Esses exemplos mostram o princípio aditivo das desigualdades do tipo < ou >.

Adicionando um mesmo número aos 2 membros de uma desigualdade do tipo < ou >, a desigualdade permanece a mesma.

Princípio multiplicativo das desigualdades do tipo < ou >

Agora, observe e procure descobrir o que acontece quando multiplicamos pelo mesmo número os 2 membros de uma desigualdade do tipo < ou >.

$$2{,}1 > 0{,}25 \qquad \underbrace{2{,}1 \cdot 1{,}1}_{2{,}31} > \underbrace{0{,}25 \cdot 1{,}1}_{0{,}275}$$

$$4 < 7 \qquad \underbrace{4 \cdot (-2)}_{-8} > \underbrace{7 \cdot (-2)}_{-14}$$

$$-10 < -4 \qquad \underbrace{(-10) \cdot (-2)}_{+20} > \underbrace{(-4) \cdot (-2)}_{+8}$$

$$3 < 9 \qquad \underbrace{3 \cdot 0}_{0} = \underbrace{9 \cdot 0}_{0}$$

Os exemplos mostram o princípio multiplicativo das desigualdades do tipo < ou >.

- Multiplicando os 2 membros de uma dessas desigualdades pelo mesmo número positivo, a desigualdade permanece a mesma.
- Multiplicando os 2 membros de uma dessas desigualdades pelo mesmo número negativo, a desigualdade fica invertida.
- Multiplicando os 2 membros de uma dessas desigualdades por 0 (zero), passamos a ter a igualdade 0 = 0.

Atividade

101 › Complete cada frase com um dos sinais =, <, >, ⩽ ou ⩾. Use o princípio aditivo e o princípio multiplicativo da igualdade e das desigualdades.

a) Se $a = 5$, então $-3a$ _____ $(-3) \cdot 5$.

b) Se $x < 7$, então $-2x$ _____ $(-2) \cdot 7$.

c) Se $p = 2$, então $p + 0$ _____ $2 + 0$.

d) Se $3y \geqslant 5$, então $6y$ _____ 10.

e) Se $5a > 9$, então $0 \cdot 5a$ _____ $0 \cdot 9$.

f) Se $\frac{x}{3} \leqslant 12$, então $3 \cdot \frac{x}{3}$ _____ $3 \cdot 12$.

Resolução de inequações do 1º grau com 1 incógnita

Analise os exemplos com atenção.

- $-3 - 2x < 11$
  $\cancel{-3} - 2x \cancel{+3} < 11 + 3$ — Adicionamos 3 aos 2 membros.
  $-2x < 14$
  $2x > -14$ — Atenção! Multiplicamos os 2 membros por -1, que é negativo. Logo, invertemos o sinal da desigualdade.
  $\frac{2x}{2} > \frac{-14}{2}$ — Multiplicamos os 2 membros por $\frac{1}{2}$, ou seja, dividimos por 2.
  $x > -7$

Logo, as soluções dessa inequação são todos os números racionais maiores do que -7.

- $3 - 5(4 - x) \leqslant x + (-1 + 2x)$
  $3 - 20 + 5x \leqslant x - 1 + 2x$
  $+5x - 1x - 2x \leqslant -1 - 3 + 20$
  $+2x \leqslant +16$
  $\frac{2x}{2} \leqslant \frac{16}{2}$
  $x \leqslant 8$

Raiz ou solução dessa inequação: todo número racional menor do que ou igual a 8.

Atividades

102 Determine as soluções racionais de cada inequação.

a) $\frac{x}{4} - 1 > \frac{5}{6}$

b) $8 - (2x - 4) < x + 9$

c) $4x - 3 \leqslant 1 + x - 4$

d) $-2(x - 5) > 1$

e) $\frac{2(x - 2)}{5} > \frac{x + 2}{2}$

f) $5(3x - 2) < 0$

g) $\frac{y}{7} - \frac{y}{2} > 1 - 2(y - 1)$

h) $\frac{x}{15} < \frac{x}{\frac{3}{5}} + 1$

i) $4 - 5m > 0{,}3m - \frac{m}{2}$

103 Em um retângulo, a medida de comprimento da altura é de 4 cm a menos do que a medida de comprimento da base. Determine as possíveis medidas de comprimento inteiras da base, em centímetros, para que a medida de perímetro seja menor do que 20 cm.

104 Descubra os números x pertencentes ao conjunto dos números naturais em cada caso.

a) A expressão $3x - 1$ tem valor numérico maior do que o valor da expressão $x + 5$.

b) A expressão $4(2 - x)$ tem valor numérico positivo.

c) A expressão $5(x + 1)$ tem valor numérico igual a 0.

105 Verifique quais dos valores dados são soluções da inequação $\frac{5 - x}{6} + \frac{x - 2}{3} > \frac{x - 1}{2}$.

a) $x = 1$

b) $x = 0$

c) $x = 2$

d) $x = 4{,}\overline{4}$

e) $x = \frac{9}{5}$

f) $x = \frac{7}{3}$

CONEXÕES

A área verde nas cidades

A área verde de uma cidade é composta por regiões grandes ou pequenas de vegetação ou com árvores. Geralmente, parques e praças já se enquadram nessa categoria.

A cidade ideal seria aquela em que, em média, cada habitante pudesse dispor de no mínimo 12 m² de medida de área verde, conforme recomendação da Organização Mundial de Saúde (OMS). No entanto, a medida de área adequada, de acordo com a OMS, é de 36 m².

Esse é um exemplo de uma situação que pode ser expressa por uma desigualdade. Considerando A_V a medida de área, em m², da chamada área verde de uma cidade e x o número de habitantes dessa cidade, devemos ter:

$$\frac{A_V}{x} \geqslant 12 \text{ ou } A_V \geqslant 12x$$

No mundo, uma cidade que é exemplo nesse aspecto é Estocolmo (Suécia). Lá, cada habitante dispõe de 86 m² de área verde! Isso é equivalente a 3 árvores por morador.

Edijs Volcjoks/Shutterstock

Estocolmo (Suécia). Foto de 2018.

As árvores produzem oxigênio; dessa maneira, quanto mais arborizada for uma cidade, melhor é a qualidade do ar. Além disso, outra vantagem que a vegetação traz é a maior permeabilidade do solo, o que ajuda a diminuir o risco de enchentes em outras regiões da cidade.

Fonte de consulta: GAZETA DO POVO. *Vida e cidadania*. Disponível em: <https://www.gazetadopovo.com.br/vida-e-cidadania/futuro-das-cidades/uma-arvore-por-habitante-a-recomendacao-minima-da-oms-para-as-cidades-622ch9afm4rimh3ol1w9j8ikn/>. Acesso em: 8 fev. 2019.

Questões

1. De acordo com o censo de 2010, a cidade de Curitiba (PR) tem área verde com medida de área de aproximadamente 97 000 000 m². Sabendo que o número de habitantes da população indicado no censo de 2010 é 1 751 907, calcule se Curitiba satisfazia a recomendação da OMS.
2. Indique pelo menos 2 utilidades de parques, bosques e praças, além das citadas no texto. Compare sua resposta com a dos colegas.
3. Procure saber se na cidade onde você mora a área verde é suficiente ou não, de acordo com os parâmetros da OMS.

Revisando seus conhecimentos

1 Joaquim repartiu R$ 65,00 entre os 3 filhos, Paulo, João e Lauro, de modo que Paulo ficou com a metade da quantia de João e Lauro ficou com $\frac{2}{3}$ da quantia de João. Quanto cada um recebeu?

2 Considere s o saldo bancário atual da conta de Reinaldo. Represente simbolicamente o novo saldo da conta nas situações descritas.

a) Se houver um depósito de R$ 30,00.
b) Se houver uma retirada de 60 reais.
c) Se o saldo atual triplicar.
d) Se o saldo atual dobrar e, em seguida, houver uma retirada de R$ 50,00.
e) Se houver uma retirada de R$ 50,00 e depois o saldo dobrar.
f) Se ficar a metade do saldo atual.
g) Se ficar 75% do saldo atual.
h) Se houver um depósito de R$ 90,00 e uma retirada de R$ 30,00.

3 Em determinado ano, na cidade de Cuiabá, no Mato Grosso, a bandeirada de táxi custava R$ 4,80, e o quilômetro rodado custava R$ 2,82. A expressão algébrica que indica o valor a ser pago por uma corrida de x quilômetros é:

a) $4{,}80 - 2{,}82x$.
b) $4{,}80 \cdot 2{,}82x$.
c) $4{,}80 : 2{,}82x$.
d) $4{,}80 + 2{,}82x$.

4 Em um prisma, o número de vértices corresponde a $\frac{2}{3}$ do número de arestas. Sabendo que o número de faces é igual a 7, determine o número de vértices e o número de arestas do prisma.

5 Veja os exemplos de sequências numéricas e fórmulas.

- 0, 6, 12, 18, 24, 30, 36, 42, ...
  Fórmula do termo geral: $a_n = 6(n - 1)$ para $n = 1, 2, 3, \ldots$
- 1, 3, 5, 7, 9, 11, 13, 15, ...
  Fórmula de recursividade: $a_1 = 1$ e $a_n = a_{n-1} + 2$, para $n = 2, 3, 4 \ldots$

Descubra uma regularidade em cada sequência dada a seguir e escreva uma fórmula do termo geral (itens **a** e **b**) ou uma fórmula de recorrência (itens **c** e **d**). Depois, calcule os próximos 2 termos da sequência.

a) 0, 5, 10, 15, 20, 25, ____, ____, ...

b) 1, 6, 11, 16, 21, 26, ____, ____, ...

c) 2, 7, 12, 17, 22, 27, ____, ____, ...

d) 1, 5, 9, 13, 17, 21, ____, ____, ...

6 Qual destas equações não tem o número -3 como solução?

a) $x + 5 = 2$
b) $-2x = 6$
c) $4 - x = 7$
d) $\frac{x}{3} = 1$

7 Indique as afirmações que são verdadeiras.

a) Todo número natural é inteiro.
b) Todo número inteiro é racional.
c) Existe número natural que não é racional.

8 Sabendo que a diferença entre a metade de um número e 5 é igual a 4, determine qual número é esse.

9 **Medida de intervalo de tempo.**

a) Descubra a regularidade e complete-a.

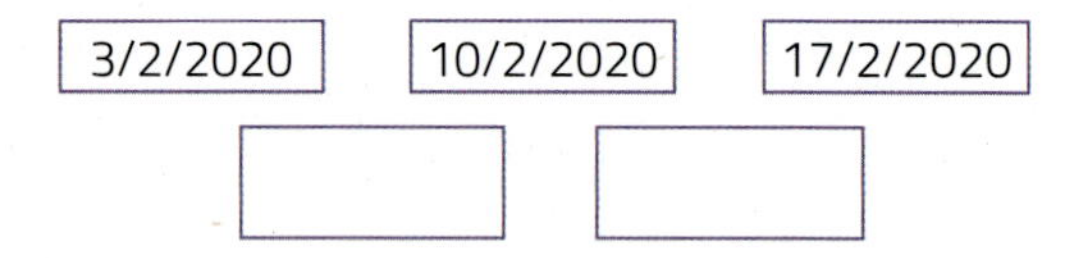

b) Forme uma sequência de 5 termos, na qual o 1º termo é o dia 8/1/2020, e cada termo, a partir do 2º termo, indica 3 dias antes do termo anterior.

10 Um tijolo pesa 1 kg mais meio tijolo. Quanto pesa um tijolo e meio?

a) Analise as imagens e resolva a atividade sem usar equação.

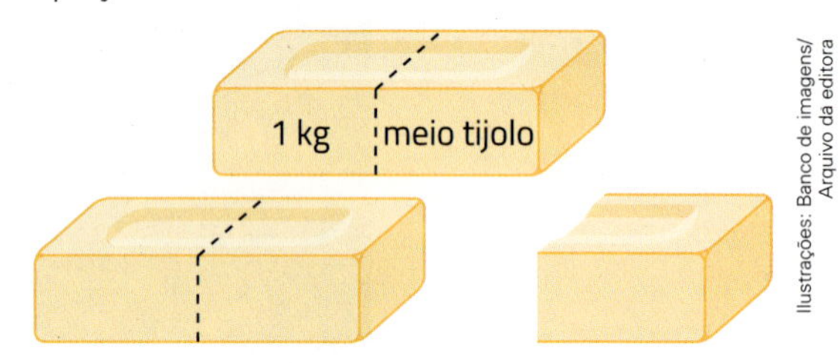

Ilustrações: Banco de imagens/Arquivo da editora

b) Agora, resolva a atividade usando equação. (Sugestão: chame de x o "peso" de um tijolo.)

Bate-papo

Adivinhando o número

Você já tentou adivinhar um número que alguém estava pensando? Peça a um colega que pense em um número de 1 a 20 e tente adivinhar o número em que ele está pensando. Para isso, peça a ele que:

- subtraia 1 desse número;
- dobre o resultado;
- some ao resultado o número que ele pensou;
- diga o resultado que obteve.

Para adivinhar o número, some 2 ao resultado fornecido e, em seguida, divida o valor obtido por 3. Esse número foi o que o colega pensou inicialmente.

Teste o procedimento algumas vezes e depois tentem descobrir por que ele funciona. Para cada etapa monte uma expressão algébrica.

11 › A expressão algébrica $3 \cdot V + 1 \cdot E + 0 \cdot D$ indica a pontuação de uma equipe em um campeonato de futebol, sendo V o número de vitórias, E o de empates e D o de derrotas.

a) Converse com os colegas e procurem justificar a expressão algébrica dada.

b) Em um campeonato, a equipe Azul teve 4 vitórias, 5 empates e 1 derrota e a equipe Verde teve 5 vitórias, 2 empates e 3 derrotas. Qual dessas equipes obteve mais pontos?

c) Em um torneio de futebol, a equipe de Paulo teve 3 empates e 4 derrotas e um total de 18 pontos. Qual foi o número de vitórias e qual foi o número total de jogos dessa equipe?

12 › Uma das regras de um jogo estabelece que o número mínimo de participantes é 5 e o número máximo é 10.

Rodrigo Pascoal/Arquivo da editora

As imagens desta página não estão representadas em proporção.

Outra regra estabelece que 120 fichas devem ser distribuídas igualmente entre os participantes, de modo que todas sejam usadas.

De acordo com essas 2 regras, qual pode ser o número de participantes?

13 › Veja a página de um livro representada em escala.

Paulo Manzi/Arquivo da editora

Representação da página de um livro.

a) Sabendo que a medida de comprimento da largura real dessa página é de 24 cm, qual foi a escala usada no desenho?

b) Usando o desenho e a escala, qual é a medida de comprimento da altura real dessa página?

c) Se quisermos fazer outra representação desta página, com 12 cm de medida de comprimento da largura, então qual será a medida de comprimento da altura?

14 › Conexões. Um pouco sobre a história das expressões algébricas.

Como você estudou ao longo do capítulo, o uso da linguagem algébrica nos permite fazer várias generalizações. O advogado e matemático francês François Viète (1540-1603) foi um dos principais responsáveis pelo desenvolvimento da linguagem algébrica, no século XVII.

Album /akg-images/Fotoarena/ Arquivo de coleção de arte e história, Berlim

François Viète, 1540. Autor desconhecido. Retrato gravado em madeira, 14,2 cm × 21,3 cm.

Além dele, vários estudiosos também desenvolveram outras notações que utilizavam letras para representar números desconhecidos. Observe como alguns importantes matemáticos dessa época escreviam a seguinte expressão:

A soma do quíntuplo do cubo de um número com o sétuplo do quadrado de outro número.

Linguagem algébrica

Ano	Autor	Característica	Escrita
1620	Thomas Harriot	Produto de fatores iguais.	$5aaa + 7bb$
1634	Pierre Hérigone	Número, letra e expoente.	$5a3 + 7b2$
1636	James Hume	Expoentes escritos com algarismos romanos.	$5a^{\text{III}} + 7b^{\text{II}}$
1637	René Descartes	Expoentes escritos com algarismos indo-arábicos.	$5a^3 + 7b^2$

Fontes de consulta: SÓ MATEMÁTICA. *Biografia*. Disponível em: <https://www.somatematica.com.br/biograf/francois.php>; ECALCULO. *História*. Disponível em: <http://ecalculo.if.usp.br/historia/viete.htm>. Acesso em: 17 out. 2018.

Escreva as expressões a seguir usando as 4 maneiras de representação mostradas na tabela.

a) A metade do quadrado de um número.

b) A diferença entre a quarta potência de um número e o dobro do cubo de outro número.

c) Crie uma notação diferente das que foram apresentadas e descreva as características dela. Use essa notação para escrever a expressão citada antes da tabela e as expressões dos itens **a** e **b**. Por fim, apresente para a turma.

Testes oficiais

1 **(Saresp)** Considere esta sequência:

2, 6, 10, 14, 18, 22, ..., n, ...

O número que vem imediatamente depois de n pode ser representado por:

a) $n + 1$.
b) $n + 4$.
c) 23.
d) $4n - 2$.

2 **(Saeb)** O resultado da expressão $2x^2 - 3x + 10$, para $x = -2$, é:

a) -4.
b) 0.
c) 12.
d) 24.

3 **(Saresp)** A tabela abaixo mostra o número de horas que Lúcia assiste à televisão em relação ao número de dias.

Número de horas (h)	3	6	15	18
Número de dias (d)	1,0	2,0	5,0	6,0

Indica-se por h o número de horas, e por d o número de dias. A sentença algébrica que relaciona, de forma correta, as duas grandezas é:

a) $d = h - 2$.
b) $d = h \cdot 3$.
c) $h : 3 = d$.
d) $h - 3 = d$.

4 **(Saeb)** Uma prefeitura aplicou R$ 850 mil na construção de 3 creches e um parque infantil. O custo de cada creche foi de R$ 250 mil.

A equação que representa o custo do parque, em mil reais, é:

a) $x + 850 = 250$.
b) $x - 580 = 750$.
c) $x + 250 = 850$.
d) $x + 750 = 850$.

5 **(Obmep)** Rita tem R$ 13,37 em moedas de 1 centavo, de 5 centavos, de 10 centavos, de 25 centavos, de 50 centavos e de 1 real. Ela tem a mesma quantidade de moedas de cada valor. Quantas moedas ela tem no total?

a) 24
b) 30
c) 36
d) 42
e) 48

6 **(Obmep)** A soma de três números inteiros consecutivos é igual a 90. Qual é o maior destes três números?

a) 21
b) 28
c) 29
d) 31
e) 32

7 **(Obmep)** Um queijo foi partido em quatro pedaços de mesmo peso. Três desses pedaços pesam o mesmo que um pedaço mais um peso de 0,8 kg.

Reprodução/Obmep, 2011

As imagens desta página não estão representadas em proporção.

Qual era o peso do queijo inteiro?

a) 1,2 kg
b) 1,5 kg
c) 1,6 kg
d) 1,8 kg
e) 2,4 kg

8 **(Obmep)** Margarida viu no quadro-negro algumas anotações da aula anterior, um pouco apagadas, conforme mostra a figura.

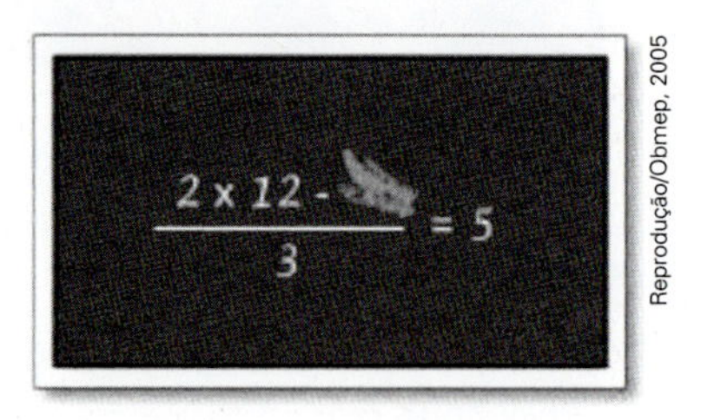

Reprodução/Obmep, 2005

Qual é o número que foi apagado?

a) 9
b) 10
c) 12
d) 13
e) 15

9 **(Obmep)** No início de janeiro de 2006, Tina formou com colegas um grupo para resolver problemas de Matemática. Eles estudaram muito e por isso, a cada mês, conseguiam resolver o dobro do número de problemas resolvidos no mês anterior. No fim de junho de 2006 o grupo havia resolvido um total de 1 134 problemas.

Reprodução/Obmep, 2006

Quantos problemas o grupo resolveu em janeiro?

a) 12
b) 18
c) 20
d) 24
e) 36

Questões de vestibulares e Enem

10 ▸ **(Ifal)** Determine o valor da raiz da equação $3x + 5 = 2$.

a) 2
b) 1
c) 0
d) -1
e) -2

11 ▸ **(Uece)** O valor de x que é a solução da equação $\frac{x-2}{3} + 11 = \frac{x-3}{2} + x$ satisfaz a desigualdade:

a) $x < -6$.
b) $-3 < x < 2$.
c) $3 < x < 9$.
d) $x > 10$.

12 ▸ **(IFBA)** Sendo x a solução da equação

$\frac{x+4}{6} + \frac{2x-3}{2} = 1$, então o valor correspondente ao valor de E na equação $E = 49x$ é:

a) 7.
b) 11.
c) $\frac{11}{7}$.
d) 111.
e) 77.

13 ▸ **(IFSC)** Considerando a equação $-5(3x-8) = -45$, é correto afirmar que ela é equivalente a:

a) $-8x - 32 = 0$.
b) $-15x + 5 = 0$.
c) $-8x - 58 = 0$.
d) $-15x + 85 = 0$.
e) $-15x - 53 = 0$.

14 ▸ **(Ifal)** Sabendo que "a" é a solução da equação $\frac{x}{3} + \frac{2}{3} = \frac{3x}{2} - 11$, assinale a alternativa certa.

a) "a" é um número menor que zero.
b) "a" é um número primo.
c) "a" é um número maior que 10.
d) "a" é um número entre 9 e 11.
e) "a" é uma fração própria.

15 ▸ **(Ifal)** Sabendo que a soma de um número "x" com sua terça parte é igual a 36, marque a alternativa verdadeira.

a) x é par.
b) x é primo.
c) x é divisor de 9.
d) x é múltiplo de 3.
e) x é igual a 9.

16 ▸ **(IFBA)** O professor Joaquim avisou a um grupo de alunos que, quando os encontrasse novamente, adivinharia o número de alunos deste grupo, sem olhar, e eles teriam que pagar o lanche do professor. Certo dia, na hora do recreio, o professor Joaquim gritou lá de dentro sala:

– Olá, meus queridos vinte e sete alunos!

Um deles respondeu:

– Professor, nós não somos vinte e sete. Nós, metade de nós, um oitavo de nós, e vós, professor, é que somos vinte e sete.

De acordo com a conversa, a quantidade de alunos no pátio era um número:

a) divisor de oito.
b) múltiplo de três.
c) múltiplo de sete.
d) múltiplo de cinco.
e) quadrado perfeito.

17 ▸ **(IFPE)** Um pai percebeu que a soma da sua idade com a idade de seu filho totalizava 52 anos. Sabendo que a idade do pai é 12 vezes a idade do filho, assinale a alternativa que indica quantos anos o pai é mais velho do que o filho.

a) 36 anos.
b) 40 anos.
c) 34 anos.
d) 44 anos.
e) 24 anos.

18 ▸ **(Enem)** O gerente de um estacionamento, próximo a um grande aeroporto, sabe que um passageiro que utiliza seu carro nos traslados casa-aeroporto-casa gasta cerca de R$ 10,00 em combustível nesse trajeto. Ele sabe, também, que um passageiro que não utiliza seu carro nos traslados casa-aeroporto-casa gasta cerca de R$ 80,00 com transporte.

Suponha que os passageiros que utilizam seus próprios veículos deixem seus carros nesse estacionamento por um período de dois dias.

Para tornar atrativo a esses passageiros o uso do estacionamento, o valor, em real, cobrado por dia de estacionamento deve ser, no máximo, de:

a) R$ 35,00.
b) R$ 40,00.
c) R$ 45,00.
d) R$ 70,00.
e) R$ 90,00.

VERIFIQUE O QUE ESTUDOU

1 Considere que x representa um número natural. Escreva a expressão algébrica que representa:

a) o quádruplo desse número;

b) o antecessor desse número;

c) a metade desse número mais 4;

d) o triplo do sucessor desse número;

e) a diferença entre o dobro e a terça parte desse número.

2 Escreva uma expressão algébrica e peça a um colega que determine uma expressão equivalente a ela. Você faz o mesmo com a expressão que ele escreveu. Depois, calculem o valor numérico de cada expressão algébrica equivalente para os mesmos valores das variáveis.

3 Desenhe uma região poligonal e indique as medidas de comprimento dos lados com letras. Depois, escreva uma expressão algébrica que represente a medida de perímetro da região e outra que represente a medida de área.

4 Identifique mentalmente e registre as equações que são do 1º grau com 1 incógnita.

a) $3x + 1 = 9$

b) $x + 2y = 6$

c) $3x^2 = 27$

d) $\frac{x}{2} = x - 6$

5 A idade de um pai é o quádruplo da idade do filho. Depois de 5 anos, a idade do pai será o triplo da idade do filho. Qual é a idade atual de cada um?

6 Qual item tem uma equação que tem o número 4 como solução?

a) $3x = 12$

b) $7 - x = x - 1$

c) $2x - 1 = 7$

d) $3(x - 2) = 6$

7 Represente as situações com uma equação.

a) O dobro do preço de um caderno mais R$ 4,00 é igual a R$ 10,00.

b) O triplo da idade de Elisa menos 5 é igual a13 anos.

c) O quádruplo da medida de comprimento do lado de um quadrado é igual a 20 cm.

d) A medida de perímetro deste triângulo é igual a 20 cm.

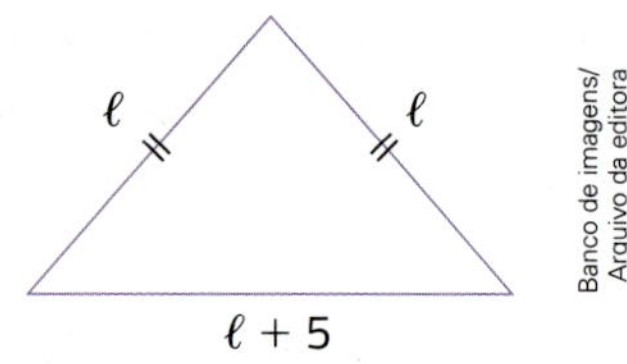

Banco de imagens/Arquivo da editora

8 Crie uma situação-problema que possa ser resolvida por uma equação do 1º grau com 1 incógnita. Dê para um colega resolver e resolva a dele.

9 Resolva esta atividade com um colega.

As quantidades de bolinhas das figuras formam uma sequência de números chamados números triangulares.

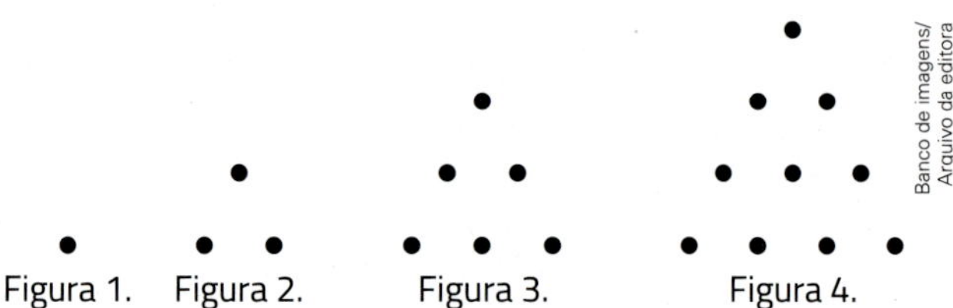

Banco de imagens/Arquivo da editora

a) Quantas bolinhas a próxima figura terá?

b) Qual é a fórmula do termo geral dessa sequência, ou seja, a fórmula que fornece o número de bolinhas a_n de uma figura n qualquer?

c) Utilizando essa fórmula, determine quantas bolinhas a figura 20 dessa sequência terá.

10 Uma escola de pintura para crianças cobra uma taxa de inscrição de R$ 70,00 e mensalidade de R$ 50,00. Com R$ 400,00, qual é o número máximo de meses completos que um aluno pode frequentar essa escola?

Atenção

Retome os assuntos que você estudou neste capítulo. Verifique em quais teve dificuldade e converse com o professor, buscando maneiras de reforçar seu aprendizado.

Autoavaliação

Algumas atitudes e reflexões são fundamentais para melhorar o aprendizado e a convivência na escola. Reflita sobre elas.

- Participei das atividades propostas, contribuindo com o professor e os colegas para melhorar a qualidade das aulas?
- Esforcei-me para realizar as leituras do livro com atenção e para resolver as atividades propostas?
- Estou atento a erros cometidos e procuro sempre sanar as dúvidas com os colegas e com o professor?
- Converso com os professores sempre que percebo haver ausência de motivação para a aprendizagem?
- Ampliei meus conhecimentos em linguagens algébricas e em sequências?

PARA LER, PENSAR E DIVERTIR-SE

Ler

Por que não se pode dividir por zero?

Imagine a seguinte situação: Se tivermos 10 maçãs para dividir por zero pessoas, então quantas maçãs cada pessoa recebe? Como a própria pergunta não faz sentido (ora, quem irá querer dividir 10 maçãs com ninguém?), fica claro que esse cálculo também não faz sentido.

Do ponto de vista matemático, a divisão pode ser vista como um conjunto de sucessivas subtrações. Por exemplo, se tivermos 10 para dividir por 2, podemos começar pelo número 10 e subtrair sucessivamente o 2. Conseguimos fazer essa subtração 5 vezes e resta 0. Logo, 10 dividido por 2 é igual a 5 e resto 0. Retomando o exemplo das maçãs, se ao número 10 subtrairmos sucessivamente o 0, teremos sempre o resultado 10, mesmo que essa subtração seja repetida infinitas vezes.

Ainda no campo da Matemática, a divisão é a operação inversa da multiplicação. Por esse motivo, quando dividimos 10 por 2, estamos querendo descobrir qual número, ao ser multiplicado por 2, resulta em 10. Mas ao tentar dividir o número 10 por 0, percebemos que não é possível realizar a operação já que não existe nenhum número que, quando multiplicado por 0, resulte em 10.

Pensar

Agora é com você! Já vimos que não podemos dividir 10 por 0; mas conseguimos dividir 0 por 10? Se sim, então qual é o resultado? Justifique.

Divertir-se

Observe esta imagem e responda bem rápido: Qual é o número da vaga em que o carro está estacionado?

Murilo Moretti/Arquivo da editora

CAPÍTULO

5 Geometria: circunferência, ângulo e polígono

Alamy/Fotoarena

Fachada da torre do Banco da China, em Hong Kong. Foto de 2017.

Muitos arranha-céus impressionam não apenas pela grandiosidade, mas também pela arquitetura. Um exemplo disso é a torre do Banco da China, em Hong Kong.

Na foto da fachada da torre, na página anterior, podemos identificar diferentes figuras geométricas, como segmentos de reta, ângulos retos, ângulos agudos e polígonos.

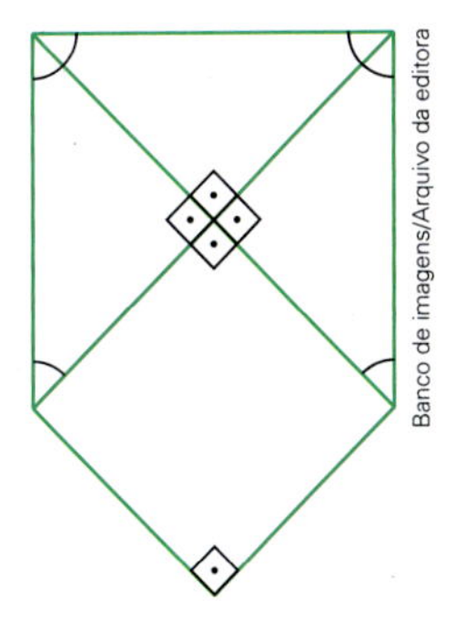
Banco de imagens/Arquivo da editora

Neste capítulo vamos retomar o estudo dos ângulos, com especial atenção aos ângulos em polígonos, em regiões poligonais e em retas paralelas cortadas por uma transversal. Vamos também retomar o estudo da circunferência.

Veja a seguir algumas imagens relacionadas a esses assuntos.

Review News/Shutterstock

Torre de Pisa, na Itália. Foto de 2018.

Dmitry Kalinovsky/Shutterstock/Glow images

Guindaste.

As imagens desta página não estão representadas em proporção.

R-photos/Shutterstock/Glow images

Trevo.

Converse com os colegas sobre as seguintes questões.

1 Na figura que representa detalhes da fachada da torre do Banco da China, onde aparece:

a) um ângulo reto?

b) um quadrado?

c) um triângulo?

d) um ângulo com medida de abertura menor do que a de um ângulo reto?

2 Como são os ângulos destacados nas fotos do trevo, do guindaste e da torre de Pisa?

1 Circunferência e círculo

Observe estas fotos e as figuras geométricas.

Clive Stewart/Gallo Images/Getty Images

Eduardo está segurando uma bola que tem a forma de uma esfera.

Sérgio Dotta Jr./Arquivo da editora

Regina está segurando um objeto com a forma de um cilindro. A face que está apoiada na palma da mão dela lembra um círculo.

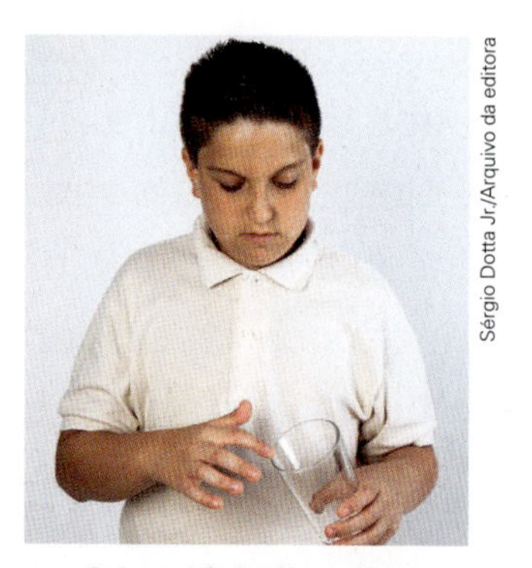
Sérgio Dotta Jr./Arquivo da editora

Caio está deslizando o dedo pela borda de um copo. Essa borda lembra a forma de uma circunferência.

Ilustrações: Banco de imagens/Arquivo da editora

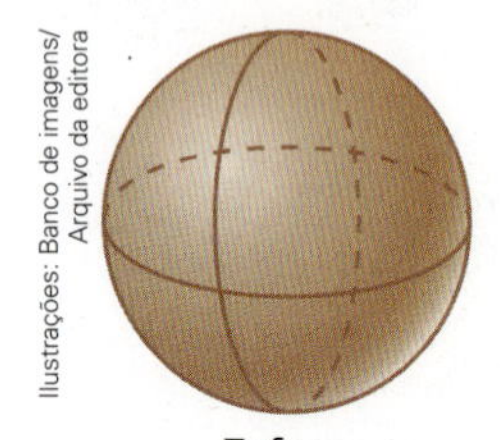
Esfera.

Círculo ou região circular.

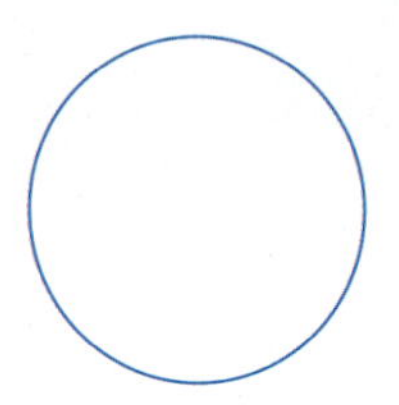
Circunferência.

Você já estudou vários assuntos relacionados à circunferência. Procure recordar esse estudo ao ler as informações.

Uma **circunferência** é a figura geométrica formada por todos os pontos do plano cuja medida de distância a um ponto do mesmo plano (**centro**) é sempre a mesma.
Observe que o centro não faz parte da circunferência.

Todo segmento de reta que liga um ponto da circunferência ao centro dela é chamado de **raio** da circunferência. Todos os raios de uma mesma circunferência têm a mesma medida de comprimento.

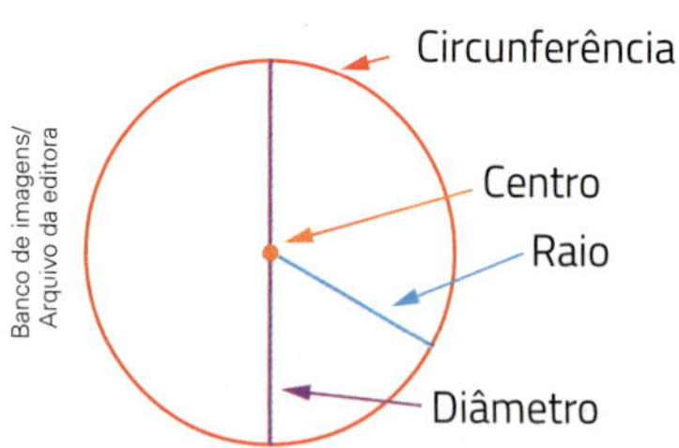

Banco de imagens/Arquivo da editora

As imagens desta página não estão representadas em proporção.

Círculo é a região plana limitada por uma circunferência.

Todo segmento de reta que liga 2 pontos da circunferência e passa pelo centro dela é chamado de **diâmetro** da circunferência.

Perceba que a medida de comprimento de todos os diâmetros de uma circunferência é o dobro da medida de comprimento dos raios.

Ilustrações: Thiago Neumann/Arquivo da editora

Construção de circunferências

As imagens desta página não estão representadas em proporção.

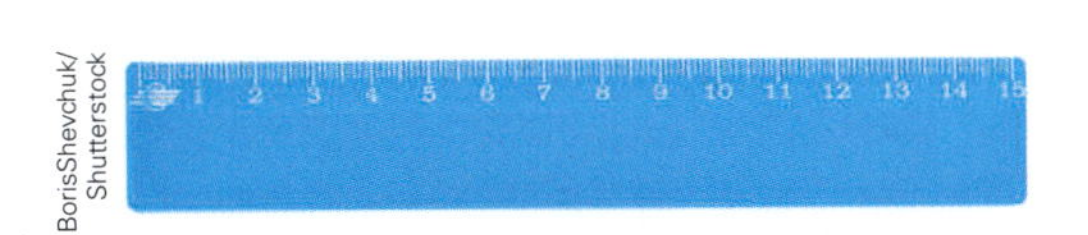

Régua graduada.

Esquadro.

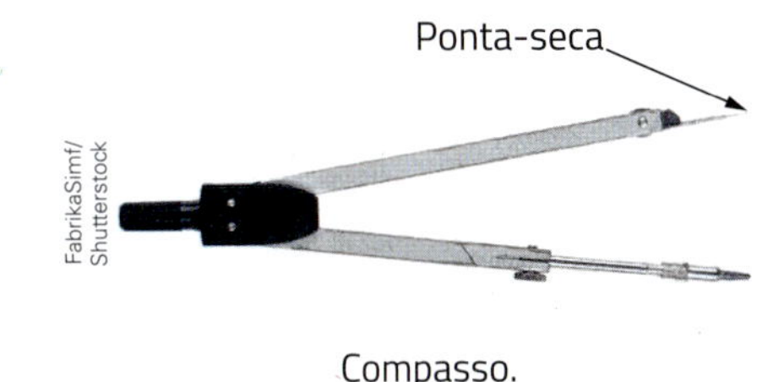

Compasso.

Observe a roda de uma bicicleta.

O aro da roda nos dá a ideia de circunferência e todos os raios dela têm medidas de comprimento iguais. Vamos recordar como devemos proceder para traçar uma circunferência usando um compasso.

Colocamos a ponta-seca do compasso em um ponto, que será o centro da circunferência, e damos uma volta completa com a outra ponta. Todos os pontos obtidos formam a circunferência, ou seja, estão no mesmo plano e têm a mesma medida de distância do centro.

Veja.

Roda de bicicleta.

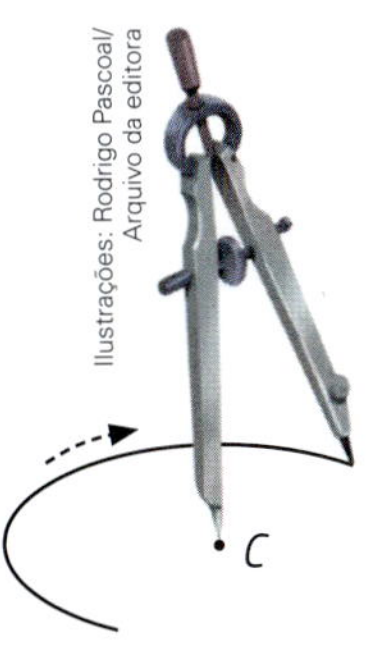

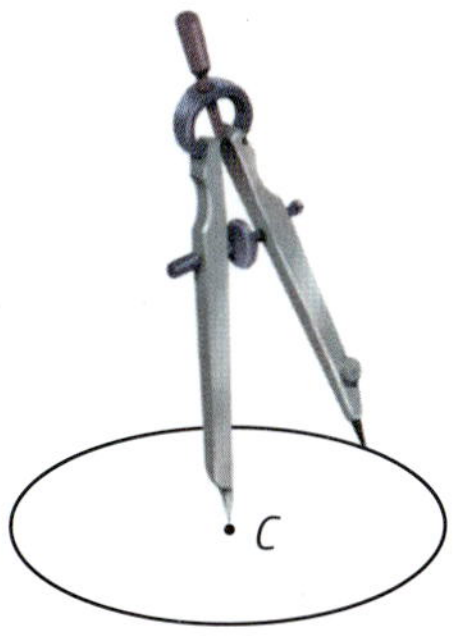

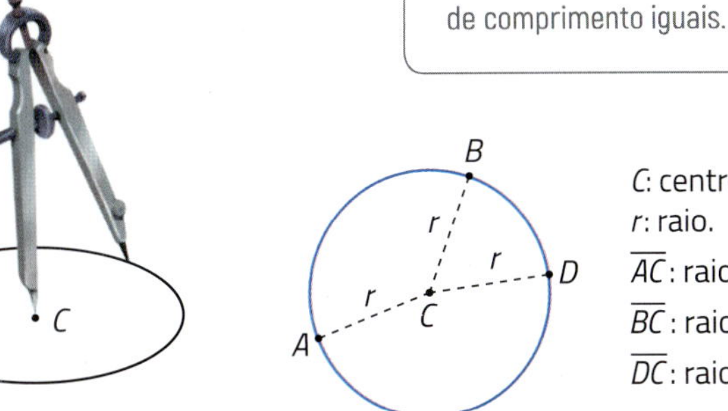

Essa propriedade comum a todos os pontos de uma circunferência vai permitir muitas construções geométricas.

Saiba mais

A vitória-régia, planta característica da Amazônia, tem folhas circulares e flutuantes que chegam a ter até 2 m de medida de comprimento de diâmetro. As flores dessa planta, as maiores da América, com 30 cm de medida de comprimento de diâmetro, têm pétalas brancas ou rosadas que só abrem à noite.

Vitória-régia.

O símbolo dos anéis olímpicos é formado por 5 circunferências com raios de mesmas medidas de comprimento. Cada circunferência representa 1 dos 5 continentes do planeta.

Escultura do símbolo dos anéis olímpicos em Sochi, Rússia, uma das cidades sede dos Jogos Olímpicos de 2018.

Atividades

1 Há muitos outros objetos que têm a forma da circunferência ou cujos contornos têm a forma da circunferência. Converse sobre isso com os colegas e, depois, escreva pelo menos 3 exemplos.

2 Observe esta circunferência e os pontos assinalados com letras.

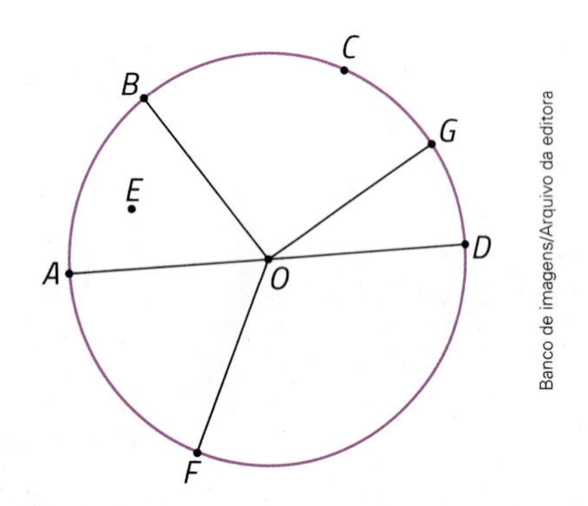

a) Qual dos pontos indicados na figura é o centro da circunferência?

b) Quais dos pontos nomeados na figura pertencem à circunferência?

c) Quais dos segmentos de reta indicados na figura são raios da circunferência?

d) Qual dos segmentos de reta indicados na figura são diâmetros da circunferência?

e) Qual é a medida de comprimento do raio dessa circunferência? E do diâmetro?

3 No final da aula de Matemática, a professora Carla propôs aos alunos que pensassem, para a aula seguinte, em 4 maneiras diferentes de traçar uma circunferência.

Depois de pensar muito, veja as propostas que Rubens levou para a aula. E você, teria outras? Converse com os colegas sobre isso.

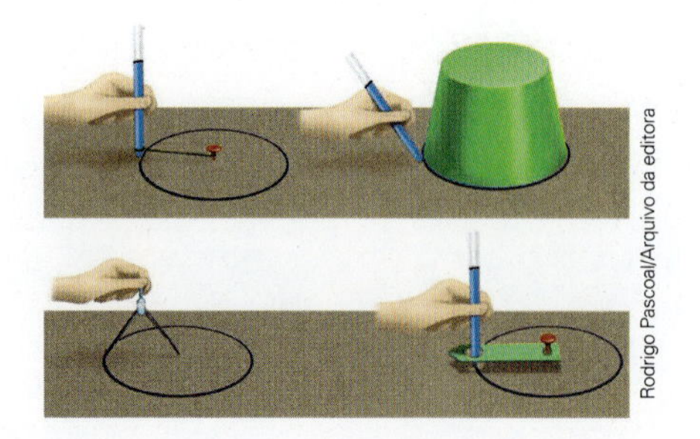

4 Use 2 moedas de tamanhos diferentes para traçar:

a) 2 circunferências com 2 pontos comuns;

b) 2 circunferências com apenas 1 ponto comum;

c) 2 circunferências sem ponto comum.

5 Use um compasso e trace o que se pede.

a) 1 circunferência com medida de comprimento do raio de 2,5 cm.

b) 1 circunferência com medida de comprimento do diâmetro de 6 cm.

c) 2 circunferências concêntricas (de mesmo centro) e raios com medidas de comprimento de 2 cm e de 3 cm.

d) 2 circunferências tais que o centro de uma seja um ponto da outra.

e) 2 circunferências tais que o diâmetro de uma seja um raio da outra.

6 A circunferência verde tem centro em *A* e 2 cm de medida de comprimento do raio. A circunferência vermelha tem centro em *B* e 1 cm de medida de comprimento do raio.

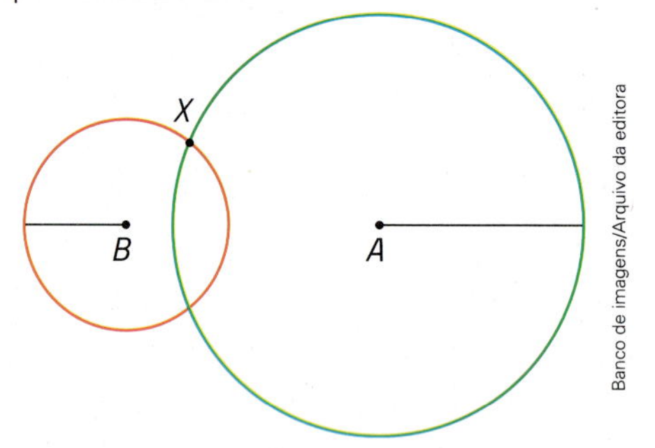

Responda, sem medir com uma régua: Quais são as medidas de distância entre o ponto *X* e os pontos *A* e *B*? Depois, meça as distâncias para conferir sua resposta.

7 Em uma folha de papel sulfite, marque 2 pontos *A* e *B* distantes 7 cm um do outro. Em seguida, use um compasso para localizar um ponto *O*, que dista 5 cm de *A* e 4 cm de *B*.

8 **Conexões.** O tiro com arco (arco e flecha) é um esporte olímpico. Conheça um pouco sobre ele.

- A medida de comprimento do diâmetro do alvo é de 1,22 m.
- No alvo, há 10 circunferências de mesmo centro.
- A cada 2 circunferências há mudança de cor.
- O círculo amarelo é conhecido por mosca e a medida de comprimento do diâmetro dele é de 12,2 cm.

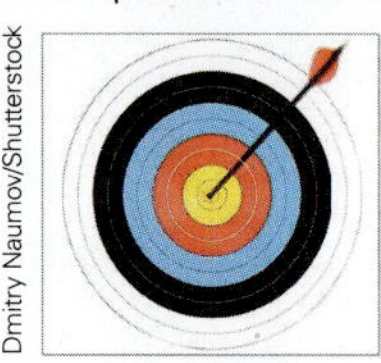

Alvo utilizado no esporte arco e flecha.

Quanto mede o comprimento do raio do alvo?

CONEXÕES

A invenção da roda

A roda é considerada uma das mais importantes invenções da humanidade. Você já imaginou o mundo sem elas?

Apesar da importância da roda, é difícil precisar a data ou mesmo a época da invenção dela. Acredita-se que os povos mesopotâmios (cerca de 3500 a.C.) usavam objetos circulares para a fabricação de cerâmica.

Também há evidências de que os egípcios (aproximadamente 3000 a.C.) fizeram uso de toras de madeira cilíndricas para locomover objetos grandes e pesados.

As imagens desta página não estão representadas em proporção.

Mauro Souza/ Arquivo da editora

Ainda na Mesopotâmia, foram encontradas evidências arqueológicas (entre 3000 e 2000 a.C.) de rodas presas por suportes em forma de cruz. A tábua central apresentava um orifício, onde provavelmente se encaixava um eixo. E rodas presas a eixos permitiram o surgimento de meios de transportes, como as bigas, que foram muito utilizadas nas batalhas da época.

Com o passar do tempo, para que a roda se tornasse mais leve e veloz, foram feitas aberturas, o que deu origem à roda com raios. Posteriormente, passou-se a usar rodas feitas de madeira com aros e protegidas por uma circunferência de metal para evitar o desgaste.

Paulo Manzi/Arquivo da editora

Representação da evolução da roda.

Depois desse modelo, muitos outros foram surgindo com o tempo, e a roda passou a ser usada não só para o transporte, mas também em outras invenções, como os moinhos de vento e as máquinas de costura.

Apesar da importância da roda, raramente reconhecemos a presença e o uso dela em objetos do cotidiano.

Fontes de consulta: BBC NEWS BRASIL. *Internacional*. Disponível em: <www.bbc.com/portuguese/internacional-41795604>; INFO ESCOLA. *Sociedade*. Disponível em: <www.infoescola.com/cultura/roda/>; SITE DE CURIOSIDADES. *Invenções*. Disponível em: <www.sitedecuriosidades.com/invencoes/>. Acesso em: 13 set. 2018.

Questões

1 ▸ Faça uma lista de situações do seu cotidiano em que a roda é utilizada.

2 ▸ Escolha uma das situações listadas. Pesquise sobre ela, desenhe-a e escreva um pequeno texto descrevendo como a roda funciona nessa situação. Depois, apresente sua pesquisa aos colegas.

2 Ângulo

Antes de aprofundar o estudo dos ângulos, vamos revisar o que você estudou nos anos anteriores.

A ideia de ângulo

Tanto na natureza quanto nas obras do ser humano vemos objetos ou parte deles que dão a ideia de ângulo. Em Matemática, ângulo é definido assim:

> **Ângulo** é a figura formada por 2 semirretas de mesma origem.
> As semirretas são os **lados** do ângulo.
> O ponto de origem das 2 semirretas é o **vértice** do ângulo.
> Entre essas 2 semirretas fica a **abertura** do ângulo.

Em alguns casos, consideramos o ângulo formado por 2 segmentos de reta com uma extremidade comum. É o caso, por exemplo, dos ângulos internos de um polígono.

Veja alguns exemplos.

Ilustrações: Banco de imagens/Arquivo da editora

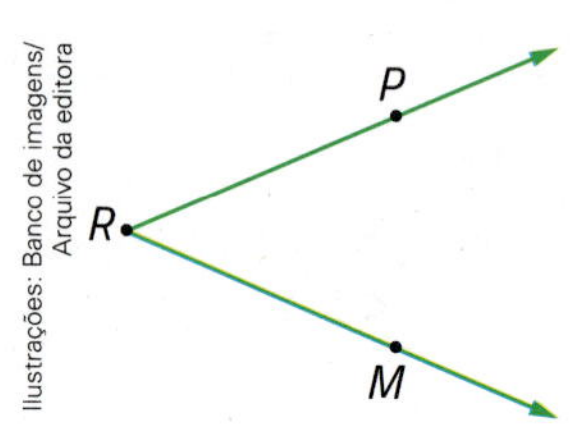

Ângulo: $P\hat{R}M$ ou $M\hat{R}P$ ou $\hat{R}$.
Lados: $\overrightarrow{RP}$ e $\overrightarrow{RM}$.
Vértice: R.

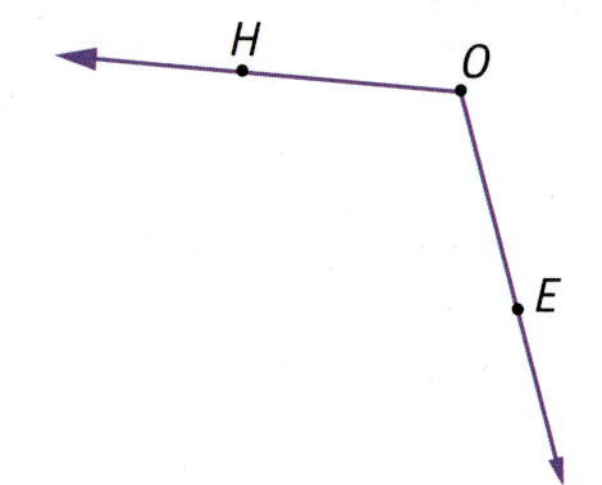

Ângulo: $E\hat{O}H$ ou $H\hat{O}E$ ou $\hat{O}$.
Lados: $\overrightarrow{OH}$ e $\overrightarrow{OE}$.
Vértice: O.

Tipos de ângulo

Vamos retomar os principais tipos de ângulo, que você já estudou.

A posição dos ponteiros do relógio às 6 horas dá ideia de um **ângulo raso** ou **ângulo de meia-volta**.

Fotos: Simon Murrell/Keystone

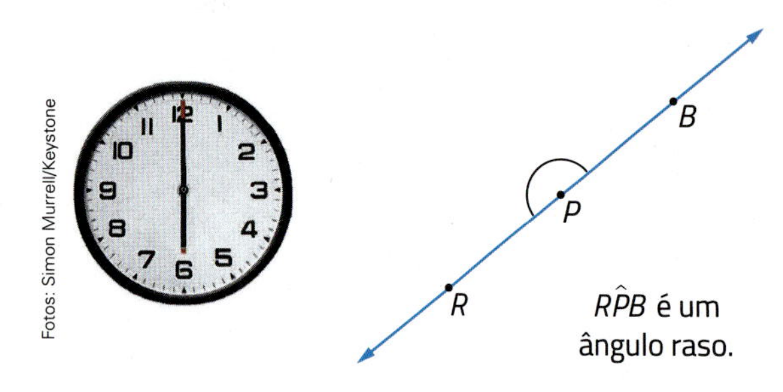

$R\hat{P}B$ é um ângulo raso.

Às 3 horas e às 9 horas, a posição dos ponteiros do relógio dá ideia de **ângulo reto**.

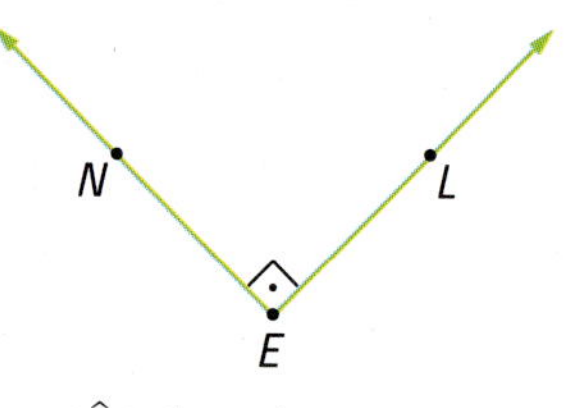

$L\hat{E}N$ é um ângulo reto.
Indicamos um ângulo reto por ⊾.

Ilustrações: Banco de imagens/Arquivo da editora

Ângulos agudos são aqueles com a medida de abertura menor do que a do ângulo reto e em que as semirretas não coincidem.

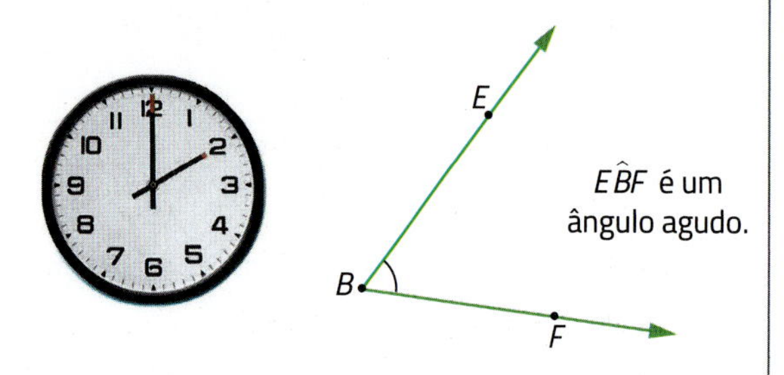

$E\hat{B}F$ é um ângulo agudo.

Ângulos obtusos são aqueles com a medida de abertura maior do que a do ângulo reto e menor do que a do ângulo raso.

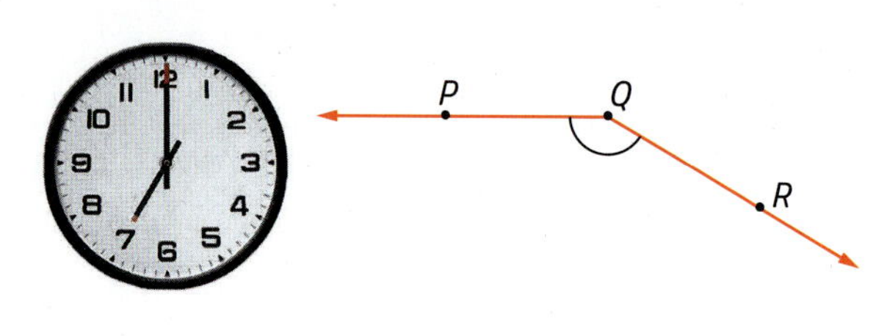

$P\hat{Q}R$ é um ângulo obtuso.

Medida de abertura de um ângulo

Você já estudou, no ano anterior, que um instrumento que usamos para medir a abertura de um ângulo, em graus (°), é o transferidor.

Veja um exemplo.

O ângulo $P\widehat{M}A$ tem medida de abertura de 20°.

Indicamos assim: $m(P\widehat{M}A) = 20°$.

O ângulo $P\widehat{M}A$ é um ângulo agudo, pois a medida de abertura está entre 0° e 90°.

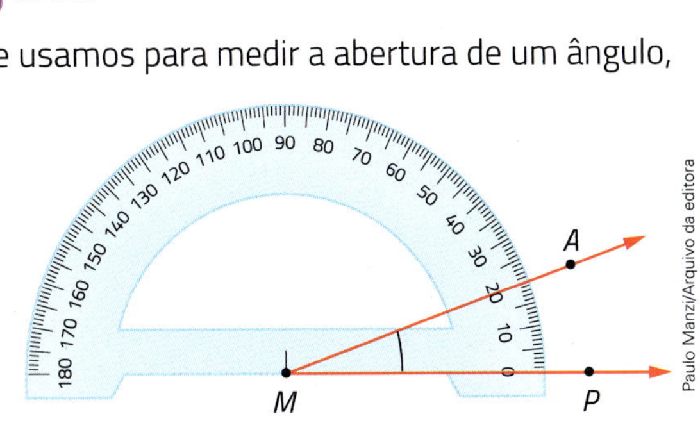

Saiba mais

Submúltiplos do grau: minuto e segundo

Em muitas situações, como na aviação ou na confecção de lentes de óculos, as medidas de abertura dos ângulos envolvidos precisam ser feitas com muita precisão. Por isso, para medir aberturas de ângulos menores do que 1 grau ou aberturas de ângulos entre 2 valores inteiros de grau, usamos submúltiplos (ou frações) do grau: o **minuto** e o **segundo**.

1 minuto corresponde a $\frac{1}{60}$ do grau. Representamos por: 1'.

1 segundo corresponde a $\frac{1}{60}$ do minuto. Representamos por: 1".

Logo, 1° = 60' e 1' = 60".

Veja os exemplos.

- 0,5° = 30'
- 50,5° = 50° + 0,5° = 50° 30'
- 72" = 60" + 12" = 1' 12"

Atividades

9 Marque 9 pontos diferentes (*A*, *B*, *C*, *D*, *E*, *F*, *G*, *H* e *I*). Depois, trace e indique o que se pede.

a) A reta que passa pelos pontos *A* e *B*.

b) A semirreta com origem em *C* e que passa por *D*.

c) O segmento de reta com extremidades em *E* e *F*.

d) O ângulo com vértice em *H* e lados $\overrightarrow{HG}$ e $\overrightarrow{HI}$.

10 Represente o ângulo desta figura e indique quais são os lados e qual é o vértice.

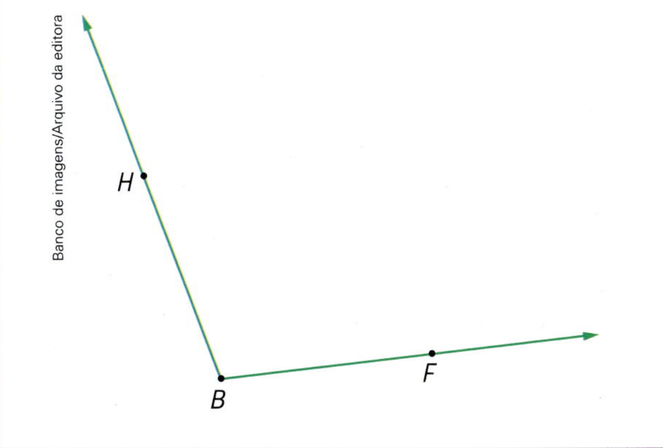

11 Observe os ângulos representados nesta malha quadriculada.

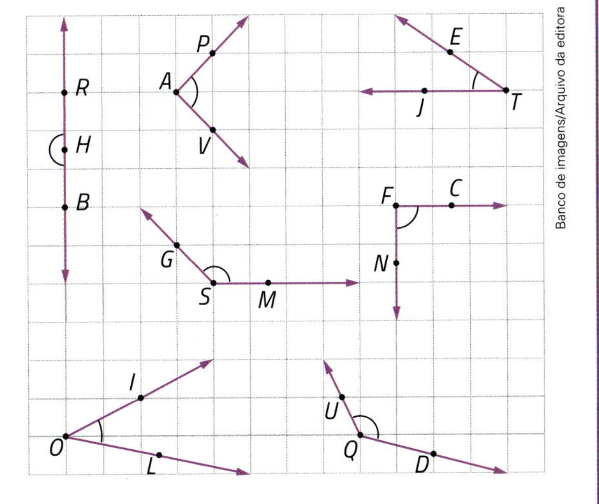

a) Qual deles é um ângulo raso?

b) Quais são ângulos retos?

c) Quais são ângulos agudos?

d) Quais são ângulos obtusos?

12 ▸ Meça as aberturas dos ângulos dados usando um transferidor e registre-as.

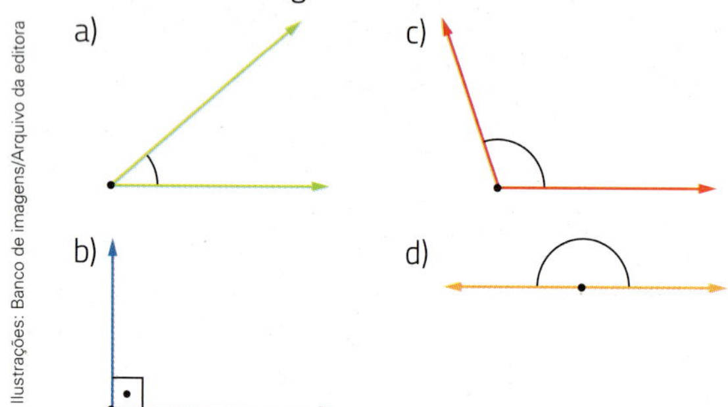

Ilustrações: Banco de imagens/Arquivo da editora

13 ▸ Usando um transferidor, desenhe cada ângulo de medida de abertura dada:

a) 30°

b) 45°

c) 60°

d) 120°

e) $\frac{1}{2}$ de 100°

f) $\frac{3}{4}$ de 100°

14 ▸ **Desafio.** Em cada figura, calcule mentalmente o valor de *x*, em graus, sem usar o transferidor, e registre sua resposta.

a)

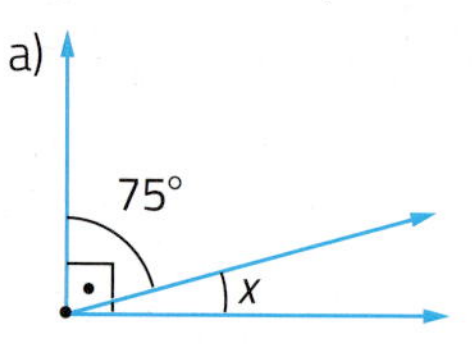

b)

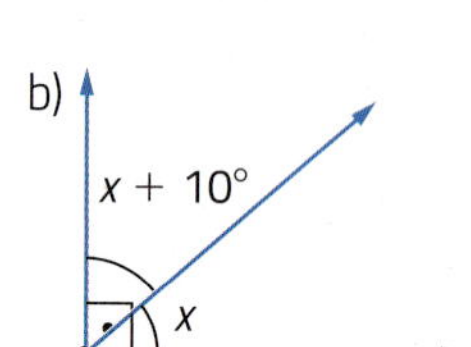

c)

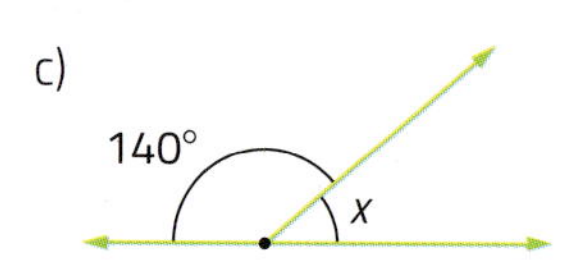

d)

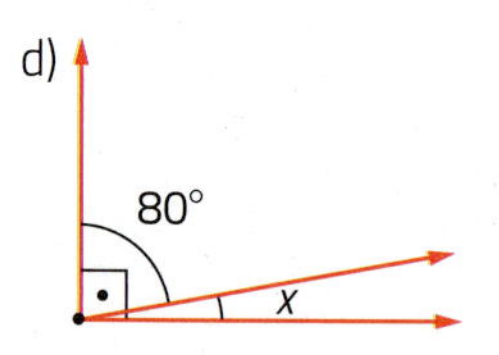

e)

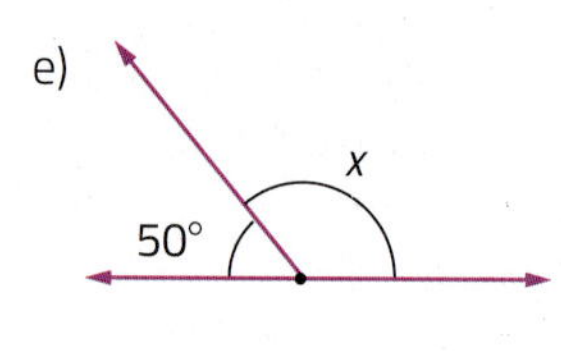

f)

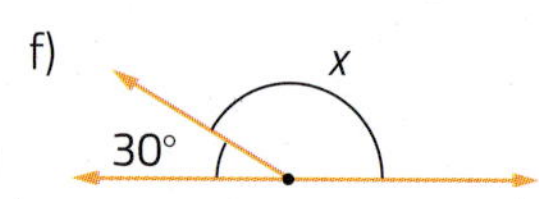

Ilustrações: Banco de imagens/Arquivo da editora

15 ▸ Observe cada ângulo representado.

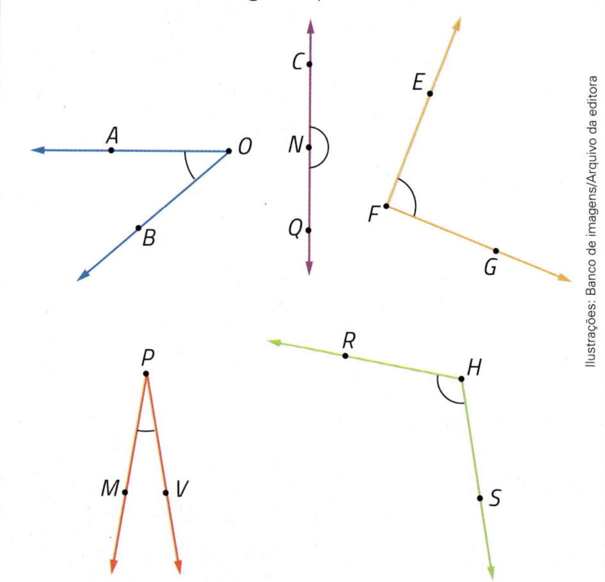

Ilustrações: Banco de imagens/Arquivo da editora

Complete esta tabela preenchendo a coluna da estimativa da medida de abertura de cada ângulo. Depois, meça as aberturas deles com um transferidor, anote as medidas exatas e compare com sua estimativa.

Finalmente, registre o tipo de ângulo (raso, reto, agudo ou obtuso).

Ângulos

Ângulo	Estimativa da medida de abertura do ângulo	Medida de abertura exata do ângulo	Tipo de ângulo
$A\hat{O}B$			
$R\hat{H}S$			
$E\hat{F}G$			
$M\hat{P}V$			
$C\hat{N}Q$			

Tabela elaborada para fins didáticos.

16 ▸ Faça as transformações indicadas.

a) 12° em minutos.

b) 12° em segundos.

17 ▸ Transforme cada medida de abertura para graus e minutos.

a) 10 500"

b) 3° 125' 360"

Construções geométricas de segmentos de reta e de ângulo

As imagens desta página não estão representadas em proporção.

Para fazer construções geométricas, geralmente utilizamos os instrumentos régua, transferidor, esquadro e compasso.

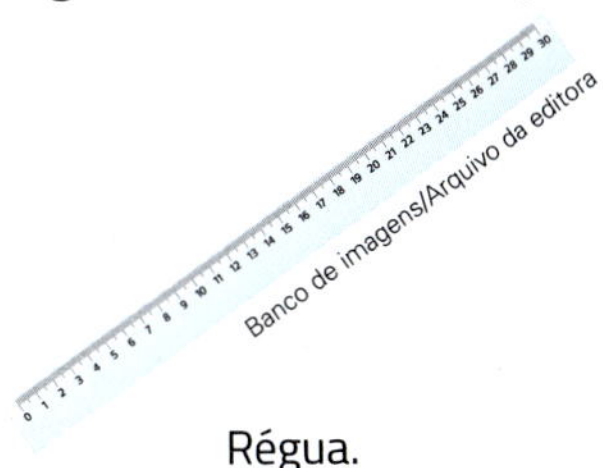
Régua.

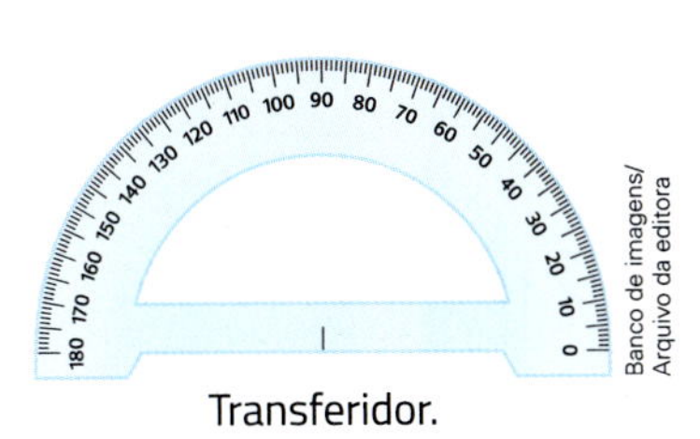
Transferidor.

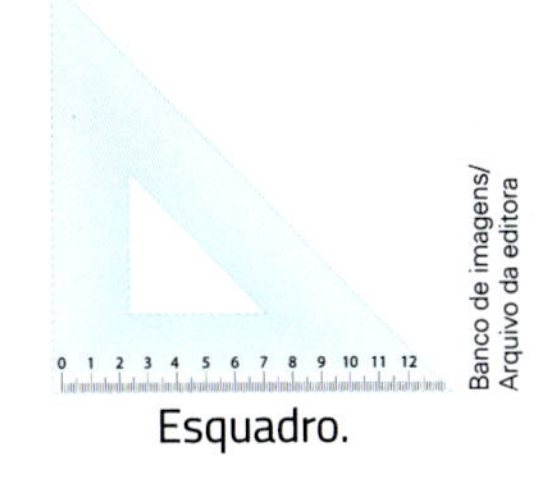
Esquadro.

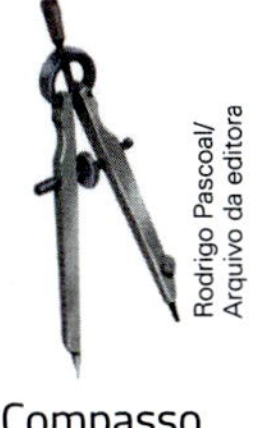
Compasso.

Banco de imagens/Arquivo da editora; Rodrigo Pascoal/Arquivo da editora

Transporte de segmentos de reta

Veja a figura da janela.

Rafaela queria reproduzir o segmento de reta $\overline{AB}$ da figura, utilizando a mesma medida de comprimento e sem usar a graduação da régua. Veja o que ela fez.

1) Ela traçou uma reta r na posição desejada e marcou sobre ela um ponto A', correspondente ao ponto A.

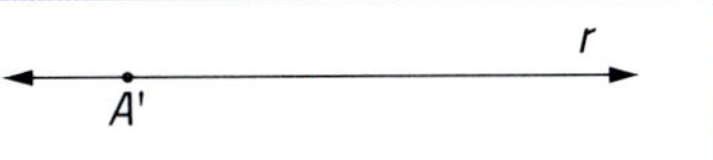

2) Na figura da janela, ela abriu o compasso com as pontas em A e B (como se fosse o raio de uma circunferência).

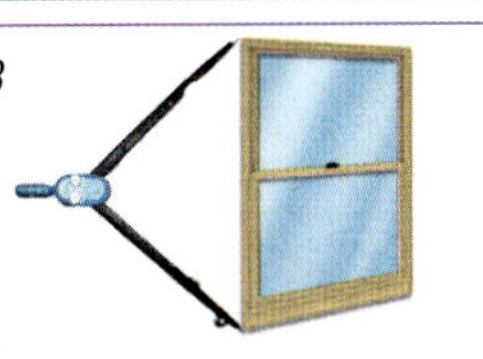

3) Com a mesma abertura, colocando a ponta-seca do compasso em A', ela traçou um arco que intersectou a reta r obtendo o ponto B', correspondente a B.

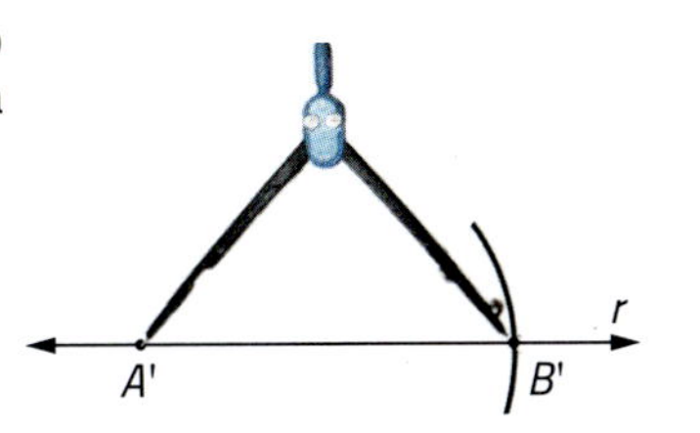

Ilustrações: Rodrigo Pascoal/Arquivo da editora

O segmento de reta $\overline{A'B'}$ é a solução do problema de Rafaela.

$\overline{AB}$ e $\overline{A'B'}$ têm medidas de comprimento iguais. Por isso, dizemos que $\overline{AB}$ e $\overline{A'B'}$ são segmentos de reta congruentes.

Indicamos assim: $\overline{AB} \cong \overline{A'B'}$

Atividades

18 Construa o segmento de reta $\overline{AB}$ da figura da janela. Use apenas régua e compasso, sem usar a graduação da régua.

19 Desenhe um segmento de reta qualquer na posição horizontal. Depois, usando régua e compasso, construa um segmento de reta congruente a ele, na posição vertical.

20 Construa, usando régua e compasso, um segmento de reta $\overline{EF}$ cuja medida de comprimento seja o triplo da medida de comprimento deste segmento de reta $\overline{AB}$.

Banco de imagens/Arquivo da editora

Construção de ângulos

Veja como Roberto construiu um ângulo de medida de abertura de 30° usando transferidor e régua.

1) Ele usou a régua para construir uma reta r e marcou um ponto A nela.

2) Depois, ele colocou o transferidor sobre a reta r, alinhando a marca central do transferidor sobre o ponto A, e marcou com o ponto B a indicação de 30°.

3) Por fim, ele traçou a semirreta que parte do ponto A e passa pelo ponto B.

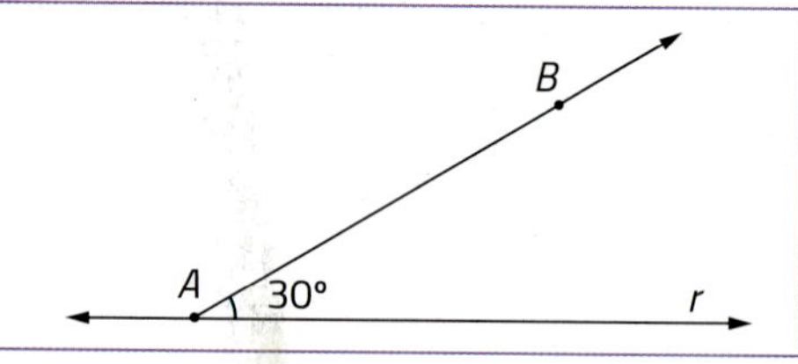

Ilustrações: Banco de imagens/Arquivo da editora

Transporte de ângulos

Juliana não tinha transferidor, então ela decidiu transportar o ângulo que Roberto construiu para o caderno dela, usando régua e compasso. Veja como ela fez.

1) Ela usou a régua para construir uma reta r e marcou um ponto A' nela.

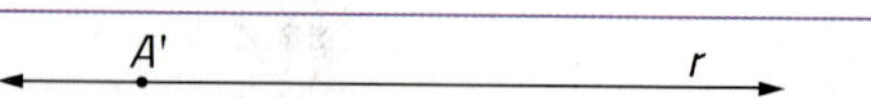

2) Depois, ela colocou a ponta-seca do compasso no ponto A, no caderno de Roberto, abriu o compasso até o ponto B e traçou um arco intersectando a reta r. Ela nomeou esse ponto de C. Com a mesma abertura do compasso, ela colocou a ponta-seca no ponto A', no caderno dela, e traçou um arco intersectando a reta r no ponto C'.

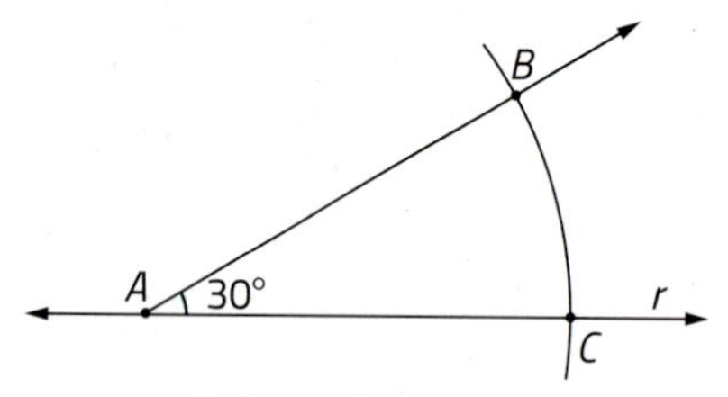

Caderno de Roberto.

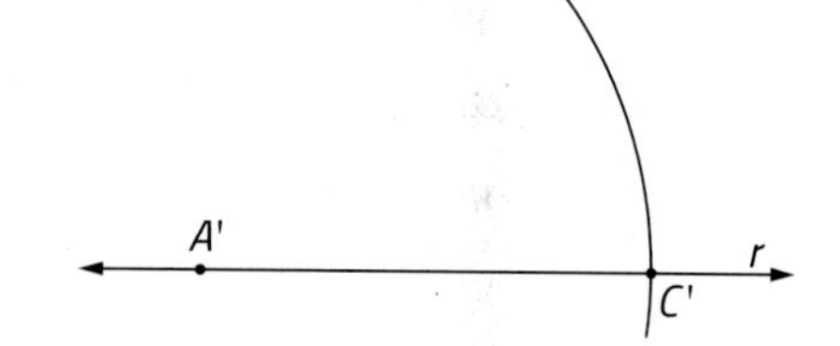

Caderno de Juliana.

Ilustrações: Banco de imagens/Arquivo da editora

3) Novamente no caderno de Roberto, ela colocou a ponta-seca do compasso em C e abriu até o ponto B. No caderno dela, colocou a ponta-seca no ponto C' e traçou um arco intersectando o arco existente. Ela nomeou o ponto de intersecção dos arcos como B'.

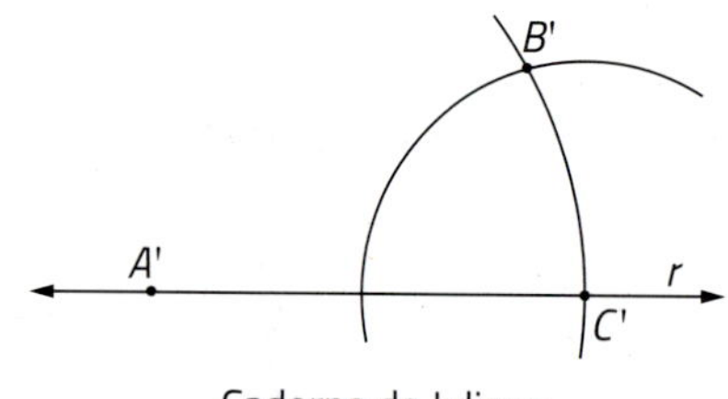

Caderno de Juliana.

4) Por fim, ela traçou a semirreta partindo do ponto A' e passando pelo ponto B'.

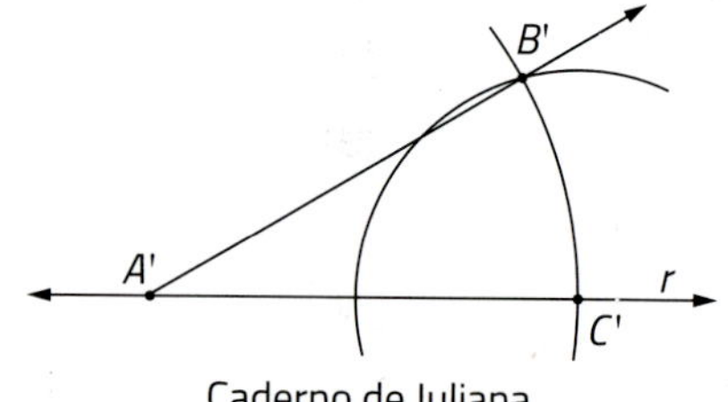

Caderno de Juliana.

Ilustrações: Banco de imagens/Arquivo da editora

Atividades

21 Use uma folha de papel vegetal e copie o ângulo $B'\widehat{A'}C'$ construído por Juliana. Depois, siga o procedimento dela e transporte o ângulo da folha assim como Juliana fez com Roberto.

22 Use um transferidor e meça a abertura do ângulo construído por Juliana e a abertura do ângulo construído por você. Elas são iguais?

Ângulos congruentes

Explorar e descobrir

Decalque um dos ângulos abaixo em uma folha de papel vegetal. Depois, coloque-o sobre o outro ângulo e compare as aberturas deles.

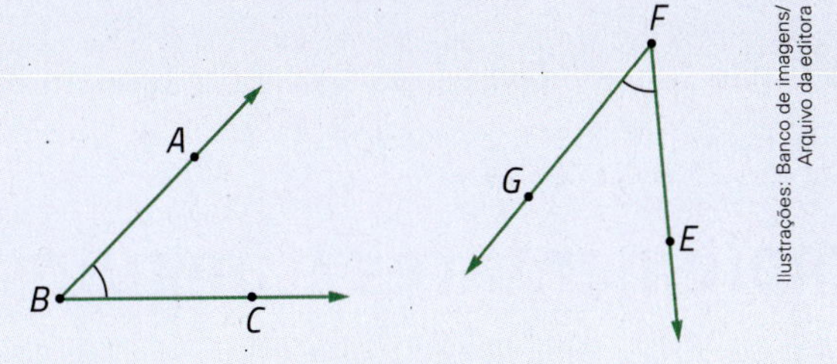

Ilustrações: Banco de imagens/Arquivo da editora

O que você percebeu? Use um transferidor para conferir sua resposta.

Podemos afirmar que os ângulos $A\hat{B}C$ e $E\hat{F}G$ são **ângulos congruentes**, pois $m(A\hat{B}C) = m(E\hat{F}G) = 45°$.
Indicamos assim: $A\hat{B}C \cong E\hat{F}G$. (Lemos: o ângulo $A\hat{B}C$ é congruente ao ângulo $E\hat{F}G$.)

Dizemos que 2 ângulos são congruentes quando as medidas de abertura deles são iguais. O símbolo que representa essa congruência é $\cong$.

Quando 2 ângulos ou 2 figuras quaisquer são congruentes, podemos transportar uma sobre a outra, de modo que coincidam.

Thiago Neumann/Arquivo da editora

Atividades

23 Registre quais destes ângulos você julga que são congruentes. Em seguida, meça a abertura de todos eles com um transferidor e confira sua estimativa. Finalmente, indique simbolicamente a congruência.

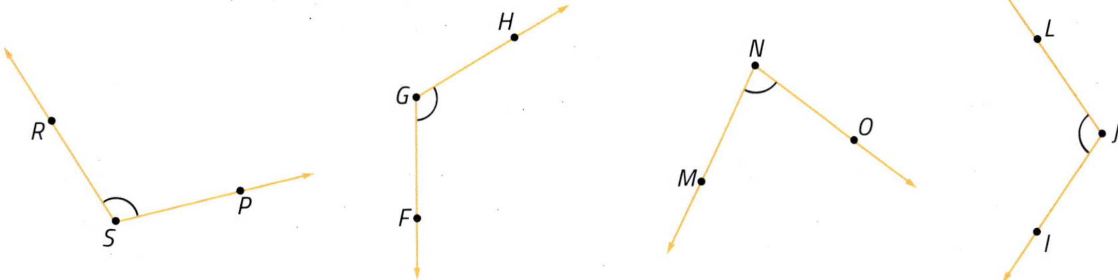

24 Desenhe, usando régua e transferidor, um ângulo $T\hat{X}U$ congruente ao ângulo $A\hat{F}L$ $(T\hat{X}U \cong A\hat{F}L)$.

F
A
L

Ilustrações: Banco de imagens/Arquivo da editora

Ângulos adjacentes

Observe os ângulos $A\hat{O}B$ e $B\hat{O}C$.

Dizemos que os ângulos $A\hat{O}B$ e $B\hat{O}C$ são **ângulos adjacentes**, pois têm um lado comum $\left(\overrightarrow{OB}\right)$ e as regiões determinadas por eles não têm outros pontos comuns.

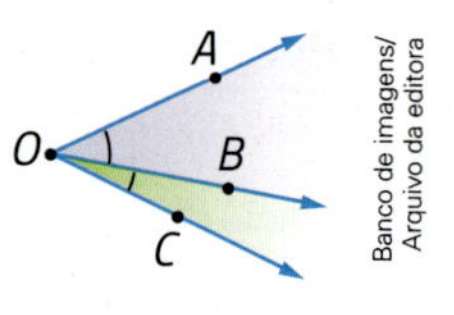

Banco de imagens/Arquivo da editora

Os ângulos $A\hat{O}B$ e $A\hat{O}C$ não são adjacentes, pois, embora tenham um lado comum, a região em lilás é comum às regiões determinadas por esses 2 ângulos.

Ângulos complementares e ângulos suplementares

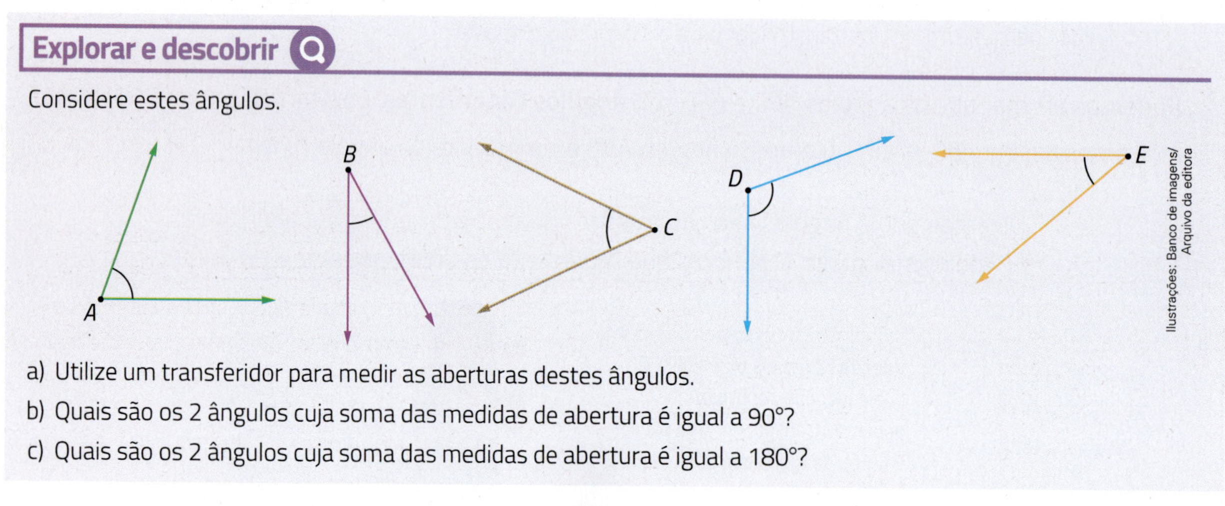

Explorar e descobrir

Considere estes ângulos.

Ilustrações: Banco de imagens/Arquivo da editora

a) Utilize um transferidor para medir as aberturas destes ângulos.

b) Quais são os 2 ângulos cuja soma das medidas de abertura é igual a 90°?

c) Quais são os 2 ângulos cuja soma das medidas de abertura é igual a 180°?

Quando a soma das medidas de abertura de 2 ângulos é igual a 90°, dizemos que eles são **ângulos complementares**, ou que um é o complemento do outro.

Thiago Neumann/Arquivo da editora

Quando a soma das medidas de abertura de 2 ângulos é igual a 180°, dizemos que eles são **ângulos suplementares**, ou que um é o suplemento do outro.

Ângulos adjacentes e suplementares

Rodrigo traçou uma reta $\overleftrightarrow{AB}$ e marcou um ponto O sobre ela. A partir desse ponto, traçou a semirreta $\overrightarrow{OC}$, como nesta figura.

Banco de imagens/Arquivo da editora

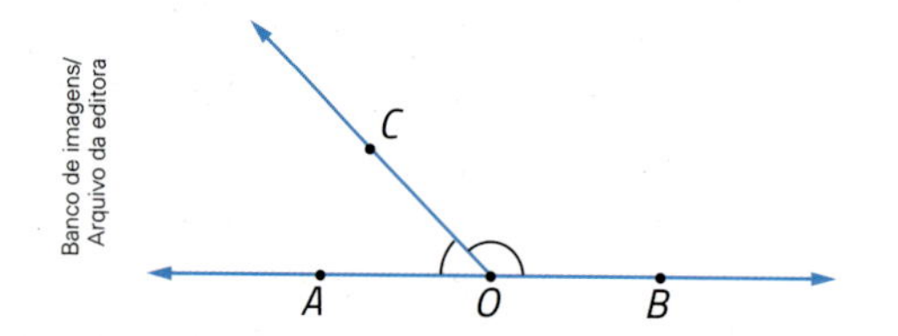

$$m\left(A\hat{O}C\right) + m\left(B\hat{O}C\right) = 180°$$

Dizemos que os 2 ângulos formados $\left(A\hat{O}C \text{ e } B\hat{O}C\right)$ são **ângulos adjacentes e suplementares**, pois têm um lado comum e os outros 2 lados são semirretas opostas, ou seja, formam uma reta.

Para indicar o nome de ângulos, também podemos adotar uma notação mais simples. Observe.

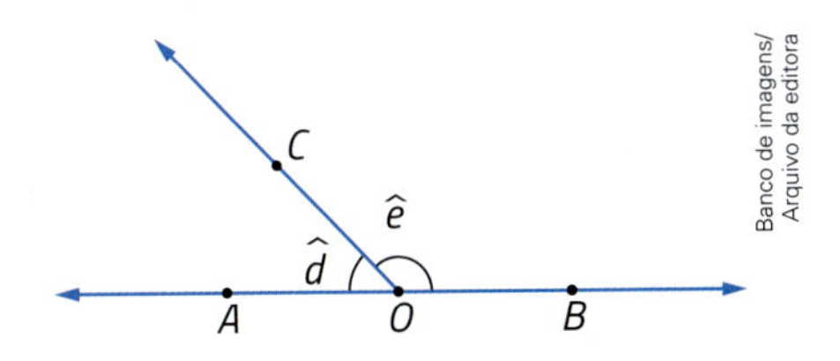

O ângulo $A\hat{O}C$ pode ser escrito utilizando uma letra minúscula, por exemplo, $\hat{d}$. Analogamente, o ângulo $B\hat{O}C$ pode ser escrito como $\hat{e}$.

Nesse caso, também podemos usar a mesma letra minúscula para indicar as medidas de abertura desses ângulos: $m(\hat{d}) = d$ e $m(\hat{e}) = e$.

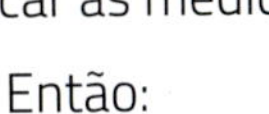

Então:

$$m(A\hat{O}C) + m(B\hat{O}C) = 180° \text{ ou } d + e = 180°$$

Atividades

25 Indique se cada par de ângulos são ou não adjacentes.

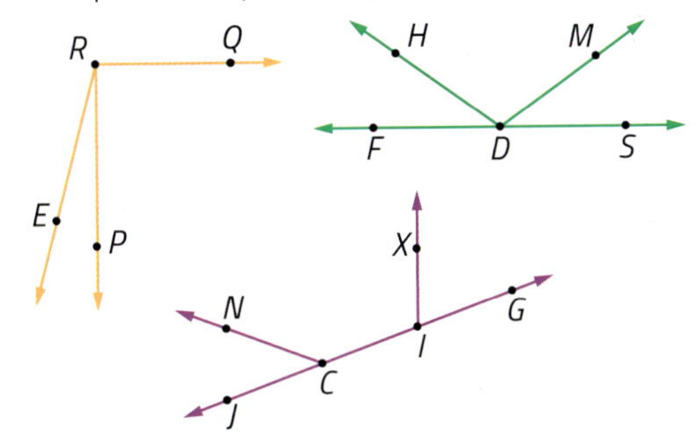

a) $E\hat{R}P$ e $P\hat{R}Q$.

b) $F\hat{D}H$ e $S\hat{D}M$.

c) $J\hat{C}N$ e $G\hat{I}X$.

d) $H\hat{D}M$ e $S\hat{D}M$.

e) $F\hat{D}H$ e $H\hat{D}M$.

Saiba mais

A palavra **adjacente** refere-se à posição de um ângulo em relação ao outro, e a palavra **suplementar**, à soma das medidas de abertura dos ângulos, que é igual a 180°.

26 A soma das medidas de abertura de 2 ângulos adjacentes é igual a 80°. Sabendo que a medida de abertura de um deles é o triplo da medida de abertura do outro, quais são as 2 medidas: 50° e 30°, 66° e 22° ou 60° e 20°?

27 Complete as frases com a medida de abertura adequada.

a) A metade da medida de abertura do suplemento de um ângulo, que tem medida de abertura de 35°, é de ________.

b) São suplementares 2 ângulos cujas aberturas medem, respectivamente, 53° e ________.

c) O complemento de um ângulo de medida de abertura de 27° é um ângulo de medida de abertura de ________.

d) Se a abertura de um ângulo mede 10°, então a abertura do suplemento dele mede ________.

e) Se a abertura de um ângulo mede 43°, então a abertura do suplemento do complemento dele mede ________.

28 Nos transferidores com graduação nos 2 sentidos, como este, podemos identificar simultaneamente as medidas de abertura de ângulos adjacentes e suplementares (por exemplo: $G\hat{H}I$ e $I\hat{H}G$).

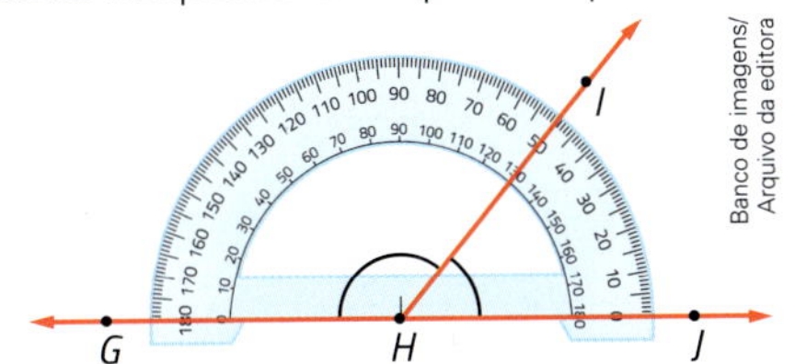

Converse com um colega sobre este tipo de transferidor e os valores que aparecem nas 2 graduações.

29 Complete as frases com a medida de abertura adequada. Depois, para cada item, faça um desenho correspondente usando transferidor.

a) Se 2 ângulos adjacentes e suplementares têm aberturas com medidas iguais, então a abertura de cada um deles mede ________.

b) Se 2 ângulos adjacentes e complementares têm aberturas com medidas iguais, então a abertura de cada um deles mede ________.

30 Use um transferidor e desenhe 2 ângulos adjacentes e complementares. Um deles deve ter medida de abertura de 70°.

31 Os ângulos $\hat{a}$ e $\hat{b}$ são adjacentes e suplementares. A medida de abertura do ângulo $\hat{a}$ é de 40°. Qual é a medida de abertura do $\hat{b}$? Use régua e transferidor para construir 2 ângulos $\hat{a}$ e $\hat{c}$ nessas condições.

Ângulos opostos pelo vértice

Explorar e descobrir

Para entender melhor o que são ângulos opostos pelo vértice, siga as orientações e chegue às conclusões.

Método experimental

1› Em uma folha de papel vegetal, trace 2 retas concorrentes oblíquas. Observe os ângulos formados por elas e responda.

a) Quantos ângulos são?

b) Como podemos classificá-los, de acordo com as medidas de abertura deles?

2› É possível dobrar a folha de papel vegetal de modo que os ângulos agudos se sobreponham? O que podemos afirmar sobre esses ângulos?

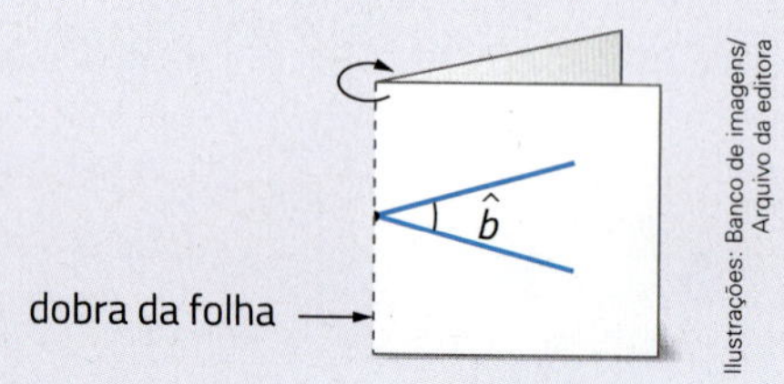

Ilustrações: Banco de imagens/Arquivo da editora

3› Repita a atividade anterior para os ângulos obtusos.

4› Os 2 ângulos agudos, assim como os 2 ângulos obtusos, são chamados de **ângulos opostos pelo vértice**. Escreva com suas palavras o que você observou sobre eles.

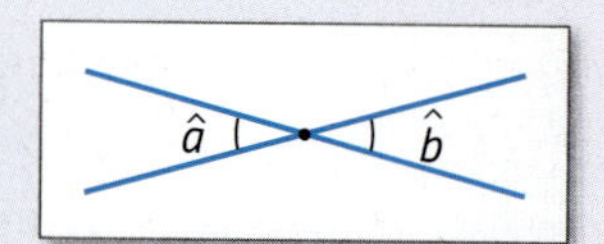

Usando o transferidor

Usando um transferidor, meça a abertura dos ângulos que você obteve e verifique se a resposta dada na atividade anterior continua correta.

Você usou processos diferentes, mas chegou à mesma conclusão:

Dois ângulos opostos pelo vértice têm a mesma medida de abertura.

Muito bem! Mas atenção! O que você fez vale para um exemplo e vale para outro, mas, com isso, só podemos fazer uma **conjectura**, isto é, uma suposição. Apenas fazendo uma **demonstração**, ou seja, a prova, podemos garantir que essa conclusão é verdadeira para todos os ângulos opostos pelo vértice, inclusive quando as retas concorrentes são perpendiculares.

Acompanhe na lousa a demonstração dessa importante propriedade. Utilizando informações verdadeiras e raciocínio lógico, concluímos que a afirmação é verdadeira.

Banco de imagens/Arquivo da editora

Demonstração

Queremos demonstrar que as medidas de abertura dos ângulos $\hat{a}$ e $\hat{b}$ são iguais, ou seja, $a = b$. Na figura vemos que:

$$a + x = 180° \text{ e } b + x = 180°.$$

Dessas 2 igualdades podemos obter outra:

$$a + x = b + x$$

Subtraindo x dos 2 membros, obtemos:

$$a + x - x = b + x - x$$

$$a + 0 = b + 0$$

$$a = b$$

Ou seja, demonstramos que 2 ângulos opostos pelo vértice são sempre congruentes (têm medidas de abertura iguais).

Thiago Neumann/Arquivo da editora

Veja outro exemplo. Observe na representação de um mapa o cruzamento da rua Lombroso com a rua Savigni em uma cidade.

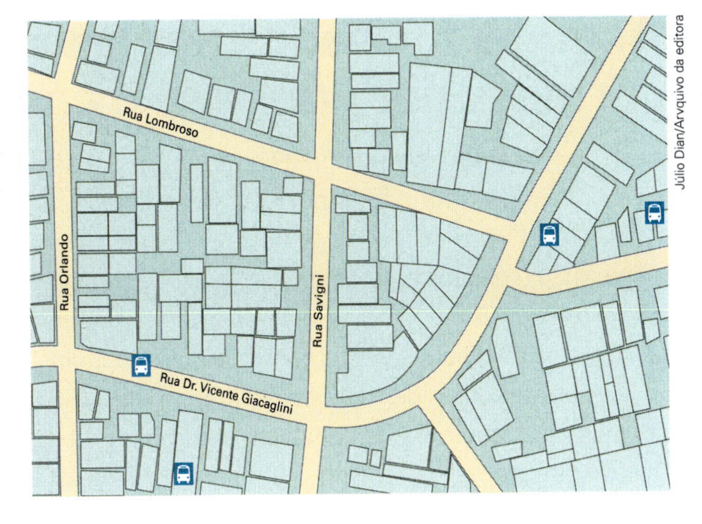

Podemos representar esse cruzamento e os 4 ângulos formados usando um modelo matemático, conforme esta figura.

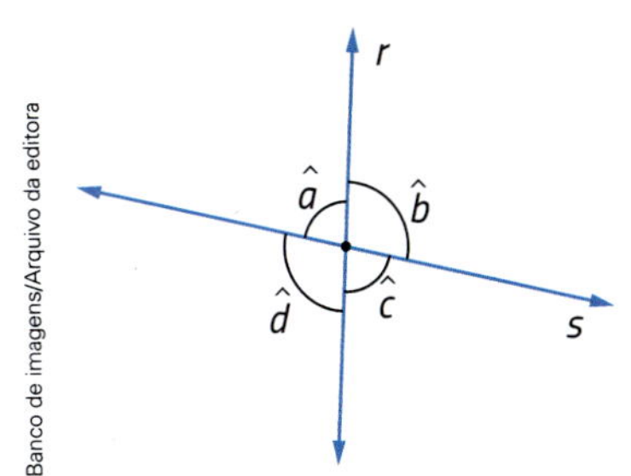

As retas *r* e *s* são **retas concorrentes**, já que se intersectam em um único ponto.

Observando as posições relativas dos ângulos $\hat{a}$ e $\hat{c}$ e também dos ângulos $\hat{b}$ e $\hat{d}$, podemos chegar a algumas conclusões.

- *r* e *s* são 2 retas concorrentes que determinam os ângulos $\hat{a}$, $\hat{b}$, $\hat{c}$ e $\hat{d}$, de medidas de abertura *a*, *b*, *c* e *d*, respectivamente.
- $\hat{a}$ e $\hat{b}$ são ângulos adjacentes e suplementares ($a + b = 180°$), assim como os pares de ângulos $\hat{b}$ e $\hat{c}$, $\hat{c}$ e $\hat{d}$, $\hat{d}$ e $\hat{a}$.
- $\hat{a}$ e $\hat{c}$ são ângulos opostos pelo vértice ($a = c$), assim como o par de ângulos $\hat{b}$ e $\hat{d}$.

Atividades

32 › Determine o valor de *x* em cada figura, sem fazer medições.

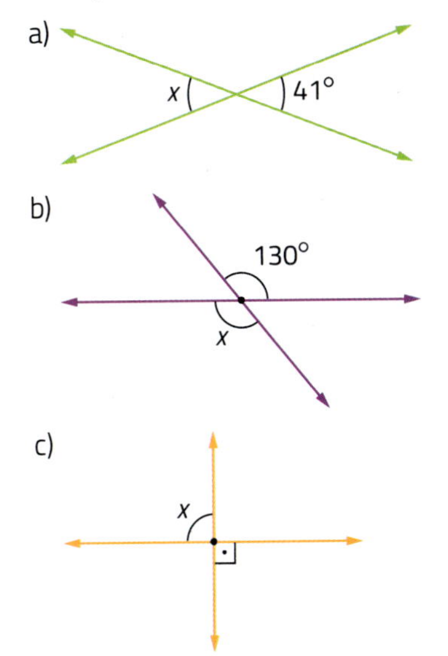

33 › Se $\hat{a}$ e $\hat{b}$ são ângulos opostos pelo vértice e a abertura de $\hat{a}$ mede 75°, então quanto mede a abertura de $\hat{b}$? Use régua e transferidor para construir uma figura nessas condições.

34 › Calcule as medidas de abertura do $P\hat{O}Q$ e do $R\hat{O}Q$ sabendo que a abertura do $R\hat{O}Q$ mede o dobro da abertura do $P\hat{O}Q$.

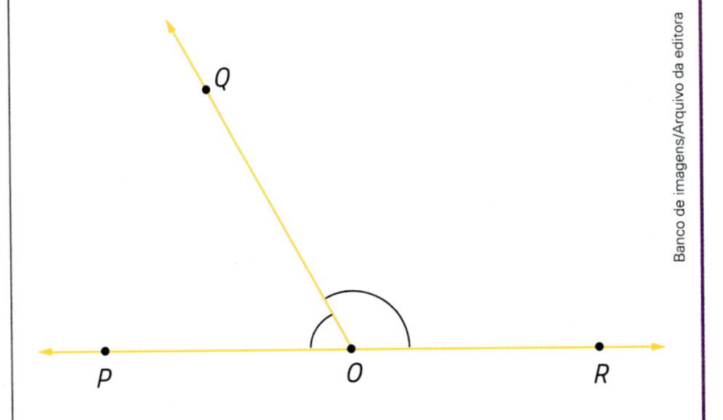

35 › Duas retas *r* e *s* são concorrentes e determinam 4 ângulos de medidas de abertura iguais.

a) Nesse caso, qual é a medida de abertura de cada ângulo?

b) Qual nome podemos dar às retas, uma em relação à outra?

c) Faça o desenho de 2 retas *r* e *s* nessas condições.

Ângulos formados por retas paralelas cortadas por uma reta transversal

O professor Mauro desenhou 3 retas na lousa e assinalou os ângulos formados por elas. Em seguida, ele explicou: "As retas r e s são paralelas: estão no mesmo plano e não têm ponto comum ($r // s$). A reta t é **transversal** às retas r e s. As retas t e r determinam 4 ângulos, assim como as retas t e s determinam outros 4 ângulos".

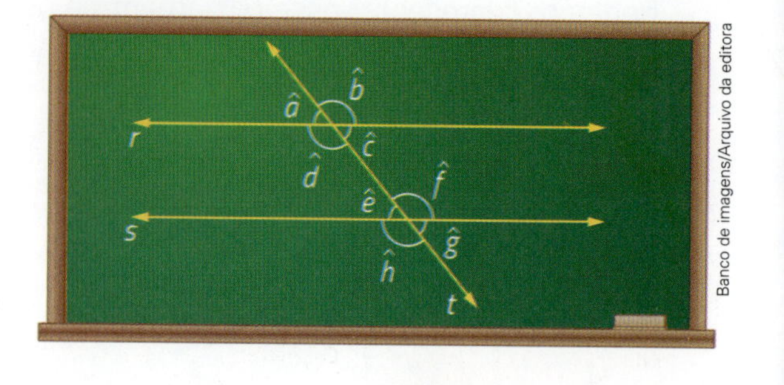

Banco de imagens/Arquivo da editora

Neste caso, considerando as posições relativas dos ângulos, tomados 2 a 2, podemos atribuir nomes a eles. Analise os nomes e o que acontece com as medidas de abertura dos ângulos.

- **Ângulos correspondentes:** $\hat{a}$ e $\hat{e}$; $\hat{b}$ e $\hat{f}$; $\hat{c}$ e $\hat{g}$; $\hat{d}$ e $\hat{h}$.
  Com isso, temos que: $a = e$; $b = f$; $c = g$; $d = h$.
- **Ângulos colaterais externos:** $\hat{a}$ e $\hat{h}$; $\hat{b}$ e $\hat{g}$.
  Com isso, temos que: $a + h = 180°$; $b + g = 180°$.
- **Ângulos colaterais internos:** $\hat{c}$ e $\hat{f}$; $\hat{d}$ e $\hat{e}$.
  Com isso, temos que: $c + f = 180°$; $d + e = 180°$.
- **Ângulos alternos externos:** $\hat{a}$ e $\hat{g}$; $\hat{b}$ e $\hat{h}$.
  Com isso, temos que: $a = g$; $b = h$.
- **Ângulos alternos internos:** $\hat{c}$ e $\hat{e}$; $\hat{d}$ e $\hat{f}$.
  Com isso, temos que: $c = e$; $d = f$.

Bate-papo

Converse com os colegas e procurem justificar os nomes usados para relacionar os ângulos.

Atividades

36 As retas a e b são paralelas e a reta t é uma transversal. Meça a abertura dos 8 ângulos formados para conferir as afirmações dadas acima.

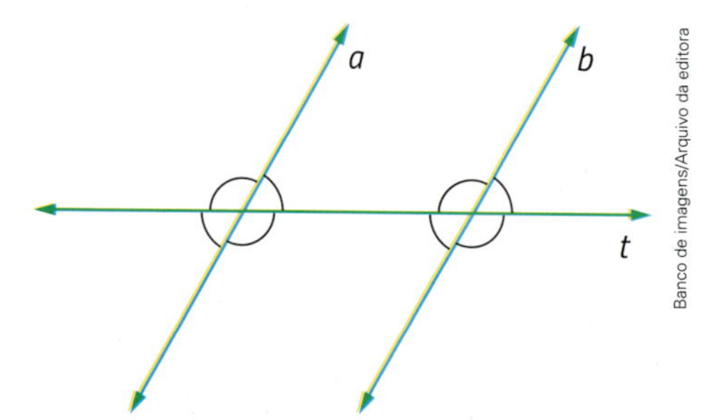

Banco de imagens/Arquivo da editora

37 Duas retas paralelas r e s foram intersectadas por uma transversal t, de modo que a abertura de um dos 8 ângulos determinados mede 40°.

a) Escreva a medida de abertura dos 8 ângulos.

b) Desenhe a figura correspondente.

38 Quando 2 retas paralelas cortadas por uma transversal determinam 8 ângulos congruentes? Desenhe a figura correspondente.

39 Determine as medidas de abertura x e y dos ângulos de cada figura. Em todas as figuras, r e s são retas paralelas.

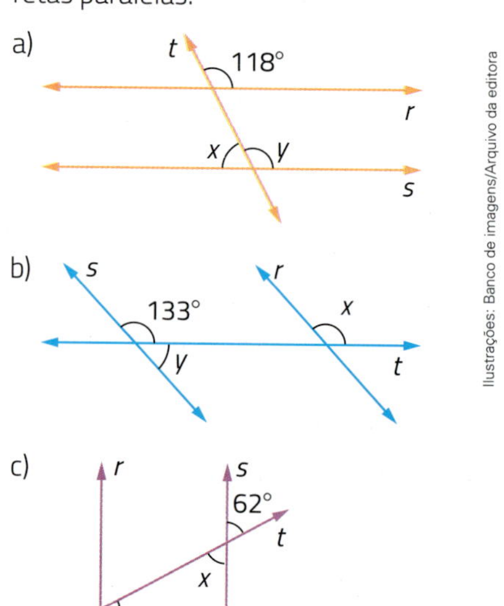

Ilustrações: Banco de imagens/Arquivo da editora

MATEMÁTICA

E TECNOLOGIA

O GeoGebra

O GeoGebra é um *software* livre e dinâmico de Matemática que pode ser utilizado em diversos conteúdos de Álgebra e de Geometria, em todos os níveis de ensino. Ele foi criado em 2001 pelo matemático austríaco Markus Hohenwarter (1976-) e recebeu diversos prêmios na Europa e nos Estados Unidos.

No endereço <www.geogebra.org/download>, você pode fazer o *download* do *software* "Geometria" ou acessá-lo *on-line*. Se precisar, peça para alguém mais experiente ajudá-lo com a instalação.

Software livre: qualquer programa gratuito de computador cujo código-fonte deve ser disponibilizado para permitir o uso, o estudo, a cópia e a redistribuição.

Ângulos determinados por retas paralelas intersectadas por uma transversal

Veja a seguir os passos que devem ser seguidos no GeoGebra para construir retas paralelas intersectadas por uma transversal e analisar as relações entre as aberturas dos ângulos determinados.

1º passo: Clique na opção "Reta" no menu de ferramentas (à esquerda da tela, na parte superior), marque 2 pontos próximo ao centro da tela e desenhe uma reta horizontal. Nomeie esses pontos como *A* e *B* e a reta como *r*.

2º passo: Clique na opção "Ponto" e marque 1 ponto fora da reta traçada anteriormente. Nomeie esse ponto como *C*.

3º passo: Clique na opção "Reta paralela". Em seguida, clique no ponto *C* e em qualquer ponto da reta *r* para construir uma reta que passa por *C* e é paralela à reta *r*. Nomeie essa reta como *s*.

4º passo: Clique novamente na opção "Reta" e marque 2 pontos, de maneira que a reta que passa por eles seja transversal às retas *r* e *s*. Nomeie os pontos marcados como *D* e *E* e a reta como *t*.

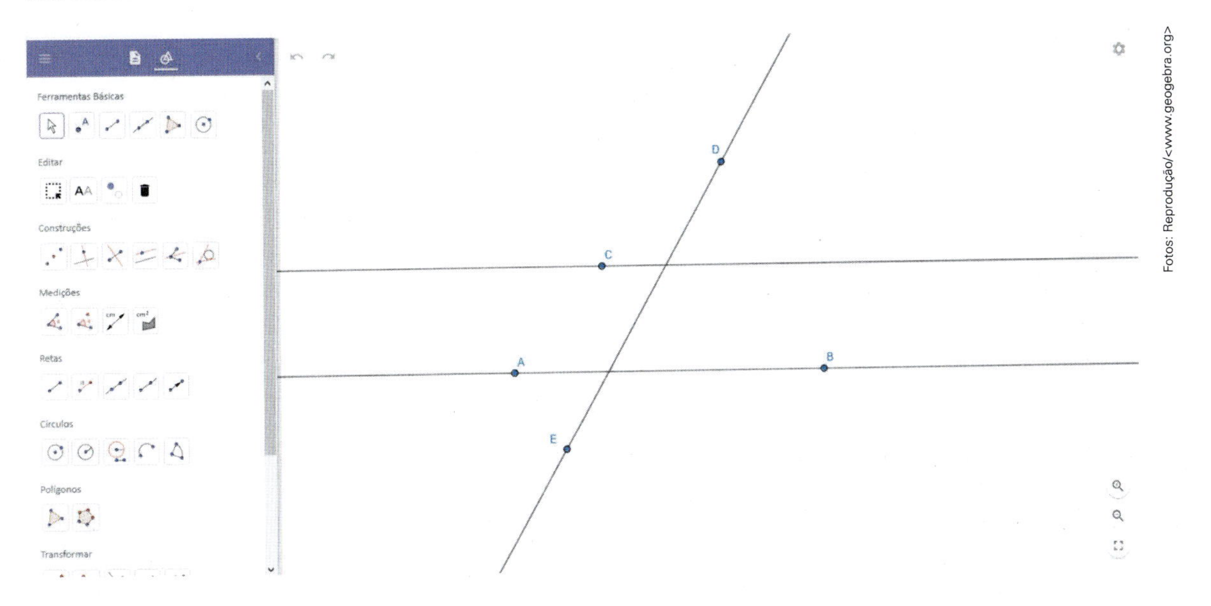

Fotos: Reprodução/<www.geogebra.org>

5º passo: Clique novamente na opção "Ponto" e marque os pontos de intersecção da reta *t* com as retas *r* e *s*. Nomeie esses pontos como *F* e *G*.

6º passo: Clique novamente na opção "Ponto" e marque um ponto na reta *r* do lado contrário ao ponto *C*. Nomeie esse ponto como *H*.

7º passo: Clique opção "Ângulo" [ícone] e, em seguida, clique nos pontos *C*, *F* e *D* para medir a abertura do ângulo $C\hat{F}D$.

Observe que, para obter a medida de abertura um ângulo utilizando o GeoGebra, é necessário clicar em um ponto de um dos lados do ângulo, no vértice, e em um ponto do outro lado do ângulo.

Repita esse procedimento para obter a medida de abertura dos outros ângulos determinados pelas retas paralelas e a transversal.

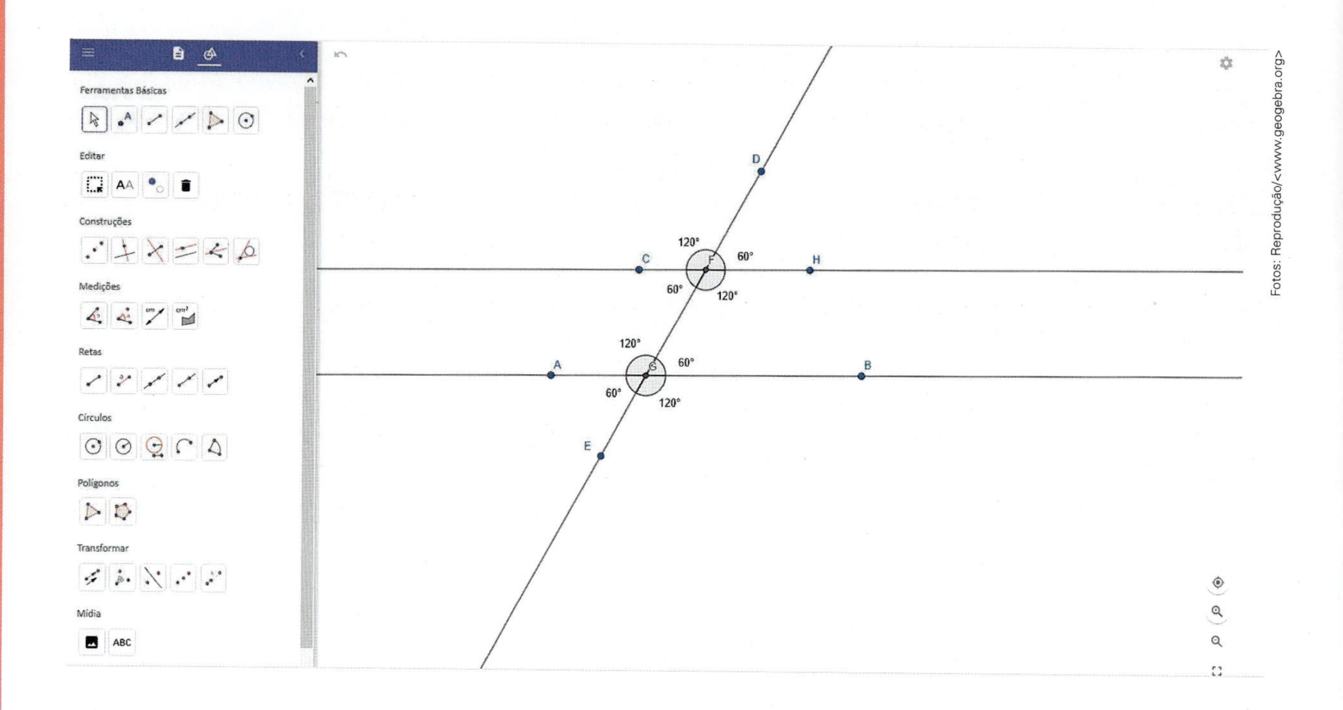

Fotos: Reprodução/<www.geogebra.org>

8º passo: Clique na opção "Mover" [ícone] e movimente lentamente a reta *t*. O que você pôde observar?

Clique agora no ponto *D* da reta *t* e movimente-o de maneira circular, rotacionando a reta. O que acontece com as medidas de aberturas dos ângulos?

Questões

1. Qual relação você pode observar quando escolhe 2 ângulos entre os 8 ângulos determinados na construção?
2. Identifique, nos ângulos que você determinou, as medidas de abertura dos ângulos:
   a) alternos internos;
   b) alternos externos;
   c) colaterais internos;
   d) colaterais externos;
   e) correspondentes.

3 Polígono

Você se lembra de que **linhas** podem ser **fechadas** ou **abertas**, **simples** (não se cruzam) ou **não simples** (se cruzam)?

Quando uma linha é formada apenas por uma sequência de segmentos de reta, ela é chamada de **linha poligonal**.

Polígono é uma linha poligonal fechada simples.

Veja os exemplos.

Polígonos. | Não polígonos.

Ilustrações: Banco de imagens/ Arquivo da editora

Também podemos definir polígono como o **contorno** de uma região plana que é formado apenas por segmentos de reta. Esses segmentos de reta são os **lados** do polígono e os pontos de encontro deles são os **vértices**.

O nome dado a um polígono depende do número de lados que ele tem. Por exemplo: **tri**ângulo (3 lados), **heptá**gono (7 lados), **eneá**gono (9 lados).

Polígono convexo e polígono não convexo

Quando traçamos uma reta sobre cada lado de um polígono e o restante do polígono fica do mesmo lado dessa reta, temos um **polígono convexo**.

Este quadrilátero é um exemplo de polígono convexo.

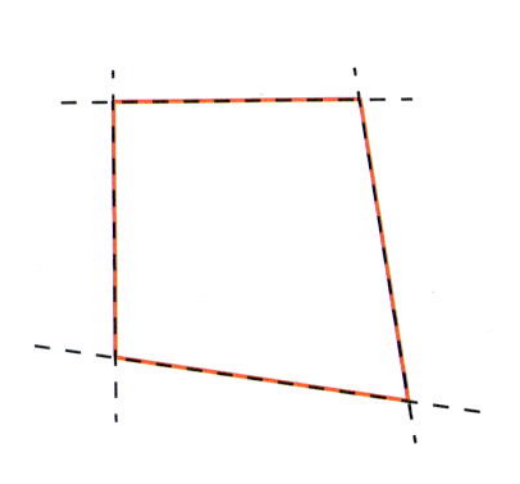

Os polígonos abaixo são exemplos de **polígonos não convexos**.

Ilustrações: Banco de imagens/Arquivo da editora

Atividade

40 Observe os contornos abaixo e, em cada um, escreva se é ou não um polígono. Quando for um polígono, escreva se ele é convexo ou não convexo.

a) 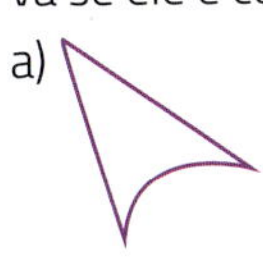

b) 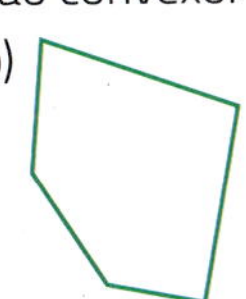

c) 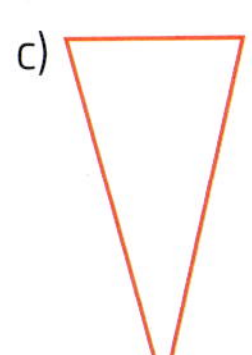

d) 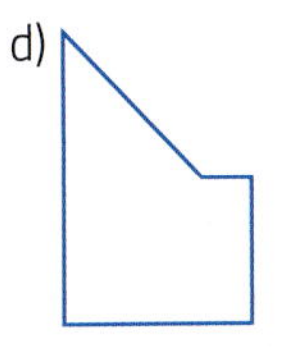

e) 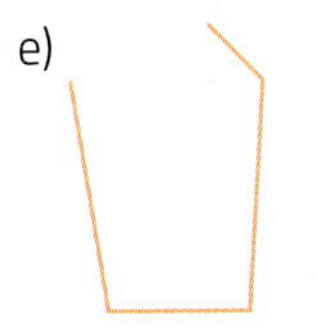

Ilustrações: Banco de imagens/ Arquivo da editora

Número de diagonais de um polígono convexo

A **diagonal** de um polígono convexo é o segmento de reta com extremidades em 2 vértices não consecutivos dele.

O número de diagonais em um polígono convexo depende do número de lados dele.

Veja os exemplos.

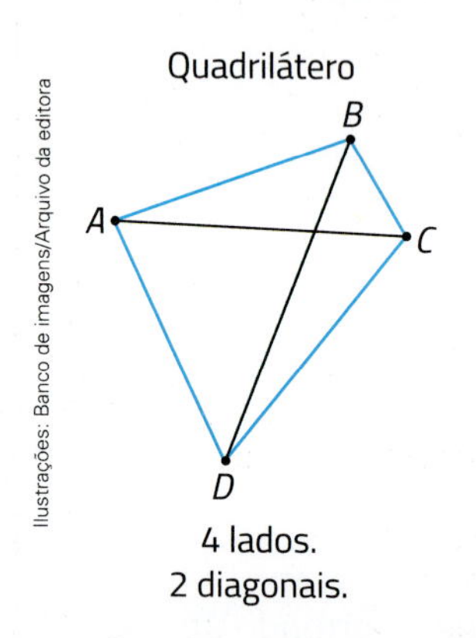

4 lados.
2 diagonais.

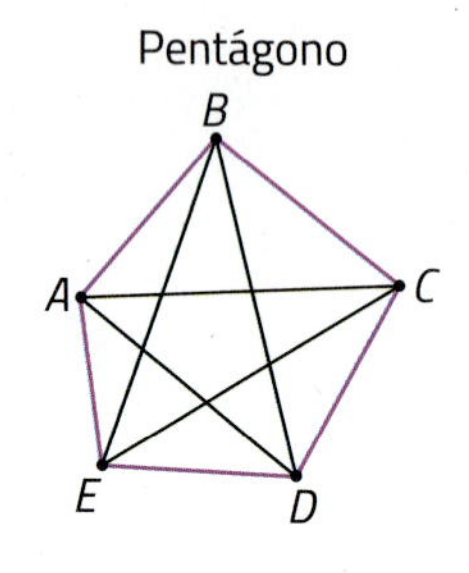

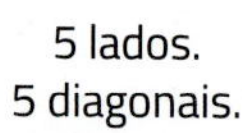

5 lados.
5 diagonais.

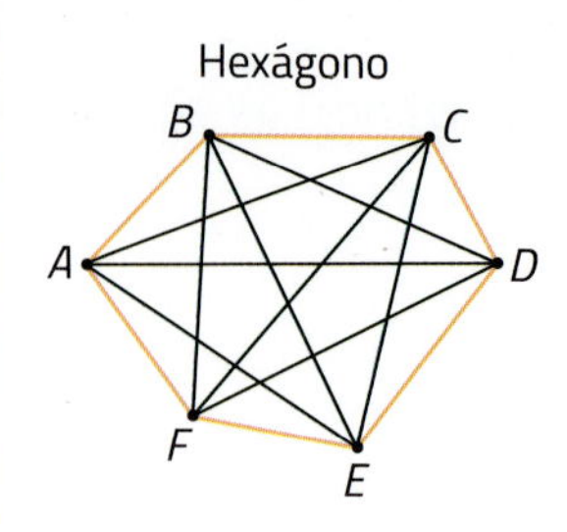

6 lados.
9 diagonais.

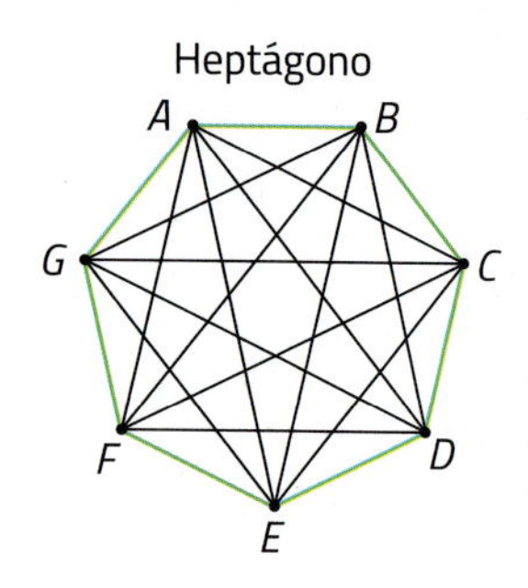

7 lados.
14 diagonais.

Observe a tabela e perceba o padrão no número de diagonais por vértice.

Polígonos convexos

Polígono	Número de lados	Número de diagonais por vértice	Padrão
Quadrilátero	4	1	$4 - 3 = 1$
Pentágono	5	2	$5 - 3 = 2$
Hexágono	6	3	$6 - 3 = 3$
Heptágono	7	4	$7 - 3 = 4$

Tabela elaborada para fins didáticos.

Observe a nova tabela.

Polígonos convexos

Polígono	Número de lados	Número de diagonais por vértice	Número de diagonais do polígono	Padrão
Quadrilátero	4	1	2	$\frac{4 \cdot 1}{2} = 2$
Pentágono	5	2	5	$\frac{5 \cdot 2}{2} = 5$
Hexágono	6	3	9	$\frac{6 \cdot 3}{2} = 9$
Heptágono	7	4	14	$\frac{7 \cdot 4}{2} = 14$

Tabela elaborada para fins didáticos.

Atividades

41 Nomeie os polígonos de acordo com a quantidade de lados de cada um.

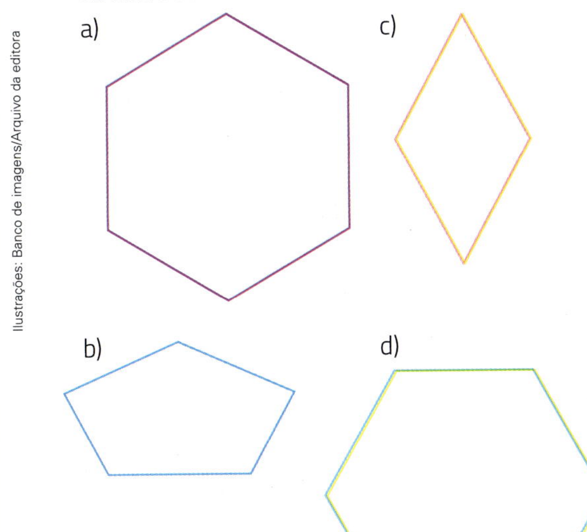

42 Na tabela da página anterior, crie uma nova linha e complete-a considerando um polígono de *n* lados. O que você pode concluir?

43 Utilize a conclusão que você obteve na atividade anterior para descobrir o número de diagonais de um dodecágono convexo.

44 Determine o número de diagonais de cada polígono convexo.

a) Quadrilátero.

b) Icoságono.

45 Responda aos itens.

a) Em qual polígono convexo podem ser traçadas 5 diagonais em cada vértice?

b) Qual é o total de diagonais desse polígono?

46 Veja a representação de 7 cidades.

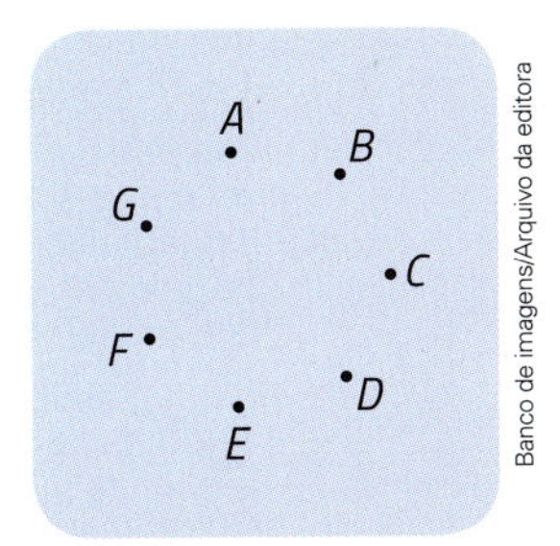

Banco de imagens/Arquivo da editora

Se forem construídas estradas ligando essas cidades 2 a 2, quantas serão as estradas no total?

47 Os 5 pontos dispostos nesta figura representam os vértices de um polígono convexo.

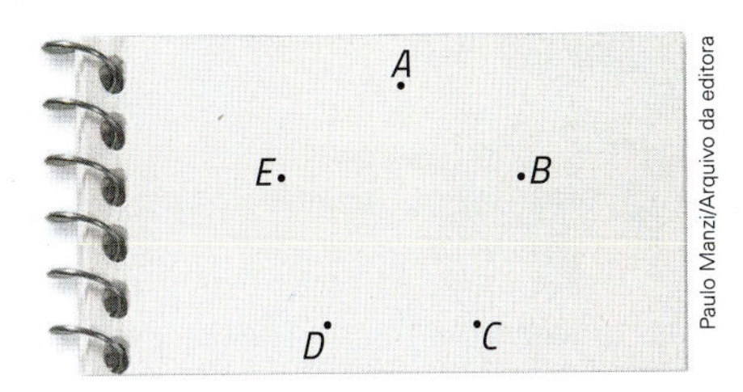

Paulo Manzi/Arquivo da editora

Quantos segmentos de reta podemos traçar unindo 2 vértices não consecutivos? Depois, trace os segmentos de reta e confira sua resposta.

48 Calcule o número de diagonais em:

a) um polígono convexo de 11 lados;

b) um decágono convexo;

c) um polígono convexo de 13 lados.

49 Um polígono convexo tem 9 diagonais. Quantos lados esse polígono tem? Qual é o nome dele?

50 Em um polígono convexo, o número de diagonais é o dobro do número de lados. Quantos lados o polígono tem?

51 Quantas diagonais ainda podem ser traçadas em cada polígono?

a)

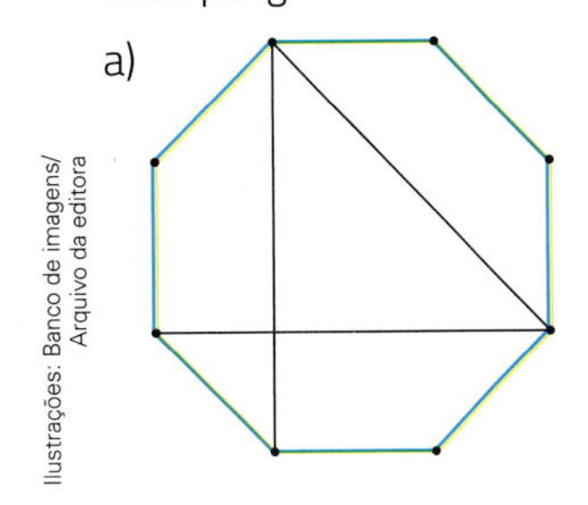

b)

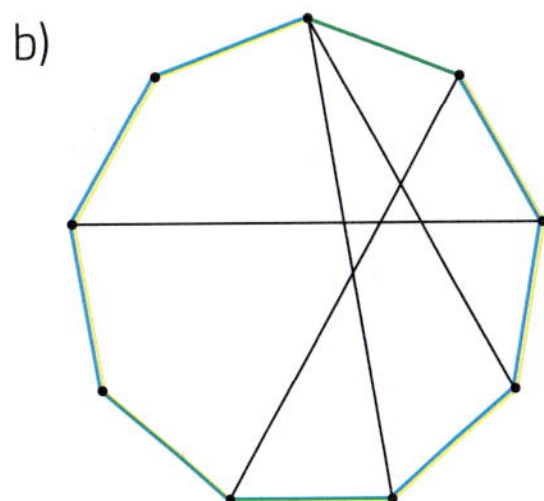

Ilustrações: Banco de imagens/Arquivo da editora

52 Qual polígono convexo tem o número de lados igual ao número de diagonais?

53 **Desafio.** Quando traçamos todas as diagonais possíveis a partir de um vértice quantos triângulos são formados em cada polígono convexo?

a) Quadrilátero.

b) Pentágono.

c) Polígono de *n* lados.

Ângulos internos e ângulos externos dos polígonos

Observe os polígonos representados abaixo.

Ilustrações: Banco de imagens/Arquivo da editora

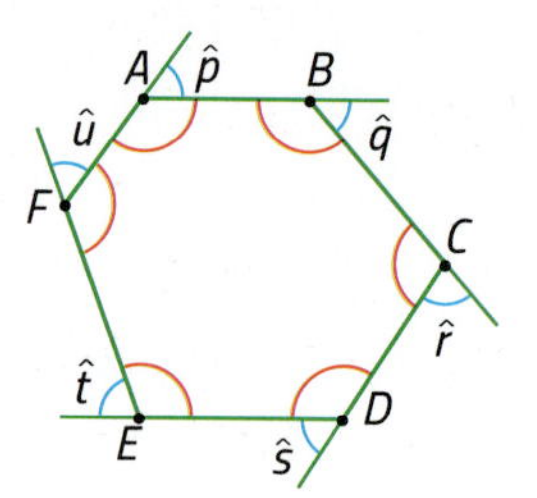

Veja algumas informações sobre estes polígonos.

- O polígono laranja é um quadrilátero, já que ele é formado por 4 lados. O polígono verde é um hexágono, já que ele é formado por 6 lados.
- Os ângulos marcados em vermelho em ambos os polígonos são chamados de **ângulos internos**. Ou seja, $G\hat{H}I$, $H\hat{I}G$, $I\hat{J}G$, $J\hat{G}H$, $A\hat{B}C$, $B\hat{C}D$, $C\hat{D}E$, $D\hat{E}F$, $E\hat{F}A$ e $F\hat{A}B$ são ângulos internos dos respectivos polígonos.

Ângulos internos são aqueles formados por 2 lados consecutivos do polígono.

- Os ângulos marcados em azul em ambos os polígonos são chamados de **ângulos externos**. Ou seja, $H\hat{I}K$ (ou $\hat{k}$), $\hat{p}$, $\hat{q}$, $\hat{r}$, $\hat{s}$, $\hat{t}$ e $\hat{u}$ são ângulos externos dos respectivos polígonos.

Ângulos externos são aqueles formados por 1 lado do polígono e pelo prolongamento do lado consecutivo a ele.

Atividades

54 Trace um pentágono convexo *ABCDE*. Prolongue o lado $\overline{DE}$ e marque um ponto *F* sobre o prolongamento, de modo que $A\hat{E}F$ seja um ângulo externo do pentágono.

55 Examine este polígono convexo.

Banco de imagens/Arquivo da editora

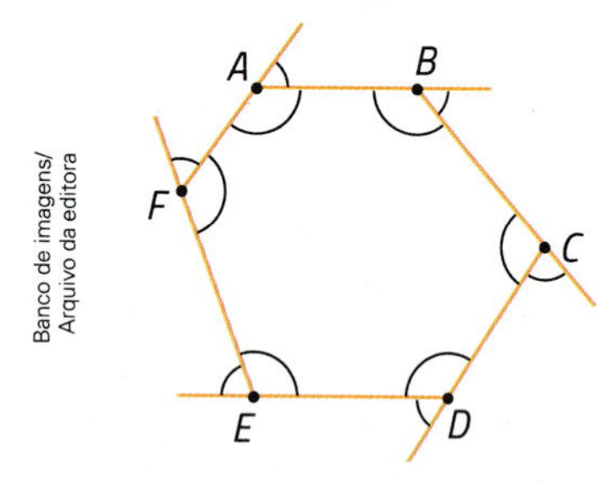

a) Qual é a soma da medida de abertura de um ângulo interno com a medida de abertura do ângulo externo no mesmo vértice?

b) Com base na resposta do item anterior, como é chamado cada par de ângulo interno e ângulo externo no mesmo vértice?

56 Para cada ângulo interno de um polígono existe um ângulo externo adjacente a ele. Determine a medida de abertura *x* em cada polígono.

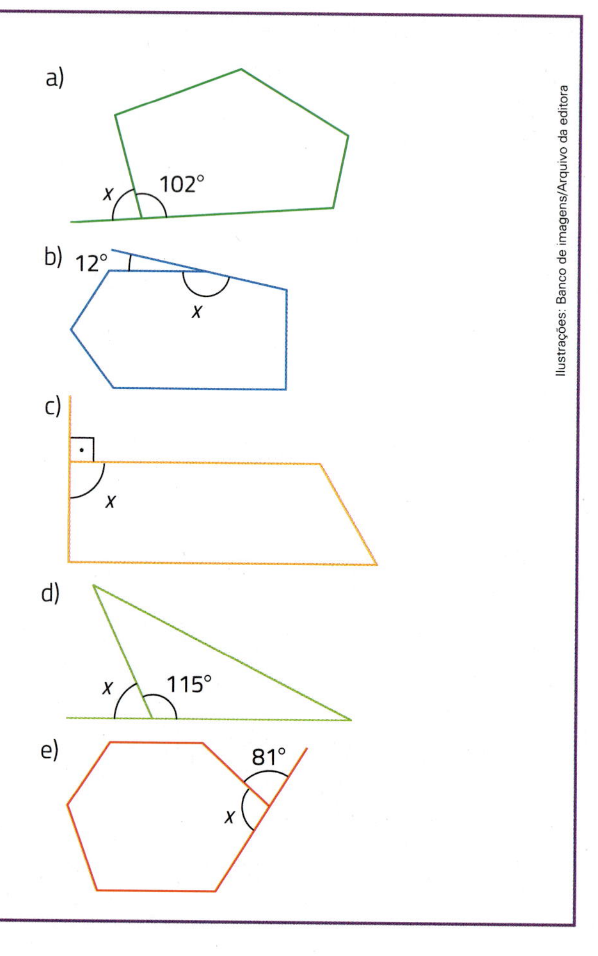

Ilustrações: Banco de imagens/Arquivo da editora

Triângulo

Elementos de um triângulo

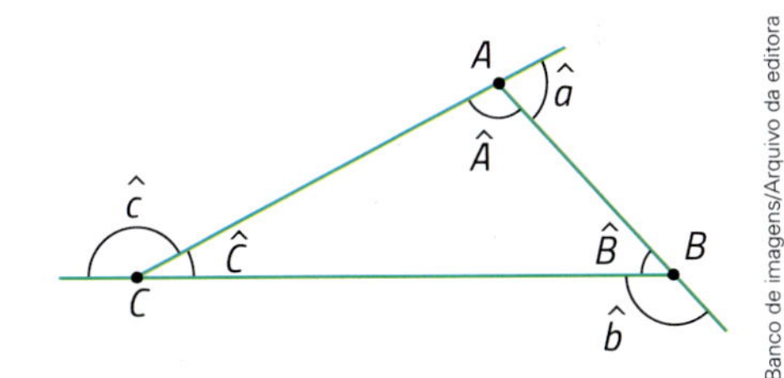

Banco de imagens/Arquivo da editora

O triângulo ao lado pode ser indicado por: $\triangle ABC$.

Observe que:

- o lado oposto ao ângulo $\hat{A}$ é o lado $\overline{BC}$;
- o lado oposto ao ângulo $\hat{B}$ é o lado $\overline{CA}$;
- o lado oposto ao ângulo $\hat{C}$ é o lado $\overline{AB}$.

Vértices: pontos A, B e C.
Lados: segmentos de reta $\overline{AB}$, $\overline{BC}$ e $\overline{CA}$.
Ângulos internos: $\hat{A}$, $\hat{B}$ e $\hat{C}$.
Ângulos externos: $\hat{a}$, $\hat{b}$ e $\hat{c}$.

Classificações de um triângulo

O triângulo pode ser classificado quanto aos ângulos ou quanto aos lados. Relembre as classificações.

Quanto aos lados			Quanto aos ângulos		
Equilátero	Isósceles	Escaleno	Retângulo	Obtusângulo	Acutângulo
3 lados de mesma medida de comprimento.	2 lados de mesma medida de comprimento.	3 lados de medidas de comprimento diferentes.	1 ângulo reto e 2 ângulos agudos.	1 ângulo obtuso e 2 ângulos agudos.	3 ângulos agudos.

Ilustrações: Banco de imagens/Arquivo da editora

Relação entre os lados e os ângulos de um triângulo

Examine as comparações feitas utilizando as medidas de comprimento dos lados e as medidas de abertura dos ângulos dos triângulos.

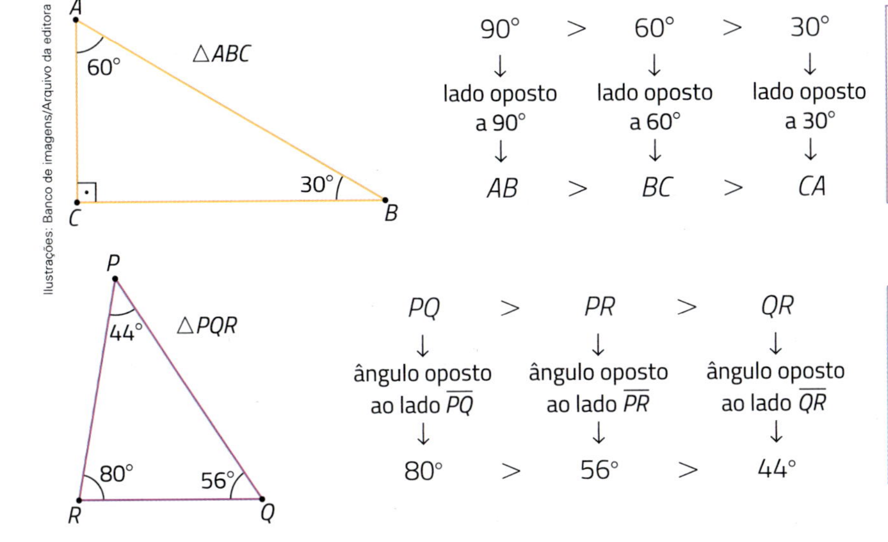

Ilustrações: Banco de imagens/Arquivo da editora

Observe que ao ângulo de maior medida de abertura opõe-se o lado de maior medida de comprimento, e ao ângulo de menor medida de abertura opõe-se o lado de menor medida de comprimento.

Observe que ao lado de maior medida de comprimento opõe-se o ângulo de maior medida de abertura, e ao lado de menor medida de comprimento opõe-se o ângulo de menor medida de abertura.

Essas relações de desigualdade já foram provadas matematicamente para qualquer triângulo e podem ser enunciadas assim:

Em todo triângulo, ao ângulo de maior medida de abertura opõe-se o lado de maior medida de comprimento e, reciprocamente, ao lado de maior medida de comprimento opõe-se o ângulo de maior medida de abertura. Da mesma maneira, ao ângulo de menor medida de abertura opõe-se o lado de menor medida de comprimento e, reciprocamente, ao lado de menor medida de comprimento opõe-se o ângulo de menor medida de abertura.

Construção de triângulos usando transferidor e régua graduada

Carolina usou a ideia da construção de ângulos para construir um triângulo *ABC* usando transferidor e régua graduada. Para isso, ela escolheu a medida de comprimento do lado $\overline{AB}$ e as medidas de abertura dos ângulos internos $\hat{A}$ e $\hat{B}$. Veja como ela fez.

1) Usando uma régua, ela traçou um segmento de reta $\overline{AB}$ com 3 cm de medida de comprimento.

Ilustrações: Banco de imagens/Arquivo da editora

2) Depois ela usou o transferidor para construir o ângulo interno $\hat{A}$ de medida de abertura de 70° no ponto *A* e o ângulo interno $\hat{B}$ de medida de abertura de 30° no ponto *B*.

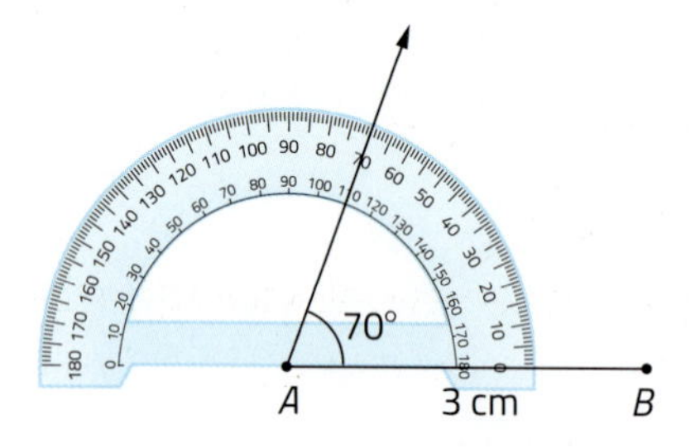

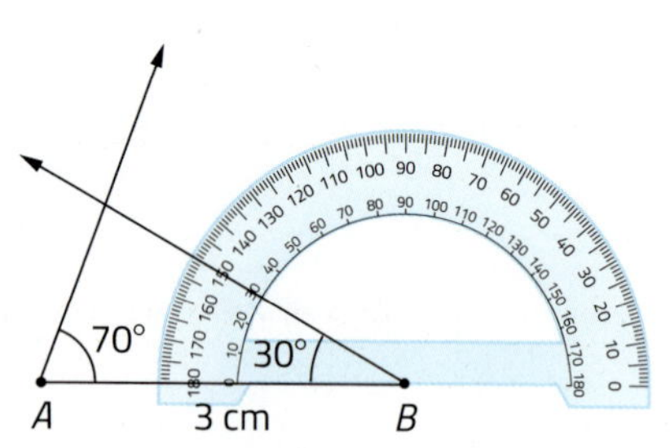

3) Por fim, ela nomeou o ponto de intersecção dos lados dos ângulos traçados como *C*, formando assim o △*ABC*.

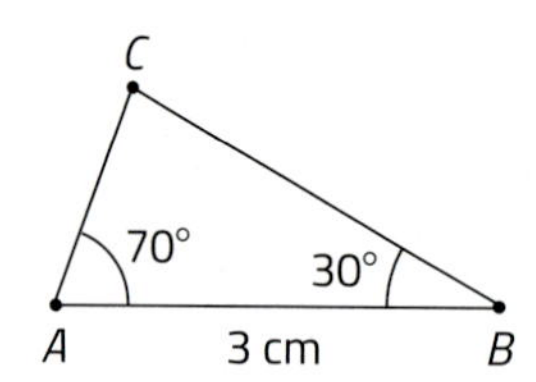

Bate-papo

Converse com um colega sobre a construção de Carolina. Você acha que é possível usar o mesmo procedimento para construir triângulos diferentes desses?

Condição de existência de um triângulo

Utilizando estes segmentos de reta, régua e compasso, Denise construiu um triângulo.

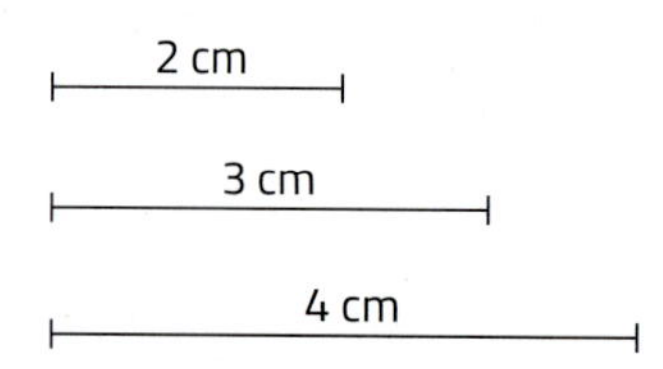

1) Usando uma régua, ela traçou uma reta *r* em uma folha de papel e marcou um ponto *A* nela.

2) Depois, ela abriu o compasso com a mesma medida de comprimento do segmento de reta de 4 cm, colocou a ponta-seca sobre o ponto *A* e traçou um arco à direita desse ponto, sobre a reta *r*. Ela nomeou o ponto de intersecção desse arco com a reta *r* de *B*.

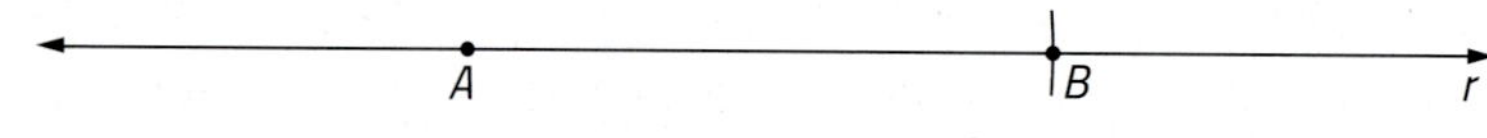

Ilustrações: Banco de imagens/Arquivo da editora

3) Em seguida, Denise abriu o compasso com a mesma medida de comprimento do segmento de reta de 3 cm e, colocando a ponta-seca sobre o ponto *A*, traçou um arco acima da reta. Analogamente, com a medida de comprimento do segmento de reta de 2 cm, com a ponta-seca do compasso no ponto *B*, ela traçou um arco acima da reta *r*. Ela nomeou o ponto de intersecção desses 2 arcos como *C*.

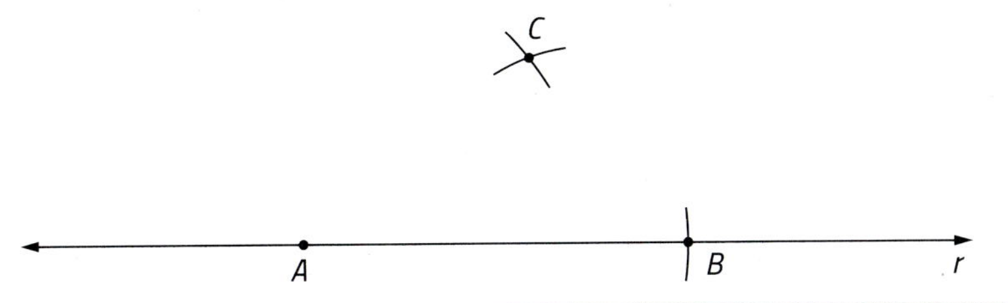

Ilustrações: Banco de imagens/Arquivo da editora

4) Por fim, ela traçou os segmentos de reta $\overline{AC}$ e $\overline{BC}$, obtendo assim o $\triangle ABC$.

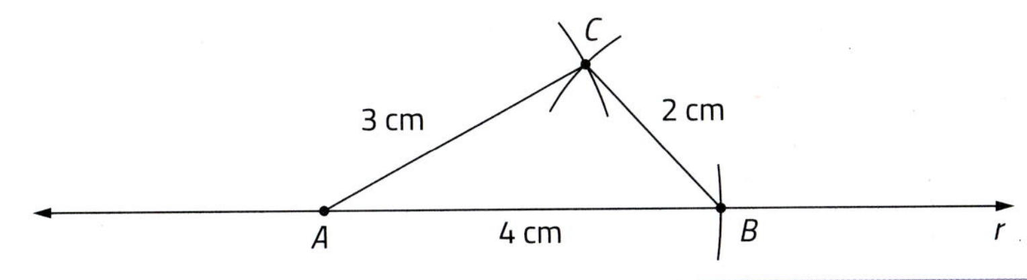

Fábio tentou seguir o mesmo procedimento para construir um triângulo, usando segmentos de reta com medidas de comprimento de 4 cm, 2 cm e 1,5 cm; mas não conseguiu.

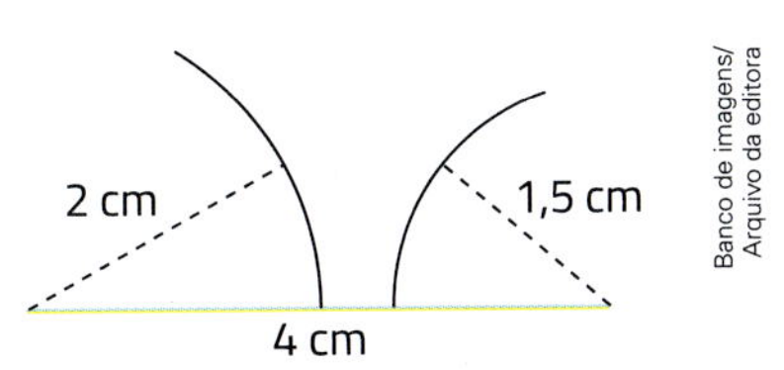

Banco de imagens/Arquivo da editora

Ficou, então, a pergunta: "Dadas as medidas de comprimento de 3 segmentos de reta, em quais condições é possível construir um triângulo cujos lados tenham essas medidas?". Procure encontrar a resposta fazendo a atividade a seguir.

Explorar e descobrir

1› Use régua e compasso e tente construir cada triângulo de medidas de comprimento dos 3 lados dadas:

a) 6 cm, 8 cm e 4 cm.

b) 3,5 cm, 6 cm e 3,5 cm.

c) 7 cm, 4 cm e 2 cm.

d) 6 cm, 3 cm e 3 cm.

2› Converse com um colega sobre por que em alguns itens da atividade anterior não foi possível construir um triângulo.

Observe, no *Explorar e descobrir*, que só é possível construir o triângulo quando o lado com maior medida de comprimento é menor do que a soma das medidas de comprimento dos outros 2 lados. Por exemplo: $8 < 6 + 4$ e $6 < 3,5 + 3,5$.

Se isso não ocorre (por exemplo $7 > 4 + 2$ e $6 = 3 + 3$), não é possível construir o triângulo.

Condição de existência de um triângulo: em todo triângulo, a medida de comprimento de um lado é sempre menor do que a soma das medidas de comprimento dos outros 2 lados.

Assim, se a, b e c são as medidas de comprimento, na mesma unidade de medida, dos 3 lados de um triângulo, podemos afirmar que:

$a < b + c$ $\quad$ $b < a + c$ $\quad$ $c < a + b$

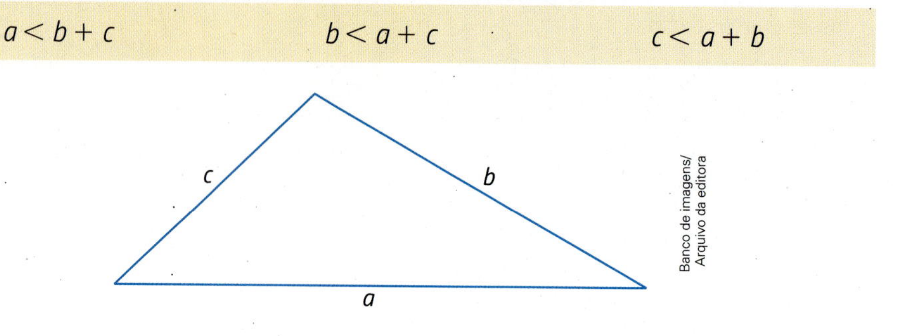

Atividades

57 Responda, sem construir as figuras, e justifique.

a) Qual é o lado de maior medida de comprimento e o lado de menor medida de comprimento no $\triangle EFG$, em que $m(\hat{E}) = 25°$, $m(\hat{F}) = 95°$ e $m(\hat{G}) = 60°$?

b) Qual é o ângulo de maior medida de abertura e o ângulo de menor medida de abertura no $\triangle MHS$ em que $\overline{MH} = 12$ cm, $\overline{HS} = 10$ cm e $\overline{SM} = 7$ cm?

58 Em um triângulo que tem 2 lados com medidas de comprimento iguais, o que acontece com os 2 ângulos opostos a esses lados?

59 Verifique se é possível construir um triângulo nas condições dadas. Se sim, construa-o. Se não, explique por quê.

a) Lados com medidas de comprimento de 4 cm, 4 cm e 4 cm.

b) Lados com medidas de comprimento de 8 cm, 4 cm e 3 cm.

60 Se x centímetros é a maior medida de comprimento de um lado de um triângulo escaleno e 7 cm e 4 cm são as medidas de comprimento dos outros 2 lados, então quais são os possíveis valores naturais de x?

61 A maior medida de comprimento de um lado de um triângulo é 8 cm e um dos outros 2 lados tem 4 cm de medida de comprimento. Quais números naturais podem ser a medida de comprimento que o terceiro lado deve ter, em centímetros?

62 Se um triângulo tem 2 lados com medidas de comprimento de 6 cm e 3 cm, qual é o maior número natural que pode indicar a medida de comprimento do terceiro lado, em centímetros? E o menor número natural?

63 Determine as possíveis medidas de comprimento do terceiro lado de um triângulo isósceles, sabendo que as medidas de comprimento dos outros lados são:

a) 8 cm e 5 cm;

b) 7 cm e 3,5 cm;

c) 10 cm e 3 cm;

d) 5 cm e 5 cm.

64 Desenhe um triângulo obtusângulo EFG e depois, com régua e compasso, construa um $\triangle E'F'G'$ congruente a ele.

65 **Conexões.** Analise o triângulo que aparece na placa de trânsito e responda ao que se pede.

Placa de trânsito.

a) Escreva a classificação desse triângulo quanto aos lados e quanto aos ângulos.

b) Construa um triângulo usando régua e compasso.

c) Qual é o significado dessa placa de trânsito? Se necessário, faça uma pesquisa.

Triângulo, um polígono fantástico

Uma das figuras geométricas mais conhecidas e usadas pela humanidade é o triângulo. Desde a Antiguidade até os dias atuais fazemos uso de objetos triangulares.

meunierd/Shutterstock

Cúpula geodésica formada por triângulos construída na cidade de Montreal, Canadá. Foto de 2017.

Banco de imagens/Arquivo da editora

Corda de nós utilizada pelos egípcios.

Nordling/Shutterstock

Triângulo de sinalização.

As imagens desta página não estão representadas em proporção.

O triângulo é considerado o "mais simples" de todos os polígonos. Ele apresenta a menor quantidade de lados (3) e de ângulos internos (3). Contudo, por trás dessa simplicidade existe uma das propriedades mais importantes da Geometria: a **rigidez geométrica**.

Explorar e descobrir

Reúna-se com um colega, peguem alguns palitos de sorvete e tachinhas. Com cuidado e sob a supervisão de um adulto, prendam as pontas dos palitos formando triângulos, quadriláteros e pentágonos.

1› Qual polígono não se deforma quando você tenta mover o lado do polígono?

2› Por que você acha que isso acontece?

Como vimos no *Explorar e descobrir*, os triângulos são os únicos polígonos que apresentam **rigidez geométrica**, isto é, não é possível alterar a medida de abertura dos ângulos internos dos triângulos se as medidas de comprimento dos lados dele forem mantidas.

Rigidez geométrica: é a propriedade que os triângulos têm de não se deformarem, o que não acontece com os demais polígonos.

Observe as figuras a seguir para entender a rigidez dos triângulos e a não rigidez dos demais polígonos.

- Não é possível deformar um triângulo, ou seja, mudar a forma dele mantendo as medidas de comprimento dos lados.
- Os demais polígonos podem ser deformados mantendo as medidas de comprimento dos lados.

Triângulo.

Quadriláteros.

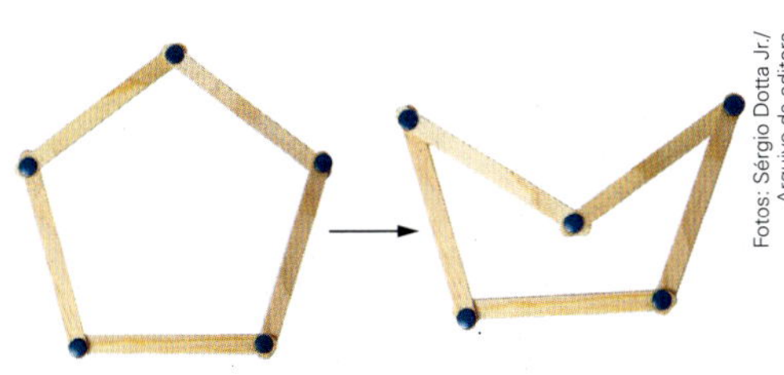

Pentágonos.

Fotos: Sérgio Dotta Jr./Arquivo da editora

A rigidez do triângulo nas grandes construções

As formas triangulares têm grande aplicação, principalmente na Engenharia civil. Quando necessitamos de estruturas sólidas, que não se deformem quando submetidas à ação de pesos ou de outras forças, é comum vermos em edificações o uso de treliças para obter estruturas rígidas e indeformáveis.

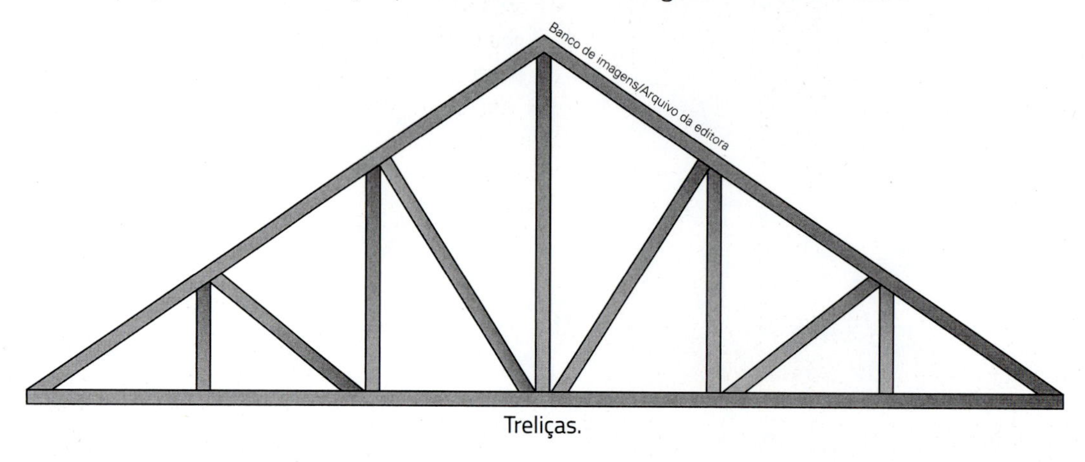

Banco de imagens/Arquivo da editora

Treliças.

Para sustentar os telhados, os carpinteiros usam "tesouras", como a desta imagem, para tornar a estrutura rígida.

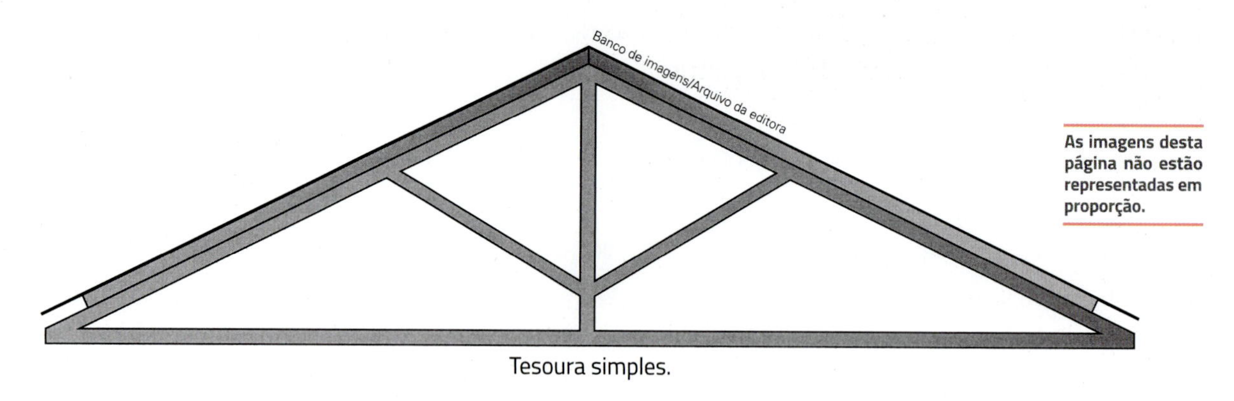

Banco de imagens/Arquivo da editora

Tesoura simples.

As imagens desta página não estão representadas em proporção.

Veja algumas construções cuja arquitetura faz uso das formas triangulares.

A ponte Akashi-Kaikyo foi construída em 1998, tem 3 991 metros de medida de comprimento e possui o maior vão suspenso do mundo, com 1 991 metros de medida de comprimento. É uma estrutura que tem como base triângulos que, além de permitirem uma excelente rigidez, oferecem baixa resistência ao vento.

Leonid Andronov/Alamy/Fotoarena

Ponte Akashi-Kaikyo, entre a cidade de Kobe e a ilha Awajê (Japão). Foto de 2016.

Ozgur Gonen/Shutterstock

Torre Eiffel, em Paris (França). Foto de 2018.

A torre Eiffel, um dos principais símbolos da França, foi inaugurada em 31 de março de 1889 e construída para comemorar o centenário da Revolução Francesa (1789-1799). Ela tem mais de 300 metros de medida de comprimento de altura, pesa aproximadamente 10 000 toneladas e a estrutura de ferro é repleta de treliças triangulares.

A presença dos triângulos na Arte

Reprodução/Coleção Particular/Cedida por Tarsila Educação/<www.tarsiladoamaral.com.br>

A gare. 1925. Tarsila do Amaral. Óleo sobre tela, 84,5 cm × 65 cm.

Uma das mais importantes artistas do Brasil, Tarsila do Amaral (1886-1973), também utilizou a rigidez dos triângulos em parte das obras. Na tela *A gare* a artista retrata uma estação de trem e é possível identificar os triângulos como estrutura de sustentação de um poste e de um telhado.

O artista sueco Oscar Reutersvärd (1912-2002) intriga muita gente por ser considerado o artista que foi capaz de construir o "triângulo impossível".

Wikipedia/Wikimedia Commons

Triângulo de Penrose.

Atividades

66 ▸ Olhe ao seu redor e procure identificar algumas figuras geométricas. Entre elas, destaque a presença de triângulos.

67 ▸ Com um colega, expliquem por que geralmente os portões têm madeiras colocadas na diagonal, como estas da foto.

Mario Friedlander/Pulsar Imagens

Portão de madeira.

68 ▸ Observe esta ponte de madeira, identifique triângulos nela e justifique a presença deles.

beckysphotos/Shutterstock

Ponte de madeira.

69 ▸ Em grupo, pesquisem na internet algumas obras de arte nas quais aparecem triângulos.

Construção de triângulos equiláteros

Lembre-se: O triângulo equilátero é aquele cujas medidas de comprimento dos lados são iguais e cujas medidas de abertura dos ângulos internos são iguais a 60°.

Thiago Neumann/Arquivo da editora

Julia construiu um triângulo equilátero com lados de medidas de comprimento de 4 cm. Veja como ela fez isso, usando apenas a medida de comprimento dos lados.

1) Ela traçou uma reta *r* no caderno e marcou um ponto *A* na reta.

2) Usando uma régua graduada, ela abriu o compasso com a medida de comprimento de 4 cm, colocou a ponta-seca do compasso sobre o ponto *A* e traçou um arco sobre a reta *r*. O ponto de intersecção entre o arco e a reta *r* é o ponto *B*.

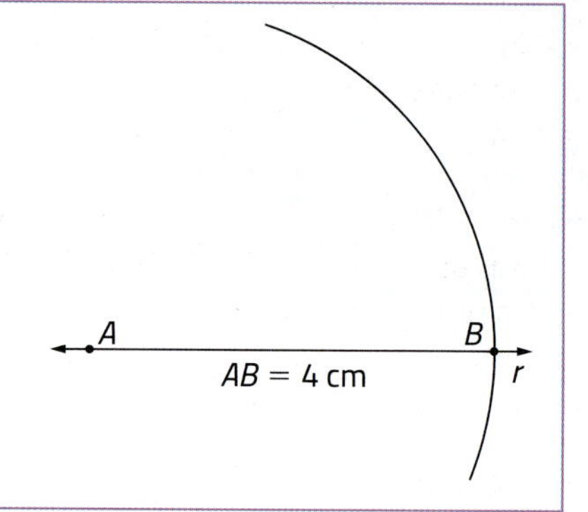

3) Com o compasso aberto com a medida de comprimento de 4 cm, ela colocou a ponta-seca no ponto *B* e traçou um arco sobre a reta *r*. O ponto de intersecção entre os 2 arcos é o ponto *C*.

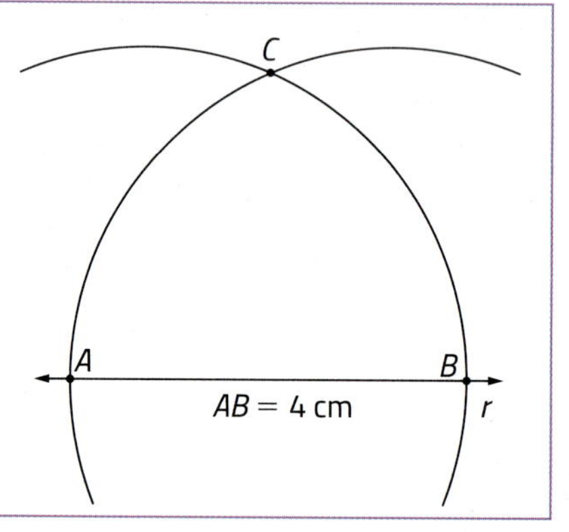

4) Por fim, ela traçou os segmentos de reta $\overline{AC}$ e $\overline{BC}$ e obteve o $\triangle ABC$, equilátero com lados de medidas de comprimento de 4 cm.

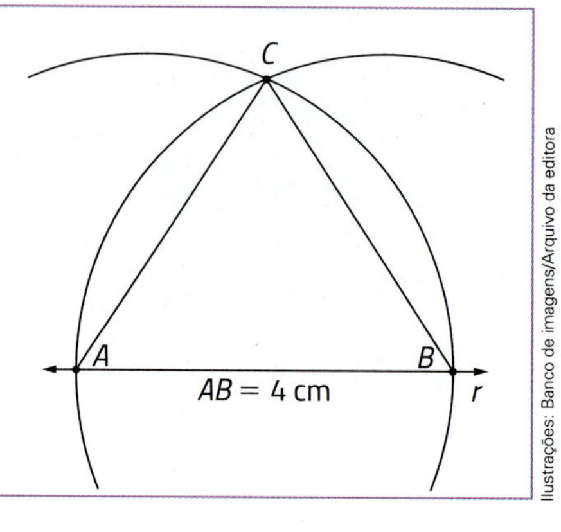

Ilustrações: Banco de imagens/Arquivo da editora

Bate-papo

Faça a mesma construção que Julia fez. Em seguida, use um transferidor para medir a abertura dos ângulos do triângulo e uma régua graduada para medir o comprimento dos lados. O triângulo que você obteve é equilátero? Compare com a construção de um colega e conversem sobre o porquê de esse procedimento funcionar.

Construção de quadrados

Para construir quadrados e alguns outros polígonos, com régua e compasso, precisamos saber construir retas paralelas e retas perpendiculares.

Retas paralelas: retas de um mesmo plano sem ponto comum.
Retas perpendiculares: retas que se intersectam formando ângulos retos entre elas.

> Lembre-se: O quadrado é o quadrilátero que tem todos os lados com medidas de comprimento iguais e todos os ângulos com medidas de abertura iguais a 90°.

Manuel construiu um quadrado com lados de medidas de comprimento de 1,5 cm. Veja como ele fez.

1) Ele traçou uma reta *r* no caderno e marcou um ponto *A* na reta.

2) Para traçar a reta perpendicular a *r* no ponto *A*, ele colocou a ponta-seca do compasso no ponto *A* e traçou uma circunferência de tamanho qualquer. Os pontos de intersecção entre a circunferência e a reta *r* são *P* e *Q*.

3) Depois, ele colocou a ponta-seca do compasso em *P* e traçou uma circunferência com medida de comprimento do raio igual à do segmento de reta $\overline{PQ}$. Analogamente, traçou outra circunferência com centro em *Q* e medida de comprimento do raio igual à do segmento de reta $\overline{PQ}$. Os pontos de intersecção das circunferências são *M* e *N* e a reta que passa por eles é perpendicular à reta *r*. Essa é a reta *s*. Em seguida, Manuel apagou as circunferências construídas, deixando apenas as retas *r* e *s* e o ponto *A*, para ficar com uma imagem mais "limpa".

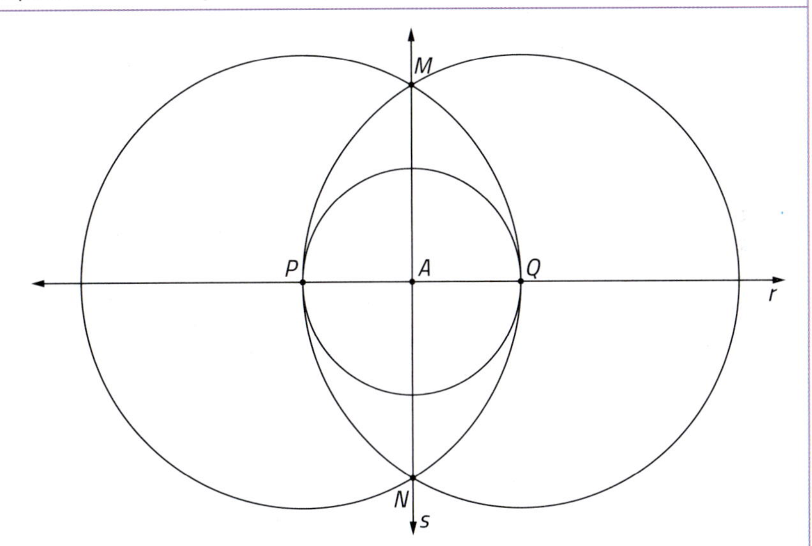

4) Usando uma régua graduada, ele abriu o compasso com a medida de comprimento de 1,5 cm, colocou a ponta-seca do compasso sobre o ponto *A* e traçou uma circunferência. O ponto de intersecção entre a circunferência e a reta *r*, à direita do ponto *A*, é o ponto *B*. O ponto de intersecção entre a circunferência e a reta *s*, acima da reta *r*, é o ponto *D*.

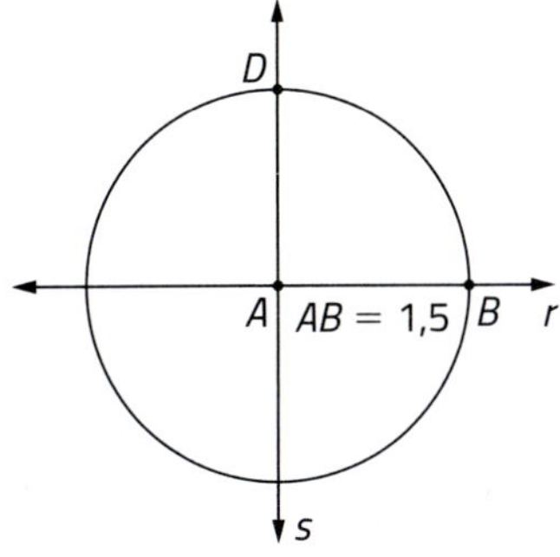

5) Com o compasso aberto na medida de comprimento de 1,5 cm, ele colocou a ponta-seca no ponto *B* e traçou uma circunferência. Analogamente, traçou outra circunferência, com mesma medida de comprimento do raio, com centro em *D*. O ponto de intersecção entre essas 2 circunferências é o ponto *C*.

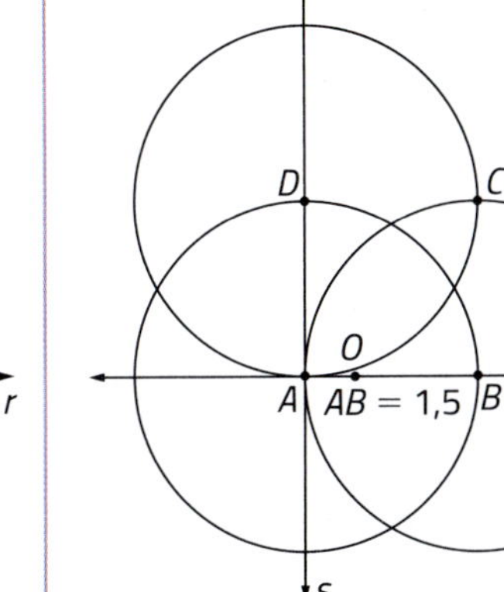

6) Por fim, ele traçou os segmentos de reta $\overline{BC}$ e $\overline{CD}$ e obteve o quadrado *ABCD*.

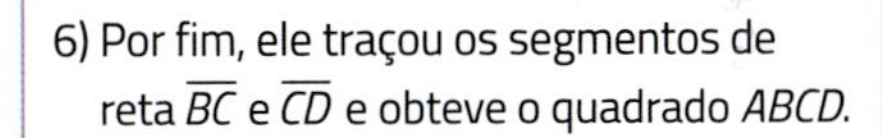

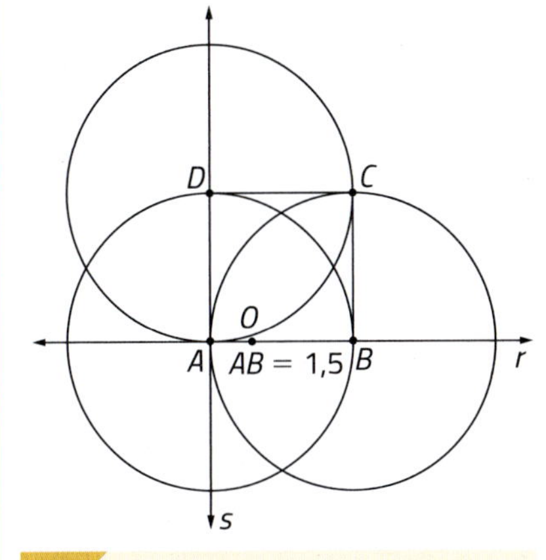

Bate-papo

Faça a mesma construção, com *AB* = 5 cm. O quadrilátero que você obteve é um quadrado? Compare com a construção de um colega e conversem sobre o porquê de esse procedimento funcionar.

Ilustrações: Banco de imagens/Arquivo da editora

4 Soma das medidas de abertura dos ângulos de um polígono

Soma das medidas de abertura dos ângulos internos de um triângulo

Você já conhece a ideia de ângulo e já aprendeu várias propriedades dos triângulos. Agora, vamos explorar a propriedade relacionada à soma das medidas de abertura dos ângulos internos de um triângulo.

Explorar e descobrir

1. Observe as fotos dos esquadros, que têm triângulos como contorno. Os ângulos assinalados são os ângulos internos desses triângulos. Qual é a soma das medidas de abertura dos ângulos internos de cada triângulo?

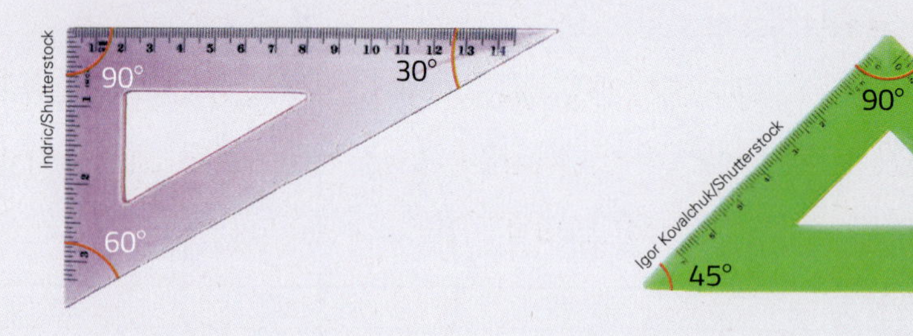

Indric/Shutterstock

Igor Kovalchuk/Shutterstock

As imagens desta página não estão representadas em proporção.

2. Utilize um transferidor para medir as aberturas dos ângulos internos de cada triângulo. Depois, calcule a soma desses valores.

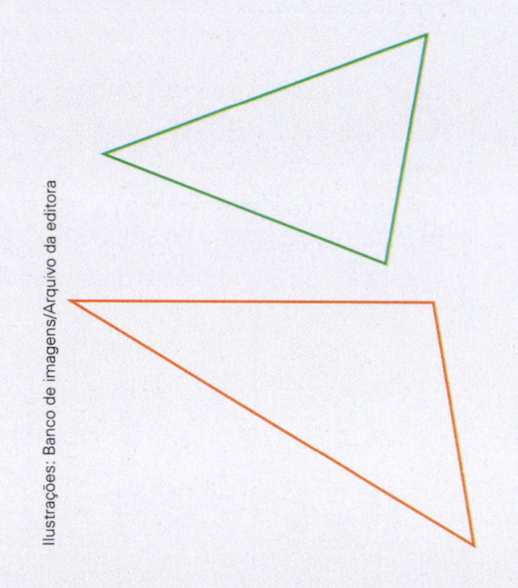

Ilustrações: Banco de imagens/Arquivo da editora

Será que foi coincidência ou sempre resulta em 180° quando eu somo as medidas de abertura dos ângulos internos de um triângulo?

Thiago Neumann/Arquivo da editora

3. Em uma folha de papel sulfite, desenhe um triângulo qualquer e pinte cada ângulo de uma cor diferente, dos 2 lados do papel, e recorte o triângulo. Dobre-o de acordo com as figuras.

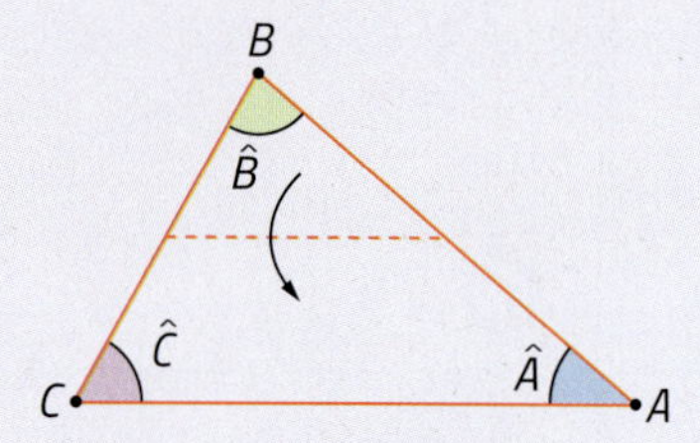

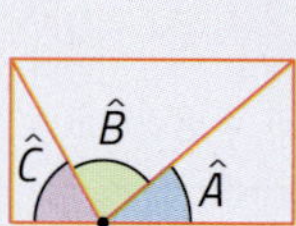

Ilustrações: Banco de imagens/Arquivo da editora

a) O que você constatou experimentalmente?

b) Compare sua dobradura com a dos colegas. Em todas ocorreu o mesmo?

Em todo triângulo, a soma das medidas de abertura dos 3 ângulos internos é igual a 180°.

Veja como podemos **demonstrar** a propriedade verificada no *Explorar e descobrir*, para **todos** os triângulos.

Demonstração

Consideremos um $\triangle ABC$ **qualquer**. Pelo ponto *A*, podemos sempre traçar uma única reta *r* paralela ao lado $\overline{BC}$ (verdade aceita sem demonstração), obtendo os ângulos $\hat{x}$, $\hat{y}$ e $\hat{z}$, cujas medidas de abertura são *x*, *y* e *z* e tal que $x + y + z = 180°$.

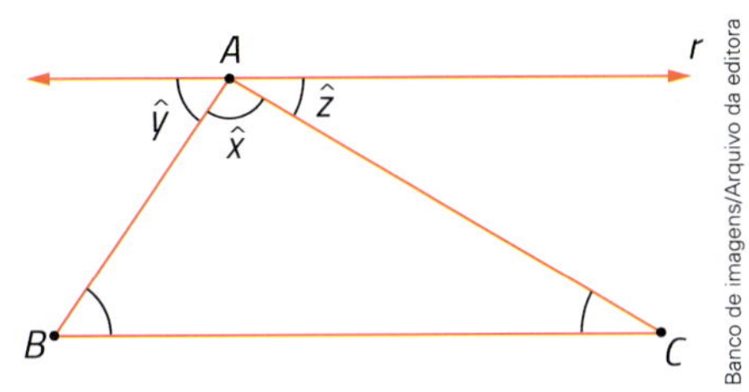

Podemos notar que:

- $x = m(\hat{A})$, ou seja, *x* é a medida de abertura do ângulo interno $\hat{A}$ do triângulo;
- $y = m(\hat{B})$, pois a reta *r* é paralela a $\overline{BC}$, $\overline{AB}$ é transversal e $\hat{y}$ e $\hat{B}$ são ângulos alternos internos.
- $z = m(\hat{C})$, pois a reta *r* é paralela a $\overline{BC}$, $\overline{AC}$ é transversal e $\hat{z}$ e $\hat{C}$ são ângulos alternos internos.

Se $x + y + z = 180°$, então podemos concluir que $m(\hat{A}) + m(\hat{B}) + m(\hat{C}) = 180°$.

Dessa maneira, está **demonstrada** a propriedade.

Atividades

70 Responda ao que se pede.

a) Se o $\triangle ABC$ tem $m(\hat{A}) = 47°$ e $m(\hat{B}) = 103°$, então qual é a medida de abertura de $\hat{C}$?

b) Se os 3 ângulos internos de um triângulo são congruentes (têm medidas de abertura iguais), então qual é a medida de abertura de cada um deles?

71 Em um $\triangle EFG$, a abertura do ângulo $\hat{E}$ mede 40° a mais do que a abertura do ângulo $\hat{F}$, e a abertura do ângulo $\hat{G}$ mede o dobro da abertura de $\hat{E}$. Calcule as medidas de abertura de $\hat{E}$, $\hat{F}$ e $\hat{G}$.

72 É possível desenhar um triângulo cujos ângulos internos têm medidas de abertura de 90°, 50° e 60°? Justifique sua resposta.

73 Um triângulo pode ter:

a) 2 ângulos internos retos? Por quê?

b) 1 ângulo interno agudo, 1 obtuso e 1 reto? Por quê?

74 As medidas de abertura, em graus, dos ângulos internos de um triângulo são 3 números naturais consecutivos. Determine as 3 medidas.

75 Em um $\triangle EFG$, $\hat{E}$ é reto e a medida de abertura de $\hat{F}$ corresponde a $\frac{2}{5}$ da medida de abertura de $\hat{E}$.

a) Qual é a medida de abertura de $\hat{G}$?

b) Qual é a medida de abertura do ângulo externo adjacente a $\hat{F}$?

76 Uma corda foi esticada do topo do prédio até o chão. A abertura do ângulo determinado no chão pode ser medida: 62°. Qual é a medida de abertura do ângulo no topo desse prédio?

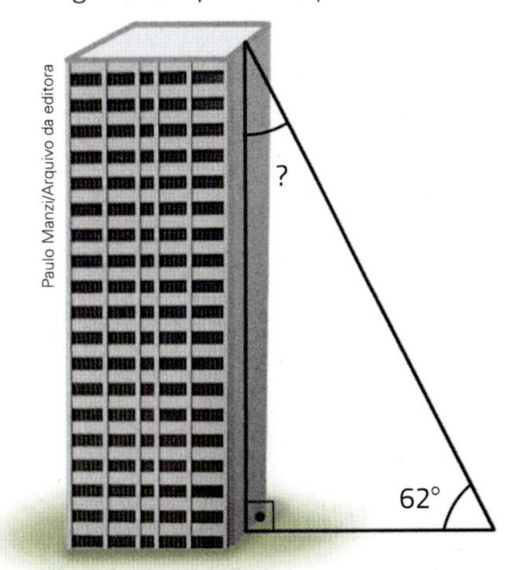

Ilustrações: Banco de imagens/Arquivo da editora

77 Determine o valor de x, em graus, e calcule as demais medidas de abertura dos ângulos internos em cada triângulo.

a)

40°
60°
x

c)

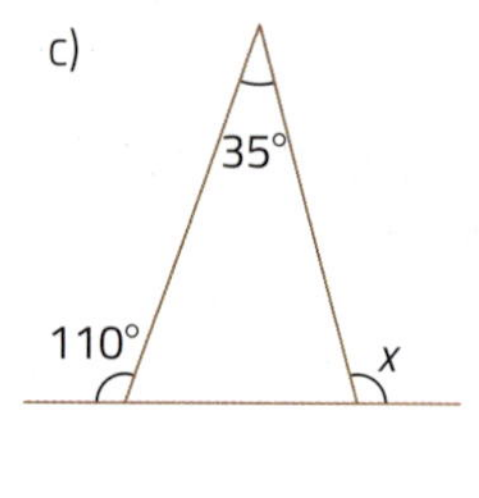

b)

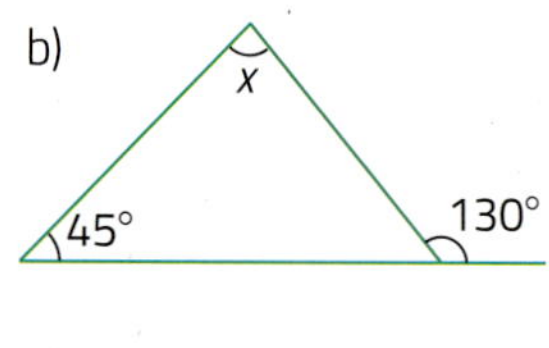

d)

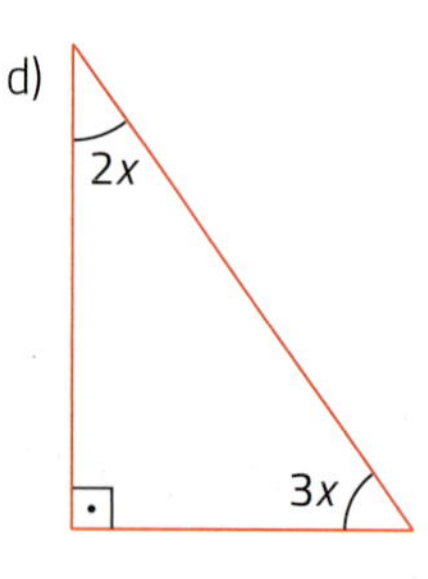

Ilustrações: Banco de imagens/Arquivo da editora

78 Determine mentalmente a medida de abertura, em graus, de cada ângulo indicado por uma letra.

a)

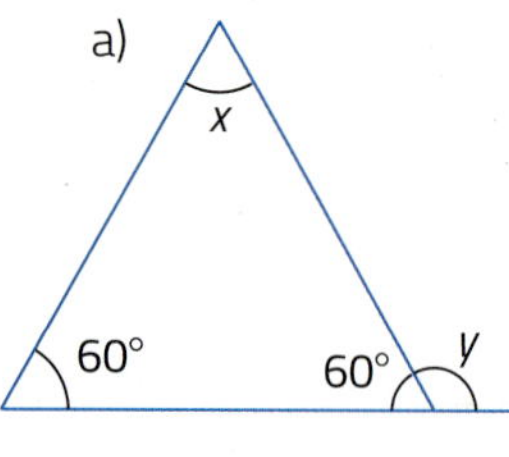

c)

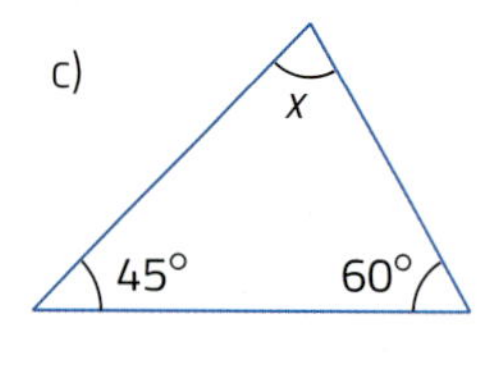

b) d)

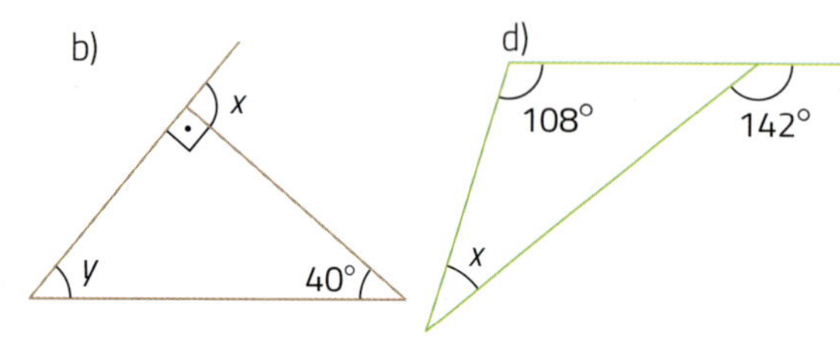

Ilustrações: Banco de imagens/Arquivo da editora

79 Reúna-se com um colega para interpretar cada figura e calcular a medida de abertura x, em graus.

a)

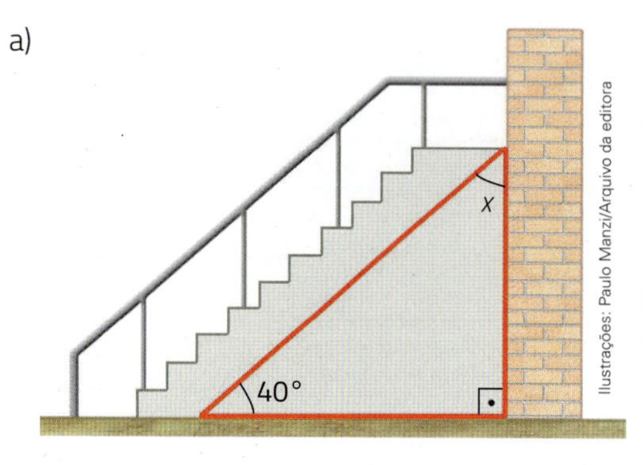

b)

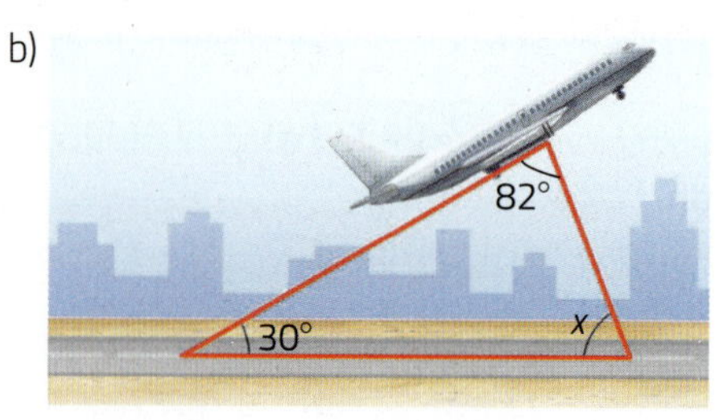

c)

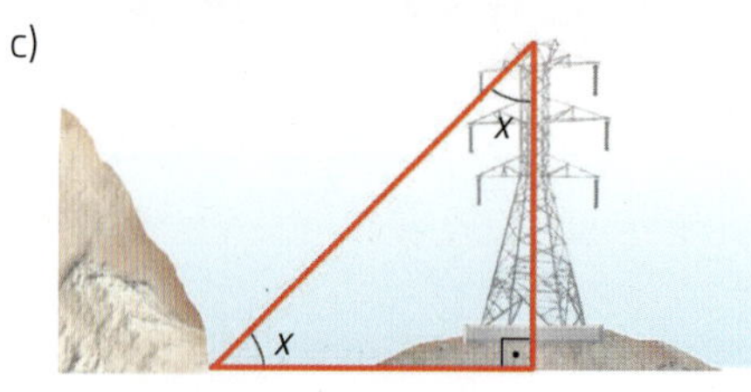

d)

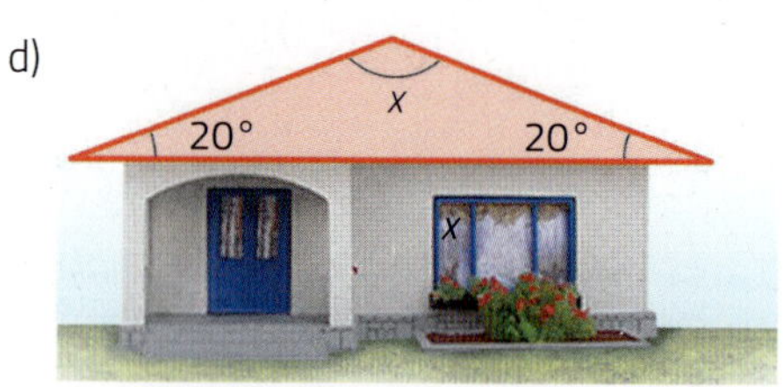

e)

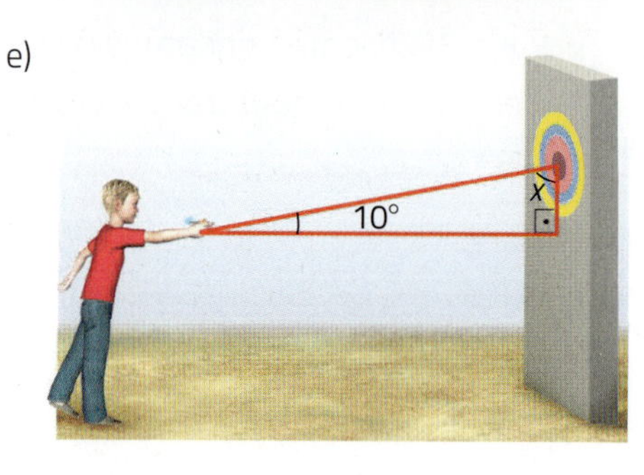

Ilustrações: Paulo Manzi/Arquivo da editora

80 Registre apenas as alternativas possíveis de ocorrer com os 3 ângulos internos de um triângulo qualquer. Se necessário, construa os triângulos.

a) 1 reto e 2 agudos.
b) 2 retos e um agudo.
c) 3 obtusos.
d) 3 agudos.
e) 1 obtuso e 2 agudos.

As imagens desta página não estão representadas em proporção.

Lembre-se: Quando o triângulo tem 1 ângulo interno reto, ele é retângulo. Quando o triângulo tem 1 ângulo interno obtuso, ele é obtusângulo. Quando o triângulo só tem ângulos internos agudos, ele é acutângulo.

Thiago Neumann/Arquivo da editora

Relação que envolve as medidas de abertura dos ângulos internos e dos ângulos externos de um triângulo

Agora, vamos verificar a relação que existe entre a medida de abertura de um ângulo externo e as medidas de abertura dos 2 ângulos internos não adjacentes a ele.

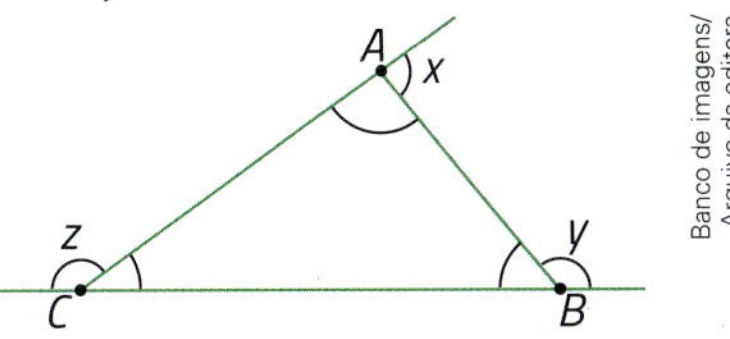

Banco de imagens/Arquivo da editora

Considerando este triângulo ABC, sabemos que:

- $m(\hat{A}) + m(\hat{B}) + m(\hat{C}) = 180°$
- $m(\hat{A}) + x = 180°$

em que x é a medida de abertura de um ângulo externo, e $\hat{B}$ e $\hat{C}$ são os ângulos internos não adjacentes a ele.

Comparando as 2 igualdades, concluímos que:

$$m(\hat{A}) = 180° - x$$

Logo, substituindo $m(\hat{A})$ na primeira igualdade, obtemos:

$$180° - x + m(\hat{B}) + m(\hat{C}) = 180° \Rightarrow x = m(\hat{B}) + m(\hat{C})$$

De modo análogo, chegamos a:

$$y = m(\hat{A}) + m(\hat{C}) \text{ e } z = m(\hat{A}) + m(\hat{B})$$

Assim, demonstramos que:

> Em todo triângulo, a medida de abertura de um ângulo externo é igual à soma das medidas de abertura dos 2 ângulos internos não adjacentes a ele.

Atividades

81 Observe as medidas de abertura dos ângulos internos e de um ângulo externo de cada triângulo e confira, para estes triângulos, a propriedade que você acabou de estudar.

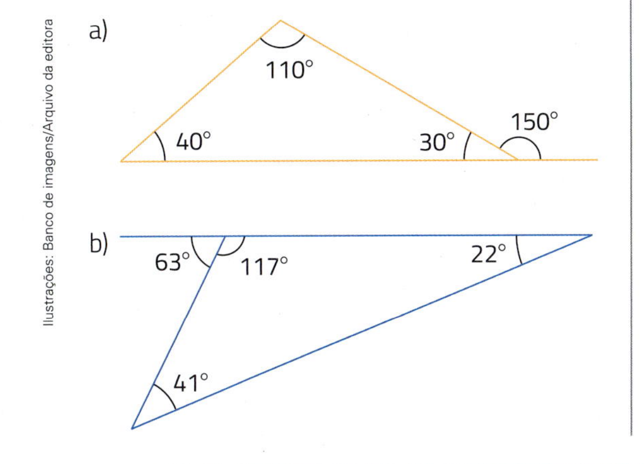

Ilustrações: Banco de imagens/Arquivo da editora

82 Em um triângulo, a abertura de um dos ângulos externos mede 140°. Qual é a medida de abertura dos 2 ângulos internos não adjacentes a ele, sabendo que eles têm a mesma medida?

83 Observe esta figura e calcule o valor de y, em graus.

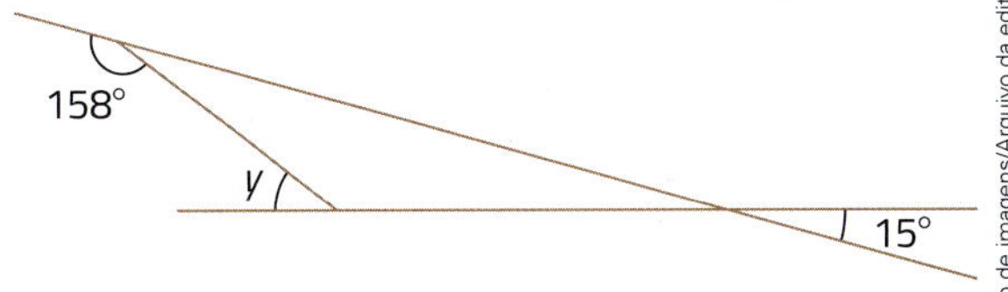

Banco de imagens/Arquivo da editora

84 Em um $\triangle ABC$, as medidas de abertura de 2 dos ângulos externos são de 117° e de 153°. Determine a medida de abertura dos ângulos internos e escreva a classificação do triângulo quanto aos ângulos.

JOGOS

Ângulos e equações

Com este jogo você vai, além de se divertir, aprender mais sobre ângulos e equações.

Preste atenção às orientações e bom jogo!

Orientações

Número de participantes: 2, 3 ou 4 jogadores.

Material necessário: 1 folha de papel sulfite para cada jogador e mais 1 folha extra.

Preparação do jogo

Em uma folha de papel sulfite, cada participante constrói a própria cartela de acordo com o número de participantes. Os quadradinhos da cartela devem ter lados de medida de comprimento de 1 cm.

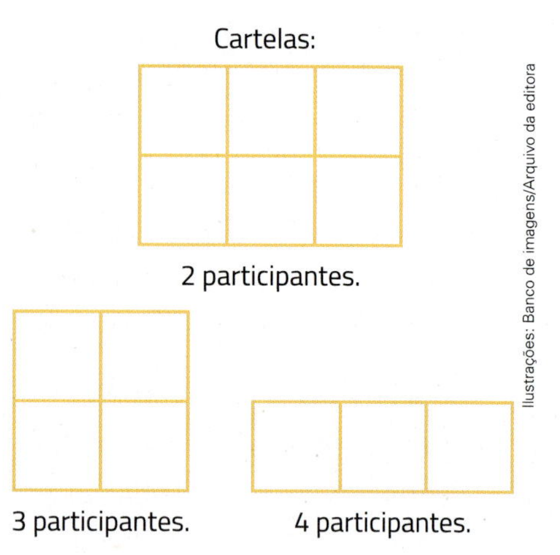

Ilustrações: Banco de imagens/Arquivo da editora

Alternadamente, os participantes escolhem uma das medidas de abertura de ângulo indicadas a seguir e escrevem em um quadradinho da própria cartela, sem repetir a mesma medida, até que todas elas tenham sido escolhidas.

7°	10°	19°	20°	21°	22°	30°	40°	47°	50°	100°	110°

Antes de começar a partida, os participantes devem recortar e dobrar 12 fichas com as letras de **A** a **L**, que serão sorteadas.

Como jogar

Na sua vez, cada jogador retira um papel de sorteio e localiza o quadro correspondente de acordo com a letra sorteada.

Juntos, todos os jogadores "montam" uma equação de acordo com a informação dada no quadro e calculam o valor de x. O jogador que tiver esse valor na própria cartela deve pintar o quadradinho correspondente. Vence a partida quem pintar primeiro todos os quadradinhos da própria cartela.

A	C	E	G	I	K
$5x$; $3(x + 14°)$	$2x$; $5x + 26°$	x; $2x$	2 ângulos são congruentes e as medidas de abertura deles, em graus, são $\frac{x}{2}$ e $\frac{x + 5°}{3}$.	2 ângulos são suplementares e as medidas de abertura deles, em graus, são $5x$ e $4x$.	$3x - 10°$; $2(x + 10°)$; $2x$
B	**D**	**F**	**H**	**J**	**L**
Um ângulo é obtuso e a medida de abertura dele, $2x - 90°$, corresponde a uma destas 3 medidas: 30°, 130° e 180°.	$2x$; $3x$; $70°$	$4x$; $2x + 30°$; $2(x - 1°)$	$5x = 3x + 14°$; $5x$; $3x + 14°$	$41°$; $97°$; $3(x - 1°)$	2 ângulos são complementares e as medidas de abertura deles, em graus, são $x - 60°$ e $\frac{x}{2}$.

Ilustrações: Banco de imagens/Arquivo da editora

Soma das medidas de abertura dos ângulos internos de um quadrilátero convexo

Quadriláteros são polígonos que têm 4 lados. Podemos destacar o estudo dos quadrados, dos retângulos e dos trapézios.

1› Qual é a medida de abertura de cada ângulo interno de um retângulo?

2› Qual é a soma das medidas de abertura dos ângulos internos de um retângulo?

3› Vamos verificar se, nos quadriláteros que não têm todos os ângulos internos retos, a soma das medidas de abertura desses ângulos também é igual a 360°. Desenhe em uma folha de papel sulfite um quadrilátero convexo qualquer e recorte-o. Depois, pinte os 4 ângulos internos de cores diferentes, recorte e una-os como indicado na figura.

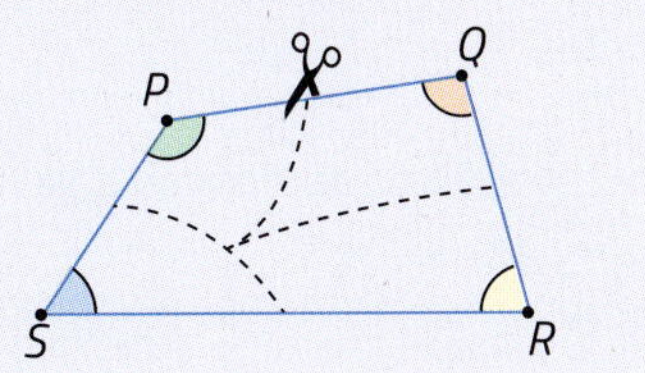

Compare sua construção com a dos colegas. Em todas ocorreu o mesmo?

Ilustrações: Banco de imagens/Arquivo da editora

Rodrigo realizou a atividade do *Explorar e descobrir* e, depois, pensou em outra estratégia. Observe.

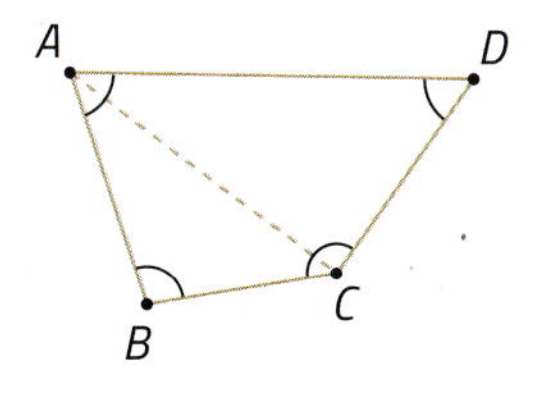

Thiago Neumann/Arquivo da editora

Liguei 2 vértices não consecutivos do quadrilátero *ABCD* e obtive 2 triângulos. Então, fiz $2 \times 180° = 360°$.

O que Rodrigo fez pode ser utilizado em qualquer quadrilátero convexo. Logo, podemos afirmar:

Em todo quadrilátero convexo, a soma das medidas de abertura dos 4 ângulos internos é igual a 360°.

Atividade

85 › Determine a medida de abertura *x*, em graus, em cada quadrilátero, sem usar transferidor.

a)

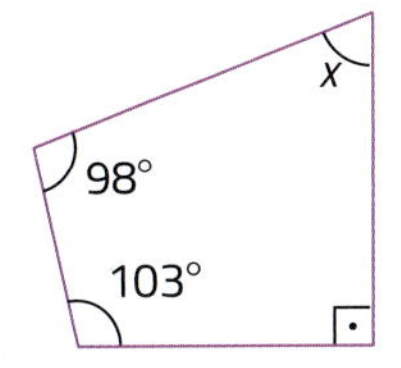

b) 130°, x, 70°, 100°

c) x, x, 80°, 80°

Ilustrações: Banco de imagens/Arquivo da editora

Soma das medidas de abertura dos ângulos internos de um polígono convexo

Você já estudou estas relações.

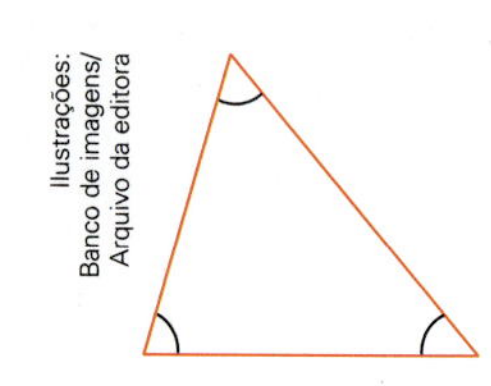

Ilustrações: Banco de imagens/Arquivo da editora

- Triângulo: 3 lados.
- A soma das medidas de abertura dos ângulos internos de um triângulo é igual a 180°.

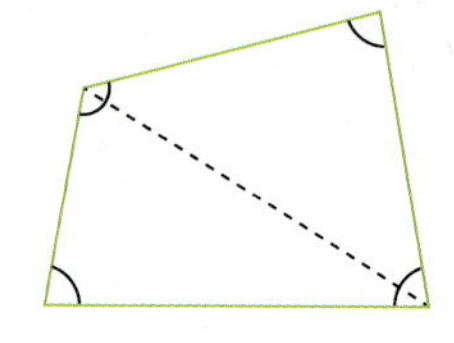

- Quadrilátero: 4 lados.
- A soma das medidas de abertura dos ângulos internos de um quadrilátero é igual a 360°.

Explorar e descobrir

1 Vamos relembrar o traçado das diagonais de um polígono a partir de um vértice dele. Em uma folha de papel sulfite, desenhe um pentágono convexo qualquer. Escolha um dos vértices dele e trace todas as diagonais a partir desse vértice. Depois, responda às questões.

a) Quantos lados tem um pentágono?

b) Quantos triângulos foi possível obter na decomposição do pentágono desenhado?

c) Indique, usando uma multiplicação, a soma das medidas de abertura dos ângulos internos de um pentágono convexo.

2 Repetindo o mesmo procedimento realizado no pentágono, complete a tabela com as informações necessárias sobre os polígonos convexos.

Polígonos convexos

n (número de lados do polígono)	t (número de triângulos em que o polígono pode ser decomposto a partir de um vértice)	S_i (soma das medidas de abertura dos ângulos internos do polígono)
3	1	$S_i = 1 \cdot 180° = 180°$
4		
5		
6		
n		

Tabela elaborada para fins didáticos.

Thiago Neumann/Arquivo da editora

Atividades

86 Determine a soma das medidas de abertura dos ângulos internos nos seguintes polígonos convexos:

a) heptágono;

b) octógono;

c) decágono.

87 Calcule o número de lados em um polígono convexo no qual:

a) a soma das medidas de abertura dos ângulos internos é igual a 1 440°;

b) a soma das medidas de abertura dos ângulos internos é igual a 1 800°.

Raciocínio lógico

Utilizando 13 palitos de fósforo já queimados, é possível formar 6 retângulos iguais.

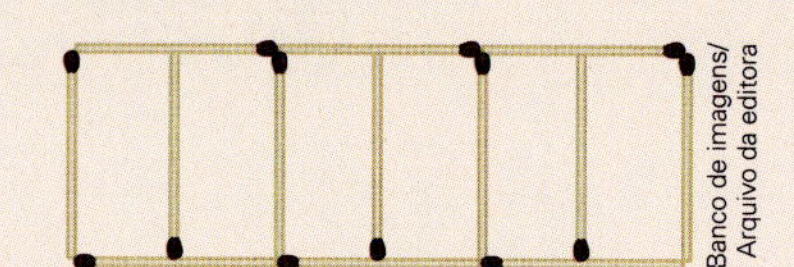

Banco de imagens/Arquivo da editora

Utilizando o mesmo raciocínio forme:

a) 6 triângulos iguais com 12 palitos;

b) 2 triângulos iguais com 5 palitos;

c) 5 triângulos com 9 palitos.

Soma das medidas de abertura dos ângulos externos de um polígono convexo

Vejamos agora qual é a soma das medidas de abertura dos ângulos externos de um polígono convexo.

Considerando este triângulo *ABC*, sabemos que:

$$m(\hat{A}) + m(\hat{a}) = 180°$$

$$m(\hat{B}) + m(\hat{b}) = 180°$$

$$m(\hat{C}) + m(\hat{c}) = 180°$$

Banco de imagens/Arquivo da editora

Somando as igualdades, obtemos:

$$m(\hat{A}) + m(\hat{a}) + m(\hat{B}) + m(\hat{b}) + m(\hat{C}) + m(\hat{c}) = 3 \cdot 180° = 540°$$

Mas, sabendo que a soma das medidas de abertura dos ângulos internos de qualquer triângulo é igual a 180°, temos que a soma das medidas de abertura dos ângulos externos é:

$$S_e = 540° - 180° = 360°$$

Ou seja, $S_e = m(\hat{a}) + m(\hat{b}) + m(\hat{c}) = 360°$ para qualquer triângulo.

Explorar e descobrir

Vamos investigar outros polígonos convexos. Repita o mesmo procedimento feito anteriormente para outros polígonos. Em seguida, complete a tabela abaixo.

Polígonos convexos

n (número de lados do polígono convexo)	S_i (soma das medidas de abertura dos ângulos internos do polígono convexo)	S_e (soma das medidas de abertura dos ângulos externos do polígono convexo)
3	$1 \cdot 180° = 180°$	$(3 \cdot 180°) - 180° = 360°$
4		
5		
6		

Tabela elaborada para fins didáticos.

Thiago Neumann/Arquivo da editora

Podemos provar que esse padrão visto nos polígonos da tabela é válido para **qualquer** polígono convexo de *n* lados.

Já estudamos que a soma da medida de abertura de um ângulo interno e da medida de abertura do ângulo externo adjacente a ele é igual a 180°.

Como temos *n* vértices, podemos dizer que: $S_i + S_e = n \cdot 180°$.

Como $S_i = (n - 2) \cdot 180°$, podemos escrever:

$$(n - 2) \cdot 180° + S_e = n \cdot 180°$$

$$n \cdot 180° - 360° + S_e = n \cdot 180°$$

$$S_e = \cancel{n \cdot 180°} - \cancel{n \cdot 180°} + 360°$$

$$S_e = 360°$$

Como queríamos provar.

Em qualquer polígono convexo, a soma das medidas de abertura dos ângulos externos é igual a 360°.

Atividades

88 Calcule:

a) a soma das medidas de abertura dos ângulos internos de um heptágono convexo;

b) o número de lados de um polígono convexo no qual $S_i = 1\,440°$.

89 Qual é o valor de *x*, em graus, nesta figura?

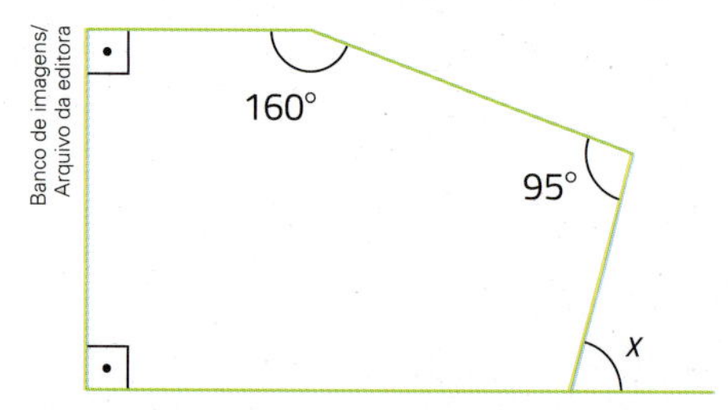

Banco de imagens/Arquivo da editora

90 Calcule a soma das medidas de abertura dos ângulos internos nos seguintes polígonos convexos:

a) decágono;

b) dodecágono;

c) pentadecágono;

d) icoságono.

91 Qual é o polígono convexo cuja soma das medidas de abertura dos ângulos internos é igual à soma das medidas de abertura dos ângulos externos mais 720°?

92 Sabendo que um polígono regular tem a soma das medidas de abertura dos ângulos internos igual a $(n - 2) \cdot 180°$, qual é a medida de abertura de cada um dos ângulos internos desse polígono?

Lembre-se de que o polígono regular é aquele que tem todos os lados com medidas de comprimento iguais e todos os ângulos com medidas de abertura iguais.

Thiago Neumann/Arquivo da editora

93 Analogamente à atividade anterior, sabendo que um polígono regular tem a soma das medidas de abertura dos ângulos externos igual a 360°, qual é a medida de abertura de cada um dos ângulos externos do polígono?

94 Complete esta tabela.

Polígonos regulares

Polígono regular	Soma das medidas de abertura dos ângulos internos	Medida de abertura de cada ângulo interno	Medida de abertura de cada ângulo externo
Triângulo equilátero			
Quadrado			
Pentágono regular			
Hexágono regular			
Decágono regular			
Polígono regular de *n* lados			

Tabela elaborada para fins didáticos.

Ilustrações: Banco de imagens/Arquivo da editora

95 ▸ Em um polígono regular de 20 lados (icoságono regular), qual é a medida de abertura de cada ângulo interno? E de cada ângulo externo?

96 ▸ Em um polígono regular, cada ângulo interno tem medida de abertura de 160°. Quantos lados esse polígono tem?

97 ▸ Determine a medida de abertura do ângulo interno de um:

a) eneágono regular;

b) dodecágono regular.

98 ▸ Qual é o polígono regular cuja soma das medidas de abertura dos ângulos internos é igual a 2 340°?

99 ▸ Qual é a medida de abertura de cada ângulo externo de um polígono regular de 25 lados?

Ladrilhamento: preenchimento de uma superfície plana

Em um **ladrilhamento**, as figuras geométricas planas, cujos contornos são polígonos, devem se encaixar sem que haja espaço entre elas e sem que haja superposição. Dessa maneira, elas podem ocupar toda a superfície considerada.

Yury Zap/Shutterstock

Ladrilhamento de calçada.

100 ▸ **Explore e descubra!** Reproduza as regiões poligonais regulares em uma folha de papel sulfite, pelo menos 12 vezes cada uma, e recorte-as.

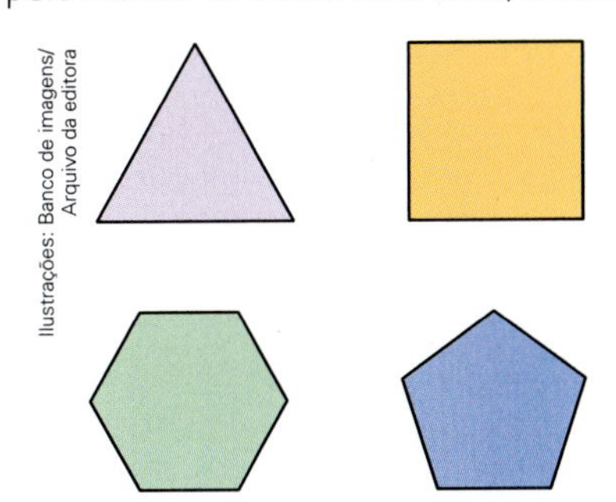
Ilustrações: Banco de imagens/Arquivo da editora

a) Usando apenas um tipo de região poligonal regular, com quais das regiões poligonais anteriores você acha que é possível obter um ladrilhamento? Confirme seu raciocínio compondo colagens com cada uma das figuras.

b) É possível obter um ladrilhamento só com figuras pentagonais regulares? Por quê?

c) Examine esta figura. É possível um ladrilhamento só com formas octogonais regulares?

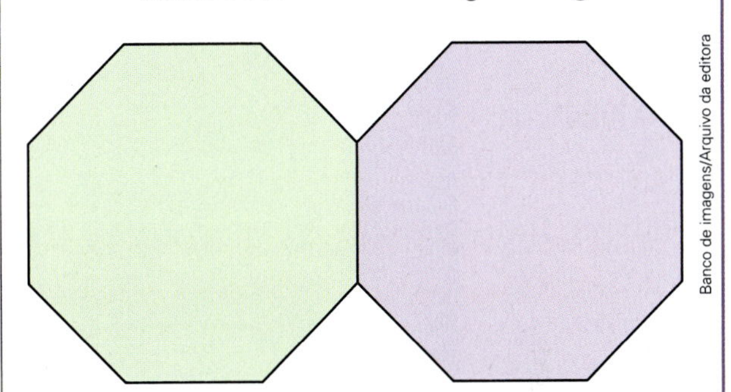
Banco de imagens/Arquivo da editora

101 ▸ Também podemos formar ladrilhamento pela combinação de 2 ou mais regiões poligonais regulares. Veja este exemplo, constituído por regiões quadradas e octogonais regulares. Justifique por que isso foi possível.

Banco de imagens/Arquivo da editora

102 ▸ Cite uma forma poligonal que não seja regular e com a qual seja possível obter um ladrilhamento. Justifique a resposta com um desenho.

JOGOS

Identificação de polígonos convexos

Este jogo vai ajudá-lo com os conhecimentos sobre polígonos convexos, os elementos e as medidas de abertura dos ângulos deles. Preste atenção às orientações e bom jogo!

Orientações

Número de participantes: 2 jogadores.

Material: 12 papéis para sorteio do Material complementar.

A1 A2 A3 B1 B2 B3 C1 C2 C3 D1 D2 D3

Banco de imagens/Arquivo da editora

Como jogar

Observe o quadro.

	A	B	C	D
1	Podem ser traçadas 5 diagonais em cada vértice.	A medida de abertura de cada ângulo externo é de 72°.	Possui 5 diagonais.	Possui todos os lados com medidas de comprimento iguais e todos os ângulos internos retos.
2	Possui exatamente 12 vértices.	A soma da medida de abertura de qualquer ângulo interno com a medida de abertura do ângulo externo adjacente a ele é igual a 180°.	A medida de abertura de cada ângulo interno é de 120°.	Possui exatamente 10 ângulos internos.
3	A soma das medidas de abertura dos ângulos externos é igual a 360°.	Não possui diagonais.	Possui exatamente 2 diagonais.	A soma das medidas de abertura dos ângulos internos é igual a 360°.

Cada jogador, na sua vez, sorteia um papel e localiza a pista no quadro de acordo com as coordenadas indicadas no papel. Por exemplo, C2 indica o quadrinho na 3ª coluna e na 2ª linha.

O jogador deve tentar descobrir qual polígono tem a característica descrita na pista e justificar o palpite. Se acertar o polígono, então deve escrever o nome dele no quadrinho correspondente do quadro e marcar 1 ponto. Se errar, então passa a vez para o próximo.

Ganha quem tiver mais pontos após o sorteio dos 12 papéis.

Revisando seus conhecimentos

1 Use régua e transferidor e construa 2 ângulos adjacentes e suplementares, um deles com medida de abertura de 68° a mais do que a do outro.

2 **Mosaicos.**

a) Em 2011, uma emissora brasileira de televisão usou a ideia de mosaico para compor em computação gráfica uma chamada da Copa América de Futebol. Nessa chamada, as regiões hexagonais regulares se encaixavam, como mostra este esquema.

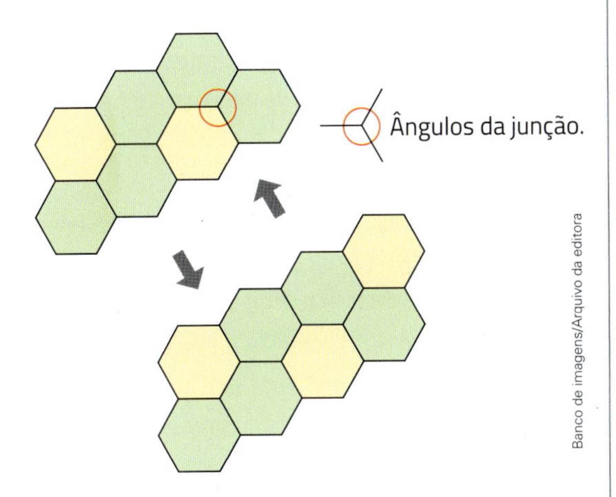

Banco de imagens/Arquivo da editora

Considerando os ângulos de junção entre as peças, justifique por que as regiões hexagonais se encaixam sem deixar espaço.

b) Este mosaico é formado por polígonos regulares. Identifique quais polígonos aparecem na figura e determine a medida de abertura de cada ângulo indicado.

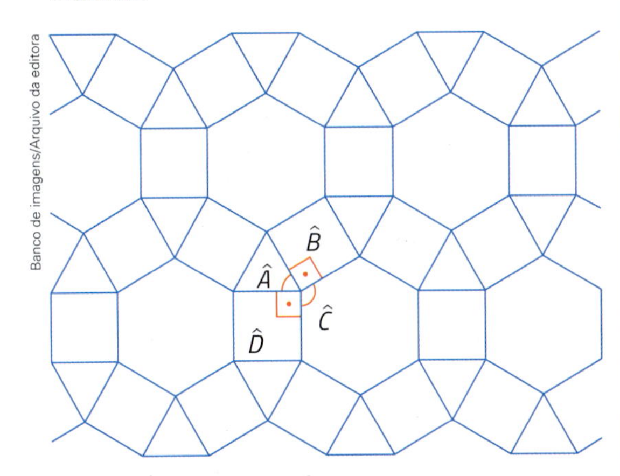

Banco de imagens/Arquivo da editora

3 Um polígono regular no qual a abertura de cada ângulo interno mede 140° tem quantos lados: 8 lados, 9 lados ou 10 lados?

4 Existe algum polígono regular em que a abertura de cada ângulo interno mede 100°? Justifique sua resposta.

5 Nos polígonos desenhados a seguir, x indica a medida de abertura de um ângulo interno e y, a medida de abertura de um ângulo externo, ambos em graus. Determine os valores de x e y em cada polígono.

a)

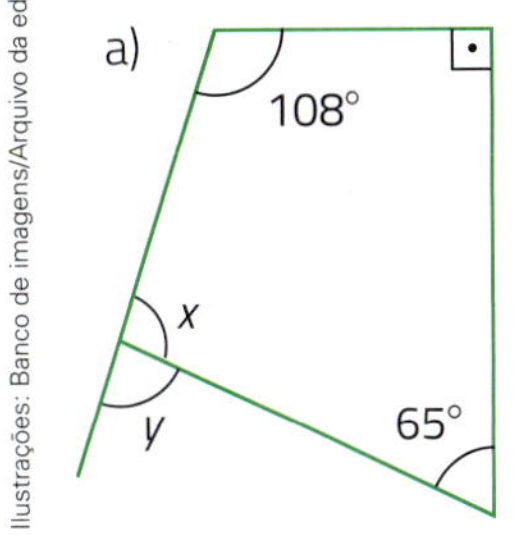

b)

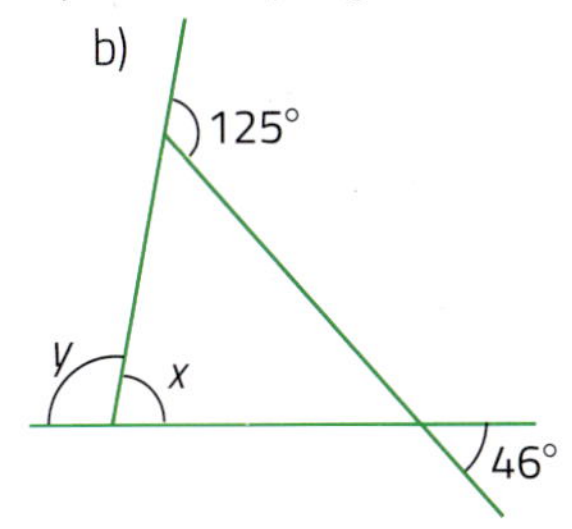

Ilustrações: Banco de imagens/Arquivo da editora

6 Somando o número de faces de um cubo com o número de arestas de uma pirâmide de base pentagonal, o resultado é:

a) 12. b) 16. c) 18. d) 22.

7 Escreva expressões algébricas que representem:

a) a medida de perímetro e a medida de área de uma região quadrada de lado de medidas de comprimento a;

b) a medida de perímetro deste triângulo isósceles.

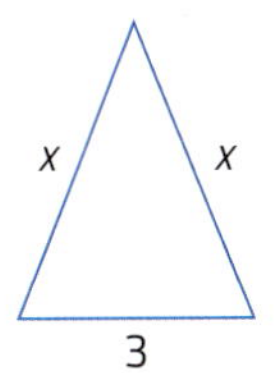

Banco de imagens/Arquivo da editora

8 Determine o valor de x e de y.

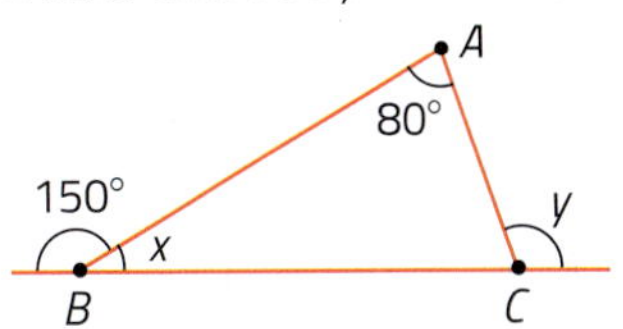

Banco de imagens/Arquivo da editora

9 Observe a figura plana cujas medidas de dimensões são dadas em metros.

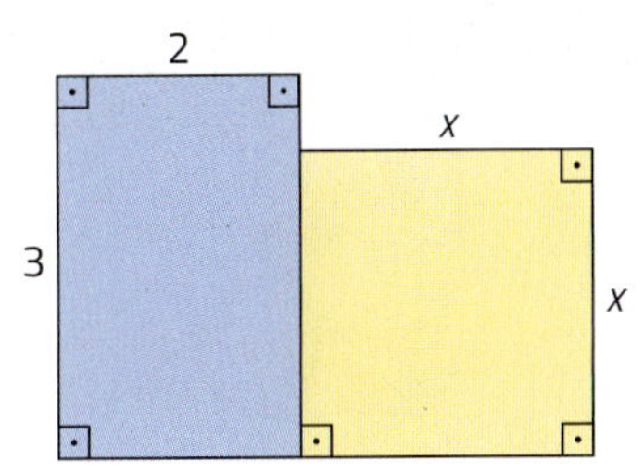

Banco de imagens/Arquivo da editora

Escreva a expressão algébrica ou numérica que representa, em metros quadrados:

a) a medida de área da região quadrada amarela;

b) a medida de área da região retangular azul;

c) a medida de área de toda a figura.

10 › **Conexões. Geometria e Arte.** Veja as figuras construídas com circunferências. Use uma malha quadriculada e um compasso, copie 1 delas e crie mais algumas.

Banco de imagens/Arquivo da editora

11 › Qual nome podemos dar aos ângulos assinalados em cada fotografia considerando a posição de um em relação ao outro? O que podemos afirmar sobre as medidas de abertura deles?

a)

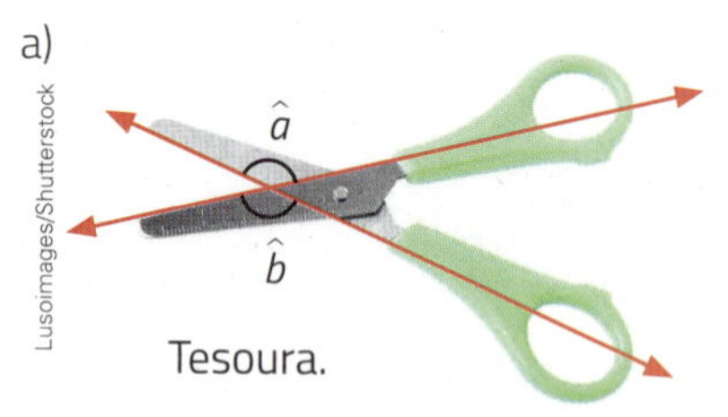

Lusoimages/Shutterstock

Tesoura.

b)

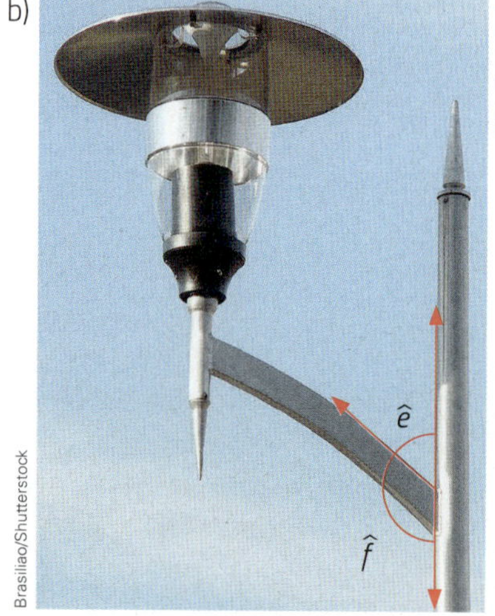

Brasiliao/Shutterstock

Poste de luz.

As imagens desta página não estão representadas em proporção.

12 › Felipe viajou de uma cidade à outra em 20 minutos, com medida de velocidade de 87 quilômetros por hora. Quantos metros ele viajou?

13 › Indique se cada uma das afirmações é verdadeira (V) ou falsa (F). No caso de ser verdadeira, dê 3 exemplos que confirmem a afirmação feita. No caso de ser falsa, dê 1 contraexemplo.

a) Se 2 ângulos são complementares, então cada um tem medida de abertura de 45°.

b) Um polígono com todos os lados congruentes é um polígono regular.

c) Um polígono com todos os ângulos internos congruentes é um polígono regular.

d) Um triângulo sempre tem os 3 ângulos internos agudos.

14 › Considere 2 ângulos complementares tal que a diferença entre a medida de abertura do maior e a medida de abertura do menor é de 16°. Quanto medem as aberturas desses ângulos?

15 › É necessário 1 caloria de medida de energia para aquecer 1 g de água em 1 °C. Quantas calorias são necessárias para elevar 10 g de água de 3 °C para 8 °C?

16 › Crie um problema em que seja dado o número de vértices de um polígono convexo e seja necessário descobrir o número de diagonais que ele tem. Depois, entregue-o para um colega resolver.

17 › Observe os ângulos representados por letras nas figuras e indique-os.

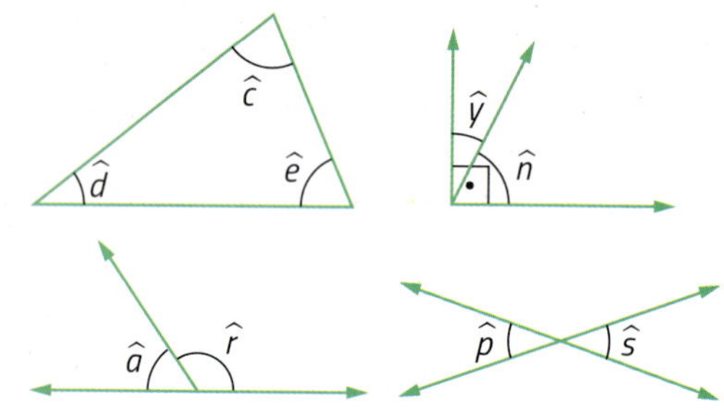

Ilustrações: Banco de imagens/Arquivo da editora

a) Os 3 ângulos cuja soma das medidas de abertura é igual a 180°.

b) Os 2 ângulos cuja soma das medidas de abertura é igual a 180°.

c) Os 2 ângulos cuja soma das medidas de abertura é igual a 90°.

d) Os 2 ângulos com medidas de abertura iguais.

18 › **Dinheiro.**

a) Descubra a regularidade e complete a sequência.

(R$ 20,50; R$ 18,25; R$ 16,00; R$ 13,75;

__________; __________; __________)

b) Forme uma sequência de 5 termos, na qual o 1º termo é a quantia de R$ 3,25 e, a partir do 2º termo, cada termo é o dobro do termo anterior.

19 Sendo x a medida de abertura de um ângulo, em graus, escreva as expressões na linguagem matemática.

a) O triplo da medida de abertura do ângulo.

b) A medida de abertura do complemento do ângulo.

c) A medida de abertura do suplemento do ângulo.

d) A medida de abertura do complemento do dobro do ângulo.

20 Se x representa a medida de abertura de um ângulo, em graus, o que representam as expressões algébricas de cada item?

a) $\frac{2}{5}x$

b) $2 \cdot (180° - x)$

c) $\frac{1}{2} \cdot (90° - x)$

d) $3 \cdot (180° - 2x)$

21 Observe a imagem que representa a ligação rodoviária entre 3 importantes cidades do Rio Grande do Sul, com medidas de distância indicadas.

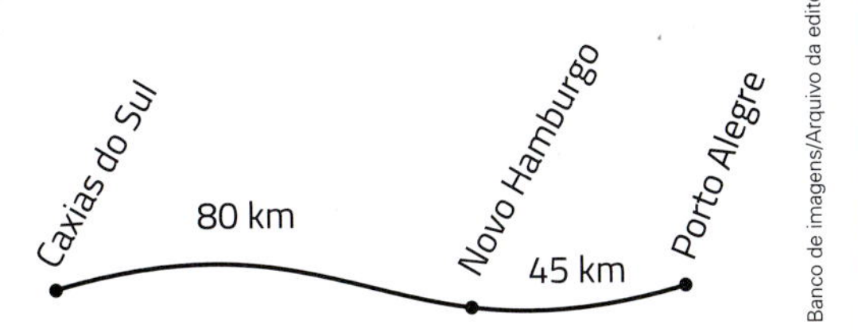

Ademir, Laura, Raul e Mariana, cada um com o próprio carro, estão transitando entre essas cidades por essa rodovia.

a) Ademir está indo de Caxias do Sul para Novo Hamburgo e já percorreu $\frac{9}{20}$ do percurso. Laura está indo de Porto Alegre para Novo Hamburgo e já percorreu $\frac{5}{9}$ do percurso. Ademir e Laura estão distantes quantos quilômetros um do outro nessa rodovia?

b) Raul está indo de Caxias do Sul para Porto Alegre e já percorreu $\frac{3}{5}$ do percurso total. Ele está entre Caxias do Sul e Novo Hamburgo ou entre Novo Hamburgo e Porto Alegre? A quantos quilômetros de Novo Hamburgo?

c) Mariana está indo de Porto Alegre a Caxias do Sul e faltam 10 km para chegar a Novo Hamburgo. Qual fração do percurso total ela já percorreu?

d) Localize neste esquema a posição de cada pessoa nos pontos assinalados.

22 Em uma eleição, considerando os votos válidos, o candidato **A** teve $\frac{1}{3}$ dos votos, o candidato **B**, $\frac{1}{6}$, o candidato **C**, $\frac{1}{2}$. Quais foram, por ordem decrescente de votação, o 1º, o 2º e o 3º colocados?

23 Em um campeonato de futebol, o 7º ano **A** ganhou $\frac{5}{7}$ das partidas que disputou e o 7º ano **B** ganhou $\frac{6}{14}$ do mesmo total de partidas. Qual dessas turmas ganhou mais partidas nesse campeonato?

24 Calcule o valor de x, em graus, em cada triângulo. Em seguida, complete a tabela com a medida de abertura dos ângulos internos dos triângulos, a classificação deles quanto aos ângulos e a classificação quanto aos lados.

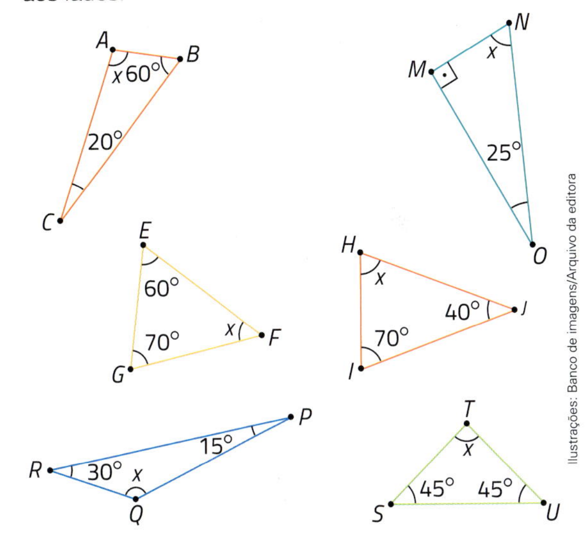

Triângulos

Triângulo	Medidas de abertura dos ângulos internos	Classificação do triângulo quanto aos ângulos	Classificação do triângulo quanto aos lados
$\triangle ABC$			
$\triangle EFG$			
$\triangle MNO$			
$\triangle PQR$			
$\triangle HIJ$			
$\triangle STU$			

Tabela elaborada para fins didáticos.

25 Converse com um colega e respondam aos itens.

a) Qual é a medida de abertura de cada ângulo interno de um triângulo equilátero?

b) Por que um triângulo não pode ser ao mesmo tempo equilátero e retângulo?

Praticando um pouco mais

Testes oficiais

1 › (Saeb) Cristina desenhou quatro polígonos regulares e anotou dentro o valor da soma de seus ângulos internos.

Ilustrações: Banco de imagens/Arquivo da editora

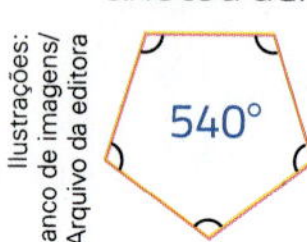

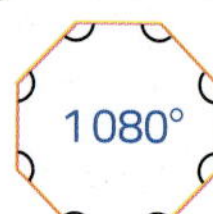

Qual é a medida de cada ângulo interno do hexágono regular?

a) 60° b) 108° c) 120° d) 135°

2 › (Saresp) Na figura abaixo, as paralelas *r* e *s* são cortadas pelas transversais *t* e *v*.

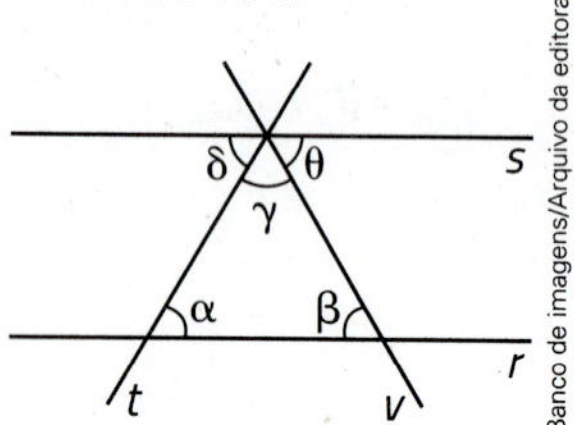

Banco de imagens/Arquivo da editora

É correto afirmar que:

a) $\alpha + \beta = \delta + \theta$.

b) $\gamma + \beta = 90°$.

c) $\beta + \gamma + \theta = 180°$.

d) $\gamma + \theta = \beta$.

3 › (Saresp) As retas *r*, *s* e *t* interceptam-se num mesmo ponto, formando ângulos cujas aberturas medem 32°, 50°, *x*, *y*, etc.

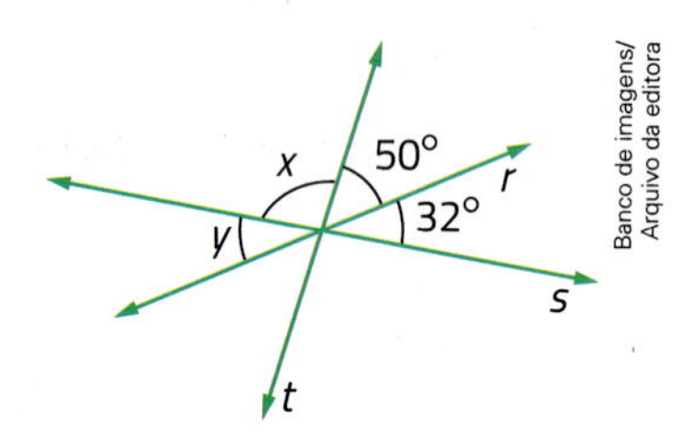

Banco de imagens/Arquivo da editora

A soma de $x + y$ é igual a:

a) 130°.

b) 128°.

c) 120°.

d) 118°.

4 › (Saresp) O encosto da última poltrona de um ônibus, quando totalmente reclinado, forma um ângulo de 30° com a parede do ônibus (veja a figura abaixo). O ângulo α na figura abaixo mostra o maior valor que o encosto pode reclinar.

O valor de α é:

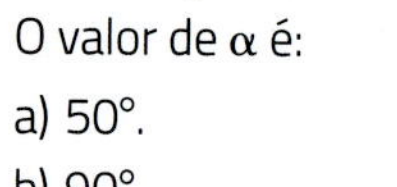

a) 50°.

b) 90°.

c) 100°.

d) 120°.

α 30°

Banco de imagens/Arquivo da editora

5 › (Saeb) Fabrício percebeu que as vigas do telhado da sua casa formavam um triângulo retângulo, como desenhado abaixo.

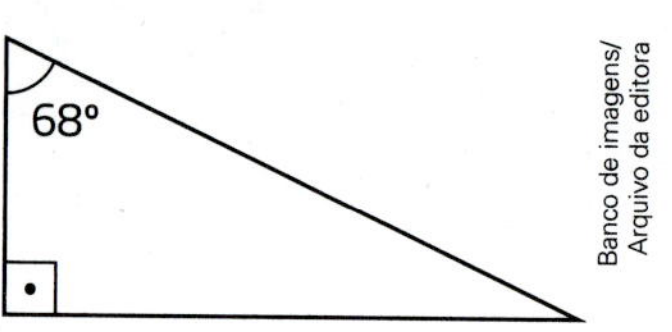

Banco de imagens/Arquivo da editora

Se a abertura de um dos ângulos mede 68°, quanto medem as aberturas dos outros ângulos?

a) 22° e 90°.

b) 45° e 45°.

c) 56° e 56°.

d) 90° e 28°.

6 › (Obmep) Sabe-se que as retas *r* e *s* são paralelas. Determine as medidas dos ângulos $\hat{x}$ e $\hat{y}$.

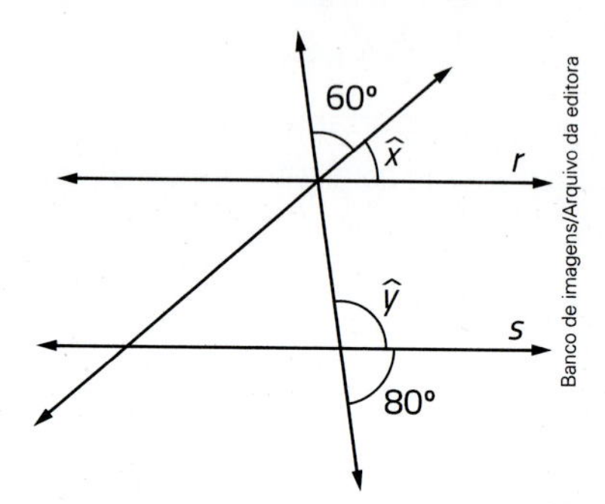

Banco de imagens/Arquivo da editora

7 › Desafio. (Obmep) A figura mostra dois trechos de 300 km cada um percorridos por um avião.

O primeiro trecho faz um ângulo de 18° com a direção norte, e o segundo, um ângulo de 44°, também com a direção norte.

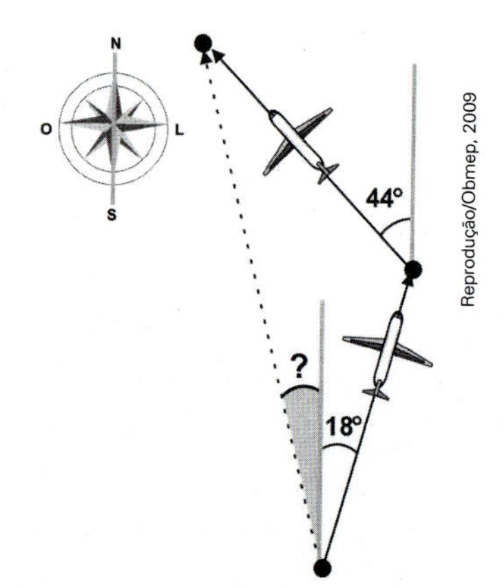

Reprodução/Obmep, 2009

Se o avião tivesse percorrido o trecho assinalado em pontilhado, qual seria o ângulo desse trecho com a direção norte?

a) 12°

b) 13°

c) 14°

d) 15°

e) 16°

8 ▸ **(Saresp)** O trajeto feito pelo gato ao passear pela casa tem a forma de um triângulo equilátero, cujas medidas dos ângulos internos estão indicadas ao lado. Com estas informações, indique a medida da abertura do ângulo α.

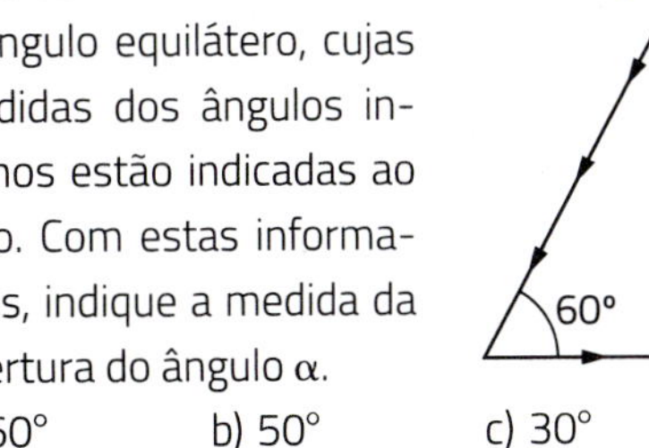

a) 60° b) 50° c) 30° d) 90°

Questões de vestibulares e Enem

9 ▸ **(IFSP)** As medidas dos ângulos de um triângulo são, respectivamente, x, $8x$ e $9x$. Diante do exposto, assinale a alternativa que apresenta o valor de x.

a) 7.

b) 8,5.

c) 10.

d) 11,8.

e) 12.

10 ▸ **(Unifor-CE)** A medida em graus do ângulo $\hat{A}$ é igual ao triplo da medida de seu complemento. O ângulo $\hat{A}$ mede:

a) 90°.

b) 67° 30'.

c) 60°.

d) 48° 30'.

e) 45°.

11 ▸ **(ESPM)** A medida de um ângulo cujo suplemento tem 100° a mais que a metade do seu complemento é igual a:

a) 40°.

b) 50°.

c) 60°.

d) 70°.

e) 80°.

12 ▸ **(Fatec-SP)** O dobro da medida do complemento de um ângulo aumentado de 40° é igual à medida do seu complemento. Qual a medida do ângulo?

13 ▸ **(UEPB)** Duas retas cortadas por uma transversal, formam ângulos alternos externos expressos em graus pelas equações $3x + 18$ e $5x + 10$. O valor de x de modo que estas retas sejam paralelas é:

a) 4.

b) 5.

c) 8.

d) 10.

e) 12.

14 ▸ **(UTFPR)** A medida do ângulo y na figura é:

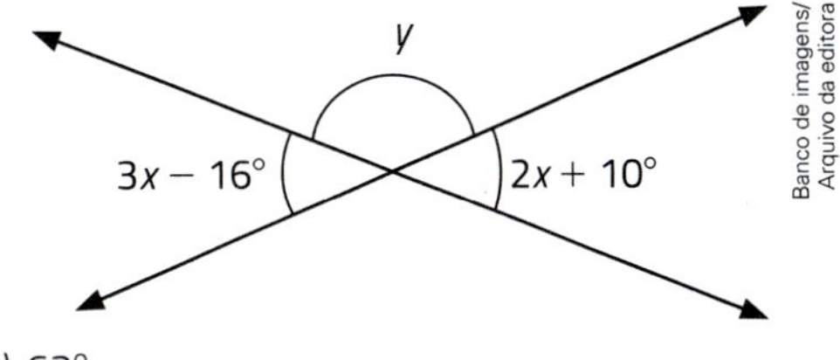

a) 62°.

b) 72°.

c) 108°.

d) 118°.

e) 154°.

15 ▸ **(UEL-PR)** Seja o heptágono irregular, ilustrado na figura seguinte, onde seis de seus ângulos internos medem 120°, 150°, 130°, 140°, 100° e 140°.

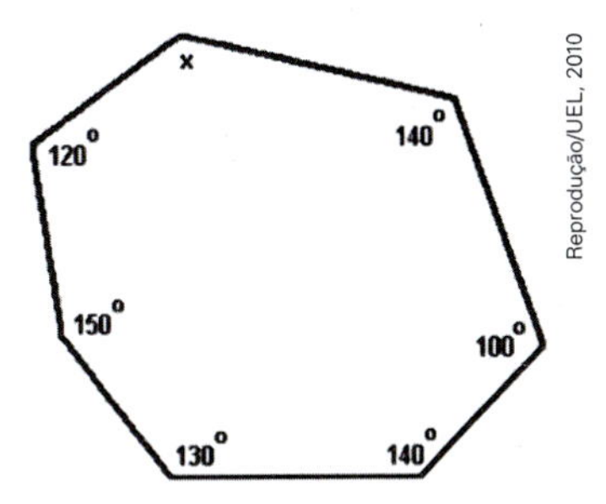

A medida do sétimo ângulo é:

a) 110°.

b) 120°.

c) 130°.

d) 140°.

e) 150°.

16 ▸ **(Mack-SP)**

O triângulo PMN abaixo é isósceles de base $\overline{MN}$.

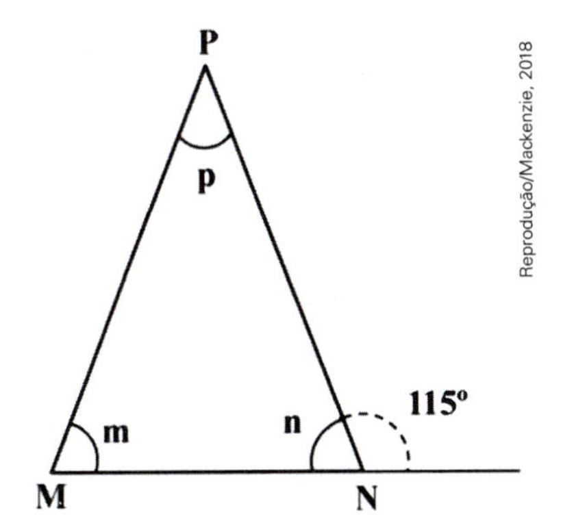

Se p, m e n são os ângulos internos do triângulo, como representados na figura, então podemos afirmar que suas medidas valem, respectivamente:

a) 50°, 65°, 65°.

b) 65°, 65°, 50°.

c) 65°, 50°, 65°.

d) 50°, 50°, 80°.

e) 80°, 80°, 40°.

VERIFIQUE O QUE ESTUDOU

1 Responda aos itens.

a) Qual é a propriedade comum a todos os pontos de uma circunferência de centro O?

b) Qual é a diferença entre circunferência e círculo?

2 Calcule mentalmente o valor de x em cada figura e, depois, confira com os colegas.

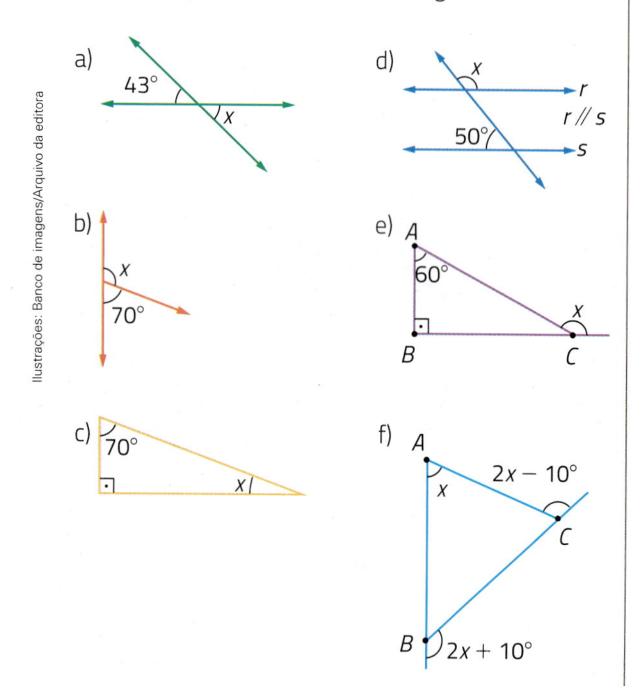

Ilustrações: Banco de imagens/Arquivo da editora

3 Reúna-se com um colega. Cada um escreve uma operação com medidas de abertura de ângulos, em graus, minutos e segundos, e passa para o colega resolver.

4 Quanto mede a abertura:

a) do complemento de um ângulo de medida de abertura de 40°?

b) do suplemento de um ângulo de medida de abertura de 40°?

5 Apenas 2 das afirmações são corretas. Converse com um colega para definir quais são elas.

a) Dois ângulos adjacentes e suplementares podem ser ambos agudos.

b) Dois ângulos adjacentes e suplementares podem ser um agudo e outro obtuso.

c) Dois ângulos adjacentes e suplementares podem ser ambos obtusos.

d) Dois ângulos adjacentes e suplementares podem ser ambos retos.

6 Exemplifique cada afirmação correta da atividade anterior com uma destas placas de trânsito. Depois, responda.

Por que as outras afirmações da atividade anterior são falsas?

Creativedoxfoto/Shutterstock

Entroncamento oblíquo à direita.

Trainman32/Shutterstock

Via lateral à direita.

Atenção

Retome os assuntos que você estudou neste capítulo. Verifique em quais teve dificuldade e converse com o professor, buscando maneiras de reforçar seu aprendizado.

Autoavaliação

Algumas atitudes e reflexões são fundamentais para melhorar o aprendizado e a convivência na escola. Reflita sobre elas.

- Entendi bem as propriedades das figuras geométricas estudadas neste capítulo?
- Retomei em casa cada assunto visto durante as aulas?
- Procurei ajudar os colegas nas dúvidas deles?
- Estou encerrando o estudo deste capítulo conhecendo adequadamente os temas estudados?

PARA LER, PENSAR E DIVERTIR-SE

Ler

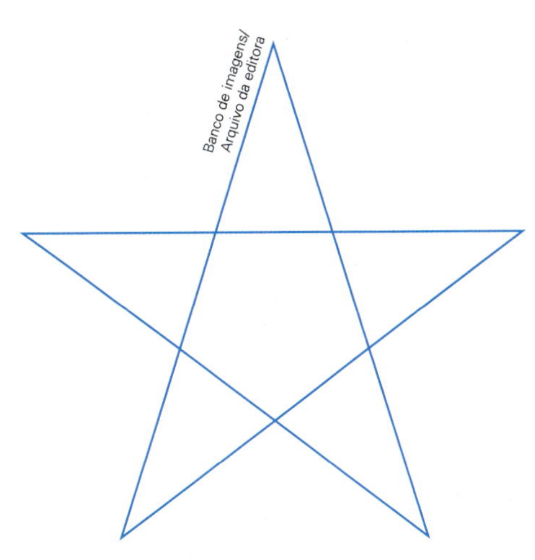
Banco de imagens/Arquivo da editora

Um **pentágono estrelado** ou **pentagrama** é uma estrela composta por 5 pontas, formando 1 pentágono regular no interior dela, e 5 triângulos isósceles. O pentagrama pode ser construído como uma única linha entrelaçada, ou seja, você consegue desenhá-lo sem tirar o lápis do papel.

Outro nome para o pentagrama é o **laço infinito**, pois sempre é possível desenhar outro pentagrama menor dentro do pentágono do pentagrama maior.

A depender da sociedade e da época, a esse símbolo é atribuído um significado específico. Para os antigos mesopotâmicos, por exemplo, era um símbolo de poder imperial. Para os hebraicos, era a representação da verdade e dos 5 primeiros livros da bíblia. Na idade média, esse era o símbolo da verdade e da proteção contra os maus espíritos. Para os chineses, o pentagrama representa o ciclo da destruição.

Fonte de consulta: SUPER INTERESSANTE. *Mundo estranho*. Disponível em: <https://super.abril.com.br/mundo-estranho/qual-a-simbologia-dos-diferentes-tipos-de-estrela/>; PEREIRA, Patrícia; LOPES, Anemari; ANDRADE, Susimeire. *Pentagrama:* qual a sua história? X Encontro Gaúcho de Educação Matemática, Ijuí, 2009. Disponível em: <http://www.projetos.unijui.edu.br/matematica/cd_egem/fscommand/CC/CC_21.pdf>. Acessos em: 7 fev. 2019.

Pensar

Escreva uma expressão numérica usando 4 vezes o número 5, parênteses e sinais de operações de modo que o valor da expressão seja 100.

Divertir-se

Escreva 4 números quaisquer nos vértices de um quadrado. Calcule a diferença entre os números dos 2 vértices de cada lado e coloque-a no ponto médio desse lado.

Em seguida, ligue esses pontos, formando um novo quadrado, encontre a diferença entre os números dos vértices e coloque-as novamente nos pontos médios dos lados.

Continue fazendo isso até que todas as diferenças obtidas sejam iguais.

Veja um exemplo resolvido com os números 1, 2, 5 e 8 e divirta-se com outros números.

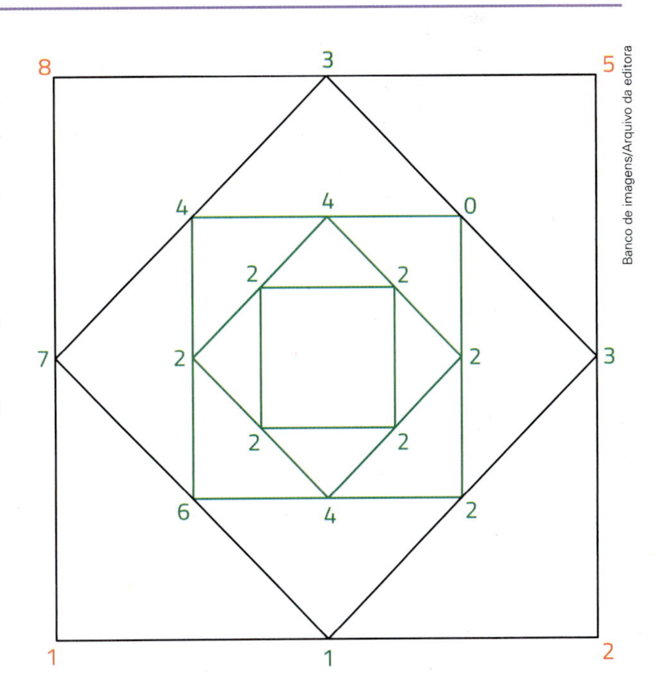

Banco de imagens/Arquivo da editora

CAPÍTULO

6 Simetria

André Dib/Pulsar Imagens

Palácio Itamaraty em Brasília (DF). Foto de 2016.

Observe a foto na página anterior e as fotos a seguir.

As imagens desta página não estão representadas em proporção.

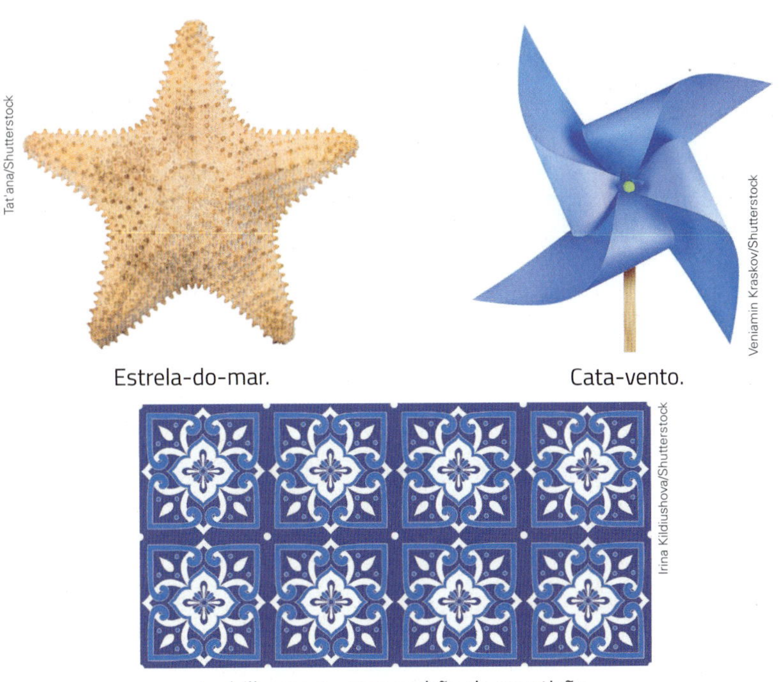
Tat'ana/Shutterstock
Estrela-do-mar.

Veniamin Kraskov/Shutterstock
Cata-vento.

Irina Kildiushova/Shutterstock
Ladrilhamento com padrão de repetição.

Essas fotos, que estão representadas no plano, dão a ideia de vários tipos de **simetria**, e esse será o estudo deste capítulo.

A simetria é muitas vezes relacionada à ideia de perfeição, de harmonia e de equilíbrio, e vice-versa.

Converse com os colegas sobre estas questões e registre as respostas. Se necessário, faça desenhos.

1▸ Observe as regiões planas e responda aos itens.

A

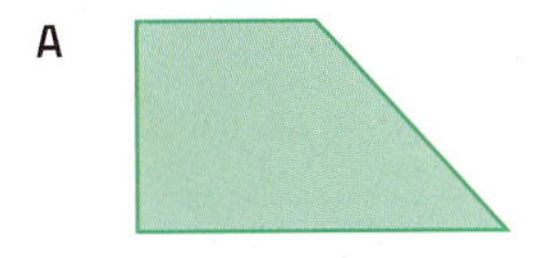

B

C

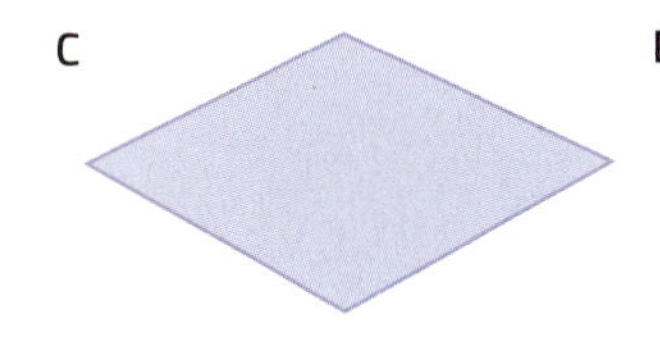

D

Ilustrações: Banco de imagens/Arquivo da editora

a) Quais dessas regiões planas têm simetria axial, ou seja, simetria em relação a uma reta?

b) Qual delas tem mais de 1 eixo de simetria axial?

2▸ Qual é o menor giro que devemos fazer nesta região plana quadrada, em torno do ponto *O*, para que ela seja vista nessa mesma posição?

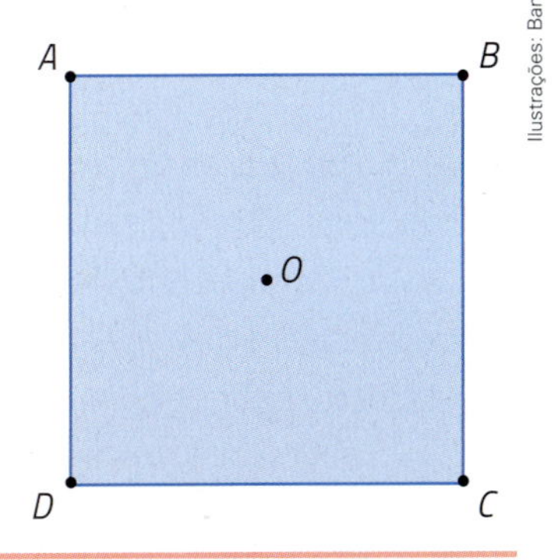

1 Tipos de simetria

Existem alguns tipos de simetria. A **simetria axial**, que é a simetria em relação a uma reta, você provavelmente já conhece. Agora, vamos retomar esse tipo de simetria e conhecer outros.

Explorar e descobrir

Com um colega, sigam o passo a passo para descobrir mais sobre simetria e sobre figuras simétricas.

1 Em uma folha de papel sulfite, cada aluno deve desenhar uma região plana como esta, usando as medidas indicadas.

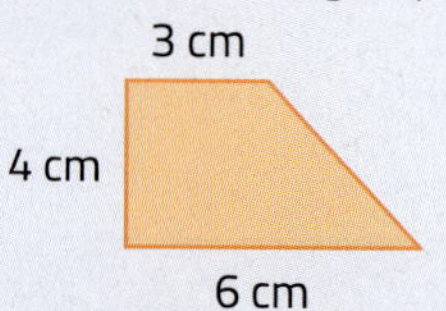

Ilustrações: Banco de imagens/Arquivo da editora

Recortem a região plana e pintem a frente e o verso dela. Cada aluno pinta a própria região com uma cor diferente da do colega.

2 Para cada item, usem as regiões planas confeccionadas por vocês e considerem as figuras indicadas a seguir. Depois, conversem sobre qual é o movimento mais simples necessário para que uma das regiões planas fique na posição da outra. Anotem uma descrição do movimento efetuado.

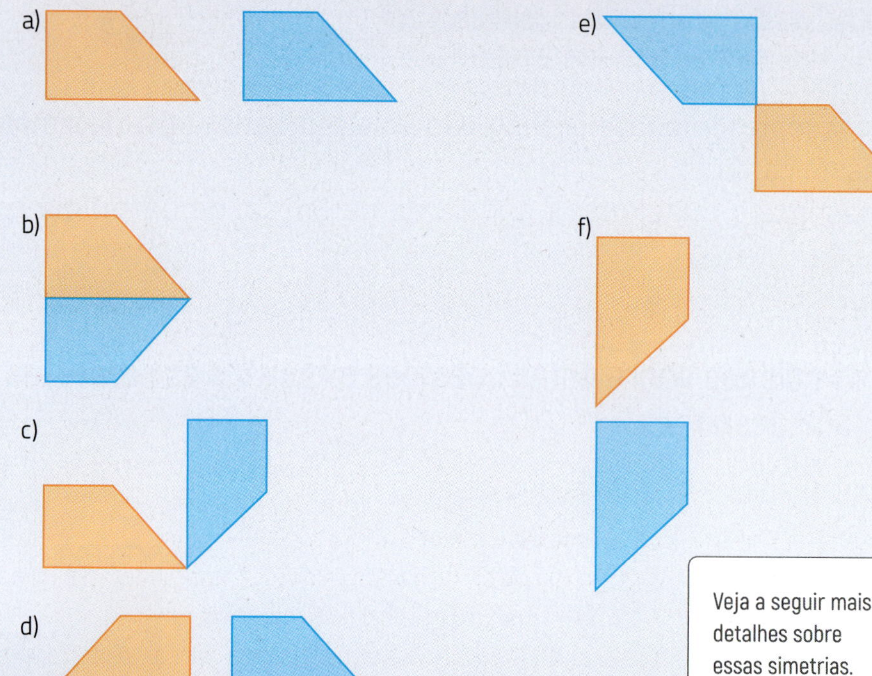

Veja a seguir mais detalhes sobre essas simetrias.

Thiago Neumann/Arquivo da editora

3 A partir das explorações feitas, registrem no caderno.

a) Nas regiões planas do item **a** há uma **simetria de translação**. Pensem no movimento das regiões planas desse item e indiquem qual outro item mostra uma simetria como essa.

b) Nas regiões planas do item **b** há uma **simetria axial**. Pensem no movimento das regiões planas desse item e indiquem qual outro item mostra uma simetria como essa.

c) Nas regiões planas do item **c** há uma **simetria de rotação**. Pensem no movimento das regiões planas desse item e indiquem qual outro item mostra uma simetria como essa.

Simetria axial ou simetria de reflexão

Você lembra o que é simetria axial? Faça esta atividade para recordar alguns conceitos!

Explorar e descobrir

1› Siga o passo a passo e observe as imagens se ficar com dúvida sobre como realizar o procedimento.

- Dobre uma folha de papel sulfite de modo que as 2 partes coincidam.
- Com a folha dobrada, trace uma linha curva qualquer que comece e termine no lado em que está a dobra.
- Vire a folha e, na outra metade, decalque a curva que você desenhou.
- Desdobre a folha, recorte e observe a figura formada. O que você pode perceber?

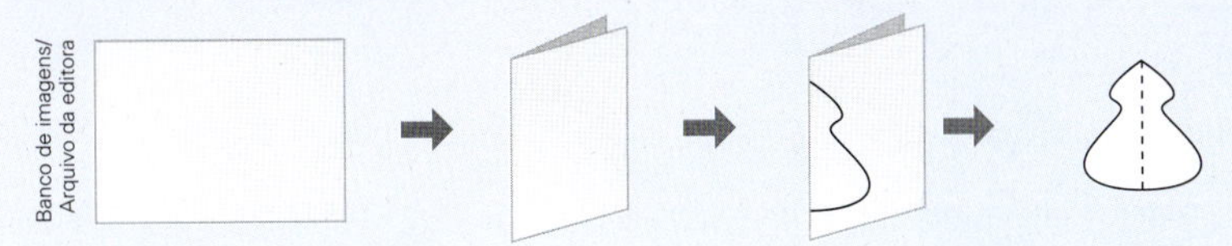

Banco de imagens/Arquivo da editora

2› Observe as fotos a seguir. Elas são representações planas de objetos tridimensionais.

Marc Bruxelle/Shutterstock

Torre Eiffel, em Paris (França). Foto de 2018.

Gabro Nemes/kino.com.br

Folha de uma planta.

As imagens desta página não estão representadas em proporção.

Com a ajuda do professor, posicione um espelho retangular sobre a linha tracejada vermelha em cada foto. O que você pode constatar?

Dizemos, nesse caso, que cada foto apresenta **simetria** ou é **simétrica**.

As explorações anteriores dão ideia de **simetria axial** ou **simetria de reflexão**. A dobra na folha de papel e as linhas tracejadas vermelhas nas fotos representam o **eixo de simetria** de cada figura.

Observe outras fotos que apresentam simetria axial. O eixo de simetria de cada foto está indicado pela linha tracejada vermelha.

Anneka/Shutterstock

Borboleta-coruja.

Ivonne Wierink/Shutterstock

Vaso de decoração.

Bate-papo

Converse com um colega sobre a simetria axial. O que ela significa para vocês: equilíbrio, beleza, harmonia, ordem? Citem algumas figuras planas e fotos de obras de arte e de objetos arquitetônicos que apresentam simetria axial e outras que não apresentam. Aproveitem para conversar sobre a simetria axial da foto do corpo humano visto de frente.

Atividades

1 Recorte de revistas ou jornais 3 figuras que apresentam simetria axial. Trace o eixo de simetria de cada uma delas. Depois, recorte e cole uma figura assimétrica (que não apresenta simetria).

2 Observe as figuras na malha. Trace, apenas nas figuras que apresentam simetria axial, o eixo de simetria.

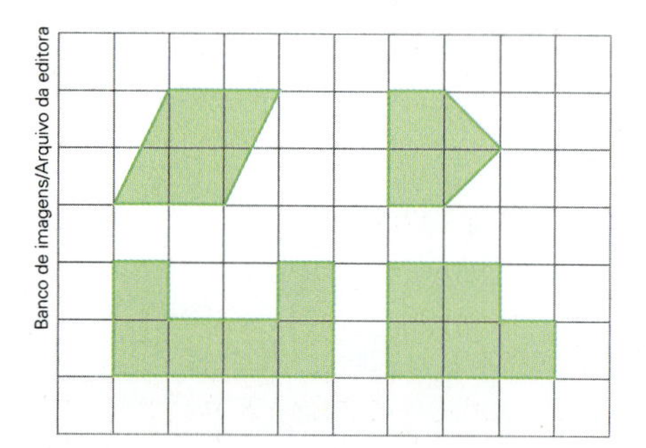

Banco de imagens/Arquivo da editora

3 Observe as figuras e responda aos itens.

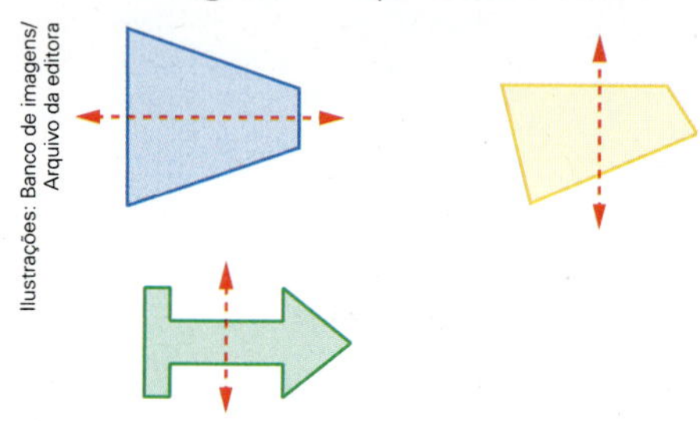

Ilustrações: Banco de imagens/ Arquivo da editora

a) Qual figura apresenta simetria axial e a linha tracejada é o eixo de simetria?

b) Qual não apresenta simetria axial?

c) Qual apresenta simetria axial, mas a linha tracejada não é o eixo de simetria?

4 Desenhe em uma folha de papel quadriculado 2 figuras que apresentam simetria em relação a um eixo e 2 figuras que não apresentam simetria. Nas que apresentam simetria, trace o eixo de simetria.

5 Copie e complete as figuras em uma malha quadriculada de modo que a figura obtida apresente simetria em relação ao eixo indicado. Mantenha a mesma cor nas partes simétricas.

a) 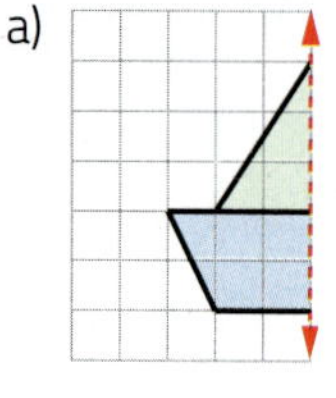

b) 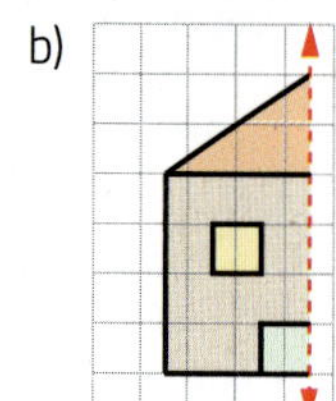

c) 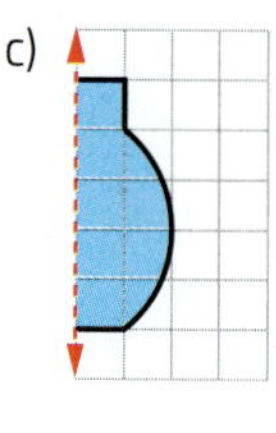

Ilustrações: Banco de imagens/ Arquivo da editora

6 **Simetria axial e operações.** Observe a tabela com a adição de números naturais. Ela apresenta uma simetria em relação ao eixo vermelho, levando em consideração a posição dos números.

+	0	1	2	3	4	5
0	0	1	2	3	4	5
1	1	2	3			
2			4	5		
3		4	5	6	7	
4			6		8	9
5	5			8		10

a) Complete a tabela. Observe que alguns quadradinhos com números em posições simétricas estão pintados com a mesma cor. Faça o mesmo com mais 3 pares de números nessas condições.

b) Por que os números em posições simétricas são iguais?

c) Na tabela da multiplicação de números naturais também haverá esse tipo de simetria? Por quê?

7 **Conexões.** Veja um desenho do mosquito *Aedes aegypti*, transmissor da dengue. Por isso ele é conhecido como "mosquito da dengue".

Paulo Manzi/Arquivo da editora

Representação artística do mosquito transmissor da dengue.

Esse desenho apresenta simetria axial? Justifique sua resposta.

Bate-papo

O mosquito da dengue tem por hábito picar durante o dia. Ele se desenvolve em água parada e limpa. Com os colegas, façam um levantamento de 3 ou mais atitudes que podemos tomar para prevenir a proliferação do mosquito da dengue.

Figuras com simetria em relação a mais de um eixo

Observe estas figuras planas.

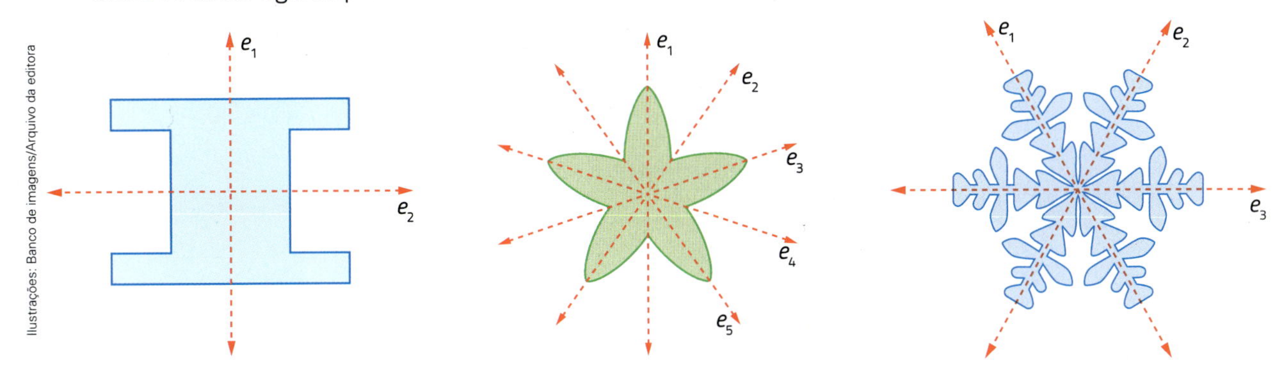

Cada uma destas figuras apresenta simetria em relação a **mais de um eixo**.

Explorar e descobrir

Desenhe uma região plana quadrada em uma folha de papel sulfite e recorte-a. Dobre-a de todas as maneiras possíveis, de modo que cada dobra seja um eixo de simetria.

Pinte cada vinco de uma cor e, depois, responda: Quantos eixos de simetria diferentes uma região quadrada tem?

Atividades

8 Observe estas figuras. Em cada uma delas, trace os eixos de simetria que forem possíveis e escreva quantos são.

a) 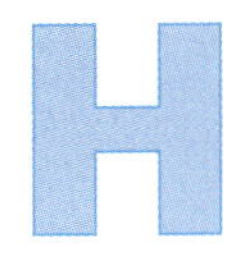

c) 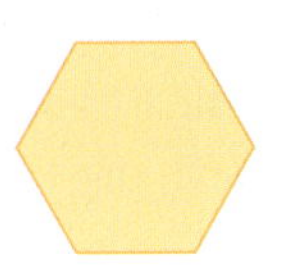

b) 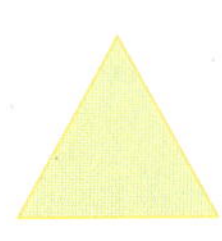

d) 

Ilustrações: Banco de imagens/Arquivo da editora

9 Desenhe uma figura plana diferente das que foram mostradas anteriormente e que tenha 2 eixos de simetria. Indique na figura os eixos de simetria.

10 **Desafio.** Você sabe quantos eixos de simetria há em um círculo?

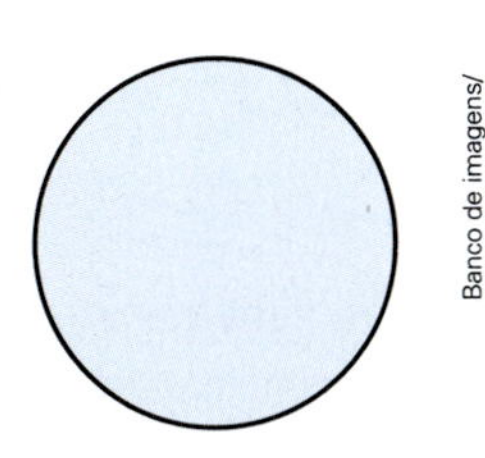

Banco de imagens/Arquivo da editora

11 **Simetria axial nos polígonos.** Os polígonos a seguir têm 3 lados, ou seja, são triângulos.

I 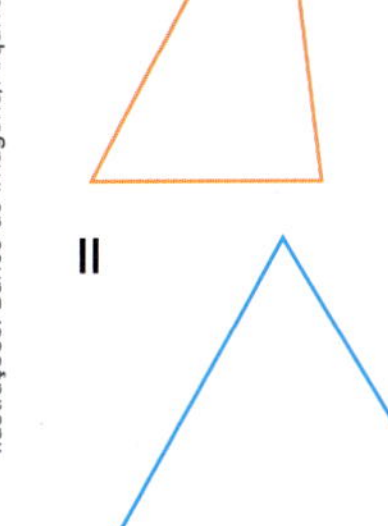

IV 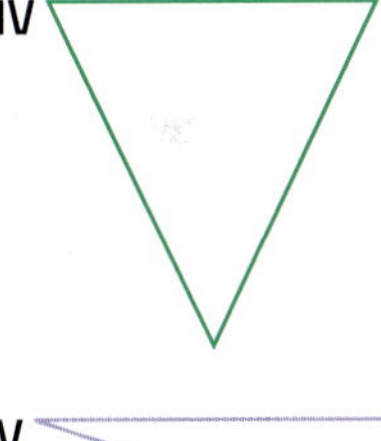

II 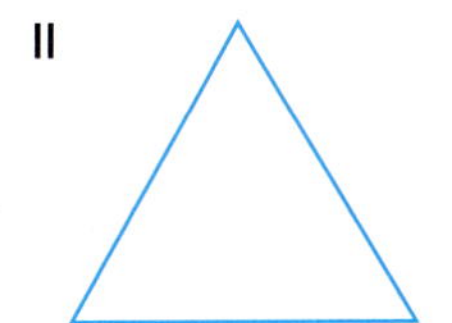

V 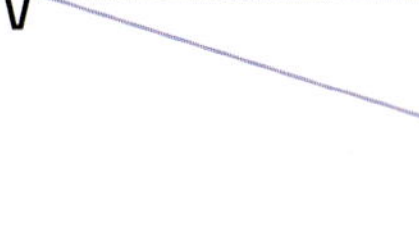

III 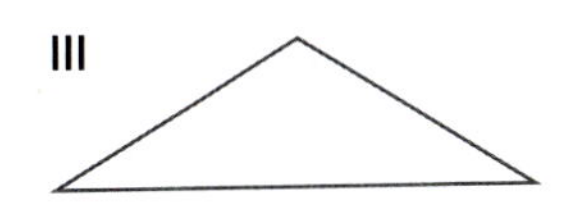

VI 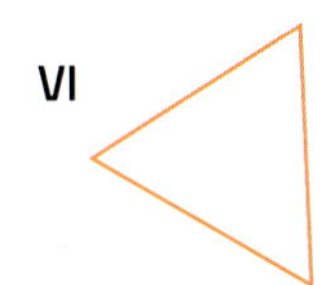

Ilustrações: Banco de imagens/Arquivo da editora

a) Quais destes triângulos não apresentam simetria axial?

b) Quais apresentam simetria com apenas 1 eixo de simetria?

c) Quais apresentam simetria com mais de 1 eixo de simetria?

12 › Quantos eixos de simetria um triângulo pode ter, caso ele apresente simetria axial?

Saiba mais

O eixo de simetria de um ângulo é chamado de **bissetriz**. A bissetriz é a semirreta que divide um ângulo em 2 partes de medidas de abertura iguais.

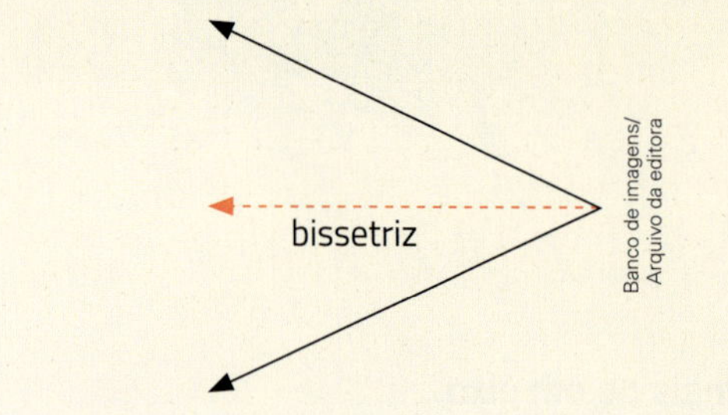

13 › Os polígonos que aparecem nas malhas quadriculadas têm 4 lados, ou seja, são quadriláteros.

Verifique quais deles apresentam simetria axial. Em cada quadrilátero simétrico, trace os eixos de simetria e escreva quantos eixos ele tem.

a) 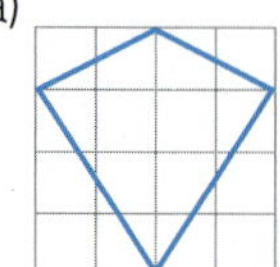

e) 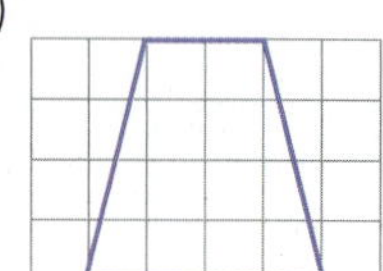

b) 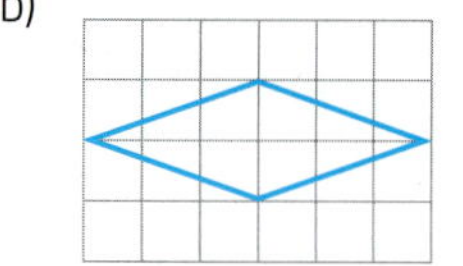

f) 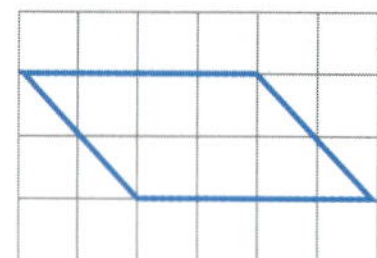

c)

g) 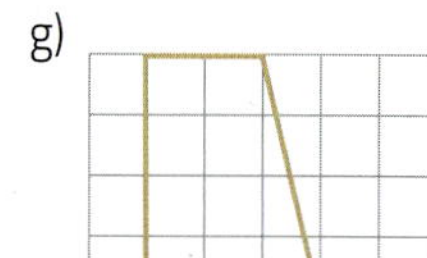

d) 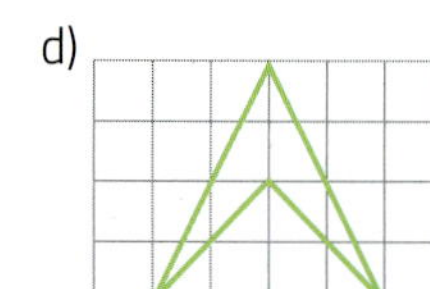

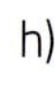

h) 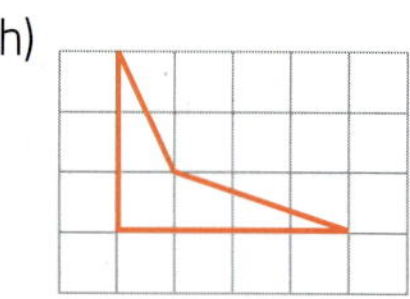

Ilustrações: Banco de imagens/Arquivo da editora

14 › Pensando na atividade anterior, converse com um colega e responda: Existe algum quadrilátero com exatamente 3 eixos de simetria?

15 › O retângulo é um exemplo de quadrilátero que apresenta simetria axial. Quantos eixos de simetria ele tem? Confirme sua resposta fazendo um desenho.

16 › Existe um quadrilátero que tem 4 eixos de simetria. Qual é ele? Faça um desenho para justificar sua resposta.

17 › **Simetria nos algarismos.** Observe os 10 algarismos do sistema de numeração decimal.

0 1 2 3 4

5 6 7 8 9

Assinale apenas os algarismos que apresentam simetria axial e trace neles todos os eixos de simetria.

18 › Escreva o maior número possível usando apenas 1 vez cada algarismo e usando apenas os algarismos que apresentam simetria.

19 › **Simetria nas letras.** Veja as letras maiúsculas do nosso alfabeto.

A B C D E F G H I

J K L M N O P Q R

S T U V W X Y Z

Assinale apenas as letras que apresentam simetria axial e trace nelas todos os eixos de simetria.

20 › **Simetria nas palavras.** Você já sabe que alguns algarismos e algumas letras apresentam simetria axial. Agora, vamos conhecer a simetria axial em palavras. Veja 2 exemplos.

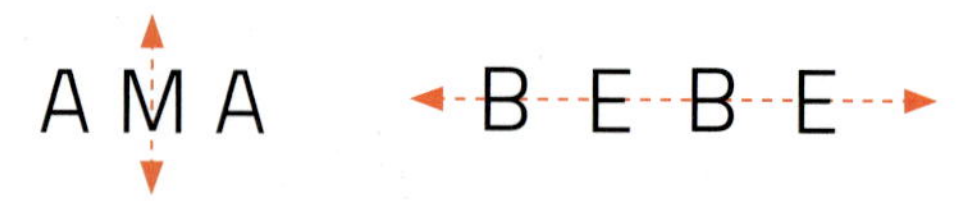

a) Observe as 4 palavras abaixo e assinale apenas aquelas que apresentam simetria axial. Trace nelas o eixo de simetria.

BOBO ABA ECO OVO

b) Invente mais uma palavra que apresente simetria axial, registre-a e trace o eixo de simetria dela. Depois, confira a resposta com um colega.

Simétrico de uma figura plana em relação a um eixo

Iniciamos este capítulo mostrando a foto da fachada do Palácio Itamaraty refletida em um espelho-d'água. Veja outras figuras que apresentam as mesmas características.

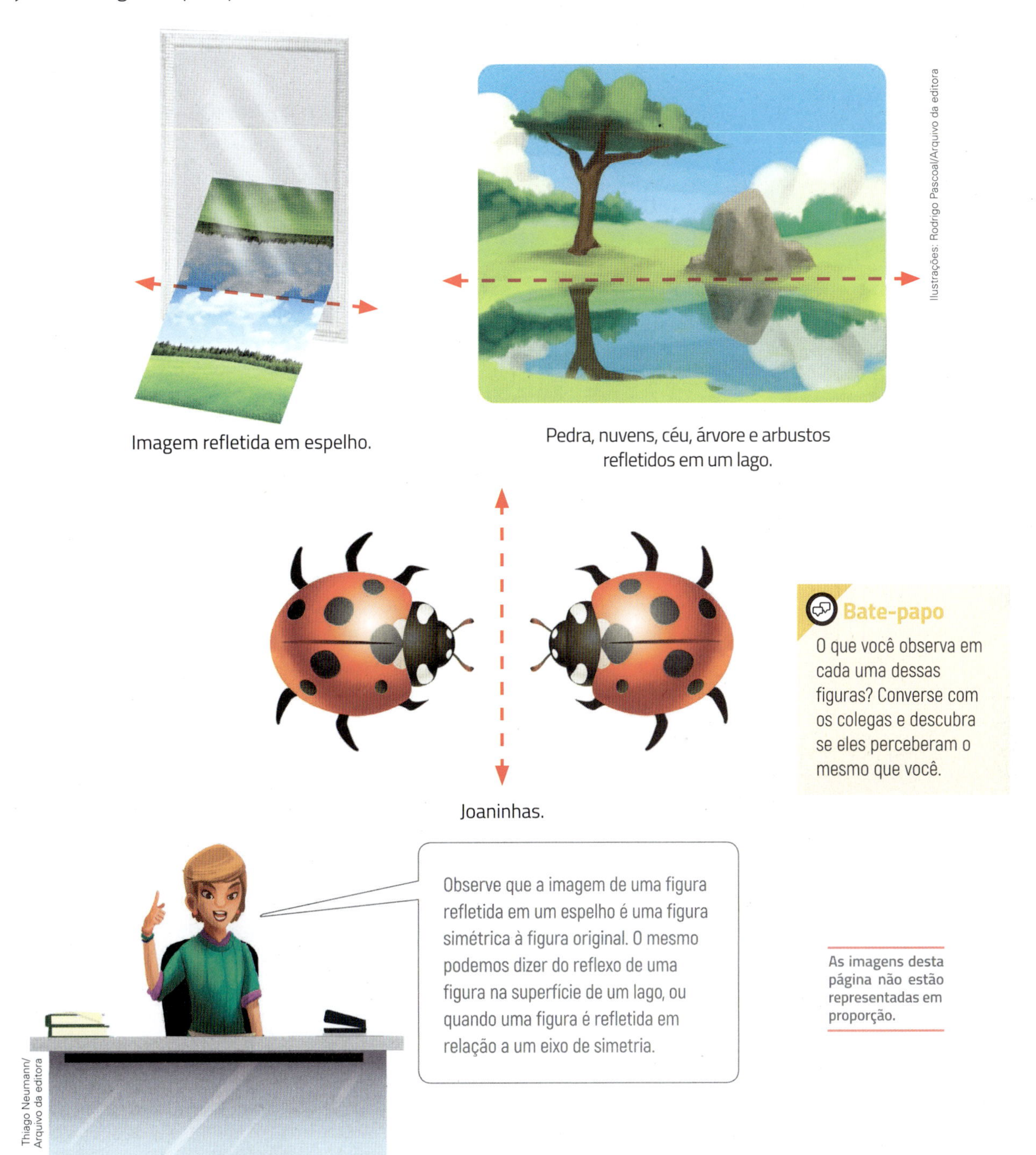

Imagem refletida em espelho.

Pedra, nuvens, céu, árvore e arbustos refletidos em um lago.

Joaninhas.

Bate-papo

O que você observa em cada uma dessas figuras? Converse com os colegas e descubra se eles perceberam o mesmo que você.

As imagens desta página não estão representadas em proporção.

Dizemos, em cada caso, que a figura e o respectivo reflexo são **figuras simétricas**, ou então que uma figura é a simétrica da outra em relação ao eixo.

Por esse motivo, dizemos que na **simetria axial** de uma figura plana há uma reflexão em relação ao **eixo**. Observe que a figura original e a figura simétrica a ela mantêm a mesma forma e o mesmo tamanho.

Atividades

21 Verifique se as figuras de cada item são simétricas em relação à linha tracejada (eixo).

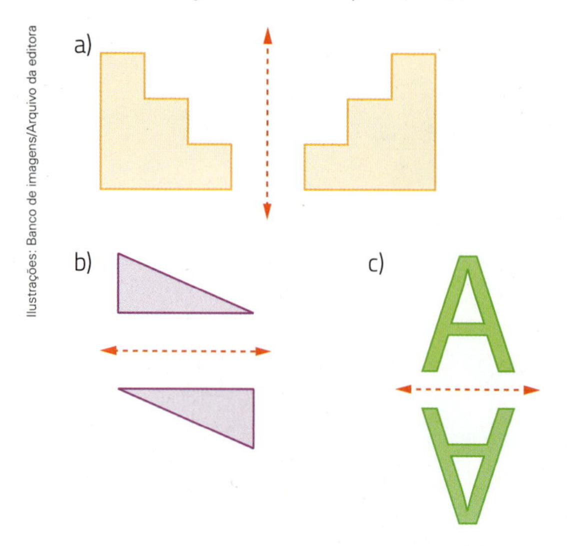

Ilustrações: Banco de imagens/Arquivo da editora

22 **Simétrico de palavras.** Observe os exemplos dos simétricos de 4 palavras em relação a um eixo.

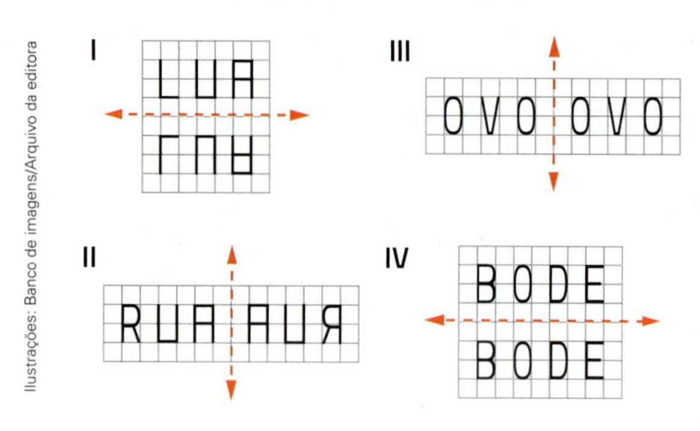

Ilustrações: Banco de imagens/Arquivo da editora

O que aconteceu com as palavras das figuras **III** e **IV**? E com as palavras das figuras **I** e **II**?

23 Faça estimativas: Em quais das 4 palavras indicadas ocorrerá o mesmo que nas figuras **III** e **IV** da atividade anterior em relação aos eixos dados?

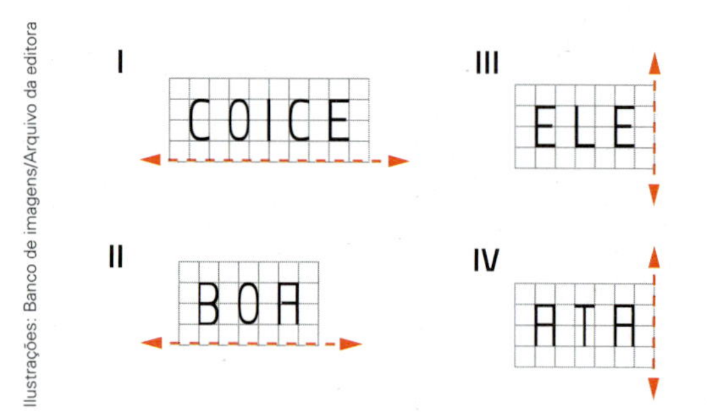

Ilustrações: Banco de imagens/Arquivo da editora

24 Copie as palavras da atividade anterior em uma folha de papel quadriculado, determine as figuras simétricas delas e confira suas estimativas.

25 O espelho colocado convenientemente em uma figura produz outra figura que é simétrica a ela. Com a ajuda de um adulto, use um espelho e tente ler esta mensagem.

Matemática é fácil
e divertida.
Até em brincadeiras
como esta, ela
está presente.
Você não acha
tudo isso muito legal?
Que tal mandar uma
mensagem assim para
o(s) amigo(s)?
Mas atenção!
Não se esqueça de mandar
um espelho junto!

26 Copie cada figura e o eixo em uma malha quadriculada. Em seguida, desenhe a simétrica de cada figura em relação ao eixo. Pinte com a mesma cor as partes correspondentes.

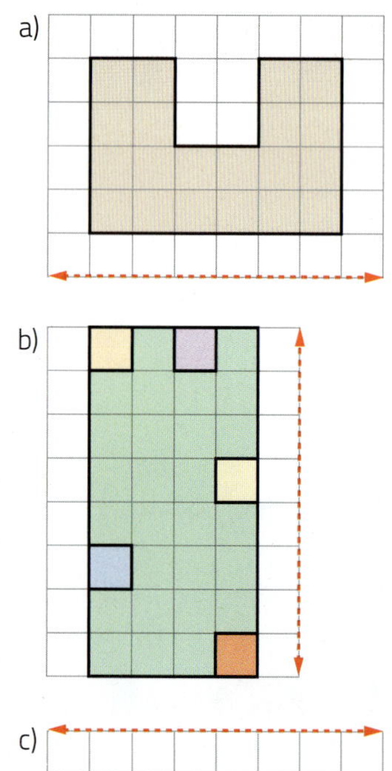

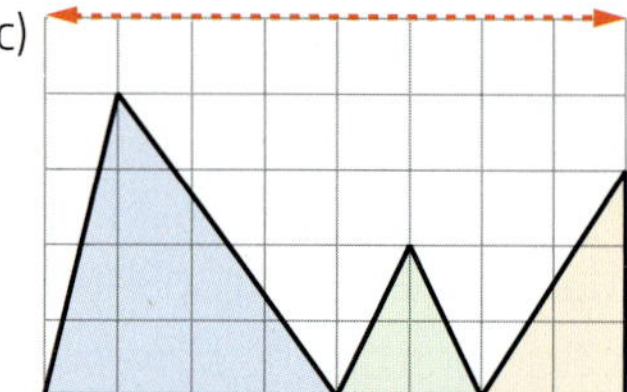

Ilustrações: Banco de imagens/Arquivo da editora

Composição de simetrias axiais

Podemos montar bonitos ladrilhamentos e painéis decorativos usando uma peça de referência e aplicando simetrias axiais. Veja um exemplo.

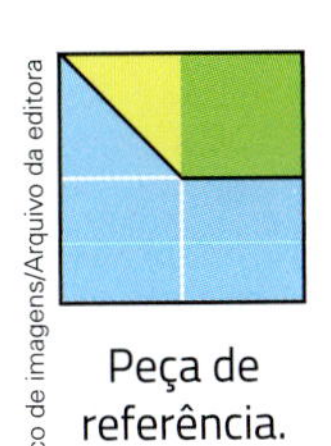

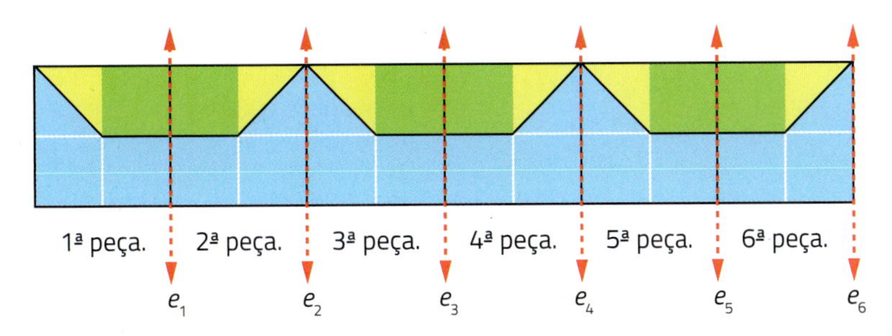

Ilustrações: Banco de imagens/Arquivo da editora

Thiago Neumann/Arquivo da editora

Bate-papo

Analise os 2 painéis apresentados e converse com os colegas.

a) Como são a 1ª, a 3ª e a 5ª peça em cada painel?

b) Por que e quando isso acontece?

Se mudarmos a posição da peça de referência, então obtemos outro painel.

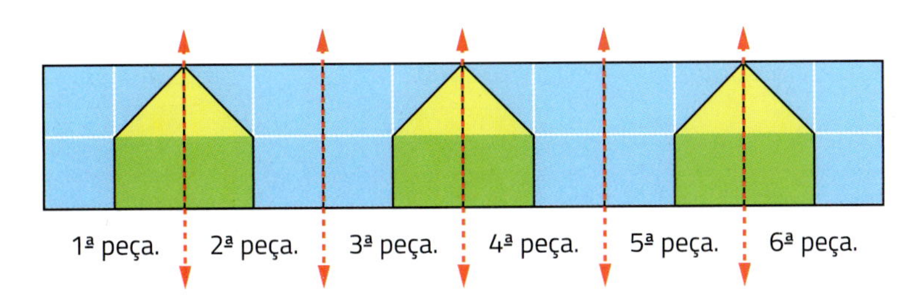

Em cada um destes casos, dizemos que foi feita uma **composição de simetrias axiais**.

As imagens desta página não estão representadas em proporção.

Atividades

27 Construa um painel de 6 peças com a mesma peça de referência mostrada anteriormente, mas, agora, na posição indicada abaixo.

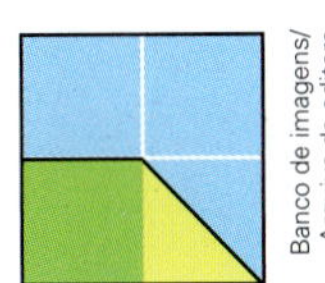

Banco de imagens/Arquivo da editora

28 Em uma malha quadriculada, crie uma peça de referência e construa um ladrilhamento usando composição de simetrias axiais com eixos paralelos.

29 **Qual é a casa de Carlos?** Para descobrir, siga o caminho que contém apenas composição de simetrias axiais em relação às linhas do quadriculado, em todo o trajeto. Copie em uma malha quadriculada apenas as figuras desse trajeto e a casa do menino.

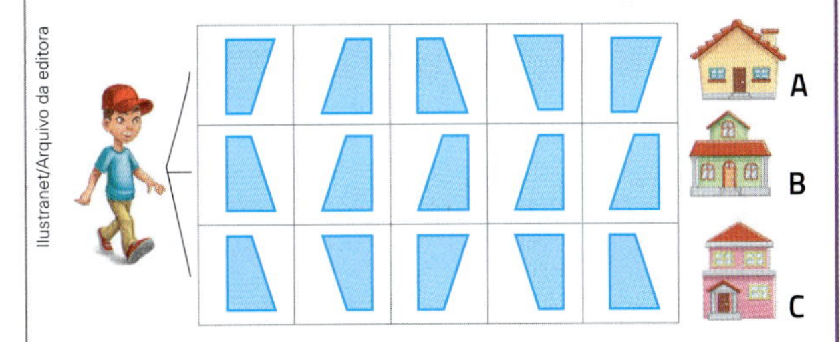

Ilustranet/Arquivo da editora

30 **Estimativas.** Observe a figura abaixo e estime em quais quadrinhos a figura inicial vai aparecer na mesma posição ao fazer a composição de simetrias axiais em relação aos eixos traçados em vermelho. Depois, complete a figura.

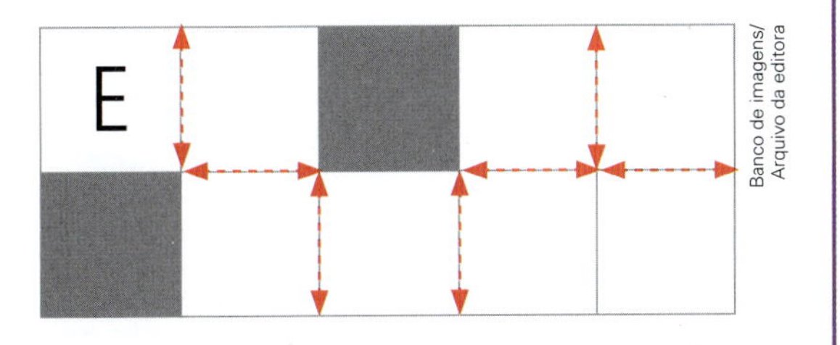

Banco de imagens/Arquivo da editora

Tem simetria axial ou não?

Com este jogo, você aplicará os conceitos sobre simetria axial. Preste atenção às orientações e bom jogo!

Orientações

Número de participantes: 2 jogadores.

Material necessário: folha de papel sulfite.

Preparação

Recorte 20 papéis, cada um com 1 das letras de **A** a **T**. Dobre-os para serem usados no sorteio.

Como jogar

Na sua vez, cada jogador deve sortear um papel com uma letra e localizar abaixo a imagem correspondente.

Em seguida, deve dizer se a imagem mostra uma figura simétrica em relação ao eixo, uma figura e a simétrica dela em relação ao eixo ou se não há simetria axial. Se acertar o palpite, então ganha 1 ponto; se errar, então não ganha pontos.

Vence a partida quem fizer mais pontos depois que todas as letras forem sorteadas.

Ilustrações: Banco de imagens/Arquivo da editora

Simetria de rotação

Agora que você já recordou a simetria axial (ou de reflexão) e já aprendeu a fazer composições delas, vamos estudar outras simetrias.

Explorar e descobrir

Use uma malha quadriculada e siga o passo a passo para descobrir outro tipo de simetria.

1. Desenhe na malha quadriculada uma região triangular *ABC*.
2. Marque um ponto qualquer *P* fora dessa região e trace o segmento de reta que liga o vértice *A* a esse ponto *P*.
3. Use um transferidor e construa uma semirreta formando 90° no sentido horário com o segmento de reta $\overline{AP}$ no ponto *P*.
4. Marque o ponto *A'* nessa semirreta determinando o segmento de reta $\overline{A'P}$ com a mesma medida de comprimento do $\overline{AP}$.
5. Repita os passos 2, 3 e 4 com os vértices *B* e *C* do triângulo.
6. Trace os segmentos de reta que ligam os pontos *A'* e *B'*, *B'* e *C'*, *C'* e *A'*. Depois, pinte a região triangular *A'B'C'*.

Veja um exemplo de construção obtida com esses passos.

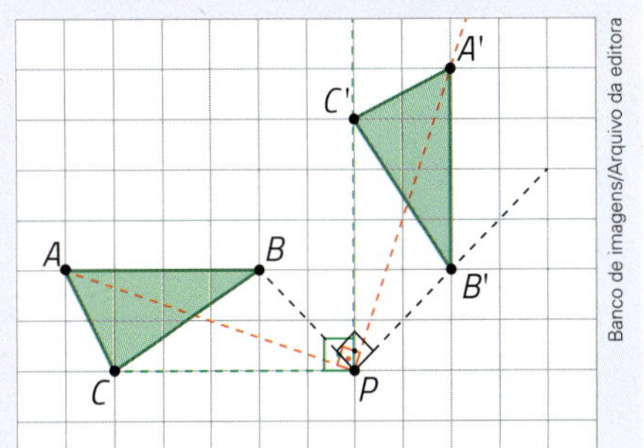

Banco de imagens/Arquivo da editora

Neste caso a região *A'B'C'* foi obtida por meio de uma **simetria de rotação**.

A **simetria de rotação** ocorre quando uma figura plana é **girada em torno de um ponto**, de acordo com um **ângulo** (com medida de abertura entre 0° e 360°), em certo **sentido** (horário ou anti-horário). Com isso, obtemos sempre uma figura plana que mantém a mesma forma e o mesmo tamanho da figura original.

Veja mais exemplos.

- Uma região retangular *ABCD* transformada na região *A'B'C'D'* por uma rotação com ângulo de medida de abertura de 90°, no sentido horário, em torno do ponto *O*.
  Observe o giro com medida de abertura de 90° efetuado no ponto *A* para obter o correspondente *A'*. O giro feito pelos demais pontos da região *ABCD* tem a mesma medida de abertura.

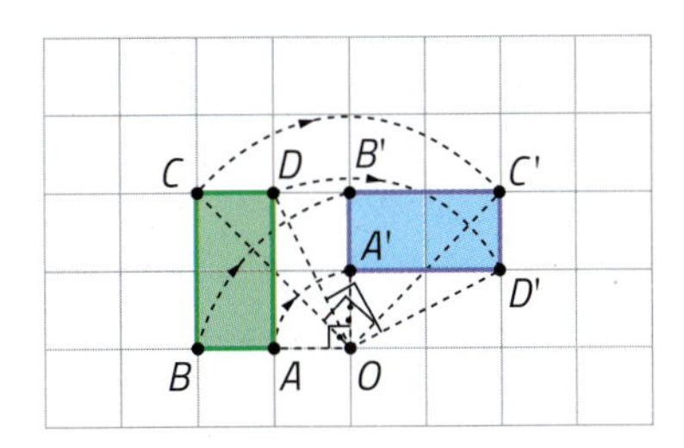

Thiago Neumann/Arquivo da editora

- A mesma região *ABCD* transformada por uma rotação com ângulo de medida de abertura de 45°, no sentido horário em torno do vértice *A*.

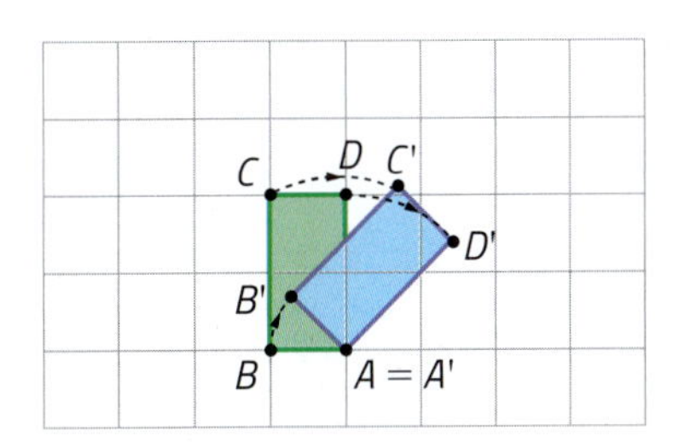

Ilustrações: Banco de imagens/Arquivo da editora

Atividades

31 Observe as figuras, converse com os colegas e, depois, respondam às questões propostas.

I

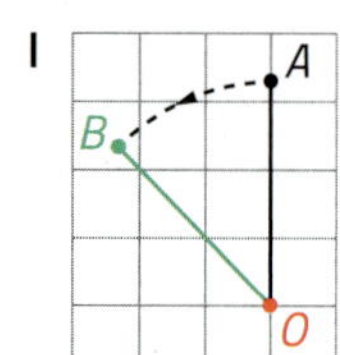

III

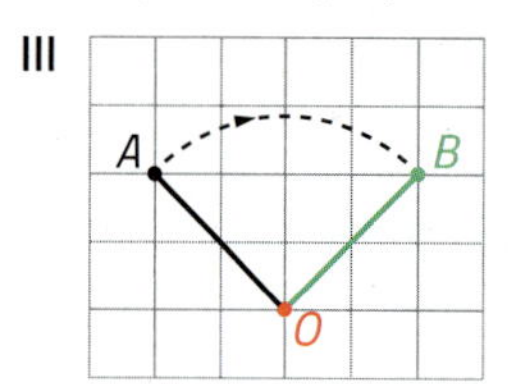

II

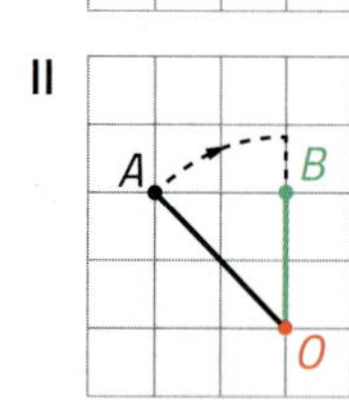

Ilustrações: Banco de imagens/Arquivo da editora

a) Em qual figura o segmento de reta $\overline{OB}$ é simétrica do segmento de reta $\overline{OA}$ por uma simetria de rotação em torno de O, no sentido horário, com ângulo de medida de abertura de 90°?

b) Em qual figura o $\overline{OB}$ não é simétrico do $\overline{OA}$ por uma rotação em torno de O?

c) A figura que sobrou mostra que tipo de simetria?

32 **Figura com simetria de rotação.** Observe a figura do cata-vento. Com um giro das hélices em um ângulo de medida de abertura de 90°, é possível fazer com que elas sejam vistas em uma posição igual à inicial.

As imagens desta página não estão representadas em proporção.

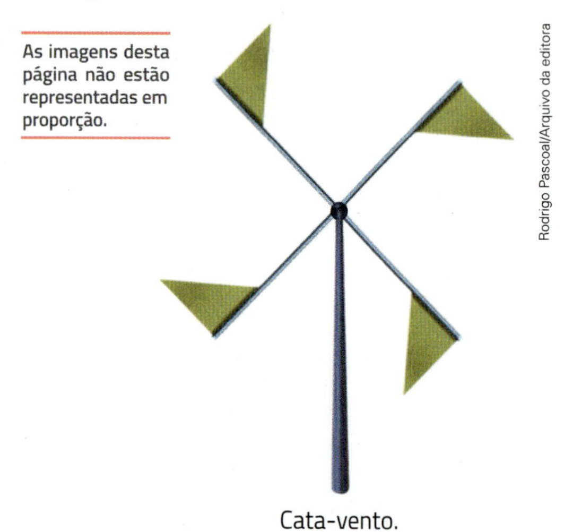

Rodrigo Pascoal/Arquivo da editora

Cata-vento.

Quais outras rotações das hélices podemos fazer (com ângulos de medidas de abertura entre 0° e 360°) para que isso também aconteça?

33 O desenho ou a foto de uma estrela-do-mar também apresenta simetria de rotação. Observe este desenho e escreva a medida de abertura do menor giro que deixa o desenho como na posição inicial.

Rodrigo Pascoal/Arquivo da editora

Estrela-do-mar.

34 Observe essas figuras e complete as frases indicando a menor medida de abertura possível.

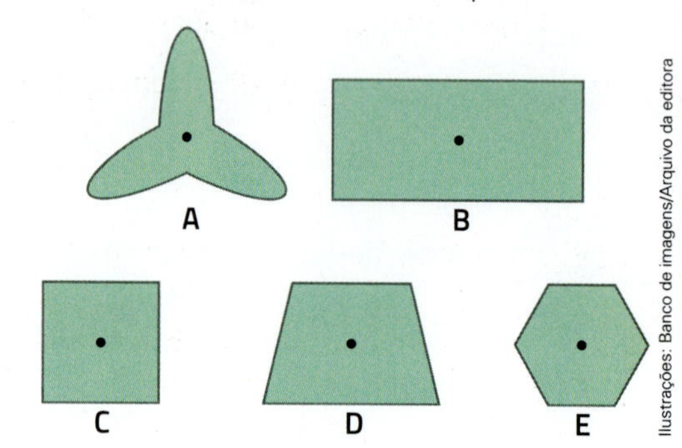

Ilustrações: Banco de imagens/Arquivo da editora

a) A figura que não apresenta simetria de rotação é a figura ______.

b) A figura **A** apresenta simetria de rotação com ângulo de medida de abertura de ______.

c) A figura **B** apresenta simetria de rotação com ângulo de medida de abertura de ______.

d) A figura **C** apresenta simetria de rotação com ângulo de medida de abertura de ______.

e) A figura **E** apresenta simetria de rotação com ângulo de medida de abertura de ______.

35 Pense no giro de um parafuso e responda aos itens.

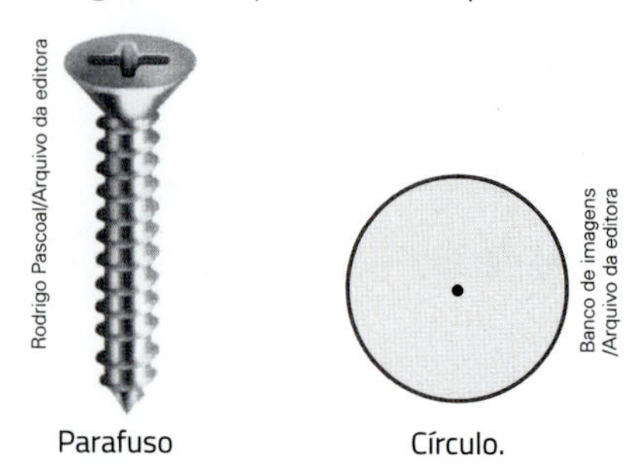

Rodrigo Pascoal/Arquivo da editora

Parafuso

Banco de imagens /Arquivo da editora

Círculo.

a) Um círculo apresenta simetria de rotação?

b) Qual pode ser a medida de abertura do ângulo de rotação de um círculo?

Explorar e descobrir

Um caso particular de simetria de rotação: simetria central ou simetria de rotação de 180°

Observe esta figura e, usando uma malha quadriculada, siga o passo a passo.

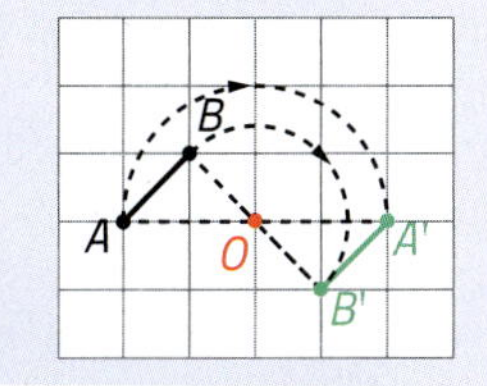

Banco de imagens/Arquivo da editora

1› Marque os pontos A, B e O na malha quadriculada, de acordo com as posições da figura, e trace o segmento de reta $\overline{AB}$.

2› A partir de uma rotação em torno do ponto O, no sentido horário, com ângulo de medida de abertura de 180°, localize o ponto A', simétrico de A.

3› Repita o passo 2 para o vértice B e obtenha o ponto B', simétrico dele. Depois, trace o segmento de reta $\overline{A'B'}$.

Podemos descrever essa situação de diferentes maneiras:

- O $\overline{A'B'}$ é simétrico do $\overline{AB}$ por uma **simetria de rotação** em torno do ponto O, no sentido horário, com **ângulo de medida de abertura de 180°**.
- O $\overline{A'B'}$ é simétrico do $\overline{AB}$ por uma **simetria central de centro O**.
- O $\overline{A'B'}$ é simétrico do $\overline{AB}$ por uma **reflexão em relação ao ponto O**.

Atividades

36› Converse com os colegas sobre como obter o simétrico A' de um ponto A, por uma simetria central de centro O.

37› Copie as figuras em uma malha quadriculada e faça a reflexão de cada uma delas em relação ao ponto O.

a)

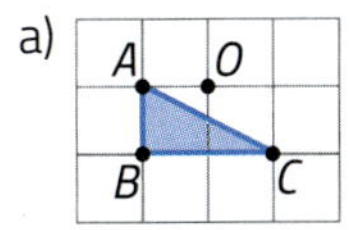

b)

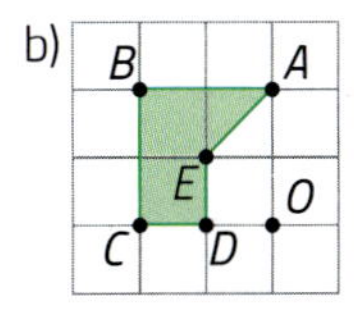

Ilustrações: Banco de imagens/Arquivo da editora

38› Nas figuras que apresentam simetria axial, trace o eixo de simetria, e nas que apresentam simetria central, indique o centro com o ponto O.

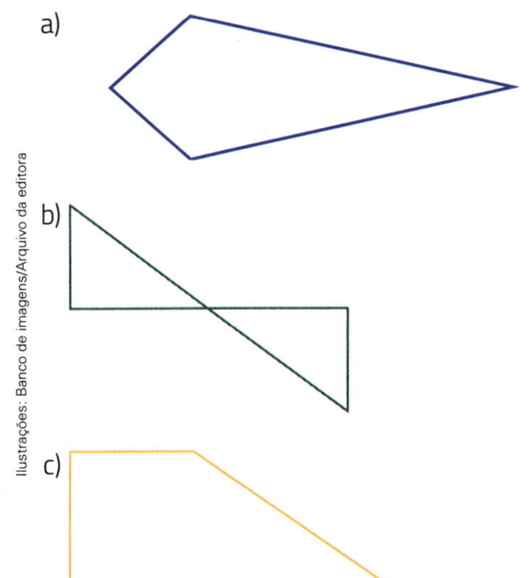

Ilustrações: Banco de imagens/Arquivo da editora

39› Observe esta figura e responda aos itens.

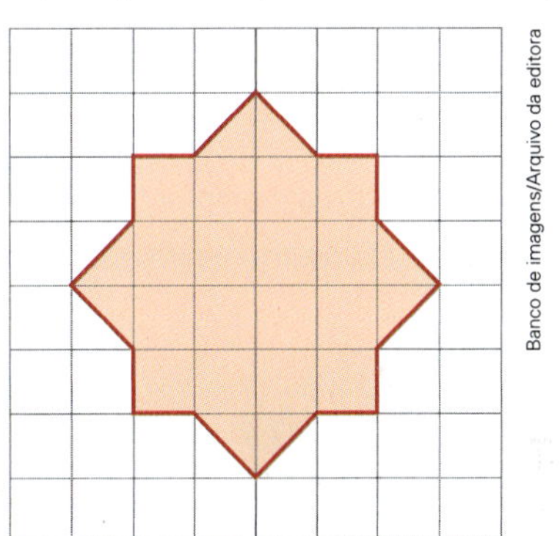
Banco de imagens/Arquivo da editora

a) A figura apresenta simetria axial?

b) A figura apresenta simetria de rotação? Em caso positivo, qual é a menor medida de abertura do ângulo de rotação?

40› Descreva as simetrias das figuras em cada item.

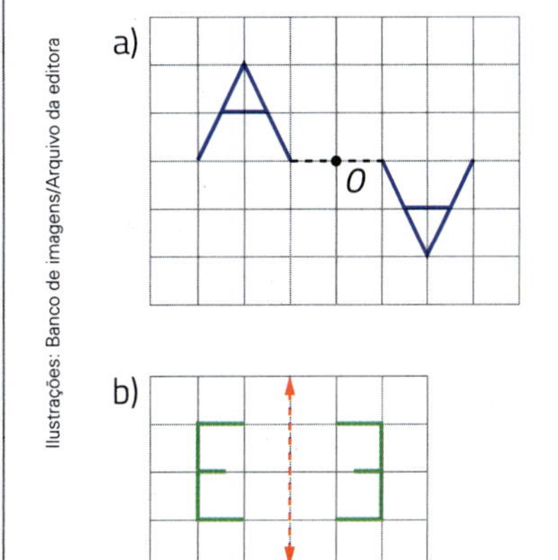

Ilustrações: Banco de imagens/Arquivo da editora

Simetria de translação

Vamos estudar outro tipo de simetria, a simetria de translação. O deslocamento de um carro em linha reta dá ideia desse tipo de simetria.

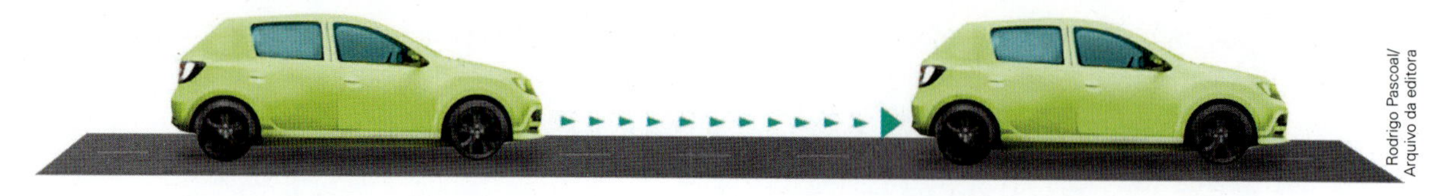

Rodrigo Pascoal/Arquivo da editora

Explorar e descobrir

Usando uma malha quadriculada, siga o passo a passo descrito a seguir.

1. Marque os pontos *A*, *B* e *C* e trace os segmentos de reta de modo a formar a região triangular *ABC*. Neste caso, é importante que os vértices sejam marcados sempre no encontro das linhas da malha.
2. A partir do ponto *A*, conte 5 quadradinhos para a direita, na direção horizontal, e marque o ponto *A'*.
3. Repita o passo 2 para os pontos *B* e *C* e marque os pontos *B'* e *C'*.
4. Trace os segmentos de reta que ligam os pontos *A'*, *B'* e *C'* e pinte a região triangular *A'B'C'*.

Veja ao lado um exemplo de construção obtida com esses passos.

Converse com um colega sobre o que aconteceu e o que vocês puderam observar.

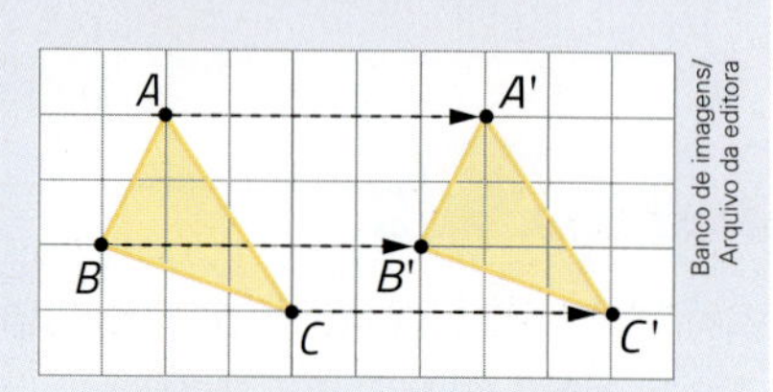

Banco de imagens/Arquivo da editora

Quando uma figura é obtida a partir de outra, fazendo um deslocamento de todos os pontos dela, na mesma direção, no mesmo sentido e na mesma medida de distância, temos um caso de **simetria de translação**. Também aqui, a figura inicial e a simétrica dela têm a mesma forma e o mesmo tamanho.

Thiago Neumann/Arquivo da editora

Observe que, para descrever uma translação, precisamos identificar a **figura transladada**, a **direção** (vertical ou horizontal, por exemplo) do movimento, o sentido (direita ou esquerda, para cima ou para baixo, por exemplo) do movimento e a **medida de distância** (número de quadradinhos, centímetros, etc.) do movimento.

As imagens desta página não estão representadas em proporção.

Atividades

41 Copie estas figuras em uma malha quadriculada e obtenha as figuras simétricas por translação de acordo com as indicações dadas em cada item.

a) 4 quadradinhos na direção vertical, para baixo.

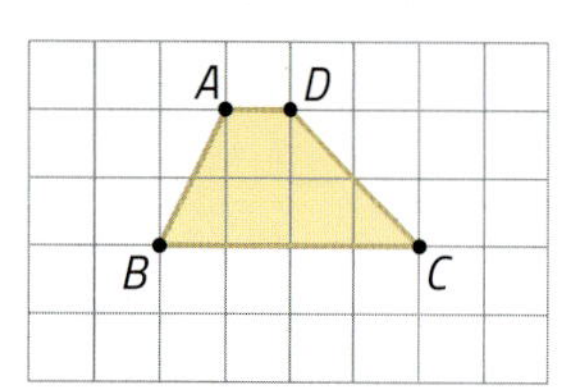

b) A figura com a seta indica a direção, o sentido e a medida de distância.

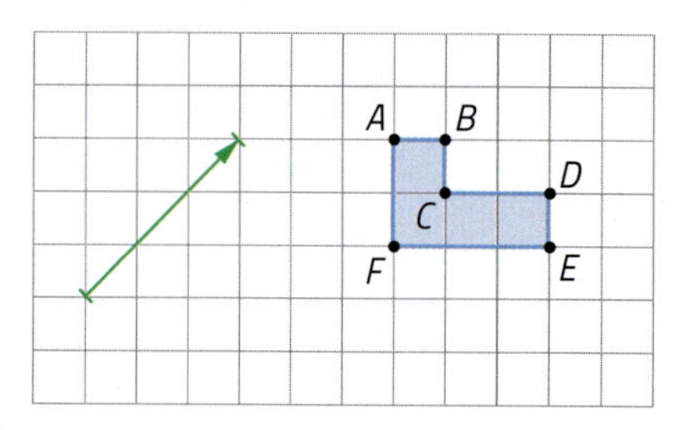

Ilustrações: Banco de imagens/Arquivo da editora

42 Construa mais estas simetrias de translação em uma malha quadriculada. Observe a seta que indica a direção, o sentido e a medida de distância.

a)

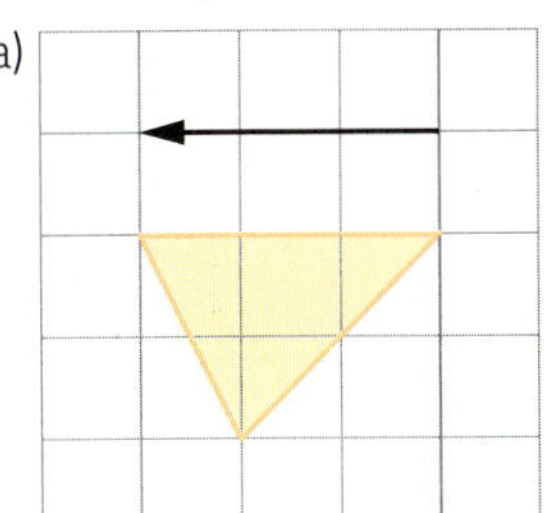

b)

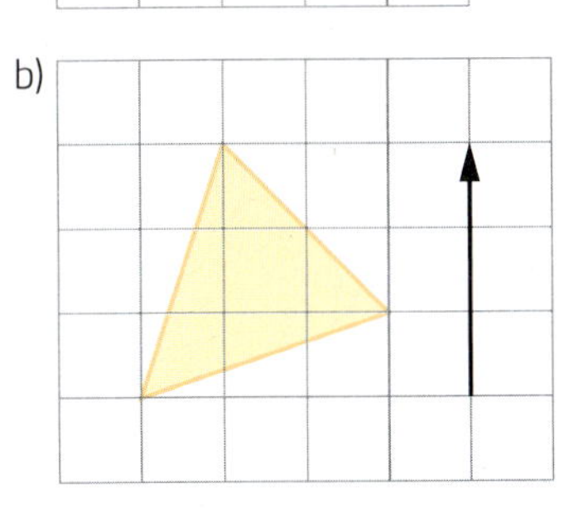

Ilustrações: Banco de imagens/Arquivo da editora

43 **Simetrias com o segmento de reta $\overline{AB}$.** Faça as simetrias com o segmento de reta $\overline{AB}$ em uma malha quadriculada.

a) Simetria axial em relação ao eixo e_1.

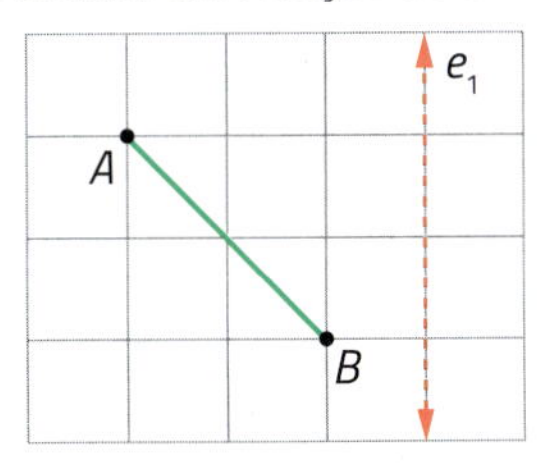

b) Simetria axial em relação ao eixo e_2.

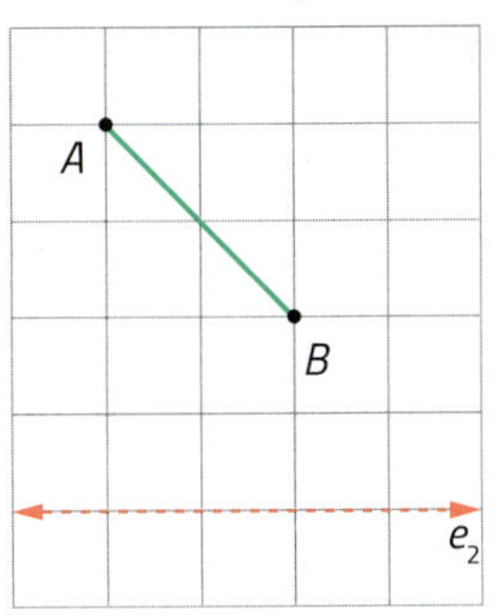

c) Simetria de rotação em torno do ponto O, no sentido horário, com ângulo de medida de abertura de 45°.

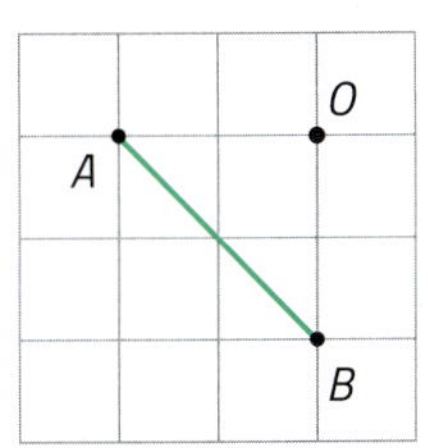

Ilustrações: Banco de imagens/Arquivo da editora

d) Simetria central de centro O.

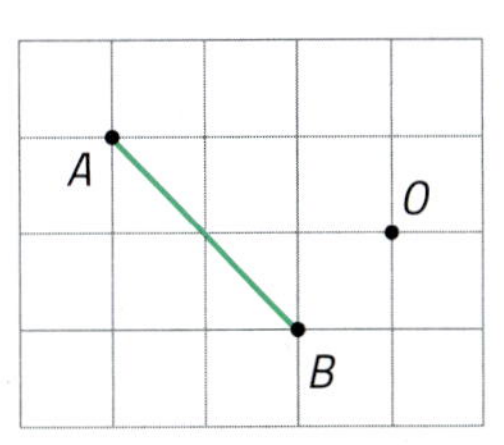

e) Simetria de translação com direção, sentido e medida de distância indicados em azul.

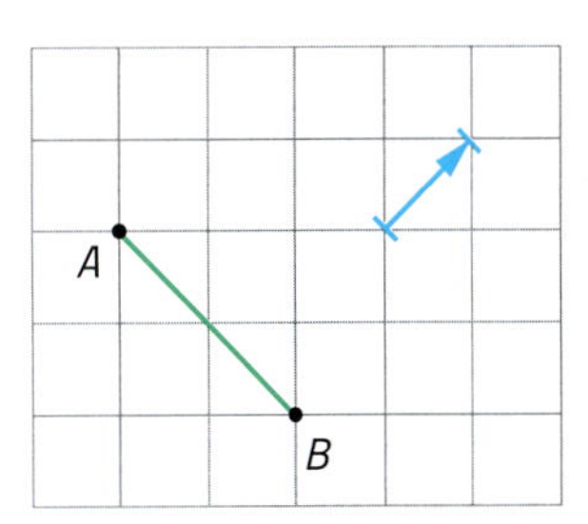

Ilustrações: Banco de imagens/Arquivo da editora

44 **Composição de translações e ladrilhamentos.** Observe novamente o ladrilhamento apresentado na abertura deste capítulo.

Irina Kildiushova/Shutterstock

Ladrilhamento com padrão de repetição.

Você já viu que podemos obter ladrilhamentos ou painéis decorativos usando a composição de simetrias axiais.

Converse com um colega e descrevam como podemos obter o ladrilhamentos acima usando a composição de simetrias de translação do primeiro ladrilho.

45 Observe esta figura plana e, em uma malha quadriculada, faça as construções de ladrilhamentos descritas.

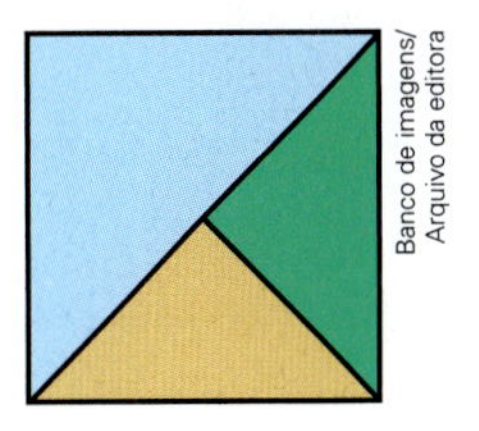

Banco de imagens/Arquivo da editora

a) Composição de simetrias de translação horizontais desta figura.

b) Composição de simetrias de translação verticais desta figura.

c) Composição de simetrias axiais desta figura, com eixos verticais paralelos.

2 Simetrias no plano cartesiano

Agora que você já conhece a simetria axial (ou de reflexão), a simetria de rotação e a simetria de translação, vamos aprender como usar essas simetrias no plano cartesiano.

Lembre-se: O plano cartesiano é um sistema formado por 2 eixos perpendiculares graduados x e y. Nele, os pontos são determinados pelas coordenadas do par ordenado: o 1º número é a abscissa e o 2º número é a ordenada.

Explorar e descobrir

1› Observem as figuras e analisem as coordenadas dos vértices. Depois, completem as conclusões de cada item.

Ilustrações: Banco de imagens/Arquivo da editora

I

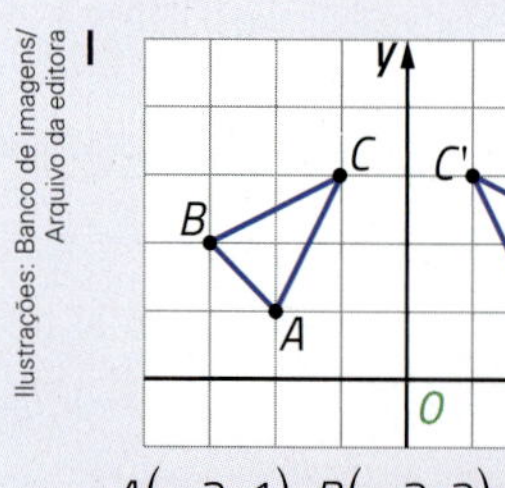

$A(-2, 1)$, $B(-3, 2)$, $C(-1, 3)$.
$A'(2, 1)$, $B'(3, 2)$, $C'(1, 3)$.

II

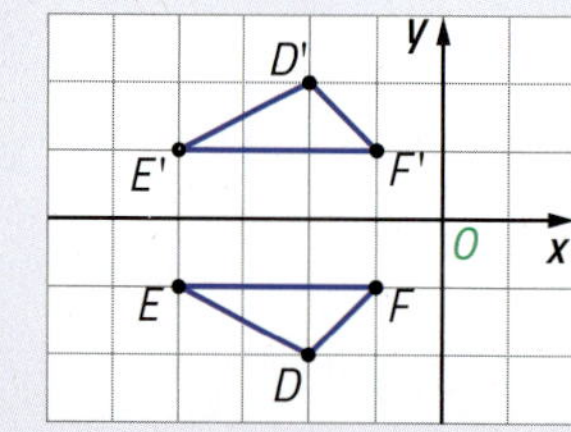

$D(-2, -1)$, $E(-4, -1)$, $F(-1, -1)$.
$D'(-2, 2)$, $E'(-4, 1)$, $F'(-1, 1)$.

III

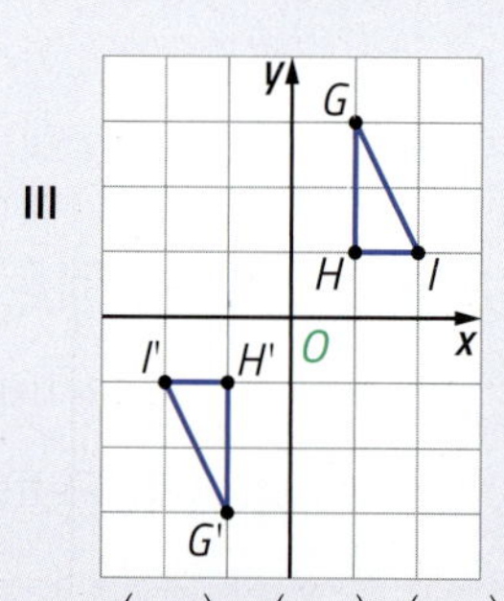

$G(1, 3)$, $H(1, 1)$, $I(2, 1)$.
$G'(-1, -3)$, $H'(-1, -1)$, $I'(-2, -1)$.

a) Na figura **I**, para construir o $\triangle A'B'C'$ a partir do $\triangle ABC$, as abscissas de A, B e C foram multiplicadas por ________ e as ordenadas foram ________________.

b) O $\triangle ABC$ e o $\triangle A'B'C'$ apresentam simetria ________________________________.

c) Na figura **II**, para construir o $\triangle D'E'F'$ a partir do $\triangle DEF$, as abscissas de D, E e F foram ________________ e as ________________ foram ________________________.

d) O $\triangle DEF$ e o $\triangle D'E'F'$ apresentam simetria ________________________________.

e) Na figura **III**, temos que ____.

f) O $\triangle GHI$ e o $\triangle G'H'I'$ apresentam simetria ________________________________.

2› Criem mais um exemplo para cada tipo de simetria e verifiquem se os mesmos fatos se repetiram.

Atividades

46› Trace os eixos cartesianos x e y em uma malha quadriculada. Depois, construa o $\triangle JKL$ cujos vértices são $J(0, 3)$, $K(-2, 1)$ e $L(1, 1)$. Adicione 4 unidades às abscissas de cada vértice do triângulo e mantenha as ordenadas para determinar os vértices J', K' e L'. Trace o novo triângulo e responda: Qual é o tipo de simetria entre esses triângulos?

47› Verifique o que acontece em mais estes casos, partindo do $\triangle JKL$ da atividade anterior.

a) Quando somamos 4 unidades às ordenadas dos vértices J, K e L e mantemos as abscissas.

b) Quando somamos 4 unidades às abscissas e também às ordenadas dos vértices J, K e L.

48› Trace o segmento de reta $\overline{AB}$ em um plano cartesiano, com $A(3, 1)$ e $B(1, 2)$, e faça o que é pedido.

a) Multiplique as abscissas de A e B por 2 e mantenha as ordenadas para obter A' e B'. Trace o $\overline{A'B'}$ e responda: O $\overline{AB}$ e o $\overline{A'B'}$ são simétricos? Em caso positivo, em qual tipo de simetria?

b) Multiplique as ordenadas de A e B por 2 e mantenha as abscissas. Trace $\overline{A'B'}$ e responda: O $\overline{AB}$ e o $\overline{A'B'}$ são simétricos? Em caso positivo, em qual tipo de simetria?

Simetrias no GeoGebra

Você se lembra das construções feitas no GeoGebra no capítulo 5? Agora, vamos fazer construções de simetrias usando esse *software*.

Atenção: o GeoGebra nomeia como polígono, mas a construção é de uma **região poligonal**.

Reflexão de um polígono em relação a um eixo

Veja os passos que devem ser seguidos no GeoGebra para construir um polígono e a reflexão dele em relação a um eixo.

1º passo: Clique na opção "Polígono" no menu de ferramentas (à esquerda da tela, na parte superior), marque 3 pontos próximo ao centro da tela e desenhe um triângulo. Nomeie esses pontos como *A*, *B* e *C*.

2º passo: Clique na opção "Reta" , marque 2 pontos próximo ao centro da tela e desenhe uma reta horizontal. Nomeie esses pontos como *C* e *D* e a reta como *r*.

3º passo: Clique na opção "Reflexão em relação a uma reta" . Depois, clique no $\triangle ABC$ que você construiu e na reta $\overleftrightarrow{DF}$. Aparecerá o $\triangle A'B'C'$ simétrico ao $\triangle ABC$ em relação à reta $\overleftrightarrow{DF}$ (o eixo de simetria).

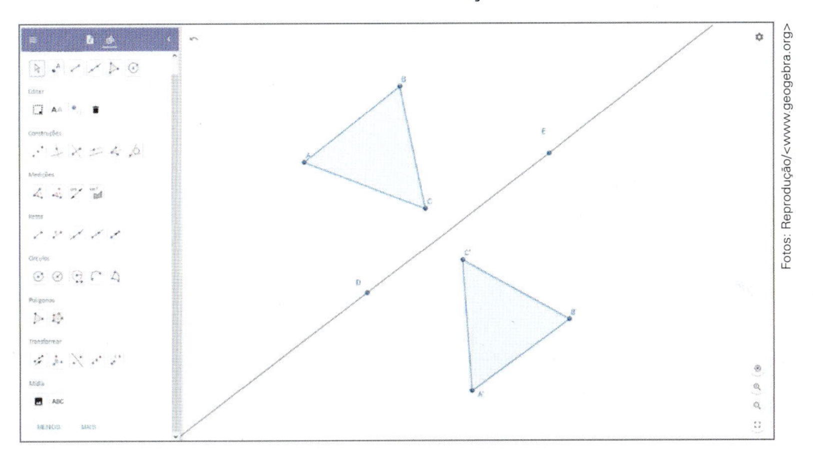

Fotos: Reprodução/<www.geogebra.org>

4º passo: Clique na função "Mover" , clique em um dos vértices do $\triangle ABC$ e arraste. Veja o que acontece.

Se você repetir o 1º e o 2º passos, mas clicar em um dos eixos cartesianos, então vai obter um triângulo simétrico ao original, mas em relação ao eixo escolhido.

Observe que você também pode fazer as mesmas construções com outros polígonos.

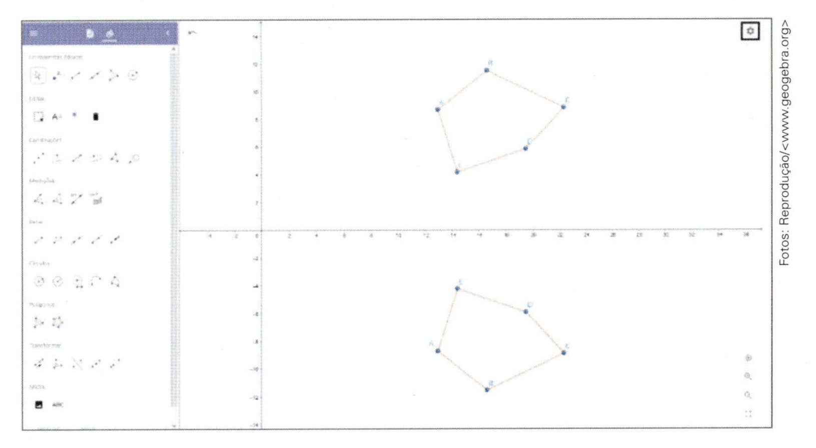

Fotos: Reprodução/<www.geogebra.org>

Reflexão de um polígono em relação a um ponto

Agora, veja os passos que devem ser seguidos no GeoGebra para construir um polígono e a reflexão dele em relação a um ponto. Para isso, salve sua construção anterior e comece um novo trabalho.

1º passo: Clique na opção "Polígono" no menu de ferramentas, marque 4 pontos próximo ao centro da tela e desenhe um quadrilátero. Nomeie esses pontos como *A*, *B*, *C* e *D*.

2º passo: Clique na opção "Ponto" [•A] e marque um ponto *P* fora da região do polígono.

3º passo: Clique na opção "Reflexão em relação a um ponto" [ícone]. Depois, clique no polígono que você construiu e no ponto *P*. Aparecerá o polígono simétrico ao original em relação ao ponto *P*.

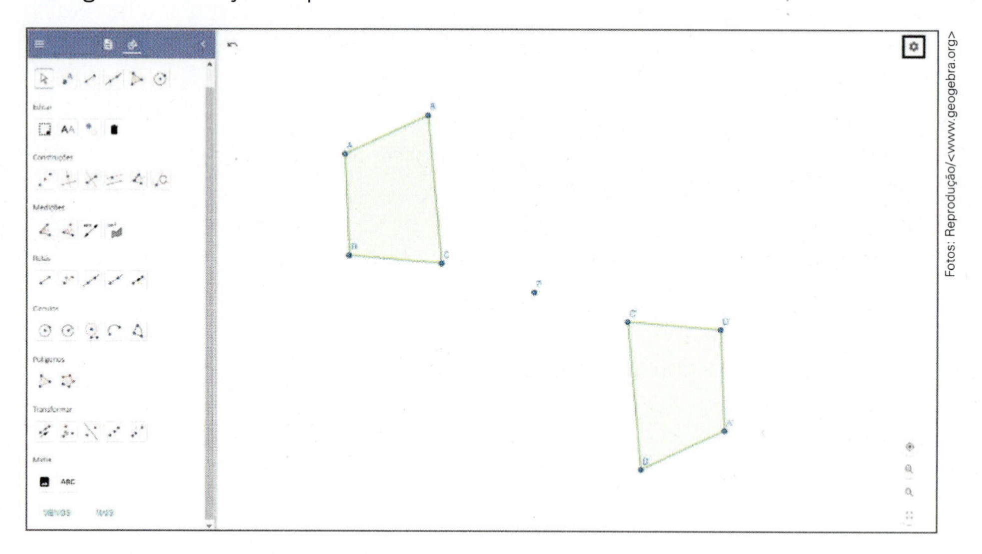

Fotos: Reprodução/<www.geogebra.org>

4º passo: Clique na função "Mover", clique em um dos vértices do quadrilátero e arraste. Veja o que acontece.

Rotação de um polígono em relação a um ponto

Veja agora os passos que devem ser seguidos no GeoGebra para construir um polígono e a rotação dele em relação a um ponto. Salve sua construção anterior e comece um novo trabalho.

1º passo: Clique na opção "Polígono" no menu de ferramentas e desenhe um polígono qualquer.

2º passo: Clique na opção "Ponto" e marque um ponto *P* fora da região do polígono.

3º passo: Clique na opção "Rotação em torno de um ponto" [ícone]. Depois, clique no polígono que você construiu e no ponto *P*. Na janela que abrir, escolha a medida de abertura do ângulo de rotação e o sentido do giro. Clique em "Ok" e aparecerá o polígono simétrico ao original em relação ao ponto *P*, de acordo com a medida de abertura do ângulo de rotação e do sentido do giro.

4º passo: Clique na função "Mover", clique em um dos vértices do polígono e arraste. Veja o que acontece.

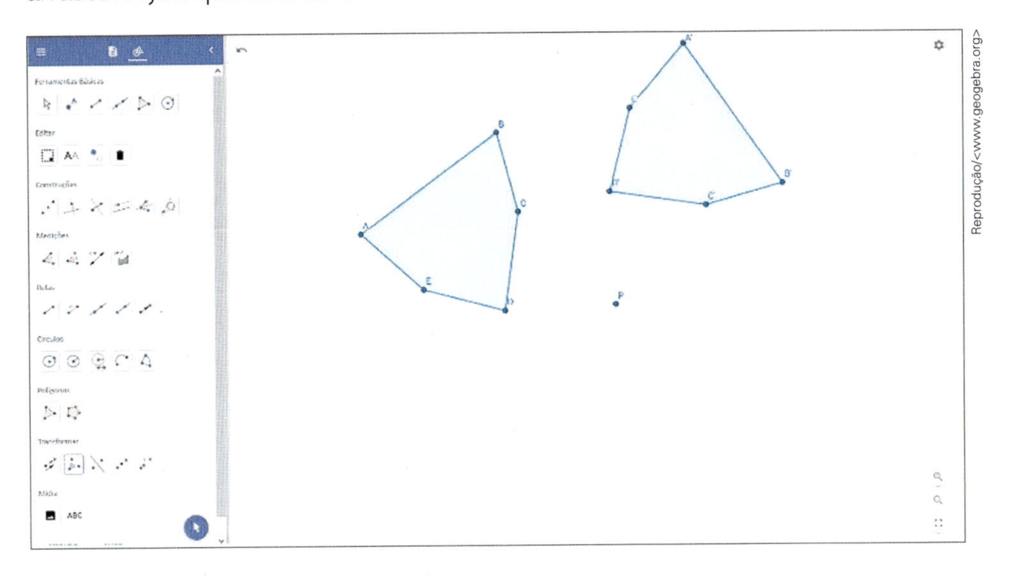

Reprodução/<www.geogebra.org>

Translação de um polígono a partir de um vetor

Por fim, veja os passos que devem ser seguidos no GeoGebra para construir um polígono e a translação dele a partir de um vetor. Não se esqueça de salvar sua construção anterior antes de começar o novo trabalho.

Um vetor define a direção, o sentido e a medida de distância a ser deslocada.

1º passo: Clique na opção "Polígono" no menu de ferramentas e desenhe um polígono qualquer.

2º passo: Clique na opção "Translação por um vetor" . Depois, clique no polígono e, em seguida, em 2 pontos fora dele para determinar o vetor. Aparecerá o polígono simétrico ao original em relação ao vetor criado.

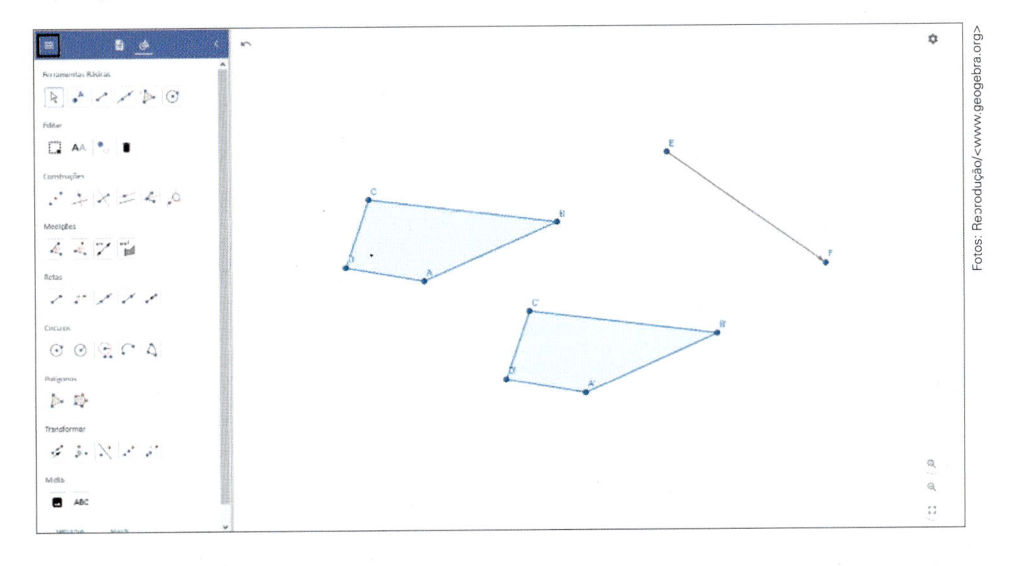

Fotos: Reprodução/<www.geogebra.org>

3º passo: Clique na função "Mover", clique em uma das extremidades do vetor e arraste. Veja o que acontece.

Revisando seus conhecimentos

1 A figura da pipa:

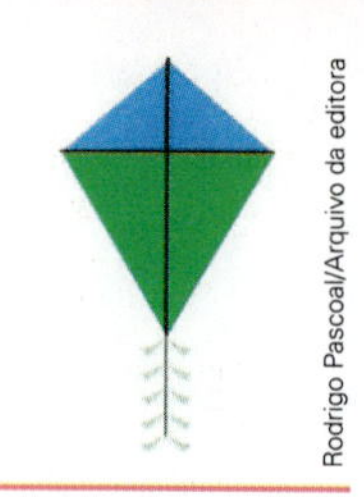

Rodrigo Pascoal/Arquivo da editora

a) não apresenta simetria axial.

b) apresenta simetria axial em relação a apenas 1 eixo.

c) Apresenta simetria axial em relação a exatamente 2 eixos.

d) apresenta simetria axial em relação a mais de 2 eixos.

As imagens desta página não estão representadas em proporção.

2 Em qual dos itens as figuras não são simétricas em relação ao eixo?

a)

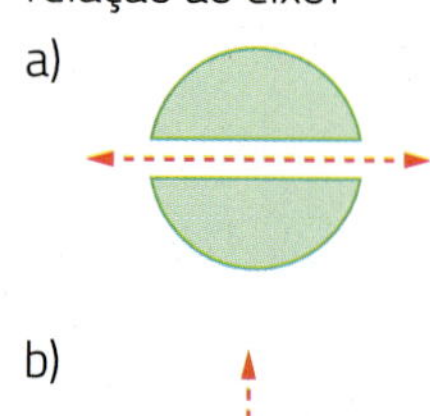

c)

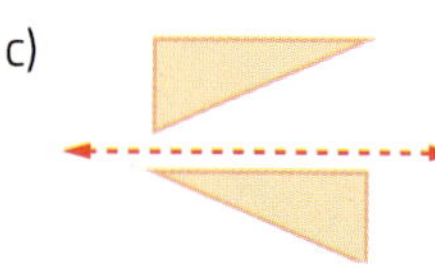

b)

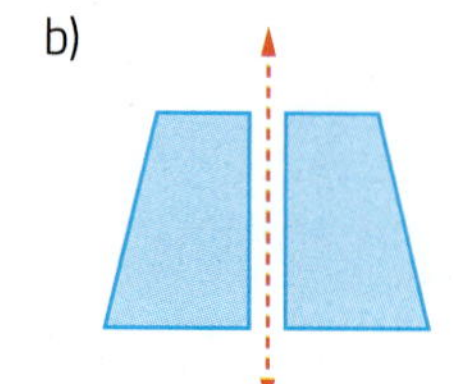

d)

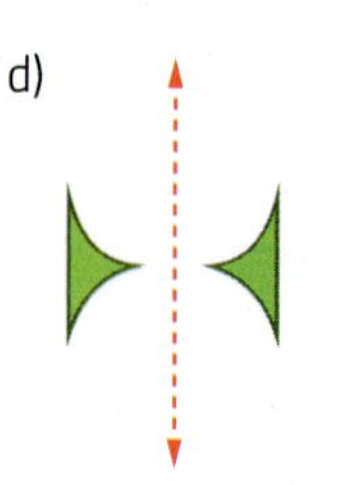

Ilustrações: Banco de imagens/Arquivo da editora

3 Observe os 3 eixos de simetria deste triângulo e responda: Quantos triângulos são formados nesta figura?

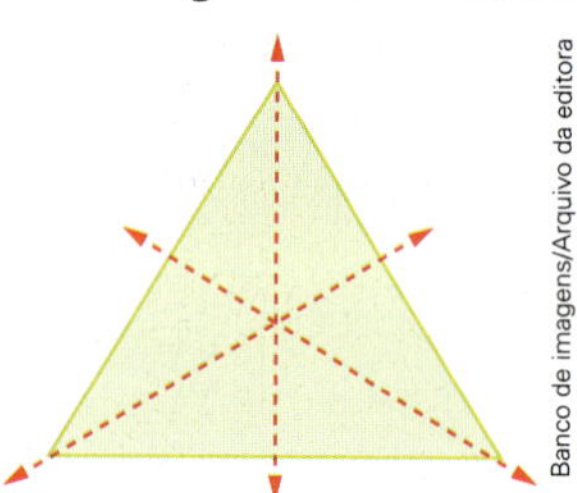

Banco de imagens/Arquivo da editora

4 Um livro custa R$ 18,00 a mais do que um caderno, e os 2 juntos custam R$ 28,00. O preço do caderno é:

a) R$ 5,00.

b) R$ 8,00.

c) R$ 13,00.

d) R$ 10,00.

5 Observe as informações abaixo e indique se cada uma delas é verdadeira (V) ou falsa (F). No caso de ser verdadeira, dê 3 exemplos que confirmem a afirmação feita. No caso de ser falsa, dê 1 contraexemplo, ou seja, um exemplo que conteste a afirmação feita.

a) Se 2 regiões planas apresentam simetria axial, de translação ou de rotação, uma em relação à outra, então elas têm mesma forma e mesmo tamanho.

b) Se 2 regiões planas têm mesma forma e mesmo tamanho, então elas apresentam simetria axial, uma em relação à outra.

6 As simetrias estão presentes em fotos e desenhos de muitos objetos, painéis, construções, obras de arte e elementos da natureza, entre outros. Qual simetria (reflexão, rotação ou translação) pode ser observada em cada imagem?

a)

suns07butterfly/Shutterstock

Borboleta.

b)

Noppharat4969/Shutterstock

Flor.

c)

Taweesak Sriwannawit/Shutterstock

Flores.

d)

meow_meow/Shutterstock

Painel.

e)

AJ_INDIA/Shutterstock

Tecido.

f)

Curly Part/Shutterstock

Painel.

7 O resultado da divisão 7,864 : 6 é:

a) 1,310.

b) 1,3106.

c) $1{,}310\overline{6}$.

d) $1{,}210\overline{6}$.

8 Qual destes quadriláteros apresenta exatamente 2 eixos de simetria?

a)

b)

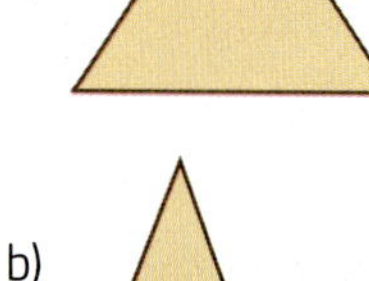

c)

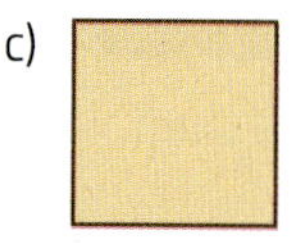

d)

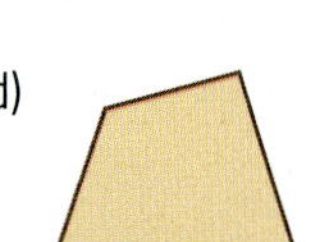

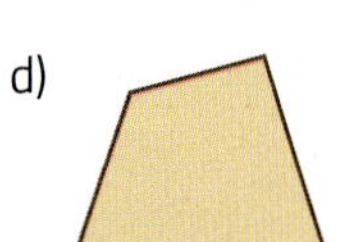

Ilustrações: Banco de imagens/Arquivo da editora

9 Se x e y são números racionais, com $x \neq y$, então a única afirmação falsa é:

a) $x + y = y + x$.

b) $x + 0 = x$.

c) $x - y = y - x$.

d) $1 \cdot y = y$.

10 Este sólido é composto de:

a) 1 cone e 1 prisma.

b) 1 cilindro e 1 pirâmide.

c) 1 cilindro e 1 cone.

d) 2 cones.

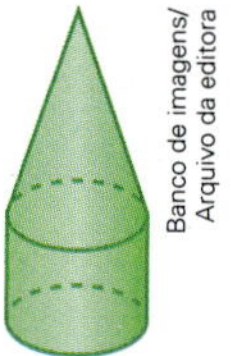

Banco de imagens/Arquivo da editora

11 ▸ Qual destes números tem divisão exata por 7 e não exata por 11?

a) 385 b) 198 c) 189 d) 358

12 ▸ Qual destas palavras não apresenta simetria axial?

a) AVA b) EVE c) EBE d) OVO

13 ▸ Qual é a medida de abertura do menor ângulo de rotação em cada figura?

a)

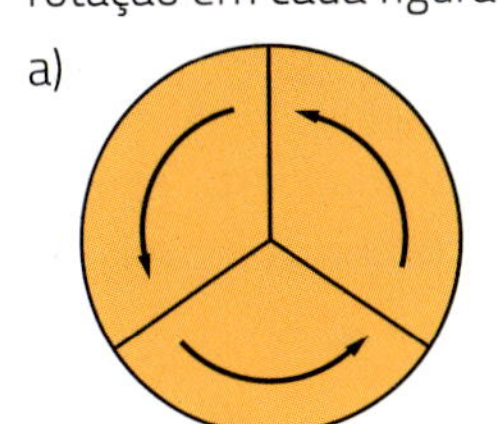

c)

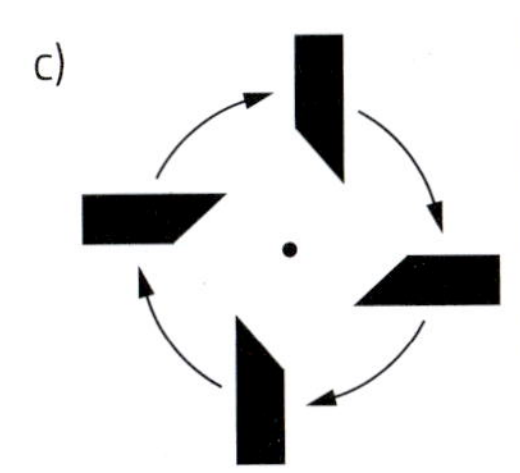

b)

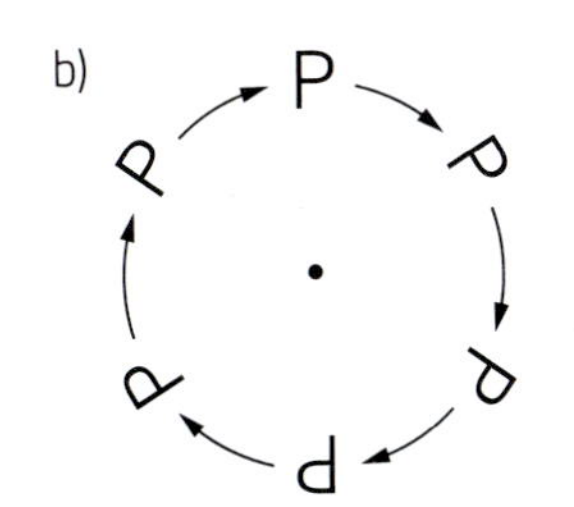

Ilustrações: Banco de imagens/Arquivo da editora

As imagens desta página não estão representadas em proporção.

14 ▸ Observe as figuras e responda.

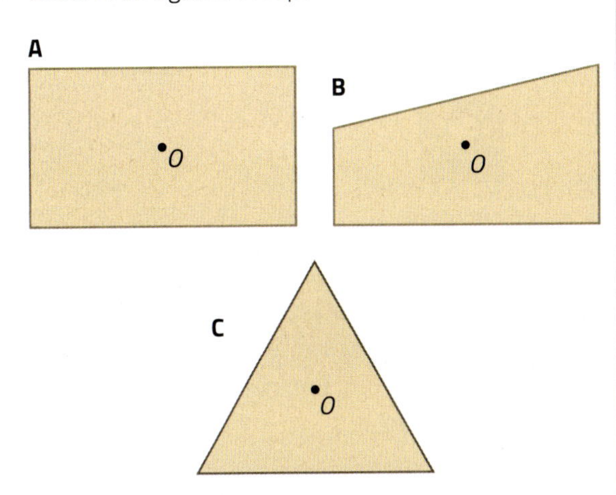

Ilustrações: Banco de imagens/Arquivo da editora

a) Qual figura não apresenta simetria de rotação em torno de O?

b) Qual figura apresenta simetria de rotação em torno de O, com ângulo de medida de abertura de 120°?

c) A figura que não foi indicada nos itens **a** e **b** apresenta simetria de rotação em torno de O, com ângulo de qual medida de abertura?

15 ▸ Pentaminós (penta = 5) são regiões planas formadas por 5 regiões quadradas, de modo que cada região quadrada toca pelo menos 1 das outras em 1 dos lados.

Veja 2 exemplos de pentaminós.

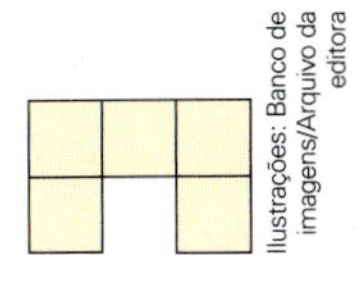

Ilustrações: Banco de imagens/Arquivo da editora

a) Desenhe os 12 pentaminós possíveis.

b) Quantos deles não apresentam simetria axial?

c) Quantos apresentam simetria axial e têm apenas 1 eixo de simetria?

d) Quantos apresentam simetria axial e têm mais de 1 eixo de simetria?

16 ▸ Observe a figura em que as retas r e s são paralelas.

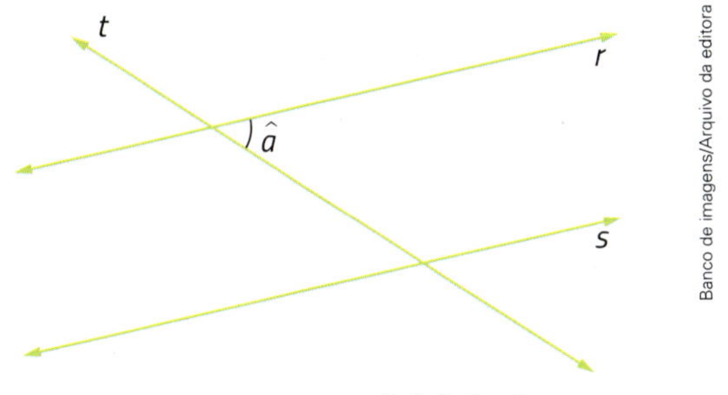

Banco de imagens/Arquivo da editora

Marque na figura os ângulos $\hat{b}$, $\hat{c}$, $\hat{d}$, $\hat{e}$ e $\hat{f}$ de modo que:

- $\hat{a}$ e $\hat{b}$ sejam alternos internos;
- $\hat{a}$ e $\hat{c}$ sejam opostos pelo vértice;
- $\hat{c}$ e $\hat{d}$ sejam alternos externos;
- $\hat{b}$ e $\hat{e}$ sejam colaterais internos;
- $\hat{e}$ e $\hat{f}$ sejam correspondentes.

17 ▸ Há animais que vivem em temperaturas muito baixas e animais que vivem em temperaturas muito altas.

A iguana do deserto pode viver em temperaturas altas com medida de 45 °C, enquanto o pinguim imperador pode viver em temperaturas com medida de −30 °C.

David McNew/Getty Images/Agência France-Presse

Iguana no deserto de Mojave, Califórnia (Estados Unidos). Foto de 2017.

Kyodo/AP Photo/Glow Images

Pinguins imperadores no litoral da Antártida. Foto de 2017.

Qual é a diferença entre a maior e a menor dessas medidas de temperatura?

Praticando um pouco mais

Testes oficiais

1 ▸ **(Obmep)** Benjamim passava pela praça de Quixajuba, quando viu o relógio da praça pelo espelho da bicicleta, como na figura.

Reprodução/Obmep, 2009

Que horas o relógio estava marcando?

a) 5 h 15 min.

b) 5 h 45 min

c) 6 h 15 min

d) 6 h 45 min

e) 7 h 45 min

2 ▸ **(Obmep)** Jorginho desenhou bolinhas na frente e no verso de um cartão. Ocultando parte do cartão com sua mão, ele mostrou duas vezes a frente e duas vezes o verso, como na figura.

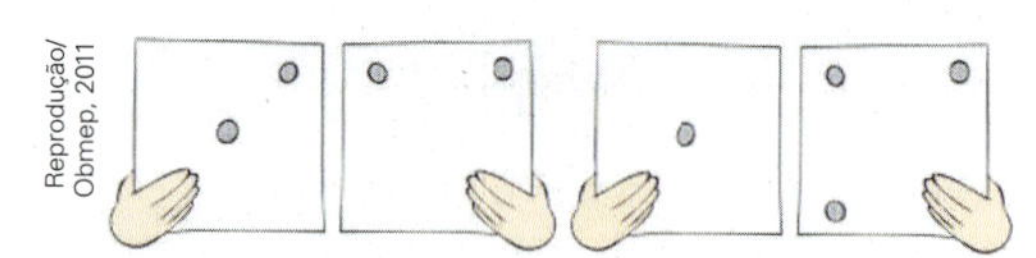

Reprodução/Obmep, 2011

Quantas bolinhas ele desenhou?

a) 3

b) 4

c) 5

d) 6

e) 8

3 ▸ **(Saresp)** No desenho abaixo, o círculo deve ser ornamentado por meio de reflexões do mesmo motivo em torno das retas indicadas.

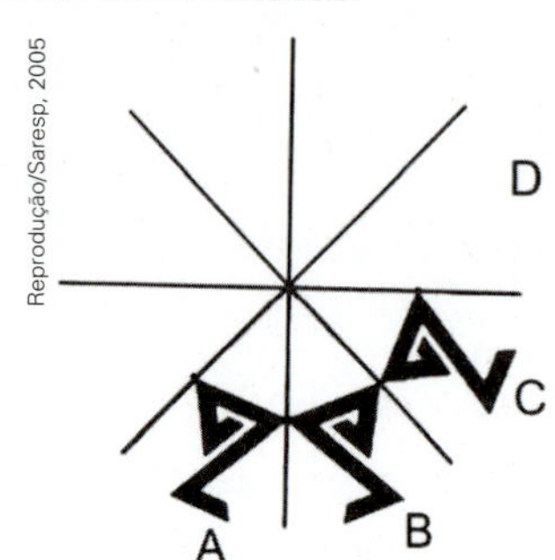

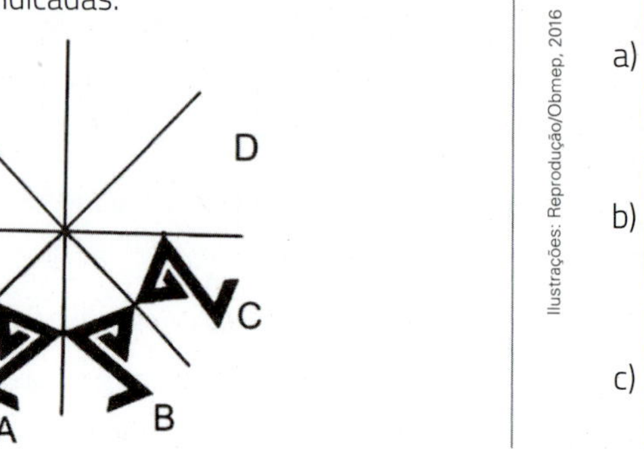

Reprodução/Saresp, 2005

A figura a ser desenhada em **D** é:

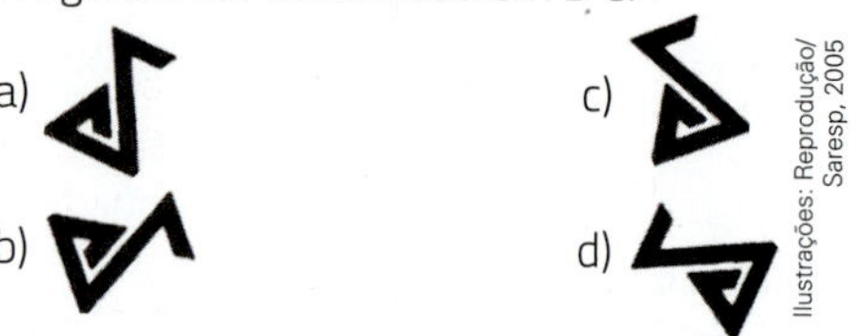

Ilustrações: Reprodução/Saresp, 2005

4 ▸ **(Obmep)** Joãozinho dobrou duas vezes uma folha de papel quadrada, branca de um lado e cinza do outro, e depois recortou um quadradinho, como na figura.

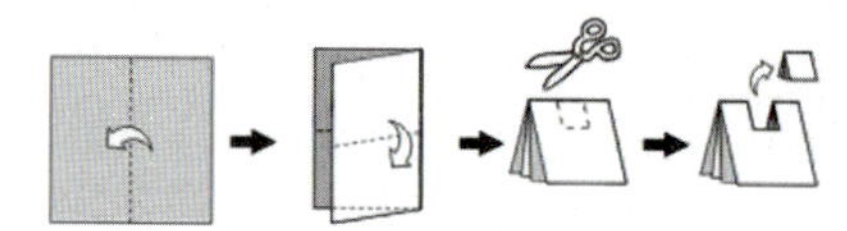

Qual das figuras abaixo ele encontrou quando desdobrou completamente a folha?

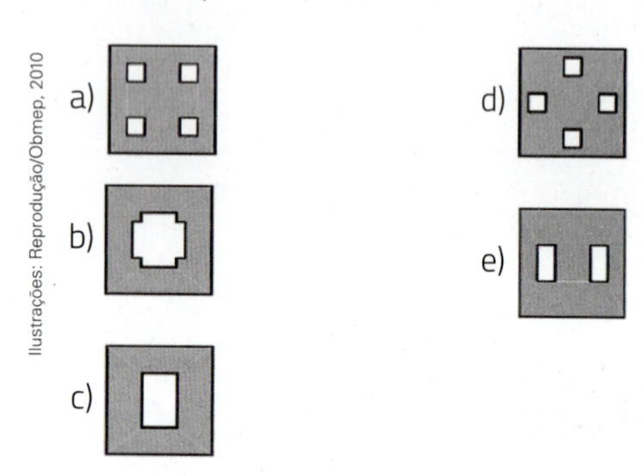

Ilustrações: Reprodução/Obmep, 2010

5. ▸ **Desafio. (Obmep)** Joãozinho fez duas dobras em uma folha de papel quadrada, ambas passando pelo centro da folha, como indicado na figura 1 e na figura 2. Depois ele fez um furo na folha dobrada, como indicado na figura 3.

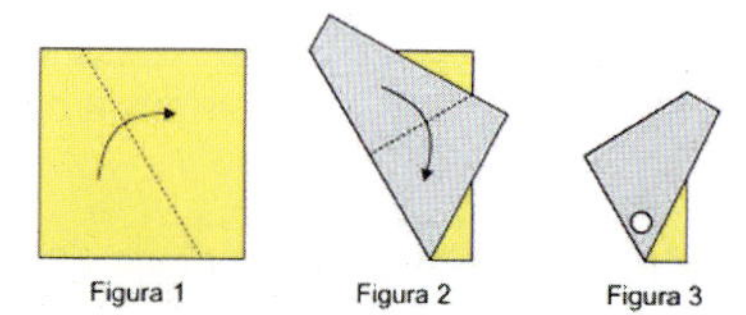

Qual das figuras abaixo representa a folha desdobrada?

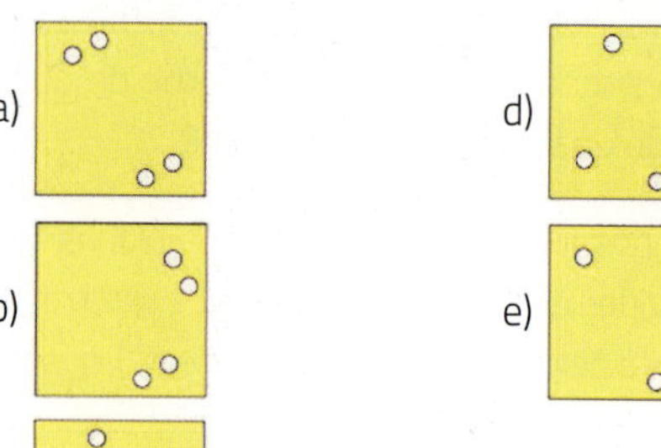

Ilustrações: Reprodução/Obmep, 2016

Questões de vestibulares e Enem

6 **(Enem)** Um programa de edição de imagens possibilita transformar figuras em outras mais complexas. Deseja-se construir uma nova figura a partir da original. A nova figura deve apresentar simetria em relação ao ponto *O*.

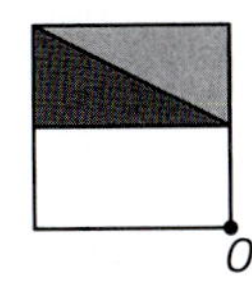

A imagem que representa a nova figura é:

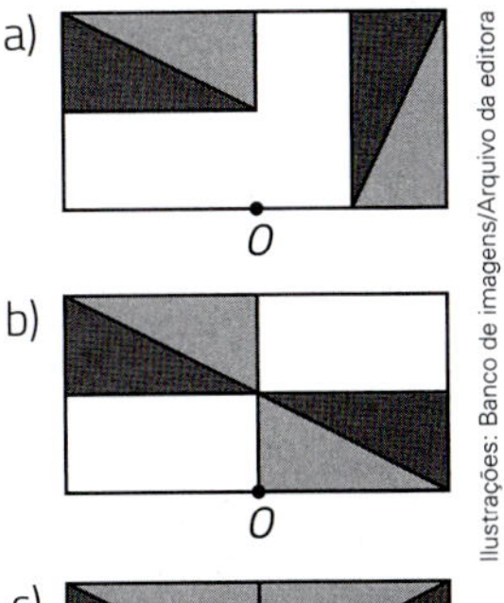

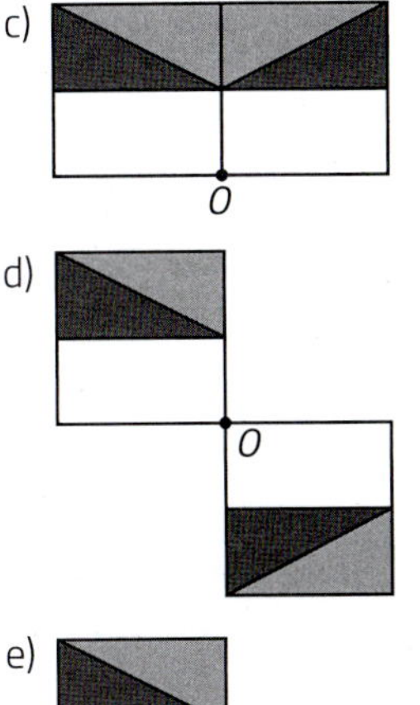

Ilustrações: Banco de imagens/Arquivo da editora

As imagens desta página não estão representadas em proporção.

7 **(Enem)** O polígono que dá forma a essa calçada é invariante por rotações, em torno de seu centro, de:

Reprodução/Enem, 2011

Ladrilho de calçada.

Disponível em: http://www.diaadia.pr.gov.br. Acesso em: 28 abr. 2010. (Foto: Reprodução/Enem)

a) 45°
b) 60°
c) 90°
d) 120°
e) 180°

8 **(Enem)** A imagem apresentada na figura é uma cópia em preto e branco da tela quadrada intitulada *O peixe*, de Marcos Pinto, que foi colocada em uma parede para exposição e fixada nos pontos *A* e *B*.

Por um problema na fixação de um dos pontos, a tela se desprendeu, girando rente à parede. Após o giro, ela ficou posicionada como ilustrado na figura, formando um ângulo de 45° com a linha do horizonte.

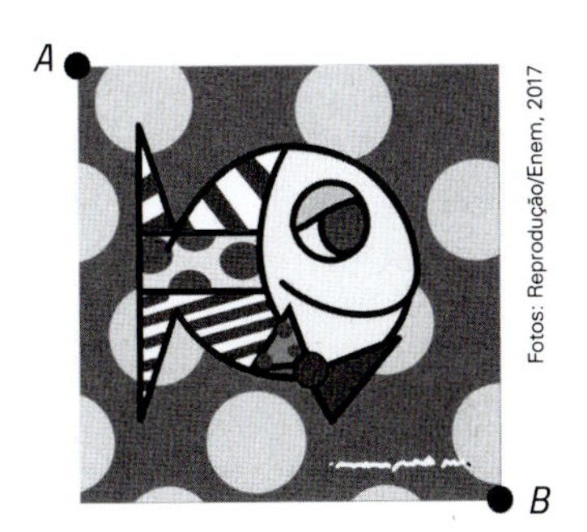

Fotos: Reprodução/Enem, 2017

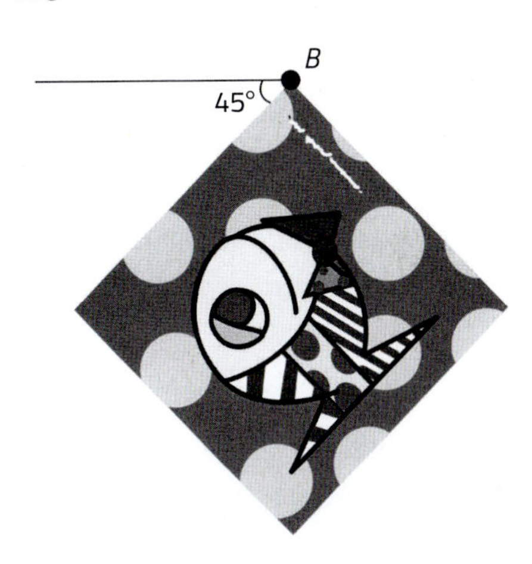

Para recolocar a tela na sua posição original, deve-se girá-la, rente à parede, no menor ângulo possível inferior a 360°.

A forma de recolocar a tela na posição original, obedecendo ao que foi estabelecido, é girando-a em um ângulo de:

a) 90° no sentido horário.
b) 135° no sentido horário.
c) 180° no sentido anti-horário.
d) 270° no sentido anti-horário.
e) 315° no sentido horário.

VERIFIQUE O QUE ESTUDOU

1 › Entre as 9 figuras a seguir, indique 3 assimétricas, 3 simétricas que têm apenas 1 eixo de simetria e 3 simétricas que têm mais de 1 eixo de simetria.

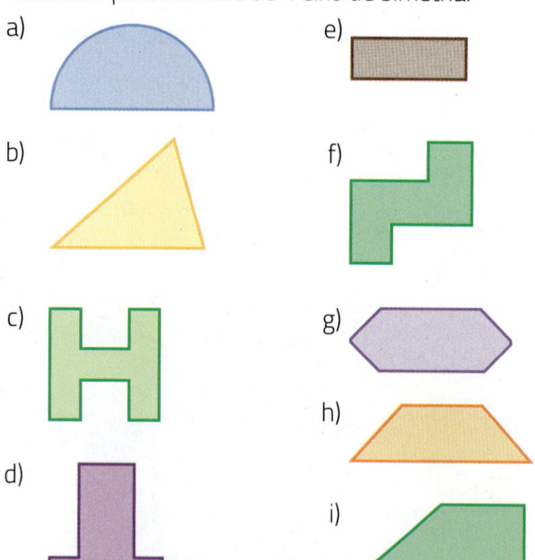

Ilustrações: Banco de imagens/Arquivo da editora

2 › Em qual destas letras a simetria axial não está correta em relação ao eixo dado?

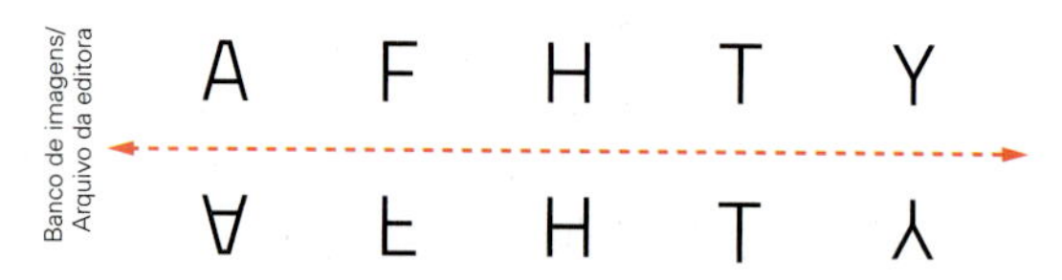

Banco de imagens/Arquivo da editora

3 › Observe estas faixas decorativas.

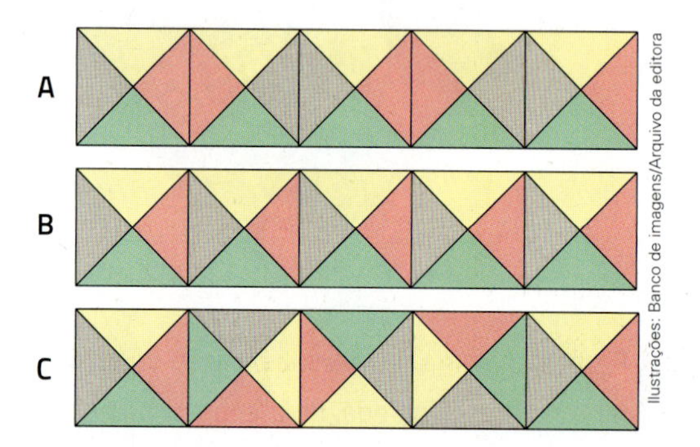

Ilustrações: Banco de imagens/Arquivo da editora

a) Em qual destas faixas está associada a ideia de translação?

b) Em qual delas está associada a ideia de reflexão?

c) Em qual delas está associada a ideia de rotação? De quantos graus?

4 › Copie esta região triangular *ABC* em um plano cartesiano e trace a simétrica dela em relação ao eixo *x* e a simétrica em relação ao eixo *y*.

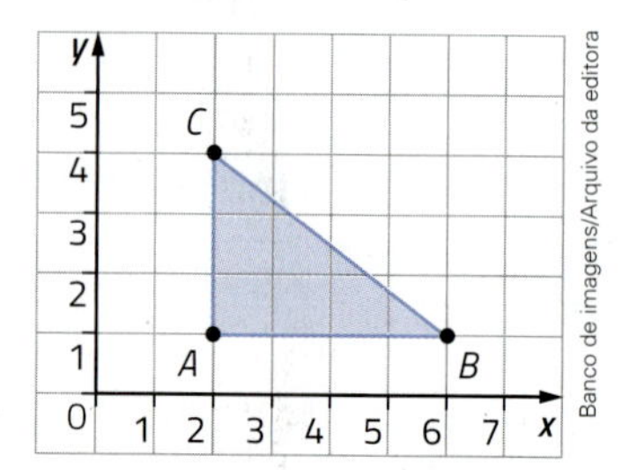

Banco de imagens/Arquivo da editora

5 › Reproduza esta figura *F* em uma malha quadriculada. Depois, construa uma figura *F'* simétrica à *F* em relação ao ponto *O*.

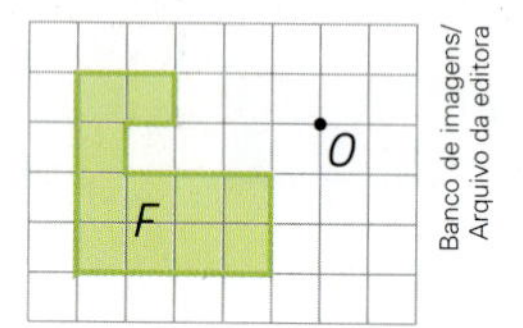

Banco de imagens/Arquivo da editora

6 › O ponto $P(3, 2)$ está assinalado no plano cartesiano. Escreva as coordenadas dos pontos indicados em cada item.

a) Ponto *A*, simétrico de *P* em relação ao eixo *x*.

b) Ponto *B*, simétrico de *P* em relação ao eixo *y*.

c) Ponto *C*, simétrico de *P* em relação ao ponto de encontro dos eixos.

d) Ponto *D*, simétrico de *P* por uma translação de 3 unidades na horizontal, para a esquerda.

Atenção

Retome os assuntos que você estudou neste capítulo. Verifique em quais teve dificuldade e converse com o professor, buscando maneiras de reforçar seu aprendizado.

Autoavaliação

Algumas atitudes e reflexões são fundamentais para melhorar o aprendizado e a convivência na escola. Reflita sobre elas.

- Participei ativamente das atividades de exploração propostas?
- Quando tive dúvidas, procurei a ajuda do professor e dos colegas para saná-las?
- Compreendi cada tipo de simetria estudada?
- Respeitei os colegas e o professor nas atividades coletivas, ouvindo atentamente a opinião de todos?

PARA LER, PENSAR E DIVERTIR-SE

As imagens desta página não estão representadas em proporção.

Ler

Simetria é uma ideia pela qual o ser humano, através dos anos, tem tentado compreender e criar ordem, beleza e perfeição.

Hermann Weyl (1885-1955)

Constate isso examinando e admirando as simetrias aproximadas nestas fotos.

Kichigin/Shutterstock

Floco de neve.

Pasquale Pirro/Shutterstock

Taj Mahal (Índia). Foto de 2018.

Steve Hamblin/Alamy/Fotoarena

Carro DeSoto 1941.

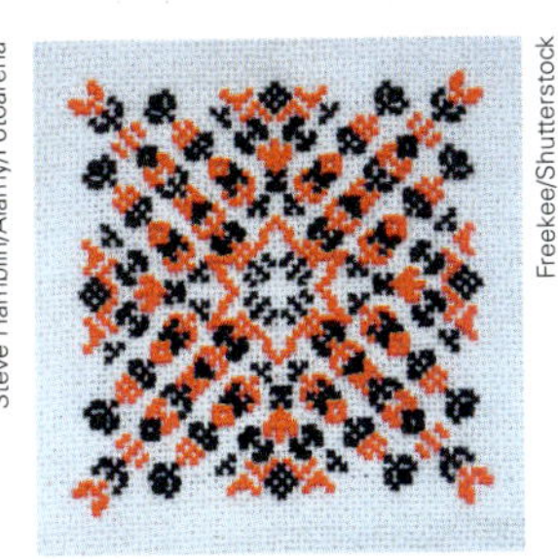

Freekee/Shutterstock

Bordado em ponto-cruz.

Pensar

Existem textos interessantes e que mostram nossa capacidade de associar algarismos a letras. Leia o texto abaixo e veja como é possível essa associação.

3ST3 P3QU3NO T3XTO S3RV3 4P3N4S P4R4 MOSTR4R COMO 4 NOSS4 C4B3Ç4 CONS3GU3 F4Z3R CO1S4S 1MPR3S-S1ON4NT3S! R3P4R3 N1SSO! NO COM3ÇO 3ST4V4 M310 COMPL1C4DO, M4S N3ST4 L1NH4 4 SU4 M3NT3 V41 D3C1FR4NDO O COD1GO QU4S3 4UTOM4T1C4M3NT3, S3M PR3C1S4R P3NS4R MU1TO, C3RTO? POD3 F1C4R B3M ORGULHOSO! 4 SU4 C4P4C1D4D3 M3R3C3! P4R4B3NS!

Divertir-se

Use régua e lápis para completar esta imagem para que ela seja simétrica em relação ao eixo dado. Depois, pinte toda a imagem com as cores que desejar, mantendo a simetria também das cores.

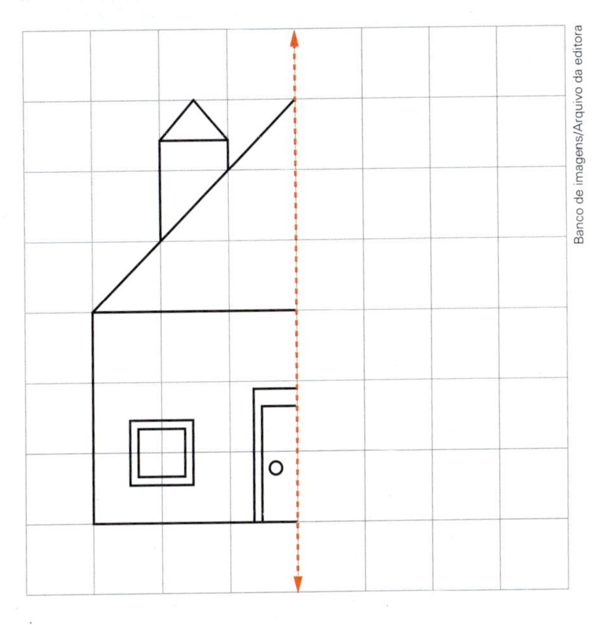

Banco de imagens/Arquivo da editora

CAPÍTULO

7 Proporcionalidade

Rodrigo Pascoal/Arquivo da editora

Vendo o quadro da promoção na papelaria, as crianças tiraram conclusões usando a ideia de **proporcionalidade**. Veja o que elas pensaram.

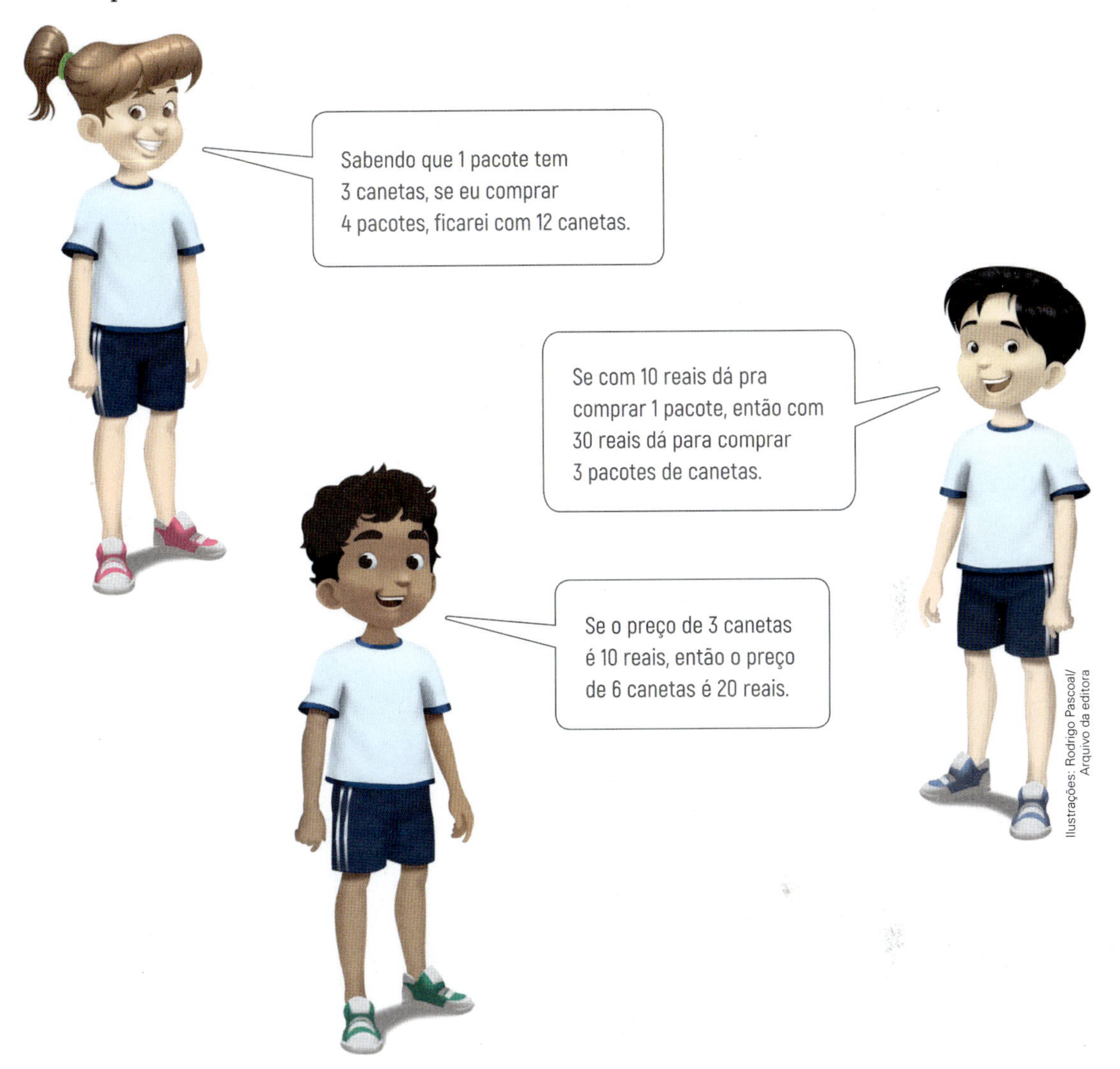

Ilustrações: Rodrigo Pascoal/Arquivo da editora

Neste capítulo vamos estudar o assunto proporcionalidade e muitas aplicações dele.

Converse com os colegas sobre estas questões e registre as respostas.

1. Quantas canetas dá pra comprar com 50 reais?
2. Qual é o preço de 4 pacotes de canetas?
3. Quantos pacotes são necessários para comprar 18 canetas?
4. Ao comprar 8 pacotes de canetas, uma pessoa vai comprar quantas canetas ao todo? E quantos reais vai gastar?

1 As ideias de proporcionalidade e de razão

Joana foi preparar leite usando leite em pó instantâneo. Veja o rótulo da embalagem.

Paulo Manzi/Arquivo da editora

Lata de leite em pó.

Modo de preparo
Para cada copo de água (180 mL), coloque 2 colheres de sopa de leite em pó instantâneo e misture bem.

Para organizar melhor os dados, Joana montou uma tabela indicando a quantidade de colheres de sopa de leite em pó instantâneo necessária para cada quantidade de copos de água.

Neste caso, estamos relacionando a quantidade de copos de água com a quantidade de colheres de sopa de leite em pó. Dizemos que "de 1 para 2" ou "1 em 2" é a **razão** entre a quantidade de copos de água e a quantidade de colheres de sopa de leite em pó.

Preparo do leite

Quantidade de copos de água	Quantidade de colheres de sopa de leite em pó
1	2
2	4
3	6
4	8

Tabela elaborada para fins didáticos.

Indicamos essa razão assim: 1 em 2 ou 1 : 2 ou $\frac{1}{2}$

Observe que, quando dobramos a quantidade de copos de água, a quantidade de colheres de sopa de leite em pó também dobra. Quando triplicamos a quantidade de copos de água, a quantidade de colheres de sopa de leite em pó também triplica. E assim por diante.

Neste caso, dizemos que as grandezas quantidade de copos de água e quantidade de colheres de sopa de leite em pó são **grandezas proporcionais**.

Neste capítulo vamos estudar vários assuntos relacionados às ideias de **proporção** e de **razão**.

Atividades

1 Em uma prova de Matemática, Dora acertou 14 questões e errou 6.

a) Qual é a razão entre o número de acertos e o número de erros de Dora?

b) Qual é a razão entre o número de erros e o número de acertos de Dora?

c) Qual é a razão entre o número de acertos de Dora e o número total de questões?

d) Qual é a razão entre o número de erros de Dora e o número total de questões?

2 Em uma partida de basquete, a equipe de Paulo e de Vítor marcou 80 pontos, dos quais Paulo marcou 16 pontos e Vítor marcou 20 pontos.

a) Qual é a razão (na forma de fração irredutível) entre o número de pontos marcados por Paulo e o número de pontos marcados por Vítor?

b) Qual é a razão (na forma de porcentagem) entre o número de pontos marcados por Vítor e o número de pontos marcados pela equipe?

c) Qual é a razão (na forma decimal) entre o número de pontos marcados por Vítor e o número de pontos marcados por Paulo?

Veja mais este exemplo.

Na turma do 7º ano **A** há 15 meninos e 20 meninas.

Uma das maneiras de comparar esses números é calcular a razão entre eles, estando atento à ordem considerada.

A razão entre o número de meninos e o número de meninas, nessa ordem, é 15 em 20 $\rightarrow \frac{15}{20} = \frac{3}{4}$.

Veja o significado da razão entre 15 e 20 $\left(\text{que é igual a } \frac{3}{4}\right)$, expresso de várias maneiras.

- A razão entre o número de meninos e o número de meninas no 7º **A** é $\frac{3}{4}$.
- No 7º **A**, para cada 3 meninos, há 4 meninas.
- No 7º **A**, o número de meninos corresponde a $\frac{3}{4}$ do número de meninas.
- A razão entre o número de meninos e o número de meninas, no 7º **A**, é de 3 para 4.

A razão entre 2 números racionais *a* e *b*, com $b \neq 0$, é o quociente de *a* por *b* expresso por $a : b$ ou $\frac{a}{b}$ (lemos: *a* está para *b*), ou qualquer outra maneira equivalente.

Assim como calculamos a razão entre 2 números racionais, podemos calcular a razão entre 2 medidas de grandezas.
Por exemplo, a razão entre as medidas de massa 3 g e 5 g é $\frac{3}{5}$.

Por exemplo: A razão entre 9 e 15 é representada por $9 : 15$ ou $\frac{9}{15}$ ou $\frac{3}{5}$ ou 0,6 (pois $3 \div 5 = 0{,}6$) ou 60%.

Atividades

3 Considerando a razão entre o número de meninos e o número de meninas na turma do 7º ano **A**, citada acima, registre.

a) Essa razão escrita na forma decimal.

b) Essa razão escrita na forma de porcentagem.

c) A razão entre o número de meninas e o número de meninos do 7º ano **A** na forma de fração irredutível.

4 Calcule e dê a resposta na forma de fração irredutível. No item **c**, dê também a resposta na forma decimal.

a) A razão entre 12 e 28.

b) A razão entre -16 e -10.

c) A razão entre $1\frac{1}{5}$ e 2.

d) A razão entre 1 e $-0{,}24$.

5 Observe 2 regiões retangulares cujas medidas de comprimento das dimensões estão indicadas.

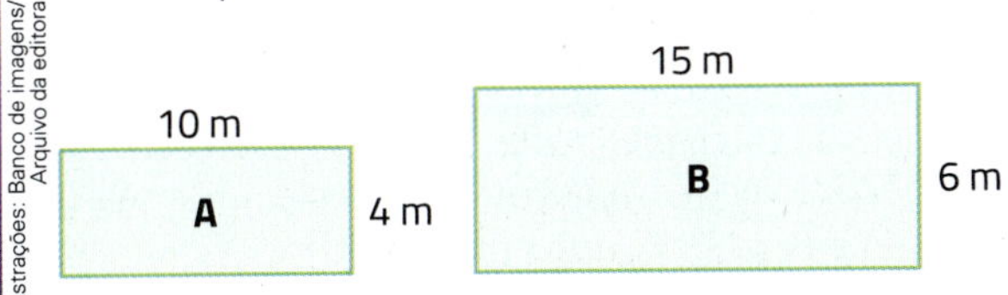

Ilustrações: Banco de imagens/Arquivo da editora

Calcule na forma de fração irredutível:

a) a razão entre as medidas de comprimento da base de **A** e da base de **B**;

b) a razão entre as medidas de comprimento da altura de **A** e da altura de **B**;

c) a razão entre as medidas de perímetro de **A** e de **B**;

d) a razão entre as medidas de área de **A** e de **B**.

6 Observe a figura.

A 2 km B 4 km C 3 km D

Calcule a razão (na forma de fração irredutível) entre as medidas de comprimento de:

a) $\overline{AB}$ e $\overline{BC}$;

b) $\overline{CD}$ e $\overline{BD}$;

c) $\overline{AC}$ e $\overline{CD}$;

d) $\overline{AD}$ e $\overline{AC}$.

7 Escreva a razão, na forma de fração irredutível, entre as grandezas na mesma unidade de medida.

a) 3 meses em 1 ano.

b) 5 minutos em 1 hora.

c) 10 cm em 8 m.

d) 250 g em 2 kg.

e) 30 centavos em 5 reais.

Saiba mais

Existem algumas razões entre grandezas de mesmo tipo ou de tipos diferentes que são conhecidas por nomes especiais.
A **escala** é uma delas. Ela é usada principalmente na elaboração de mapas, plantas baixas e maquetes. A escala é a razão entre uma medida de comprimento no desenho e a medida de comprimento correspondente na realidade.

$$\text{escala} = \frac{\text{medida de comprimento no desenho}}{\text{medida de comprimento real}}$$

No mapa do Brasil ao lado, a escala é de 1 cm para 730 km, isto é, cada 1 cm no mapa corresponde a 730 km (ou 73 000 000 cm) na realidade.

Indicamos essa escala assim: 1 : 73 000 000 ou $\frac{1}{73\,000\,000}$ ou 1 cm : 730 km.

(Lemos: um centímetro para setecentos e trinta quilômetros).

Brasil político

Fonte de consulta: IBGE. *Atlas geográfico escolar*. 7. ed. Rio de Janeiro, 2016.

8 **Conexões.** No mapa do Brasil mostrado no *Saiba mais*, a medida de distância em linha reta entre Porto Alegre e Cuiabá é de 2,3 cm. Como cada centímetro no mapa corresponde a 730 km na realidade, temos que 2,3 cm no mapa correspondem a 2,3 · 730 km = 1679 km na realidade. Assim, a distância real entre Porto Alegre e Cuiabá, em linha reta, mede, aproximadamente, 1 679 km. Sabendo disso, meça as distâncias no mapa do Brasil acima e calcule as medidas de distância reais aproximadas indicadas em cada item.

a) Entre Goiânia e Manaus (em quilômetros).

b) Entre Belo Horizonte e Boa Vista (em quilômetros).

9 Observe a planta de um conjunto de escritórios.

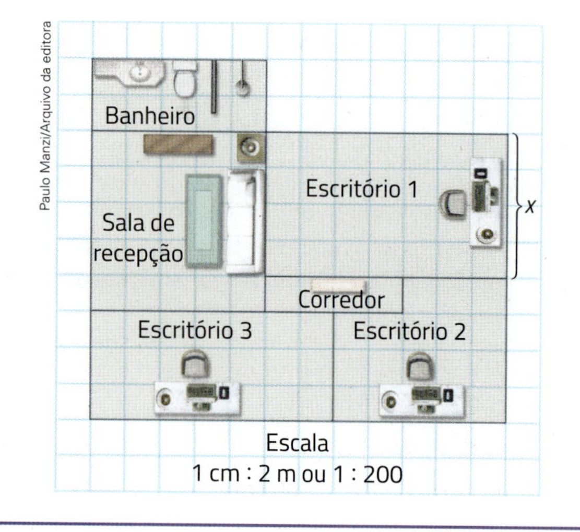

a) Qual é o significado da escala 1 : 200?

b) Qual é a medida de comprimento da largura real (indicada por x) do escritório 1, em metros?

c) Qual é a medida de área do escritório 1, em metros quadrados?

d) Desenhe um cômodo retangular cujas dimensões meçam 6 m por 3,5 m, usando essa escala.

10 Assinale qual destas formas também é correta para indicar a escala 1 cm : 3,5 km.

1 : 3,5

1 : 3 500

1 : 350 000

11 Examine estas legendas de mapas, plantas ou croquis (esboços de desenhos). Indique a escala correspondente a cada uma delas.

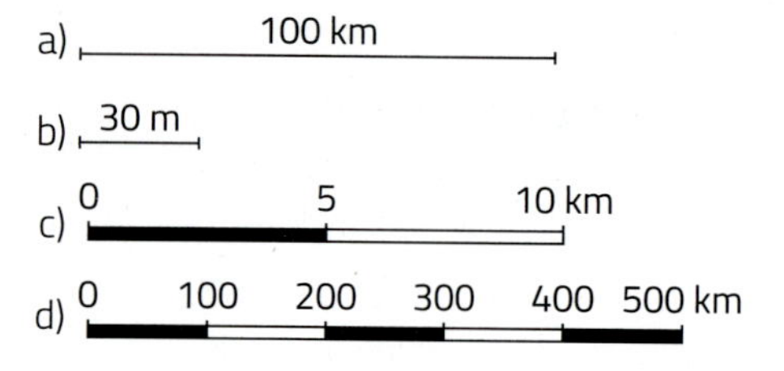

12 Agora, você é o arquiteto. Faça a planta da sala de aula. Utilize a escala 1 : 100.

Porcentagem como razão

Por exemplo, calcular 40% de uma quantidade é o mesmo que calcular $\frac{2}{5}$ dessa mesma quantidade.

40% é a razão entre 40 e 100, ou seja: $\frac{40}{100} = \frac{4}{10} = \frac{2}{5}$

Porcentagem é a razão que tem o 2º termo igual a 100.

Atividades

13 Determine as frações irredutíveis correspondentes às seguintes porcentagens.

a) 75%
b) 90%
c) −20%
d) 160%

14 Relacione cada porcentagem com a razão correspondente.

75%	25%	50%	60%	10%
3 em 5	de 3 para 4	1 : 2	$\frac{1}{4}$	$\frac{1}{10}$

15 Determine a porcentagem correspondente a cada item.

a) $\frac{7}{20}$
b) 0,3
c) 0,28
d) $-\frac{3}{8}$

16 Em um restaurante há 80 fotografias autografadas por artistas e celebridades. Destas, 32 são coloridas. Qual é a porcentagem de fotografias coloridas?

17 Jaime é representante comercial. Ele passa 60% do tempo de trabalho dirigindo um carro. Em 40 horas semanais de trabalho, quantas horas Jaime passa dirigindo?

18 Examine esta figura e considere a região quadrada *ABCD*.

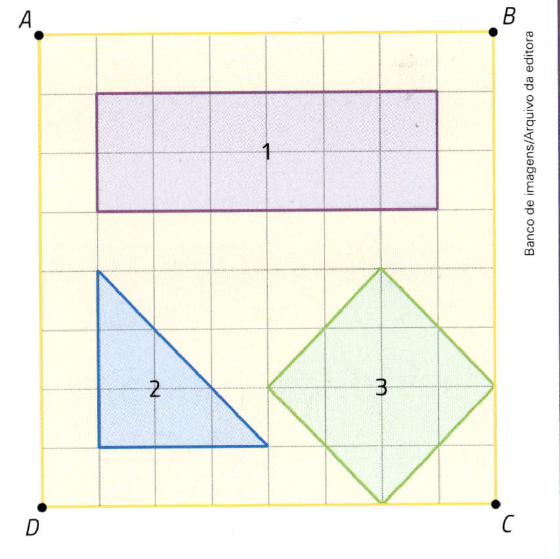

Use calculadora e calcule qual porcentagem dessa região:

a) a região 1 ocupa;
b) a região 2 ocupa;
c) a região 3 ocupa;
d) a região amarela ocupa.

2 Proporções

A ideia de proporção

Explorar e descobrir 

Observe os retângulos representados na malha quadriculada:

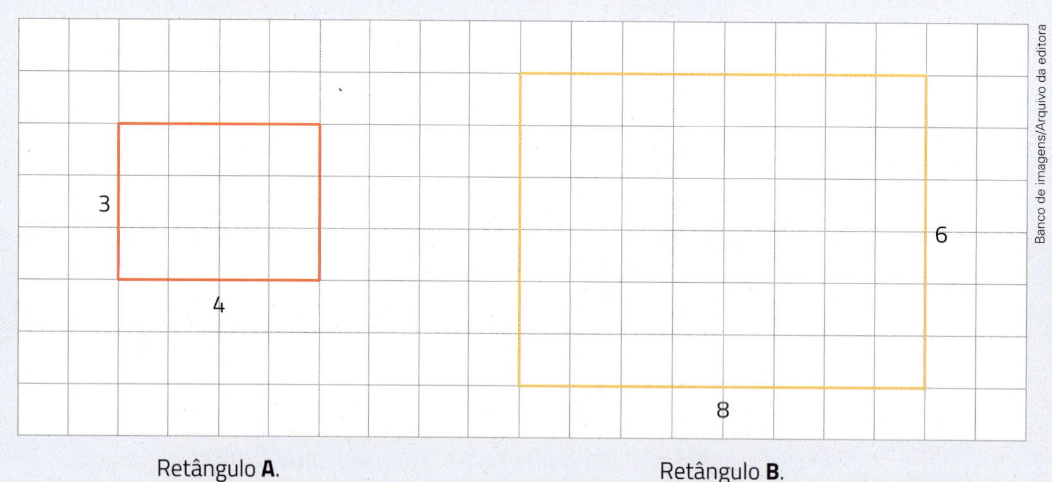

Retângulo **A**. Retângulo **B**.

a) Qual é a razão entre as medidas de comprimento da altura do retângulo **A** e da altura do retângulo **B**?

b) Qual é a razão entre as medidas de comprimento da largura do retângulo **A** e da largura do retângulo **B**?

c) Observe os resultados obtidos nos itens anteriores. O que você pode afirmar?

Definimos **proporção** como a igualdade de 2 razões.

Assim, no *Explorar e descobrir* acima temos a seguinte proporção:

$$\frac{3}{6} = \frac{4}{8}$$

(Lemos: 3 está para 6, assim como 4 está para 8.)

Os números 3, 6, 4 e 8 são chamados de **termos** da proporção. O primeiro e o último termos (3 e 8, neste caso) são os **extremos** da proporção, e os outros 2 termos (6 e 4, neste caso) são os **meios** da proporção.

Propriedade fundamental das proporções

Observe o que ocorre com estas proporções.

$$\frac{3}{6} \times \frac{4}{8} \rightarrow \underbrace{3 \cdot 8}_{24} = \underbrace{6 \cdot 4}_{24}$$

$$\frac{3}{7} \times \frac{6}{14} \rightarrow \underbrace{3 \cdot 14}_{42} = \underbrace{7 \cdot 6}_{42}$$

Os matemáticos já provaram que o que ocorreu com essas proporções ocorre com todas as proporções. Portanto, podemos escrever:

Em toda proporção, o produto dos extremos é igual ao produto dos meios.

Assim, se $\frac{a}{b} = \frac{c}{d}$ é uma proporção, então $a \cdot d = b \cdot c$.

Atividades

19 ▸ Calcule a razão entre os números dos itens, nesta ordem:

a) 21 e 14.
b) 15 e 12.
c) 18 e 12.
d) 20 e 8.

20 ▸ Na atividade anterior, 2 das razões formam uma proporção. Quais são elas? Indique essa proporção simbolicamente e depois escreva como se lê.

21 ▸ Complete as igualdades para formar proporções.

a) $\frac{2}{5} = \frac{\square}{25}$

b) $\frac{4}{\square} = \frac{6}{9}$

c) $\frac{5}{7} = \frac{10}{\square}$

d) $\frac{0,5}{2} = \frac{\square}{20}$

e) $\frac{\square}{5} = \frac{4}{2,5}$

f) $\frac{12}{\square} = \frac{21}{175}$

22 ▸ Observe os dados na tabela.

Cor predileta de 100 alunos

Cor	Número de alunos
Azul	50
Vermelho	30
Verde	20

Tabela elaborada para fins didáticos.

a) Em 100 alunos, 30 preferem o vermelho. Se em outro grupo, de 200 alunos, 60 disserem que preferem o vermelho, teremos uma proporção? Explique.

b) Em 100 alunos, 20 preferem o verde. Mantida essa proporção, em 300 alunos quantos dirão que preferem o verde?

23 ▸ Indique se as razões formam ou não uma proporção colocando = ou ≠ no lugar de cada $\square$.

a) $\frac{6}{9} \square \frac{4}{6}$

b) $\frac{12}{10} \square \frac{18}{15}$

c) $\frac{5}{4} \square -\frac{7}{6}$

d) $\frac{10}{20} \square \frac{-3}{-6}$

e) $\frac{4}{12} \square \frac{5}{20}$

f) $\frac{9}{12} \square \frac{3}{4}$

24 ▸ Escreva uma proporção usando os números 20, 5, 4 e 25 e justifique que é uma proporção pela propriedade fundamental.

25 ▸ Marcio e Larissa tiveram o mesmo aproveitamento em um concurso de perguntas e respostas. Márcio respondeu a 30 questões e acertou 24. Larissa respondeu a 35 questões. Quantas questões Larissa acertou?

26 ▸ Em uma gaveta há garfos e facas na razão de 3 para 5. Sabendo que são 12 garfos, quantas facas há na gaveta?

27 ▸ As razões $\frac{4}{7}$ e $\frac{3}{5}$ formam uma proporção? Explique.

28 ▸ Em uma sorveteria, de cada 10 sorvetes vendidos, 6 são de chocolate. Em certo dia foram vendidos 200 sorvetes. Quantos sorvetes de chocolate foram vendidos?

29 ▸ **Desafio. (Fuvest-SP)** O retângulo de dimensões a e b está decomposto em quadrados. Qual o valor da razão $\frac{a}{b}$?

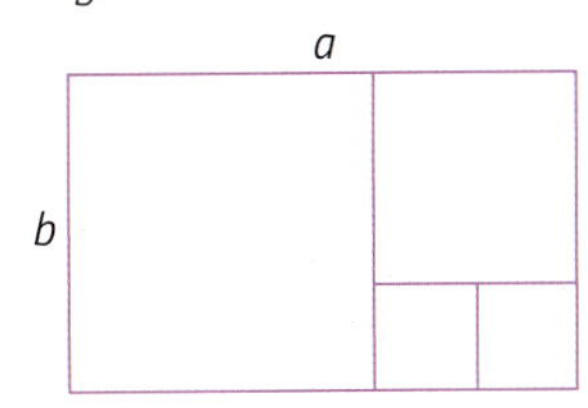

Banco de imagens/Arquivo da editora

a) $\frac{5}{3}$

b) $\frac{2}{3}$

c) 2

d) $\frac{3}{2}$

e) $\frac{1}{2}$

30 ▸ Identifique quais dos retângulos a seguir têm medidas das dimensões proporcionais às medidas das dimensões do retângulo da atividade anterior e justifique.

a)

b)

c)

Ilustrações: Banco de imagens/Arquivo da editora

Proporcionalidade entre grandezas

Thiago Neumann/ Arquivo da editora

Você lembra o que é grandeza?
Grandeza é tudo o que pode ser medido ou contado. Comprimento, intervalo de tempo, temperatura, massa, população e valor monetário são exemplos de grandezas.

As imagens desta página não estão representadas em proporção.

Grandezas diretamente proporcionais

Raimunda é costureira e está fazendo bermudas encomendadas por uma loja. Ela fez 2 bermudas com um tecido com medida de comprimento de 1,40 m. Agora ela quer saber de quantos metros de tecido ela precisa para fazer 6 bermudas. Veja o raciocínio de Roberta, a filha dela.

Thiago Neumann/ Arquivo da editora

Se para fazer 2 bermudas, minha mãe gasta 1,40 m de tecido, então, como 6 é o triplo de 2, ela gastará o triplo de 1,40 m, pois $3 \times 1{,}40 = 4{,}20$.

Monty Rakusen/Getty Images

Costureira cortando tecido.

Em casos como esse, dizemos que as grandezas são **diretamente proporcionais**, ou apenas que são **proporcionais**.
Quando o valor de uma grandeza dobra, triplica ou é reduzido à metade, o valor da outra grandeza, que é diretamente proporcional a ela, também dobra, triplica ou é reduzido à metade.

Então, as grandezas número de bermudas e comprimento do tecido dessa situação são diretamente proporcionais.

Atividades

31 Para fazer 12 bermudas, Raimunda precisa de quantos metros de tecido? (Observe que 12 é o dobro de 6.)

32 Para percorrer 310 km, o carro de Afonso gastou 25 L de gasolina. Nas mesmas condições, Afonso quer saber quantos quilômetros o carro dele percorrerá com 50 L. Calcule e justifique.

33 Maria está vendendo na feira saquinhos com 3 maçãs ao preço de R$ 5,00. Antônio é dono de uma confeitaria e vai precisar de 30 maçãs para fazer algumas tortas.
Quanto Antônio vai gastar comprando de Maria as maçãs de que necessita?

Grandezas inversamente proporcionais

As imagens desta página não estão representadas em proporção.

Imagine um percurso feito de 3 maneiras diferentes: de bicicleta, de moto e de carro.

Scott Markewitz/Photographer's Choice RF/Getty Images

Pessoa andando de bicicleta.

Com a medida de velocidade média de 15 km/h, João gastou 120 min para completar o percurso.

Sara Zinelli/Photographer's Choice/Getty Images

Pessoa andando de moto.

Com a medida de velocidade média de 30 km/h, Maurício gastou 60 min para completar o mesmo percurso.

Roy Ooms/All Canada Photos/Getty Images

Pessoa andando de carro.

Com a medida de velocidade média de 90 km/h, Luciana gastou 20 min para completar o mesmo percurso.

Observe que o veículo com **medida de velocidade menor** gastou **intervalo de tempo maior**. A velocidade e o intervalo de tempo não são grandezas diretamente proporcionais, pois, quando a medida de velocidade dobrou de 15 km/h para 30 km/h, a medida de intervalo de tempo não dobrou, foi reduzida à metade, pois passou de 120 minutos para 60 minutos.

Observe os valores dessa situação.

Percurso de João, Maurício e Luciana

Medida de velocidade (em km/h)	Medida de intervalo de tempo (em min)
15	120
30	60
90	20

(Velocidade: 15 → 30: × 2; 30 → 90: × 3; 15 → 90: × 6. Tempo: 120 → 60: ÷ 2; 60 → 20: ÷ 3; 120 → 20: ÷ 6.)

Tabela elaborada para fins didáticos.

Em casos como esse, dizemos que as grandezas são **inversamente proporcionais**.
Quando o valor de uma grandeza é multiplicado por um número, o valor da outra grandeza, que é inversamente proporcional a ela, é dividido pelo mesmo número.

Então, as grandezas velocidade e intervalo de tempo dessa situação são inversamente proporcionais.

Atividades

34 Considere o percurso de João, Maurício e Luciana.

a) Qual seria o tempo necessário para percorrer esse percurso se a medida de velocidade média fosse de 45 km/h?

b) Qual deve ser a medida de velocidade para percorrer o percurso em 30 minutos?

c) Paulo vai participar de uma maratona e está em fase de treinamento. Quanto tempo ele gastará para percorrer esse percurso correndo com medida de velocidade média de 12 km/h?

35 Uma torneira que despeja 15 litros de água por minuto enche uma piscina em 2 horas.

a) As grandezas indicadas em litros por minuto e em horas são diretamente proporcionais ou inversamente proporcionais? Justifique.

b) Se essa torneira despejasse 30 litros de água por minuto, então em quanto tempo encheria essa mesma piscina?

Situações de não proporcionalidade

Às vezes, observamos situações nas quais não há proporcionalidade entre as grandezas, como neste exemplo: Os pais de Aline registraram a medida de comprimento da altura da filha aos 5, aos 10 e aos 15 anos. Observe.

Paul Thomas/The Image Bank/Getty Images

Mãe medindo a altura da filha.

Idade e medida de comprimento da altura de Aline

Idade (em anos)	5	10	15
Medida de comprimento da altura (em metros)	1,06	1,59	1,63

Tabela elaborada para fins didáticos.

Quando a **idade dobra** de 5 para 10 anos, a **medida de comprimento da altura não dobra** (de 1,06 m para 2,12 m), **nem reduz à metade** (de 1,06 m para 0,53 m).

Em casos como esses, dizemos que as grandezas **não são proporcionais.**

Atividade

36 Gilson e Marta estão brincando com um jogo de perguntas e respostas. Um pergunta e o outro diz como são as 2 grandezas envolvidas e depois responde à questão. Veja os exemplos.

I. Para fazer 2 bolos, gastei 6 ovos. Quantos ovos gastarei para fazer 4 bolos do mesmo tipo? → Grandezas diretamente proporcionais. 12 ovos ($2 \times 2 = 4$ e $6 \times 2 = 12$).

II. Jogando 2 dados, eu fiz 7 pontos. Quantos pontos eu farei se jogar 4 dados? → As grandezas não são proporcionais. Não dá para saber a quantidade de pontos a ser obtida.

III. A ração que José tem é suficiente para alimentar igualmente 4 cachorros por 3 dias. Se fossem 2 cachorros e fosse mantida a quantidade de ração por cachorro, então a ração seria suficiente para quantos dias? → Grandezas inversamente proporcionais. 6 dias ($4 \div 2 = 2$ e $3 \times 2 = 6$).

Agora, você calcula mentalmente, responde e escreve como são as grandezas. Em seguida, confere com os colegas.

a) A duração das músicas de 2 faixas de um CD é de 6 minutos. Como o CD tem 10 faixas, qual é a duração total?

b) Uma impressora imprime 50 folhas em 3 minutos. Quantos minutos ela gastará para imprimir 500 folhas mantendo o mesmo ritmo ?

c) Se 3 caixas de creme dental custam R$ 8,00, então qual é o preço de 6 caixas iguais a essas?

d) Se Marta ler 8 páginas por hora, ela lerá um livro de contos em 12 horas. Se ela ler 16 páginas por hora, então em quantas horas ela lerá esse livro?

e) Nos 5 primeiros dias de janeiro, choveu em 3 dias. Em quantos dias choveu nos 10 primeiros dias de janeiro?

f) Para encher um tanque são necessárias 30 vasilhas com medida de capacidade de 6 L cada uma. Se forem usadas vasilhas com medida de capacidade de 3 L cada uma, então quantas vasilhas serão necessárias?

g) Se dobrarmos a medida de comprimento do lado de uma região quadrada, então qual será a medida de área dela?

Coeficiente de proporcionalidade

Vamos usar as situações de grandezas diretamente proporcionais da atividade 36 da página anterior para descobrir propriedades importantes. No item **I**, vimos que foram necessários 6 ovos para fazer 2 bolos e que foram necessários 12 ovos para fazer 4 bolos. Portanto, essas grandezas são diretamente proporcionais.

Bolo e ovos.

As imagens desta página não estão representadas em proporção.

Preparação de bolos

Número de bolos	Número de ovos
2	6
4	12

$\times 2$ (bolos) $\times 2$ (ovos)

Tabela elaborada para fins didáticos.

As razões entre os valores correspondentes das 2 grandezas formam uma proporção: $\frac{2}{6} = \frac{4}{12}$

Simplificando $\frac{2}{6}$ e $\frac{4}{12}$, obtemos $\frac{1}{3}$.

> $\frac{1}{3}$ é a **razão de proporcionalidade** ou o **coeficiente de proporcionalidade** das grandezas número de bolos e número de ovos.

Observe que também são iguais as razões entre os valores das 2 grandezas, mantidas as correspondências:

$$\frac{2}{4} = \frac{6}{12}$$

Atividades

37 Comprove todos esses fatos nas situações dos itens **b** e **c** da atividade 36, que têm grandezas diretamente proporcionais. Em cada uma, escreva qual é o coeficiente de proporcionalidade.

38 Agora, vamos fazer a mesma análise nas situações com grandezas inversamente proporcionais. Veja a situação do item **III** da atividade 36.

Consumo de ração

Número de cachorros	Número de dias
4	3
2	6

$\div 2$ (cachorros) $\times 2$ (dias)

Tabela elaborada para fins didáticos.

Os produtos dos valores correspondentes das 2 grandezas são iguais: $4 \times 3 = 2 \times 6 = 12$. O número 12 é coeficiente de proporcionalidade dessas grandezas.

Uma proporção pode ser formada pela razão entre os valores de uma grandeza e a razão inversa entre os valores correspondentes da outra. Por exemplo:

$$\frac{4}{2} = \frac{6}{3} \text{ ou } \frac{2}{4} = \frac{3}{6}$$

Comprove esses mesmos fatos nas situações dos itens **d** e **f** da atividade 36, que têm grandezas inversamente proporcionais.

39 Calcule o valor de x, sabendo que 6 e x são valores correspondentes a 2 grandezas diretamente proporcionais e que o coeficiente de proporcionalidade delas, nessa ordem, é $1\frac{2}{3}$.

CONEXÕES

As imagens desta página não estão representadas em proporção.

A proporção na Arte – Antiguidade e Renascimento

Na Grécia antiga, o período que vai do século V a.C. ao século IV a.C. é conhecido como Período Clássico. Nesse momento histórico, a arte grega se caracterizou principalmente pela busca de equilíbrio, harmonia e beleza. Na escultura clássica, artistas como Fídias (c. 490 a.C.-432 a.C.) e Policleto (480 a.C.-420 a.C.) buscavam as proporções ideais do corpo humano.

Em meados do século V a.C., Policleto escreveu um tratado, o *Cânone* (regra), no qual descreve a própria concepção a respeito das proporções matemáticas ideais do corpo humano. A escultura *Doríforo* (do grego *Doryphóros*, que significa 'portador de lança') ilustra essas teorias. Para Policleto, um dos princípios da proporção ideal era que a medida de comprimento da altura do corpo humano deveria corresponder a 7 vezes a medida de comprimento da altura da cabeça.

A preocupação em representar as proporções ideais do corpo humano aparece também no Renascimento (aproximadamente entre fins do século XIII e meados do século XVII), período da história da Europa marcado por transformações que mostram o fim da Idade Média e o início da Idade Moderna e caracterizado por grandes mudanças na Arte, na Filosofia e nas ciências.

O Renascimento se destacou por uma retomada do pensamento e da Arte da Antiguidade clássica e pela valorização do ser humano como centro do Universo. Artistas como Leonardo da Vinci (1452-1519), Michelangelo Buonarotti (1475-1564) e Rafael Sanzio (1483-1520) criaram obras de grande rigor na proporção das formas, buscando transmitir beleza e harmonia.

O *Homem vitruviano* é um desenho de Leonardo da Vinci, feito por volta de 1490. A obra representa uma figura masculina, em 2 posições sobrepostas de braços e pernas estendidos, desenhada dentro de uma circunferência e de um quadrado. Trata-se de um estudo das proporções do corpo humano, com base no tratado *De architectura*, do arquiteto romano Marcus Vitruvius Pollio (90 a.C.-20 a.C.), segundo o qual os edifícios deveriam se basear na simetria e na proporção da figura humana. De acordo com Vitruvius, o corpo humano, com braços e pernas estendidos, deveria se ajustar perfeitamente à circunferência e ao quadrado.

Fontes de consulta: UOL. *Disciplinas*. Disponível em: <https://educacao.uol.com.br/disciplinas/artes/arte-na-grecia-antiga-3-periodo-classico-490-80-ac-a-330-20-ac.htm>; KOTHE, Flávio R. *Vitrúvio Revisto*. Disponível em: <http://periodicos.unb.br/index.php/esteticaesemiotica/article/viewFile/19609/13956>. Acesso em: 15 out. 2018.

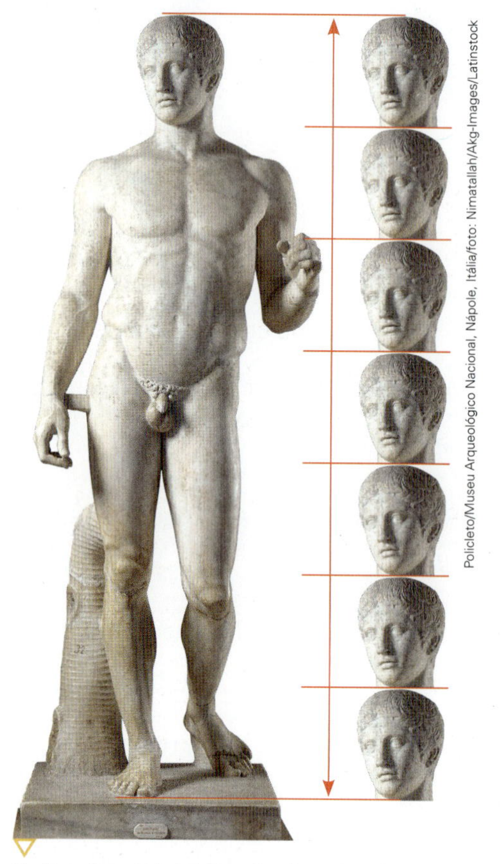

Policleto/Museu Arqueológico Nacional, Nápole, Itália/foto: Nimatallah/Akg-Images/Latinstock

Doríforo. 440 a.C. Polykleitos. Escultura de mármore, 2,12 m de altura.

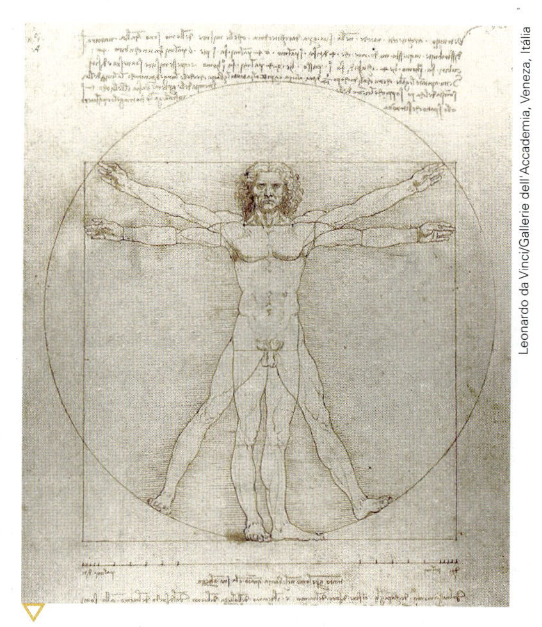

Leonardo da Vinci/Gallerie dell'Accademia, Veneza, Itália

Homem vitruviano. c. 1490. Leonardo da Vinci. Desenho com lápis e tinta no papel branco, 34,4 cm × 24,5 cm.

3 Regra de 3 simples

Acompanhe as situações.

- Uma barra de cano com medida de comprimento de 6 m tem medida de massa de 10 kg. Qual é a medida de massa de uma barra de medida de comprimento de 9 m desse mesmo tipo de cano?

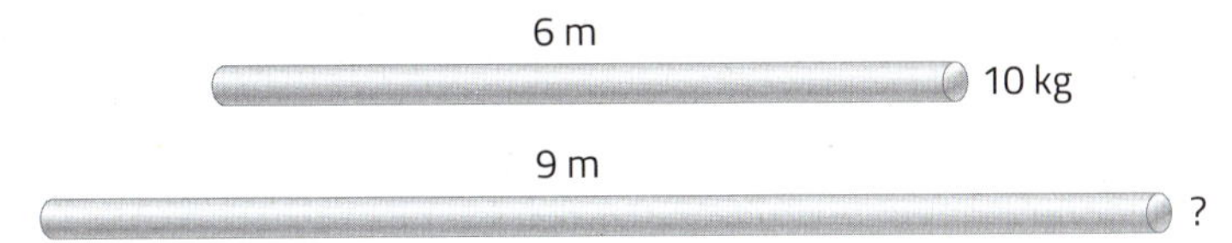

Banco de imagens/Arquivo da editora

Essa é uma situação de **proporcionalidade direta**, pois, dobrando a medida de comprimento da barra, a medida de massa dobra; triplicando a medida de comprimento, a medida de massa triplica; e assim por diante.

Observe como organizamos as informações e estabelecemos uma proporção que permite o cálculo da medida procurada.

Esse número que precisamos descobrir é chamado de **quarta proporcional**. Ele recebe esse nome pois já temos 3 números e precisamos descobrir o quarto.
O procedimento usado na resolução dessa situação é conhecido por **regra de 3 simples**, pois se deseja determinar um número conhecendo-se 3 outros.

Thiago Neumann/Arquivo da editora

Medidas do cano

Medida de comprimento (em m)	Medida de massa (em kg)
6	10
9	x

Tabela elaborada para fins didáticos.

Como as grandezas são diretamente proporcionais, podemos escrever:

$$\frac{6}{10} = \frac{9}{x} \text{ ou } \frac{6}{9} = \frac{10}{x}$$

Assim:

$$6 \cdot x = 9 \cdot 10 \Rightarrow 6x = 90 \Rightarrow x = \frac{90}{6} = 15$$

Logo, uma barra de medida de comprimento de 9 m tem medida de massa de 15 kg.

- Com 4 pedreiros trabalhando, a reforma de uma casa é realizada em 15 dias. Em quantos dias 6 pedreiros realizariam a mesma reforma trabalhando no mesmo ritmo?

Essa é uma situação de **proporcionalidade inversa**, pois, dobrando o número de pedreiros, o intervalo de tempo cai pela metade; triplicando o número de pedreiros, o intervalo de tempo é reduzido à terça parte; e assim por diante.

Reforma da casa

Número de pedreiros	Medida de intervalo de tempo (em dias)
4	15
6	x

Tabela elaborada para fins didáticos.

Como as grandezas são inversamente proporcionais, invertemos a razão $\frac{4}{6}$ e escrevemos:

$$\frac{6}{4} = \frac{15}{x}$$

Assim:

$$6 \cdot x = 4 \cdot 15 \Rightarrow 6x = 60 \Rightarrow x = \frac{60}{6} = 10$$

Logo, 6 pedreiros realizariam a reforma em 10 dias.

Atividades

Agora que você já estudou regra de 3 simples, resolva algumas situações-problema usando esse importante conceito. Esteja sempre atento em relação às grandezas: se são direta ou inversamente proporcionais.

40 Usando regra de 3 simples, resolva os itens.

a) Em um relógio, enquanto o ponteiro das horas faz um giro com medida de abertura de 30°, o dos minutos gira 360°. Qual é a medida de abertura do giro do ponteiro das horas quando o ponteiro dos minutos gira 60°?

b) Em 3 dias, foram construídos $\frac{6}{10}$ do comprimento de um muro. Supondo que o trabalho continue a ser feito no mesmo ritmo, em quantos dias o muro estará pronto?

c) Se, com 40 quilogramas de laranja, é possível fazer 24 litros de suco, então quantos litros de suco serão obtidos com 30 quilogramas de laranja?

d) Com velocidade medindo 9 km/h, Luís faz uma caminhada em 40 min. Se a medida de velocidade dele fosse de 6 km/h, então quantos minutos seriam necessários para que ele concluísse essa caminhada?

e) Para um evento na escola, um grupo de 15 alunos fez certo número de bandeirinhas em 6 horas. Em quantas horas um grupo de 20 alunos, trabalhando no mesmo ritmo, faria o mesmo número de bandeirinhas?

41 Em 4 horas, Ulisses leu 60 páginas de um livro de poemas. No mesmo ritmo, quantas páginas ele lerá em 6 horas?

42 Guardando R$ 18,00 por mês, Gilberto conseguiu juntar certa quantia em 10 meses. Para obter essa mesma quantia em 8 meses, quanto ele deveria ter guardado por mês?

43 Luísa e Brenda tiveram o mesmo aproveitamento em uma partida de handebol. Luísa arremessou 20 bolas ao gol e acertou 12. Brenda arremessou 25 bolas. Quantos arremessos ela acertou?

44 Com 6 folhas de papel de seda, Ademir fez 8 pipas iguais. Quantas pipas iguais a essas ele pode fazer com 9 folhas de papel de seda?

45 Lucimar tem uma corda para varal e vai dividi-la em pedaços, todos com a mesma medida de comprimento. Se cada pedaço tiver 4 metros de medida de comprimento, então ele obterá 18 pedaços. Se cada pedaço tiver 6 metros de medida de comprimento, então quantos pedaços ele obterá?

46 A ração que Álvaro comprou é suficiente para alimentar 2 gatos durante 9 dias, e cada gato come a mesma quantidade de ração. Se fossem 3 gatos, mantendo a quantidade de ração por gato, então a ração seria suficiente para quantos dias?

47 Cíntia viu em um mercado uma promoção de "Leve 5 e pague 4".

Complete a tabela de acordo com essa promoção.

As imagens desta página não estão representadas em proporção.

Copos na promoção

Número de copos			
Preço (em R$)	2,67		

Margrit Hirsch/Shutterstock

Tabela elaborada para fins didáticos.

48 Uma torneira enche um tanque em 4 horas e um ralo o esvazia em 6 horas. Estando o tanque completamente vazio e abrindo simultaneamente a torneira e o ralo, em quanto tempo esse tanque ficará cheio?

49 Alfredo colocou lajotas no piso do banheiro, que mede 4 m por 4 m de comprimento, e gastou R$ 100,00. Agora, ele quer colocar o mesmo tipo de lajota na cozinha, que mede 5 m por 6 m de comprimento. Quanto Alfredo gastará na compra das lajotas?

50 O pintor Peterson gastou uma lata com 2 L de tinta para pintar uma parede de medida de área de 28 m^2.

a) Quantos metros quadrados Peterson pintará com 3 L de tinta?

b) De quantos litros de tinta ele precisará para pintar uma parede de medida de área de 70 m^2?

51 Resolva esta situação de 2 maneiras diferentes, 1 delas por regra de 3.

Se a medida de comprimento da altura do poste é de 14 m, então qual é a medida de comprimento da altura da árvore?

Paulo Manzi/Arquivo da editora

52 Temos que 3 torneiras iguais enchem uma caixa-d'água em 3 horas. Então 2 torneiras iguais a essas enchem a mesma caixa-d'água em quantas horas?

53 **Conexões.** Tales de Mileto foi um importante filósofo, astrônomo e matemático grego. Ele usou conhecimentos de Geometria e de proporcionalidade para determinar a medida de comprimento da altura de uma pirâmide. Tales observou que os raios solares que chegavam à Terra estavam na posição inclinada e eram paralelos; dessa maneira, concluiu que havia uma proporcionalidade entre as medidas de comprimento da sombra e da altura dos objetos.

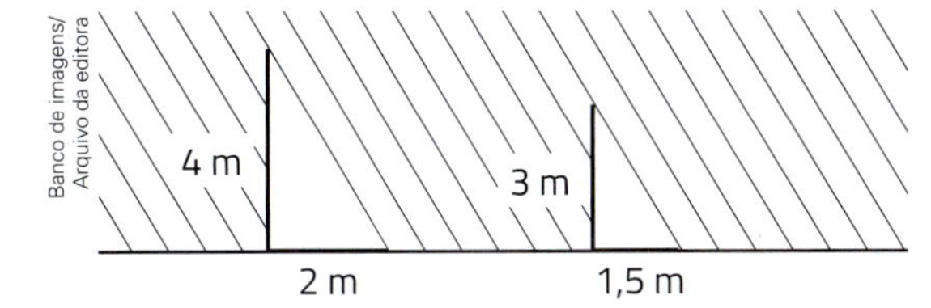

Banco de imagens/Arquivo da editora

Usando esse esquema, Tales conseguiu medir o comprimento da altura de uma pirâmide observando a medida de comprimento da sombra dela. Para isso, fincou uma estaca na areia, mediu o comprimento das sombras respectivas da pirâmide e da estaca em determinada hora do dia e estabeleceu a proporção. A pirâmide de Quéops tem medida de atura de, aproximadamente, 146 m. Suponha que em determinada hora do dia ela projetasse uma sombra com medida de comprimento de 10 m e, para medi-la, Tales fincasse no solo uma estaca que projetasse uma sombra com medida de comprimento de 20 cm. Qual seria a medida de comprimento da altura da parte visível da estaca?

54 A professora queria saber qual equipe da turma descobriria a maneira mais fácil para medir o comprimento da altura de um prédio.

Veja o que propôs a equipe de Alberto: subir em uma escada de bombeiro e medir com uma régua.

A equipe de Rogério não achou esse procedimento nada prático e sugeriu efetuar algumas medidas e usar proporcionalidade. Em um dia de sol, no mesmo instante e no mesmo lugar, eles deveriam medir:

- o comprimento do cabo de uma vassoura;
- o comprimento da sombra da vassoura quando ela é colocada verticalmente apoiada no chão;
- o comprimento da sombra do prédio.

Paulo Manzi/Arquivo da editora

Se os valores obtidos nessas medições forem 1,5 m, 1,2 m e 21 m, respectivamente, então qual é a medida de comprimento da altura do prédio?

55 **Porcentagem de números usando regra de 3.** Observe o que Ariane, Tadeu e João fizeram para calcular o valor de 60% de 35.

Ariane

$60\% = \frac{60}{100} = \frac{3}{5}$

$\frac{3}{5}$ de $35 = 21$, pois $35 \div 5 = 7$ e $3 \times 7 = 21$.

Logo, 60% de 35 = 21.

Tadeu

$60\% = \frac{60}{100} = 0{,}60 = 0{,}6$

$0{,}6$ de $35 = 0{,}6 \cdot 35 = 21$

Logo, 60% de 35 = 21.

João

$\frac{60}{100} = \frac{x}{35}$

$100x = 60 \cdot 35 \Rightarrow 100x = 2100 \Rightarrow x = \frac{2100}{100} = 21$

Logo, 60% de 35 = 21.

Converse com um colega sobre qual dos métodos está correto. Depois, use um deles para calcular o valor de 30% de 240.

56 Use o processo que julgar mais conveniente para completar as igualdades com os números corretos.

a) 35% de 120 crianças = ________ crianças

b) 25% de ________ °C = −17 °C

c) ________ % de 90 livros = 63 livros

d) 40% de R$ 723,00 = R$ ________

e) 75% de R$ ________ = R$ 1800,00

f) ________ % de −R$ 8,00 = −R$ 0,32

Saiba mais

Cerca de 75% da massa de uma pessoa é constituída por água. Assim, se uma pessoa tem medida de massa de 80 kg, então ela tem 60 kg de água, pois 75% de 80 é igual a 60.

57 Em uma eleição de uma pequena cidade, votaram 3 780 eleitores, que correspondem a 90% do número de habitantes da população votante.

a) Qual era o número de eleitores que podiam votar?

b) Quantos eleitores deixaram de votar?

4 Outras atividades e problemas que envolvem proporcionalidade

Atividades

Saiba mais

Além das grandezas já estudadas, existem outras grandezas especiais; a velocidade média e a densidade demográfica são exemplos disso.

A medida de **velocidade média** é a razão entre a medida de distância percorrida e a medida de intervalo de tempo gasto. Ou seja, se um automóvel percorre 240 quilômetros em 3 horas, então a medida de velocidade média desse veículo, em quilômetros por hora, é calculada pela razão entre 240 e 3.

$\frac{240}{3} = \frac{80}{1} = 80 \rightarrow 80$ km/h (Lemos: 80 quilômetros por hora.)

Já o valor da **densidade demográfica** de uma região é a razão entre o número de habitantes dessa região e a medida de área dela.

Por exemplo, se um município tem população de 12 000 habitantes e medida de área de 150 km², então o valor da densidade demográfica desse município é de 80 habitantes por quilômetro quadrado (80 hab./km²).

$$\frac{12\,000}{150} = \frac{1\,200}{15} = \frac{80}{1} = 80 \rightarrow 80 \text{ hab./km}^2$$

(Lemos: oitenta habitantes por quilômetro quadrado.)

58 Conexões. **Movimento uniforme: velocidade constante.** Observe os dados do movimento de uma motocicleta que se desloca a uma velocidade constante de medida de 50 quilômetros por hora (50 km/h).

Deslocamento da motocicleta

Medida de intervalo de tempo (em h)	1	2	3
Medida de distância percorrida (em km)	50	100	150

Tabela elaborada para fins didáticos.

Veja que as grandezas **intervalo de tempo** e **distância percorrida** são diretamente proporcionais:

$$\frac{1}{50} = \frac{2}{100} = \frac{3}{150} \text{ ou}$$

$$\frac{1}{2} = \frac{50}{100}; \frac{2}{3} = \frac{100}{150}; \frac{1}{3} = \frac{50}{150}$$

Assim, podemos calcular a medida de distância percorrida em 1,5 h a uma velocidade constante de medida de 50 km/h.

$$\frac{1}{1{,}5} = \frac{50}{x} \Rightarrow x = 1{,}5 \cdot 50 = 75$$

Logo, a medida de distância percorrida em 1,5 h foi de 75 km.

Um movimento é chamado de **uniforme** quando a medida de velocidade é constante.

Agora é sua vez! Resolva a seguinte situação-problema: Um carro de corrida faz um percurso, a uma velocidade constante de medida de 20 km de distância, em 6 minutos. Qual medida de distância ele percorrerá em 15 minutos?

59 Um carrinho de corda percorreu, em um movimento uniforme, 30 cm em 4 segundos. Quantos metros ele percorrerá em 5 minutos?

60 Um trem desloca-se a uma velocidade constante de medida de 80 km/h. Quanto tempo ele demorará para percorrer 200 km?

61 Em quanto tempo um carro, com velocidade constante de medida de 90 km/h, atravessa um túnel de medida de comprimento 3 km?

62 **Ampliação e redução de figuras planas.** Vamos fazer uma **ampliação** da figura a seguir na razão **2 : 1**. Isso significa que, para a medida de comprimento 1 da figura original, devemos ter a medida de comprimento 2 na figura ampliada.

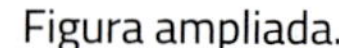
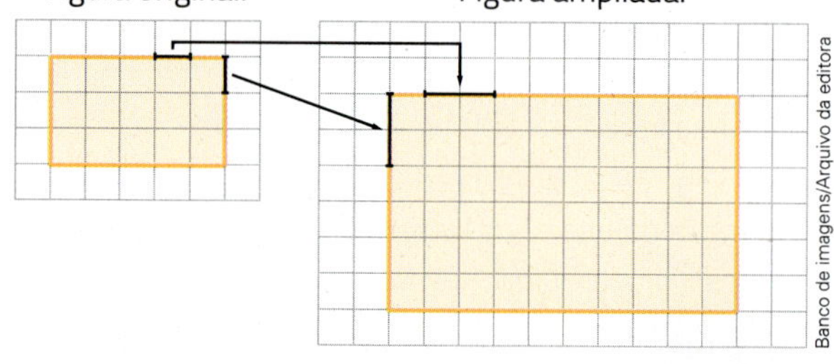

Banco de imagens/Arquivo da editora

Thiago Neumann/Arquivo da editora

Com um colega, ampliem a figura original na razão 3 : 1.

63 Em uma folha de papel quadriculado, faça o que é pedido em cada item.

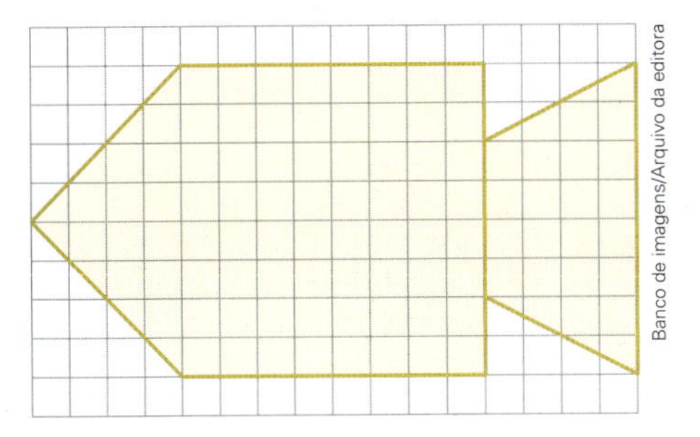
Banco de imagens/Arquivo da editora

a) A redução da figura acima na razão 1 : 2.

b) A ampliação da figura acima na razão 3 : 2.

64 As medidas de comprimento das dimensões de 2 fotos, a original e outra ampliada, são proporcionais. Rose tirou uma foto na praia e mandou ampliá-la. As medidas de comprimento das dimensões da foto original são 1,15 cm por 1,8 cm, e as da ampliação, 4,6 cm por 7,2 cm.

a) Determine a razão entre as medidas de comprimento da largura e as medidas de comprimento da altura da ampliação em relação à foto original.

b) As razões encontradas foram iguais? O que isso significa?

c) Se uma nova fotografia, igual a essas, for feita com medida de comprimento da largura de 4,5 cm, então qual será a medida de comprimento da altura dela?

Luis Salvatore/Pulsar Imagens

Foto original e foto ampliada.

65 **Metrô de Brasília.** A figura abaixo representa uma das linhas da rede metroviária de Brasília. Considere 2 composições de metrô saindo ao mesmo tempo das estações **A** e **B** e chegando juntas à estação **P** 7 minutos e meio após partirem.

A P B

Banco de imagens/Arquivo da editora

Se a composição que parte de **A** desenvolve medida de velocidade média de 40 km/h e a que parte de **B** desenvolve medida de velocidade média de 48 km/h, então qual é a medida de distância entre as estações **A** e **B**?

66 **Pontos de táxi.** Em algumas cidades, há pontos de táxi muito disputados por terem bastante movimento. Veja alguns desses principais pontos em determinada cidade e alguns números que eles apresentam.

Informações sobre os pontos de táxi da cidade

Local	Aeroporto	Rodoviária	*Shopping*
Circulação de pessoas por dia	58 000	90 000	48 000
Táxis no ponto	336	327	106
Lucro do taxista por dia (em reais)	350	100	200

Tabela elaborada para fins didáticos.

Com um colega, considerem os dados da tabela acima e verifiquem quais das afirmações a seguir são verdadeiras. Expliquem suas escolhas.

a) O local com maior circulação de pessoas é o que dá maior lucro ao taxista.

b) O local em que há mais táxis é aquele em que o taxista lucra mais.

c) O local em que a razão entre o número de pessoas circulantes por dia e o número de táxis no ponto é maior é aquele que corresponde ao menor lucro do taxista.

67 Analise a tabela a seguir.

Informações sobre os pontos de táxi da cidade

Locais	Aeroporto	Rodoviária	*Shopping*
Táxis no ponto	336	327	106
Lucro do taxista por dia (em reais)	350	100	200
Lucro total do ponto (em reais)			

Tabela elaborada para fins didáticos.

a) Complete a tabela com os dados que faltam.

b) Se o número de táxis no *shopping* passar para 212, então qual será o lucro do taxista por dia?

c) Se o lucro do taxista por dia na rodoviária passar para 300 reais, então qual será o lucro total do ponto?

JOGOS

Jogo da proporcionalidade

Vamos jogar? Neste jogo, você e os colegas aplicarão os conteúdos de proporcionalidade que estudaram. Preste atenção às orientações e bom jogo!

Orientações

Número de participantes: 4 jogadores (2 duplas de alunos).
Material necessário: 1 moeda.

Como jogar

Em cada rodada, uma das duplas lança a moeda. Se ela cair com a face cara voltada para cima, então a dupla que lançou a moeda fica com o item **a** e a outra dupla, com o item **b**. Se a face coroa for sorteada, então invertem-se os itens.

Ganha a partida a dupla que vencer mais rodadas, ao final das 6 rodadas propostas.

- 1ª rodada: vence a dupla que tem a razão de menor valor.
  a) Razão entre os números 10 e 30, nessa ordem.
  b) Razão entre os números 5 e 20, nessa ordem.
- 2ª rodada: vence a dupla que tem a leitura de uma proporção.
  a) 8 está para 2, assim como 12 está para 3.
  b) 9 está para 18, assim como 4 está para 12.
- 3ª rodada: vence a dupla cujo valor de x na proporção é um número inteiro.
  a) $\frac{2}{5} = \frac{5}{x}$
  b) $\frac{4}{6} = \frac{6}{x}$
- 4ª rodada: vence a dupla que tem o resultado de maior valor.
  a) 40% de 80 = ?
  b) 25% de 120 = ?
- 5ª rodada: vence a dupla que tem 2 grandezas inversamente proporcionais.
  a) Distância e intervalo de tempo para percorrer um percurso, com velocidade constante.
  b) Velocidade média e intervalo de tempo para percorrer um percurso.
- 6ª rodada: vence a dupla que tem maior densidade demográfica.
  a) Região de medida de área de 50 km² com 10 000 habitantes.
  b) Região de medida de área de 30 km² com 9 000 habitantes.

Ilustranet/Arquivo da editora

Revisando seus conhecimentos

1 Renata arremessou uma bola de basquete 20 vezes e acertou 8 vezes. Bianca fez 15 arremessos e acertou 5 vezes. Qual delas obteve o melhor aproveitamento?

2 Raimundo comprou um relógio que tem apresentado o seguinte problema: ele atrasa 21 segundos a cada 7 dias. Quanto ele atrasará em 360 dias?

3 Qual é a medida de abertura do ângulo $A\hat{B}C$?

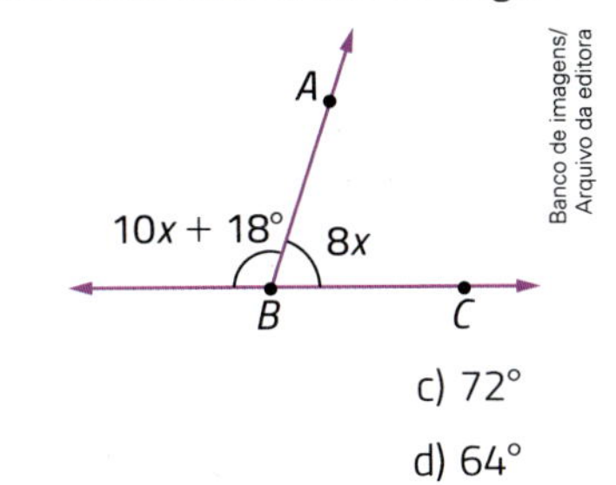

Banco de imagens/Arquivo da editora

a) 80°
b) 88°
c) 72°
d) 64°

4 Observe as afirmações e indique se cada uma delas é verdadeira (V) ou falsa (F). No caso de ser verdadeira, dê 3 exemplos que confirmem a afirmação feita. No caso de ser falsa, dê 1 contraexemplo.

a) Se a razão entre os números racionais a e b é igual à razão entre os números racionais c e d, então $a \cdot d = b \cdot c$.

b) A razão entre um número racional diferente de zero e o quadrado dele é sempre igual a $\frac{1}{2}$.

c) Se os números racionais a e b são diretamente proporcionais aos números racionais c e d, nessa ordem, então $a \cdot c = b \cdot d$.

d) Se os números racionais a e b são inversamente proporcionais aos números racionais c e d, nessa ordem, então $a \cdot c = b \cdot d$.

e) Sendo a, b, c e d números racionais, se $\frac{a}{b} = \frac{c}{d}$, então $\frac{ac}{bd} = \frac{a}{b}$.

f) Sendo a, b, c e d números racionais, se $\frac{a}{b} = \frac{c}{d}$, então $\frac{a+c}{b+d} = \frac{a}{b}$.

g) A razão entre as medidas de comprimento dos lados de 2 quadrados é igual à razão entre as medidas de perímetro deles, na mesma ordem.

h) A razão entre as medidas de comprimento dos lados de 2 regiões quadradas é igual à razão entre as medidas de área delas, na mesma ordem.

i) A razão entre as medidas de comprimento das arestas de 2 cubos é igual à razão entre as medidas de volume deles, na mesma ordem.

5 Em uma turma, a razão entre o número de meninas e o de meninos é de 2 para 3. Se nessa turma há 18 meninos, então o número total de alunos é:

a) 45.
b) 30.
c) 36.
d) 40.

6 A medida de comprimento da altura de uma árvore é 9 m. Se ela for desenhada com escala de 1 : 75, então a medida de comprimento da altura no desenho será de:

a) 12 cm.
b) 15 cm.
c) 18 cm.
d) 20 cm.

Raciocínio lógico

Para percorrer uma distância, uma galinha dá 10 passos. Cada 2 passos da galinha correspondem a 5 passos do passarinho. Quantos passos o passarinho deve dar para percorrer a mesma distância?

7 **Medida de comprimento.**

a) Descubra a regularidade e complete a sequência.

1 m e 60 cm	1 m e 90 cm	2 m e 20 cm
2 m e 50 cm		

b) Forme uma sequência de 6 termos, na qual o 1º termo é 7 km e 800 m, e cada termo, a partir do 2º, tem 400 m a menos do que o anterior.

8 Invente um problema usando as medidas de massa 15,2 g e 15,2 kg.

9 Complete cada frase com uma dessas expressões: **sempre é**, **nunca é** ou **às vezes é**. Considere x no conjunto dos números naturais.

a) O valor numérico de $2x + 1$ ________ um número ímpar.

b) O valor numérico de $x^2 + 1$ ________ um número par.

c) O valor numérico de $6x + 1$ ________ um múltiplo de 3.

d) O valor numérico de $x^2 + x + 7$ ________ um número menor do que 5.

e) O valor numérico de $3x + 1$ ________ um número ímpar.

f) O valor numérico de $\frac{x^2 + x}{2}$ ________ um número natural.

10 Em uma avaliação, Felipe acertou $\frac{5}{6}$ das perguntas e Anelise acertou $\frac{4}{5}$ delas. Quem acertou mais perguntas?

Praticando um pouco mais

Testes oficiais

1 **(Prova Brasil)** Uma torre de comunicação está representada na figura.

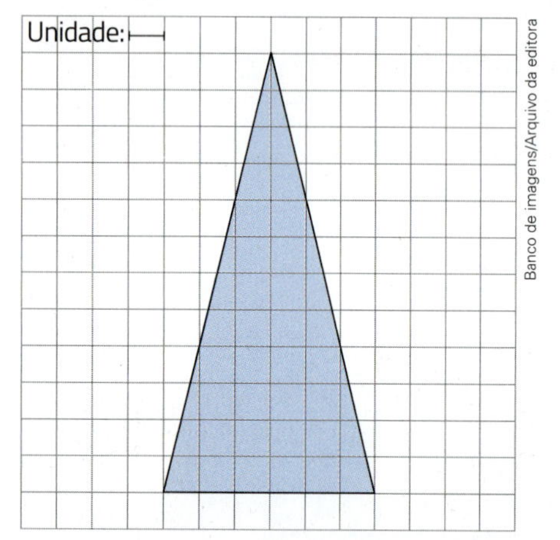

Banco de imagens/Arquivo da editora

Para construir uma miniatura dessa torre que tenha dimensões 8 vezes menores que a original, deve-se:

a) multiplicar as dimensões da original por 8.

b) dividir as dimensões da original por 8.

c) multiplicar as dimensões da original por 4.

d) dividir as dimensões da original por 4.

2 **(Saresp)** Na composição da água (H_2O) há 2 átomos de hidrogênio para 1 átomo de oxigênio. Em certa quantidade de água há 3800 átomos de hidrogênio. Então, o número de átomos de oxigênio nesta quantidade de água é:

a) 190.

b) 760.

c) 1900.

d) 7600.

3 **(Saeb)** Em uma cidade em que as passagens de ônibus custam R$ 1,20, saiu em um jornal a seguinte manchete:

"Novo prefeito reajusta o preço das passagens de ônibus em 25% no próximo mês".

Qual será o novo valor das passagens?

a) R$ 1,23

b) R$ 1,25

c) R$ 1,45

d) R$1,50

4 **(Saeb)** Trabalhando 10 horas por dia, um pedreiro constrói uma casa em 120 dias. Em quantos dias ele construirá a mesma casa, se trabalhar 8 horas por dia?

a) 96

b) 138

c) 150

d) 240

5 **(Obmep)** Dois quadrados de papel se sobrepõem como na figura. A área não sobreposta do quadrado menor corresponde a 52% da área desse quadrado e a área não sobreposta do quadrado maior corresponde a 73% da área desse quadrado.

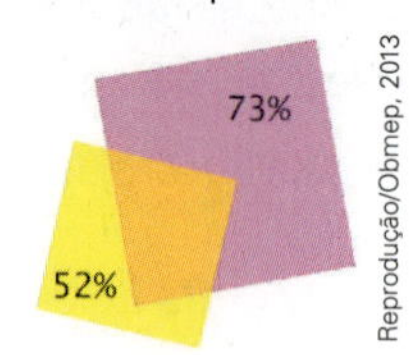

Reprodução/Obmep, 2013

Qual é a razão entre os lados do quadrado menor e do quadrado maior?

a) $\frac{3}{4}$

b) $\frac{5}{8}$

c) $\frac{2}{3}$

d) $\frac{4}{7}$

e) $\frac{4}{5}$

6 **(Saresp)** Juliana queria comprar um pedaço de tecido para fazer um vestido. Como não tinha fita métrica, fez a medida da quantidade de tecido que precisava usando o seu palmo e obteve 7 palmos. Se o palmo de Juliana tem 18 cm, a medida do tecido de que ela precisava é:

a) 25 cm.

b) 76 cm.

c) 106 cm.

d) 126 cm.

7 **(Saresp) Usar desenhos de escalas para resolver problemas do cotidiano incluindo distância (como em leitura de mapas).** Eliana desenhou a planta baixa da cozinha de sua casa. Ela usou 4 cm para representar seu comprimento real, que é de 4 m.

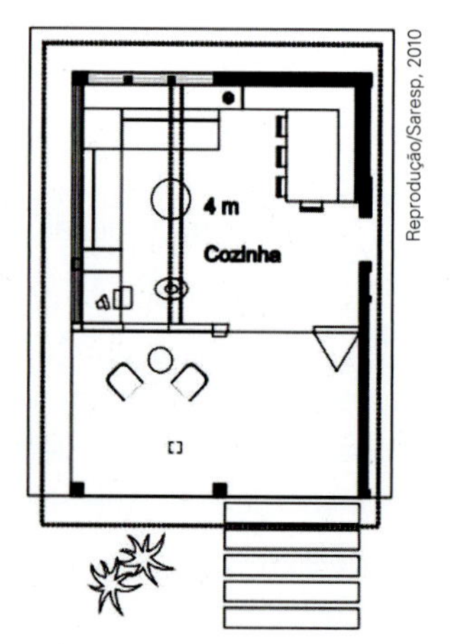

Reprodução/Saresp, 2010

A escala que Eliana utilizou foi:

a) 1 : 5.

b) 1 : 10.

c) 1 : 50.

d) 1 : 100.

8 › Desafio. **(Obmep)** Rosa e Maria começam a subir uma escada de 100 degraus no mesmo instante. Rosa sobe 10 degraus a cada 15 segundos e Maria sobe 10 degraus a cada 20 segundos. Quando uma delas chegar ao último degrau, quanto tempo faltará para a outra completar a subida?

a) Meio minuto.

b) 40 segundos.

c) 45 segundos.

d) 50 segundos.

e) 1 minuto.

Questões de vestibulares e Enem

9 › **(Enem)** Para uma atividade realizada no laboratório de Matemática, um aluno precisa construir uma maquete da quadra de esportes da escola, que tem 28 m de comprimento por 12 m de largura. A maquete deverá ser construída na escala de 1 : 250.

Que medidas de comprimento e largura, em cm, o aluno utilizará na construção da maquete?

a) 4,8 e 11,2.

b) 7,0 e 3,0.

c) 11,2 e 4,8.

d) 28,0 e 12,0.

e) 30,0 e 70,0.

10 › **(Enem)** Uma mãe recorreu à bula para verificar a dosagem de um remédio que precisava dar a seu filho. Na bula, recomendava-se a seguinte dosagem: 5 gotas para cada 2 kg de massa corporal a cada 8 horas. Se a mãe ministrou corretamente 30 gotas do remédio a seu filho a cada 8 horas, então a massa corporal dele é de:

a) 12 kg.

b) 16 kg.

c) 24 kg.

d) 36 kg.

e) 75 kg.

11 › **(UFSM-RS)** Uma ponte é feita em 120 dias por 16 trabalhadores. Se o número de trabalhadores for elevado para 24, o número de dias necessários para a construção da mesma ponte será:

a) 180.

b) 128.

c) 100.

d) 80.

e) 60.

12 › **(Fuvest-SP)** A sombra de um poste vertical, projetada pelo Sol sobre um chão plano, mede 12 m. Nesse mesmo instante, a sombra de um bastão vertical de 1 m de altura mede 0,6. A altura do poste é:

a) 6 m.

b) 7,2 m.

c) 12 m.

d) 20 m.

e) 72 m.

13 › **(Fuvest-SP)** Um engenheiro fez a planta de um apartamento, de modo que cada centímetro do desenho corresponde a 50 centímetros reais. Então a área real de um terraço que tem 20 cm² na planta é, em metros quadrados, igual a:

a) 2.

b) 4.

c) 5.

d) 8.

e) 10.

14 › **(Enem)** Um mapa é a representação reduzida e simplificada de uma localidade. Essa redução, que é feita com o uso de uma escala, mantém a proporção do espaço representado em relação ao espaço real. Certo mapa tem escala 1 : 58 000 000

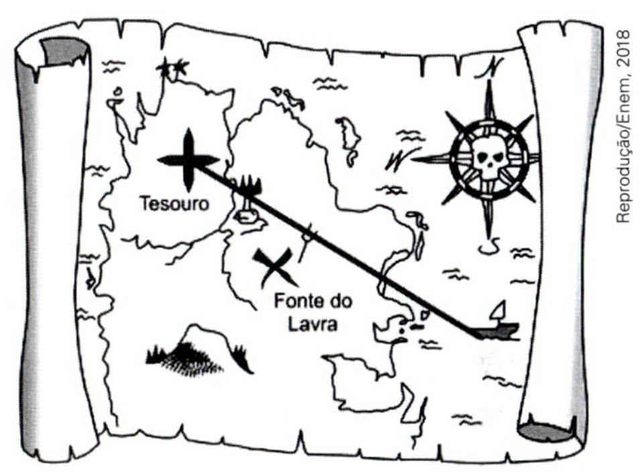

(Disponível em: <http://oblogdedaynabrigth.blogspot.com.br>. Acesso em: 9 ago. 2012.)

Considere que, nesse mapa, o segmento de reta que liga o navio à marca do tesouro meça 7,6 cm.

A medida real, em quilômetro, desse segmento de reta é:

a) 4 408.

b) 7 632.

c) 44 080.

d) 76 316.

e) 440 800.

15 › **(UCB-DF)** Na viagem de ida entre duas cidades, um motorista desenvolveu a velocidade média de 100 km/h. Na volta, a velocidade média foi de 80 km/h. Nessas condições, o tempo da viagem na volta foi aumentado em:

a) 20%.

b) 18%.

c) 15%.

d) 22,5%.

e) 25%.

16 › **(PUC-RJ)** Uma receita de bolo leva 8 ovos e 6 xícaras de açúcar. Se quisermos fazer a mesma receita com apenas 3 ovos, a quantidade correta de açúcar será:

a) 3 xícaras de açúcar.

b) 2 xícaras de açúcar.

c) 2 xícaras e meia de açúcar.

d) 2 xícaras e um terço de xícara de açúcar.

e) 2 xícaras e um quarto de xícara de açúcar.

VERIFIQUE O QUE ESTUDOU

1 O conceito de razão nos permite comparar 2 grandezas. Dê exemplos que justifiquem essa afirmação.

2 Uma turma tem 15 meninos e 18 meninas.

a) Qual é a razão entre o número de meninos e o número de meninas?

b) Qual é o número de meninas para cada 10 meninos?

3 A planta de uma casa está desenhada na escala (1,5 m). Desenhe como será na planta o desenho de uma sala retangular de medidas de dimensões de 4,5 m por 6 m.

4 Ao igualar 2 das razões dos itens, podemos formar uma proporção. Quais delas formam uma proporção?

a) 4 : 10 b) $\frac{6}{9}$ c) 6 para 15.

5 Indique uma situação que envolva grandezas diretamente proporcionais e outra que envolva grandezas inversamente proporcionais. Explique a relação entre as grandezas em cada situação e resolva-as.

6 Complete os itens.

a) 35% de 240 = ________

b) 40% de ________ = 90

c) ________ % de −150 = −69

7 Em cada item, um aluno calcula mentalmente o valor que completa a frase e diz a resposta. Os demais conferem e todos registram as respostas.

a) A razão de 6 para −12 na forma de fração irredutível é $\frac{\square}{\square}$, na forma decimal é ________ e na forma de porcentagem é ________.

b) 15 está para 5 assim como 90 está para ________.

c) Se com 3 latas de tinta é possível pintar uma parede com medida de área de 200 m², então com 6 latas de tinta é possível pintar uma parede com medida de área de ________.

d) Com certa quantia é possível dar R$ 30,00 para cada pessoa, em um grupo de 6 pessoas. Se fossem só 3 pessoas, então seria possível dar R$ ________ a cada uma.

e) Renato tinha um pacote com 200 folhas de papel sulfite. Como já usou 60% delas, ele ainda tem ________ folhas.

f) Se na planta de uma casa um corredor que tem 6 m de medida de comprimento aparece com 3 cm de medida de comprimento, então a escala usada nessa planta é 1 : ________.

g) Em uma região com medida de área de 400 km², vive uma população de 80 000 habitantes. A densidade demográfica dessa região é de ________.

h) A ampliação de uma fotografia 3 por 4, se tiver medida de comprimento de largura de 12 cm, então terá medida de comprimento da altura de ________.

i) 50% de 12 = ________; 50% de ________ = = 12 e ________ % de 12 = 3.

Atenção

Retome os assuntos que você estudou neste capítulo. Verifique em quais teve dificuldade e converse com o professor, buscando maneiras de reforçar seu aprendizado.

Autoavaliação

Algumas atitudes e reflexões são fundamentais para melhorar o aprendizado e a convivência na escola. Reflita sobre elas.

- Participei das atividades propostas, contribuindo com o professor e com os colegas para melhorar a qualidade das aulas?
- Fiz as atividades em sala de aula e as propostas para casa?
- Sei identificar situações que não envolvem proporcionalidade e diferenciar situações que envolvem proporcionalidade direta ou inversa?
- Ampliei meus conhecimentos de Matemática?

PARA LER, PENSAR E DIVERTIR-SE

Ler

Projeto arquitetônico

Um projeto arquitetônico bem-sucedido leva em consideração a escala e a proporção dos objetos, principalmente nas relações entre as partes do projeto; entre o projeto e o corpo humano; e entre o projeto e o local onde ele será construído.

Para garantir um conforto sensorial, os componentes individuais do projeto, como salas, acabamentos de parede, forma e acabamento de teto, janelas, portas, embutidos e outros, devem ter uma escala compatível entre si.

Os arquitetos entendem que o ponto de partida para a percepção de algo é o tamanho de nossos próprios corpos, ou seja, há uma correlação direta com a maneira como entendemos uma sala em relação ao nosso tamanho. Uma sala excessivamente grande ou excessivamente pequena pode nos deixar desconfortáveis. Uma sala com teto alto, mas medida de área pequena, pode nos fazer sentir como se estivéssemos em um buraco. Então, dar a um espaço "proporções humanas" aumenta as chances de considerarmos o espaço confortável.

Jafara/Shutterstock

Projeto arquitetônico em 3D.

Pensar

Divida a região retangular **A** em 2 regiões planas iguais de modo que elas caibam exatamente na região retangular **B**.

A

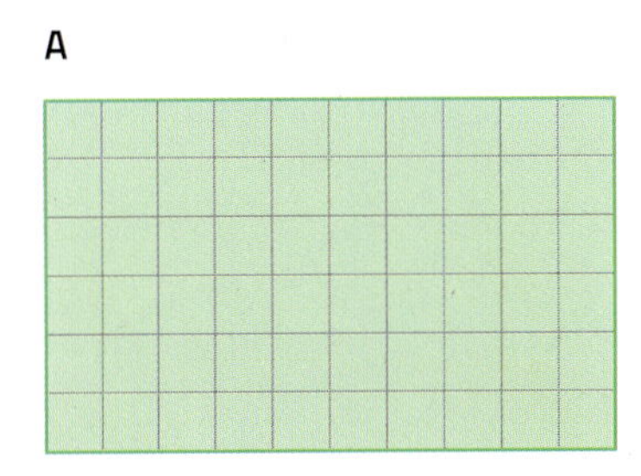

B

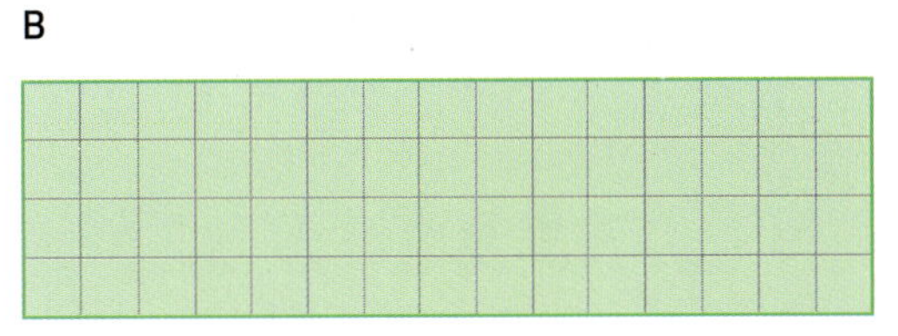

Ilustrações: Banco de imagens/Arquivo da editora

Divertir-se

Acreditava-se que o ser humano "perfeito" era aquele que, dentre outras medidas, tinha a razão entre medida de comprimento da altura e a medida de distância do umbigo até o chão aproximadamente igual a 1,618. Considerando essa concepção, verifique se você seria um humano "perfeito" dividindo suas medidas de comprimento.

CAPÍTULO

8 Matemática financeira: regra de sociedade, acréscimos e decréscimos

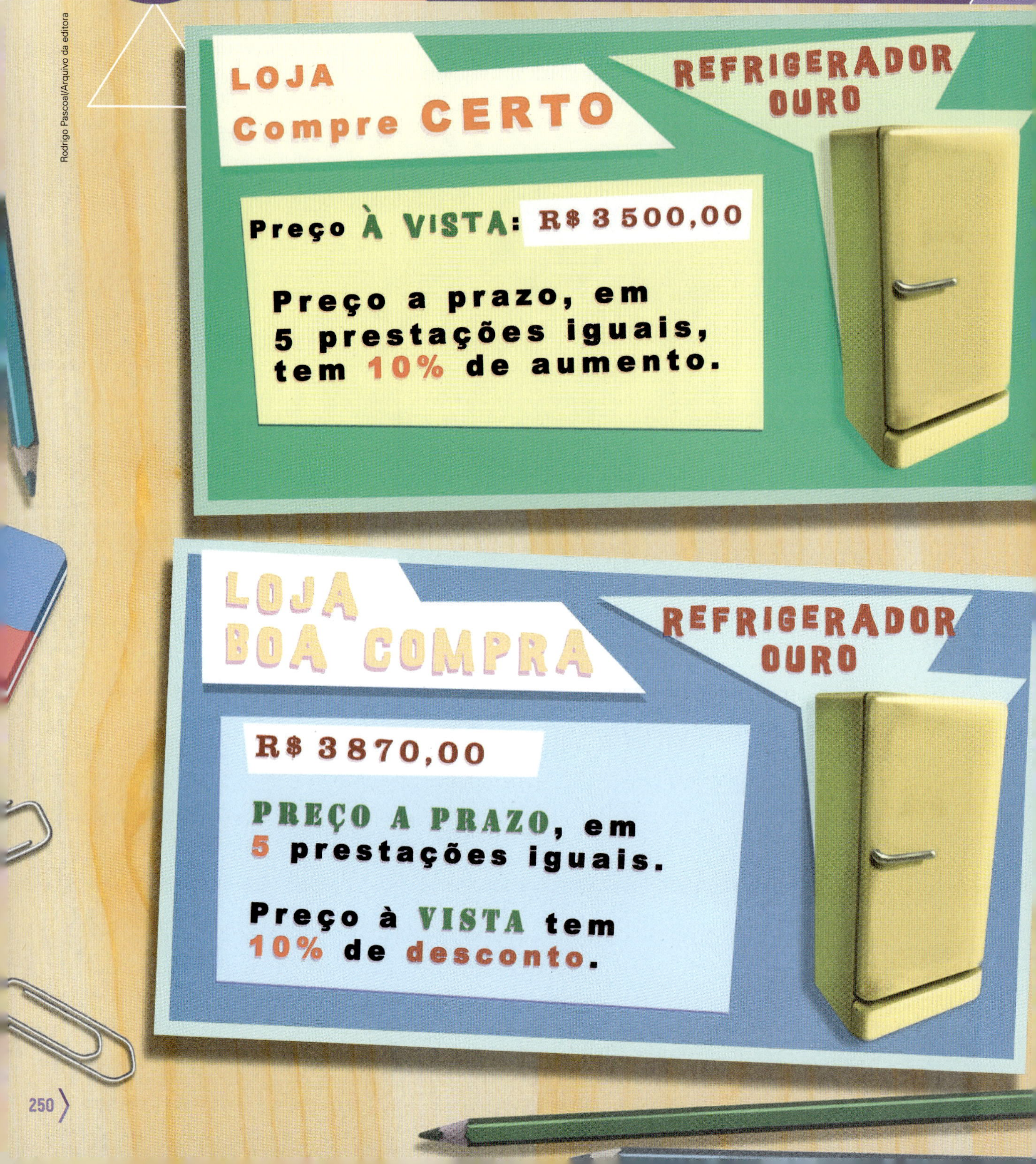

Rodrigo Pascoal/Arquivo da editora

LOJA
Compre CERTO

REFRIGERADOR
OURO

Preço À VISTA: R$ 3 500,00

Preço a prazo, em
5 prestações iguais,
tem 10% de aumento.

LOJA
BOA COMPRA

REFRIGERADOR
OURO

R$ 3 870,00

PREÇO A PRAZO, em
5 prestações iguais.

Preço à VISTA tem
10% de desconto.

Para as compras do comércio, transações bancárias, pagamento de impostos, planejamento da utilização do salário e muitas outras situações, precisamos desenvolver habilidades de como lidar com o dinheiro.

Na imagem da página ao lado aparece o anúncio de 2 lojas de eletrodomésticos com planos de pagamentos diferentes para o mesmo refrigerador. Veja as escolhas de Antônio e Marisa.

Neste capítulo serão estudados diversos assuntos relacionados ao que chamamos de **Matemática financeira**.

Converse com os colegas sobre as questões seguintes e registre os cálculos e as respostas.

1. Qual é a diferença entre comprar à vista e comprar a prazo?
2. Como podemos calcular mentalmente 10% de uma quantia?
3. Quanto Antônio vai pagar a menos comprando na loja Boa Compra?
4. Quais cálculos Marisa fez para concluir que a compra a prazo é melhor na loja Compre Certo?
5. No total, quanto Marisa vai pagar a menos comprando na loja Compre Certo?

1 Números proporcionais

No capítulo anterior, você estudou que 2 **grandezas** podem ser direta ou inversamente proporcionais. Agora, a ideia é a de **números diretamente proporcionais** ou **inversamente proporcionais**.

Números diretamente proporcionais

Vando é eletricista e vai realizar uma instalação na casa dele. Para isso, foi a uma loja de materiais elétricos comprar alguns metros de cabo. Ele encontrou um tipo de cabo que custava R$ 3,00 o metro.

A medida de comprimento de um pedaço de cabo e o preço a pagar por ele são grandezas diretamente proporcionais.

Veja alguns valores correspondentes a essas 2 grandezas quando cada metro de cabo custa R$ 3,00.

Preço do cabo de acordo com a medida de comprimento dele

Medida de comprimento do cabo (em m)	2	5	8	10
Preço a pagar (em R$)	6	15	24	30

Tabela elaborada para fins didáticos.

Em casos como esse, dizemos que os números 2, 5, 8 e 10 são **diretamente proporcionais** aos números 6, 15, 24 e 30, respectivamente.

As razões $\frac{2}{6}$, $\frac{5}{15}$, $\frac{8}{24}$ e $\frac{10}{30}$ são todas iguais a $\frac{1}{3}$, que é chamado de **coeficiente de proporcionalidade** ou **fator de proporcionalidade**.

Observe ainda que $\frac{2+5+8+10}{6+15+24+30} = \frac{25}{75} = \frac{1}{3}$.

De modo geral, os matemáticos provaram que vale a seguinte propriedade para números diretamente proporcionais:

$$\text{Se } \frac{a}{b} = \frac{c}{d} = \frac{e}{f},$$

então

$$\frac{a+c+e}{b+d+f} = \frac{a}{b} \text{ ou } \frac{c}{d} \text{ ou } \frac{e}{f}.$$

Vidux/Shutterstock

Flavia Morlachetti/Shutterstock

Dois tipos de cabos elétricos.

Atividades

1. Verifique se os números 9, 15, 21 e 6 são ou não diretamente proporcionais aos números 6, 10, 14 e 4, respectivamente. Se sim, determine o coeficiente de proporcionalidade.
2. Os números 6, 10, 18 e 30 são diretamente proporcionais a outros números e o fator ou coeficiente de proporcionalidade é 2. Quais são os números correspondentes?
3. Determine os valores de x e y para que os números 3, 4 e 8 sejam diretamente proporcionais aos números 15, x e y.

Números inversamente proporcionais

Hurst Photo/Shutterstock

Cesta de piquenique.

As imagens desta página não estão representadas em proporção.

Carla está organizando um piquenique coletivo. Ela gastou R$ 180,00 com os alimentos, mas ainda faltam alguns colegas confirmarem se vão comparecer.

Veja os valores correspondentes a essas 2 grandezas quando a quantia a ser repartida entre as pessoas é de R$ 180,00.

Número de pessoas	2	3	4	6
Valor pago por pessoa (em R$)	90	60	45	30

Tabela elaborada para fins didáticos.

Em casos como esse, dizemos que os números 2, 3, 4 e 6 são **inversamente proporcionais** aos números 90, 60, 45 e 30, respectivamente.

Observe que as razões $\dfrac{2}{\frac{1}{90}}$, $\dfrac{3}{\frac{1}{60}}$, $\dfrac{4}{\frac{1}{45}}$, $\dfrac{6}{\frac{1}{30}}$ são todas iguais a 180.

$2 \times 90 = 180$ $3 \times 60 = 180$ $4 \times 45 = 180$ $6 \times 30 = 180$

Nesse caso, 180 é o **coeficiente de proporcionalidade** ou **fator de proporcionalidade**.

Dobrando o número de pessoas, o valor pago por cada uma delas é dividido por 2. Triplicando o número de pessoas, o valor pago por cada uma delas é dividido por 3. E assim por diante.

Thiago Neumann/ Arquivo da editora

Atividades

4 Verifique se os números 9, 6 e 2 são inversamente proporcionais aos números 4, 6 e 18, nessa ordem. Em caso afirmativo, qual é o coeficiente de proporcionalidade?

5 Observe o número de gols marcados pelo time de Danilo de acordo com o número de jogos disputados.

Número de gols do time

Número de jogos disputados	2	3	5
Número de gols marcados	5	6	10

Tabela elaborada para fins didáticos.

Verifique se os números da 1ª linha são proporcionais aos da 2ª linha e, em caso positivo, se são direta ou inversamente proporcionais.

6 Os números 4, x, 24 e 6 são inversamente proporcionais aos números y, 3, z e 8, respectivamente. Determine os valores de x, y e z.

7 Verifique se os números da primeira sequência são proporcionais aos da segunda, na ordem em que aparecem. Em caso positivo, verifique se são direta ou inversamente proporcionais e determine o coeficiente de proporcionalidade.

a) 24, 56 e 16 e 15, 35 e 10.

b) 2, 4 e 8 e 20, 10 e 5.

c) 6, 10 e 9 e 5, 3 e 4.

d) 6, 10, 14 e 9 e 24, 40, 56 e 36.

Divisão de um número em partes proporcionais a números dados

Podemos dividir um número em partes proporcionais aos números de uma sequência dada. Estudaremos primeiramente a divisão em partes diretamente proporcionais e, em seguida, em partes inversamente proporcionais.

Divisão de um número em partes diretamente proporcionais aos números dados

O pai de André (2 anos), Marília (4 anos) e Renato (6 anos) resolveu distribuir 48 morangos entre os filhos dele, de maneira que as quantidades fossem diretamente proporcionais às idades das crianças. Quantos morangos cada um recebeu?

Bergamont/Shutterstock

Morangos.

As imagens desta página não estão representadas em proporção.

Para resolver esse problema, podemos dividir o número 48 em partes diretamente proporcionais aos números 2, 4 e 6. Observe.

Indicando por x, y e z o número de morangos em cada parte, temos: $\frac{x}{2} = \frac{y}{4} = \frac{z}{6}$.

Usando a propriedade dos números diretamente proporcionais, temos: $\frac{x}{2} = \frac{y}{4} = \frac{z}{6} = \frac{x+y+z}{2+4+6}$.

Marília tem o **dobro** da idade de André e recebeu o **dobro** dos morangos que ele ganhou.

Thiago Neumann/Arquivo da editora

Como $x + y + z = 48$ e $2 + 4 + 6 = 12$, escrevemos:

$$\frac{x}{2} = \frac{y}{4} = \frac{z}{6} = \frac{48}{12} = \frac{4}{1} = 4$$

As proporções $\frac{x}{2} = 4$, $\frac{y}{4} = 4$, $\frac{z}{6} = 4$ nos dão os seguintes resultados:

$$\frac{x}{2} = 4 \Rightarrow x = 2 \cdot 4 = 8 \text{ (André)}$$

$$\frac{y}{4} = 4 \Rightarrow y = 4 \cdot 4 = 16 \text{ (Marília)}$$

$$\frac{z}{6} = 4 \Rightarrow z = 6 \cdot 4 = 24 \text{ (Renato)}$$

O número de morangos em cada parte é 8, 16 e 24, ou seja, André recebeu 8 morangos, Marília ganhou 16 morangos e Renato ficou com 24 morangos.

Observe agora como podemos dividir o número 51 em partes diretamente proporcionais aos números $\frac{1}{4}$, $\frac{2}{3}$ e $\frac{1}{2}$.

Inicialmente, escrevemos frações equivalentes com o mesmo denominador. Como $\text{mmc}(4, 3, 2) = 12$, obtemos $\frac{3}{12}$, $\frac{8}{12}$ e $\frac{6}{12}$.

Agora, dividimos o número 51 em partes diretamente proporcionais aos números 3, 8 e 6.

$$\frac{x}{3} = \frac{y}{8} = \frac{z}{6} = \frac{x+y+z}{3+8+6} = \frac{51}{17} = 3$$

$$\frac{x}{3} = 3 \Rightarrow x = 3 \cdot 3 = 9 \qquad \frac{y}{8} = 3 \Rightarrow y = 8 \cdot 3 = 24 \qquad \frac{z}{6} = 3 \Rightarrow z = 6 \cdot 3 = 18$$

Logo, as partes correspondem a 9, 24 e 18, respectivamente.

Divisão de um número em partes inversamente proporcionais aos números dados

Lápis.

A mãe de André (2 anos), Marília (4 anos) e Renato (6 anos) resolveu distribuir 33 lápis de cor entre eles. Agora, as quantidades de lápis devem ser inversamente proporcionais às idades.

Para resolver esse problema, podemos dividir o número 33 em partes inversamente proporcionais aos números 2, 4 e 6. Veja como fazer.

Os números x, y e z de lápis em cada parte devem ser diretamente proporcionais aos números $\frac{1}{2}$, $\frac{1}{4}$ e $\frac{1}{6}$, que são os inversos de 2, 4 e 6.

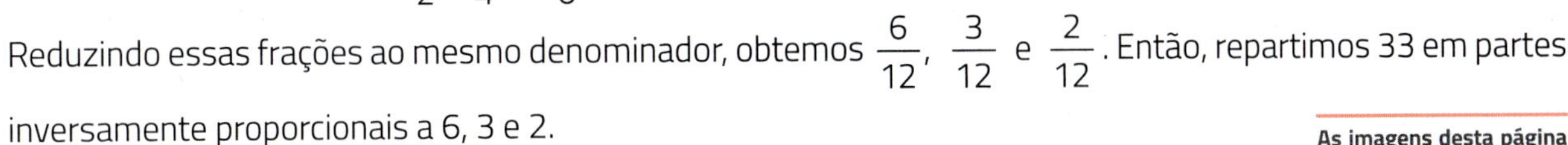

Reduzindo essas frações ao mesmo denominador, obtemos $\frac{6}{12}$, $\frac{3}{12}$ e $\frac{2}{12}$. Então, repartimos 33 em partes inversamente proporcionais a 6, 3 e 2.

As imagens desta página não estão representadas em proporção.

$$\frac{x}{6} = \frac{y}{3} = \frac{z}{2} = \frac{x + y + z}{6 + 3 + 2} = \frac{33}{11} = 3$$

$\frac{x}{6} = 3 \Rightarrow x = 18$ (André) $\quad \frac{y}{3} = 3 \Rightarrow y = 9$ (Marília) $\quad \frac{z}{2} = 3 \Rightarrow z = 6$ (Renato)

Logo, o número de lápis em cada parte é 18, 9 e 6, ou seja, André recebeu 18 lápis, Marília ganhou 9 lápis e Renato ficou com 6 lápis.

Marília tem o **dobro** da idade de André e recebeu a **metade** dos lápis que ele ganhou.

Thiago Neumann/Arquivo da editora

Observe agora como podemos dividir o número 162 em partes inversamente proporcionais aos números $\frac{1}{2}$, $\frac{1}{3}$ e $\frac{1}{4}$. Nesse caso, os números x, y e z correspondentes às partes devem ser diretamente proporcionais aos inversos dos números $\frac{1}{2}$, $\frac{1}{3}$ e $\frac{1}{4}$, ou seja, aos números 2, 3 e 4.

$$\frac{x}{2} = \frac{y}{3} = \frac{z}{4} = \frac{x + y + z}{2 + 3 + 4} = \frac{162}{9} = 18$$

$\frac{x}{2} = 18 \Rightarrow x = 2 \cdot 18 = 36 \quad \frac{y}{3} = 18 \Rightarrow y = 3 \cdot 18 = 54$

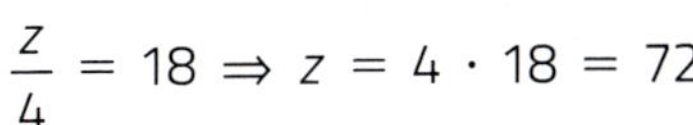

$\frac{z}{4} = 18 \Rightarrow z = 4 \cdot 18 = 72$

Atividades

8 Divida o número 125 em partes diretamente proporcionais a 5, 7 e 13.

9 Divida o número 72 em partes diretamente proporcionais a $\frac{1}{6}$, $\frac{1}{3}$ e $\frac{1}{2}$.

10 Divida o número 27 em partes inversamente proporcionais a 9 e 18.

11 Reparta 444 em partes inversamente proporcionais a 4, 5 e 6.

12 Divida o número 120 em:

a) 2 partes iguais;

b) partes diretamente proporcionais a 2 e 3;

c) partes inversamente proporcionais a 2 e 4.

13 Quando Luciana dividiu um número em 3 partes diretamente proporcionais a 4, 5 e 6, descobriu que a primeira parte valia 12. Qual é o número? E quais são as outras partes?

14 José tem 3 empregados na empresa. Nas festas de fim de ano, ele distribuiu 11 cestas básicas em quantidades inversamente proporcionais ao salário dos funcionários.

- Renato ganha 1 salário mínimo;
- Geraldo ganha 2 salários mínimos;
- Mirela ganha 3 salários mínimos.

Então, quantas cestas básicas cada um recebeu?

2 Regra de sociedade

Quando o número ou a quantia que é dividida em partes diretamente proporcionais ou inversamente proporcionais a outros números representa o lucro ou o prejuízo de determinada sociedade, e as partes proporcionais representam as partes de cada sócio no lucro ou prejuízo, a divisão recebe o nome de **regra de sociedade**.

Vamos estudar as situações em que 2 ou mais pessoas investem quantias diferentes pelo mesmo período de tempo e vão repartir o lucro ou o prejuízo no final desse período.

Acompanhe os exemplos a seguir.

- Carla, Gina e Mauro entraram, respectivamente, com os seguintes capitais na abertura de uma empresa de moda têxtil: R$ 30 000,00, R$ 20 000,00 e R$ 25 000,00. No final do primeiro ano de sociedade, a empresa teve um lucro de R$ 15 000,00. Qual foi o ganho correspondente a cada sócio?

Empresa de moda têxtil.

O lucro de R$ 15 000,00 deve ser dividido em partes diretamente proporcionais ao valor que cada sócio investiu: R$ 30 000,00, R$ 20 000,00 e R$ 25 000,00. Dividindo esses valores por 1 000, para simplificar os cálculos, podemos dividir 15 em partes proporcionais a 30, 20 e 25.

Indicando por x, y e z os lucros (divididos por 1 000) de Carla, Gina e Mauro, respectivamente, temos:

$$\frac{x}{30} = \frac{y}{20} = \frac{z}{25} = \frac{x + y + z}{30 + 20 + 25} = \frac{15}{75} = \frac{1}{5}$$

Desse modo, obtemos:

$$\frac{x}{30} = \frac{1}{5} \Rightarrow x = 6$$

$$\frac{y}{20} = \frac{1}{5} \Rightarrow y = 4$$

$$\frac{z}{25} = \frac{1}{5} \Rightarrow z = 5$$

Logo, Carla ficou com R$ 6 000,00 do lucro, Gina com R$ 4 000,00 e Mauro com R$ 5 000,00.

- Antônio, Benedita e Carlos abriram uma empresa de transportes investindo, respectivamente, R$ 1 800,00, R$ 2 400,00 e R$ 3 000,00. Ao final de certo período, a empresa apresentou um prejuízo de R$ 4 800,00. Qual foi a perda correspondente a cada um?

Paulo Manzi/Arquivo da editora

Sendo *a*, *b* e *c* os prejuízos de Antônio, Benedita e Carlos, respectivamente, temos:

$$\frac{a}{1800} = \frac{b}{2\,400} = \frac{c}{3\,000} = \frac{a+b+c}{7\,200}$$

Sabemos que $a + b + c = 4\,800$. Portanto, podemos escrever:

$$\frac{a}{1800} = \frac{b}{2\,400} = \frac{c}{3\,000} = \frac{a+b+c}{7\,200} = \frac{4\,800}{7\,200} = \frac{2}{3}$$

Desse modo, obtemos os seguintes resultados:

$$\frac{a}{1800} = \frac{2}{3} \Rightarrow a = 1200$$

$$\frac{b}{2\,400} = \frac{2}{3} \Rightarrow b = 1600$$

$$\frac{c}{3\,000} = \frac{2}{3} \Rightarrow c = 2\,000$$

Logo, Antônio teve R$ 1 200,00 de prejuízo, Benedita teve R$ 1 600,00, e Carlos, R$ 2 000,00.

Atividades

15 Três pessoas constituíram uma sociedade para a abertura de uma loja de roupas. Cada pessoa entrou com um capital diferente. A primeira entrou com R$ 20 000,00, a segunda entrou com R$ 25 000,00, e a terceira entrou com R$ 15 000,00. No fim do ano, a loja apresentou um lucro de R$ 12 000,00. Se o lucro for dividido em partes proporcionais, então quanto cada um deve receber?

16 Rafael investiu R$ 45 000,00 e Roberta investiu R$ 30 000,00 na compra de um terreno em sociedade. Depois de certo tempo, venderam o terreno por R$ 90 000,00.

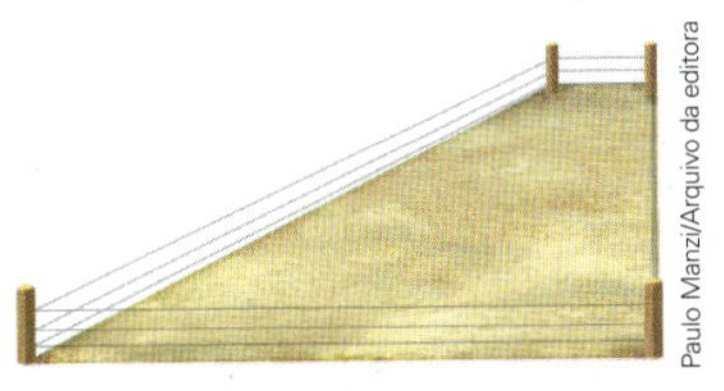
Paulo Manzi/Arquivo da editora

a) Qual foi o lucro na venda desse terreno?

b) Qual foi a parte de cada um no lucro dessa venda, de acordo com o investimento?

c) Com quanto cada um ficou na divisão da quantia obtida com a venda?

17 **Avaliação de resultado.** Ao resolver o item **b** da atividade anterior, um aluno concluiu que tanto a parte de Rafael quanto a de Roberta são de R$ 10 000,00.

Converse com os colegas sobre como ele poderia perceber que essa conclusão está errada.

18 Três pessoas formaram uma sociedade. A primeira entrou com R$ 30 000,00, a segunda, com R$ 50 000,00, e a terceira, com R$ 40 000,00. No balanço de final de ano, constatou-se um prejuízo, e foram necessários R$ 12 000,00 para cobrir essa perda. Qual foi a quantia que cada sócio teve de pagar?

19 Marcos e Paula investiram um total de R$ 2 200,00. No final de certo tempo, eles tiveram um lucro, do qual Marcos ficou com R$ 120,00 e Paula ficou com R$ 144,00. Qual foi a quantia que cada um investiu?

Porcentagem

Você já viu que as porcentagens correspondem a frações de denominador 100 ou frações equivalentes a ela. Por exemplo, temos que cerca de 80% (oitenta por cento) do nosso sangue é composto por água.

$$80\% = 80 \text{ em } 100 = \frac{80}{100}$$

No corpo humano há, em média, aproximadamente, 5 litros de sangue. Assim, podemos escrever:

$$80\% \text{ de } 5 = \frac{80}{100} \times 5 = \frac{400}{100} = 4$$

Logo, desses 5 litros de sangue, temos que 4 litros são de água.

Por que é importante usar porcentagem?

Em algumas situações, quando comparamos 2 quantidades, é mais conveniente expressar essa comparação com o uso de porcentagem. Veja um exemplo.

Dos 24 pontos que já disputou, o time **A** ganhou 18.

Dos 30 pontos que já disputou, o time **B** ganhou 21.

Para saber qual dos times está com melhor aproveitamento, podemos fazer uso de porcentagens.

Time **A**: ganhou 18 em 24: $\frac{18^{\div 6}}{24_{\div 6}} = \frac{3^{\times 25}}{4_{\times 25}} = \frac{75}{100} = 75\%$

Time **B**: ganhou 21 em 30: $\frac{21^{\div 3}}{30_{\div 3}} = \frac{7^{\times 10}}{10_{\times 10}} = \frac{70}{100} = 70\%$

Logo, o time **A** está com melhor aproveitamento.

Cálculo mental da porcentagem de uma quantidade

Algumas porcentagens de quantidades, por serem mais simples, podem ser calculadas mentalmente. Por exemplo, em uma escola há 800 alunos. Assim, sem fazer cálculos no papel ou na calculadora, podemos dizer que:

- 100% dos alunos são 800 alunos, pois 100% indicam o total;
- 50% dos alunos são 400 alunos, pois 50% indicam a metade;
- 25% dos alunos são 200 alunos, pois 25% indicam a metade da metade, ou seja, um quarto;
- 10% dos alunos são 80 alunos, pois 10% indicam a décima parte;
- 20% dos alunos são 160 alunos, pois 20% indicam o dobro de 10%;
- 5% dos alunos são 40 alunos, pois 5% indicam a metade de 10%;
- 1% dos alunos são 8 alunos, pois 1% indica a centésima parte.

A partir desses resultados, podemos obter outros. Por exemplo:

- 75% de $800 = 3 \times 25\%$ de $800 = 3 \times 200 = 600$
- 15% de $800 = 10\%$ de $800 + 5\%$ de $800 = 80 + 40 = 120$

Como calcular a porcentagem de uma quantidade?

Há várias maneiras de calcular a porcentagem de uma quantidade. Veja, por exemplo, para o cálculo de 6% de R$ 6 700,00.

- **1ª maneira:** Vamos calcular direto o valor de 6% de R$ 6700,00.

  $$6\% \text{ de } 6700 = \frac{6}{100} \text{ de } 6\,700 = \frac{6}{100} \times 6\,700 = \frac{40\,200}{100} = 402$$

- **2ª maneira:** Calculamos 1% e multiplicamos por 6.

  $$1\% \text{ de } 6\,700 = \frac{1}{100} \times 6\,700 = 67$$

  $$6\% \text{ de } 6\,700 = 6 \times 1\% \text{ de } 6\,700 = 6 \times 67 = 402$$

- **3ª maneira:** Usando frações.

$$6\% = \frac{6}{100} = \frac{3}{50}$$

Assim, 6% de 6 700 = $\frac{3}{50}$ de 6 700 = 402, pois 6 700 ÷ 50 = 134 e 3 × 134 = 402.

- **4ª maneira:** Usando proporção.

$$\frac{6}{100} = \frac{x}{6\,700} \Rightarrow 100x = 40\,200 \Rightarrow x = \frac{40\,200}{100} = 402$$

- **5ª maneira:** Usando decimais.

6% de 6 700 = 0,06 × 6 700 = 402. Logo, 6% de 6 700 = 402.

Atividades

20 O que significa, em termos de porcentagem, cada número dado?

a) $\frac{27}{100}$ b) 0,05 c) 1 d) $\frac{1}{2}$

21 Qual porcentagem de cada figura está pintada?

a)

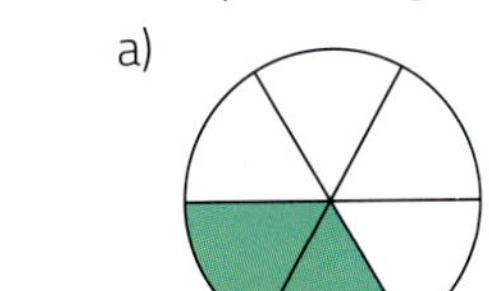

b)

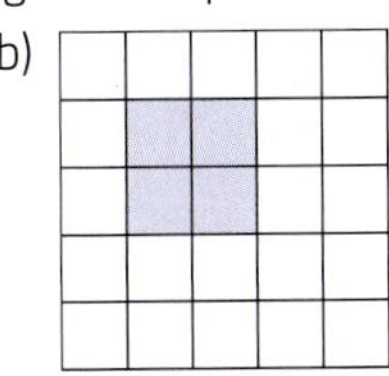

Ilustrações: Banco de imagens/Arquivo da editora

22 Escreva:

a) 45% na forma de fração irredutível;

b) 80% na forma decimal;

c) 8% na forma decimal;

d) 120% na forma mista.

23 Calcule mentalmente e registre o resultado.

a) 10% de 500.

b) 5% de 500.

c) 15% de 500.

d) 30% de 900.

e) 35% de 900.

f) 50% de 400.

g) 60% de 400.

h) 10% de 600.

i) 12,5% de 60.

j) 100% de 700.

k) 110% de 700.

l) 50% de 700.

m) 5% de 700.

n) 45% de 700.

24 Sabendo que 10% de 300 é igual a 30, escreva outras 3 porcentagens de 300 que podem ser calculadas mentalmente.

25 Sabendo que 3% de um número é 65, quanto é 30% desse número? E 15%?

26 Calcule o valor de:

a) 4% de R$ 4 800,00;

b) 7% de R$ 1 940,00;

c) 16% de R$ 86,42;

d) 38,5% de 6 542.

27 1 800 é quantos por cento de 4 000?

28 Em um pequeno município há 2 760 eleitores. Se 70% dos eleitores votaram em certo candidato, então quantos votos ele teve?

29 Em um teste de certo minério, 27% dele continha ferro. Quanto de ferro foi encontrado em 645 kg de minério?

30 Adilson tinha R$ 51 000,00 em dinheiro. Ele investiu 12,5% em um fundo de renda fixa e 46% na Bolsa de Valores. Quantos reais ele investiu em cada um e com quanto dinheiro ele ficou?

31 Quantos por cento de:

a) 138 é igual a 56?

b) 47 830 é igual a 64,58?

c) 15,5 é igual a 3,6?

32 Determine o número em que:

a) 360 corresponde a 15%;

b) 420 corresponde a 125%;

c) 459 corresponde a 40%.

33 8 é 2% de qual número? E 25% de qual número?

34 Um investidor recebeu R$ 460,50 em um investimento de R$ 9 200,00. Qual foi a taxa de investimento?

35 Caio recebe R$ 48 000,00 por ano e gasta R$ 9 000,00 de aluguel por ano. Qual porcentagem do salário dele é gasta com aluguel?

36 Maria recebeu R$ 10,00 da mãe dela para tomar um suco. Ela gastou 75% do dinheiro. Com quantos reais ela ficou?

37 25% dos alunos da turma em que Ana estuda não sabem nadar. Se a turma tem 40 alunos, então quantos deles sabem nadar?

Cálculo de porcentagem de uma quantidade com calculadora

Explorar e descobrir

Os cálculos que você fez até aqui ficam simplificados se os fizer com o auxílio de uma calculadora. No entanto, nem todas as calculadoras funcionam da mesma maneira. Por isso, é muito importante você conhecer e saber usar a calculadora que tem.

Primeiro, verifique, digitando os botões na sequência indicada, se sua calculadora está programada para fazer o seguinte cálculo:

Banco de imagens/Arquivo da editora

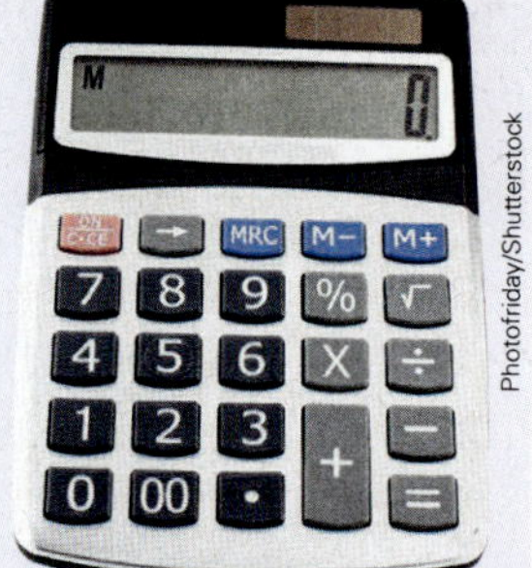

Photofriday/Shutterstock

Modelo simples de calculadora.

Se o resultado que aparecer no visor for 60, ótimo! Sua calculadora dá diretamente o resultado de uma situação como esta: "Um produto custava R$ 80,00 e teve um desconto de 25%. Qual é o preço final do produto?".

Mas, se o resultado que aparecer no visor for diferente de 60, então, você terá de operar de outra maneira. Se o desconto dado ao produto é de 25%, então o preço com desconto é de 100% − 25% = 75%, não é mesmo? Assim, basta digitar na calculadora:

0, 7 5 × 8 0 =

Você vai notar que o resultado é 60!

Veja outro exemplo para calcular 19% de 250.

2 5 0 × 1 9 %

Ilustrações: Banco de imagens/Arquivo da editora

E aparecerá no visor o número 47.5. Assim, 19% de 250 é igual a 47,5.

Outra opção é multiplicar 0,19 × 250, obtendo 47,5.

Agora é com você! Use a calculadora para resolver as atividades e anote os resultados obtidos.

1 Aumente cada valor de acordo com a porcentagem indicada.

a) R$ 54,00 mais 8%.
b) R$ 84,00 mais 30%.
c) R$ 99,05 mais 40%.
d) R$ 128,00 mais 60%.
e) R$ 1,62 mais 33%.
f) R$ 27,15 mais 17%.

2 Reduza os valores em 20%.

a) R$ 30,00 b) R$ 10,50 c) R$ 17,60 d) R$ 45,00 e) R$ 12,99

3 O preço de uma casa, neste ano, é de R$ 120 000,00. Se o valor dela aumenta 6% a cada ano, então qual será o preço:

a) no ano que vem?
b) daqui a 2 anos?
c) daqui a 3 anos?

4 Em uma promoção, o preço de um computador é de R$ 2 632,00. Terminada a promoção, esse preço sofrerá um acréscimo de 21%. Qual será o preço do computador após a promoção?

Atividades

38 Use uma calculadora para determinar os valores indicados em cada item.

a) 3,5% de 120
b) 5% de 13
c) 0,12% de 210
d) 7,5% de 325

39 Invente uma porcentagem de um número e determine o valor dela usando uma calculadora.

40 Use uma calculadora e responda aos itens.

a) R$ 2,40 é 16% de qual quantia?
b) 53,55 é 105% de qual número?
c) Quantos por cento de 72 dá 25,2?
d) R$ 54,00 é quantos por cento de R$ 40,00?

Cálculo de porcentagem envolvendo as noções de acréscimo e de decréscimo

Acréscimos

O casal Beto e Carla alugou um apartamento por R$ 2 000,00 mensais. Em abril de 2017, fez 1 ano que eles moram nesse apartamento. O índice para reajuste de aluguel é, geralmente, o IGP-M (Índice Geral de Preços de Mercado). Nesse mês, o IGP-M acumulado no ano foi de 3,4%. Qual será o valor do aluguel a partir do mês seguinte?

Sinelev/Shutterstock

Fachadas de prédios residenciais.

Podemos resolver este problema de 2 maneiras diferentes.

- **1ª maneira**

  Inicialmente calculamos 3,4% de 2 000.

  $$3{,}4\% \text{ de } 2\,000 = \frac{3{,}4}{100} \text{ de } 2\,000 = \frac{34}{1000} \times 2\,000 = 68 \text{ (acréscimo)}$$

  Em seguida, calculamos o novo valor do aluguel, fazendo um acréscimo de R$ 68,00 ao valor do antigo aluguel:

  $$\text{R\$ } 2\,000{,}00 + \text{R\$ } 68{,}00 = \text{R\$ } 2\,068{,}00$$

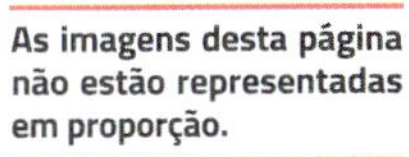

As imagens desta página não estão representadas em proporção.

- **2ª maneira**

  Consideramos o valor do aluguel antigo como 100%.

  Fazemos o acréscimo de 3,4% (100% + 3,4% = 103,4%) e calculamos 103,4% do valor do aluguel antigo. Logo:

  $$103{,}4\% \text{ de } 2\,000 = \frac{103{,}4}{100} \text{ de } 2\,000 = 1{,}034 \cdot 2\,000 = 2\,068$$

  Assim, determinamos diretamente o valor do novo aluguel, que é de R$ 2 068,00.

  O **fator de acréscimo**, neste caso, foi de 1,034.

  Observe que:

Valor inicial R$ 2 000,00	×	Fator de acréscimo 1,034	=	Valor novo R$ 2 068,00

Descontos ou decréscimos

Fabrício vai comprar o *videogame* deste anúncio. Vamos calcular quanto ele vai pagar à vista de 2 maneiras diferentes.

Paulo Manzi/Arquivo da editora

Videogame.

- **1ª maneira**

  Inicialmente calculamos 12% de 1 500.

  $$12\% \text{ de } 1500 = \frac{12}{100} \text{ de } 1500 = \frac{12}{100} \cdot 1500 = 180$$

  Em seguida, determinamos o novo preço com desconto:

  $$\text{R\$ } 1\,500{,}00 - \text{R\$ } 180{,}00 = \text{R\$ } 1\,320{,}00$$

- **2ª maneira**

  Consideramos o preço inicial como 100%, subtraímos o desconto de 12% (100% − 12% = 88%) e obtemos 88%, isto é, o novo preço do *videogame* é igual a 88% do preço inicial. Logo:

  $$88\% \text{ de } 1\,500 = \frac{88}{100} \text{ de } 1500 = \frac{88}{100} \cdot 1500 = 0{,}88 \cdot 1500 = 1320$$

  Assim, determinamos diretamente o novo preço do *videogame*, que é de R$ 1 320,00.

  Nesse caso, o **fator de desconto** ou **decréscimo** foi de 0,88.

  Observe que:

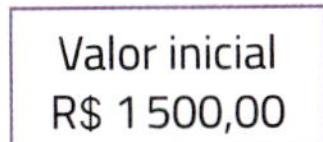

Valor inicial R$ 1 500,00	×	Fator de desconto 0,88	=	Valor novo R$ 1 320,00

Atividades

41 Os preços dos alimentos subiram 7% em determinado mês.

a) Qual foi o fator de acréscimo?

b) Se um alimento custava R$ 15,00 o quilograma, então quanto ele passou a custar?

42 Um ciclista conseguiu diminuir o tempo dele em 8% em determinado percurso.

a) Se o tempo anterior dele era de 50 segundos, então qual foi o novo tempo?

b) Qual foi o fator de decréscimo?

43 Um refrigerador que custa R$ 2 000,00 tem um desconto de 8% se pago à vista. Qual será o preço dele à vista?

44 Uma torradeira que custava R$ 180,00 sofreu um acréscimo de 11% no preço. Qual é o novo preço?

45 A produção de soja aumentou 15% em relação ao ano anterior.

a) Qual foi o fator de aumento?

b) Se a produção no ano anterior foi de 210 milhões de toneladas de grãos, então qual foi a produção nesse ano?

46 Na Bolsa de Valores, uma ação sofreu um aumento de 5% passando a ser cotada a R$ 21,00. Qual era o preço anterior dessa ação?

47 Um comerciante fez um acréscimo de 10% no preço de um produto que custava R$ 20,00. Para voltar ao preço inicial (R$ 20,00) ele deve dar ao novo preço um desconto de 10%, mais do que 10% ou menos do que 10%?

48 A venda de um mesmo tipo de fogão está sendo anunciada em 2 lojas diferentes.

Ilustrações: Mauro Souza/ Arquivo da editora

Em qual das lojas esse fogão está mais barato?

49 O preço de custo de uma cama é de R$ 180,00. O comerciante quer ter um lucro de 30% na venda dessa cama. Por quanto ele deve vendê-la?

50 Em uma promoção, o preço de um liquidificador foi reduzido de R$ 76,00 para R$ 57,00. Qual foi a porcentagem da redução?

51 Quanto devo pagar por um terreno a prazo se, comprando à vista, ganho um desconto de 6%, equivalente a R$ 1 800,00?

52 Alguns amigos foram comer *pizza*. A conta, incluindo os 10% de serviço, ficou em R$ 143,00. Qual é o valor da conta sem a taxa de serviço?

53 Leandro saiu de casa com R$ 80,00. Gastou 25% dessa quantia na compra de um DVD e gastou, em seguida, 30% do que havia sobrado na compra de um livro. Com quanto ele ainda ficou?

Saiba mais

A Taxa Referencial (TR) é um índice criado pelo governo para complementar os juros pagos na poupança.
A taxa Selic é a taxa básica de juros utilizada como referência pela política monetária do Brasil.

54 **Conexões. Caderneta de poupança.** A caderneta de poupança é a mais tradicional aplicação financeira do mercado. A partir de 2012, a remuneração da poupança passou a depender da data da aplicação. Para depósitos feitos até 3 de maio de 2012, a remuneração continuou de 6,17% ao ano mais a TR. Entretanto, para depósitos feitos a partir de 4 de maio de 2012, sempre que a taxa Selic fica igual ou menor do que 8,5% ao ano, o rendimento da poupança passará a ser de 70% da taxa Selic mais a TR.

a) Se a taxa Selic for de 10% ao ano, então qual será a remuneração da poupança a ser somada com a TR para um depósito feito em janeiro de 2011?

b) Se a taxa for de 8% ao ano, então qual será a remuneração da poupança a ser somada com a TR para um depósito feito em janeiro de 2016?

55 Paulo gastou 40% do que tinha na compra de uma calça e ainda ficou com R$ 87,00. Qual era a quantia que Paulo tinha?

Revisando seus conhecimentos

1 › Certa quantia foi dividida em 3 partes, proporcionais a 6, 7 e 11, nessa ordem. A primeira parte vale R$ 80,00 a menos do que a segunda; e a terceira parte vale R$ 320,00 a mais do que a segunda. Qual foi a quantia dividida?

2 › Uma latinha de suco geralmente contém 350 mL. Escreva:

a) essa medida de capacidade usando o litro como unidade;

b) a medida de capacidade de 3 latinhas usando como unidades o mililitro e depois o litro.

Fabio Yoshihito Matsuura/Arquivo da editora

Lata de suco.

3 › Verifique se a afirmação a seguir é verdadeira ou falsa. Se for verdadeira, dê 3 exemplos; se for falsa, apresente 1 contraexemplo (um exemplo que contradiz a afirmação).

Quando se faz um acréscimo percentual de, por exemplo, 20%, a determinado valor e, em seguida, efetuamos um desconto de também 20% ao valor obtido, ao final das 2 operações encontra-se o valor original.

4 › Quantos triângulos e quantos quadriláteros aparecem nesta figura? Indique-os.

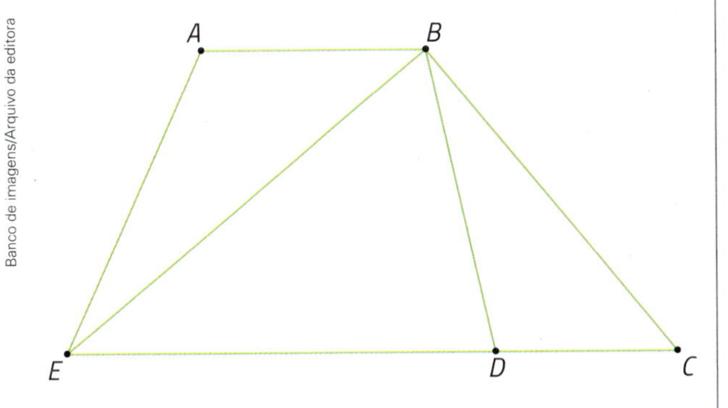

Banco de imagens/Arquivo da editora

5 › Em uma empresa alimentícia, trabalham 648 mulheres e sabe-se que 46% dos operários são homens. Qual é o total de funcionários dessa empresa?

6 › A idade de um pai somada à idade do filho resulta em 42 anos. Sabendo que a idade do pai é 5 vezes a idade do filho, qual é a idade de cada um?

7 › Mateus montou uma caixa de presente em formato de paralelepípedo com cartolina e fita-crepe.

As imagens desta página não estão representadas em proporção.

5 cm

10 cm

4 cm

Banco de imagens/Arquivo da editora

a) Quantos centímetros quadrados de cartolina Mateus gastou, aproximadamente?

b) E quantos centímetros de fita-crepe?

8 › Determine as medidas de abertura dos ângulos internos de um triângulo sabendo que são inversamente proporcionais aos números 1, 6 e 3.

9 › Complete a frase: A duração de um filme foi de 107 min.

Esse tempo equivale a ______ h ______ min.

10 › Observe as figuras na malha quadriculada. Você consegue dividir cada uma delas em partes iguais? As partes devem ter a mesma forma e o mesmo tamanho.

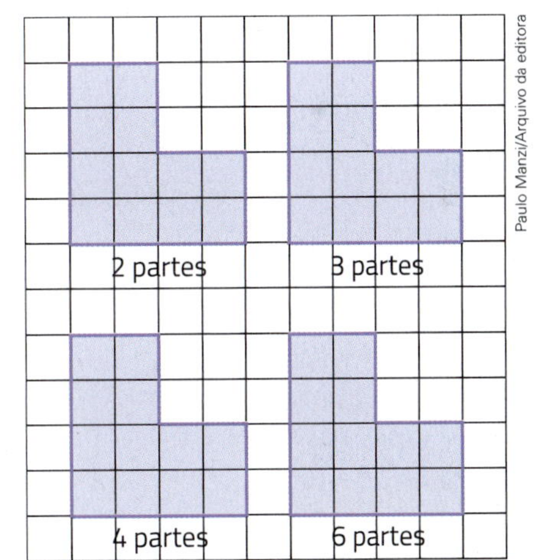

Paulo Manzi/Arquivo da editora

11 › Se 5 dias atrás foi o dia seguinte a sábado, então qual foi o dia anterior a ontem?

12 › Qual algarismo cada letra representa?

$$\begin{array}{r} A\,A\,A \\ -\;B\,B \\ \hline A\,C \end{array}$$

13 › Se *aa*5 é divisível por 45, então qual é o valor de *a*?

14 › Desenhe um retângulo com medidas de comprimento de dimensões de 4 cm e 3 cm e pinte 75% da região retangular determinada.

Testes oficiais

1 (Saeb) Num jogo de futebol, compareceram 20538 torcedores nas arquibancadas, 12100 nas cadeiras numeradas e 32070 nas gerais. Naquele jogo, apenas 20% dos torcedores que compareceram ao estádio torciam pelo time que venceu a partida. Qual é o número aproximado de torcedores que viram seu time vencer?

a) 10000
b) 13000
c) 16000
d) 19000
e) 22000

2 (Obmep) Rodrigo comprou 3 cadernos iguais em uma promoção na qual o segundo e o terceiro cadernos eram vendidos, respectivamente, com 20% e 40% de desconto sobre o preço do primeiro. No dia seguinte, terminada a promoção, Gustavo comprou 3 cadernos iguais aos de Rodrigo, todos sem desconto. Percentualmente, quanto Rodrigo pagou a menos que Gustavo?

a) 20%
b) 22%
c) 25%
d) 28%
e) 30%

3 (Saresp) Uma máquina fotográfica custava R$ 500,00. No dia dos pais, numa promoção, foi vendida com um desconto de 10% e, logo depois, em cima do novo preço sofreu um aumento de 10%.
O seu preço atual, em reais, é:

a) 450,00.
b) 475,00.
c) 495,00.
d) 515,00.

4 (Saresp) Com o uso do carro novo que comprou, João reduziu de 25 para 20 litros a quantidade de combustível que gastava para visitar sua avó. Percentualmente, o consumo do João foi reduzido de:

a) 10%.
b) 20%.
c) 30%.
d) 40%.

5 (Saresp) Observe a promoção indicada no quadro abaixo.

Considerando o valor unitário do produto, o desconto na compra de 5 toalhas na promoção será de:

a) 20%.
b) 40%.
c) 60%.
d) 80%.

6 Desafio. (Obmep) A quantidade de água de uma melancia corresponde a 95% de seu peso. Joaquim retirou água dessa melancia até que a quantidade de água correspondesse a 90% de seu peso, que passou a ser 6 kg. Qual era o peso original da melancia?

a) 6,5 kg
b) 7 kg
c) 8,5 kg
d) 10 kg
e) 12 kg

Questões de vestibulares e Enem

7 (Enem) Para se construir um contrapiso, é comum, na constituição do concreto, se utilizar cimento, areia e brita, na seguinte proporção: 1 parte de cimento, 4 partes de areia e 2 partes de brita.
Para construir o contrapiso de uma garagem, uma construtora encomendou um caminhão betoneira com 14 m³ de concreto.
Qual é o volume de cimento, em m³, na carga de concreto trazido pela betoneira?

a) 1,75
b) 2,0
c) 2,33
d) 4,00
e) 8,00

8 (Mack-SP) Dividindo-se 660 em partes proporcionais aos números $\frac{1}{2}$, $\frac{1}{3}$ e $\frac{1}{6}$ obtêm-se, respectivamente:

a) 330, 220 e 110.
b) 120, 180 e 360.
c) 360, 180 e 120.
d) 110, 220 e 330.
e) 200, 300 e 160.

9 ▸ (Uerj) Leia com atenção.

Você deve concordar que, em casos como este, é justo que cada um pague proporcionalmente ao que consumiu. A conta foi de R$ 28,00 (vinte e oito reais). Considere que Hagar tenha consumido o triplo do que consumiu o seu acompanhante; assim, proporcionalmente, Hagar deve pagar:

a) R$ 18,00.
b) R$ 19,00.
c) R$ 20,00.
d) R$ 21,00.
e) R$ 24,00.

10 ▸ (Enem)

O contribuinte que vende mais de R$ 20 mil de ações em Bolsa de Valores em um mês deverá pagar Imposto de Renda. O pagamento para a Receita Federal consistirá em 15% do lucro obtido com a venda das ações.

Disponível em: <www.folha.uol.com.br>. Acesso em: 26 abr. 2010 (adaptado).

Um contribuinte que vende por R$ 34 mil um lote de ações que custou R$ 26 mil terá de pagar de Imposto de Renda à Receita Federal o valor de:

a) R$ 900,00.
b) R$ 1 200,00.
c) R$ 2 100,00.
d) R$ 3 900,00.
e) R$ 5 100,00.

11 ▸ (Enem) Uma empresa possui um sistema de controle de qualidade que classifica o seu desempenho financeiro anual, tendo como base o do ano anterior. Os conceitos são: insuficiente, quando o crescimento é menor que 1%; regular, quando o crescimento é maior ou igual a 1% e menor que 5%; bom, quando o crescimento é maior ou igual a 5% e menor que 10%; ótimo, quando é maior ou igual a 10% e menor que 20%; e excelente, quando é maior ou igual a 20%. Essa empresa apresentou lucro de R$ 132 000,00 em 2008 e de R$ 145 000,00 em 2009.

De acordo com esse sistema de controle de qualidade, o desempenho financeiro dessa empresa no ano de 2009 deve ser considerado:

a) insuficiente.
b) regular.
c) bom.
d) ótimo.
e) excelente.

12 ▸ (Enem) Uma pessoa aplicou certa quantia em ações. No primeiro mês, ela perdeu 30% do total do investimento e, no segundo mês, recuperou 20% do que havia perdido. Depois desses dois meses, resolveu tirar o montante de R$ 3 800,00 gerado pela aplicação.

A quantia inicial que essa pessoa aplicou em ações corresponde ao valor de:

a) R$ 4 222,22.
b) R$ 4 523,80.
c) R$ 5 000,00.
d) R$ 13 300,00.
e) R$ 17 100,00.

13 ▸ (Unisinos-RS) Se uma loja repartir entre três funcionários a quantia de R$ 2 400,00 em partes diretamente proporcionais a 3, 4 e 5, eles receberão, respectivamente, as seguintes quantias em reais:

a) 1 000, 800 e 600.
b) 800, 600 e 1 000.
c) 800, 600 e 480.
d) 600, 800 e 1 000.
e) 600, 1 000 e 800.

14 ▸ (IFSC) Imagine a seguinte situação: Carlos precisa pagar uma quantia de R$ 1 140,00 em três parcelas **A**, **B** e **C**, respectivamente.

Considerando que essas parcelas são inversamente proporcionais aos números 5, 4 e 2, respectivamente, é correto afirmar que Carlos irá pagar:

a) R$ 740,00 pelas parcelas **A** e **B** juntas.
b) R$ 240,00 pela parcela **B**.
c) R$ 680,00 pela parcela **C**.
d) R$ 540,00 pela parcela **A**.
e) R$ 240,00 pela parcela **A**.

15 ▸ (PUC-RJ) Abílio tem um salário de R$ 1 000,00. No final do ano, ele recebeu um aumento de 10% devido a uma promoção, seguido, em março, de um reajuste de 5%. Qual o salário de Abílio em abril?

a) R$ 1 150,00
b) R$ 1 155,00
c) R$ 1 105,00
d) R$ 1 160,00
e) R$ 1 200,00

VERIFIQUE O QUE ESTUDOU

1 Leia as afirmações abaixo, calcule mentalmente e complete-as.

a) Dividindo R$ 12,00 em quantias diretamente proporcionais a 1 e 2, obtemos respectivamente R$ ______ e R$ ______.

b) Dividindo R$ 80,00 em quantias inversamente proporcionais a 1 e 3, obtemos respectivamente R$ ______ e R$ ______.

c) Uma quantia de R$ 300,00, com um acréscimo de 2% passa para R$ ______.

d) Uma quantia de R$ 20,00, com um desconto (decréscimo) de 5% passa para R$ ______.

e) Uma quantia de R$ 40,00, quando passa para R$ 60,00 teve um ______ de ______ %.

f) José gastou R$ 10,00 e ainda ficou com 80% do que tinha. Então, ele tinha R$ ______.

g) Se 3 maçãs custam R$ 10,00, então 9 maçãs custam R$ ______.

h) Um taxista cobra R$ 15,00 de bandeirada e R$ 4,00 por quilômetro rodado. Em uma corrida de 10 km um passageiro vai pagar R$ ______.

i) Um produto custava R$ 1 000,00, teve um aumento de 10% e depois um desconto de 10% sobre o novo preço. Ele passou a custar R$ ______.

2 Elabore em uma folha de papel um problema que envolva regra de sociedade e passe para um colega resolver. Você resolve o dele.

3 Escreva cada número na forma de porcentagem.

a) $\frac{7}{20}$ c) 8 em 25 e) 2,3

b) $\frac{42}{150}$ d) 0,04 f) 0,575

4 Observe a figura e indique a porcentagem correspondente à parte dela que está pintada.

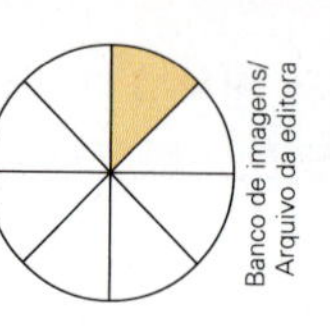
Banco de imagens/Arquivo da editora

5 Observe os itens a seguir e resolva-os, pelo menos, de 2 maneiras diferentes (em um deles você deve usar proporção), e complete as frases com os números adequados.

a) 90% de R$ 105,00 = R$ ______

b) 35% de R$ ______ = R$ 28,00

c) ______ % de R$ 250,00 = R$ 75,00

d) 1% de R$ 725,00 = R$ ______

6 **Tomando decisões nas liquidações.** Ana Maria quer aproveitar algumas liquidações para fazer compras. Observe algumas ofertas que ela encontrou.

Último dia!
1 peça: 20% de desconto.
2 peças: 30% de desconto.
4 peças: 40% de desconto.
Mais de 4 peças: 50% de desconto.

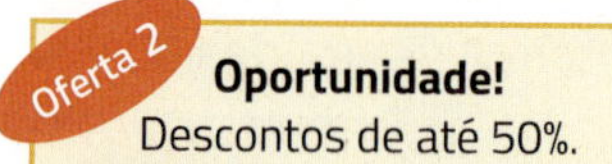

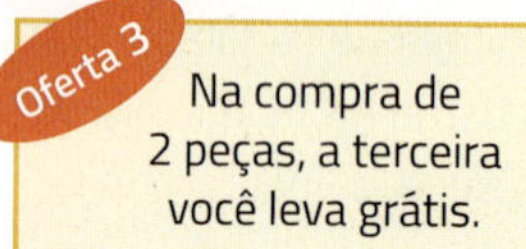

Ilustrações: Banco de imagens/Arquivo da editora

a) Alguma dessas ofertas é mais vantajosa do que as outras? Converse com os colegas.

b) Comparem a oferta 1 com a oferta 3. Em qual delas é mais vantajoso comprar 2 peças?

Atenção

Retome os assuntos que você estudou neste capítulo. Verifique em quais teve dificuldade e converse com o professor, buscando maneiras de reforçar seu aprendizado.

Autoavaliação

Algumas atitudes e reflexões são fundamentais para melhorar o aprendizado e a convivência na escola. Reflita sobre elas.

- Compareci a todas as aulas e participei com interesse?
- Resolvi as atividades em sala de aula e as propostas para casa?
- Adquiri mais segurança em meus estudos?
- Ampliei meus conhecimentos relacionados à Matemática financeira?

PARA LER, PENSAR E DIVERTIR-SE

Ler

Investimentos

É bem provável que você já tenha escutado falar em aplicação financeira. Geralmente, o objetivo de uma aplicação é fazer o dinheiro render ou não o desvalorizar em relação à inflação. A aplicação financeira favorita, com 60% dos investidores brasileiros, é a famosa caderneta de poupança. Ela é um exemplo de aplicação em que o dinheiro rende de acordo com uma porcentagem da quantia depositada, evitando assim a desvalorização.

Por mais absurdo que possa parecer, de acordo com uma pesquisa recente do Indicador de Reserva Financeira, 25% das pessoas que poupam dinheiro, guardam as economias em casa. E qual é o problema disso? O dinheiro não será reajustado e ainda existe o risco de roubo ou furto.

Nos últimos anos, um investimento que vem crescendo entre a população é a aplicação na Bolsa de Valores. Nessa modalidade de investimento, é possível comprar ações (porcentagens) de uma empresa e tornar-se "sócio" dela. Quando a empresa ganha valor no mercado, as ações compradas também passam a valer mais. Porém, se por algum motivo a empresa perder valor no mercado, então o sócio também perderá dinheiro.

Fonte de consulta: CONFEDERAÇÃO NACIONAL DE DIRIGENTES LOJISTAS (CNDL). *Notícias*. Disponível em: <http://site.cndl.org.br/em-vez-de-aplicar-25-dos-poupadores-guardam-dinheiro-na-propria-casa-revela-indicador-do-spc-brasil-e-cndl/>. Acesso em: 14 fev. 2019.

Pensar

Observe estas figuras.

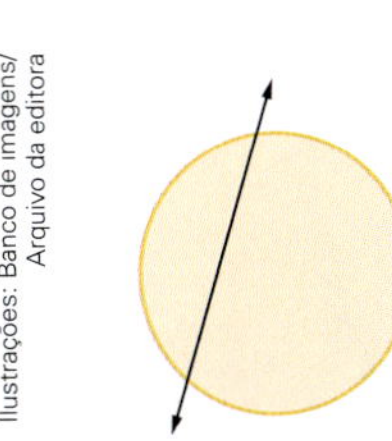

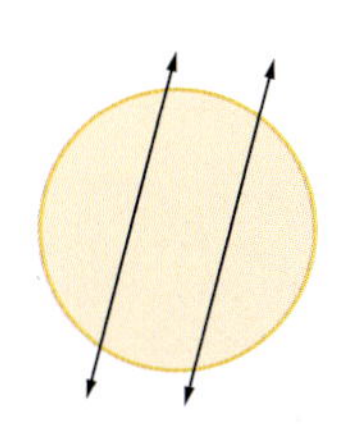

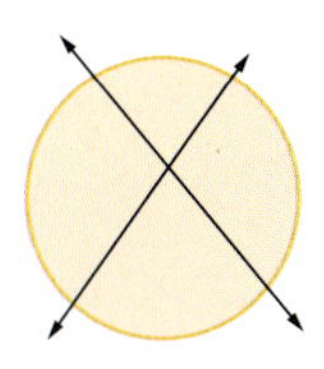

Ilustrações: Banco de imagens/Arquivo da editora

Usando 1 reta, determinamos 2 regiões planas ou partes de 1 círculo. Com 2 retas, podemos gerar 3 ou 4 regiões planas em 1 círculo.

Desenhe 1 círculo em cada item e, usando 3 retas, obtenha exatamente:

a) 4 regiões;

b) 5 regiões;

c) 6 regiões;

d) 7 regiões.

Divertir-se

Imagine que 4 palitos de fósforo usados representem uma pá de lixo, e que o lixo esteja fora dela.

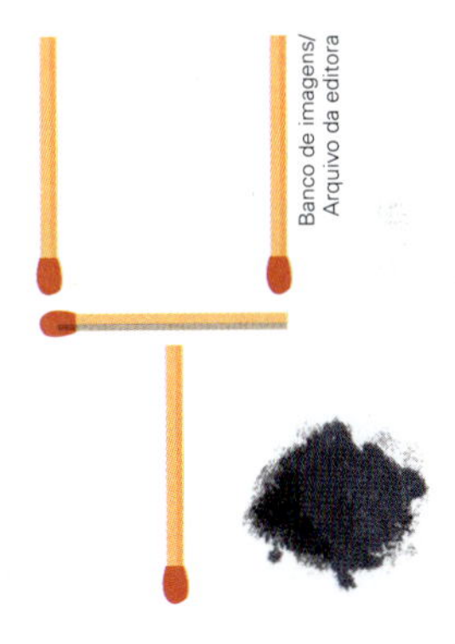

Banco de imagens/Arquivo da editora

Movendo apenas 2 palitos e sem tocar no lixo, remonte a pá de maneira que o lixo fique dentro dela.

CAPÍTULO

9 Noções de estatística e probabilidade

Banco de imagens/Arquivo da editora

NOTÍCIAS **Sábado, 4 de maio de 2019.**

Campanha de vacinação foi prorrogada, pois até agora só 70% do público-alvo foi vacinado.

Não deixe de vacinar

Início: 23/04/2019

Término: 01/06/2019

Levar carteira de vacinação ou caderninho do idoso.

Banco de imagens/Arquivo da editora

moomsabuy/Shutterstock

O time paranaense foi campeão, ganhando 24 dos 30 pontos disputados.

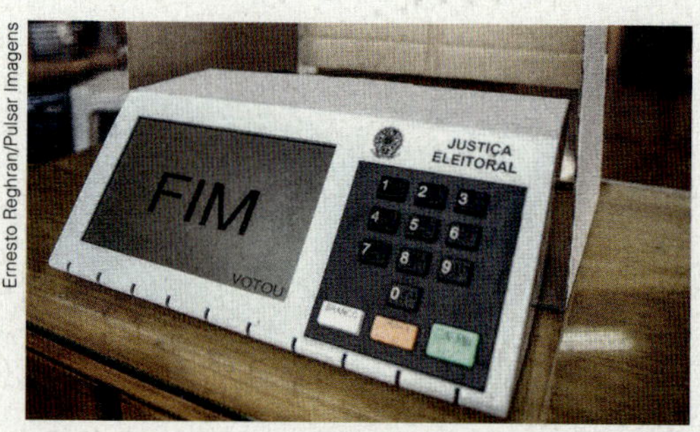

Ernesto Reghran/Pulsar Imagens

Na pesquisa sobre a intenção de votos para a eleição, há empate técnico entre os 2 candidatos mais votados.

Ao ligar a televisão ou ler um jornal ou uma revista, você pode notar a presença de diversas manchetes. Muitas delas trazem informações baseadas em números que chamamos de **dados estatísticos**. Esses números permitem um entendimento mais fiel das notícias apresentadas.

Neste capítulo, vamos retomar e aprofundar o estudo de conteúdos de estatística, bem como de probabilidade, revendo alguns conceitos e aprendendo outros.

TEMPO

Sábado, 4 de maio de 2019.

Previsão para hoje

23 °C

15 °C

De acordo com os meteorologistas, a probabilidade de chuva durante o *show* de *rock* amanhã, em Porto Alegre, é de cerca de 90%.

Converse com os colegas sobre estas questões considerando as manchetes destas páginas.

1 Se a campanha de vacinação previa que 1 milhão de pessoas seriam vacinadas, então quantas ainda não foram vacinadas?

2 O time campeão ganhou com qual porcentagem dos pontos disputados?

3 O que significa empate técnico em uma pesquisa sobre intenção de votos?

4 Pela informação dos meteorologistas, há grande ou pequena probabilidade de chuva durante o *show*?

1 Pesquisa estatística e termos relacionados

As pesquisas estatísticas são bastante usadas em diversos setores da sociedade e, geralmente, são utilizadas para ajudar a tomar decisões sobre o tema pesquisado. Veja algumas situações que envolvem esse conceito.

Rubens Chaves/Pulsar Imagens

Funcionário fazendo pesquisa em domicílio.

- **1ª situação:** A coordenação de uma escola vai realizar uma pesquisa para saber de qual das seguintes disciplinas os alunos do 7º ano **B** mais gostam: Português, Matemática, Ciências ou História.
- **2ª situação:** Uma emissora de televisão vai lançar um programa em determinado horário e decidiu fazer uma pesquisa sobre qual tipo de programa mais agradaria naquele horário: esportivo, humorístico ou musical.
- **3ª situação:** A prefeitura de uma cidade vai instalar um posto de saúde que vai funcionar 8 horas por dia. Para melhor atender a população, ela fez uma pesquisa sobre qual horário de funcionamento os usuários preferiam.

As imagens desta página não estão representadas em proporção

População e amostra

Na 1ª situação de pesquisa citada acima, é possível consultar **todos** os alunos do 7º ano **B**, que constituem a **população estatística** ou o **universo estatístico**. Esse tipo de pesquisa que envolve todos os participantes, e tem como principal vantagem a exatidão das respostas, é chamado de **pesquisa por população** ou **pesquisa censitária**. Ela é recomendada quando a população da qual se deseja obter informações é pequena, permitindo que todos sejam consultados.

Já na 2ª situação, não é possível consultar todos os telespectadores, ou seja, toda a população estatística. Em casos assim, recorremos a um grupo representativo de pessoas, que constituem o que chamamos de **amostra** ou **amostragem**, e a pesquisa é chamada de **pesquisa por amostra** ou **pesquisa amostral**.

Chamando de U o universo estatístico e de A uma amostra, sempre temos a amostra A contida no universo estatístico U, como mostra o diagrama.

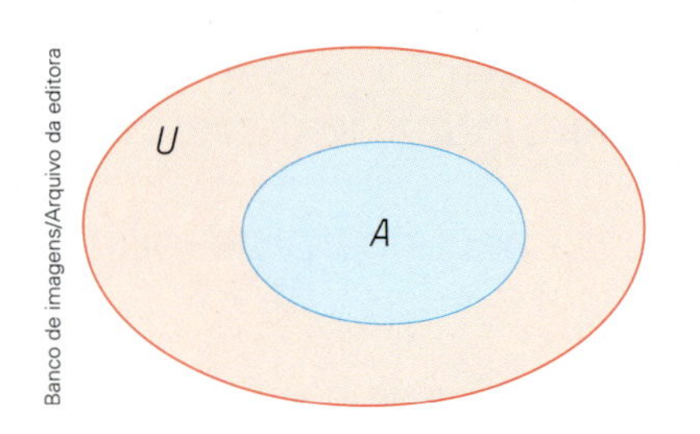

Banco de imagens/Arquivo da editora

A escolha das pessoas que constituem a amostra de uma pesquisa deve ser criteriosa para que ela traduza a opinião de toda a população.

Thiago Neumann/Arquivo da editora

Indivíduo ou objeto da pesquisa

Nas situações citadas até agora, o universo e a amostra foram compostos de pessoas, e cada uma delas é considerada um **indivíduo** ou um **objeto da pesquisa**.

Há pesquisas em que o objeto não é uma pessoa. Por exemplo, em uma indústria foi feita a seguinte pesquisa: Para cada lote de parafusos fabricados, quantos apresentaram defeito? Neste caso, cada parafuso é um elemento da pesquisa.

Variável e valor da variável

Considere esta questão formulada em uma pesquisa: "Qual é seu esporte favorito?".

Neste caso, "esporte" é a **variável** da pesquisa e judô, futebol e natação são alguns **valores** dessa variável.

Steve Shott/Dorling Kindersley/Getty Images

Crianças lutando judô.

Muzsy/Shutterstock

Crianças jogando futebol.

As imagens desta página não estão representadas em proporção.

Emin Kuliyev/Shutterstock/Glow Images

Garota fazendo natação.

Veja agora esta pergunta: "Qual é seu grau de instrução?". A **variável** é "grau de instrução". Possíveis **valores** dessa variável: Ensino Fundamental, Ensino Médio, Ensino Superior e Pós-graduação.

Veja mais esta pergunta: "Qual é sua idade?". Aqui a variável é "idade" e alguns dos valores são 6 anos, 10 anos e 45 anos.

Tipos de variável

Considere os exemplos anteriores.

- "Grau de instrução" e "esporte" são **variáveis qualitativas**: cada valor dela expõe uma qualidade.
- "Idade" é uma **variável quantitativa**: cada valor dela explicita uma quantidade.

Atividades

1 › Faça um levantamento com os colegas indicando pelo menos 3 situações em que é importante a elaboração de pesquisas.

2 › Dê um exemplo de cada tipo de pesquisa.

a) Uma pesquisa em que todo o universo foi consultado e cada indivíduo é uma pessoa.

b) Uma pesquisa em que todo o universo foi consultado e cada indivíduo não é uma pessoa.

c) Uma pesquisa em que foi consultada uma amostra e cada indivíduo é uma pessoa.

d) Uma pesquisa em que foi consultada uma amostra e cada indivíduo não é uma pessoa.

3 › Na 3ª situação da página 244, é possível consultar todo o universo estatístico ou será necessário recorrer a uma amostra?

4 › Em uma partida de futebol, compareceram 10 250 espectadores. No final da partida, 520 espectadores foram consultados sobre questões de segurança do estádio.

a) Quantos elementos o universo estatístico tem?

b) Quantos elementos compõem a amostra?

c) Para que o resultado da pesquisa represente a opinião geral, como você acredita que deve ser a escolha da amostra?

5 › Identifique a variável e cite alguns possíveis valores delas em cada pesquisa.

a) "Qual é a medida de comprimento da sua altura?"

b) "Quantos aparelhos de televisão há na sua casa?"

c) "Qual é sua cor predileta?"

6 › Informe o tipo da variável nos itens da atividade anterior.

7 › Uma agência de turismo realizou uma pesquisa para conhecer as preferências dos clientes. Analise algumas questões formuladas e, em cada uma delas, indique qual é a variável, o tipo dela e pelo menos 2 possíveis valores.

Paulo Manzi/Arquivo da editora

a) "Em qual mês você prefere viajar de férias?"

b) "Quantos dias você pretende viajar nas férias?"

c) "Qual estado do Brasil você gostaria de conhecer?"

d) "Qual é a quantia máxima que você pretende gastar?"

e) "Você prefere viajar por qual meio de transporte?"

f) "Quantas pessoas você levará na viagem?"

g) "Qual categoria de hotel você prefere?"

h) "Qual forma de pagamento você pretende usar?"

8 › Uma agência imobiliária tem 2 000 clientes cadastrados e resolveu consultar 350 deles sobre algumas preferências na compra de um imóvel.

As imagens desta página não estão representadas em proporção.

Jacek/Kino/Arquivo da editora

Imóvel à venda.

Veja algumas das questões formuladas:

I. "Qual tipo de imóvel você prefere: casa ou apartamento?"

II. "Quantos dormitórios deve ter o imóvel que você pretende comprar?"

III. "No caso da compra de um apartamento, em que andar você prefere?"

IV. "Qual é o valor máximo que você pretende gastar com o imóvel?"

Agora, responda aos itens.

a) Qual é o universo nessa pesquisa?

b) Nessa pesquisa foi utilizada uma amostra? Se sim, qual?

c) Quais são os objetos dessa pesquisa?

d) Qual é a variável em cada uma das 4 questões formuladas? Dê o tipo de variável e pelo menos 2 valores dela.

Frequência absoluta e frequência relativa de uma variável

A um grupo de alunos brasileiros de uma universidade foi feita a seguinte pergunta: "Qual é seu estado de origem?".

Veja as respostas.

- Raul: Minas Gerais.
- Rafael: Minas Gerais.
- Rita: Bahia.
- Bráulio: Alagoas.
- Marília: Minas Gerais.
- Ana: Minas Gerais.
- Anete: Minas Gerais.
- Carlos: Rio de Janeiro.
- Pedro: Paraná.
- Geraldo: Minas Gerais.
- Rui: Paraná.
- Marcelo: Bahia.
- Marcos: Paraná.
- Fabiano: Rio de Janeiro.
- Sérgio: Rio de Janeiro.

Observe que a amostra da pesquisa é composta de 15 indivíduos. A variável "estado de origem" apresentou 5 valores.

O número de vezes que cada valor da variável é citado é a **frequência absoluta (FA)** desse valor.

Veja alguns exemplos.

- A frequência absoluta do valor "Alagoas" dessa pesquisa é 1.
- A frequência absoluta do valor "Rio de Janeiro" é 3.
- A frequência absoluta do valor "Minas Gerais" é 6.

Podemos também falar em **frequência relativa (FR)** de cada valor da variável. Veja os exemplos:

- O valor da variável "Minas Gerais" tem frequência relativa de 6 em 15 ou $\frac{6}{15}$ ou $\frac{2}{5}$ ou 0,4 ou 40%.
- O valor da variável "Alagoas" tem frequência relativa 1 em 15 ou $\frac{1}{15}$ ou aproximadamente 0,066 ou, ainda, aproximadamente 6,6%.

Você percebeu que a frequência relativa pode ser dada na forma de razão, fração, decimal ou porcentagem?

Thiago Neumann/Arquivo da editora

Considere agora outra pesquisa, com 20 alunos de uma turma, com esta pergunta: "Qual esporte você prefere entre natação, futebol e tênis?". Observe os resultados da variável "esporte favorito" dessa pesquisa.

Esporte favorito

Valor da variável / Frequência	FA	FR
Natação	7	35%
Futebol	10	50%
Tênis	3	15%
Total	**20**	**100%**

Tabela elaborada para fins didáticos.

A tabela que contém a variável e os respectivos valores, com as frequências absolutas (FA) e as frequências relativas (FR), é chamada de **tabela de frequências**.

Atividades

9 › Considere a pesquisa da página anterior sobre o estado de origem e responda aos itens.

a) Qual é a variável? De que tipo ela é?

b) Quais são os possíveis valores dessa variável?

c) Qual desses valores apresentou maior incidência?

10 › Considere novamente a situação da página anterior.

a) Quais são as frequências absolutas dos estados do Paraná e da Bahia?

b) Qual é a frequência relativa, em porcentagem, do estado do Rio de Janeiro?

c) Construa a tabela de frequências para a variável "estado de origem", com as frequências relativas em porcentagem.

11 › Na turma de Maura, os alunos fizeram uma pesquisa sobre a fruta preferida de cada um deles. Veja a tabulação dos dados obtidos e, a partir dela, construa a tabela de frequências, com as frequências relativas em porcentagem.

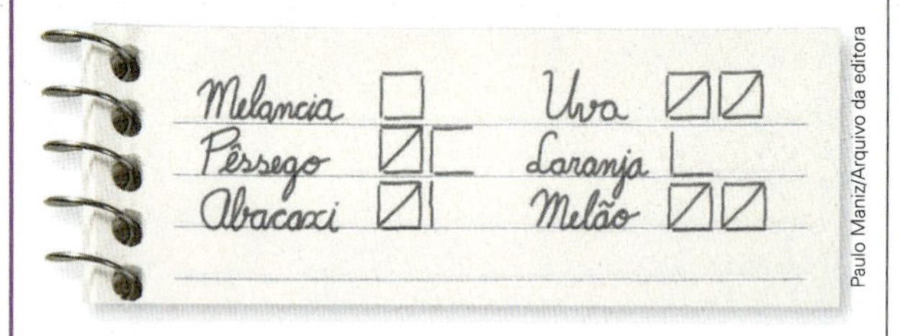

Paulo Maniz/Arquivo da editora

12 › Reúna-se com um colega para realizar esta atividade. Um de vocês lança uma moeda 20 vezes para o alto e o outro anota o número de vezes que a moeda caiu com a face cara virada para cima e o número de vezes que a moeda caiu com a face coroa virada para cima. Depois, complete esta tabela com os resultados obtidos.

Lançamento da moeda

Face para cima \ Frequência	Frequência absoluta (FA)	Frequência relativa (FR)
Cara		
Coroa		

Tabela elaborada para fins didáticos.

13 › Conversem com as outras duplas sobre o resultado obtido no lançamento da moeda na atividade anterior. Juntem as tabulações de toda a turma e observem o que ocorreu. O que saiu mais: cara ou coroa?

14 › No grupo de estudos de Artur, foi pesquisado o time carioca favorito de cada um deles.

- O Fluminense recebeu 2 votos.
- O Flamengo recebeu 1 voto a mais do que o Fluminense.
- O Vasco recebeu o mesmo número de votos que o Fluminense.
- O Botafogo recebeu 2 votos a menos do que o Flamengo.

Botafogo de Futebol e Regatas/Arquivo da editora

Clube de Regatas do Flamengo/Arquivo da editora

Fluminense Football Club/Arquivo da editora

Clube de Regatas Vasco da Gama/Arquivo da editora

Escudo dos times.

De acordo com essa pesquisa, responda aos itens.

a) Quem são os indivíduos?

b) Qual é a variável?

c) De qual tipo ela é?

d) Quais são os valores dela?

15 › Ainda em relação à pesquisa da atividade anterior, construa a tabela de frequências com 2 colunas para a frequência relativa, uma com os valores em fração e outra em porcentagem.

16 › Paulo e alguns colegas registraram o número de passageiros de cada um dos 50 veículos que passaram pela rua da escola em determinado período. Veja as anotações deles.

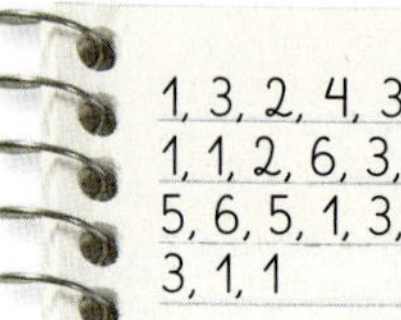

Banco de Imagens/Arquivo da editora

Construa uma tabela de frequências para essa situação.

CONEXÕES

Como são feitas as pesquisas de intenção de voto

Em época de eleições ficamos admirados com a precisão dessas pesquisas quando nos noticiários nos deparamos com dados como: "O candidato **A** tem 45% das intenções de voto; o candidato **B** tem 38%; brancos e nulos, 11%; não souberam responder, 6%. A margem de erro é de 2 pontos percentuais para mais ou para menos. O nível de confiabilidade é de 95%". Alguns eleitores ficam intrigados e chegam a se perguntar: "Como isso pode estar certo se eu não fui consultado? Nenhum dos meus amigos foi. Ninguém que eu conheço foi".

Ernesto Reghran/Pulsar Imagens

A urna eletrônica e o sistema de votação informatizado são usados no Brasil desde as eleições de 1996.

Acontece que as pesquisas são confiáveis porque obedecem a preceitos científicos, e realmente não é preciso consultar todos os eleitores (o que seria praticamente impossível) para chegar a conclusões muito próximas da realidade, com uma margem de erro muito pequena.

E, afinal, como essas pesquisas são feitas? Os institutos de pesquisa têm em mãos dados, usualmente fornecidos pelo Instituto Brasileiro de Geografia e Estatística (IBGE), sobre a população do município, do estado ou do país. Esses dados são fundamentais para a precisão dos resultados, tais como: idade, sexo, classe social, escolaridade, etnia e outros que o instituto de pesquisa julgar relevante. Em uma pesquisa municipal, o número de pessoas consultadas geralmente varia de 1 000 a 4 000 indivíduos, e quanto maior a amostra, maior a confiabilidade. O número de elementos da amostra é o que define a margem de erro, de quantos pontos percentuais para mais ou para menos é essa margem. Por exemplo, se 25% da população da cidade têm idade entre 18 e 35 anos, então somente 25% dos entrevistados estão nessa faixa etária. Isso se chama cota de amostragem.

No caso da pesquisa realizada em nível nacional, as principais capitais devem ser consultadas, além de outras cidades escolhidas de maneira aleatória. Quando a pesquisa é estadual, da mesma maneira, os municípios de maior porte têm de estar contemplados no levantamento, e os menores são usualmente definidos por sorteio.

Para abordar os entrevistados, são usados 2 critérios: domiciliar ou em pontos de fluxo. No domiciliar o entrevistador vai de casa em casa e verifica se o entrevistado atende aos requisitos da cota de amostragem. Nos pontos de fluxo, o modelo de entrevista é semelhante. Esses questionários têm 2 perguntas principais, uma espontânea (sem indicar candidatos) e outra estimulada (com opções que o eleitor tem para votar). Na espontânea se pergunta: "Se as eleições fossem hoje, em quem você votaria?". A estimulada questiona: "Se as eleições fossem hoje e os candidatos fossem esses, em quem você votaria?".

Temos de ficar atentos ao fato de que a pesquisa é uma representação amostral do momento e esse resultado pode ser mudado com o decorrer dos acontecimentos, como uma notícia que prejudique ou favoreça um ou outro candidato. Ela está sujeita a algum erro, mas a tendência é que se aproxime da intenção real dos eleitores. Para evitar erros, a amostragem deve ser a mais representativa possível.

Existe um código de ética entre os institutos de pesquisa que estabelece que uma taxa de 20% do total de entrevistados deve ser checada. Para isso, há o checador, que aborda algumas pessoas que foram entrevistadas para confirmar as informações prestadas ao entrevistador.

Para se estabelecer um nível de confiabilidade, faz-se um cálculo para chegar a essa porcentagem, que também se baseia no tamanho da amostra. Isso significa que, se o nível de confiabilidade for de 95%, em um universo de 100 pesquisas, 95 delas devem apresentar resultados que estão dentro da margem de erro e 5 podem indicar intenções de voto fora do esperado.

Fonte de consulta: GERENCIAMENTO POLÍTICO. *Como são feitas as pesquisas eleitorais e porque são importantes*. Disponível em: <https://gerenciamentopolitico.com.br/como-sao-feitas-as-pesquisas-eleitorais-e-porque-sao-importantes/>. Acesso em: 19 out. 2018.

Questões

1 Uma pesquisa foi feita por um instituto de pesquisa com uma amostra de 1 850 cidadãos, durante a campanha eleitoral para prefeito em uma cidade do interior. Como recomenda o código de ética, quantos indivíduos dessa amostragem foram novamente entrevistados?

2 **(Unifor-CE)** Em certa eleição municipal foram obtidos os seguintes resultados:

Candidato	Porcentagem do total de votos	Número de votos
A	26%	
B	24%	
C	22%	
Nulo ou branco		196

O número de votos obtidos pelo candidato vencedor foi:

a) 178.

b) 182.

c) 184.

d) 188.

e) 191.

3 **(Enem)** Antes de uma eleição para prefeito, certo instituto realizou uma pesquisa em que foi consultado um número significativo de eleitores, dos quais 36% responderam que iriam votar no candidato **X**; 33%, no candidato **Y** e 31%, no candidato **Z**. A margem de erro estimada para cada um desses valores é de 3% para mais ou para menos. Os técnicos do instituto concluíram que, se confirmado o resultado da pesquisa:

a) apenas o candidato **X** poderia vencer e, nesse caso, teria 39% do total de votos.

b) apenas os candidatos **X** e **Y** teriam chances de vencer.

c) o candidato **Y** poderia vencer com uma diferença de até 5% sobre **X**.

d) o candidato **Z** poderia vencer com uma diferença de, no máximo, 1% sobre **X**.

e) o candidato **Z** poderia vencer com uma diferença de até 5% sobre o candidato **Y**.

2 Média aritmética

Você já estudou o que é **média aritmética**. Vamos retomar e aprofundar esse assunto. Acompanhe a situação a seguir.

No consultório médico do doutor Simão, havia 5 pacientes esperando para serem atendidos: Ana, Beatriz, Cláudio, Davi e Ernesto.

Lúcia é secretária do doutor Simão. Carlinhos, filho de Lúcia, por estar de férias, resolveu acompanhar a mãe em um dia de trabalho. Curioso em saber quanto tempo durava uma consulta, resolveu realizar uma pesquisa com base na agenda que a mãe dele utilizava diariamente e verificou os intervalos de tempo das consultas dos pacientes.

- Ana: 16 minutos.
- Ernesto: 25 minutos.
- Cláudio: 20 minutos.
- Davi: 22 minutos.
- Beatriz: 15 minutos.

Monkey Business Images/Shutterstock

Pessoas aguardando atendimento em consultório médico.

Em seguida, ele calculou quanto tempo, em média, cada paciente ficou sendo atendido. Veja como ele fez.

Inicialmente, calculou o tempo total gasto pelos 5 pacientes, efetuando a adição $16 + 15 + 20 + 22 + 25 = 98$. Depois, dividiu esse tempo total pelo número de pacientes, ou seja, efetuou $98 : 5 = 19,6$.

Assim, pode-se dizer que cada paciente passou, em média, 19,6 minutos sendo atendido pelo doutor Simão. Esse é o tempo que melhor representa o tempo gasto nas consultas, ou seja, podemos afirmar que uma consulta dura, em média, 19,6 min.

Thiago Neumann/Arquivo da editora

Acompanhe mais estes exemplos.

- Se as medidas de temperatura em Curitiba registradas ao meio-dia em uma semana foram 20 °C, 21 °C, 18 °C, 22 °C, 24 °C, 19 °C e 23 °C, então a média das medidas de temperatura (T_M) nesse horário dessa semana é calculada da seguinte maneira:

$$T_M = \frac{20 + 21 + 18 + 22 + 24 + 19 + 23}{7} = \frac{147}{7} = 21$$

Assim, a medida de temperatura nesse horário dessa semana foi, em média, de 21 °C.

- Nas 4 primeiras semanas de um mês, Gabriel gastou R$ 53,00, R$ 60,20, R$ 55,15 e R$ 60,05 com gasolina. Ele decidiu saber a média dos gastos (G_M) com gasolina por semana nesse período. Para isso, efetuou o seguinte cálculo:

$$G_M = \frac{53 + 60,2 + 55,15 + 60,05}{4} = \frac{228,4}{4} = 57,10$$

Assim, podemos dizer que, nesse período, Gabriel gastou, em média, R$ 57,10 por semana.

Interpretação da média aritmética

Observe que a média de um conjunto de dados sintetiza e caracteriza esse conjunto. No último exemplo da página anterior, a média de gasto por semana foi de R$ 57,10, ou seja, se em cada 1 das 4 semanas Gabriel gastasse sempre R$ 57,10, então ele gastaria, no final de 4 semanas, R$ 228,40.

Note também que a média, embora represente um conjunto de dados, não precisa necessariamente pertencer a esse conjunto. Veja que a média de R$ 57,10 não apareceu no gasto de nenhuma das 4 semanas.

Verifique isso nos demais exemplos dados.

Atividades

17 Quais operações devemos efetuar para calcular a média aritmética de 2 ou mais números?

18 Este gráfico representa o número de pontos, de 0 a 100, que cada aluna da equipe de Sueli fez na final da competição de ginástica.

Pontuação da equipe de Sueli

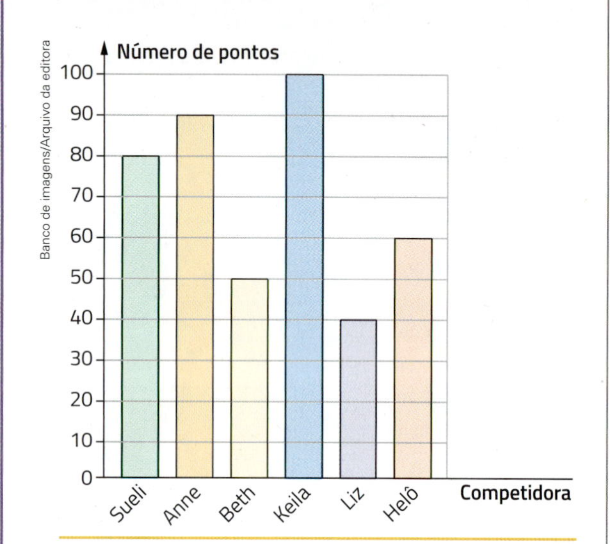

Gráfico elaborado para fins didáticos.

a) Qual é o total de pontos que a equipe fez?

b) Escreva 2 informações que o gráfico fornece.

c) Determine a média de pontos da equipe.

19 O professor Rubens, de Educação Física, mediu o comprimento das alturas dos alunos da equipe de basquete da escola. Veja as medidas que ele obteve.

- Beto: 1,80 metro.
- Felipe: 1,90 metro.
- Sandro: 1,85 metro.
- Ricardo: 1,91 metro.
- Sérgio: 1,78 metro.

Qual é a média das medidas de comprimento da altura dessa equipe?

20 Responda a cada item.

a) Durante uma semana, de segunda a sexta-feira, uma loja vendeu 125, 140, 100, 130 e 120 camisetas. Em média, foram vendidas quantas camisetas por dia?

b) Um aluno realizou 3 trabalhos no bimestre. No primeiro, a nota foi 7,5 e no segundo foi 6,0. Como a média foi 7,0, qual foi a nota do terceiro trabalho?

c) A média das medidas de comprimento da altura de um grupo de 5 atletas é 1,85 m. Se chegar mais um atleta, com medida de comprimento da altura de 1,97 m, então qual passará a ser a média das medidas de comprimento da altura?

d) Um time de basquete disputou 3 jogos: venceu o primeiro por 100 a 88, perdeu o segundo por 91 a 85 e venceu o terceiro por 88 a 82. Qual foi a média do número de pontos marcados por jogo? E a média do número de pontos sofridos por jogo?

Partida de basquete.

Média aritmética ponderada

Dependendo da importância atribuída a algum dado, são associados a ele certos **fatores de ponderação (pesos)**.

Por exemplo, em uma escola que valoriza o trabalho cooperativo em equipe, há 3 tipos de avaliação com pesos diferentes:

- teste escrito: peso 1;
- participação individual: peso 1;
- participação no trabalho em equipe: peso 2.

Juliano obteve 7,0 no teste escrito, 9,0 na participação individual e 8,0 na participação do trabalho em equipe. Qual foi a média das notas dele?

$$\frac{1 \cdot 7{,}0 + 1 \cdot 9{,}0 + 2 \cdot 8{,}0}{1 + 1 + 2} = \frac{32}{4} = 8{,}0$$

Assim, a média de Juliano foi 8,0.

Atividades

21 Quais operações devemos efetuar para calcular a média aritmética ponderada de 2 ou mais números?

22 Determine a média aritmética ponderada dos seguintes valores com os respectivos pesos: 10 (peso 2); 8 (peso 3); 6 (peso 1) e 9 (peso 4).

23 Para selecionar 1 entre 3 candidatos, uma empresa estabeleceu como critério a maior média aritmética ponderada obtida com as notas dadas à entrevista (peso 2), à prova escrita (peso 2) e ao currículo (peso 1). Veja as notas obtidas pelos candidatos e descubra qual foi selecionado.

Candidato A	Candidato B	Candidato C
Entrevista: 6	Entrevista: 8	Entrevista: 7
Prova: 8	Prova: 7	Prova: 6
Currículo: 7	Currículo: 6	Currículo: 8

24 **Desafio. (Ibmec-SP)** A tabela a seguir mostra as quantidades de alunos que acertaram e que erraram as 5 questões de uma prova aplicada em duas turmas. Cada questão valia dois pontos.

Questão	1	2	3	4	5
Acertos Turma A	32	28	36	16	20
Erros Turma A	8	12	4	24	20
Acertos Turma B	42	48	48	24	30
Erros Turma B	18	12	12	36	30

A média dos alunos da turma **A** e a média dos alunos da turma **B** nesta prova foram, respectivamente:

a) 6,80 e 6,20.
b) 6,60 e 6,40.
c) 6,40 e 6,60.
d) 6,20 e 6,80.
e) 6,00 e 7,00.

3 Gráfico de setores

Os gráficos são um importante recurso para a organização e a transmissão de dados e informações. Por isso, é comum vermos gráficos em jornais, revistas ou programas de televisão. Existem vários tipos de gráfico e cada um é usado de acordo com a conveniência.

Gráfico de colunas

Países mais extensos do mundo

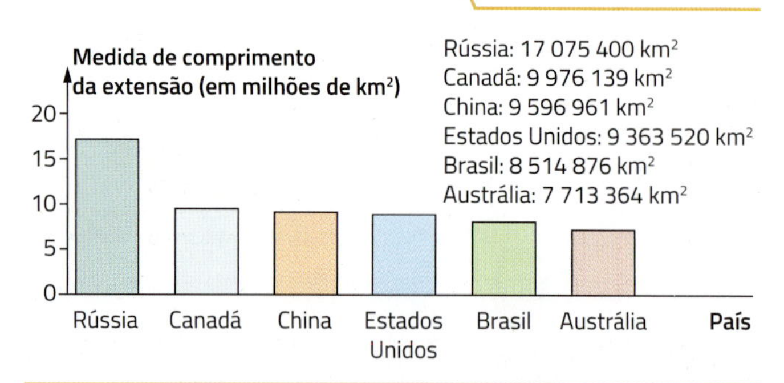

Fonte de consulta: MUNDO EDUCAÇÃO. *Os maiores países do mundo.* Disponível em: <https://mundoeducacao.bol.uol.com.br/geografia/os-maiores-paises-mundo.htm>. Acesso em: 4 jul. 2018.

Gráfico de segmentos

Crescimento da população brasileira

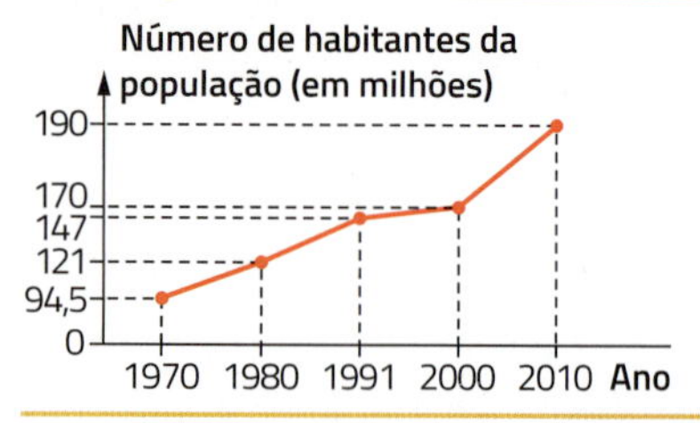

Fonte de consulta: IBGE. *População.* Disponível em: <www.ibge.gov.br/estatisticas-novoportal/sociais/populacao/9662-censo-demografico-2010.html?=&t=series-historicas>. Acesso em: 4 jul. 2018.

Gráfico de setores

Composição do solo terrestre

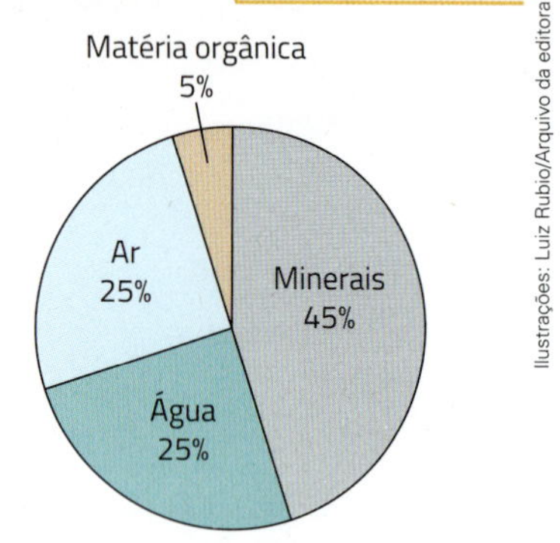

Fonte de consulta: EMBRAPA INFORMÁTICA AGROPECUÁRIA (CNPTIA). Disponível em: <https://ainfo.cnptia.embrapa.br/digital/bitstream/item/94212/1/Ecossistema-cap3C.pdf>. Acesso em: 4 jul. 2018.

Ilustrações: Luiz Rubio/Arquivo da editora

Neste momento, vamos estudar os **gráficos de setores**.

Os gráficos de setores são apresentados com muita frequência pela mídia e são um ótimo instrumento para análise e interpretação de informações. É um modelo de fácil visualização dos dados que permite ao leitor dimensionar as quantidades referentes a cada categoria, em relação ao total, e é muito útil para análise de proporções.

Cada categoria ocupa uma parte da área de um círculo, ou seja, um setor do círculo, e é relacionada a um valor percentual. O gráfico de setores pode ser utilizado quando se deseja separar os dados por categoria e não há percentuais muito pequenos em algumas delas. Veja o gráfico de setor ao lado, sobre a composição do solo terrestre, e identifique essas características nele.

Construção de um gráfico de setores

A construção de gráficos de setores requer conhecimentos que envolvem círculos, ângulos e proporcionalidade, conforme veremos na situação a seguir.

A escola em que Paula estuda está organizando uma campanha de doação de livros para montar uma biblioteca no bairro.

Foram doadas as seguintes quantidades de livros: 25 livros na segunda-feira, 20 na terça-feira, 35 na quarta-feira, 25 na quinta-feira, 45 na sexta-feira e 50 no sábado.

Para registrar as doações, os professores de Matemática e os alunos montaram um gráfico de setores.

Primeiro, eles calcularam o total de livros:

$$25 + 20 + 35 + 25 + 45 + 50 = 200$$

Depois, determinaram as medidas de abertura dos ângulos de cada setor usando a proporcionalidade do número de livros e da medida de abertura do ângulo. Por fim, usando transferidor, construíram os setores.

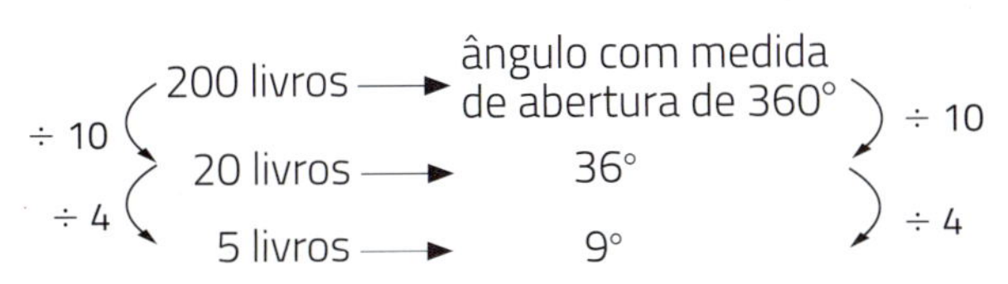

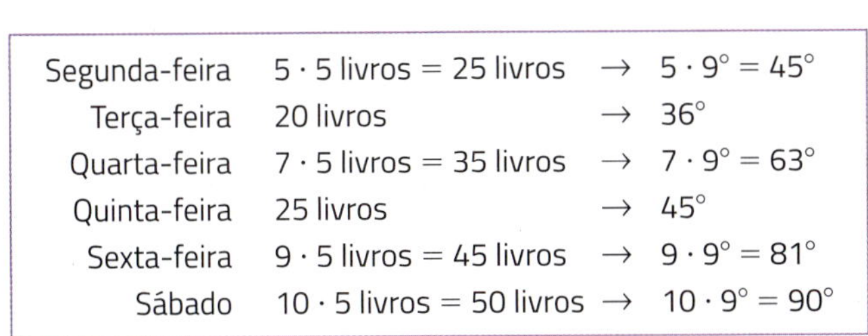

Segunda-feira	$5 \cdot 5$ livros = 25 livros	→	$5 \cdot 9° = 45°$
Terça-feira	20 livros	→	36°
Quarta-feira	$7 \cdot 5$ livros = 35 livros	→	$7 \cdot 9° = 63°$
Quinta-feira	25 livros	→	45°
Sexta-feira	$9 \cdot 5$ livros = 45 livros	→	$9 \cdot 9° = 81°$
Sábado	$10 \cdot 5$ livros = 50 livros	→	$10 \cdot 9° = 90°$

Arrecadação da campanha de doação de livros

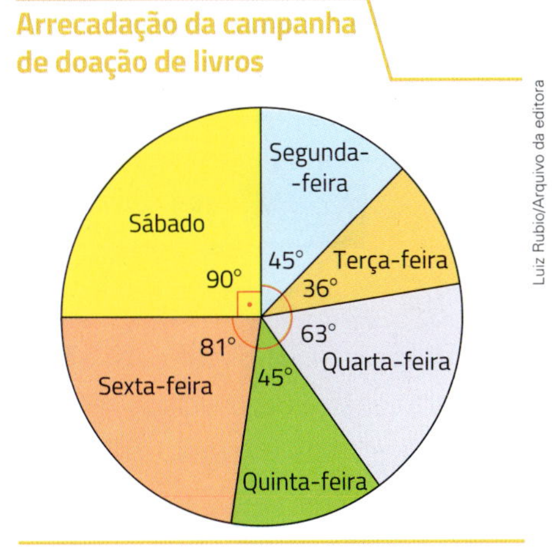

Gráfico elaborado para fins didáticos.

Atividades

25 Considere as informações sobre a campanha de doação de livros.

a) Calcule qual foi a média diária de livros doados.

b) Em qual dia da semana o número de doações foi maior?

c) Em qual dia da semana o número de doações corresponde a 10% do total?

d) O número de livros doados na sexta-feira corresponde a qual porcentagem do total?

26 **Conexões.** No gráfico de setores abaixo está registrada a distribuição da população brasileira por regiões, de acordo com a Estimativa da população do IBGE, em 2017.

Distribuição da população brasileira por regiões

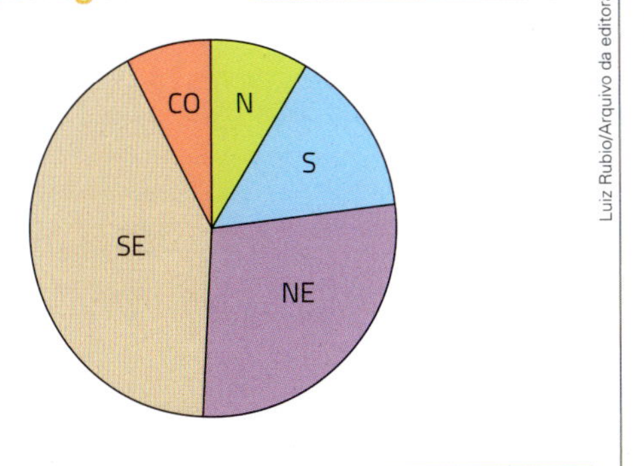

Luiz Rubio/Arquivo da editora

Fonte de consulta: IBGE. *Estimativas de população.* Disponível em: <ftp://ftp.ibge.gov.br/Estimativas_de_Populacao/Estimativas_2017/estimativa_TCU_2017_20180618.pdf>. Acesso em: 4 jul. 2018.

Converse com os colegas e depois, com base no gráfico, responda aos itens.

a) Qual era a região mais populosa em 2017?

b) Essa região detinha mais ou menos de 50% da população brasileira?

c) Qual região era mais populosa: a Norte ou a Centro-Oeste?

d) A região Nordeste reunia mais ou menos de 25% da população brasileira?

e) Considerando a população total do Brasil em aproximadamente 208 milhões de habitantes no ano de 2017, qual era a população aproximada da região Sudeste?

f) Observe um mapa político do Brasil, com a divisão dos estados por região. A região mais populosa é também a de maior medida de área?

27 Na escola de Osvaldo serão realizados torneios esportivos. Para isso, a diretoria fez uma pesquisa entre os alunos perguntando: "Qual é seu esporte favorito?".

Veja o resultado da votação na turma de Osvaldo e, com base nele, construa o gráfico de setores correspondente.

- Futebol:
- Voleibol:
- Tênis:
- Basquete:

Banco de imagens/Arquivo da editora

Gráfico de setores e porcentagem

Em uma eleição participaram 3 candidatos: **A**, **B** e **C**.

Veja o resultado da eleição, em porcentagem do número total de votos.

Paulo Manzi/Arquivo da editora

Como construir o gráfico de setores com os resultados dessa eleição?

Para construí-lo, devemos determinar a medida de abertura do ângulo correspondente a cada porcentagem. Analise como foi construído o setor referente ao candidato **A**.

$35\% = \frac{35}{100} = \frac{7}{20}$

$\frac{7}{20} \times 360° = 126°$

35% de $360° = 126°$

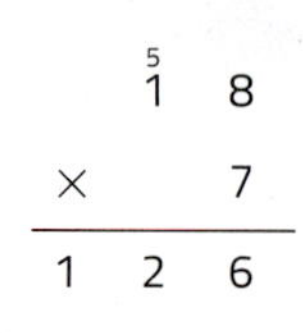

$$\begin{array}{r|l} 360 & 20 \\ -20 & 18 \\ \hline 160 & \\ -160 & \\ \hline 000 & \end{array}$$

$$\begin{array}{r} \overset{5}{1}8 \\ \times\ 7 \\ \hline 126 \end{array}$$

Resultado da eleição

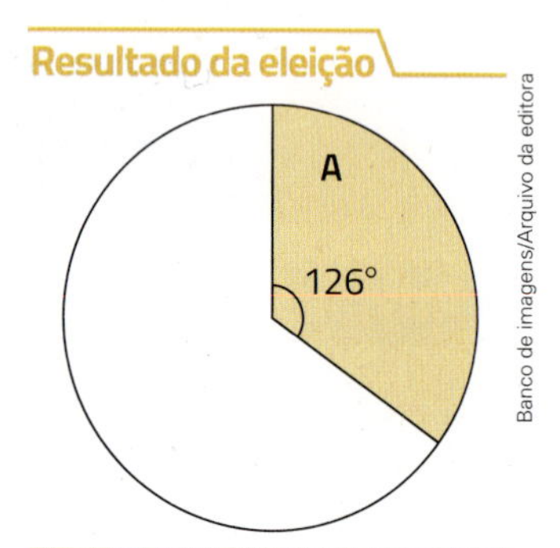

Banco de imagens/Arquivo da editora

Gráfico elaborado para fins didáticos.

Atividades

28 Copie o gráfico de setores acima e complete-o com os dados dos candidatos **B** e **C** e dos votos em branco e nulos.

29 Os 400 alunos do 6º ao 9º ano do período da tarde da escola em que João estuda estão distribuídos de acordo com este gráfico de setores. Utilize o gráfico para determinar a porcentagem e o número de alunos correspondentes a cada ano. Registre esses dados na tabela.

Distribuição dos alunos

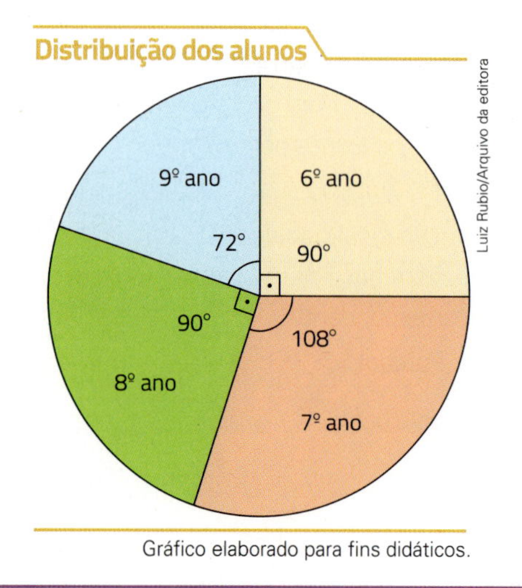

Luiz Rubio/Arquivo da editora

Gráfico elaborado para fins didáticos.

Distribuição dos alunos

Ano	Porcentagem	Número de alunos
6º		
7º		
8º		
9º		

Tabela elaborada para fins didáticos.

30 Este gráfico de colunas registra a venda de livros de segunda a quinta-feira em uma livraria. Construa o gráfico de setores correspondente, indicando as porcentagens referentes a cada dia.

Venda de livros

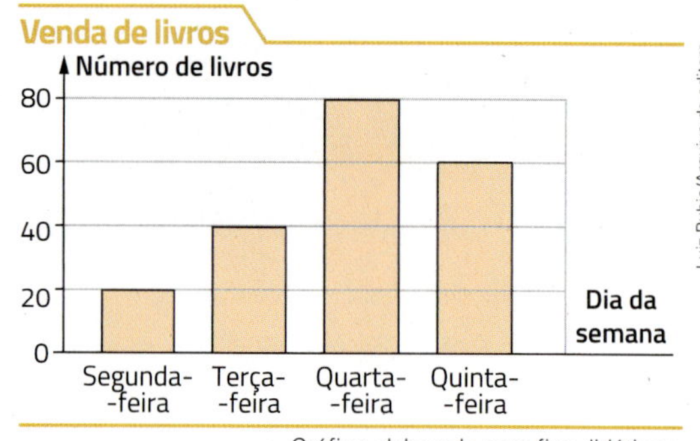

Luiz Rubio/Arquivo da editora

Gráfico elaborado para fins didáticos.

31 › Interpretação de gráfico de setor ou de *pizza*. Uma pesquisa foi realizada no centro de uma cidade, com 480 pessoas. O pesquisador perguntava aos entrevistados qual gênero musical eles preferiam: *rock*, MPB, clássico, sertanejo ou outros. Este gráfico mostra o percentual de pessoas que responderam à pesquisa.

Preferência de gêneros musicais

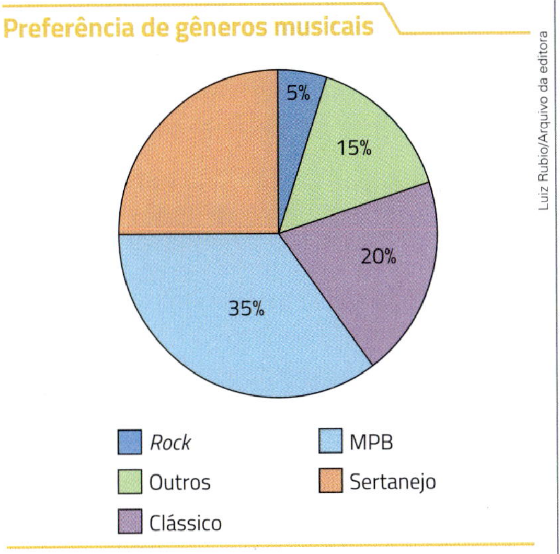

Gráfico elaborado para fins didáticos.

a) Qual é o gênero musical de maior preferência?

b) Quantas pessoas responderam que preferem o gênero musical clássico?

c) Qual é o percentual de pessoas que preferem sertanejo?

d) A quantidade de pessoas que preferem sertanejo é igual à quantidade de pessoas que preferem *rock* mais a quantidade de pessoas que preferem o gênero musical clássico? Justifique sua resposta.

e) Quantas pessoas responderam que preferem *rock*?

32 › O gráfico a seguir mostra as preferências por sabores de suco dos 40 alunos do 6º ano **A** de uma escola.

Sabores de suco

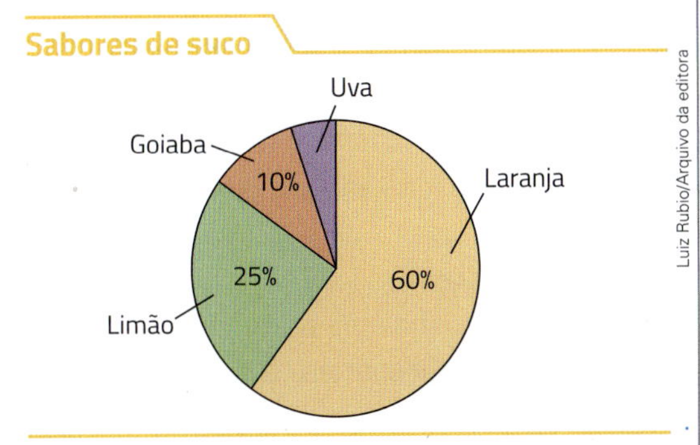

Gráfico elaborado para fins didáticos.

a) Qual é o percentual de alunos que preferem suco de uva?

b) Quantos alunos preferem suco de laranja?

c) Quantos alunos preferem suco de limão?

d) Qual é o quociente do número de alunos que preferem suco de uva pelo número de alunos que preferem suco de goiaba?

33 › Sueli foi ao supermercado comprar algumas hortaliças para o restaurante dela. O gráfico abaixo mostra, em frações do total, as quantidades que ela comprou. Sabendo que, no total, Sueli comprou 12 kg de hortaliças, responda aos itens.

Quantidade de hortaliças compradas

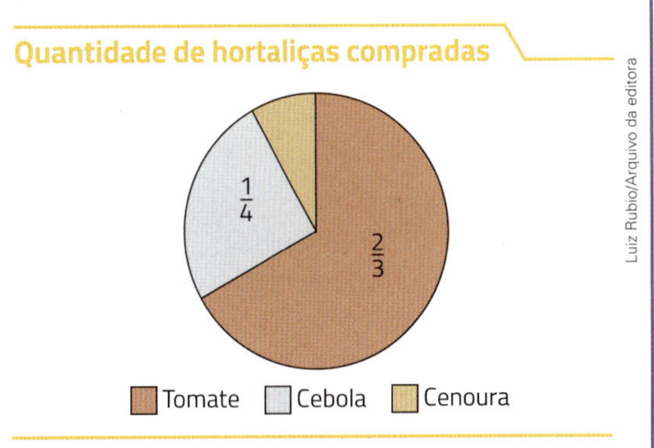

Gráfico elaborado para fins didáticos.

a) Determine a fração correspondente à quantidade de cebola e tomate comprados juntos.

b) Qual é a fração correspondente à quantidade de cenoura comprada?

c) Qual é a medida de massa, em quilogramas, de tomate que Sueli comprou?

d) Sabendo que o quilograma de cebola custa R$ 3,00, quantos reais Sueli pagou na compra da cebola?

34 › Use os dados deste gráfico de setores para construir uma tabela de frequências relativas e um gráfico de barras.

A liderança do Brasil na venda de automóveis

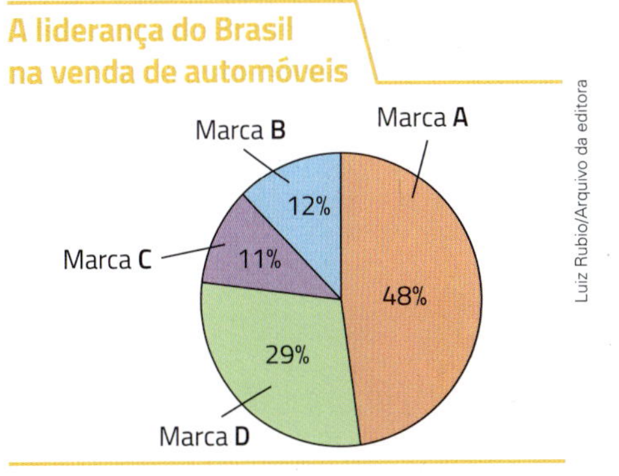

Gráfico elaborado para fins didáticos.

35 ▸ **Conexões.** Depois da regulamentação dos cursos de ensino a distância (EAD), mais carreiras puderam contar com essa modalidade de ensino. Veja no gráfico de setores os 10 cursos com maior número de matrículas, de acordo com o Censo de Educação Superior de 2015, do Inep.

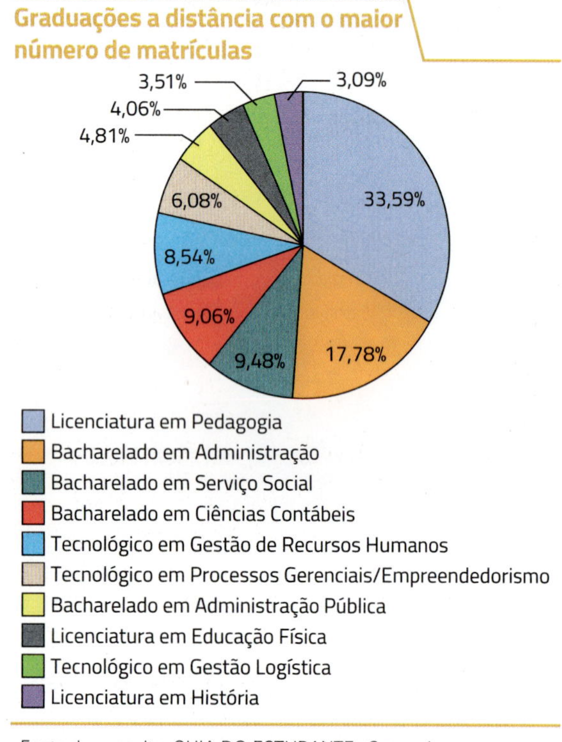

Fonte de consulta: GUIA DO ESTUDANTE. *Cresce busca por cursos EAD práticos como Engenharia e Enfermagem.* Disponível em: <https://guiadoestudante.abril.com.br/universidades/ead-veja-quais-sao-os-cursos-mais-procurados-da-modalidade/>. Acesso em: 4 jul. 2017.

a) Qual é o título deste gráfico?

b) Qual é a fonte de pesquisa?

c) Qual é a porcentagem aproximada das matrículas dos 2 cursos com mais matrículas?

36 ▸ **Conexões.** Observe os gráficos, leia o texto e, depois, responda aos itens.

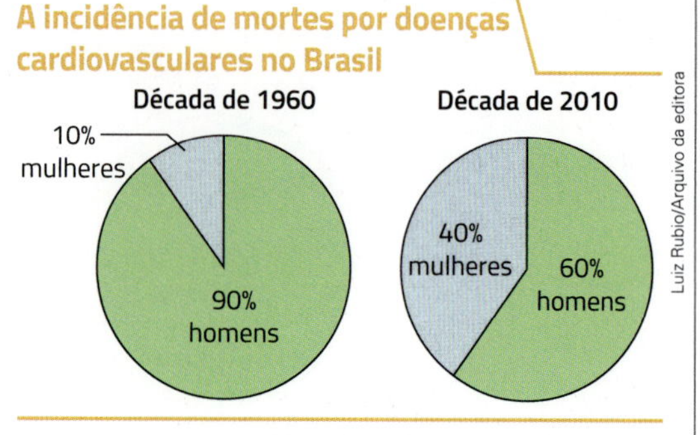

Fonte de consulta: a mesma do texto.

Prevenção

A orientação para evitar problemas com o coração é a adoção de um estilo de vida mais saudável. Abandonar o fumo, manter o "peso" e um programa regular de exercícios são imprescindíveis, além de adequar a dieta e controlar os níveis de colesterol. Dra. Tatiana aconselha o acompanhamento médico regular de uma pessoa de baixo risco após os 40 anos, com monitoramento frequente dos níveis de colesterol e de glicemia.

HOSPITAL DO CORAÇÃO. *Cresce a incidência de doenças cardíacas em mulheres.* Disponível em: <www.hcor.com.br/materia/cresce-incidencia-de-doencas-cardiacas-em-mulheres/>. Acesso em: 4 jul. 2018.

a) De qual assunto os gráficos tratam?

b) Qual é o tipo de gráfico?

c) A que conclusão você pode chegar observando os gráficos?

d) Suponha que você fosse construir esses gráficos. Quantos graus teriam as aberturas dos ângulos dos setores de 10%, 90%, 40% e 60%?

37 ▸ **Conexões.** Um estudo realizado pela Confederação Nacional do Transporte mostra que o principal meio de transporte de carga brasileiro é o rodoviário.

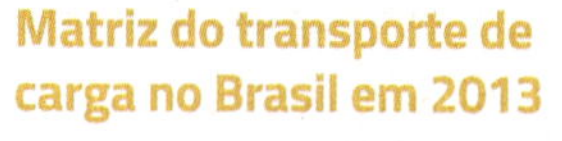

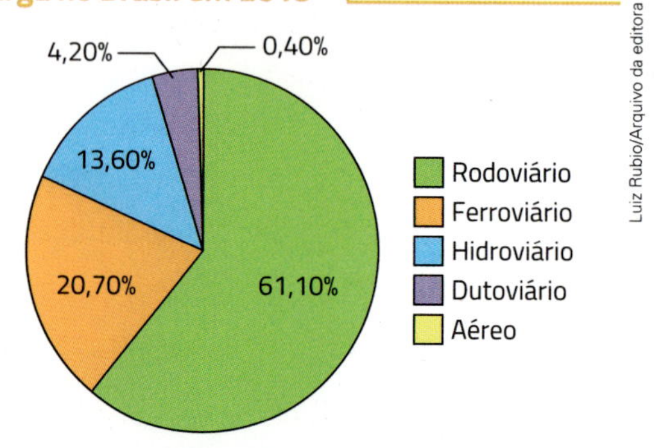

Fonte de consulta: COLAVITE, A. KONISHI, F. *A matriz do transporte no Brasil: uma análise comparativa para a competitividade.* Disponível em: <www.aedb.br/seget/arquivos/artigos15/802267.pdf>. Acesso em: 4 jul. 2018.

Um modelo mais adequado de transporte no país seria uma divisão mais equilibrada entre hidroviário, ferroviário e rodoviário. Converse com os colegas e proponha uma divisão mais apropriada da matriz de transportes. Comentem sobre o que seria necessário para que essa matriz se tornasse realidade.

38 Suponha a seguinte situação: na turma de Renata, os alunos fizeram um levantamento sobre qual é o animal de estimação preferido de cada um. Veja os dados coletados.

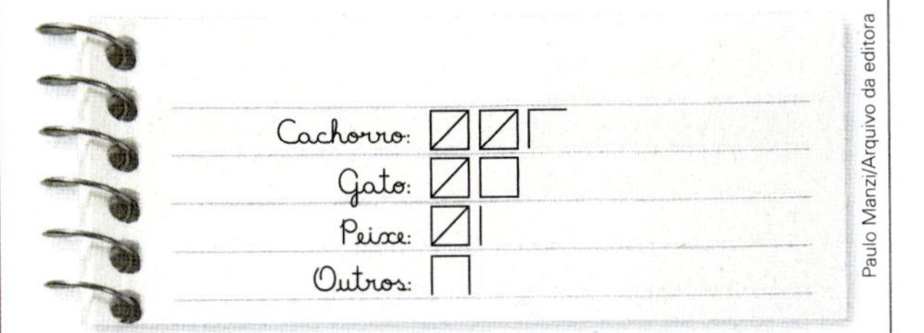

Usando esses dados, a turma de Renata construiu uma tabela de frequência.

Animal preferido

Animal	FA	FR
Cachorro	12	40%
Gato	9	30%
Peixe	6	20%
Outros	3	10%
Total	30	100%

Paulo Manzi/Arquivo da editora

a) Faça os cálculos para verificar como os colegas de Renata determinaram as frequências relativas.

b) Construa um gráfico de setores com base nas frequências relativas dessa pesquisa. Primeiro, construa uma circunferência e um dos raios dela, como na figura abaixo.

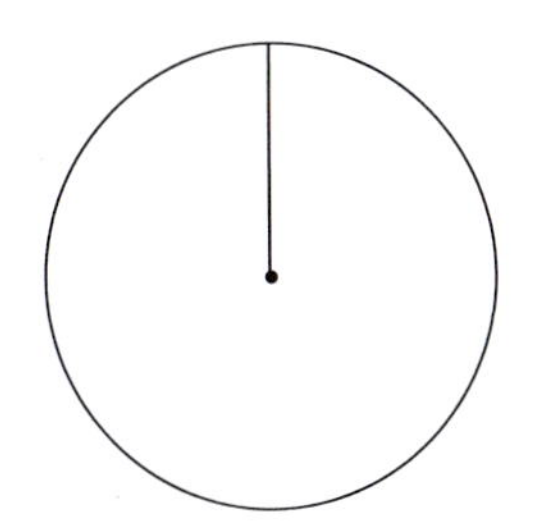

Banco de imagens/Arquivo da editora

Depois, calcule as medidas de abertura dos ângulos dos setores e, com o auxílio de um transferidor, construa os respectivos setores circulares. Pinte-os de acordo com a legenda.

☐ Cachorro ☐ Peixe

☐ Gato ☐ Outros

39 **Conexões. Desmatamento na Amazônia Legal.** O desmatamento acumulado no período de agosto de 2017 a abril de 2018 atingiu 1 513 km². Observe a distribuição do desmatamento nos estados da Amazônia Legal.

Desmatamento nos estados da Amazônia Legal (em km² e em %)

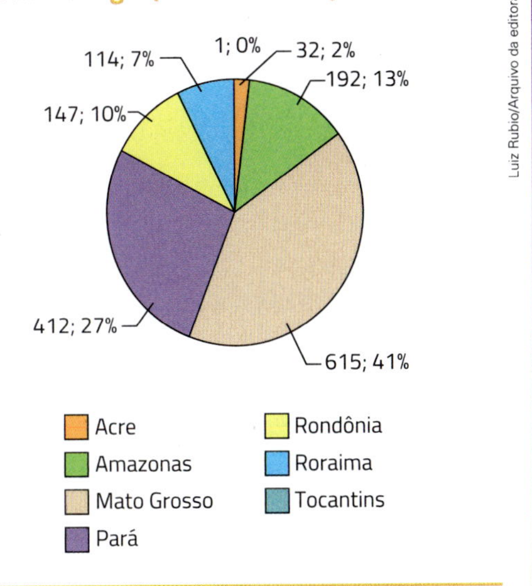

Fonte de consulta: a mesma da tabela.

A tabela a seguir indica a evolução do desmatamento (em km²) nos estados da Amazônia Legal, de agosto de 2016 a abril de 2017 e de agosto de 2017 a abril de 2018. Houve aumento de quase 10% do desmatamento em relação ao período anterior, quando atingiu 1 388 km².

Complete esta tabela com os dados que faltam.

Evolução do desmatamento nos estados da Amazônia Legal

Estado	Agosto de 2016 a abril de 2017 (em km²)	Agosto de 2017 a abril de 2018 (em km²)	Variação (em %)
Acre	22	32	45
Amazonas		192	−27
Mato Grosso	441		39
Pará	377	412	
Rondônia	252		−42
Roraima		114	322
Tocantins	7	1	
Amapá	–	–	–
Total	1388		9

Fonte de consulta: ECODEBATE. *Desmatamento aumenta na Amazônia. Flora do Jamanxim é afetada.* Disponível em: <www.ecodebate.com.br/2018/05/25/desmatamento-aumenta-na-amazonia-flona-do-jamanxim-e-afetada/>. Acesso em: 4 jul. 2018.

MATEMÁTICA

E TECNOLOGIA

O LibreOffice

O LibreOffice (antigo BROffice) é um *software* livre formado por 6 aplicativos.

- Editor de texto (Write).
- Planilha eletrônica (Calc).
- Editor de apresentação (Impress).
- Editor de desenho (Draw).
- Editor de fórmulas (Math).
- Banco de dados (Base).

No endereço <www.libreoffice.org/>, você pode fazer o *download* do *software*. Durante a instalação, é necessário indicar o sistema operacional de seu computador (MS-Windows, MacOS ou Linux). Se precisar, peça para alguém mais experiente ajudá-lo com a instalação.

O aplicativo Calc é uma ferramenta que, entre outras vantagens, permite a construção de gráficos. Utilizaremos esse recurso tecnológico para auxiliar a representar e interpretar dados de uma pesquisa.

Depois de realizar o *download*, observe que esse aplicativo é uma planilha eletrônica. Ela é formada por linhas (1, 2, 3, 4, ...) e colunas (A, B, C, ...).

Resultado da pesquisa

Nome	Número de pessoas na mesma residência
Carlos	4
Natália	5
Pedro	3
Paula	3
Augusto	6
Mariana	2
Geraldo	8
Judite	4

Tabela elaborada para fins didáticos.

Fazendo uma pesquisa

Vamos realizar uma pesquisa com todos os alunos da turma.

Inicialmente você deve perguntar a cada aluno: Quantas pessoas moram na mesma residência que ele. Organize os dados coletados em uma tabela semelhante a que está acima.

Em seguida, faremos uso de uma planilha eletrônica.

1º passo: Digite na primeira coluna o nome dos alunos da turma e, na segunda coluna, as respectivas respostas para a pergunta da pesquisa.

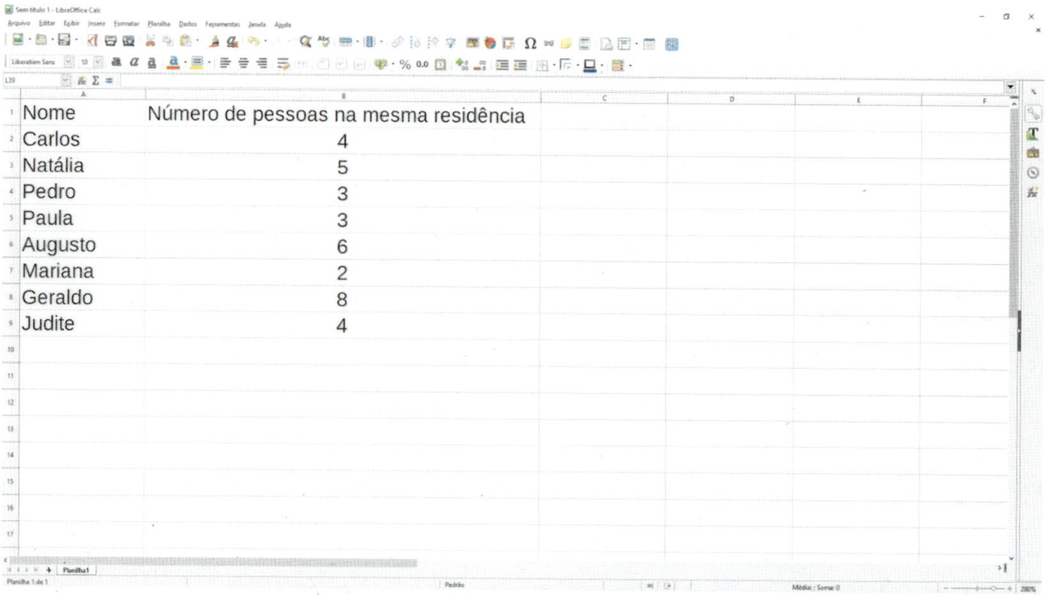

	A	B
1	Nome	Número de pessoas na mesma residência
2	Carlos	4
3	Natália	5
4	Pedro	3
5	Paula	3
6	Augusto	6
7	Mariana	2
8	Geraldo	8
9	Judite	4

Reprodução/LibreOffice

Observações

- Você pode aumentar ou diminuir o comprimento da largura das colunas clicando entre 2 letras e arrastando o fio para um dos lados.
- Você pode *desfazer* ou *refazer* uma ação clicando nos ícones localizados à esquerda na barra de ferramentas.

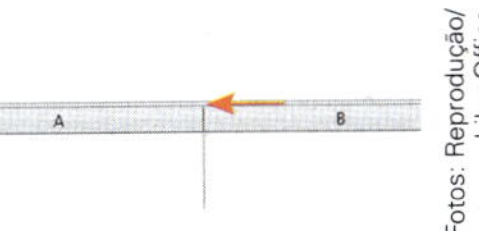

Fotos: Reprodução/LibreOffice

2º passo: Selecione todas as células preenchidas nas colunas **A** e **B**. Para isso, clique com o botão esquerdo do *mouse* na primeira célula da coluna **A** e arraste para baixo, até a última célula que tem informações sobre se os alunos separam o lixo reciclável do lixo comum.

3º passo: Clique na função "Inserir Gráfico" que se encontra na parte superior da tela. Será aberta uma nova janela; selecione a opção "Coluna" . Clique em "Concluir" e será gerado um gráfico de colunas.

4º passo: Repita exatamente o 2º e o 3º passos, porém, após clicar em "Inserir Gráfico" , escolha a opção "Pizza" e clique em "Concluir". Dessa maneira, será gerado um gráfico de setores, também conhecido como gráfico de *pizza*.

5º passo: Arraste o gráfico de setores para uma posição que lhe permita ver os 2 gráficos lado a lado.

Os gráficos a seguir foram gerados utilizando os dados do exemplo da tabela anterior.

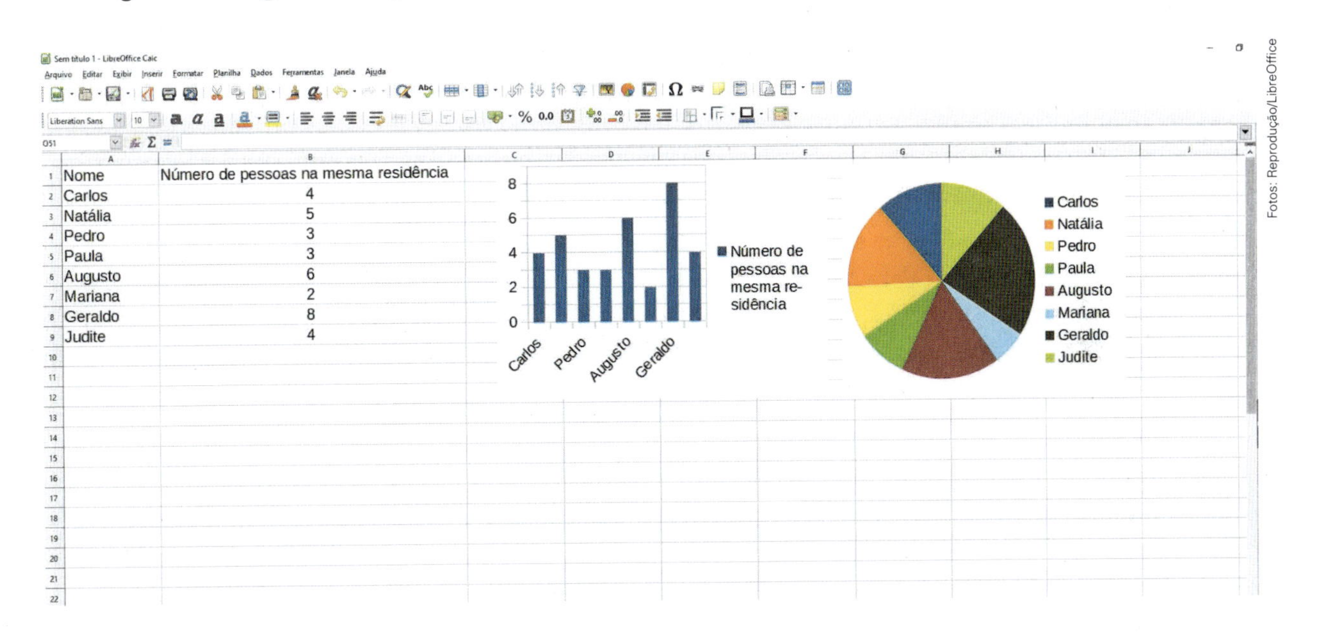

Fotos: Reprodução/LibreOffice

Questões

1› Em relação a sua turma, essa pesquisa é considerada censitária ou por amostra?

2› Em relação a sua escola, essa pesquisa é considerada censitária ou por amostra?

3› Qual é a relação entre as medidas de comprimento da altura das colunas do primeiro gráfico que você construiu e as medidas de abertura dos ângulos dos setores do segundo gráfico?

4› Realize outra pesquisa com os colegas da turma, porém, desta vez, pergunte quantas horas eles estudaram em casa na semana passada. Em seguida, construa um gráfico de colunas e um gráfico de setores e determine a média das horas que eles estudaram em casa.

CONEXÕES

Estatística: a ousadia de enfrentar as incertezas

Ciência estatística, ou simplesmente Estatística, é um conjunto de técnicas e métodos de pesquisa envolvendo planejamento, coleta, organização, processamento e análise de dados para que possamos lidar racionalmente com situações sujeitas às incertezas.

Qual será a população do Brasil em 2030? Não podemos responder a esse questionamento com segurança. Temos uma situação que provoca incerteza. Então recorremos à Estatística para coletar dados e a partir deles fazer análises e projeções e, assim, chegar a um resultado próximo do que vai acontecer.

Em épocas de eleição, sempre ouvimos falar em "pesquisa de boca de urna", em que se afirma, por exemplo, que determinado candidato vai vencer com 60% dos votos com uma margem de 2% para mais ou para menos. Depois verificamos que realmente esse candidato venceu e não teve menos que 58% nem mais que 62% dos votos, dentro da margem de erro prevista. De onde vem tanta precisão? Vem das técnicas desenvolvidas pela Estatística.

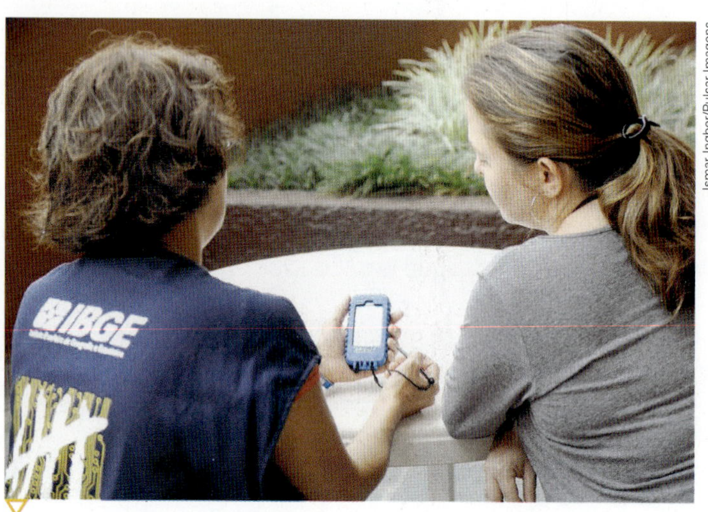

Ismar Ingber/Pulsar Imagens

Recenseadora do Instituto Brasileiro de Geografia e Estatística (IBGE) realizando pesquisa censitária na cidade do Rio de Janeiro (RJ), em 2010. Os Censos, normalmente realizados de 10 em 10 anos, são responsáveis pelo levantamento estatístico de diversos dados da população, inclusive a quantificação dela. Com base nos dados do Censo e do crescimento da população é possível fazer estimativas plausíveis de qual será a população do país no ano seguinte, depois de 1 ano, 2 anos, 10 anos, e assim por diante.

Apesar de a Estatística ser uma ciência relativamente recente na área da pesquisa, ela remonta à Antiguidade, quando operações de contagem populacional já eram utilizadas para obter informações sobre os habitantes, as riquezas e o poderio militar dos povos. Após a Idade Média, os governantes na Europa ocidental, preocupados com a difusão de doenças epidêmicas que poderiam devastar populações e, também, acreditando que o tamanho da população poderia afetar o poderio militar e político de uma nação, começaram a obter e armazenar informações sobre batizados, casamentos e funerais. Entre os séculos XVI e XVIII, as nações com aspirações mercantilistas começaram a ver o poder econômico como uma maneira de poder político. Os governantes, por sua vez, viram a necessidade de coletar informações estatísticas referentes a variáveis econômicas, como comércio exterior e produção de bens e de alimentos.

Atualmente os dados estatísticos são obtidos, classificados e armazenados em meio magnético e são disponibilizados em diversos sistemas de informação acessíveis a pesquisadores, cidadãos e organizações da sociedade, que podem utilizá-los para o desenvolvimento das próprias atividades. A expansão no processo de obtenção, armazenamento e disseminação de informações estatísticas tem sido acompanhada pelo rápido desenvolvimento de novas técnicas e metodologias de análise de dados estatísticos.

Fonte de consulta: GRUPO ESCOLAR. *Origem da estatística*. Disponível em: <www.grupoescolar.com/pesquisa/origem-da-estatistica.html>. Acesso em: 19 out. 2018.

Neste capítulo você já teve contato com os termos amostra, população, variável, frequências absoluta e relativa, médias e probabilidade. São as primeiras noções em que se baseia a Estatística, ramo da ciência que trabalha com as incertezas.

4 Probabilidade

Experimentos aleatórios

Há certos experimentos (ou fenômenos) que, embora sejam repetidos muitas vezes e sob condições idênticas, não apresentam os mesmos resultados. Por exemplo, no lançamento de uma moeda perfeita, o resultado é imprevisível, não podemos determiná-lo antes de ser realizado, porque não sabemos se o resultado sorteado será cara ou coroa. Aos experimentos (ou fenômenos) desse tipo, damos o nome de **experimentos aleatórios**.

Bate-papo

Converse com os colegas sobre o significado de expressões como "moeda perfeita" ou "dado não viciado". O que elas significam?

Por exemplo, são aleatórios os experimentos:

- lançamento de um dado não viciado;
- resultado de um jogo de roleta;
- número de pessoas que ganharão em um jogo de loteria.

Espaço amostral e eventos

Em um experimento (ou fenômeno) aleatório, o conjunto formado por todos os resultados possíveis é chamado de **espaço amostral (Ω)**. Qualquer subconjunto do espaço amostral é chamado de **evento**. Neste capítulo vamos nos referir apenas a conjuntos finitos.

Veja alguns exemplos.

- Experimento aleatório: "lançar um dado perfeito e observar a face voltada para cima".
  Espaço amostral: conjunto de todos os resultados possíveis.
  $$\Omega = \{1, 2, 3, 4, 5, 6\}$$
  Evento A: ocorrer um número par.
  $$A = \{2, 4, 6\}$$
  O evento A tem 3 elementos. Indicamos $n(A) = 3$.

Pavlo Lys/Shutterstock

Dado.

- Experimento aleatório: "lançar uma moeda perfeita e observar a face voltada para cima".
  Espaço amostral: $\Omega = \{\text{cara, coroa}\}$
  Evento A: sair cara.
  $A = \{\text{cara}\} \rightarrow n(A) = 1$

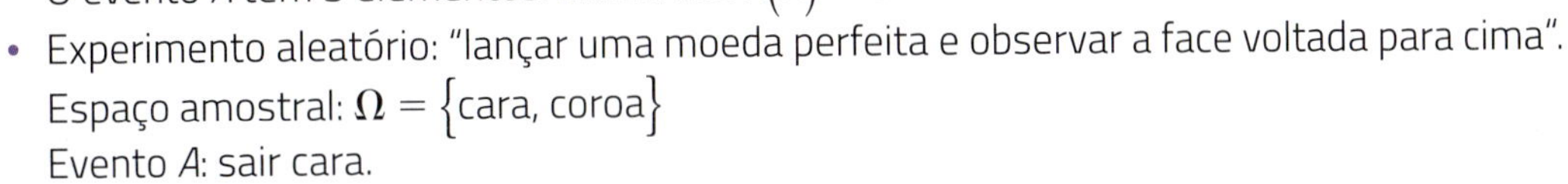

Banco de imagens/Arquivo da editora

Faces da moeda.

As imagens desta página não estão representadas em proporção.

Quando um evento é formado por apenas 1 elemento do espaço amostral, ele é chamado **evento elementar**.

- Experimento aleatório: "retirar uma carta de um baralho de 52 cartas e observar o naipe dela."
  Considerando C = copas, E = espadas, O = ouros e P = paus, temos:
  Espaço amostral: $\Omega = \{C, E, O, P\}$ (todos os resultados possíveis).
  Evento A: retirar uma carta cujo naipe não seja copas.
  $A = \{E, O, P\} \rightarrow n(A) = 3$

Palokha Tetiana/Shutterstock

Baralho de cartas.

Evento certo e evento impossível

Considere o experimento "lançar um dado perfeito e registrar o resultado".
Espaço amostral: $\Omega = \{1, 2, 3, 4, 5, 6\}$

- Evento A: ocorrer um número natural menor do que 7.

$$A = \{1, 2, 3, 4, 5, 6\}$$

  Logo, $A = \Omega$

- Evento B: ocorrer um número maior do que 6.

  No dado não existe número maior do que 6. Portanto, B é um conjunto vazio.
  Indicamos assim: $B = \varnothing$.

Quando um evento coincide com o espaço amostral, ele é chamado de **evento certo**. Quando um evento é vazio, ele é chamado de **evento impossível**.

Atividades

40 No lançamento de um dado perfeito, determine o espaço amostral e os eventos indicados em cada item.

a) A: sortear um número ímpar.

b) B: sortear um número maior do que 3.

c) C: sortear um número menor do que 2.

41 Ao girar o ponteiro desta roleta para um sorteio, determine o espaço amostral e os eventos indicados.

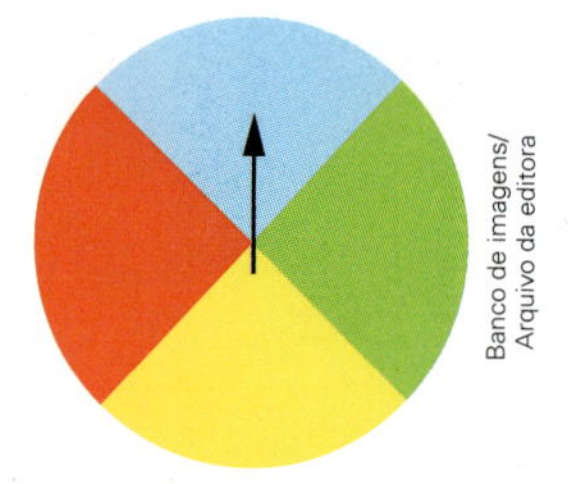

Banco de imagens/Arquivo da editora

a) A: parar no setor azul.

b) V: parar no vermelho ou no amarelo.

42 Considerando esta roleta, defina o espaço amostral e os eventos indicados em cada item.

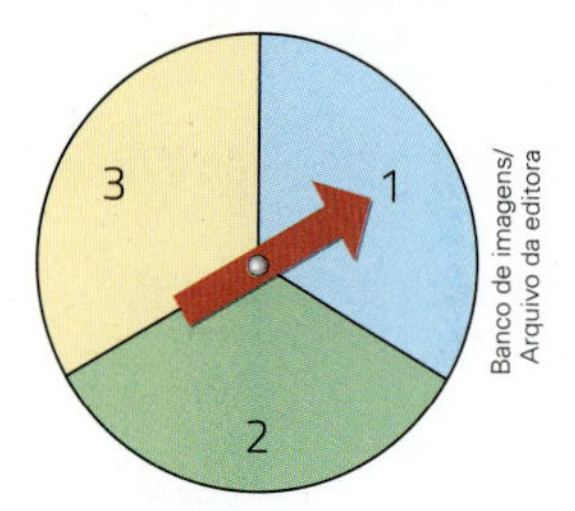

Banco de imagens/Arquivo da editora

a) Evento A: sortear o número 2.

b) Evento B: sortear um número ímpar.

43 Considere a mesma roleta da atividade anterior.

Thiago Neumann/Arquivo da editora

44 Fabiana recortou 6 cartões de tamanhos iguais e escreveu neles as letras **A**, **B**, **C** e **D**. Depois, ela virou os cartões com a face escrita para baixo e embaralhou-os para fazer um sorteio.

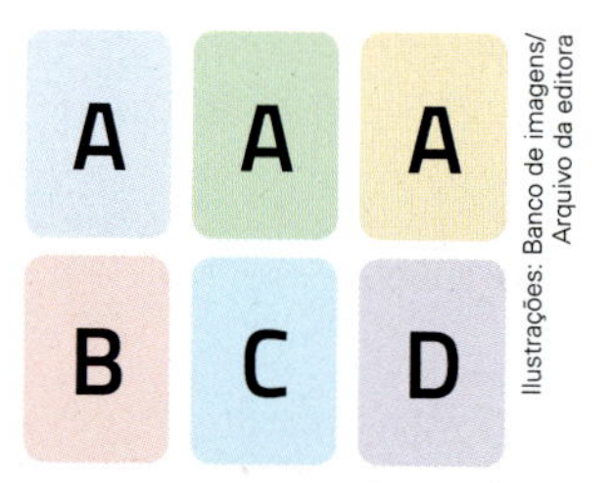

Ilustrações: Banco de imagens/Arquivo da editora

a) Qual é o espaço amostral?

b) Qual é o evento E_1: sortear o cartão com a letra **A**?

c) E o evento E_2: sortear o cartão com a letra **B**?

d) E o evento E_3: sortear o cartão com a letra **X**?

45 Classifique os eventos E_2 e E_3 da atividade anterior.

46 Invente um experimento e escreva qual é o espaço amostral e um evento.

Cálculo de probabilidades

Um espaço amostral é equiprovável quando todos os resultados possíveis têm **a mesma chance** de ocorrer.

O espaço amostral do lançamento do dado, citado na página anterior, é equiprovável, pois todos os resultados têm a mesma chance de ocorrer.

A **probabilidade teórica** de ocorrer um evento A, indicada por $p(A)$, é um número que mede a chance de esse evento ocorrer e é dada por:

$$p(A) = \frac{\text{número de resultados favoráveis}}{\text{número de resultados possíveis}} = \frac{\text{número de elementos de } A}{\text{número de elementos de } \Omega} = \frac{n(A)}{n(\Omega)}$$

Dizemos que essa é a definição teórica de probabilidade. Veja alguns exemplos.

- Considere o experimento aleatório do lançamento de uma moeda perfeita e o registro da face voltada para cima. Qual é a probabilidade de obter a face cara?

  Solução

  Espaço amostral: $\Omega = \{\text{cara, coroa}\} \rightarrow n(\Omega) = 2$

  Tanto obter cara como obter coroa têm a mesma chance de ocorrer.

  Evento A: ocorrer cara.

  $A = \{\text{cara}\} \rightarrow n(A) = 1$

  Portanto, a probabilidade de ocorrer o evento A é dada por: $p(A) = \frac{n(A)}{n(\Omega)} = \frac{1}{2}$

  Como $\frac{1}{2} = \frac{50}{100} = 50\%$, podemos dizer que a probabilidade de obter cara é de $\frac{1}{2}$ ou 50%.

- No lançamento de um dado não viciado, qual é a probabilidade de sair um número menor do que 3 na face voltada para cima?

  Solução

  Espaço amostral: $\Omega = \{1, 2, 3, 4, 5, 6\} \rightarrow n(\Omega) = 6$

  Evento A: ocorrer um número menor do que 3.

  $A = \{1, 2\} \rightarrow n(A) = 2$

  Logo, $p(A) = \frac{n(A)}{n(\Omega)} = \frac{2}{6} = \frac{1}{3}$.

  Como $\frac{1}{3} = 1 \div 3 = 0{,}33\ldots$, temos $\frac{1}{3} \simeq 33\%$.

  Portanto, a probabilidade de obter um número menor do que 3 no lançamento de um dado é de $\frac{1}{3}$ ou, aproximadamente, 33%.

- No lançamento simultâneo de 2 dados não viciados distinguíveis, qual é a probabilidade de:

  a) a soma dos valores obtidos ser igual a 7?

  b) a soma dos valores obtidos ser maior do que 7?

  c) a soma dos valores obtidos ser menor do que 7?

tomeis/Shutterstock

Dados de cores diferentes.

Solução

Neste caso, o espaço amostral é formado por 36 pares ordenados.

	1	2	3	4	5	6
6	(1, 6)	(2, 6)	(3, 6)	(4, 6)	(5, 6)	(6, 6)
5	(1, 5)	(2, 5)	(3, 5)	(4, 5)	(5, 5)	(6, 5)
4	(1, 4)	(2, 4)	(3, 4)	(4, 4)	(5, 4)	(6, 4)
3	(1, 3)	(2, 3)	(3, 3)	(4, 3)	(5, 3)	(6, 3)
2	(1, 2)	(2, 2)	(3, 2)	(4, 2)	(5, 2)	(6, 2)
1	(1, 1)	(2, 1)	(3, 1)	(4, 1)	(5, 1)	(6, 1)

$\Omega = \{(1, 1), (1, 2), (1, 3), \dots, (6, 5), (6, 6)\} \rightarrow n(\Omega) = 36$

a) Evento *A*: a soma dos valores obtidos ser igual a 7.

$A = \{(1, 6), (2, 5), (3, 4), (4, 3), (5, 2), (6, 1)\} \rightarrow n(A) = 6$

Logo, $p(A) = \dfrac{n(A)}{n(\Omega)} = \dfrac{6}{36} = \dfrac{1}{6}$.

Como $\dfrac{1}{6} = 1 : 6 \simeq 0{,}17$, temos $\dfrac{1}{6} \simeq 17\%$.

Assim, a probabilidade de a soma dos valores obtidos ser igual a 7 é de $\dfrac{1}{6}$ ou, aproximadamente, 17%.

b) Evento *B*: a soma dos valores obtidos ser maior do que 7.

$B = \{(2, 6), (3, 6), (4, 6), (5, 6), (6, 6,), (3, 5), (4, 5), (5, 5), (6, 5), (4, 4), (5, 4), (6, 4), (5, 3), (6, 3), (6, 2)\} \rightarrow n(B) = 15$

Logo, $p(B) = \dfrac{n(B)}{n(\Omega)} = \dfrac{15}{36} = \dfrac{5}{12}$.

Como $\dfrac{5}{12} = 5 : 12 \simeq 0{,}42$, temos $\dfrac{5}{12} \simeq 42\%$.

Portanto, a probabilidade de a soma dos valores obtidos ser maior do que 7 é de $\dfrac{5}{12}$ ou, aproximadamente, 42%.

- Ricardo escreveu em pedaços iguais de papel o nome de cada dia da semana. Dobrou-os igualmente de modo que qualquer um deles tivesse a mesma chance de ser retirado de uma caixa. Qual é a probabilidade de o nome do dia da semana do papel retirado por Ricardo começar com a letra **S**?

Ilustrações: Paulo Manzi/ Arquivo da editora

Solução

Espaço amostral: $\Omega = \{$segunda-feira, terça-feira, quarta-feira, quinta-feira, sexta-feira, sábado, domingo$\} \rightarrow n(\Omega) = 7$

Evento *A*: nome do papel retirado começar com a letra **S**.

$A = \{$segunda-feira, sexta-feira, sábado$\} \rightarrow n(A) = 3$

Portanto, $p(A) = \dfrac{3}{7} \simeq 0{,}4286$.

Logo, a probabilidade de o nome do papel retirado começar com a letra **S** é de $\dfrac{3}{7}$ ou, aproximadamente, 42,9%.

Atividades

47 No experimento de girar o ponteiro desta roleta, qual é a probabilidade de o ponteiro parar no setor de cor verde?

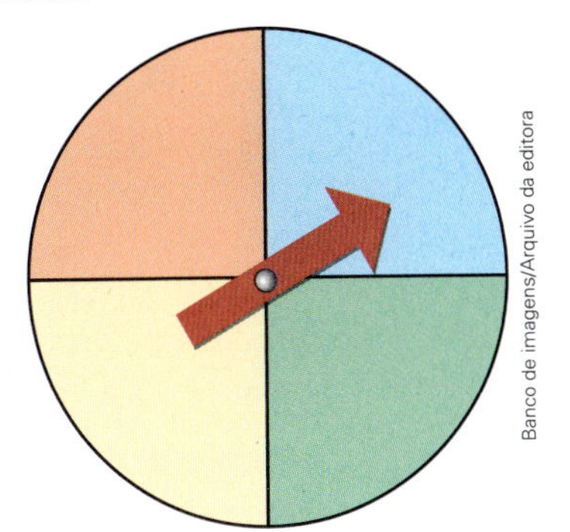
Banco de imagens/Arquivo da editora

48 Considere pedaços iguais de papel, com os números de 1 a 13, dobrados igualmente de modo que qualquer um deles tenha a mesma chance de ser retirado de um saquinho.

Ilustrações: Banco de imagens/Arquivo da editora

Qual é a probabilidade de que o número retirado seja:

a) par?

b) divisível por 3?

c) primo?

d) maior do que 8?

e) menor do que 10?

f) maior do que 5 e menor do que 10?

g) múltiplo de 4?

49 Um jogo tem para sorteio 10 fichas vermelhas numeradas de 1 a 10 e 10 fichas azuis também numeradas de 1 a 10. Qual é a probabilidade de um participante retirar:

a) uma ficha vermelha?

b) uma ficha com o número 8?

c) uma ficha azul com número par?

d) uma ficha com um número maior do que 3?

50 Responda aos itens.

a) Quais são os números possíveis de 3 algarismos distintos com os algarismos 1, 2 e 3?

b) Qual é a probabilidade de, escolhendo um desses números ao acaso, ele ser par?

c) Qual é a probabilidade de, na escolha de um desses números, ele ser maior do que 100?

d) Qual é a probabilidade de, na escolha de um desses números, ele ser menor do que 100?

51 A mãe de Juliana tem 3 filhas e está novamente grávida. Qual é a chance de o quarto filho ser menino?

52 Em uma caixa há 6 bolas brancas e 4 vermelhas.

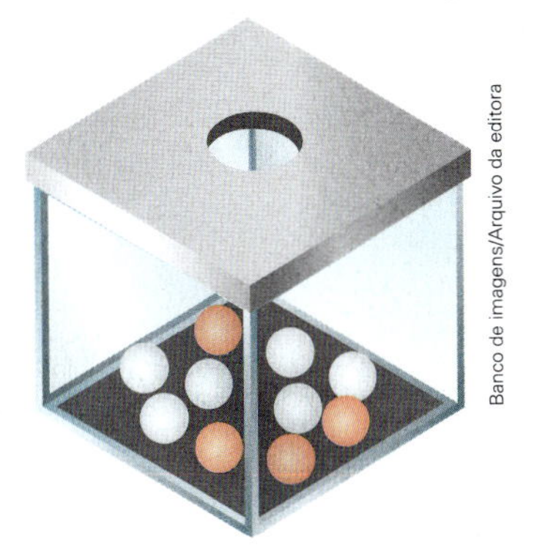
Banco de imagens/Arquivo da editora

Qual é a probabilidade de, ao acaso, ser retirada:

a) uma bola vermelha?

b) uma bola branca?

53 No lançamento simultâneo de 2 dados perfeitos e distinguíveis, um branco e outro vermelho, qual é a probabilidade de que:

a) a soma das faces obtidas seja par?

b) a soma das faces obtidas seja um número primo?

c) a soma das faces obtidas seja maior do que 1 e menor do que 8?

d) ambos os números obtidos sejam pares?

e) ambos os números obtidos sejam iguais?

f) um número seja múltiplo do outro?

54 Qual é a probabilidade de, ao retirar ao acaso uma carta de um baralho de 52 cartas, obter:

a) uma carta de copas?

b) um ás?

c) um ás de copas?

d) uma carta com naipe vermelho?

e) um 3 vermelho?

55 No lançamento simultâneo de 2 moedas perfeitas e distinguíveis, indique a probabilidade de cada evento.

a) Obter cara nas 2 moedas.

b) Obter uma cara e uma coroa.

c) Não obter nenhuma cara.

d) Obter exatamente uma coroa.

e) Obter exatamente uma cara.

f) Obter coroa nas 2 moedas.

g) Obter, pelo menos, uma cara.

56 ▸ Imagine que 20 pedaços de papel são numerados de 1 a 20 e 1 deles é sorteado. Calcule a probabilidade, em porcentagem, de o número no papel ser:

a) par;

b) divisível por 3;

c) maior do que 8;

d) primo;

e) entre 5 e 10;

f) divisor de 24.

57 ▸ Em um estojo, há 6 canetas azuis e 4 vermelhas. Qual é a probabilidade de retirarmos desse estojo ao acaso:

a) uma caneta azul?

b) uma caneta vermelha?

58 ▸ No lançamento de um dado perfeito, qual é a probabilidade de que o resultado seja um número:

a) par?

b) primo?

c) menor do que 3?

d) menor do que 1?

e) menor do que 7?

f) divisor de 6?

59 ▸ Vamos comparar a porcentagem do item **c** da atividade anterior com o resultado prático de um experimento. Para isso, 3 grupos devem ser formados com os alunos da turma.

- Um grupo lança um dado 10 vezes, anota no caderno os números obtidos e calcula a porcentagem dos resultados que são menores do que 3.
- Outro grupo faz o mesmo, mas lançando o dado 20 vezes.
- O terceiro grupo também repete o procedimento, mas lançando o dado 40 vezes.
- No final, verifiquem qual dos 3 grupos chegou ao valor mais próximo da probabilidade do item **c** da atividade anterior.

60 ▸ Providencie 2 dados e jogue com um colega o jogo "soma 7". Vence quem obtiver primeiro 5 vezes a soma 7 dos valores obtidos nos lançamentos dos dados.

61 ▸ Observe as roletas e responda no caderno.

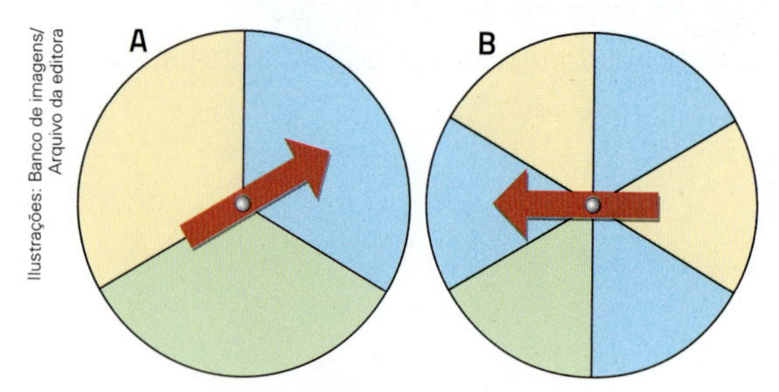

Ilustrações: Banco de imagens/Arquivo da editora

a) Qual é a probabilidade de a seta parar sobre o setor de cor azul na roleta **A**?

b) Qual é a probabilidade de a seta parar sobre o setor de cor azul na roleta **B**?

c) Em qual das 2 roletas há maior chance de a seta parar sobre o setor de cor azul?

d) Qual é a probabilidade de a seta não parar sobre o setor de cor verde na roleta **B**?

62 ▸ Júlia e Gustavo construíram um objeto usando cartolina, que funciona como uma roleta.

Paulo Manzi/Arquivo da editora

Ao girar sobre ele um clipe com o auxílio de um lápis, qual é a probabilidade de:

a) o clipe parar sobre uma região que contém uma cruz?

b) o clipe parar sobre uma região que contém um quadrado?

c) o clipe parar sobre uma região que contém um círculo?

63 ▸ **Desafio.** No lançamento de um dado, qual é a probabilidade de não sortear uma face com um número par nem com um número múltiplo de 3?

64 ▸ **Desafio.** Uma moeda viciada é aquela em que a probabilidade de sortear qualquer uma das faces é diferente de 50%. Suponha que, em uma moeda viciada, a probabilidade de sortear cara seja o triplo da probabilidade de sortear coroa. Qual é a probabilidade de sortear cara nessa moeda, em porcentagem?

CONEXÕES

A história dos jogos

Os jogos estão presentes na humanidade desde a Pré-História. Jogos de tabuleiro foram encontrados em escavações da antiga cidade suméria de Ur, na Mesopotâmia, e datam de 3000 a.C.

Reprodução/Arquivo da editora

Astrágalo de lhama com o formato similar ao de carneiros e cabras, utilizado como precursor dos dados atuais.

As imagens desta página não estão representadas em proporção.

O dado provavelmente veio substituir um osso chamado astrágalo. No carneiro e na cabra, esse osso lembra um dado com 4 faces. Na época do Império, os antigos gregos jogavam Tali. Eles lançavam 4 astrágalos ao mesmo tempo e verificavam as faces que apareciam para cima. A grande jogada era aquela em que se conseguiam 4 faces diferentes para cima. Atualmente, equivaleria a lançar simultaneamente 6 dados e obter:

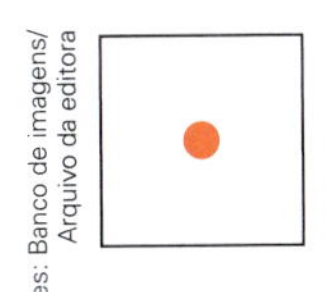
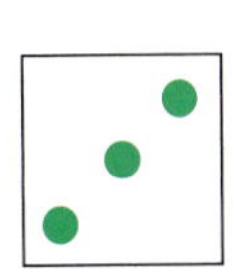
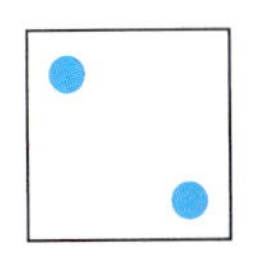

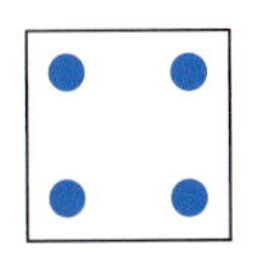

Ilustrações: Banco de imagens/Arquivo da editora

Há indícios de que o jogo de cartas pode ter surgido na China, na Índia ou no Egito. Os baralhos, como os conhecemos atualmente, apareceram na França no século XVI, após a invenção da imprensa (século XV).

O primeiro texto relacionado a jogos de azar e à Matemática foi escrito pelo médico, matemático, filósofo e jogador Gerolamo Cardano (1501-1576), em 1550, e publicado apenas em 1663: *O livro sobre os jogos de azar*. Muitos outros matemáticos se interessaram por esse assunto. Entre eles, Pascal, Bayes, Fermat e Laplace.

Laplace (1749-1827), um dos mais renomados matemáticos de todos os tempos, afirmou sobre a teoria das probabilidades: "É notável que uma ciência que começou com considerações sobre jogos de azar pudesse ter se elevado ao nível dos mais importantes assuntos do saber humano.".

Fontes de consulta: SUPERINTERESSANTE. *Como surgiu o baralho*. Disponível em: <https://super.abril.com.br/mundo-estranho/como-surgiu-o-baralho/>; EDUC. *História*. Disponível em: <http://www.educ.fc.ul.pt/icm/icm98/icm42/historia.htm>. Acesso em: 19 out. 2018.

The Bridgeman Art Library/Keystone/Acervo particular

Retrato do Gerolamo Cardano. 1876. Óleo sobre tela, 19,2 cm × 27,8 cm.

De Agostini/G. Dagli/AGB Photo Library/Museu Nacional do Palácio de Versalhes e Trianon, Versalhes, França

Retrato do Pierre-Simon Laplace. Data desconhecida. Pierre-Narcisse Guérin. Óleo sobre tela, 145 cm × 109 cm.

Obtendo a probabilidade experimentalmente

Explorar e descobrir

Vamos realizar algumas atividades para obter probabilidades experimentalmente e depois comparar com a probabilidade teórica de ocorrer um evento.

Lançar uma moeda

De acordo com a definição teórica de probabilidade, quando você lança uma moeda, por exemplo, a probabilidade de sortear cara é de $\frac{1}{2}$ ou 50% ou 0,5. Assim, seria possível pensar que, se a lançarmos 20 vezes, vamos obter cara 10 vezes, pois $0{,}5 \times 20 = 10$. Mas quando se realiza um experimento para testar essa hipótese, isso pode não ocorrer.

1. Suponha que uma moeda vai ser lançada 20 vezes. Quantas vezes você espera obter cara? E coroa?
2. Agora, pegue uma moeda e, com os colegas, lancem essa moeda 20 vezes e registrem os resultados em uma tabela. Em seguida, escrevam o total de vezes que cada face apareceu. O resultado é igual ao que você estimou na atividade 1?
3. Lancem a moeda 100 vezes e registrem os resultados. O número de vezes que apareceu cara está mais próximo da metade do total de lançamentos do que na atividade 2?
4. Suponha que vocês vão lançar a moeda 1 000 vezes.
   a) Vocês esperam obter cara em 500 vezes? Expliquem sua resposta.
   b) Se aparecer cara nas 1 000 vezes, então o que se pode dizer a respeito dessa moeda?

Girar uma roleta

Reúna-se com um colega para realizar esta atividade. Vocês devem determinar experimentalmente qual é a probabilidade de o ponteiro parar sobre um setor vermelho na roleta.

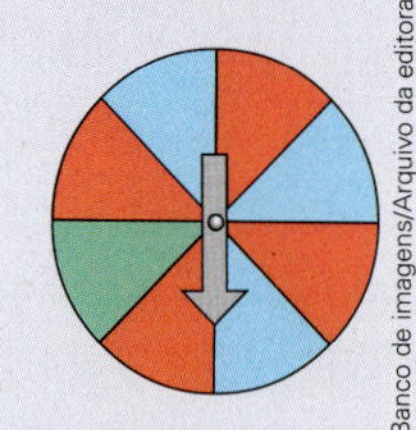
Banco de imagens/Arquivo da editora

1. Construam uma roleta com 8 setores iguais. Pintem 4 setores de vermelho, 3 setores de azul e 1 setor de verde. Usem um lápis e um clipe para ser o ponteiro.
2. Determinem a probabilidade (teórica) de o ponteiro parar sobre um setor de cor vermelha. Usem essa probabilidade para calcular o resultado esperado após girar o ponteiro 24 vezes.
3. Girem o ponteiro 24 vezes e registrem o número de vezes que o ponteiro parou no vermelho.
4. Determinem a probabilidade experimental de o ponteiro parar no vermelho. Escrevam a probabilidade com uma fração, com um decimal e com uma porcentagem.
5. Comparem a probabilidade experimental com a probabilidade teórica de o ponteiro parar sobre um setor de cor vermelha. O que vocês observam?
6. Girem o ponteiro 100 vezes e registrem os resultados. O número de vezes que o ponteiro parou sobre o setor de cor vermelha está mais próximo da metade do número total de giros do que anteriormente?
7. Suponham que vocês vão girar o ponteiro 1 000 vezes. Vocês esperam que o ponteiro pare quantas vezes sobre o setor de cor vermelha? Expliquem sua resposta.

Atividades

65. Use o roteiro anterior para calcular, experimentalmente, a probabilidade de obter:
a) números cuja soma é 7 no lançamento de 2 dados não viciados.
b) números cuja soma é um número ímpar no lançamento simultâneo de 2 dados não viciados.
c) 2 caras no lançamento simultâneo de 2 moedas perfeitas.
d) 1 cara e 1 coroa no lançamento simultâneo de 2 moedas perfeitas.

66. Explique com suas palavras qual é a diferença entre a probabilidade teórica e a probabilidade obtida experimentalmente.

Atividade resolvida passo a passo

(Obmep) A turma de Carlos organizou uma rifa. O gráfico mostra quantos alunos compraram um mesmo número de bilhetes; por exemplo, sete alunos compraram três bilhetes cada um. Quantos bilhetes foram comprados?

a) 56
b) 68
c) 71
d) 89
e) 100

Lendo e compreendendo

a) O que é dado na atividade?

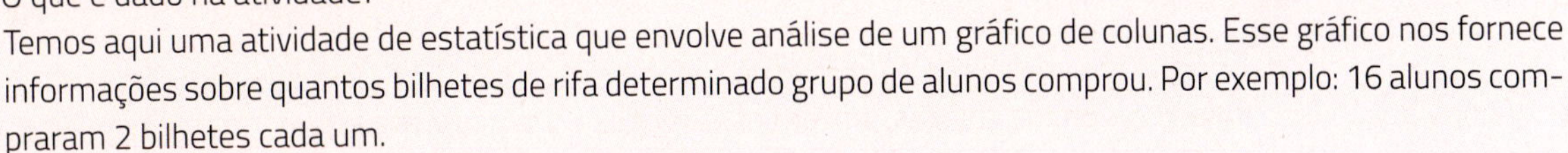

Temos aqui uma atividade de estatística que envolve análise de um gráfico de colunas. Esse gráfico nos fornece informações sobre quantos bilhetes de rifa determinado grupo de alunos comprou. Por exemplo: 16 alunos compraram 2 bilhetes cada um.

b) O que o problema pede?

O problema pede o número total de bilhetes que foram comprados.

Planejando a solução

A maneira mais prática é construirmos uma tabela com 3 colunas.

Na 1ª coluna colocamos o número de alunos (grupo) que comprou determinado número de bilhetes.

Na 2ª coluna deve estar o número de bilhetes vendidos para cada aluno daquele grupo.

Na 3ª coluna colocamos o total de bilhetes que cada grupo comprou.

A soma dos números da 3ª coluna é a solução do problema.

Executando o que foi planejado

Rifa na turma de Carlos

Número de alunos (grupo)	Número de bilhetes comprados por aluno	Número de bilhetes comprados pelo grupo
5	0	0
20	1	20
16	2	32
7	3	21
4	4	16
Total		**89**

Tabela elaborada para fins didáticos.

Verificando

A tabela que mostramos na resolução facilita a visualização e a manipulação das informações, mas poderíamos fazer os cálculos com as informações obtidas direto do gráfico.

$$5 \times 0 + 20 \times 1 + 16 \times 2 + 7 \times 3 + 4 \times 4 = 0 + 20 + 32 + 21 + 16 = 89$$

Emitindo a resposta

A resposta é a alternativa **d**.

Ampliando a atividade

Com as informações fornecidas na tabela, calcule o número total de alunos da turma de Carlos.

Solução

Basta somarmos os números da 1ª coluna da tabela: $5 + 20 + 16 + 7 + 4 = 52$

Logo, há 52 alunos na turma de Carlos.

Outras atividades que envolvem estatística e probabilidade

Aplique o que você aprendeu em mais algumas situações.

Atividades

67 Uma caixa contém 3 bolas azuis, 5 bolas vermelhas e 2 bolas amarelas. Retirando uma delas ao acaso, qual é a probabilidade de:

a) sortear uma bola azul?

b) não sortear uma bola azul?

c) não sortear uma bola amarela?

d) sortear uma bola amarela ou uma vermelha?

68 O cardápio do restaurante da mãe de Juliana é composto dos itens abaixo. Cada pessoa deve escolher 1 item de cada grupo para formar a refeição.

Grupo I	Grupo II	Grupo III
Filé de carne	Maionese	Salada de frutas
Filé de frango	Salada mista	Sorvete
Filé de peixe	—	Pudim

a) Escreva 2 possibilidades de uma pessoa compor uma refeição e, depois, descubra quantas possibilidades há no total.

b) Qual é a probabilidade de uma pessoa escolher filé de peixe?

c) Qual é a probabilidade de uma pessoa escolher maionese?

d) Qual é a probabilidade de uma pessoa escolher como refeição filé de frango, maionese e pudim?

e) Qual é a probabilidade de a refeição ser filé de carne, maionese e sorvete ou pudim?

Photodisc Green/Getty Images

Amigas almoçando.

69 Depois da reforma da cantina, a administração da escola de Juvenal fez uma pesquisa de opinião para saber se os alunos gostaram da reforma. Veja o gráfico construído com os dados coletados pela pesquisa.

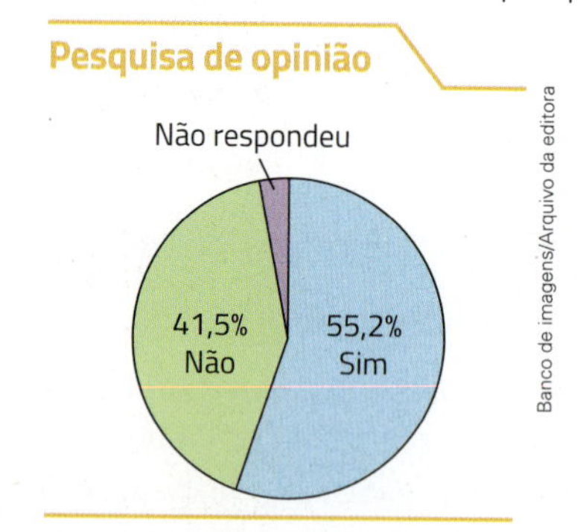

Gráfico elaborado para fins didáticos.

a) Qual porcentagem dos alunos não respondeu?

b) Se a escola tem 1 000 alunos, então quantos responderam que gostaram da reforma?

c) Quantos alunos não gostaram da reforma?

d) Quantos alunos não responderam?

e) A **moda** de um conjunto de dados é aquele que aparece mais vezes. Então, qual é a moda dessa distribuição?

f) Por que não dá para calcular a média aritmética nesta situação?

70 Foi feita uma pesquisa com 500 trabalhadores de uma indústria têxtil, dos quais 280 eram mulheres. De todos os funcionários, 60 exerciam a profissão de gerente de vendas e, entre os gerentes, 20 eram do sexo feminino. Tomando ao acaso um desses trabalhadores pesquisados, qual é a probabilidade de o gerente de vendas ser mulher?

Andrew Caballero-Reynolds/Reuters/Latinstock

Trabalhadoras de indústria têxtil.

71 ▸ **Média aritmética: diferentes situações.** A professora de Beto trouxe algumas manchetes de jornal para a sala de aula, como estas abaixo.

Paulistano passa por dia, em média, cerca de 2 h 53 min no trânsito.

A média de gols do Campeonato Brasileiro de futebol masculino de um ano foi de 2,46 por partida.

As mulheres brasileiras vivem, em média, 78,3 anos.

Carro popular brasileiro faz, em média, 12 km com 1 litro de gasolina.

Ilustrações: Banco de imagens/Arquivo da editora

Após ler essas notícias, Beto ficou muito interessado em calcular médias em diferentes situações do cotidiano. Ajude Beto a calcular as médias resolvendo as atividades a seguir.

a) Beto e 5 colegas combinaram de marcar o intervalo de tempo que cada um gastaria para ir caminhando da respectiva casa até a escola. Os tempos dos colegas de Beto foram os seguintes: 5 minutos, 14 minutos, 10 minutos, 16 minutos e 9 minutos. Beto gastou 12 minutos. Qual foi o intervalo de tempo médio que eles gastaram para ir das respectivas casas até a escola?

b) Beto contou o número de batimentos do coração dele em 1 minuto em 4 momentos diferentes do dia e obteve os seguintes valores: 58, 61, 62 e 59. O coração de Beto bate, em média, quantas vezes por minuto? E quantas vezes o coração dele bate, em média, em um dia?

c) Beto, Paula e Rodrigo mediram os respectivos comprimentos das alturas, em centímetros. A média dessas medidas foi de 154 cm. Beto mede 148 cm e Paula, 152 cm. Qual é a medida de comprimento da altura de Rodrigo?

72 ▸ Os alunos da turma de Elizete têm, em média, 1,6 m de medida de comprimento da altura.

a) Faça uma lista com as medidas de comprimento da altura de 5 meninos e 5 meninas da sua turma.

b) Qual é a média das medidas de comprimento da altura desse grupo?

c) Quanto essa média está distante da média das medidas de comprimento da altura da turma de Elizete? Para mais ou para menos?

73 ▸ **Conexões. Densidade demográfica.** Você estudou que o valor da densidade demográfica de uma região é a razão entre o número de habitantes e a medida de área dessa região. O valor da densidade demográfica de uma região também pode ser interpretado como o número médio de habitantes da população por quilômetro quadrado. Sabendo disso, use uma calculadora para resolver as atividades.

a) O número de habitantes estimado da população do Distrito Federal em 2018 era aproximadamente 2 974 703. A medida de área do Distrito Federal é de aproximadamente 5 780 km². Qual era o valor da densidade demográfica, em habitantes por km², no Distrito Federal em 2018?

b) Em 2018, o Distrito Federal possuía o maior valor estimado da densidade demográfica, entre as unidades da federação. O menor era o de Roraima, de aproximadamente 2,01 hab./km². O valor da densidade demográfica do Distrito Federal era aproximadamente quantas vezes o de Roraima nesse ano?

c) Em 2018, o estado de São Paulo tinha aproximadamente 45 538 936 habitantes e a medida de área aproximada era de 248 220 km². Calcule o valor da densidade demográfica.

Fonte de consulta: IBGE. *Cidades*. Disponível em: <https://cidades.ibge.gov.br/brasil/sp/panorama>. Acesso em: 17 set. 2018.

74 ▸ Em uma rifa, os bilhetes estão numerados de 1 a 200 e 1 bilhete será sorteado. No caderno, registre as probabilidades usando porcentagens.

a) Qual é a probabilidade de uma pessoa que comprou 4 bilhetes ganhar?

b) Qual é a probabilidade de, no sorteio, sair um múltiplo de 30?

c) Qual é a probabilidade de sortear um número que é múltiplo de 25 ou um número par?

d) Qual é a probabilidade de, no sorteio, sair um número que é múltiplo de 25 e número par?

75 **Árvore de possibilidades.** Quando desejamos saber todas as possibilidades de combinar determinado número de elementos ou o número de resultados possíveis de um experimento, podemos utilizar um esquema que facilita essa contagem. Trata-se da árvore de possibilidades ou diagrama de árvore. Acompanhe a situação a seguir.

Valdecir foi a uma lanchonete em que são oferecidos 3 tipos de *pizza* (muçarela: *m*, calabresa: *c* e escarola: *e*) e 2 tipos de suco (laranja: *l* e uva: *u*). Observe as escolhas que Valdecir pode fazer para 1 tipo de *pizza* e 1 tipo de suco.

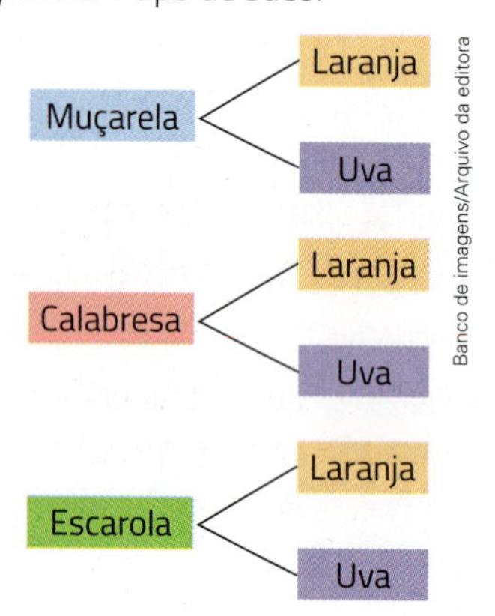

Banco de imagens/Arquivo da editora

No total, ele tem 6 possibilidades de escolha:

$$(m, l), (m, u), (c, l), (c, u), (e, l) \text{ e } (e, u).$$

Agora é sua vez. Considere que uma moeda seja lançada 3 vezes e faça o que se pede em relação às faces obtidas para cima.

a) Quantos e quais são os resultados possíveis desse experimento?

b) Construa a árvore de possibilidades desse experimento.

c) Em quantos desses resultados é possível sair cara nos 3 lançamentos?

d) Qual é a probabilidade de sair cara nos 3 lançamentos?

76 Chamamos de anagramas as diferentes posições das letras de uma palavra.

Veja alguns anagramas com a palavra AMOR:

AMOR ROMA MORA OMAR

a) Quantos anagramas da palavra AMOR podem ser formados?

b) Sorteando um desses anagramas ao acaso, qual é a probabilidade de ele terminar em vogal?

c) Sorteando um desses anagramas ao acaso, qual é a probabilidade de ele começar e terminar em consoante?

77 Foi realizada uma pesquisa com 100 pessoas de diferentes municípios brasileiros para saber quais são os principais itens observados antes de comprar um automóvel. O gráfico a seguir mostra as respostas dadas para as 4 perguntas abaixo.

1) Qual cor de automóvel você prefere?
2) Quantas portas você prefere que um automóvel tenha?
3) Qual é a potência do motor que você prefere?
4) Para você, qual acessório é imprescindível em um automóvel?

Itens observados na compra de um automóvel

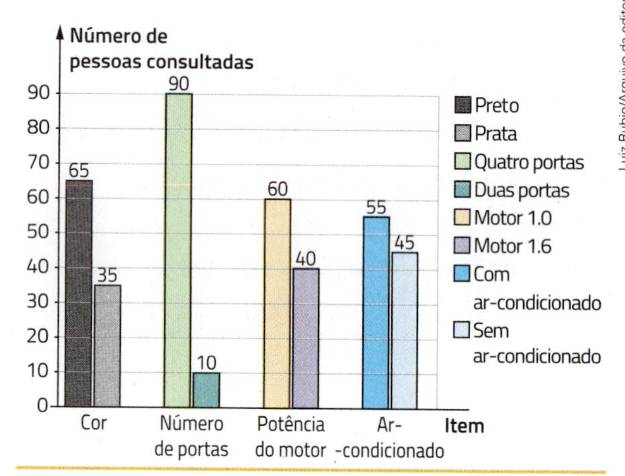

Luiz Rubio/Arquivo da editora

Gráfico elaborado para fins didáticos.

a) Em quais perguntas a variável é quantitativa?

b) Um dos itens é o menos citado na pesquisa. A variável que representa esse item é qualitativa ou quantitativa?

c) Em um dos itens considerados importantes na compra de um automóvel, uma das variáveis apresenta um resultado próximo de um empate. Qual variável é essa?

d) Escolhendo ao acaso uma das pessoas consultadas nessa pesquisa, qual é a probabilidade de ela preferir um automóvel de cor preta?

78 **Trabalhando como pesquisador.** Reúna-se com um colega e elaborem uma pesquisa de opinião com tabelas de frequências, gráficos e média aritmética e apresentem para a turma.

Raciocínio lógico

Observe a figura abaixo e descubra a letra e o número que deve ser colocado no lugar do "?" para manter a lei de formação da sequência.

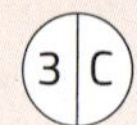

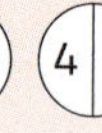

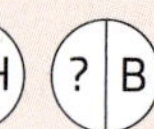

Banco de imagens/Arquivo da editora

Revisando seus conhecimentos

1 Um dado foi lançado 1 000 vezes, obtendo o seguinte resultado.

Lançamento do dado

Face obtida	Número de vezes	FR
1	157	
2	171	
3	160	
4	166	
5	171	
6	175	

Tabela elaborada para fins didáticos.

Complete essa tabela de frequências relativas expressando os resultados em porcentagem.

2 Das 4 operações indicadas, qual é a única cujo resultado é maior do que 1?

a) $3 - 2\frac{1}{7}$

b) $\frac{2}{3} : \frac{4}{7}$

c) $3 \cdot \frac{2}{7}$

d) $\frac{2}{5} + \frac{3}{7}$

3 Na promoção de uma loja, um refrigerador está sendo vendido, com desconto de 10%, por R$ 810,00. Qual é o preço do refrigerador sem o desconto?

Raciocínio lógico

Use tampinhas para reproduzir a figura **A**. Um desafio para você: mova 3 tampinhas da figura triangular **A** para obter a figura **B**.

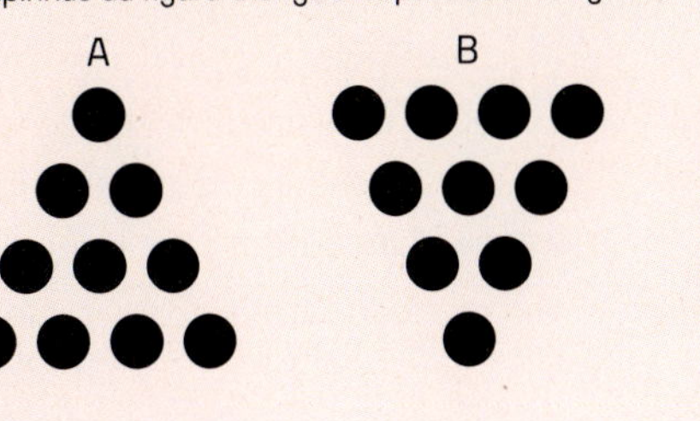

Ilustrações: Banco de imagens/Arquivo da editora

4 **Decimais.**

a) Descubra a lei de formação e complete esta sequência.

3,76	3,8	3,84					

b) Forme uma sequência de 7 termos, na qual o 1º termo é 7,4 e cada termo, a partir do 2º, vale 1,2 a menos do que o termo anterior.

5 Em uma gaveta, há lenços de 3 cores, em um total de 15 lenços. Se uma pessoa retirar um lenço sem olhar, a probabilidade de ela tirar:

- um lenço azul é de 40%;
- um lenço verde é o dobro da probabilidade de tirar um branco.

Calcule quantos são os lenços de cada cor.

6 Pedro inventou uma nova unidade de medida de comprimento e a batizou de "toco". Ele afirmou: Há 12 tocos em 5 cm. Quantos tocos haverá em 5 m?

7 Supondo 2 moedas perfeitas, ao lançá-las para cima, qual é a probabilidade de:

a) a face para cima de ambas seja cara?

b) uma face para cima ser cara e em outra, coroa?

c) as faces para cima não sejam cara?

d) apenas uma das faces para cima seja coroa?

8 **(Fuvest-SP)** Escolhido ao acaso um elemento do conjunto dos divisores positivos de 60, a probabilidade de que ele seja primo é:

a) $\frac{1}{2}$. b) $\frac{1}{3}$. c) $\frac{1}{4}$. d) $\frac{1}{5}$. e) $\frac{1}{6}$.

9 Um grupo de alunos começou a explorar um *site* sobre fósseis às 13 h 15 min. A cada meia hora eles paravam 5 minutos. Às 15 h 35 min, quantas paradas já tinham sido dadas?

10 **(Unirio-RJ)** Um dado foi lançado 50 vezes. A tabela a seguir mostra os seis resultados possíveis e as suas respectivas frequências de ocorrência:

Frequência	7	9	8	7	9	10
Resultado	1	2	3	4	5	6

A frequência de aparecimento de um resultado ímpar foi de:

a) $\frac{2}{5}$.

b) $\frac{11}{25}$.

c) $\frac{12}{25}$.

d) $\frac{1}{2}$.

e) $\frac{13}{25}$.

11 Esta figura pode ser desenhada sem tirar o lápis do papel e sem fazer cruzamentos. Escolha um ponto e tente desenhar por cima da figura.

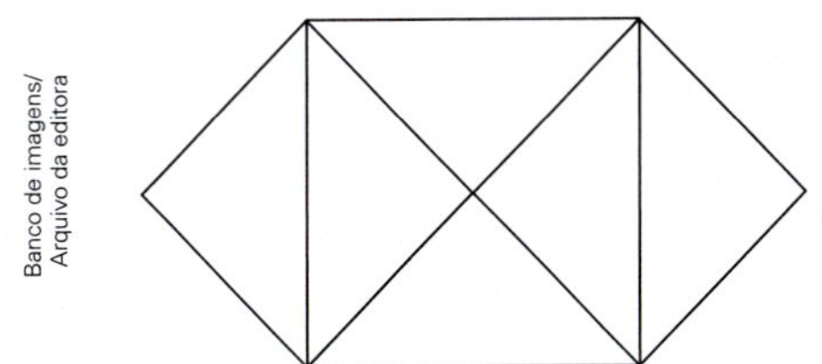

Banco de imagens/Arquivo da editora

Praticando um pouco mais

Testes oficiais

1 **(Saresp)** Os vendedores de uma grande loja de eletrodomésticos venderam, no segundo bimestre de 2007, uma quantidade de geladeiras especificada na tabela abaixo.

Vendedor \ Número de geladeiras vendidas	Março	Abril
Ana Luísa	2	3
Evandro	12	4
Fernando	3	7
Helena	5	4
Pedro	6	4

Nessa loja, a venda bimestral por vendedor foi, em média, de:

a) 6 geladeiras.
b) 8 geladeiras.
c) 10 geladeiras.
d) 12 geladeiras.

2 **(Saresp)** Em uma escola com 800 alunos realizou-se uma pesquisa sobre o esporte preferido dos estudantes. Os resultados estão representados na figura abaixo.

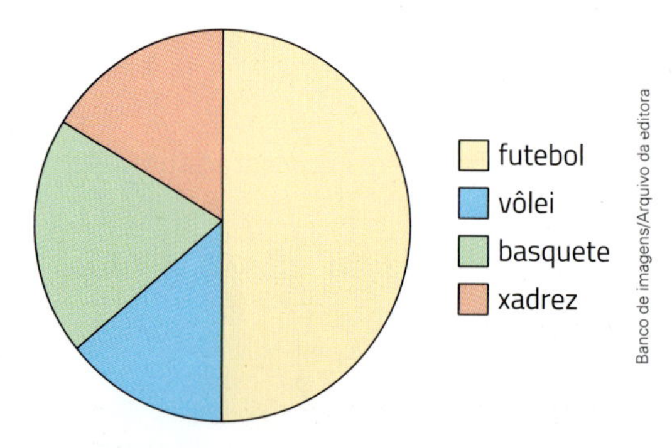

Banco de imagens/Arquivo da editora

Observando a figura, é correto dizer que:

a) o futebol foi escolhido por 400 alunos.
b) o basquete foi escolhido por 210 alunos.
c) o vôlei foi escolhido por 120 alunos.
d) o xadrez foi escolhido por 90 alunos.

3 **(Saresp)** O diretor da escola de Ana fará um sorteio entre as cinco salas de sexta série da escola, e a sala vencedora ganhará um passeio em sua cidade. Ana estuda em uma das salas de 6ª série e gostaria muito de ganhar esse passeio. O diretor colocará em uma caixa cinco pedaços de papel, um para cada classe, e sorteará um deles. A chance da sala de Ana ser sorteada é de:

a) 50%.
b) 35%.
c) 25%.
d) 20%.

4 **(Obmep)** Brasil e Argentina participam de um campeonato internacional de futebol no qual competem oito seleções. Na primeira rodada serão realizadas quatro partidas, nas quais os adversários são escolhidos por sorteio. Qual é a probabilidade de Brasil e Argentina se enfrentarem na primeira rodada?

a) $\frac{1}{8}$

b) $\frac{1}{7}$

c) $\frac{1}{6}$

d) $\frac{1}{5}$

e) $\frac{1}{4}$

5 **Desafio.** **(Obmep)** O Professor Márcio aplicou uma prova de Matemática valendo 10 pontos. Para ter uma ideia do desempenho da turma, ele organizou a tabela abaixo.

Notas	Alunos
Menores ou iguais a 4	6
Maiores do que 4 e menores ou iguais a 7	18
Maiores do que 7	16

Qual é a única alternativa que mostra um possível valor para a média aritmética das notas da turma?

a) 3,9
b) 4,1
c) 4,5
d) 4,9
e) 7,9

Questões de vestibulares e Enem

6 (Enem) O diretor de um colégio leu numa revista que os pés das mulheres estavam aumentando. Há alguns anos, a média do tamanho dos calçados das mulheres era de 35,5 e, hoje, é de 37,0. Embora não fosse uma informação científica, ele ficou curioso e fez uma pesquisa com as funcionárias do seu colégio, obtendo o quadro a seguir.

Tamanho dos calçados	Número de funcionárias
39,0	1
38,0	10
37,0	3
36,0	5
35,0	6

Escolhendo uma funcionária ao acaso e sabendo que ela tem calçado maior que 36,0 a probabilidade de ela calçar 38,0 é:

a) $\frac{1}{3}$.

b) $\frac{1}{5}$.

c) $\frac{2}{5}$.

d) $\frac{5}{7}$.

e) $\frac{5}{14}$.

Use o texto a seguir para as atividades 7 e 8.

(Enem) Uma pesquisa de opinião foi realizada para avaliar os níveis de audiência de alguns canais de televisão, entre 20 h e 21 h, durante uma determinada noite. Os resultados obtidos estão representados no gráfico de colunas abaixo.

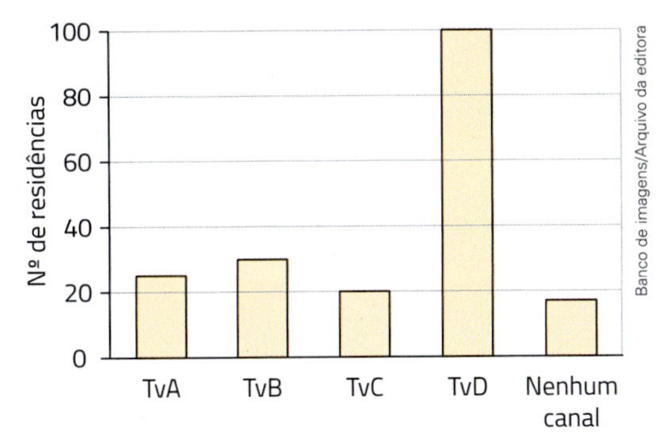

7 O número de residências atingidas nesta pesquisa foi de aproximadamente:

a) 100.
b) 135.
c) 150.
d) 200.
e) 220.

8 A porcentagem de entrevistados que declararam estar assistindo à TvB é aproximadamente:

a) 15%
b) 20%
c) 22%
d) 27%
e) 30%

9 (Enem) Um empresário pretende fazer a propaganda de seus produtos em um canal de televisão. Para isso, decidiu consultar o quadro com a pontuação de audiência, nos últimos três meses, de cinco emissoras de televisão em determinado horário e calcular a média aritmética para escolher aquela com a maior média de audiência nesse período.

Emissora	Mês I	Mês II	Mês III
I	11	19	13
II	12	16	17
III	14	14	18
IV	15	11	15
V	14	14	14

De acordo com o critério do empresário, que emissora deve ser escolhida?

a) **I**
b) **II**
c) **III**
d) **IV**
e) **V**

10 (UFPB) Escolhido ao acaso um dos divisores positivos de 100, a probabilidade de ele não ser o quadrado de um número natural é igual a:

a) $\frac{5}{9}$.

b) $\frac{4}{9}$.

c) $\frac{2}{3}$.

d) $\frac{1}{3}$.

11 (PUC-RS) Arquimedes ingressou no prédio 30 da PUC-RS pensando na palavra ENGENHARIA. Se as letras desta palavra forem colocadas em uma urna, a probabilidade de se retirar uma letra **E** será:

a) 2.

b) $\frac{1}{10}$.

c) $\frac{1}{9}$.

d) $\frac{2}{5}$.

e) $\frac{1}{5}$.

VERIFIQUE O QUE ESTUDOU

1 Converse com os colegas sobre a palavra **evento**. Vocês podem usar o dicionário. Depois, deem exemplos de **eventos impossíveis** e de **eventos certos**.

2 Em uma pesquisa sobre fruta favorita, 40 pessoas foram consultadas. Laranja recebeu 12 votos e uva recebeu 20% do total dos votos.

a) Qual é a frequência absoluta dos votos dados a uva?

b) Qual é a frequência relativa dos votos dados a laranja?

3 Reúna-se com os colegas para realizar uma pesquisa de opinião na escola.

- Escolham o assunto que será pesquisado e registrem a pergunta que será feita aos entrevistados. Escolham também quantas pessoas serão entrevistadas.
- Registrem qual é o tipo de variável da pesquisa e quais são os possíveis valores dela.
- Façam a pesquisa e elaborem uma tabela com as frequências (FA e FR) das respostas coletadas.
- Exponham a pesquisa para a turma.

4 Veja o número de faltas, em uma semana, na turma de Joana.

- Segunda-feira: 3
- Terça-feira: 1
- Quarta-feira: 0
- Quinta-feira: 2
- Sexta-feira: 2

Qual foi a média diária de faltas nessa semana?

5 Em uma pesquisa realizada com os alunos de Daniela foram obtidos os seguintes resultados.

- Metade dos alunos tem cachorro como animal de estimação.
- 40% dos alunos têm gato.
- 2 alunos têm peixe.
- Nenhum aluno não tem animal de estimação.

Sabendo que 20 alunos responderam à pesquisa e que nenhum deles tem mais de um tipo de animal de estimação, Daniela resolveu construir um gráfico de setores para representar os resultados.

a) Qual será a medida de abertura do ângulo correspondente ao setor dos cachorros? Justifique.

b) E a medida de abertura do ângulo correspondente ao setor dos peixes? Justifique.

c) Construa o gráfico de setores e escolha 3 cores diferentes para representar a legenda do gráfico.

6 O gráfico de setores mostra os resultados obtidos por um time em 20 jogos.

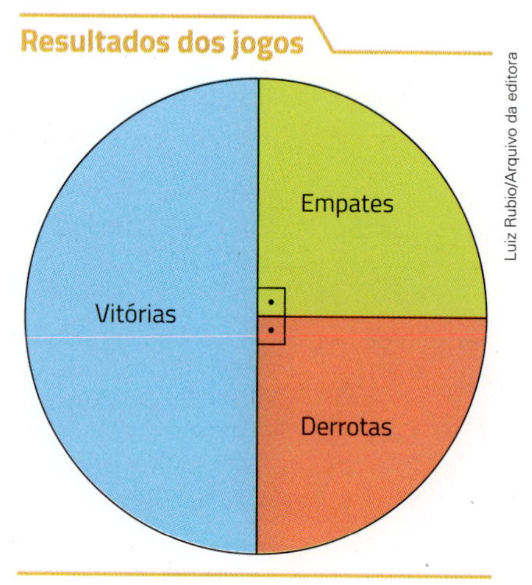

Gráfico elaborado para fins didáticos.

a) Quantas vitórias esse time teve?

b) E quantos empates?

c) As derrotas correspondem a qual porcentagem dos jogos?

d) Se cada vitória dá 3 pontos e cada empate dá 1 ponto, então quantos pontos esse time ganhou nesses jogos?

7 Sorteando um mês do ano, qual é a probabilidade de sortear um mês cujo nome começa por **J**?

Atenção

Retome os assuntos que você estudou neste capítulo. Verifique em quais teve dificuldade e converse com o professor, buscando maneiras de reforçar seu aprendizado.

Autoavaliação

Algumas atitudes e reflexões são fundamentais para melhorar o aprendizado e a convivência na escola. Reflita sobre elas.

- Participei das atividades propostas, contribuindo com as atividades experimentais e as atividades em grupo?
- Fiz as pesquisas propostas para casa?
- Realizei as leituras do livro com atenção?
- Ampliei meus conhecimentos de estatística e de probabilidade?

PARA LER, PENSAR E DIVERTIR-SE

Ler

Em 1949, o panamenho Edward Alvar Murphy Júnior (1918-1990) era um capitão da Força Aérea Americana e engenheiro em um projeto que testava os efeitos sofridos pelos pilotos por conta da desaceleração rápida em aeronaves. Murphy construiu um equipamento que registrava a respiração e os batimentos cardíacos dos pilotos, mas verificou que o técnico havia realizado as instalações de maneira inadequada. Devido a isso, ele formulou uma frase que ficou conhecida em todo mundo: "Se alguma coisa pode dar errado, dará.".

Veja abaixo algumas variações dessa frase.

- A fila do lado sempre anda mais rápido.
- A chave que irá abrir a porta será sempre a última a ser testada.
- Se está escrito tamanho único, é porque não serve em ninguém.
- O pão sempre cai com o lado da manteiga voltado para baixo.
- Você sempre acha algo no último lugar que procura.
- Quando um trabalho é mal feito, qualquer tentativa de melhorá-lo piora.

É claro que essa lei não é considerada em cálculos probabilísticos, mas é interessante observar como ela pode ser verdade em muitas situações do cotidiano. Será que você já vivenciou alguma "Lei de Murphy"?

Fontes de consulta: CANAL TECH. *Entretenimento*. Disponível em: <https://canaltech.com.br/entretenimento/Lei-de-Murphy/>; BRASIL ESCOLA. *Curiosidades*. Disponível em: <https://brasilescola.uol.com.br/curiosidades/lei-murphy.htm>. Acessos em: 15 fev. 2019.

Pensar

Considere o seguinte jogo com 2 jogadores: o primeiro lança 2 dados e adiciona o valor mostrado nas faces voltadas para cima. Se essa soma for igual a 7, então o segundo jogador ganha; se a soma for 2, 3 ou 12, então o primeiro jogador ganha; e, se a soma for diferente desses resultados, então os dados devem ser jogados novamente.

Você acha que esse é um jogo justo? Quem tem vantagem? Justifique sua resposta.

Divertir-se

Quantos retângulos há nesta figura?

Banco de imagens/Arquivo da editora

CAPÍTULO

10 Perímetro, área e volume

Vista da lagoa Rodrigo de Freitas a partir do mirante do Cristo Redentor, Rio de Janeiro (RJ). Foto de 2017.

Em várias situações do cotidiano, precisamos calcular as medidas de perímetro, de área e de volume. Veja a seguir um exemplo de aplicação dessas noções na Geografia.

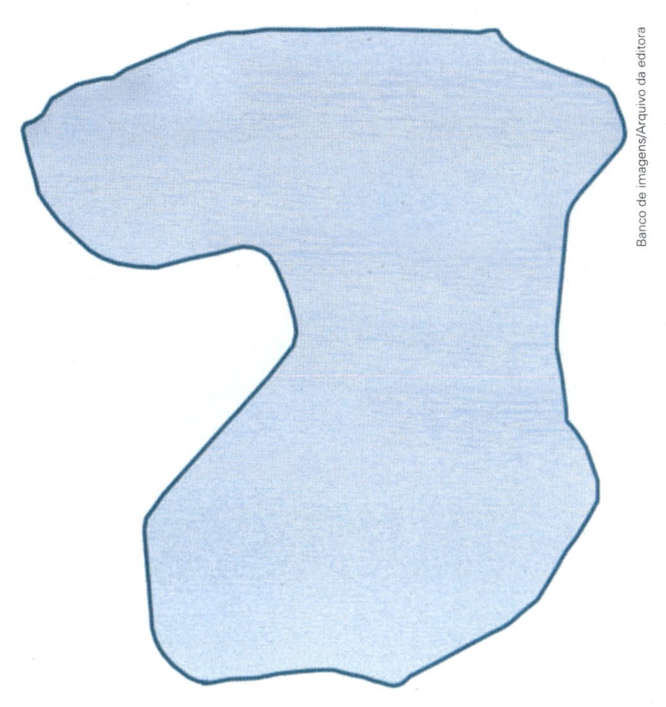

Banco de imagens/Arquivo da editora

Representação do formato da lagoa Rodrigo de Freitas.

Um dos principais cartões-postais do Rio de Janeiro é a lagoa Rodrigo de Freitas, localizada na Zona Sul da capital fluminense. Essa importante riqueza natural apresenta 7,8 km de medida de perímetro, 2,2 km^2 de espelho-d'água (ou seja, de medida de área da superfície) e aproximadamente 6 200 000 m^3 de medida de volume.

As ideias de perímetro, de área e de volume serão retomadas neste capítulo, assim como muitas das aplicações delas nos vários campos da atividade humana.

Converse com os colegas sobre as questões seguintes.

1. Qual é o significado de "a medida de perímetro da lagoa é de 7,8 km"?
2. Qual é a medida de perímetro da sua sala de aula, em metros?
3. O que você entende por "a medida de área é de 2,2 km^2"?
4. Qual é a medida de área do tampo da sua carteira, usando como unidade de medida a área de uma folha de papel sulfite?
5. Qual é o significado de "1 m^3 (1 metro cúbico)"? E de "1 cm^3 (1 centímetro cúbico)"?
6. Descreva um bloco retangular com medida de volume de 6 cm^3.

1 Perímetro

Você já ouviu falar em "perímetro urbano"? É a expressão usada para se referir ao contorno da parte urbana de um município.

Observe o perímetro urbano aproximado da cidade de Teresina (PI), representado com uma linha amarela na imagem de satélite.

Reprodução/Google Earth

Imagem de satélite do perímetro urbano da cidade de Teresina (PI). Foto de 2018.

Em Matemática, o **perímetro** é o comprimento de um contorno.

As imagens desta página não estão representadas em proporção.

Medida de perímetro de polígonos

Explorar e descobrir

Meça o comprimento de todos os lados dos polígonos abaixo e responda às questões para descobrir a medida de perímetro deles.

a) No triângulo.
- Quais são as medidas de comprimento dos 3 lados?
- Qual é a soma dessas medidas?

b) No trapézio.
- Quais são as medidas de comprimento dos 4 lados?
- Qual é a soma dessas medidas?

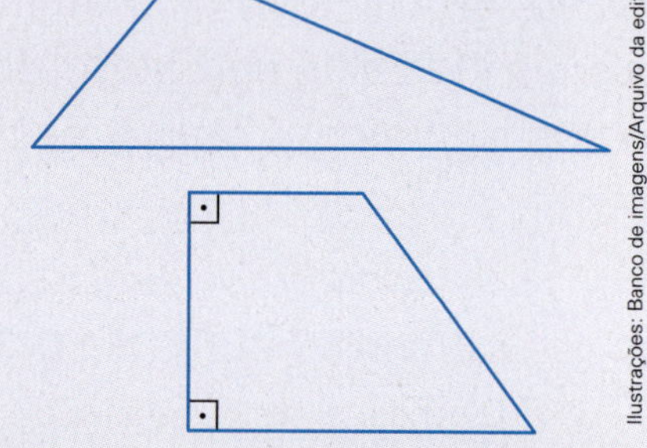
Ilustrações: Banco de imagens/Arquivo da editora

Quando o contorno é um polígono, a **medida de perímetro** corresponde à **soma das medidas de comprimento dos lados do polígono**.

Observe mais um exemplo da medida de perímetro deste campo de futebol.

$$P = 100 + 73 + 100 + 73 = 346$$

ou

$$P = 2 \cdot 100 + 2 \cdot 73 = 200 + 146 = 346$$

Portanto, a medida de perímetro é de 346 m.

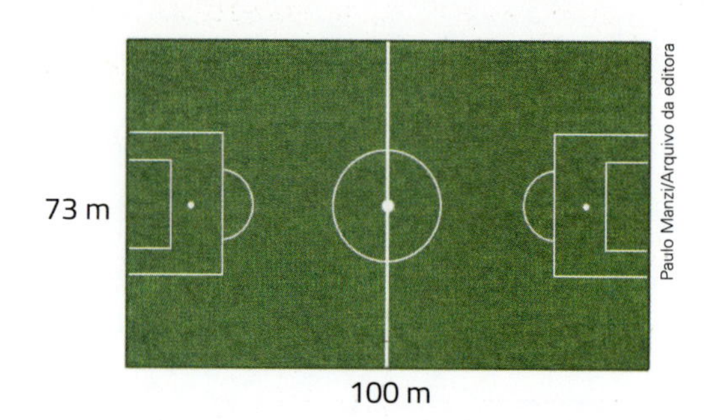

Paulo Manzi/Arquivo da editora

Equivalência de perímetros

Explorar e descobrir

É possível construir contornos diferentes com medidas de perímetro iguais.

Para compreender melhor essa afirmação, podemos pegar pedaços de barbante, todos com medida de comprimento de 8 centímetros, e fita adesiva para construir diversos contornos. Veja alguns exemplos:

Paulo Manzi/Arquivo da editora

Contornos feitos com barbante.

1› Responda: Os contornos são iguais? O que eles têm em comum?

2› Construa com barbante e fita adesiva 4 contornos diferentes, dos quais 2 deles sejam retângulos, todos com perímetro medindo 10 cm. Registre suas construções em papel quadriculado.

Atividades

1› Determine a medida de perímetro do polígono *ABCDE*.

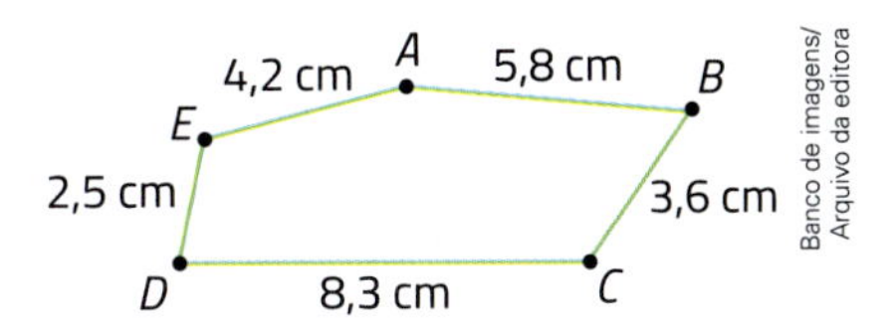

Banco de imagens/Arquivo da editora

2› A medida de perímetro de um quadrado é de 14,4 cm. Qual é a medida de comprimento do lado desse quadrado?

3› O perímetro de um retângulo mede 20 cm. A largura do retângulo tem medida de comprimento de 3,5 cm. Qual é a medida de comprimento da altura desse retângulo?

4› José vai cercar com tela um terreno que tem as medidas de comprimento indicadas na figura. Cada metro de tela custa R$ 6,50. Quanto ele vai gastar?

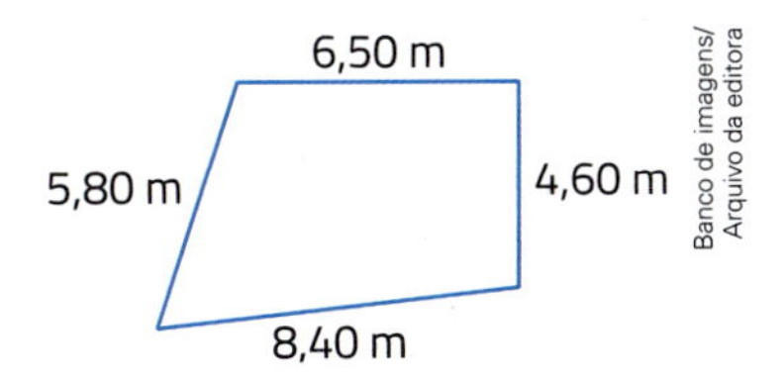

Banco de imagens/Arquivo da editora

5› O perímetro de um retângulo *A* mede 68 cm. Aumentando 3 cm na medida de comprimento da largura e diminuindo 20% na medida de comprimento da altura, obtém-se outro retângulo *B* de mesma medida de perímetro. Sabendo que a medida de comprimento de um dos lados do retângulo *A* é 4 cm maior que a de outro, responda: Quais são as medidas das dimensões dos 2 retângulos?

6› Use uma folha de papel quadriculado e apenas números naturais. Quantos e quais retângulos você pode desenhar com medida de perímetro de 36 unidades? Um deles já está representado abaixo.

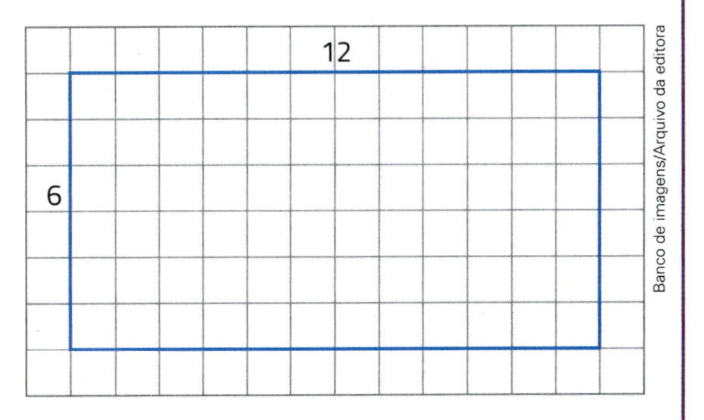

Banco de imagens/Arquivo da editora

Medida de comprimento da circunferência e o número π

Explorar e descobrir

1. Observe a figura ao lado, que mostra alguns elementos de uma circunferência. Com os colegas, escolha alguns objetos que tenham formas circulares, como um relógio e um CD. Meçam o comprimento do diâmetro (d) e da circunferência (C) do objeto com uma fita métrica. Registrem essas medidas em uma tabela similar a esta.

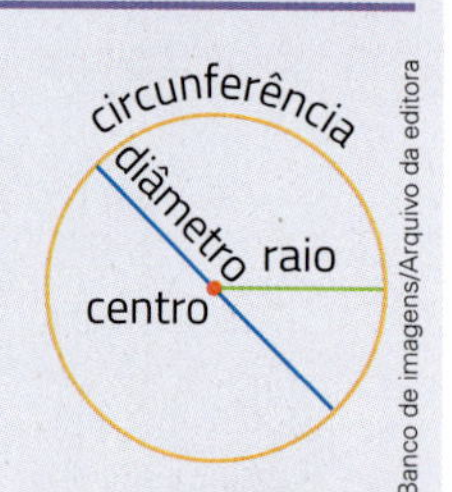

Relação entre o comprimento e o diâmetro de objetos circulares

Objeto	Medida de comprimento da circunferência (C)	Medida de comprimento do diâmetro (d)	$C \div d$
Copo	22,9 cm	7,3 cm	
Pires	47,7 cm	15,2 cm	

Tabela elaborada para fins didáticos.

2. Usem uma calculadora e determinem o valor do quociente de C por d ($C \div d$). Em seguida, indiquem o valor aproximado de $C \div d$ para:
   a) o copo e o pires, cujas medidas estão indicadas na tabela;
   b) os demais objetos medidos.

Alunos realizando medições em objetos circulares.

As imagens desta página não estão representadas em proporção.

3. O que vocês notaram no valor aproximado de $C \div d$ em todos os objetos?

A divisão de C por d resulta sempre em um número próximo de 3, qualquer que seja a circunferência. Fazendo as medições com precisão, o valor do quociente é um pouquinho maior do que 3. Leia sobre erros nas medidas na página 292.

Thiago Neumann/Arquivo da editora

Saiba mais

Os matemáticos descobriram muitos métodos para determinar aproximações racionais do número π, sem se basearem em medições do mundo físico. Com a ajuda de algoritmos especialmente elaborados em computadores velozes, eles já conseguiram calcular aproximações racionais do valor de π com precisão de mais de 31 trilhões de casas decimais.

Esse número próximo de 3 não é racional e foi chamado de **pi**. O símbolo desse número é π.

Nos cálculos, usamos para o número π valores racionais aproximados, como 3,1; 3,14; $\frac{22}{7}$; $3\frac{1}{7}$; e outros.

Veja agora como fica fácil calcular a medida de comprimento de uma circunferência.

Constatamos que:

$$C \div d = \pi$$

Fazendo a operação inversa, obtemos:

$$C = \pi \cdot d$$

Como a medida de comprimento do diâmetro (d) é o dobro da medida de comprimento do raio (r), isto é, $d = 2r$, podemos escrever:

$$C = \pi \cdot 2 \cdot r \quad \text{ou} \quad C = 2\pi r$$

Observe como Poliana calculou a medida de comprimento da circunferência em que $d = 23$ mm, calculando a aproximação $\pi = 3,14$.

$$C = 3,14 \cdot 23 \text{ mm} = 72,22 \text{ mm} = 7,222 \text{ cm}$$

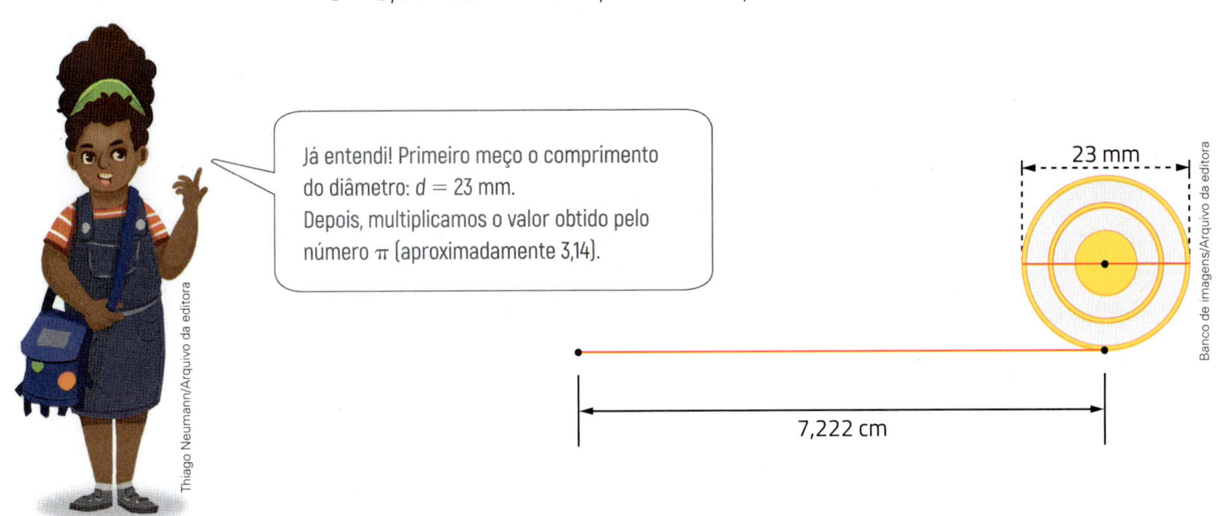

Observe que se o diâmetro de uma circunferência tem medida de comprimento de 1 unidade (por exemplo, 1 cm, 1 m, etc.), então $C = \pi$. Assim, outra maneira de definir o número π é dizer que ele indica a medida de comprimento de uma circunferência cuja medida de comprimento do diâmetro é de 1 unidade de comprimento.

Atividades

Use $\pi = 3,14$ nas atividades a seguir.

7 Determine e registre:

a) a medida de comprimento de uma circunferência com raio de medida de comprimento de 3 cm;

b) a medida de comprimento de uma circunferência com diâmetro de medida de comprimento de 10 cm.

8 Calcule a medida de comprimento do raio de uma circunferência cujo comprimento mede 25,12 cm.

9 Na caminhada matinal, Mariana deu 10 voltas em uma praça circular com raio de medida de comprimento de 30 m. Nessa caminhada, ela percorreu mais ou menos do que 2 km?

10 A roda de uma bicicleta tem o diâmetro com medida de comprimento de 70 cm. Qual é, aproximadamente, a medida de comprimento da circunferência dessa roda?

11 Recorte um pedaço de papel retangular com medidas de dimensões de 6 cm por 2 cm. Depois, forme um cilindro aberto com esse pedaço de papel.

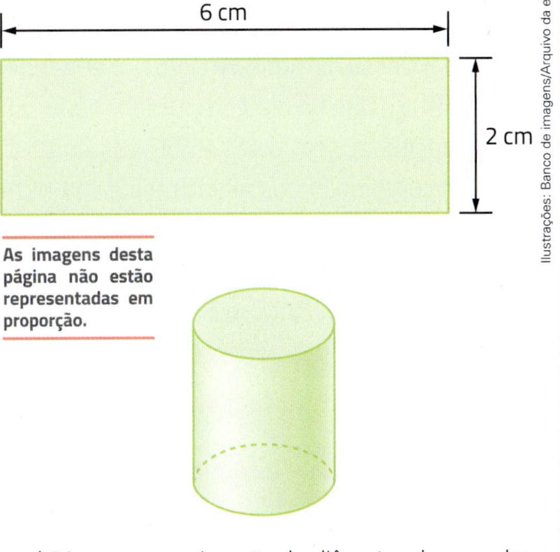

As imagens desta página não estão representadas em proporção.

a) Meça o comprimento do diâmetro de uma das bases do cilindro.

b) Calcule a medida de comprimento do diâmetro usando a fórmula $C = \pi \cdot d$.

c) Compare os resultados obtidos nos itens **a** e **b**.

CONEXÕES

A história do número π

Reprodução/Google Earth

Vista aérea do Coliseu, em Roma (Itália). A construção dele foi iniciada em 72 d.C. Foto de 2018.

Há mais de 4 000 anos, o ser humano descobriu uma relação entre a medida de comprimento (C) de uma circunferência e a medida de comprimento do diâmetro (d) dela. Antigos povos usaram essa descoberta para fazer construções.

A primeira relação usada foi: $\frac{C}{d} = 3$ ou $C = 3 \cdot d$.

No século XVIII a.C., no Egito, o escriba Ahmes utilizou o valor aproximado 3,16 para o quociente $\frac{C}{d}$. Já os babilônios usavam o valor aproximado 3,125.

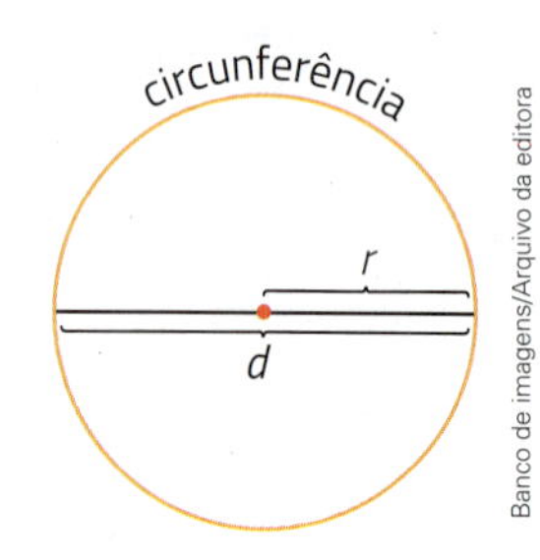

Banco de imagens/Arquivo da editora

Por volta do século III a.C., Arquimedes de Siracusa (287 a.C.-212 a.C.) chegou à aproximação 3,142 usando cálculos de medidas de perímetro de polígonos.

Outra aproximação interessante foi proposta pelo matemático e astrônomo chinês Zu Chongzhi (429-500), usando frações: $\frac{355}{113} < \pi < \frac{22}{7}$.

Durante séculos, os seres humanos tentaram encontrar um valor exato para esse número. Primeiro usaram fração, depois a forma decimal; mas não obtiveram êxito. A forma decimal que eles encontravam era sempre 3 inteiros e uma parte decimal que continuava sempre sem que aparecesse uma dízima periódica: 3,14159265358979323846...

Com o uso da informática, nos séculos XX e XXI, foram alcançadas quantidades cada vez maiores de casas decimais para esse número. Em 2010, o engenheiro japonês Shigeru Kondo e o estudante americano Alexander Yee, com a ajuda de um computador especial construído em casa, alcançaram uma precisão de 5 trilhões de casas decimais, sem que se obtivesse uma dízima periódica ou uma parte decimal exata. E atualmente continuam surgindo novos algoritmos e computadores capazes de determinar mais casas decimais.

Para evitar o uso dessa forma decimal complicada, foi adotado o símbolo π (pi), primeira letra da palavra **perímetros** (cuja escrita em grego antigo é περίμετρος). Em 1737, o matemático suíço Leonhard Euler (1707-1783) popularizou a inicial dessa palavra grega para indicar o quociente constante entre a medida de comprimento da circunferência e a medida de comprimento do diâmetro dela.

$\frac{C}{d} = \pi$ ou $C = \pi \cdot d$ ou ainda $C = 2\pi r$ (unidades de medida de comprimento)

Foi também nessa época que os matemáticos conseguiram demonstrar que π não é um número racional (é um **número irracional**). Por isso, usamos aproximações racionais para π nos cálculos, como 3,14 $(\pi \simeq 3{,}14)$ ou $3\frac{1}{7}$ $\left(\pi \simeq 3\frac{1}{7}\right)$.

Fontes de consulta: MATEMÁTICA.PT. Disponível em: <www.matematica.pt/faq/historia-numero-pi-php>; ENCYCLOPEDIA BRITANNICA. Disponível em: <www.britannica.com/biography/Zu-Chongzhi>. Acesso em: 17 set. 2018.

2 Área

Considere a figura plana **A** ao lado. Tomemos como unidade de medida de área a região quadrada de 1 cm².

A figura **A** contém 8 vezes a unidade. Assim, a medida de área da figura **A** é de 8 unidades de medida de área, ou seja, $A = 8\ \text{cm}^2$.

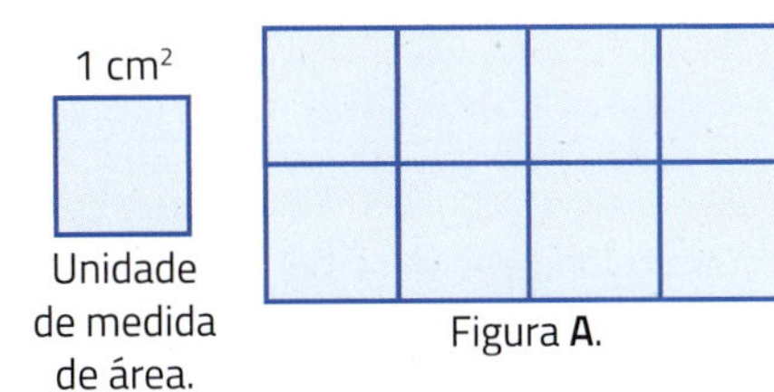

Figura **A**.

Ilustrações: Banco de imagens/Arquivo da editora

Medida de área aproximada

Quando temos uma superfície irregular, podemos calcular a medida de área **aproximada** dela.

A medida de área aproximada desta figura irregular **B** é de 12 cm².

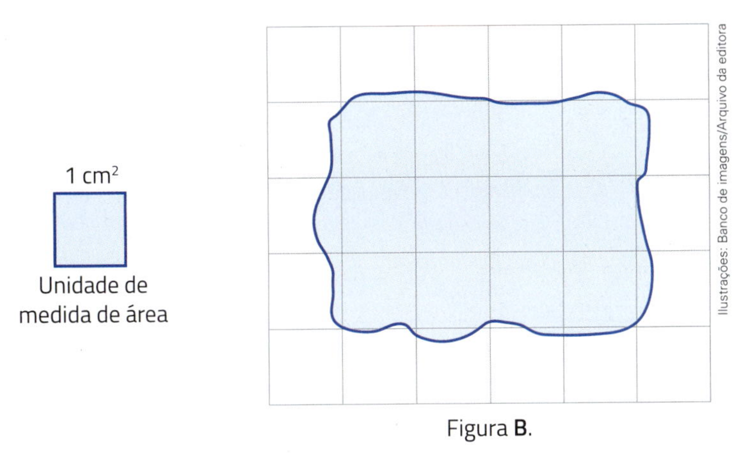

Figura **B**.

Ilustrações: Banco de imagens/Arquivo da editora

Área e perímetro

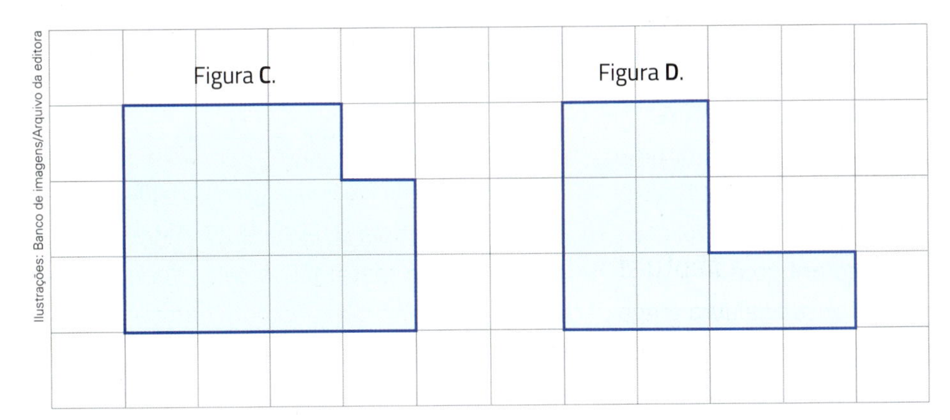

Ilustrações: Banco de imagens/Arquivo da editora

Unidade de medida de comprimento: 1 cm

Unidade de medida de área: 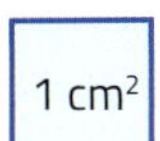

Thiago Neumann/Arquivo da editora

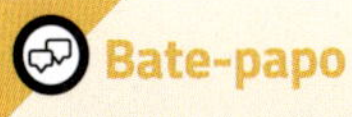

Bate-papo

Converse com um colega e responda oralmente às questões.

1. Quantas unidades de medida de área de 1 cm² cabem na superfície **C**? E na superfície **D**?
2. Qual é a medida de área, em cm², de cada superfície?
3. Qual é, em cm, a medida de perímetro de cada superfície?
4. O que você pode concluir?

Equivalência de áreas

Explorar e descobrir

É possível construirmos regiões planas diferentes com medidas de área iguais. Para compreender melhor essa afirmação, reúna-se com um colega e recortem do Material complementar o tangram (quebra-cabeça chinês cujas peças são 7 regiões planas, como estas da figura ao lado).

Tangram.

1› Identifique a região plana triangular menor. Ela é a peça do tangram com a menor medida de área. Indique a medida de área de cada peça utilizando a região plana triangular menor como unidade de medida de área.

a) Região plana quadrada.

b) Região plana triangular média.

c) Região plana delimitada por um paralelogramo.

2› Vocês compararam as medidas de área de 3 regiões planas de formas diferentes. Qual característica eles têm em comum?

3› Usando as peças do tangram, montem 2 regiões planas diferentes, ambas com medida de área de 3 unidades.

Atividades

12› Considere o □ como unidade de medida.

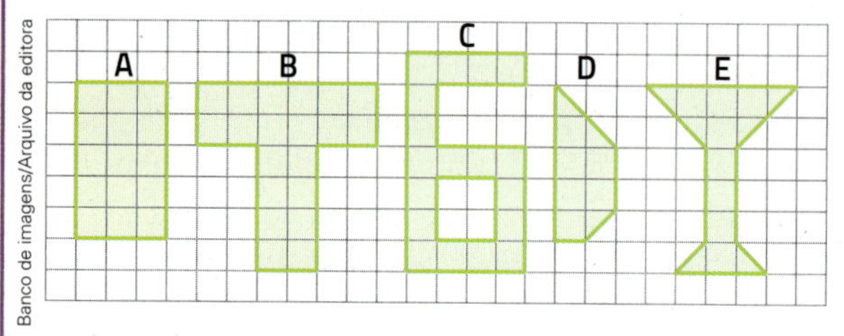

a) Qual é a medida de área de cada região plana?

b) Qual região tem a menor medida de área?

c) Qual região tem maior medida de área?

13› **Estimativa.** Faça uma estimativa e relacione a medida de área da região quadrada *EFGH* com a medida de área da região quadrada *ABCD*. Depois, conte os quadradinhos e confira sua resposta.

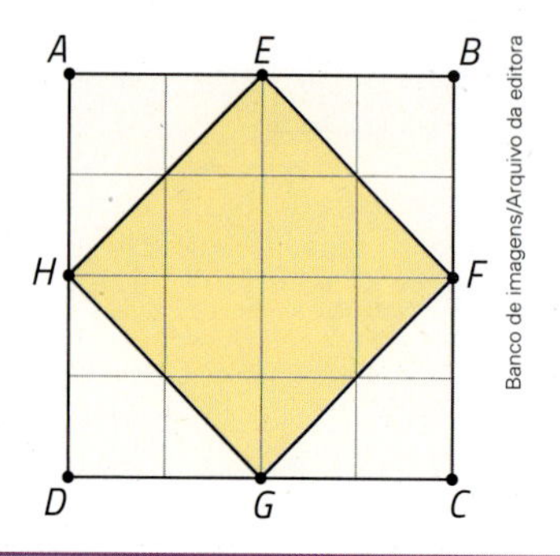

14› Observe agora esta figura.

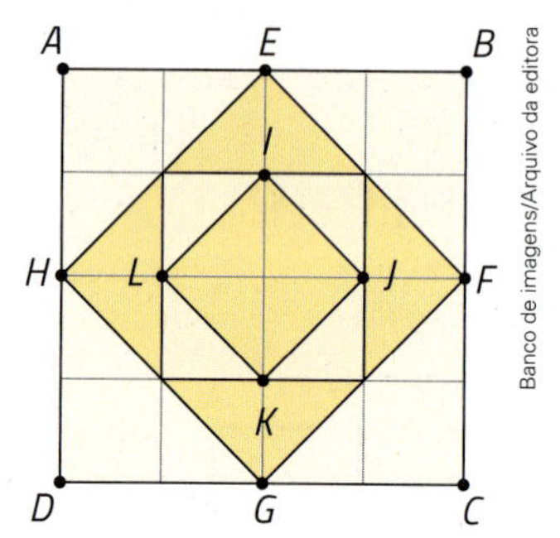

a) A medida de área da região quadrada *IJKL* corresponde a qual fração da medida de área da região *ABCD*?

b) E a medida de área de *EFGH* em relação à medida de área de *IJKL*?

15› Considerando o □ como unidade de medida de área, determine a medida de área aproximada desta figura.

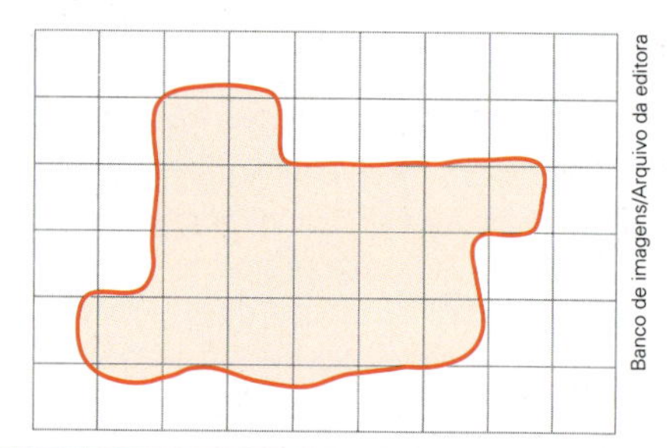

16 ▸ Considere ——— como unidade de medida de comprimento e [ ] como uma unidade de medida de área.

a) Qual é a unidade de medida de comprimento considerada? E a unidade de medida de área? Explique o que é essa unidade de medida de área.

b) Desenhe em papel quadriculado 2 regiões retangulares diferentes com medida de área de 10 cm² e com medidas de perímetro diferentes.

17 ▸ Observe a região quadriculada de medida de perímetro de 12 cm e medida de área de 9 cm². Desenhe em uma malha quadriculada uma região plana que tenha medida de perímetro maior e medida de área menor do que essa região quadrada.

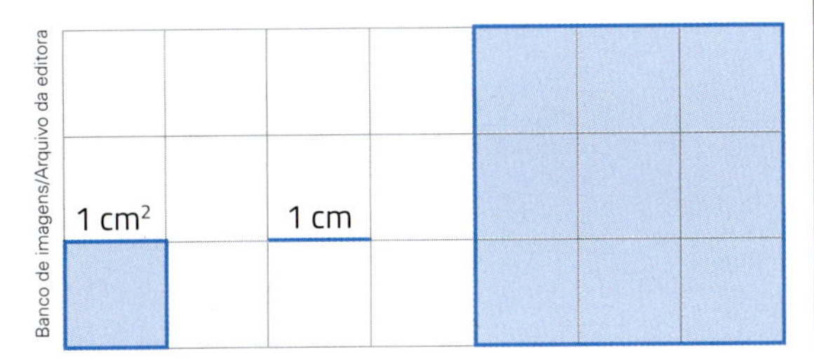

18 ▸ Considere o centímetro como unidade de medida de comprimento e o centímetro quadrado como unidade de medida de área. Determine a medida de perímetro e a medida de área das regiões planas **A**, **B**, **C** e **D** a seguir.

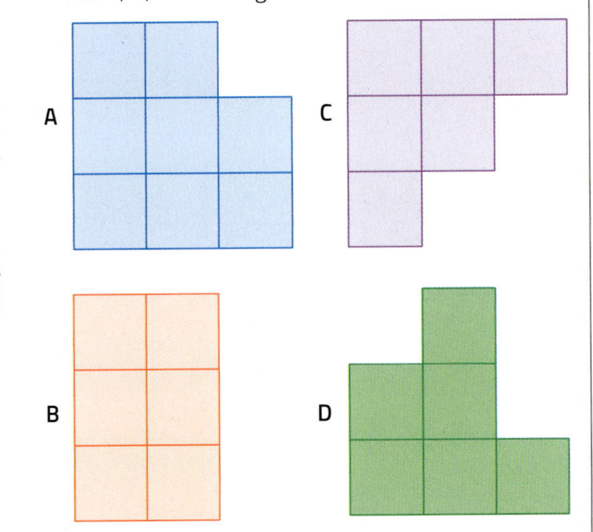

19 ▸ Considere as regiões planas da atividade anterior e indique 2 regiões planas que tenham:

a) medidas de perímetro iguais e medidas de área diferentes;

b) medidas de perímetro diferentes e medidas de área diferentes;

c) medidas de área iguais e medidas de perímetro diferentes;

d) medidas de perímetro iguais e medidas de área iguais.

20 ▸ Observe esta região retangular que tem medida de área de 18 cm².

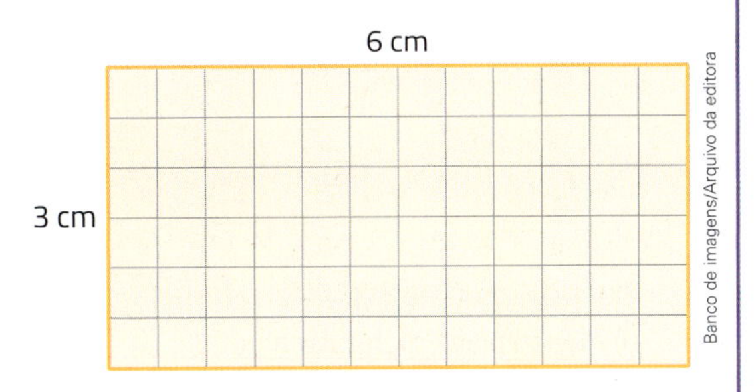

a) Usando apenas números naturais para as medidas de comprimento dos lados, em centímetros, escreva quantas e quais regiões retangulares podem ser construídas com medida de área igual a 18 cm².

b) Desenhe uma delas em papel quadriculado.

c) Escreva em ordem crescente os números naturais encontrados no item **a**.

d) Que números são esses?

21 ▸ **Arredondamentos, cálculo mental e resultado aproximado.** Um terreno retangular tem medida de comprimento da largura de 21,97 m e medida de comprimento da profundidade de 10,10 m. Indique os valores mais próximos da medida de perímetro e da medida de área desse terreno, entre as opções indicadas.

a) Medida de perímetro: 32 m, 50 m ou 64 m?

b) Medida de área: 110 m², 220 m² ou 2 200 m²?

22 ▸ O piso do corredor da casa de Gabriela foi revestido com lajotas quadradas. Veja parte desse piso.

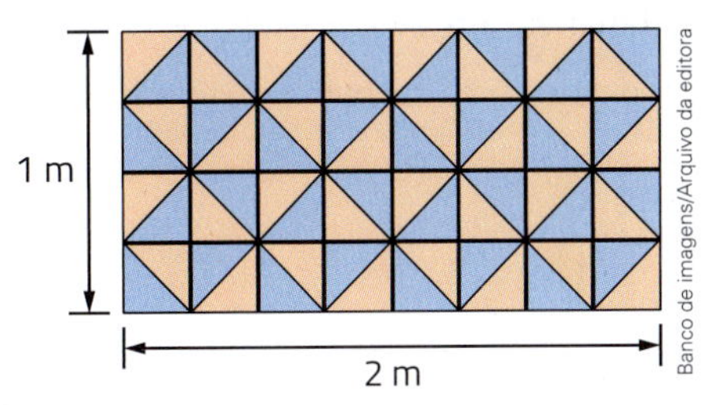

a) O corredor todo tem medidas de dimensões de 1 m por 10 m. Quantas lajotas foram usadas para revesti-lo?

b) Se o metro quadrado de lajota custou R$ 8,20, então quantos reais foram gastos para revestir o corredor?

Medida de área de regiões planas

Você já estudou, nos anos anteriores, que é possível calcular a medida de área de algumas regiões planas usando as medidas de comprimento de alguns dos elementos da região. Veja um exemplo a seguir.

- **Região retangular**

A medida de área A de uma região retangular pode ser obtida multiplicando a medida de comprimento da base (b) pela medida de comprimento da altura (a).

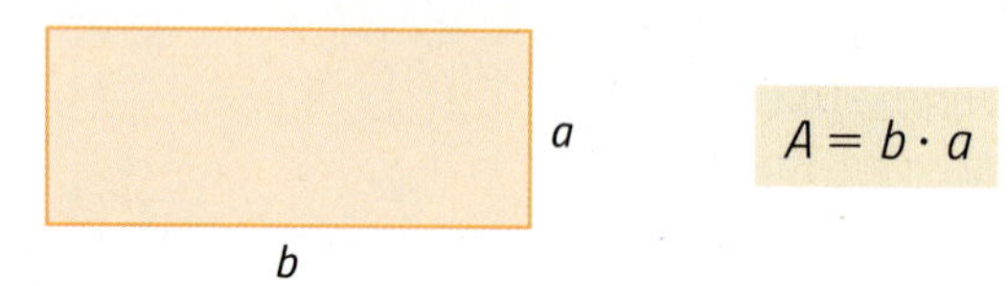

Observe que se b e a são dadas em m, cm, mm ou km, a medida de área é dada em m^2, cm^2, mm^2 ou km^2, respectivamente.

Observe agora mais alguns exemplos de regiões planas e a fórmula que indica a medida de área de cada uma delas.

- **Região plana quadrada**

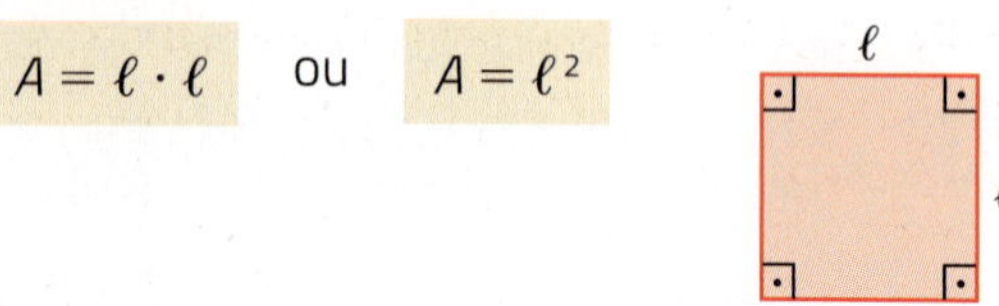

- **Região plana triangular**

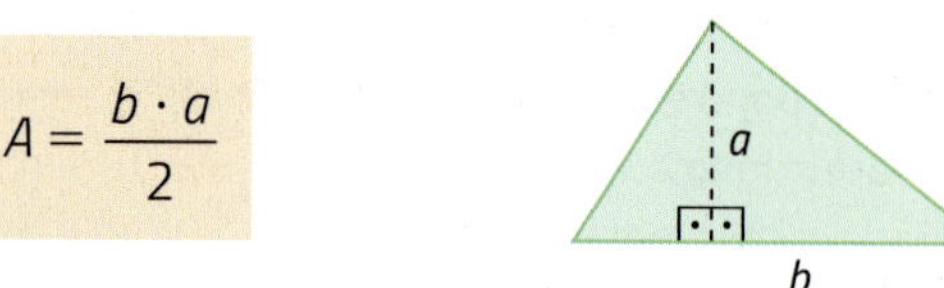

- **Região plana limitada por um paralelogramo**

$A = b \cdot a$

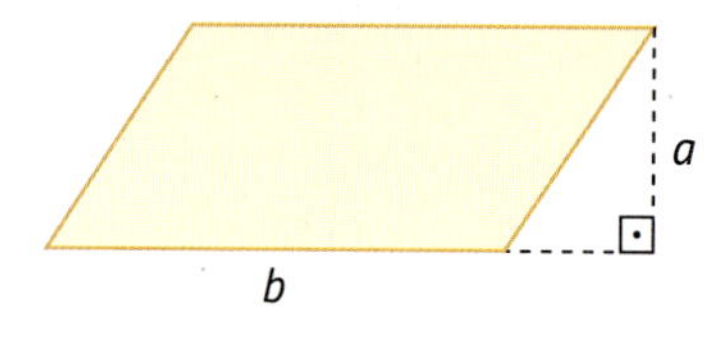

Ilustrações: Banco de imagens/Arquivo da editora

Bate-papo

Converse com os colegas sobre o exemplo da região retangular. Depois, escreva com suas palavras o que a fórmula indica em cada região plana.

Atividade

23 Calcule a medida de área de cada região plana.

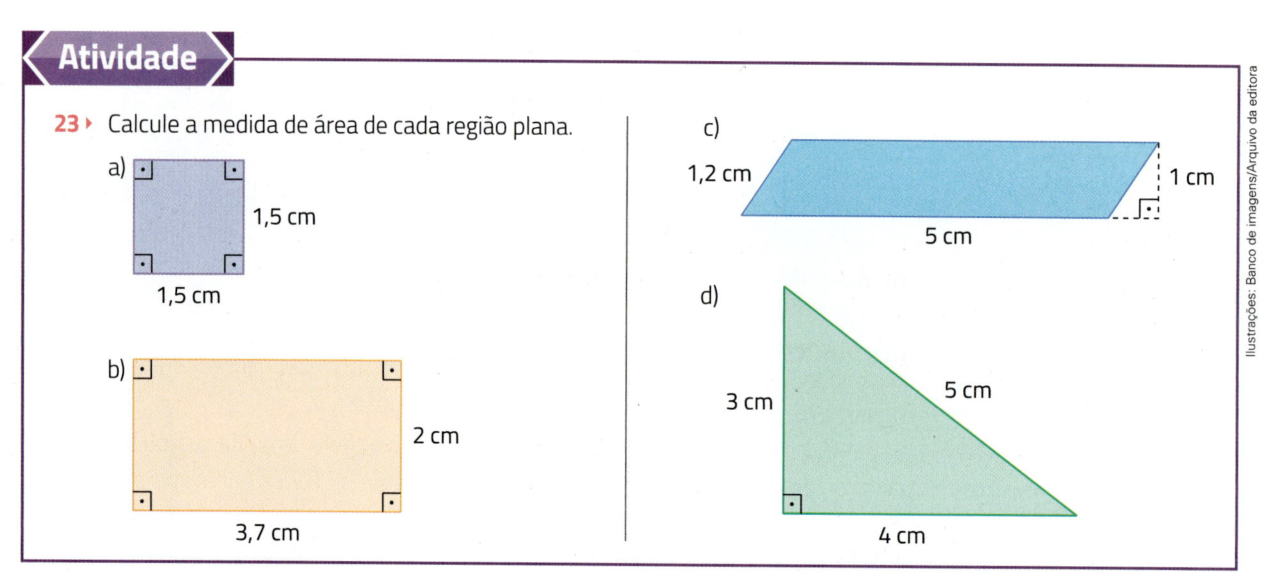

Ilustrações: Banco de imagens/Arquivo da editora

Medida de área de regiões planas que podem ser decompostas em outras mais simples

Vamos estudar como calcular medidas de área de regiões planas que podem ser decompostas em outras regiões planas, cujas medidas de área já sabemos calcular. Veja alguns exemplos.

- Vamos determinar a medida de área desta região plana.

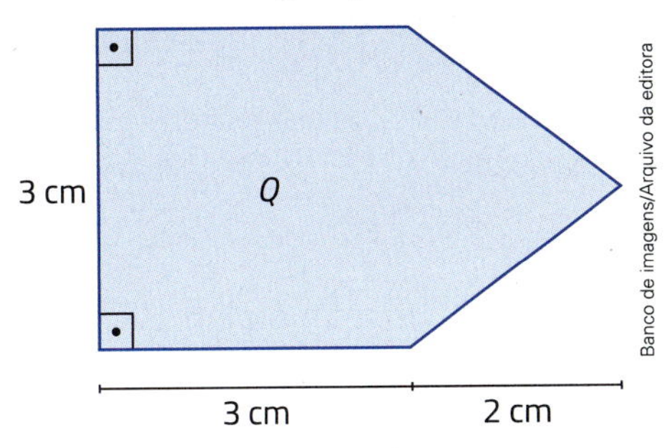

Banco de imagens/Arquivo da editora

Solução

Podemos decompor a região Q em 2 regiões planas: uma quadrada e outra triangular. Assim, podemos determinar as medidas de áreas dessas regiões e somar os valores para obter a medida de área de Q:

Medida de área da região quadrada: $A = \ell \cdot \ell = 3 \text{ cm} \cdot 3 \text{ cm} =$
$= 9 \text{ cm}^2$

Medida de área da região triangular:

$$A = \frac{b \cdot a}{2} = \frac{2 \text{ cm} \cdot 3 \text{ cm}}{2} = \frac{6}{2} \text{ cm}^2 = 3 \text{ cm}^2$$

Medida de área total: $9 \text{ cm}^2 + 3 \text{ cm}^2 = 12 \text{ cm}^2$

Logo, a medida de área da região Q é de 12 cm^2.

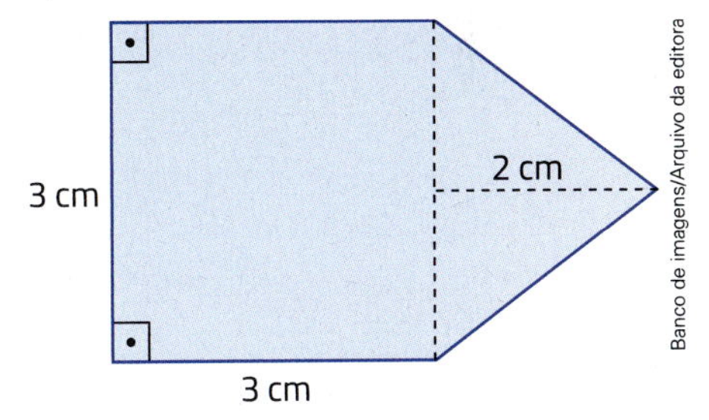

Banco de imagens/Arquivo da editora

- Vamos determinar a medida de área desta região plana R.

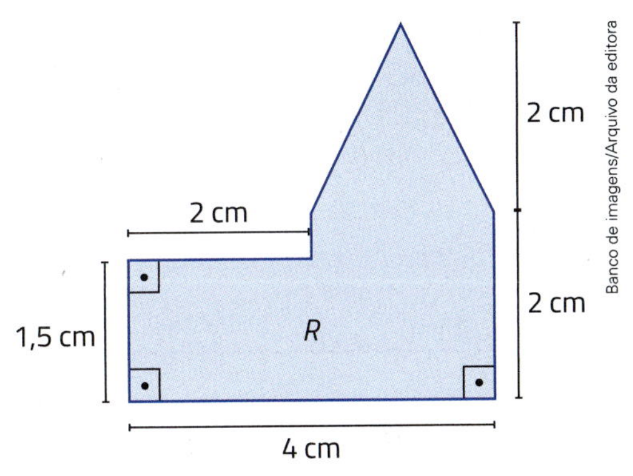

Banco de imagens/Arquivo da editora

Solução

Podemos decompor a região R em 3 regiões planas: uma quadrada, uma retangular e uma triangular. Assim, podemos determinar as medidas de área dessas regiões e somar os valores para obter a medida de área de R.

Medida de área da região quadrada R_1: $2 \text{ cm} \cdot 2 \text{ cm} = 4 \text{ cm}^2$

Medida de área da região retangular R_2: $2 \text{ cm} \cdot 1{,}5 \text{ cm} = 3 \text{ cm}^2$

Medida de área da região triangular R_3: $\frac{2 \text{ cm} \cdot 2 \text{ cm}}{2} = 2 \text{ cm}^2$

Medida de área total: $4 \text{ cm}^2 + 3 \text{ cm}^2 + 2 \text{ cm}^2 = 9 \text{ cm}^2$

Logo, a medida de área da região plana R é de 9 cm^2.

Banco de imagens/Arquivo da editora

Atividade resolvida passo a passo

(Obmep) Uma folha de papel retangular, de 10 cm de largura por 24 cm de comprimento, foi dobrada de forma a obter uma folha dupla, de 10 cm de largura por 12 cm de comprimento. Em seguida, a folha dobrada foi cortada ao meio, paralelamente à dobra, obtendo assim três pedaços retangulares. Qual é a área do maior desses pedaços?

a) 30 cm^2 b) 60 cm^2 c) 120 cm^2 d) 180 cm^2 e) 240 cm^2

Lendo e compreendendo

Temos um problema envolvendo medida de área de regiões retangulares. Pede-se que o aluno execute dobras e observe as regiões retangulares obtidas para, depois, calcular a medida de área da maior delas.

Planejando a solução

Como o problema pede que sejam feitas as dobras de papel, podemos usar uma folha de papel sulfite e reproduzir as dobras requisitadas, ou, como faremos, fazendo desenhos.

Executando o que foi planejado

1ª etapa: fazemos a dobra de maneira que o vértice P da região retangular coincida com o vértice Q.

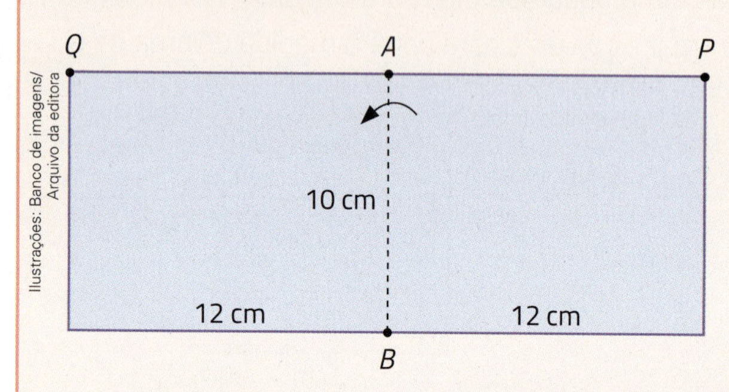

Ilustrações: Banco de imagens/ Arquivo da editora

2ª etapa: fazemos a segunda dobra e o corte no local da segunda dobra (linha tracejada).

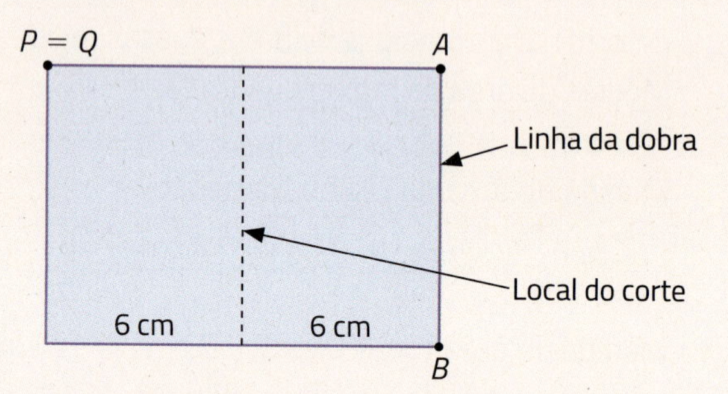

3ª etapa: observamos as regiões retangulares obtidas e as medidas das dimensões delas.

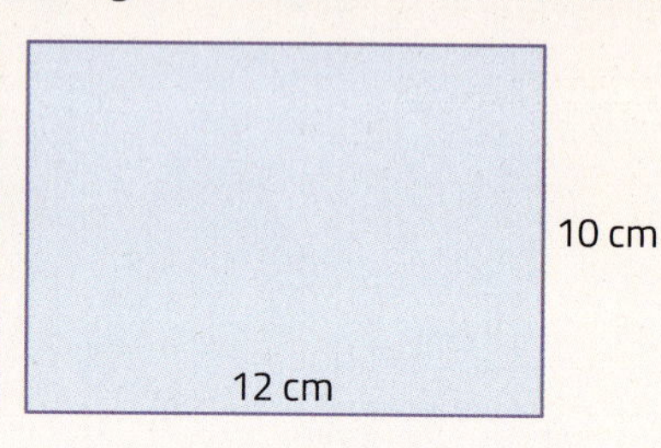

10 cm

As imagens desta página não estão representadas em proporção.

Agora, basta calcular a medida de área da região retangular maior: $12\text{ cm} \times 10\text{ cm} = 120\text{ cm}^2$.

Verificando

Podemos fazer as etapas sugeridas anteriormente usando uma folha de papel retangular e uma tesoura e verificar que os desenhos estão corretos.

Emitindo resposta

A alternativa correta é a **c**.

Ampliando a atividade

Se as 2 dobras fossem feitas na horizontal e todos os outros procedimentos fossem idênticos, quais seriam as regiões retangulares obtidas?

Solução

2 regiões retangulares menores com dimensões medindo 2,5 cm por 24 cm, e uma região retangular maior, com dimensões medindo 5 cm por 24 cm. A medida de área da região maior é $5\text{ cm} \times 24\text{ cm} = 120\text{ cm}^2$.

Atividades

24 Determine a medida de área desta região plana.

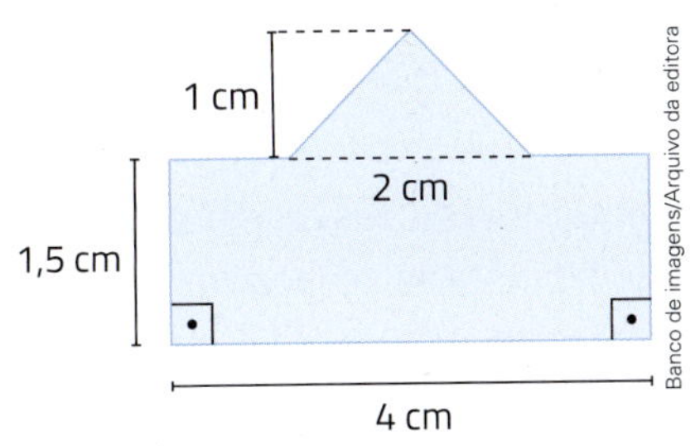

25 Calcule a medida de área desta região plana.

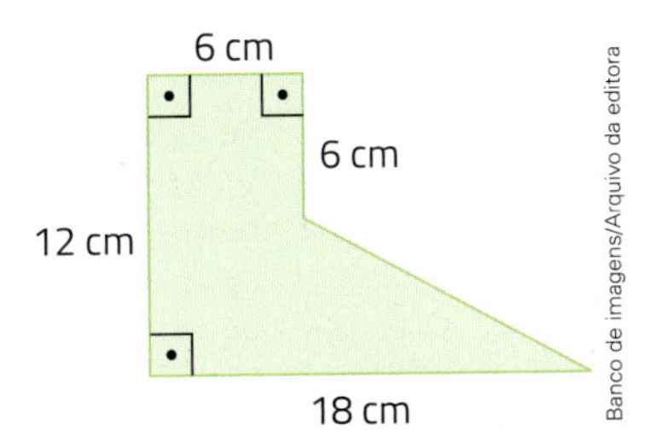

26 Esta planta baixa de uma casa está na escala 1 : 100, ou seja, cada centímetro na planta corresponde a 100 cm ou 1 m na realidade. Então, cada cm^2 na planta corresponde a 1 m^2 na realidade. Use uma régua para obter as medidas das dimensões dos cômodos e calcule a medida de área real de cada cômodo e a medida de área da casa toda, somando todas as medidas de área calculadas.

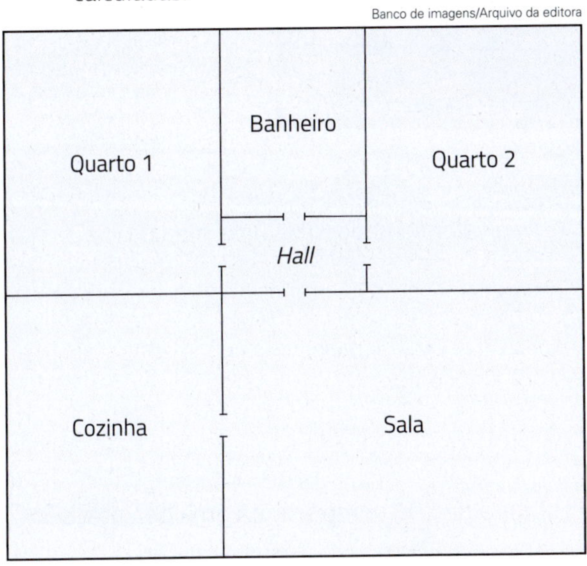

27 Quais são as medidas das dimensões reais da casa da atividade anterior? Calcule a medida de área dela, multiplicando as medidas das dimensões, e verifique se o valor obtido é igual ao valor calculado na atividade anterior.

28 O terreno em forma de L, cuja planta está desenhada ao lado, deve ser dividido em 4 lotes de mesma medida de área e mesma forma. Mostre como fazer essa divisão.

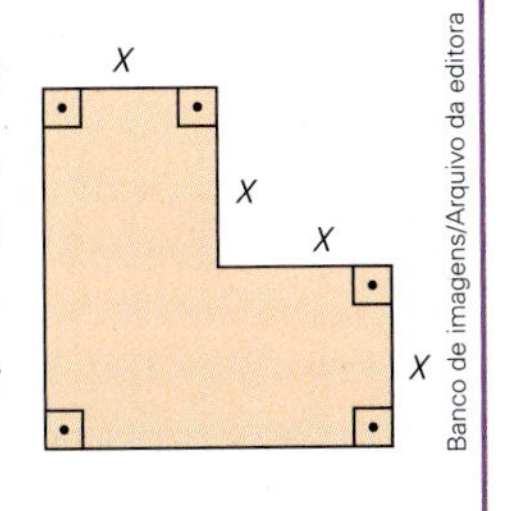

29 Indique se cada afirmação abaixo é verdadeira (V) ou falsa (F). No caso de ser verdadeira, dê 3 exemplos que confirmem a afirmação feita. No caso de ser falsa, dê 1 contraexemplo.

a) 2 figuras planas que têm medidas de área iguais têm também medidas de perímetro iguais.

b) 2 figuras planas que têm medidas de área diferentes têm também medidas de perímetro diferentes.

30 Determine a medida de área das regiões pintadas.

a)

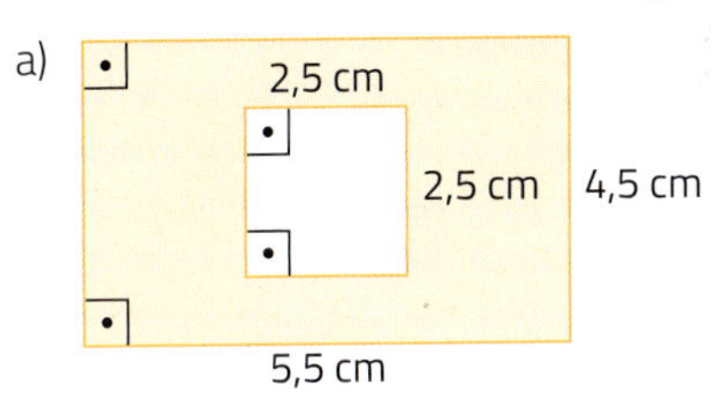

b)

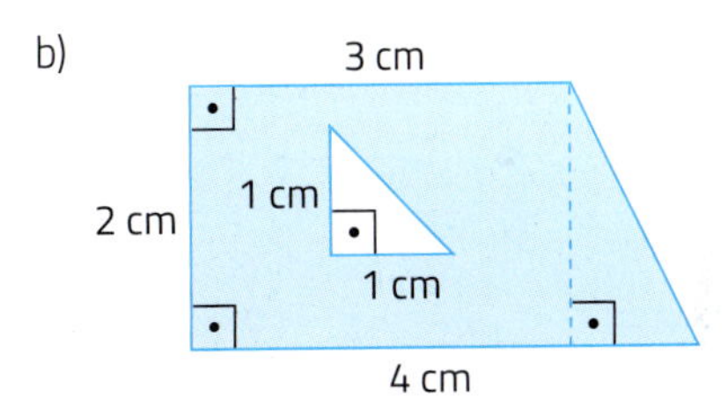

Ilustrações: Banco de imagens/Arquivo da editora

31 Um engenheiro está fazendo a planta de uma casa. Ele decidiu que toda a casa deverá ser cercada por um cordão de iluminação.

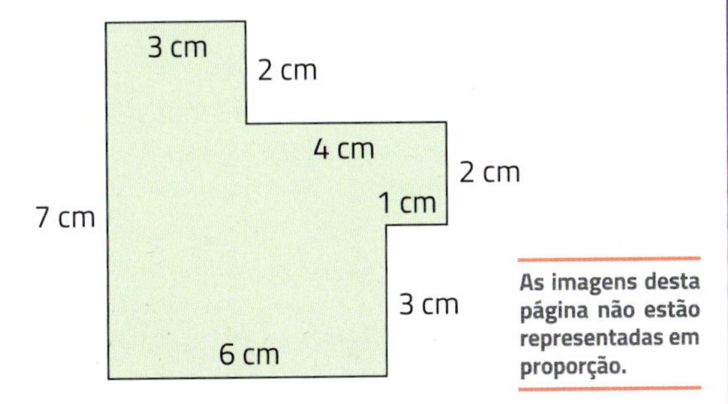

As imagens desta página não estão representadas em proporção.

a) Considerando as medidas de comprimento utilizadas pelo engenheiro, a cerca de iluminação deverá ter qual medida de comprimento?

b) O que essa medida de comprimento do cordão representa na figura?

CONEXÕES

Erros nas medidas

As medidas empíricas não são exatas. Todas elas são aproximadas. Medidas empíricas são medidas obtidas experimentalmente, com objetos ou em locais reais, não hipotéticas ou idealizadas.

Os erros nas medidas podem ocorrer por diversos fatores: falhas nos instrumentos de medida, falhas humanas nas medições, falhas nos processos de medição, entre outros. O nível de precisão de uma medida é dado pelo **erro absoluto** e pelo **erro relativo** da medida.

O **erro absoluto** (e) é a diferença entre o valor medido (V) e o valor verdadeiro (V_v), que indicamos por:

$$e = V - V_v$$

Esse erro é expresso na mesma unidade de medida da grandeza medida e ele pode ser positivo ou negativo. Por exemplo, ao medir, utilizando uma régua, um segmento de reta com medida de comprimento de 10 cm, o aluno encontrou 10,2 cm, então o erro absoluto é dado por:

$$e = 10{,}2 \text{ cm} - 10 \text{ cm} = 0{,}2 \text{ cm}$$

Phovoir/Shutterstock

Menino medindo uma superfície.

Alexei Zatevakhin/Shutterstock

Mulher medindo uma superfície.

As imagens desta página não estão representadas em proporção.

O **erro relativo** (e_r) é a razão entre o erro absoluto (e) e o valor verdadeiro de uma medida (V_v).

$$e_r = \frac{V - V_v}{V_v} = \frac{e}{V_v}$$

No exemplo anterior, temos: $e_r = \frac{0{,}2}{10} = 0{,}02$

Em porcentagem: $e_r = 2\%$

Observe que um erro de 2 cm na medida de uma distância de 200 m representa uma boa precisão, enquanto o mesmo erro de 2 cm na medida de uma distância de 10 cm revela baixa precisão.

$$e_r = \frac{2 \text{ cm}}{200 \text{ m}} = \frac{2 \text{ cm}}{20\,000 \text{ cm}} = 0{,}0001$$

Em porcentagem: 0,01%
(Erro muito pequeno! Alta precisão.)

$$e_r = \frac{2 \text{ cm}}{10 \text{ cm}} = 0{,}2$$

Em porcentagem: 20%
(Erro muito grande! Baixa precisão.)

3 Volume

Observe este sólido geométrico.

Unidade de medida de volume.

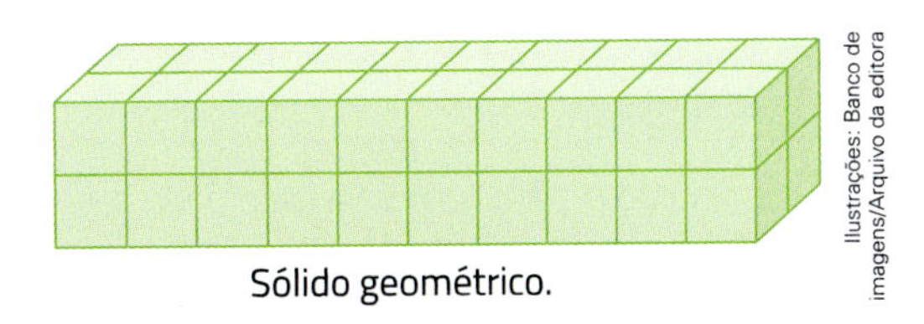

Sólido geométrico.

Ilustrações: Banco de imagens/Arquivo da editora

Considerando o volume de um cubinho como unidade de medida de volume, a medida de volume desse sólido é de 40 unidades.

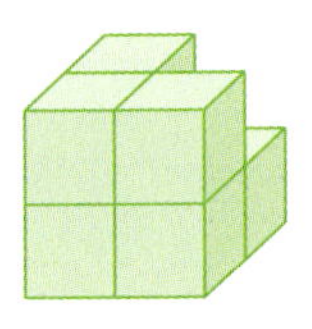

Já a medida de volume do sólido geométrico ao lado, na mesma unidade de medida, é de 7 unidades de volume.

Equivalência de volumes

É possível construir sólidos geométricos com formas diferentes, mas com a mesma medida de volume.

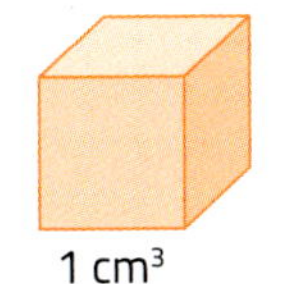

1 cm³

Por exemplo, com 12 cubinhos com medida de volume de 1 cm³ cada um, Marta construiu um bloco retangular. Depois, ela mudou a posição dos cubinhos e montou outros sólidos geométricos.

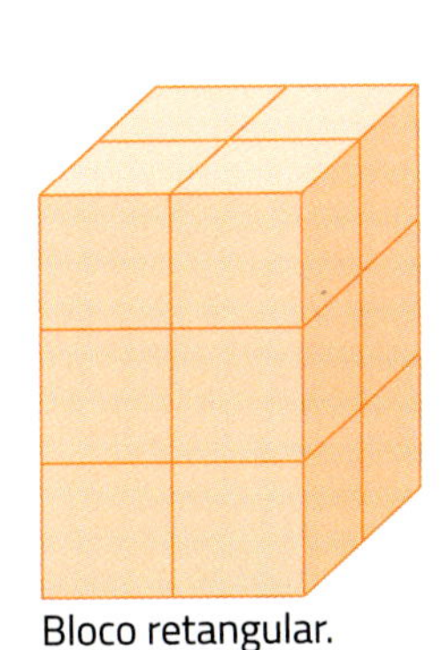

Bloco retangular.

Ilustrações: Banco de imagens/Arquivo da editora

Esses sólidos geométricos têm formas diferentes, mas apresentam uma característica comum: todos têm medida de volume de 12 cm³.

Bate-papo

Converse com um colega e respondam: Se a unidade de medida de volume fosse a unidade representada ao lado, então qual seria o volume dos sólidos geométricos construídos por Marta?

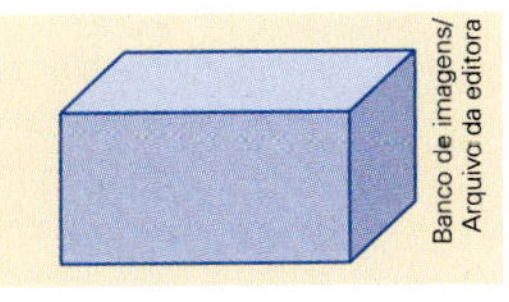

Banco de imagens/Arquivo da editora

Atividade

32 Observe o sólido geométrico construído com cubinhos de medida de volume de 1 cm³.

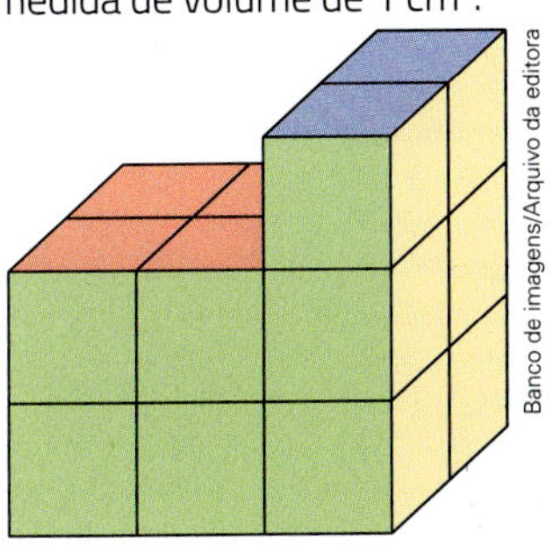

Banco de imagens/Arquivo da editora

Determine o que é pedido em cada item.

a) O número de faces, de vértices e de arestas do sólido geométrico.

b) A medida de perímetro da face que aparece pintada de verde.

c) A medida de área da face que aparece pintada de amarelo.

d) A medida de volume do sólido geométrico.

e) A representação do sólido geométrico visto de cima.

Medida de volume de um paralelepípedo ou bloco retangular

Explorar e descobrir

Você e mais 2 colegas vão montar um paralelepípedo e um cubo (que também é um paralelepípedo) usando cubinhos com medida de volume de 1 cm^3. Para isso, vocês podem usar cubinhos do material dourado com arestas de medida de comprimento de 1 cm.

1› Montem o paralelepípedo com dimensões que tenham as seguintes medidas: 5 cm de comprimento da largura, 2 cm de comprimento da profundidade e 3 cm de comprimento da altura. Em seguida, respondam aos itens.

a) Quantos cubinhos vocês usaram?

b) É possível obter esse número utilizando os números 5, 2 e 3? Como?

c) Qual é a medida de volume desse paralelepípedo, em cm^3?

2› Agora, montem um cubo com arestas de medida de comprimento 4 cm.

a) Quantos cubinhos vocês usaram?

b) É possível chegar a esse número usando os números 4, 4 e 4?

c) Qual é a medida de volume desse cubo, em cm^3?

Atividades

33› Observe a representação de alguns paralelepípedos construídos com cubinhos de medida de volume de 1 cm^3.

Verifique se acontece neles o mesmo que você e os colegas verificaram no *Explorar e descobrir*. Não se esqueça: o cubo é um caso particular de paralelepípedo!

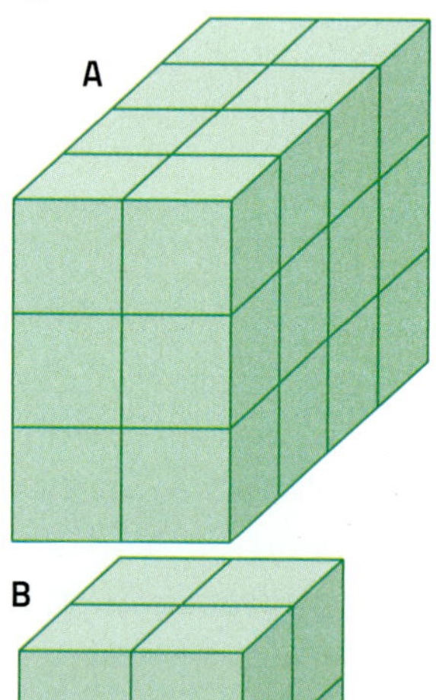

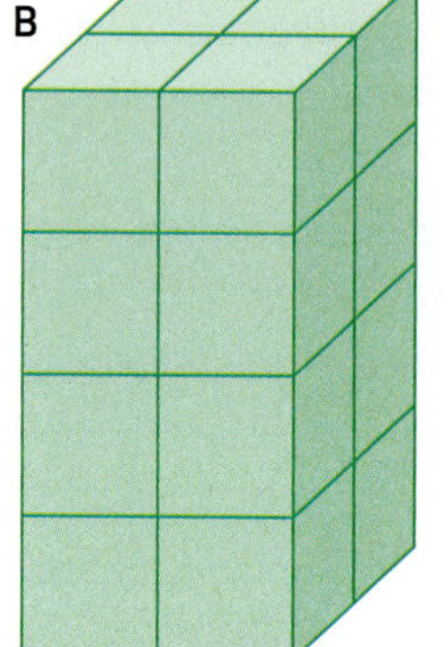

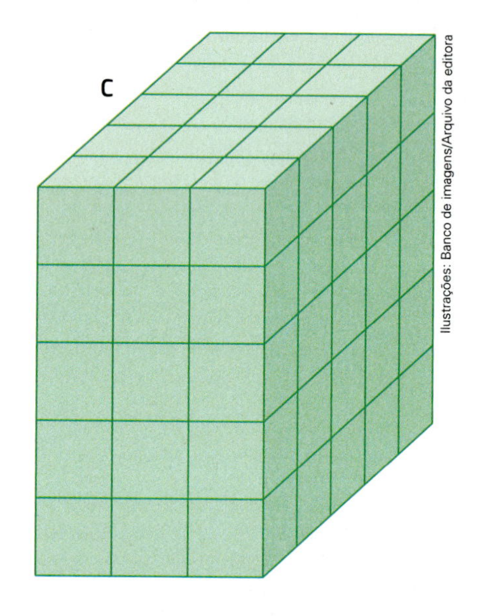

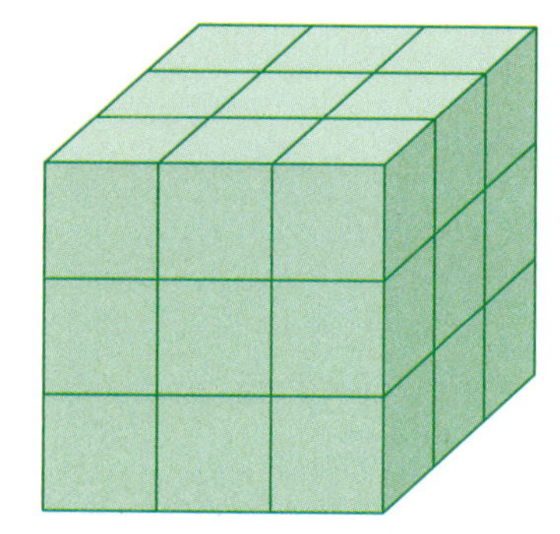

Ilustrações: Banco de imagens/Arquivo da editora

34 Examine esta caixa cuja forma lembra um paralelepípedo. Ela tem uma tampa na parte de cima.

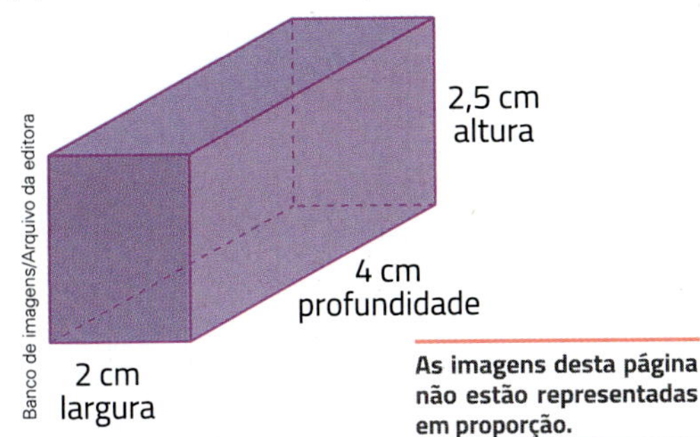

As imagens desta página não estão representadas em proporção.

a) É possível preencher esta caixa com cubinhos inteiros de medida de volume de 1 cm³?

b) Você pode colocar uma camada de cubinhos inteiros no fundo da caixa?

c) Você pode colocar uma segunda camada de cubinhos inteiros sobre a primeira?

d) E uma terceira camada?

e) O que você precisaria fazer com os cubinhos para poder preencher a caixa?

f) De quantas metades de cubinhos você precisaria?

g) De quantos cubinhos você precisaria para providenciar essas metades?

h) Então, de quantos cubinhos você precisaria ao todo para preencher esta caixa?

i) Qual é a medida de volume da caixa preenchida?

j) Você concorda que pode determinar o número de cubinhos necessários para preencher a caixa pela multiplicação $(4 \times 2) \times 2{,}5$?

k) O resultado dessa multiplicação é igual ao número da resposta que você deu no item **h**?

35 Observe, na tabela, algumas medidas de comprimento de paralelepípedos. Complete-a usando as conclusões obtidas nas atividades anteriores.

Medidas de paralelepípedos

Profundidade (em cm)	Largura (em cm)	Altura (em cm)	Volume (em cm³)
3	4	5	
6	2	3	
4	5	1	
5	5	5	
8	8	2	
10	10	10	

Tabela elaborada para fins didáticos.

36 **Fórmula da medida de volume de um paralelepípedo ou bloco retangular.** O procedimento que você viu e usou nas atividades anteriores vale para qualquer paralelepípedo.

Então, podemos escrever a fórmula da medida de volume de um paralelepípedo com medidas de dimensões a, b e c na mesma unidade de medida:

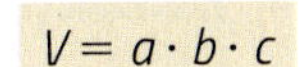

$V = a \cdot b \cdot c$

(unidades de medida de volume)

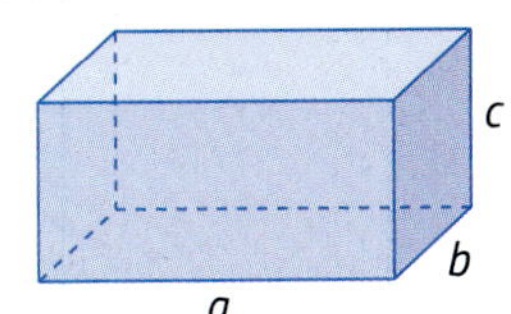

Veja este exemplo.

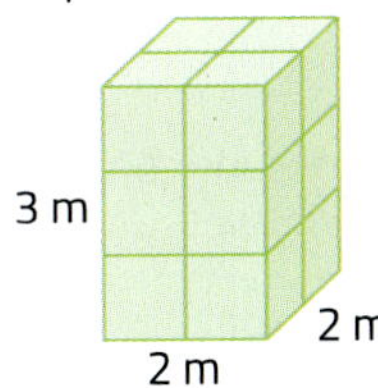

Ilustrações: Banco de imagens/Arquivo da editora

Medidas de comprimento das dimensões: 2 m, 2 m e 3 m.

$$V = 2 \times 2 \times 3 = 12$$

Logo, $V = 12$ m³.

> Se as medidas de comprimento das arestas são dadas em **cm**, então a medida de volume será dada em **cm³**. Se as medidas de comprimento das arestas são dadas em **m**, então a medida de volume será dada em **m³**. E assim por diante.

Agora, calcule a medida de volume deste paralelepípedo.

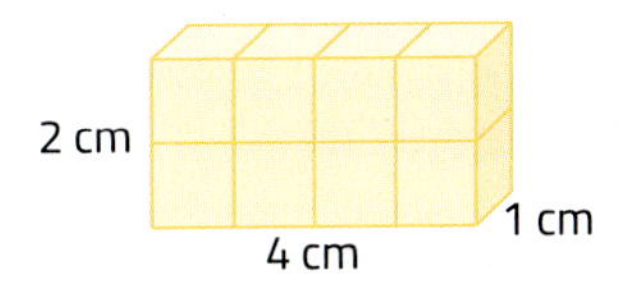

37 **Fórmula da medida de volume de um cubo.** Como o cubo é um paralelepípedo particular, com todas as arestas de mesma medida de comprimento, podemos escrever a fórmula da medida de volume de um cubo de arestas de medida de comprimento a:

$V = a \cdot a \cdot a$

ou

$V = a^3$

(unidades de medida de volume)

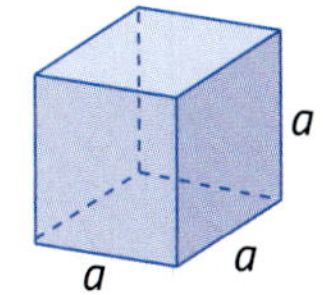

Agora, calcule a medida de volume deste cubo.

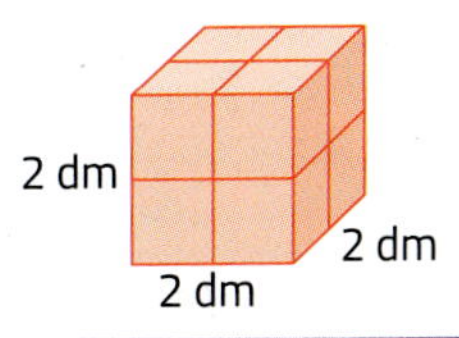

Ilustrações: Banco de imagens/Arquivo da editora

38 Determine a medida de volume da caixa, da pilha de tijolos e da jardineira com plantas, representadas a seguir.

a)

As imagens desta página não estão representadas em proporção.

b)

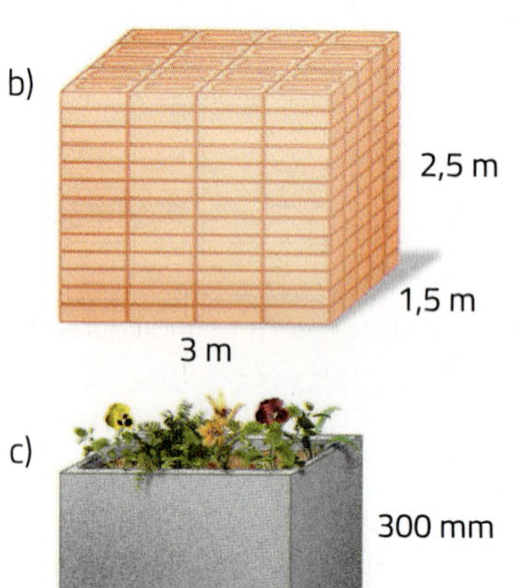

c)

300 mm

200 mm

400 mm

Ilustrações: Paulo Manzi/Arquivo da editora

39 Indique em dm^3, as 3 medidas de volume obtidas na atividade anterior.

40 O sólido geométrico representado a seguir foi formado juntando um cubo e um paralelepípedo.

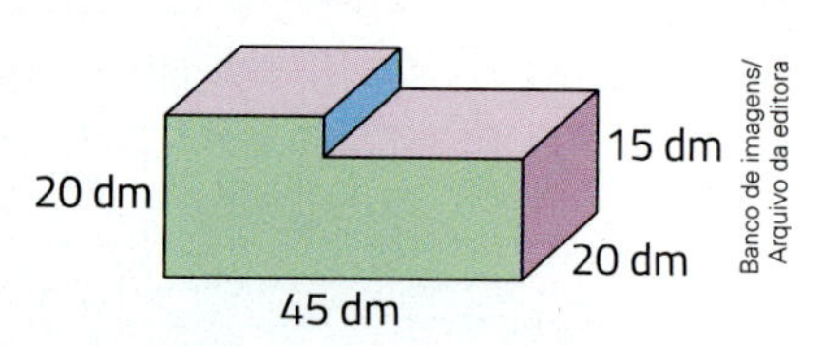

Banco de imagens/Arquivo da editora

Calcule:

a) a medida de volume deste sólido geométrico;

b) a medida de área da face que aparece em verde;

c) a medida de área da face que aparece em azul.

41 Escreva, os valores obtidos nos itens **a**, **b** e **c** da atividade anterior em m^3, m^2 e cm^2, respectivamente.

42 Luan está fazendo arranjos para colocar flores e decidiu utilizar recipientes com 2 formas distintas. Veja as medidas das dimensões dos recipientes.

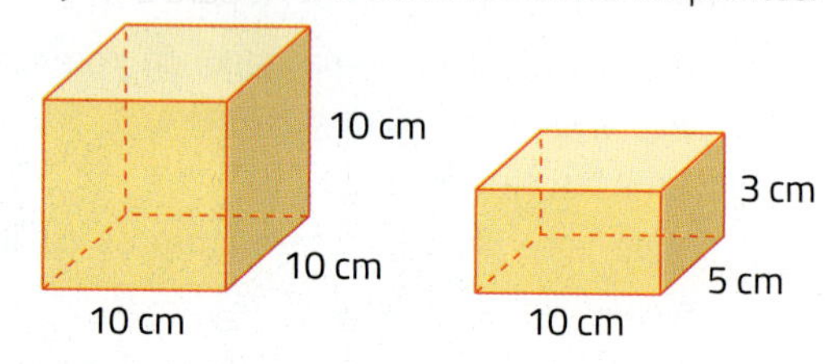

Ilustrações: Banco de imagens/Arquivo da editora

Luan vai colocar areia, completando ambos os recipientes, para a preservação das flores. Qual é a medida de volume de areia, em cm^3, que ele terá de comprar para encher os 2 recipientes?

a) 100

b) 150

c) 1 000

d) 1 150

Um pouco de História

O banho de Arquimedes

Arquimedes (287 a.C.-212 a.C.) foi um dos mais importantes matemáticos e inventores da Antiguidade. Ele nasceu na colônia grega de Siracusa, no sul da Itália. Não há provas de que a história seja verdadeira, mas, de acordo com alguns registros, certo dia, enquanto pensava na solução de um caso que Hierão, rei de Siracusa, havia lhe encomendado, Arquimedes teria descoberto um fato muito importante. Ao entrar em uma banheira cheia de água para tomar banho, o sábio grego percebeu que, quanto mais afundava, maior era o volume de líquido que transbordava.

Mauro Souza/Arquivo da editora

Ilustração artística representando como poderia ter sido o momento da descoberta de Arquimedes.

Com base nesse acontecimento simples, ele concluiu que é possível medir o volume de qualquer corpo. Basta mergulhá-lo em um recipiente cheio de água e recolher o líquido que transborda. A medida de volume do corpo é igual à medida de volume da água que transbordou.

De tão feliz que ficou por encontrar a solução para o problema, Arquimedes saiu pelas ruas gritando "Heureca! Heureca!", que significa 'achei' ou 'descobri' em grego.

Fonte de consulta: MUNDO EDUCAÇÃO. *Matemática*. Disponível em: <https://mundoeducacao.bol.uol.com.br/matematica/a-descoberta-arquimedes.htm>. Acesso em: 10 jul. 2018.

Revisando seus conhecimentos

1 De todos os retângulos de medida de perímetro de 12 cm, o que determina a região retangular de maior medida de área é o de:

a) 9 cm^2.

b) 8 cm^2.

c) 10 cm^2.

d) 12 cm^2.

2 **(UFJF-MG)** Em certo dia, a relação entre ouro e dólar era de 1 para 12, isto é, 1 g de ouro valia 12 dólares. A partir daí, houve um aumento de 40% no valor do dólar e de 20% no valor do ouro. A nova relação entre o ouro e o dólar passou a ser de:

a) 1 para 4.

b) 1 para 6.

c) 1 para 12.

d) 1 para 14.

e) 1 para 24.

3 Considerando a medida de área da França como unidade de medida ($F = 550$ milhões de km^2), faça arredondamentos e determine a medida de área aproximada, nesta unidade:

a) da África: 30 310 milhões de km^2

b) do Brasil: 8 516 milhões de km^2

c) da Europa: 10 171 milhões de km^2

d) dos Estados Unidos: 9 372 milhões de km^2

e) da Terra: 149 039 milhões de km^2

4 **Sequência de medidas de perímetro.**

a) Descubra uma regularidade na sequência de figuras e, de acordo com ela, desenhe a 5ª figura.

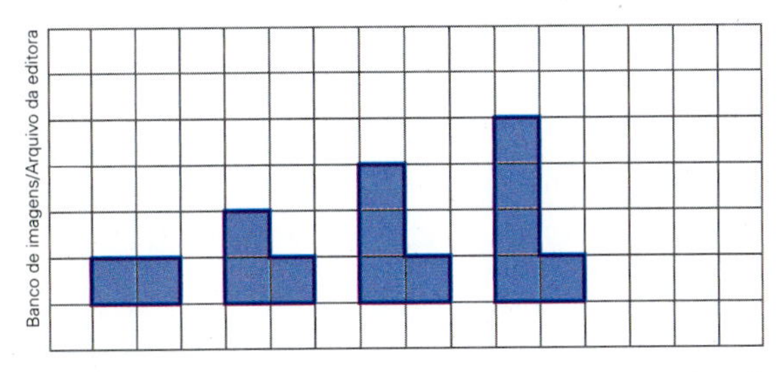
Banco de imagens/Arquivo da editora

b) Registre as medidas de perímetro, em unidades de medida de comprimento, das 5 figuras e descubra uma regularidade na sequência das medidas.

c) Calcule e registre os termos indicados utilizando a sequência das medidas de perímetro.

I. 6º termo.

II. 8º termo.

III. 11º termo.

IV. 20º termo.

d) Desenhe a figura correspondente ao 8º termo da sequência das figuras.

5 **Sequência de medidas de área.**

a) Descubra uma regularidade na sequência de figuras e, de acordo com ela, desenhe a 4ª figura.

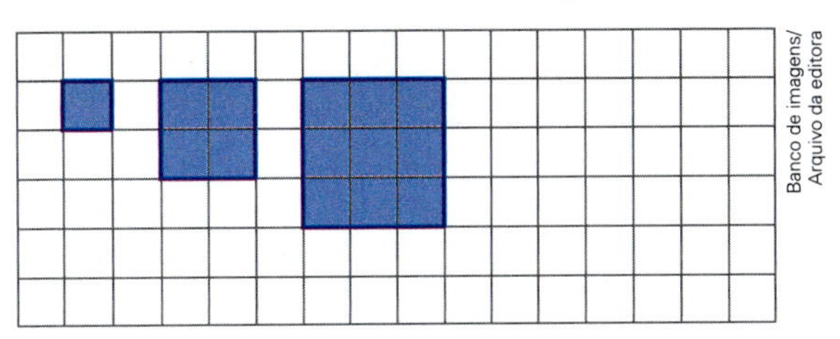
Banco de imagens/Arquivo da editora

b) Registre as medidas de área, em unidades de medida de área, das 4 figuras e descubra uma regularidade na sequência das medidas.

c) Calcule e registre os termos indicados utilizando a sequência das medidas de perímetro.

I. 6º termo.

II. 8º termo.

III. 11º termo.

IV. 20º termo.

d) 200 cm^2 e 81 cm^2 são termos da sequência das medidas de área? Justifique sua resposta.

e) Desenhe a figura correspondente ao 8º termo da sequência das figuras.

6 Considere 2 regiões quadradas em que a medida de comprimento do lado da segunda região é o dobro da medida de comprimento do lado da primeira.

a) O que ocorre com a medida de perímetro de uma região quadrada quando se dobra a medida de comprimento do lado?

b) O que ocorre com a medida de área de uma região quadrada quando se dobra a medida de comprimento do lado da região?

c) O comprimento do lado e o perímetro de regiões quadradas são grandezas diretamente proporcionais?

d) O comprimento do lado e a área de regiões quadradas são grandezas diretamente proporcionais?

7 Considere 2 cubos em que as medidas de comprimento das arestas do segundo cubo mede o dobro das medidas de comprimento das arestas do primeiro. Depois, responda às questões.

a) O que ocorre com a medida de volume do cubo quando se dobra a medida de comprimento da aresta dele?

b) O comprimento da aresta e o volume de cubos são grandezas diretamente proporcionais?

8› Considere as seguintes afirmações:

- 80% de 50 = x
- 20% de $y = x$

Então, o valor de $x + y$ é:

a) 160.
b) 100.
c) 240.
d) 220.

9› A soma das medidas de comprimento de todas as arestas de um cubo é igual a 36 m. Calcule a medida de volume do cubo, em dm^3.

10› Determine a medida de área das 3 figuras usando primeiro a unidade de medida de área 1 e, depois, a unidade de medida de área 2.

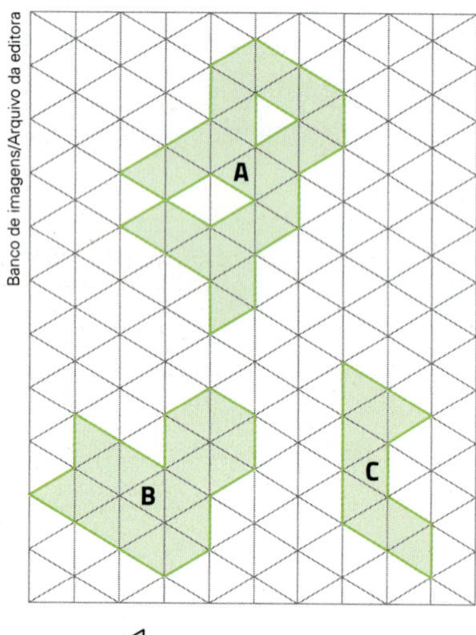

Banco de imagens/Arquivo da editora

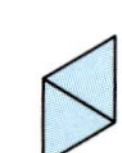

Unidade de medida de área 1.

Unidade de medida de área 2.

11› Considere a região retangular limitada pela linha vermelha e as unidades de medida de área indicadas.

a) Determine a medida de área dessa região retangular usando cada unidade de medida de área.

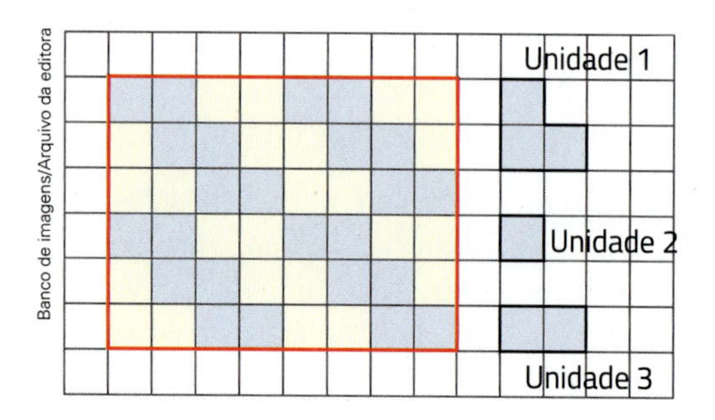

Banco de imagens/Arquivo da editora

b) A partir da medida de área encontrada usando a unidade 2, explique como você poderia calcular a medida de área usando a unidade 1 e, depois, a unidade 3.

12› Paulo precisa cortar em 3 pedaços um cano de medida de comprimento de 2,5 m, de modo que o primeiro pedaço tenha 20 cm a mais do que o segundo, e que o segundo pedaço tenha 10 cm a mais do que o terceiro. Quais devem ser as medidas de comprimento de cada pedaço desse cano?

13› Dois caminhões-tanque carregam, juntos, 20 000 L de água. Sabendo que um deles carrega 2 000 L a mais do que o outro, quantos litros de água cada caminhão transporta?

14› **Conexões. Uso de escala.** O estado de São Paulo faz divisa com os estados de Mato Grosso do Sul, Paraná, Rio de Janeiro e Minas Gerais e tem uma parte do território banhada pelo oceano Atlântico.

Localização do estado de São Paulo

Banco de imagens/Arquivo da editora

Fonte de consulta: IBGE. *Atlas Geográfico escolar*. 7 ed. Rio de Janeiro, 2016.

A medida de comprimento da extensão das divisas de São Paulo com esses 4 estados mais a medida de comprimento da extensão do litoral é um exemplo de medida de perímetro. Analise a figura que representa o mapa simplificado do estado de São Paulo e calcule a medida de perímetro aproximada dele.

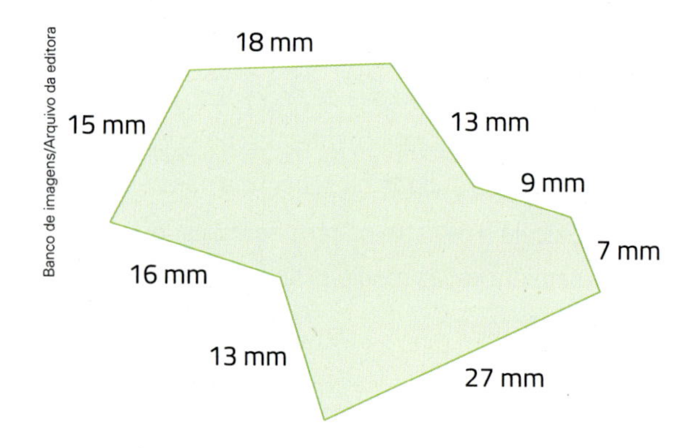

Banco de imagens/Arquivo da editora

Escala: cada milímetro no mapa simplificado corresponde a 22 km no tamanho real, ou seja, 1 mm : 22 km.

15 **Estimativa.** Estime a medida de perímetro de cada um dos polígonos, em centímetros, e registre. Depois, faça medições com uma régua, calcule e confira se sua estimativa foi boa ou não.

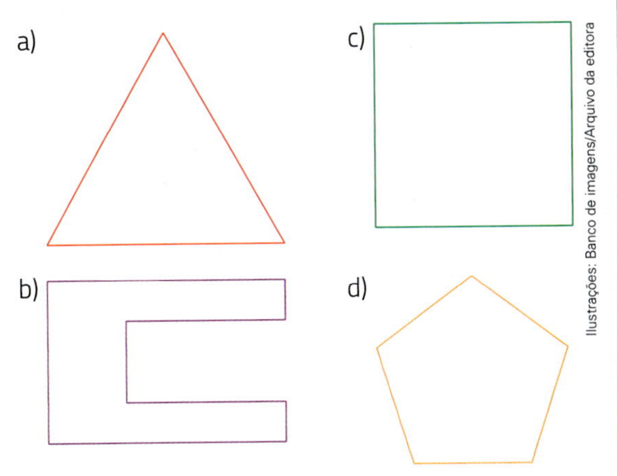

Ilustrações: Banco de imagens/Arquivo da editora

16 Um terreno retangular tem medida de comprimento da largura de 60 m e medida de comprimento da profundidade de 40 m. Para a construção de uma casa, será utilizada uma parte retangular do terreno que ocupa 70% da medida de comprimento da largura e 50% da medida de comprimento da profundidade do terreno.

Paulo Manzi/Arquivo da editora

a) Qual é a medida de perímetro do terreno?

b) Quais são as medidas das dimensões da parte retangular do terreno?

c) Qual é a medida de perímetro dessa parte retangular?

17 Guilhermina preparou um bolo de aniversário e o modelou em uma fôrma circular de 30 cm de medida de comprimento do diâmetro. Depois, o decorou com uma fita de papel ao redor. Qual deve ser, aproximadamente, a medida de comprimento dessa fita de papel?

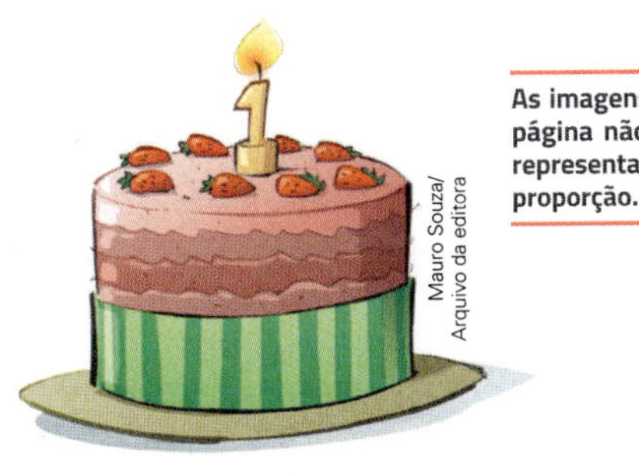

Mauro Souza/Arquivo da editora

As imagens desta página não estão representadas em proporção.

18 O relógio da Torre Santo Estevão da Parliament House, em Londres, é composto de 4 mostradores de 7 metros de medida de comprimento do diâmetro e de um sino chamado Big Ben. O nome Big Ben originalmente designava apenas o sino, porém atualmente se refere a todo o relógio. Calcule a medida de comprimento da circunferência de cada mostrador desse relógio.

19 Há várias situações nas quais está envolvida a ideia de área. Com um colega, examine os anúncios.

TERRENOS
Águas Claras: 3 600 m³. Ótimo local.
Alan Gray: 1 000 m³ (20 × 50). R$ 90 0000,00.
Jd. S. Paulo: 400 m³. R$ 600 000,00.

CASAS
R$ 360 000,00 – Cd. Jardim: Casa totalmente reformada com sala de estar, sala de jantar, 2 dormitórios, sendo 1 suíte, banheiro social, cozinha, lavanderia e quintal. Terreno: 10 m × 10 m e 170 m³ aprox. de construção.

SÍTIOS
B. Ferraz: 31 alqueires com casa construída, 3 barracões de granja para 30 000 frangos, estábulo novo, 3 represas.
B. dos Pereiras: Piraju: 26 alqueires.

Nesses anúncios, aparecem 2 unidades de medida de área diferentes. Pesquisem e descubram quais são e o significado de cada uma.

20 A superfície do globo terrestre tem medida de área de aproximadamente 510 000 000 km².

Sabendo que aproximadamente $\frac{3}{4}$ da superfície do globo terrestre são cobertos por água, quantos km² não estão cobertos por água?

21 **Expressões algébricas e sequências.** Faça os registros necessários.

a) Observe a sequência de expressões algébricas e complete-a.

$(x + 1, x^2 + 1, x^3 + 1, x^4 + 1,$ ________, ________, ...)

b) Qual é o 15º termo dessa sequência?

c) Escreva a sequência formada pelos valores numéricos das expressões algébricas dessa sequência, na ordem em que aparecem, para $x = 2$.

d) Qual é o 10º termo da sequência de valores numéricos do item **c**?

e) Responda e justifique: O número 257 é termo da sequência do item **c**?

Praticando um pouco mais

Testes oficiais

1 **(Saeb)** Uma praça quadrada, que possui o perímetro de 24 metros, tem uma árvore próxima de cada vértice e fora dela. Deseja-se aumentar a área da praça, alterando-se sua forma e mantendo as árvores externas a ela, conforme ilustra a figura.

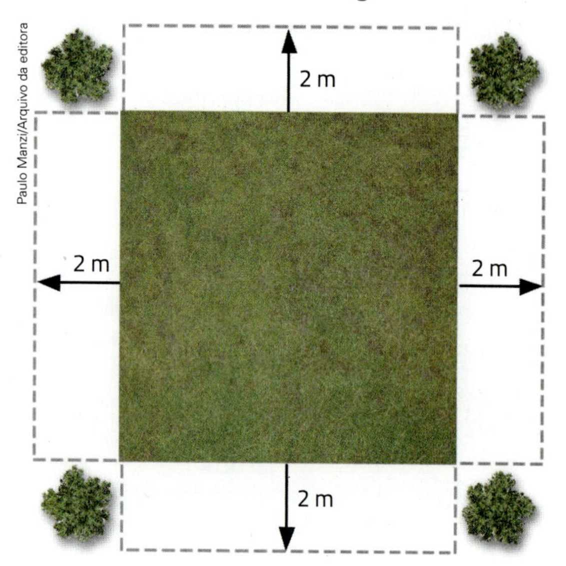

Paulo Manzi/Arquivo da editora

O novo perímetro da praça é:

a) 24 metros.
b) 32 metros.
c) 36 metros.
d) 40 metros.

2 **(Saresp)** O triângulo da figura abaixo é equilátero. Sabe-se que sua área é 2 cm² e que *P*, *Q* e *R* são pontos médios de $\overline{AB}$, $\overline{CB}$, e $\overline{AC}$, respectivamente. 1

> **Atenção:** Ponto médio de um segmento de reta é o ponto que o divide em 2 partes iguais, ou seja, em 2 segmentos de reta de mesma medida de comprimento.

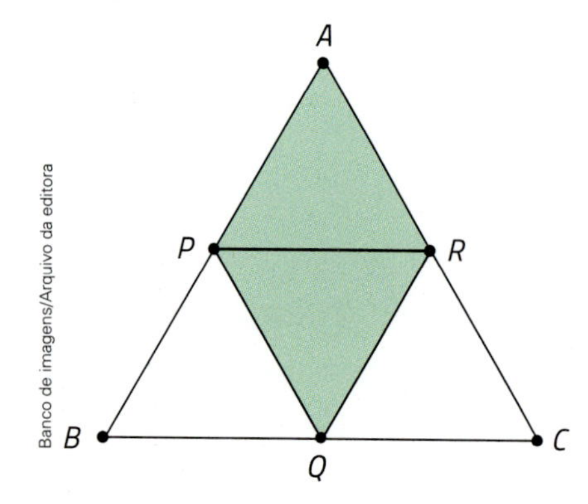

Banco de imagens/Arquivo da editora

A área do triângulo *PQR* é:

a) 0,25 cm².
b) 0,5 cm².
c) 1,0 cm².
d) 1,5 cm².

3 **(Saresp)** Considere o retângulo *ABCD*, onde *P* é o ponto médio de $\overline{CD}$, med$(\overline{AB}) = 2$ cm e med$(\overline{BC}) = 4$ cm.

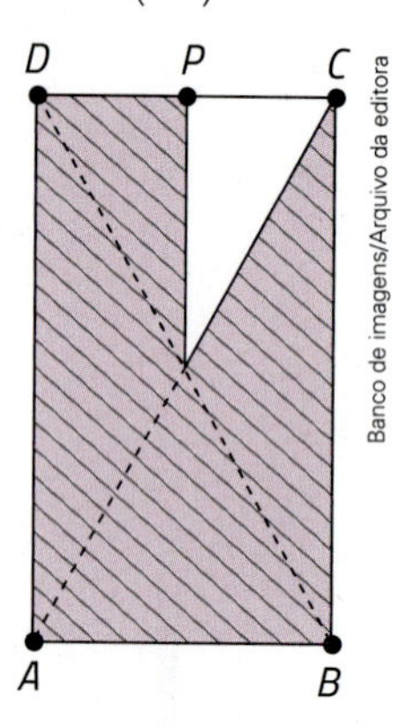

Banco de imagens/Arquivo da editora

A área da parte hachurada é

a) 6 cm².
b) 7 cm².
c) 11 cm².
d) 12 cm².

4 **(Saeb)** O símbolo abaixo será colocado em rótulos de embalagens.

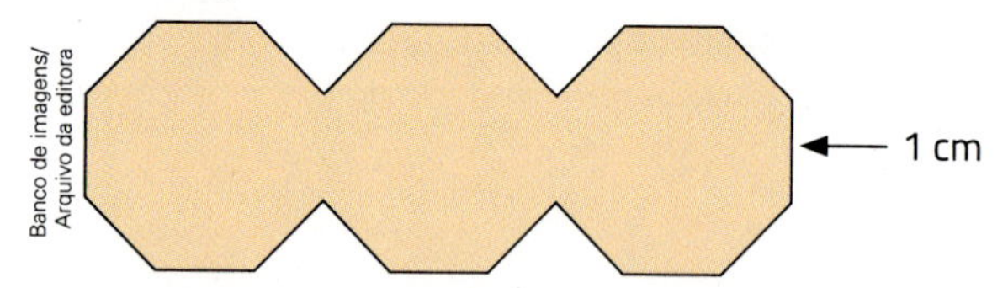

Banco de imagens/Arquivo da editora

Sabendo-se que cada lado da figura mede 1 cm, conforme indicado, a medida do contorno em destaque no desenho é

a) 18 cm.
b) 20 cm.
c) 22 cm.
d) 24 cm.

5 **(Obmep)** Juntando, sem sobreposição, quatro ladrilhos retangulares de 10 cm por 45 cm e um ladrilho quadrado de lado 20 cm, Rodrigo montou a figura abaixo.

Banco de imagens/Arquivo da editora

Com uma caneta vermelha, ele traçou o contorno da figura. Qual é o comprimento desse contorno?

a) 180 cm
b) 200 cm
c) 220 cm
d) 280 cm
e) 300 cm

Questões de vestibulares e Enem

6 ▸ **(Enem)** A figura traz o esboço da planta baixa de uma residência. Algumas medidas internas dos cômodos estão indicadas. A espessura de cada parede externa da casa é 0,20 m e das paredes internas, 0,10 m.

As imagens desta página não estão representadas em proporção.

Sabe-se que, na localidade onde se encontra esse imóvel, o Imposto Predial Territorial Urbano (IPTU) é calculado conforme a área construída da residência. Nesse cálculo, são cobrados R$ 4,00 por cada metro quadrado de área construída.

O valor do IPTU desse imóvel, em real, é:

a) 250,00.

b) 250,80.

c) 258,64.

d) 276,00.

e) 286,00.

7 ▸ **(IFSP)** Fernando pretende abrir um aquário para visitação pública. Para tanto, pretende construí-lo com a forma de um bloco retangular com 3 m de comprimento, 1,5 m de largura e 2 m de altura.

Assim sendo, o volume desse aquário será de:

a) 6,5 m^3.

b) 7,0 m^3.

c) 8,5 m^3.

d) 9,0 m^3.

e) 10 m^3.

8 ▸ **(Uece)** Se o perímetro de um quadrado é 1 m, sua área é igual a:

a) $\frac{1}{4}$ m^2.

b) $\frac{1}{9}$ m^2.

c) $\frac{1}{16}$ m^2.

d) $\frac{1}{25}$ m^2.

9 ▸ **(IFSP)** O perímetro de um triângulo é de 36 dm. As medidas são expressas por três números inteiros e consecutivos. Assinale a alternativa que apresenta quanto mede o menor lado do triângulo.

a) 9 dm.

b) 10 dm.

c) 11 dm.

d) 12 dm.

e) 13 dm.

10 ▸ **(Enem)** Um porta-lápis de madeira foi construído no formato cúbico, seguindo o modelo ilustrado a seguir. O cubo de dentro é vazio. A aresta do cubo maior mede 12 cm e a do cubo menor, que é interno, mede 8 cm.

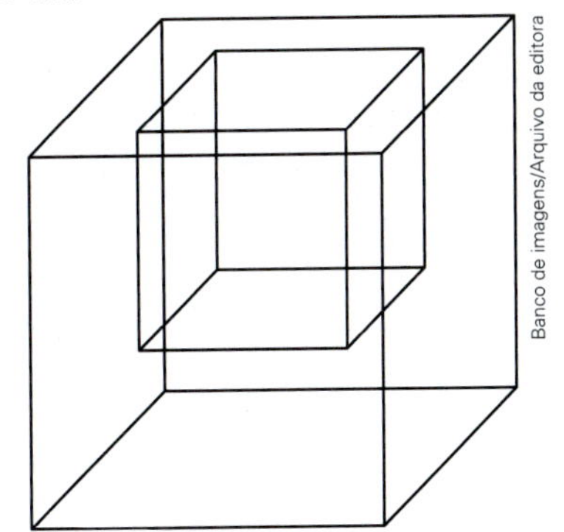

O volume de madeira utilizado na confecção desse objeto foi de:

a) 12 cm^3.

b) 64 cm^3.

c) 96 cm^3.

d) 1 216 cm^3.

e) 1 728 cm^3.

VERIFIQUE O QUE ESTUDOU

1 Qual ideia está presente em cada questão abaixo: a de perímetro, a de área ou a de volume?

a) Quantos ladrilhos vou precisar para cobrir todo o piso da cozinha?

b) Quantos metros de fio vou precisar para cercar o terreno?

c) Quantos tijolos vou precisar para construir um bloco retangular maciço?

d) Qual é o maior estado do Brasil?

e) Quantas voltas tenho que dar na pista para percorrer 2 000 metros?

2 Qual é a medida de área de uma região retangular cuja altura tem medida de comprimento de 5 cm e o perímetro mede 30 cm?

3 Se a roda de uma bicicleta tem raio com medida de comprimento de 40 cm, então qual é a medida de distância que ela percorre quando dá 8 voltas completas? (Use $\pi = 3{,}1$.)

4 Quais destas regiões têm a mesma medida de área e a mesma medida de perímetro?

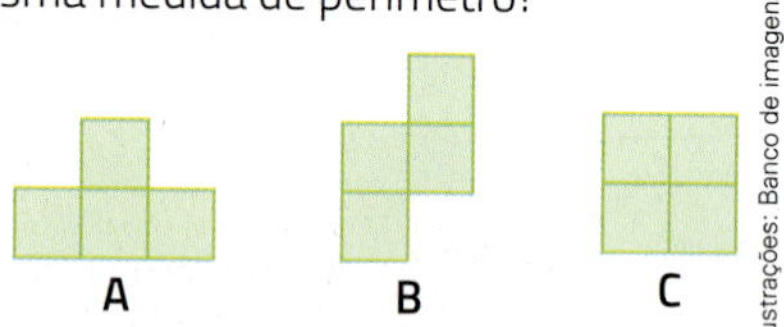

Ilustrações: Banco de imagens/Arquivo da editora

5 Observe na malha quadriculada 4 peças de pentaminó.

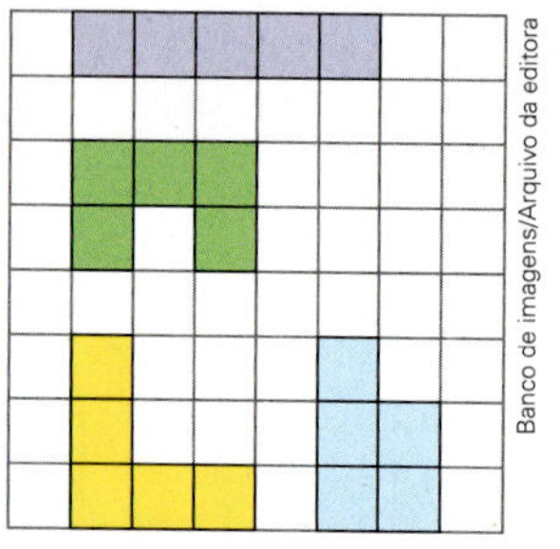

Banco de imagens/Arquivo da editora

a) Desenhe em uma malha quadriculada as outras 8 peças dos pentaminós.

b) Considere as unidades de medida indicadas. Qual é a medida de perímetro e a medida de área do pentaminó desenhado abaixo?

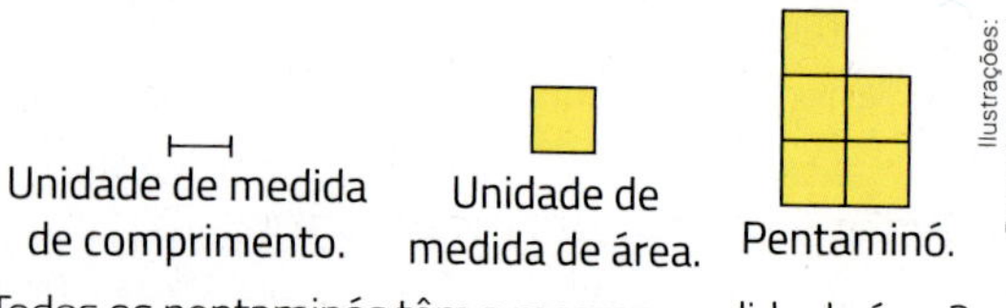

Ilustrações: Banco de imagens/Arquivo da editora

c) Todos os pentaminós têm a mesma medida de área?

d) Todos os pentaminós têm a mesma medida de perímetro?

e) Desenhe em uma malha quadriculada 2 pentaminós de medidas de perímetro iguais.

f) Desenhe em uma malha quadriculada 2 pentaminós de medidas de perímetro diferentes.

g) Com os 4 pentaminós dados ao lado, foi composta esta região retangular. Qual é a medida de perímetro dessa região retangular? E qual é a medida de área?

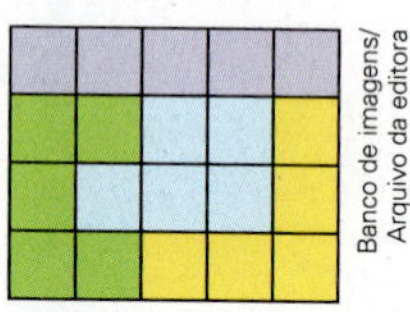

Banco de imagens/Arquivo da editora

h) Novamente em uma malha quadriculada, componha as regiões planas indicadas usando sempre pentaminós diferentes em cada uma delas. Indique o número de pentaminós usados, a medida de perímetro e a medida de área de cada região plana composta.

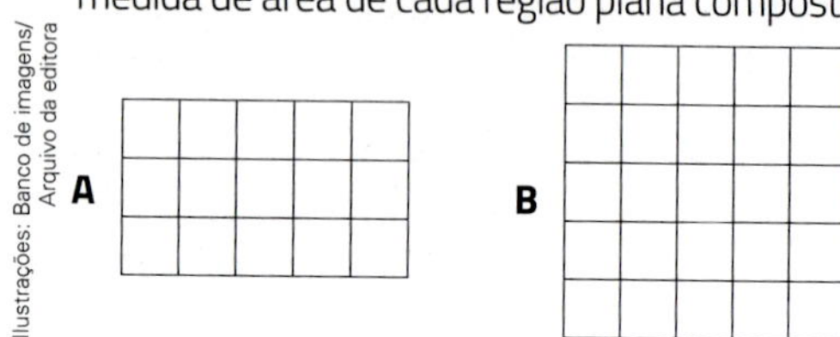

Ilustrações: Banco de imagens/Arquivo da editora

i) É possível formar uma região quadrada com as 12 peças de pentaminós? Justifique sua resposta.

Atenção

Retome os assuntos que você estudou neste capítulo. Verifique em quais teve dificuldade e converse com o professor, buscando maneiras de reforçar seu aprendizado.

Autoavaliação

Algumas atitudes e reflexões são fundamentais para melhorar o aprendizado e a convivência na escola. Reflita sobre elas.

- Compareci a todas as aulas e fui pontual?
- Mantive-me atento às aulas e realizei com empenho todas as tarefas para casa?
- Relacionei-me com as pessoas da escola de modo respeitoso e solidário?
- Ampliei meus conhecimentos de Matemática?

PARA LER, PENSAR E DIVERTIR-SE

Ler

Ilusão de ótica: círculos giratórios

Você já viu círculos como estes ao lado?

Observe com atenção, eles parecem estar se movendo!

O professor de psicologia japonês Akiyoshi Kitaoka (1961-) foi o primeiro que criou imagens como essas. Depois dele, muitos outros artistas desenvolveram imagens semelhantes.

Esse efeito de movimento ocorre quando nossos olhos "se cansam" após observarem a imagem por algum tempo. Para compensar, os olhos começam a se movimentar mais rápido; aliado às cores e formas do desenho, esse efeito de movimento aparece, mesmo que os círculos estejam parados.

Fonte de consulta: MEGA CURIOSO. *Ilusão de óptica.* Disponível em:<https://www.megacurioso.com.br/ilusao-de-optica/22678-ilusao-de-optica-entenda-como-funcionam-os-circulos-giratorios.htm>. Acesso em: 15 fev. 2019.

Anutuno/Depositphotos/Fotoarena

Ilusão de ótica.

Pensar

Observe estes pontos. Usando apenas 4 traços, tente passar por todos os pontos sem tirar o lápis do papel.

Banco de imagens/Arquivo da editora

Divertir-se

Leia esta tirinha e converse com os colegas sobre o significado dela.

QUINO. *Toda Mafalda*. São Paulo: Martins Fontes. p. 26.

GLOSSÁRIO

Álgebra: Parte da Matemática que estuda os cálculos envolvendo expressões, equações e inequações com números e letras (chamadas variáveis nas expressões e chamadas incógnitas nas equações e nas inequações).

$(3x - 1) - (x - 4) = (2x + 3)$ é um cálculo algébrico.

Amostra ou amostragem: É a parte do universo estatístico (população estatística) escolhida para a coleta de dados em uma pesquisa estatística. A escolha deve ser feita de modo que o resultado da pesquisa reflita a tendência do universo estatístico.

Ver **universo estatístico**.

Ampliação: Aumento proporcional de uma figura.

Ver **figuras semelhantes**.

A figura **B** é uma ampliação da figura **A**, pois as medidas de comprimento dos lados de **B** são o dobro das medidas de comprimento dos lados de **A** e as medidas de abertura dos ângulos são mantidas. Dizemos que as figuras **A** e **B** são semelhantes.

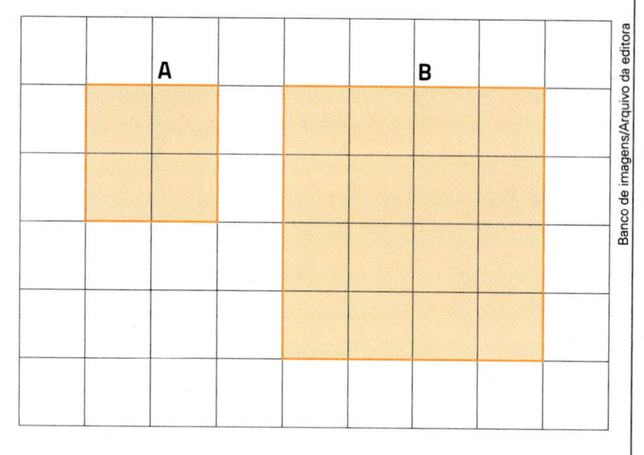

Banco de imagens/Arquivo da editora

Ângulo: Figura geométrica formada por 2 semirretas de mesma origem.

Ver **semirreta**.

Este ângulo tem vértice O e lados $\overrightarrow{OA}$ e $\overrightarrow{OB}$.

Ele é indicado por $A\hat{O}B$ (lemos: ângulo AOB) ou $B\hat{O}A$ (lemos: ângulo BOA).

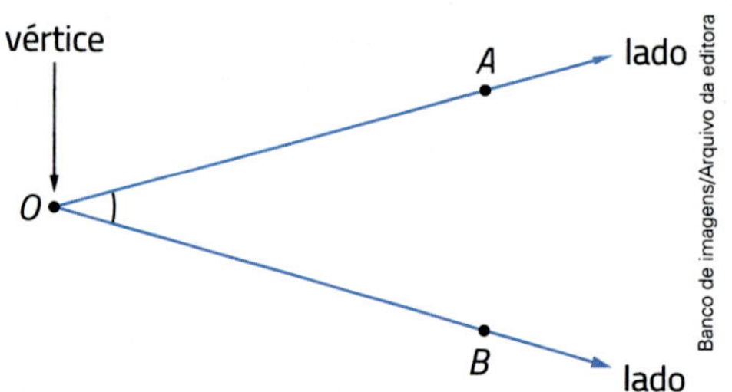

Banco de imagens/Arquivo da editora

Ângulo externo de um polígono: Ângulo formado por 1 lado do polígono e pelo prolongamento do lado consecutivo a ele.

Na figura, $\hat{1}$, $\hat{2}$ e $\hat{3}$ são ângulos externos do triângulo; $\hat{a}$, $\hat{b}$ e $\hat{c}$ são ângulos internos.

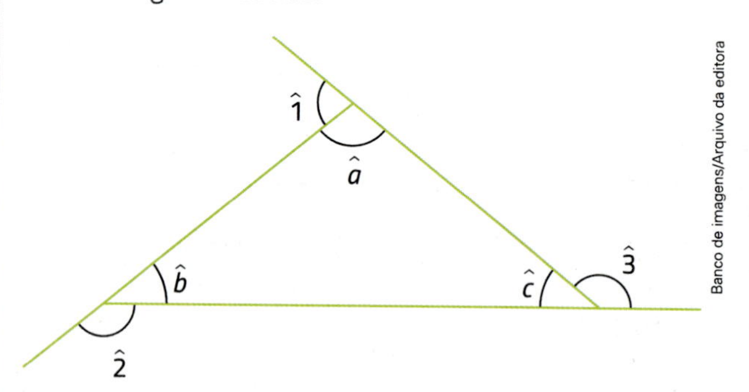

Banco de imagens/Arquivo da editora

Ângulos adjacentes: Dois ângulos que têm 1 lado comum e as regiões determinadas por eles não têm outros pontos comuns.

Os ângulos $\hat{a}$ e $\hat{e}$ são adjacentes e têm o lado $\overrightarrow{OB}$ comum.

Os ângulos $\hat{a}$ e $\hat{i}$ não são adjacentes.

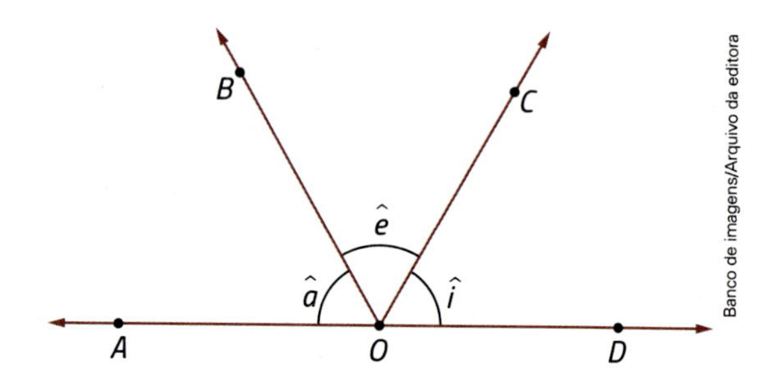

Banco de imagens/Arquivo da editora

Ângulos alternos externos: Quando 2 retas são cortadas por uma reta transversal, os ângulos externos em relação às 2 retas e situados em lados diferentes em relação à transversal são chamados ângulos alternos externos.

Quando as 2 retas são paralelas, os ângulos alternos externos são congruentes (têm medidas de abertura iguais).

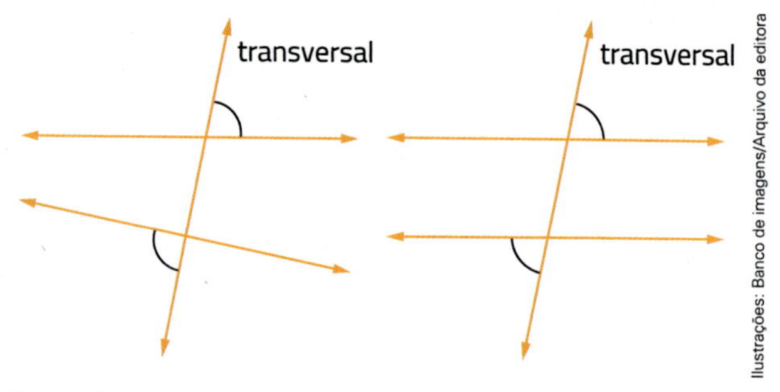

Ilustrações: Banco de imagens/Arquivo da editora

Em cada figura, os ângulos indicados são alternos externos.

Ângulos alternos internos: Quando 2 retas são cortadas por uma reta transversal, os ângulos internos em relação às 2 retas e situados em lados diferentes em relação à transversal são chamados ângulos alternos internos.

Quando as 2 retas são paralelas, os ângulos alternos internos são congruentes (têm medidas de abertura iguais).

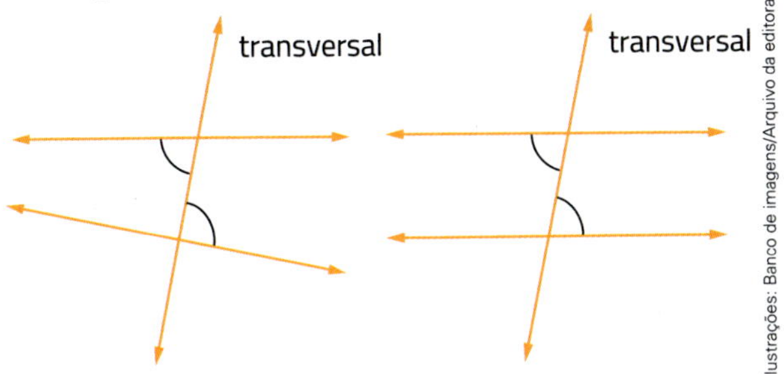

Ilustrações: Banco de imagens/Arquivo da editora

Em cada figura, os ângulos indicados são alternos internos.

Ângulos colaterais externos: Quando 2 retas são cortadas por uma reta transversal, os ângulos externos em relação às 2 retas e situados no mesmo lado em relação à transversal são chamados ângulos colaterais externos.

Quando as 2 retas são paralelas, os ângulos colaterais externos são suplementares (a soma das medidas de abertura é igual a 180°).

Ver **ângulos suplementares**.

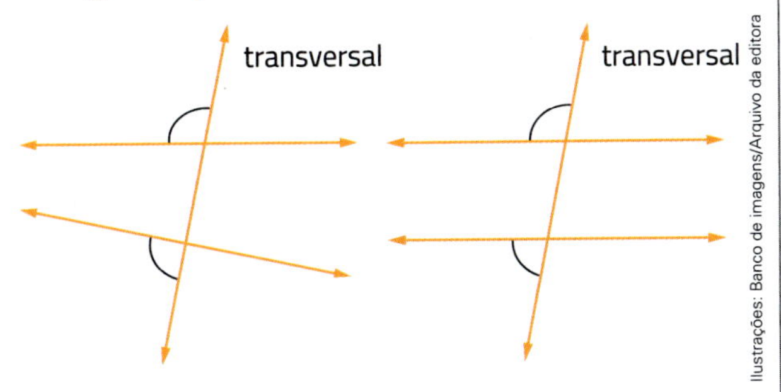

Ilustrações: Banco de imagens/Arquivo da editora

Em cada figura, os ângulos indicados são colaterais externos.

Ângulos colaterais internos: Quando 2 retas são cortadas por uma reta transversal, os ângulos internos em relação às 2 retas e situados no mesmo lado em relação à transversal são chamados ângulos colaterais internos.

Quando as 2 retas são paralelas, os ângulos colaterais internos são suplementares (a soma das medidas de abertura é igual a 180°).

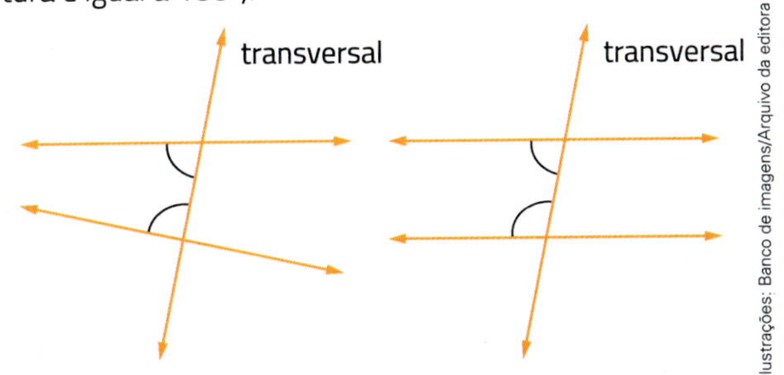

Ilustrações: Banco de imagens/Arquivo da editora

Em cada figura, os ângulos indicados são colaterais internos.

Ângulos complementares: Classificação atribuída a 2 ângulos cuja soma das medidas de abertura é igual a 90°.

Os ângulos $\hat{a}$ e $\hat{e}$ são adjacentes e complementares. Um é o complemento do outro.

$$a + e = 90°$$

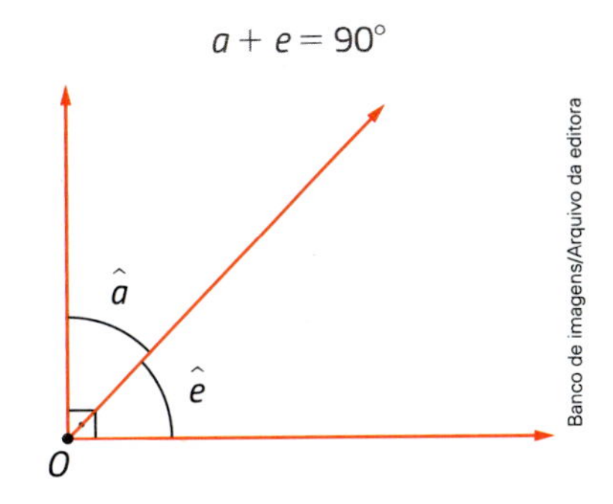

Banco de imagens/Arquivo da editora

Ângulos correspondentes: Quando 2 retas são cortadas por uma reta transversal, os ângulos na mesma posição em relação às 2 retas e situados no mesmo lado em relacão à transversal são chamados correspondentes.

Quando as 2 retas são paralelas, os ângulos correspondentes são congruentes (têm medidas de abertura iguais).

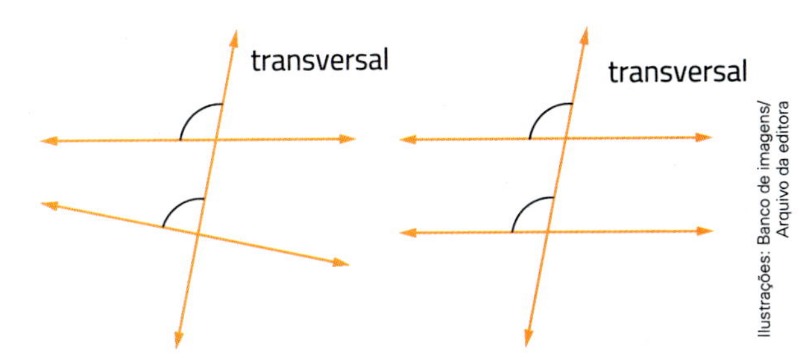

Ilustrações: Banco de imagens/Arquivo da editora

Em cada figura, os ângulos indicados são correspondentes.

Ângulos opostos pelo vértice: Ângulos que ficam em posições opostas em relação ao vértice entre 2 retas concorrentes.

Ângulos opostos pelo vértice têm medidas de abertura iguais. Nesta figura, os ângulos $\hat{a}$ e $\hat{e}$ são opostos pelo vértice, bem como $\hat{i}$ e $\hat{o}$.

$$a = e \qquad i = o$$

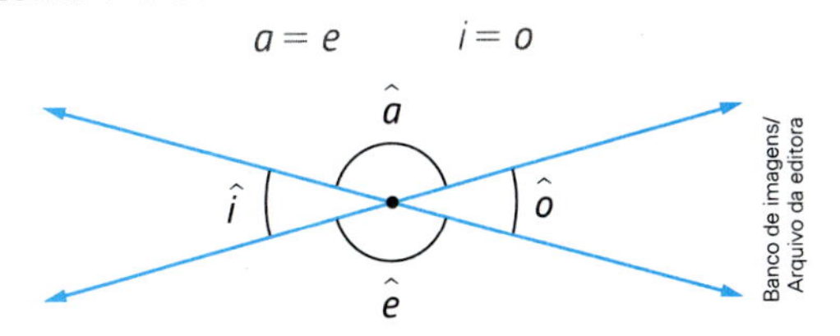

Banco de imagens/Arquivo da editora

Ângulos suplementares: Classificação atribuída a 2 ângulos cuja soma das medidas de abertura é igual a 180°.

Os ângulos $\hat{a}$ e $\hat{e}$ são adjacentes e suplementares. Um é o suplemento do outro.

$$a + e = 180°$$

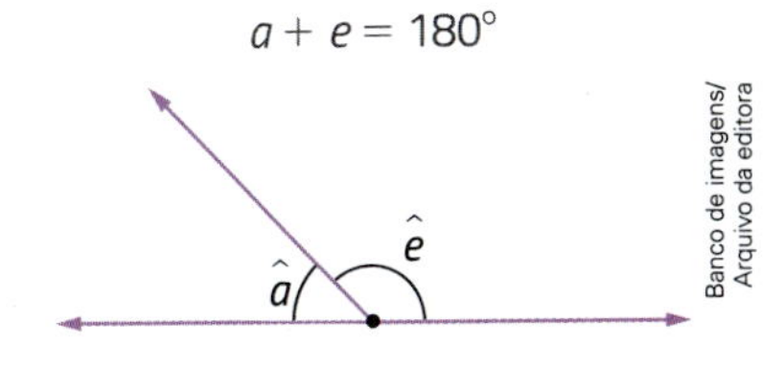

Banco de imagens/Arquivo da editora

Antecessor de um número inteiro: Número que vem imediatamente antes dele na sequência dos números inteiros.
O antecessor de 9 é 8.
O antecessor de 0 é -1.
O antecessor de -4 é -5.

Área: Grandeza correspondente ao espaço ocupado por uma superfície. A medida dela pode ser expressa em centímetros quadrados (cm^2), metros quadrados (m^2), quilômetros quadrados (km^2), etc.
A medida de área da região quadrada abaixo é de 4 cm^2 (quatro centímetros quadrados).

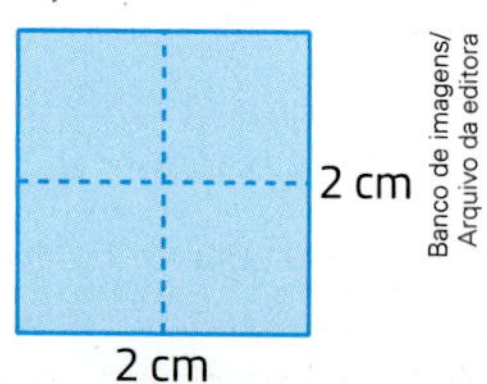

Banco de imagens/Arquivo da editora

Base de uma figura: Segmento de reta ou região plana presente em algumas figuras geométricas.

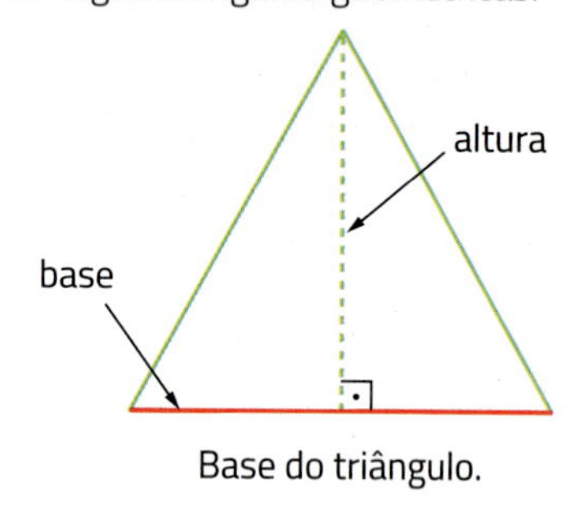

Base do triângulo.

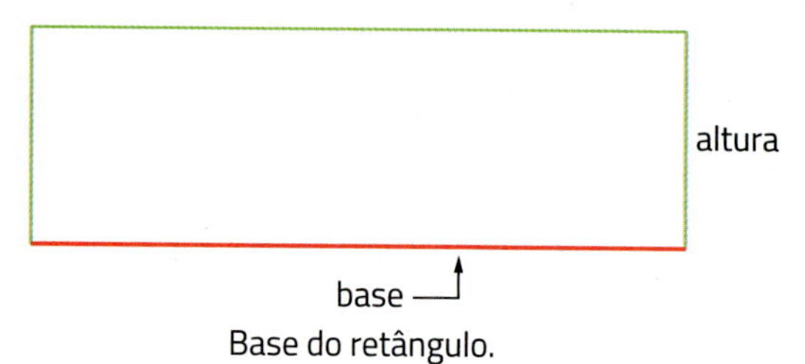

Base do retângulo.

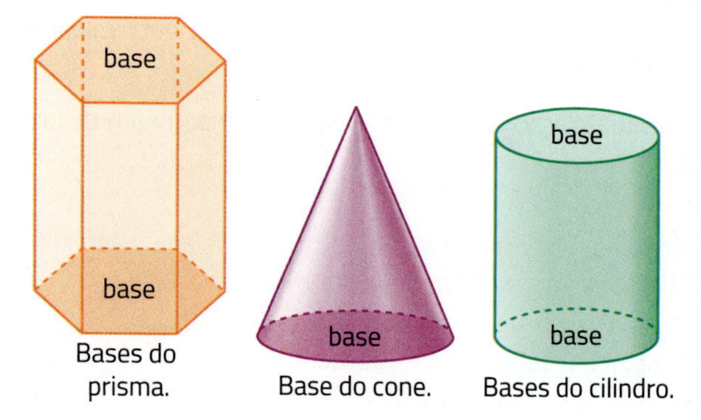

Bases do prisma. Base do cone. Bases do cilindro.

Ilustrações: Banco de imagens/Arquivo da editora

Base em uma potenciação: Um dos termos da operação de potenciação.
Em $7^3 = 7 \times 7 \times 7 = 343$, a base é o 7.
Em $(-3{,}5)^2 = (-3{,}5) \times (-3{,}5) = 12{,}25$, a base é o $-3{,}5$.

Centro de uma circunferência: Ver **circunferência**.

Círculo ou região circular: Região plana limitada por uma circunferência.

Ver **contorno**.

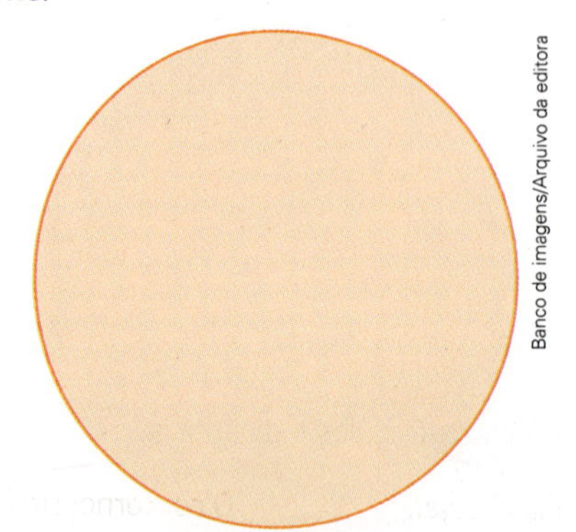

Banco de imagens/Arquivo da editora

Círculo ou região circular.

Circunferência: Figura geométrica formada por todos os pontos do plano cuja medida de distância a um ponto do mesmo plano é sempre a mesma. Esse ponto é chamado **centro** da circunferência.

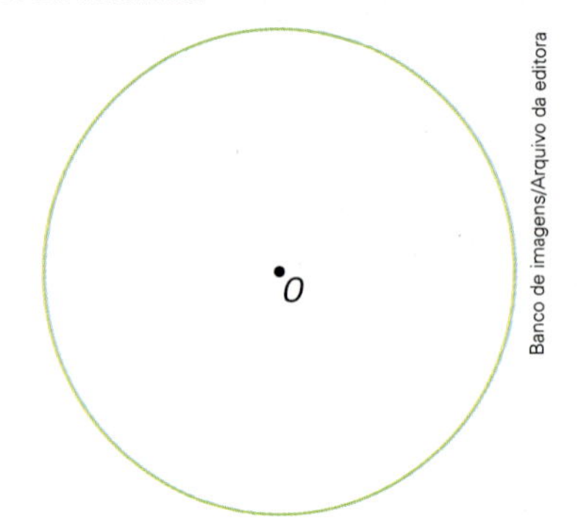

Banco de imagens/Arquivo da editora

O ponto *O* é o centro dessa circunferência.
A linha fechada é a circunferência.
O centro não pertence à circunferência.

Coeficiente ou razão de proporcionalidade: Razão entre os valores correspondentes de 2 grandezas.

Podemos calcular o coeficiente de proporcionalidade para grandezas direta ou inversamente proporcionais.

Ver **razão entre 2 números**.

Conjunto: É um agrupamento de elementos. Esse agrupamento pode até não ter elementos.

Em Matemática, o foco ocorre no estudo dos conjuntos numéricos.
Conjunto dos números naturais: $\mathbb{N} = \{0, 1, 2, 3, \ldots\}$

Conjunto dos números inteiros: $\mathbb{Z} = \{\ldots, -3, -2, -1, 0, 1, 2, 3, \ldots\}$

Também estudamos os conjuntos formados por todos os resultados possíveis de um experimento.

Ver **espaço amostral**.

Contorno: Linha que limita uma região plana.

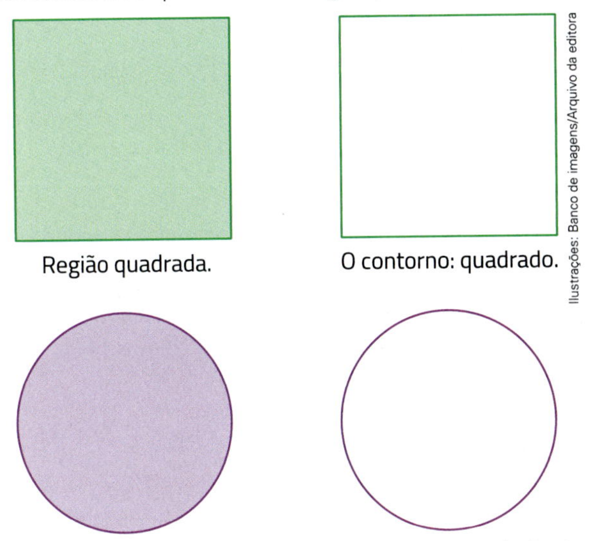

Região quadrada. O contorno: quadrado.

Região circular. O contorno: circunferência.

Ilustrações: Banco de imagens/Arquivo da editora

Corpo redondo: Sólido geométrico que tem pelo menos 1 parte não plana ("arredondada").

São corpos redondos:

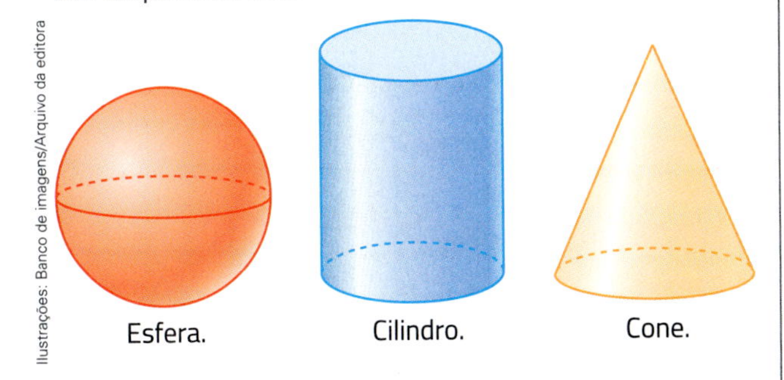

Esfera. Cilindro. Cone.

Ilustrações: Banco de imagens/Arquivo da editora

D

Densidade demográfica: Grandeza cujo valor corresponde à razão entre o número de habitantes de uma região e a medida de área dela.

Ver **razão entre 2 números**.

Em uma região com população de 100 000 habitantes e medida de área de 50 km², o valor da densidade demográfica é de 2 000 hab./km², pois $\frac{100\,000}{50} = 2\,000$.

Diagonal de um polígono convexo: Segmento de reta com extremidades em 2 vértices não consecutivos do polígono convexo.

Ver **polígono convexo**.

$\overline{BD}$ uma das diagonais do retângulo $ABCD$.

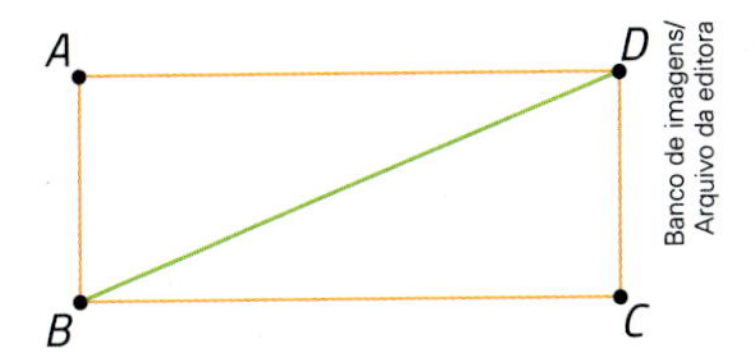

Banco de imagens/Arquivo da editora

Diâmetro de uma circunferência: Segmento de reta cujas extremidades são 2 pontos da circunferência e que passa pelo centro dela.

Ver **circunferência** e **raio de uma circunferência**.

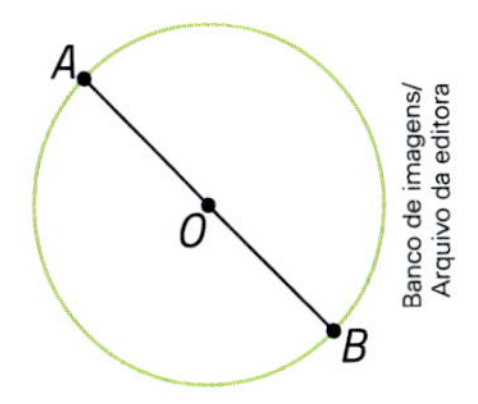

Banco de imagens/Arquivo da editora

$\overline{AB}$ é um diâmetro dessa circunferência de centro O.

A medida de comprimento do diâmetro de uma circunferência é o dobro da medida de comprimento do raio dela.

Dízima periódica: Número cuja representação decimal tem 1 ou mais algarismos que se repetem indefinidamente.

$0{,}252525...$ ou $0{,}\overline{25}$ é uma dízima periódica em que 25 é o período.

$2{,}34666...$ ou $2{,}34\overline{6}$ é uma dízima periódica em que 6 é o período.

E

Elemento neutro: Termo que, em uma operação com 2 números, faz com que o resultado seja sempre o outro termo.

- O 0 é o elemento neutro da adição.
  $0 + 5 = 5$
  $0{,}5 + 0 = 0{,}5$
  $-18 + 0 = -18$
- O 1 é o elemento neutro da multiplicação.
  $1 \cdot 13 = 13$
  $1{,}3 \cdot 1 = 1{,}3$
  $1 \times (-28) = -28$

Equação: Igualdade que contém pelo menos 1 incógnita.

Ver **incógnita**.

$5x + 3 = 25$ é uma equação de incógnita x.

$x - y = 3$ é uma equação com 2 incógnitas, x e y.

Resolver uma equação significa determinar os possíveis valores das incógnitas (**soluções** ou **raízes** da equação).

Resolver a equação $3x + 2 = 14$ significa determinar a solução dela, que é $x = 4$.

Escala: Relação entre as medidas de comprimento de um desenho e as respectivas medidas de comprimento do objeto real representado pelo desenho.

Se a escala de um mapa é 1 : 1 000 000, então cada centímetro no mapa corresponde a 1 000 000 cm (ou 10 km) na realidade.

Espaço amostral: Conjunto de todos os resultados possíveis de um experimento aleatório.

Representamos o espaço amostral pela letra Ω.

Ver **experimento ou fenômeno aleatório**.

No lançamento de um dado de 6 faces, o espaço amostral é $\Omega = \{1, 2, 3, 4, 5, 6\}$.

Espaço amostral equiprovável: Quando todos os resultados possíveis do espaço amostral têm a mesma chance de ocorrer.

Ver **espaço amostral**.
No lançamento de uma moeda não viciada, tanto obter cara quanto obter coroa têm a mesma chance de ocorrer.

Estatística: Parte da Matemática que organiza, apresenta e interpreta informações numéricas em tabelas e gráficos.

Evento: Qualquer subconjunto do espaço amostral. Geralmente é representado por uma letra maiúscula do alfabeto latino (*A*, *B*, *C*, etc.).

Se um evento é vazio, então ele é chamado **evento impossível**. Se um evento coincide com o espaço amostral, dizemos que é um **evento certo**.

Ver **espaço amostral**.
No lançamento de um dado de 6 faces, o evento *A*: sair um número par pode ser representado por $A = \{2, 4, 6\}$.
Nesse experimento, o evento *B*: sair um número maior do que 6 é um evento impossível, e o evento *C*: sair um número entre 0 e 7 é um evento certo.

Experimento ou fenômeno aleatório: Experimentos ou fenômenos que, embora sejam repetidos muitas vezes e sob condições idênticas, não apresentam os mesmos resultados.
O lançamento de um dado não viciado é um experimento aleatório.

Expoente em uma potenciação: Um dos termos da operação de potenciação. É o termo que indica quantas vezes devemos multiplicar a base por ela mesma.

Em $5^3 = \underbrace{5 \times 5 \times 5}_{3 \text{ fatores}} = 125$, o expoente é o 3.

Em $(-2)^4 = (-2) \times (-2) \times (-2) \times (-2) = 16$, o expoente é o 4.

Expressão algébrica: Indicação de operações com números e letras que representam números. As letras são chamadas **variáveis** da expressão algébrica.

$2(x - 1)$, $2z$ e $\frac{3z - 2w}{3}$ são exemplos de expressões algébricas.

Expressão numérica: Indicação de uma ou mais operações entre números, não efetuadas. Para calcular o valor de uma expressão numérica, é preciso efetuar as operações dentro dos parênteses, depois dentro dos colchetes e, em seguida, dentro das chaves.

Além disso, é preciso calcular primeiro potenciações, depois, multiplicações e divisões e, por fim, adições e subtrações.
A expressão numérica $7 + (3^2)$ tem valor 16 $(7 + 9 = 16)$.

A expressão numérica $(7 + 3)^2$ tem valor 100 $(10^2 = 100)$.

Figuras congruentes: Figuras que, quando sobrepostas, coincidem em todos os pontos.

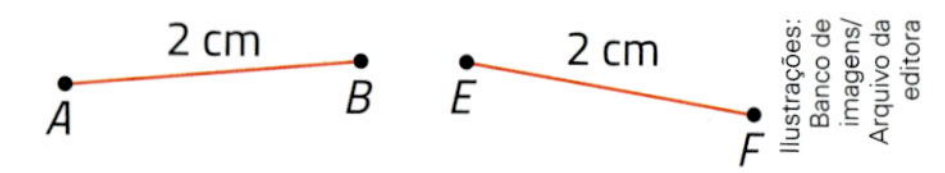

Ilustrações: Banco de imagens/Arquivo da editora

$\overline{AB}$ e $\overline{EF}$ são segmentos de reta congruentes (Indicamos: $\overline{AB} \cong \overline{EF}$).

Figuras semelhantes: Figuras que têm a mesma forma, os ângulos congruentes e as medidas de comprimento dos lados proporcionais.

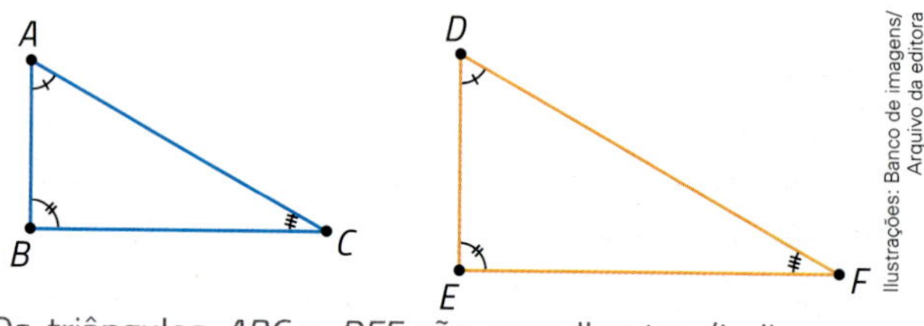

Ilustrações: Banco de imagens/Arquivo da editora

Os triângulos *ABC* e *DEF* são semelhantes (Indicamos: $\triangle ABC \sim \triangle DEF$).

Frequência absoluta: Número de vezes que cada valor de uma variável aparece em uma pesquisa estatística. A frequência absoluta é sempre indicada por um número natural.
Se o time de futebol **A** recebeu 1 200 votos entre 10 000 votantes de uma pesquisa sobre o time favorito, então o número 1 200 é uma frequência absoluta nessa pesquisa.

Ver **valores de uma variável**.

Frequência relativa: Razão entre a frequência absoluta de um valor e a soma das frequências absolutas de todos os valores de uma variável em uma pesquisa estatística. Pode ser indicada na forma de fração, decimal ou porcentagem.

Ver **frequência absoluta**.
Se considerarmos 1 200 votos entre 10 000 votantes, então a frequência relativa é $\frac{1200}{10000}$ ou $\frac{3}{25}$ ou 0,12 ou 12%.

Gráfico: Forma de representar informações. A escolha do tipo de gráfico a ser usado depende, por exemplo, do conjunto de dados ou da interpretação que queremos fazer.
Gráfico de barras verticais (ou de colunas) duplas.

Nascimento de bovinos e suínos no mês de janeiro

Quantidade
15 000
10 000
5 000
0
São Paulo
Rio de Janeiro
Cidade
Bovinos
Suínos

Ericson Guilherme Luciano/Arquivo da editora

Gráfico elaborado para fins didáticos.

Gráfico de setores.

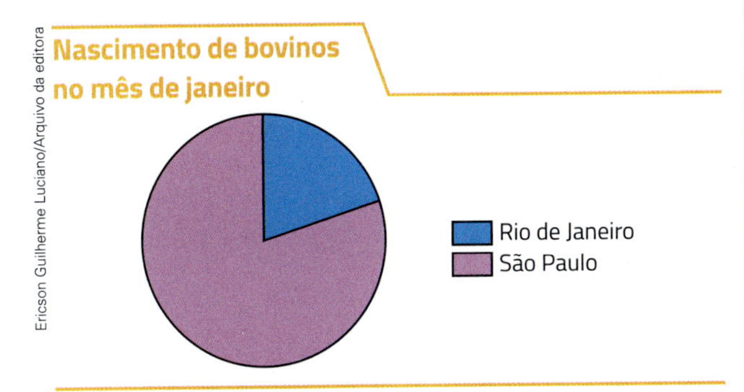

Gráfico elaborado para fins didáticos.

Grandeza: Algo que pode ser medido ou contado.
Comprimento, área, volume, temperatura, intervalo de tempo, população, velocidade média e densidade demográfica são exemplos de grandezas.

Grandezas diretamente proporcionais: Grandezas cujos valores aumentam ou diminuem na mesma proporção.
"Litros de leite" e "preço a pagar" são grandezas diretamente proporcionais: se o número de litros dobra ou triplica, então o preço a pagar também dobra ou triplica, respectivamente.

Grandezas inversamente proporcionais: Grandezas tais que, se o valor de uma aumenta, o valor da outra diminui na mesma proporção.
"Velocidade" e "intervalo de tempo" são grandezas inversamente proporcionais: se a medida de velocidade dobra ou triplica, então a medida de intervalo de tempo gasto no mesmo percurso cai para a metade ou para a terça parte, respectivamente.

Grau: Unidade de medida de abertura de ângulo. Símbolo: °.
Um ângulo reto tem medida de abertura de 90°.

Grau Celsius: Unidade de medida de temperatura. Símbolo: °C.
A temperatura normal do corpo humano mede, aproximadamente, 36,5 °C.

Grau Fahrenheit: Unidade de medida de temperatura usada em alguns países de língua inglesa (Estados Unidos, Inglaterra, etc.). Símbolo: °F.
Para converter uma medida de temperatura dada em grau Celsius para grau Fahrenheit, podemos usar a seguinte fórmula:

$$C = \frac{5 \cdot (F - 32)}{9}$$

em que C é a medida de temperatura em graus Celsius e F é a medida de temperatura em graus Fahrenheit.

25 °C equivalem a 77 °F.

$$25 = \frac{5 \cdot (F - 32)}{9} \Rightarrow 5F - 160 = 225 \Rightarrow$$
$$\Rightarrow 5F = 385 \Rightarrow F = 77$$

Incógnita: Letra que representa um número desconhecido em uma equação ou inequação.
$3x + 4 = 19$ é uma equação de incógnita x.
$x - y = 6$ é uma equação com 2 incógnitas, x e y.
$2(x - 1) > x$ é uma inequação com incógnita x.

Indivíduo ou objeto da pesquisa: Cada elemento que é consultado ou analisado em uma pesquisa estatística.
Ver **universo estatístico**.

Inequação: Desigualdade que contém 1 ou mais incógnitas.
Ver **incógnita**.
$x + 3 < 7$ e $3x \geqslant y + 8$ são exemplos de inequação.

Máximo divisor comum (mdc): É o maior número que é divisor comum de 2 ou mais números naturais.
Os divisores de 20 são: 1, 2, 4, 5, 10, 20. Indicamos: d(20): 1, 2, 4, 5, 10, 20.
Os divisores de 24 são: 1, 2, 3, 4, 6, 8, 12, 24. Indicamos: d(24): 1, 2, 3, 4, 6, 8, 12, 24.
O máximo divisor comum de 20 e 24 é 4. Então, mdc(20, 24) = 4.

Média aritmética de 2 ou mais números: Número obtido adicionando uma série de valores e dividindo a soma obtida pela quantidade de valores adicionados.
A média aritmética dos números 5, 6 e 10 é 7.

$$\frac{5 + 6 + 10}{3} = \frac{21}{3} = 7$$

Média aritmética ponderada: Média aritmética em que os dados estão sujeitos a pesos.
Considere que a avaliação de um aluno é feita analisando o desempenho em um teste escrito, que tem peso 1, a participação individual, que também tem peso 1, e a participação em grupo, que tem peso 2. Esse aluno obteve 6,5 no teste, 8,5 na participação individual e 8,0 na participação em grupo.
A média aritmética ponderada dele é:

$$\frac{1 \cdot 6{,}5 + 1 \cdot 8{,}5 + 2 \cdot 8{,}0}{1 + 1 + 2} = \frac{31}{4} = 7{,}75$$

Medida: Resultado da comparação de uma grandeza com outra de mesma espécie, tomada como unidade.
Medimos várias grandezas: comprimento, área, massa, volume, intervalo de tempo, temperatura, capacidade, população, etc. Cada medida é expressa por um número e por uma unidade de medida.

A B

1 cm (unidade)

Ilustrações: Banco de imagens/Arquivo da editora

A medida de comprimento desse segmento de reta $\overline{AB}$ é de 3 cm.

Mínimo múltiplo comum (mmc): É o menor número, diferente de 0, que é múltiplo comum de 2 ou mais números naturais.
Os múltiplos de 4 são: 4, 8, 12, 16, 20, 24, ... Indicamos: m(4): 4, 8, 12, 16, 20, 24, ...
Os múltiplos de 5 são: 5, 10, 15, 20, 25, ... Indicamos: m(5): 5, 10, 15, 20, 25, ...
O menor múltiplo comum de 4 e 5 é 20. Então, mmc(4, 5) = 20.

Módulo ou valor absoluto de um número: Medida de distância entre o ponto que representa esse número e a origem da reta numerada. O módulo de um número inteiro diferente de 0 (zero) é sempre positivo.

Ver **reta numerada**.

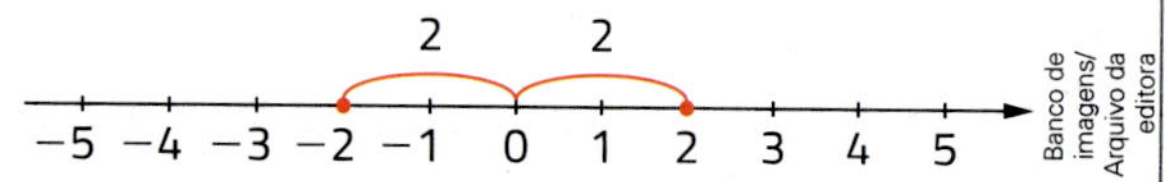

Banco de imagens/Arquivo da editora

O módulo ou o valor absoluto de 2 é 2. Indicamos: $|2| = 2$.
O módulo ou o valor absoluto de −2 é 2. Indicamos: $|-2| = 2$.

Número inteiro: Qualquer número da seguinte sequência: ..., −3, −2, −1, 0, 1, 2, 3, 4, ...
As reticências indicam que a sequência dos números inteiros é infinita à esquerda e à direita.
O conjunto dos números inteiros é representado pela letra $\mathbb{Z}$.

Número natural: Número usado para contar, ordenar, medir e codificar.
O conjunto dos números naturais é representado por $\mathbb{N} = \{0, 1, 2, 3, 4, 5, 6, \ldots\}$.

Número negativo: Número menor do que 0 (zero). Os números negativos aparecem com o sinal − (menos).
O zero não é positivo nem negativo.
Os números −3 e −29 são números negativos.

Número positivo: Número maior do que 0 (zero). Os números positivos podem aparecer com o sinal + (mais) ou sem sinal.
O zero não é positivo nem negativo.
Os números +1 e 50 são números positivos.

Número racional: Todo número que pode ser escrito na forma fracionária, com numerador e denominador inteiros e denominador diferente de 0 (zero).
O conjunto dos números racionais é representado pela letra $\mathbb{Q}$.

3 é número racional $\left(3 = \frac{3}{1} \text{ ou } \frac{6}{2} \text{ ou } \frac{-9}{-3}, \text{ etc.}\right)$.

$-\frac{1}{2}$ é número racional $\left(-\frac{1}{2} = \frac{-1}{2}\right)$.

0,25 é número racional $\left(0{,}25 = \frac{25}{100} \text{ ou } \frac{1}{4}\right)$.

$1\frac{3}{5}$ é número racional $\left(1\frac{3}{5} = \frac{8}{5}\right)$.

Números diretamente proporcionais: Quando 2 grandezas são diretamente proporcionais, dizemos que os valores de uma são números diretamente proporcionais aos valores correspondentes da outra.

Ver **grandezas diretamente proporcionais**.

Papelaria

Número de cadernos	2	4	5	6
Preço (em R$)	6	12	15	18

Tabela elaborada para fins didáticos.

Os números 2, 4, 5 e 6, nessa ordem, são diretamente proporcionais aos números 6, 12, 15 e 18, pois "cadernos" e "preço" são grandezas diretamente proporcionais.

$$\frac{2}{6} = \frac{4}{12} = \frac{5}{15} = \frac{6}{18}$$

Números inversamente proporcionais: Quando 2 grandezas são inversamente proporcionais, dizemos que os valores de uma são números inversamente proporcionais aos valores correspondentes da outra.

Ver **grandezas inversamente proporcionais**.

Percurso

Medida de velocidade (em km/h)	60	30	120
Medida de intervalo de tempo (em h)	4	8	2

Tabela elaborada para fins didáticos.

Os números 60, 30 e 120, nessa ordem, são inversamente proporcionais aos números 4, 8 e 2, pois "velocidade" e "intervalo de tempo" são grandezas inversamente proporcionais.

$$\frac{60}{\frac{1}{4}} = \frac{30}{\frac{1}{8}} = \frac{120}{\frac{1}{2}} \text{ ou } 60 \times 4 = 30 \times 8 = 120 \times 2$$

Números inversos: Números diferentes de 0 cujo produto é igual a 1. Dizemos que um número é o inverso do outro.
$\frac{3}{4}$ e $\frac{4}{3}$ são números inversos, pois $\frac{3}{4} \cdot \frac{4}{3} = \frac{12}{12} = 1$.

Números opostos ou simétricos: Números que estão à mesma medida de distância da origem na reta numerada. Dizemos que um número é o oposto ou o simétrico do outro.

−6 −5 −4 −3 −2 −1 0 1 2 3 4 5 6

Banco de imagens/Arquivo da editora

Os números −2 e 2 são opostos ou simétricos, assim como −6 e +6. A soma de 2 números opostos é sempre igual a 0 (−2 + 2 = 0).

O

Operações inversas: Operações tais que uma "desfaz" o que a outra "faz".

A adição e a subtração são operações inversas.
$100 + 200 = 300 \Rightarrow 300 - 200 = 100$
$8 - 6 = 2 \Rightarrow 2 + 6 = 8$

A multiplicação e a divisão exata também são operações inversas.
$5 \times 20 = 100 \Rightarrow 100 \div 20 = 5$
$12 \div 4 = 3 \Rightarrow 3 \times 4 = 12$

P

Par ordenado: Dois números escritos em uma ordem considerada e que representam as coordenadas cartesianas de um ponto no plano cartesiano.
O par ordenado $(2, 1)$ indica que o ponto P está localizado 2 unidades para a direita e 1 unidade para cima em relação à origem O do plano cartesiano.

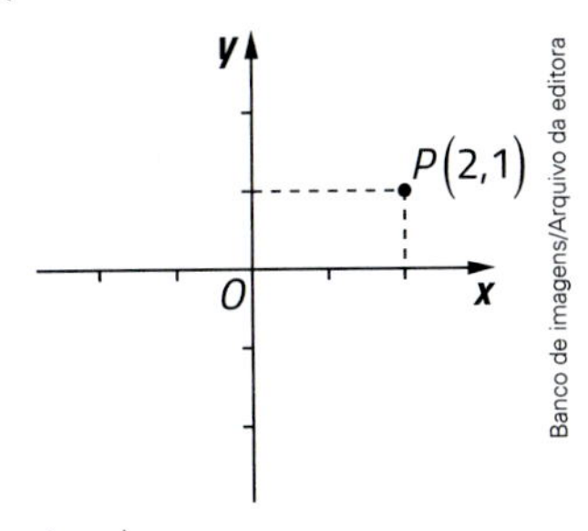

Banco de imagens/Arquivo da editora

O par ordenado $(2, 1)$ é uma solução da equação $x + y = 3$.
$(1, 2)$ é diferente de $(2, 1)$, pois a ordem dos números no par deve ser considerada. Daí o nome par ordenado.

Perímetro: Grandeza correspondente ao comprimento de um contorno. A medida dela pode ser expressa em centímetros (cm), metros (m), quilômetros (km), etc.

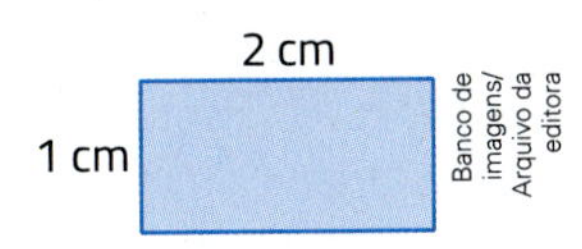

Banco de imagens/Arquivo da editora

A medida de perímetro dessa região retangular é de 6 cm $(2 + 2 + 1 + 1 = 6)$.
No caso dos polígonos, a medida de perímetro é a soma das medidas de comprimento de todos os lados.

Poliedro: Sólido geométrico que tem apenas faces planas.
São poliedros:

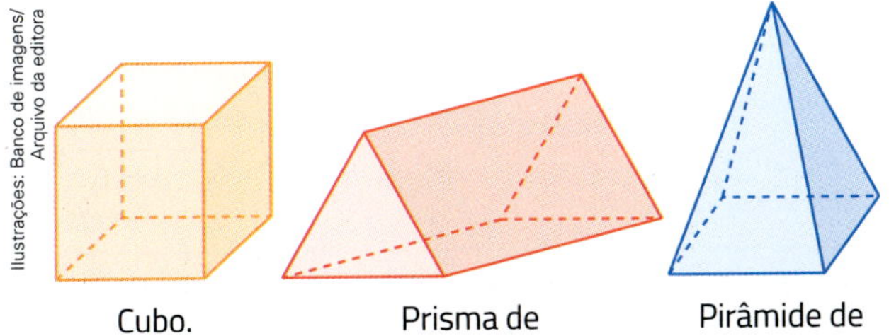
Ilustrações: Banco de imagens/Arquivo da editora

Cubo. Prisma de base triangular. Pirâmide de base quadrada.

Polígono: Linha fechada formada apenas por segmentos de reta que não se cruzam.
São polígonos:

Triângulo. Pentágono. Hexágono.

Não são polígonos:

Ilustrações: Banco de imagens/Arquivo da editora

Polígono convexo: Polígono que, ao traçarmos uma reta sobre cada lado dele, o restante do polígono fica do mesmo lado dessa reta.
São polígonos convexos:

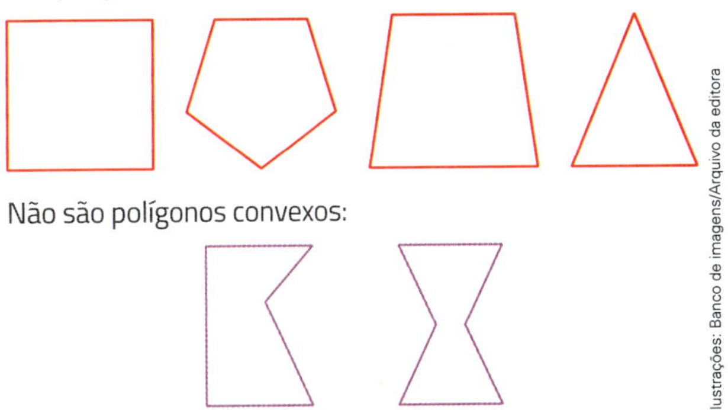

Não são polígonos convexos:

Ilustrações: Banco de imagens/Arquivo da editora

Polígono regular: Polígono no qual todos os lados têm a mesma medida de comprimento e todos os ângulos internos têm a mesma medida de abertura.

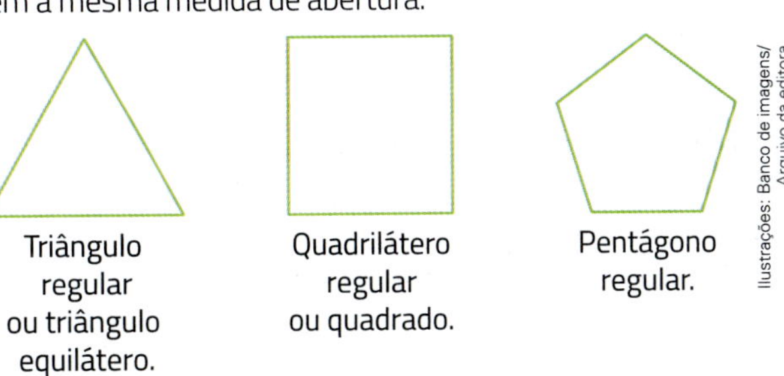
Ilustrações: Banco de imagens/Arquivo da editora

Triângulo regular ou triângulo equilátero. Quadrilátero regular ou quadrado. Pentágono regular.

Porcentagem: Parte de um todo (ou total) considerado como cem por cento (100%).
30%, $\frac{30}{100}$ e 0,30 indicam 30 partes de um total de 100 partes.

$$30\% \text{ de } 50 = \frac{30}{100} \times 50 = 0{,}30 \times 50 = 15$$

Possibilidade: Cada resultado que pode ocorrer em determinada situação.
No lançamento de uma moeda, há 2 possibilidades de resultado: cara ou coroa.

Probabilidade: Medida de chance de ocorrer um evento.
No lançamento de um dado, a probabilidade de sortear um número maior do que 4 é $\frac{1}{3}$.

Quarta proporcional: Número que pretendemos descobrir ao realizar uma regra de 3.

Ver **regra de 3 simples**.

Raio de uma circunferência: Segmento de reta cujas extremidades são um ponto da circunferência e o centro dela.

Ver **circunferência**.

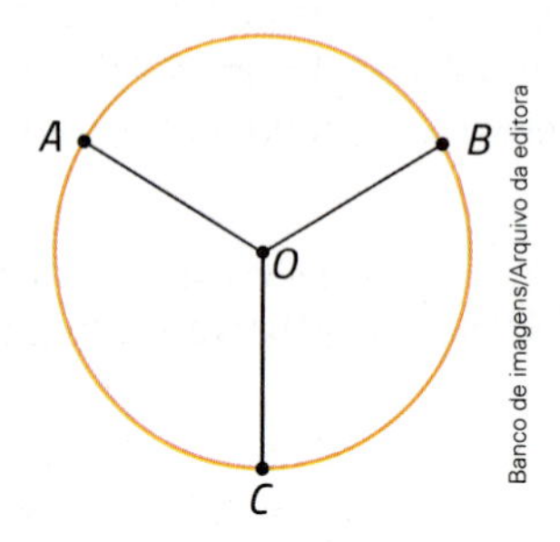

Banco de imagens/Arquivo da editora

$\overline{OA}$, $\overline{OB}$ e $\overline{OC}$ são 3 raios dessa circunferência de centro O.

Em uma circunferência, todos os raios têm medidas de comprimento iguais.

Razão entre 2 números: Quociente de um número pelo outro, sendo este diferente de 0. Dados 2 números a e b, com $b \neq 0$, o quociente $a : b$, indicado por $\frac{a}{b}$, é a razão entre a e b.

Se uma turma tem 20 meninos e 15 meninas, então a razão entre o número de meninos e o número de meninas é $\frac{4}{3}$.

$20 : 15 = \frac{20}{15} = \frac{4}{3}$ (para cada 4 meninos, há 3 meninas)

Recursividade ou sequência recursiva: Quando podemos definir cada termo de uma sequência, com exceção do primeiro, em relação ao termo anterior, dizemos que há recursividade entre os termos ou que a sequência é recursiva nessa definição.
Nesta sequência o primeiro termo é um quadrado e a cada termo é adicionado 1 traço ao termo anterior.

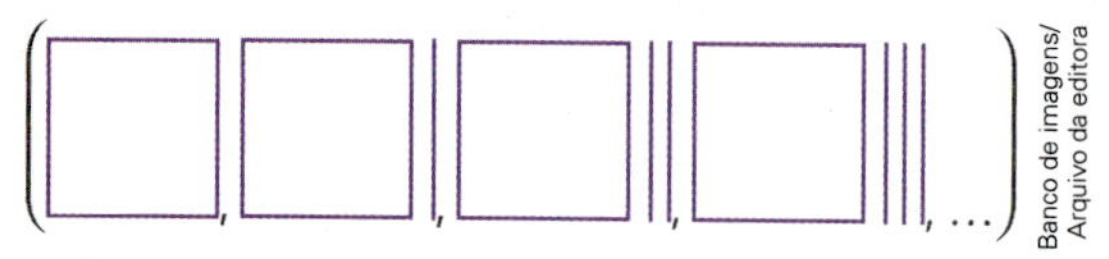
Banco de imagens/Arquivo da editora

A sequência dos números inteiros positivos pares pode ser definida recursivamente assim: o primeiro termo é 2 e cada um dos outros termos é 2 unidades a mais do que o termo anterior.

$(2, 4, 6, 8, 10, \ldots)$

Redução: Diminuição proporcional de uma figura.

Ver **figuras semelhantes**.
O triângulo **B** é uma redução do triângulo **A**, pois, para obter **B**, as medidas de comprimento dos lados de **A** foram divididas por **2** e as medidas de abertura dos ângulos foram mantidas. Dizemos que **A** e **B** são triângulos semelhantes.

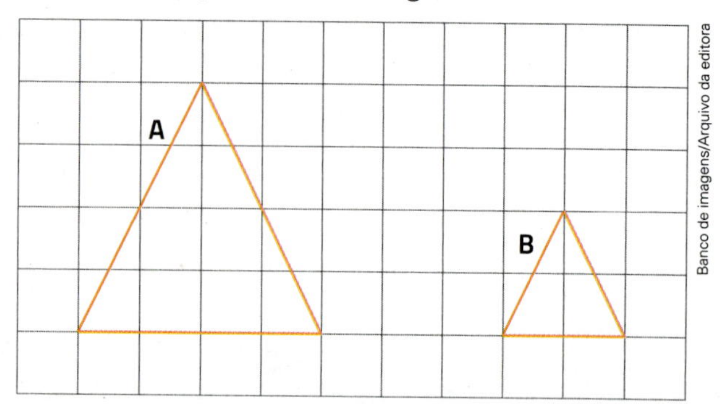

Banco de imagens/Arquivo da editora

Região poligonal: Região plana cujo contorno é um polígono.

Ver **polígono**.

Regiões poligonais.

Ilustrações: Banco de imagens/Arquivo da editora

Regra de sociedade: Processo que reparte a quantia de um lucro ou de um prejuízo em partes proporcionais às quantias investidas por pessoas ou empresas.
Paulo e Ana constituíram uma sociedade na qual Paulo investiu R$ 2 000,00 e Ana investiu R$ 4 000,00. Se o lucro for de R$ 300,00 após determinado intervalo de tempo, então, na divisão proporcional entre eles, a Paulo caberão R$ 100,00 e a Ana, R$ 200,00.

Regra de 3 simples: Procedimento para determinar o quarto elemento (quarta proporcional) conhecendo-se 3 deles, em uma situação de proporcionalidade entre 2 grandezas.
Se 2 kg de carne custam R$ 13,00, então quanto custam 5 kg?

kg	R$
2	13
5	x

Grandezas diretamente proporcionais:
$\frac{2}{5} = \frac{13}{x} \Rightarrow x = 32{,}50$
Custam R$ 32,50.

Reta numerada: Reta orientada na qual estabelecemos um sentido e definimos uma origem e uma unidade. Nela, cada número inteiro é representado por um ponto.

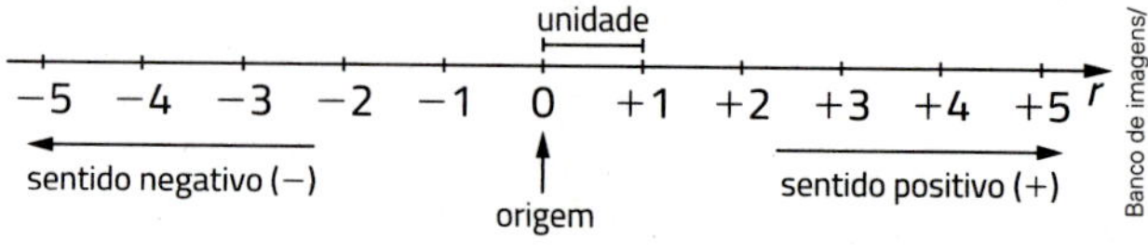

Banco de imagens/Arquivo da editora

Retas concorrentes: Retas que se intersectam em um único ponto, ou seja, retas que têm apenas um ponto comum.

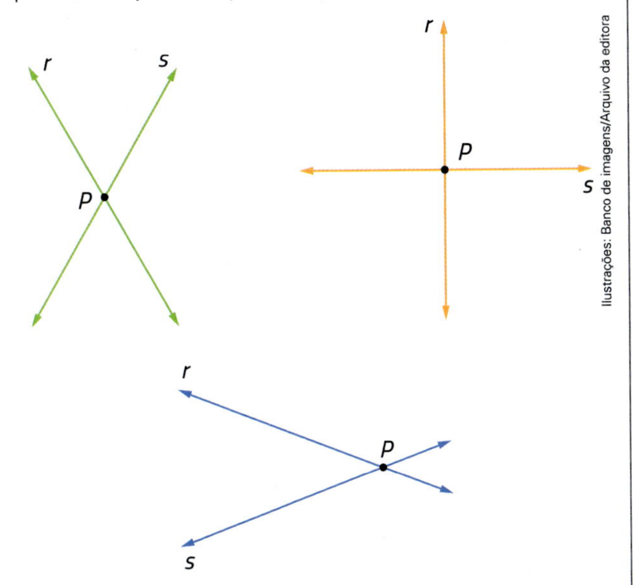

Ilustrações: Banco de imagens/Arquivo da editora

Em cada caso, as retas *r* e *s* são concorrentes (intersectam-se) no ponto *P*.

Retas oblíquas: São retas concorrentes que formam 2 ângulos agudos e 2 ângulos obtusos.

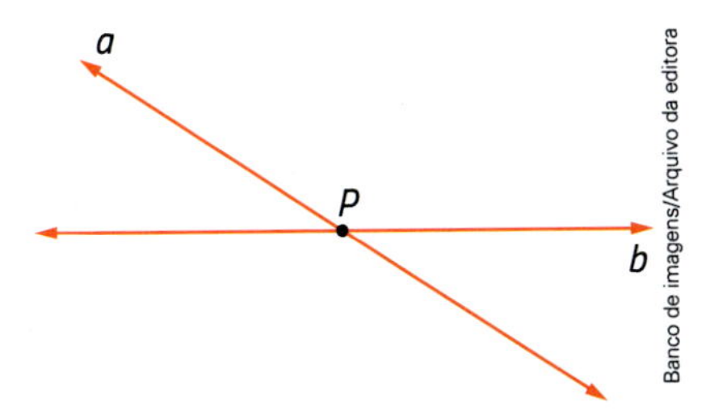

Banco de imagens/Arquivo da editora

a e *b* são retas oblíquas.

Retas paralelas: Retas que estão no mesmo plano e não têm ponto comum (não se intersectam).

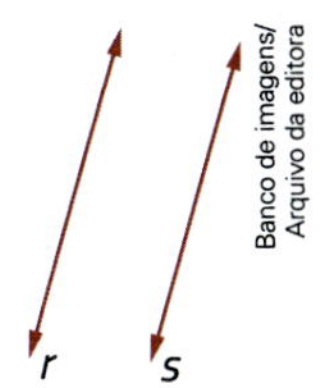

Banco de imagens/Arquivo da editora

r e *s* são retas paralelas.

Retas perpendiculares: São retas concorrentes que formam 4 ângulos retos.

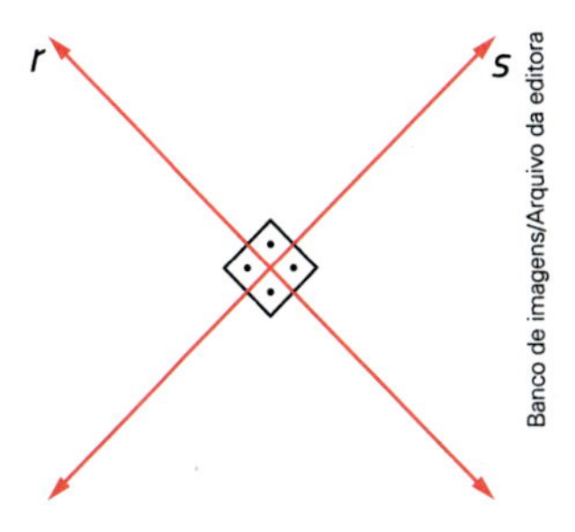

Banco de imagens/Arquivo da editora

r e *s* são retas perpendiculares.

Semirreta: Parte da reta que contém um ponto inicial (origem) e que se prolonga, indefinidamente, em um único sentido.

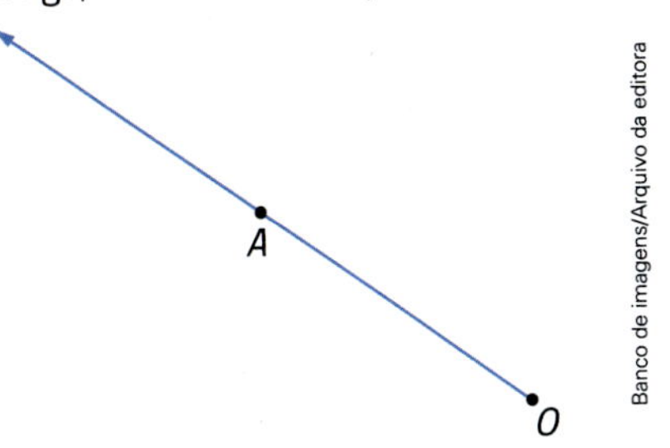

Banco de imagens/Arquivo da editora

Representação: $\overrightarrow{OA}$ (lemos: semirreta *OA*)
O: origem da semirreta.

Sequência: lista ordenada de números, objetos, figuras geométricas, entre outros elementos. Ela pode ou não ser definida por uma lei de formação, um padrão.
A sequência dos números naturais é um exemplo: $(0, 1, 2, 3, 4, 5, \ldots)$

Simetria: Propriedade atribuída a 2 ou mais figuras que têm a mesma forma e o mesmo tamanho, mas podem ter posições diferentes.
Estudamos a simetria axial (em relação a um eixo), a simetria de rotação (em relação a um ponto) e a simetria de translação (em relação a um vetor).

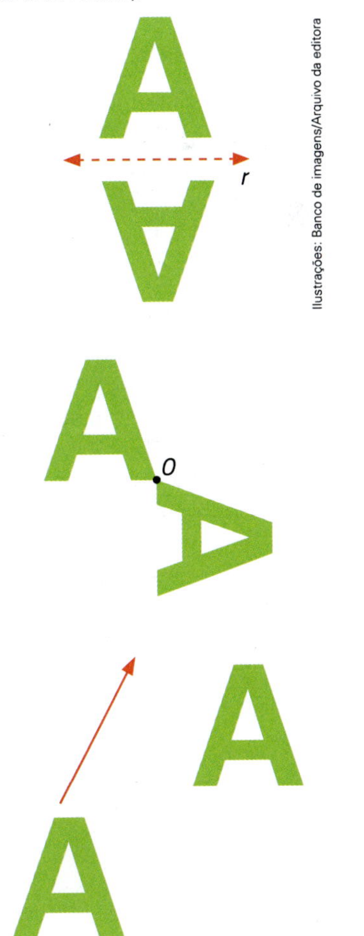

Ilustrações: Banco de imagens/Arquivo da editora

Sistema de eixos cartesianos: Par de retas numeradas perpendiculares usadas para a localização de pontos em um plano. O ponto $O(0, 0)$ é a **origem** do sistema.

Ver **par ordenado**.

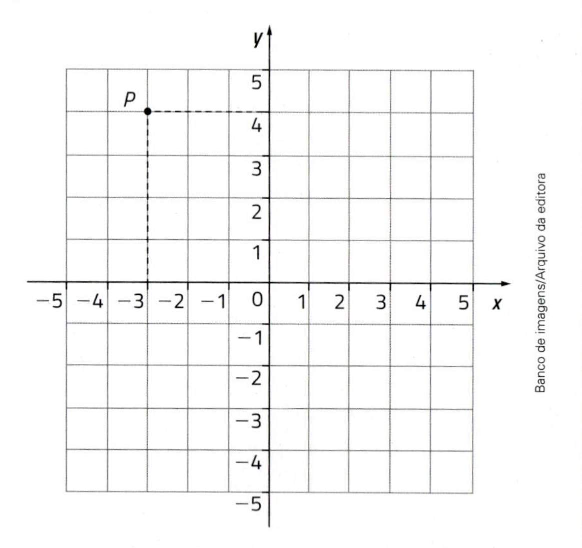

O ponto P corresponde ao par ordenado $(-3, 4)$ nesse sistema de eixos cartesianos, usado para localizar pontos de um plano.

Solução ou raiz de uma equação ou inequação: Número que, colocado no lugar da incógnita, torna a sentença verdadeira.
Na equação $2x = 8$ a solução ou raiz é 4, pois $2 \times 4 = 8$.

Sucessor de um número inteiro: Número que vem imediatamente depois dele na sequência dos números inteiros.
O sucessor de -5 é -4.
O sucessor de 0 é $+1$.

Universo estatístico: Conjunto de todos os elementos cujas características se pretende determinar. Os elementos que serão consultados constituem a amostra do universo estatístico.
Se 300 pessoas assistem a um filme e 45 delas são consultadas sobre se gostaram ou não, então as 300 pessoas constituem o universo estatístico (ou população) e as 45 pessoas consultadas são a amostra que vai indicar a opinião da população.

Valor numérico de uma expressão algébrica: Valor que uma expressão algébrica assume quando substituímos cada variável por um número e efetuamos as operações indicadas.

Ver **expressão algébrica**.
Para $x = 2$ e $y = 4$, a expressão algébrica $3x + 2y$ assume o valor numérico 14, pois $3 \cdot 2 + 2 \cdot 4 = 6 + 8 = 14$.

Valores de uma variável: Possíveis "respostas" que a variável pode assumir em uma pesquisa estatística.
A variável "número de irmãos" tem como valores os números naturais: 0, 1, 2, 3, etc.
A variável "esporte" tem como valores: futebol, voleibol, natação, etc.

Variável (em Estatística): Aquilo que se busca em uma pesquisa estatística.
"Medida de comprimento da altura", "número de irmãos", "candidato" são exemplos de variáveis.

Variável qualitativa: Variável em que cada valor expõe uma qualidade.
"Esporte" (futebol, tênis, voleibol, etc.) é uma variável qualitativa.

Variável quantitativa: Variável em que cada valor explicita uma quantidade.
"Idade" (3 anos, 8 anos, etc.) é uma variável quantitativa.

Velocidade média: Grandeza cujo valor corresponde à razão entre a medida de distância percorrida e a medida de intervalo de tempo gasto.
Se um carro percorre 240 km em 3 horas, então a medida de velocidade média dele é de 80 km/h.

$$\frac{240}{3} = 240 \div 3 = 80$$

Volume: Grandeza correspondente ao espaço ocupado por um sólido geométrico ou um objeto. A medida dela pode ser expressa em centímetros cúbicos (cm^3), metros cúbicos (m^3), etc.
A medida de volume deste cubo é de 1 cm^3 (um centímetro cúbico).

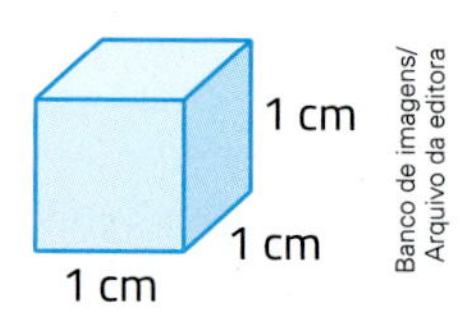

RESPOSTAS

Capítulo 1

1 a) +27 °C b) −4 °C c) −9 °C d) +1 °C

2 a) −3 °C b) +10 °C

3 −5 °C

4 +6 °C

5 **A**: +3 °C; **B**: −2 °C; **C**: +1 °C; **D**: −4 °C.

6 **a**, **d**.

7 a) Dia: 1; 2; 3; 4; 5; 6; 7; 8. Medida de temperatura (em °C): 4; −1; −3; 0; −1; 3; 2; 1.
b) 4 °C; dia 1º.
c) −3 °C; dia 3.
d) Dia 4.
e) −1 °C

8 a) +60 m d) +R$ 100,00
b) 0 m e) −R$ 80,00
c) −45 m f) −R$ 20,00

9 −R$ 20,00; −R$ 120,00; +R$ 80,00.

11 a) 0; 12 h. b) +2; 9 h. c) −6; 10 h.

12 a) +20; positivo.
b) −100; negativo.
c) −2; negativo.
d) −12; negativo.
e) +10; positivo.
f) +6; positivo.
g) −8; negativo.
h) 0; nem positivo nem negativo.
i) +2; positivo.
j) −40; negativo.
k) +65; positivo.
l) −21; negativo.
m) +100; positivo.
n) −50; negativo.

13 a) Ano +40 ou 40 d.C.
b) 76 anos.
c) Ano −90 ou 90 a.C.

14 a) −1 c) −3 e) −69
b) −4 d) +4 f) +94

15 a) $\notin$ b) $\in$ c) $\in$ d) $\in$ e) $\in$ f) $\notin$

16 b) Não existe.

17 $\mathbb{Z}^* = \{\ldots, -3, -2, -1, +1, +2, +3, \ldots\}$

18 a) −4 b) +7 c) −7 d) −8

20 b) −15

22 a) *A*: +4 d) *A*: +7
b) *A*: −30 e) *A*: −5
c) *A*: −500

23 a) $A = \{-2, -1, 0, +1, +2, \ldots\}$
b) $B = \{-1, 0, +1, +2, +3, +4, +5\}$
c) $C = \{0, +1, +2, +3, +4\}$
d) $D = \{\ldots, -3, -2, -1, 0, +1\}$
e) $E = \{-7, -6, -5, -4, -3, -2\}$

24 a) *A*: −6; *B*: +4; *C*: −2.
b) *A*: −5; *B*: +10; *C*: +15.
c) *A*: −6; *B*: +6; *C*: +3.

25 a) 7 b) 6 c) 1 d) 7 e) 8 f) 10

26 a) 2 c) 100 e) 5
b) 100 d) 9 f) 11

27 a) 9 b) 4 c) 12 d) 100

28 −12

29 89

30 a) 4 e) 6
b) 8 f) 10
c) −7 e 7. g) Nenhum.
d) Só o 0.

31 a) −56 f) +203 ou 203.
b) +19 ou 19. g) +59 ou 59.
c) +11 ou 11. h) −30
d) −20 i) +44 ou 44.
e) −150

32 a) Perder 5 pontos em um jogo (−5).
b) Um crédito de R$ 20,00 (+20).
c) Um prejuízo de R$ 50,00 (−50).
d) Dois andares acima do térreo (+2).
e) 150 m abaixo do nível do mar (−150).
f) Ano 7 depois de Cristo (+7).
g) 3 unidades à esquerda do zero (−3).
h) Avançar 6 metros (+6).
i) Uma medida de temperatura de 3 graus Celsius acima de zero (+3).

33 João → −350; Marta → +200; Lúcia → → +150; Marcelo → −180; André → 0.

34 a) $-350 < +200$ d) $+150 > 0$
b) $+200 > +150$ e) $-180 > -350$
c) $0 > -180$ f) $+150 > -180$

35 −350, −180, 0, +150, +200.

36 9, +7, +5, 0, −2, −6, −10.

37 a) +1 c) Não existe.
b) Não existe. d) −1

38 a) −5; +7; $-5 < +7$.
b) 0; −2; $0 > -2$.
c) −200; −350; $-200 > -350$.
d) +6; −6; $+6 > -6$.
e) +500; +600; $+500 < +600$.

39 Sim.

40 a) −1 c) −2
b) −5 d) +1

41 a) −3 d) −4 g) −2 j) +3
b) +7 e) 0 h) +2 k) +7
c) −5 f) +2 i) −7 l) +1

42 a) Sim. b) Sim.
c) Somando os módulos das parcelas.

43 a) −27 c) +66 e) +161
b) +53 d) −161 f) −36

44 a) Zero (0).
b) A parcela de maior módulo.
c) Subtraindo o menor módulo do maior.

45 a) 0 c) +3 e) 0
b) −50 d) +29 f) −13

46 a) O resultado é igual à outra parcela.
c) O resultado é zero.

47 a) +32 c) −86 e) +38
b) +21 d) −19 f) −44

48 a) Não, existem várias estratégias que podem ser usadas.

49 a) +9 c) +5 e) −17
b) 0 d) −16 f) −11

50 a) +R$ 80,00 d) +R$ 250,00
b) −R$ 5,00 e) +R$ 566,00
c) −R$ 115,00

51 +R$ 15,00

52 −2 °C; +3 °C; 0 °C; −3 °C; +1 °C; +3 °C; +2 °C; $(-2) + (+5) + (-3) + (-3) + (+4) + (+2) + (-1) = (-9) + (+11) = +2$.

53 +1; −5; +3; −3; −2.

54 a) +1 b) −6

55 a) 6 b) 0 c) −4 d) −5 e) 0 f) −12

56 a) +10 °C b) 0 °C c) −2 °C d) −4 °C

57 **b**, **d**, **f**.

58 a) −13 c) +25 e) +17
b) −7 d) −4 f) +36

59 Andar de saída: 0. Deslocamento do elevador: −6; +2. Andar de chegada: +2; −3; −2.

60 a) −2 b) +8

61 a) −6 e) 0 i) +1
b) −2 f) −120 j) +99
c) −3 g) 0
d) +77 h) −144

64 −1, porque 1 999 é ímpar e, então, o sinal é negativo.

65 a) +140 c) +60 e) +30
b) 0 d) −60 f) −800

66 a) +49 e) +81 i) −1
b) +81 f) −32 j) +1
c) +32 g) +1
d) +10 000 h) +1

67 Não, porque o correto é escrever $3 \times (-8) = -24$, usando parênteses.

68 Positivo.

69 a) F c) F e) V
b) V d) F

70 a) +7 e) +1 i) 0 m) −1
b) +5 f) −9 j) −4 n) 1
c) −1 g) −7 k) 0
d) 0 h) +3 l) +3

71 Porque não existe número que multiplicado por 0 resulte em +5 ou −9.

72 a) positivo ÷ positivo e negativo ÷ negativo.
b) positivo ÷ negativo e negativo ÷ positivo.
c) zero ÷ positivo e zero ÷ negativo.
d) positivo ÷ zero e negativo ÷ zero.
e) zero ÷ zero

73 a) −4
b) −8
c) −12
d) −3

74 a) 125 g) 1
b) 81 h) 100 000
c) 9 i) 36
d) 1 j) 27
e) 64 k) 1
f) 0 l) 10 000

75 a) +125 d) 0 g) 0
b) −125 e) +32 h) +1
c) +100 f) −32 i) +1

76 a) 0
b) O resultado é positivo.
c) O resultado é positivo.
d) O resultado é negativo.

77 a) −512 h) +16
b) +8 000 i) +1
c) +49 j) +100 000 000
d) 0 k) +729
e) +1 000 000 l) +1
f) −128 m) +27 000
g) +900 n) −5

78 a) 0
b) 10
c) 26
d) −18

79 a) $-5 < +9$ e) $+9 > -27$
b) $+36 = +36$ f) $-25 < +25$
c) $+8 > -8$ g) $+64 = +64$
d) $-5 < -1$ h) $+4 < +5$

80 $(+16)^1 = +16$; $(+4)^2 = +16$; $(-4)^2 = +16$; $(+2)^4 = +16$; $(-2)^4 = +16$.

81 a) Paulo.

82 a) +5; −4; +1; −8.
b) −3; −2.
c) −6; +8; +3; −4.
b) +2; −1; +8; +2.

83 a) +4 b) −6 c) −72 d) −6

84 a) +13 b) −3 c) −28 d) −1 e) +27 f) −13 g) −13 h) 0 i) −8 j) 0

85 +7

86 1

87 Local: supermercado; bombeiros; delegacia de polícia; banca de jornal; cinema. Par ordenado: (3, 3); (4, −1); (−5, −5); (2, 1); (−4, 0); (−3, −2); (−1, −5).

88 $\triangle ACD$: obtusângulo e escaleno; $\triangle IEG$: retângulo e isósceles; $\triangle FHB$: acutângulo e escaleno.

89 *A*: 20 pontos; *B*: 15 pontos; *C*: 10 pontos; *D*: 15 pontos; *E*: 15 pontos; *F*: 10 pontos; *G*: 10 pontos; *H*: 20 pontos; *I*: 10 pontos; *J*: 10 pontos; *K*: 20 pontos; *L*: 10 pontos; *M*: 15 pontos; *N*: 10 pontos; *O*: 20 pontos; *Q*: 15 pontos.

91 a) (1, 3, 5, 7, 9, 11, 13, ...)
b) (..., −4, −3, −2, −1, 0, 1)
c) (2, 3, 5, 7, 11)
d) (1, 2, 5, 10)

92 Finitas: sequência dos 5 primeiros números naturais primos e sequência dos divisores de 10; infinitas: sequência dos números naturais ímpares e sequência dos números inteiros menores do que 2.

94 $a_1 = 0$, $a_3 = 4$ e $a_6 = 10$.

95 a_2 = fevereiro, a_5 = maio, a_8 = agosto e a_{11} = novembro.

96 a) (2, 6, 18, 54, 162, ...)
b) (10, 5, 0, −5, −10, ...)
c) (4, 13, 31, 67, ...)
d) (10, 18, 34, 66, ...)

Revisando seus conhecimentos

1 a) Forma estrelada.
b) −9 °C, −8 °C e −7 °C.

2 8 °C

3 a) Cidade **D**.
b) Nenhuma.
d) 10 °C
e) 18 °C

4 **a**

5 23

6 b) Pratos prontos congelados; frutas, verduras e legumes.

7 a) −4, −2, 0, +3. b) −5, −2, +2, +4. c) −10, −7, −6, −4. d) −10, −9, −5, 0.

8 a) −3 b) +15 c) +45 d) 0 e) −5 f) −9

9 a) Saldo negativo de R$ 120,00 (−120).
b) Subiu 6 graus Celsius (+6).
c) No ano 20 a.C. (−20).
d) Saldo positivo de 2 gols (+2).
e) Déficit de 2 bilhões de dólares. (−2 000 000 000)

10 a) (−3, −8)
b) (−2, +5)
c) Apucarana.
d) Centenário do Sul.
e) (+4, +5)
f) (+9, −4)
g) Cascavel.
h) Cianorte.

11 a) 5 kg 250 g; 4 kg 200 g.
b) (200 g, 600 g, 1 kg 800 g, 5 kg 400 g, 16 kg 200 g)

Praticando um pouco mais

1 **b**

2 **c**

3 **d**

4 **d**

5 16; 8; −8; −16.

6 **b**

7 **d**

8 **c**

9 **e**

Verifique o que estudou

1 a) Todos.
b) −6, −2, −1, −8, −12 e −9.
c) +10, +6, +7 e +16.
d) +3, −2, 0 e −1.
e) +3, 0, +10, +6, +5, +7 e +16.
f) −6 e +6.
g) −6 e +5.

2 *A*: +2, *B*: −8, *C*: +6.

3 Não, pois +5 °C indica 5 graus acima de zero e −5 °C indica 5 graus abaixo de zero.

4 Em ℕ é impossível; em ℤ é 3 − 7 = −4.

6 a) 8848 > −11034 b) 11 034 c) 19882 m

7 c) *D*(3, 1) e *E*(2, −1).

Capítulo 2

1 a) m(7): 0, 7, 14, 21, 28, 35, ...
b) m(20): 0, 20, 40, 60, 80, 100, ...

2 a) Sim, pois na divisão de 72 por 8 o resto é zero.
b) Não, pois na divisão de 46 por 6 o resto é 4.
c) Sim, pois na divisão de 99 por 9 o resto é zero.

3 a) d(20): 1, 2, 4, 5, 10, 20.
b) d(54): 1, 2, 3, 6, 9, 18, 27, 54.

4 a) Sim, pois na divisão de 63 por 9 o resto é zero.
b) Sim, pois na divisão de 52 por 13 o resto é zero.
c) Não, pois na divisão de 87 por 8 o resto é 7.

5 a) **D**: 12; **I**: 27; **B**: 6; **C**: 9; **E**: 15; **G**: 21; **H**: 24; **A**: 3; **F**: 18.
b) Sim; 45.

6 a) V
b) V
c) V
d) V
e) F

7 a) 224 ÷ 32 = 7
b) A divisão é exata; 224 é divisível por 32; 224 é múltiplo de 32; 32 é divisor de 224; 32 é fator de 224.
c) Distribuindo igualmente 224 folhas de papel sulfite entre 32 alunos não sobrará nenhuma folha.

8 a) Sim. b) Sim. c) Não. d) Sim.

9 a) 25 alunos. b) Sim; não.

10 a) Sim; com cédulas de R$ 2,00, de R$ 5,00 ou de R$ 10,00, porque 70 é múltiplo de 2, de 5 e de 10, mas não é múltiplo de 20, de 50 ou de 100, ou porque 2, 5 e 10 são divisores de 70 e 20, 50 e 100 não são divisores de 70.
b) Não, porque 123 não é múltiplo de 5 ou porque 5 não é divisor de 123.
c) Quantidade de cédulas: 27; 8. Valor das cédulas: R$ 2,00; R$ 100,00. Quantia total: R$ 100,00; R$ 200,00.
d) 15; 30. 2; 30. 30; 15. 30; 2.

11 2, 3, 5, 7, 11, 13, 17, 19, 23 e 29.

12 53

13 11

14 Não, o número 2 é primo e é par.

15 2

16 Nenhum dos dois.

17 a) Composto, pois d(15): 1, 3, 5, 15.
b) Primo, pois d(23): 1, 23.
c) Composto, pois d(39): 1, 3, 13, 39.
d) Composto, pois d(27): 1, 3, 9, 27.
e) Primo, pois d(17): 1, 17.
f) Composto, pois é par e tem pelo menos o 1, o 2 e ele mesmo como divisores.

18 2, 3, 5, 7, 11, 13, 17, 19, 23, 29, 31, 37, 41, 43, 47, 53, 59, 61, 67, 71, 73, 79, 83, 89 e 97.

19 17 e 23.

20 13 e 31; 17 e 71; 37 e 73.

21 a) 5 + 7 b) 11 + 13 c) 7 + 31 d) 17 + 43 e) 11 + 71 f) 5 + 89

22 a) $2^4 \times 3$
b) $2^3 \times 3^2$

23 253 = 11 × 23

24 150

25 a) 180
b) 56

26 236 = 2 × 2 × 59

27 Como 36 = 3 × 12, se o número for fator primo de 12, então também será de 36.

28 a) mdc(12, 18) = 6 b) mdc(24,36) = 12

30 mdc(24, 16)

31 34.

32 Sim.

33 6 obras de arte.

34 7 alunos.

35 a) m(14): 0, 14, 28, 42, 56, 70, ...; m(35): 0, 35, 70, 105, 140, ...
b) 0, 70, 140, ...
c) mmc(14, 35) = 70

36 a) mmc(3, 5) = 15 b) mmc(9,6) = 18

37 a) mmc(9, 30) = 90
b) mmc(12, 16) = 48
c) mmc(10, 15) = 30
d) mmc(20, 90) = 180
e) mmc(4, 25, 100) = 100
f) mmc(8, 140, 172) = 12 040

38 Em outubro de 2022.

39 À meia-noite do outro dia.

40 mdc(36, 28) = mmc(2, 4)

41 a) Só Robson.
b) Não.
c) Os dois.
d) Casas 6, 12, 18, 24 e 30.
e) 6

42 2026

43 a) Quando o maior número é múltiplo do menor número.
b) É igual ao menor número.

45 **d**

46 a) 18 b) 15 c) 36 d) 21 e) 28 f) 90 g) 40 h) 24

47 3 pacotes de biscoitos e 5 caixas de bombons.

48 a) e b) É o produto dos 2 números.

49 15 h

50 a) 60 anos terrestres.
b) Júpiter: 5 voltas; Saturno: 2 voltas.

51 a) $\frac{2}{4}$ b) Metade.

52 $\frac{2}{7}$

54 $\frac{3}{2}$

55 $\frac{2}{5}$

56 a) *A*: $\frac{1}{2}$, *B*: $\frac{3}{2}$, *C*: $\frac{5}{2}$. b) $\frac{4}{2}$

57 b) $\frac{5}{5}$; $\frac{10}{5}$.

58 a) 18 b) 32 c) $\frac{5}{12}$

59 15 jogos.

60 12 dias.

61 90 páginas.

62 15 L

63 $\frac{11}{30}$

64 150 km

65 a) $\frac{4}{6}$ b) $\frac{6}{10}$
c) Dos 10 alunos pesquisados, 4 preferem viajar para o campo.

66 a) $\frac{50}{200}$
b) 30 g de massa.

67 a) 6 copos de água.
b) $\frac{3}{4}$

68 A medida de área de *EFGH* é igual a $\frac{1}{9}$ da medida de área de *ABCD*.

69 $\frac{1}{2}$

70 $\frac{4}{6}$

71 a) 12 b) 2 c) 2 d) 5 e) 3 f) 15

72 a) $=$ b) $\neq$ c) $=$ d) $\neq$ e) $=$ f) $\neq$

73 a) $\frac{3}{4}$ b) $\frac{5}{7}$ c) É irredutível. d) $\frac{5}{7}$

74 a) $\frac{3}{4} = \frac{6}{8} = \frac{9}{12} = \frac{12}{16} = \dots$
b) $\frac{1}{5} = \frac{2}{10} = \frac{3}{15} = \frac{4}{20} = \dots$

76 a) $<$ b) $>$ c) $>$ d) $<$ e) $>$ f) $=$

77 a) $\frac{1}{5}, \frac{3}{5}, \frac{6}{5}, \frac{8}{5}, \frac{12}{5}$. c) $\frac{7}{15}, \frac{1}{2}, \frac{2}{3}, \frac{4}{5}$.
b) $\frac{0}{9}, \frac{1}{9}, \frac{5}{9}, \frac{7}{9}, \frac{25}{9}$. d) $\frac{1}{3}, \frac{5}{12}, \frac{3}{4}, \frac{5}{6}$.

78 $\frac{9}{10}$

79 a) Camila: $\frac{7}{12}$; Luciana: $\frac{9}{12}$.
b) Luciana, porque $\frac{9}{12} > \frac{7}{12}$.

80 Mais alunos que preferem ir ao teatro e ao cinema, porque $\frac{12}{25} > \frac{7}{15}$.

81 Mais tinta branca, porque $\frac{5}{6} > \frac{4}{5}$.

82 José, porque $\frac{7}{10} < \frac{3}{4}$.

83 Ronaldo, porque $\frac{5}{8} > \frac{7}{12}$.

84 Fernanda, porque $\frac{5}{6} > \frac{3}{5}$.

85 Com outras despesas, porque $\frac{4}{25} < \frac{1}{5} < \frac{3}{10}$.

86 $\frac{1}{12}$

87 Poderia dizer que o raciocínio não estava correto, pois para adicionar frações com denominadores diferentes não podemos adicionar os numeradores e adicionar os denominadores; precisamos determinar frações equivalentes com o mesmo denominador e, então, adicionar os numeradores e manter o denominador comum.

88 $\frac{5}{12}$

89 a) $\frac{22}{15}$ b) 1 c) $\frac{3}{10}$

90 a) $1\frac{1}{2}$ b) $4\frac{1}{2}$ c) 4 d) $3\frac{3}{10}$ e) $\frac{1}{25}$ f) 1

91 a) 27 b) $\frac{2}{15}$ c) 1 d) $\frac{2}{15}$

92 a) $\frac{9}{50}$ b) $\frac{2}{25}$ c) $\frac{3}{7}$ d) $\frac{1}{10}$

93 $\frac{3}{20}$

94 $\frac{8}{15}$

95 $\frac{3}{10}$; 30%.

96 a) $\frac{7}{9}$ b) $\frac{16}{27}$

97 a) $\frac{4}{3}$ b) $\frac{1}{3}$ c) $\frac{7}{3}$

98 $2\frac{7}{9}$

99 a) $6\frac{2}{3}$ b) $\frac{1}{3}$ c) $1\frac{1}{7}$ d) $\frac{1}{4}$

100 $\frac{3}{8}$

101 8 vezes.

102 a) R$ 800,00
b) R$ 600,00
c) R$ 200,00
d) R$ 800,00
e) $\frac{1}{12}$

103 3

104 a) $\frac{15}{16}$ b) $\frac{1}{6}$ c) $\frac{1}{12}$ d) $1\frac{2}{3}$

105 a) $\frac{5}{4}$ ou $1\frac{1}{4}$. b) $\frac{9}{5}$ ou $1\frac{4}{5}$. c) 6

106 a) $\frac{4}{5}$ b) $\frac{5}{18}$ c) $\frac{10}{77}$ d) $\frac{3}{2}$

107 3 copos.

Revisando seus conhecimentos

1 **d**

3 **a**

4 b) $\left(\frac{2}{3}, 1\frac{1}{3}, 2, 3\frac{1}{3}, 5\frac{1}{3}, 8\frac{2}{3}, 14\right)$

5 **c**

6 a) V b) F c) F d) V e) F f) F

7 a) F b) V c) V d) F e) V f) V g) F h) V i) V j) F k) F l) F m) V n) F

8 a) $-12 < -3 < -1 < +4 < +7$
b) $-9 < -6 < -5 < +8 < +10 < +15$

9 **a, b, d, e.**

10 $\frac{1}{120}$

11 Não.

12 $\frac{2}{3}$

13 $1\frac{8}{16}$ ou $1\frac{1}{2}$; $1\frac{3}{16}$; $1\frac{4}{16}$ ou $1\frac{1}{4}$; $1\frac{5}{16}$; $1\frac{9}{16}$; $1\frac{6}{16}$ ou $1\frac{3}{8}$.

14 Sim, pois $\frac{2}{3} + \frac{4}{5} = \frac{10}{15} + \frac{12}{15} = \frac{10 + 12}{15} = \frac{22}{15}$.

Praticando um pouco mais

1 **a** **2** **c** **3** **d** **4** **b** **5** **d** **6** **a** **7** **e** **8** **c** **9** **c** **10** **c** **11** **d** **12** **a** **13** **b** **14** **c** **15** **c** **16** **c**

Verifique o que estudou

1 a) 32 e 36.
b) 2, 6, 10 e 30.
c) 24, 48, 72 e 96.
d) 1 e 2.
e) 60 e 4.
f) 23 e 29.

2 De 48 em 48 quilômetros.

3 $\frac{4}{12}$ ou $\frac{1}{3}$.

4 $\frac{3}{4}$ de litro.

5 a) $\frac{2}{5}$ b) $\frac{2}{3}$

6 b) Aumenta. c) Sim.

7 $\frac{2}{3}$

8 $\frac{3}{8}, \frac{7}{7}, \frac{5}{4}, \frac{9}{3}$.

9 Eliane e Guilherme.

10 *A*

11 $\frac{3}{8}$

12 a) Sim.
b) Ele errou ao escrever a igualdade falsa $18 \div 3 = 6 \times 2$.

13 Carlos; $\frac{1}{12}$ km a mais.

14 Maior.

Para ler, pensar e divertir-se

Divertir-se

2 Máximo divisor comum.

Capítulo 3

1 Porque todos eles podem ser escritos como o quociente de 2 números inteiros, com denominador não nulo: $-1 = \frac{-1}{1} = -\frac{1}{1}$; $-51{,}70 = \frac{-5\,170}{1000} = -\frac{5\,170}{1000} = -\frac{517}{100}$ e $+1\frac{1}{2} = +\left(\frac{2}{2} + \frac{1}{2}\right) = +\frac{3}{2} = \frac{3}{2}$.

2 a) $-2{,}5 = -\frac{25}{10}$
b) $+50 = +\frac{50}{1}$
c) $-2\frac{3}{4} = -\frac{11}{4}$
d) $+3 = +\frac{3}{1}$
e) $-\frac{4}{5}$

3 $0{,}\overline{4} = \frac{4}{9}$; $3 = \frac{12}{4}$; $-5 = -\frac{10}{2}$; $0{,}4 = \frac{2}{5}$; $2\frac{1}{4} = \frac{9}{4}$; $-0{,}5 = -\frac{2}{4}$; $0{,}0\overline{4} = \frac{2}{45}$.

4▸ a) $\frac{8}{4}$ ou 2.

b) $\frac{7}{3}$ ou $2\frac{1}{3}$ ou $2,\overline{3}$.

c) $\frac{-9}{-4}$ ou $\frac{9}{4}$ ou $2\frac{1}{4}$ ou 2,25.

d) $\frac{5}{11}$ ou $0,\overline{45}$.

e) $\frac{+15}{-3}$ ou $-\frac{15}{3}$ ou -5.

f) $\frac{0}{8}$ ou 0.

g) $\frac{10}{9}$ ou $1\frac{1}{9}$ ou $1,\overline{1}$.

h) $\frac{43}{5}$ ou $8\frac{3}{5}$ ou 8,6.

i) $\frac{5}{6}$ ou $0,8\overline{3}$.

j) $\frac{-80}{10}$ ou $-\frac{80}{10}$ ou $-\frac{8}{1}$ ou -8.

5▸ Porcentagem: 75%; 244%; 130%. Decimal: 0,12; 0,75; 1,3.

6▸ a) Decimal exato.
b) Decimal periódico.
c) Decimal periódico.
d) Decimal nem exato nem periódico.
e) Decimal exato.
f) Decimal periódico.

7▸ a) Racional. c) Não é racional.
b) Racional. d) Racional.

8▸ a) $15 \in \mathbb{N}$; $15 \in \mathbb{Z}$ e $15 \in \mathbb{Q}$.
b) $-0,7 \notin \mathbb{N}$; $-0,7 \in \mathbb{Z}$ e $-0,7 \in \mathbb{Q}$.
c) Não pertence a nenhum dos conjuntos $\mathbb{N}$, $\mathbb{Z}$ e $\mathbb{Q}$.
d) $0,\overline{41} \notin \mathbb{N}$; $0,\overline{41} \notin \mathbb{Z}$ e $0,\overline{41} \in \mathbb{Q}$.

9▸ a) Existe. c) Existe.
b) Não existe. d) Existe.

10▸ **a**, **d**, **f**.

13▸ $1\frac{1}{2}$; $\frac{3}{2}$ e 1,5.

14▸ a) *F* d) *C* g) *G* j) *D*
b) *E* e) *B* h) *I* k) *A*
c) *H* f) *A* i) *J* l) *H*

15▸ a) Entre -13 e -12.
b) Entre $+7$ e $+8$.
c) Entre $+6$ e $+7$.
d) Entre -1 e 0.
e) Entre 0 e 1.
f) Entre -8 e -7.
g) Entre -20 e -19.
h) Entre $+3$ e $+4$.

16▸ a) $|-6| = 6$

b) $|9,7| = 9,7$

c) $\left|-7\frac{2}{5}\right| = 7\frac{2}{5}$

d) $|0| = 0$

e) $|+18| = 18$

f) $|0,777...| = 0,777...$

17▸ a) $-1,3$

b) $-(-3)$ ou $+3$.

c) $-(-5,7)$ ou $+5,7$.

d) $-\left(+2\frac{1}{3}\right)$ ou $-2\frac{1}{3}$.

e) 0

18▸ a) $-3,5 < +1,3$ c) $+85,20 > +52,10$
b) $-0,8 > -1$ d) $-5 < 0$

19▸ a) $>$ c) $<$ e) $<$ g) $>$
b) $>$ d) $=$ f) $>$ h) $<$

20▸ a) $-\frac{4}{9}$; $-\frac{2}{9}$; 0; $\frac{1}{9}$; $+\frac{2}{9}$.

b) $+3,4$; 3,31; 0; $-2,7$; $-3,25$; $-3,3$.

c) $-\frac{3}{8}$; $-\frac{1}{4}$; 0; $\frac{3}{10}$; $+\frac{1}{2}$.

21▸ a) $-4 < +3$; $+4 > -3$.
b) $-3,7 < -2$; $+3,7 > +2$.

c) $+\frac{1}{2} > 0$; $-\frac{1}{2} < 0$.

d) $-5 < -1$; $+5 > +1$.

e) $0 > -2\frac{1}{4}$; $0 < +2\frac{1}{4}$.

f) $+\frac{2}{5} < +\frac{3}{5}$; $-\frac{2}{5} > -\frac{3}{5}$.

22▸ Carla respondeu corretamente; Ana escreveu os números racionais em ordem decrescente e Beto confundiu-se ao comparar os números racionais negativos.

23▸ a) $-\frac{1}{15}$ c) -1 e) 0,06

b) $-3,2$ d) $\frac{3}{20}$ f) $-4,05$

24▸ R$ 46,70

25▸ Baixou 2,8 °C.

26▸ $-20,6$ m

28▸ a) $-0,2$ c) $-\frac{1}{2}$ e) -45

b) $\frac{3}{14}$ d) 1 f) $+315$

29▸ a) $+1,21$ d) $+\frac{1}{1000}$

b) $-\frac{27}{8}$ ou $-3\frac{3}{8}$. e) $+1$

c) $+0,09$ f) $+\frac{1}{4}$

30▸ a) $-\frac{3}{7}$ d) $\frac{4}{11}$

b) $\frac{1}{12}$ e) $-\frac{10}{11}$

c) Não existe. f) $\frac{9}{2}$ ou $4\frac{1}{2}$.

31▸ a) $\frac{15}{44}$ b) $-\frac{4}{3}$ e $-\frac{11}{5}$. c) $\frac{44}{15}$

d) O produto dos inversos dos 2 números racionais dados é igual ao inverso do produto deles.

32▸ a) $-\frac{1}{2}$ c) $+\frac{2}{15}$ e) -125

b) $-\frac{2}{15}$ d) $+\frac{1}{2}$ f) $-\frac{20}{3}$ ou $-6\frac{2}{3}$.

33▸ a) $-\frac{1}{4}$ b) $-\frac{31}{60}$ c) $-2\frac{3}{4}$ d) $-1,75$

34▸ a) 3 500; massa.
b) 130; intervalo de tempo.
c) 7,520 ou 7,52; capacidade.
d) 10; comprimento.
e) 100; área.
f) 1 000; volume.
g) 1; 6; 40; intervalo de tempo.
h) 8,6; massa.
i) 3,8; comprimento.

35▸ a) 0,775 km b) $\frac{31}{40}$ km c) 775 m

36▸ a) 6 300 c) 630 e) 6 300
b) 63 d) 6 300 f) 63

37▸ **a**, **b**, **d**, **f**.

38▸ 1 953 m

39▸ 187,78 cm²; 66,2 cm.

40▸ 16 copos. **41▸** Não.

42▸ a) R$ 3,81 b) R$ 1,54

43▸ $-1,5$ °C **44▸** R$ 705,68

45▸ a) 12,5 km/L b) R$ 139,19

46▸ 6 copos.

Revisando seus conhecimentos

1▸ R$ 34,50
2▸ R$ 23,07
3▸ **a**
4▸ $+5,2$; $-0,6$; -2; $+0,3$.
5▸ a) 40% de 300 = 120; 50% de 300 = 150.
b) (20 000, 4 000, 800, 160, 32)
6▸ 0,001728
7▸ **d**
8▸ 16 pontos.

10▸ a) $\frac{2}{3}$ b) 0,25 c) $\frac{3}{5}$ d) 6,4

11▸ a) $-7,3$ c) 1,333... e) 169
b) 0,5 d) -9 f) 4

12▸ 2 · 5 − 1 · 4 +/− =

Banco de imagens/Arquivo da editora

13▸ a) Não existe.
b) Existe mais de um: 31 e 37.
c) Existe apenas um: 2.
d) Existe apenas um: 29.
e) Existe mais de um.

Praticando um pouco mais

1▸ **b** **9▸** **e**
2▸ **b** **10▸** **a**
3▸ **a** **11▸** **a**
4▸ **c** **12▸** **b**
5▸ **a** **13▸** **c**
6▸ **b** **14▸** **a**
7▸ **d** **15▸** **b**
8▸ **a** **16▸** **d**

Verifique o que estudou

1▸ a) $\frac{9}{7}$ b) $\frac{17}{100}$ c) $\frac{2}{15}$

3▸ a) $x = 12$
b) $x = 9$ ou $x = -9$.
c) Não existe valor racional para x.
d) $x = 0$
e) $x = 3,75$
f) $x = +\frac{1}{2}$ ou $x = -\frac{1}{2}$.

4▸ a) V d) V
b) F e) V
c) F f) F

5▸ 3 unidades.

7▸ a) $-\frac{2}{3}$ b) $-\frac{1}{2}$ c) $-0,34$

8▸ a) R$ 134,50 b) −R$ 255,00

9▸ $(-3,5; -2; -0,5; +1; +2,5; +4)$

10▸ Qualquer número racional somado ao oposto dele é igual a 0.

Capítulo 4

1▸ Linguagem usual: a metade de um número; o triplo de um número mais quatro; o quíntuplo de um número menos oito; um número menos a terça parte dele; um número mais a sétima parte dele. Linguagem matemática: $5x$; x^2; $x + 5$; $x - 3$; $2x - 10$.

2▸ a) y b) x c) x e y. d) x e z.

3▸ a) $3x$ e) $5 - x$

b) $\frac{1}{2}x + 3$ f) $2n + 7$

c) $x^2 - 4$ g) $\frac{y}{4}$

d) $\frac{1}{3}x + 2x$ ou $\frac{x}{3} + 2x$.

6▸ $10x - 3y$

7▸ $7x + 3$

8▸ a) $3n + 7$ d) $2(n - 9)$

b) $0,40n$ ou $\frac{2n}{5}$. e) $\frac{n}{2} - 11$

c) $n + 1$ f) $8 + \frac{2}{3}n$ ou $8 + \frac{2n}{3}$.

9▸ a) O valor de cada prestação.
b) R$ 100,00 de entrada e mais 3 prestações iguais.

10▸ a) $x + 3x + x + 3x$ ou $8x$.
b) $x + x + 3 + x + x + 3$ ou $4x + 6$.
c) $x + y + x + y$ ou $2x + 2y$.

11▸ **I-C**; **II-B** e **III-A**.

12▸ a) S: 0; 4; −1; −3; $-\frac{1}{2}$; $\frac{y}{2} - 1$.
b) S: 12; 6; 0; 2; 22.

14▸ a) $5x$ c) $9a$ e) $15a$ g) $5y$
b) $3y$ d) $10x$ f) $15x$ h) $5y - 5$

15▸ a) $y + 3$ c) $x - 3$
b) $2a + 7$ d) $2m - 3$

16▸ x

17▸ $(x + x) \div 3$ e $\frac{2x}{3}$; $(x + 5) + (x - 5)$ e $2x$; $2(5x - 3)$ e $10x - 6$; $2 + 4x - 3x + 3$ e $x + 5$; $\frac{4x + 16}{4}$ e $x + 4$.

19▸ a) 5 b) 2 c) −15 d) 3

20▸ a) $2{,}5 + x$; 12,5. c) $\frac{2}{3} - x$; $-\frac{28}{3}$.
b) $x + 3x$; 40. d) $\frac{x}{2}$; 5.

21▸ a) O preço de 4 cadernos e de 3 pastas juntos.
b) **III**

22▸ a) Dado que $100 + 3 \times P$, como $P = 215$, fazemos $100 + (3 \times 215) =$
$= 100 + 645 = 745$.
b) R$ 940,00
c) R$ 90,00

23▸ a) 1 b) 12 c) 0 d) 18

24▸ a) −3 b) $4\frac{1}{3}$

25▸ $x \neq y$

26▸ $6x$; 9. **27▸** b) 27 cm²

28▸ a) $200 + 25x$
b) 500 L
c) $x = 12$ indica a torneira aberta por 12 minutos; o valor numérico obtido indica quantos litros de água haverá no reservatório após 12 minutos com a torneira aberta.

29▸ a) $b \neq 0$ c) $x \neq -5$
b) $x \neq -2y$ d) $x \neq 9$

30▸ João.

31▸ a) 15; 20; $5n$. b) 1; 3; 5; 7; $2n - 1$.

32▸ a) 5; 7; 9; 11; ...; $2n + 1$.
b) 41 palitos.
c) 155 palitos.
d) 24 triângulos.

33▸ (5, 8, 11, 14, 17, ...)

35▸ (1, 3, 5, 7, 9, 11, ...) é a sequência dos números naturais ímpares; então, a resposta é sim e temos $a_{13} = 25$.

36▸ 6; 10; 15; 21; $\frac{n(n + 1)}{2}$.

37▸ a) (2, 7, 12, 17, 22, ...)
b) (4, 15, 48, 147, 444)

39▸ a) Pela fórmula do termo geral; (4, 9, 25, 36, ...).
b) Pela fórmula de recorrência; (2, 4, 16, 256, ...).
c) Pela fórmula de recorrência; $\left(1, \frac{1}{2}, \frac{1}{4}, \frac{1}{8}, \ldots\right)$.
d) Pela fórmula do termo geral; (2, 4, 8, 16, ...).
e) Pela fórmula de recorrência; (−5; −0,5; −0,05; −0,005; −0,0005; ...).
f) Pela fórmula do termo geral; (−2, −4, −6, −8, ...).

41▸ a) (1, −2, 4, −8, 16, ...)
b) (−3, 6, −12, 24, −48, ...)
c) (0, 0, 0, 0, 0, ...)
d) (−1, 2, −4, 8, −16, ...)

42▸ Expressões algébricas: **a** e **d**; equações: **b** e **c**.

44▸ a) $\underbrace{x + 8}_{1^{\text{o}}\text{ membro}} = \underbrace{12}_{2^{\text{o}}\text{ membro}}$
b) $\underbrace{7 - y}_{1^{\text{o}}\text{ membro}} = \underbrace{2y}_{2^{\text{o}}\text{ membro}}$
c) $\underbrace{3x + 5}_{1^{\text{o}}\text{ membro}} = \underbrace{11}_{2^{\text{o}}\text{ membro}}$
d) $\underbrace{x + x^3 + 1}_{1^{\text{o}}\text{ membro}} = \underbrace{16}_{2^{\text{o}}\text{ membro}}$
e) $\underbrace{x + \frac{x}{3}}_{1^{\text{o}}\text{ membro}} = \underbrace{36}_{2^{\text{o}}\text{ membro}}$

47▸ a) É, pois $3 \times 6 + 5 = 18 + 5 = 23$.
b) Não, pois $\frac{3}{3} - 1 = 1 - 1 = 0$ e $0 \neq 4$.
c) É, pois $(-3)^2 + 1 = 9 + 1 = 10$.
d) É, pois $3 \times \frac{1}{2} = \frac{1}{2} + 1$.

48▸ a) Sim, $x = 6$.
b) Não, pois $6 \notin \mathbb{U}$.
c) Não, pois −2 não pertence a $\mathbb{N}$.
d) Sim, $x = 2$ pertence a $\mathbb{Z}$.

49▸ a) $S = \{4\}$ c) $S = \{-5\}$ e) $S = \varnothing$
b) $S = \varnothing$ d) $S = \{7\}$

50▸ a) Sim; 10 = 10. c) Não; $3 \neq 20$.
b) Sim; −6 = −6.

51▸ a) Sim. b) Sim. c) Não. d) Sim.

52▸ a) $x = 6$ e) $x = 7$ i) $x = 5$
b) $x = -3$ f) $x = -8$ j) $x = 10$
c) $x = -11$ g) $x = -36$ k) $x = 12$
d) $x = -2$ h) $x = 80$ l) $x = 9$

53▸ a) $S = \{9\}$ f) $S = \{-2\}$
b) $S = \{8\}$ g) $S = \{11\}$
c) $S = \{-2\}$ h) $S = \{6\}$
d) $S = \{5\}$ i) $S = \{2\}$
e) $S = \{9\}$ j) $S = \{-2\}$

54▸ a) $x = 12$ c) $a = 482$ e) $c = 63$
b) $y = 63$ d) $d = 4$ f) $r = 12$

57▸ a) $t = -15$ d) $x = 539$ g) $x = -9$
b) $x = -8$ e) $y = 3$ h) $y = -5$
c) $x = 14$ f) $a = -3$

59▸ a) 20 apartamentos. h) Número 77.
b) 7 gatos. i) Número 205.
c) 16 cachorros. j) Fração $\frac{3}{4}$.
d) 36 alunos. k) Número −13.
e) 27 horas. l) 38 anos.
f) Número 13.
g) R$ 30,00

60▸ a) $S = \{11\}$ c) $S = \{5\}$
b) $S = \{7\}$ d) $S = \{-2\}$

61▸ a) $y = 1\,126$ f) $x = 8$
b) $a = 792$ g) $x = 20$
c) $x = 15$ h) $x = 9\frac{1}{3}$
d) $x = 15$ i) $x = 6$
e) $x = 9$ j) $x = 2$

62▸ a) R$ 1 250,00 d) R$ 3,50
b) 25 anos. e) 81
c) 12 m

63▸ 5

64▸ 14 anos.

65▸ a) $x = 12$ c) $x = -10$
b) $x = 15$ d) $x = -3\frac{1}{2}$

66▸ R$ 2 500,00 **67▸** 330 mL

68▸ Medida de comprimento da largura: 20 m; medida de comprimento da profundidade: 10 m.

70▸ R$ 19,00

71▸ 33 pombas. **72▸** 30 m; 12 m.

73▸ 5 cm, 10 cm e 10 cm.

74▸ 1ª rodada: 55 pontos; 2ª rodada: 35 pontos; 3ª rodada: 70 pontos.

75▸ Francisca: R$ 62,00; mãe: R$ 310,00.

76▸ 15 acertos e 5 erros.

77▸ $20 - x$; $20 - x + 4$.

78▸ 300 folhas. **79▸** 180 fichas.

80▸ Comprimento: 32 cm; largura: 12 cm; área: 384 cm².

81▸ a) 10 °C b) 23 °F

82▸ 320 °F → 160 °C

83▸ a) $a\left(20 + 40 + \frac{720}{6}\right)$ ou $180 \times a$.
b) R$ 4 500,00
c) 33 novos alunos.

84▸ a) $5x + 39 + 32 = 211$
b) R$ 28,00

85▸ a) **A**: $16 + 3 \times (n - 1)$;
B: $15 + 4 \times (n - 1)$;
C: $14 + 3 \times (n - 1)$;
D: $12 + 5 \times (n - 1)$.
b) Angélica; R$ 2,00.
c) 6 horas.
d) 2 horas; R$ 17,00.
e) Não.
f) Cláudio: R$ 22,00 e Júlia: R$ 37,00.

86▸ 48 anos.

87▸ 34,4 cm

88▸ a) 58
b) 36 cm

89▸ Minas Gerais: 21 milhões; São Paulo: 45 milhões.

90▸ a) R$ 70,00 b) R$ 600,00

91▸ a) Equação com 2 incógnitas.
b) Inequação com 1 incógnita.
c) Inequação com 2 incógnitas.
d) Nem equação, nem inequação.
e) Equação com 1 incógnita.
f) Inequação com 1 incógnita.
g) Equação com 2 incógnitas.
h) Nem equação, nem inequação.
i) Inequação com 2 incógnitas.
j) Equação com 3 incógnitas.

92▸ a) O vermelho.
b) $2x > x + 2$; sim.

93▸ **b**, **d**, **e**, **f**, **g**, **h**.

94▸ a) Sim, pois $3 \times 4 = 12$ e $12 > 7$.
b) Não, pois $3 \times 2 = 6$ e $6 > 7$ é falso.
c) Não, pois $3 \times (-1) = -3$ e $-3 > 7$ é falso.
d) Sim, pois $3 \times 2{,}5 = 7{,}5$ e $7{,}5 > 7$.
e) Não, pois $3 \times 0 = 0$ e $0 > 7$ é falso.
f) Sim, pois $3 \times \frac{8}{3} = 8$ e $8 > 7$.

95▸ **b**, **c**, **d**, **e**.

96 a) 4, 5, 6, 7, 8, ...
b) ..., −4, −3, −2, −1, 0, 1, 2, 3.
c) Os números racionais maiores do que 15.
d) 0, 1, 2, 3, 4, 5, 6.
e) Nenhum.
f) ..., −4, −3, −2, −1.

97 $1\frac{1}{2}$; 1,6 e 2.

98 a) $S = \{-2, -1, 0, 1, 2, 3, ...\}$
b) $S = \{x \text{ racional, tal que } x > -3\}$

99 a) 1, 2 ou 3 pães de queijo.
b) $3x < 10$
c) 1 ou 2 barras de cereal; $4{,}5 < 10$.
d) 1 ou 2 pães de queijo; $3x + 1{,}50 < 10$.

100 $S = \{..., -2, -1, 0, 1, 2, 3, 4, 5, 6, 7, 8, 9, 10\}$

101 a) = c) = e) =
b) > d) ⩾ f) ⩽

102 a) $x > 7\frac{1}{3}$ f) $x < \frac{2}{3}$
b) $x \geqslant 1$ g) $y > \frac{42}{23}$
c) $x < 0$ h) $x > \frac{-5}{8}$
d) $x < 4\frac{1}{2}$ i) $m < \frac{5}{6}$
e) $x \leqslant -13$

103 5 cm ou 6 cm.

104 a) 4, 5, 6, 7, ...
b) 0 e 1.
c) Para nenhum número natural.

105 **a**, **b**, **e**.

Revisando seus conhecimentos

1 João: R$ 30,00; Paulo: R$ 15,00; Lauro: R$ 20,00.

2 a) $s + 30$ e) $2(s - 50)$
b) $s - 60$ f) $\frac{s}{2}$
c) $3s$ g) $\frac{3s}{4}$
d) $2s - 50$ h) $s + 60$

3 **d**

4 10 vértices e 15 arestas.

6 **d** **7** **a**, **b**. **8** 18

9 a) 24/2/2020; 2/3/2020.
b) (8/1/2020, 5/1/2020, 2/1/2020, 30/12/2019, 27/12/2019)

10 a) 3 kg b) 3 kg

11 a) Cada vitória vale 3 pontos, cada empate vale 1 ponto e cada derrota, nenhum ponto; então a expressão algébrica que calcula o total de pontos é $3 \times V + 1 \times E + 0 \times D$.
b) Ambas obtiveram 17 pontos.
c) 5 vitórias e 12 jogos.

12 5, 6, 8 ou 10 participantes.

13 a) 1 : 8 b) 32 cm c) 16 cm

14 a) $\frac{1}{2}aa$; $\frac{1}{2}a2$; $\frac{1}{2}a^{II}$; $\frac{1}{2}a^2$.
b) $xxxx - 2yyy$; $x4 - 2y3$; $x^{IV} - 2y^{III}$; $x^4 - 2y^3$.

Praticando um pouco mais

1	b	**5**	d	**9**	b	**13**	d	**17**	d
2	d	**6**	d	**10**	d	**14**	d	**18**	a
3	c	**7**	c	**11**	d	**15**	d		
4	d	**8**	a	**12**	e	**16**	e		

Verifique o que estudou

1 a) $4x$ c) $\frac{x}{2} + 4$ e) $2x - \frac{x}{3}$
b) $x - 1$ d) $3(x + 1)$

4 **a**, **d**.

5 Filho: 10 anos; pai: 40 anos.

6 Todas.

7 a) x: preço do caderno; $2x + 4 = 10$.
b) x: idade de Elisa; $3x - 5 = 13$.
c) $4x = 20$.
d) Medida do perímetro: $\ell + \ell + \ell + 5 = 20$; $3\ell + 5 = 20$.

9 a) 15 bolinhas.
b) $a_n = \frac{n(n+1)}{2}$, para $n = 1, 2, 3, ...$
c) 210 bolinhas.

10 6 meses.

Para ler, pensar e divertir-se

Pensar

Sim, o resultado é 0.

Divertir-se

87

Capítulo 5

2 a) O
b) A, B, G, D e F.
c) $\overline{AO}$, $\overline{BO}$, $\overline{GO}$, $\overline{DO}$ e $\overline{FO}$.
d) $\overline{AD}$
e) 2 cm; 4 cm.

6 2 cm até A e 1 cm até B.

8 0,61 m ou 61 cm.

10 Ângulo $H\hat{B}F$ ou $F\hat{B}H$ ou $\hat{B}$; lados: $\overrightarrow{BH}$ e $\overrightarrow{BF}$; vértice B.

11 a) $R\hat{H}B$ c) $E\hat{T}J$ e $I\hat{O}L$.
b) $P\hat{A}V$ e $N\hat{F}C$. d) $G\hat{S}M$ e $U\hat{Q}D$.

12 a) 40° b) 90° c) 110° d) 180°

14 a) $x = 15°$ c) $x = 40°$ e) $x = 130°$
b) $x = 40°$ d) $x = 10°$ f) $x = 150°$

15 Medida exata da abertura do ângulo: 40°; 110°; 90°; 20°; 180°. Tipo de ângulo: agudo; obtuso; reto; agudo; raso.

16 a) 720' b) 43 200"

17 a) 2° 55' b) 5° 11'

22 Sim.

23 $R\hat{S}P \cong I\hat{J}L$

25 a) Sim. b) Não. c) Não. d) Sim. e) Sim.

26 60° e 20°.

27 a) 72° 30' c) 63° e) 133°
b) 127° d) 170°

28 $G\hat{H}I = 130°$; $I\hat{H}J = 50°$.

29 a) 90° b) 45°

32 a) $x = 41°$ b) $x = 130°$ c) $x = 90°$

33 75°

34 60° e 120°, respectivamente.

35 a) 90°
b) Retas concorrentes perpendiculares.

37 a) 40°, 40°, 40°, 40°, 140°, 140°, 140° e 140°.

38 Quando a transversal é perpendicular às 2 retas paralelas.

39 a) $x = 62°$ e $y = 118°$.
b) $x = 133°$ e $y = 47°$.
c) $x = 62°$ e $y = 118°$.

40 a) Não é polígono.
b) Polígono convexo.
c) Polígono convexo.
d) Polígono não convexo.
e) Não é polígono.

41 a) Hexágono. c) Quadrilátero.
b) Pentágono. d) Eneágono.

42 Polígono de n lados; n; $n - 3$; $\frac{n \cdot (n-3)}{2}$; $\frac{n \cdot (n-3)}{2}$.

43 54 diagonais.

44 a) 2 diagonais. b) 170 diagonais.

45 a) Octógono. b) 20 diagonais.

46 21 estradas.

47 5 segmentos de reta.

48 a) 44 diagonais. c) 65 diagonais.
b) 35 diagonais.

49 6 lados; hexágono.

50 7 lados.

51 a) 17 diagonais. b) 23 diagonais.

52 Pentágono.

53 a) 2 triângulos. c) $(n - 2)$ triângulos.
b) 3 triângulos.

55 a) 180°
b) Adjacentes suplementares.

56 a) 78° b) 168° c) 90° d) 65° e) 99°

57 a) $\overline{GE}$; $\overline{FG}$.
b) $\hat{S}$; $\hat{H}$.

58 Têm medidas de abertura iguais.

59 a) Sim, pois $4 < 4 + 4$.
b) Não, pois $8 > 4 + 3$.

60 8, 9 ou 10 cm.

61 5 ou 6 ou 7 ou 8 cm.

62 8 cm; 4 cm.

63 a) 8 cm ou 5 cm.
b) 7 cm
c) 10 cm
d) Qualquer x positivo tal que $x < 10$ cm.

65 a) Equilátero e acutângulo.
c) Dê a preferência.

67 Para manter o portão rígido, firme.

68 Os triângulos mantêm a estrutura rígida.

70 a) 30° b) 60°

71 $m(\hat{E}) = 55°$; $m(\hat{F}) = 15°$; $m(\hat{G}) = 110°$.

72 Não, porque a soma das medidas de abertura dos ângulos internos de qualquer triângulo é de 180° e $90° + 50° + 60° = 200°$.

73 a) Não, porque a soma das medidas de abertura de 2 ângulos retos é igual a 180°, e, nesse caso, a medida de abertura do terceiro ângulo precisaria ser 0°, o que é impossível.
b) Não, porque a soma das medidas de abertura do ângulo reto e do ângulo obtuso é maior do que 180°.

74 59°, 60° e 61°.

75 a) 54° b) 144°

76 28°

77 a) $x = 100°$ c) $x = 105°$
b) $x = 85°$ d) $x = 18°$

78 a) $x = 60°$; $y = 120°$.
b) $x = 90°$; $y = 50°$.
c) $x = 75°$
d) $x = 34°$ e $y = 38°$.

79 a) $x = 50°$ c) $x = 45°$ e) $x = 80°$
b) $x = 68°$ d) $x = 140°$

80 **a**, **d**, **e**.

81 a) $150° = 110° + 40°$
b) $63° = 41° + 22°$

82 70°

83 $y = 37°$

84 63°, 27° e 90°; triângulo retângulo.

85 a) $x = 69°$ b) $x = 60°$ c) $x = 100°$

86 a) 900° b) 1 080° c) 1 440°

87 a) 11 lados. b) 12 lados.

88 a) 900° b) 10 lados.

89 $x = 75°$

90 a) 1 440° c) 2 340°
b) 1 800° d) 3 240°

91 Octógono.

92 $\frac{S_i}{n} = \frac{(n-2) \times 180°}{n}$

93▸ $\frac{S_e}{n} = \frac{360°}{n}$

94▸ Soma das medidas das aberturas dos ângulos internos: 180°; 360°; 540°; 720°; 1 440°; $(n - 2) \times 180°$. Medida de abertura de cada ângulo interno: 60°; 90°; 108°; 120°; 144°; $\frac{(n-2) \cdot 180°}{n}$. Medida de abertura de cada ângulo externo: 120°; 90°; 72°; 60°; 36°; $\frac{360°}{n}$.

95▸ 162°; 18°. **96▸** 18 lados.

97▸ a) 140° b) 150°

98▸ Pentadecágono ou polígono de 15 lados.

99▸ 14° 24'

100▸ a) Com as regiões planas triangulares, quadradas e hexagonais.
b) Não, porque cada ângulo interno do pentágono regular tem medida de abertura de 108°, e 360° não é múltiplo de 108°.
c) Não, porque no octógono regular cada ângulo interno tem medida de abertura de 135°, e 360° não é múltiplo de 135°.

101▸ Porque em todas as junções temos: 135° + 135° + 90° = 360°.

102▸ Qualquer tipo de paralelogramo.

Revisando seus conhecimentos

2▸ a) Em cada junção, há 3 ângulos internos de um hexágono regular, cuja soma das medidas de abertura é igual a 360°.
b) Hexágono regular, triângulo equilátero e quadrado; $m(\hat{A}) = 60°$, $m(\hat{B}) = 90°$, $m(\hat{C}) = 120°$ e $m(\hat{D}) = 90°$.

3▸ 9 lados.

4▸ Não, pois no quadrado (4 lados) mede 90° e no pentágono regular (5 lados) mede 108°.

5▸ a) $x = 97°$ e $y = 83°$.
b) $x = 79°$ e $y = 101°$.

6▸ **b**

7▸ a) Medida de perímetro: $4a$; medida de área: a^2.
b) $2x + 3$

8▸ $x = 30°$ e $y = 110°$.

9▸ a) x^2 b) 6 c) $x^2 + 6$

11▸ a) Opostos pelo vértice; as medidas de abertura dos ângulos são iguais ($a = b$).
b) Adjacentes suplementares; a soma das medidas de abertura dos ângulos é igual a 180° ($e + f = 180°$).

12▸ 29 000 m

13▸ a) F b) F c) F d) F

14▸ 53° e 37°.

15▸ 50 calorias.

17▸ a) $\hat{c}$, $\hat{d}$ e $\hat{e}$. b) $\hat{a}$ e $\hat{r}$. c) $\hat{y}$ e $\hat{n}$. d) $\hat{p}$ e $\hat{s}$.

18▸ a) R$ 11,50; R$ 9,25; R$ 7,00.
b) (R$ 3,25; R$ 6,50; R$ 13,00; R$ 26,00; R$ 52,00)

19▸ a) $3x$ c) $180° - x$
b) $90° - x$ d) $90° - 2x$

21▸ a) 64 km
b) Entre Caxias do Sul e Novo Hamburgo; a 5 km de Novo Hamburgo.
c) $\frac{7}{25}$
d) Ademir; Raul; Mariana; Laura.

22▸ **C**, **A** e **B**.

23▸ 7º ano **A**.

24▸ Medidas de abertura dos ângulos internos: 100°, 60° e 20°; 60°, 50° e 70°; 90°, 135° e 30°; 15°, 135° e 30°; 70°, 70° e 40°; 45°, 90° e 45°. Classificação do triângulo quanto aos ângulos: obtusângulo; acutângulo; retângulo; obtusângulo; acutângulo; retângulo. Classificação do triângulo quanto aos lados: escaleno; escaleno; escaleno; escaleno; isósceles; isósceles.

25▸ a) 60°
b) O triângulo equilátero é sempre acutângulo.

Praticando um pouco mais

1▸ c **2▸** a **3▸** a **4▸** d **5▸** a

6▸ $x = 40°$ e $y = 100°$.

7▸ b **11▸** d **15▸** b

8▸ a **12▸** 130° **16▸** a

9▸ c **13▸** a

10▸ b **14▸** d

Verifique o que estudou

1▸ a) Estão no mesmo plano e têm a mesma medida de distância até o centro O.
b) Circunferência é um contorno (linha) e círculo é a circunferência mais o interior dela (região plana).

2▸ a) $x = 43°$ c) $x = 20°$ e) $x = 150°$
b) $x = 110°$ d) $x = 130°$ f) $x = 60°$

4▸ a) 50° b) 140°

5▸ **b**, **d**.

Capítulo 6

3▸ a) A figura azul. c) A figura verde.
b) A figura amarela.

6▸ b) Porque a adição de números naturais tem a propriedade comutativa, ou seja, trocando a ordem das parcelas, a soma permanece a mesma.
c) Sim, porque a multiplicação de números naturais também tem a propriedade comutativa.

7▸ Sim.

8▸ a) 2 eixos. c) 6 eixos.
b) 3 eixos. d) 6 eixos.

10▸ Infinitos.

11▸ a) Os triângulos **I** e **V**.
b) Os triângulos **III** e **IV**.
c) Os triângulos **II** e **VI**.

12▸ 1 eixo ou 3 eixos.

13▸ a) Sim; 1 eixo. e) Sim; 1 eixo.
b) Sim; 2 eixos. f) Não.
c) Não. g) Não.
d) Sim; 1 eixo. h) Não.

14▸ Não.

15▸ 2 eixos e, se for também um quadrado, 4 eixos.

16▸ O quadrado. **18▸** 830

21▸ a) São simétricas.
b) Não são simétricas.
c) São simétricas.

22▸ As figuras simétricas são iguais; as figuras simétricas não são iguais.

23▸ **I** e **IV**.

25▸ Matemática é fácil e divertida. Até em brincadeiras como esta, ela está presente. Você não acha tudo isso muito legal? Que tal mandar uma mensagem assim para o(s) amigo(s)? Mas atenção! Não se esqueça de mandar um espelho junto!

29▸ **A**

31▸ a) Em **III**.
b) Em **II**.
c) Simetria de rotação, em torno de O, no sentindo anti-horário, com um ângulo de medida de abertura de 45°.

32▸ Rotações com ângulos de medidas de abertura de 180° e de 270°.

33▸ 72°

34▸ a) **D** b) 120° c) 180° d) 90° e) 60°

35▸ a) Sim, em relação ao centro dele.
b) Qualquer ângulo com medida de abertura entre 0° e 360°.

38▸ a) Simetria axial.
b) Simetria central.
c) Não apresenta simetria axial nem central.

39▸ a) Sim b) Sim; 90°.

40▸ a) Simetria de rotação em torno de O, com ângulo de medida de abertura de 180° ou simetria central de centro O ou reflexão em relação ao ponto O.
b) Simetria axial em relação ao eixo ou reflexão em relação ao eixo.

44▸ Composição da translação do primeiro ladrilho na direção horizontal, para a direita, com medida de distância igual à medida de comprimento do lado do ladrilho.

46▸ Simetria de translação de 4 unidades na horizontal, para a direita.

47▸ a) Simetria de translação de 4 unidades na vertical, para cima.
b) Composição de simetrias de translação do $\triangle JKL$ em 4 unidades na horizontal, para a direita e, depois, do $\triangle J'K'L'$ obtido em 4 unidades na vertical, para cima (ou vice-versa).

48▸ a) $A'(6, 1)$ e $B'(2, 2)$; não há simetria, pois o $\overline{AB}$ e o $\overline{A'B'}$ têm medidas de comprimento diferentes.
b) $A'(3, 2)$ e $B'(1, 4)$; também não há simetria.

Revisando seus conhecimentos

1▸ b **2▸** c

3▸ 16 triângulos.

4▸ a

5▸ a) V b) F

6▸ a) Reflexão. d) Translação.
b) Rotação. e) Reflexão e translação.
c) Translação. f) Rotação.

7▸ c **9▸** c **11▸** c

8▸ b **10▸** c **12▸** b

13▸ a) 120° b) 60° c) 90°

14▸ a) A figura **B**.
b) A figura **C**.
c) Medida de abertura de 180°.

15▸ b) 6 pentaminós. d) 2 pentaminós.
c) 4 pentaminós.

17▸ 75 °C

Praticando um pouco mais

1▸ a **3▸** b **5▸** a **7▸** d

2▸ c **4▸** e **6▸** e **8▸** b

Verifique o que estudou

1▸ a) Simétrica (1 eixo).
b) Assimétrica.
c) Simétrica (2 eixos).
d) Simétrica (1 eixo).
e) Simétrica (2 eixos).
f) Assimétrica.
g) Simétrica (2 eixos).
h) Simétrica (1 eixo).
i) Assimétrica.

2▸ A letra **T**.

3▸ a) **B** b) **A** c) **C**, de 90°.

6▸ a) $A(3, -2)$ c) $C(-3, -2)$
b) $B(-3, 2)$ d) $D(0, 2)$

Capítulo 7

2▸ a) $\frac{4}{5}$ b) 25% c) 1,25

3▸ a) 0,75 b) 75% c) $\frac{4}{3}$

4▸ a) $\frac{3}{7}$ b) $\frac{8}{5}$ c) $\frac{3}{5} = 0{,}6$ d) $-\frac{25}{6}$

5▸ a) $\frac{2}{3}$ b) $\frac{2}{3}$ c) $\frac{2}{3}$ d) $\frac{4}{9}$

6▸ a) $\frac{1}{2}$ b) $\frac{3}{7}$ c) $\frac{2}{1}$ d) $\frac{3}{2}$

7▸ a) $\frac{1}{4}$ b) $\frac{1}{12}$ c) $\frac{1}{80}$ d) $\frac{1}{8}$ e) $\frac{3}{50}$

8▸ a) 1971 km b) 3212 km

9▸ a) A cada centímetro na planta, correspondem 200 cm ou 2 m da medida de distância real.
b) 4 m c) 28 m²

10▸ 1 : 350 000

11▸ a) 1 cm : 25 km ou 1 : 2 500 000.
b) 1 cm : 30 m ou 1 : 3 000.
c) 1 cm : 2,5 km ou 1 : 250 000.
d) 1 cm : 100 km ou 1 : 10 000 000.

13▸ a) $\frac{3}{4}$ b) $\frac{9}{10}$ c) $-\frac{1}{5}$ d) $\frac{8}{5}$

14▸ 3 em 5 → 60%; de 3 para 4 → 75%;
1 : 2 → 50%; $\frac{1}{4}$ → 25%; $\frac{1}{10}$ → 10%.

15▸ a) 35% b) 30% c) 28% d) −37,5%

16▸ 40% **17▸** 24 horas.

18▸ a) 18,75% c) 12,5%
b) 7,03% d) 61,72%

19▸ a) $\frac{3}{2}$ b) $\frac{5}{4}$ c) $\frac{3}{2}$ d) $\frac{5}{2}$

20▸ $\frac{21}{14} = \frac{18}{12}$; vinte e um está para catorze, assim como dezoito está para doze.

21▸ a) 10 b) 16 c) 14 d) 5 e) 8 f) 100

22▸ a) Sim, pois $\frac{30}{100} = \frac{60}{200}$.
b) 60 alunos.

23▸ a) = b) = c) ≠ d) = e) ≠ f) =

25▸ 28 questões. **26▸** 20 facas.

27▸ Não, pois 4 × 5 ≠ 7 × 3.

28▸ 120 sorvetes de chocolate.

29▸ **a** **30▸** **a**

31▸ 8,40 m **32▸** 620 km **33▸** R$ 50,00

34▸ a) 40 min
b) 60 km/h
c) 150 min ou 2 h 30 min.

35▸ a) Inversamente proporcionais, pois, dobrando o número de litros despejados por minuto, o tempo cai para a metade.
b) 1 h

36▸ a) As grandezas não são proporcionais.
b) As grandezas são diretamente proporcionais; 30 minutos.
c) As grandezas são diretamente proporcionais; R$ 16,00.
d) As grandezas são inversamente proporcionais; 6 horas.
e) As grandezas não são proporcionais.
f) As grandezas são inversamente proporcionais; 60 vasilhas.
g) As grandezas não são proporcionais.

37▸ Item **b**: $\frac{50}{3}$; item **c**: $\frac{3}{8}$.

38▸ Item **d**: $8 \times 12 = 16 \times 6 \Rightarrow \frac{8}{16} = \frac{6}{12}$.
Item **f**: $30 \times 6 = 3 \times 60 \Rightarrow \frac{30}{3} = \frac{60}{6}$.

39▸ $x = 3{,}6$

40▸ a) 5°
b) Em mais 2 dias.
c) 18 litros.
d) 60 minutos.
e) 4 horas e meia ou 4,5 horas.

41▸ 90 páginas. **42▸** R$ 22,50

43▸ 15 arremessos. **44▸** 12 pipas.

45▸ 12 pedaços. **46▸** 6 dias.

47▸ 3,56; 3,56.

48▸ 12 horas. **49▸** R$ 187,50

50▸ a) 42 m² b) 5 L

51▸ 10,5 m

52▸ 4 horas e meia ou 4,5 h.

53▸ 2,92 m **54▸** 26,25 m

55▸ Todos estão corretos; 72.

56▸ a) 42 c) 70 e) 2 400,00
b) −68 d) 289,20 f) 4

57▸ a) 4 200 eleitores. b) 420 eleitores.

58▸ 50 km **59▸** 22,5 m

60▸ 2,5 h ou 2 h 30 min.

61▸ 2 min

64▸ a) 4,4.
b) Sim; como as razões são iguais e os ângulos das fotos são todos retos, isso significa que as figuras são semelhantes.
c) 6,9 cm

65▸ 11 km

66▸ a) F b) V c) F

67▸ a) 117 600; 32 700; 21 200.
b) 100 reais por dia.
c) 98 100 reais.

Revisando seus conhecimentos

1▸ Renata. **2▸** 18 minutos.

3▸ **c**

4▸ a) V d) V g) V
b) F e) F h) F
c) F f) V i) F

5▸ **b** **6▸** **a**

7▸ a) 2 m e 80 cm; 3 m e 10 cm.
b) (7 km e 800 m; 7 km e 400 m; 7 km; 6 km e 600 m; 6 km e 200 m; 5 km e 800 m)

9▸ a) Sempre é. d) Nunca é.
b) Às vezes é. e) Às vezes é.
c) Nunca é. f) Sempre é.

10▸ Felipe.

Praticando um pouco mais

1▸ **b** **5▸** **a** **9▸** **c** **13▸** **c**
2▸ **c** **6▸** **d** **10▸** **a** **14▸** **a**
3▸ **d** **7▸** **d** **11▸** **d** **15▸** **e**
4▸ **c** **8▸** **d** **12▸** **d** **16▸** **e**

Verifique o que estudou

2▸ a) $\frac{5}{6}$ b) 12 meninas.

3▸ Terá 3 cm por 4 cm.

4▸ **a**, **c**.

6▸ a) 84 b) 225 c) 46

7▸ a) $-\frac{1}{2}$; −0,5; −50%. f) 200
b) 30 g) 200 hab./km²
c) 400 m² h) 16 cm
d) 60,00 i) 6; 24; 25.
e) 80

Capítulo 8

1▸ Sim; $\frac{3}{2}$. **3▸** $x = 20$ e $y = 40$.

2▸ 3, 5, 9 e 15. **4▸** Sim; 36.

5▸ Não são proporcionais.

6▸ $x = 16$, $y = 12$ e $z = 2$.

7▸ a) Diretamente proporcionais; $\frac{8}{5}$.
b) Inversamente proporcionais; 40.
c) Não são proporcionais.
d) Diretamente proporcionais; $\frac{1}{4}$.

8▸ 25, 35 e 65. **9▸** 12, 24 e 36.

10▸ 18 e 9. **11▸** 180, 144 e 120.

12▸ a) 60 e 60. b) 48 e 72. c) 80 e 40.

13▸ 45; 15 e 18.

14▸ Renato: 6 cestas; Geraldo: 3 cestas; Mirela: 2 cestas.

15▸ 1ª pessoa: R$ 4 000,00; 2ª pessoa: R$ 5 000,00; 3ª pessoa: R$ 3 000,00.

16▸ a) R$ 15 000,00
b) Rafael; R$ 9 000,00;
Roberta: R$ 6 000,00.
c) Rafael: R$ 54 000,00;
Roberta: R$ 36 000,00.

18▸ 1º sócio: R$ 3 000,00; 2º sócio: R$ 5 000,00; 3º sócio: R$ 4 000,00.

19▸ Marcos: R$ 1 000,00; Paula: R$ 1 200,00.

20▸ a) 27% b) 5% c) 100% d) 50%

21▸ a) 33,3% b) 16%

22▸ a) $\frac{9}{20}$ b) 0,80 ou 0,8. c) 0,08 d) $1\frac{1}{5}$

23▸ a) 50 e) 315 i) 7,5 m) 35
b) 25 f) 200 j) 700 n) 315
c) 75 g) 240 k) 770
d) 270 h) 60 l) 350

25▸ 650; 325.

26▸ a) R$ 192,00
b) R$ 135,80
c) Aproximadamente R$ 13,83.
d) Aproximadamente 2 519.

27▸ 45% **28▸** 1 932 votos.

29▸ 174,15 kg

30▸ Fundo: R$ 6 375,00; Bolsa de Valores: R$ 23 460,00; ficou com: R$ 21 165,00.

31▸ a) Aproximadamente 41%.
b) Aproximadamente 0,14%.
c) Aproximadamente 23,23%.

32▸ a) 2 400.
b) 336.
c) Aproximadamente 1 148.

33▸ 400; 32.

34▸ Aproximadamente 5%.

35▸ Aproximadamente 19%.

36▸ R$ 2,50

37▸ 30 alunos.

38▸ a) 4,2 b) 0,65 c) 0,252 d) 24,38

40▸ a) R$ 15,00 b) 51 c) 35% d) 135%

41▸ a) 1,07
b) R$ 16,05 o quilograma.

42▸ a) 46 segundos. **43▸** R$ 1 840,00
b) 0,92 **44▸** R$ 199,80

45▸ a) 1,15
b) 241 500 000 de toneladas de grãos.

46▸ R$ 20,00

47▸ Menos do que 10%.

48▸ Na loja Preço Bom.

49▸ R$ 234,00 **50▸** 25%

51▸ R$ 30 000,00

52▸ R$ 130,00 **53▸** R$ 42,00

54▸ a) 6,17% ao ano. b) 5,6% ao ano.

55▸ R$ 145,00

Revisando seus conhecimentos

1▸ R$ 1 920,00

2▸ a) 0,350 L ou 0,35 L.
b) 1 050 mL; 1,050 L.

3▸ Falsa, encontramos um valor menor do que o original.

4▸ 4 triângulos: $\triangle ABE$, $\triangle BDE$, $\triangle BCD$ e $\triangle BCE$; 2 quadriláteros: $ABDE$ e $ABCE$.

5▸ 1 200 funcionários.

6▸ Filho: 7 anos; pai: 35 anos.

7▸ a) 220 cm^2
b) 76 cm
8▸ 120°, 20° e 40°.
9▸ 1; 47.
11▸ Quarta-feira.
12▸ $A = 1$, $B = 9$ e $C = 2$.
13▸ 2

Praticando um pouco mais

1▸ b
2▸ a
3▸ c
4▸ b
5▸ b
6▸ e
7▸ b
8▸ a
9▸ d
10▸ b
11▸ c
12▸ c
13▸ d
14▸ e
15▸ b

Verifique o que estudou

1▸ a) 4,00; 8,00.
b) 60,00; 20,00.
c) 306,00
d) 19,00
e) Acréscimo; 50.
f) 50,00
g) 30,00
h) 55,00
i) 990,00
3▸ a) 35%
b) 28%
c) 32%
d) 4%
e) 230%
f) 57,5%
4▸ 12,5%
5▸ a) 94,50 b) 80,00 c) 30 d) 7,25
6▸ b) Na oferta 3.

Para ler, pensar e divertir-se

Divertir-se

Mover o palito do lado esquerdo da pá para a direita, abaixo do palito horizontal. Mover o palito horizontal para a direita, alinhando as pontas com os 2 palitos abaixo.

Capítulo 9

3▸ Será necessário recorrer a uma amostra.
4▸ a) 10 250 elementos.
b) 520 elementos.
5▸ a) Medida de comprimento da altura.
b) Número de aparelhos de televisão.
c) Cor.
6▸ a) Variável quantitativa
b) Variável quantitativa.
c) Variável qualitativa.
7▸ a) Mês; variável qualitativa.
b) Número de dias; variável quantitativa.
c) Estado do Brasil; variável qualitativa.
d) Preço; variável quantitativa.
e) Meio de transporte; variável qualitativa.
f) Número de pessoas; variável quantitativa.
g) Categoria de hotel; variável qualitativa.
h) Forma de pagamento; variável qualitativa.
8▸ a) Os 2 000 clientes cadastrados na agência.
b) Sim, 350 dos 2 000 clientes.
c) Cada uma das 350 pessoas pesquisadas.
d) I) Tipo de imóvel; qualitativa.
II) Número de dormitórios; quantitativa.
III) Andar do imóvel; qualitativa.
IV) Valor máximo; quantitativa.
9▸ a) Estado de origem; variável qualitativa.
b) Minas Gerais, Alagoas, Paraná, Rio de Janeiro e Bahia.
c) Minas Gerais.
10▸ a) Paraná: 3; Bahia: 2.
b) 20%
14▸ a) Alunos do grupo de estudos de Artur.
b) Time carioca.
c) Variável qualitativa.
d) Fluminense, Flamengo, Vasco e Botafogo.

17▸ Efetuar a adição dos números e dividir a soma obtida pelo número de parcelas.
18▸ a) 420 pontos. c) 70 pontos.
19▸ Aproximadamente 1,85 m.
20▸ a) 123 camisetas.
b) 7,5
c) 1,87 m
d) 91 pontos; 87 pontos.
21▸ Efetuar a adição do produto dos números pelos respectivos pesos e dividir a soma obtida pela soma dos pesos.
22▸ 8,6
23▸ Candidato **B**.
24▸ b
25▸ a) Aproximadamente 33 livros por dia.
b) No sábado.
c) Na terça-feira.
d) 22,5%
26▸ a) Região Sudeste.
b) Menos.
c) As 2 regiões apresentam aproximadamente a mesma população.
d) Um pouco mais.
f) Não.
29▸ Porcentagem: 25%; 30%; 25%; 20%. Número de alunos: 100; 120; 100; 80.
31▸ a) MPB
b) 96 pessoas.
c) 25%
d) Sim, pois 5% preferem *rock* e 20% preferem clássico; 5% + 20% = 25%.
e) 24 pessoas.
32▸ a) 5% c) 10 alunos.
b) 24 alunos. d) $\frac{1}{2}$
33▸ a) $\frac{11}{12}$ b) $\frac{1}{12}$ c) 8 kg d) R$ 9,00
35▸ a) Graduações a distância com o maior número de matrículas.
b) GUIA DO ESTUDANTE. *Cresce busca por cursos EAD práticos como Engenharia e Enfermagem*. Disponível em: <https://guiadoestudante.abril.com.br/universidades/ead-veja-quais-sao-os-cursos-mais-procurados-da-modalidade/>.
c) 52%
36▸ a) Incidência de mortes por doenças cardiovasculares no Brasil.
b) Gráficos de setores.
c) A incidência de mortes por doenças cardiovasculares em mulheres aumentou das décadas de 1960 a 2010, e a de homens diminuiu, em relação ao total.
d) 36°; 324°; 144°; 216°.
38▸ a) $\frac{12}{30} = 40\%$; $\frac{9}{30} = 30\%$; $\frac{6}{30} = 20\%$; $\frac{3}{30} = 10\%$.
39▸ Agosto de 2016 a abril de 2017 (em km^2): 262; 27. Agosto de 2017 a abril de 2018 (em km^2): 615; 147; 1513. Variação (em %): 9; −86.
40▸ Espaço amostral: $\Omega = \{1, 2, 3, 4, 5, 6\}$.
a) $A = \{1, 3, 5\}$ c) $C = \{1\}$
b) $B = \{4, 5, 6\}$
41▸ Espaço amostral: $\Omega = \{$vermelho, azul, verde, amarelo$\}$.
a) $A = \{$azul$\}$
b) $V = \{$vermelho, amarelo$\}$
42▸ $\Omega = \{1, 2, 3\}$
a) $A = \{2\}$ b) $B = \{1, 3\}$

43▸ Evento certo.
44▸ a) $\Omega = \{\mathbf{A}, \mathbf{A}, \mathbf{A}, \mathbf{B}, \mathbf{C}, \mathbf{D}\}$ c) $E_2 = \{\mathbf{B}\}$
b) $E_1 = \{\mathbf{A}, \mathbf{A}, \mathbf{A}\}$ d) $E_3 = \varnothing$
45▸ E_2: evento elementar; E_3: evento impossível.
47▸ $\frac{1}{4}$ ou 25%.
48▸ a) $\frac{6}{13}$ c) $\frac{5}{13}$ e) $\frac{9}{13}$ g) $\frac{3}{13}$
b) $\frac{4}{13}$ d) $\frac{5}{13}$ f) $\frac{4}{13}$
49▸ a) $\frac{1}{2}$ ou 50%. c) $\frac{1}{4}$ ou 25%.
b) $\frac{1}{10}$ ou 10%. d) $\frac{7}{10}$ ou 70%.
50▸ a) 123, 132, 213, 231, 312 e 321.
b) $\frac{1}{3}$ ou aproximadamente 33%.
c) 1 ou 100%. d) 0 ou 0%.
51▸ $\frac{1}{2}$ ou 50%.
52▸ a) $\frac{2}{5}$ ou 40%. b) $\frac{3}{5}$ ou 60%.
53▸ a) $\frac{1}{2}$ ou 50%.
b) $\frac{5}{12}$ ou aproximadamente 42%.
c) $\frac{7}{12}$ ou aproximadamente 58%.
d) $\frac{1}{4}$ ou 25%.
e) $\frac{1}{6}$ ou aproximadamente 17%.
f) $\frac{11}{18}$ ou aproximadamente 61%.
54▸ a) $\frac{1}{4}$ ou 25%. c) $\frac{1}{52}$ e) $\frac{1}{26}$
b) $\frac{1}{13}$ d) $\frac{1}{2}$
55▸ a) $\frac{1}{4}$ ou 25%. e) $\frac{1}{2}$ ou 50%.
b) $\frac{1}{2}$ ou 50%. f) $\frac{1}{4}$ ou 25%.
c) $\frac{1}{4}$ ou 25%. g) $\frac{3}{4}$ ou 75%.
d) $\frac{1}{2}$ ou 50%.
56▸ a) 50% c) 60% e) 20%
b) 30% d) 40% f) 35%
57▸ a) $\frac{6}{10}$ ou 60%. b) $\frac{4}{10}$ ou 40%.
58▸ a) $\frac{1}{2}$ ou 50%.
b) $\frac{1}{2}$ ou 50%.
c) $\frac{1}{3}$ ou aproximadamente 33%.
d) 0
e) 1 ou 100%.
f) $\frac{2}{3}$ ou aproximadamente 66%.
61▸ a) $\frac{1}{3}$ ou aproximadamente 33%.
b) $\frac{1}{2}$ ou 50%.
c) Na roleta **B**.
d) $\frac{5}{6}$ ou aproximadamente 83%.
62▸ a) $\frac{3}{5}$ ou 60%. c) 0 ou 0%.
b) $\frac{2}{5}$ ou 40%.
63▸ $\frac{1}{3}$ ou aproximadamente 33%.
64▸ 75%

67 a) $\frac{3}{10}$ ou 30%. c) $\frac{4}{5}$ ou 80%.
b) $\frac{7}{10}$ ou 70%. d) $\frac{7}{10}$ ou 70%.

68 a) 18 possibilidades.
b) $\frac{1}{3}$ ou aproximadamente 33%.
c) $\frac{1}{2}$ ou 50%. d) $\frac{1}{18}$ e) $\frac{1}{9}$

69 a) 3,3% c) 415 alunos.
b) 552 alunos. d) 33 alunos.
e) A resposta "sim".
f) Porque a variável é qualitativa e não quantitativa.

70 $\frac{1}{14}$

71 a) 11 minutos.
b) 60 vezes; 86 400 vezes.
c) 162 cm

73 a) Aproximadamente 514 habitantes por km^2.
b) Aproximadamente 256 vezes.
c) Aproximadamente 183 hab./km^2.

74 a) 2% b) 3% c) 52% d) 2%

75 a) 8 resultados possíveis; *c*: coroa; *k*: cara; (k, k, k), (k, k, c), (k, c, k), (k, c, c), (c, c, c), (c, c, k), (c, k, c), (c, k, k).
c) 1 resultado.
d) $\frac{1}{8}$ ou 12,5%.

76 a) 24 anagramas.
b) $\frac{1}{2}$ ou 50%.
c) $\frac{1}{6}$ ou aproximadamente 17%.

77 a) 2 e 3. c) Ar-condicionado.
b) Quantitativa. d) $\frac{35}{100}$ ou 35%.

Revisando seus conhecimentos

1 15,7%; 17,1%; 16%; 16,6%; 17,1%; 17,5%.
2 **b**
3 R$ 900,00
4 a) 3,88; 3,92; 3,96; 4; 4,04.
b) (7,4; 6,2; 5; 3,8; 2,6; 1,4; 0,2)
5 6 lenços azuis, 3 lenços brancos e 6 lenços verdes.
6 1 200 tocos.
7 a) $\frac{1}{4}$ ou 25%. c) $\frac{1}{4}$ ou 25%.
b) $\frac{1}{2}$ ou 50%. d) $\frac{1}{2}$ ou 50%.
8 **c** **9** 4 paradas. **10** **c**

Praticando um pouco mais

1 **c** **4** **b** **7** **d** **10** **a**
2 **a** **5** **d** **8** **a** **11** **e**
3 **d** **6** **d** **9** **c**

Verifique o que estudou

2 a) 8 votos. b) 30%
4 1,6 falta por dia.
5 a) 180°
b) 36°
6 a) 10 vitórias. c) 25%
b) 5 empates. d) 35 pontos.
7 $\frac{1}{4}$ ou 25%.

Para ler, pensar e divertir-se

Pensar
Não é um jogo justo, o segundo jogador tem mais chances de ganhar, pois 6 das 36 possibilidades resultam em 7, enquanto apenas 4 resultam em 2, 3 ou 12.

Divertir-se
19 retângulos.

Capítulo 10

1 24,4 cm **2** 3,6 cm
3 6,5 cm **4** R$ 164,45
5 *A*: 19 cm por 15 cm e *B*: 22 cm por 12 cm.
6 9 retângulos: 1 por 17; 2 por 16; 3 por 15; 4 por 14; 5 por 13; 6 por 12; 7 por 11; 8 por 10; 9 por 9.
7 a) 18,84 cm b) 31,4 cm
8 4 cm
9 Menos.
10 219,8 cm
11 b) Aproximadamente 1,7 cm.
c) Os resultados são iguais, salvo possíveis imprecisões na medição.
12 a) **A**: 15 unidades; **B**: 20 unidades; **C**: 18 unidades; **D**: 7,5 unidades; **E**: 11 unidades.
b) **D**.
c) **B**.
14 a) $\frac{1}{8}$ b) 4
16 a) Centímetro ou cm; centímetro quadrado ou cm^2; é a área correspondente a uma região quadrada de lados com medida de comprimento de 1 cm.
18 **A**: $P = 12$ cm; $A = 8$ cm^2.
B: $P = 10$ cm; $A = 6$ cm^2.
C: $P = 12$ cm; $A = 6$ cm^2.
D: $P = 12$ cm; $A = 6$ cm^2.
19 a) **A** e **C** ou **A** e **D**. c) **A** e **B**.
b) **B** e **C** ou **B** e **D**. d) **C** e **D**.
20 a) 3 regiões: 1 por 18; 2 por 9; 3 por 6.
c) 1, 2, 3, 6, 9, 18.
d) São os divisores de 18.
21 a) 64 b) 220
22 a) 160 lajotas. b) R$ 82,00
23 a) 2,25 cm^2 c) 5 cm^2
b) 7,4 cm^2 d) 6 cm^2
24 7 cm^2
25 108 m^2
27 Medidas das dimensões: 8 m por 7 m; 56 m^2.
29 a) F b) F
30 a) 16,25 cm^2 b) 6,5 cm^2
31 a) 28 cm
b) A medida de perímetro da figura.
32 a) 8 faces, 12 vértices e 18 arestas.
b) 12 cm
c) 6 cm^2
d) 14 cm^3
33 **A**: 24 cubinhos ou 24 cm^3; **B**: 16 cubinhos ou 16 cm^3; **C**: 75 cubinhos ou 75 cm^3; **D**: 27 cubinhos ou 27 cm^3.
34 a) Não. c) Sim.
b) Sim. d) Não.
e) Cortar os cubinhos pela metade.
f) 8 metades. h) 20 cubinhos.
g) 4 cubinhos. i) 20 cm^3
j) Sim, pois $4 \times 2 \times 2{,}5 = 20$.
k) Sim.
35 60; 36; 20; 125; 128; 1 000.
36 8 cm^3
37 8 dm^3
38 a) 8 000 cm^3 c) 24 000 000 mm^3
b) 11,25 m^3
39 a) 8 dm^3 c) 24 dm^3
b) 11 250 dm^3
40 a) 15 500 dm^3 c) 100 dm^2
b) 775 dm^2
41 a) 15,5 m^3 c) 10 000 cm^2
b) 7,75 m^2
42 **d**

Revisando seus conhecimentos

1 **a** **2** **d**
3 a) Aproximadamente 55*F*.
b) Aproximadamente 15*F*.
c) Aproximadamente 18*F*.
d) Aproximadamente 17*F*.
e) Aproximadamente 271*F*.
6 a) A medida de perímetro também dobra.
b) A medida de área quadruplica, ou seja, torna-se 4 vezes maior.
c) Sim.
d) Não.
7 a) Fica multiplicada por 8.
b) Não.
8 **c**
9 27 000 dm^3
10 Unidade de medida de área 1: figura **A**: 8 unidades; figura **B**: 6 unidades; figura **C**: 3 unidades; unidade de medida de área 2: figura **A**: 7 unidades; figura **B**: 9 unidades; figura **C**: 4,5 unidades.
11 a) Unidade 1: 16 unidades; unidade 2: 48 unidades; unidade 3: 24 unidades.
b) Como a unidade 1 tem o triplo da medida de área da unidade 2, dividimos a medida de área obtida por 3. Analogamente, multiplicamos a medida de área obtida por 2 para calcular a medida usando a unidade 3.
12 100 cm, 80 cm e 70 cm.
13 9 000 L e 11 000 L.
14 Aproximadamente 2 596 km.
15 a) 9 cm c) 10 cm
b) 12 cm d) 7,5 cm
16 a) 200 m
b) 42 m por 20 m
c) 124 m
17 94,2 cm **18** 21,98 m
19 m^2: unidade de medida de área equivalente à de uma região quadrada com lados de medida de comprimento de 1 m. Alqueire: unidade de medida agrária. Em São Paulo, equivale a 24 200 m^2; em Minas Gerais, Goiás e Rio de Janeiro, equivale a 48 400 m^2.
20 Aproximadamente 127 500 000 km^2.
21 a) $x^5 + 1$; $x^6 + 1$.
b) $x^{15} + 1$
c) (3, 5, 9, 17, 33, 65, ...)
d) 1 025
e) Sim, pois $2^8 = 256$ e $2^8 + 1 = 257$.

Praticando um pouco mais

1 **d** **3** **b** **5** **d** **7** **d** **9** **c**
2 **b** **4** **b** **6** **e** **8** **c** **10** **d**

Verifique o que estudou

1 a) Área. d) Área.
b) Perímetro. e) Perímetro.
c) Volume.
2 50 cm^2
3 1984 cm ou 19,84 m.
4 **A** e **B**.
5 b) $P = 10$ unidades de medida de comprimento; $A = 5$ unidades de medida de área.
c) Sim.
d) Não.
g) $P = 18$ unidades de medida de comprimento; $A = 20$ unidades de medida de área.
i) Não, pois as 12 peças têm, juntas, medida de área de 60 unidades ($12 \times 5 = 60$) e não existe número natural que multiplicado por ele mesmo resulte em 60.

Lista de siglas

Veja a seguir o significado das siglas que utilizamos, ao longo do livro, nas questões.

Cefet-RJ: Centro Federal de Educação Tecnológica Celso Suckow Fonseca
Cesgranrio-RJ: Fundação Cesgranrio
Enem: Exame Nacional do Ensino Médio
ESPM: Escola Superior de Propaganda e *Marketing*
Fatec-SP: Faculdade de Tecnologia de São Paulo
FCC-SP: Fundação Carlos Chagas de São Paulo
Fuvest-SP: Fundação Universitária para o Vestibular de São Paulo
Ifal: Instituto Federal de Alagoas
IFBA: Instituto Federal da Bahia
IFPE: Instituto Federal de Pernambuco
IFSC: Instituto Federal de Santa Catarina
IFSP: Instituto Federal de São Paulo
Mack-SP: Universidade Presbiteriana Mackenzie
Obmep: Olimpíada Brasileira de Matemática das Escolas Públicas
PUC-RJ: Pontifícia Universidade Católica do Rio de Janeiro
PUC-RS: Pontifícia Universidade Católica do Rio Grande do Sul
Saeb: Sistema Nacional de Avaliação da Educação Básica
Saresp: Sistema de Avaliação de Rendimento Escolar do Estado de São Paulo
UCB-DF: Universidade Católica de Brasília
Uece: Universidade Estadual do Ceará
UEFS-BA: Universidade Estadual de Feira de Santana
UEL-PR: Universidade Estadual de Londrina
UEPB: Universidade Estadual da Paraíba
Uerj: Universidade Estadual do Rio de Janeiro
UFJF-MG: Universidade Federal de Juiz de Fora
UFMG: Universidade Federal de Minas Gerais
UFPB: Universidade Federal da Paraíba
UFSM-RS: Universidade Federal de Santa Maria
UFV-MG: Universidade Federal de Viçosa
Unifor-CE: Universidade de Fortaleza
Unirio-RJ: Universidade Federal do Estado do Rio de Janeiro
Unisinos-RS: Universidade do Vale do Rio dos Sinos
UTFPR: Universidade Tecnológica Federal do Paraná

Minha biblioteca

Indicamos a seguir algumas leituras relacionadas com os assuntos de Matemática que você está estudando, além de outras para ampliar seus conhecimentos gerais. Procure, sempre que possível, complementar seus estudos com essas leituras.

ADAMS, Simon. *Mundo antigo:* atlas ilustrado. São Paulo: Zastras, 2009.
BUORO, Anamelia Bueno; KOK, Beth. *O outro lado da moeda.* São Paulo: Companhia Editora Nacional, 2007. (Coleção Arte na Escola).
CAPPARELLI, Sérgio. *A casa de Euclides:* elementos de geometria poética. Porto Alegre: L&PM, 2013.
CARROLL, Lewis. *Alice no País das Maravilhas.* Trad. Nicolau Sevcenko. São Paulo: Cosac Naify, 2009.
COLEÇÃO A descoberta da Matemática. São Paulo: Ática, 2002.
COLLINS, Fergus; STROUD, Jonathan. *Livro dos recordes e curiosidades.* São Paulo: Girassol, 2002.
COX, Michael. *Leonardo da Vinci e seu supercérebro.* São Paulo: Companhia das letras, 2004. (Coleção Mortos de Fama).
FALLOW, Lindsey; GRIFFITHS, Dawn. *Use a cabeça!* Geometria 2D. Rio de Janeiro: Alta Books, 2011.
FIGUEIREDO, Lenita Miranda de. *História da Arte para crianças.* 11. ed. São Paulo: Cengage Learning, 2010.
GORDON, Hélio. *A história dos números.* São Paulo: FTD, 2002.
LAURENCE, Ray. *Guia do viajante pelo mundo antigo:* Egito. São Paulo: Ciranda Cultural, 2010.
MENEZES, Silvana de. *Só sei que nada sei:* Sócrates, Platão e Aristóteles. São Paulo: Cortez, 2009.
MILIES, Francisco César; BUSSAB, José Hugo de Oliveira. *A Geometria na Antiguidade clássica.* São Paulo: FTD, 2000.
POSKITT, Kjartan. *Medidas desesperadas:* comprimento, área e volume. São Paulo: Melhoramentos, 2005.
REBSCHER, Susanne. *Leonardo da Vinci.* São Paulo: Universo dos livros, 2011.
REDE, Marcelo. *Mesopotâmia.* 2. ed. São Paulo: Saraiva, 2002. (Coleção Que história é esta?).
SOBRAL, Fátima. *O livro do tempo.* São Paulo: Impala, 2006.
SOCIEDADE BRASILEIRA PARA O PROGRESSO DA CIÊNCIA (SBPC). *Ciência hoje na escola:* Matemática – por que e para quê?. 3. ed. São Paulo: Global, 2005. v. 8.
TRAMBAIOLLI NETO, Egidio. *Os exploradores.* São Paulo: FTD, 1999. (Coleção O contador de histórias e outras histórias da Matemática).

Mundo virtual

Você também pode complementar seus estudos acessando alguns *sites* relacionados à Matemática e a outros assuntos gerais. Todos os *sites* foram acessados em set. 2018.

Arte & Matemática
<www2.tvcultura.com.br/artematematica/home.html>
Atractor – Matemática interactiva
<www.atractor.pt>
Discovery Channel na escola
<www.discoverynaescola.com>
IBGE Países
<www.ibge.gov.br/paisesat>
IBGE *Teen*
<teen.ibge.gov.br>
Jogos educacionais
<universoneo.com.br/fund>
Kademi
<www.kademi.com.br>
Olimpíada Brasileira de Matemática
<www.obm.org.br/opencms>
Material de divulgação – Observatório Nacional
<www.on.br/index.php/pt-br/conteudo-do-menu-superior/34-acessibilidade/114-material-divulgacao-daed.html>
Racha cuca – Jogos de Matemática
<rachacuca.com.br/jogos/tags/matematica>
Só Matemática
<www.somatematica.com.br/efund.php>
TV Escola
<tvescola.mec.gov.br>
Universidade Federal Fluminense (UFF-RJ) – Conteúdos digitais para o ensino e aprendizagem de Matemática e Estatística
<www.cdme.im-uff.mat.br/>

Bibliografia

AABOE, Asger. *Episódios da história antiga da Matemática*. Rio de Janeiro: Sociedade Brasileira de Matemática (SBM), 1998. (Fundamentos da Matemática).

ABRANTES, Paulo. *Avaliação e educação matemática*. Rio de Janeiro: Ed. da USU-Gepem, 1995. Dissertação de Mestrado em Educação. v. 1.

________ et al. *Investigar para aprender Matemática*. Lisboa: Associação de Professores de Matemática (APM), 1996.

BOYER, Carl Benjamin. *História da Matemática*. Trad. de Elza F. Gomide. 3. ed. São Paulo: Edgard Blücher, 2012.

BRASIL. Ministério da Educação. *Base Nacional Comum Curricular*. Brasília, 2017.

________. Ministério da Educação. Secretaria de Educação Básica. Fundo Nacional de Desenvolvimento da Educação. *Guia de livros didáticos:* Ensino Fundamental – Anos finais – PNLD 2017. Brasília, 2016.

________. Ministério da Educação. Secretaria de Educação Básica. Secretaria de Educação Continuada, Alfabetização, Diversidade e Inclusão. Conselho Nacional de Educação. *Diretrizes Curriculares Nacionais Gerais da Educação Básica*. Brasília, 2013.

________. Ministério da Educação. Secretaria de Educação Básica. João Bosco Pitombeira Fernandes de Carvalho (Org.). *Matemática:* Ensino Fundamental. Brasília: 2010. v. 17. (Coleção Explorando o ensino).

________. Ministério da Educação. Secretaria de Educação Fundamental. *Parâmetros Curriculares Nacionais:* Matemática. 3º e 4º ciclos. Brasília, 1998.

CARAÇA, Bento de Jesus. *Conceitos fundamentais de Matemática*. Lisboa: Gradiva, 1998.

CARRAHER, Terezinha Nunes (Org.). *Aprender pensando:* contribuição da psicologia cognitiva para a educação. 19. ed. Petrópolis: Vozes, 2008.

CARRAHER, Terezinha Nunes; CARRAHER, David; SCHLIEMANN, Ana Lúcia. *Na vida dez, na escola zero*. 16. ed. São Paulo: Cortez, 2011.

CARVALHO, João Bosco Pitombeira de. As propostas curriculares de Matemática. In: BARRETO, Elba Siqueira de Sá (Org.). *Os currículos do Ensino Fundamental para as escolas brasileiras*. São Paulo: Autores Associados/Fundação Carlos Chagas, 1998.

D'AMBROSIO, Ubiratan. *Educação matemática:* da teoria à prática. Campinas: Papirus, 1997.

DANTE, Luiz Roberto. *Formulação e resolução de problemas de Matemática:* teoria e prática. São Paulo: Ática, 2010.

EVES, Howard. *Introdução à história da Matemática*. Trad. de Hygino H. Domingues. 4. ed. Campinas: Ed. da Unicamp, 2004.

IFRAH, Georges. *História universal dos algarismos:* a inteligência dos homens contada pelos números e pelo cálculo. Trad. de Alberto Muñoz e Ana Beatriz Katinsky. Rio de Janeiro: Nova Fronteira, 2000. Tomos 1 e 2.

________. *Os números:* a história de uma grande invenção. 9. ed. São Paulo: Globo, 1998.

INMETRO. *Vocabulário internacional de metrologia:* conceitos fundamentais e gerais e termos associados. Rio de Janeiro, 2009.

KALEFF, Ana Maria Martensen Roland. *Vendo e entendendo poliedros*. Niterói: Eduff, 1998.

KAMII, Constance. *Ensino de aritmética:* novas perspectivas. 4. ed. Campinas: Papirus, 1995.

________; JOSEPH, Linda Leslie. *Aritmética:* novas perspectivas – implicações da teoria de Piaget. Campinas: Papirus, 1995.

LINS, Rômulo Campos; GIMENEZ, Joaquim. *Perspectivas em aritmética e álgebra para o século XXI*. 3. ed. Campinas: Papirus, 1997.

LOPES, Maria Laura Mouzinho (Coord.). *Tratamento da informação:* explorando dados estatísticos e noções de probabilidade a partir das séries iniciais. Rio de Janeiro: Ed. da UFRJ (Instituto de Matemática), Projeto Fundão, Spec/PADCT/Capes, 1997.

________; NASSER, Lilian (Org.). *Geometria na era da imagem e do movimento*. Rio de Janeiro: Ed. da UFRJ (Instituto de Matemática), Projeto Fundão, Spec/PADCT/Capes, 1996.

LUCKESI, Cipriano. *A avaliação da aprendizagem escolar*. 22. ed. São Paulo: Cortez, 2011.

MOYSÉS, Lúcia. *Aplicações de Vygotsky à Educação matemática*. 11. ed. Campinas: Papirus, 2011.

NASSER, Lilian; SANT'ANNA, Neide da Fonseca Parracho (Coord.). *Geometria segundo a teoria de Van Hiele*. Rio de Janeiro: Ed. da UFRJ (Instituto de Matemática), Projeto Fundão, Spec/PADCT/Capes, 1997.

OCHI, Fusako Hori et al. *O uso de quadriculados no ensino da Geometria*. 3. ed. São Paulo: Edusp (Instituto de Matemática e Estatística), CAEM/Spec/PADCT/Capes, 1997.

PARRA, Cecília; SAIZ, Irma (Org.). *Didática da Matemática:* reflexões psicopedagógicas. Porto Alegre: Artes Médicas, 1996.

PERELMANN, Iakov. *Aprenda álgebra brincando*. Trad. de Milton da Silva Rodrigues. São Paulo: Hemus, 2001.

PIAGET, Jean et al. *La enseñanza de las matemáticas modernas*. Madrid: Alianza, 1983.

POLYA, George. *A arte de resolver problemas*. Trad. de Heitor Lisboa de Araújo. Rio de Janeiro: Interciência, 1995.

SANTOS, Vânia Maria Pereira (Coord.). *Avaliação de aprendizagem e raciocínio em Matemática:* métodos alternativos. Rio de Janeiro: Ed. da UFRJ (Instituto de Matemática), Projeto Fundão, Spec/PADCT/Capes, 1997.

________; REZENDE, Jovana Ferreira (Coord.). *Números:* linguagem universal. Rio de Janeiro: Ed. da UFRJ (Instituto de Matemática), Projeto Fundão, Spec/PADCT/Capes, 1996.

SCHLIEMANN, Ana Lúcia et al. *Estudos em psicologia da Educação matemática*. Recife: Ed. da UFPE, 1997.

________; CARRAHER, David (Org.). *A compreensão de conceitos aritméticos:* ensino e pesquisa. Campinas: Papirus, 1998. (Revista Perspectivas em Educação matemática.)

SECRETARIA DE EDUCAÇÃO DO ESTADO DE SÃO PAULO. *Propostas curriculares do Estado de São Paulo – Matemática:* Ensino Fundamental – Ciclo II e Ensino Médio. 3. ed. São Paulo, 2008.

SOCIEDADE BRASILEIRA DE EDUCAÇÃO MATEMÁTICA. *Educação matemática em revista*. São Paulo, 1993.

________. *Revista do professor de Matemática*. Rio de Janeiro, 1982.

TAHAN, Malba. *O homem que calculava*. 55. ed. Rio de Janeiro: Record, 2001.

TINOCO, Lúcia. *Geometria euclidiana por meio de resolução de problemas*. Rio de Janeiro: Ed. da UFRJ (Instituto de Matemática), Projeto Fundão, Spec/PADCT/Capes, 1999.

________. *Construindo o conceito de função no 1º grau*. Rio de Janeiro: Ed. da UFRJ (Instituto de Matemática), Projeto Fundão, Spec/PADCT/Capes, 1996.

________. *Razões e proporções*. Rio de Janeiro: Ed. da UFRJ (Instituto de Matemática), Projeto Fundão, Spec/PADCT/Capes, 1996.

MATERIAL COMPLEMENTAR

Papéis de sorteio

$A(+2, +1)$

$B(+3, -2)$

$C(0, +1)$

$D(-1, +3)$

$E(-2, -3)$

$F(-1, -1)$

$G(+1, -1)$

$H(-1, -2)$

$I(-1, 0)$

$J(+1, +1)$

$K(+2, -2)$

$L(0, 0)$

$M(+1, -3)$

$N(0, -1)$

$O(+2, +2)$

$P(+3, +2)$

Jogo das equações equivalentes

$3x = 6$	$4x = 2$	$x + 5 = 3$	$3x = 15$
$x - 1 = 3$	$1 - x = 2$	$x + \frac{1}{3} = 1$	$\frac{x}{5} = 1$
$2x - 1 = -7$	$3x = 1$	$x + 4 = 4$	$6 + x = 2$

$3x + 5 = 11$	$10x = 5$	$x = -2$	$3x + 3 = 18$
$4x = 16$	$2 - 2x = 4$	$3x + 1 = 3$	$2x = 10$
$6x - 3 = -21$	$2x = \frac{2}{3}$	$2x + 5 = 5$	$2x = -8$

Identificação de polígonos convexos

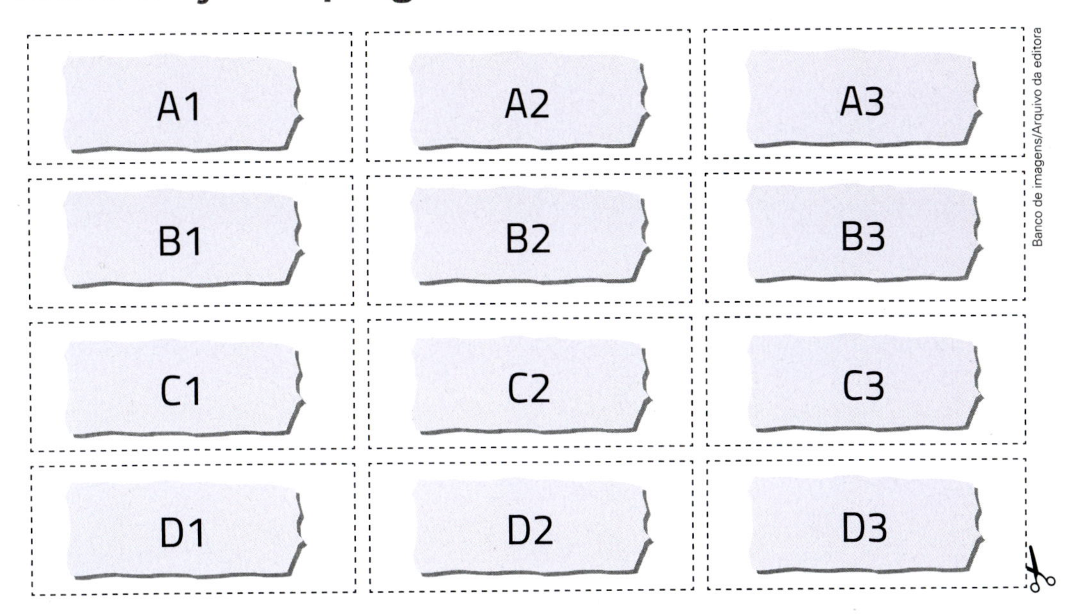

Tangram